Biologie der Säugetiere

Professor Dr. Walter Pflumm

Fachbereich Biologie der Universität Kaiserslautern
In Zusammenarbeit mit Margarete Pflumm-Eisbrenner

1989 · Mit 413 Abbildungen und 4 Tabellen

Verlag Paul Parey · Berlin und Hamburg

Anschrift des Verfassers:
Professor Dr. Walter Pflumm
Universität Kaiserslautern
Fachbereich Biologie
Erwin-Schrödinger-Straße
D–6750 Kaiserslautern

CIP-Titelaufname der Deutschen Bibliothek

Pflumm, Walter:
Biologie der Säugetiere / Walter Pflumm.
– Berlin ; Hamburg : Parey, 1989
  (Pareys Studientexte ; Nr. 66)
  ISBN 3-489-63534-5
  NE: GT

Schriftenreihe Pareys Studientexte Nr. 66

Umschlag: Jan Buchholz + Reni Hinsch,
D-2000 Hamburg 73

© 1989 Verlag Paul Parey, Berlin und
Hamburg. Anschriften: Lindenstr. 44–47,
D-1000 Berlin 61; Spitalerstr. 12, D-2000
Hamburg 1

ISBN 3-489-63534-5 Printed in Germany

Satz: PLS-PareyLaserSatz,
D-1000 Berlin 61
Schrift: Korpus Times (Satzsystem apple
IIe/Macintosh)
Druck: WB-Druck, Buchproduktion,
D-8959 Rieden
Bindung: Lüderitz & Bauer Buchgewerbe,
D-1000 Berlin 61

Vorwort

Im Zeitalter der Molekularbiologie und Biochemie hat die Säugetierkunde nicht an allen deutschsprachigen akademischen Ausbildungsstätten oder in den Leistungskursen der reformierten Sekundarstufe den Stellenwert, der ihr – gerade hinsichtlich des direkt auf den Menschen übertragbaren Wissens – zukommt. Nach Ansicht von Verfasser und Verlag fehlt es dazu für die Lernenden an einer geeigneten Darstellung. Diesem Mangel will das vorliegende Buch abhelfen.

Manche Gebiete sind besonders ausführlich dargestellt. Es handelt sich dabei um solche, die Vorlieben des Verfassers widerspiegeln – so um die Themenfelder Haare, Milch, Echo-Ortung oder die Eroberung des Luftraumes. Andere Bereiche sind dagegen nur andeutungsweise behandelt. Die eher knapp dargestellten Themen sind meistens nicht ausgesprochen typisch für Säugetiere – beispielsweise Struktur und Funktion von Lunge, Leber oder von Teilen des Labyrinths. So besteht hinsichtlich der Arbeitsweise der Drehbeschleunigungs- oder Schweresinnesorgane zwischen Säugetieren und den übrigen Wirbeltieren kein grundlegender Unterschied. Wer sich über die Aufgaben der Leber informieren will, wird diese in Physiologie- oder Biochemiebüchern ausführlich dargestellt finden. Umfassende Werke über Säugetierkunde sind im Literaturverzeichnis genannt.

An vielen Stellen werden ontogenetische Fragestellungen vorrangig behandelt, da die Embryologie noch viele weiße Flecken auf der Landkarte der Biologie zeigt. In manchen Kapiteln wird aber auch – soweit es sich um für Säugetiere spezifische Leistungen handelt – auf spezielle biochemische oder biophysikalische Gegebenheiten eingegangen. Dahinter steht die Absicht, zu zeigen, daß man Biologie nicht ohne Kenntnissse in Physik und Chemie verstehen kann.

Zusätzlich zu dem Wissen, welches dieses Buch vermittelt, sollte der Lesende und Lernende aber stets die Begegnung mit lebenden Tieren suchen. Neben der einheimischen Tierwelt bieten Zoologische Gärten hierzu Gelegenheit. Man kann dort die urweltlich anmutende Gestalt eines Nashorns, den seidigen Glanz des Fells einer Großkatze, die wendigen Schwimmbewegungen einer Robbe oder den Einsatz der »fünften Extremität« eines Klammeraffen bestaunen.

Fachwörter, die im allgemeinen aus dem Griechischen oder Lateinischen stammen, sind bezüglich der Herkunft und Bedeutung der in ihnen enthaltenen Wort-Elemente in einem Verzeichnis am Ende des Buches erklärt.

Zwei Tiernamenverzeichnisse bringen die Zuordnung der deutschen zu den wissenschaftlichen Bezeichnungen und umgekehrt. Daher wird im Text auf wissenschaftliche Artnamen verzichtet.

Kaiserslautern, im Frühjahr 1989   Walter Pflumm

Dank

Meine manchmal nahezu unleserlichen Texte schrieben Frau CHRISTINE HERBERICH und Frau SYBILLE WATT mit bewundernswerter Geduld ins reine. Der unermüdliche Eifer von Frau WATT ermunterte mich immer wieder, wenn ich zu erlahmen drohte.

Die Reinzeichnungen der Abbildungen fertigte Frau ILSE WINKLER-RESKE nach den Vorlagen an, die meine Frau und ich aus den genannten Quellen entnommen und verändert hatten.

Mein Freund Dr. PAUL VOGT (Krefelder Zoo) las mit Ausnahme von Kapitel XII den gesamten Text und fand manchen Fehler.

Einzelne Abschnitte wurden kritisch durchgesehen von Herrn Dr. REINHARD BLICK-HAN (Zoologisches Institut Saarbrücken): Abschnitt VIII F, H und K, von Herrn Dr. med. dent. HEINZ LÜBKE (Kaiserslautern): Abschnitt V F bis K und von Frau Studienrätin CHRISTEL WILHELM (Bann): Kapitel I bis V.

Herr Dr. HEINZ COMTESSE (Kaiserslautern) leistete Hilfe beim Erklären der Fachwörter und las Abschnitt IX H. Meine Mutter in Wildbad (Schwarzwald) half trotz ihrer nachlassenden Sehkraft tatkräftig beim Erstellen der Tiernamenverzeichnisse und des Registers. Beim Anfertigen des Sachwortverzeichnisses beteiligte sich außerdem Frau HERBERICH.

Herrn Prof. Dr. HEINZ PENZLIN (Jena) verdanke ich den Hinweis darauf, daß bereits ERNST HAECKEL den Begriff Choriaten verwendete. Es nannte mir auch die entsprechenden Bücher.

Herr Dr. RUDOLF GEORGI vom Verlag Paul Parey bewies große Langmut, als das dauernd angekündigte Manuskript immer noch nicht fertig war.

Herr ULRICH KRASSOWSKY, der die Herstellung betreute, gab zahlreiche nützliche Ratschläge.

Ihnen allen gebührt mein wärmster Dank.

Kaiserslautern, im Frühjahr 1989   Walter Pflumm

6

Inhalt

11

I.   Was ist ein Säugetier?

»Säugetier« ist kein übliches Wort der Umgangssprache – also keine volkstümliche Bezeichnung wie etwa »Vogel«. Vögel lassen sich leichter kennzeichnen als Säugetiere: Was Federn hat und fliegt, ist ein Vogel. Daß sich der Begriff »Vogel« viel leichter einprägt als »Säugetier«, kann man an der Sprachentwicklung von Kleinkindern feststellen. Wenn diese anfangen, die Dinge ihrer Umgebung mit Namen zu belegen, gelangen sie – infolge der einfachen Kennzeichnung eines Vogels – sehr leicht dazu, alle Vögel als solche zu benennen. Einen besonderen Namen für Säugetiere entwickeln sie in unserem Kulturgebiet häufig auf folgende Weise: Das erste Säugetier, dem ein Kind begegnet, ist meist ein Hund (abgesehen von seiner Mutter und anderen Menschen, die nach der zoologischen Systematik ja ebenfalls Säugetiere sind). Das Kind wird die für den Hund übliche lautmalerische Bezeichnung »Wau-wau« später auch auf andere Säugetiere anwenden. Indem es ein Pferd zunächst mit »Wau-wau« benennt, »generalisiert« es, d.h. es erkennt gemeinsame Merkmale von Hund und Pferd.

Die Frage: »Was ist ein Säugetier?« kann auch so formuliert werden: Welche Kennzeichen unterscheiden ein Säugetier von anderen Tieren? Zu diesen Merkmalen gehören mit Sicherheit solche, welche das Kind verwendete, als es ein Pferd oder eine Kuh mit »Wau-wau« bezeichnete. Ein solches, den meisten Säugetieren gemeinsames Merkmal, ist der Besitz von vier Gliedmaßen. Man redet von »Vierbeinern«, sogar die lateinische Übersetzung dieses Worts »Quadrupeden« taucht neuerdings in Programmheften der Medien auf.

In einem Säugetier-Buch ist zu lesen: »Man redet meist einfach von 'Tieren', wenn man Säugetiere meint …«. Dem kann man wohl nicht ohne weiteres zustimmen. Hinter dieser Aussage dürfte die Tatsache stehen, daß uns Säugetier-Arten besonders vertraut erscheinen. Für Paläontologen wiederum ist es von Bedeutung, ob ein Wirbeltier ein sekundäres Kiefergelenk besitzt. Dieser Tatbestand läßt sich nämlich an fossilem Material gut nachprüfen. Ein bekannter Paläontologe behauptete sogar: Jedes Tier mit einem sekundären Kiefergelenk ist ein Säugetier.

A.   Historisches zur Klassifizierung

Der wissenschaftliche Name »Mammalia« für die Säugetiere wurde von CARL VON LINNÉ (1707–1778) geprägt; er hebt die Tatsache hervor, daß sämtliche Säugetier-Arten ihre Jungen mit selbstproduzierter *Milch* ernähren. Will man ein einzelnes Individuum einer unbekannten Art systematisch einordnen, kann man dieses Merkmal dann nicht verwenden, wenn man ein männliches Tier vor sich hat. Außerdem sind auch bei den weiblichen Jungtieren noch keine Milchdrüsen entwickelt. Trotzdem gilt der Besitz von Milchdrüsen als »Schlüsselmerkmal« der Säugetiere (Schlüsselmerkmale heißen auch Spezialhomologien). In den meisten Fällen muß man allerdings *mehrere* Merkmale heranziehen, um ein Tier eindeutig zu klassifizieren, d.h. es einer bestimmten systematischen Kategorie zuzuordnen.

Der Besitz von vier Beinen ist ein so auffälliges Merkmal zahlreicher Säugetier-Arten, daß es von demjenigen Wissenschaftler als entscheidendes Merkmal gewählt wurde, welcher als erster versuchte, eine »Systematik« der Tiere und Pflanzen aufzustellen. Es war ARISTOTELES (384–322 v. Chr.). Er ging mit wissenschaftlicher Methode an ein Problem heran, das sich dem Menschen schon immer gestellt hatte: Wir sehen uns einer ungeheueren Vielfalt von Lebewesen gegenüber. Seit langem begnügen sich die Menschen nicht damit, diese Mannigfaltigkeit zu bestaunen; vielmehr versuchen sie, Ordnung in die Vielfalt zu bringen: sie unterteilen in Gruppen, fassen zusammen, klassifizieren. Dabei sind verschiedene Einteilungen der Organismen möglich. Man kann beispielsweise nach dem Nutzen für den Menschen gruppieren oder ein extrem künstliches »System« aufstellen, indem man die Organismen nach ihren Namen alphabetisch anordnet.

Welche Einteilung ist die »richtige«? Unter »richtig« versteht man heutzutage diejenige Gruppierung, welche die nahe oder ferne stammesgeschichtliche Verwandtschaft von Organismen – d.h. das »natürliche« System – wiedergibt.

ARISTOTELES stellte ein in vieler Hinsicht künstliches »System« auf (Abb. 1). Grundlage dafür waren neben seinen eigenen genauen Beobachtungen Berichte von Zeitgenossen. Da er diese recht kritiklos übernahm, unterlag er verschiedentlich den Irrtümern der damaligen Zeit. Zu den Überlegungen ARISTOTELES' sei im folgenden ein Originaltext wiedergegeben (zitiert nach BALLAUF 1954).

»Die umfassendsten Gattungen, in die die Tiere sonst zerfallen, sind diese: einmal die der Vögel, dann die der Fische, dann die der Seeungeheuer. Diese sind alle Bluttiere. Eine weitere Gattung bilden die Schaltiere, die man Muscheln nennt, ferner die Krustentiere, die keinen einheitlichen Namen haben, wie Langusten und gewisse Gattungen von Krabben und Hummern, wieder eine andere die Weichtiere wie Kalmare und Tintenfische. Noch eine andere Gattung bilden die Kerbtiere. Diese sind alle Blutlose, und soweit sie Füße haben, vielfüßig. Von den Kerbtieren sind manche auch geflügelt. Die noch übrigen Tiere bilden keine großen Gattungen, da dieselbe Art nicht viele Unterarten in sich befaßt, sondern entweder nur einfach auftritt ohne weitere Unterschiede in der Art, wie der Mensch, andere haben zwar Abarten, aber ohne besondere Bezeichnung. Diese ungeflügelten Vierfüßler sind alle Bluttiere, aber teils lebend gebärende, teils Eier legende, und zwar haben alle lebend gebärenden Haare, alle Eier legenden Schildschuppen, die einen ähnlichen Platz einnehmen wie die Fischschuppen. Von Natur ohne Füße ist unter den Bluttieren die Gattung der Schlangen; auch diese hat Schildschuppen. Und die anderen Schlangen legen alle Eier, nur die Vipern bringen lebende Junge zur Welt. Nicht alle lebend gebärenden haben nämlich Haare, da auch manche Fische lebende Junge werfen. Nur umgekehrt sind alle behaarten Tiere auch lebend gebärende … Von der Gattung der vierfüßigen lebend gebärenden Tiere gibt es viele Arten, nur fehlen die Bezeichnungen, vielmehr werden sie einzeln benannt, sozusagen wie der Mensch, als Löwe, Hirsch, Pferd, Hund und so auch die anderen«.

ARISTOTELES erkannte, daß die Wale nicht nur lebendige Junge zur Welt bringen, sondern auch sonstige Gemeinsamkeiten mit den Säugetieren aufweisen. (Wie der Originaltext beweist, wußte er, daß auch manche Fische lebendgebärend sind.) Daher bildete er für die ihm gut bekannten Delphine – die ja keine vier Beine besitzen – die Gruppe der »Seeungeheuer« und stellte diese neben die »Vierfüßler« (Abb. 1).

Auch Wissenschaftler, die sehr viel später gelebt haben als ARISTOTELES, hatten mit der Zuordnung mancher Tiere noch Schwierigkeiten. Als Beispiel sei KONRAD GESNER (1516–1565) erwähnt, dessen »Thierbücher« die Zoologie der Neuzeit eröffneten. Er hatte besondere Probleme bei der Einordnung fliegender Säugetiere. Zur Fledermaus schreibt er: »Die Fledermaus ist das Mitteltier zwischen dem Vogel und der Maus, also, daß man sie billig eine fliegende Maus nennen mag. Wiewohl sie weder unter die Vögel noch unter die Mäuse kann gezählt werden. Dieweil sie beider Gestalten an ihr hat: denn sie hat

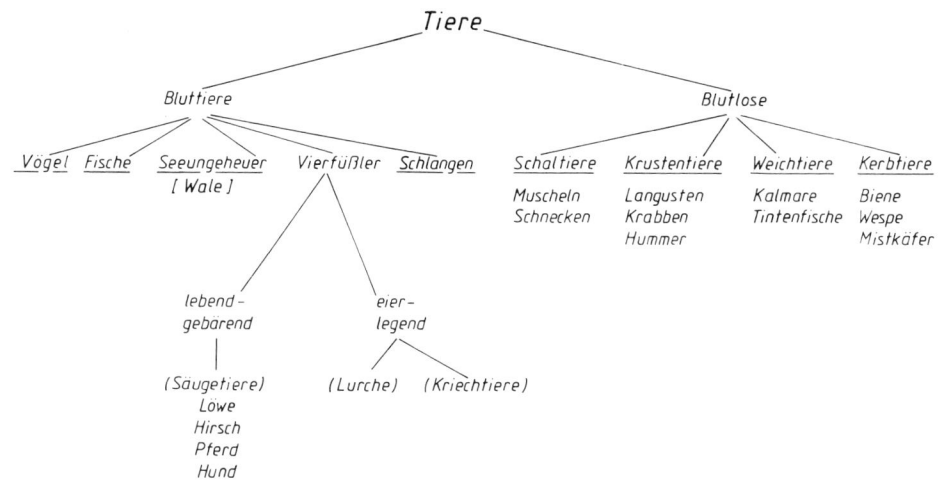

Abb. 1. ARISTOTELES' »System« der Tiere. Die von ihm als »Gattungen« bezeichneten Gruppen sind unterstrichen. Mit »Gattung« meint er nicht die Gattung im Sinne der heutigen Systematik. In Klammern stehen heute gültige Gruppen (Klassen bzw. die Ordnung der Wale) (verändert nach Ballauf 1954)

einen Mauskopf, doch vergleicht sich derselbig etlicher Weis einem Hundskopf ... Dazu hat sie zersägte Zähn in beiden Backen nit als die Maus, welche allein zuvörderst lange Zähn hat, sondern viel mehr wie der Hund, so dann überall lange Hundszähn hat« (zitiert nach ZIMMERMANN 1953).

Wie der Text zeigt, nimmt GESNER ein weiteres sehr wichtiges Merkmal für die Klassifizierung zu Hilfe – es sind die Zähne, welche bei den Säugetieren im Verlauf der Evolution sehr verschiedene Ausgestaltungen erfahren haben.

Nachstehend sind die Merkmalskomplexe der Säugetiere kurz vorgestellt; sie werden in den folgenden Kapiteln ausführlich geschildert.

B.   Merkmalskomplexe. Gliederung des Buches

Beurteilt man den Erfolg einer Tiergruppe danach, andere Organismen zu verdrängen, sind die Säugetiere die erfolgreichste Tiergruppe. Einer ihrer Vertreter – der Mensch – ist nämlich zur Zeit dabei, die meisten der Tier- und viele Pflanzenarten in Rückzugsgebiete abzudrängen oder gar auszurotten. Er tilgt nicht nur die erstaunlichen Tiergestalten der großen Wale und Nashörner aus, sondern auch die geschmeidigen Großkatzen, welche zu der Zeit, als er noch Jäger und Sammler war, seine Konkurrenten darstellten.

Welche Eigenschaften verhalfen den Säugetieren zu ihrem stammesgeschichtlichen Erfolg? Der Paläontologe nennt die Merkmale, die ein Säugetier kennzeichnen, »fortschrittlich«. Einige davon finden sich auch bei Vertretern anderer Wirbeltiergruppen – beispielsweise Homoiothermie bei Vögeln und manchen Fischen, Viviparie bei einigen Amphibien und Reptilien. Jedoch nur bei den Säugetieren treten alle diese Merkmale *vereint* auf – zusammengefaßt zu *Merkmalskomplexen*. Schlüsselmerkmale der Säugetiere kommen allerdings keiner anderen Tiergruppe zu. Hervorstechende Spezialhomologien sind Milchdrüsen und Haare. Spendet ein Tier Milch oder besitzt es ein Fell, kann es nur ein Säugetier sein.

Als die Säugetiere ihre Merkmale entwickelten, »verwendeten« sie oft Erbstücke der Reptilienvorfahren: beispielsweise erhielten die Kieferknochen der Reptilien eine andersartige Funktion, indem sie zu Gehörknöchelchen umgebildet wurden. Für völlig neu entstandene Merkmale gibt es keine Vorformen bei den Kriechtieren: ein solches ist beispielsweise der Besitz von Haaren.

Die verschiedenen typischen Merkmale dürfen nicht isoliert betrachtet werden, sondern sind im Hinblick auf bestimmte Leistungen zu verstehen, welche ganze Merkmals*komplexe* beeinflußt haben. So ist die »Erfindung« von Haaren mit der Temperaturregulation gekoppelt. Das Phänomen des Winterschlafs ist nur im Zusammenhang mit der Homoiothermie verständlich.

Die Einteilung des Buches folgt solchen Gesichtspunkten. Ein Beispiel: Das Aufrechterhalten einer ständig hohen Körpertemperatur setzt dauerndes Bereitstellen von Energie voraus. Dies erfordert gutes Verwerten der Nahrung und damit ein wirkungsvolles Gebiß mit verschiedenen Zahntypen; für den gründlichen Kauvorgang wird wiederum ein wirkungsvolleres Kiefergelenk benötigt als es die Reptilien besaßen. Daher schließt sich an das Kapitel »Wärmehaushalt« (IV) ein Kapitel an, welches Strukturen und Funktionen behandelt, die *auch* dem Wärmehaushalt dienen (V).

Den Ausführungen zum Wärmehaushalt vorausgeschickt ist ein kurzer Abriß des Energiewechsels (III).

In den Kapiteln I und II finden sich einige grundsätzliche Überlegungen zum Erstellen systematischer Kategorien und zur Körpergestalt eines Säugetiers.

Typisch ist auch die Art der Fortpflanzung (Kapitel VI): Säugetiere bringen (mit Ausnahme der Eierleger) lebende Junge zur Welt; diese haben vorher im mütterlichen Organismus eine mehr oder weniger lange Entwicklung durchgemacht – was entsprechende Organe der Mutter voraussetzt. Bei der Geburt treten Probleme in der Umstellung des Kreislaufs auf.

Namengebend für die wissenschaftliche und deutsche Bezeichnung der Säugetiere war die Ernährung der Nachkommen mit Milch; die Jungen-Aufzucht ist in Kapitel VII besprochen.

Leistungsfähige Organe und spezielle Fähigkeiten ermöglichen die Besiedlung extremer Lebensräume: Von den Anforderungen der kalten Gebiete höherer Breiten oder wasserarmer Wüsten sowie der Fortbewegung auf dem Land, in der Luft und im Wasser handelt Kapitel VIII.

Kapitel IX beschäftigt sich mit Phänomenen, die mit der Leistungsfähigkeit des Gehirns zusammenhängen. Dieses erfährt bei den Säugern eine starke Höherentwicklung – speziell in bezug auf die Ausbildung der Hirnrinde. Die meisten Säugetier-Arten sind »Nasentiere«, besitzen also einen gut entwickelten Geruchssinn, oft zahlreiche Duftdrüsen und olfaktorische Kommunikation. Komplizierte Sinnesorgane (so das Ohr bei der Echo-Ortung) setzen entsprechende Informationsverarbeitung im Gehirn voraus. Dessen Leistungen spiegeln sich im Verhalten wider. Entsprechend beobachtet man differenzierte Verhaltensweisen – beispielsweise Auseinandersetzungen mit besonderen Kampforganen.

Das beim »Nahrungserwerb« Gesagte (X) könnte unter V abgehandelt werden. Die Vielfalt dieses reizvollen Gebiets berechtigt zum Erstellen eines gesonderten Kapitels.

Ausführungen zur Herkunft der Säugetiere (XI) beenden den allgemeinen Teil. Das letzte Kapitel (XII) gibt eine systematische Übersicht. In dessen Anhang ist eine vor kurzem ausgestorbene Ordnung vorgestellt, die ganz besondere Anpassungen entwickelt hatte.

II. Grundsätzliches zum Körperbau

Die Gestalt eines Säugetiers ist das Ergebnis vielfältiger Selektionsdrucke, welche während der Jahrmillionen dauernden Phylogenese wirksam gewesen sind. In zahlreichen Fällen haben bestimmte Faktoren nur auf die Merkmale *einer* Säugetier-Art Einfluß genommen und so deren einzigartiges Erscheinungsbild bestimmt – man denke an den langen Hals der Giraffe. Es gibt jedoch Gesetzmäßigkeiten, welche sämtliche Arten während ihrer Evolution nicht »umgehen« konnten. Beispielsweise gelten für alle Organismen die Gesetze der Physik. Auch einige aus der Mathematik stammende Aussagen sind von grundlegender Bedeutung, wenn man die Ausmaße von Körperteilen oder die Dimensionen des gesamten Tierkörpers betrachtet.

A. Einige mathematische Aussagen

Verdoppelt man eine Strecke (eine »Länge«) und konstruiert aus jeder dieser Strecken einerseits ein Quadrat, andererseits einen Würfel, so zeigt sich folgendes (Abb. 2 links): Vergrößert sich die Länge auf das Doppelte, wächst die Fläche auf das Vierfache und das Volumen auf das Achtfache der Ausgangsgröße. Am Beispiel des Würfels sehen wir eine für alle geometrischen Körper geltende Gesetzmäßigkeit: Bei Zunahme der Länge wächst die Oberfläche proportional der *zweiten*, und das Volumen proportional der *dritten* Potenz der Länge. Dieser Zusammenhang ist in Abb. 2 rechts graphisch sowie in Form einer Tabelle dargestellt.

B. Konsequenzen für die Körpergestalt

Die ursprünglichen Säugetiere waren relativ klein. Im Vergleich dazu leben heute mächtige Formen.

Viele Arten wurden im Verlauf ihrer Evolution größer; dies ist am Beispiel der Stammesgeschichte der Pferde in Kapitel XI dargestellt. Bei der Größenzunahme wächst die Körpermasse wie das Volumen in der dritten Potenz (Abb. 2). Die Körpermasse muß bei landlebenden Formen vom Skelett getragen werden. Die Tragfähigkeit eines Knochens ist annähernd proportional zu seiner Querschnittsfläche; sie wächst damit beim Größerwerden der Art nur in der zweiten Potenz. Große Arten haben deshalb ein relativ massigeres Skelett als kleine (Abb. 3).

Ein bestimmter Gliedmaßenknochen einer großen Art ist aufgrund der vorstehenden Tatsachen nicht einfach ein vergrößertes Abbild desselben Knochens einer verwandten kleinen Art. Der große Knochen muß vielmehr – um die Tragfähigkeit zu gewährleisten – eine ganz andere Form aufweisen als der kleine. Dies erkannte bereits GALILEI (1564–

23

1642). Er zeichnete hierzu 1638 in seinen »Discorsi« ein Bild (Abb. 4 oben) und schrieb: »Zur Erläuterung habe ich Euch einen Knochen gezeichnet, der die gewöhnliche Länge um das Dreifache übertrifft und der in dem Maße verdickt wurde, daß er dem entsprechend großen Tiere ebenso nützen könnte, wie der kleine Knochen dem kleineren Tiere. In der Figur erkennt Ihr, in welches Mißverhältnis der große Knochen geraten ist. Wer also bei einem Riesen die üblichen Verhältnisse beibehalten wollte, müßte entweder festere Materie finden, oder er müßte auf die Festigkeit verzichten und den Riesen schwächer als Menschen von gewöhnlicher Statur werden lassen; bei übermäßiger Größe müßte er durch das Eigengewicht zusammenstürzen« (zitiert nach Szabó 1979).

Die Gestalt der »massigen« Knochen großer Arten bestimmt die Form der gesamten Gliedmaße (Abb. 4 unten): Mit zunehmender Körpergröße werden die Extremitäten immer plumper, schließlich entstehen Säulenbeine (s. VIII F).

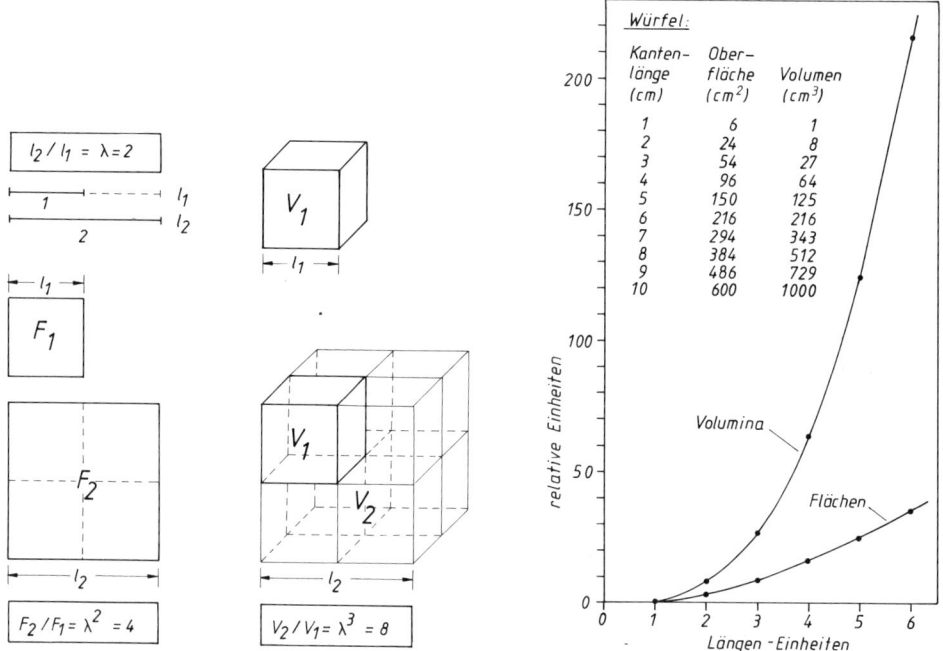

Abb. 2. Zuwachs von Fläche und Volumen bei Vergrößern einer Strecke
Links: Quadrat und Würfel als Beispiele für eine über einer Strecke 1 aufgespannte Fläche (F) und einen über dieser Fläche errichteten Raum (V = Volumen). Beachte die unterschiedliche Zunahme von Fläche und Volumen bei Verdoppeln der Strecke
Rechts: Zuwachs einer Fläche bzw. eines Volumens als Funktion der Seiten- bzw. Kantenlänge (Abszisse). Führt man die Flächenbetrachtung nicht für ein Quadrat, sondern für die Oberfläche eines Würfels durch, sind die Werte jeweils mit 6 zu multiplizieren (s. die Tabelle in der Figur) (nach Günther 1971)

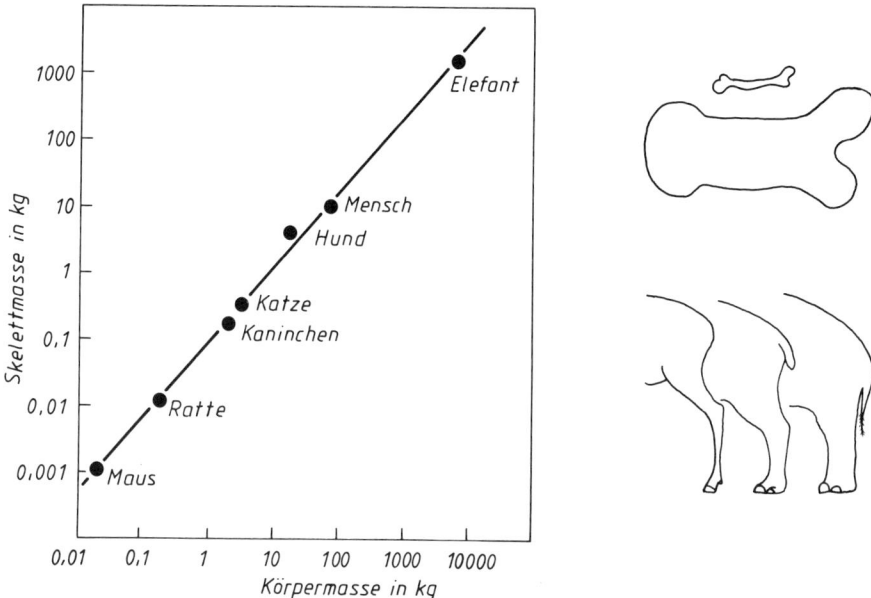

Abb. 3 (links). Masse des Skeletts als Funktion der Körpermasse verschiedener Arten. Betrüge die Skelettmasse stets denselben Prozentsatz der Körpermasse, hätte die Gerade die Steigung 1. Die Steigung beträgt jedoch 1,13 und zeigt damit den relativ stärkeren Massenzuwachs des Skeletts (nach Kaiser und Heusner aus Schmidt-Nielsen 1975)

Abb. 4 (rechts). Oben: Umrisse zweier von GALILEI gezeichneter Knochen (Abbildungsvorlage aus Szabó 1979)
Unten: Auf gleiche Größe gebrachte Hinterextremität von Reh, Tapir und Elefant (von links nach rechts) (nach Bühler aus Starck 1978)

C.   Das kleinste und das größte Säugetier

Lange Zeit galt die Etruskerspitzmaus (Abb. 5) mit 2 g als das Säugetier mit der geringsten Körpermasse. Vor kurzem (1974) wurde jedoch eine noch weniger wiegende Art entdeckt: die Schmetterling-Fledermaus (Abb. 5). Sie unterbietet mit 1,5 g Körpermasse die Etruskerspitzmaus. Die Etruskerspitzmaus hält den »Rekord« des kleinsten Säugetiers dann, wenn man die *Gesamt-Ausmaße* des Körpers betrachtet: die Schmetterling-Fledermaus hat ja wegen ihrer Flügelspannweite größere Dimensionen als die Spitzmaus. Die Kopf-Rumpf-Länge der Schmetterling-Fledermaus ist allerdings mit 2,9 bis 3,3 cm ebenfalls geringer als die der Etruskerspitzmaus (3,5 bis 5 cm).
    Überlegungen zur kleinstmöglichen Masse eines Homoiothermen werden in Kapitel III durchgeführt.
    Das größte Tier, das je auf der Erde gelebt hat und leben wird, ist der vor der Ausrottung stehende Blauwal. Er erreicht eine Körperlänge bis zu 31 m. Gegenüber seinen

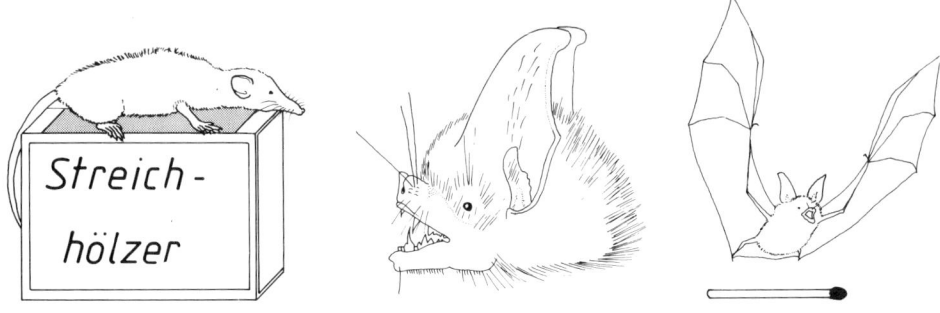

Abb. 5. Die kleinsten Arten
Links: Etruskerspitzmaus (nach einem Zeitschriften-Foto)
Mitte: Kopf der Schmetterling-Fledermaus (nach Nabhitabhata et al. 1982)
Rechts: Schmetterling-Fledermaus im Flug. Zum Größenvergleich ein Streichholz (nach Schäfer aus Nabhitabhata et al. 1982)

Ausmaßen erscheint das derzeit lebende größte Landtier – der Elefant – recht unbedeutend (Abb. 6). Der Blauwal übertrifft an Masse auch die ausgestorbenen Riesensaurier. Ein Tier mit einer derartigen Körpermasse vermag nur im Wasser zu leben, da es in diesem Medium keine Probleme mit der Tragfähigkeit seiner Gliedmaßen hat: sein Gewicht wird ja fast völlig vom Wasser getragen. Man erinnere sich an die Ausführungen in B: Die Belastbarkeit von Knochen wächst mit der zweiten Potenz. Daher ist die obere Grenze für ein Landtier eine Frage der mechanischen Stabilität – speziell bestimmter Teile des Skeletts. Auf dieses Problem soll hier nicht näher eingegangen werden.

Obwohl das Leben aus dem Meer kommt, haben es im Wasser lebende Tiere früherer Epochen nicht »geschafft«, die Dimensionen des Blauwals zu erreichen. Wale gehören zu einer Tiergruppe, welche auf dem Lande entstanden und sekundär zum Wasserleben übergegangen ist. Dabei nahmen die Wale ihre auf dem Festland erworbenen Eigenschaften mit. Diese brachten teilweise Nachteile beim Wasserleben mit sich – so beispielsweise der Zwang, zum Atmen an die Wasseroberfläche kommen zu müssen. Andererseits sicherten ihnen andere Merkmale – beispielsweise die Homoiothermie – die Überlegenheit über die bereits das Meer bevölkernden Fische.

Der Blauwal gewinnt seine Nahrung durch Filtrieren. Auch die größten Fische sind Filtrierer: Riesen- und Walhaie sowie der Riesenmanta.

Stehen wir einem Elefant gegenüber, beeindrucken uns seine Ausmaße. Daß ein so großes Tier Pflanzenesser ist, können sich manche Leute nicht vorstellen. Es kam daher schon vor, daß Zoobesucher fragten: Wieviel Fleisch braucht so ein Elefant pro Tag?

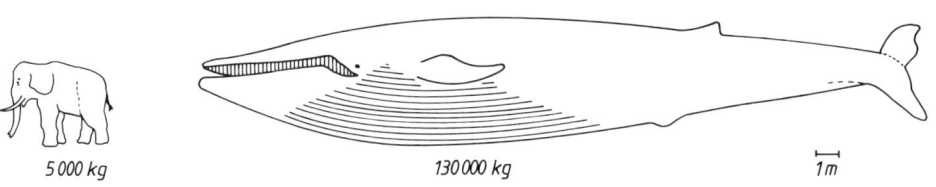

5 000 kg   130 000 kg   1m

Abb. 6. Die größten Arten: Asiatischer Elefant und Blauwal in gleichem Größenmaßstab dargestellt (nach Slijper 1962)

26

D. Exkurs in die Funktionsmorphologie

Nachstehend wird eine weder in der Biologie weit verbreitete noch sehr alte Betrachtungsweise kurz vorgestellt. Es ist die Funktionsmorphologie. In diesem Forschungsgebiet untersucht man das *Konstruktionsprinzip*, nach welchem ein Organismus gebaut ist. Damit vereinigt die Fragestellung die früher getrennt gewesenen Disziplinen der reinen Beschreibung von Strukturen (Anatomie, Histologie) mit den die Funktion untersuchenden (allgemeine und vergleichende Physiologie).

Man geht in dieser Forschungsrichtung häufig so vor, daß man Teile von Lebewesen mit Gebilden der Technik vergleicht und das beiden zugrunde liegende Prinzip ergründet. Bei dieser Art zu fragen ist es gleichgültig, aus welchem Material der untersuchte Körper aufgebaut ist: es können Knochen, Muskeln und Sehnen eines Tieres sein – oder Stein, Kunststoff und Metalldraht eines Bauwerks der Technik.

Ein Beispiel: Man nehme entweder den Röhrenknochen einer Extremität oder einen Metallstab, versehe beide »Stäbe« jeweils an beiden Enden mit einer Platte, stelle die Gebilde senkrecht und lege auf die obere Platte einen schweren Gegenstand. Das »Bauwerk« bleibt stehen. Wie dieser Versuch zeigt, besitzt sowohl der Knochen als auch der Metallstab Festigkeit gegen Druckbelastung. Führte man das gleiche Experiment mit einem Muskel, einer Sehne oder einem Metalldraht aus, würden diese dem Druck nachgeben und zusammengedrückt werden bzw. sich durchbiegen. Diese »Bauteile« besitzen also keine Festigkeit gegen Druckbelastung – wohl aber gegen Zugbeanspruchung.

D1. Festigkeitsarten

Die vorstehend angeführten Beispiele erläutern Festigkeit gegen Druck und Zug. Weitere Belastungsarten sind in Abb. 7 dargestellt. Außer diesen treten noch Scherung und Torsion auf. Sie sind in Abb. 7 fortgelassen, da sie in den nachstehenden Ausführungen nicht benötigt werden.

D2. Konstruktionsprinzip des Rumpfes

Betrachten wir ein auf der Weide stehendes Pferd, erscheint es uns kaum als Problem, daß dieses »stabil« dasteht und nicht in sich zusammenfällt. Dem Verfasser wurde es eindrücklich vor Augen geführt, daß auch das einfache Stehen nicht selbstverständlich ist, als er bei einem Besuch im Schlachthof folgendes erlebte: Ein ruhig dastehender Bulle stürzte nach dem Schuß ins Gehirn so schnell in sich zusammen, daß man als unvorbereiteter Beobachter heftig erschrak.

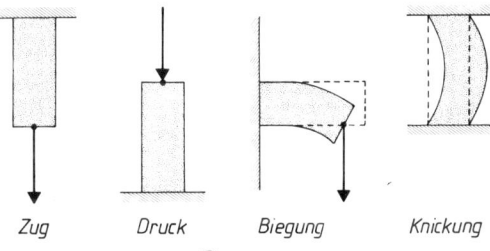

Abb. 7. Ausgewählte Belastungsarten. Als Beispiel ist ein unterschiedlich belasteter Zylinder gewählt (nach Nachtigall 1971)

Zug   Druck   Biegung   Knickung

27

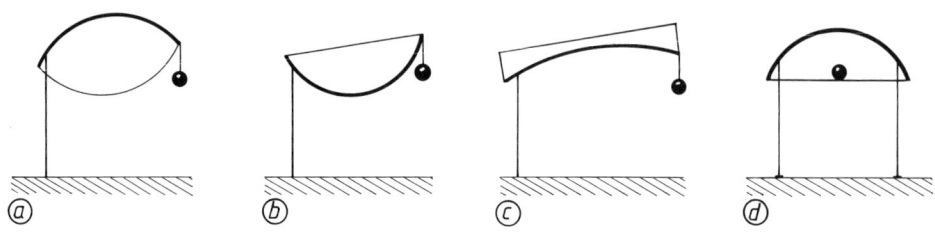

Abb. 8. Verschiedene Bogen-Sehnen-Konstruktionen. a, b und d nach dem Prinzip des Bogens der Schützen, c nach dem des Violinbogens. In a bis c herrscht einseitige Belastung. In a ist die Sehne entlastet, in den übrigen Fällen belastet. In d herrscht symmetrische Belastung, man könnte die Kugel, statt sie auf die Sehne zu legen, auch an die Mitte des Bogens hängen (nach Kummer aus Nachtigall 1971 und Starck 1979)

Die statischen Probleme eines auf vier Beinen stehenden Tiers – dessen überwiegende Körpermasse zwischen den Vorder- und Hinterextremitäten liegt und nach unten zieht – seien an einem ganz grob angenäherten Beispiel erläutert. Unter Vernachlässigung der Beweglichkeit der Gliedmaßengelenke vergleichen wir das Tier mit einem vierbeinigen rechteckigen Tisch. Er ist unter anderem deshalb stabil, weil die Tischplatte starr ist. Sägte man sie in der Mitte auseinander und verbände die Hälften durch an mehreren Stellen angebrachte kurze Schnüre, würde die Platte einknicken und der Tisch in sich zusammenstürzen. Man hätte dadurch das Problem beleuchtet, daß die Wirbelsäule keinen starren Stab darstellt, sondern aus gegeneinander beweglichen Wirbeln aufgebaut ist.

Aus dem Experiment ist zu folgern, daß der auf vier – als steif angenommenen – Gliedmaßen stehende Säugetierrumpf ein in sich stabiles Gebilde sein muß.

Wollen wir unseren Tisch etwas tierähnlicher gestalten, können wir an der Schmalseite der Tischplatte als »Hals« einen Stab und an dessen Ende eine Kugel als »Kopf« befestigen. Die dabei auftretenden Festigkeitsprobleme seien zunächst behandelt.

Wählt man bei relativ schwerer Kugel als »Hals« eine Gerte, wird diese sich durchbiegen oder gar brechen. Wie könnte man den Hals stabil gestalten? Aus einer Gerte (geeignet sind Schößlinge des Haselnußstrauches) und einer Schnur basteln Knaben einen Flitzebogen, um damit Pfeile abzuschießen. Betrachten wir die Bestandteile des Bogens isoliert, haben wir eine biegsame Gerte und eine in der Hand baumelnde Schnur vor uns, die allerdings auf Zug beanspruchbar ist. Beide zusammen ergeben jedoch als Bogen und Sehne ein sehr stabiles Gebilde.

Man kann statt einer einzigen auch mehrere Sehnen verwenden und spricht ganz allgemein von einer *Bogen-Sehnen-Konstruktion*. Eine solche ist im Tischbeispiel als »Hals« geeignet und vermag die Kugel zu tragen – allerdings nur dann, wenn man sie in der richtigen Orientierung anbringt (Abb. 8). Wählt man die Anordnung der Abb. 8a, d.h. Bogen oben stehend und nach oben konvex, nimmt dieser unter der Belastung eine stärkere Krümmung an, die erschlafften Sehnen hängen durch. Anders in der Situation Abb. 8b (Bogen unten befindlich und nach unten konvex): Dieses System ist bei einseitiger Belastung straff. Stabil ist auch eine Konstruktion, wie sie beim Violinbogen vorliegt (Abb. 8c): in diesem Fall liegt der Bogen unten und ist nach oben konvex, die Sehnen sind gespannt.

Betrachten wir nach den vorstehenden Überlegungen zur *Funktion* die *Morphologie* der Wirbelsäule. Sie ist zusammen mit den übrigen Teilen des Skeletts in Abb. 9 dargestellt.

Die aus zahlreichen Wirbeln bestehende Hauptstütze des Körpers wird in fünf Regionen untergliedert.

■ *Halsregion*: Sie bildet mit dem ersten Wirbel – dem Atlas – die Gelenke zum Kopf. Dieser sowie der nachfolgende Axis (= Epistropheus) sind für die Bewegungen des Kopfes besonders wichtig. Insgesamt wird durch die bewegliche Halswirbelsäule der Bewegungsspielraum – und damit beispielsweise die bei ruhendem Körper optisch erfaßbare Umwelt – bestimmt.

Im Gegensatz zu den sonstigen Wirbeltieren weisen nahezu alle Säugetiere sieben Halswirbel auf. Das bedingt, daß ein Halswirbel der Giraffe außerordentlich lang, der eines Delphins extrem kurz ist. Nur die Faultiere und die Seekühe bilden Ausnahmen: So haben die Zweifinger-Faultiere sechs, die Dreifinger-Faultiere neun und die Manatis sechs Halswirbel.

■ *Brustregion*: Deren Wirbel sind dadurch kenntlich, daß an ihnen Rippen ansetzen.

■ *Lendenregion:* Sie besteht aus freien, nicht rippentragenden Rumpfwirbeln.

■ *Sacralregion*: Hier ist das Becken über das Ilium mit der Wirbelsäule verbunden. Die Gesamtheit der Sacralwirbel bezeichnet man gelegentlich als Kreuzbein (Os sacrum). Im ursprünglichen Zustand besteht diese Region aus zwei Sacralwirbeln.

■ *Schwanzregion*: Alle hinter der Sacralregion anschließenden Wirbel bilden den Schwanz. Er umfaßt minimal drei bis fünf (bei Menschenaffen und dem Menschen), maximal 49 Schwanzwirbel (beim Langschwanz-Schuppentier).

Die Darstellung der Abb. 10 vereinigt die funktionelle mit der morphologischen Betrachtungsweise. Wie diese Abbildung zeigt, folgt die Konstruktion der Halswirbelsäule sowohl dem Prinzip der Abb. 8b (hinterer Teil) als auch dem der Abb. 8c (kopfnaher Teil). Die aneinandergereihten Wirbelkörper bilden den Bogen, die dorsal davon verlaufenden Nackenmuskeln und das – bei manchen Arten vorkommende – Nackenband (Ligamentum nuchae) die Sehnen der Bogen-Sehnen-Konstruktion. Die Belastungsarten sind: *Zug*beanspruchung der Nackenmuskulatur bzw. des Nackenbandes, *Druck*belastung der Wirbel. Wie histologische Untersuchungen und spannungsoptische Modellversuche ergaben, sind die Wirbelkörper nur auf *axialen* Druck beansprucht. Die Dornfortsätze dienen sowohl bei der Hals- als auch bei der Rumpfwirbelsäule nur als Ansatzstellen für die Muskulatur.

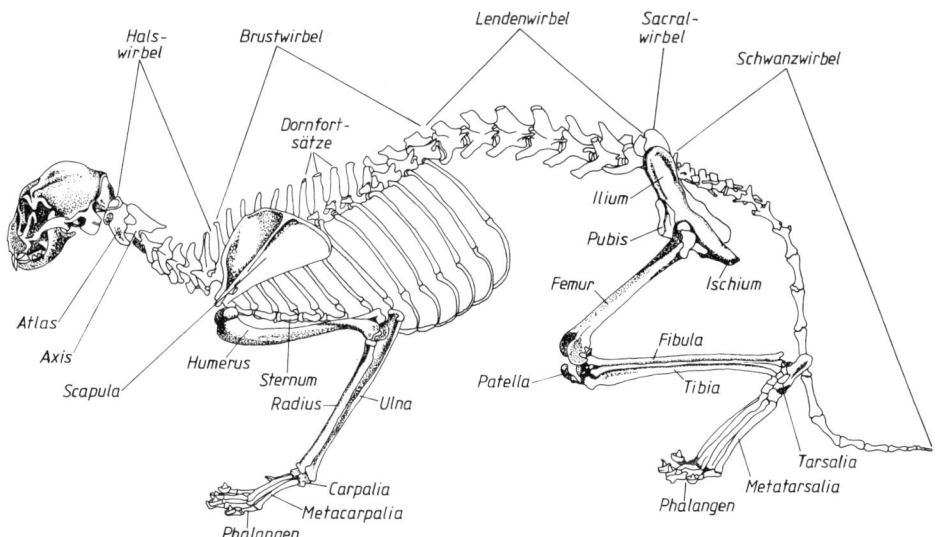

Abb. 9. Skelett der Hauskatze (nach Kämpfe et al. 1955)

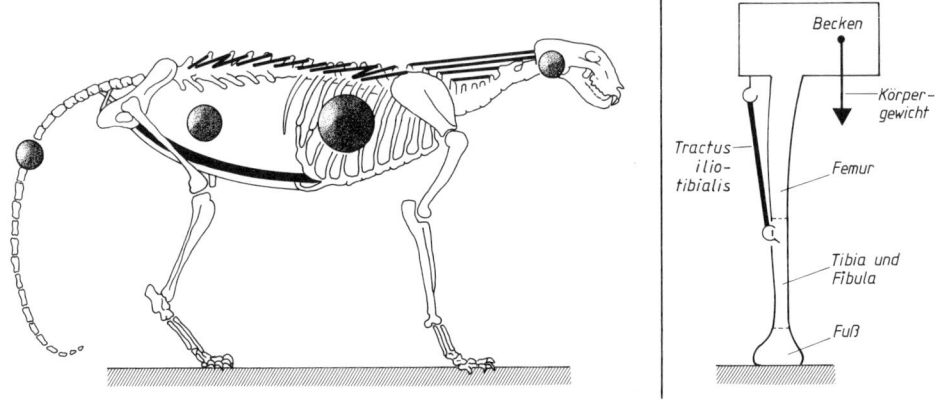

Abb. 10 (links). Skelett eines Tigers als Beispiel für eine sich auf vier Beinen fortbewegende Art. Die Kugeln symbolisieren die Massen des Kopfes, der Brust- und Baucheingeweide sowie des Schwanzes. Die schwarzen Linien geben Muskeln wieder (nach Kummer aus Siewing 1980)

Abb. 11 (rechts). Zuggurtungsprinzip, dargestellt am Schema eines menschlichen Beckens mit Bein, dessen Fuß am Boden befestigt gedacht ist (nach Nachtigall 1971)

Berechnungen zur Belastung der *Dornfortsätze* ergaben bezüglich deren Neigung relativ zum Wirbelkörper folgendes: Steile Dornfortsätze sind besonders günstig, wenn das Tier Bewegungen um die Querachse vollführt – beispielsweise beim Krümmen des Rumpfes vor einem Sprung. Stark geneigte Dornfortsätze erweisen sich als vorteilhaft bei Bewegungen um die Hochachse – so wenn sich ein Tier außen am Oberschenkel bei der Fellpflege beknabbert – oder auch bei Bewegungen um die Längsachse (solche kommen beispielsweise beim Wälzen am Boden vor).

Wie Abb. 10 zeigt, ist die Rumpfwirbelsäule ebenfalls als Bogen einer Bogen-Sehnen-Konstruktion aufzufassen. Das Modell ist in Abb. 8d dargestellt. Die Belastung ergibt sich beim Rumpf durch die Brust- und Baucheingeweide. Letztere können bei Paarhufern große Massen aufweisen: Man betrachte eine Kuh, deren prall gefüllter Pansen die Seiten auswölbt; ist sie auch noch hochträchtig, treten ganz erhebliche Belastungen dieser Bogen-Sehnen-Konstruktion auf. Als zugbeanspruchte Sehnen sind beim Rumpf die Gesamtheit der Bauchmuskeln zu betrachten. Die Haupt-Zugbeanspruchung liegt auf den Muskelfasern des ventral verlaufenden Musculus rectus abdominis. Aber auch die schräg angeordneten Muskeln tragen zur Zugverspannung des Rumpfes bei – sie wirken über diejenigen Komponenten ihrer Spannung, welche eine zur Längsachse des Rumpfes parallele Richtung aufweisen.

Neben der geschilderten Verspannung des Rumpfes existiert noch eine zusätzliche. Sie geschieht nach Art des Violinbogens. Den Bogen bildet auch hier die Rumpfwirbelsäule, als Sehnen sind die von Dornfortsatz zu Dornfortsatz ziehenden Rückenmuskeln aufzufassen.

D3. Zuggurtungsprinzip

Die Belastung des Oberschenkelknochens beim aufrecht stehenden Menschen ist ein besonders geeignetes Beispiel, um dieses Prinzip zu erläutern.

Das am Becken angreifende Körpergewicht belastet den Röhrenknochen des Oberschenkels so, daß dieser einer Biegebeanspruchung ausgesetzt ist (Abb. 11). Röhrenknochen sind aber – wie Röhren überhaupt – ganz empfindlich gegen die Belastungsarten Biegung und Knickung (Abb. 7). Gegen Druck dagegen besitzen sie eine hohe Festigkeit.

Durch die Ausbildung eines Knochens in Form einer Röhre wird – verglichen mit einem kompakten Knochen – eine beträchtliche Masse Knochensubstanz eingespart. Wären unsere Ober- und Unterschenkelknochen nicht röhrenförmig gebaut, hätten wir keine so schnellen 100 m-Läufer. Wird mit möglichst geringem Materialaufwand eine relativ hohe Festigkeit erreicht, spricht man allgemein von *Leichtbau.*

Man kennt verschiedene Arten des Leichtbaus. Der Oberschenkelknochen ist ein Beispiel für »Leichtbau durch Röhrenform«. Dieser wird auch in der Technik verwendet. Wie Ingenieure berechnet haben, kann man beispielsweise einen geeigneten Hohlstab anstelle einer Säule verwenden und dabei das Gewicht von $10 \cdot 10^4$ N auf $6 \cdot 10^4$ N erniedrigen, ohne daß dadurch die Bruchfestigkeit verkleinert wird. Wer die Begründung hierzu nachlesen und über das Gebiet »Biotechnik« Näheres erfahren will, dem sei das gleichnamige Buch von NACHTIGALL empfohlen.

Die Gefahr eines Bruches des Femurs durch die – auf das Körpergewicht zurückführende – exzentrisch wirkende Biegebeanspruchung wird durch ein weiteres Konstruktionsprinzip herabgesetzt. Es heißt *Zuggurtung* (Abb. 11). Sie ist am Bein des Menschen als Tractus iliotibialis ausgebildet. Der Tractus ist ein Sehnenband samt der es straffenden Muskulatur. Das Band zieht vom Darmbein (Ilium) des Beckens zum oberen Ende der Tibia (in Abb. 11 stark schematisiert dargestellt). Der Tractus wird als Zuggurtung durch das Körpergewicht auf Zug beansprucht. Kontrahieren sich seine Muskeln, entsteht eine Gegenspannung, welche die Biegebeanspruchung des Femurs verkleinert. Die Zuggurtung macht die ganze Konstruktion statisch stabiler als sie es ohne eine solche Gurtung wäre. Kontraktion der Zuggurtungsmuskeln führt also nicht – wie bei sonstigen Muskeln üblich – zu einer *stärkeren* Beanspruchung des Knochens, sondern setzt seine Biegebeanspruchung *herab.*

III. Energiewechsel

Häufig spricht man im Zusammenhang mit dem Energiewechsel der Organismen von Energie*verbrauch*. Dieser Begriff beinhaltet nicht, daß Energie vernichtet wird – was gegen die Gesetze der Physik verstoßen würde. Gemeint ist vielmehr Energie*umwandlung*. Der tierliche Organismus nimmt die in den Nährstoffen enthaltene chemische Energie auf und wandelt sie überwiegend in mechanische Energie, d.h. in die mechanische Arbeit der Bewegungsvorgänge um. Daneben kommt die Zufuhr von Wärmeenergie vor (s. IV A).

Bei der Umwandlung der aufgenommenen chemischen in mechanische Energie wird gemäß den Aussagen der Thermodynamik immer ein Teil der Energie als Wärme abgegeben. Wie in Kapitel IV besprochen, ist manchmal die Produktion von Wärme das eigentliche »Ziel« bestimmter Stoffwechselprozesse. Manche Arten besitzen hierfür sogar ein besonderes »Heiz«gewebe – es ist das braune Fett (s. IV A).

A. Allgemeines zum Energieumsatz

Jeder Organismus benötigt – auch wenn er ruht – fortlaufend Energie. Sie ist erforderlich, um seine durch hochkomplizierte Makromoleküle gekennzeichnete Struktur aufrechtzuerhalten. Da die Energie aus den Nährstoffen gewonnen wird, sind Stoff- und Energiewechsel eng miteinander verknüpft.

Wie in Abschnitt IV A am Beispiel des Menschen dargestellt ist, wird bei diesem »Grundumsatz« Wärme frei, welche dafür verantwortlich ist, daß die Temperatur eines Ruhenden über der seiner Umgebung liegt.

Der Energieumsatz kann gemessen werden, indem man die von einem Tier abgegebene Wärmemenge bestimmt. Diese direkte Kalorimetrie erfordert großen experimentellen Aufwand. Man geht daher meist indirekt in folgender Weise vor: Man mißt den vom Tier verbrauchten Sauerstoff und errechnet hieraus den Energieumsatz. Bei oxidativem Abbau der Nährstoffe werden bei Verbrauch von 1 Liter Sauerstoff stets 20,5 kJ freigesetzt. Wichtig ist, daß dieses »oxikalorische Äquivalent« nicht davon abhängt, welche Nährstoffe dafür abgebaut wurden. Ob Kohlenhydrate, Fette oder Proteine – der weitaus größte Teil der Energie wird aus allen Nährstoffen in der gemeinsamen Endstrecke der in den Mitochondrien ablaufenden Atmungskettenoxidation und oxidativen Phosphorylierung gewonnen.

Bestimmt man die von einem *ganzen* Tier – etwa einer Katze – in der Zeiteinheit abgegebene Wärmemenge bzw. den verbrauchten Sauerstoff, erhält man einen Wert für den *Gesamt-Energieumsatz*, der manchmal auch als Stoffwechselrate bezeichnet wird (gemessen in kJ · Tier^{-1} · h^{-1} bzw. ml O_2 · Tier^{-1} · h^{-1}). Der auf die Einheit der Körpermasse bezogene Umsatz heißt *massenspezifischer Energieumsatz* oder auch Stoffwechsel*intensität* und wird in kJ · kg^{-1} · h^{-1} bzw. ml O_2 · kg^{-1} · h^{-1} angegeben. Man stellt hier also die Frage: Weist »1 kg Katze« denselben Energieumsatz auf wie »1 kg Hund«?

Sowohl beim gesamten als auch beim massenspezifischen Energieumsatz wird der Energiebetrag durch die Zeiteinheit dividiert; es handelt sich also um eine Leistung (1 J ·

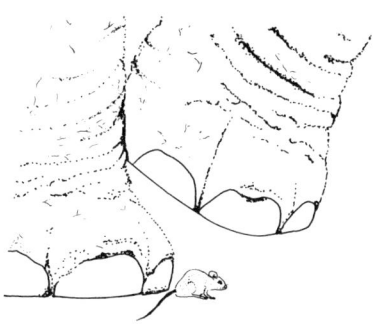

Abb. 12. Elefantenfüße und Maus. Man beachte die breite Auftrittsfläche des stehenden
Fußes (nach einer Photographie)

s^{-1} = 1 Watt); die Angaben können also auch in Watt je Tier oder Watt je kg gemacht
werden.

B.   Gesamt-Energieumsatz verschiedener Arten

Ein Hund hat einen höheren Energieumsatz als eine Katze, ein Elefant einen höheren als
eine Maus. Mit anderen Worten: Der Energieumsatz ist umso höher, je größer die Körpermasse einer Art ist. Hieran knüpft sich die Frage: Nach welcher Gesetzmäßigkeit
wächst der Gesamt-Energieumsatz mit zunehmender Körpermasse? Um eine Antwort
hierauf zu erhalten, experimentierte man zunächst mit Hunden und dehnte die Versuche
später auf Arten aus, die so unterschiedliche Körpermassen aufweisen wie Maus und Elefant (Abb. 12).

B1.   Maus-Elefant-Gerade

Wie Messungen an Vertretern zahlreicher Arten ergaben, läßt sich die Beziehung zwischen Gesamt-Energieumsatz und Körpermasse durch folgende Formel beschreiben:

$$S = a M^b \qquad (1)$$

In dieser Potenzfunktion bedeuten S den Geamt-Energieumsatz und M die Körpermasse.
Logarithmiert man die Gleichung, erhält man:

$$\log S = \log a + b \log M \qquad (2)$$

Erinnern wir uns an den Mathematikunterricht und die Gleichung einer Geraden:

$$y = a + b x \qquad (3)$$

In dieser Gleichung bedeutet a den Schnittpunkt der Geraden mit der Ordinate, b gibt die
Steigung der Geraden an.

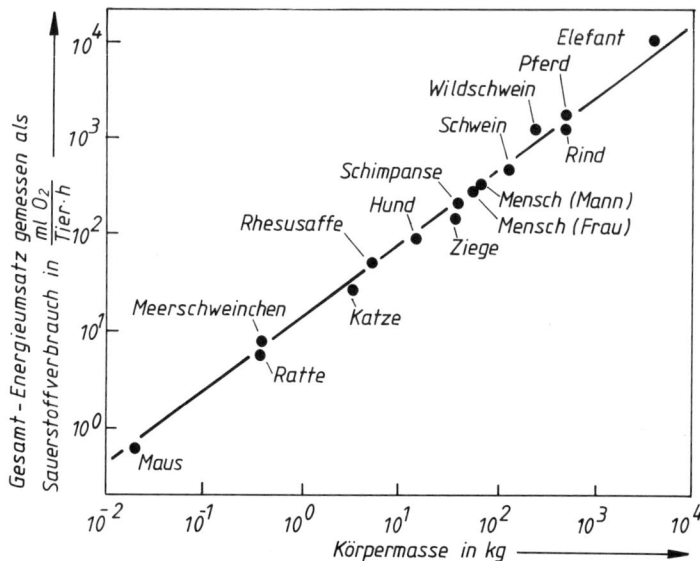

Abb. 13. Gesamt-Energieumsatz verschiedener Arten als Funktion der Körpermasse (nach Benedikt aus Czihak et al. 1978)

In einem doppelt-logarithmischen Koordinatensystem aufgetragen, ergibt sich nach (2) und (3) für die Abhängigkeit des Geamt-Energieumsatzes von der Körpermasse eine Gerade (Abb. 13). Sie heißt nach ihrem untersten und obersten Meßwert *Maus-Elefant-Gerade*.

An der Geraden läßt sich auf einfache Weise der Wert für die Steigung bestimmen; er ist gleichbedeutend mit dem Exponent b in Gleichung (1). Aufgrund zahlreicher Messungen erhielt man für Säugetiere für b einen Wert von 0,75. Als man die ebenfalls homoiothermen Vögel in die Experimente einbezog, ergab sich für sie b = 0,72. Ja, man konnte die Aussagen sogar auf Poikilotherme ausdehnen. Als man schließlich auch noch Einzeller untersuchte, fand man folgende Gesetzmäßigkeit: Bei *allen Lebewesen* ist der Gesamt-Energieumsatz eine Potenzfunktion der Körpermasse, wobei die Exponenten zwischen 0,72 und 0,75 liegen. Dieser Befund ist von enormer Bedeutung, stellt er doch eines der ganz wenigen Gesetze in der Biologie dar, das für *alle* Organismen – vom winzigen Einzeller bis zur riesigen Eiche – gilt.

B2. Biologische Interpretation der Steigung der Maus-Elefant-Geraden

Aufgrund theoretischer Überlegungen lassen sich zwei weitere mögliche Werte für die Steigung der Maus-Elefant-Geraden angeben. Wäre der Gesamt-Energieumsatz der Körper*masse* proportional, ergäbe sich b = 1; wäre er der Körper*oberfläche* proportional, wiese b den Wert 0,67 auf. Der experimentell gefundene Wert von etwa 0,73 liegt nun zwischen diesen beiden theoretischen Werten – es besteht also weder Proportionalität zur Masse noch zur Oberfläche. Diese Tatsache läßt sich biologisch in nachstehender Weise interpretieren.

Während der Phylogenese nahmen die Arten an Größe – d.h. an Körpermasse – zu (COPEsche Regel). Dies geschah nicht – wie man denken könnte – durch entsprechende Volumenzunahme der Einzelzellen, sondern durch Vermehren der Anzahl der etwa gleich groß bleibenden Zellen. Zwei im Verlauf der Evolution wirksame Selektionsdrucke sind denkbar: Erstens existierte die Tendenz, allen Zellen eines Tieres – unabhängig von ihrer Anzahl – den gleichen mittleren Energieumsatz zu gewährleisten. Wäre dieser Selektionsdruck allein wirksam gewesen, fände man eine Proportionalität zur Körpermasse, d. h. b = 1.

Zweitens bestand ein Zwang, der sich aus den in Abschnitt II A dargestellten mathematischen Aussagen herleitet. Bei der Größenzunahme eines Tieres wächst nämlich das Volumen bzw. die Masse mit der dritten Potenz der (relativen) Länge, die Oberfläche dagegen nur mit deren zweiter Potenz (Abb. 2).

Die mit dem Massenzuwachs verbundene Verkleinerung der »relativen Oberfläche« schafft »Engpässe«: Der an Oberflächen ablaufende Austausch von Stoffen und Energie wird zunehmend schlechter. Ein solcher Prozeß ist der an den Zelloberflächen stattfindende Ein- und Ausstrom von Sauerstoff, Kohlendioxid und Stoffwechselprodukten; ein anderer der an der Oberfläche des ganzen Körpers ablaufende Austausch von Wärme. Wäre dieser Selektionsdruck allein wirksam gewesen, bestünde Proportionalität zur Körperoberfläche, es ergäbe sich b = 0,67. Die Tatsache, daß man bei allen Organismen Werte für b zwischen 0,72 und 0,75 findet, weist darauf hin, daß zwischen den beiden geschilderten Selektionsdrucken im Verlauf der Evolution ein Kompromiß geschlossen wurde.

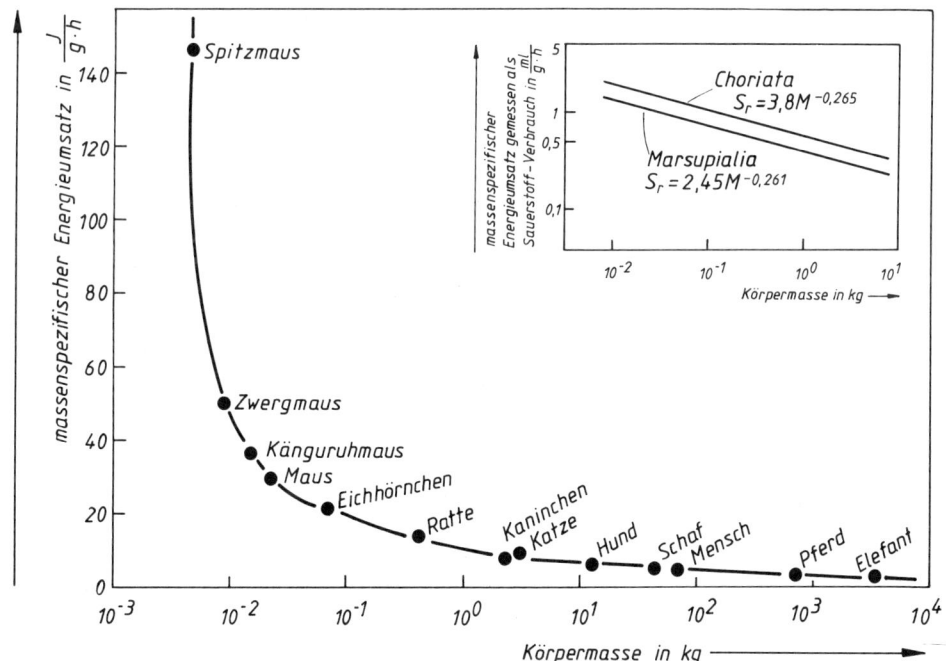

Abb. 14. Massenspezifischer Energieumsatz verschiedener Arten der Choriaten als Funktion der Körpermasse (nach Schmidt-Nielsen 1975)
Einschaltfigur: Massenspezifischer Energieumsatz als Funktion der Körpermasse bei Choriaten und Beuteltieren (nach Macmillen und Nelson aus Günther 1971)

C. Massenspezifischer Energieumsatz verschiedener Arten

Man hat Berechnungen zu den Situationen angestellt, die sich einstellen würden, wäre die Annahme »b = 1« bei Säugetieren verwirklicht. Wiese ein Nashorn den Energieumsatz einer Ratte auf, könnte es die bei den Stoffwechselprozessen entstehende Wärme nur dann loswerden, wenn seine Hauttemperatur 100 °C, d.h. die des kochenden Wassers, aufwiese. Wäre der Energieumsatz des Elefanten gleich demjenigen der Maus, könnte er nur leben, wenn in seiner Umgebung eine Temperatur von –273 °C (absoluter Nullpunkt) herrschte. Eine Maus dagegen, deren Energieumsatz dem eines Stieres entspräche, müßte – um ihre Körpertemperatur aufrechtzuerhalten – ein 20 cm dickes Fell mit sich herumtragen.

Im Verlauf ihrer Größenzunahme haben Tiere also ihren Energieumsatz eingeschränkt. Diese Tatsache ist als »Gesetz der Stoffwechselreduktion« bekannt. Anschaulich wird dieses, wenn man den Energieumsatz auf die Einheit der Körpermasse bezieht, d. h. den massenspezifischen Energieumsatz verschiedener Arten graphisch darstellt (Abb. 14). In Abb. 14 wurde die Ordinate nicht logarithmisch, sondern arithmetisch unterteilt, um den extrem starken Abfall der Kurve hervorzuheben. Wodurch kommt diese drastische Reduktion des Stoffwechsels mit zunehmender Körpermasse zustande?

D. Ursachen für die Stoffwechselreduktion

Mindestens zwei Faktoren lassen sich angeben, auf welche die Stoffwechselreduktion zurückzuführen ist. Der erste betrifft die Tatsache, daß der Körper aus verschiedenen Organen aufgebaut ist. Mit zunehmender Körpermasse ändert sich der prozentuale Anteil der einzelnen Organe an der Gesamtmasse (Abb. 15): Während der Anteil der Lunge und des (nicht eingezeichneten) Herzens mit zunehmender Körpermasse etwa konstant bleibt, steigt der Anteil des Skeletts, dagegen fallen die Anteile von Leber, Niere und Gehirn.

Warum der Anteil des Skeletts an der Körpermasse so stark zunehmen muß, ist in Abschnitt II B begründet. Knochen als Gewebe mit sehr geringem Energieumsatz hat an der Körpermasse der Maus nur einen Anteil von 5 %, an der des Elefanten dagegen einen von mehr als 30 %.

Hohen Energieumsatz weisen die Organe Leber, Niere und Gehirn auf. Da sie mit zunehmender Körpermasse immer weniger zur Gesamtkörpermasse beitragen, kann man folgendes berechnen: die zu hohen Körpermassen hin beobachtete Verschiebung der Organ-Anteile erklärt etwa 50 % der Stoffwechselreduktion von der Maus bis zum Elefant.

Der zweite Faktor ist folgender: Der Energieumsatz eines bestimmten Gewebes hängt – in vitro gemessen – davon ab, von welcher Spenderart das Gewebe stammt. Gewebe von Tieren großer Körpermasse weisen einen geringeren Sauerstoffverbrauch auf als solche von Arten geringer Körpermasse (Abb. 16). Hierzu paßt der Befund, daß im Lebergewebe mit zunehmender Tiergröße die Anzahl der Mitochondrien je Masseneinheit abnimmt.

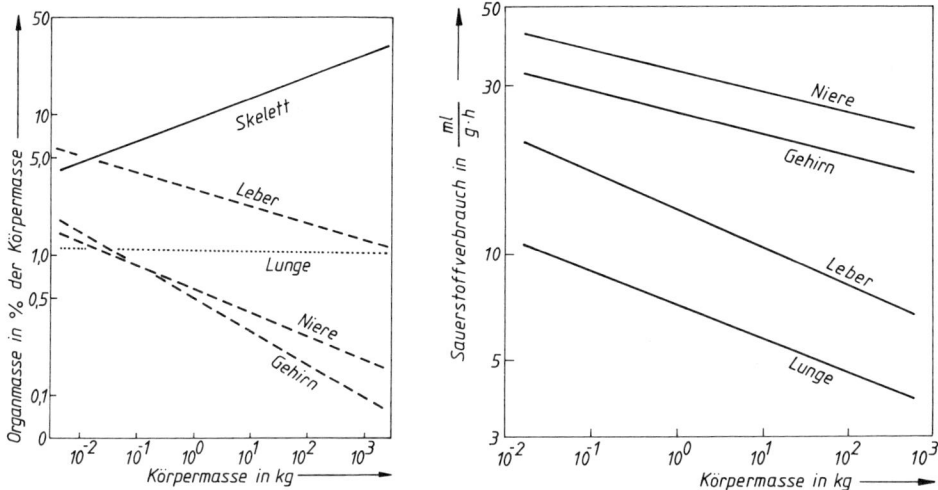

Abb. 15 (links). Anteil der Masse einiger Organe an der Körpermasse bei verschiedenen Arten der Choriaten (nach mehreren Autoren aus Aschoff 1971)

Abb. 16 (rechts). In vitro gemessener Sauerstoffverbrauch als Maß für den massenspezifischen Energieumsatz verschiedener Gewebe als Funktion der Körpermasse. Die sich um die Geraden gruppierenden Meßpunkte sind fortgelassen (nach Krebs aus Aschoff 1971)

E. Massenspezifischer Energieumsatz bei Chorion- und Beuteltieren

Bisher betrachteten wir in Kapitel III ausschließlich Vertreter der Choriaten. Als man Arten der Marsupialia in die Untersuchungen einbezog, fand man die in der Einschaltfigur Abb. 14 dargestellte Gesetzmäßigkeit. In dieser Abbildung weisen beide Achsen eine logarithmische Skala auf, wodurch auch die Kurve für die Choriaten (Abb. 14) die Form einer Geraden annimmt. Die an Vertretern der Beuteltiere gewonnenen Meßwerte werden durch eine Gerade repräsentiert, welche *parallel* zu der Geraden für die Choriaten verläuft.

Die Gerade der Marsupialia ist in Ordinatenrichtung zu tiefen Werten der Skala hin verschoben. Das bedeutet, daß ein Beuteltier bestimmter Körpermasse einen geringeren massenspezifischen Energieumsatz aufweist als ein Choriontier gleicher Masse. Dies könnte mit ein Grund dafür sein, daß Beuteltiere den Choriaten im Konkurrenzkampf häufig unterlegen sind. Hierfür sprechen Befunde an zwei – allerdings zu den Choriaten zählenden – amerikanischen Hasenarten: Der Schneeschuhhase hat einen etwa doppelt so hohen massenspezifischen Energieumsatz wie der Schneehase. Wo immer die beiden Arten aufeinander treffen, ist der Schneeschuhhase dem Schneehasen überlegen.

Eine weitere interessante Tatsache ist der Einschaltfigur Abb. 14 zu entnehmen: Da beide Kurven mit zunehmender Körpermasse in gleichem Maße fallen, ist der Exponent der Potenzfunktion in beiden Fällen nahezu der gleiche (vgl. die in der Einschaltfigur eingetragenen Gleichungen). Die Marsupialia haben sich in der Stammesgeschichte vor etwa 70 Millionen Jahren von den Choriaten getrennt und eine eigene Entwicklung durchgemacht (s. XI D). Trotzdem hat sich während dieser ganzen Zeitspanne in der Beziehung zwischen Energieumsatz und Körpermasse bei *beiden* Unterklassen (zur systematischen Gruppierung s. Kap. XII) nichts verändert.

F.   Ontogenetischer Zyklus des Gesamt-Energieumsatzes

Als man den Gesamt-Energieumsatz von Elefanten bestimmte, experimentierte man aus verständlichen Gründen meist mit Jungtieren. Auch als Vertreter anderer Arten verwendete man in solchen Versuchen manchmal Individuen, die noch nicht erwachsen waren. Deren Meßwerte wichen von der erwarteten Gerade oft beträchtlich ab – was zunächst unverständlich blieb. Der Meßwert eines jungen Tiers einer bestimmten Art liegt ja im Koordinatensystem der Abb. 13 über demselben Abszissenwert wie der Meßwert des Erwachsenen einer kleineren Art. So weist ein Menschenkind während seines Wachstums irgendwann die Körpermasse eines erwachsenen Schäferhundes auf.

Am Beispiel des Menschen sei der Gesamt-Energieumsatz verschiedener Entwicklungszustände erläutert (Abb. 17). Betrachten wir zunächst den Gesamt-Energieumsatz eines 18 Monate alten Kindes. Sein Wert liegt weit oberhalb der Maus-Elefant-Gerade, d. h. das Kleinkind weist einen weit höheren Energieumsatz auf als ein erwachsenes Säuge-

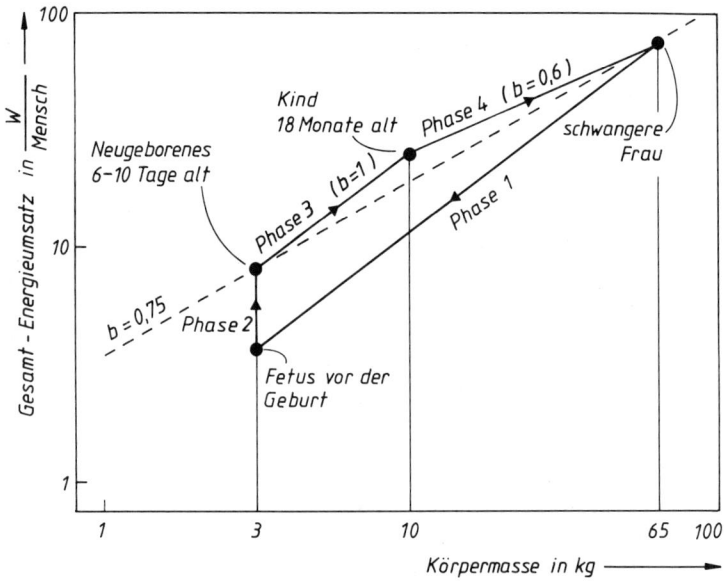

Abb. 17. Gesamt-Energieumsatz verschiedener Entwicklungszustände des Menschen. Vier Lebensstadien sind durch Punkte hervorgehoben; die Linien zwischen den Punkten geben vier Wachstumsphasen wieder (»ontogenetischer Zyklus«). Gestrichelt eingezeichnet ist außerdem die für verschiedene Säugetier-Arten geltende »Maus-Elefant-Gerade«; Ordinatenbezeichnung für diese »Watt/Tier« (nach Wieser 1985)

38

tier gleicher Körpermasse. Im Verlauf der weiteren Entwicklung folgt im Jugendalter die Zunahme des Gesamt-Energieumsatzes einer Potenzfunktion, deren Exponent 0,6 ist – es besteht also annähernd Proportionalität zur Oberfläche (Phase 4). Trotzdem liegen die Werte noch oberhalb der Maus-Elefant-Gerade. Die hohe Wärmebildung bei Jugendlichen – je Flächeneinheit liegt die Wärmeabgabe um rund 25 % über der von Erwachsenen – schafft den Müttern Besorgnis: Ihre Kinder ziehen nämlich den Pullover dann schon aus, wenn die Eltern die Witterung noch als recht kühl empfinden.

Ist der Mensch erwachsen, liegt der Meßwert für seinen Gesamt-Energieumsatz auf der Maus-Elefant-Gerade. Handelt es sich um eine schwangere Frau, weist der in ihr heran-wachsende Fetus einen Energieumsatz auf, der demjenigen eines Teiles der Mutter ent-spricht. Diesen Energieumsatz behält er bis zur Geburt bei (Phase 1). Ein Junges zum Zeitpunkt der Geburt – nun als selbständiger Organismus mit bestimmter Körpermasse ins Diagramm einzutragen – weist also viel tiefere Werte des Energieumsatzes auf als ein erwachsenes Säugetier gleicher Körpermasse. Daher liegt der Meßwert des Fetus unmit-telbar vor der Geburt unter der Maus-Elefant-Gerade.

Unmittelbar nach der Geburt steigt der Energieumsatz während einer Zeitspanne von etwa 6–10 Tagen auf Werte, die auf der Maus-Elefant-Gerade liegen. Während dieser Zeit findet nur eine sehr geringe Massenzunahme statt (Phase 2 des Kurvenzugs). Es findet gewissermaßen eine »physiologische Abnabelung« von der Mutter statt.

Schließlich wird Phase 3 des Kurvenzugs durchlaufen: Während der ersten eineinhalb Lebensjahre nimmt der Energieumsatz nach einer Gleichung mit dem Exponenten 1,0 zu – d. h. es besteht in diesem Lebensabschnitt Proportionalität des Gesamt-Energieum-satzes zur Körper*masse*.

Der geschlossene Kurvenzug in Abb. 17 heißt »*ontogenetischer Zyklus* der Massen-abhängigkeit des Gesamt-Energieumsatzes«. In ihn sind die Werte für den Energieumsatz alter Menschen nicht eingetragen. Im Tierreich kommt Vergreisung kaum vor, wohl aber in der menschlichen Gesellschaft. Mißt man den Gesamt-Energieumsatz alter Menschen, findet man niedrigere Werte als bei Menschen im besten Alter: So liegt der Energieum-satz eines 70jährigen etwa 15 % unter dem eines 20jährigen. Im täglichen Leben erleben wir dies in einem Raum bestimmter Temperatur: Für junge Menschen mag er überheizt wirken, alte Personen empfinden ihn dagegen als sehr angenehm.

G.   Untere Grenze der Körpergröße eines Homoiothermen

Kleine Tiere haben eine große relative Oberfläche (s. II A). Sie verlieren daher viel Wär-me. Demzufolge müssen sie – um ihre Körpertemperatur aufrechtzuerhalten – große Nahrungsmengen zu sich nehmen. So verzehrt eine Spitzmaus täglich so viele Käfer, Würmer usw., daß deren Masse ihrer eigenen Körpermasse entspricht. Sie ist fast ständig unterwegs, um Beute zu machen.

Ebenfalls sehr kleine Homoiotherme sind die Kolibris. Sie vermögen – im Gegensatz zu Spitzmäusen – ihre Nahrung (Nektar und Insekten) nur tagsüber zu gewinnen. Die abends angesammelte Energiereserve reicht bei ihnen häufig nicht aus, um während der Nacht ihre Körpertemperatur auf dem Tageswert zu halten. Daher senken sie diese nachts ab und verfallen in einen Starrezustand *(Torpor)*.

Eine günstige Körpergestalt, um möglichst viel Wärme zu sparen, ist eine der Kugel nahekommende Form: Die Kugel besitzt von allen geometrischen Körpern bei gege-

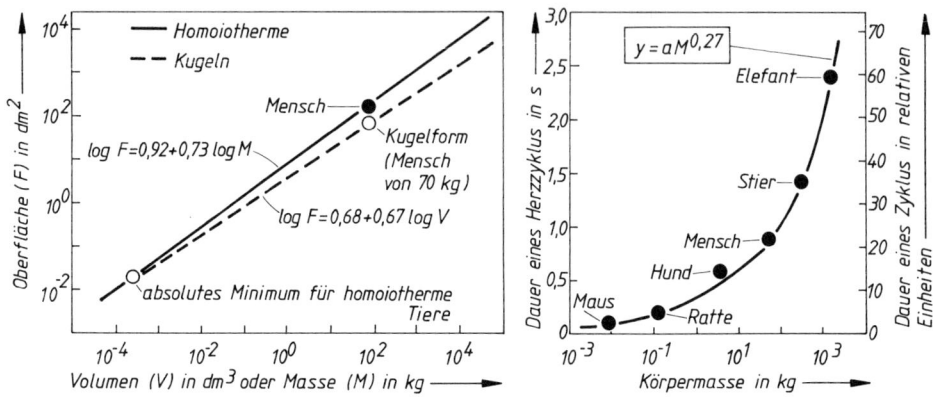

Abb. 18 (links). Aus der »Maus-Elefant-Gerade« abgeleitete Gerade (durchgezogen) sowie für Kugeln geltende Funktion (gestrichelt) für die Beziehung zwischen Oberfläche und Volumen (bzw. Masse) (nach von Schelling aus Günther 1971)

Abb. 19 (rechts). Dauer eines Herzzyklus in Abhängigkeit von der Körpermasse verschiedener Arten. Die relative Skala gibt die Zyklusdauer in Vielfachen des bei der Maus gemessenen Wertes an (nach Günther 1971)

benem Volumen die kleinste Oberfläche. Hiervon ausgehend kann man eine Betrachtung zur kleinstmöglichen Körpermasse eines homoiothermen Tieres machen. Man benötigt dazu zwei Beziehungen: Erstens die Gleichung, welche die Beziehung zwischen Oberfläche und Volumen bei Kugeln beschreibt. Zweitens die Gleichung, welche – fußend auf der Maus-Elefant-Gerade – für Homoiotherme die Oberfläche als Funktion der Masse beschreibt. Beide Funktionen sind in Abb. 18 eingezeichnet.

Die Kugelgleichung erhält man, indem man vom »Oberflächengesetz« von MEEH ausgeht. Danach gilt für alle geometrischen Körper:

$$\text{Oberfläche} = k \cdot (\text{Volumen})^{2/3} \tag{4}$$

Dabei ist die Oberfläche in Quadratdezimetern, das Volumen in Kubikdezimetern anzugeben; k ist eine Formkonstante, die für jeden Körper einen charakteristischen Wert hat; beispielsweise hat eine Kugel mit k = 4,84 den niedrigsten Wert, für einen Würfel ist k = 6,00; für Säugetiere gelten Werte zwischen k = 6,3 und k = 12,3; für den Menschen schwankt k um den Wert 10.

Wendet man Gleichung (4) auf eine Kugel an und schreibt sie in logarithmischer Form, ergibt sich (k = 4,84; log k = 0,68):

$$\log F = 0,68 + 0,67 \log V \tag{5}$$

wobei F die Oberfläche und V das Volumen bedeuten. Wir erhalten im doppelt-logarithmischen Koordinatensystem eine Gerade (Abb. 18).

Ausgehend von der Maus-Elefant-Gerade erhält man folgendermaßen die auf die Oberfläche bezogene »Stoffwechselgleichung«.

Ein Mensch der Körpermasse 70 kg hat bei einer Dichte von 1,0 ein Volumen von 70 dm³. Seine Körperoberfläche beträgt 183 dm². Berücksichtigt man, daß für die Zunahme des Gesamt-Energieumsatzes mit der Körpermasse für alle Homoiotherme ein Exponent von etwa 0,73 gilt (s. III B), erhält man als »Stoffwechselgleichung«:

40

$$\log F = 0,92 + 0,73 \log M \qquad\qquad (6)$$

(sofern die Dichte = 1 ist).

Das geringste »Oberflächen-Volumen-Verhältnis« ist für ein homoiothermes Tier dort gegeben, wo Kugel- und Stoffwechselgerade sich schneiden. Der Schnittpunkt genügt *beiden* Bedingungen: der vom Stoffwechsel und der von der Geometrie gestellten – die Kugelform kann ja nicht unterschritten werden.

Der Schnittpunkt in Abb. 18 liegt über einem Abszissenwert von 225 mg. Jedoch sowohl die Schmetterling-Fledermaus als kleinstes Säugetier als auch der Hummelkolibri als kleinster Vogel weisen mit 1,5 g bzw. 1,6 g eine diesen Wert überschreitende Körpermasse auf. Man hat daher vermutet, daß der Wert 0,73 für b durch einen anderen Wert ersetzt werden muß; bei weiteren Berechnungen mit geänderten Werten von b erhielt man folgende Minimal-Körpermassen: Für b = 0,74 eine Masse von 1,21 g und für b = 0,75 eine solche von 4,51 g. Als »bester« Wert ergab sich ein b = 0,734 für alle homoiothermen Tiere.

H. Energieumsatz und Lebensalter verschiedener Arten: die Frage nach der »biologischen Zeit«

Jeder von uns hat schon einmal erlebt, wie langsam die Zeit verrinnt, wenn man auf das Eintreffen eines unangenehmen Ereignisses wartet. Andererseits vergeht die Zeit »im Fluge«, wenn man in ein Problem verbissen ist oder sich in angenehmer Gesellschaft befindet. Es gibt für den Menschen demnach so etwas wie eine »psychologische« Zeit, die von der Zeit der Physiker abweicht.

Zu einem möglichen »Zeit-Bewußtsein« bei Tieren haben wir keinen unmittelbaren Zugang. Wir können allerdings – ausgehend von den Werten für den massenspezifischen Energieumsatz – fragen, ob eine »physiologische« Zeit existiert.

Nach den in Abb. 14 dargestellten Ergebnissen laufen bei Arten geringer Körpermasse die Stoffwechselprozesse lebhafter ab als bei großen Arten. Eine Maus hat – beispielsweise mit einem Elefanten verglichen – in physikalischer Zeit gemessen ein sehr kurzes Leben. Sie weist jedoch während ihrer Lebensspanne einen »heftigen« Stoffwechsel (sprich: einen großen massenspezifischen Energieumsatz) gekoppelt mit einer hohen Herzfrequenz auf; außerdem zeigt sie eine – hier nicht besprochene – geringe Dauer eines Atemzugs und eine kurze Schwangerschaft. Daher ist zu fragen: Gilt für die Maus nicht eine andere Zeit als die physikalische, nämlich eine »biologische«?

Physiker messen die Zeit mit Hilfe schwingender Körper – sei es eine Pendeluhr oder ein Quarzkristall. Gibt es auch bei Säugetieren rhythmische Vorgänge? Die Antwort lautet: ja. Am bekanntesten sind die Herztätigkeit und die Atembewegungen. Weisen diese Rhythmen eine Beziehung zur Körpermasse auf? Nachstehend ist diese Frage für den *Herzzyklus* beantwortet. Wie Abb. 19 zeigt, wird die Beziehung zwischen der Dauer eines Herzzyklus und der Körpermasse durch eine Potenzfunktion beschrieben: Kleine Arten haben eine hohe, große eine niedrige Herzfrequenz. (Eine entsprechende Abhängigkeit findet man für den Atemzyklus.)

Die *Lebensdauer* (y) einer Art hängt ebenfalls in Form einer Potenzfunktion von der Körpermasse ab:

$$y = 3{,}19 \cdot 10^7 \, M^{0,29} \qquad\qquad\qquad\qquad (7)$$

(dabei ist die Zeit y in Sekunden, die Körpermasse M in Gramm anzugeben).

Da sowohl Herzzyklus (Gleichung in Abb. 19; Zeitangabe in Sekunden) als auch Lebensdauer in der beschriebenen Weise von der Körpermasse abhängen, kann man beide in Verbindung bringen – beispielsweise indem man folgenden Quotienten bildet (für a der Gleichung in Abb. 19 ist $4{,}3 \cdot 10^{-2}$ einzusetzen):

$$\frac{\text{Lebensdauer}}{\text{Dauer eines Herzzyklus}} = \frac{3{,}19 \cdot 10^7 \, M^{0,29}}{4{,}3 \cdot 10^{-2} \, M^{0,27}} = 740 \cdot 10^6 \qquad (8)$$

(dabei wurde die geringe Differenz zwischen den Exponenten vernachlässigt, was wegen der starken statistischen Streuung der Meßwerte erlaubt ist).

Der Wert $740 \cdot 10^6$ besagt: Das Herz jedes Säugetiers schlägt während der Lebensdauer seines Trägers rund 740 Millionen mal – unabhängig davon, ob es in einer Maus oder einem Elefanten sitzt. Anders herum gesagt: Hat man eine Art vor sich, deren Herzfrequenz sehr hoch ist, ist die Art kurzlebig – nur so wird sie der Forderung von Gleichung (8) gerecht.

Wie weitere Berechnungen ergaben, beträgt der Energieumsatz von »1 kg Säugetier« während seiner Lebensdauer rund 840 000 kJ – unabhängig von der Größe des Tiers. Von dieser Regel bildet nur der Mensch eine Ausnahme: er setzt während seines Lebens etwa $336 \cdot 10^4 \, kJ \cdot kg^{-1}$ um. Das bedeutet, daß er viermal länger lebt, als ihm – verglichen mit anderen Säugetier-Arten – seiner Körpermasse nach zusteht.

Demjenigen, der sich näher mit dem Gebiet der Bioenergetik beschäftigen will, sei das gleichnamige Buch von WIESER empfohlen.

IV. Wärmehaushalt und was damit zusammenhängt

Wenn an einem sehr kalten Wintertag Tiere unterwegs sind, handelt es sich um Säugetiere und Vögel – also um Arten mit regulierter Körpertemperatur. Die gleichbleibend hohe Körpertemperatur verleiht ihnen weitgehende Unabhängigkeit von den thermischen Umweltbedingungen. Sie vermögen daher auch die Gebiete rund um die Pole zu besiedeln.

Das Aufrechterhalten einer *konstanten* Körpertemperatur setzt neben Maßnahmen zum Erwärmen auch die Fähigkeit voraus, den Körper bei zu hohen Außentemperaturen abzukühlen. Im Dienste dieser Leistungen stehen zahlreiche Organe und Verhaltensweisen, welche daneben meist noch ganz andere Aufgaben erfüllen. So transportiert das Blut nicht nur Wärme, sondern auch Nährstoffe, Sauerstoff, Kohlendioxid, Hormone usw. Nur bestimmte Strukturen – beispielsweise die Schweißdrüsen – dienen ausschließlich der Temperaturregulation.

A. Temperaturregulation

Tiere mit Temperaturregulation (auch: Thermoregulation) werden *Homoiotherme* oder Homöotherme genannt. Die genaueste Bezeichnung ist: Tiere mit regulierter Körpertemperatur. Organismen, die ihre Körpertemperatur nicht regulieren, heißen *Poikilotherme*. Die alten Begriffe »Warmblüter« und »Kaltblüter« sollte man vermeiden, da beispielsweise eine »kaltblütige« Eidechse, wenn sie sich in der prallen Sonne aufhält, durchaus hohe Körpertemperaturen erreichen kann.

Pferdezüchter reden von »Warmblut- und Kaltblutpferden«. Mit dieser Namengebung meinen sie das »Temperament« und den Körperbau bestimmter Pferderassen – und nicht die Körpertemperatur. Bei »kaltblütigen Pferden« soll diese sogar etwas höher liegen als bei »Warmblütern«.

Tiere mit regulierter Körpertemperatur sind alle Arten der Säugetiere und Vögel. Der Homoiothermie nahekommende Zustände findet man bei manchen schnell schwimmenden Fischen (beispielsweise beim Thunfisch). Auch einige Arten der sozialen Insekten vermögen ihre Körpertemperatur lange auf hohem Niveau zu halten, so Bienen, Hummeln und Wespen. Die Honigbiene und soziale Faltenwespen erzeugen auch in ihren Behausungen hohe Temperaturen. Manche Nachtfalter und verschiedene Käfer müssen vor dem Start zum Flug ihre Thorax-Temperatur auf hohe Werte steigern, da die Flugmuskulatur bei niedrigen Temperaturen nicht arbeiten kann.

Viele Funktionen des homoiothermen Organismus sind in ihrem Ablauf an die Körpertemperatur des betreffenden Tieres angepaßt. Wie jeder aus eigener Erfahrung weiß, gilt das auch für Gehirnprozesse: in dem bei hohem Fieber auftretenden tranceähnlichen Zustand ist man unfähig, klar zu denken oder ein Buch zu lesen.

A1. Körpertemperatur und Energieumsatz bei Homoiothermen und Poikilothermen

Wie Abb. 20 zeigt, ist bei unterschiedlichen Umgebungstemperaturen die Körpertemperatur von Homoiothermen konstant. Die Körpertemperatur poikilothermer Tiere steigt dagegen mit zunehmender Umgebungstemperatur.

Die Körpertemperaturen der Homoiothermen sind von Art zu Art etwas verschieden: Die Werte von Säugetieren liegen in fast allen Fällen unter 40 °C, die von Vögeln meist 1 bis 2 °C über 40 °C. Die Genauigkeit, mit der die Körpertemperatur reguliert wird, ist bei den einzelnen Säugetier-Arten ebenfalls unterschiedlich; innerhalb sehr enger Grenzen – nämlich zwischen 41,1 und 41,3 °C – liegt die Körpertemperatur des Florida-Waldkaninchens; bei Faultieren treten dagegen Schwankungen bis zu 2,6 °C, beim Kamel bis zu 7 °C und bei Eierlegern gar bis zu 10 °C auf. Während man bei Eierlegern eine mangelnde Fähigkeit zur genauen Regulierung annimmt, ist das Kamel mit 34 °C Körpertemperatur am kühlen Morgen und 41 °C am heißen Nachmittag in Anpassung an das Wüstenleben »wechselwarm« (s. hierzu A3).

Nicht nur die Körpertemperatur, sondern auch der Energieumsatz hängen bei Homoiothermen und Poikilothermen in verschiedener Weise von der Umgebungstemperatur ab (Abb. 20). Während bei Poikilothermen der Energieumsatz mit steigender Umgebungstemperatur wächst (VAN'T HOFFsche Regel), zeigt die Kurve für Homoiotherme einen ganz anderen Verlauf. Nur im hohen Temperaturbereich steigt sie mit zunehmender Umgebungstemperatur, im mittleren hat sie einen waagrechten Ast, bei niedrigen Temperaturen verläuft sie genau entgegengesetzt der bei Poikilothermen gemessenen.

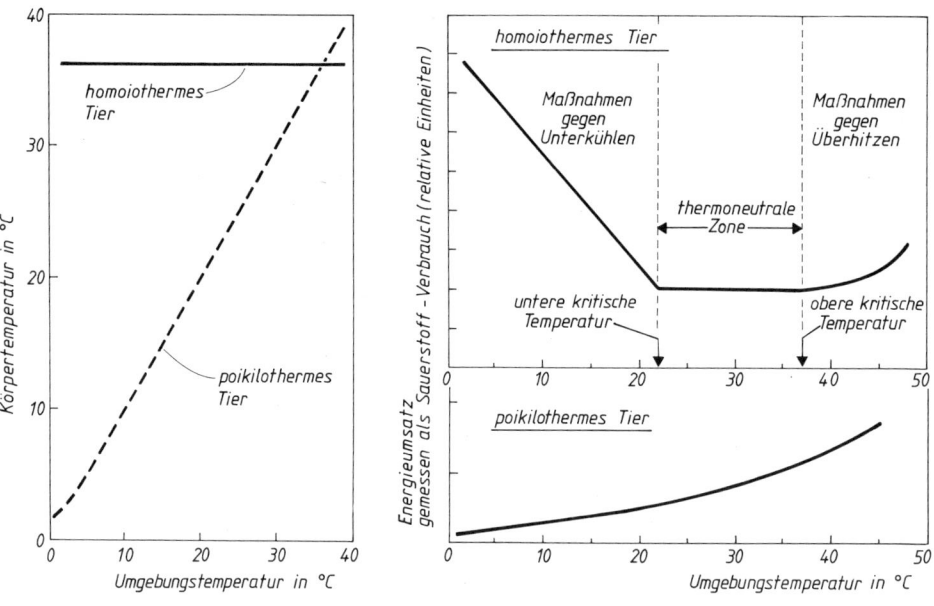

Abb. 20. Körpertemperatur (links) und Gesamt-Energieumsatz (rechts) von Homoiothermen und Poikilothermen bei verschiedenen Umgebungstemperaturen (aus Czihak et al. 1981)

Der zu hohen Temperaturen hin steigende Kurvenast zeigt Maßnahmen der Homoiothermen gegen Überhitzen, der zu niedrigen Temperaturen – weniger steil – ansteigende Ast Maßnahmen gegen Unterkühlen an. Der waagrecht verlaufende Kurventeil kennzeichnet die *thermoneutrale Zone*. Im Temperaturbereich dieser Zone hat also Wechsel der Umgebungstemperatur keine Änderung des Energieumsatzes zur Folge. Die Grenzwerte der thermoneutralen Zone heißen *obere* und *untere kritische Temperatur*. Die obere kritische Temperatur liegt beim Menschen knapp oberhalb 30 °C. Ein in einem Raum dieser Temperatur liegender Nackter weist eine Körpertemperatur von 37 °C auf. Brächte man ein – zunächst 37 °C aufweisendes – lebloses Objekt in diesen Raum, würde es auf die Umgebungstemperatur von 30 °C abkühlen. Auch der Mensch verliert infolge der Temperaturdifferenz von etwa 7 °C zwischen Körperinnerem und Umgebung Wärme. Um die Temperaturdifferenz trotzdem aufrechtzuerhalten, muß im Körper ständig Wärme erzeugt werden. Dies ist nicht als Maßnahme gegen Unterkühlen zu deuten, da sich die Versuchsperson ja in der thermoneutralen Zone befindet. Die Wärme stammt vielmehr von den ständig auch im ruhenden Organismus ablaufenden Stoffwechselprozessen, welche in Kapitel III besprochen sind.

Die Breite der thermoneutralen Zone ist eine im Lauf der Stammesgeschichte erworbene Anpassung einer Art an ihren Lebensraum. Zwischen den Arten bestehen daher beträchtliche Unterschiede bezüglich der Ausdehnung der thermoneutralen Zone. Diese beträgt beim tropischen sehr kleinen Flughund *Syconycteris australis* nur 1 °C, beim in der Arktis lebenden Eisfuchs etwa 70 °C und beim Eisbär sogar 80 °C (Weiteres s. A6).

A2. Wärmeaustausch zwischen einem Homoiothermen und seiner Umgebung

Wärmeenergie wird durch die in Abb. 21 dargestellten Vorgänge transportiert. In den allermeisten Fällen liefern die Stoffwechselprozesse so viel Wärme, daß das Tier eine höhere Temperatur aufweist als seine Umgebung; daher überwiegt im allgemeinen die Wärme*abgabe*.

■ *Wärmestrahlung:* Das im Strahlungsgleichgewicht mit seiner Umgebung stehende Tier kann für die Wärmeabstrahlung als »schwarzer Körper« im Sinne der Physik betrachtet werden; bei den im Tierkörper vorliegenden Temperaturen unterhalb 50 °C spielt für das abgestrahlte langwellige Infrarot die Farbe des Körpers keine Rolle. Für die weißen Tiere der Arktis ist diese physikalische Gesetzmäßigkeit von Bedeutung. Lange Zeit glaubte man, daß beispielsweise das weiße Fell des Eisbären weniger Wärme abstrahlt als das schwarze Gefieder des auch in die Arktis vordringenden Kolkraben, und dieser dadurch bezüglich seines Wärmehaushalts benachteiligt sei. Da dies nicht zutrifft, muß man das weiße Fell ausschließlich als Tarnkleid im Schnee verstehen (s. V E).

■ *Auf* das Tier fallende Strahlung erwärmt den Körper. So nehmen Buschschliefer nach einer kühlen Nacht ein Sonnenbad. Die auf das Tier treffende Infrarotstrahlung kommt von der Sonne, von den Wolken, vom erwärmten Erdboden und vom Laub der Bäume. In deren Blättern absorbieren einerseits die Pigmente in den Zellen Licht bestimmter Spektralbereiche, andererseits findet infolge der luftgefüllten Interzellularräume Totalreflexion neben Brechung statt. Dies führt dazu, daß der Infrarotanteil des Lichts wieder aus dem Blatt tritt.

■ *Wärmeleitung (Konduktion) und Transport erwärmter Massen (Konvektion):* Die auf thermischer Bewegung der Moleküle basierende Wärmeleitung findet vorwiegend an der Körperoberfläche statt. Bei terrestrischen Tieren gelangt die Wärme in den Boden und die umgebende Luft, bei wasserlebenden oder schwimmenden ins Wasser. Wenn man mit nackten Sohlen auf kaltem Fußboden steht, wird einem bewußt, daß man durch Leitung viel Wärme verlieren kann. Wärmeleitung vom Untergrund *ins* Tier geschieht, wenn es sich auf heiße Steine legt.

Konduktion ist der einzig mögliche Vorgang, mit dem Wärme durch die blutgefäßlose Epidermis transportiert werden kann. Bis zur Epidermis gelangt Wärme mittels Konvektion auf dem Blutweg (Abb. 22). Das angrenzende Medium (Luft oder Wasser) führt sie wiederum durch Konvektion ab; dieser Transport wird sehr stark von der Bewegung des Mediums (Wind- oder Wasserströmung) beeinflußt. Ein ganz entscheidendes »Hindernis« beim Wärmeübergang Tier – Umgebung ist die dicht der Haut anliegende *ruhende Luftschicht,* welche an nackten Körperstellen dünn, an behaarten sehr dick ist. Durch diese – wie durch die Schichten der Epidermis – kann Wärme nur mittels Leitung transportiert werden. Das Tier vermag die Dicke dieser Luftschicht zu vergrößern, indem es durch Kontraktion der Haarmuskeln (Abb. 95) die Haare aufstellt (entsprechend plustern Vögel bei Kälte das Gefieder).

■ *Verdunstung (Transpiration):* Da 1 g Wasser 2256 Joule benötigt, um vom flüssigen in den gasförmigen Zustand überzugehen, ist die Transpiration eine sehr wirksame Me-

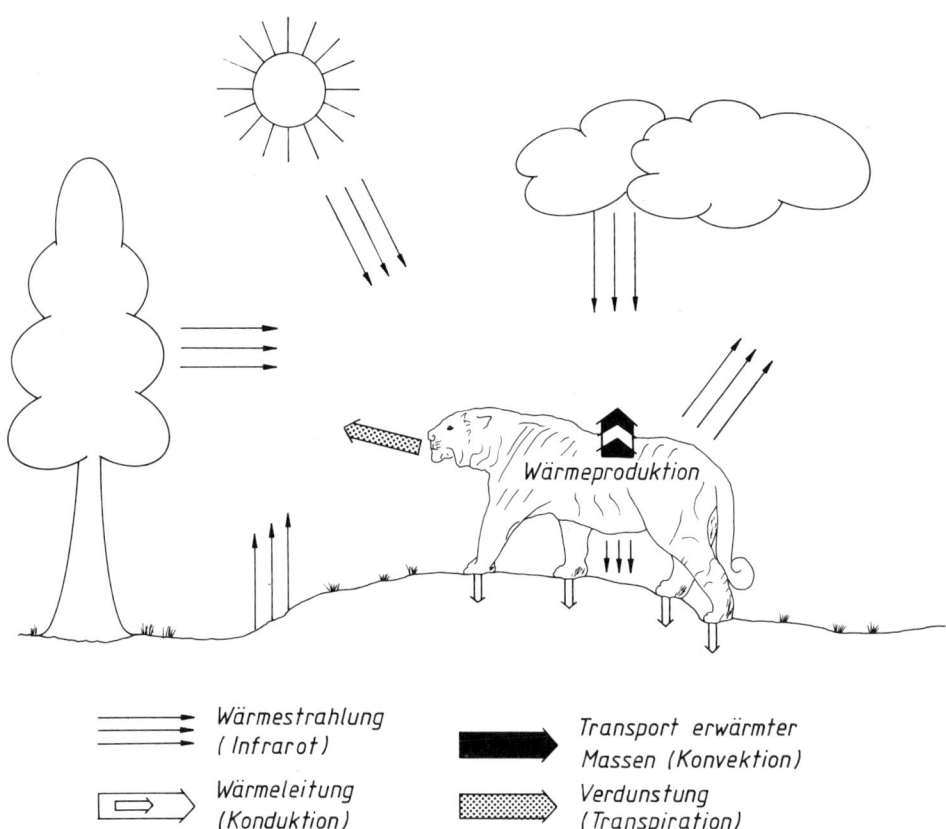

Abb. 21. Wärmeaustausch zwischen einem Säugetier und seiner Umgebung. Details zum Pfeil auf dem Rücken des Tigers sind in Abb. 22 dargestellt (nach Moen aus Gunderson 1976)

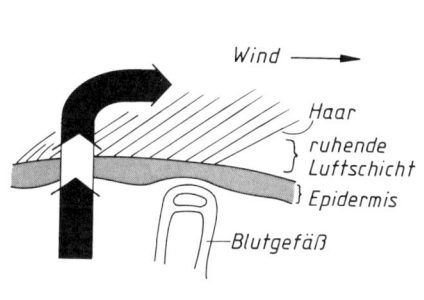

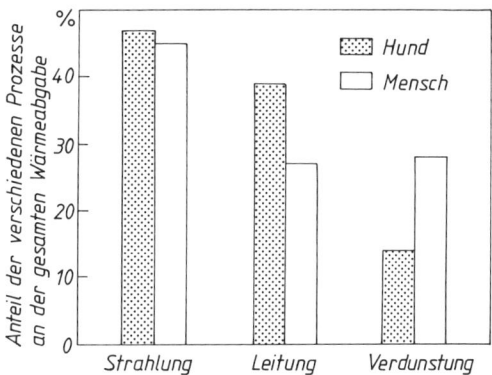

Wind ⟶

Haar

} ruhende
} Luftschicht

} Epidermis

Blutgefäß

Anteil der verschiedenen Prozesse an der gesamten Wärmeabgabe

Strahlung   Leitung   Verdunstung

▨ Hund
□ Mensch

Abb. 22 (links). Wärmeübergang an einer behaarten Stelle der Körperoberfläche. Bedeutung der Pfeile wie in Abb. 21 (Original)

Abb. 23 (rechts). Verteilung der gesamten Wärmeabgabe auf die drei angegebenen Komponenten bei kleiner Windgeschwindigkeit (Hund: 5 cm/s), mittlerer Umgebungstemperatur und Luftfeuchte (Mensch: 50 % relative Feuchte). Für den Menschen wurde die Wärmeabgabe über die Atemwege gesondert bestimmt, sie betrug 2 % durch Leitung und 8 % durch Verdunsten (die Werte sind in die Säulen der Abbildung mit einbezogen) (nach Angaben in Aschoff 1971)

thode, Wärme abzuführen. Sie wird daher als Maßnahme gegen Überhitzen eingesetzt. Da die Atemluft immer feucht ist (man behauche eine kalte Scheibe), geht auf diese Weise auch in kalter Umgebung immer etwas Wärme verloren.

Wie verteilt sich die vom Tierkörper abgegebene gesamte Wärmemenge auf die vier besprochenen Komponenten?

Abb. 23 gibt das Ergebnis von bei relativ ruhiger Luft durchgeführten Messungen wieder. Erstaunlicherweise ist Strahlung diejenige Komponente mit dem höchsten Wert. Der nahezu schweißdrüsenlose Hund – der bei diesem Versuch nicht gehechelt hat – weist einen viel geringeren Wert für »Verdunstung« auf als der Mensch.

A3.   Maßnahmen gegen Überhitzen

Übersteigt die Körpertemperatur einen bestimmten Wert, treten Schädigungen des Zentralnervensystems auf, welche besonders das Atemzentrum betreffen. Starkes Überhitzen des Körpers verträgt kein homoiothermer Organismus; daher liegen die oberen kritischen Temperaturen bei allen Tieren mit geregelter Körpertemperatur dicht beieinander. Große Unterschiede zwischen den Arten existieren bezüglich des Wertes der unteren kritischen Temperatur (Abb. 41).

Beim Menschen liegt die obere kritische Temperatur knapp oberhalb von 30 °C. Steigt die Umgebungstemperatur über diese »Schwitzgrenze«, kann man sie so lange ertragen, wie die Maßnahmen gegen Überhitzen ausreichen. Ab einer bestimmten Temperatur ist dies nicht mehr gegeben – die *Überwärmungsgrenze* ist erreicht. Bei Temperaturen oberhalb der Überwärmungsgrenze folgt die Körper- der Umgebungstemperatur passiv, schließlich wird die *Überlebensgrenze* erreicht. Die Überwärmungsgrenze ist von der

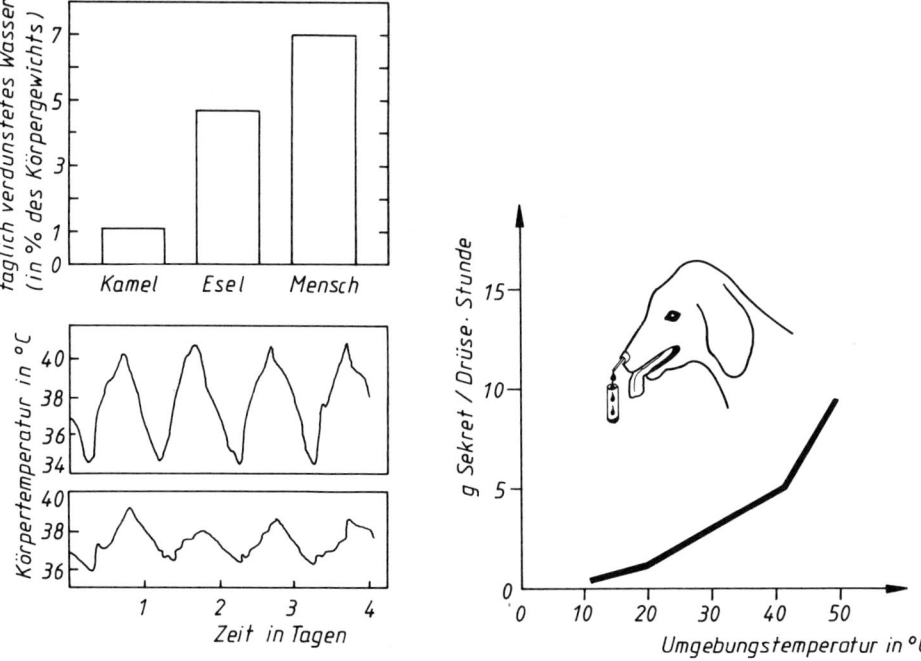

Abb. 24 (links oben). Für die Temperaturregulation benötigte Wasservolumina dreier Arten. Die Versuche wurden im Juni in der Sonne der Sahara durchgeführt. Kamel und Esel erhielten während der Experimente kein Wasser (nach Schmidt-Nielsen et al. aus Vaughan 1978)

Abb. 25 (links unten). Körpertemperatur eines ohne Trinkwasser gehaltenen (oben) sowie eines täglich getränkten (unten) Kamels (nach Schmidt-Nielsen aus Hardy 1972)

Abb. 26 (rechts). Von der Nasendrüse eines Hundes abgegebenes Sekret als Funktion der Umgebungstemperatur. Das Sekret wurde mittels eines in die Nase eingeführten Röhrchens entnommen (nach Blatt et al. aus Gunderson 1976)

Luftfeuchtigkeit abhängig: beim nackten ruhenden Menschen beträgt sie bei 30 % relativer Feuchte 50 °C (diese Situation kann er über Stunden hinweg ertragen); bei 70 % relativer Feuchte liegt sie bei 40 °C. Sauna-Besucher kennen diesen Effekt: Während man in der römischen Sauna – infolge der hohen Luftfeuchte durchziehen Nebelschwaden den Raum – Temperaturen um 50 °C schon als äußerst unangenehm empfindet, erträgt man in der trockenen Luft der holzgetäfelten finnischen Sauna Temperaturen um 100 °C ohne weiteres.

Wird der Körper überwärmt, kommt es zum *Hitzschlag*, bei dem zentrale Störungen mit Bewußtseinstrübungen auftreten. Der »Kollaps« ist dadurch gekennzeichnet, daß das maximal erweiterte Gefäßsystem von der zirkulierenden Blutmenge nicht mehr ausreichend gefüllt wird.

Welche Möglichkeiten stehen zur Verfügung, um den Körper zu kühlen? Eine sehr wirksame Maßnahme ist das Verdunsten von Flüssigkeiten auf der Körperoberfläche oder auf den die Körpereingänge begrenzenden Flächen. Hierfür ist Wasserzufuhr nötig. So weiß man vom Menschen, daß bei Aufenthalten in der Wüste und Wassermangel der Tod

48

umso schneller eintritt, je höher die Temperatur ist: bei 20 °C beträgt die Überlebenszeit mehr als 10 Tage, bei 40 °C weniger als 48 Stunden.

Der Mensch, welcher nicht gut an das Leben in Wüstengebieten angepaßt ist, muß sich durch Kleidung vor der Hitze schützen. Eine Körperbedeckung – so auch das Fell des Kamels – dämmt nämlich nicht nur den Wärmestrom vom Tier nach außen, sondern auch den von der Umgebung *in* den Tierkörper.

Der Mensch benötigt in heißer Umgebung zum Aufrechterhalten seiner Körpertemperatur wesentlich mehr Wasser als der Esel oder das Kamel (Abb. 24). Diese beiden Arten besitzen eine weitere dem Menschen fehlende Anpassung: Sie vermögen auch bei Wassermangel das Blut dünnflüssig zu halten, indem sie ihre Körpergewebe stark entwässern. Das Kamel übertrifft seinerseits den Esel in der Fähigkeit, Wasser zu sparen – es verliert viel weniger davon als dieser (Abb. 24). Es schafft dies, indem es seine Körpertemperatur schwanken läßt – und zwar bei Durst stärker als bei Wassersättigung (Abb. 25). Wenn es sich tagsüber aufheizt, speichert es Wärme; während der kühlen Nacht gibt es sie durch Strahlung und Konvektion wieder ab. Der Esel und der Mensch mit ihrer konstanten Körpertemperatur müssen dagegen die tags zugeführte Wärme durch Transpiration gleich wieder loswerden, wofür sie erhebliche Wasservolumina benötigen.

a)   Verdunsten von Flüssigkeit

Beim Verdunsten einer Flüssigkeit wird der Umgebung Wärme entzogen, es entsteht die sogenannte *Verdunstungskälte*.

Bei der Überlegung, welche Flüssigkeiten einem Säugetier zur Verfügung stehen, um Verdunstungskälte zu erzeugen, denken wir sofort an den Schweiß. Schweißdrüsen treten aber bei Nicht-Primaten nur selten auf. Im Prinzip kommen außerdem Speichel, Sekrete von Nasendrüsen, Tränen und Urin in Frage. Diese Flüssigkeiten werden ursprünglich im Körper für andere Zwecke gebildet. Manche Arten verwenden jedoch *Speichel* und Nasendrüsensekret zur Temperaturregulation (Tränen und Urin werden hierfür nicht eingesetzt). Flughunde und Riesenkänguruhs verteilen Speichel mit der Zunge über den Körper; Flughunde fächeln dann mit den Flügeln, wodurch die Verdunstung schneller vonstatten geht. Der Asiatische Elefant holt mit dem Rüssel Speichel aus den Backentaschen und bringt ihn auf die Körperoberfläche. Der Afrikanische Elefant – welcher dieses Verhalten nicht zeigt – kann Wärme über die Flächen seiner riesigen Ohren abführen.

Das Verdunsten von Nasendrüsensekret ist in β besprochen.

α)   Schwitzen

Der vom Menschen bekannte Schweiß kann nur noch von den übrigen Primaten sezerniert werden. Nur sie verfügen über entsprechende Schweißdrüsen (Abb. 58), deren Sekret ausschließlich der Temperaturregulation dient. Die anderen Arten besitzen in der Haut Drüsen mit andersartigem Sekretionsmechanismus und daher vom Primatenschweiß verschiedenem Sekretionsprodukt (sie sind in V C besprochen). Nur in sehr seltenen Fällen wird dieses Produkt als »Schweiß« zur Kühlung eingesetzt. So beim Pferd, dessen Fell nach heftigen Anstrengungen vor Nässe glänzt. Wie Reiter wissen, muß man schwitzende Pferde trocken reiben und ihnen eine Decke überwerfen, da sie sich sonst erkälten. Der Schweiß des Pferdes enthält Proteine; damit gehen dem Körper wertvolle Substanzen verloren (vgl. mit der unten aufgeführten Zusammensetzung des Primatenschweißes).

Besonders gut bekannt sind die nachstehend besprochenen Verhältnisse beim Menschen. Er ist mit einer großen Anzahl Schweißdrüsen ausgestattet und kann daher kurzfristig sehr viel Schweiß absondern. Mit zunehmender Wärmebelastung wächst zunächst die Anzahl der tätigen Schweißdrüsen (man beginnt an vorher noch trockenen Stellen zu schwitzen), danach wächst die Sekretionsleistung der *Einzel*drüse.

Der *temperaturregulatorische* Schweiß wird von den tubulösen, ekkrin sezernierenden Schweißdrüsen abgesondert. Er ist eine farblose Flüssigkeit und enthält durchschnittlich 0,25 % feste Bestandteile, die überwiegend aus Kochsalz bestehen; in nennenswerter Menge finden sich außerdem Kalium und Milchsäure.

Neben diesen Schweißdrüsen weist der Mensch an verschiedenen Körperpartien apokrine Drüsen auf, die oft in nicht ganz zutreffender Weise ebenfalls als Schweißdrüsen bezeichnet werden. Sie finden sich nämlich auch an Stellen, die sich für thermoregulatorische Maßnahmen nicht besonders eignen, so auf den Fußsohlen und in den Achselhöhlen. Diese Drüsen sind in V C besprochen.

β)   Hecheln

Der Hund, welcher nur spärliche Schweißdrüsen aufweist, begleitet den Menschen als Haustier auch in sehr heiße Gebiete. Ihm steht eine andere Flüssigkeit – gekoppelt mit einem besonderen Verhalten – zur Verfügung, um sich gegen Überhitzen des Körpers zu schützen: Hunde hecheln. Dieses Hecheln beobachtet man außer bei Vertretern der Canidae auch bei Katzen, Schafen und Antilopen. Hecheln entzieht dem Körper im Gegensatz zum Schwitzen kein Salz. Da ein hechelndes Tier heftig atmet, wird viel Kohlendioxid aus dem Blut entfernt, dessen pH-Wert daraufhin steigt. Eine drohende Alkalose vermeidet das Tier durch »flaches« Atmen, bei dem nicht mit jedem Atemzug die Lunge voll belüftet wird. Wahrscheinlich kann der Hund eine Alkalose besser vertragen als der Mensch.

Beim Hecheln wird Luft durch die Nase eingezogen und durch den Mund ausgestoßen. Dabei verdunstet Flüssigkeit von Schleimhäuten. Diese überziehen die Nasenmuscheln und kleiden die Mundhöhle aus. Die mit einem dichten Netz von Arterien und Venen versehenen Nasenmuscheln haben infolge ihrer gefalteten Struktur eine riesige Oberfläche (Abb. 286): Beim Hund ist sie größer als die Körperoberfläche. Die verdunstende Flüssigkeit wird in die Nasenhöhle von der serösen Nasendrüse, in die Mundhöhle von den Speicheldrüsen geliefert.

Das Sekret der Nasendrüse kann man mit einer in die Nase eingeführten Fistel gewinnen. In einem solchen Experiment setzte man einen Hund verschiedenen Umgebungstemperaturen aus. Mit zunehmender Umgebungstemperatur stieg die von der Nasendrüse gelieferte Sekretmenge (Abb. 26).

b)   Spezielle Verhaltensweisen

Bei großer Hitze scharren Rehe das Laub beiseite und legen sich direkt auf den Erdboden (Abkühlung durch Konduktion); Steppentiere Afrikas suchen schattenspendende Bäume auf.

In Wüsten lebende Nagetiere sind meist nachtaktiv: Sie verbringen den heißen Tag in ihrer relativ kühlen Erdhöhle, welche keine so starken Temperaturschwankungen aufweist wie die Oberfläche (Abb. 27). Einige in heißen Gegenden lebende Arten – so die Borstenhörnchen – sind jedoch tagaktiv. Eine Borstenhörnchen-Art der Kalahari Afrikas bewohnt Gebiete, welche infolge des Fehlens von Bäumen oder anderen schattenspendenden Objekten tagsüber der prallen Sonne ausgesetzt sind. Die Lufttemperatur steigt hier nachmittags bis auf 33 °C, die Bodentemperatur sogar bis auf 62 °C. Die Borstenhörnchen, welche morgens aus ihren Höhlen kommen, um in deren Umgebung kleine Pflanzen und Samen zu essen, vermögen die Dauer der täglichen Nahrungsaufnahme durch ein besonderes Verhalten zu verlängern. Wenn der Mittag mit seiner Hitze naht, beginnen sie

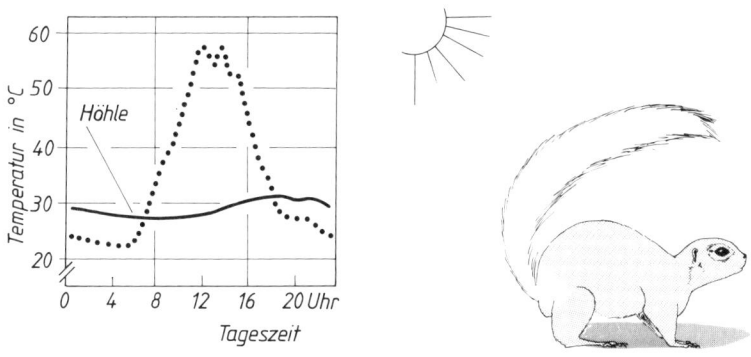

Abb. 27 (links). Tagesgang der Lufttemperatur an einem Tag im Juni 1961 außerhalb (punktierte Linie) und innerhalb (durchgezogene Linie) der Höhle einer Flachland-Taschenratte. Außerhalb wurde die Temperatur unmittelbar über dem Erdboden gemessen (nach Kennerly aus Gunderson 1976)

Abb. 28 (rechts). Ein Afrikanisches Borstenhörnchen *(Xerus inauris)* benutzt seinen Schwanz als »Sonnenschirm« (nach Bennett et al. 1984)

ihren bis dahin mehr oder wenig waagrecht in Erdbodennähe gehaltenen Schwanz nach oben zu richten und sich mit dem Rücken zur Sonne zu stellen. Der annähernd körperlange, dorsoventral abgeflachte, buschige Schwanz dient als Sonnenschirm (Abb. 28). Dadurch wird der Wärmestrom in den Körper beträchtlich vermindert, die Borstenhörnchen vermögen so mehr als doppelt so lang Nahrung einzuheimsen, als sie es ohne dieses Verhalten tun könnten. Außerdem sparen sie auf diese Weise Wasser, welches ihnen in trinkbarer Form nur selten zur Verfügung steht.

Beim Hund stehen in den Winkeln zwischen Vordergliedmaßen und Brustkorb und in der Lendengegend nur wenige Haare, an diesen Stellen ist der Körper also schwach isoliert. Man bezeichnet diese Orte als *»thermische Fenster«*, da die Wärme hier ausströmen kann. An heißen Tagen legen sich Hunde auf die Seite und strecken die Beine von sich weg: die Fenster sind »offen«. Bei Kälte rollen sie sich zusammen und machen so die »Fenster zu«. Dasselbe beobachtet man bei einigen anderen Arten. Das »Öffnen« thermischer Fenster ist also eine Maßnahme gegen Überhitzen, das »Schließen« eine gegen Unterkühlen des Körpers (Abb. 29).

Abb. 29. Körperhaltung einer Buschratte bei Zimmertemperatur (links) und unter Kältestreß (Mitte und rechts; das rechte Bild zeigt die eingerollte Buschratte von oben) (nach Brown und Lasiewski aus Vaughan 1978)

51

c)   Thermische Fenster bei Robben

Solange sich Robben im Wasser aufhalten, droht ihnen selten die Gefahr des Überhitzens. Sie müssen sich vielmehr gegen Unterkühlen schützen. Wasser hat nämlich eine wesentlich höhere Wärmeleitfähigkeit als Luft. Diese Tatsache wird uns im Schwimmbad bewußt: Man kühlt bei einer Wassertemperatur von 25 °C viel schneller aus, als wenn man sich bei dieser Temperatur an der Luft aufhält.

Die immer oder fast ganzjährig im Wasser lebenden Arten verfügen alle über eine isolierende Speckschicht. Wärmestau im Körper kann vorkommen, wenn sie sich im warmen Wasser stark bewegen oder wenn sie das Land aufsuchen, wie sie es zum Haarwechsel oder zum Zweck der Fortpflanzung tun müssen. Die männlichen Seebären auf den Pribiloff-Inseln beenden ihre Brunftkämpfe, wenn die Lufttemperatur 12 °C übersteigt.

Mißt man die Hauttemperatur eines an Land liegenden See-Elefanten, erhält man das Bild der Abb. 30.

An den durch Ovale wiedergegebenen thermischen Fenstern findet starke Wärmeabgabe statt, da an diesen Orten das Temperaturgefälle zur Luft größer ist als an anderen Stellen der Körperoberfläche. Das Fell trocknet hier schnell und hebt sich durch helle goldgelbe Farbe von der nassen, dunklen Umgebung ab. Die thermischen Fenster sind nicht ortsfest, sie wandern langsam über den Robbenkörper. Der Ort eines thermischen Fensters wird durch das Ausmaß der lokalen Hautdurchblutung bestimmt (s.e).

Die gute Isolation der Robben an fensterfreien Stellen zeigt sich daran, daß sie stundenlang auf Eis oder Schnee liegen können, ohne einzuschmelzen. Beim See-Elefanten ist diese Isolierung erst bei den Erwachsenen voll funktionstüchtig. Jungtiere schmelzen dagegen infolge ihrer warmen Haut unmerklich in den verharschten Schnee und ins Eis ein. Etwa 5 % der Jungen sollen in solchen Schmelzschächten zugrundegehen.

d)   Körperkern und Körperschale

Spricht man wie im bisherigen Text vereinfachend von »Körpertemperatur«, nimmt man nur dann keine unzulässige Verallgemeinerung vor, wenn man damit die Temperatur im Inneren des Körpers meint. *Die* Körpertemperatur gibt es nämlich nicht. Mißt man an verschiedenen Körperstellen, erhält man unterschiedliche Werte. Bei einem nackten Menschen, der in einem Experiment 2,5 Stunden bei 15 °C ruhig lag, registrierte man: am Fuß 20 °C; als mittlere Hauttemperatur 27 °C; an der Stirn 29 °C und rektal 37 °C; als man denselben Versuch bei 5 °C Umgebungstemperatur durchführte, erhielt man (in der gleichen Reihenfolge): 15 °C; 23 °C; 27 °C und 37 °C.

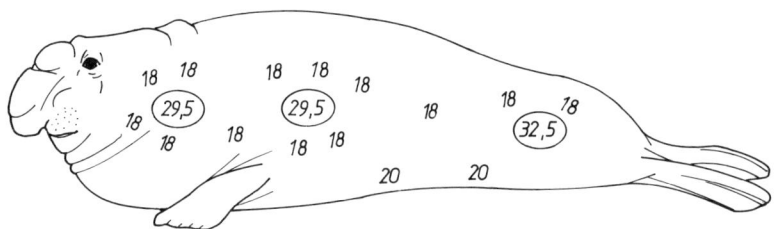

Abb. 30. Hauttemperaturen in °C eines See-Elefanten bei einer Umgebungstemperatur von 18 °C. Die Ovale symbolisieren »thermische Fenster« (nach Krumbiegel 1953/55)

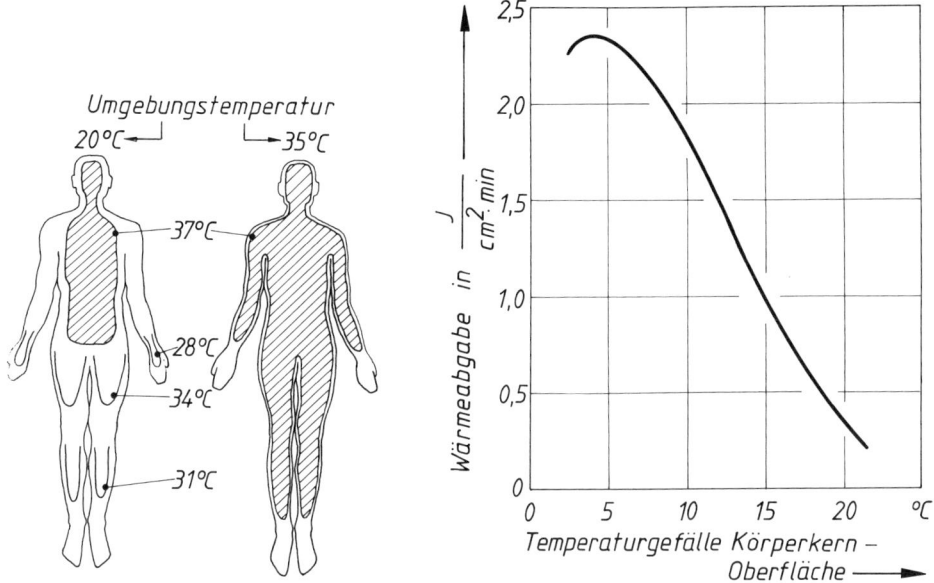

Abb. 31 (links). Verlauf der Isothermen (schematisch) bei verschiedenen Umgebungstemperaturen. Körperkern jeweils schraffiert (nach Aschoff 1971)

Abb. 32 (rechts). Wärmeabgabe eines menschlichen Fingers in Abhängigkeit vom Temperaturgefälle zwischen Körperkern (= 37 °C) und Oberfläche des Fingers. Die Temperatur der Fingeroberfläche ist durch die Temperatur des Wassers gegeben, in welches der Finger taucht (nach Aschoff 1971)

Die Temperatur verschiedener Körperstellen hängt also von der Umgebungstemperatur ab. Konstant gehalten wird nur das *Innere* des Körpers, dessen Temperatur rektal gemessen werden kann. Es hat daher in der Thermobiologie einen besonderen Namen erhalten: *Körperkern.* Er wird von der »Körperschale« umhüllt. Im Körperkern liegen die Haupt-Orte der Wärmebildung; es sind Organe mit hohem Energieumsatz: Herz, Nieren, Leber und Gehirn (zur Gehirntemperatur s. f). Ihre Masse macht beim Menschen nur 8 % der Körpermasse aus, ihr Anteil am Energieumsatz beträgt jedoch beim Ruhenden mehr als 70 %. Die Muskulatur und die Haut bilden dagegen 52 % der Körpermasse, liefern aber in Ruhe nur 18 % der gesamten Wärme. Bei Muskelarbeit entsteht sehr viel Wärme in der Körperschale, deren Anteil übersteigt dann denjenigen des Kerns bei weitem.
Als *Isothermen* bezeichnet man Linien gleicher Temperatur. Abb. 31 zeigt Isothermen des Menschen bei verschiedenen Umgebungstemperaturen. Demnach ist der Körperkern – wie der Name nahelegen könnte – kein anatomisch fest umrissenes Gebiet, seine Ausdehnung hängt vielmehr von der Umgebungstemperatur ab.

e) Ändern der Durchblutung

α) Allgemeines
Wodurch werden die Isothermen verschoben? Hierfür ist wechselnde Durchblutung der Körperpartien verantwortlich.

Beim Menschen ist besonders die Durchblutung der Finger sehr variabel: sie kann um den Faktor 600 schwanken. Werden die Finger bei tiefen Umgebungstemperaturen schwach durchblutet, kühlen sie infolge der geringen Zufuhr warmen Blutes aus dem Körperkern ab. Dadurch ist das Temperaturgefälle zwischen Umgebung und Fingern gering, diese verlieren wenig Wärme an die Umgebung. Folgendes experimentelle Ergebnis belegt diese Aussage (Abb. 32): Der Finger einer Versuchsperson tauchte in Wasser. Die Wassertemperatur wurde variiert und die Wärmeabgabe des Fingers bei verschiedenen Wassertemperaturen gemessen. Je größer das Temperaturgefälle zwischen Körperkern und Wasser war, desto geringer war die Wärmeabgabe des Fingers.

Wechselnde Durchblutung der Körperschale ist eine sehr wichtige temperaturregulatorische Maßnahme, die von allen Arten eingesetzt wird – und zwar sowohl als Maßnahme gegen Überhitzen als auch gegen Unterkühlen. Sie wirkt also in zwei »Richtungen« und stellt die »schwächste« Maßnahme des Körpers dar. Andere Mechanismen werden nur dann verwendet, wenn Ändern der Durchblutung nicht ausreicht. Da diese Maßnahme keinen nennenswerten Energieaufwand erfordert, bewirkt sie keine Steigung der Kurven, welche den Energieumsatz in Abhängigkeit von der Umgebungstemperatur darstellen. Mit anderen Worten: Hierdurch wird die Ausdehnung der thermoneutralen Zone mitbestimmt.

Da die Extremitäten – oder bei manchen Arten die Ohren – eine relativ große Oberfläche besitzen, kann über sie sehr wirksam Wärme abgeführt werden. Bei geringem Erhitzen des Körpers wird dadurch reguliert, daß etwas mehr Blut durch diese Körperteile strömt.

Durchblutungsänderungen geschehen dadurch, daß die Blutgefäße entweder verengt (Vasokonstriktion) oder erweitert werden (Vasodilatation); beide Mechanismen heißen *Vasomotorik*. Dabei findet Gegenstrom-Wärmeaustausch statt. Er ist in β besprochen.

Die Steuerung der Durchblutungsänderung geschieht auf verschiedene Weise:

■ Erstens: Die glatte Muskulatur der peripheren Gefäße reagiert auf örtliches Erwärmen mit Dilatation, auf Abkühlen mit Konstriktion. Das Nervensystem ist hierbei *nicht* beteiligt.

■ Zweitens: Lokale Abkühlung oder Erwärmung löst über Rückenmarksreflexe an anderen Hautgebieten gleichsinnig verlaufende Durchblutungsreaktionen aus. Diese konsensuellen Reaktionen geschehen *nervös*.

■ Drittens: Der Kreislauf wird aufgrund von Befehlen aus dem Hypothalamus (Abb. 43) umgestellt. Verantwortlich dafür sind Erregungen der Kälte- und Wärmerezeptoren der Haut sowie die Bluttemperatur in den regulierenden Zentren des Hypothalamus.

Die stärksten Durchblutungsschwankungen beobachtet man beim Menschen an den Händen, Füßen und Ohren. Dort kommen zahlreiche arteriovenöse Anastomosen vor, die bei normaler Umgebungstemperatur geschlossen sind.

β)   Gegenstrom-Wärmeaustausch

Vasomotorik und die besondere Anordnung der Gefäße im Gliedmaßen-Ende ermöglichen den Gegenstrom-Wärmeaustausch. Mit ihm kann Wärme sowohl aus dem Körper abgeführt als auch in ihm zurückgehalten werden. Das Prinzip wird anhand der Abb. 33 besprochen.

In *kalter Umgebung* fließt nur sehr wenig Blut durch die oberflächlichen Gefäße; das geringe Volumen genügt aber, um den Geweben ihre Stoffwechselprozesse zu ermöglichen. Das Blut nimmt dabei seinen Weg vorwiegend durch die Kapillaren; die arteriovenösen Anastomosen sind fast nicht durchströmt. Das auch die kommunizierende Vene durchfließende Blut gelangt fast vollständig in die Vena comitans (s.u.).

In *warmer Umgebung* strömt infolge Erweiterung der peripheren Gefäße mehr Blut durch die oberflächennahen Gebiete. Bevorzugt werden dabei die arteriovenösen Anasto-

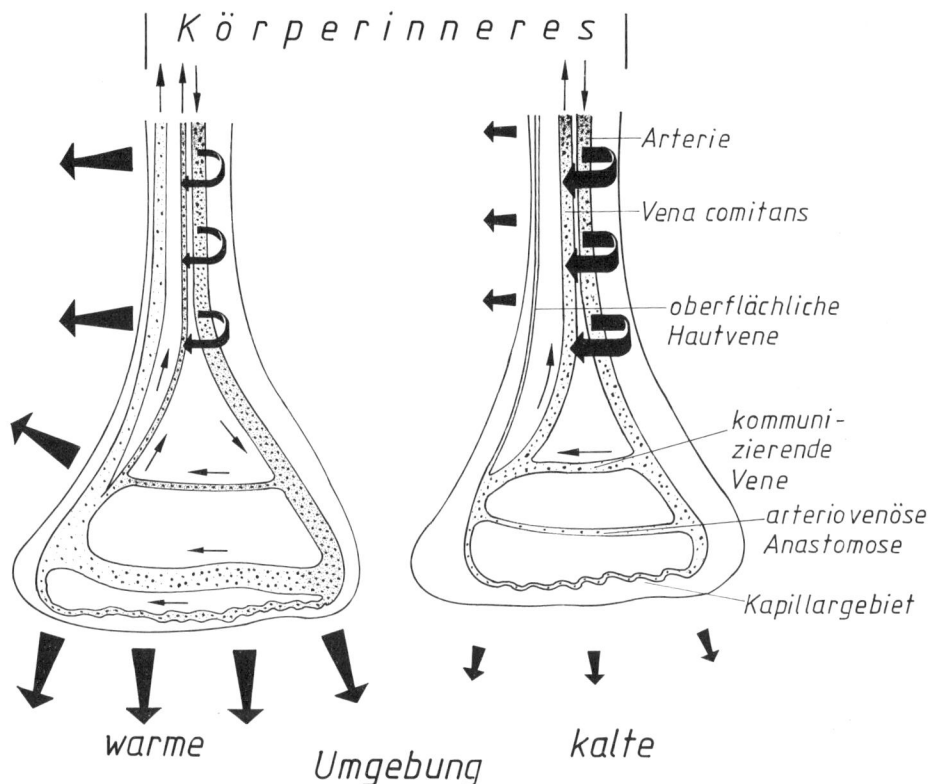

| K ö r p e r i n n e r e s |

Arterie

Vena comitans

oberflächliche
Hautvene

kommuni-
zierende
Vene

arteriovenöse
Anastomose

Kapillargebiet

warme   Umgebung   kalte

Abb. 33. Schema zur Durchblutung eines Gliedmaßen-Endes bei hoher und niedriger Umgebungstemperatur. Man beachte die zwei verschiedenen in den Körper zurückführenden Blutwege (Vena comitans = die Arterie begleitende Vene). Die Weite der Gefäße symbolisiert das durchfließende Blutvolumen. Die zahlreichen Kapillaren und arteriovenösen Anastomosen sind vereinfacht durch jeweils *ein* Gefäß wiedergegeben. Eine naturalistische Darstellung einer arteriovenösen Anastomose findet sich in Abb. 61. Die Dichte der Punktierung deutet die Temperatur des Blutes, die Dicke der Pfeile die übergehende Wärmemenge an (nach Hardy 1972)

mosen, die Kapillaren transportieren nur ein wenig größeres Blutvolumen als bei Kälte. Während das Blut durch die Haut fließt, gibt es Wärme an die Umgebung ab.

Für den Rückstrom in das Körperinnere stehen zwei Wege zur Verfügung. Erster Weg: Durch oberflächliche *Hautvenen* fließt das Blut bei *warmer* Umgebung. Während des Rückstroms gibt es durch die nahe Oberfläche zusätzlich Wärme ab. Zweiter Weg: Durch die den Arterien dicht anliegenden Venen *(Venae comitantes)* strömt es bei *kalter* Umgebung. Das in der Peripherie abgekühlte Blut fließt in dieser Situation dicht am warmen Blut der Arterie vorbei, infolge des Temperaturgefälles zwischen Arterie und Vena comitans geht Wärme von der Arterie zur Vene über. Dadurch wird das arterielle Blut abgekühlt, das venöse erwärmt. Das venöse kehrt vorgewärmt in den Körper zurück; das arterielle gelangt abgekühlt in die Peripherie, das Temperaturgefälle zwischen Blut und Umgebung ist nicht so groß als es ohne diesen Wärmeaustausch der Fall wäre. Es wird Wärme gespart – es liegt also eine Maßnahme gegen Unterkühlen vor. Da Wärme zwischen

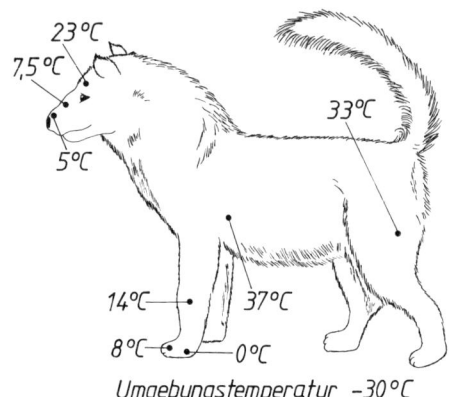

23 °C
7,5 °C
5 °C
33 °C
14 °C   37 °C
8 °C   0 °C
Umgebungstemperatur −30 °C

Abb. 34. Temperaturen an verschiedenen Stellen des Körpers eines Schlittenhundes (nach Irving 1966)

zwei in Gegenrichtung fließenden Blutströmen ausgetauscht wird, spricht man von Gegenstrom-Wärmeaustausch.

Die in Abb. 33 dargestellten Zustände sind dann gegeben, wenn sich das Tier an der oberen Grenze der thermoneutralen Zone oder darüber (linker Zustand) bzw. an deren unterer Grenze oder darunter (rechter Zustand) befindet.

Das Prinzip Gegenstrom-Wärmeaustausch ist besonders wichtig für die in kühler Umgebung lebenden Wale und Robben, welche fast immer Wärme sparen müssen. Bei ihnen ist eine in eine Extremität führende Arterie völlig von mehreren Venen umgeben.

Auch für landlebende Arten der Polargebiete spielt der Gegenstrom-Wärmeaustausch eine große Rolle. Er ermöglicht ihnen, auf sehr kaltem Untergrund zu stehen, ohne nennenswerte Wärmemengen an diesen zu verlieren. Der Austausch funktioniert so gut, daß die Temperatur der Extremitäten mit zunehmendem Abstand vom Rumpf immer weiter fällt und schließlich an der Sohle den Gefrierpunkt erreicht (Abb. 34). Ähnliches mißt man an der Schnauze.

f)   Ein Wundernetz, um einen »kühlen Kopf« zu behalten

Ein in der Mojave-Wüste lebender Eselhase weist an Sommertagen eine Körpertemperatur von 41 °C auf. Wird er nur 10 Minuten lang gejagt, steigt sie schnell auf über 43 °C und nähert sich dem tödlichen Wert von 44 °C. Schäden treten dabei zuerst an der empfindlichsten Stelle – am Gehirn – auf. Ist der Jäger ein Hund, bleibt dessen Gehirn in dieser Situation kühl. Obwohl sich der Körper des Hundes bei der Verfolgungsjagd ebenfalls erhitzt, vermag er mittels eines besonderen Kühlsystems seine Gehirntemperatur unter derjenigen der Körpertemperatur zu halten. Das Kühlsystem ist ein an der Gehirnbasis liegendes *Wundernetz* (Rete mirabile), welches als Gegenstrom-Wärmeaustauscher funktioniert.

Wärmeaustausch nach dem Gegenstromprinzip wird von den allermeisten Arten als Maßnahme gegen Unterkühlen eingesetzt (Abb. 33), hier wirkt er gegen Überhitzen.

Während Reißtiere (Katze, Hund) und Paarhufer ein Wundernetz in der Kopfregion besitzen, fehlt es den Beuteltieren, Primaten, Nagetieren, Hasentieren und Unpaarhufern.

Das durch die Halsarterien zum Gehirn fließende Blut aus dem erhitzten Körper wird im Wundernetz abgekühlt: Bevor das Blut das Gehirn erreicht, passiert es das Rete mirabile – ein durch Verästelung der Halsarterie gebildetes Geflecht feiner Gefäße (Abb. 35 links). Das Wundernetz taucht in ein Sammelbecken für venöses Blut, den *Sinus caver-*

56

nosus. Umspült vom kühlen venösen Blut gibt das arterielle Blut Wärme ab, was durch die Tatsache erleichtert wird, daß die Wände der Arterien hier ungewöhnlich dünn sind. Die Bluttemperatur im Gehirn weist dadurch tiefere Werte auf als die in der Halsarterie (Abb. 35 rechts oben). Man hat bei Gazellen noch größere Temperaturdifferenzen als die in Abb. 35 dargestellten gemessen: nämlich bis zu 3 °C.

Weshalb ist das venöse Blut im Sinus cavernosus kühler als das arterielle des Wundernetzes? Der Sinus cavernosus empfängt neben Blut aus dem Gehirn solches aus dem Nasen- und Mundbereich (Abb. 35 rechts unten). Dieses Blut wird vorwiegend in den reich durchbluteten Nasenmuscheln gekühlt. Wärmeentziehender Vorgang ist dort das Verdunsten von Flüssigkeit durch »Hecheln«.

Bei körperlicher Tätigkeit wird das Gehirn stärker gekühlt als in Ruhe (s. den Anfangsteil der Kurven in Abb. 35 rechts oben). Zwei Faktoren sind hierfür verantwortlich: Erstens ist bei Anstrengung die Atmung gesteigert, um den erhöhten Sauerstoff-Bedarf zu decken und das anfallende Kohlendioxid abzutransportieren. Als Nebenwirkung verdunstet in der Nasen- und Mundhöhle mehr Flüssigkeit. Zweitens strömt bei körperlicher Arbeit mehr Blut durch die Nasen- und Mundschleimhaut als in Ruhe, was zu einem vermehrten Fluß gekühlten venösen Blutes durch den Sinus cavernosus führt.

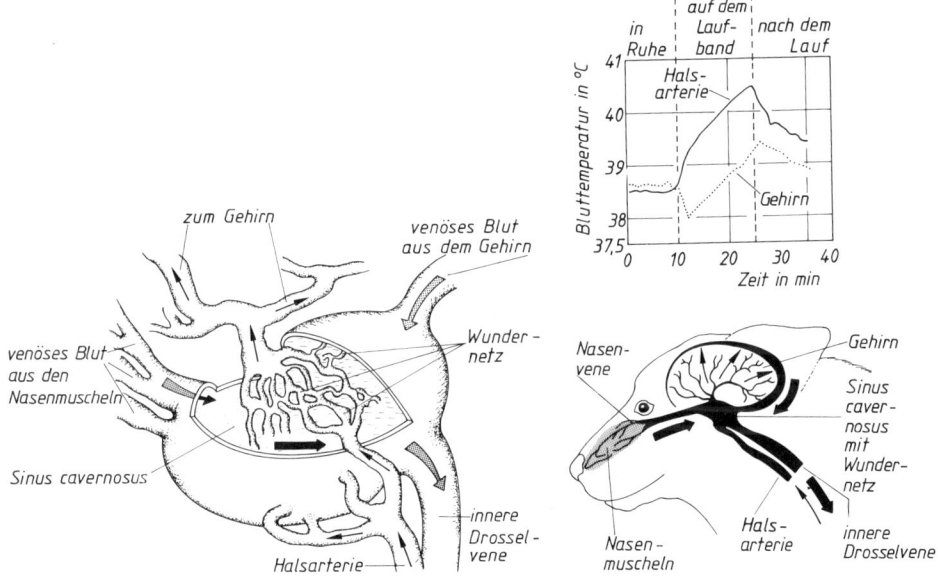

Abb. 35. Aufbau, Lage und Wirkung des Kühlsystems an der Gehirnbasis
Links: Sinus cavernosus mit Wundernetz. Vom Wundernetz sind nur wenige Gefäße gezeichnet. Dünne Pfeile: arterielles Blut; dicke Pfeile: venöses Blut.
Rechts oben: Gehirn- und Körpertemperatur des Haushundes in Ruhe und bei Aktivität. Die Hunde liefen mit 7,2 km/h während 15 min auf einem Laufband der Steigung 13°. Die Temperatur wurde mit implantierten Thermoelementen gemessen. Die Körpertemperatur ist durch die Bluttemperatur in der Halsarterie repräsentiert. Man beachte, daß in Ruhe die Temperatur des Gehirns wegen dessen hohen Energieumsatzes etwas oberhalb der des Körpers liegt
Rechts unten: Den Sinus cavernosus verlassende und in ihn eintretende Blutgefäße beim Haushund. Wundernetz nicht gezeichnet. Bereich der Nasenmuscheln grau wiedergegeben. Dünne Pfeile: arterielles Blut, dicke Pfeile: venöses Blut (nach Baker 1979)

Arten ohne spezielles Kühlsystem für das Gehirn – beispielsweise die Primaten – vermögen dieses nur dadurch vor Überhitzen zu schützen, daß sie die Temperatur des *ganzen Körpers* bei dem Wert halten, der dem Gehirn zuträglich ist. Geschieht das Kühlen durch Schwitzen, erleidet der Körper große Wasserverluste.

A4.   Maßnahmen gegen Unterkühlen

Ändern der Durchblutung, Kältezittern, zitterfreie Wärmebildung und Aufrichten der Fellhaare sind *kurzfristige* Maßnahmen gegen Unterkühlen. Haarwechsel, Wanderungen und Akklimatisation (physiologische Adaptation) sind *langfristige* Maßnahmen.

a)   Ändern der Durchblutung

Gekoppelt mit Gegenstrom-Wärmeaustausch reichen Durchblutungsänderungen dann oft zum Aufrechterhalten der Körpertemperatur aus, wenn der Körper gut isoliert ist. Bei der unteren kritischen Temperatur liegt maximale Vasokonstriktion vor, trotzdem würde der Körper bei unveränderter Wärmebildung auskühlen.

b)   Kältezittern

Begibt man sich in einen sehr kalten Raum (beispielsweise in einen Kühlraum), wird die Durchblutung der Körperschale verringert, sie verliert Wärme und kühlt ab. Man beginnt schließlich sichtbar zu zittern. Die Muskulatur ist die hauptsächliche Quelle der jetzt einsetzenden Wärmebildung. In den zu den Muskeln verlaufenden Nerven sind erhöhte Impulsraten meßbar. Wie bei jeder Muskelarbeit wird dabei Wärme frei; beim Kältezittern dient die Muskelbewegung ausschließlich der Wärmeproduktion.

Auch Wirbellose, d. h. Poikilotherme, können sich durch Muskelzittern aufheizen (Bienen, Wespen, Nachtschmetterlinge).

Die zur Körperschale gehörende Muskulatur muß wegen des erhöhten Sauerstoff-Bedarfs beim Kältezittern stark durchblutet werden, dadurch geht Wärme verloren. Der Nutzeffekt des Kältezitterns für den Wärmehaushalt ist daher nicht besonders groß: Beim Menschen beträgt er etwa 11 %, beim Hund ungefähr 26 %.

Dieses beim Kältezittern auftretende »Dilemma« hat Konsequenzen für das Verhalten von Schiffbrüchigen. Sie kühlen schneller aus, wenn sie Schwimmbewegungen machen, als wenn sie an eine Planke geklammert dahintreiben. Verfügt ein Mensch jedoch über ein isolierendes Fettpolster, mag es für ihn günstiger sein, sich zu bewegen.

c)   Zitterfreie Wärmebildung

Obwohl der französische Physiologe CLAUDE BERNARD auf die Möglichkeit der Wärmebildung ohne Muskelzittern hingewiesen hatte (er hatte dabei in erster Linie an die Leber gedacht), untersuchte man lange Zeit ausschließlich das Kältezittern. Wie sich zeigt, läßt im Laufe der Kälte-Akklimatisation das Muskelzittern nach, trotzdem halten kaltakklimatisierte Tiere ihre Körpertemperatur auf einem höheren Niveau als nicht an Kälte akklimatisierte. Man vermutete ursprünglich, daß die Muskeln zwar zittern, aber dabei so geringe Bewegungen ausführen, daß diese für das menschliche Auge nicht sichtbar sind. Wie jedoch elektrische Ableitungen der Aktionspotentiale von den die Muskeln versorgenden Nerven zeigten, arbeiten die Muskeln tatsächlich nicht.

In diesem Zusammenhang führten Physiologen folgendes Experiment mit Ratten durch: Zwei Rattengruppen wurden der Umgebungstemperatur 6 °C ausgesetzt. Eine Gruppe war schon vorher bei dieser Temperatur gehalten worden, die andere lebte zuvor in einem auf 30 °C geheizten Raum. Man registrierte bei beiden Gruppen den Sauerstoff-Verbrauch und auf elektrischem Wege die Muskelaktivität. Die Messung der Muskelaktivität wurde vorgenommen, um auch das möglicherweise nicht sichtbare Muskelzittern zu erfassen. Sämtliche Ratten versuchten in der kalten Umgebung ihre Körpertemperatur konstant (bei 38 °C) zu halten. Sie vermochten dies nur teilweise, in beiden Gruppen fiel die Körpertemperatur während des Versuchs nämlich etwas ab. Die gegen das Unterkühlen eingesetzten Maßnahmen waren in den Gruppen unterschiedlich: Die vorher bei 30 °C gehaltenen Ratten reagierten in der kalten Umgebung wie erwartet mit Kältezittern und dadurch erhöhtem Sauerstoff-Verbrauch. Die Ratten der anderen Gruppen wiesen eine etwas höhere Körpertemperatur auf als die warmakklimatisierten, obwohl bei ihnen während einer langen Zeit keinerlei Anzeichen von Muskelzittern zu beobachten war. Überraschenderweise stellte man bei diesen Ratten einen Sauerstoff-Verbrauch fest, der im Vergleich zu den nicht kaltakklimatisierten dramatisch erhöht war. Wo wurde der Sauerstoff benötigt? Offenbar an der Stelle, von der die nicht durch Muskelzittern erzeugte Wärme stammte. Man zog hieraus sowie aus anderen Beobachtungen den Schluß, daß dieser Ort *braunes Fettgewebe* ist.

Die Entdeckung des braunen Fettgewebes wird CONRAD GESNER (1551) zugeschrieben, der beim Murmeltier eine Gewebeart als »Winterschlafdrüse« bezeichnet hat. (In seinem jetzt nachgedruckten »Thier-Buch« von 1669 findet sich allerdings kein diesbezüglicher Hinweis.)

Das braune Fettgewebe hat andere Aufgaben und ist nicht so weit verbreitet wie das bekannte weiße (s. V B). Die Erforschung seiner Funktion gelang mit Hilfe verschiedener Disziplinen der Biologie: Systematik, Anatomie, Ökologie, Histologie, Cytologie, Physiologie und Biochemie.

■ *Systematik:* Als man die Verbreitung des braunen Fettgewebes im Tierreich untersuchte, fand man es fast ausschließlich bei Säugetieren. Außerhalb dieser Tierklasse wurde es bisher nur bei zwei Vogelarten, der Chickadee-Meise und dem Kragenhuhn beschrieben. Wir haben damit wiederum ein Beispiel dafür vor uns, daß bei Säugetieren häufig auftretende Lebenserscheinungen auch ganz vereinzelt bei Vögeln beobachtet werden; Entsprechendes findet man hinsichtlich des Vorkommens von Winterschlaf (s. B) oder Echo-Ortung (s. IX J).

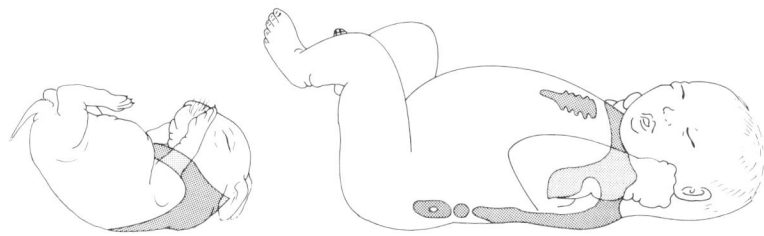

Abb. 36. Lage des braunen Fettgewebes im Körper eines neugeborenen Kaninchens und Menschen (nach Dawkins und Hull 1965)

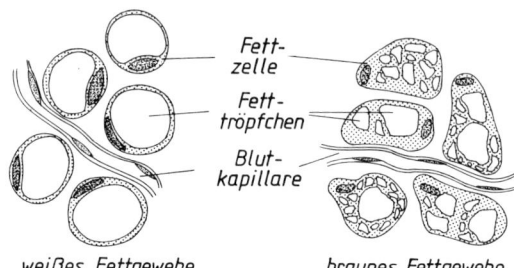

weißes Fettgewebe   braunes Fettgewebe

Abb. 37. Weißes und braunes Fettgewebe im histologischen Bild.
Man beachte die zahlreichen Fetttröpfchen in jeder Zelle des braunen
Fettgewebes (nach Knoche 1979)

■ *Anatomie:* Wie aus anatomischen Untersuchungen hervorging, ist das braune Fettgewebe auf bestimmte Körperstellen beschränkt (Abb. 36 und 48): Es findet sich zwischen
den Schulterblättern, in der Hals- und Thoraxgegend, in Herznähe sowie entlang der Aorta
in Richtung der Nieren.
■ *Ökologie:* Die Ökologie der Arten mit braunem Fettgewebe ergab: Winterschläfer
sind im Besitz dieser Gewebeart. Außerdem findet es sich bei an Kälte akklimatisierten
Tieren sowie bei Neugeborenen von »Nicht-Winterschläfern« – so auch beim Menschenkind (Abb. 36).
■ *Histologie und Cytologie:* Betrachtet man das Gewebe unter dem Mikroskop (Abb.
37) und erforscht die Feinstruktur mit Hilfe des Elektronenmikroskops (Abb. 38), treten

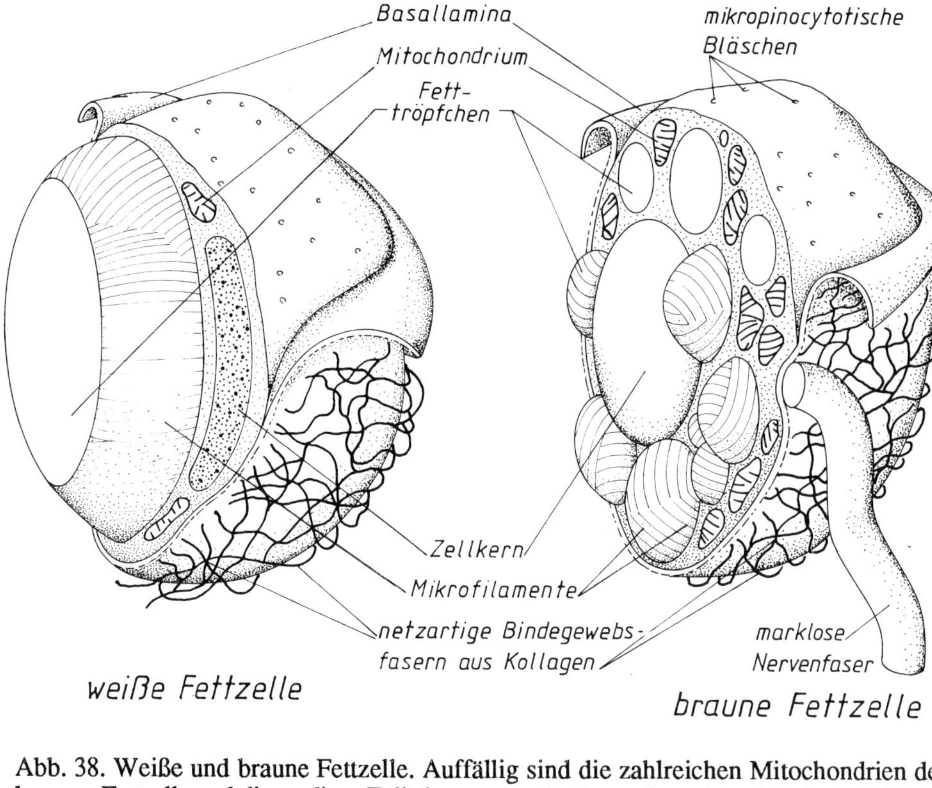

Basallamina

Mitochondrium

Fett-
tröpfchen

mikropinocytotische
Bläschen

Zellkern

Mikrofilamente

netzartige Bindegewebs-
fasern aus Kollagen

marklose
Nervenfaser

weiße Fettzelle

braune Fettzelle

Abb. 38. Weiße und braune Fettzelle. Auffällig sind die zahlreichen Mitochondrien der
braunen Fettzelle und die an diese Zelle herantretende Nervenfaser (vereinfacht nach Krstic
1981)

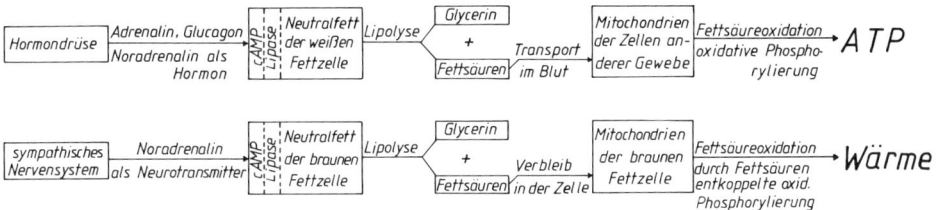

Abb. 39. Prozesse beim Fettabbau im weißen und braunen Fettgewebe. Meldungen an die Hormondrüsen können von einer »inneren Uhr« kommen; das sympathische Nervensystem empfängt Information von Kälterezeptoren, welche einerseits in der Haut, andererseits im Hypothalamus liegen. Der weitere Stoffwechselweg des Glycerins ist nicht dargestellt. Zur Aktivierung der Lipasen s. Text (nach Angaben in Aschoff 1971, Krstic 1981, Stryer 1983)

die Unterschiede zwischen weißem und braunem Fettgewebe klar zutage. Die Zellen des weißen Fettgewebes enthalten *einen* großen zentralen Fetttropfen, die geringe Plasmamasse ist samt Kern an den Rand gedrängt. Die braune Fettzelle speichert dagegen *mehrere* Fetttröpfchen. Sie enthält wesentlich mehr Cytoplasma und sehr viel mehr Mitochondrien als die weiße Fettzelle. Die hohe Cytochromkonzentration in den Mitochondrien und das Lipochrom in den Fetttröpfchen sind für die braune Farbe verantwortlich. In beiden Zellformen sind die Lipidtropfen von Mikrofilamenten umgeben, die bei Abgabe des Fettes aus der Zelle erhalten bleiben. Ein weiteres feines Gerüst umgibt die ganze Zelle; in diesen kollagenen Fasern liegt die Zelle wie ein Ball in einem Netz. Ein wichtiger Unterschied zwischen weißem und braunem Fettgewebe ist die Tatsache, daß nur an braune Fettzellen Nervenfasern herantreten (Abb. 38).

Zu der aus dem Rattenversuch gezogenen Schlußfolgerung, das braune Fettgewebe diene der zitterfreien Wärmebildung, passen alle oben geschilderten Befunde: Erwachende Winterschläfer heizen ihren Körper auf, ihre Körpertemperatur steigt dabei von dem im Winterschlaf eingehaltenen Wert, der wenige Grade oberhalb 0 °C liegt, auf die normale Körpertemperatur in der warmen Jahreszeit an. Dabei erhöht sich zunächst die Temperatur des braunen Fettgewebes (Abb. 48). Die dort erzeugte Wärme gelangt – infolge der Lage dieses Gewebes – zum Herzen und in die Aorta, von wo aus sie mit dem Blut in andere Körpergebiete transportiert wird. Neugeborenen hilft die vom braunen Fettgewebe produzierte Wärme, sich an Umgebungstemperaturen anzupassen, welche in den meisten Fällen erheblich unter denen des mütterlichen Körpers liegen.

Biochemiker stellten die Frage: Wodurch wird das braune Fettgewebe zur Thermogenese veranlaßt, und welche Prozesse laufen dabei ab? Dies läßt sich am besten dadurch beantworten, daß man die bei der Lipolyse ablaufenden Vorgänge im braunen Fettgewebe mit denen im weißen vergleicht (Abb. 39). Die Instanzen, welche die Thermogenese in Gang setzen, sind in beiden Geweben verschieden; danach folgen mehrere Schritte, die jeweils gleich ablaufen; schließlich treten wieder Unterschiede auf.

An braune Fettzellen wird Information durch die in Abb. 38 dargestellten Nervenfasern übermittelt, an weiße dagegen durch Hormone. Da der Überträgerstoff (Neurotransmitter) der ins braune Fettgewebe ziehenden Nervenfasern Noradrenalin ist, zeigt sich hier eine interessante Beziehung zwischen Hormon- und Nervensystem – eines der auf die weißen Fettzellen wirkenden Hormone ist nämlich das aus dem Nebennierenmark stammende Noradrenalin. Neurotransmitter bzw. Hormon wirken über das cyclische Adenosinmonophosphat (cAMP): sie aktivieren die (membrangebundene) Adenylcyclase, was zu einem erhöhten cAMP-Spiegel in der Zelle führt. Hierdurch wird eine Proteinkinase stimuliert, welche durch Phosphorylierung Lipasen aktiviert. Diese spalten das Neutralfett in Glycerin und Fettsäuren (Lipolyse). Das Glycerin gelangt auf dem Blutweg in die Leber und wird dort weiter verarbeitet.

Das Schicksal der freien Fettsäuren ist in beiden Geweben unterschiedlich: Im weißen Fettgewebe verlassen sie die Zellen und gelangen im Blut an Albumine gebunden zu anderen Geweben. Die braune Fettzelle entläßt die Fettsäuren nicht, sie werden an Ort und Stelle oxidiert. Die Fettsäureoxidation läuft in den Mitochondrien ab. Langkettige – an der äußeren Mitochondrienmembran aktivierte – Fettsäuren sind nicht ohne weiteres durch die innere Mitochondrienmembran transportabel, sie werden mit Hilfe von Carnitin in die mitochondriale Matrix geschleust.

Die beim Fettsäureabbau anfallenden Bruchstücke liefern in der weißen Fettzelle beim Prozeß der oxidativen Phosphorylierung ATP. In der braunen Fettzelle dagegen entsteht statt ATP Wärme. Die Zelle schafft dies dadurch, daß sie die oxidative Phosphorylierung »entkoppelt«. *Entkoppler* greifen an der inneren Mitochondrienmembran an, bekannte derartige Substanzen sind 2,4-Dinitrophenol oder das Schilddrüsen-Hormon Thyroxin. In der braunen Fettzelle wirken – als Sonderfall – die bei der Lipolyse freigewordenen Fettsäuren selbst als Entkoppler.

Bei der Thermogenese nimmt das braune Fettgewebe sehr viel Sauerstoff auf; die Durchblutung kann bei Kältebelastung auf das 300fache ansteigen.

Die in beiden Formen des Fettgewebes verlaufenden Blutgefäße (Abb. 37) transportieren bei einsetzender Lipolyse aus beiden Geweben Glycerin, aus dem weißen Fettgewebe außerdem Fettsäuren, aus dem braunen dagegen Wärme ab. (Beim erwachenden Winterschläfer, der seine *gesamten* Fettvorräte mobilisiert, steigt der Fettsäuregehalt des Blutes stark an: Abb. 49.)

Das braune Fettgewebe ist also einem kleinen Ofen vergleichbar, der seinen Brennstoffvorrat in sich birgt. Ist dieser aufgebraucht, kann er wieder aufgefüllt werden – aber nur bei bestimmten Arten, beispielsweise bei Winterschläfern. Große Formen verfügen zwar als Neugeborene über braunes Fettgewebe, als Erwachsene weisen sie jedoch nur noch unbedeutende Reste oder keine Spur mehr davon auf: Es findet sich nämlich in nennenswertem Maße nur bei Arten, deren Körpermasse im erwachsenen Zustand 10 kg nicht überschreitet. Ein Grund hierfür ist bisher nicht bekannt.

d)   Wanderungen und Haarwechsel

Ausführungen hierzu sind in den Abschnitten IV C und V E gegeben.

A5.   Akklimatisation

Drei Möglichkeiten stehen dem Tier offen, sich an extreme Umgebungstemperaturen anzupassen. Erstens: Es kann seine Kerntemperatur zum Wert der geänderten Umgebungstemperatur hin verstellen. So reagiert das Kamel (Abb. 25). Zweitens: Es ändert die Wärmebildung (beispielsweise im braunen Fettgewebe: Abb. 39). Drittens: Es umgibt sich bei länger dauernder Kälte mit einer wärmedämmenden Schicht, d. h. es variiert die Isolation der Körperschale. Die Schicht kann aus weißem Fettgewebe bestehen; in den meisten Fällen legen sich die Arten jedoch ein dickes Fell zu. Mit zunehmender Länge der Haare des Fells wächst dessen isolierende Wirkung (Abb. 40).

Man unterscheidet zwischen künstlicher Akklimatisation und Jahreszeiten-Akklimatisation. Bei der *künstlichen Akklimatisation* bringt man Tiere entweder relativ kurzfristig

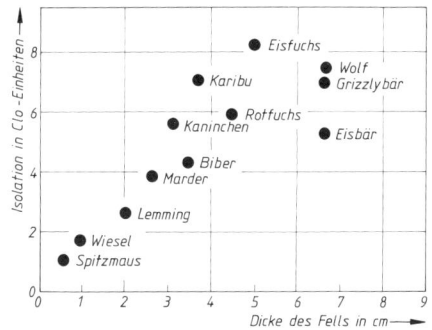
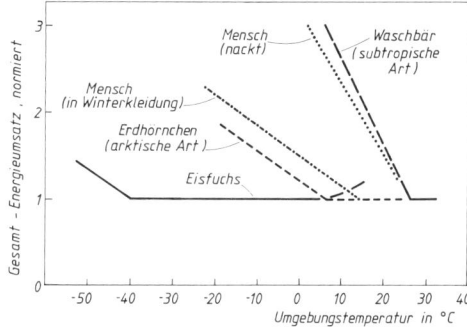

Abb. 40 (links). Stärke der Isolation des Fells als Funktion der Felldicke. Eine »Clo-Einheit« (von clothes = Kleidung) entspricht dem Betrag an Isolation, den die bei Zimmertemperatur getragene Kleidung eines Mannes ausmacht (1 Clo = 25,7 °C • cm^2 • min • J^{-1}) (nach Irving 1966)

Abb. 41 (rechts). Gesamt-Energieumsatz verschiedener Arten in Abhängigkeit von der Umgebungstemperatur. Für jede Art wurde der Energieumsatz in der thermoneutralen Zone gleich 1 gesetzt und die übrigen Werte hierauf bezogen. Obwohl der Waschbär sich neuerdings auch in gemäßigten Zonen ausbreitet, ist er ursprünglich eine subtropische Art (aus Aschoff 1971)

in andere Umgebungstemperaturen, oder man zieht die Jungen beispielsweise in kalter Umgebung groß und prüft die Erwachsenen auf ihr Überleben in strenger Kälte. Die Adaptation betrifft in erster Linie den Stoffwechsel (metabolische Akklimatisation).

Jahreszeiten-Akklimatisation geschieht vor allem durch Verändern der *Isolation*. Bei allen Wildtieren der höheren Breiten ist im Winter die Kälteresistenz größer als im Sommer: ihr Fell ist dicker und das Unterhautfettgewebe mächtiger als im Sommer. Die Isolation wächst hierdurch beim Schneeschuhhasen um 27 %.

Information darüber, ob der Sommer oder der Winter naht, erhalten die Tiere dadurch, daß sie die Tageslänge mit Hilfe einer »inneren Uhr« messen: im Frühjahr nimmt die Dauer der täglichen Lichtperiode zu, im Herbst ab. Möglicherweise spielt bei manchen Arten auch eine »Jahresuhr« eine Rolle.

A6. Phylogenetische Anpassungen

Im Lauf ihrer Stammesgeschichte haben sich die Arten an die Eigenschaften ihrer Lebensräume angepaßt, dies gilt auch im Hinblick auf die dort herrschende Temperatur. Mißt man den Energieumsatz abhängig von der Umgebungstemperatur bei einer subtropischen Art und vergleicht die erhaltene Kurve mit der einer arktischen Art, zeigen sich mehrere Unterschiede (Abb. 41). Da die hier für eine subtropische Art gemachten Ausführungen auch für tropische Formen gelten, wird nachstehend jeweils kurz von »tropischen Arten« gesprochen.

■ *Erstens:* Liegt die Umgebungstemperatur niedriger als die untere kritische Temperatur, steigt der Energieumsatz der arktischen Arten langsamer an als derjenige der tropischen.
■ *Zweitens:* Die thermoneutrale Zone ist bei arktischen Arten wesentlich breiter als bei tropischen. Die untere kritische Temperatur ist nämlich bei den arktischen Arten zu sehr

tiefen Temperaturen hin verschoben (die oberen kritischen Temperaturen liegen für alle Formen recht dicht beieinander). Anders ausgedrückt: Das kritische Temperaturgefälle zwischen Körperkern und Umgebung, oberhalb dessen der Energieumsatz gesteigert werden muß, erreicht bei arktischen Arten Werte über 75 °C, während es bei tropischen nur etwa 10 °C beträgt. Wie die im Diagramm der Abb. 41 eingetragenen Werte für den Menschen zeigen, verläuft die am Nackten gemessene Kurve wie die der subtropischen Art, die des Bekleideten wie die einer arktischen. Das ist einerseits ein weiterer Hinweis darauf, daß die Entstehung des Menschen in warmen Gebieten stattgefunden hat, andererseits zeigt der Befund die Bedeutung isolierender Schichten auf der Körperschale. Entsprechend sind die Haarlängen und damit die Felldicken nicht nur bei Vertretern einer Art im Sommer- und Winterfell unterschiedlich, sondern auch von Art zu Art (genetisch bedingt) verschieden. Arktische Arten weisen im allgemeinen längere Haare auf als tropische oder in gemäßigten Breiten lebende: Man vergleiche die Werte vom Eisfuchs mit denen vom Rotfuchs in Abb. 40. Die bei −50 °C liegende untere kritische Temperatur des Eisbären kann man aber nicht allein auf dessen Felldicke zurückführen, da er durch sein Fell allein schlechter isoliert ist als der Grizzlybär mit derselben Haarlänge (Abb. 40).

A7. Kybernetische Betrachtung temperaturregulatorischer Prozesse

Die Temperatur des Körperkerns ist eine Größe, die konstant gehalten wird – auch wenn Einflüsse von außen sie zu heben oder zu senken drohen. Das geschieht mit Hilfe eines Systems, das als Regelkreis bezeichnet und mit kybernetischen Begriffen beschrieben werden kann.

Regelkreise findet man bei vielen Leistungen der Organismen, außerdem werden sie von Technikern eingesetzt – ein bekanntes Beispiel liefert der Kühlschrank, welcher allerdings nur in einer »Richtung« wirkt.

Es ist eine besondere Leistung des jungen Forschungsgebiets der Kybernetik, für die Beschreibung von Systemen Begriffe geschaffen zu haben, welche abstrakt und unabhängig von den speziellen Eigenschaften des jeweils untersuchten Systems sind. Entsprechend werden nachstehend die Bestandteile eines Regelkreises zunächst mit kybernetischen Begriffen vorgestellt; danach wird die Arbeitsweise des Regelkreises am biologischen Beispiel besprochen. Dafür wurde ein Phänomen ausgewählt, welches ohne die Anwendung der biokybernetischen Betrachtungsweise völlig unverständlich bliebe – es ist der bei Fieber auftretende Schüttelfrost.

a) Begriffe zur Beschreibung eines Regelkreises

Die Darstellung der Abb. 42 oben weist dreierlei Symbole auf: Pfeile, Kästchen sowie Kreise mit jeweils vier Sektoren. Ein *Pfeil* repräsentiert einen Übertragungskanal und gibt die Richtung des Signalflusses in diesem an. Jeder Kanal symbolisiert den Wert einer Meßgröße, die unendlich schnell übertragen und dabei nicht verändert wird. Ein *Kästchen* bedeutet, daß in diesem die einlaufenden Signale verändert, d. h. verrechnet, werden. Für oft vorkommende Verrechnungsarten zweier Signale existieren als besondere Symbole die in Sektoren unterteilten *Kreise*. Dabei bedeutet ein in einen weißen Sektor mündender Pfeil positives, ein in einen schwarzen mündender negatives Vorzeichen des eingehenden Signals. Der Kreis rechts in Abb. 42 symbolisiert also *Addition* der beiden

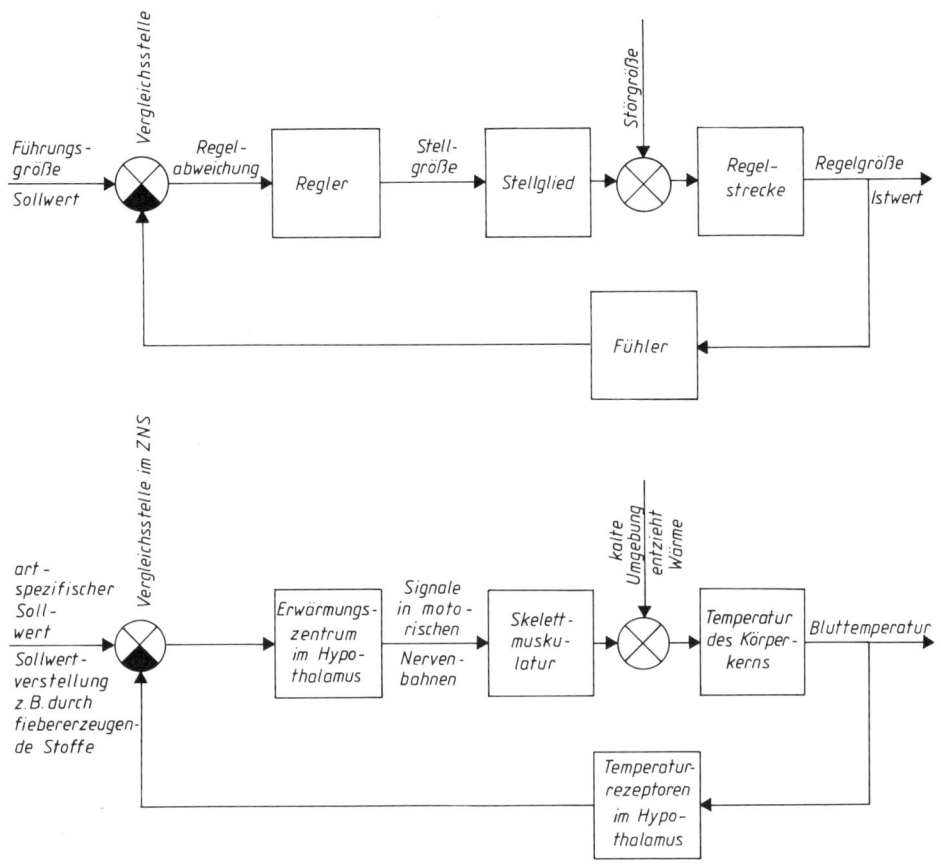

Abb. 42. Kybernetische Darstellung temperaturregulatorischer Prozesse
Oben: Regelkreis (nach Cruse 1981)
Unten: Arbeitsweise des Regelkreises zum Konstanthalten der Körpertemperatur in der
Situation »kalte Umgebung«. Als Maßnahme gegen Unterkühlen ist nur das Kältezittern
dargestellt (ausführliche Darstellung des Regelsystems bei Penzlin 1977)

eingehenden Signale, im linken Kreis (Vergleichsstelle) wird das vom Fühler kommende
Signal vom Sollwert *subtrahiert*.

Die konstant gehaltene Größe heißt *Regelgröße* (ein besserer – aber nicht üblicher –
Ausdruck wäre: geregelte Größe). Der von ihr angenommene Wert heißt *Istwert*. Er wird
vom Fühler gemessen und an die *Vergleichsstelle* übertragen. Dort wird er mit dem
Sollwert verglichen, indem er von diesem subtrahiert wird. Der Sollwert wird von einem
übergeordneten Zentrum erzeugt und hat oft stets denselben festen Wert. Manchmal ist er
jedoch variabel – in diesem Fall zieht man den Ausdruck *Führungsgröße* vor. Die Differenz zwischen Sollwert und (vom Fühler gemessenen) Istwert heißt *Regelabweichung*.
Sie wird im *Regler* in ein neues Signal, die *Stellgröße*, umgewandelt. Sie gelangt zum
Stellglied, welches die Regelgröße beeinflußt. Auf diese kann aber außer dem Stellglied
noch eine von außen kommende *Störgröße* wirken, deren Einfluß in Abb. 42 als additiv
angenommen ist. Oft folgt die Regelgröße den Einflüssen von Stellglied und Störgröße
nicht sofort, sondern mit einer gewissenen Verzögerung (beispielsweise wegen auftreten-

der Reibung). Solchen Eigenschaften des Systems trägt man durch Einführen eines weiteren Elements Rechnung: Es ist die *Regelstrecke*. (Manchmal bezieht man in die Regelstrecke das Stellglied mit ein.)

Ein oft gebrauchter Begriff für den im Regelkreis ablaufenden Vorgang der Rückmeldung über Regelgrößen-Änderungen an die Vergleichsstelle ist *Rückkopplung* (im Englischen: feedback). Da die Meldung des Fühlers mit negativem Vorzeichen eingeht, handelt es sich hier um negative Rückkopplung. An den nachstehenden Zahlenbeispielen wird klar, wie der Regelkreis die durch Störungen hervorgerufene Änderung der Regelgröße abschwächt bzw. beseitigt.

b) Biologisches Beispiel: Muskelzittern als Maßnahme
     gegen Unterkühlen

Das Regelsystem, welches die Körpertemperatur konstant hält, ist kompliziert aufgebaut und enthält wesentlich mehr Bauelemente als die Darstellung der Abb. 42 unten (es ist ein »vermaschter« Regelkreis). Von den als Stellgliedern arbeitenden Organen ist in Abb. 42 unten nur die Skelettmuskulatur eingetragen. Die in großen Teilen des Abschnitts IV A gemachten Ausführungen behandeln die Tätigkeit weiterer Stellglieder: bei den Maßnahmen gegen Unterkühlen neben dem Muskelzittern die Thermogenese im braunen Fettgewebe, das Aufrichten der Fellhaare usw.; bei den Maßnahmen gegen Überhitzen die Sekretionstätigkeit von Schweiß- und Nasendrüsen usw. Die Tätigkeit sämtlicher Stellglieder dient dazu, die Temperatur des Körperkerns konstant zu halten. Bei der Einwirkung von Störgrößen würde sie ohne Regulation gesenkt oder gehoben. Die Umgebung kann dem Tier nicht nur Wärme entziehen, sondern auch zuführen. Der mittags in Wüstengebieten stattfindende Wärmezustrom ist allerdings kein häufig auftretendes Phänomen, Überhitzen kommt in den meisten Fällen dadurch zustande, daß sich der Körper infolge von Muskelarbeit *selbst* erwärmt.

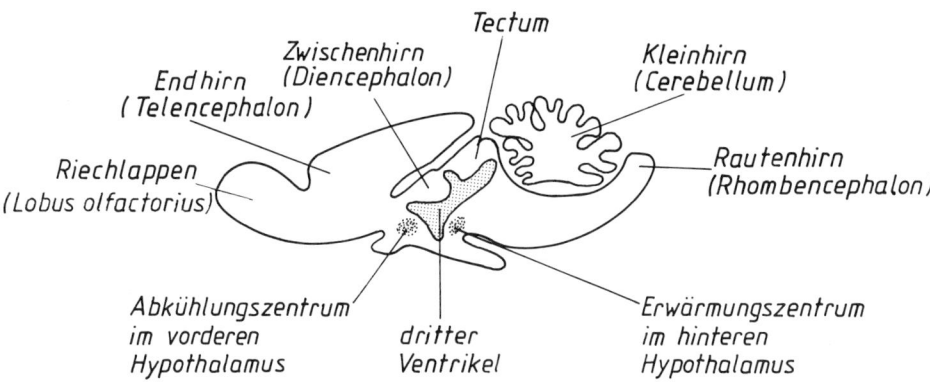

Abb. 43. Längsschnitt durch das Gehirn des Hamsters mit Bezeichnung der verschiedenen Gehirnteile. Ein »Mittelhirn (Mesencephalon)« gibt es nicht. Dieser alte Begriff entstammt der deskriptiven Embryologie. Der dorsale Teil des früher so bezeichneten »Mittelhirns« ist das Tectum, die basalen Teile gehören zum Rautenhirn (vgl. dazu Starck 1982). Der Hypothalamus ist das ventrale Gebiet des Zwischenhirns und liegt unterhalb des dritten Ventrikels. Diese Hirnkammer stellt einen Hohlraum im Diencephalon dar, der mit Flüssigkeit (Liquor cerebrospinalis) gefüllt ist (nach Raths 1975)

66

Tabelle 1. Zahlenbeispiele zur Arbeitsweise des Regelkreises der Abb. 42 unten in verschiedenen Situationen. Weiteres s. Text

Situation	Istwert der Regelgröße und Meldung des Fühlers	Sollwert	Rechenergebnis an der Vergleichsstelle, d. h. Regelabweichung	Tätigkeit des Stellglieds
A. Gesunder Mensch in kalter Umgebung (ohne Muskelzittern)	36	37	37–36 = +1	beginnt zu arbeiten, dadurch entsteht Situation B
B. Wie A, jedoch zitternd	37	37	37–37 = 0	hört auf zu arbeiten
C. Mensch mit Fieber in »normaler« Umgebung a) hypothetisch: bei unverändertem Sollwert	38	37	37–38 = –1	arbeitet nicht, da negative Werte unberücksichtigt bleiben
b) bei verstelltem Sollwert	38	39	39–38 = +1	beginnt zu arbeiten: Schüttelfrost

Sollten im Körperkern kurzfristig Temperaturdifferenzen auftreten (etwa weil die Nieren im Augenblick viel Wärme produzieren), werden diese sofort durch das zirkulierende Blut mittels Konvektion ausgeglichen. Die Temperatur des Körperkerns liegt also auch im hier fließenden Blut vor. Gemessen wird sie in dem Gehirngebiet, welches bei der Regulation des inneren Milieus überhaupt die wichtigste Rolle spielt – es ist der *Hypothalamus* (Abb. 43). Ein zweiter Meßort ist die Haut, Fühler sind hier die in Abb. 312 dargestellten Kälte- und Wärmerezeptoren. Auf deren Funktion bei der Temperaturregulation soll hier nicht eingegangen werden. Wie Abb. 43 zeigt, existieren im Hypothalamus zwei voneinander getrennt liegende Zentren, die man gemeinsam als Regler bezeichnen kann. In Abb. 42 unten ist eine Situation wiedergegeben, in der nur das Erwärmungszentrum arbeitet. Von hier gehen Befehle an verschiedene Stellen, dargestellt sind ausschließlich diejenigen an die Skelettmuskulatur. Der Regelkreis beschreibt also nur *eine* der Maßnahmen gegen Unterkühlen. Das Erwärmungszentrum gibt dann Signale ab, wenn die ebenfalls im Zentralnervensystem liegende Vergleichsstelle einen von Null verschiedenen positiven Wert meldet. Da der Sollwert im allgemeinen (Ausnahmen weiter unten) feststeht, geschieht dies dann, wenn sich der Istwert der Regelgröße ändert. (Wie in A1 besprochen, ist der im Laufe der Stammesgeschichte erworbene Sollwert von Art zu Art etwas verschieden).

Kältezittern tritt auf, wenn infolge Wärmeentzug in kalter Umgebung die Bluttemperatur unter 37 °C sinkt. Wir erwarten Kältezittern also immer dann und nur dann, wenn die Temperatur des Körperkerns unter 37 °C fällt. Völlig unverständlich bleibt zunächst folgende paradoxe Situation: Kältezittern tritt auf, obwohl die Kerntemperatur *erhöht* ist. Dies ist der Fall, wenn Menschen mit Fieber vom Schüttelfrost gepackt werden. Um diese Erscheinung zu erklären, sind in Tabelle 1 Zahlenbeispiele für drei Situationen angegeben.

Im ersten Zahlenbeispiel (Situation A) der Tabelle ist angenommen, die Abkühlung sei so stark, daß die Kerntemperatur um 1 °C fällt. Infolge der Regelabweichung +1 gibt der Regler nervöse Signale an die Skelettmuskulatur. Die durch Muskelzittern erzeugte Wärme treibt die Kerntemperatur wieder in die Höhe. Erreicht sie den Wert 37 °C, ergibt sich an der Vergleichsstelle der Wert Null, zum Regler gelangt keine Meldung, nichts geschieht.

In der Situation C soll sich ein Mensch mit um 1 °C erhöhter Kerntemperatur in »normaler« Umgebung aufhalten (unter »normal« werden dabei solche Umgebungstemperaturen verstanden, bei denen ein Gesunder weder friert noch schwitzt). Unterstellt man, der Sollwert sei unverändert, bleibt das Phänomen »Schüttelfrost« unverständlich. (Negative Signale gibt es in Nervenbahnen nicht.) Unter der Annahme einer Sollwerterhöhung bei Fieber folgt dagegen zwanglos dieselbe Tätigkeit des Stellglieds wie in Situation A.

Die aus dem Zahlenbeispiel abzuleitende Forderung einer Sollwertverstellung läßt sich experimentell belegen: Bestimmte Medikamente (Pyrogene) erzeugen – genauso wie die bei Infektionen im Blut zirkulierenden bakteriellen Gifte – Fieber. In unserer Umgangssprache ist das Wort »Fieber« in zutreffender Weise Bestandteil zweier weiterer Begriffe: »Lampenfieber« und »Arbeitsfieber«. Im ersten Fall findet Sollwerterhöhung bei psychischen Erregungszuständen statt – Einflüsse auf den Hypothalamus kommen von der Großhirnrinde; im zweiten Fall ist heftige körperliche Tätigkeit beteiligt.

A8. Zur Evolution der Fähigkeit zur Temperaturregulation

Die den Regler bildenden Neurone im Hypothalamus sind keine stammesgeschichtliche Neuerwerbung der Säugetiere. Sie finden sich bereits bei den Fischen. Was sich im Verlauf der Evolution auf dem Weg über Amphibien und Reptilien zu den Säugetieren (und zu den Vögeln) veränderte, waren also nicht die kontrollierenden Zentren im Zentralnervensystem, sondern die Anzahl der Stellglieder.

In geringem Maße vermögen auch Fische und Lurche dadurch ihre Körpertemperatur zu regulieren, indem sie Orte bestimmter Temperatur aufsuchen. Diese »Regulation durch Verhalten« ist also der erste Schritt auf dem Weg zur echten Homoiothermie. So vermag ein Frosch bei Befehlen aus dem Hypothalamus ausschließlich mit Verhalten zu reagieren – er sucht mittels Thermotaxis Orte höherer oder tieferer Temperatur auf.

Kriechtiere verfügen über ein weiteres Stellglied: Wasserabgabe über die Mundschleimhäute ermöglicht es ihnen, ihre Körpertemperatur bei Bedarf etwas abzusenken.

Säugetiere und Vögel, bei denen das System seine höchste Vollkommenheit erreicht hat, vermögen zusätzlich die Wärmeleitung zu verändern – eine Fähigkeit, die ein Haarkleid (oder Gefieder) voraussetzt (s. A2). Eine Beeinflussung des Wärmetransports durch Konvektion ist nur indirekt möglich. Indem sich die Tiere mit dem Kopf gegen den Wind stellen, vermeiden sie Wärmeverlust, welcher aufträte, wenn der Wind »gegen den Strich« unter die Haare bliese.

B.   Winterschlaf und Winterruhe

Wie nachstehend gezeigt wird, handelt es sich beim Winterschlaf und bei der Winterruhe um Zustände, die ein System zur Temperaturregulation voraussetzen. Sie kommen daher nur bei Homoiothermen vor – und zwar nahezu ausschließlich bei Säugetieren. Unter den Vögeln halten nur einzelne wenige Arten Winterschlaf. Manche Vogelarten zeigen einen kurz andauernden Zustand, der dem Winterschlaf in vielen Zügen gleicht: es ist der *Torpor*. Er hilft den Kolibris, die im Dunkeln ja keine Nahrung aus den Blüten entnehmen können, Energie zu sparen und so die Nacht zu überstehen. Auch noch nicht flügge Mauersegler, die wegen einer Schlechtwetterperiode von ihren Eltern nicht gefüttert werden können, verfallen in Torpor.

Kälte- oder Winterstarre nennt man den Zustand, in dem sich die Poikilothermen der gemäßigten und höheren Breiten während der kalten Jahreszeit befinden. Beispielsweise sind unsere Reptilien und Amphibien einer Erniedrigung der Außen- und damit ihrer Körpertemperatur völlig ausgeliefert. Sinkt ihre Temperatur, verlangsamen sich entsprechend der VAN'T HOFFschen Regel die Stoffwechselprozesse, schließlich fällt der Körper in eine Erstarrung. Das ist normalerweise im Herbst der Fall. Tiefgreifende physiologische Umstellungen finden nicht statt.

Aus der Winterstarre kann – beispielsweise nach Berührung – kein Tier »aus eigener Kraft« erwachen und zu irgendeiner Tätigkeit übergehen. So wird eine Eidechse im Frühjahr erst dann aus ihrem Versteck hervorkommen, wenn die Umgebungstemperatur so weit gestiegen ist, daß ihre Körpertemperatur (passiv) einen bestimmten Wert erreicht.

Manche Poikilotherme haben Anpassungen erworben, die es ihnen ermöglichen, auch weit unter dem Gefrierpunkt liegende Temperaturen zu überstehen. So lassen sich bei manchen Formen unserer Breiten die Körpersäfte sehr weit abkühlen, ohne daß das Tier Schaden erleidet – beispielsweise beim Mehlkäfer bis zu $-17\,°C$. Dagegen vertragen Arten aus tropischen Zonen auch geringe Abkühlung nicht: Der Alligator stirbt schon bei etwas oberhalb von $0\,°C$ liegenden Temperaturen. Wie Aquarien-Liebhaber wissen, gilt dies auch für tropische Warmwasserfische.

B1.   Winterschlaf

Wenn man in populärwissenschaftlichen Büchern, welche die Lebensgewohnheiten von Tieren behandeln, in möglichst kurzer Zeit unrichtige Feststellungen entdecken will, braucht man nur solche Kapitel aufzuschlagen, die sich mit dem Überwintern befassen. Man wird dort häufig Tiere als Winterschläfer verzeichnet finden, die gar keine sind. Verständlich ist dies noch bei den Bären – den Begriff Winterschlaf jedoch auf Poikilotherme anzuwenden, ist ein grober Fehler. Nur bestimmte Arten der Homoiothermen dürfen als Winterschläfer bezeichnet werden. Welche sind es und wann darf man sie so nennen?

a)   Winterschlafende Arten

Nur in drei Ordnungen finden wir winterschlafende Vertreter: es sind die Insektenesser, die Fledertiere und die Nagetiere.

Bekannter Winterschläfer unter den *Insektenessern* ist der Igel. Seine einheimischen Verwandten Maulwurf und Spitzmäuse vermögen den Winter im Wachzustand zu überstehen. Der Maulwurf findet genügend Nahrung, indem er den Regenwürmern in tiefere Erdschichten folgt. Die Spitzmäuse, die ja ebenfalls keine Pflanzennahrung zu sich nehmen, leisten Erstaunliches, indem sie sich während der kalten Jahreszeit unter Laub und Moos stöbernd ihr Futter beschaffen.

Die in den gemäßigten Breiten lebenden Vertreter der *Fledertiere* – Arten der Hufeisennasen und Glattnasen – verbringen die kalte Jahreszeit im Winterschlaf – sofern sie nicht die Möglichkeit haben, in warme Gebiete abzuwandern (s. C).

Die meisten winterschlafenden Arten stellt die Ordnung der *Nagetiere*. Für mehrere Formen war im Deutschen der Winterschlaf namengebend: so beim Garten- und Baumschläfer sowie beim Siebenschläfer, der bereits ARISTOTELES als Winterschläfer bekannt war. Zur Familie der Schläfer, die manchmal »Schlafmäuse« genannt werden, zählt auch die Haselmaus. In der Redewendung »er schläft wie ein Murmeltier« begegnet uns ein weiterer Vertreter. Winterschlaf halten außerdem die Birkenmaus und mehrere Ziesel-Arten.

Alle erwähnten Formen sind sogenannte *Langschläfer*, d. h. sie verharren Wochen oder Monate in Lethargie. Der Hamster und der Goldhamster werden als *Kurzschläfer* bezeichnet, da bei ihnen die »Schlafschübe« sehr kurz sind. Sie erwachen alle paar Tage aus dem Winterschlaf und nehmen Nahrung zu sich. Zur Verwendung im Winter speichert der Hamster während des Sommers riesige Vorräte in seinem Bau. Manche Bauern gruben früher Hamsterbaue auf, um das gespeicherte Korn zu gewinnen. Der bei uns häufig in Wohnungen gehaltene Goldhamster scheint auf den ersten Blick kein Winterschläfer zu sein, da er ja auch während der Wintermonate munter ist. Bei ihm liegt jedoch die kritische Temperatur, bei der er in Winterschlaf fällt, so tief, so daß er bei unseren Zimmertemperaturen wach bleibt.

Als man die geographische Verbreitung der Arten mit Winterschlaf untersuchte, stellte sich heraus, daß fast alle auf der Nordhalbkugel leben; die Südhalbkugel weist dagegen nahezu keine Winterschläfer auf. Das erschien zunächst erstaunlich. Das Rätsel wurde gelöst, als man die Verteilung der Landmassen auf beiden Halbkugeln in Betracht zog. Während auf der Südhalbkugel südlich des 40. Breitengrads fast nur Ozeane existieren, dehnen sich auf der Nordhemisphäre nördlich des 40. Breitengrads riesige Landgebiete aus. Da hier strenge Winter herrschen, sind diese Regionen winters sehr unwirtliche Lebensräume. Im Sommer sind sie jedoch bewohnbar und vor allem wegen der in dieser Zeit stattfindenden hohen Produktion pflanzlicher Substanz als Lebensräume geeignet. Während des Sommers steht den Pflanzen nämlich während jedes Tages eine sehr lange Zeitdauer für die Photosynthese zur Verfügung. Zu bestimmten Zeiten geht die Sonne nördlich des Polarkreises überhaupt nicht unter (Mitternachtssonne). Im Sommer finden Pflanzenesser also reichlich Nahrung. Im Winter können die Tiere wegwandern, Pflanzen unter dem Schnee hervorscharren wie das Rentier – oder sie bleiben am Ort und verfallen in Winterschlaf.

b)   Kennzeichen des Winterschlafs

Während des Winterschlafs sind verschiedene physiologische Zustände in oft dramatischer Weise verändert.

α)   Körpertemperatur

Bei Winterschläfern ist die Körpertemperatur drastisch abgesenkt. So liegt sie beim Murmeltier mit 1 °C knapp über dem Gefrierpunkt. Der Gartenschläfer weist 5 °C auf

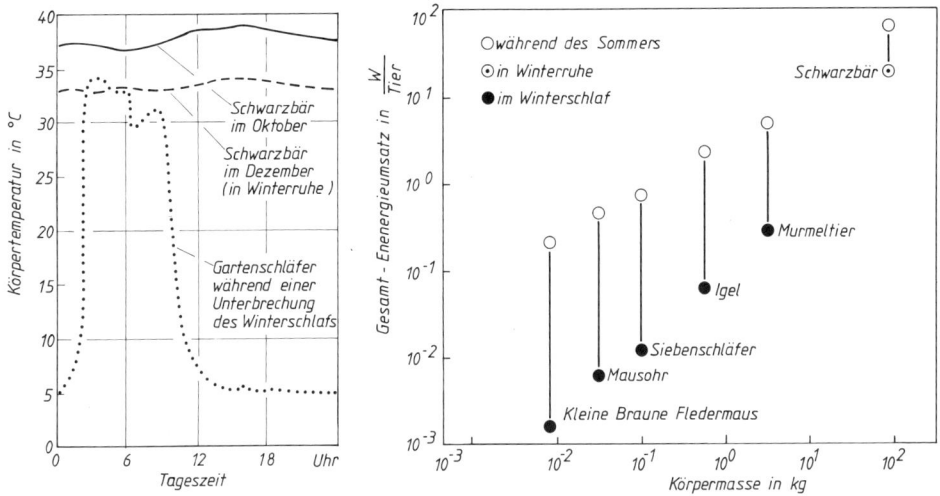

Abb. 44 (links). Im Verlauf eines Tages gemessene Körpertemperatur einer Art mit Winterschlaf und einer mit Winterruhe. Man beachte die geringe Absenkung und die Tagesrhythmik der Körpertemperatur des winterruhenden Schwarzbären. Der Gartenschläfer erwachte während des dargestellten Tages aus dem Winterschlaf und wies für einige Stunden seine sommerliche Körpertemperatur auf (nach Raths 1975)

Abb. 45 (rechts). Gesamt-Energieumsatz verschiedener Arten im sommerlichen Wachzustand und im Winterschlaf. Zum Vergleich sind die Werte einer Art mit Winterruhe eingezeichnet (nach Raths 1975)

(Abb. 44). Allgemein mißt man Werte zwischen 0,2 und 5 °C. Nur wenn diese starke Temperaturerniedrigung bei einer Art zu beobachten ist, darf man auf sie den Begriff Winterschläfer anwenden.

Wie Abb. 44 zeigt, erniedrigen Bären während ihrer zurückgezogenen Lebensweise im Winter ihre Körpertemperatur nur um wenige Grade. Man zählt sie daher nicht zu den Winterschläfern. Für ihren Zustand existiert ein eigener Begriff: Winterruhe (s. B2).

β)   Energieumsatz
Gemeinsam mit der erniedrigten Körpertemperatur ist der Gesamt-Energieumsatz stark reduziert (Abb. 45). Dabei senken Arten mit geringer Körpermasse den Energieumsatz stärker als große Formen.

γ)   Atemfrequenz
Infolge des stark reduzierten Energieumsatzes – die Stoffwechselprozesse sind sozusagen »auf Sparflamme« gestellt – ist der Sauerstoff-Bedarf im Winterschlaf gering. Es genügen wenige Atemzüge je Minute, um den Bedarf zu decken. Im Winterschlaf erfolgen die Atemzüge nicht nur selten, sondern auch unregelmäßig. So registrierte man beim Igel (bei einer Temperatur von 4,7 °C): 56 Minuten lang atmete er nicht, dann schob er eine Atemperiode von 4 Minuten ein, danach atmete er wieder nicht usw. Ein Hamster zeigte 3 bis 4 Atemzüge je Minute, atmete dann 2 Minuten nicht usw.

In einem Diagramm stellt man zweckmäßigerweise die Minimalwerte der winterlichen Atemfrequenz dar (Abb. 46 links).

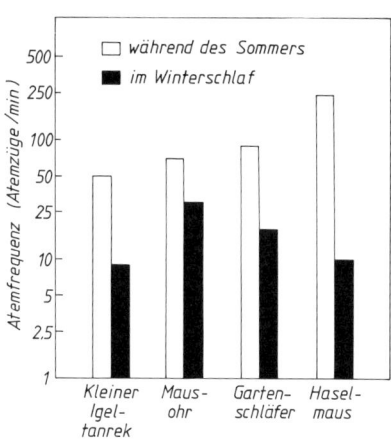
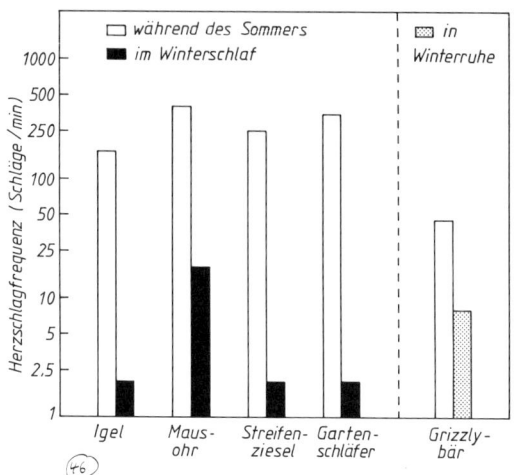

Abb. 46. Atemfrequenz (links) und Herzschlagfrequenz (rechts) verschiedener Winterschläfer im Wachzustand und während des Winterschlafs sowie Herzschlagfrequenz einer Art mit Winterruhe. Dargestellt sind Mittelwerte vom Sommer und Minimalwerte im Winterschlaf bzw. in der Winterruhe (nach Angaben in Raths 1975)

δ)   Herzschlagfrequenz

Im Winterschlaf findet eine Reduktion der Herzschlagfrequenz statt. Wie Abb. 46 rechts zeigt, dauert es bei Igel, Streifenziesel und Gartenschläfer im Winterschlaf bis zu 30 Sekunden, bevor der nächste Herzschlag einsetzt (man veranschauliche sich diese Zeitspanne anhand einer Uhr mit Sekundenzeiger). Die Herzschlagfrequenz des winterruhenden Grizzlybären ist in Abschnitt B2 besprochen.

ε)   Starrezustand

Während des Winterschlafs befinden sich die Tiere in einem stärkeren Starrezustand als während des normalen Schlafs. Man nahm lange Zeit an, es gäbe eine typische Winterschlafstellung. Das trifft nicht zu. Die Tiere fallen nämlich während des normalen Schlafs in den Winterschlaf und behalten dabei ihre normale Schlafstellung bei. Beispielsweise rollen sich Siebenschläfer ein, Fledermäuse hängen vollkommen in ihre Flughaut gehüllt an der Decke ihres Winterquartiers (Abb. 401).

c)   Eintritt in den Winterschlaf

Welche Faktoren den Übergang in den Winterschlaf bestimmen, ist nicht eindeutig geklärt. Sie scheinen auch von Art zu Art etwas unterschiedlich zu sein.
    Folgende Gegebenheiten sind in Betracht zu ziehen: Im Herbst werden die Tage kürzer. Wie man experimentell bewiesen hat, wird während der Kurztagbedingungen die Synthese sowohl von weißem als auch von braunem Fett gefördert. Beispielsweise beträgt der Fettanteil am Gewicht eines schlafbereiten Hamsters 30 bis 40 %. Es ist denkbar, daß, sobald genügend Fett angelagert ist, die betreffende Art sich zum Winterschlaf rüstet. Jedoch auch magere Tiere vermögen in Winterschlaf zu verfallen.
    Man spricht von einer »Winterschlafbereitschaft«, welche durch das vorhandene Fett hervorgerufen sein könnte. Diese Bereitschaft mag auch durch die kurzen Tage direkt er-

höht werden. Neben der Photoperiode spielt vielleicht eine innere Jahresuhr eine Rolle, welche dem Winterschläfer die Jahreszeit anzeigt: man spräche in diesem Fall von einem circannualen Rhythmus.

Eine andere Möglichkeit zieht man für das Mongolische Murmeltier in Betracht: Sobald der erste Schnee fällt, verschließt es seinen Bau und fällt in Winterschlaf.

Der Nahrungsmangel im Spätherbst dürfte eine geringe Rolle spielen. Denn vor dem Eintritt in den Winterschlaf nehmen die Tiere plötzlich keine Nahrung mehr auf. Auch in den zwischen den Schlafschüben liegenden Zeiten ißt ein Winterschläfer nur sehr wenig. Als Energielieferant verwendet er das gespeicherte Fett. Im Herbst verringert sich die Aktivität der Schilddrüse.

Das Absinken der Umgebungstemperatur im Herbst ist wohl nicht direkt für den Übergang in den Winterschlaf verantwortlich zu machen. Denn manche Winterschläfer verfallen auch bei einer Umgebungstemperatur von 20 °C in Lethargie. Allerdings ist die Bevorzugung bestimmter Temperaturen in Winterschlafstimmung geändert. So bot man einem Goldhamster zur Wahl drei Käfige mit 8 °C, 19 °C und 24 °C. War er in Winterschlafstimmung, bevorzugte er den Käfig der Temperatur 8 °C. Soeben aus dem Winterschlaf erwacht, entschied er sich für 24 °C.

d)   Maßnahmen gegen die Gefahr des Erfrierens

Unterschreitet die Körpertemperatur des Winterschläfers infolge des Absinkens der Umgebungstemperatur den für die betreffende Art typischen Wert, wacht das Tier oft auf, läuft umher und entgeht so der Gefahr des Erfrierens. Es kann aber auch in seiner starren Haltung verbleiben und seinen Körper nur etwas »heizen«. So hält der Felsenziesel seine Körpertemperatur auf über 5 °C, auch wenn die Außentemperatur auf −18 °C absinkt. Das Aufwachen kann aber auch erfolgen, ohne daß die Umgebungstemperatur einen bestimmten Wert unterschreitet. Dies ist bei manchen Erdhörnchen der Fall, sie wachen in unregelmäßigen Zeitabständen auf und laufen umher.

e)   Regelung der Körpertemperatur während des Winterschlafs

Wie die geschilderten Maßnahmen gegen eine tödliche Unterkühlung zeigen, wird die Körpertemperatur auch im Winterschlaf reguliert. Vergleicht man mit den Vorgängen im Wachzustand, zeigen sich zwei Unterschiede: Erstens ist im Winterschlaf der Sollwert des Regelsystems nach unten (zu einer sehr tiefen Temperatur hin) verstellt. Man vergleiche zum Verständnis die in A7 beschriebenen Prozesse beim nach oben verstellten Sollwert im Fieber. Zweitens werden nur gegen *Unter*schreiten des Sollwerts Maßnahmen ergriffen.

Da auf dem niedrigen Niveau ebenfalls Regulation stattfindet, spricht man bei Winterschläfern von *zwei homoiothermen Zuständen*. Da eine Sollwertverstellung nur bei solchen Arten möglich ist, die auch im Wachzustand ihre Körpertemperatur zu regulieren vermögen, ist es klar, daß Winterschlaf nur bei Tieren mit regulierter Körpertemperatur auftreten kann – keinesfalls aber bei Poikilothermen.

Maßnahmen gegen Überhitzen brauchen während des Winterschlafs wohl aus folgenden Gründen nicht ergriffen zu werden: Kommt winters ein Wärmeeinbruch, erreicht die Wärme das Tier nicht so schnell, da dieses ja geschützt in seinem gut isolierten Bau oder Nest liegt.

Beim Übergang in den Winterschlaf fällt der Sollwert des im Hypothalamus befindlichen Reglers allmählich zu tiefen Temperatur-Werten hin ab. In Abb. 47 zeigen die ho-

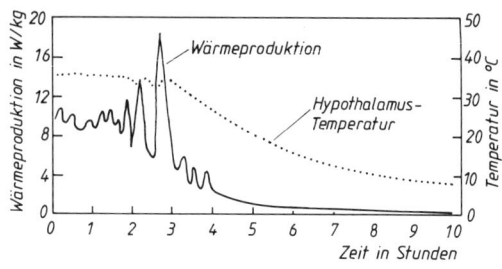 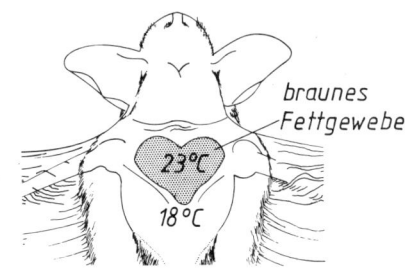

Abb. 47 (links). Zeitlicher Verlauf der Temperatur im Hypothalamus und der Wärmeerzeugung zu Beginn des Winterschlafs bei einem Erdhörnchen (nach Heller et al. 1978)

Abb. 48 (rechts). Temperaturen des – zwischen den Schulterblättern liegenden – braunen Fettgewebes und benachbarter Körperabschnitte bei einer aus dem Winterschlaf erwachenden Großen Braunen Fledermaus (nach Hayward und Lyman aus Gunderson 1976)

hen Spitzen der durchgezogenen Kurve Schübe Wärme produzierender Reaktionen. Sie treten dann auf, wenn die Hypothalamus-Temperatur kurzfristig abfällt (flache »Täler« der punktierten Kurve). Man deutet dies so: Die Bluttemperatur im Hypothalamus unterschreitet für kurze Zeit den langsam abfallenden Sollwert des Reglers, was zu vorübergehender Stoffwechselsteigerung führt.

f)   Erwachen aus dem Winterschlaf

Woher erhält der tief in Lethargie befindliche Winterschläfer die Information, die es ihm ermöglicht, immer zum richtigen Zeitpunkt zu erwachen? Darüber gibt es bisher kein gesichertes Wissen.

Eine Zeitlang vermutete man, ein Winterschläfer würde dadurch erwachen, daß der Druck in seiner Harnblase einen bestimmten Wert erreicht. Das ist nicht der Fall. Die Niere produziert im Winterschlaf nämlich nur sehr wenig Urin. So wird bei einer bestimmten Fledermaus-Art nur 1 % des normalen Wertes erreicht. Das ist darauf zurückzuführen, daß wegen des im Winterschlaf niedrigen Blutdrucks kein genügender Filtrationsdruck erreicht wird. Während des Winterschlafs braucht die Harnblase nicht entleert zu werden.

Man besitzt einige physiologische Befunde, die es erlauben, folgende Hypothese aufzustellen. Da während des Winterschlafs die Niere die Exkrete nicht in gleichem Maße ausscheidet wie während des Wachzustandes, häufen sich Stoffwechselendprodukte an. Diese könnten das Aufwachen veranlassen, indem sie bestimmte Sinnesorgane beeinflussen. Voraussetzung ist allerdings, daß diese bei den tiefen Temperaturen des Winterschläfers überhaupt ansprechen. Die Sinneszellen müßten auf Weckreize reagieren. Auge und Ohr sind bei der tiefen Körpertemperatur unempfindlich, so daß der Winterschläfer taub und blind ist. Eine Gruppe von Sinnesorganen reagiert jedoch bis herunter zu sehr tiefen Temperaturen. So fand man, daß Druck-, Berührungs- und Kälterezeptoren noch bei einer Hauttemperatur von 0 °C auf Reize antworten. Da man einige Winterschläfer – beispielsweise den Feldhamster – dadurch wecken kann, daß man ihr Fell leicht berührt, ist folgendes denkbar: Die – infolge der mangelnden Tätigkeit der Niere stattfindende – Veränderung des inneren Milieus bewirkt Absenken der Schwellen der Hautrezeptoren; dies geht so weit, daß sie spontan Impulssalven abgeben. Diese könnten den Winterschläfer aufwecken.

74

Der Übergang zur normalen Körpertemperatur des Wachzustandes geschieht nicht in allen Körperteilen in gleicher Weise. Vielmehr wird der Körper gewissermaßen in zwei Hälften zerlegt: Die eine Hälfte wird sehr schnell, die andere sehr verzögert warm. Zur ersten zählen Brust und Kopf, die zweite bildet der Hinterkörper. In diesem bleiben die Blutgefäße zunächst verengt, so daß erwärmtes Blut nicht in ihn eintreten kann.

Die Wärmeproduktion beginnt im Vorderkörper. Gestartet werden die Prozesse durch eine plötzlich ansteigende Erregung des Sympathicus. Dieser verengt die Blutgefäße im Hinterkörper, regt das Nebennierenmark zur Ausschüttung von Hormonen an, beschleunigt die Herztätigkeit und veranlaßt das braune Fettgewebe, mit der Wärmeproduktion zu beginnen. Die in Abschnitt A4 beschriebene *zitterfreie Wärmebildung* setzt ein. Durch die Tätigkeit des braunen Fettgewebes erwärmt sich die Brustregion und der Kopf. Daher steigt im Thoraxbereich die Temperatur viel schneller an als im restlichen Körper (Abb. 48). Bis zu einer Kopftemperatur von 15 °C ist für die Wärmeproduktion ausschließlich das braune Fettgewebe verantwortlich. Erst später beobachtet man sichtbares Muskelzittern. Beispielsweise sind bei Fledermäusen zwischen 55 % und 85 % der Wärmeproduktion auf zitterfreie Wärmebildung zurückzuführen.

Neben den vom braunen Fettgewebe verwendeten Fettsäuren dienen der Blutzucker sowie Glykogen und körpereigene Proteine beim Erwachen als Energielieferanten. Da zunächst die Fettspaltung sowohl im braunen als auch im weißen Fettgewebe vorherrscht, kommt es nach dem Beginn des Erwachens im Blut zunächst zu einem starken Anstieg der Spaltprodukte Glycerin und freie Fettsäuren (Abb. 49). Bereits kurz vor Erreichen des endgültigen Wachzustandes fallen die Konzentrationen dieser beiden Substanzen wieder ab. Die in Abb. 49 nicht eingetragene Glucose steigt erst später zu normalen Werten an.

Außerdem kommt es zu einem starken Anstieg des Milchsäuregehaltes im Blut, wodurch dessen pH-Wert sinkt. Trotz der heftigen Atemzüge des Tieres kann beim Beginn

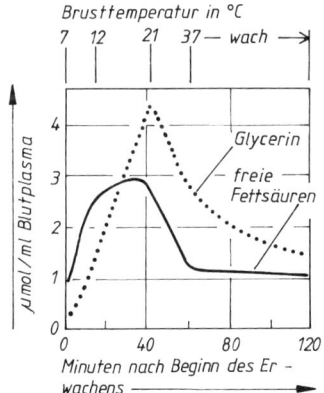
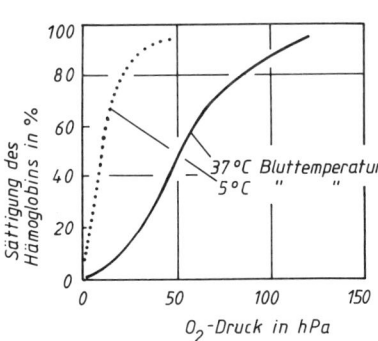

Abb. 49 (links). Konzentrationen der Spaltprodukte des Fettes im Blut eines Gartenschläfers. Zeitpunkt Null der Messung ist der Beginn des Erwachens, nach 60 Minuten ist die normale Körpertemperatur erreicht, der Schläfer ist wach. Im Experiment wurde der Gartenschläfer bei einer Umgebungstemperatur von 6 °C geweckt (nach Raths 1975)

Abb. 50 (rechts). Sauerstoff-Dissoziationskurve des Hämoglobins des Igels im Winterschlaf (punktierte Kurve) und im Sommer. Bei den tiefen Temperaturen im Winterschlaf ist die Sauerstoffaffinität des roten Blutfarbstoffs wesentlich höher als im Sommer (nach Raths 1975)

des Erwachens nicht genügend Sauerstoff zur Verfügung gestellt werden. Es wird daher zunächst Energie durch anaerobe Prozesse gewonnen, bei welcher Milchsäure entsteht.

Ein interessanter Unterschied besteht bezüglich der Sauerstoff-Dissoziationskurve des Hämoglobins im Winterschlaf und im Wachzustand. Während des Winterschlafs ist die Kurve stark nach links verschoben (Abb. 50) – die Affinität des Hämoglobins zum Sauerstoff ist also hoch. Die Versorgung der Gewebe mit Sauerstoff ist demnach erschwert. Diese Tatsache blieb zunächst unverstanden. Erst als man den Tatbestand als Anpassung an das Erwachen betrachtete, fiel Licht auf die Merkwürdigkeit. Im Winterschlaf deckt das Tier seinen Energiebedarf teilweise durch Prozesse, welche keinen Sauerstoff benötigen. Beim Erwachen ist jedoch ein enormer Sauerstoff-Bedarf vorhanden, die jetzt stattfindende Erwärmung des Körpers schiebt die Sauerstoff-Dissoziationskurve nach rechts (Abb. 50) – die Gewebe können nun sehr leicht dem Blut den Sauerstoff entnehmen.

Ist die Anstrengung des Erwachens vorbei, rollt sich das Tier erst einmal zusammen und erholt sich bei einem normalen Schläfchen.

B2.   Winterruhe

Da Winterruhe bei mehreren Vertretern der Reißtiere vorkommt, hat man hierfür den Begriff »Carnivoren-Lethargie« geprägt. Auch die etwas unglücklichen Bezeichnungen »unechter Winterschlaf« oder »ökologischer Winterschlaf« wurden vorgeschlagen. »Ökologisch« setzte man dabei im Gegensatz zum »physiologischen« Winterschlaf.

a)   Arten mit Winterruhe

Die meisten Vertreter zählen zur Ordnung der Reißtiere, in welcher sich kein einziger Winterschläfer findet. Daneben finden wir einige Arten der Nagetiere.

■ *Nagetiere:* Unsere Feld-Waldmaus kommt im Winter oft tagelang nicht zum Vorschein. Das Eichhörnchen schläft zwar unter Umständen mehrere Tage hintereinander in seinem Kobel, kann aber auch bei –15 °C im Freien beobachtet werden. Es sucht dann seine Vorräte auf, welche es während des Spätsommers und Herbstes an verschiedenen Stellen angelegt hatte. Eicheln und Bucheckern vergräbt es bevorzugt am Fuße von Bäumen. Dabei merkt es sich nicht jedes einzelne Versteck, sondern sucht winters an solchen Plätzen, die es zur Zeit der Fruchtreife als Speicherorte ausgewählt hatte. Es findet so zwar manchmal auch nichts, stößt aber häufig auf Vorräte. Auch einige Flughörnchen sowie Präriehunde halten Winterruhe.

■ *Reißtiere:* Das Weibchen des Dachses ist während der strengen Wintermonate trächtig und bringt im zeitigen Frühjahr seine Jungen zur Welt. Stinktiere können über 10 Tage lang ihre Aktivität einstellen. Sie zeigen den Zustand der Winterruhe in besonders typischer Weise. Der Waschbär, welcher bis in die neueste Zeit zu den Winterschläfern gezählt wurde, wird im Herbst sehr fett und kann daher zwei bis drei Monate ohne Nahrung auskommen. Der Abbau der Fettreserven im Winter ist bei ihm Voraussetzung für die im zeitigen Frühjahr einsetzende Brunst bzw. die dann stattfindende Empfängnis. Werden die Tiere in Pelztierfarmen dauernd gefüttert, kann die Brunst ausbleiben.

■ Die *Bären* bringen in der Mitte des Winters ihre Jungen zur Welt. Das Weibchen bleibt, ohne Nahrung aufzunehmen, im weich ausgepolsterten Lager. Dies kann sehr lange dauern – so verließ ein Schwarzbär seine Höhle vom 7. Dezember bis zum 5. März nicht.

b)   Kennzeichen der Winterruhe

Wie Abb. 44 zeigt, findet in diesem Zustand keine drastische Reduktion der Körpertemperatur statt. Die betreffenden Arten führen während des Winters eine zurückgezogene Lebensweise, sie haben ein größeres Schlafbedürfnis als im Sommer, bei ungünstiger Witterung bleiben sie in ihrem Nest oder Bau. Ihr Schlaf ist ein Ruheschlaf, welcher sich nur durch besondere Länge und Tiefe auszeichnet.

Würde ein Bär seine Körpertemperatur so tief absenken wie ein Winterschläfer, benötigte er für das Erwachen im Frühjahr nicht nur sehr lange Zeit, sondern müßte auch ungeheuere Energiereserven bereitstellen, um seinen massigen Körper wieder auf normale Temperatur zu bringen.

Bären erniedrigen während der Winterruhe ihre Herzschlagfrequenz (Abb. 46 rechts). Die Reduktion ist allerdings bei weitem nicht so stark wie bei winterschlafenden Formen (man beachte den logarithmischen Ordinatenmaßstab!). Auch erreichen Bären meist jeden Tag etwa für 30 Minuten eine relativ hohe Herzschlagfrequenz. Aufgrund der winters abgesenkten Herzschlagfrequenz hat man die Bären früher zu den Winterschläfern gestellt.

Die sonstigen typischen physiologischen Kennzeichen des Winterschlafs sind sowohl bei den Bären als auch bei sonstigen winterruhenden Arten teilweise nur angedeutet oder gar nicht vorhanden. So verfügen die Formen mit Winterruhe auch nicht über braunes Fettgewebe.

Mehrere Arten bringen während der Winterruhe Junge zur Welt. Während der Geburt müssen die physiologischen Prozesse und damit das gesamte endokrine System wohlkoordiniert sein. Solche Vorgänge wären mit dem Winterschlafzustand unvereinbar.

Auch die nervösen Vorgänge bleiben ganz normal erhalten. Dies zeigt sich darin, daß ein aufgestörter Bär sich sofort verteidigen kann. Auch wird die Schlafstellung fast täglich gewechselt, was in starkem Gegensatz zum echten Winterschlaf steht, bei dem die Tiere vollständig erstarrt sind.

Die Länge der Winterruhe der Bären hängt von der Umgebungstemperatur ab. Wird die Witterung mild, unterbricht der Bär seine Winterruhe.

Da die Arten mit Winterruhe die Stoffwechselprozesse ja nicht auf drastisch niedrigem Niveau halten, benötigen sie *Energiespeicher*. Solche können in Form von Nahrungsvorräten außerhalb des eigenen Körpers angelegt werden (Beispiel: Eichhörnchen), oder der »Brennstoff« lagert im eigenen Körper in Form von Fettschichten.

Reißtiere legen sich im Herbst eine dicke Fettschicht zu, welche sowohl Wärmeschutz als auch Energiespeicher ist. Winters muß der Stoffwechsel auf den Verbrauch dieses Fettes umgestellt werden.

Im Zustand der Winterruhe sind die Bären wahre Hungerkünstler. Da ihre Körpertemperatur winters nur wenig gesenkt wird, ist der Energieumsatz recht hoch: ein Schwarzbär setzt je Tag etwa 16 000 kJ um. Die Energie stammt aus dem Speicherfett. Der winterruhende Bär nimmt weder Nahrung noch Wasser zu sich, er gibt auch keinen Kot oder Harn ab. Was geschieht mit den laufend im Stoffwechsel anfallenden stickstoffhaltigen Endprodukten? Diese werden sommers vorwiegend als Harnstoff – daneben aber auch als Kreatinin – mit dem Urin abgegeben. Winters verbleiben sie im Körper. Dabei verändert sich im Blut das Verhältnis Kreatinin zu Harnstoff. Im Sommer ist der Wert dieses Verhältnisses der gleiche wie bei nicht winterruhenden Arten. Den für die Winterruhe zutreffenden Wert registriert man auch in Blutproben von Schwarzbären im Herbst *vor* Beziehen der Überwinterungshöhle. Er ist ein eindeutiger Hinweis darauf, daß der Bär bereits »biochemisch« in den Zustand der Winterruhe übergeht.

Arten mit labiler Körpertemperatur

Solche Formen zählte man früher gelegentlich zu den Winterschläfern. Das ist nicht korrekt, da ihre Körpertemperatur bei weitem nicht so tief erniedrigt wird wie bei Winterschläfern. Vielmehr senken sie bei kühlem Wetter ihre Körpertemperatur während des Ruheschlafs auf 30 °C oder gar 15 °C ab. Hierher gehören einige Nasenspiegelaffen, außerdem die Eierleger Kurzschnabeligel und Schnabeltier; Vertreter anderer Ordnungen sind der Tanrek, die Faultiere sowie einige kleine australische Beuteltiere.

C.   Wanderungen

Verschiedene Arten weichen ungünstigen Umweltbedingungen aus: sie wandern in vorteilhaftere Gegenden. Da die Ortsveränderungen manchmal »an Stelle« eines Winterschlafs oder zu Winterquartieren hin unternommen werden, sind sie im vorliegenden Kapitel behandelt.

Wandernde Fledermäuse kann man wegen ihrer Fähigkeit zu aktivem Flug mit Zugvögeln vergleichen. Man wendet daher bei ihnen auch die in der Erforschung des Vogelzugs übliche Methode der Beringung an. Zahlreiche wanderfreudige Arten existieren, die Anlässe zum Aufbruch sind verschieden. Tropische Arten weichen in südlicher oder nördlicher gelegene Gebiete aus, um der sommerlichen Hitze zu entgehen. Um die winterliche Kälte zu vermeiden, fliegen manche Arten der gemäßigten Klimazonen der Nordhalbkugel weit nach Süden. Dort finden sie Insektennahrung, die ihnen weiter nördlich nicht zur Verfügung steht. Ein Beispiel hierfür ist die in den Vereinigten Staaten lebende Guano-Fledermaus (Abb. 51 links).

Eine andere Möglichkeit, den nahrungslosen Winter zu überstehen, besteht darin, in Winterschlaf zu verfallen. Die meisten in unseren Breiten lebenden Arten suchen dazu Felshöhlen auf, welche frostfrei bleiben und eine günstige Luftfeuchtigkeit aufweisen. (Der Abendsegler, welcher Felshöhlen meidet, erfriert in kalten Wintern häufig.) Die unterirdischen Überwinterungsorte im Gebirge liegen meist in einiger Entfernung von den Aufenthaltsgebieten des Sommers. Daher finden regelmäßige Wanderungen zwischen Sommer- und Winterquartier statt. Beringt man die Fledermäuse winters, kann man anhand von Rückmeldungen ihre Wanderrichtungen feststellen. So flogen die in einer Höhle der Schwäbischen Alb überwinternden Mopsfledermäuse im Frühjahr vorwiegend in die Flußniederungen der Donau und einiger ihrer Nebenflüsse (Abb. 51 rechts). Nur wenige brachen in entgegengesetzter Richtung auf und überquerten die Albhochfläche.

In vielen Fällen führen die Ortsveränderungen in Gebiete mit reichem Nahrungsangebot. Ist bei Pflanzenessern nach dem Einwandern das Futter aufgebraucht, suchen sie das frühere Gebiet wieder auf; dadurch kommt ein Hin- und Herziehen zwischen verschiedenen Aufenthaltsgebieten zustande.

Viele weidende Formen bewegen sich nicht wahllos durchs Gelände, sondern bevorzugen bestimmte Wege, die man in Anlehnung an entsprechende Bauten des Menschen als *Straßen* oder in der Jägersprache als *Wechsel* bezeichnet. Diese Gewohnheit von Wildtieren ist auch bei Haustierrassen erhalten geblieben (Abb. 52).

Wandernde Paarhufer der gemäßigten Breiten sind die Rentiere und Karibus. Die Wanderungen der riesigen Zebra- und Gnuherden in der Serengeti wurden von BERNHARD

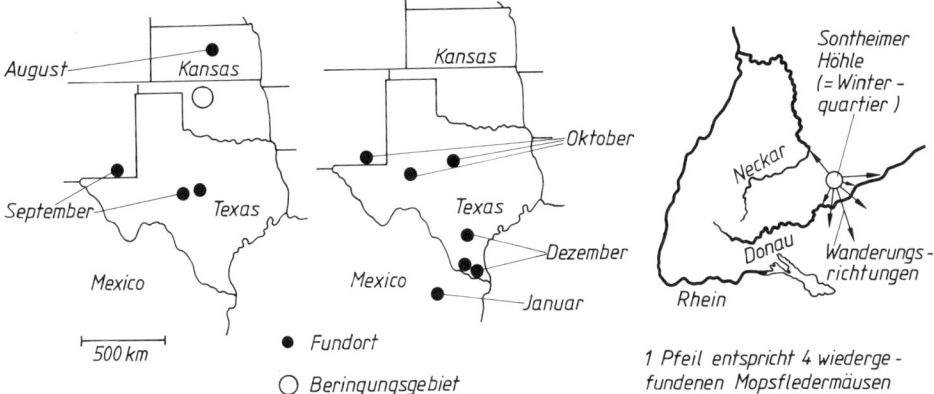

Abb. 51. Fledermaus-Wanderungen

Links: Rückmeldungen beringter Guano-Fledermäuse von verschiedenen Orten der Vereinigten Staaten mit Angabe des Fundmonats. Die Fledermäuse wurden in Oklahoma während ihres Aufenthaltes in fünf »Wochenstuben« (d. h. Geburts- und Aufzuchtstätten der Jungen) beringt (nach Glass aus Roer 1967)

Rechts: Wanderrichtungen von Mopsfledermäusen aus dem Winterquartier »Sontheimer Höhle« in die während des Sommers bewohnten Gebiete. Die Pfeilspitzen weisen auf die Sommer-Aufenthaltsorte (nach Frank aus Roer 1967)

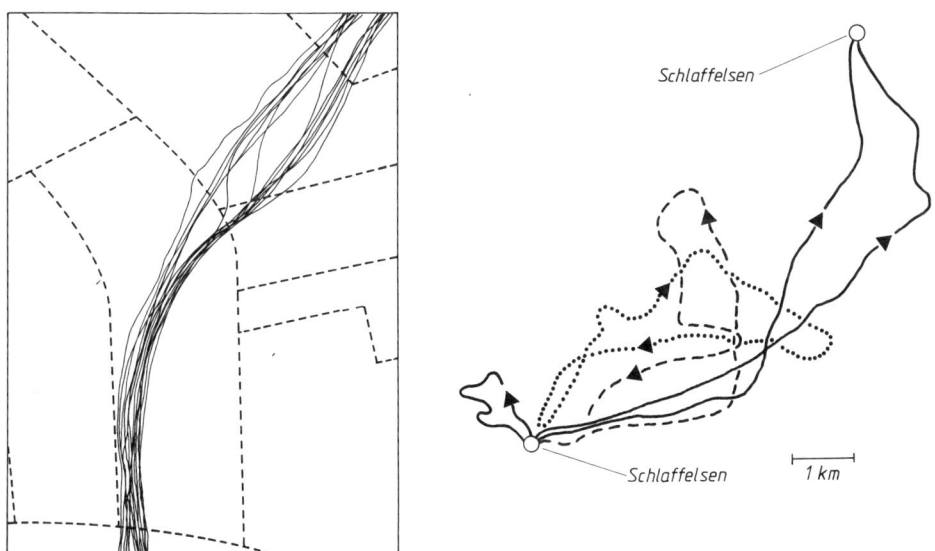

Abb. 52 (links). Pfade von Hausschafen in Irakisch-Kurdistan überqueren die Grenzen (gestrichelt) der vom Menschen angelegten Felder (nach einem Illustriertenfoto)

Abb. 53 (rechts). Übernachtungsorte und Tagesrouten einer Mantelpavian-Horde. Jede von einem Schlaffelsen ausgehende und an einem solchen endende Linie symbolisiert eine Tagesroute (nach Kurt und Kummer 1967)

GRZIMEK und seinem Sohn MICHAEL untersucht. Die Herden bewegen sich zwischen zwei Aufenthaltsgebieten hin und her, in denen sie sich jeweils 5 Monate lang aufhalten. Die »Wandermonate« sind Juni und Dezember. Anlaß für die Ortsveränderungen ist die Tatsache, daß bestimmte bevorzugte Futterpflanzen an derselben Stelle nicht das ganze Jahr über verfügbar sind.

Da Tausende von Individuen hintereinander – im »Gänsemarsch« – ziehen, entstehen ausgeprägte Wechsel. Man hat beobachtet, daß eine wandernde Gnuherde einer Route folgte, auf der Stunden zuvor andere Gnuverbände gezogen waren. Vermutlich orientierten sie sich mit dem Geruchssinn. Die Wechsel werden nämlich mit dem Sekret der Zwischenklauendrüsen (Abb. 294) markiert, welches so stark riecht, daß es auch für den Menschen wahrnehmbar ist.

Mantelpaviane übernachten in Felswänden. Dort sind sie vor ihrem Hauptfeind, dem Leoparden, sicher. Morgens ziehen sie zur Nahrungssuche ins offene Gelände und streifen dort den Tag über umher. Zwischendurch legen sie eine Rastpause im Schatten ein. Abends suchen sie wieder einen Schlaffelsen auf. Häufig kehren sie dabei zur gleichen Stelle zurück, gelegentlich übernachten sie auch auf einem anderen Schlaffelsen (rechts oben in der Abb. 53).

V. Strukturen und Funktionen, die neben verschiedenen anderen Aufgaben *auch* solche im Dienste des Wärmehaushalts erfüllen

Eine wirksame Temperaturregulation erfordert das Zusammenwirken sehr unterschiedlicher Strukturen und Funktionen. Es sind auch solche daran beteiligt, deren Haupt-Aufgaben auf ganz anderen Gebieten liegen. Obwohl manche mit dem Wärmehaushalt nur sehr lose verknüpft sind, werden sie alle gemeinsam im nachstehenden Kapitel besprochen.

A. Besonderheiten des Kreislaufs, des Blutes und der Atmung

In den meisten Lebensräumen schwankt die Außentemperatur um Werte, die *unterhalb* der Körpertemperatur von Säugetieren und Vögeln liegen. Daher ist es die Regel, daß die Tiere Energie bereitstellen müssen, um ihren Körper auf die »gewünschte« Temperatur zu bringen. Sieht man vom Verhalten des Sich-Sonnens oder des Badens in warmem Wasser ab, stammt die Energie letztlich aus der aufgenommenen Nahrung. Die mechanischen und chemischen Prozesse bei der Aufnahme und Verdauung eines Nahrungsbrockens zerlegen diesen in Bruchstücke, welche ins Blut gelangen und durch dessen Kreislauf zu den Zellen transportiert werden. Die dort ablaufenden Stoffwechselvorgänge benötigen außerdem Sauerstoff; das entstehende Kohlendioxid muß abgeführt werden. Aufnahme und Transport der Atemgase sind zusammen mit bestimmten Eigenschaften des Blutes in Anpassung an die Homoiothermie zu sehr hoher Leistungsfähigkeit evoluiert.

A1. Kreislauf

Ein Herz mit einer zweigeteilten Herzkammer wurde erst spät in der Evolution der Wirbeltiere entwickelt. Nur Säugetiere und Vögel vermögen dadurch das Blut in der rechten Herzkammer völlig getrennt von dem der linken zu halten. Während das Blut aus der linken Herzkammer in den Körper strömt, gelangt das von der rechten Kammer ausgeworfene Blut in die Lungen, wo es sich vollständig mit Sauerstoff sättigt. Eine Durchmischung sauerstoffarmen und -reichen Blutes findet nicht statt. Eine solche ist beim Frosch gegeben, welcher zwar zwei Vorkammern, aber keine Scheidewand in der Kammer aufweist (Abb. 54).

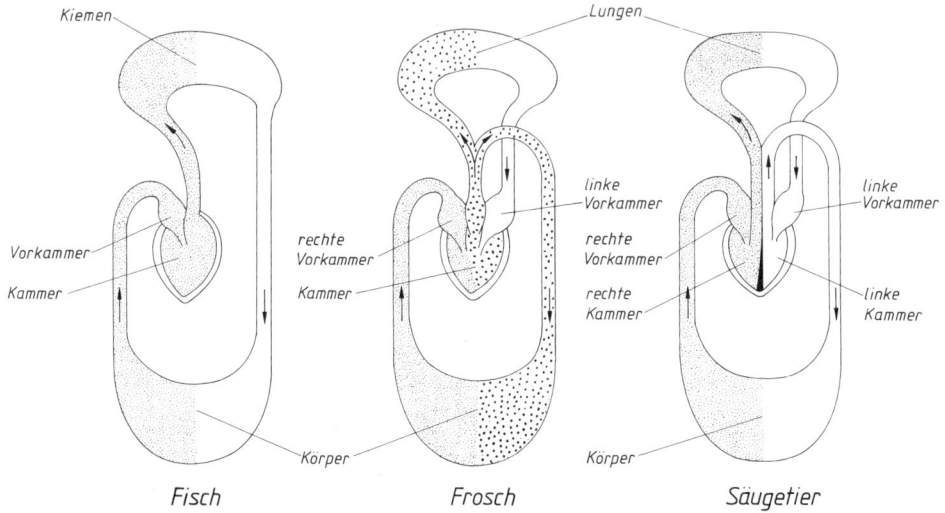

Kiemen — Lungen

Vorkammer
Kammer

rechte Vorkammer
Kammer

linke Vorkammer
rechte Vorkammer

linke Vorkammer
rechte Kammer
linke Kammer

Körper — Körper

Fisch   *Frosch*   *Säugetier*

Abb. 54. Blutkreislauf bei verschiedenen Wirbeltieren. Sauerstoffreiches Blut weiß, sauerstoffarmes fein punktiert, Mischblut grob punktiert wiedergegeben. Beim Frosch ist die Hautatmung nicht berücksichtigt (nach Gauer 1972)

Fische vermögen im Gegensatz zum Frosch ihre Körpergewebe mit sauerstoffreichem Blut zu versorgen, da sie es vom Herzen zunächst zu den Kiemen leiten. Da das Blut vom pumpenden Herzen unmittelbar zu den Kiemen gelangt, ist hier der Blutdruck höher als im gesamten übrigen Kreislauf. Man kann auch in technischer Sprechweise sagen: Kiemen und Körper sind hintereinander geschaltet (oder: »in Serie« geschaltet). Beim Frosch sind Lungen und Körper dagegen parallel geschaltet, daher ist der Blutdruck in den Lungengefäßen so hoch wie in den Körpergefäßen. In der Kammer des Frosches wird dem sauerstoffreichen Blut aus den Lungen sauerstoffarmes aus dem Körper beigemischt, es entsteht Mischblut.

Nur teilweise mit Sauerstoff gesättigtes Blut gewährleistet nicht die von einem Homoiothermen benötigte Sauerstoffversorgung der Gewebe. Ein Beispiel dafür bieten Menschen mit einer angeborenen Herzmißbildung (»blue babies«), bei der die Herzscheidewand unvollständig ist – es liegt praktisch ein einkammeriges Herz vor. Die Kinder zeigen Entwicklungsstörungen und Leistungsschwäche. Man versuchte ihnen früher dadurch zu helfen, daß man außerhalb des Herzens liegende Blutgefäße so untereinander verband, daß die Körpergewebe sauerstoffreiches Blut erhielten (am Herzen selbst wurde nichts verändert). Die Operation schaffte eine Situation, die bezüglich des Blutdrucks der beim Frosch vorliegenden vergleichbar war. Die Lungen wurden nämlich mit dem vollen arteriellen Druck durchblutet. Aus diesem Grund war der Erfolg solcher Eingriffe nur von kurzer Dauer. Infolge des hohen Blutdrucks in den Lungen wurde in deren Gewebe im Lauf der Jahre immer mehr Stützgewebe eingebaut. Dies behinderte den Gasaustausch in den Alveolen so stark, daß die Patienten starben. (Heutzutage zieht man die Operation am Herzen selbst vor.)

Wie das Beispiel lehrt, verträgt das extrem spezialisierte Lungengewebe keinen hohen Blutdruck. Ein solcher ist im Kreislauf des gesunden Erwachsenen auch nicht gegeben, da die Lungen in Serie zum Körperkreislauf geschaltet sind: infolge ihrer Lage »hinter« dem Körperkreislauf haben sie eigene Druckverhältnisse (Abb. 54). In diesen Bereich niedriger Drucke des Erwachsenen-Kreislaufs gelangen die Lungen während der Geburt (Abb. 177

und 178). Die dazu führenden Umstellungen des Kreislaufs sind in Abschnitt VI G beschrieben.

A2. Blut

Nachstehend sind nur solche Eigenschaften des Blutes besprochen, die seine Funktion beim Transport des Sauerstoffs betreffen.

Homoiothermie bedingt unter bestimmten Bedingungen sehr hohe Energieumsätze. Voraussetzung dafür ist sowohl genügende Nahrungszufuhr als auch wirksame Versor-

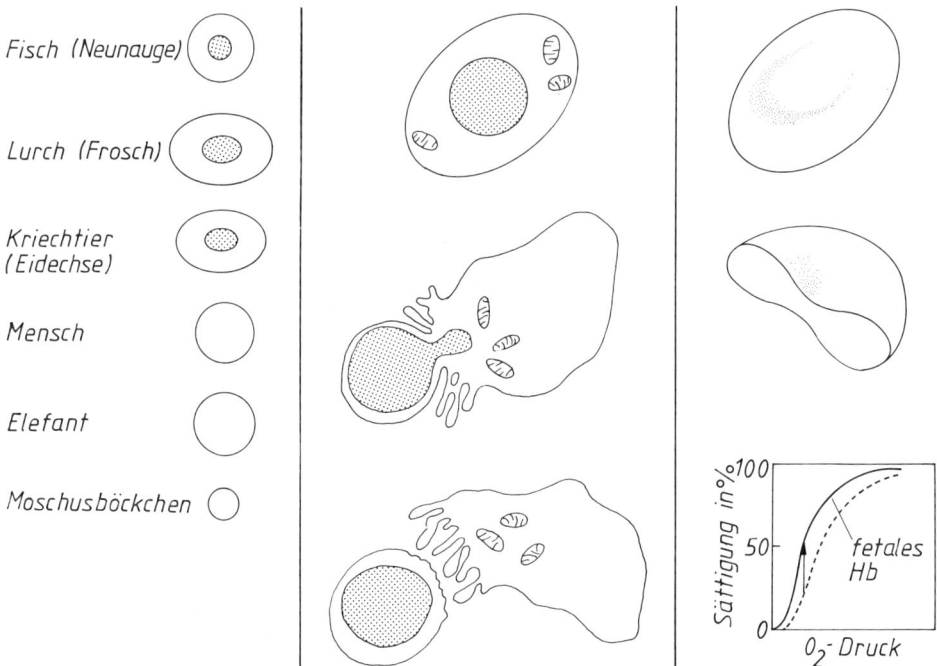

Abb. 55. Besonderheiten des Blutes

Links: Erythrocyten verschiedener Wirbeltiere. Zellkern jeweils punktiert (nach Portmann 1959)

Mitte: Der kernlose Säugetier-Erythrocyt entsteht, indem der Erythroblast (oben) den Kern ausstößt. Der mit einem Cytoplasmasaum umgebene Kern (unten) wird von einer – nicht dargestellten – Reticulumzelle phagocytiert; seine Bausteine werden in den Nukleotidstoffwechsel eingeschleust (nach Krstic 1976)

Rechts oben und Mitte: Erythrocyt des Menschen in Aufsicht und im Schnittbild. Die Eindellung in der Mitte zeigt die Stelle des ausgestoßenen Kerns an (nach Krstic 1976)

Rechts unten: Sauerstoff-Dissoziationskurven des mütterlichen Hämoglobins (Hb; punktierte Linie) und des fetalen Hämoglobins. Der Pfeil symbolisiert den Übergang des Sauerstoffs vom mütterlichen oxygenierten auf das fetale desoxygenierte Hämoglobin (nach Stryer 1983)

gung der Zellen mit dem für die energieliefernden Prozesse benötigten Sauerstoff. Von den Lungen zu den verbrauchenden Geweben wird er in den roten Blutkörperchen (Erythrocyten) befördert. Transportmolekül ist der rote Blutfarbstoff (Hämoglobin, abgekürzt Hb). Je mehr Hämoglobin ein Erythrocyt enthält, desto mehr Sauerstoff vermag er zu transportieren. Die Erythrocyten sind daher mit Hämoglobin vollgepackt: es macht 90 % ihrer Trockensubstanz aus.

Auffällig ist, daß die im strömenden Blut vorhandenen Erythrocyten der Säugetiere als einzige unter denen der Wirbeltiere kernlos sind (Abb. 55 links) – so daß man sich fragen muß, ob man sie überhaupt als Zellen bezeichnen darf. (Wieso nur die Gruppe der Schwielensohler kern*haltige* rote Blutkörperchen besitzt, ist eine offene Frage.) Der kernlose Zustand kann als Anpassung an effektiven Sauerstofftransport gedeutet werden – am Ort des früheren Kerns entsteht zwar eine Eindellung, trotzdem ist hier noch Platz für Hämoglobin.

Während der Bildung der Erythrocyten – die wegen ihrer relativ kurzen Lebensdauer fortlaufend neu entstehen müssen – wird der in den Erythrocyten-Vorläufern noch vorhandene Kern in einem einzigartigen Vorgang entfernt (Abb. 55 Mitte). Er wird nämlich nicht – wie man vermuten könnte – in der Zelle aufgelöst und resorbiert, sondern von der Zelle buchstäblich »hinausgeworfen«.

In den Lungen wird das Hämoglobin mit Sauerstoff beladen. Soll der Sauerstoff im Gewebe vom Hämoglobin auf ein anderes Molekül übergehen, muß dieses eine höhere Affinität zum Sauerstoff aufweisen als das Hämoglobin. Das Myoglobin der Muskulatur besitzt diese Eigenschaft.

Bei der Versorgung des *Fetus* mit Sauerstoff geht dieser vom mütterlichen ins fetale Blut, wo ihn das fetale Hämoglobin übernimmt – was dadurch ermöglicht wird, daß der Fetus über eine andere Hämoglobinsorte verfügt als die Mutter; sein Hämoglobin weist bei allen Sauerstoff-Partialdrucken eine höhere Affinität zum Sauerstoff auf als das Hämoglobin des Erwachsenen; mit anderen Worten: die Sauerstoff-Dissoziationskurve ist nach »links verschoben« (Abb. 55 rechts).

A3.   Äußere Atmung

Säugetiere sind die einzigen Wirbeltiere, welche ein *Zwerchfell (Diaphragma)* besitzen. Der durch die Homoiothermie bedingte hohe Energieumsatz erfordert eine gute Versorgung der Gewebe mit Sauerstoff. Sauerstoff-Aufnahme aus der Luft und Abgabe des bei den Stoffwechselprozessen entstehenden Kohlendioxids an die Umgebung geschieht in den Lungen. Da diese blind im Körper enden (Abb. 56), würde ohne Atembewegungen ein Gaswechsel nur sehr langsam vonstatten gehen. (Diffusion ist ein sehr langsamer Prozeß.) Besondere Muskeln sorgen dafür, daß die mit Kohlendioxid angereicherte Luft aus den Lungen gepreßt und sauerstoffreiche in diese gesogen wird. Einer der wichtigsten dieser Muskeln ist das Zwerchfell.

Das Zwerchfell trennt die Brust- von der Bauchhöhle (Abb. 56). Während die *Brusthöhle* außer den Lungen nur noch das Herz beherbergt, liegen die Verdauungsorgane mit ihren Anhangsdrüsen, die Leber als zentrales Stoffwechselorgan des Körpers, die Nieren und Geschlechtsorgane in der *Bauchhöhle*. Da der Verdauungskanal – er ist strenggenommen ein Teil der Außenwelt – den Körper von vorne bis hinten durchzieht, muß für die Speiseröhre im Zwerchfell eine Durchtrittsöffnung vorhanden sein. Zwei weitere Durchtrittsstellen sind für die Aorta und eine große Vene (Vena cava caudalis) vorhanden. Die Durchtrittsöffnungen liegen im zentralen Teil des Zwerchfells, der als Sehnenplatte aus-

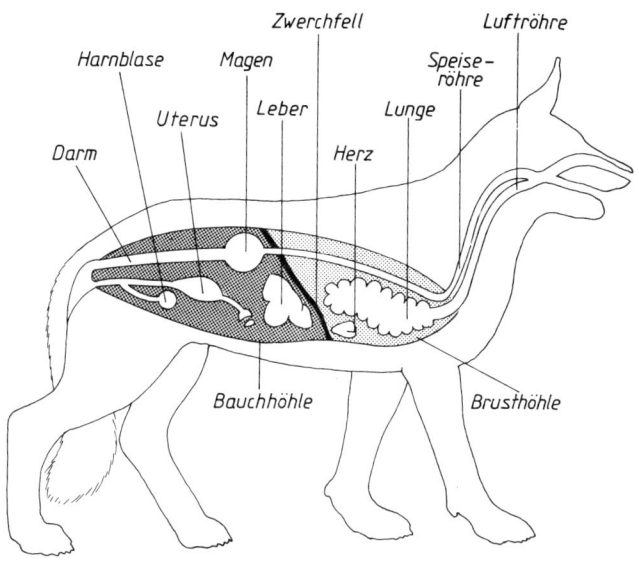

Abb. 56. Schema zur Unterteilung der Leibeshöhle in Brust- und Bauchhöhle. Einige der dort liegenden inneren Organe sind in den Umriß eines weiblichen Schäferhundes eingezeichnet. Man beachte die Lage des Magens hinter dem Zwerchfell sowie die Überkreuzung von Luft- und Speiseröhre im Kehlkopfbereich. Der von den (nicht eingetragenen) Nieren produzierte Urin sammelt sich in der Harnblase. Von den vorne und hinten sich öffnenden Kanälen ist nur der Magen-Darm-Kanal durchgehend, Lungen und Urogenitalsystem enden »blind« (nach Grzimeks Tierleben)

gebildet ist. Diese ist vom muskulären Anteil umkränzt, welcher durch einen eigenen Nerv versorgt wird (Nervus phrenicus).

Bei Kontraktion der Muskelfasern des in die Brusthöhle vorgewölbten Zwerchfells bewegt es sich in Richtung zur Bauchhöhle und verschiebt die Baucheingeweide nach hinten (beim Menschen nach »unten«). Da der Bauchraum praktisch nicht kompressibel ist, müssen die Bauchmuskeln etwas nachgeben (ein Ausweichen zum Becken oder zur Wirbelsäule hin ist nicht möglich). Durch die Zwerchfellkontraktion wird Luft in die Lungen gesaugt (Inspiration). Die Bewegung des Zwerchfells im Brustkorb kann man mit der eines Kolbens im Zylinder vergleichen.

Wie gelangt das Zwerchfell nach der Inspirationsbewegung wieder in seine ursprüngliche Lage? Es vermag dies nicht »aus eigener Kraft«, da es sich *aktiv* nur kontrahieren

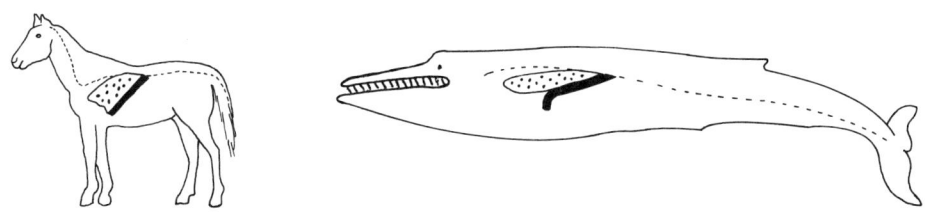

Abb. 57. Lage des Zwerchfells (dicke Linie) und der Lungen (punktiert) bei einem Pferd und einem Finnwal. Wirbelsäule gestrichelt (nach Slijper aus Starck 1982)

kann. Hierfür ist die Bauchmuskulatur als Antagonist des Zwerchfells zuständig. Zieht sie sich zusammen, schiebt sie Baucheingeweide samt Zwerchfell in Richtung Brusthöhle und preßt dabei die Luft aus den Lungen.

Neben seiner Aufgabe als Atemmuskel (»Zwerchfellatmung«) hat das Zwerchfell eine weitere Aufgabe, die es auch ohne muskulären Anteil erfüllen könnte: Es hält die Bauchorgane zurück, wenn der Brustkorb durch andere Muskeln (»Atemhilfsmuskeln«) gehoben wird. Infolge des dabei im Brustraum entstehenden Unterdrucks würden die Baucheingeweide ohne das Vorhandensein eines Zwerchfells in die Brusthöhle gesaugt.

Die wasserlebenden Wale und Seekühe weisen eine etwas andere Lage des Zwerchfells auf als die landlebenden Arten (Abb. 57). Die Folge ist, daß die luftgefüllten Lungen *über* (und nicht vor) die Hauptmasse der Baucheingeweide zu liegen kommen. Die normale Schwimmlage dieser Formen wird dadurch stabilisiert – ein für das Tier »wünschenswerter« Zustand, den manche Fische mittels ihrer Schwimmblase erzielen.

B. Haut

Die Aufgaben der Haut lassen sich unter dem Gesichtspunkt verstehen, daß sie die Grenze zwischen Tier und Umgebung darstellt. Hier ist der Organismus schädlichen Einflüssen ausgesetzt, hier empfängt er Information aus der Umwelt. Eine Abgrenzung der komplexen Strukturen innerhalb eines Organismus gegenüber der Umgebung erfolgte schon früh in der Evolution der Lebewesen. Mit zunehmender Entwicklungshöhe wurde die »Grenze« immer differenzierter ausgebildet.

Die Haut erfüllt neben ihren anderen Aufgaben eine wichtige Rolle bei der Temperaturregulation. Die Haare als Anhangsorgane der Haut stehen ebenfalls im Dienst des Aufrechterhaltens einer konstanten Körpertemperatur. Dasselbe gilt für das Unterhautfettgewebe.

Die Haut hat beim Menschen eine Funktion, auf die man erst aufmerksam wird, wenn sie nicht gewährleistet ist: Sie bildet aus körpereigenen Vorstufen unter Einstrahlung von ultraviolettem Licht (UV) ein Vitamin der D-Gruppe (Vitamin D_3 = Cholecalciferol), welches man daher als »physikalisches Vitamin« bezeichnen kann.

Hauttypen: Wie jeder an sich selbst feststellen kann, besitzen Primaten zwei Hauttypen. Auf der Handinnenfläche und Fußsohle findet sich unbehaarte Haut, welche auch als *Leistenhaut* bezeichnet wird. Das Leistenmuster auf den Fingerbeeren ist so vielfältig ausgebildet, daß man einen Menschen aufgrund dieses Musters identifizieren kann (»Fingerabdrücke«). Die Leistenhaut ermöglicht sehr empfindliches Tasten (s. IX G). Der übrige Körper weist behaarte Haut auf, die auch *Felderhaut* heißt.

Anhangsorgane der Haut nennt man neben den Haaren, die Nägel, Talg- und Schweißdrüsen sowie die Milchdrüsen. An deren Bildung während der Ontogenese beteiligt sich die Epidermis. Diese Strukturen sollen in gesonderten Abschnitten besprochen werden.

B1. Bau der Haut

Die Haut im engeren Sinn (Cutis) besteht aus der ektodermalen Oberhaut (Epidermis) und der dem Mesoderm entstammenden Lederhaut (Dermis oder Corium). Darunter liegt die Unterhaut (Subcutis; Abb. 58).

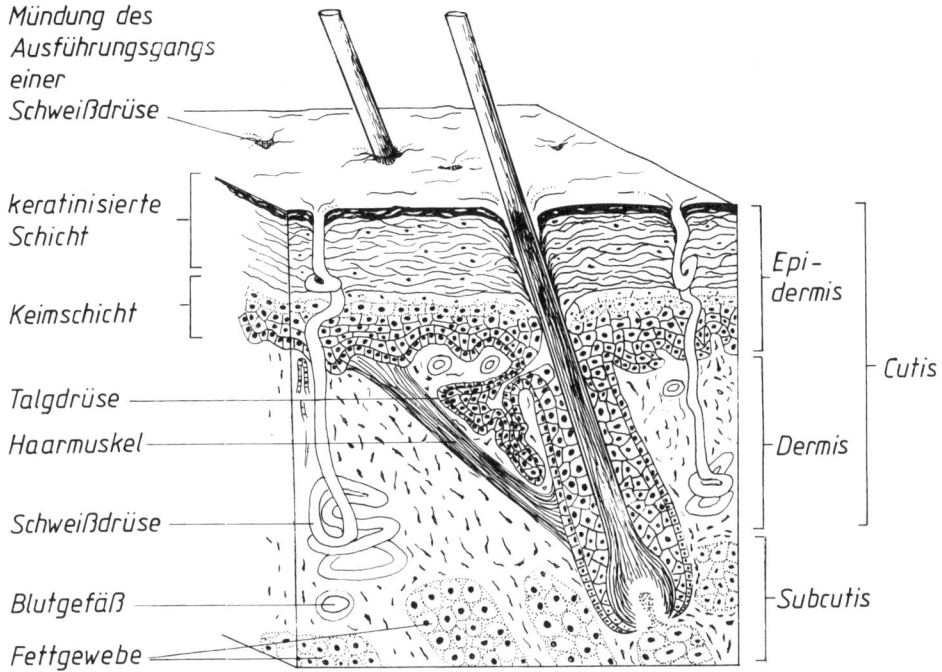

Mündung des
Ausführungsgangs
einer
Schweißdrüse

keratinisierte
Schicht

Keimschicht

Talgdrüse

Haarmuskel

Schweißdrüse

Blutgefäß

Fettgewebe

Epi-
dermis

Dermis

Subcutis

Cutis

Abb. 58. Bau der Haut. Man beachte, daß nur in der Subcutis Fettgewebe vorkommt (nach Storer und Usinger aus Gunderson 1976)

a) Epidermis

α) Schichten der Epidermis
Die Oberhaut ist aus mehreren Schichten aufgebaut, welche – außer der an die Dermis grenzenden Basalschicht – aus jeweils mehreren Zell-Lagen bestehen (Abb. 59). Nach dem Verhornungsgrad der Zellen unterscheidet man folgende Hauptschichten: Keimschicht, verhornende Schicht und Hornschicht. Verhornende Schicht und Hornschicht werden nachstehend als *keratinisierte Schicht* bezeichnet. Dies erweist sich oft als zweckmäßig – beispielsweise wenn man die Haarentwicklung beschreibt.

Die *Keimschicht* umfaßt die unterste Schicht (Stratum basale) sowie die Stachelzellschicht (Stratum spinosum). Die Basalschicht liefert sämtliche Zellen der darüber liegenden Schichten (s. β). Ihre mitotisch aktiven Zellen besitzen von der Basallamina umgebene Wurzelfüßchen, welche auf dem Faserfilz des Bindegewebes der Dermis befestigt sind. Der Name der Stachelzellschicht rührt daher, daß deren isolierte Zellen – die man durch Zerzupfen erhält – stachelig aussehen. Die »Stacheln« sind Desmosomen enthaltende Fortsätze, mit denen die Zellen untereinander in Verbindung stehen. Im Stratum spinosum können ebenfalls Zellteilungen stattfinden, in den darüber liegenden Schichten jedoch nicht mehr. Manche Autoren bezeichnen als »Keimschicht« nur das Stratum basale und nennen es Stratum germinativum.

Auf die Stachelzellschicht folgt die *verhornende Schicht*, bestehend aus Körnerschicht (Stratum granulosum) und Glanzschicht (Stratum lucidum). Die »Körner« in den Zellen des Stratum granulosum sind stark lichtbrechende Keratohyalingranula. Diese Vorstufe des Keratins wird in den Zellen angereichert und bringt sie schließlich zum Absterben, so

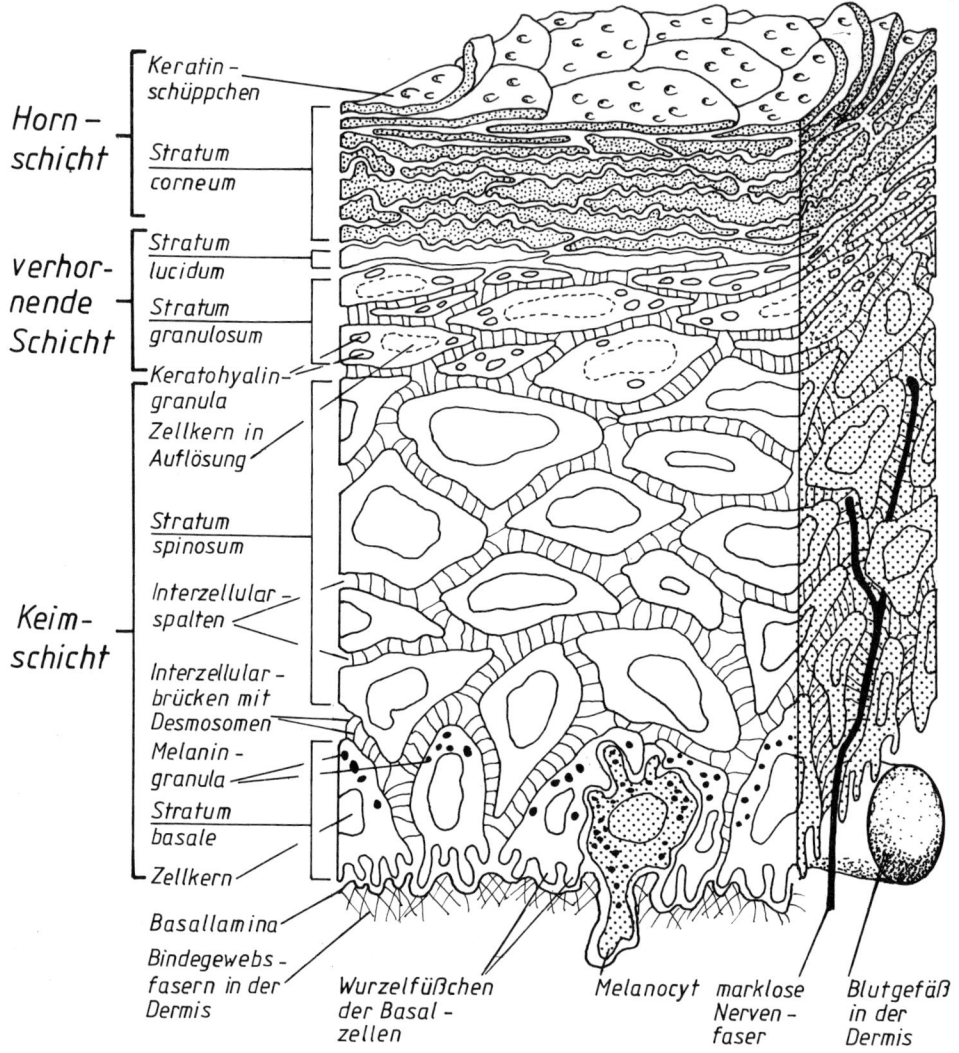

Horn-
schicht

— Keratin-
  schüppchen

Stratum
corneum

verhor-
nende
Schicht

Stratum
lucidum

Stratum
granulosum

— Keratohyalin-
  granula

Zellkern in
Auflösung

Keim-
schicht

Stratum
spinosum

Interzellular-
spalten

Interzellular-
brücken mit
Desmosomen

Melanin-
granula

Stratum
basale

— Zellkern

Basallamina

Bindegewebs-
fasern in der
Dermis

Wurzelfüßchen
der Basal-
zellen

Melanocyt

marklose
Nerven-
faser

Blutgefäß
in der
Dermis

Abb. 59. Aufbau der Epidermis. Beispiel: Unbehaarte Haut des Menschen. In histologi-
scher Nomenklatur handelt es sich um ein mehrschichtiges verhorntes Plattenepithel. Das
Stratum lucidum kommt beim Menschen nur in der Leistenhaut der Handinnenflächen
und Fußsohlen vor. Man beachte die Melaningranula in den Basalzellen (vereinfacht nach
Krstic 1982)

daß von hier an bis zur Hautoberfläche nur noch tote Zellen anzutreffen sind. Abgeplattete Zellen bilden das Stratum lucidum. Es ist stark lichtbrechend und findet sich nur in
der stark verhornten und haarlosen Leistenhaut.

In der *Hornschicht* (Stratum corneum) flachen sich die jetzt kernlosen Zellen vollends
ab und werden zu Keratinschüppchen. Die Dicke der Hornschicht hängt von der mechanischen Beanspruchung ab (»Schwielen« bei Handarbeitern). Abgeschilferte Keratinschüppchen werden durch nachrückende Zellen aus tieferen Schichten ersetzt (s. β).

Abgestoßene Keratinschüppchen werden bei Primaten häufig von einem Sozialpartner aufgeklaubt und in den Mund genommen. Dieses Verhalten wurde mit dem Ablesen von Parasiten verwechselt und im Volksmund als »Lausen« bezeichnet. Es spielt eine wichtige Rolle im Sozialverhalten vieler Mimikaffen.

Die Hornschicht und die Haare werden durch das Sekret der Talgdrüsen eingefettet und so geschmeidig gehalten.

Die Epidermis als mehrschichtiges Epithel weist keine Blutgefäße auf. Die Versorgung der Zellen geschieht über die weiten Interzellularspalten, die als Kanalsystem wirken.

Marklose Nervenfasern durchziehen die Oberhaut (Abb. 59), welche als Schmerz- bzw. Temperaturrezeptoren fungieren dürften. Außerdem liegen hier dem Tastsinn zuzurechnende Merkelzellen (Abb. 312).

In der Basalschicht kommen einige wenige Melanocyten vor, deren Pigment der Haut Farbe verleiht und Schutzwirkung hat (s. B2). Die Melanocyten stammen aus der Neuralleiste des Embryos. Sie wandern während der Keimesentwicklung von dort als farblose Melanoblasten (= Propigmentzellen) aus. An der Basallamina der Epidermis angelangt, differenzieren sie sich zu Melanocyten. Man trifft sie auch als farbgebende Zellen des Haars in der Haarzwiebel an (Abb. 79).

Albinos verfügen zwar über Melanocyten, doch sind diese nicht imstande, Melanin zu synthetisieren, da ihnen das dafür benötigte Enzym Tyrosinase fehlt.

Merkwürdig ist, daß auch in den Basalzellen Melaningranula vorkommen (Abb. 59). Zur Melaninsynthese sind nämlich nur die Melanocyten befähigt. Die Farbstoffkörnchen gelangen auf eine besondere Art und Weise aus den Melanocyten in die Basal- und manchmal auch in Stachelzellen. Dieser eigenartige Vorgang, bei dem eine lebende Zelle an eine andere etwas abgibt, wird als *Cytokrinie* bezeichnet. Der Melanocyt sendet einen Ausläufer zur Empfängerzelle. Diese übernimmt die Pigmentgranula, indem sie die Zellmembran einstülpt. Das in ihrem Cytoplasma liegende Bläschen entläßt die Farbstoffkörperchen schließlich in die Empfängerzelle, wo sie sich verteilen.

β)   Erneuerung der äußeren Epidermisschichten

Hauptaufgabe der Epidermiszellen ist die Synthese des Proteins Keratin. Die Zellen heißen daher *Keratinocyten*.

Während man mit der üblichen histologischen Technik Präparate erhält, die wenig Ordnung im Bereich der Hornschicht erkennen lassen (Abb. 58 und 59), zeigen Gefrierschnitte unfixierter Haut eine sehr regelmäßige Anordnung der die keratinisierte Schicht bildenden Zellen (Abb. 60). Sie liegen in Stapeln, deren Umriß sechseckig ist, wodurch die Oberfläche der Struktur einer Bienenwabe ähnelt.

Die mitotisch aktiven Zellen finden sich vorwiegend am Rand einer Gruppe, die den »Boden« einer sechseckigen Säule bildet. Eine zur Differenzierung bestimmte Zelle verbleibt noch etwa 60 Stunden in der Basalschicht. Dann wandert sie in die Mitte ihrer Säule. Dort angelangt, bewegt sie sich entlang deren Längsachse nach außen und differenziert sich: Sie flacht sich ab und lagert Keratin ein. Vom Beginn ihrer Wanderung bis zur Ankunft an der Oberfläche vergehen etwa dreieinhalb Tage. Diese Vorgänge müssen aufs Feinste abgestimmt verlaufen. Einerseits dürfen in der Basalschicht nicht zu viele Zellen gleichzeitig gebildet werden – ihre Produktion muß sehr gut gesteuert sein; andererseits müssen die Bewegungen genau kontrolliert ablaufen.

Wenn man im Experiment bei einem Meerschweinchen die Zellproduktion in der Basalschicht dadurch anregt, daß man die Haut reibt, verschwinden die geordneten Stapel. Nicht nur mechanisch, auch chemisch kann man die Zellteilung beeinflussen: Vitamin A (= Axerophthol oder Retinol) steigert, Hydrocortison hemmt sie.

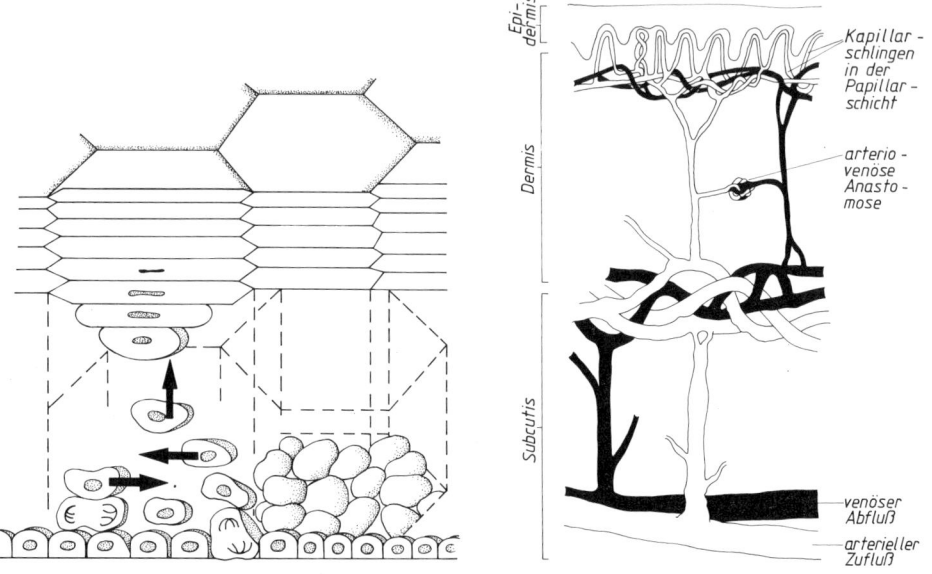

Abb. 60 (links). Entwicklung der Epidermis. Aus den Zellen der Keimschicht entstehen durch Teilung und Wandern der Zellen (Pfeile) die Stapel der sechseckigen Hornplättchen der Hornschicht. Stratum basale und abschließende Hornschicht in Aufsicht (nach Christophers aus Ede 1981)

Abb. 61 (rechts). Blutgefäße in der menschlichen Haut. Die Gefäße, welche die Schweiß- und Talgdrüsen sowie die Haarbälge umspinnen, sind fortgelassen. Man beachte die auf unterschiedlichen Niveaus liegenden Gefäßnetze. Die Knäuelform der arteriovenösen Anastomose gibt es nur in Hautpartien, welche der Kälte ausgesetzt sind – beispielsweise in der Fingerspitze und Ohrmuschel (nach Wheater et al. 1979)

b)   Dermis

Die Lederhaut, aus der durch Gerben Leder gewonnen wird, besteht aus zwei Schichten, zwischen denen keine scharfe Grenze besteht. Die oberste, an die Epidermis grenzende, Schicht heißt *Papillarschicht* (Stratum papillare). Darunter liegt die *Netzschicht* (Stratum reticulare). Die Papillarschicht hat ihren Namen von Papillen oder Zapfen, welche in Buchten der Epidermis ragen und die Dermis mit dieser fest verzahnen.

Die Netzschicht bildet die eigentliche Lederhaut, in der zahlreiche Bündel aus kollagenen Fasern verlaufen. Sie bilden ein mattenartiges Geflecht. Neben tangential gerichteten Bündeln existieren senkrecht zur Oberfläche ziehende Faserbündel; diese kommen dort vor, wo die Haut einem Knochen aufliegt. Von der Dichte und Verflechtungsart der Bündel hängt die Güte des Leders ab. Die feinfaserige Papillarschicht bestimmt die Glätte der Oberseite des Leders.

Zahlreiche Blutgefäße verlaufen in der Dermis (Abb. 61). Eine Hautverletzung, die blutet, ist demnach so tief gegangen, daß sie die Lederhaut erreicht hat. Die Gefäßschlingen in der Papillarschicht und die arteriovenösen Anastomosen (Abb. 61) sind besonders wichtig für die Temperaturregulation.

Die in der Dermis lokalisierten verschiedenen Sinnesorgane sind in Kapitel IX besprochen.

c)   Subcutis

Sie enthält das Unterhautfettgewebe, welches thermisch isoliert und daher bei wasserlebenden Formen (Robben, Seekühe, Wale) mächtig entwickelt ist. Verschiedenen Wal-Arten wurde dieses Gewebe zum Verhängnis. Aus dem darin enthaltenen Fett stellt die Industrie nämlich die verschiedensten Produkte her. Deshalb wurden und werden die großen Wal-Arten sehr stark bejagt und an den Rand der Ausrottung getrieben. Die Struktur des Fettgewebes und seiner Zellen ist in Abschnitt IV A dargestellt.

An der Grenze zwischen Leder- und Unterhaut liegen die Schweißdrüsen. Besonders kräftige Haare reichen mit ihrer Wurzel bis in die Subcutis. Im bindegewebigen Teil der Unterhaut findet sich Hautmuskulatur, die in Abschnitt V D besprochen ist.

B2.   Aufgaben der Haut

Die Haut hat Schutzfunktion, dient als Träger von Sinnesorganen der Informationsaufnahme und spielt eine wichtige Rolle bei der Temperaturregulation. Weiterhin ist sie Ausdrucksorgan. Die Subcutis ist Energiespeicher.

a)   Mechanischer Schutz

Wir können mit unserer Hand einerseits winzige Oberflächenstrukturen ertasten, andererseits aber auch fest zupacken. Daß sie dabei nicht verletzt wird, verdankt sie der Hornschicht und der Lederhaut. Eine nur die Epidermis beschädigende Verletzung wird durch die Tätigkeit der Keimschicht ohne weiteres repariert.

b)   Schutz vor chemischen Einflüssen

Die Hornschicht verhindert, daß chemische Stoffe sofort zu lebenden Zellen gelangen, wie dies beispielsweise bei der Froschhaut der Fall ist.

c)   Strahlenschutz

Der Mensch hat seit kurzer Zeit Schwierigkeiten mit der Strahlenbelastung und dem Strahlenschutz. Unsere Haut hat ihr diesbezügliches Problem schon vor sehr langer Zeit gelöst. Sie verfügt über einen eigenen Strahlenschutz. Ultraviolettes Licht ist für den Körper schädlich. Besonders empfindlich sind in Teilung befindliche Zellen – so die Zellen der Keimschicht.

Daher sind in diese Schicht Pigmentzellen eingelagert (Abb. 59), deren braunschwarzer Farbstoff UV-Strahlung absorbiert. Beim Sonnenbaden des Menschen wird das Pigment in vermehrtem Maße gebildet (Bräunen der Haut).

d)   Schutz vor Wasserverlust

Voraussetzung für die Eroberung des Landes durch die Wirbeltiere war in der Evolution die Entwicklung einer Haut, welche vor übermäßiger Verdunstung durch die Körperoberfläche schützte. Schutz vor Austrocknung erzielten Reptilien, Vögel und Säugetiere durch Hornbildung in den äußersten Schichten der Epidermis. Ein Lurch mit seiner unverhornten Haut vermag in trockenen Gebieten nicht zu überleben.

e)   Schutz vor Befall durch Mikroorganismen und Viren

Die trockene Hautoberfläche bietet Bakterien und Pilzen kein für deren Wachstum geeignetes Substrat. (Auf der feuchten Krötenhaut könnten sie gut gedeihen, besäße die Kröte nicht »Giftdrüsen«, welche antibakterielle Stoffe sezernieren.)

Bezüglich der Abwehrfunktion der Haut war man lange Zeit der Meinung, sie spiele dabei nur eine *passive* Rolle, indem sie als mechanische Barriere Bakterien u. dgl. den Zutritt zum Körper verwehre. Wie man erst in neuester Zeit fand, stellt die Haut einen *aktiven* Teil des Immunsystems dar.

Der erste Hinweis darauf ergab sich, als man Ähnlichkeiten in der Zellstruktur zwischen den Keratinocyten und den Epithelzellen des Thymus feststellte. Den zweiten lieferte folgender Befund: Eine besondere Mäuserasse – die nackten Mäuse – können nicht nur keine Haare bilden, sondern verfügen auch über keinen Thymus. Die Gene für die Ausbildung von Haaren und diejenigen für die Entwicklung eines Thymus müssen also entweder dieselben sein oder auf dem gleichen Chromosom dicht beieinander liegen. Ein Thymus kommt – wie Haare – nur bei Säugetieren vor.

Für den Beginn der immunologischen Reaktionen ist ein besonderer Zelltyp verantwortlich, welcher in der Epidermis vorkommt. Lange Zeit hatte man angenommen, daß die Oberhaut nur aus *zwei* Zelltypen besteht: aus den Keratinocyten und den in geringer Anzahl auftretenden Melanocyten. Es existieren jedoch zwei weitere Zelltypen: Die *Langerhans-Zellen* stammen aus dem Knochenmark und wandern von dort in die Epidermis

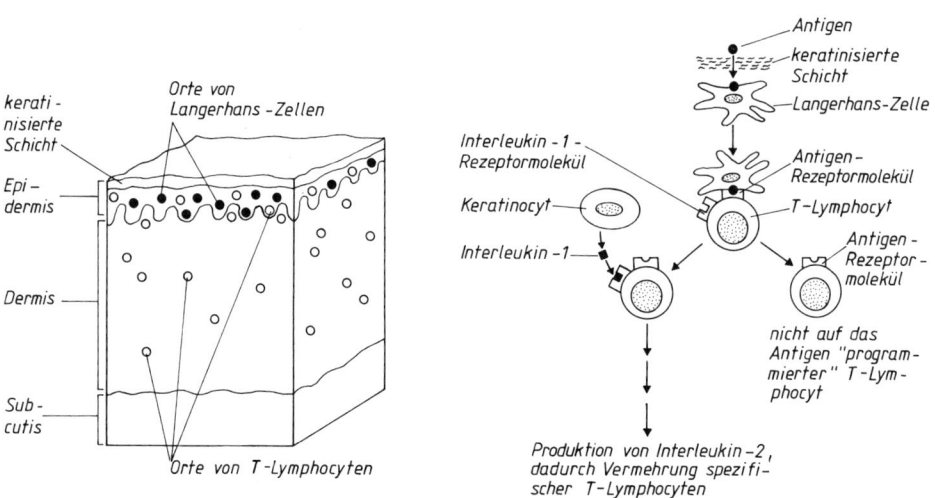

Abb. 62. Die Haut als Teil des Immunsystems
Links: Schematisches Blockbild der Haut mit den Orten des Vorkommens von Langerhans-Zellen und T-Lymphocyten. Außer dem Schichtenbau sind sämtliche Strukturen der Haut sowie die Granstein-Zellen fortgelassen
Rechts: Zusammenarbeit verschiedener Zellsorten bei der Reaktion auf ein in die Epidermis eindringendes Antigen (nach Edelson und Fink 1985)

92

ein. Über die Aufgabe der *Gransteinzellen,* welche gegen UV-Strahlung weniger emp-findlich sind als die Langerhans-Zellen, ist man noch kaum unterrichtet.

Wie man jetzt weiß, besteht eine Funktion der Langerhans-Zellen darin, in die Haut eindringende Antigene an speziellen Orten ihrer Zelloberfläche zu binden und sie dann bestimmten Zellen des Immunsystems – den T-Lymphocyten – zu präsentieren. Dieser Lymphocyten-Typ stammt aus dem Thymus und kommt in großer Anzahl in der Dermis vor. Die Langerhans-Zellen vermögen die Oberhaut offenbar nicht zu verlassen (Abb. 62 links). Die T-Lymphocyten dringen aus der Dermis in die Epidermis und lagern sich dort an Langerhans-Zellen an (Abb. 62 rechts).

Im weiteren Verlauf der Immunreaktion spielen auch die Keratinocyten eine Rolle. Sie können also nicht nur – wie lange Zeit angenommen – außschließlich Hornsubstanz produzieren, sondern sind zu einer Leistung fähig, die man ihnen nicht zugetraut hätte: Sie geben einen hormonähnlichen Stoff – das Interleukin-1 – ab. Das Interleukin-1 lagert sich an die dafür zuständigen Rezeptormoleküle auf der Oberfläche der T-Lymphocyten. (Leider hat sich für diese Moleküle die treffende Bezeichnung »Akzeptoren« nicht durch-setzen können. Um den Unterschied zu den Rezeptor*zellen* der Sinnesorgane hervorzuhe-ben, spricht man gern von Rezeptor*molekülen*.) Interleukin-1-Rezeptormoleküle finden sich nur auf solchen T-Lymphocyten, welche auf das Antigen »programmiert« sind. (Woher diese Zellen Information über das Antigen haben, soll hier nicht besprochen wer-den.) Diese T-Lymphocyten – welche außer in der Dermis auch in der Milz und den Lymphknoten vorkommen – scheiden daraufhin Interleukin-2 aus. Diese Substanz fördert die Vermehrung der gegen das Antigen gerichteten T-Lymphocyten. Auf diese Weise wird die Abwehrreaktion verstärkt.

f)   Informationsempfänger

Die Haut trägt verschiedene *Sinnesorgane.* Thermorezeptoren dienen als Fühler bei tem-peraturregulatorischen Prozessen; die zum Tastsinn gehörenden Rezeptoren sind verschie-dener Art (ihre Funktion ist in Abb. 312 eingetragen). Für die Orientierung sind Sinnes-haare von Bedeutung. In den Schleimhäuten der Nase und des Mundes sitzen die Rezepto-ren des Geruchs- und Geschmackssins (s. IX B und IX C).

g)   Temperaturregulation

Die Haut spielt eine große Rolle bei der Thermoregulation (s. IV A). In ihr liegen Strukturen, die als Stellglieder einerseits bei den Maßnahmen gegen Überhitzen, anderer-seits gegen Unterkühlen des Körpers wirken. Gegen Überhitzen *und* Unterkühlen wirkt das Verändern der Durchblutung. Die Versorgung der Haut mit Blutgefäßen zeigt Abb. 61. In dieser Abbildung erkennt man zwei parallel zur Hautoberfläche verlaufende Gefäßnetze, in welchen zu- und abführende Gefäße eng umeinander geschlungen sind. Hier kann Gegenstrom-Wärmeaustausch stattfinden. Das an der Grenze zwischen Dermis und Subcutis liegende Geflecht versorgt die tiefen Schichten der Dermis; von ihm neh-men die – nicht eingezeichneten – Kapillarnetze um die tiefen Schweiß- und Talgdrüsen sowie um die Haarfollikel ihren Ausgang.

Das oberflächliche Gefäßnetz ernährt die oberen Schichten der Lederhaut und die dort liegenden Anhangsgebilde der Haut. Es sendet in die Dermispapillen Kapillarschlingen, welche für den Wärmehaushalt von Bedeutung sind. Hier kann überschüssige Wärme an die Umgebung abgegeben werden – man hat die Papillarstruktur mit den Rippen eines Heizkörpers verglichen.

Die *arteriovenösen Anastomosen,* die man auch als Nebenschlüsse (shunts) bezeichnet, haben in der menschlichen Haut an solchen Stellen, die der Kälte exponiert sind, eine besondere Gestalt: arterieller und venöser Schenkel des Nebenschlusses sind ineinander verknäuelt (Abb. 61).

Von Bedeutung für die Temperaturregulation ist außerdem die Tatsache, daß durch die obersten Hautschichten (und die angrenzende Luftschicht) der Wärmetransport ausschließlich durch Wärme*leitung* erfolgt (s. Abb. 22).

Bei drohender Überhitzung des Körpers treten die Schweißdrüsen in Aktion.

Das *Unterhautfettgewebe* stellt – da Fette schlechte Wärmeleiter sind – einen wirksamen Isolator gegen Wärmeverlust aus dem Körperkern dar.

h)   Energiespeicher

Das in der Subcutis lagernde Fett dient bei allen Arten als *der* Energiespeicher. Fette enthalten nämlich infolge ihres unpolaren Charakters nahezu kein Wasser und nehmen daher wenig Raum in Anspruch. Auch Kohlenhydrate können als Energiespeicher dienen; Tierzellen verwenden das Polysaccharid Glykogen (»tierische Stärke«). Man hat für einen Mann der Körpermasse 70 kg folgendes berechnet: Würde er seine in Form von Fetten angelegten Energiedepots stattdessen als Glykogen vorrätig halten, wiese er infolge des in diesem enthaltenen Wassers eine um 55 kg erhöhte Körpermasse auf.

Neben dem bekannten *weißen* Fettgewebe existiert braunes Fett, welches in Abschnitt IV A behandelt ist. Weißes Fettgewebe erfüllt außer seiner Funktion als »Speicherfett« weitere Aufgaben: Als »Baufett« umkleidet es innere Organe und hält sie in ihrer Lage; auf der menschlichen Fußsohle bildet es ein Polster; außerdem reserviert es Platz für noch nicht entwickelte Organe – so für die Milchdrüse. Dieses Fett weist eine andere chemische Zusammensetzung und einen höheren Schmelzpunkt auf als das Speicherfett; es wird nur in extremen Notzeiten angegriffen und daher als »hungerfestes Fett« bezeichnet.

i)   Ausdrucksorgan

In dieser Weise fungiert die Haut, wenn sich bei Erregungszuständen ihre Durchblutung kurzfristig ändert: Menschen erröten oder erblassen. Aber auch dauerhafte Rotfärbung kommt vor; an den betreffenden Stellen ist die Haut immer durchscheinend für die Blutgefäße. Dauerhaft rosa bzw. rot sind die Lippen des Menschen, die Brust des Dscheladas, das Gesicht des Rotgesichtsmakaken, des Scharlachgesichts und des Roten Uakaris.

Sind die Weibchen vom Schimpansen und manchen Pavianen im Oestrus, weist die Haut rund um die Genitalregion eine stärkere Rosafärbung auf als in der brunstfreien Zeit. Wie JANE GOODALL berichtet, sieht eine solche Schimpansin im Urwald von ferne aus wie eine rote Blüte, die sich vom grünen Hintergrund gut abhebt.

Blaue Wülste zieren das Gesicht des Mandrills und verleihen ihm zusammen mit roten Partien ein auffälliges Aussehen. Seine Analregion ist ebenfalls bunt gefärbt. Dies bedeutet vermutlich eine Anpassung an das Leben im Urwald, da seine die offene Landschaft bewohnenden Verwandten keine so auffälligen Farben tragen. (Übrigens liegt hier einer der seltenen Fälle vor, in denen die Farbe blau bei Säugetieren auftritt.)

Das Haarsträuben bei Erregung ist in Abschnitt E behandelt.

B3.   Einige besondere »Häute«

Nachstehend sind einige Baueigentümlichkeiten der Haut mancher Arten sowie spezielle Sekrete besprochen, welche auffällige Erscheinungen hervorrufen.

a)   Körperbedeckung der »Dickhäuter«

Frühere Zoologen bildeten die systematische Kategorie der »Dickhäuter« (Pachydermata) und wählten damit ein Klassifizierungskriterium, welches in Wirklichkeit überhaupt nicht miteinander verwandte Arten in einer Gruppe vereinigte. Sie umfaßte die Elefanten, Nashörner, Tapire, Flußpferde und Schweine.

Die Gruppe ist längst aufgelöst, die Bezeichnung »dickhäutig« hat sich aber in der Umgangssprache für einen wenig empfindsamen Menschen erhalten. Man verbindet ja mit diesem Begriff die Vorstellung von Unempfindlichkeit. Entsprechendes unterstellte man auch den Häuten der erwähnten Arten. Dies trifft nun auf den Elefanten, welcher tatsächlich eine sehr dicke Haut besitzt – sie mißt bis zu 4 cm – überhaupt nicht zu. Ganz im Gegenteil: Seine Haut ist sehr pflegebedürftig. Indische Arbeitselefanten werden daher täglich zum Bade geführt.

Eine recht robuste Haut weisen in der Tat die Nashörner auf. Die Körperbedeckung des Panzernashorns zeigt an verschiedenen Stellen Beulen, welche an die Nieten in metallenen Schiffsverkleidungen erinnern.

Die Tapire zählte man wohl deshalb zu den Dickhäutern, weil sie über eine recht dicke und widerstandsfähige Dermis verfügen.

Das Flußpferd verbringt fast den ganzen Tag mehr oder weniger untergetaucht im Wasser. Nachts verläßt es den See oder Fluß und weidet in der Umgebung. Offenbar muß es während des Aufenthalts an Land seine Haut vor Austrocknung schützen. Es sondert nämlich ein besonderes Sekret ab, welches einen Flüssigkeitsfilm auf der Haut bildet. Das Sekret entstammt speziellen Drüsen, welche vermutlich umgewandelte Schweißdrüsen darstellen. Drei Typen von Zellen finden sich in den Drüsen. Die eine produziert eine klare, wäßrige Flüssigkeit, eine zweite einen roten Farbstoff, die dritte klebrigen Schleim. Die Mischung der drei Abscheidungen ist zähflüssig und rot – was zu der Annahme geführt hat, die Flußpferde schwitzten Blut. Man vermutet auch, daß das Sekret einen Schutz vor starker Sonnenbestrahlung darstellt – die Rücken und Köpfe der Flußpferde ragen ja tagsüber häufig aus dem Wasser. Die Flußpferdhaut heilt auch nach schweren Verletzungen – wie sie bei Rivalenkämpfen der Männchen durch die Hauer entstehen – erstaunlich schnell und problemlos.

Zählt man zur Haut im weitesten Sinn auch das Unterhautfettgewebe, besitzen gemästete Hausschweine eine extrem mächtige Haut. Aber auch die der Wildschweine ist relativ dick. Eine bei Wildschweinkeilern zu beobachtende Hautverdickung ist nachstehend besprochen.

b)   Lokale Verdickungen

Sie können entweder nur die Epidermis erfassen und damit als Hornschwielen auftreten, oder es findet auch eine Dickenzunahme der Dermis statt.

Wie jedem von uns bekannt ist, bekommt man nach längerer Handarbeit – beispielsweise mit einem Spaten – Schwielen an den Händen. Diese Zunahme der Mächtigkeit der Hornschicht ist eine vorübergehende Anpassung an mechanische Beanspruchung.

Ein- und Zweihöckerige Kamele tragen zeitlebens dicke Hornschwielen an den unseren Ellenbogen und Knien entsprechenden Gelenken der Vorder- und Hintergliedmaßen sowie auf dem Brustbein. Läßt sich das Kamel nieder, ruht die Körperlast auf diesen Stellen. Auch das Warzenschwein hat an Gelenken der Vorderbeine solche Schwielen. Sie werden wie beim Kamel bereits vor der Geburt angelegt und haben zu Spekulationen bezüglich ihrer stammesgeschichtlichen Entstehung geführt. Man nahm sie als Beweis für die Gültigkeit der Aussage des Lamarckismus, daß erworbene Eigenschaften vererbt werden.

Vor Beginn der Brunftzeit beginnt sich die Haut der Schultergegend des Wildschweinkeilers zu verdicken: Das Bindegewebe in der Dermis nimmt an Mächtigkeit zu und schafft so einen »Schild«, welcher etwa vom Schulterblatt bis zum Ende des Brustkorbs reicht. Die Widerstandsfähigkeit dieser Schutzschicht wird noch dadurch erhöht, daß der Keiler sich öfters an harzenden Bäumen reibt: Das Harz verfilzt die Haare. Der Schild schützt vor Verletzungen bei Brunftkämpfen. Die Gegner schlagen sich dabei nämlich von der Seite mit den Hauern gegen die Flanken.

c)   Schuppen

Altes Reptilienerbe ist die Fähigkeit der Haut, Schuppen auszubilden. Sie ist – mit wenigen Ausnahmen – den Säugetier-Arten verlorengegangen. Eine Schuppe sitzt immer auf einer Ausstülpung der Epidermis, welche innen von Dermis ausgekleidet ist. Damit ist sie dem Haar nicht vergleichbar (Abb. 71).

Sämtliche Vertreter einer Säugetier-Ordnung tragen allerdings so auffällige Schuppen, daß diese für die Ordnung namengebend waren: Schuppentiere. Der Aufbau einer Schuppe der Pholidota (Abb. 71) ähnelt weitgehend dem einer Reptilienschuppe; es besteht jedoch ein entscheidender Unterschied zwischen beiden Schuppentypen: Reptilien erneuern die äußersten Schichten ihrer Körperbedeckung periodisch durch Häutung, Schuppentiere dagegen ersetzen die durch Abreiben verlorengehende Substanz einer Schuppe fortlaufend durch die Tätigkeit der Keimschicht.

Eine Gruppe, deren Vertreter wie die Schuppentiere ebenfalls einen langen stammesgeschichtlichen Eigenweg hinter sich haben, ist die Ordnung der Nebengelenktiere. Hierzu gehört die Familie der Gürteltiere mit ihrem Panzer. Er entsteht in der Ontogenese aus Hornschuppen, unter denen die Dermis Knochenplättchen bildet (»Hautverknöcherung«).

Der Körper der Vorfahren der heutigen Gürteltiere war vollständig mit solchen Horn-Knochen-Hartgebilden bedeckt. Bei den rezenten Formen sind sie auf der – nun behaarten – Bauchseite verschwunden, auf dem Rücken verschmelzen sie zu großen Platten. Manche der Platten sind dadurch beweglich untereinander verbunden, daß zwischen ihnen weiche Haut liegt.

Eine Anpassung an das Klettern an Stämmen sind die Schuppen auf der Unterseite der Schwanzwurzel der Dornschwanzhörnchen (Abb. 249). Da die freien Kanten der Schuppen nach hinten abstehen, wirkt das ganze Schuppenfeld dem Abrutschen entgegen, wenn das Hörnchen senkrecht kopfoben am Stamm sitzt.

Einige weitere Vertreter der Ordnung Nagetiere tragen am Schwanz wenige oder gar keine Haare. Statt diesen stehen dort bei Ratten und Mäusen Schuppen. Sie überlappen nicht wie bei Schuppentieren oder Dornschwanzhörnchen, sondern sind durch dünne Hautabschnitte voneinander getrennt, welche dem Schwanz Beweglichkeit verleihen. Das Extrem eines solchen Schuppenschwanzes findet sich beim Biber. Der als »Biberkelle« bezeichnete Schwanz ist durch starke Verbreiterung im Umriß ellipsenförmig. Der Anpassungswert dieser Schwanzform und -bedeckung dürfte folgender sein: Bei Gefahr klatscht der Biber mit dem Schwanz auf die Wasseroberfläche. Das laute Geräusch ist ein

Warnsignal. Wäre der Schwanz behaart, ergäbe sich beim Aufschlagen ein gedämpfter Laut.

C.   Hautdrüsen

Einige allgemeine Bemerkungen zu exokrinen Drüsen seien der Besprechung der Hautdrüsen vorausgeschickt.

Zur Charakterisierung von Drüsen sind mehrere Bezeichnungen gebräuchlich, von denen einige in Abb. 63 wiedergegeben sind. Die Kriterien für die begriffliche Trennung beziehen sich entweder auf die Arbeitsweise der Einzelzelle oder auf die Gestalt und Anordnung der die Gesamtdrüse aufbauenden Zellen.

Beim *ekkrinen* Sekretionstyp – für den früher die Bezeichnung *merokrin* üblich war – verschmilzt die der Golgi-Region entstammende Membran, welche das Sekrettröpfchen im Zellinneren umhüllt, mit der Zellmembran: das – im allgemeinen hydrophile – Sekret ergießt sich ins Drüsenlumen. Auf diese Weise sezerniert die Milchdrüsenzelle Proteingranula (Abb. 194).

Apokrine Sekretion findet oft dann statt, wenn das Sekret hydrophoben Charakter hat. Es scheint für die Zelle ein »Problem« darzustellen, Lipide ins Drüsenlumen einzubringen – besonders wenn sich dort eine wäßrige Flüssigkeit befindet. Es gelingt ihr dadurch, daß sie das Lipidtröpfchen zusammen mit der umhüllenden hydrophilen Membran ausschleust. Dabei »verliert« die Zelle meist auch etwas Cytoplasma, in dem sich Zellorganellen befinden können. So enthält das abgeschnürte Zellstückchen der Milchdrüsenzelle

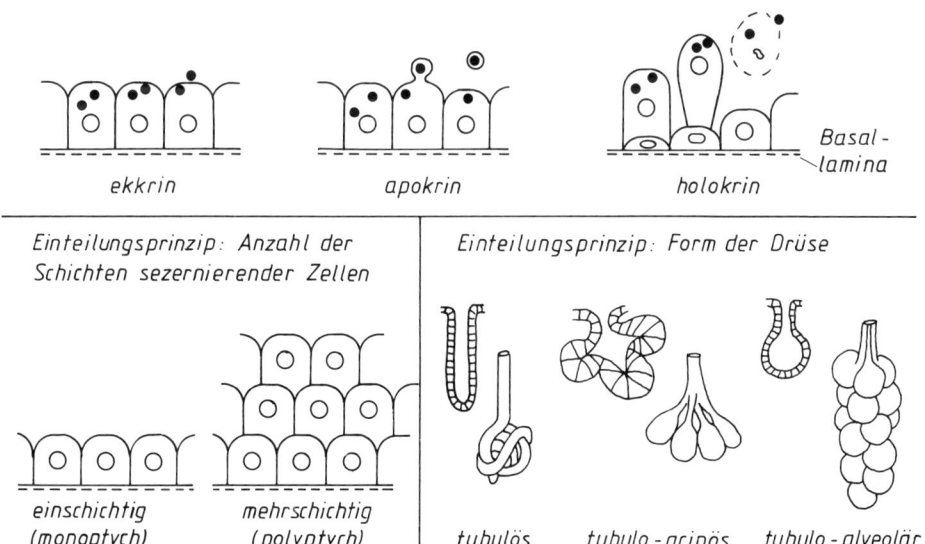

Einteilungsprinzip: Sekretionsmechanismus der Zelle

ekkrin   apokrin   holokrin   Basal-lamina

Einteilungsprinzip: Anzahl der Schichten sezernierender Zellen

einschichtig (monoptych)   mehrschichtig (polyptych)

Einteilungsprinzip: Form der Drüse

tubulös   tubulo-acinös   tubulo-alveolär

Abb. 63. Einteilung von Drüsen nach verschiedenen Prinzipien. Drüsenzellen schematisch, rechts unten Zellkerne fortgelassen (oben und links unten: Original; rechts unten nach Krstic 1978)

97

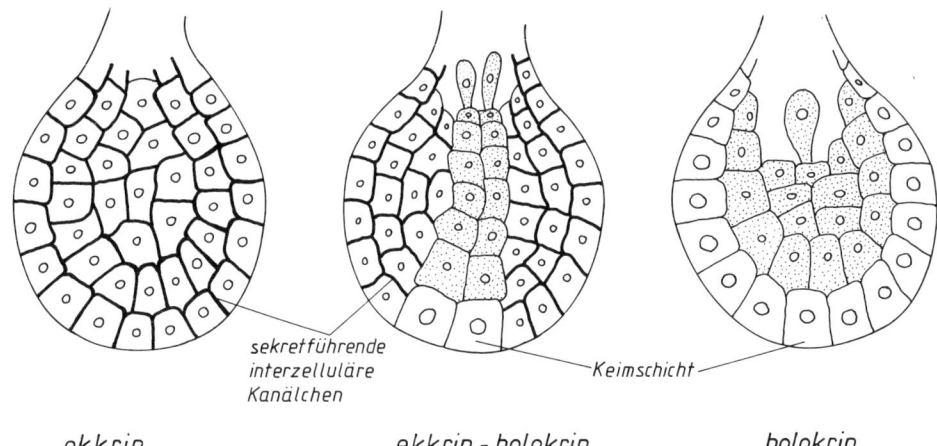

sekretführende
interzelluläre
Kanälchen

Keimschicht

ekkrin   ekkrin - holokrin   holokrin

Abb. 64. Mehrschichtige Hautdrüsen mit verschiedenen Sekretionsmechanismen. Holokrine Sekretion durch Punktieren wiedergegeben, Keimschicht-Zellen existieren nur im holokrinen Drüsenteil (nach Starck 1982)

in Abb. 194 neben dem Fetttröpfchen ein Mitochondrium. Daher nimmt man beim Milchtrinken Mitochondrien mit auf. Das ist ernährungsphysiologisch von Bedeutung: man führt sich dadurch das Vitamin Riboflavin (auch Vitamin B2 oder Lactoflavin genannt) zu; in einem »üblichen« Sekret würde man diese Substanz nicht erwarten, da sie als Bestandteil eines Enzyms der Atmungskette in der Mitochondrienmembran fest gebunden ist.

Holokrine Sekretion geschieht, indem ganze Zellen den Drüsenzellverband verlassen und im Drüsenlumen zerfallen. Die Zellen werden von einer Keimschicht nachgeliefert. An Haaren mündende Talgdrüsen, deren fettiges Sekret einen relativ hohen Schmelzpunkt aufweist, arbeiten nach diesem Mechanismus.

Morphologisch sind Drüsen mit ekkriner leicht von solchen mit apokriner Sekretion zu unterscheiden, da nur letztere von Myoepithelzellen (Abb. 186) umhüllt sind.

Die sezernierenden Zellen können entweder in *einer* Schicht (*monoptyche* Drüse) oder in *mehreren* Schichten (*polyptyche* Drüse) angeordnet sein (Abb. 63). *Einschichtige* Drüsen kommen bei den Reptilien, welche ja die unmittelbaren stammesgeschichtlichen Vorläufer der Säugetiere sind, nicht vor; bei den Amphibien sind sie dagegen verbreitet. (Reptilien und Vögel weisen überhaupt extrem wenige Drüsen auf.)

Mehrschichtige Drüsen sezernieren meist nach dem holokrinen Mechanismus. Paradebeispiel sind die oft – aber nicht immer – an einem Haar mündenden Talgdrüsen (Abb. 65). Neben frei mündenden Talgdrüsen existieren auch Haare ohne Talgdrüsen. Manchmal sind ausschließlich ekkrin sezernierende Zellen polyptych angeordnet, außerdem gibt es die Kombination von holokriner und ekkriner Sekretion (Abb. 64). Das Problem des Abführens des Sekrets einer tief im mehrschichtigen Zellverband liegenden Zelle ist dadurch gelöst, daß zwischen den Zellen kleine Sekretkanälchen verlaufen. Aus diesen fließt das Produkt in einen gemeinsamen Ausführungsgang. Sind holokrin und ekkrin sezernierende Zellen kombiniert, werden die sich zu Sekret umwandelnden holokrinen von einer Keimschicht her ersetzt (Abb. 64). Eine solche Kombination beobachtet man in den Brunftfeigen der Gemse (Abb. 294 links).

Die Einteilung nach der *Drüsenform* (Abb. 63 rechts unten) ist dann oft problematisch, wenn es sich um andere als schlauchförmige (tubulöse) Drüsen handelt. *Verschie-*

dene Drüsen besitzen *gleiche* äußere Gestalt, nämlich die Form von Trauben. Man nimmt zur Unterscheidung die Gestalt der Zellen der Drüsenendstücke zu Hilfe. Sind die Zellen groß und das Lumen des Endstücks eng, spricht man von *acinösen* Drüsen. Sind die Zellen klein und das Lumen groß, nennt man die Drüsen *alveolär*. Beide Formen kommen in reiner Ausprägung selten vor; meist sind die das Sekret abführenden Drüsenteile tubulös gebaut; dieser Tatsache tragen die in Abb. 63 aufgeführten Bezeichnungen Rechnung. Häufig finden sich verschiedene Drüsenformen und Sekretionsmechanismen in *einem* komplexen Drüsenorgan.

Säugetiere sind – im Gegensatz zu sonstigen Wirbeltieren – reichlich mit Drüsen ausgestattet, welche in den meisten Fällen Duftstoffe produzieren; die Drüsen repräsentieren damit die *Sender*seite der Signalübertragung bei der chemischen Kommunikation. Die Abgabe von Duftstoffen spielt im Sozialverhalten eine große Rolle und ist samt der *Empfänger*seite – dem Geruchssinn – in Kapitel IX besprochen.

Ekkrine Drüsen finden sich außerhalb der Ordnung der Primaten selten, ein Beispiel liefern die Analdrüsen der Canidae.

Die Drüsen auf den Sohlenballen der Katze sezernieren apokrin, weisen aber Ähnlichkeiten mit ekkrinen Drüsen auf. Sie wurden von Physiologen bezüglich ihrer nervösen Steuerung sehr genau untersucht. Setzt die Katze den Fuß auf den Boden, läuft ein Reflex ab. Mechanorezeptoren der Sohle senden Meldungen zum Rückenmark, welches über motorische Bahnen die Drüsen aktiviert. Der Flüssigkeitsfilm des Sekrets mag so die Sohlenhaut flexibel halten. Denkbar wäre auch, daß eine Geruchsspur gelegt wird – wie

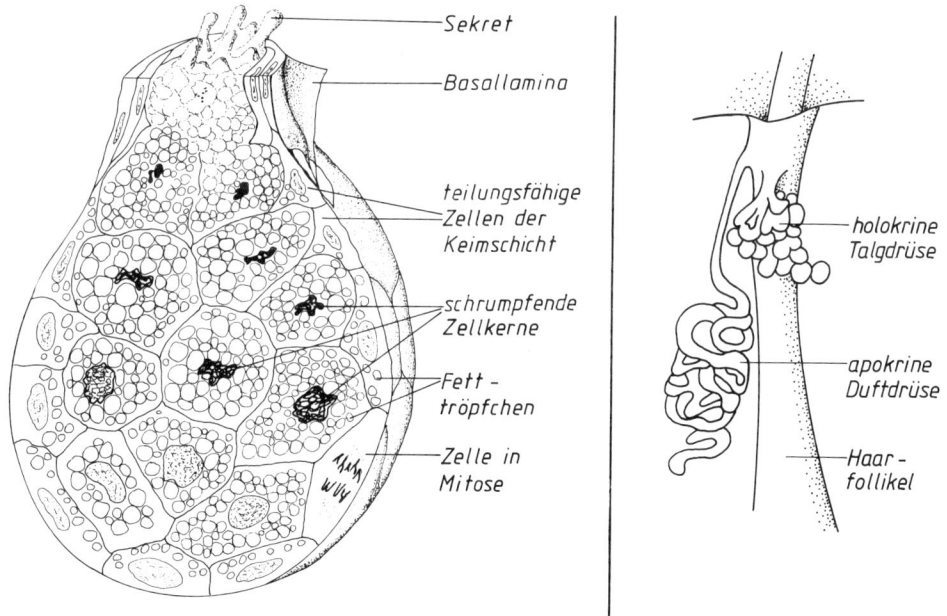

Abb. 65 (links). Holokrine mehrschichtige Drüse. Als Beispiel ist eine Haar-Talgdrüse vom Menschen dargestellt. Die teilungsfähigen Zellen der äußersten Schicht der Drüse enthalten Fetttröpfchen nur an den ins Drüseninnere gerichteten Polen (vereinfacht nach Krstic 1982)

Abb. 66 (rechts). Drüsen an einem Haar in der Achselhöhle des Menschen (nach Montagna aus Starck 1982)

dies für andere Arten zutrifft, welche apokrine Drüsen zwischen den Zehen tragen. Die apokrine Voraugendrüse der Duckerantilopen (Abb. 293) bildet neben Dufstoffen Pigmente.

Mehrschichtige Drüsen sind viel weiter verbreitet als einschichtige. Sie fehlen in keiner Ordnung – sind allerdings bei den Walen, Seekühen und Schuppentieren kaum entwickelt. Das ist verständlich, da Wale und Seekühe im Wasser leben, und Schuppentiere in ihren harten Schuppen eine hochspezialisierte Körperbedeckung aufweisen.

An manchen Haaren mündet stets distal von der Talgdrüse eine apokrine Drüse, welche als *Duftdrüse* angesprochen werden muß (Abb. 66). Die apokrinen »Schweiß«drüsen des Menschen sitzen häufig an Haaren. Sie finden sich vorwiegend in den Achselhöhlen und der Schamgegend, kommen aber auch auf der Stirn und den Handinnenflächen vor. Ihr Sekret ist zähflüssig und milchig aussehend. Es wird von auf der Haut lebenden Bakterien zersetzt, wobei unangenehm riechende Stoffe entstehen. Myoepithelzellen, die zwischen den Drüsenzellen und der Basallamina liegen, pressen das Sekret aus. Gibt man – beispielsweise in einer Prüfungssituation – aufgeregten Menschen die Hand, spürt man deren kalte und klebrige Haut. Man spricht daher in solchen Fällen von Angstschweiß oder *»emotionalem Schwitzen«*. Dieser »Schweiß« unterscheidet sich hinsichtlich seiner Zusammensetzung wesentlich vom temperaturregulatorischen (s. IV A). Er riecht auch anders und wird außer bei Streß bei Furcht, Schmerz oder sexueller Erregung abgesondert. Die Tätigkeit dieser apokrinen Drüsen setzt erst in der Pubertät ein. Bei Frauen ändert sich der Sekretionsprozeß zyklisch, da die den Menstruationszyklus steuernden Hormone auch die Drüsen beeinflussen. Vermutlich wirkt der Duft des Sekrets auf den Menschen und sein Verhalten stärker als man dies bisher annahm.

Die häufig zu beobachtende Kombination von apo- mit holokrinen Drüsen läßt darauf schließen, daß das talgige Sekret der holokrinen Zellen als Träger für die in apokrinen Zellen gebildeten Duftstoffe dient. Ein vergleichbares Verfahren kennt man aus der Parfümindustrie: Es ist die in Südfrankreich angewandte *Enfleurage*-Methode zum Gewinnen von Blütenduftstoffen.

D.   Hautmuskulatur

Im subcutanen Bindegewebe können Hautmuskeln auftreten. Sie sind nur äußerst selten wie Skelettmuskeln an Knochen befestigt; vielmehr ziehen von ihnen kurze, elastische Sehnen zur Haut. Bei Kontraktion der Hautmuskeln bewegt sich die Haut, was durch die Existenz der lockeren, verschieblichen Subcutis ermöglicht wird.

Man unterscheidet nach ihrer Lage am Körper zwei große Hautmuskel-Komplexe, die Hautmuskulatur des Rumpfes und die des Kopfes. Die von der vergleichenden Anatomie festgestellten Beziehungen der Hautmuskulatur zu anderen Muskelgruppen sind uneinheitlich.

D1.   Rumpfhautmuskulatur

Oft spricht man vereinfachend von *dem* Rumpfhautmuskel (Panniculus carnosus). Er ist bei den meisten Formen gut ausgebildet, erfüllt aber – je nach Art – unterschiedliche Aufgaben. Welche Funktion er bei einem Pferd hat, kann man beobachten, wenn dieses an einem heißen Sommertag von Bremsen umschwirrt weidet: Setzt sich eine der stechlustigen Fliegen auf eine Hautstelle, die vom Schwanz nicht erreicht wird, kann das Pferd das Insekt durch lokales Zucken mit der Hautmuskulatur verscheuchen.

Sonderaufgaben hat die Rumpfhautmuskulatur bei beuteltragenden Formen: sie verfügen über einen die Beutelöffnung umfassenden *Beutel-Schließmuskel*. Ein solcher findet sich nicht nur am Marsupium der Beuteltiere, sondern auch am Brutbeutel (Incubatorium) der Ameisenigel. Lebensnotwendig ist die Tätigkeit dieses Schließmuskels für die Beuteljungen des Schwimmbeutlers. Sie werden mit ins Wasser genommen, wobei der Beutel wasserdicht abgeschlossen wird. Der darin enthaltene Luftvorrat reicht den Jungen für die Dauer eines Wasseraufenthalts der Mutter.

Besonders mächtig entwickelt ist die Hautmuskulatur der Insektenesser. Ringförmig unter der Rücken- und Flankenhaut angeordnet, erlaubt sie es dem Igel, sich zur Stachelkugel zusammenzurollen (Abb. 67 oben).

Gleiter und aktive Flieger (s. VIII H) bewegen ihre Gleit- bzw. Flughaut mit Hilfe von Muskulatur, welche dem Panniculus carnosus zuzurechnen ist.

Die extrem ans Wasserleben angepaßten Wale und Robben tragen unter der Haut eine dicke Speckschicht, wodurch Cutis und Hautmuskulatur viel weiter entfernt voneinander liegen als bei den sonstigen Arten. Die Haut ist dadurch unbeweglich. Sie ähnelt in dieser Eigenschaft derjenigen der Knochenfische, welche ebenfalls nicht verschieblich ist. Die Haut der Knochenfische liegt allerdings wegen der kaum ausgebildeten Subcutis direkt der Muskulatur (keine Hautmuskulatur!) auf. Die sehr kräftige Hautmuskulatur der Wale trägt nicht nur zur stromlinienförmigen Gestalt bei, sondern ist auch für die Schwimmbewegungen des Rumpfes mit verantwortlich.

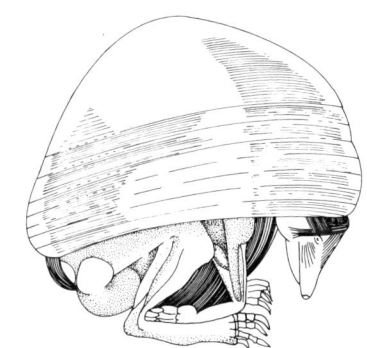

Abb. 67. Hautmuskulatur
Oben: Einrollmuskel als Teil der Rumpfhautmuskulatur des Igels
Unten links: Muskulatur am Kopf der Brückenechse. Es handelt sich nicht um Hautmuskulatur!
Unten rechts: Mimische Muskulatur des Gorillas. Man beachte die Einzelmuskeln um Augen und Mund (aus Ziswiler 1976)

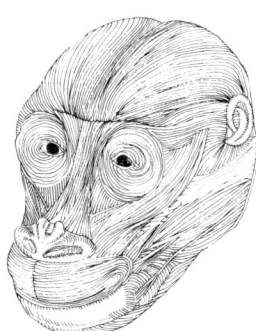

101

D2.   Hautmuskulatur des Kopfes

In medizinischen Lehrbüchern wird man vergeblich nach dem Rumpfhautmuskel suchen; er ist nämlich beim Menschen vollständig zurückgebildet. Dagegen spielt die Hautmuskulatur des Kopfes bei uns wie bei den übrigen Mimikaffen eine große Rolle: Sie ist für den Gesichtsausdruck verantwortlich und heißt daher auch *mimische Muskulatur*. Sie dient der innerartlichen Verständigung, einige ihrer Aufgaben sind in Abschnitt IX L besprochen.

Je differenzierter die Gesichtsmuskulatur – und die ebenfalls beteiligte Muskulatur des Halses – ausgebildet ist, desto vielfältiger sind die Möglichkeiten des Ausdrucks. Drastisch vor Augen geführt wird dies durch den Vergleich der Kopfmuskulatur eines Vertreters der völlig ausdruckslosen Reptilien mit der eines Mimikaffen (Abb. 67).

Aber auch ausdrucksarme Arten der Säugetiere können auf die Gesichtsmuskulatur nicht verzichten – ja, sie ist für das Junge während der Säugezeit lebensnotwendig: Bildet sie doch entscheidende Bestandteile der Lippen und Wangen, welche bei der Milchentnahme eine wichtige Rolle spielen.

Spezielle Partien der Hautmuskulatur wirken bei der Funktion einiger Sinnesorgane mit. So werden bei landlebenden Formen die Ohrmuscheln beim Richtungshören verstellt, die Augenlider beim Schlafen über die Augäpfel gezogen; wasserlebende Arten verschließen beim Tauchen Nasen- und Ohrenöffnungen.

Sehr wichtig für die Orientierung mittels des Tastsinnes ist die Tatsache, daß die Vibrissen des Gesichts durch Bündel quergestreifter – also willkürlicher – Muskulatur verstellt werden können. (s. IX G). Diese Muskelfasern erhalten als Teile der Gesichtsmuskulatur ihre Befehle vom siebten Hirnnerven (Nervus facialis).

Der Haarmuskel (Musculus arrector pili) eines normalen Haares besteht aus *glatten* Muskelzellen, hat nichts mit Hautmuskulatur zu tun und wird vom vegetativen Nervensystem versorgt.

Abb. 68. Haartracht am Kopf zweier Krallenäffchen-Arten sowie Farbmuster des Kleideraffen
Links: Lisztäffchen
Mitte: Kaiserschnurrbarttamarin. Dessen Name rührt daher, daß früher die Präparatoren den Schnurrbart in Unkenntnis der wahren Verhältnisse seitlich so zwirbelten, wie Kaiser Wilhelm den seinigen trug
Rechts: Kleideraffe. Die Symbolik gibt folgende Fellzeichnung wieder: Gesicht gelbbraun; »Mütze« braun; »Jacke« blaugrau; Bart, »Weste«, »Unterärmel« und Schwanz weiß bis weißgrau; »Oberärmel«, »Handschuhe«, »Kniehose« und »Schuhe« schwarz; »Kragen« und »Strümpfe« rotbraun (Krallenäffchen nach Hershkovitz 1977; Kleideraffe nach Haltenorth 1977)

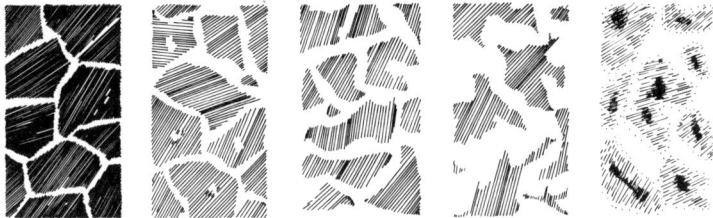

Abb. 69. Fellzeichnung verschiedener Rassen der Giraffe. Der Ausschnitt ganz links zeigt das Muster der am weitesten nördlich vorkommenden Netzgiraffe; die rechts davon gezeichneten Fellstücke stellen das Muster von Rassen dar, die immer weiter südlich leben (nach Krumbiegel 1953/55)

E. Haare

Haare sind – neben den Milchdrüsen – ein Schlüsselmerkmal der Säugetiere. Manche Autoren schlugen daher vor, diese Tiergruppe in *Pilifera* oder *Trichozoa* umzubenennen.

Die Haare als Anhangsgebilde der Haut bestimmen das Erscheinungsbild des Vertreters einer Art (Abb. 68 und 69).

Haare sind nicht mit Reptilienschuppen oder Vogelfedern homolog (s. E2); sie sind vielmehr eine Neubildung der Säugetiere, deren stammesgeschichtliche Herkunft im Dunkeln liegt.

Die Gesamtheit der Haare heißt *Fell*; der Kürschner fertigt daraus den Pelz, der Präparator den Balg; den Ausdruck Pelz sollte man auf das Haarkleid *lebender* Tiere nicht anwenden.

E1. Bau

a) Haar

Ein Haar besteht aus einem aus der Haut ragenden Teil, dem *Haarschaft* und einem in der Haut steckenden Abschnitt, der *Haarwurzel* (Abb. 70). Während der Haarschaft einen relativ einfachen Aufbau zeigt, ist die Haarwurzel und vor allem das zugehörige umliegende Gewebe kompliziert gestaltet.

Die Haarwurzel endet mit der *Haarzwiebel*, die auch als Haarbulbus bezeichnet wird. Sie sitzt auf der zur Dermis gehörenden *Haarpapille*, in welcher die das Haar versorgenden Blutgefäße verlaufen. Der über der Papille liegende Teil der Haarzwiebel heißt *Matrix*. Sie liefert sämtliche Zellen zum Aufbau des Haars. Fast immer ist das Haar von einer Talgdrüse begleitet. Manchmal sind es zwei dieser Drüsen, die dann auf gleicher Höhe münden.

Während sich das Haar beim Wachstum aus der Haut schiebt, verhornen seine Zellen und sterben ab. Die Verhornung schreitet von der Basis zur Spitze des Haars hin fort, so daß der Schaft nur noch aus verhornten, toten Zellen besteht. Was uns auf die Schultern fällt, kann man also sehr vereinfacht als Hornfaden bezeichnen.

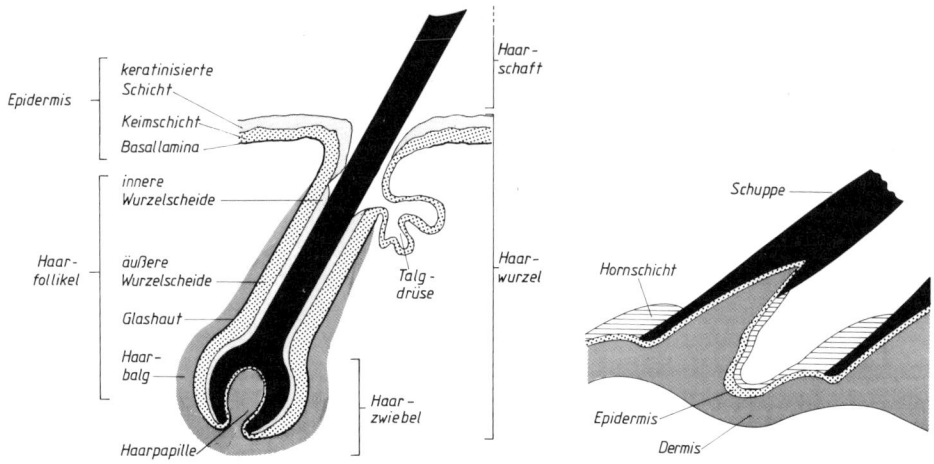

Abb. 70 (links). Schema zur Benennung der Teile eines Haars und der seine Wurzel umgebenden Hüllen. Man beachte die Beziehung der Hüllschichten zu den Hautschichten. Haarmuskel nicht dargestellt. Vernachlässigt ist auch die Tatsache, daß sich die äußere Wurzelscheide in der Haarzwiebel als Matrix wiederfindet (s. dazu Abb. 75). Schwarz bedeutet nicht Verhornung (Original)

Abb. 71 (rechts). Schnitt durch die Haut eines Schuppentiers. Die Spitze der Schuppe ist abgeschnitten (nach Weber 1927/28)

α)   Mikroskopisch zu erkennende Struktur von Haarschaft und Haarwurzel
Beim Verhornungsprozeß geht bei manchen Arten das in der Haarwurzel noch vorhandene Haarmark (s. unten) verloren, so daß in diesen Fällen nur noch Rindenzellen im Schaft zu finden sind. Sie verbacken miteinander und liefern eine hornige Masse. Die Anteile von Haarmark und -rinde im Haarschaft sind von Art zu Art unterschiedlich. Die Haare der Hirsche bestehen ausschließlich aus Markzellen.
   Die Rindenschicht enthält Melaningranula, welche dem Haar seine Farbe verleihen (Abb. 72). Sie stammen aus Melanocyten der Matrix. Neben dem Pigment ist der Luft-

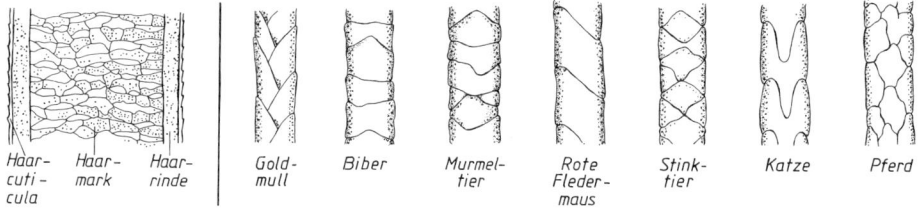

Abb. 72 (links). Längsschnitt durch den unteren Teil eines Grannenhaars vom Eichhörnchen, schematisch. Man beachte, daß die Pigmentgranula nur in Rinde und Mark vorkommen. Die abgebildeten dunklen Farbstoffkörnchen sind häufig von hellen begleitet, welche in der Darstellung vernachlässigt sind (nach Lühring aus Haltenorth 1977)

Abb. 73 (rechts). Form der Haarcuticula-Schuppen verschiedener Arten (nach Storer, Usinger und Nybakken aus Gunderson 1976)

104

gehalt des Haars für die Haarfarbe von Bedeutung. Die weißen Haare der Albinos enthalten kein Melanin; im Alter auftretende weiße Haare entstehen durch Lufteinschlüsse.

Umkleidet wird der Haarschaft von der schuppig ausgebildeten Haarcuticula. Sie zeigt – im Gegensatz zu der Cuticula von Laubblättern oder der Cuticula der Insekten – zellulären Aufbau. Die Form der Schuppen ist artspezifisch – man kann also oft aufgrund einiger ausgerissener Haare die Artzugehörigkeit ihres Trägers bestimmen (Abb. 73). In der Kriminalistik spielt diese Tatsache eine große Rolle. Für Gerichtsmediziner ist eine weitere Eigenschaft der Haare von Bedeutung. Das Haar entnimmt den Blutgefäßen der Papille nicht nur Nährstoffe, sondern auch Drogen und speichert sie. Man hat in Haaren Opium, Kokain und Marihuana festgestellt. Aus der Wachstumsgeschwindigkeit des Haares läßt sich der Zeitpunkt der Drogeneinnahme berechnen.

Betrachtet man einen schmalen Abschnitt des Haarschafts, erkennt man folgendes: Der das Haar umkleidende Gürtel aus Schuppen besteht aus zwei oder mehr Schuppen. Es kommt also nie vor, daß eine einzige Schuppe – die in diesem Fall als Röhrchen zu bezeichnen wäre – ganz um das Haar herumreicht.

Die zelluläre Struktur der Haarwurzel ist im Zusammenhang mit der Haarentwicklung in E2 näher besprochen.

β)   Feinbau des Haarschaftes
Die submikroskopische Struktur eines marklosen Haars zeigt Abb. 74. Die Rindenzellen bestehen aus Fibrillen unterschiedlicher Dicke, deren Bezeichnungen Abb. 74 zu entnehmen ist.

Die Hornsubstanz – das Keratin – ist ein Protein, welches viel Cystein und Cystin enthält und damit zahlreiche Schwefelbrücken aufweist. Die Schwefelbrücken zwischen

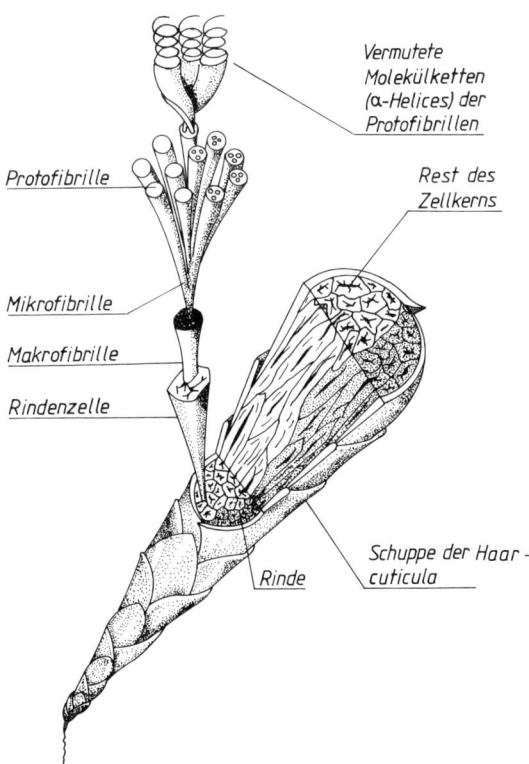

Protofibrille

Vermutete
Molekülketten
(α-Helices) der
Protofibrillen

Rest des
Zellkerns

Mikrofibrille

Makrofibrille

Rindenzelle

Rinde

Schuppe der Haar-
cuticula

Abb. 74. Feinbau eines Wollhaars.
Der Schaft dieses Haars enthält kein
Mark (nach Ryder 1973)

den in Abb. 74 sichtbaren Molekülketten können durch besondere Behandlung gelöst und neu gebildet werden. Dadurch läßt sich die Kräuselung des Haars verändern – ein Prozeß, den sich der Friseur beim Herstellen von Dauerwellen zunutze macht.

b)   Unmittelbare Umgebung der Haarwurzel

Die Haarwurzel steckt in einer aus mehreren Schichten aufgebauten Hülle, welche *Haarfollikel* heißt. Der Haarfollikel besteht aus zwei Gewebetypen: Epithelialer Natur sind die *Wurzelscheiden* (samt zugehöriger Wurzelscheidencuticula), bindegewebiger Natur ist der *Haarbalg*. Wie Abb. 70 zeigt, ist der Haarbalg ein spezialisierter Teil der die weitere Umgebung der Haarwurzel bildenden Dermis und Subcutis. Die äußere Wurzelscheide ist die Fortsetzung der Keimschicht, die innere Wurzelscheide die der keratinisierten Schicht der Epidermis. Verwirrend an der Namengebung ist die Tatsache, daß die *äußere* Schicht der Epidermis sich als *innere* Wurzelscheide wiederfindet. Hilfreich ist die Vorstellung, der namengebende Beobachter sitze im Zentrum des Haars und blicke durch die Rinde hindurch zum umliegenden Gewebe.

α)   Epitheliale Wurzelscheiden
Der gedachte Beobachter im Haar sieht außerhalb der inneren Wurzelscheide die *äußere Wurzelscheide* liegen. Deren Zellen sind nicht in Schichten angeordnet – was verständlich

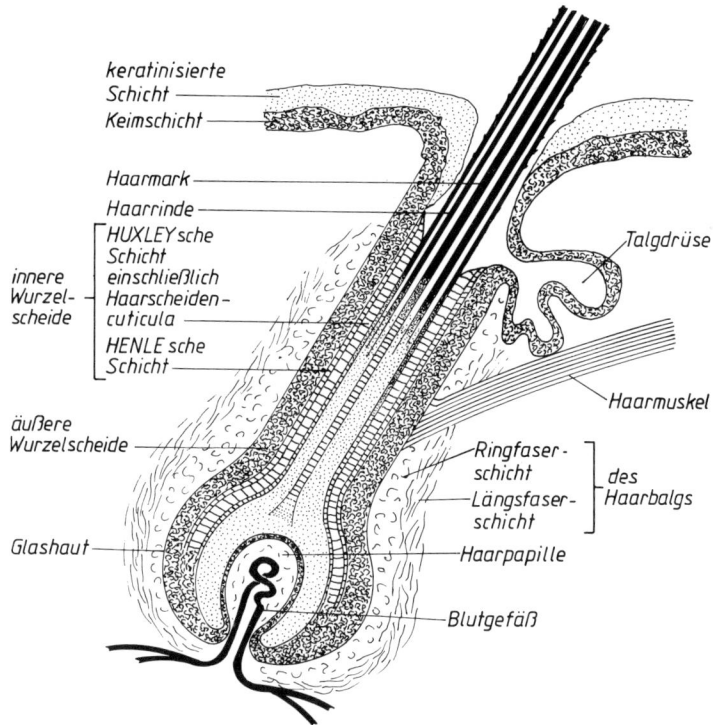

Abb. 75. Längsschnitt durch den unteren Teil eines Haars. Haarmuskel und Talgdrüse fortgelassen. Aus didaktischen Gründen sind Haarmark, Haarrinde und Haarcuticula voneinander getrennt – und auch nicht zellulär – dargestellt (nach Portmann 1959)

106

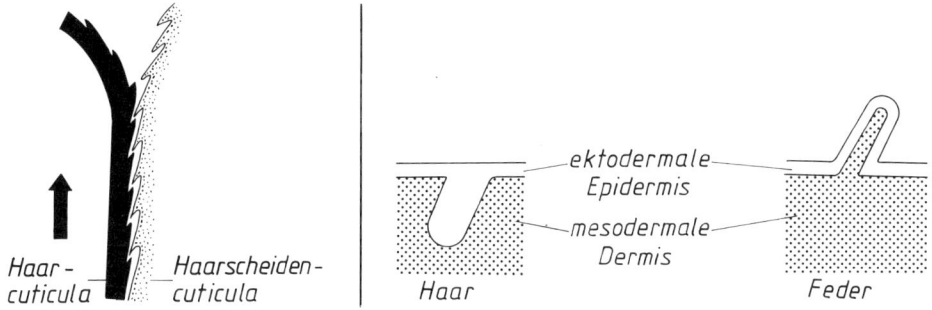

Haar-
cuticula

Haarscheiden-
cuticula

ektodermale
Epidermis

mesodermale
Dermis

Haar

Feder

Abb. 76 (links). Verzahnung der Schuppen der Haarcuticula mit denen der Haarscheiden-cuticula. Beide Schichten sind im oberen Teil getrennt, um die Verzahnung besser zu zeigen. Der schwarze Pfeil bedeutet »Zug am Haar« (Original)

Abb. 77 (rechts). Schema der ersten Stadien bei der Entstehung einer Haar- bzw. Feder-anlage (Original)

ist, da es sich ja um eine Fortsetzung der Keimschicht handelt. Das Epithel der Talgdrüse kann man der äußeren Wurzelscheide oder der Keimschicht der Epidermis zurechnen. Die zweite Möglichkeit wird man dann wählen, wenn die Talgdrüse nicht an einem Haar mündet.

Die äußere Wurzelscheide wird gegen das umliegende Bindegewebe durch die Glashaut begrenzt, welche nicht zellulär gebaut ist – stellt sie doch die Fortsetzung der Basal-lamina der Keimschicht dar (Abb. 70).

So wie die keratinisierte Schicht aus zwei Lagen (Körnerschicht und Hornschicht) be-steht, setzt sich die *innere Wurzelscheide* aus der Henleschen und der Huxleyschen Schicht zusammen (Abb. 75). Die Henlesche Schicht ist etwas dünner als die Huxley-sche. Der Verbleib der Zellen dieser Schichten ist in E2 besprochen.

Zur inneren Wurzelscheide gehört außerdem die *Haarscheidencuticula*. Sie ist zellulär aufgebaut und bildet Schuppen. Während die Schuppen der Haarcuticula dachziegelartig so übereinander liegen, daß die Bezahnung zur Spitze des Haars zeigt, liegen die Schuppen der Haarscheidencuticula ebenfalls wie Dachziegel gerade in umgekehrter Richtung (Abb. 76). Dadurch entsteht eine Verzahnung der beiden Cuticula-Röhren, welche das Haar in der Haut befestigt. Daß dieser mechanische Halt sehr stark ist, kann man im Zirkus bei Artistinnen sehen, die sich mit ihren Haaren an einem Seil aufhängen: Wenn sie dabei auch noch Kunststücke vorführen, muß das Haar nicht nur dem Körpergewicht der Künstlerin, sondern außerdem den zusätzlich auftretenden Zentrifugalkräften entgegenwir-ken.

β)   Bindegewebige Hülle (Haarbalg)
Ohne scharfe Grenze geht der Haarbalg ins umliegende Gewebe der Leder- und Unterhaut über. (Die manchmal für den Haarbalg gebrauchte Bezeichnung »bindegewebige Wurzel-scheide« stiftet Verwirrung und wird hier nicht verwendet.)

Die Bindegewebsfasern des Haarbalgs verlaufen in der Nähe der Glashaut vorwiegend zirkulär (Ringfaserschicht), weiter außen ziehen sie vorwiegend in Längsrichtung des Haars (Längsfaserschicht).

Der Haarbalg ist von zahlreichen Blutkapillaren umsponnen, welche dem tiefen Ge-fäßnetz (Abb. 61) entstammen. Zum Haarbalg rechnet man auch freie Nervenendigungen, die sich der Glashaut anschmiegen. Sie sind in Abb. 312 schematisch dargestellt, als

Haarfollikelrezeptor bezeichnet und in E7 besprochen. Wie Abb. 94 zeigt, verschmilzt die Basallamina der Schwannschen Zellen mit der Basallamina der äußeren Wurzelscheide (sprich: Glashaut).

E2. Haarentwicklung

Haare machen eine sehr schwer zu verstehende Entwicklung während der Embryonalzeit durch.

a) Beteiligte Keimblätter; Vergleich mit der Vogelfeder

Haare sind wie Federn Hornstrukturen der Epidermis. An ihrer Bildung beteiligt sich allerdings auch die Dermis. Daß Haare bei stammesgeschichtlichen Betrachtungen nicht wie Vogelfedern aus Reptilienschuppen abgeleitet werden können, ergibt sich aus einem Vergleich ihrer Ontogenese: Eine Haaranlage entsteht als *Ein*stülpung, eine Schuppen- (oder Feder-)anlage als *Aus*stülpung der Epidermis (Abb. 77).

b) Ontogenese des Haars

α) Entstehung und Wachstum
Bereits während der Fetalzeit entstehen Haare. Die Epidermis senkt sich in die noch in Form von Mesenchym vorliegende Dermis und bildet einen *Haarzapfen* (Abb. 78).Für diesen sind auch die Ausdrücke Haarknospe oder Haarkeim in Gebrauch. Dessen unteres Ende verdickt sich zum Haarbulbus. Unter ihm bildet sich eine Mesenchymverdichtung als Anlage der *Haarpapille*. Der Bulbus umfaßt die Papille, in welcher sich später Blut-

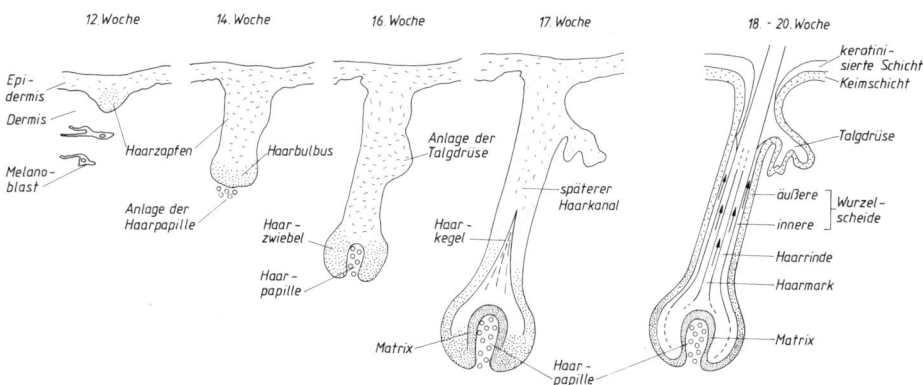

Abb. 78. Stadien der Haarentwicklung, schematisch. Anlage des Haarmuskels fortgelassen. Die Zeitangaben gelten für den menschlichen Embryo. Im ganz links dargestellten Stadium liegt auf der Epidermis eine später verloren gehende – hier nicht gezeichnete – zelluläre Schicht: das Periderm. Es ist in Abb. 79 zu sehen. Die Verhornung im rechts dargestellten Stadium beginnt ungefähr in dem Bereich, der unterhalb der Einmündung der Talgdrüse in den Haarkanal liegt (nach Danneel und Weißenfels 1953 sowie Moore 1980)

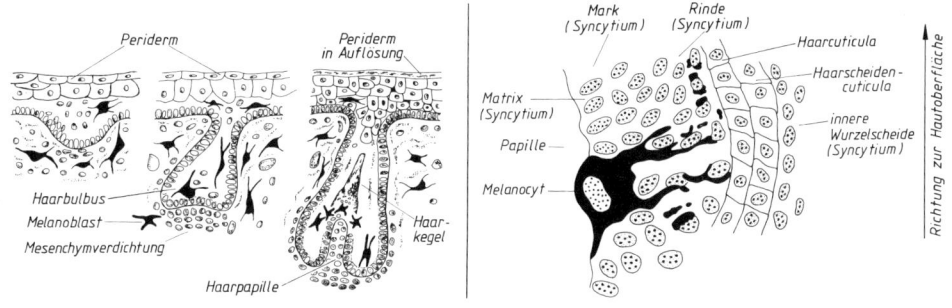

Abb. 79 (links). Erste Stadien der Haarentwicklung detaillierter als in Abb. 78 dargestellt (nach Searle aus Gunderson 1976)

Abb. 80 (rechts). Pigmentabgabe durch einen Melanocyten. Zellkerne punktiert, Pigment schwarz. Man beachte, daß Zellgrenzen nur in den beiden Cuticulae anzutreffen sind (nach Danneel und Weißenfels 1953)

gefäße differenzieren. Seitlich am Haarzapfen findet sich die Anlage der Talgdrüse. Der wie eine Glocke über die Haarpapille gestülpte Bereich des Bulbus heißt *Matrix*. Sie ist mit ihren mitotisch aktiven Zellen eine Fortsetzung der Keimschicht der Epidermis, welche ja ebenfalls teilungsfähige Zellen enthält und als das Haar umgebende Röhre äußere Wurzelscheide genannt wird.

So wie in der Epidermis aus den Zellen der Keimschicht die verhornenden Zellen der äußeren Schichten hervorgehen, entstehen durch die Tätigkeit der Matrixzellen die ebenfalls verhornenden Zellen des Haars und der inneren Wurzelscheide (samt Haarscheidencuticula). Zunächst sind diese verschiedenen röhrenförmigen Gebilde noch nicht als solche kenntlich, sondern heißen als undifferenzierte Struktur *Haarkegel*. Während dieser sich langsam in Richtung Hautoberfläche schiebt, rücken die vor seiner Spitze liegenden Zellen an die Seite und lassen dadurch den *Haarkanal* entstehen. Je näher die Zellen des Haars an die Hautoberfläche gelangen, desto stärker verhornen sie. Die aus der Matrix hervorgehenden Zellen werden im Zentrum des Haars zu Markzellen, weiter außen zu Rindenzellen und schließlich zu Zellen der Haarcuticula.

Noch weiter außen haben die Zellen der inneren Wurzelscheide (samt Haarscheidencuticula) ihren Ursprung. Auch sie wandern in Richtung zur Epidermis und verhornen. Sie erreichen die Hautoberfläche aber nicht, sondern werden bereits auf der Höhe der Talgdrüseneinmündung abgestoßen. Daher endet die innere Wurzelscheide an dieser Stelle (Abb. 70 und 75). Gemeinsam mit dem Sekret der Talgdrüse gelangen die Reste der inneren Wurzelscheide auf den Haarschaft und an die Hautoberfläche.

β)   Farbgebung

Wie Abb. 72 zeigt, finden sich Pigmentkörnchen nur im Mark und in der Rinde des Haars. Wie kommt es, daß die doch ebenfalls aus der Matrix stammenden Zellen der Haarcuticula pigmentfrei sind? Die Erklärung liefert Abb. 80, welche die Tätigkeit eines Melanocyten zeigt.

Die Melanocyten als farbgebende Zellen des Haars wandern im Embryo amöboid als *Melanoblasten*, die auch Propigmentzellen heißen, aus der Neuralleiste in die Matrix. Bei verschiedenen Arten erreichen sie diese über die Dermis; beim Menschen kommen sie aus der Epidermis, wobei sie um die Basis der Haarzwiebel herumwandern müssen. An der Haaranlage ankommende Melanoblasten zeigt Abb. 79. Sie siedeln sich in der Matrix unmittelbar an der Grenze zur Papille an. Danach senden sie Ausläufer in die Umgebung, welche in diesem Bereich ein Syncytium darstellt. Erst bei dessen Hinausrücken in Richtung zur Hautoberfläche entstehen in Mark und Rinde Zellgrenzen. Die vom Melanocyten abgegebenen Pigmentteilchen lagern sich bevorzugt an die Zellkerne an und werden beim »Strömen« des Syncytiums mitgenommen. In dem in Abb. 80 dargestellten Bereich weisen allerdings Haarcuticula sowie Haarscheidencuticula bereits zellulären Bau auf. Die Zellmembranen stellen für die Ausläufer der Melanocyten unüberwindliche Hindernisse dar: sie können daher an die Cuticulazellen kein Pigment liefern – die Haarcuticula ist farblos.

Geben die Melanocyten, während das Haar wächst, nur zu bestimmten Zeiten Pigment ab, entstehen Farbmuster längs des Haares. Ein Beispiel liefert der Stachel des Stachelschweins in Abb. 88.

E3. Haarwechsel

Für nicht in den Tropen lebende Arten ist der Haarwechsel im allgemeinen eine temperaturregulatorische Maßnahme: sie legen sich ein Fell mit anderen wärmedämmenden Eigenschaften als das vorige zu. Ein Winterfell weist längere und eventuell auch dichter stehende Haare auf als ein Sommerfell und kann dadurch in der kalten Jahreszeit eine dickere ruhende Luftschicht festhalten als dies im Sommer möglich ist.

Tropische Arten wechseln oft in unauffälliger Weise einzelne Haare, so daß Aussehen und Struktur des Fells erhalten bleiben. In dieser Weise verläuft auch der Haarwechsel des Menschen als einer ihrem Ursprung nach subtropischen bis tropischen Art. Über die Lebensdauer eines menschlichen Kopfhaars sind wir – im Vergleich zu der von Haaren sonstiger Arten – gut unterrichtet: sie beträgt etwa 5 bis 7 Jahre. Einen drastischen Haarwechsel findet man bei tropischen Formen nur dann, wenn der Haar- dem Farbwechsel dient.

Das Ändern der Fellfärbung geschieht fast immer so, daß alte Haare ausfallen und durch anders gefärbte ersetzt werden. Denkbar ist auch, daß dem einzelnen Haar im Verlauf seines Wachstums unterschiedliche Farbmuster aufgeprägt werden. Diese Möglichkeit ist beim Eisfuchs verwirklicht (s. unten).

Manche Arten, die in Gegenden mit schneereichem Winter leben, tragen in der kalten Jahreszeit ein weißes Fell. Es dient der Tarnung (s. unten).

Die Steuerung des Haarwechsels dürfte folgendermaßen geschehen: Die Tageslänge wird mit einer »inneren Uhr« gemessen. Der erhaltene Wert kontrolliert auf unbekannte Weise die Ausschüttung eines Hormons aus dem Hypophysenvorderlappen. Dieses beeinflußt die Tätigkeit der Matrixzellen. Für Arten, deren Haarwechsel nicht jahresperiodisch erfolgt, vermutet man, daß die Matrixzellen einen eigenen Rhythmus zeigen.

Nachstehend ist zunächst der Ablauf des Ersatzes eines alten durch ein neues Haar beschrieben. Danach ist das Wechseln des gesamten Haarkleides besprochen. Man nennt diesen Prozeß auch bei Säugetieren gelegentlich Mauser.

a) Vorgänge bei der Erneuerung eines einzelnen Haares

Der ganze nachstehend beschriebene Vorgang des Ersatzes eines später ausfallenden Haars durch ein neues vollzieht sich innerhalb des Haarbalgs. Dieser verändert dabei zwar seinen Durchmesser an verschiedenen Stellen – nicht aber seine Länge. In dieser »Röhre Haarbalg« wandern einzelne Gewebepartien auf und ab (Abb. 81).

110

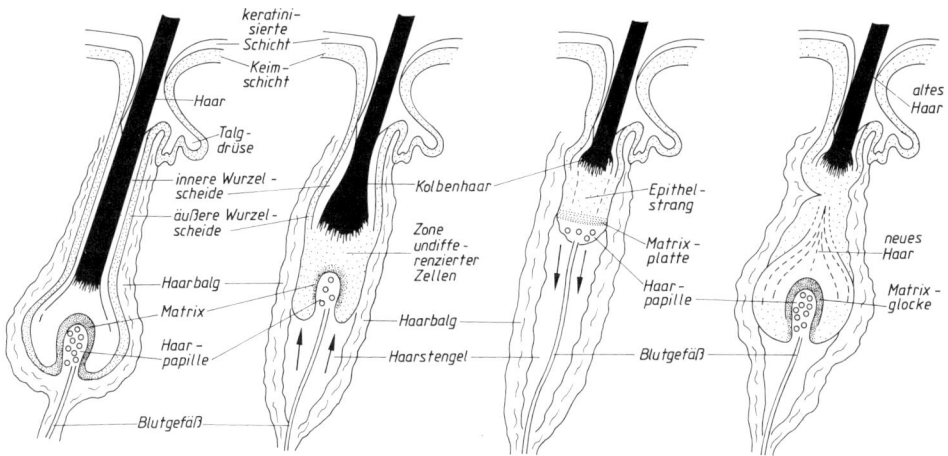

Abb. 81. Erneuerung eines Haars (nach Danneel und Weißenfels 1953)

Der Beginn des Haarwechsels ist dadurch gekennzeichnet, daß die Matrix ihre Tätigkeit allmählich einstellt. Die letzten von ihr produzierten Zellen werden nur noch in Richtung zur Hautoberfläche – aber nicht mehr zur Seite hin – abgegeben. Dadurch fällt der Wachstumsdruck in Richtung Haarbalg fort: das umliegende Bindegewebe drückt jetzt die Haarzwiebel zusammen – sie sieht daraufhin nicht mehr wie eine Zwiebel, sondern wie ein Kolben aus. Dieser fällt in mikroskopischen Schnittpräparaten der Haut sofort ins Auge und hat zur Bezeichnung »Kolbenhaar« geführt. Damit rückt auch die Haarwurzel samt der Papille langsam in Richtung zur Hautoberfläche. Der Prozeß wird unterstützt durch an der Matrixkuppe währenddessen noch entstehende Zellen, welche sich nicht mehr differenzieren, sondern als wachsendes Polster das Haar aus dem Haarbalg herausschieben; schließlich liegt das durch Auffaserung pinselförmige Ende des Kolbens etwa auf der Höhe der Talgdrüse. Zurück bleibt ein fast leeres Stück Haarbalg, welches als *Haarstengel* bezeichnet wird. In ihm läuft ein bis zur Papille ziehendes Blutgefäß, welches an das tiefe Gefäßnetz der Haut (Abb. 61) angeschlossen ist.

Während des Hochwanderns innerhalb des Haarbalgs verliert die Matrix ihre kuppenförmige Gestalt und wird zur Platte. Sie ist mit dem Haarkolben durch einen Strang aus Zellen der ehemaligen äußeren Wurzelscheide verbunden, welcher als *Epithelstrang* bezeichnet wird. In diesem Zustand kann das Kolbenhaar lange Zeit verbleiben.

Irgendwann nimmt die Matrixplatte ihre Tätigkeit wieder auf. Neue Zellen entstehen, ein Wachstumsdruck kommt zustande. Er bewirkt, daß Matrix samt Papille langsam im Haarstengel wieder abwärts an ihren früheren Ort geschoben werden. Dort angelangt, legt sich die Matrix erneut wie früher glockenförmig um die Papille.

Das *Ersatzhaar* entsteht also aus derselben Matrix, welche auch das ausfallende Haar gebildet hatte. In manchen Büchern ist zu lesen, eine neue Matrix entstehe aus einem »Haarbeet«. Als solches wird dann der Ort bezeichnet, an dem der Haarmuskel am Haarbalg ansetzt. Dort findet sich oft eine Ausbuchtung des Haarbalgs, welche in diesem Sinne fehlinterpretiert wurde.

b) Erneuerung des gesamten Haarkleides

Nachstehend ist zunächst der Haarwechsel besprochen, welcher in Anpassung an klimatische Bedingungen stattfindet. Danach wird der Übergang vom Jugend- zum Erwachsenenhaarkleid behandelt.

Der Haarwechsel geschieht nicht an allen Körperpartien gleichzeitig. Er beginnt an bestimmten Stellen und breitet sich von hier in geordneter Weise über die Körperoberfläche aus. Unterscheidet sich das neue vom alten Fell in der Farbe, sind die Fronten des Haarwechsels gut sichtbar. Schwierig oder überhaupt nicht zu erkennen sind sie dagegen bei solchen Arten, deren neues Fell dem alten farblich gleicht – sofern man die Oberfläche des Fells anschaut. Klar ins Auge fällt dagegen eine derartige Front, wenn man ein solches abgezogenes Fell nicht von der *Außen-*, sondern von der *Innen*seite her betrachtet: Gebiete, in denen Haarwachstum stattfindet, sind nämlich dunkler als die Umgebung. Das rührt davon her, daß die Follikel wachsender Haare zahlreiche Melanocyten enthalten, welche Melanin in das neu entstehende Haar liefern (s. Abb. 80).

α) Ein Haarwechsel jährlich

Ein bekanntes Beispiel hierfür ist der Rotfuchs. Will man aus seinem Fell einen ansehnlichen Pelz gewinnen, sollte der Jäger den Fuchs im Winter erst nach dem Jahreswechsel erlegen. Dann sind die weichen Wollhaare soweit herangewachsen, daß sie die vorher schräg gelegenen Deckhaare aufrichten. Sie stehen nun fast senkrecht zur Hautoberfläche und halten zusammen mit den Wollhaaren eine dicke isolierende Luftschicht zwischen sich fest. Dieses Fell trägt der Fuchs den Winter hindurch. Im späten Frühjahr setzt der Haarausfall ein. Er beginnt an den Hinterbeinen, wandert dann aufwärts zum Hinterteil und Schwanz, erfaßt von dort den Rücken und schreitet schließlich zum Vorderkörper fort.

Die Deckhaare des jetzt zutage tretenden Sommerfells wachsen schneller als die Wollhaare. Deshalb haben nach Verlust sämtlicher Haare des Winterfells die neuen Deckhaare ihre vollständige Länge erreicht, während die Wollhaare noch weiterwachsen – was sich über den ganzen Sommer hinzieht. Im Frühherbst liegen daher die Deckhaare den noch relativ kurzen Wollhaaren an und bilden so ein recht dünnes Fell. Erst während des Spätherbstes und Frühwinters erreichen die Wollhaare ihre endgültige Länge und bilden dann das wärmende Winterfell.

Auch bei den Robben findet nur ein Haarwechsel pro Jahr statt. Sie erneuern ihr Fell während des Landaufenthalts nach Entwöhnen der Jungen. Auf eine ganz merkwürdige Weise entledigt sich der See-Elefant seines alten Haarkleides: er stößt zusammen mit den Haaren oberflächliche Epidermisschichten ab – er schält sich im buchstäblichen Sinn des Wortes. Welche Bedeutung dieser Eigenart zukommt, ist unbekannt.

β) Zwei Haarwechsel jährlich

Bei den meisten außerhalb der Tropen lebenden Arten ist zweimaliger Haarwechsel im Jahr die Regel. Sehr auffällig verläuft der Übergang vom Winter- zum Sommerfell beim Zweihöckerigen Kamel. Wie man in Zoos – wo es häufig gehalten wird – beobachten kann, fällt das lange und dichte Winterfell in großen Flocken von der Haut ab. Zum Vorschein kommt ein dünner behaarter Körper, der im Vergleich zu der massigen Gestalt, welche während des Winters im Gehege stand, geradezu schmächtig erscheint.

Manche Arten, die Gebiete bewohnen, in denen winters Schnee liegt, wechseln im Herbst mit dem Fell auch die Farbe. Das Hermelin und verschiedene Formen des Mauswiesels sind im Winter weiß. Die Umfärbung kann sich während der sehr kurzen Zeitspanne von nur drei Tagen vollziehen. Da neue Haare nicht so schnell nachwachsen können, ist dies nur deshalb möglich, weil das weiße Fell bereits unter dem braunen versteckt lag. Es war herangewachsen, bevor die alten Haare in nennenswertem Maße verloren gingen. Das bedeutet, daß die weißen Haare anderen Follikeln entstammen als die gefärbten. Die Haare des Sommerfells scheinen demnach auszufallen, ohne von einem Ersatzhaar aus dem Haarkanal geschoben zu werden. Offenbar wirkt niedrige Umgebungstemperatur bei diesem schnellen Haarverlust auslösend, so daß sich ab dem ersten Kälteeinbruch im Herbst das vorher braune Wiesel im weißen Fell zeigt. Im Frühling verläuft der Haarwechsel wesentlich langsamer als im Herbst.

γ)   Drei Haarwechsel jährlich

Da die ausfallenden Haare aus Keratin – einem Protein – bestehen, ist ein dreimaliger Haarwechsel im Jahr ein aufwendiger Vorgang. Man beobachtet ihn bei solchen Vertretern der Hasentiere, die sich im Winter ein weißes Fell zulegen. Gut untersucht sind die Unterarten des Schneehasen. Manche sind winters – ausgenommen Ohrspitzen, Schnauze und Ende des Schwanzes – vollkommen weiß, andere zeigen einige braungraue Stellen, wieder andere erscheinen nur in manchen Wintern im weißen Fell.

Das Winterfell wird im Frühjahr durch ein graubraunes Sommerfell ersetzt, welches sich solange hält, bis im Herbst ein Zwischen-Haarwechsel einsetzt. Er führt zu einem grauen Übergangsfell. Während der Hase das graue Fell trägt, entstehen bereits die weißen Haare des Winterfells. Sie bleiben aber zunächst unter den grauen verborgen. Mit Beginn des Winters fallen dann die grauen Haare sehr schnell aus, und das weiße Fell kommt zum Vorschein.

Wie man beim Schneehasen experimentell nachgewiesen hat, wird der Haarwechsel durch die Dauer der Tageslänge gesteuert (Tageslänge = Anzahl der Stunden, während derer es im Lauf eines Tages hell ist). Als man die Tiere bereits gegen Ende des Sommers in Räumen mit sehr kurzen Tagen hielt, setzte der Zwischen-Haarwechsel verfrüht ein. Bot man anschließend sehr lange Tage – wie sie im Freien während des Sommers herrschen – kam das weiße Winterfell nicht zum Vorschein.

δ)   Sonderfall: Eisfuchs

Wie anläßlich der Ausdehnung der thermoneutralen Zone in Abschnitt IV A beschrieben, ist der Eisfuchs eine außerordentlich gut an kalte Klimate angepaßte Art. Er verdankt dies den hervorragend isolierenden Eigenschaften seines Fells. Er ist im Winter weiß und im Sommer braun bis bläulich-grau. Manche Formen sind winters nicht ganz weiß, sondern behalten einen blauen Farbton, man nennt diese Variante Blaufuchs.

Trotz der Umfärbung wechselt der Eisfuchs das Fell nur einmal im Jahr. Offensichtlich muß er sich als Angehöriger der Füchse in dieser Beziehung so verhalten, wie es bei diesen »üblich« ist. Er spart auf diese Weise außerdem Substanz – was unter den kargen Lebensbedingungen seiner Umgebung sicherlich günstig ist. Im Frühjahr stößt er das weiße Winterfell ab. Wie erzielt er also im Herbst einen Farbwechsel, ohne die Haare zu erneuern?

Die Erklärung liefert das Farbmuster der einzelnen Haare des Sommerfells. Deren Schäfte sind nur an den Spitzen gefärbt, die darunter liegenden Partien sind weiß. Im Herbst verschwinden die braungrauen Spitzen: sie werden offenbar abgenutzt und bleichen wohl auch etwas aus. Zum Vorschein kommt das weiße Winterfell, welches sich in der Haardichte nicht vom Sommerfell unterscheidet – eine in der Arktis mit ihren kalten Sommern nicht verwunderliche Tatsache.

ε)   Wechsel vom Fell des Jungen zu dem des Erwachsenen

Durch diesen Haarwechsel entsteht oft ein Fell mit anderer Farbe oder anderer Zeichnung – temperaturregulatorische Gründe dürften hierbei keine Rolle spielen.

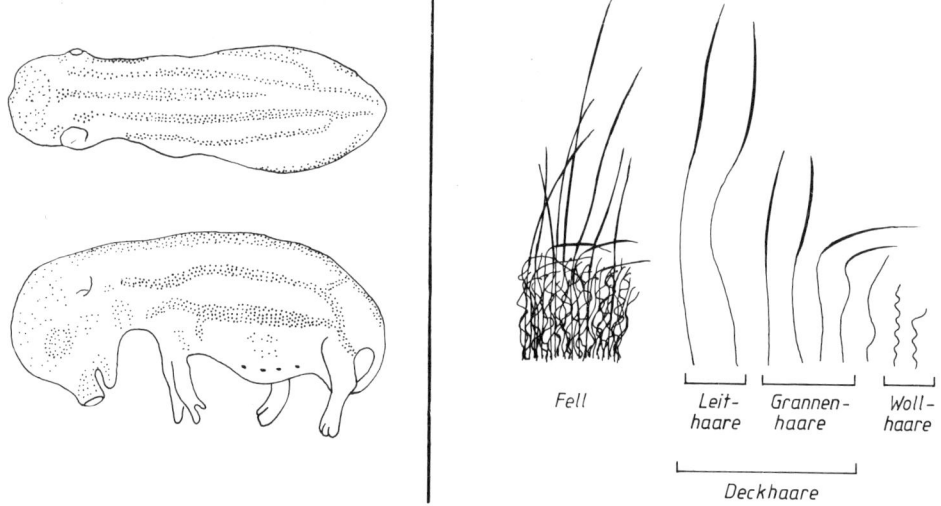

Abb. 82 (links). Fetus des Wildschweins mit Haaranlagen (Punkte). Unten von der Seite, oben von dorsal gesehen (nach Hickl aus Haltenorth 1977)

Abb. 83 (rechts). Haartypen des Großen Rattenigels
Links: Ein Stück Fell
Rechts: Haartypen sortiert (nach Toldt aus Haltenorth 1977)

Der Guereza trägt als Erwachsener ein sehr auffälliges schwarz-weißes Fell. Die Jungen sind einheitlich weiß gefärbt. Der erwachsene Nasenaffe hat ein gelbbraunes Gesicht, das Jungtier ein blaues. Diese Unterschiede zwischen Jugend- und Erwachsenenfell dürften folgendes bewirken: Durch die völlig andersartige Färbung der Affenkinder sind sie leicht als Junge kenntlich und lösen damit nicht – wie Erwachsene als Konkurrenten – Aggression bei anderen Gruppenmitgliedern aus.

Da Jungtiere bei weitem nicht so schnell flüchten können wie Erwachsene und bei manchen Arten von den Müttern für eine bestimmte Zeitdauer des Tages »abgelegt« werden, dient das Fellmuster des Jungen oft der Tarnung. So hat die junge Kegelrobbe, welche auf dem Eis geboren wird, ein weißes Fell. Dadurch ist sie für den Eisbären – zu dessen Beutetieren sie zählt – unauffällig. Die Jungen des Rothirsches sind gefleckt, die Frischlinge des Wildschweins weisen eine Längsstreifung auf, welche bereits beim Fetus angedeutet ist (Abb. 82); durch diese Fellzeichnungen wird die Körpergestalt im Licht- und Schattenspiel des Waldes aufgelöst. Das Kitz des Rothirsches zeigt auch ein zu seinem Farbmuster passendes Verhalten: es bleibt bei Annäherung einer Gefahr völlig reglos liegen.

Auch das fleckige Fell der Jungen von wehrhaften Arten wie Löwe und Puma dient der Tarnung – die Jungen werden ja nicht fortwährend von ihrer Mutter bewacht.

E4.   Haartypen

Über die Einteilung der Haare in Gruppen, die man mit verschiedenen Bezeichnungen belegt, herrscht keine allgemeine Übereinkunft. Schuld daran ist die Tatsache, daß Über-

114

gänge zwischen den Haartypen existieren. Man versuche beispielsweise das dritte Haar von rechts in Abb. 83 einer der daneben angegebenen Gruppen zuzuordnen. Auch kommt nicht nur den Sinneshaaren, sondern ebenfalls den gewöhnlichen Haaren Tastfunktion zu.

Allgemein gebräuchlich ist die Einteilung in Vibrissen und gewöhnliche Haare.

Als Unterscheidungskriterien für gewöhnliche Haare dienen die Länge und Dicke, sowie manchmal die Form eines Haars (Abb. 83). Man unterteilt in Deckhaare und Wollhaare, wobei für verschiedene Deckhaare gesonderte Bezeichnungen existieren (Abb. 83). Hinzu kommen als Sonderform die extrem dicken und oft langen Stacheln.

Als Pollenfangapparate dienende Spezialhaare sind in Kapitel X beschrieben.

a)   Tasthaare (Vibrissen)

α)   Bau

Sie sind nicht nur besonders kräftig, sondern zeigen auch im Bereich rund um die Haarwurzel einige strukturelle Besonderheiten – was sich in ihren verschiedenen Bezeichnungen widerspiegelt. Ihre reichliche Versorgung mit Nervenfasern (Abb. 84) deutet auf ihre Tastfunktion hin: sie heißen auch *Sinneshaare* oder *Spürhaare*. Da sie häufig auf der Oberlippe stehen, nennt man sie gelegentlich *Schnurrhaare* – wodurch eine nicht vorhandene Ähnlichkeit mit dem Schnurrbart des Menschen angedeutet wird.

Der Name *Sinushaare* bezieht sich auf mehrere im Haarbalg liegende Bluträume, die auch Blutsinus heißen (Abb. 85). (Ein Sinus – Mehrzahl: die Sinus oder die Sinusse –

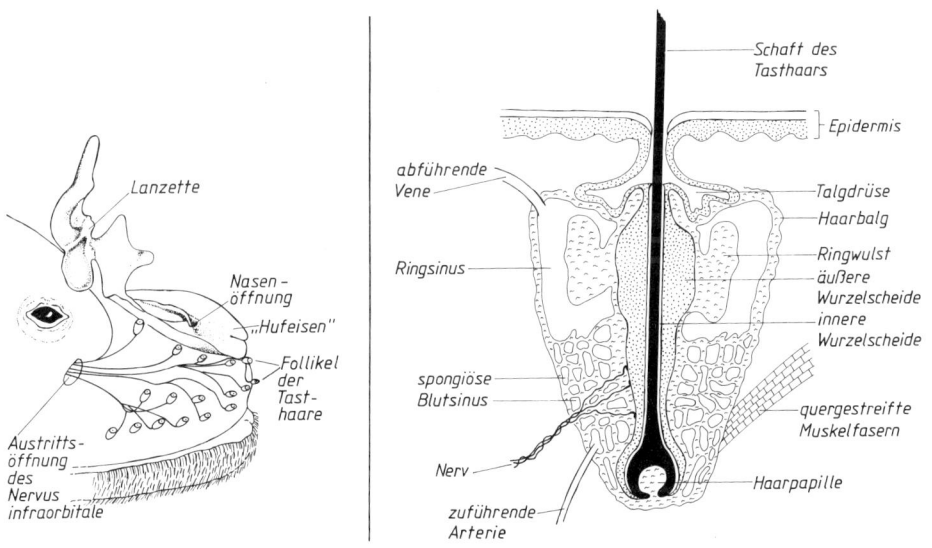

Abb. 84 (links). Standorte sowie nervöse Versorgung der Tasthaarfollikel am Kopf der Großen Hufeisennase. An der rechten Kopfseite ist die Haut abgetragen (nach Schneider 1963 vereinfacht)

Abb. 85 (rechts). Längsschnitt durch die Umgebung der Wurzel eines Tasthaars. Verallgemeinertes Schema. Sämtliche Bluträume liegen im Bindegewebe des Haarbalgs. Vom versorgenden Nerv sind stellvertretend nur drei Fasern gezeichnet; sie enden an der äußeren Wurzelscheide (nach Goldschmid-Lange aus Starck 1982)

ist eine Höhlung, Ausbuchtung oder Vertiefung in einem Körperteil; der Ausdruck wird meist auf Räume des Kreislaufsystems angewendet.)

Wie Abb. 85 zeigt, ist nicht nur der Haarbalg, sondern auch die äußere Wurzelscheide bauchig aufgetrieben. Der Ringsinus und die spongiösen Blutsinus im Haarbalg stellen einen Schwellkörper dar. Er drückt die äußere Wurzelscheide an das Haar an. Da Blut als Flüssigkeit praktisch nicht komprimierbar ist, genügt schon eine äußerst geringe Auslenkung des Tasthaarschaftes, um eine Erregung in den rund um die Tasthaarwurzel liegenden Mechanorezeptoren auszulösen. Der in den Haarbalg ziehende Nerv verzweigt sich dort in dem zwischen den spongiösen Biuträumen liegenden Bindegewebe. Die Äste führen zu verschiedenen Mechanorezeptoren, die sämtliche unterhalb der Einmündung der Talgdrüse liegen. So liegen im unteren Teil des Haarbalgs Lamellenkörperchen. Ebenfalls im Haarbalg finden sich freie Nervenendigungen: sie kommen auch an gewöhnlichen Haaren vor, sind in Abb. 94 dargestellt und in E7 beschrieben. Außerdem existieren Merkel-Zellen in der äußeren Wurzelscheide. Die zu ihnen ziehenden Fasern verlieren an der Glashaut ihre Markscheiden.

Die Rolle der Spürhaare im Leben ihres Trägers ist in Kapitel IX beschrieben; nachstehend ist das Vorkommen der Vibrissen bei verschiedenen Arten und ihre Verteilung auf die Körperoberfläche behandelt.

Nahezu alle Arten weisen Tasthaare auf. In der Gruppe der Primaten hat eine Art umso weniger Sinneshaare, je höher entwickelt sie ist. So sind die Nasenspiegelaffen noch gut mit Vibrissen ausgestattet. Unter den Mimikaffen finden sich die wenigsten Sinushaare bei den Altweltaffen. Erwachsene Menschenaffen und der Mensch tragen gar keine Tasthaare mehr. Selbst bei Rückbildung des übrigen Haarkleides bleiben fast immer die Vibrissen erhalten. Beispielsweise findet man beim sonst haarlosen Nacktmull zahlreiche Sinneshaare. Sogar die unbehaarten Wale legen embryonal in der Mundgegend Tasthaare an; später werden sie abgestoßen; erhalten bleiben die spongiösen Sinusse und Nervenendigungen, die möglicherweise als Druckrezeptoren fungieren.

Wie Abb. 84 zeigt, treten die zu den Vibrissen ziehenden Nerven durch recht große Löcher in den Schädelknochen aus. Solche Durchtrittsöffnungen lassen sich auch an fossilen Schädeln von Säugetier-Vorläufern nachweisen. Wenn diese Formen Tasthaare besaßen, dürften sie auch am übrigen Körper ein Haarkleid getragen haben. Paläontologen schlossen so auf indirekte Weise, daß die betreffenden Arten auch zur Temperaturregulation befähigt waren.

β)   Verteilung der Tasthaare auf der Körperoberfläche
Nahezu alle Arten tragen Vibrissen im Gesicht (Abb. 86 und 313). Sie stehen auf Hautkissen in Gruppen, deren Anordnung artspezifisch ist; die Anzahl der Tasthaare je Gruppe kann wechseln. Sinushaare finden sich rund um die Mundöffnung, über dem Auge, vor dem Ohr und am Kinn.

Ihrer Funktion entsprechend erwartet man Sinneshaare nicht nur im Gesicht, sondern auch am übrigen Körper – und zwar bei solchen Arten, welche Höhlungen oder Spalten vorübergehend oder immer bewohnen. So besitzt der wühlende Nacktmull über die ganze Körperoberfläche verstreute Vibrissen. Felsspalten werden vom Klippschliefer und der Faltlippen-Fledermaus *Tadarida laticaudata yucatanica* aufgesucht. Beide Arten tragen Sinneshaare auf dem Rücken.

Baumbewohnende Hörnchen verfügen über Tasthaare auf der Bauchseite (Abb. 86). Beim Sprung auf einen Zweig melden sie das Nahen der Landefläche. Manche Formen, die mit den Vorderextremitäten greifen oder scharren, tragen Sinneshaare am Unterarm in der Nähe des Handgelenks. Auch hierfür ist das Eichhörnchen ein Beispiel (Abb. 86).

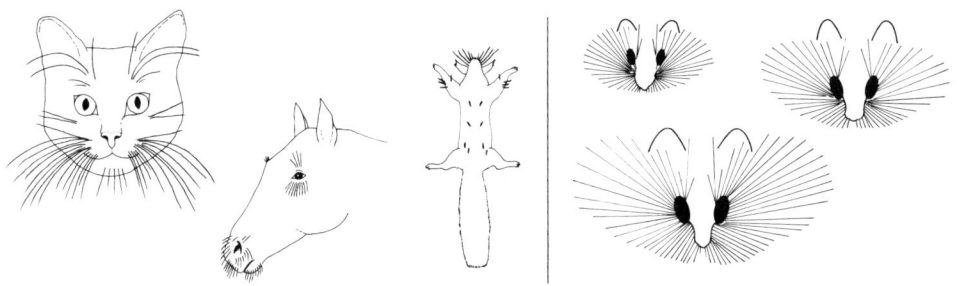

Abb. 86 (links). Vorkommen von Tasthaaren bei drei verschiedenen Arten. Man beachte die Vibrissen am Bauch und an den Vordergliedmaßen des Eichhörnchens (Katze und Pferd nach Ellenberger und Baum aus Haltenorth 1977; Eichhörnchen nach Hyvärinen et al. 1977)

Abb. 87 (rechts). Gesichts-Vibrissenfeld bei Brandmaus (oben links), Feld-Waldmaus (oben rechts) und Felsenmaus (unten) (nach Kratochvil aus Niethammer 1979)

In der Länge der Sinushaare spiegelt sich bei manchen Mäusearten die Lebensweise wider (Abb. 87): Felsspalten aufsuchende Arten haben überproportional lange Vibrissen – verglichen mit solchen Formen, die in Wald und Feld auf dem Boden leben.

b)   Übrige Haare

Verlaufen die Haarfollikel nicht gerade, sondern gebogen, nehmen die Haare Ringel- oder Lockenform an. Bekanntestes Beispiel für diese Wuchsform sind die Wollhaare des Haus-schafs. Sie besitzen eine weitere Eigenschaft, die sie dafür geeignet macht, vom Menschen zu Fäden versponnen zu werden: Sie verfilzen deshalb miteinander, wenn man sie zusammenpreßt, weil die Haarcuticulaschuppen benachbarter Haare miteinander verhaken. Dies ist auch bei Kaninchen und Hasen der Fall, so daß man die bei Rivalenkämpfen verlorenen Haare als Flocken findet.

α)   Wollhaare
Sie sind immer kurz, dünn und oft gekräuselt. Ihnen fehlt manchmal die Markschicht. Sie bilden die weiche »Unterwolle«, die eine für die Temperaturregulation wichtige ruhende Luftschicht in sich festhält. Beim Hausschaf hat man die Deckhaare weggezüchtet, das Fell besteht nur aus Wollhaaren und heißt Vlies.

β)   Deckhaare
Sie heißen auch *Konturhaare*, sind länger, dicker und starrer als die Wollhaare, liegen über diesen und schützen sie vor mechanischer Abnutzung. Man unterteilt die Deckhaare häufig in Grannen- und Leithaare. Gegenüber den *Grannenhaaren* zeichnen sich die *Leithaare* durch besondere Länge aus (Abb. 83). Sie erscheinen beim Haarwechsel zuerst. Um sie herum gruppieren sich oft einige Wollhaare und bilden so ein *Haarbündel* (Abb. 90).

γ)   Stacheln
Sie dienen in den allermeisten Fällen der Verteidigung. Nur einige wenige Arten verfügen über Stacheln, die zur Lautgebung spezialisiert sind (Abb. 88). Die Färbung der Stacheln

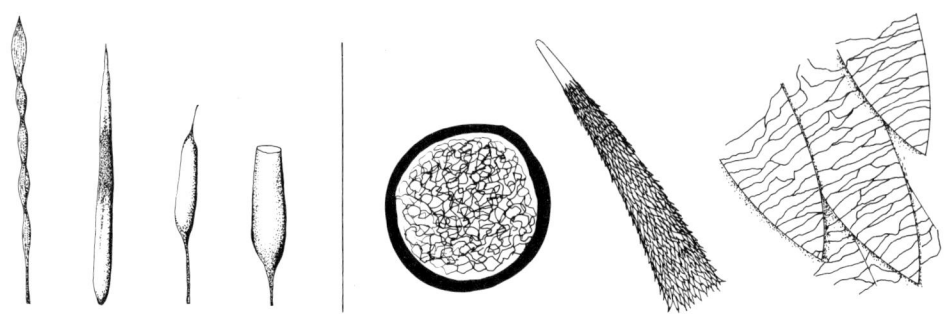

Abb. 88 (links). Vier Stachelformen
Von links nach rechts: Stachel vom Schwanz des Quastenstachlers, Stachel vom Rücken des Stachelschweins, zwei Rasselstacheln vom Schwanz des Stachelschweins. Neu gebildete Rasselstacheln sind oben geschlossen (drittes Bild); später bricht die Spitze ab, es entstehen hülsenförmige Gebilde (nach Toldt aus Haltenorth 1977)

Abb. 89 (rechts). Stachel des Urson
Links: Querschnitt; man beachte das lockere Mark
Mitte: Spitze mit Widerhaken
Rechts: Aufsicht auf die vergrößerten Widerhaken; die dünnen Linien kennzeichnen die Grenzen der Bildungszellen (nach Mohr und Gerner aus Niethammer 1979)

kann tarnen wie beim Igel oder warnen wie beim Stachelschwein, dessen Stacheln auffällig schwarz-weiß gebändert sind.

Stacheln können als Zusatzbildungen Widerhaken tragen (Abb. 89).

Während die Stacheln des Igels relativ kurz sind, messen die der Altweltstachelschweine bis zu 40 cm und sind damit die längsten Stacheln. Stachelträger gibt es in den drei Ordnungen Eierleger, Insektenesser und Nagetiere. In der Ordnung der Insektenesser ist Stachelbildung zweimal, bei den Nagetieren dreimal unabhängig entstanden. Die Rolle der Stacheln ist in Abschnitt E7 besprochen.

E5. Verteilung der Haare auf der Körperoberfläche

a) Allgemeines

Sinneshaare finden sich nur an bevorzugten Stellen des Körpers (s. E4). Die übrigen Haare sind nicht gleichmäßig auf der Haut verstreut. Vielmehr gelten einige Regeln für ihre Verteilung.

Kommen Schuppen und Haare nebeneinander vor, stehen im allgemeinen die Haare in Gruppen hinter oder zwischen den Schuppen. Dabei findet man häufig Dreiergruppen. Auch in schuppenloser Haut bilden die Haare oft Gruppen (Abb. 90). In der Embryonalentwicklung treten die Schuppen *vor* den Haaren auf. Man schloß daraus, daß die Vorfahren heute schuppenloser Arten zwischen den Haargruppen Schuppen trugen, und daß nach Rückbildung der Schuppen die Haare ihre Stellung beibehalten hätten. Da es aber sehr verschiedenartige Haargruppierungen gibt, und außerdem Haare sekundär neu gruppiert und »gebündelt« werden können, dürfte dieser Schluß etwas voreilig gezogen worden sein.

118

Die Dreiergruppe kommt auch bei Formen vor, welche ausschließlich Haare tragen (Abb. 90 links oben). Deck- und Wollhaare sind oft so angeordnet, daß sich mehrere Wollhaare um ein Deckhaar scharen. Abb. 90 zeigt in der oberen Reihe derartige Gruppen.

Während jedes Haar einer Gruppe seinen eigenen Haarkanal besitzt und damit getrennt von den übrigen aus der Haut tritt, gibt es Fälle, bei denen mehrere Haare gemeinsam aus einer einzigen Öffnung wachsen. Man spricht dann von einem *Haarbündel* (Beispiele in Abb. 90, mittlere und untere Reihe). *Unechte* Haarbündel entstehen durch Verschmelzen der oberen Teile benachbarter Follikel, die Haare treten durch den gemeinsamen Follikelhals aus. *Echte* Haarbündel kommen auf folgende Weise zustande: Ein Follikel – meist handelt es sich um Follikel der seitlichen Haare einer Gruppe – läßt durch Knospung Nebenfollikel entstehen. Diese bilden mit dem ursprünglichen – zum »Stammhaar« gehörenden – Follikel einen gemeinsamen Follikelhals. Die in den Nebenfollikeln gebildeten *Bei-* oder *Nebenhaare* treten mit dem Stammhaar – wie bei den unechten Bündeln – gemeinsam aus der Haut. Im ausgebildeten Zustand sind die Bündel dadurch unterscheidbar, daß der Follikelhals eines echten Bündels länger ist als der eines unechten.

b) Dichte des Haarkleides

Treten bei einer Art Haarbündel auf, gilt folgendes: Wenn ein Bündel mit Follikeln dicht vollgepackt ist, und wenn auf der Flächeneinheit der Haut zahlreiche Bündel stehen, ergibt sich eine große Haardichte. Dieser Fall liegt beim Eisfuchs vor.

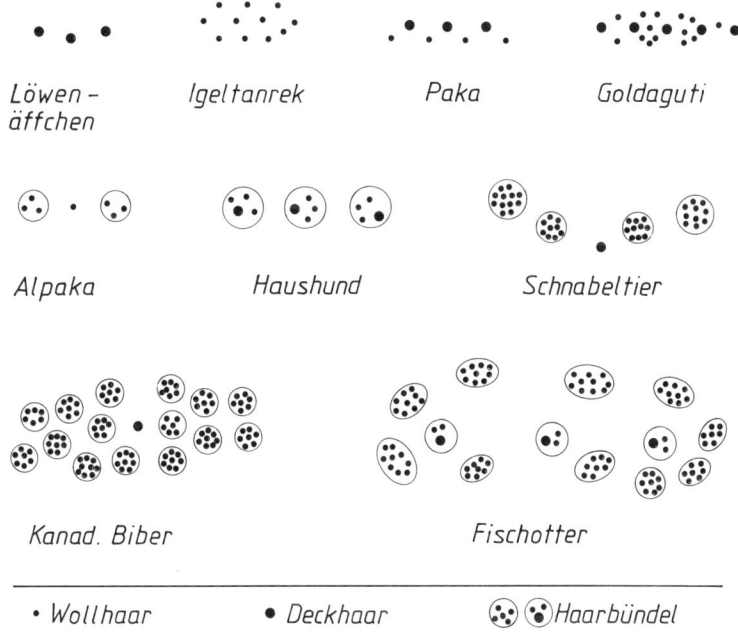

Abb. 90. Verteilungsmuster der Haare bei verschiedenen Arten. Jeder Punkt stellt den Querschnitt eines Haars dicht über der Hautoberfläche dar. Die Körperlängsachse der jeweiligen Art ist senkrecht von oben nach unten durch die Abbildung verlaufend zu denken (nach deMeyere aus Weber 1927/28)

119

Man kann nun bei Formen mit und ohne Haarbündel einfach die Anzahl der Haare je Flächeneinheit bestimmen. Für einige Arten der Primaten wurde dies getan. Das Ergebnis zeigt Abb. 91. Wie man erkennt, ist die Dichte des Haarkleides sogar bei Vertretern derselben Ordnung außerordentlich unterschiedlich: Sie schwankt zwischen 5 je Quadratzentimeter auf der Brust des Gorillas bis zu etwa 4000 je Quadratzentimeter auf dem Kopf von Krallenäffchen. Am spärlichsten behaart sind die Menschenaffen.

Bei allen in Abb. 91 dargestellten Primaten-Arten ist die Brust weniger stark behaart als der Rücken. Hiervon macht der Mensch eine Ausnahme: Trägt ein Mann Haare am Körper, ist die Brust immer stärker behaart als der Rücken.

E6. Haarstrich

Haare stehen schräg in der Haut (Abb. 58). Es wäre denkbar, daß die Haarschäfte benachbarter Haare in ganz unterschiedliche Richtungen weisen. Dem ist nicht so. Vielmehr zeigen alle Haare eines mehr oder weniger großen Hautareals in dieselbe Richtung. Sie wird als *Haarstrich* bezeichnet. Eine Katze weicht aus, wenn man beim Streicheln mit der Hand nicht dem Haarstrich folgt. Dieser Begriff hat sogar in einer Redewendung der Umgangssprache Platz gefunden: »das geht mir gegen den Strich«.

Der Haarstrich muß nicht auf der gesamten Körperoberfläche derselbe sein. Häufig verläuft er am Hals und Rumpf nach hinten-unten, an den Gliedmaßen und am Schwanz in Richtung zum Extremitäten- bzw. Schwanzende (Abb. 93). Solche Gebiete der Haut, die auf kleinem Areal stark unterschiedliche Wuchsrichtungen der Haare zeigen, werden mit eigenen Namen belegt (Abb. 92).

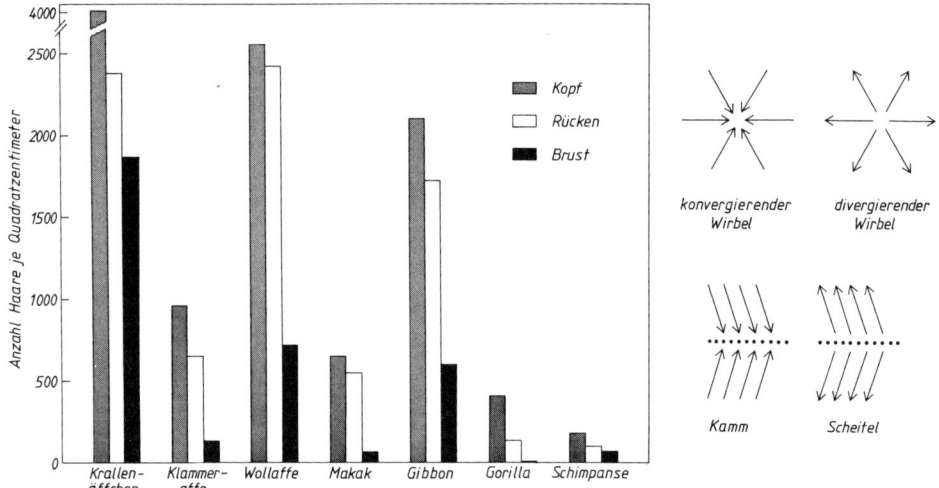

Abb. 91 (links). Dichte des Haarkleides verschiedener Primaten-Arten. Angegeben sind Mittelwerte. »Kopf« bedeutet die Mitte des Oberkopfes. Stellvertretend für die »Krallenäffchen« wurden die Haare bei einer Marmosette gezählt (nach Angaben von Schultz in Starck 1982)

Abb. 92 (rechts). Schema zu Fellpartien mit stark unterschiedlichen Wuchsrichtungen der Haare (nach Ellenberger und Baum 1974)

Abb. 93. Haarstrich bei verschiedenen Arten
Obere Reihe: Orang-Utan und Faultier
Untere Reihe: Feld-Waldmaus, Rothirsch und Pferd (Pferd nach Kidd aus Weber 1927/28;
übrige nach Jonas aus Krumbiegel 1953/55)

Ein *Scheitel* entsteht, wenn beidseits einer Linie der Haarstrich etwa in entgegengesetzter Richtung weist – wobei die Haarschäfte voneinander weg zeigen. Ebenfalls entgegengesetzt verläuft der Haarstrich bei einem *Kamm*, hier zeigen die Haarschäfte allerdings
aufeinander zu (Abb. 93). Ein *Wirbel* ist vorhanden, wenn die Haare von einem Punkt
strahlenförmig nach außen oder von außen nach innen zeigen. Paarhufer haben einen
Wirbel auf der Stirn, wir selbst einen auf dem Kopf.

Die einfachste Form des Haarstrichs ist gegeben, wenn er am ganzen Körper vom
Kopf- zum Schwanzende weist (Feld-Waldmaus in Abb. 93). Schlüpft ein Tier mit einem
solchen Haarstrich durch Gebüsch, schützt das Fell die Haut. Dies gilt allerdings nur für
den Fall der Vorwärtsbewegung.

Über den Anpassungswert des Verlaufs des Haarstrichs in verschiedenen Körperregio-
nen gibt es mehr oder weniger gut begründete Aussagen. Manche Arten lassen eine klare
Beziehung des Haarstrichs zur Lebensweise erkennen. Dies trifft auf das Fell des Maulwurfs zu. Es weist keinen Haarstrich auf und ermöglicht ihm dadurch neben der üblichen
Vorwärtsbewegung auch »reibungsloses« Rückwärtslaufen in seinen Gängen. Fehlenden
Haarstrich findet man weiterhin bei Arten, deren Fell nur aus Wollhaaren besteht – so
beim Koala und bei den Känguruhs.

Auch der Haarstrich der Faultiere – welche im Geäst hangeln (s. VIII G) – läßt sich als
Anpassung an deren besondere »Lebenslage« erklären: Ihr Haarstrich verläuft – verglichen
etwa mit dem des Rothirsches – »verkehrt herum« (Abb. 93): An den Gliedmaßen weist
er statt vom Rumpf weg zu diesem hin, ein Scheitel findet sich am Bauch. So kann das
Regenwasser ohne weiteres vom Faultier ablaufen.

Die Funktion »Ableiten des Regenwassers« wurde auch für die Richtung der Haare am
Unterarm des Menschen und der Menschenaffen postuliert: Der Haarstrich zeigt hier

nämlich statt zur Hand in Richtung zum Ellenbogengelenk (Abb. 93). Man nahm an, daß die sitzenden Affen bei Regengüssen Hände und Unterarme über den Kopf halten – das Wasser würde dann am Ellenbogen abtropfen. Wie man aufgrund von Beobachtungen freilebender Schimpansen weiß, sitzen diese jedoch bei Regenfällen in anderer Haltung da: sie legen die Arme um die angezogenen Knie und senken den Kopf.

Die alleinige Erklärung der Richtung des Haarstrichs durch Gegebenheiten des Biotops stößt auf Schwierigkeiten. Hierfür liefert auch das Pferd ein Beispiel, bei dem an der Seite des Rumpfes ein »gegenläufiger« Haarstrich zu beobachten ist (Abb. 93).

Eine andersartige Deutung für die Richtung der Haare an bestimmten Körperpartien kann für manche Arten gegeben werden: der Haarstrich ist eine Anpassung an die Fellpflege. Zähne und besonders Krallen vermögen das Fell dann besonders wirksam zu reinigen, wenn der Haarstrich so verläuft, daß die kratzenden Krallen – deren Einsatz räumlich beschränkt ist – in Richtung des Haarstrichs durch das Fell gleiten.

E7.   Aufgaben der Haare

Wie nachstehend gezeigt, erfüllen Haare außerordentlich unterschiedliche Funktionen.

a)   Tastfunktion

Während die Sinneshaare auf Mechanorezeption spezialisiert sind, vermögen auch die übrigen Haare diese Funktion zu erfüllen.

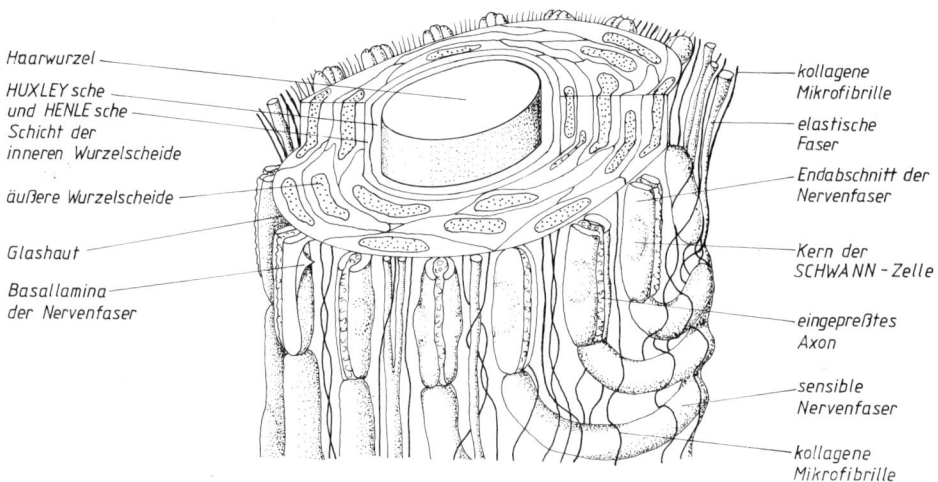

Abb. 94. Struktur der am Haarbalg eines gewöhnlichen Haars endenden sensiblen Nervenfasern (»Haarfollikelrezeptor«). Zellgrenzen und Zellkerne der Haarwurzel und der inneren Wurzelscheide vernachlässigt. Die Glashaut ist die Basallamina der äußeren Wurzelscheide. Sie geht in die Basallamina der Nervenfasern über. Von den zahlreichen elastischen Fasern und kollagenen Mikrofibrillen des Haarbalgs sind nur einige wenige dargestellt. Die Mikrofibrillen sind Untereinheiten der kollagenen Fasern (nach Krstic 1982 vereinfacht)

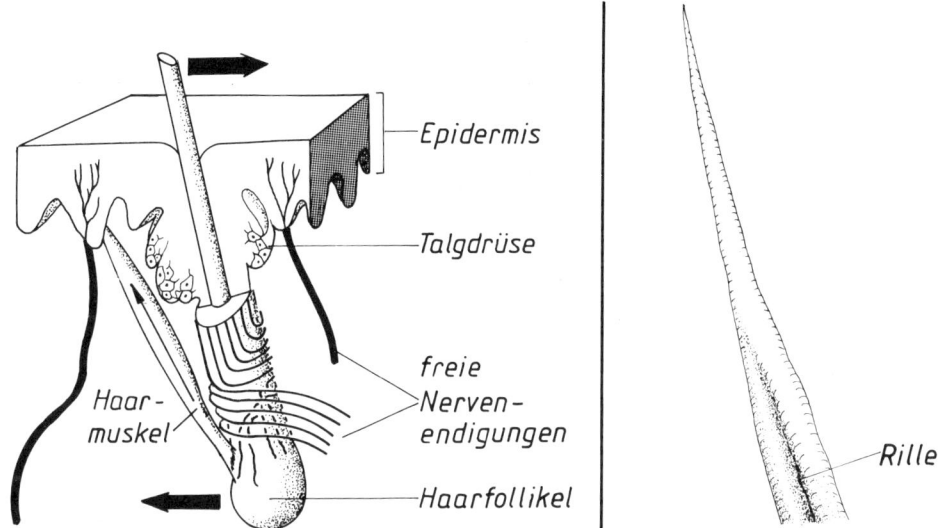

Abb. 95 (links). Aufrichten des Haars infolge Tätigkeit des Haarmuskels sowie Endigungen afferenter Nervenfasern am Haarfollikel und in der Epidermis. Bei Kontraktion des Haarmuskels (dünner Pfeil) bewegt sich das Haar als zweiarmiger Hebel (dicke Pfeile; Drehpunkt in der Epidermis). Die in die Epidermis ziehenden Nervenfasern verlieren beim Eintritt ihre Markscheiden. Zum Verlauf der Axone zwischen den Zellen der Epidermis s. Abb. 59 (nach Krstic 1982)

Abb. 96 (rechts). »Rillenhaar« der Mongolischen Rennmaus (nach Heisler 1984)

Obwohl jeder Haarschaft totes Gewebe darstellt, bemerken wir es, wenn unsere Haare so berührt werden, daß der in der Haut steckende Teil eine Lageveränderung erfährt. Die Aufnahme des Reizes geschieht im Gebiet rund um die Haarwurzel, das mit Nervenfasern gut versorgt ist.

Die afferenten Nervenfasern eines gewöhnlichen Haars sind in Abb. 312 grob schematisch dargestellt und dort als Haarfollikelrezeptor bezeichnet. Etwas weniger schematisch zeigt Abb. 95 ihren Verlauf am Haarbalg. Ihren mikroskopischen Bau erkennt man in Abb. 94. Jeder Endabschnitt einer sensiblen Faser zeigt eine »Sandwichstruktur«: Zwischen zwei Schwann-Zellen eingepreßt liegt das Ende des Axons; es quillt seitlich etwas daraus hervor. Die Endabschnitte der Nervenfasern sind die Orte, an denen der mechanische Reiz »Bewegung des Haars« umgesetzt wird in elektrische Signale, welche zum Gehirn fortgeleitet werden.

b)   Tätigkeit des Haarmuskels

Der von der unteren Grenze der Epidermis zum Haarfollikel ziehende *Haarmuskel* (M. arrector pili) richtet bei seiner Kontraktion das Haar auf. Wie Abb. 95 zeigt, bewegt sich das Haar dabei wie ein zweiarmiger Hebel mit den Armen Haarschaft und Haarwurzel, dessen Drehpunkt in der keratinisierten Schicht der Haut liegt. Die Arbeitsweise des Haarmuskels bliebe bei völlig weicher Haut unverständlich. Infolge der Starrheit der

123

Hornschicht bewegt sich das Haar jedoch als Hebel mit Drehpunkt in dieser relativ harten Schicht.

Durch den Vorgang der Kontraktion werden verschiedene Veränderungen erzielt, welche bei mehreren Aufgaben des Haares mitwirken.

■ Erstens: Aufrichten der Haare vergrößert die ruhende Luftschicht zwischen ihnen und ist eine *temperaturregulatorische* Maßnahme.

■ Zweitens: Gesträubte Haare vergrößern den Körperumriß; man interpretiert dieses Verhalten daher als Droh- bzw. Abschreckgebärde. Wir befinden uns hier auf dem Gebiet der *optischen Kommunikation.*

■ Drittens: Die in den Haarkanal mündende Talgdrüse liegt immer über dem Haarmuskel auf derselben Seite des Haars. Da sich der Muskel bei der Kontraktion verdickt, drückt er gegen die Talgdrüse und preßt das Sekret heraus. Es fettet das Haar ein und verleiht ihm *wasserdämmende* Eigenschaften.

Der Haarmuskel besteht aus glatten Muskelfasern. Er erhält seine Befehle vom Sympathicus, welcher zum vegetativen Nervensystem gehört und an Synapsen Adrenalin als Überträgersubstanz freisetzt. Adrenalin kann aber noch auf einem ganz anderen Weg als den über den Sympathicus an die Haarmuskelzellen gelangen – nämlich auf dem Blutweg. Ins Blut wird Adrenalin als Hormon des Nebennierenmarks dann vermehrt abgegeben, wenn das Tier erschrickt. Neben seinen sonstigen Wirkungen führt Adrenalin also auch zur Kontraktion der Haarmuskeln. Haarsträuben bei Erregung ist daher eine von vielen Arten bekannte Erscheinung (s. δ).

c)   Funktionen der gewöhnlichen Haare

α)   Temperaturregulation

Wie in Abschnitt IV A näher ausgeführt, wirkt – besonders bei Wind – die zwischen den Haaren festgehaltene *ruhende* Luftschicht stark wärmedämmend. Durch Aufrichten der Haare mittels der Haarmuskeln wird diese Luftschicht dicker und damit die Isolation besser. Der Luftgehalt des Haar*marks* wirkt als weiterer thermischer Isolator.

Luft ist ein wesentlich schlechterer Wärmeleiter als Wasser. Einige der häufig das Wasser aufsuchenden – aber nicht ständig darin lebenden – Formen schützen sich vor starkem Wärmeverlust durch eine im Fell mitgenommene Lufthülle. Es sind dies unter anderem Fischotter, Meerotter, Eisbär und Biber. Diese Arten besitzen außerordentlich dicht stehende weiche Wollhaare, die durch ihren von den Talgdrüsen gelieferten fettigen Überzug wasserabstoßend sind. Über den Wollhaaren, welche eine Luftschicht festhalten, liegen lange Grannenhaare, die vom Wasser benetzt werden. Verläßt beispielsweise ein Fischotter das Wasser, weist das Fell neben glatten Stellen zahlreiche spitze Erhebungen auf, die aus vom Wasser verklebten Grannenhaaren bestehen. Ein kurzes Schütteln genügt, um das Wasser aus der Grannenhaarschicht zu entfernen und den Otter fast vollständig zu trocknen.

Auch das Schnabeltier und die Wasserspitzmaus nehmen eine Luftschicht mit unter Wasser. Ihr Fell ist jedoch nicht so stark wasserabstoßend wie das der oben aufgeführten Formen. Der Luftmantel kann bei diesen Arten nur für eine bestimmte Dauer des Aufenthalts im Wasser festgehalten werden. Während dieser Zeit erweckt die Wasserspitzmaus – wegen der Totalreflexion des Lichts – den Eindruck, sie sei mit Quecksilber überzogen. Allmählich dringt das Wasser jedoch durch das Fell vor – schließlich wird die Haut naß. Nach Verlassen des Wassers ist es den Tieren selbst durch heftiges und langdauerndes Schütteln nicht möglich, ihr Fell zu trocknen. Sie verfügen über eine andere Methode, das Wasser aus dem Fell zu entfernen. Sowohl Wasserspitzmaus als auch Schnabeltier bewohnen Gänge im Erdreich des Ufers. An deren Wände reiben sie sich trocken. Enthält man ihnen in Gefangenschaft diese Möglichkeit vor, erkranken sie und sterben.

Seelöwen und Seehunde tragen ein Fell, welches im Wasser praktisch nichts zur Temperaturregulation beiträgt, da es völlig durchnäßt wird. Diese Arten dämmen den Wärmestrom – wie die Wale – mittels des stark entwickelten Unterhautfettgewebes. Nur die Pelzrobben verfügen sowohl über eine Speckschicht als auch über ein wasserabstoßendes Fell mit sehr dicht stehenden und zahlreichen Wollhaaren – sie sind daher doppelt gegen Wärmeverlust gesichert. Bei ihnen trägt das Fell sogar mehr zur Isolation des Körpers bei als das Unterhautfettgewebe.

β) Schutz vor mechanischer Beanspruchung und Wasserverlust

Die langen Grannenhaare schützen die darunter liegenden Wollhaare. Aber auch das gesamte Haarkleid läßt beispielsweise beim Streifen durch dichtes Gebüsch Dornen oder Stacheln nicht sofort zur Haut vordringen.

Kombiniert mit fettigen Substanzen vermögen Haare Wasser abzuweisen. So kann einerseits beim Schwimmmen und Tauchen Wasser von der Haut abgehalten werden, andererseits wird an der Luft dem – durch Verdunstung geschehenden – Wasserverlust über die Körperoberfläche entgegengewirkt. Wasserknappheit herrscht bei den in der Wüste lebenden Nagetieren. Manche Arten tragen Haare, die an der Spitze abgeplattet sind und wie Schindeln übereinander liegen. Eine Lipidschicht zwischen den »Schindeln« macht die Körperdecke für Wasserdampf nahezu undurchlässig.

Der Vergleich zwischen der Haut des Wildschweins und der des Hausschweins lehrt: Im Zuge der Domestikation wird das Haarkleid reduziert. Gleichzeitig steigt der Verhornungsgrad der Epidermis. Auf diese Weise wird der durch das fehlende Fell erhöhte Wasserverlust teilweise wieder wettgemacht.

γ) Tarnung

Das Tarnkleid der Jungtiere mancher Arten ist im Zusammenhang mit dem Haarwechsel (E3) besprochen.

Auch Erwachsene sind oft hervorragend getarnt. Eines der besten Beispiele liefert das Haarkleid des Feldhasen. Liegt er auf freiem Feld in seinem Lager, »verschmilzt« er optisch mit der Umgebung. Er verfügt über ein zu seinem braungrauen Fell passendes Verhalten: Bei Annäherung einer Gefahr bleibt er regungslos liegen. Er beobachtet aber sehr genau, was in der Umgebung geschieht. Das hat zur Fabel geführt, der Hase schlafe mit offenen Augen. In Wirklichkeit liegt er in höchster Anspannung am Boden, um im letzten Moment davonzuschnellen. Er sucht sein Lager außerdem in besonderer Art und Weise auf, welche einen Schutz vor solchen Feinden bietet, die seine Fährte mit dem Geruchssinn verfolgen. Er beendet seine gewöhnliche Fortbewegung – das Hoppeln – ein Stück vor dem Lager und erreicht dieses dann durch einen großen Satz. Dadurch endet seine Duftspur ein Stück vom Lager entfernt.

δ) Optischer, akustischer und chemischer Signalgeber

Die durch das Haarkleid übermittelten *optischen* Signale sind äußerst vielfältig. So kann die Artzugehörigkeit visuell erkannt werden. Als Beispiel sei der besonders auffällig gefärbte Kleideraffe genannt (Abb. 68). Einige weitere Aufgaben sind im Abschnitt »Warnung« angesprochen. Nachstehend sind – für den optischen Bereich – nur solche Fälle geschildert, bei denen die Tätigkeit des Haarmuskels eine Rolle spielt.

Sträuben der Haare bestimmter Hautpartien kann entweder nur eine Änderung des Körperumrisses zur Folge haben – oder durch das Aufrichten der Haare wird an diesen Stellen gar eine Farbänderung hervorgerufen.

Lokales Aufrichten der Haare wird als Ausdrucksmittel der innerartlichen Kommunikation eingesetzt. Beispielsweise sträubt der einem anderen überlegene Wolf sein Rückenfell. Dem Menschen läuft – wie KONRAD LORENZ so trefflich beschreibt – in psychischer Erregung (oft bei Begeisterung in Massenveranstaltungen) ein »heiliger Schauer« über den Rücken. Da die meisten Menschen dort keine Haare tragen, kann man die Tätigkeit der Haarmuskeln nur an einer »Gänsehaut« sehen; bei unserem nahen Verwandten, dem Schimpansen, sträuben sich in einer vergleichbaren Situation die Haare besonders der Schultergegend.

Ein vorher kaum sichtbarer weißer Fleck kann plötzlich dadurch zu einer großen auffälligen Fläche werden, daß die ihn bedeckenden randlichen Haare dunkler Färbung »weggesträubt« werden. Ein derartiger Fleck findet sich auf der Rückenmitte des Springbocks. Eine weiße Fläche kommt bei vielen Paarhufern in der Analgegend vor und heißt in der Jägersprache »Spiegel«. Über dessen Anpassungswert wurde bereits viel diskutiert. Nachstehend seien einige Überlegungen hierzu wiedergegeben.

Weißwedelhirsche strecken auf der Flucht den Schwanz hoch und zeigen so dessen auffallend weiße Unterseite. Die Funktion dieses Verhaltens, das den Hirsch optisch sehr auffällig macht, ist noch nicht völlig geklärt. Nach einer Hypothese soll dadurch der den Hirsch verfolgende Freßfeind erschrecken, stutzen und kurzfristig zögern. Bleibt der Hirsch stehen, verschwindet die weiße Fläche, er gerät dadurch vielleicht außer Sicht des Feindes. Diese »Verwirr-Hypothese« trifft vermutlich nicht zu. Einige Beobachtungen sprechen für andere Funktionen: Das Schwanzzeigen hält das Rudel zusammen und warnt Artgenossen bei Gefahr. Man zieht auch in Betracht, daß es die Aufgabe hat, den Beutegreifer darüber zu informieren, daß er entdeckt ist. Er kann sich so unter Umständen die Verfolgung eines zu sehr schneller Flucht befähigten Tieres »ersparen«.

Als *akustische* Signalgeber dienen besonders geformte Stacheln. Derartige »Instrumente« findet man beim Stachelschwein und Streifentanrek. Die Funktion der erzeugten Laute ist bei den beiden Arten verschieden. Das Stachelschwein warnt Feinde, indem es durch Schwanzschütteln die hohlen Stacheln (Abb. 88) gegeneinander schlagen läßt und so ein rasselndes Geräusch erzeugt. Der Streifentanrek verwendet die Laute in der innerartlichen Kommunikation – speziell zwischen Mutter und Jungen. Das hochfrequente Geräusch wird dadurch erzeugt, daß blasig aufgetriebene Stacheln, die auf dem Rücken stehen, aneinander gerieben werden.

Haare wirken gelegentlich als Sekretleiter und dienen damit der Übertragung *chemischer* Signale. So besitzen manche Nagetiere Ventraldrüsen, mit deren Pheromon sie den Untergrund markieren. Beim Anpressen der Drüse an den Boden werden die in diesem Bereich liegenden Haare mit angedrückt und wie eine Bürste über den Grund gezogen. Diese Haare zeigen einen spezialisierten Bau: sie sind an der Basis spatelförmig verbreitert und weisen – außer an der Spitze – eine Längsrinne auf (Abb. 96). Die »Rillenhaare« dürften als kleine Halbröhren dazu dienen, das Sekret von der Drüsenoberfläche auf den Untergrund abzuleiten.

ε)   Warnung

Akustische Warnsignale sind in δ geschildert. Nachstehend ein Beispiel aus dem optischen Bereich.

Sehr auffällig ist das Fell der Stinktiere oder Skunks gefärbt. Große schwarze und weiße Flächen grenzen aneinander. Man spricht in solchen Fällen von Plakatfarben. Die Zeichnung fungiert als Warnsignal. Die Stinktiere brauchen sich nämlich überhaupt nicht zu verbergen, da ihre in der Aftergegend liegenden Stinkdrüsen äußerst wirksame Verteidigungsorgane darstellen. Reagiert ein sich annähernder Angreifer nicht auf zunächst ausgestoßene Lautäußerungen, dreht sich der Skunk um. Schließlich spritzt er den Inhalt der Stinkdrüsen auf den Störenfried, wobei er nach dessen Gesicht zielt. Der Fleckenskunk

Abb. 97. Fleckenskunk in Drohstellung (nach
Bourliere aus Grzimeks Tierleben)

unterstreicht sein plakathaftes Aussehen noch durch ein besonderes Verhalten: Er geht bei
Annäherung einer Gefahr in den »Handstand« (Abb. 97). Der Gestank des Sekrets ist
ekelerregend und penetrant: Die Atmung kann aussetzen; ihn aus Kleidern zu entfernen,
ist nahezu unmöglich. In Zoos gehaltenen Stinktieren entfernt man daher die Stinkdrüsen.

ζ)   Verteidigung
Ein Stachelkleid macht »unangreifbar« und bietet daher einen wirksamen Schutz gegen
Feinde. Bekanntester Stachelträger ist der Igel, den man gelegentlich als »Stachelritter«
bezeichnet. Bei Annäherung einer Gefahr rollt er sich zur Stachelkugel zusammen. Dies
tut er auch, wenn er nachts auf einer Straße von einem Auto überrascht wird. Leider nützt
ihm in diesem Fall sein bei den natürlichen Feinden (beispielsweise Füchsen) wirksames
Verhalten überhaupt nichts.
    Altweltstachelschweine tragen auf dem Rücken Stacheln, die nahezu einen halben Me-
ter lang sind. Wenn ein Angreifer auf das warnende Rasseln nicht reagiert, dreht sich das
Stachelschwein um und geht rückwärts gegen ihn vor. Die Stacheln brechen leicht ab und
bleiben in der Haut des Gegners stecken.
    Ebenfalls brüchige und leicht ausfallende Stacheln besitzt der zu den Neuweltstachel-
schweinen gehörende Nordamerikanische Baumstachler. Sie sind außerdem an ihrer Spitze
mit Widerhaken ausgerüstet, die aus Schuppen der Haarcuticula bestehen (Abb. 89). Dadurch lassen sie sich nicht nur schlecht aus der Haut entfernen, sondern schieben sich bei
Bewegungen des von den Stacheln Verletzten immer tiefer in die Muskulatur.

η)   Rolle bei der Fortbewegung
Wie bereits bei ARISTOTELES nachzulesen, benutzen Säugetiere ihre Stacheln nicht –
wie die Seeigel die ihrigen – zur Fortbewegung. Man vermutet zunächst nicht, daß Haare
hierbei hilfreich sein könnten. Das ist jedoch bei einigen luft- und wasserlebenden Arten
der Fall.
    Gleiter steuern, während sie durch die Luft sausen, mit ihrem buschigen Schwanz. Er
wird vom Eichhörnchen in ähnlicher Weise eingesetzt.

An den Füßen der Wasserspitzmaus sind die gegen das Wasser drückenden Flächen durch seitlich abstehende Haare verbreitert. Bei ihr kommt, wie bei anderen häufig das Wasser aufsuchenden Arten, statischer Auftrieb durch die zwischen den Haaren festgehaltene Luft zustande. Bei schwimmenden Hirschen – deren Haare viel Luft enthalten – erzeugt ihn dagegen die im einzelnen Haar vorhandene Luft.

E8.   Rückbildung des Haarkleides

Da ein Fell sehr verschiedene Aufgaben erfüllt, müssen besondere Umstände gegeben sein, damit diese wichtige Struktur zurückgebildet wird.

Die dauernd im Wasser lebenden Wale und Seekühe sowie der wühlende Nacktmull zeigen extreme Reduktion des Haarkleides. Erhalten bleiben jeweils nur Vibrissen oder deren Anlagen. Die Haarlosigkeit der Wale ist eine Anpassung an schnelles und energiesparendes Schwimmen: Haare würden die Reibung erhöhen.

Die heute lebenden Elefanten und Nashörner weisen nur wenige Haare auf. Ihre ausgestorbenen Verwandten Mammut und Wollnashorn trugen dagegen ein dichtes Fell. Da die rezenten Formen heiße Gebiete bewohnen, die ausgestorbenen jedoch während der Eiszeit lebten, zeigt sich hierin deutlich die Funktion des Haarkleides beim Aufrechterhalten einer konstanten Körpertemperatur.

Daß auch spärlich oder gar nicht behaarte Formen von Vorfahren mit Haarkleid abstammen, beweist unter anderem die vollständige Behaarung des menschlichen Embryos. Dessen *Lanugo* wird noch vor der Geburt abgestoßen und bildet gemeinsam mit dem sich ebenfalls von der Haut lösenden Periderm (Abb. 79) einen schmierigen Überzug auf der Haut des Fetus.

Bei den Primaten fand in der zum Menschen führenden Stammeslinie eine Rückbildung des Haarkleides statt. Welche Vorteile gewannen unsere Vorfahren durch den – zunächst merkwürdig erscheinenden – Verlust der Körperhaare? Die Zusammenschau einiger der in Kapitel IV beschriebenen Fakten ermöglicht folgende Aussagen.

■ Erstens: Wie am Ende des Abschnitts A3 von Kapitel IV ausgeführt, müssen die Primaten, die ja kein spezielles Kühlsystem für das Gehirn besitzen, bei drohendem Überhitzen die Temperatur des ganzen Körpers absenken, um das Gehirn vor Schädigungen zu bewahren.

■ Zweitens: Ein Fell, das sich nicht wie ein Wintermantel kurzfristig ablegen läßt, ist beim Wärmeabstrom aus dem Körper hinderlich.

■ Drittens: Hohe Wärmeproduktion findet im Körper bei heftiger Muskelarbeit statt. Diese ist beispielsweise für schnelles Laufen erforderlich.

Hieraus läßt sich folgern: Als die Ahnen des heutigen Menschen vom Baum- zum Bodenleben übergingen, war häufig schnelle Fortbewegung geboten: so beim Verfolgen von Wild, aber auch bei Auseinandersetzungen zwischen sich befehdenden Vormenschenhorden. Hierbei galt es einerseits, gegebenenfalls schnell zu flüchten, andererseits aber auch, die Davonlaufenden rasch verfolgen zu können. Individuen mit reduziertem Haarkleid hatten es in solchen Situationen relativ leicht, ihren Körper abzukühlen – wodurch sie länger laufen konnten als Artgenossen mit weniger schütterem Fell.

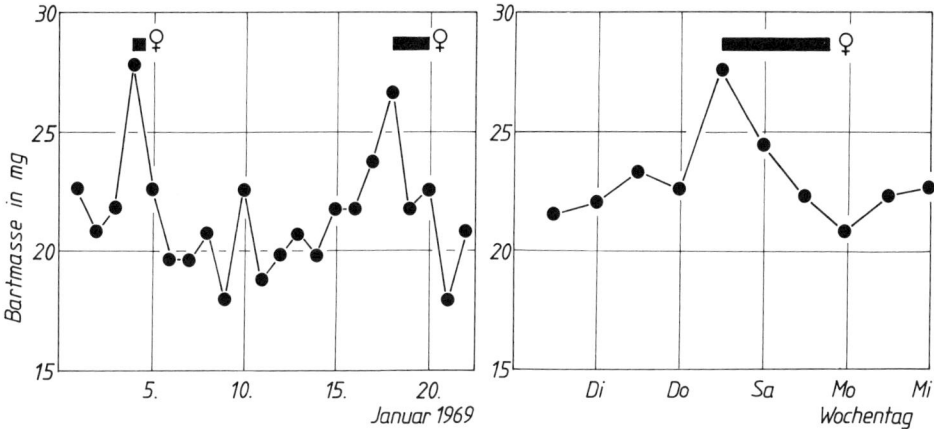

Abb. 98. Masse der abrasierten Barthaare eines Mannes an verschiedenen Tagen. Es wurde jeweils während 24 Stunden mit einem elektrischen Rasierapparat eine Rasur durchgeführt; die abgeschnittenen Haare wurden gewogen. Die schwarzen Balken symbolisieren Zeiten des Aufenthalts auf dem Festland, dazwischen lebte der Mann in sexueller Isolation. Die linke Teil-Abbildung gibt einen größeren Zeitraum wieder als die rechte, welche Mittelwerte von Messungen zeigt, die während 10 Meßperioden jeweils an den angegebenen Tagen gemacht wurden (nach Anonymus 1970)

E9. Bartwachstum und sexuelle Aktivität beim Menschen

Die Blutgefäße in der Papille (Abb. 75) liefern nicht nur Nährstoffe an das Haar, auch im Blut kreisende Hormone gelangen an die Zellen der Matrix. Die hormonelle Beeinflussung des Haarwachstums wurde durch ein Experiment besonderer Art nachgewiesen.

Einem Mann, der einige Wochen allein auf einer einsamen Insel verbrachte, fiel auf, daß sein Bartwuchs während dieser Zeit schwächer war als auf dem Festland.

Verbrachte er einen Landaufenthalt, war am ersten Tag seines Urlaubs der Bartwuchs außerordentlich stark. Er begann daraufhin mit systematischen Untersuchungen; ein Teil seiner Ergebnisse ist in Abb. 98 dargestellt.

Nach dem Kurvenzug in Abb. 98 links besteht eine Beziehung zwischen Bartwachstum und der – nur auf dem Festland ausgeübten – sexuellen Aktivität: Geschlechtsverkehr führte zu verstärktem Sprießen der Bartstoppeln. Während des Alleinseins vom 6. bis zum 16. Januar fiel die Masse der täglich abrasierten Barthaare zu sehr niedrigen Werten ab. Wurde später die sexuelle Aktivität über einige Tage ausgedehnt (ab 18. Januar) ließ der Bartwuchs in dieser Zeit ebenfalls nach.

Neben diesen Resultaten kam der Mann zu einem weiteren erstaunlichen Befund: Der verstärkte Bartwuchs setzte bereits *vor* der sexuellen Betätigung ein. Während der in Abb. 98 rechts dargestellten Perioden war die geschlechtliche Aktivität jeweils auf das Wochenende beschränkt, der Gipfel des Zuwachses an Barthaaren war jedoch bereits am Freitag zu beobachten (montags erreichte die Kurve den niedrigsten Wert der ganzen Zeitdauer). Hieraus ist zu schließen: Der bloße Gedanke an den Festlandaufenthalt führte bereits zu einer vermehrten Ausschüttung männlicher Geschlechtshormone aus den Zellen des Hodens. Diese Androgene – vor allem das Testosteron – fördern die Zellteilungen und das Zellwachstum in der Matrix.

F.   Zähne

Verlöre ein wildlebendes Säugetier seine Zähne, käme es um. Nicht mehr imstande, sich zu ernähren, würde es geschwächt und fiele entweder Bakterien oder Beutegreifern zum Opfer. Die Zähne pflanzenessender Arten werden beim Zermahlen der oft durch Silikateinlagerung harten pflanzlichen Zellen sehr stark abgenutzt. Deshalb waren besondere »Erfindungen« nötig, um zu gewährleisten, daß das Gebiß eines Pflanzenessers so lange funktionstüchtig bleibt, wie sein Träger lebt.

Zähne sind altes Wirbeltiererbe. Sie kommen bei allen Wirbeltierklassen mit Ausnahme der Vögel vor. Nach der *Lepidomorienhypothese* leiten sie sich stammesgeschichtlich zusammen mit Placoidorganen, Schuppen und Hautknochen von kleinen harten Hautgebilden – den Lepidomorien – ab. Die Säugetiere haben die bei den Reptilien auftretende Grundstruktur in Anpassung an die speziellen Erfordernisse der jeweiligen Ernährung ausgebaut und verfeinert.

F1.   Bau

Wie der Längsschnitt durch einen Zahn zeigt (Abb. 99), besteht er aus drei Substanzen: Zahnbein (Dentin), Zahnschmelz und Zahnzement. Der aus dem Zahnfleisch ragende Teil heißt Zahnkrone, hier bedeckt eine Kappe aus Schmelz das Dentin. Die im Kieferknochen steckende Wurzel wird von Zement umkleidet. Der Übergang von der Schmelz- zur Zementhülle trägt einen besonderen Namen: Zahnhals. Hier können Bakterien besonders leicht an das Dentin gelangen, Zähne beginnen daher an dieser Stelle bevorzugt zu »faulen«. Im Innern des Zahns liegt die Pulpahöhle, sie ist mit gallertigem Bindegewebe sowie Blutgefäßen und Nervenfasern angefüllt. Der gesamte Inhalt der Pulpahöhle, welcher auch die Odontoblasten (Abb. 103 und 104) umfaßt, heißt Pulpa oder Zahnmark. Von ihr zur Wurzelspitze zieht der Wurzelkanal. Hier treten die den Zahn versorgenden Nerven und Blutgefäße ein. Die Pulpahöhle ist außerdem von Lymphe durchspült, die allerdings nicht in Lymphgefäßen eingeschlossen ist, sondern frei durch den Wurzelkanal fließt.

Die vielen Nervenfasern, die durch die Wurzelhaut zum Zement ziehen, sind als Mechanorezeptoren tätig und informieren das Zentralnervensystem über Lageänderungen des Zahnes beim Kaudruck. Sie arbeiten also wie ein Tastsinnesorgan und sind durch Reflexbögen mit der Kaumuskulatur gekoppelt, um eine Überbelastung zu verhindern.

Neben Zähnen mit einer Wurzel gibt es solche mit mehreren Wurzeln (Abb. 100).

Der Zahn sitzt in der Alveole. Würde das harte Material des Zahnes unmittelbar an die harte Substanz des Kieferknochens grenzen, ergäben sich bei der Belastung des Zahns mechanische Probleme: Risse könnten auftreten. Der Zahn ist daher an kollagenen Fasern »aufgehängt«; sie ziehen durch die Wurzelhaut und sind einerseits im Zahnzement, andererseits im Kieferknochen verankert. *Druck* auf den Zahn wird so in *Zug* an diesen Sharpeyschen Fasern umgewandelt. Das Prinzip, Druck in Zug umzuformen, ist bei biologischen Konstruktionen oft anzutreffen, man findet es beispielsweise auch beim Knorpel. Die Verankerung des Zahns in der Alveole ist so fest, daß Artisten im Zirkus ihr Körpergewicht an den Zähnen aufhängen können. Die Wurzelhaut selbst ist reichlich mit Blut- und Lymphgefäßen versorgt. Beim Kaudruck wirken diese infolge des Flüssigkeitsstaus wie ein Polster.

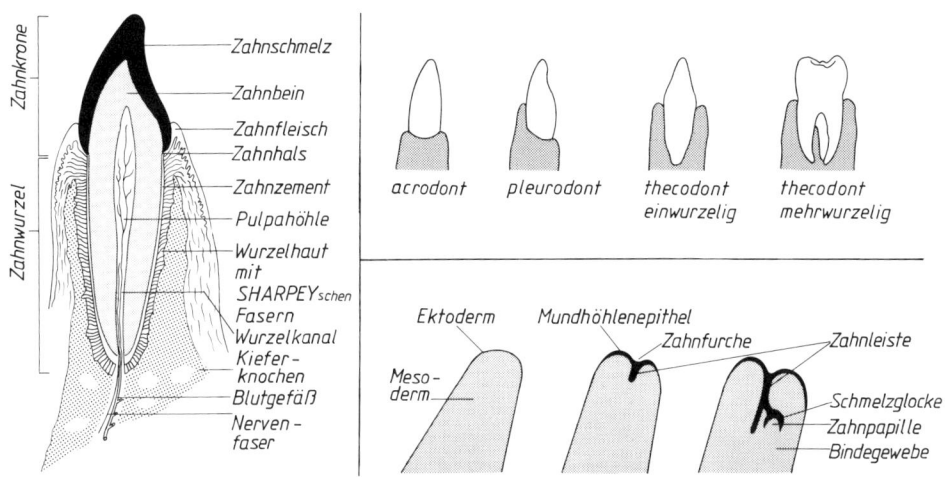

Abb. 99 (links). Längsschnitt durch einen menschlichen Schneidezahn und angrenzende Gebiete des Kiefers. Man beachte die Verlaufsrichtung der Sharpeyschen Fasern in der Wurzelhaut; seitlich des Zahnhalses ziehen sie in das unter dem Zahnfleisch liegende Bindegewebe und zu benachbarten Zähnen. Die Nervenfasern der Pulpahöhle erstrecken sich bis in die Dentinkanälchen (s. Abb. 104). Nervenfasern in der Wurzelhaut nicht dargestellt (nach Knoche 1979 sowie Schumacher und Schmidt aus Haltenorth 1977)

Abb. 100 (rechts oben). Verankerung der Zähne im Kieferknochen bei verschiedenen Wirbeltieren. Kieferknochen grau. Acrodonter Zustand bei Fischen und manchen Reptilien; pleurodonter bei verschiedenen Echsen; thecodonter bei Säugetieren; mehrwurzelige Backenzähne sind für Säugetiere typisch (nach Henkel 1973 ergänzt)

Abb. 101 (rechts unten). Erste Stadien bei der Entwicklung der Zahnleiste (nach Boenig und Ferner aus Keil 1966)

Wie der Name sagt, ähnelt *Zahnbein* dem Knochen. Der im Mikroskop zu erkennende Bau und die Ontogenese beweisen dies (s. F3). Dentin besteht zu 72 % aus anorganischer und zu 28 % aus organischer Substanz, wobei sich im Laufe des Lebens der anorganische Anteil erhöht.

Schmelz ist aus »Prismen« aufgebaut (s. F7); er enthält weder Zellen noch Zellfortsätze. Er ist die härteste Substanz, die im Wirbeltierkörper vorkommt. Auf der Mohsschen Härteskala weist er den Wert 7 auf (Quarz hat ebenfalls den Härtegrad 7, Diamant den Wert 10). Im Schmelz finden sich nahezu keine organischen Bestandteile; er besteht zu 96–98 % aus anorganischem Material – hauptsächlich aus Hydroxylapatit $Ca_5 (OH)(PO_4)_3$. Eingelagertes Calciumfluorid dürfte zur hohen Härte- und Säureresistenz beitragen. Da auch der fertige Zahn noch Stoffe mit der Umgebung austauscht, kann man ihn mit dem im Binnenland spärlich vorkommenden Fluor versorgen, indem man dieses Element dem Trinkwasser beimischt. Es gelangt auf dem Blutweg und über den Speichel zum Zahn (s. das Blutgefäß in der Pulpa in Abb. 99).

Das *Zahnzement* ist eine knochenartige Substanz und umhüllt bei allen Arten die Wurzel. Die Hauptaufgabe dieses Zements (es gibt auch Kronenzement, s. unten) ist die Verankerung der aus der Wurzelhaut kommenden Sharpeyschen Fasern; sie bilden ein Geflecht mit dazwischen abgelagerter Grundsubstanz und beweisen damit den knochenartigen Charakter des Zements. Bei Pflanzenessern mit starker Schmelzfaltigkeit der Krone hat das Zement außerdem dieselbe Aufgabe, wie wir sie vom Zement der Baufirmen her kennen: es kittet die von Schmelz umgebenen Dentinlamellen zusammen (Abb. 109).

Bei nicht zu den Säugetieren gehörenden Wirbeltieren kommt Zement nur in seltenen Fällen vor, beispielsweise bei den Krokodilen.

F2.   Verankerung des Zahns im Kieferknochen

In der von den Fischen zu den Säugetieren führenden Wirbeltierreihe verbessert sich zunehmend die Befestigung des Zahns am Knochen. Ein Fischzahn sitzt *auf* dem Knochen, er kann bei seitlichem Druck leicht abbrechen (*acrodonte* Stellung, Abb. 100). Seitliche Beanspruchung tritt auf, wenn ein Fisch ein wehrhaftes Beutetier gepackt hat. Bei Reptilien bringt die *pleurodonte* Stellung deshalb eine Verbesserung, da hier zumindest bei Druck von *einer* Seite her der Zahn ein Widerlager am Knochen hat. Die beste Lösung haben die Säugetiere »erfunden«: bei ihnen ist der Zahn in einer Aussparung des Knochens, der Alveole, eingesenkt (*thecodonte* Verankerung).

F3.   Hartsubstanzbildung während der Ontogenese

Während der Entwicklung eines Zahns bildet sehr *weiches* Epithel- und Bindegewebe die äußerst *harten* Zahnsubstanzen. Die Prozesse laufen bereits beim Fetus ab. Zwei Keimblätter wirken mit ihren Anteilen beim Aufbau des Zahns zusammen: Ektodermaler Herkunft ist das den Schmelz bildende Epithel, vom Mesoderm stammt das die übrigen Zahnbestandteile liefernde Mesenchym.

In der Mundhöhle des Fetus senkt sich an den Orten, wo später Zähne sitzen, das Epithel in die Tiefe des Bindegewebes und bildet dort eine Zahnleiste; an ihr entstehen in einer Reihe die Schmelzglocken (Abb. 101). Die Anzahl der aus der Leiste sprossenden *Schmelzglocken* ist mindestens so groß wie die der späteren Zähne.

Im folgenden ist die Entwicklung eines Milchzahnes beschrieben. Die Ersatzzähne – d. h. die Zähne der zweiten Zahngeneration – bilden sich ebenfalls an der Zahnleiste; auf die zeitlichen Beziehungen der beiden Zahngenerationen zueinander wird hier nicht eingegangen.

Die auch als Schmelzorgan bezeichnete Schmelzglocke bestimmt die Form der Krone des fertigen Zahns. Im weiteren Verlauf der Zahnentwicklung löst sich die Schmelzglocke

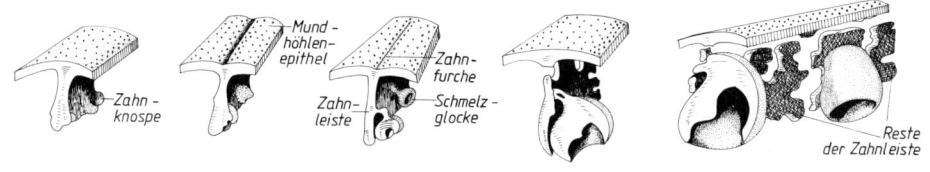

Abb. 102. Entwicklung der Schmelzglocke an der Zahnleiste, Ablösung der Glocke und Zerfall der Leiste. Es ist die Entstehung der Schmelzglocken zweier hintereinander liegender Milchzähne dargestellt (die hintere Glocke ist im vierten Bild von links fortgelassen). Die Zahnfurche im Mundhöhlenepithel verschwindet später wieder (nach Clara und Bertolini aus Michel 1977)

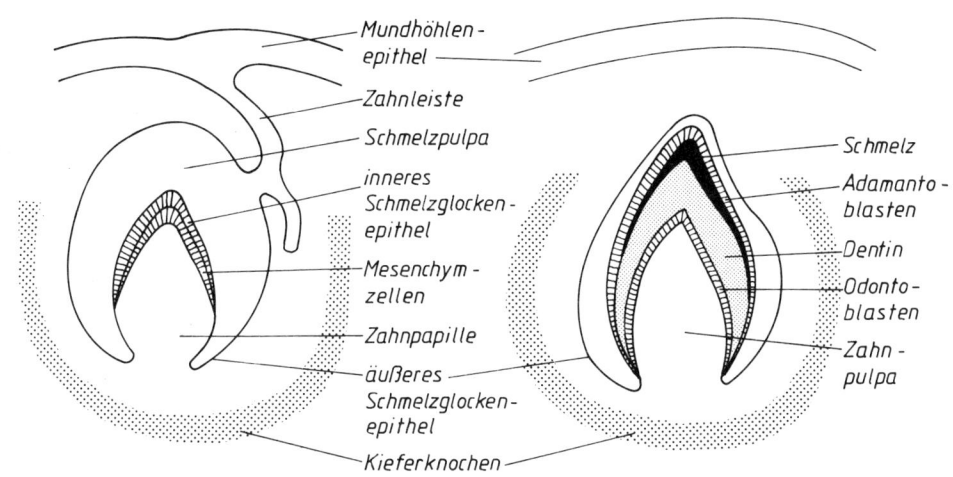

Abb. 103. Zwei Stadien der Entwicklung eines menschlichen Milch-Schneidezahns. Man beachte die weite Öffnung der späteren Wurzel. Im linken Bild ist als Verlängerung der Zahnleiste (rechts von der Schmelzglocke) die Anlage des Ersatzzahns sichtbar (nach Orban aus Young 1975)

von der Zahnleiste, welche allmählich resorbiert wird (Abb. 102). Da die Resorptionsprozesse nicht die gesamte Zahnleiste gleichzeitig erfassen, bleibt vorübergehend ein Netzwerk von Epithelsträngen bestehen; von ihm bestehen nur noch an vereinzelten Stellen Verbindungen zum Mundhöhlenepithel auf der einen Seite und zur Schmelzglocke auf der anderen Seite. Beim Auflösen der Zahnleiste können vereinzelte Epithelnester erhalten bleiben. Sie wurden anläßlich von Kieferoperationen gelegentlich bei Kindern gefunden und irrtümlich als Drüsen angesehen.

Die Schmelzglocke besteht aus äußerem und innerem Schmelzglockenepithel; das dazwischen liegende lockere Gewebe heißt Schmelzpulpa. Nur das innere Schmelzglockenepithel bildet Schmelz, die benötigten Substanzen werden von der Schmelzpulpa her nachgeliefert. Dort, wo die Zellen des inneren Schmelzglockenepithels an die mesenchymalen Zellen der Zahnpapille stoßen, beginnen die Differenzierungsvorgänge. Die Zellen des inneren Schmelzglockenepithels werden zu Schmelzbildnern oder *Adamantoblasten* (man betont mit dieser Bezeichnung die Härte des Schmelzes: s. die Erklärungen der Fachwörter am Ende des Buches); gelegentlich nennt man diese Zellen auch Ameloblasten (hergeleitet vom altfranzösischen Wort amel = émail). Die Mesenchymzellen differenzieren sich zu Dentin bildenden *Odontoblasten* (Abb. 103).

Die Odontoblasten beginnen, das aus Grundsubstanz und kollagenen Fasern bestehende *Prädentin* auszuscheiden, welches dann durch Verkalken zu Dentin wird (Abb. 104). Odontoblasten erinnern stark an Osteoblasten (Knochenbildner); sie unterscheiden sich jedoch in einer Hinsicht sehr stark von diesen: Während Osteoblasten Knochen überall im Körper bilden können, vermögen Odontoblasten Dentin nur dann abzuscheiden, wenn sie an ektodermale Zellen (d. h. an die Adamantoblasten) grenzen. Außerdem ziehen sich die Odontoblasten aus der gebildeten Hartsubstanz zurück, die Osteoblasten mauern sich dagegen ein (Abb. 105). Im Dentin verbleiben allerdings Odontoblasten-Fortsätze in feinen Kanälchen, in denen auch Nervenfasern bis zur Schmelz-Dentin-Grenze verlaufen können (Abb. 104). Die Kanälchen samt Zellfortsätzen nennt man gelegentlich Tomes-Fasern. Die Anordnung der Odontoblasten erweckt den Eindruck, es handle sich um ein Epithel. Die zwischen den Zellen verlaufende Blutkapillare beweist, daß dem nicht so ist.

133

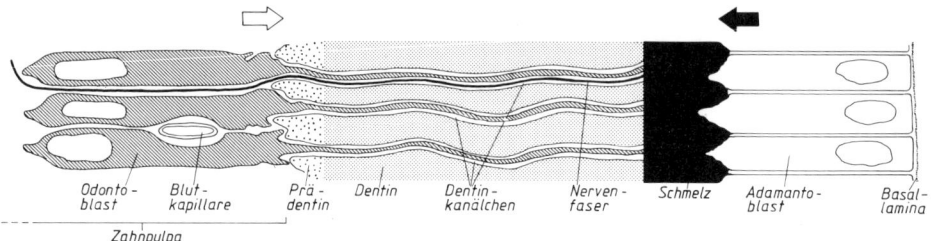

Odonto-   Blut-   Prä-   Dentin   Dentin-   Nerven-   Schmelz   Adamanto-   Basal-
blast   kapillare   dentin   kanälchen   faser   blast   lamina

Zahnpulpa

Abb. 104. Ausschnittsbild des zellulären Baus einer Zahnanlage. Die Pfeile geben die Abscheidungsrichtung des Schmelzes bzw. des Dentins wieder; man beachte die zwischen den Odontoblasten verlaufende Kapillare (nach Krstic 1976, 1978 sowie Angaben in Knoche 1979)

Haben die Adamantoblasten die Schmelzkappe fertiggestellt, verschwinden sie samt der Schmelzpulpa und dem äußeren Schmelzglockenepithel; beim Durchbruch des Zahns schiebt sich der blanke Schmelz aus dem Zahnfleisch.

Das Zahnzement entsteht beim Menschen erst nach der Geburt beim Durchbruch der Zähne.

F4.   Oberflächenstrukturen und Abnutzen von Zähnen

Die drei Substanzen des Zahns weisen unterschiedliche Härte auf, welche in der Reihenfolge Schmelz – Dentin – Zement abnimmt. Infolgedessen werden sie beim Kauen verschieden stark abgenutzt. Wir lassen zunächst das Zement – das ja oft nur die Wurzel umkleidet – außer acht. Von den beiden anderen Substanzen wird das Dentin stärker abgerieben als der Schmelz. Dies geschieht beispielsweise an der Spitze eines Nagezahns (Abb. 106).

Nagezähne sind typisch für die Vertreter der Ordnung Nagetiere und Hasentiere (Abb. 128). Die Schneidezähne der Hasentiere tragen – im Gegensatz zu denen der Nagetiere (Abb. 106) – vorne *und* hinten einen Schmelzbelag. Eine Schärfung des Zahns, die zu einer Schneide wie beim Nagezahn in Abb. 106 führt, kommt bei den Hasentieren dadurch zustande, daß die vordere Schmelzschicht dicker ist als die hintere.

Durch die »Erfindung« des *Kronenzements* gelang es manchen Pflanzenessern, *drei* Substanzen verschiedener Härte in den Prämolaren und Molaren nebeneinander anzuordnen. Da der Schmelz eine außerordentlich hohe Härte aufweist (s. F1), wird er beim Zer-

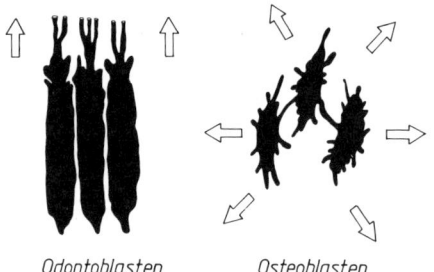

Odontoblasten   Osteoblasten

Abb. 105. Abscheidungsmodus von Odontoblasten und Osteoblasten. Die Pfeile geben die Richtung an, in der Substanz ausgeschieden wird (Original)

134

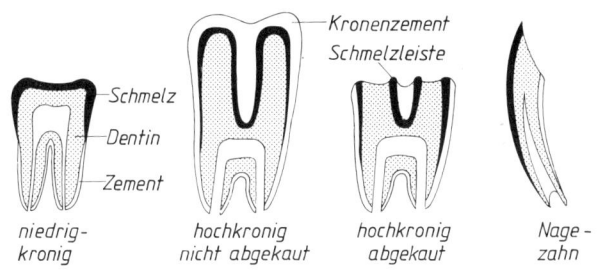

niedrig-
kronig

Schmelz
Dentin
Zement

Kronenzement
Schmelzleiste

hochkronig
nicht abgekaut

hochkronig
abgekaut

Nage-
zahn

Abb. 106. Zähne, die entweder durch eine hohe Krone (Mitte) oder durch Dauerwachstum (rechts) an starke Abnutzung angepaßt sind. Man beachte, daß die Furchen im Kronenzement wegen dessen geringerer Härte tiefer sind als im Dentin. Zum Vergleich ist links ein Zahn ohne diese Anpassungen dargestellt. Der Zahn ganz rechts stammt von einem Vertreter der Ordnung Nagetiere (nach verschiedenen Autoren)

mahlen von silikathaltigen Pflanzenzellen (Abb. 107) am wenigsten abgenutzt. Weil Dentin und Zement weicher sind als Schmelz, entstehen *Schmelzleisten*, welche aus der Kaufläche herausragen. Der oft gebrauchte Ausdruck Schmelz*falten* läßt sich streng genommen nur auf den nicht abgekauten Zahn anwenden (Abb. 106). Die tiefsten Furchen entstehen im relativ weichen Zement. Der Zahn bleibt so dauernd mit Riefen versehen.

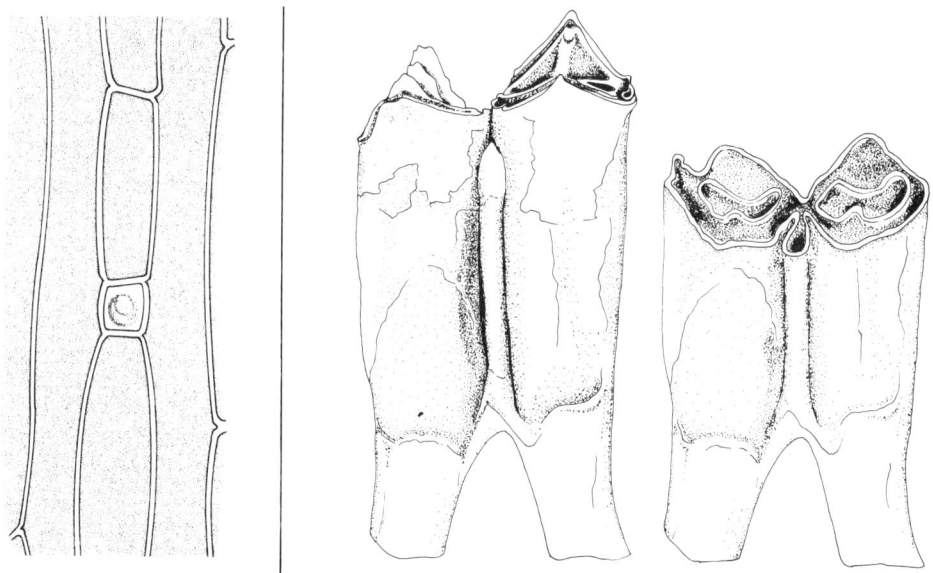

Abb. 107 (links). Kieselsäure-Kristallit (ein Kristallit ist eine Ansammlung vieler kleiner Kristalle) in einer sogenannten Kurzzelle der Epidermis eines Grases; der Inhalt der übrigen Zellen ist grau wiedergegeben (nach einer Photographie von H.-U. Pfretzschner)

Abb. 108 (rechts). Hochkroniger Backenzahn des Hausrindes in wenig und in stark abgekautem Zustand. Man beachte die aus der Kaufläche ragenden, weiß dargestellten Schmelzleisten. Zwischen Dentin und Kronenzement wurde in der Darstellung nicht unterschieden (Original)

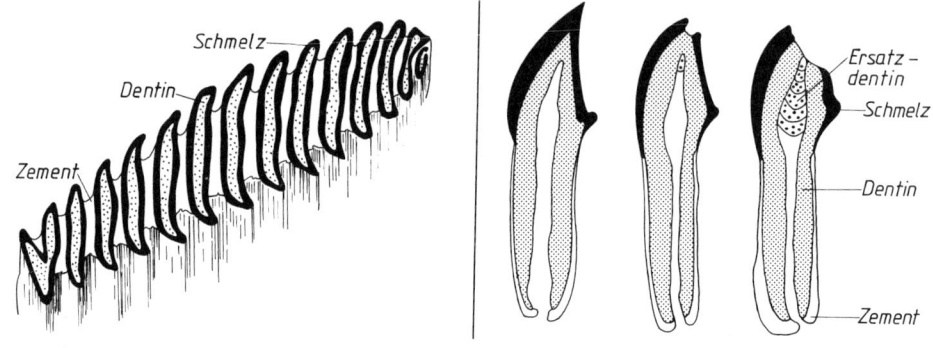

Abb. 109 (links). Kaufläche des hintersten Molars vom Capybara (nach Weber 1927/28)

Abb. 110 (rechts). Verschieden stark abgekaute Schneidezähne des Rothirsches. Bildung von Ersatzdentin in der Pulpahöhle (nach Eidmann aus Keil 1966)

Solche *hochkronigen* Zähne sind in Abb. 106 schematisch, in Abb. 108 naturgetreu dargestellt.

Die Kauflächen mehrerer solcher nebeneinander stehender Zähne bilden gemeinsam eine sehr wirksame Reibefläche (Abb. 127), deren Oberflächenstruktur mit der einer Feile oder eines Reibeisens verglichen werden kann. Eine andere Lösung wurde in der Evolution bestimmter Pflanzenesser-Arten dadurch gefunden, daß sie zum Bau einer ausgedehnten Reibefläche nicht mehrere Zähne, sondern nur einen einzigen Zahn verwenden. Ein solcher mit zahlreichen Leisten versehener Zahn heißt Lamellenzahn (Abb. 109 und 140).

Das Prinzip der unterschiedlichen Abnutzung von Substanzen bei mechanischer Beanspruchung findet man auch andernorts. Gesteinsschichten verschiedener Härte werden bei Verwitterung ungleich stark vom Regen ausgewaschen oder vom Wind ausgeblasen. In der Technik macht man sich das Prinzip bei elektrischen Rasierapparaten zunutze: infolge der unterschiedlich harten Metallschichten schärfen sich die Schneideflächen bei der Rasur von selbst.

Im Laufe des Lebens werden Zähne ohne Dauerwachstum (s. F6) immer niedriger. Da Hochkronigkeit nichts mit Dauerwachstum zu tun hat, gilt dies für hochkronige ebenso wie für nicht spezialisierte Zähne. Das Kronenzement kann ebensowenig wie der Schmelz nach dem Durchbruch des Zahns nachgebildet werden. Beim Abkauen würde schließlich die Pulpahöhle eröffnet, wenn nicht von dieser her Ersatz- oder *Sekundärdentin* angelagert würde. Dieser Vorgang tritt häufig auf, Abb. 110 zeigt ihn am Beispiel des Rothirsches. Aber auch der Mensch vermag infolge der Ablagerung von Ersatzdentin seine Zähne bis ins hohe Alter zu benutzen und bis auf Stummel abzukauen. Die Odontoblasten bleiben also das ganze Leben über aktiv.

F5. Schärfen und Putzen der Zähne

Zähne können einerseits beim Bearbeiten der Nahrung geschärft werden; ein Beispiel hierfür bieten die Nagezähne (Abb. 106). Aber auch ohne den Abrieb verschieden harter Schichten ist Schärfen möglich. Dies geschieht dadurch, daß verschiedene Zähne aneinander reiben oder durch die hornige Zungenoberfläche »geschliffen« werden. Nachstehend sind die Verhältnisse bei Vampirfledermäusen geschildert. Für diese Tiere sind äußerst scharfe Schneiden an den Zähnen besonders wichtig, da sie damit ihren Opfern schnell und schmerzlos die zur Blutentnahme nötigen Wunden beibringen.

Wie Abb. 111 (links) zeigt, schärfen sich die unteren und oberen Eck- und Backenzähne gegenseitig. Die oberen Schneidezähne – auf die es beim Biß besonders ankommt – können jedoch infolge des Kieferbaus mit den Unterkieferzähnen nicht in Berührung gebracht werden. Daß sie trotzdem geschärft werden, zeigt die deutliche Auskehlung. Als Schleifwerkzeug dient die Zunge. Wie man in einem Versuch herausgefunden hat, ist deren Spitze so kräftig, daß damit die Ohren von Meerschweinchen durchlöchert werden können. Sie trägt vorn auf der Oberseite eine Reibefläche aus großen Hornpapillen. Beim Öffnen und Schließen des Mundes während einer Mahlzeit und durch Zungenbewegungen bei geschlossenem Mund schabt die Zunge an der Lingualseite der oberen Schneidezähne entlang und erzeugt so die Schärfe eines Rasiermessers.

Die Erziehung zum regelmäßigen Zähneputzen ist bei Menschenkindern eine schwierige Aufgabe. Offenbar haben auch manche nicht-menschlichen Vertreter der Primaten Probleme mit den bakteriellen Zersetzungsprodukten, welche die Zähne angreifen. So reinigt das Fingertier vermutlich die Lücke zwischen den unteren Nagezähnen (Abb. 128) mit Hilfe der kräftig ausgebildeten Medianrippe seiner Unterzunge (Abb. 111 rechts).

F6. Zähne mit Dauerwachstum

Wie Abb. 103 zeigt, sind wachsende Zähne an ihrem unteren Ende – dem Ort der späteren Wurzel – weit offen. Solche Zustände sind an den Zähnen des Menschen nur während des

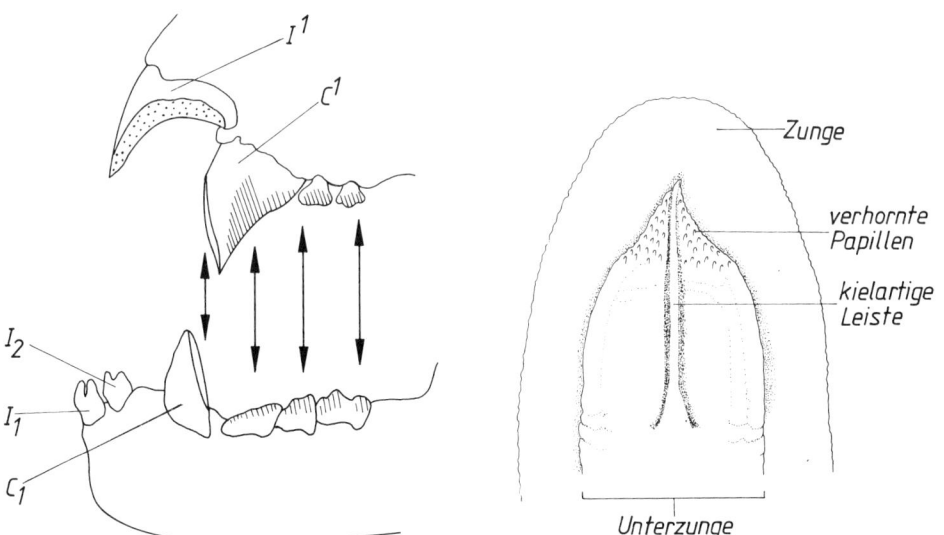

Abb. 111. Schärfen und Putzen von Zähnen
Links: Schärfen der Eck- und Backenzähne bei der Gemeinen Vampirfledermaus. Die Pfeile geben an, welcher Zahnteil welchen schärft. Zum oberen Schneidezahn s. Text (nach Vierhaus 1983)
Rechts: Zunge des Fingertiers von der Unterseite gesehen. Die Unterzunge enthält keine Muskulatur (nach Starck 1982)

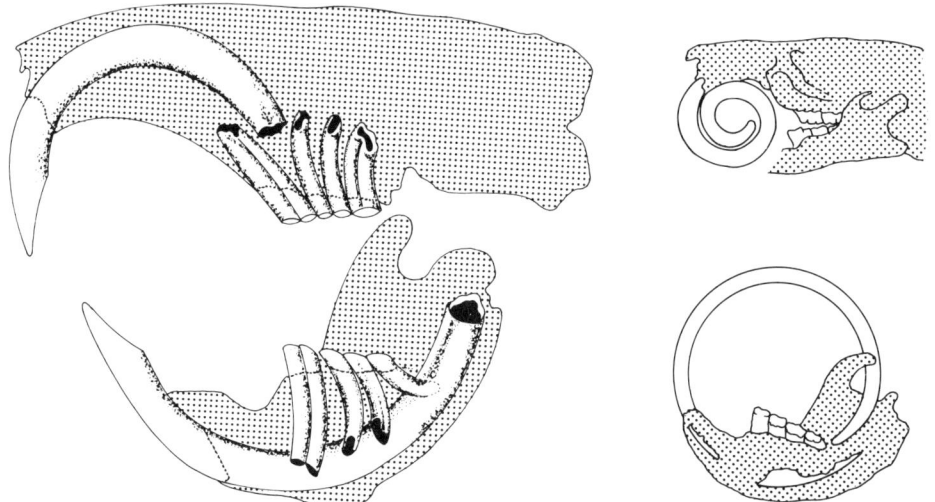

Abb. 112. Normale und krankhaft veränderte Gebisse von Nagetieren. Knochen jeweils punktiert, Zähne weiß gelassen.
Links: Schädel einer Taschenratte. Knochen durchsichtig gedacht, um die Zahnwurzeln zu zeigen. Man beachte die weiten Öffnungen an den Basen der Zähne sowie den bis in Gelenknähe reichenden unteren Nagezahn. Dieser weist eine geringere Krümmung auf als der obere (nach Bailey aus Weber 1927/28)
Rechts: Nagezähne, welche infolge mangelnder Abnutzung zu Spiralen gewachsen sind.
Oben: Schädel einer weißen Ratte, welche mangelnden Gebißschluß aufwies. Vorderer Teil des Unterkiefers nicht gezeichnet
Unten: Rechte Unterkieferhälfte des Kanadischen Bibers. Man beachte den im Kieferknochen sichtbaren Teil des Zahns (nach Keil 1966)

Wachstums zu beobachten. Dasselbe gilt für alle Zähne, die später nicht mehr weiterwachsen. Im fertigen Zustand sind sie daran kenntlich, daß die Öffnung des Wurzelkanals *eng* ist (Abb. 99). Solche Zähne bezeichnet man manchmal als wurzelgeschlossen. Dieser Ausdruck sollte aufgegeben werden, da jeder Zahn an der Wurzel offen ist.

Manche Zähne weisen Dauerwachstum auf, sie besitzen während des ganzen Lebens ihres Trägers eine weite Öffnung an der Basis. Beispiele hierfür sind alle Nagezähne, die Backenzähne der Nagetiere (Abb. 106 und 112) oder die Stoßzähne der Elefanten (Abb. 409). Die für diese Zähne gebrauchten Bezeichnungen »wurzeloffene« oder gar »wurzellose« Zähne sind ebenfalls unglücklich und werden im folgenden vermieden. Stattdessen wird der Ausdruck »Zähne mit Dauerwachstum« gebraucht. An sie wird auch beim Erwachsenen laufend Zahnsubstanz angebaut. Zähne mit Dauerwachstum sind eine Anpassung an die durch die silikatreiche Grasnahrung starke Abnutzung der Zähne bei Pflanzenessern. Wenn infolge zu weicher Kost (beispielsweise in Gefangenschaft) oder wegen mangelnden Gebißschlusses die Abnutzung nicht gewährleistet ist, wachsen die Zähne ständig weiter, treten weit aus der Mundöffnung heraus, können in den Schädel einwachsen (was zum Tod führt) oder gar eine Spirale bilden (Abb. 112).

F7.   Feinbau des Schmelzes

Der Schmelz besteht fast ausschließlich aus faserartigen Strukturen, die auch *Schmelz»prismen«* heißen (Abb. 113 oben links). Dieser Begriff ist etwas unglücklich gewählt, da es sich nicht um Prismen im mathematischen Sinn – d. h. um Polyeder – handelt. Schmelzprismen existieren nur im Schmelz von Säugetieren, nicht aber in dem bei manchen Reptilien vorkommenden. Gebündelte Kristallite aus Hydroxylapatit bauen die Prismen auf; die Größe eines Kristallits dürfte bei 10^{-5} bis 10^{-6} cm liegen.

Auch die zwischen den Prismen liegende *interprismatische Matrix* besteht nahezu vollständig aus Apatitkristalliten – ihr Proteinanteil beträgt weniger als 1 %. Während in den Prismenkörpern die Kristallite in Prismenrichtung verlaufen, sind sie in der umgebenden interprismatischen Matrix schraubig gewunden. Ursache für diese Verwindung ist die Rotation des Ameloblasten während der Schmelzbildung. Wie Abb. 113 oben links zeigt, ist die interprismatische Matrix in manchen Zähnen in besonderer Weise angeordnet: Sie bildet »Fasern«, die relativ zu den Längsachsen der Prismen mehr oder weniger

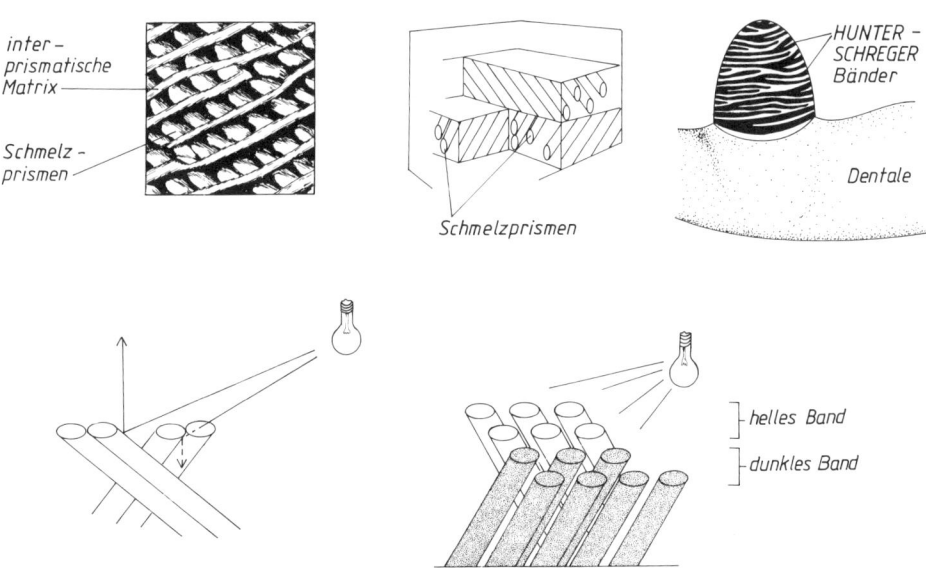

Abb. 113. Feinstruktur des Schmelzes
Oben links: Schmelz eines Molaren des Warzenschweins. Die Schmelzprismen sind quergeschnitten. Man beachte die kräftig entwickelte interprismatische Matrix. Zeichnung nach einer rasterelektronenmikroskopischen Aufnahme
Oben Mitte: Schema zum Schichtenbau des Schmelzes. Hier sowie in den unteren Bildern ist die interprismatische Matrix vernachlässigt
Oben rechts: Schematisierter Eckzahn eines Marders
Unten links: Reflexion und Fortleiten von Licht durch Schmelzprismen verschiedener Verlaufsrichtungen
Unten rechts: Zustandekommen der Hunter-Schreger-Bänder durch unterschiedliche Verlaufsrichtungen der Schmelzprismen (nach Pfretzschner unveröffentlicht; v. Koenigswald 1980 sowie v. Koenigswald und Pfretzschner 1987)

quer verlaufen. So entsteht eine Gesamtstruktur, wie man sie vom Sperrholz her kennt. Sie ist gegen mechanische Belastungen sehr widerstandsfähig (s. auch weiter unten).

Die räumliche Anordnung der Prismen ist keine regellose, vielmehr existieren Schichten parallel gelagerter Prismen. Die Dicke einer solchen Schicht beträgt bei den meisten Arten 10 bis 20 Prismen; im Extremfall – so bei manchen Nagetieren – ist die Schicht nur ein Prisma dick. Wie Abb. 113 (oben Mitte) zeigt, verlaufen bei manchen Arten in benachbarten Schichten die Prismen so in unterschiedlichen Richtungen, daß ein Überkreuzen der Verlaufsrichtungen resultiert. Die Bedeutung dieser Konstruktion ist weiter unten besprochen.

Die Ausführungen über den Verlauf der Schmelzprismen beruhen auf Untersuchungen mit Hilfe des Rasterelektronenmikroskops. Bevor dieses Werkzeug der Feinstrukturforschung zur Verfügung stand, versuchte man auf anderem Weg, zu Aussagen über die Schmelzstruktur zu gelangen.

Mit einer starken Lupe erkennt man auf der Oberfläche bestimmter Zähne – bei manchen Zähnen auch nur an Dünnschliffen – helle und dunkle Streifen (Abb. 113 oben rechts). Diese Bänder, welche eine Breite von etwa 0,05 mm aufweisen, sind nach ihren beiden Entdeckern HUNTER und SCHREGER benannt. Beleuchtet man den Zahn aus einer anderen Richtung, erscheinen die vorher hellen Streifen dunkel und umgekehrt. Die Hunter-Schreger-Bänder sind demnach eine Struktur, die auf einem optischen Effekt beruht.

Welche Beziehung besteht zwischen den Hunter-Schreger-Bändern und der räumlichen Anordnung der Schmelzprismen? Die Antwort gibt Abb. 113 unten. Da ein Schmelzprisma als Lichtleiter wirkt, »fängt« es jenes Licht ein, welches etwa aus der Richtung seiner Längsachse kommt. Von diesem Licht kehrt nichts ins Auge des Betrachters zurück. Da zahlreiche Prismen einer bestimmten Schicht gleichgerichtet nebeneinander liegen, leitet jedes der Prismen Licht aus dieser Richtung fort – diese Prismenschicht erscheint als dunkles Band. Anders ist es in der anstoßenden Prismenschicht, in welcher die Prismen eine andere Raumrichtung bevorzugen: hier wird das Licht an den Prismen reflektiert – die Schicht fällt als helles Band auf. Das optische Phänomen Hunter-Schreger-Bänder ist also ein Indiz für den räumlichen Verlauf der Schmelzprismen in verschiedenen Gebieten des Zahnschmelzes.

Die *biomechanische* Interpretation der Hunter-Schreger-Bänder ist folgende:

■ *Erstens* ergibt die kreuzweise Anordnung der Prismenschichten nach dem »Sperrholzprinzip« eine mechanisch sehr stabile Konstruktion. Eine Zugspannung, welche senkrecht zu den Längsachsen der Prismen einer Schicht wirkt, kann diese Schicht leicht auseinanderreißen. Auf die darunter oder darüber liegende Schicht wirkt diese Zugspannung jedoch in Längsrichtung der Prismen – und gegen diese Art der Beanspruchung ist eine Schicht sehr stabil.

■ *Zweitens* stellen die Hunter-Schreger-Bänder einen Rißfangmechanismus für winzige Risse dar, welche – auch am lebenden Zahn! – durch verschiedene Belastungen entstehen. Die Risse breiten sich parallel zu den Prismenbündeln aus; an Stellen, an denen sie auf Prismen anderer Verlaufsrichtung stoßen, d. h. an »Knickstellen«, werden sie abgelenkt. So können sie sich nicht geradlinig durch den Schmelz fortpflanzen, sie »laufen sich tot«.

Für diese Deutung der Hunter-Schreger-Bänder sprechen Berechnungen, die folgendes zeigen: An der Basis eines Eckzahns – also gleich oberhalb der Austrittsstelle aus dem Knochen – entstehen die stärksten zahngefährdenden Zugspannungen. Zu dieser Aussage paßt der Befund, daß im Verlauf der Evolution die ersten Hunter-Schreger-Bänder an der *Basis* von Zähnen auftraten. Von hier aus »erfaßten« sie schließlich in der Abfolge der Generationen den ganzen Zahn.

G.   Gebißformel

Die Gesamtheit der Zähne nennt man Gebiß. Nachstehend wird zunächst ein aus verschieden geformten Zähnen bestehendes »typisches« Gebiß besprochen. Die Kurzbeschreibung des Aufbaus dieses heterodonten (s. H) Gebisses geschieht folgendermaßen: Jeder Zahn erhält einen kennzeichnenden Buchstaben und eine Ziffer. Manchmal läßt man die Buchstaben auch fort. Für die ein Gebiß beschreibende Gruppe von Symbolen ist der Ausdruck *Zahnformel* im Gebrauch. Diese sprachlich etwas unglückliche Bezeichnung wird hier durch »Gebißformel« ersetzt. Man verwendet sie zusammen mit anderen Merkmalen zur Charakterisierung einer Art.

Am Beispiel des Hundegebisses ist in Abb. 114 die Zuordnung von Buchstaben und Ziffern zu den Zähnen aufgezeigt.

Bis auf eine Ausnahme (Narwal: Abb. 132) sind Gebisse symmetrisch aufgebaut; jede linke Kieferhälfte trägt also die gleichen Zähne wie die rechte; damit genügt in der Gebißformel die Darstellung einer Ober- und einer Unterkieferhälfte. Fehlt ein Zahntyp, steht an dessen Stelle eine Null. Vorne beginnend erhalten die Zähne folgende Abkürzungen und Namen:

■ *I: Incisivi* oder Schneidezähne. Sie haben nicht immer schneidende Funktion. Besonders ausgestaltete Schneidezähne tragen spezielle Namen: Stoßzähne (beispielsweise der Elefanten) oder Nagezähne.

■ *C: Canini* oder Eckzähne: Ihre lateinische Bezeichnung leitet sich vom Gattungsnamen des Haushundes *Canis lupus familiaris* ab, bei dem sie kräftig ausgebildet sind. Daher rührt auch der veraltete – beispielsweise von GESNER gebrauchte (s. Text in Abschnitt I A) – Ausdruck »Hundszähne«. Besonders stark entwickelt sind sie bei fast allen Carnivora und werden wegen ihrer Rolle beim Beutegreifen auch *Fangzähne* genannt. Bezüglich des Begriffes *Reißzähne* herrscht keine Übereinkunft. Während manche Autoren diesen auf die Fleisch- und Brechschere der Carnivora anwenden, verwenden ihn andere für die Canini. Bei den Vertretern der Familie Hunde kommt den Eckzähnen die Hauptaufgabe beim Niederreißen des Beutetieres zu (Abb. 343). Aber auch bezüglich der Katzen sagt man beispielsweise: Der Luchs ist am Riß. Im folgenden sind daher die Eck- als Reißzähne bezeichnet und namengebend für die vorgeschlagene deutsche Bezeichnung der Ordnung Carnivora (= Reißtiere, s. XII O).

Eckzähne treten immer in Einzahl auf. Sind sie besonders kräftig ausgebildet – was auch bei Vertretern sonstiger Ordnungen vorkommt (so bei Schweinen) – nennt man sie *Hauer*.

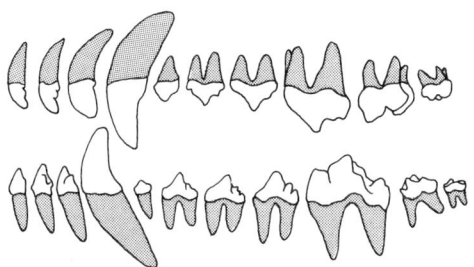

$$\underline{I1\ \ I2\ \ I3\ \ C\ \ P1\ \ P2\ \ P3\ \ P4\ \ M1\ \ M2}$$
$$I1\ \ I2\ \ I3\ \ C\ \ P1\ \ P2\ \ P3\ \ P4\ \ M1\ \ M2\ \ M3$$

$$kurz: \frac{3\,1\,4\,2}{3\,1\,4\,3} \qquad Summe: 42$$

gelegentliche Schreibweise:

$$I\frac{3}{3}\ C\frac{1}{1}\ P\frac{4}{4}\ M\frac{2}{3}$$

Abb. 114. Linke Hälfte des Gebisses des Haushundes (Zahnwurzeln grau dargestellt) sowie verschiedene Schreibweisen der Gebißformel (nach Hildebrand 1982)

Alle hinter den Canini stehenden werden als *postcanine* Zähne zusammengefaßt.

■ *P: Prämolaren* oder Backenzähne (manchmal auch als Vorbackenzähne oder vordere Backenzähne bezeichnet).

■ *M: Molaren* oder Mahlzähne (manchmal auch echte oder hintere Backenzähne genannt). In sehr vielen Fällen haben sie durchaus keine Mahlfunktion, daher wird nachstehend der Ausdruck Molaren gebraucht.

Bei Pflanzenessern unterscheidet man meist nicht zwischen Prämolaren und Molaren, sondern bezeichnet sämtliche postcaninen Zähne, die dem Zermahlen der Pflanzen dienen, als Backenzähne. Dabei ist zu berücksichtigen, daß manche Pflanzenesser keine Eckzähne besitzen, vielmehr an dieser Stelle eine Lücke, *Diastema* genannt, aufweisen (s. Abb. 127 und 128). Bei anderen Formen sind die Eckzähne schneidezahnförmig (Abb. 115).

Der Haushund (Abb. 114) besitzt in einer oberen Kieferhälfte 3 Schneidezähne, 1 Eckzahn, 4 Prämolaren und 2 Molaren. Unten sind es bei sonst gleichem Aufbau 3 Molaren. In der abgekürzten Schreibweise werden die Zähne von vorne nach hinten durchnumeriert. Über dem horizontalen Trennstrich stehen die Bezeichnungen für die Oberkieferzähne, unter ihm die entsprechenden für die Unterkieferzähne. Will man bestimmte einzelne Zähne in Kurzform bezeichnen, fügt man die Kennziffer als kleine Zahl oben oder unten an. Beispiel: P^4 ist der vierte obere Prämolar. Zähne des Milchgebisses erhalten als Zusatz »d« (von »deciduus«: s. die Erklärungen der Fachwörter); dI_3 ist also der dritte untere Milchschneidezahn.

Nach welchen Kriterien wird ein bestimmter Zahn benannt? Wie im folgenden gezeigt wird, ist dafür nicht seine Form oder Funktion, sondern allein seine *Stellung im Kiefer* maßgebend. Handelt es sich um postcanine Zähne, gelingt die Namengebung im allgemeinen ohne Schwierigkeiten. Selbst wenn die Prämolaren den Molaren sehr ähnlich sind, lassen sich die beiden Gruppen dadurch unterscheiden, daß den Prämolaren eine Milchzahngeneration vorausgeht, den Molaren dagegen nicht (s. K). Schwierigkeiten tre-

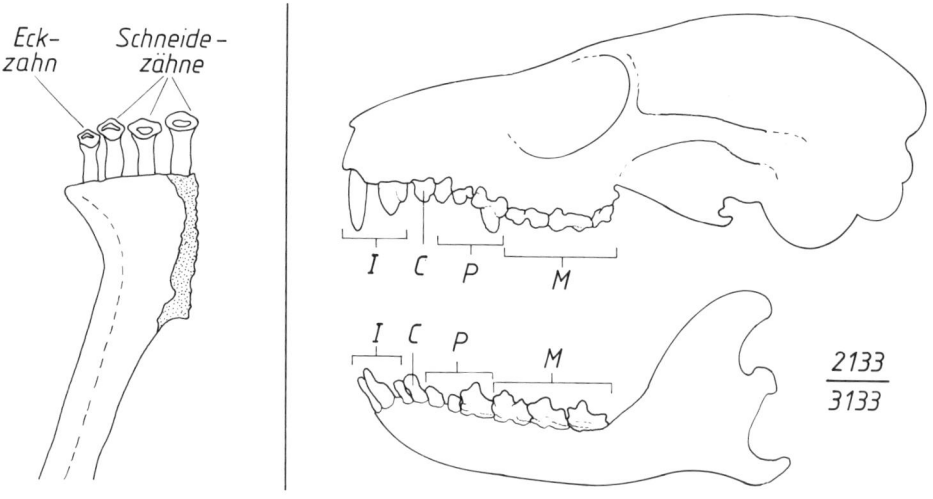

Abb. 115 (links). Vorderer Teil der linken Unterkieferhälfte eines jungen Hausrindes von oben gesehen. Milchgebiß! (Original)

Abb. 116 (rechts). Schädel des Federschwanzes samt Gebißformel (nach Gregory aus Thenius 1979)

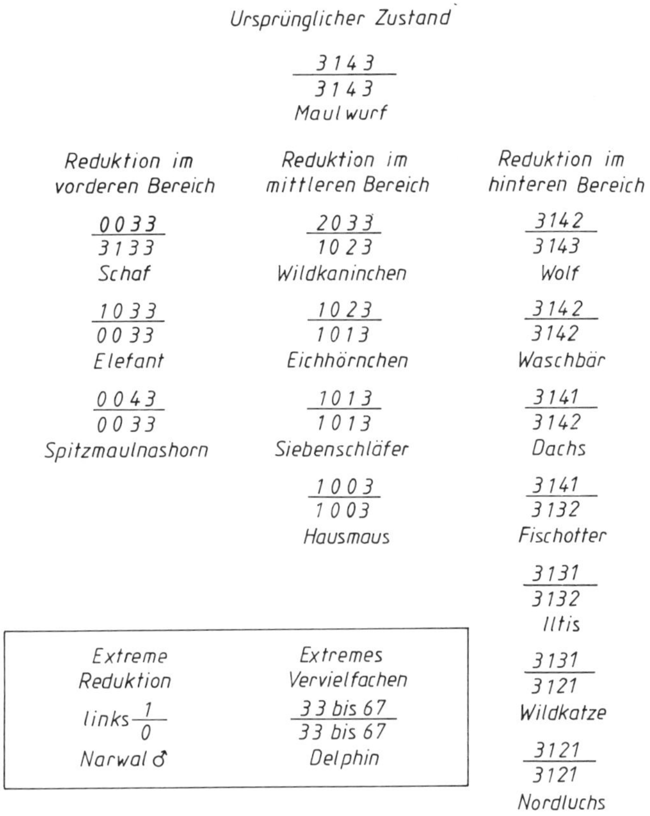

$$\frac{3143}{3143}$$
Maulwurf

	Reduktion im vorderen Bereich	Reduktion im mittleren Bereich	Reduktion im hinteren Bereich
	$\frac{0033}{3133}$ Schaf	$\frac{2033}{1023}$ Wildkaninchen	$\frac{3142}{3143}$ Wolf
	$\frac{1033}{0033}$ Elefant	$\frac{1023}{1013}$ Eichhörnchen	$\frac{3142}{3142}$ Waschbär
	$\frac{0043}{0033}$ Spitzmaulnashorn	$\frac{1013}{1013}$ Siebenschläfer	$\frac{3141}{3142}$ Dachs
		$\frac{1003}{1003}$ Hausmaus	$\frac{3141}{3132}$ Fischotter
			$\frac{3131}{3132}$ Iltis
	Extreme Reduktion links $\frac{1}{0}$ Narwal ♂	Extremes Vervielfachen $\frac{33\ bis\ 67}{33\ bis\ 67}$ Delphin	$\frac{3131}{3121}$ Wildkatze
			$\frac{3121}{3121}$ Nordluchs

Abb. 117. Morphologische Reihen von Gebißformeln. Die Anordnung spiegelt keine stammesgeschichtlichen Zusammenhänge wider. Bei den Pflanzenessern der linken Spalte findet auch eine Reduktion im mittleren Bereich statt; bei den Arten der mittleren Spalte auch eine (weniger starke) im vorderen Bereich. Rechts stehen ausschließlich Vertreter der Reißtiere, d. h. Arten, die vorwiegend Fleisch essen (nach Angaben verschiedener Autoren)

ten bei den Zähnen der vorderen Gebißpartien auf. Wie in Abb. 115 dargestellt, wird der vierte Zahn (von der Naht zwischen den Kieferhälften gerechnet) als Eckzahn bezeichnet, obwohl er sich kaum von den übrigen unterscheidet und wie diese schneidende Funktion hat. Eine erste Hilfe bietet in solchen Fällen oft die Tatsache, daß der untere Eckzahn *vor* dem oberen eingreift (Abb. 114). Der Oberkiefer des Hausrindes weist jedoch – wie derjenige der Giraffe (Abb. 127) – weder Eck- noch Schneidezähne auf. Wie paläontologische Befunde lehren, wurden diese im Laufe der Stammesgeschichte immer mehr rückgebildet und treten schließlich überhaupt nicht mehr auf. Anders ausgedrückt: Die Vorfahren des Rindes hatten noch wohlentwickelte Eckzähne an der Stelle, wo jetzt schneidezahnförmige Eckzähne stehen. Oft helfen auch ontogenetische Untersuchungen weiter, die Zahn*anlagen* auch dort nachweisen, wo beim Erwachsenen keine Zähne stehen. Zu den Befunden aus Phylo- und Ontogenese kommt die Gesetzmäßigkeit, daß bei keinem Vertreter der Eutheria mehr als drei Schneidezähne je Kieferhälfte auftreten: der vierte Zahn in Abb. 115 kann also kein Schneidezahn sein.

In der *oberen* Hälfte des Gebisses sind die Schneidezähne eindeutig dadurch gekennzeichnet, daß nur sie im *Zwischenkiefer* (Praemaxillare) stehen. Deshalb müssen auch die Stoßzähne des Elefanten – welche GOETHE noch als Eckzähne auffaßte – als Schneidezähne bezeichnet werden, obwohl ihnen durchaus keine schneidende Funktion zukommt. Dasselbe gilt für den Stoßzahn des Narwals (Abb. 132). Bei dieser Art entwickelt sich fast immer nur der Schneidezahn der einen Oberkieferhälfte, die Anlage des anderen verbleibt im Knochen. Nur in äußerst seltenen Fällen kommen beide Incisivi zum Durchbruch (Abb. 133). Die Funktion des Narwal-Stoßzahns ist in Abschnitt IX F besprochen.

Wie Abb. 116 zeigt, sehen bei manchen Arten die Schneidezähne auf den ersten Blick wie Eckzähne aus, die Canini sind gering entwickelt.

Als »ursprüngliche« Gebißformel der Eutheria gilt die des Maulwurfs oder des Wildschweins mit einer Gesamtzahl von 44 Zähnen. Die meisten Arten weisen weniger als 44 Zähne auf; die Reduktion der Anzahl kann verschiedene Zahntypen erfassen. In Abb. 117 sind Reduktionsreihen dargestellt. Die Anordnung zeigt keine stammesgeschichtlichen Zusammenhänge! Die »Zahnlücken« spiegeln vielmehr Anpassungen des Gebisses an die Art der Nahrung wider (s. H). Pflanzenesser reduzieren im Schneide- und Eckzahnbereich – und zwar bis zum völligen Fehlen der Schneidezähne im Oberkiefer. Zwischen den als Nagezähne ausgebildeten Incisivi der Rodentia und deren Molaren stehen häufig überhaupt keine Zähne.

Die bei primitiven Hirschen großen oberen Eckzähne (s. IX F) sind beim Rothirsch relativ unbedeutende Gebilde mit abgerundeter Oberfläche. Sie gelten jedoch als etwas Besonderes, denn sie werden oft als »Grandeln« von Juwelieren zu Broschen oder Anhängern verarbeitet.

Fleischessende Arten – wie die Wildkatze – reduzieren im Backenzahnbereich.

H.   Nahrungsbedingte Gebißanpassungen

Nahezu alle Arten besitzen mindestens zwei verschiedene Formen von Zähnen, welche eigene Namen tragen. Ein solches Gebiß nennt man *heterodont*. Die Gestalt der Zähne und der Aufbau des Gebisses weisen in den meisten Fällen eindeutig auf die Ernährungsweise hin. Diese Tatsache hat den französischen Anatomen CUVIER zu folgendem Ausspruch veranlaßt: »Montrez-moi vos dents et je vous dirai qui vous êtes« (Zeigen Sie mir Ihre Zähne, und ich sage Ihnen, wer Sie sind.)

Sind alle Zähne nach ihrer äußeren Gestalt (annähernd) gleich, spricht man von einem *homodonten* Gebiß. Ein solches kommt bei vielen Reptilien und einigen Vertretern der Säugetiere vor. Da die Vorfahren dieser Säugetier-Arten – im Gegensatz zu denen der Reptilien – ein heterodontes Gebiß aufwiesen, spricht man bei den Säugetieren von *sekundärer* Homodontie. Sie ist meist mit einer sehr großen Anzahl von Zähnen gekoppelt. Solche Zustände findet man bei Gürteltieren und einigen Zahnwalen (Abb. 120 rechts).

Der Gebißaufbau der Zahnwal-Vorfahren ist genau bekannt (s. das Gebiß des Urwals *Protocetus* in Abb. 405); die Vereinfachung der Zahnform und das Vervielfachen der Zähne geschah in Anpassung an den Fischfang: die schlüpfrige Beute wird mit den zahlreichen Kegelzähnen wirksam gepackt.

Für verschiedene Gebißformen existieren bestimmte Bezeichnungen, beispielsweise Insektenesser-, Nagetiergebiß usw. Diese »Gebißtypen« sind teilweise von den systematischen Kategorien hergeleitet. Der Maulwurf als Vertreter der Ordnung Insektenesser ißt jedoch in bestimmten Biotopen sehr viel mehr Regenwürmer als Insekten. Daher ist nachstehend als übergeordneter Gesichtspunkt für die Gebißeinteilung die Art der Nahrung gewählt, wobei diejenige Kost herangezogen wurde, welche jeweils den Hauptanteil bildet (Ausnahmen bleiben also außer acht).

Die Funktionen der einzelnen Gebißteile lassen sich mit den Begriffen Greifen, Schneiden und Mahlen beschreiben. Nur die Gebisse mancher Arten vermögen alle drei Tätigkeiten auszuüben – beispielsweise die Gebisse der Schliefer und mancher Känguruhs. Greifen und Schneiden beobachtet man bei den Landreißtieren, Greifen und Mahlen bei den Paar- und Unpaarhufern. Reine Greiffunktion zeigen die Gebisse der Zahnwale,

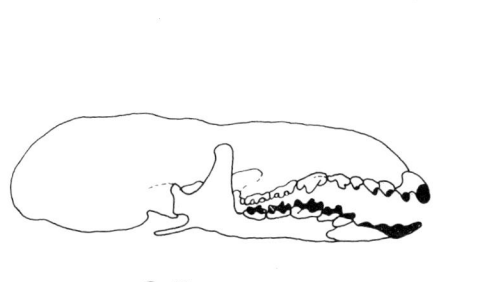

Spitzmaus   Fledermaus

Abb. 118. Gebiß einer Waldspitzmaus *(Sorex vagrans)* und der Weißgrauen Fledermaus.
Beide Arten ernähren sich vorwiegend von Insekten. Die schwarzen Flächen im Spitz-
mausgebiß kennzeichnen rot gefärbte Zahnbereiche, die bei verschiedenen Spitzmaus-Ar-
ten vorkommen (nach Vaughan 1978)

ausschließliches Mahlen die Gürteltiere, welche die Zunge zum Aufklauben der Insekten
einsetzen.

H1.   Tierliche Kost

a)   Insekten und sonstige (vorwiegend) landlebende Wirbellose

Das Insektenessergebiß – die typische Gebißform der Insectivora – eignet sich auch zum
Erbeuten und Verzehren sonstiger Wirbelloser. Nach den Aussagen der Evolutionsforscher
war nicht das Allesessergebiß – wie man denken könnte – in der Phylogenese der Säugetiere Ausgangspunkt der Gebißdifferenzierung, sondern das Insektenessergebiß. Kennzeichen dieser Gebißform sind (Abb. 118): Relativ hohe Zahnanzahl, d. h. manchmal vollständige Gebißformel sowie spitzhöckerige Prämolaren und Molaren, mit denen die Chitinpanzer von Käfern und dergleichen geknackt und grob zerkleinert werden können. Ergriffen wird die Beute mit den Schneide- und Eckzähnen. Extrem ausgeprägt ist dieser
Gebißtyp bei solchen Fledermäusen, welche Fluginsekten erbeuten.

b)   Landbewohnende Wirbeltiere

Im Gegensatz zu den Arthropoden besitzen Wirbeltiere ein Innenskelett. Da sie außen
weich und innen hart sind, stellen sie an das Gebiß eines Beutegreifers andere Anforderungen als ein Insekt. Die am Skelett ansetzende Muskulatur – welche in der Umgangssprache als »Fleisch« bezeichnet wird – wird von den landlebenden Reißtieren (Fissipedia)
genutzt. Daneben werden auch die Eingeweide verzehrt. Das bei dieser Art der Nahrung
auftauchende Problem ist einerseits das Töten des Beutetieres, andererseits dessen »Anschneiden« und das Ablösen des »Fleisches« von den Knochen. Spezialwerkzeuge beim
Beutefang sind die mächtig entwickelten Eckzähne (s. X A), zum Abschneiden dient die
Fleisch- und Brechschere – welche eine Spezialhomologie der Reißtiere ist (s. XII O).
    Fleischnahrung erzwingt einen ganz bestimmten Gebißaufbau – wie die unglaublichen
Konvergenzen zwischen dem Gebiß des Beutelwolfs und dem der Hunde zeigen (Abb.

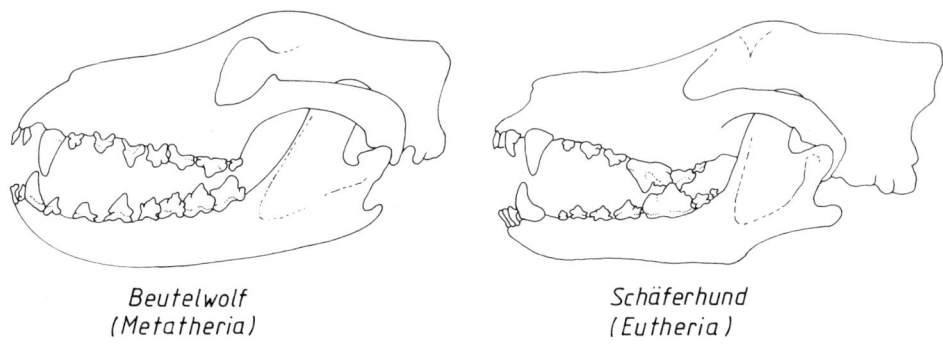

Beutelwolf
(Metatheria)

Schäferhund
(Eutheria)

Abb. 119. Durch Fleischnahrung bedingte Konvergenzen im Gebißbau (nach Starck 1978)

119). Alle Gebisse der Fleischesser besitzen relativ kleine Schneidezähne, gut entwickelte Eckzähne und ein postcanines Gebiß, welches bei den Carnivora im wesentlichen aus denjenigen Zähnen besteht, welche die Fleisch- und Brechschere bilden. Die anderen Prämolaren und Molaren sind mehr oder weniger reduziert; besonders die Katzen verringern die Anzahl der Zähne hinter der Fleisch- und Brechschere in extremem Maße (Abb. 402 Mitte rechts). Beim Beutelwolf wirkte die *gesamte* Backenzahnreihe als Fleisch- und Brechschere. Eine gute Führung der Scherenklingen ist dadurch gewährleistet, daß sich der Unterkiefer nur wie ein Scharnier bewegen läßt.

Extrem entwickelte Eckzähne besaßen die ausgestorbenen Säbelzahnkatzen sowie die zu ihnen konvergent entstandenen Säbelzahnbeutler.

c)   Fische

Die meisten Robben und viele Wale ernähren sich von Fischen. Wie jeder weiß, der schon einmal versucht hat, eine Forelle mit der Hand zu fangen, ist die Fischhaut durch Schleim außerordentlich schlüpfrig. Zum Festhalten der glitschigen Beutetiere besitzen

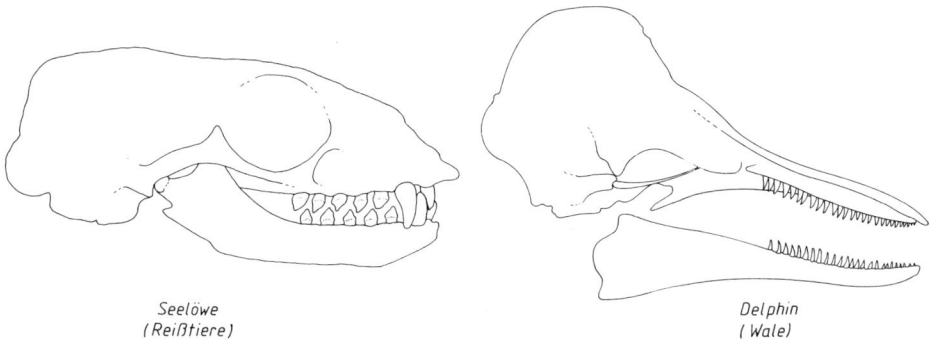

Seelöwe
(Reißtiere)

Delphin
(Wale)

Abb. 120. Schädel von Fischessern aus verschiedenen Ordnungen. Vom Kalifornischen Seelöwen, der im Schädelbau starken Geschlechtsdimorphismus zeigt, ist der Schädel des Weibchens abgebildet (Seelöwe nach Vaughan 1978; Delphin nach Boas aus Weber 1927/28)

die Fischesser oft ein *sekundär homodontes* Gebiß: mehr oder weniger gleich aussehende spitzige Zähne stehen im Backenzahnbereich nebeneinander (Abb. 120).

Wie der Delphinschädel zeigt, kommt bei Walen außerdem eine Erhöhung der Zahnanzahl vor (Abb. 120; Gebißformel in Abb. 117). Insbesondere die mit spitzen Zähnen besetzten stark verlängerten Kieferknochen der Flußdelphine erinnern an eine stark gezähnelte Pinzette. Wird ein Fisch damit gepackt, hinterläßt jeder Zahn einen Einstich. Das Gebiß dient nicht zum Kauen, sondern nur zum Festhalten der Nahrung, welche ganz verschluckt wird.

d)   Tintenfische

Diese Mollusken, die besser Tinten»schnecken« heißen sollten, besitzen einen weichen Körper, in dem nur ein – je nach Art – mehr oder weniger großer »Schulp« liegt. Die Beute wird unzerkaut verschluckt, zum Ergreifen genügen wenige Zähne – im Extremfall trägt jede Unterkieferhälfte nur einen Zahn (Zweizahnwale: Abb. 301 und 302).

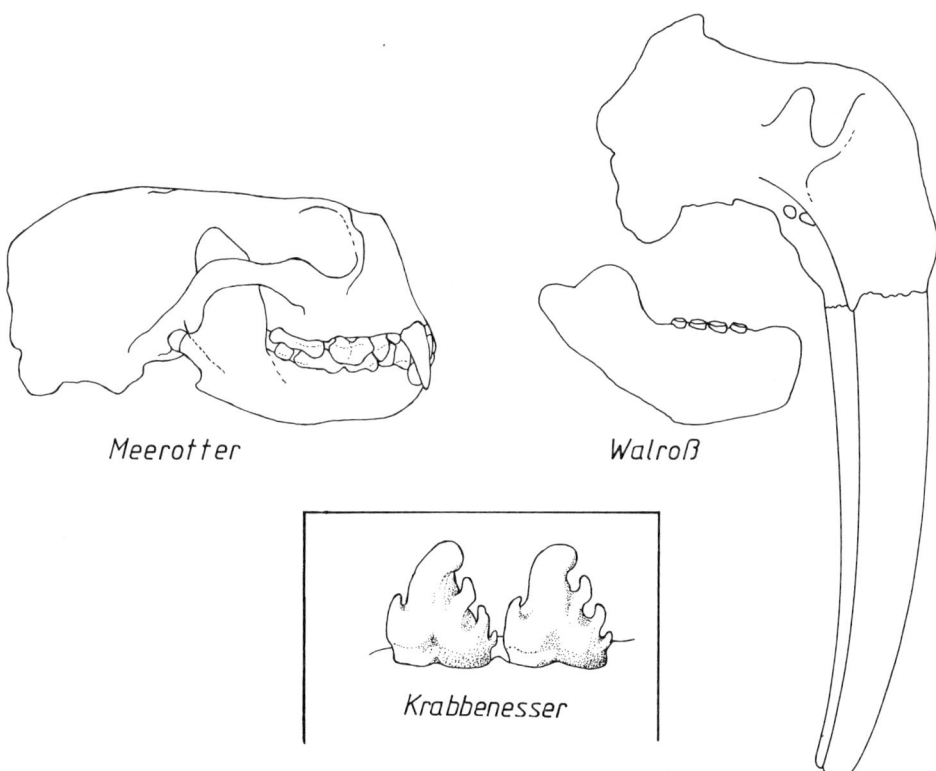

Meerotter

Walroß

Krabbenesser

Abb. 121 (oben). Schädel von Arten, die sich von hartschaligen Meerestieren ernähren. Beim Walroß sind die oberen Eckzähne als riesige Hauer ausgebildet. Von den Backenzähnen des Oberkiefers – stummelförmig wie die unteren – sind zwei sichtbar, die restlichen durch die rechte Oberkieferhälfte verdeckt (nach Vaughan 1978)

Abb. 122 (Mitte unten). Zwei untere Backenzähne des Krabbenessers (nach Walker aus Vaughan 1978)

e)   Muscheln und Krebse

Muscheln und Krebse sind wie Insekten außen hart und innen weich (Krebse haben als Arthropoden ein Außenskelett, Muscheln sind »Schalentiere«).

Muscheln kommen besonders im Meer in riesiger Anzahl auf relativ kleinem Raum vor. Auf diese Kost hat sich das zu den Robben gehörende Walroß spezialisiert. Es löst – vermutlich mit den Lippen – die Schalentiere vom Meeresgrund und knackt sie mit dem aus stummelförmigen Zähnen bestehenden Gebiß (Abb. 121). Der weiche Inhalt bietet dann keine weiteren Schwierigkeiten. Lange Zeit nahm man an, die mächtig entwickelten Eckzähne dienten dazu, die Muscheln abzulösen. Die riesigen Hauer haben jedoch völlig andersartige Funktionen (s. IX F).

Der zu den Landreißtieren gehörende See- oder Meerotter erbeutet auch Seeigel. Neben seinen Pflasterzähnen (Abb. 121) setzt er besondere Fähigkeiten seines Gehirns ein, um an den weichen Inhalt zu gelangen: er benutzt Steine als Werkzeug (Weiteres in X A).

f)   Plankton des Meeres

Säugetiere nutzen ausschließlich *tierliches* Plankton.

Eine einzige Art hat im Verlauf ihrer Evolution die Zähne so umgestaltet, daß das Gebiß als *Filter* wirkt (Abb. 122). Der Krabbenesser beißt ins Wasser, schließt den Mund und läßt das Wasser seitlich durch die Backenzähne laufen. In der Reuse bleiben kleine Krebse hängen. Sie gehören im allgemeinen zur Gattung *Euphausia*, sind also keine »Krabben«, sondern werden als »Krill« bezeichnet. Der Name »Krabbenesser« ist daher für diese Robbe etwas irreführend. Alle anderen Filtrierer sind Wale, sie benutzen keine Zähne, sondern Bildungen der Haut – die Barten (Abb. 405). Der Nahrungserwerb der Bartenwale ist in Abschnitt X A besprochen.

g)   Ameisen und Termiten

Die zu den sozialen Insekten gehörenden Ameisen und Termiten treten in riesigen Anzahlen auf. Mehrere Säugetier-Arten aus verschiedenen Ordnungen haben sich auf diese

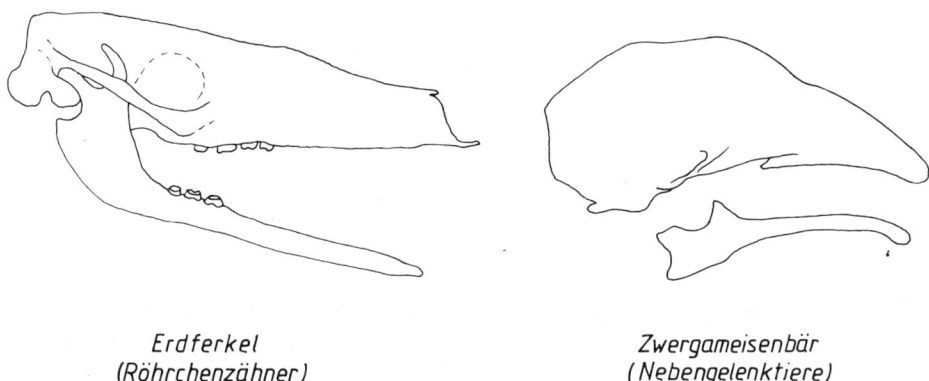

Erdferkel
(Röhrchenzähner)

Zwergameisenbär
(Nebengelenktiere)

Abb. 123. Schädel von Ameisen- und Termitenessern aus verschiedenen Ordnungen (Erdferkel nach Hatt aus Vaughan 1978; Ameisenbär nach Vaughan 1978)

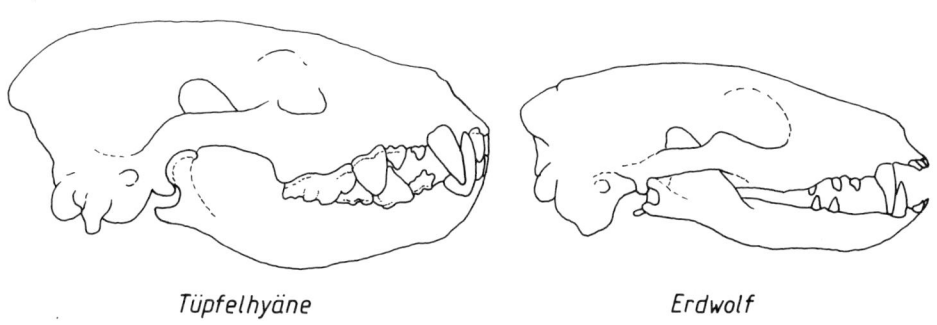

Tüpfelhyäne   Erdwolf

Abb. 124. Schädel zweier Hyänen-Arten. Man beachte den unterschiedlichen Bau der Gebisse (nach Vaughan 1978)

Kost spezialisiert. Da es sich für sie offenbar »nicht lohnt«, jedes dieser kleinen Insekten einzeln zu zerkauen, haben sämtliche Ameisen- und Termitenesser im Laufe ihrer Stammesgeschichte ihr Gebiß mehr oder weniger stark reduziert – im Extremfall bis zur völligen Zahnlosigkeit. Die Schuppentiere zerkleinern die Insekten mittels einer aus hornigen Reibeplatten bestehenden Magenmühle (Abb. 347).

In Abb. 123 ist ein schwach bezahnter und ein völlig zahnloser Schädel von Vertretern der Eutheria dargestellt. Vollständiges Fehlen der Zähne ist auch ein Merkmal der Schuppentiere (Abb. 411) und der zu den Prototheria gehörenden Ameisenigel. Da auch ein Vertreter der Metatheria – der Ameisenbeutler – sich auf soziale Insekten spezialisiert hat und ein nur schwach entwickeltes Gebiß zeigt, findet man konvergente Gebißreduktion in allen drei Unterklassen.

Ein Paradebeispiel für die Reduktion der Zähne bei der Spezialisierung auf Ameisen- und Termitennahrung liefert ein Vergleich der Gebisse der zur Familie der Hyänen gehörenden Arten Tüpfelhyäne und Erdwolf (Abb. 124). Während die Tüpfelhyäne sogar große Knochen zu zerbeißen vermag, weist der sich von Insekten ernährende Erdwolf sehr schwächliche Bezahnung auf.

Weitere Ausführungen zu Ameisen- und Termitenessern finden sich in Kapitel X.

h)   Blut

Die Vampirfledermäuse verfügen im Oberkiefer über rasiermesserscharfe Schneide- und Eckzähne (Abb. 111 links und Abb. 132). Damit ritzen sie die Haut von Säugetieren (meist Hausrindern) und Vögeln und nehmen das austretende Blut auf. Weiteres hierzu in Kapitel X.

H2.   Pflanzliche Kost

Je nach genutztem Pflanzenteil zeigt das Gebiß unterschiedliche Anpassungen. Fast alle Teile einer Pflanze können als Nahrung dienen. Nur Holz (d. h. dicke Baumstämme) bildet eine Ausnahme. Sogar der von manchen Spechten ausgebeutete Phloemsaft wird auch von einigen Krallenäffchen nach Benagen der Äste aufgenommen.

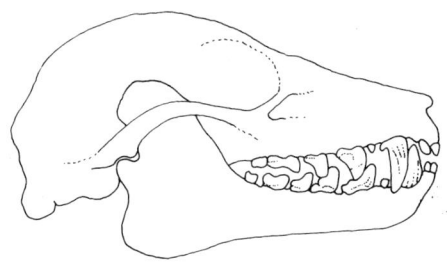
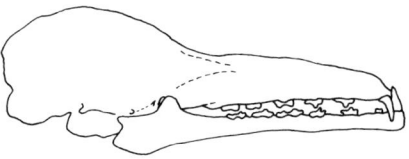

Flughund   Fledermaus

Abb. 125 (links). Schädel eines früchteessenden Flughundes (*Pteropus* spec.) nach Vaughan 1978)

Abb. 126 (rechts). Schädel der blütenbesuchenden Langnasen-Fledermaus (nach Vaughan 1978)

a)   Früchte

Der Begriff »Früchte« wird nachstehend nicht im botanischen Sinn gebraucht, sondern bezeichnet das, was in der Umgangssprache »Obst« heißt. Die davon lebenden Tiere nennt man auch Frugivore.

Für das Zerquetschen der oft sehr weichen Baumfrüchte sind keine besonderen Anpassungen notwendig. Oft werden sie nur ausgekaut. Wie Abb. 125 zeigt, sind die Prämolaren und Molaren der Früchteesser relativ stumpfhöckerig. Vor allem Fledertiere beuten diese Nahrungsquelle aus, die nur in den Tropen ganzjährig zur Verfügung steht. In der Alten Welt sind es die Flughunde, in der Neuen Welt bestimmte Fledermaus-Arten. Auch der Speisezettel vieler Primaten besteht überwiegend aus Baumfrüchten.

b)   Nektar und Pollen

Diese Blütenprodukte machen sich vorwiegend Fledertiere zunutze. Sie befliegen die Blüten um des Nektars willen. Nektar als Zuckerlösung bedarf keiner mechanischen Bearbeitung. Daher sind Reduktionserscheinungen am Gebiß zu beobachten (Abb. 126). Die Aufnahme des Pollens ist in Kapitel X geschildert.

c)   Mehr oder weniger harte Pflanzenteile

Arten, die sich hiervon ernähren, heißen Herbivore.

Das relativ weiche Laub nutzt die Zähne wenig ab; blätteressende Formen weisen daher keine so extremen Anpassungen im Backenzahnbereich auf wie die Grasesser. Die in den Baumkronen äsende Giraffe hat ein »Grasesser«gebiß, sie nimmt nämlich ziemlich harte Pflanzenteile zu sich.

Sehr harte Pflanzenteile sind neben verholzten Sprossen *Gräser*, welche in bestimmte Zellen Kieselsäure-Kristallite einlagern (Abb. 107). Die Zähne werden beim Zermahlen derartiger Kost sehr stark abgenutzt. Als Anpassung an den Abrieb besitzen viele Arten Zähne mit Dauerwachstum (zahlreiche Nage- und die Hasentiere) oder horizontalen Zahnwechsel wie Elefanten und Seekühe (s. K). Andere Formen – beispielsweise die Einhufer und viele Paarhufer – verfügen über hochkronige Zähne (Abb. 108).

Extrem spezialisierte Pflanzenesser weisen – unabhängig von ihrer systematischen Zugehörigkeit – bestimmte Gemeinsamkeiten im Gebißbau auf. So findet eine Reduktion der Zahnanzahl im vorderen oder im vorderen und mittleren Bereich statt (Abb. 127). Sind vorne Zähne vorhanden, befindet sich zwischen diesen und den Backenzähnen eine Lücke, das *Diastema*. Entsprechendes gilt für pflanzenessende Vertreter der Metatheria. Die Eckzähne fehlen in den meisten Fällen.

Die Prämolaren sind mehr oder weniger molarenähnlich. Mehrere Backenzähne bilden gemeinsam eine einheitliche bandförmige Reibefläche; im Extremfall wird diese von nur einem einzigen Zahn gebildet.

Zwischen den vorderen und hinteren Gebißpartien besteht eine »Arbeitsteilung«. Sind oben und unten Schneidezähne vorhanden, bilden sie eine Beißzange zum Abrupfen des Grases (Beispiel: Pferd). Stehen nur unten Schneidezähne, drücken diese das Gras gegen eine oben ausgebildete hornige Platte (Beispiele: Stirnwaffenträger).

Ein extrem an pflanzliche Nahrung angepaßtes Gebiß ist das der Nagetiere und Hasentiere (Abb. 128). Deren Nagezähne sind *konvergent* bei den Vertretern dieser Ordnungen

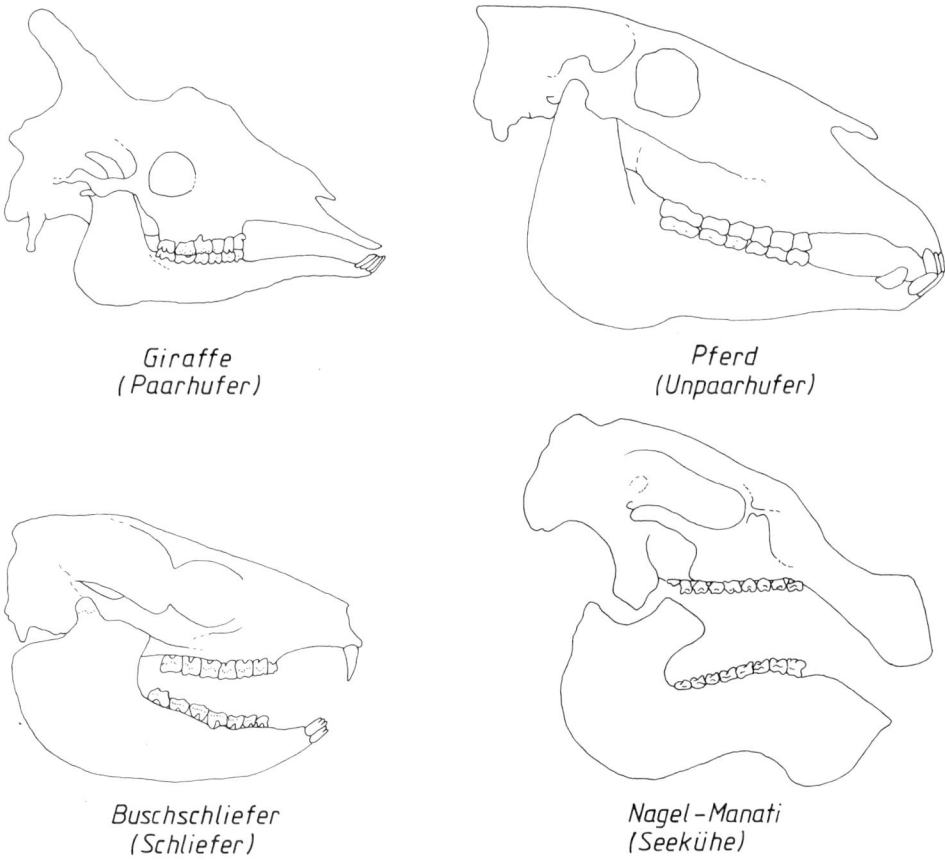

Giraffe
(Paarhufer)

Pferd
(Unpaarhufer)

Buschschliefer
(Schliefer)

Nagel-Manati
(Seekühe)

Abb. 127. Schädel von Pflanzenessern aus verschiedenen Ordnungen (Seekuh nach Hall und Kelson aus Vaughan 1978; übrige nach Vaughan 1978)

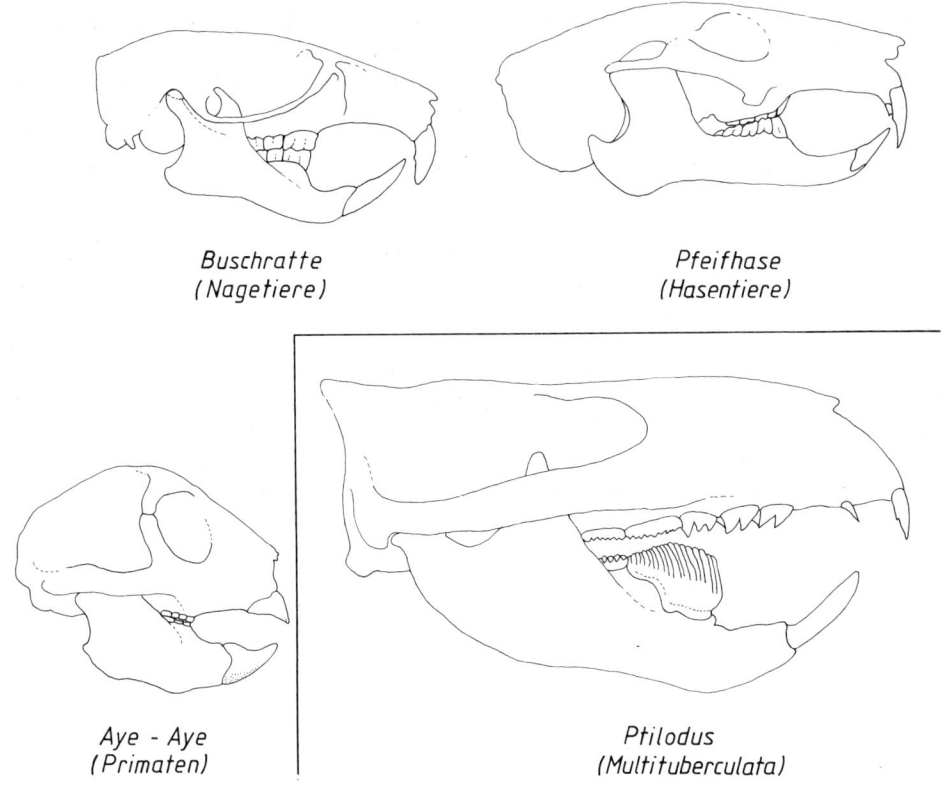

Buschratte
(Nagetiere)

Pfeifhase
(Hasentiere)

Aye - Aye
(Primaten)

Ptilodus
(Multituberculata)

Abb. 128 (oben und links unten). Nagegebisse bei der Buschratte *Neotoma stephensi*, beim Pfeifhasen *Ochotona princeps* sowie bei einer Art, die keine Pflanzen ißt (nach Vaughan 1978)

Abb. 129 (rechts unten). Schädel eines Vertreters der ausgestorbenen Gruppe der Vielhöckerzähner (nach Simpson aus Vaughan 1978)

entstanden; bevor man dies wußte, ordnete man fälschlicherweise die Hasentiere den Rodentia zu. Daß nicht alle nagenden Tiere Nagetiere sind, beweist auch das zu den Primaten gehörende Fingertier oder Aye-Aye (Abb. 128); mit den riesigen Schneidezähnen vermag es auch hartes Holz zu bearbeiten, um so an Insektenlarven zu gelangen.

Sämtliche »Nagezähne« besitzen Dauerwachstum und können zum Abraspeln sehr harter Substanzen eingesetzt werden. Beispielsweise nagt das Eichhörnchen Rillen in die harten Schalen von Nüssen; eine bei dieser Art und dem Murmeltier vorkommende Sonderanwendung der Nagezähne ist in J besprochen.

Eine stark an Nagegebisse erinnernde Zahnanordnung zeigen die ausgestorbenen Vielhöckerzähner (Abb. 129). Man schließt hieraus auf pflanzliche Ernährung der Vertreter dieser Gruppe (s. Kap. XI).

Wurzeln: Beim Erwerb dieses teilweise verholzten Pflanzenteils gelangt unvermeidlich Erde in den Mund. Sandkörner, welche aus Quarz bestehen, erhöhen den Abrieb an den Zähnen beträchtlich. Daher haben sich nur Nagetiere mit ihrem extrem spezialisierten Gebiß diese Nahrungsquelle erschlossen.

152

Arten, die sowohl tierliche als auch pflanzliche Nahrung aufnehmen, heißen Allesesser (Omnivore). Da die Vorfahren aller Säugetiere Formen mit Insektenessergebissen waren, sind die Allesessergebisse sekundär entstanden. Wie in Abb. 130 ersichtlich, zeichnen sie sich dadurch aus, daß im Backenzahnbereich die Zähne niedrigkronig und höckerig (bunodont) sind. Sie dienen mehr dem Zerquetschen als dem Zermahlen der Nahrung.

Im Gebiß des Wildschweins ist eine »Arbeitsteilung« vorhanden. Die unteren Schneidezähne bilden eine Schaufel zum Wühlen im Boden. Mit den Eckzähnen können Wurzeln herausgerissen werden. Die Prämolaren haben eine schneidende, die Molaren eine mehr mahlende Funktion.

Der Vergleich des Wildschweinschädels (Abb. 130) mit dem Schädel des Warzenschweins (Abb. 131) lehrt: Pflanzliche Nahrung bedingt ein Diastema und eine einheitliche Reibeplatte. Der große letzte Molar des Warzenschweins weist außerdem Dauerwachstum auf. Die davor liegenden Backenzähne fallen im Laufe des Lebens aus (in Abb. 131 fehlt bereits der dem ersten unteren Backenzahn gegenüberstehende obere).

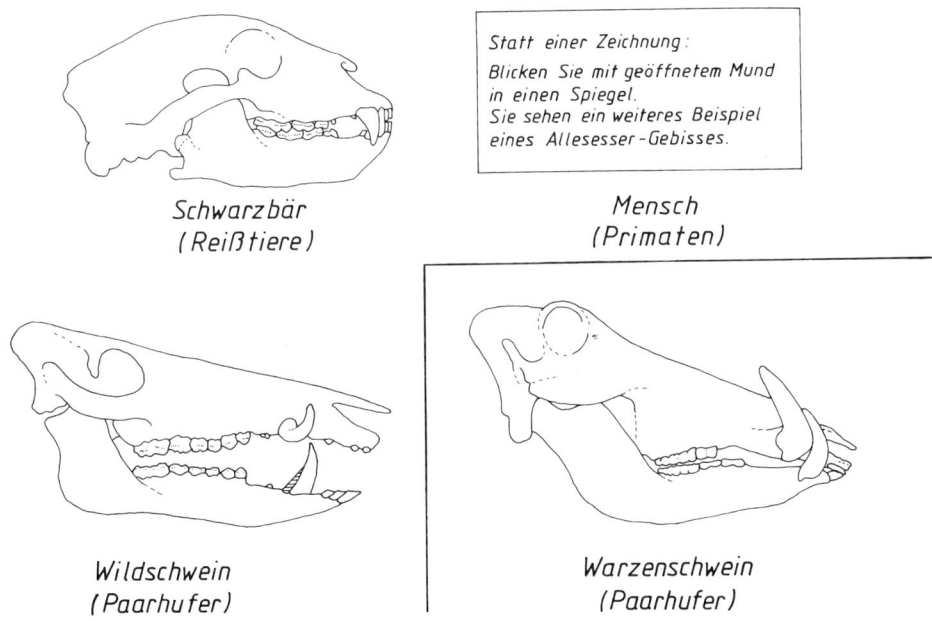

Statt einer Zeichnung:
Blicken Sie mit geöffnetem Mund in einen Spiegel.
Sie sehen ein weiteres Beispiel eines Allesesser-Gebisses.

Schwarzbär
(Reißtiere)

Mensch
(Primaten)

Wildschwein
(Paarhufer)

Warzenschwein
(Paarhufer)

Abb. 130 (oben und links unten). Gebisse von Allesessern aus verschiedenen Ordnungen (Wildschwein nach verschiedenen Vorlagen; Schwarzbär nach Vaughan 1978)

Abb. 131 (rechts unten). Schädel einer vorwiegend Pflanzen essenden Schweine-Art (nach Vaughan 1978)

J.   Zähne mit Sonderaufgaben

Manche Arten verwenden ihr Gebiß nicht ausschließlich zum Nahrungserwerb. Zähne, die neben ihren Aufgaben beim Gewinnen und Zerkleinern der Nahrung andere Funktionen erfüllen oder bei der Nahrungsaufnahme überhaupt nicht eingesetzt werden, stehen im *vorderen* Gebißbereich. Manche der nachstehend aufgeführten Beispiele zeigen sehr auffällig aussehende Zähne. Welche Rolle sie im Leben ihres Trägers spielen, wird für einige Formen erst in späteren Kapiteln besprochen.

J1.   Schneidezähne

Besonders gestaltete Schneidezähne sind in Abb. 132 zusammengestellt. Die Gemeine Vampirfledermaus ist in diese Abbildung mit aufgenommen, obwohl sie ihre Incisivi ausschließlich zum Anritzen der Haut ihrer Opfer gebraucht (Weiteres in X A).

Die mächtig entwickelten Schneidezähne des Narwals und des Elefanten nennt man auch *Stoßzähne*.

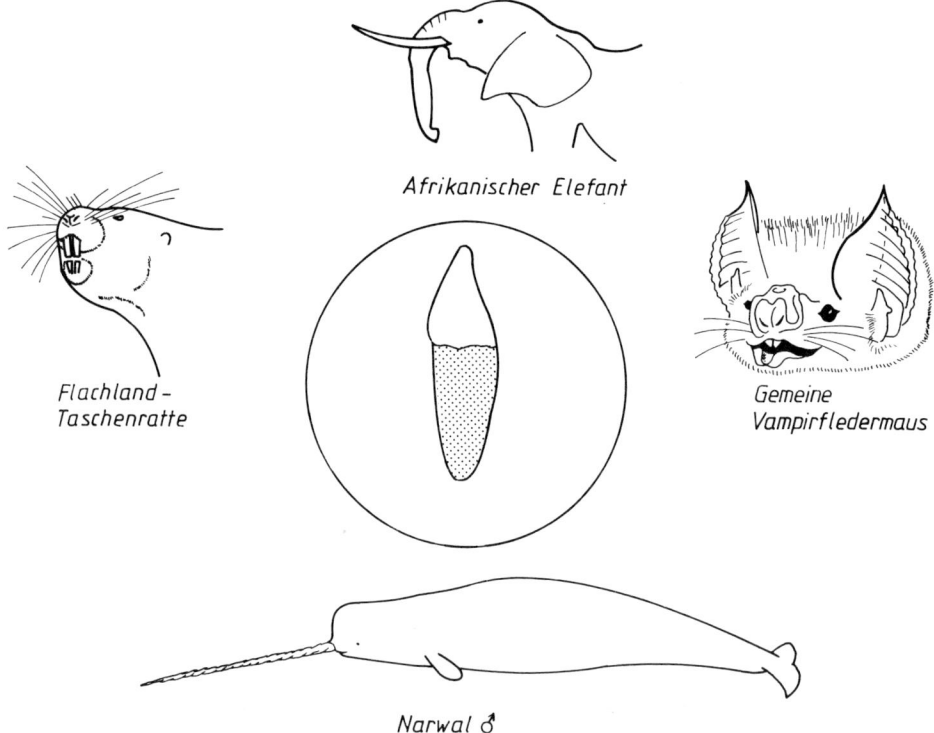

Abb. 132. Besonders geformte Schneidezähne bei verschiedenen Arten. In der Mitte ist ein nicht spezialisierter Schneidezahn (des Menschen) dargestellt (nach Grzimeks Tierleben und einem Prospekt des Zoologischen Museums Hamburg)

Abb. 133 (links). Schädel eines männlichen Narwals mit zwei Stoßzähnen. Dieser im Besitz des Zoologischen Museums in Hamburg befindliche Schädel stellt eine außerordentliche Rarität dar (nach einem Plakat des Zoologischen Instituts und Museums Hamburg)

Abb. 134 (rechts). Das sagenhafte »Einhorn«: Ein pferdeartiges Tier trägt auf der Stirn den Stoßzahn des Narwals. Man beachte die unterschiedliche Darstellung der vorderen und hinteren Extremitätenenden (vereinfacht nach Gesner 1669)

a)   Narwal

Nur das Männchen des Narwals trägt einen Stoßzahn. Es ist der linke obere Incisivus (s. die Gebißformel in Abb. 117). Der rechte bleibt fast immer klein im Kieferknochen liegen; nur in extrem seltenen Fällen gelangt er zum Durchbruch (Abb. 133).

Der Stoßzahn des Narwals galt in früheren Zeiten als Beweis für die Existenz des Einhorns (Abb. 134). Die Stoßzähne wurden ins Binnenland transportiert und buchstäblich mit Gold aufgewogen. Ihre Aufgabe war den Zoologen ein Rätsel und hat zu abenteuerlichen Vermutungen angeregt. Der Stoßzahn sollte dazu dienen, Atemlöcher ins Eis an der Meeresoberfläche zu brechen. Weiter nahm man an, die vom Narwal bevorzugten Grundfische und Krebse würden damit aus dem Meeresgrund gewühlt oder gar aufgespießt. Diejenigen, welche behaupteten, er habe eine Aufgabe bei der Nahrungssuche, blieben allerdings eine Erklärung dafür schuldig, wie die stoßzahnlosen Weibchen oder die Jungtiere zu ihrer Beute gelangen sollten. Das Rätsel wurde neuerdings durch Beobachtungen gelöst, die in Abschnitt IX F beschrieben sind.

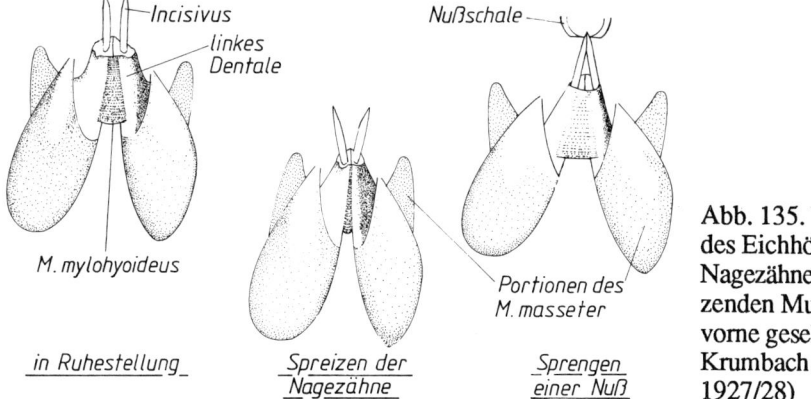

M. mylohyoideus

Incisivus
linkes
Dentale

Nußschale

Portionen des
M. masseter

in Ruhestellung

Spreizen der
Nagezähne

Sprengen
einer Nuß

Abb. 135. Unterkiefer des Eichhörnchens mit Nagezähnen und ansetzenden Muskeln von vorne gesehen (nach Krumbach aus Weber 1927/28)

b)   Grabende Nagetiere

Einige Arten – neben der Flachland-Taschenratte auch der Nacktmull – benutzen ihre Nagezähne außer zum Abraspeln pflanzlicher Substanz auch zum Lockern der Erde beim Wühlen (Weiteres in VIII J).

c)   Sonstige Nagetiere

Manche Arten der Nagetiere – so das Eichhörnchen und das Murmeltier – vermögen die unteren Nagezähne zu spreizen. Da jeder Zahn fest in seiner Alveole steckt, ist dies nur dadurch möglich, daß die Unterkieferhälften gegeneinander bewegt werden; die beiden Knochen sind in diesen Fällen in der Symphyse nicht starr miteinander verbunden. Das Spreizen geschieht durch Kontraktion eines besonderen Muskels (Abb. 135). Er bildet die vordere Portion des Musculus mylohyoideus und wird gelegentlich mit einem eigenen Namen belegt: M. transversus mandibulae. (Während man im allgemeinen bei der Bezeichnung von Knochen das Wort »Os« wegläßt, also beispielsweise statt Os dentale

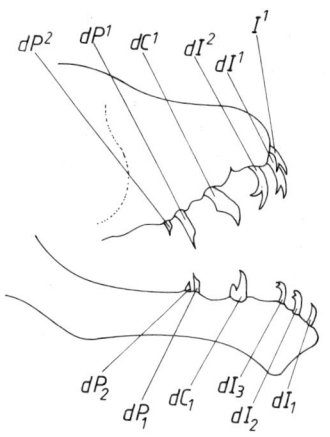

dP^2 dP^1 dC^1 dI^2 I^1 dI^1

dP_2 dP_1 dC_1 dI_3 dI_2 dI_1

Abb. 136. Milchgebiß der Zwergfledermaus. Linke Kieferhälften weggelassen. Zur Bezeichnung der Zähne s. Text und Abb. 114 (nach Weber 1927/28)

156

einfach Dentale sagt, setzt man bei den Muskeln meist für »Musculus« stellvertretend ein »M« vor den Namen des betreffenden Muskels.)

Der vom linken zum rechten Dentale ziehende M. mylohyoideus ist seinerseits Teil des M. intermandibularis, welcher den Mundhöhlenboden bildet und als weiteren Teil den mehr oberflächlich ziehenden, längs verlaufenden M. digastricus anterior aufweist.

Als Antagonist zum M. mylohyoideus wirken zum M. masseter gehörende Muskelportionen; kontrahieren sie sich, werden die Zahnspitzen einander genähert.

Öffnet das Eichhörnchen eine Nuß, kann es folgendermaßen verfahren: Es nagt eine Rille in die Schale, vertieft sie zum Spalt und steckt in diesen die einander genäherten unteren Nagezähne (Abb. 135 rechts). Durch Spreizen der Zähne bei Kontraktion des M. mylohyoideus wird die Schale gesprengt. Eine andere Technik besteht darin, ein großes Loch in die Schale zu nagen, in welches die unteren Nagezähne eingeführt und Teile des Kerns wie mit einer Pinzette entnommen werden können.

d)   Elefant

Vielseitige Verwendung finden die nahezu ausschließlich aus Dentin bestehenden, dauernd wachsenden Stoßzähne der Elefanten. Nur an der Spitze des Stoßzahns wird eine kleine Schmelzkappe angelegt; sie nutzt sich aber rasch ab, wenn die Elefanten an Bäumen die Borke abschälen, welche einen bevorzugten Bestandteil ihrer Nahrung bildet.

Die Stoßzähne dienen zum Lockern des Erdbodens, zum Graben von Wasserlöchern sowie als Waffe bei innerartlichen Auseinandersetzungen. Kämpfe der Männchen können dadurch tödlich enden, daß ein Stoßzahn in den Körper des Gegners dringt und lebenswichtige Organe verletzt. Auch bei Begegnungen mit Artfremden werden die Stoßzähne als Waffen eingesetzt: So blieb beim Streit eines Elefanten mit einem Nashorn um den Zutritt zu einer Tränke das Nashorn tot auf der Stelle – durchbohrt von einem Stoßzahn. Arbeitselefanten legen sich Baumstämme auf die Stoßzähne quer und tragen sie fort, wobei sie die Stämme von oben mit dem Rüssel gegen die Zähne drücken.

Die Stoßzähne gestorbener und verwester Individuen nehmen Artgenossen oft auf und tragen sie ein Stück weiter weg. Der Mensch stellt aus den Stoßzähnen »Elfenbein«-Schnitzereien her.

e)   Fledermäuse

Werden Fledermausmütter mit Jungen tagsüber erschreckt, fliegen sie davon und nehmen die an ihnen hängenden Jungen mit. Bei Flugmanövern treten erhebliche Kräfte auf, die das Junge von der Mutter abzuschleudern drohen. An den Vordergliedmaßen besitzt es nämlich zum Festklammern nur die eine Kralle am Daumen. Es findet jedoch zusätzlichen Halt durch die besonders ausgebildeten Zähne des Milchgebisses, welche wie Krallen wirken (Abb. 136).

J2.   Eckzähne

Besonders groß entwickelte Eckzähne heißen oft *Hauer*. Auf die manchmal auch sehr langen Canini der Landreißtiere wendet man diesen Ausdruck allerdings nicht an – ebensowenig auf die großen Eckzähne einiger Primaten.

Bei manchen Arten haben die Hauer neben ihrer Funktion als Kampfzähne noch Aufgaben beim Nahrungserwerb (so bei den Schweinen).

Die vielseitigste Verwendung finden die Hauer des Walrosses. Sie dienen sehr verschiedenen Aufgaben. Aber ausgerechnet die lange Zeit angenommene Funktion beim Loslösen der Muscheln vom Meeresgrund haben sie nicht. Sie sind in erster Linie soziales Statussymbol (s. IX F). Sie werden auch verwendet, um Löcher ins Eis zu hacken. Oft benutzt sie ein auf dem Trockenen liegendes Walroß, um den Kopf aufzustützen. Außerdem werden die Hauer beim Verlassen des Wassers eingesetzt: Das Walroß hakt sie in den Untergrund und zieht sich so an Land. Diese Verwendung verhalf der Art zu ihrem wissenschaftlichen Gattungsnamen: *Odobenus* ist aus den griechischen Wörtern Odontos und baenos zusammengezogen und heißt daher »der mit den Zähnen Gehende«.

K. Zahnwechsel

Die meisten Eutheria wechseln einmal während ihres Lebens den größten Teil ihrer Zähne (Diphyodontie). Nicht gewechselt werden die Molaren. Die erste Zahngeneration heißt *Milchgebiß* (Abb. 137). Die Zähne der zweiten Generation werden wie die der ersten be-

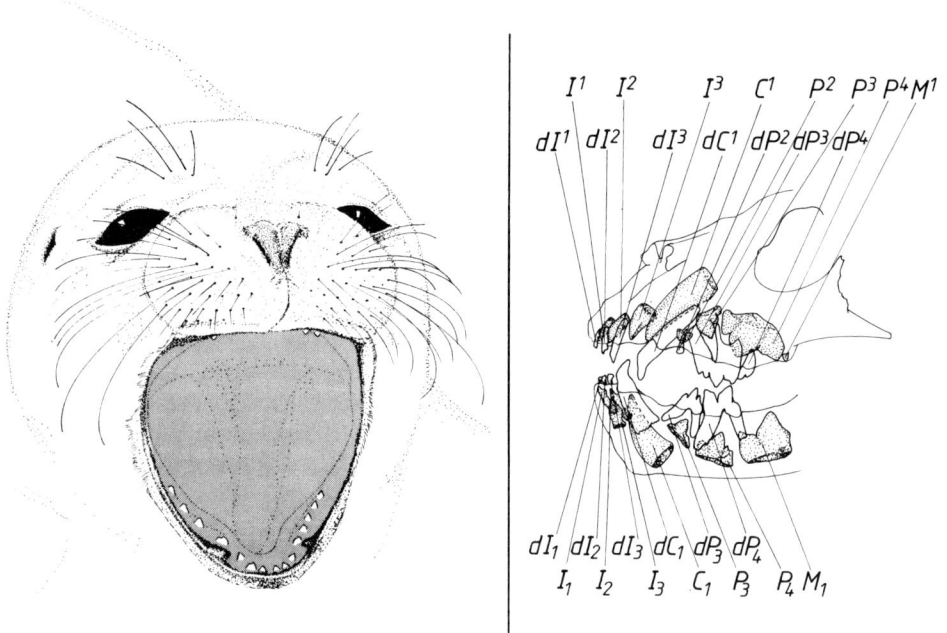

Abb. 137 (links). Milchgebiß eines jungen Seehundes (nach einem Foto aus der Illustrierten Wochenzeitung)

Abb. 138 (rechts). Milchgebiß und Zähne der zweiten Zahngeneration (grau wiedergegeben) eines 6,5 Monate alten Löwen. Man beachte, daß im Milchgebiß keine Molaren vorkommen; die Fleisch- und Brechschere ist daher noch nicht ausgebildet. Zur Bezeichnung der Zähne s. Text und Abb. 114 (nach Weber 1927/28)

reits beim Fetus angelegt. Sie liegen unter den Milchzähnen im Kieferknochen (Abb. 138).

Beuteltiere wechseln nur den einzigen Prämolaren jeder Kieferhälfte. Zahnwale weisen nur eine Zahngeneration auf (Monophyodontie).

Beim Zahnwechsel wandert der harte Zahn durch den ebenfalls harten Kieferknochen. Dieser erstaunliche Vorgang läßt sich durch folgenden Vergleich veranschaulichen: Man stelle sich einen in Waschbeton steckenden Kiesel vor, der sich durch den Beton bewegt.

K1. Vertikaler Zahnwechsel

Jedem von uns ist der Zahnwechsel während der Kinderzeit wohlbekannt. Die Molaren brechen spät durch, die hintersten oft erst im Erwachsenenalter, sie heißen Weisheitszähne. Beim Menschen geschieht der Zahnwechsel wie bei den meisten Säugetieren *vertikal*, d. h. die Zähne der zweiten Generation stehen unter den Wurzeln der ersten (Abb. 138).

K2. Horizontaler Zahnwechsel

Manche Pflanzenesser, deren Zähne zwar hochkronig sind, aber kein Dauerwachstum aufweisen, können die abgekauten Zähne ersetzen. Es wird also nicht – wie beispielsweise bei einem Nagezahn – die abgekaute Substanz jedes Zahns ersetzt, sondern ganze Zähne rücken nach. Dies geschieht bei Elefanten und Seekühen.

Elefanten haben in jeder Kieferhälfte nur einen Backenzahn »in Betrieb« (Abb. 139). Diesen kauen sie bis auf einen kleinen Rest ab, der ausfällt. Inzwischen ist von hinten her allmählich ein neuer Backenzahn nachgerückt. Im Laufe seines Lebens muß ein Elefant mit sechs Backenzähnen in jeder Kieferhälfte auskommen. Beim Abkauen entsteht infolge der unterschiedlichen Härte der Zahnsubstanzen (s. F4) eine sehr wirksame Reibefläche, welche bis zum Ausfall des Zahns erhalten bleibt (Abb. 140).

Seekühe weiden unter Wasser. Mit den aufgenommenen Pflanzen gelangt reichlich Sand zwischen die Zähne, welcher diese beim Zermahlen der Nahrung erheblich abschleift. Den starken Abrieb gleichen die Sirenen dadurch aus, daß sie fortlaufend neue Zähne bilden. Diese entstehen am hinteren Ende der Zahnreihe und schieben sich langsam nach vorne. Der vorderste abgekaute Stumpen fällt aus. Den Vorgang beschrieb HART-LAUB bereits 1886.

Da jeder Backenzahn in einer Alveole steckt und damit vom nächsten durch eine knöcherne Zwischenwand getrennt ist, muß beim Wandern eines Zahns durch den Kieferknochen die Wand vor dem Zahn – d. h. die in dessen Bewegungsrichtung liegende – aufgelöst werden. Hinter ihm wird entsprechend Knochen neu gebildet. Wie in den beiden Zuständen der Abb. 141 illustriert, setzt dabei zuerst der Abbau und danach der Aufbau von Knochensubstanz ein.

Vorstehend ist der Prozeß der Wanderung eines Zahns so beschrieben, als ob er sich »selbständig« in Bewegung setzte, und der Knochen entsprechend ab- und aufgebaut werden müßte. In Wirklichkeit wird der Zahn durch die am Knochen ablaufenden Vorgänge *geschoben*. Die eigentlichen Akteure sind die Knochen bildenden und Knochen abbauenden Zellen (Osteoblasten und Osteoklasten). Über deren koordiniertes Zusammenwirken bei diesen Vorgängen ist noch nahezu nichts bekannt.

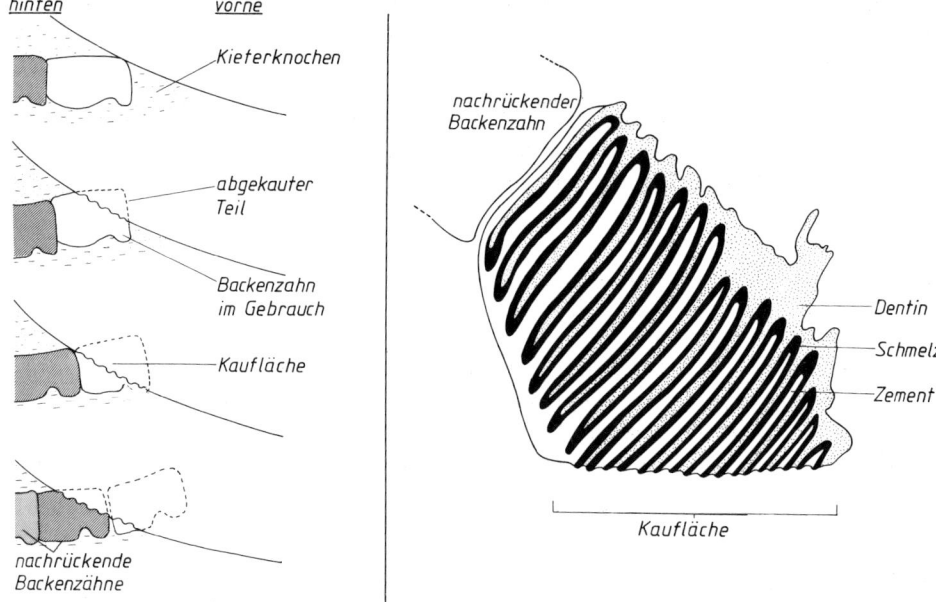

Abb. 139 (links). Schema zum horizontalen Zahnwechsel im Unterkiefer des Afrikanischen Elefanten (nach Driak aus Krumbiegel 1953/55)

Abb. 140 (rechts). Schnitt durch einen – teilweise abgekauten – oberen Backenzahn des Asiatischen Elefanten. Zur Lage des Zahnes im Schädel vgl. Abb. 409 (nach Weber 1927/28)

L.   Kaumuskulatur

Von den fünf Muskeln des Kieferbogens sind nachstehend nur die beiden wichtigsten besprochen. Es handelt sich um den *Musculus masseter* und den *M. temporalis*.

Der *M. masseter* ist ein typischer Muskel der Säugetiere. Er entspringt an der Unterseite des Jochbogens (die den Jochbogen bildenden Knochen sind in der Legende zu Abb. 143 genannt). Den Muskelansatz bildet vorwiegend der vordere Teil des Jochbogens, der Muskelansatz kann aber auch auf das Maxillare übergreifen. Vom Schädel zieht der M. masseter zum Dentale.

Der M. masseter ist fast immer in eine oberflächliche und eine tiefe Portion gegliedert. Beide Portionen unterscheiden sich bezüglich ihres Ansatzes und der Verlaufsrichtung der Muskelfasern. Nagetiere weisen – je nach Art – verschiedene Spezialisierungen der einzelnen Anteile des Masseter-Komplexes auf. Die Großeinteilung der Ordnung Rodentia fußt auf dieser Tatsache (s. Abb. 400).

Der *M. temporalis* entspringt aus der Schläfengrube an der Seitenwand des Hirnschädels und zieht zum Processus coronoideus des Unterkiefers. Er hat seinen Namen vom Temporale (= Schläfenbein) erhalten, welches bei Primaten ein Verschmelzungsprodukt von Squamosum, Perioticum (= Petrosum) und Tympanicum ist (s. M). Der Ansatz des M. temporalis am Schädel kann sehr breitflächig sein; bei manchen Arten kommt es sogar in der dorsalen Mittellinie des Schädels zur Ausbildung eines Knochenkammes (Crista sagittalis), welcher dem M. temporalis eine zusätzliche Ansatzfläche bietet.

Bei ursprünglichen Arten – so bei vielen Insektenessern und wohl auch bei manchen Formen des Mesozoikums – stellt der M. temporalis mehr als 50 % der Masse der Kaumuskulatur. Als sich die Arten im Verlauf der Stammesgeschichte jeweils auf eine bestimmte Nahrung spezialisierten, nahm entweder der M. temporalis oder der M. masseter an Mächtigkeit zu.

Während die ausgesprochenen Pflanzenesser (Paar- und Unpaarhufer sowie Nagetiere) den M. masseter stark weiterentwickelten, ist der M. temporalis der wichtigste Kaumuskel der Reißtiere (Abb. 142).

Entscheidend für die Bevorzugung des einen oder anderen Muskels ist die Art und Weise der Unterkieferbewegung beim Nahrungserwerb. Ein Reißtier muß seine Beute fest packen, damit sie ihm nicht entwischt; beim Anschneiden des gerissenen Tieres und beim Zerkleinern mit Hilfe der Fleisch- und Brechschere sind nur Öffnungs- und Schließbewegungen der Kiefer erforderlich. Entsprechend liegt das Kiefergelenk etwa auf der Höhe der Gebißschluß-Ebene – so wie bei einer Schere.

Ganz andere Bewegungen des Unterkiefers gegen den Oberkiefer erfordert das feine Zermahlen pflanzlicher Nahrung. Hierfür sind verschiedene Bewegungen der aufeinanderliegenden Zahnflächen gegeneinander vonnöten – auf einen kräftigen Kieferschluß kann verzichtet werden. Die Mahlbewegungen geschehen bei den Paar- und Unpaarhufern in *seitlicher* Richtung. Durch *Vor-* und *Zurück*schieben des Unterkiefers nagen die Vertreter der Nagetiere, beim nachfolgenden Zerkleinern der Nahrung mit den Backenzähnen können zu diesen Schiebebewegungen Seitwärtsbewegungen dazukommen. Für diese vielfältigen Mahlbewegungen eignet sich der M. masseter. Gegenüber ihm tritt die Masse des M. temporalis bei Pflanzenessern – für welche als Beispiel in Abb. 142 ein Hase steht – stark zurück.

Das Kiefergelenk liegt bei Pflanzenessern weit oberhalb der Mahlfläche. Dadurch entsteht ein langer Hebelarm für den M. masseter. Zu genaueren Aussagen als den obigen

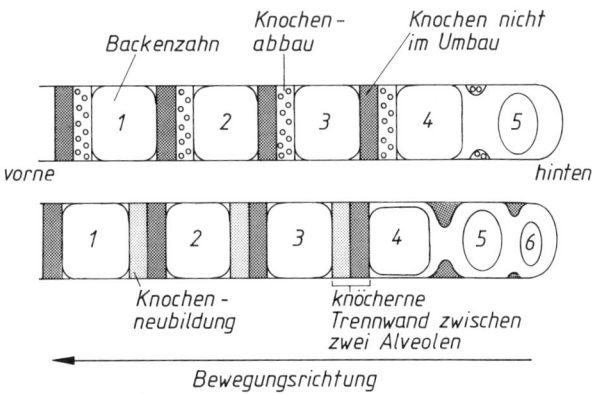

Abb. 141. Schema zum horizontalen Zahnwechsel bei Seekühen. Blick auf die Kaufläche. Es ist dieselbe Zahnreihe zu zwei verschiedenen Zeitpunkten dargestellt; der obere Zustand betont den *Ab*bau, der untere den *Auf*bau von Knochensubstanz. Im unteren Bild sind die Zähne ein Stück nach vorne gewandert, hinten erscheint ein neuer Zahn. Eine naturalistische Darstellung des Schädels einer Seekuh bringt Abb. 127 (nach Hartlaub aus Weber 1927/28)

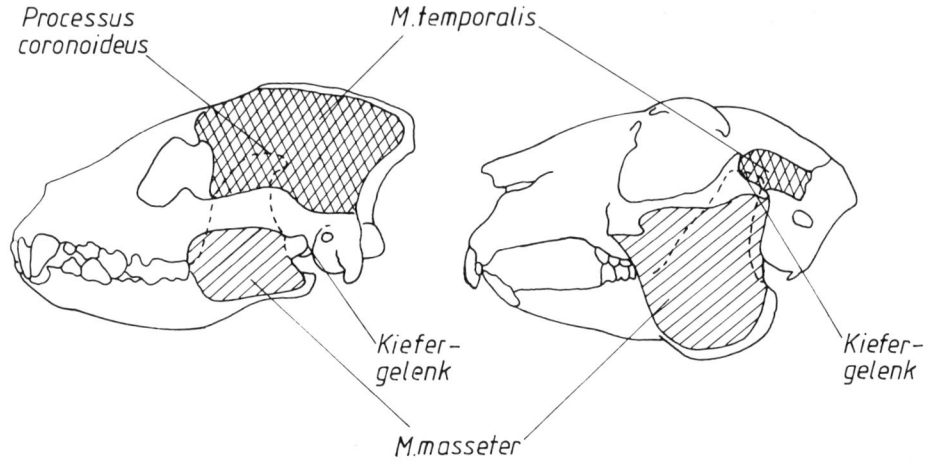

Abb. 142. Wichtigste Kaumuskeln einer Hyäne (links) und eines Hasen (nach Hildebrand 1982)

gelangt man, wenn man die am Kiefergelenk entstehenden Drehmomente betrachtet, die bei Fleisch- und Pflanzenessern durch die unterschiedliche Anordnung der verschiedenen Muskeln zustandekommen. Dies würde hier zu weit führen.

Geöffnet wird der Kiefer vom M. digastricus.

M.   Kiefergelenk

Die vielgestaltigen Zähne der Säugetiere erfüllen je nach ihrer Gestalt sehr unterschiedliche Aufgaben (s. H und J). Ihre Funktion besteht letzten Endes immer darin, die benötigte Energiezufuhr zu gewährleisten. Sie muß wegen der Homoiothermie höher sein als beispielsweise bei Reptilien. Diese können ihre Nahrung nicht wirksam zerkleinern; sie leben meist von tierlicher Kost; die wenigen Formen, welche pflanzliche Nahrung zu sich nehmen – wie die Meerechsen von Galapagos – schlucken die Bissen mehr oder weniger ganz hinunter. Müssen Krokodile von großen Beutetieren, die sie nicht im Ganzen verschlucken können, Stücke abtrennen, geschieht dies durch Herausreißen mittels Drehens des ganzen Körpers oder durch Schütteln der Beute.

Verschiedene Zahnformen allein genügen für die vielfältigen Aufgaben nicht, es müssen auch entsprechende – die Zahnform zur Wirkung bringende – Bewegungen der unteren Zähne gegen die oberen möglich sein. Da der Oberkiefer gegen den restlichen Schädel nicht bewegt werden kann, sind allein die Bewegungen des Unterkiefers maßgebend. Beispielsweise erfordert das Zermahlen der Nahrung der Pflanzenesser *seitliche* Bewegungen des Unterkiefers. Fleischesser müssen dagegen die schneidenden Flächen dicht aneinander vorbeiführen, Ausweichen nach der Seite wäre von Nachteil. Entsprechend muß das Kiefergelenk bei Pflanzenessern so gebaut sein, daß es Bewegungen des Unterkiefers in verschiedene Richtungen erlaubt. Bei einem Reißtier darf es nur Bewegungen in einer Ebene – d. h. Öffnungs- und Schließbewegungen des Mundes – erlauben; man spricht hier von einem *Scharniergelenk.*

Im Verlauf der Evolution haben daher mit der Differenzierung der Zahnform parallel verlaufende Umgestaltungen des Kiefergelenks stattgefunden. Hierfür wurde nicht dasjenige der Vorfahren verwendet, sondern ein ganz neues Kiefergelenk entwickelte sich – das *sekundäre* Kiefergelenk. Um dessen Besonderheiten zu verstehen, muß man wissen, was ein *primäres* Kiefergelenk ist. Die Begriffe wurden von Anatomen geschaffen, welche die Schädel verschiedener Wirbeltiere miteinander verglichen. Ihre Befunde sind im folgenden Abschnitt besprochen. Danach wird behandelt, wie es zur Ausbildung eines sekundären Kiefergelenks kam und was dabei mit dem primären geschah. Wie bereits in Kapitel I erwähnt, ist der Besitz eines sekundären Kiefergelenks ein Schlüsselmerkmal der Säugetiere.

Während nachstehend die *anatomischen* Gegebenheiten betont werden, finden sich in Abschnitt IX H Ausführungen zur *Funktion* des bei den rezenten Säugetieren einer anderen Aufgabe unterstellten primären Kiefergelenks.

M1. Tatsachen der vergleichenden Anatomie

Betrachten wir zunächst einen Säugetier-Schädel (Abb. 143). In dieser Abbildung sind neben den im vorliegenden Abschnitt interessierenden Knochen weitere bezeichnet, auf die an anderen Stellen des Buches eingegangen wird.

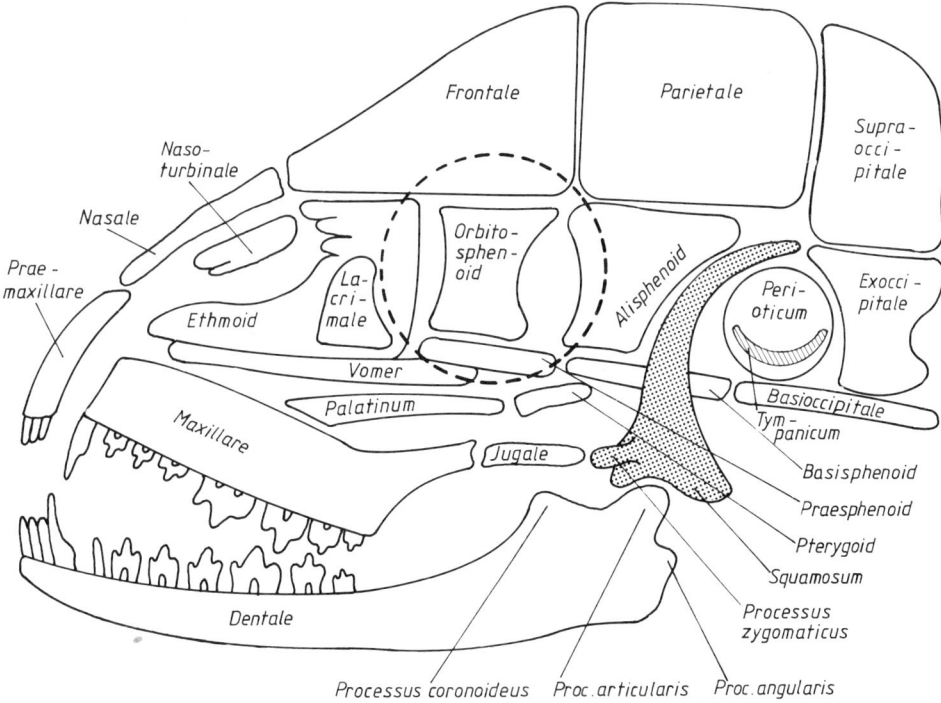

Abb. 143. Knochen des Säugetierschädels, schematisch. Der gestrichelte Kreis kennzeichnet die Augenhöhle. Der Processus zygomaticus des Squamosum und das Jugale bilden den *Jochbogen*. Zu den durch besondere Symbolik hervorgehobenen Knochen s. den Text (nach Weber 1927/28 und Peyer 1963)

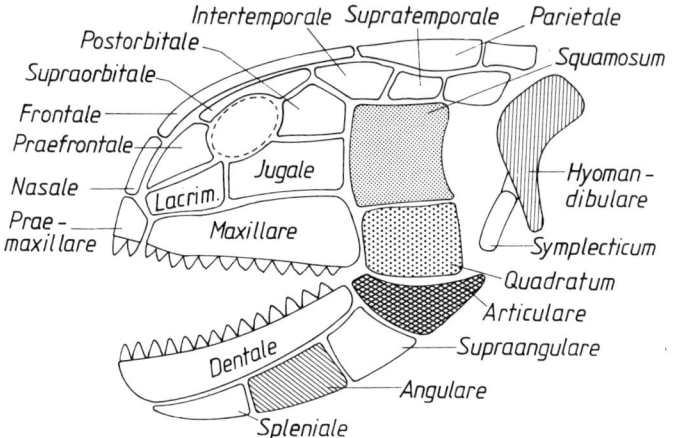

Abb. 144. Äußere Knochen des Schädels sowie Hyalbogen eines Quastenflossers, schematisch (nach Starck 1979)

Der Unterkiefer besteht aus einem einzigen Knochen, dem *Dentale*. Dentale und *Squamosum* bilden das Kiefergelenk. Das Dentale besitzt neben dem Gelenkfortsatz (= Processus articularis) zwei weitere Fortsätze, deren Bezeichnung am Schluß von Abschnitt M verständlich sein wird.

Zum Vergleich ziehen wir den Schädel eines Fisches heran (Abb. 144). Hierfür wurde ein Quastenflosser gewählt, da die fernen Vorfahren der Säugetiere der Klasse Crossopterygii angehörten. Das Kiefergelenk wird von *Articulare* und *Quadratum* gebildet: man spricht vom *primären* Kiefergelenk. Das Dentale ist als zahntragender Knochen auch beim Quastenflosser vorhanden, es bildet jedoch nur einen Teil des gesamten Unterkiefers; an dessen Aufbau beteiligen sich als weitere Knochen Spleniale, Angulare und Supraangulare. Das beim Säugetier am sekundären Kiefergelenk beteiligte Squamosum finden wir beim Quastenflosser als nicht ganz so großen Knochen vom Kiefergelenk abgerückt am Schädel liegend.

Die Knochen, welche den Kiefer bilden, werden auch als Kieferbogen bezeichnet. Hinter ihnen liegen zwei weitere Knochen (Abb. 144), das *Hyomandibulare* und das Symplecticum. Sie werden in M2 besprochen.

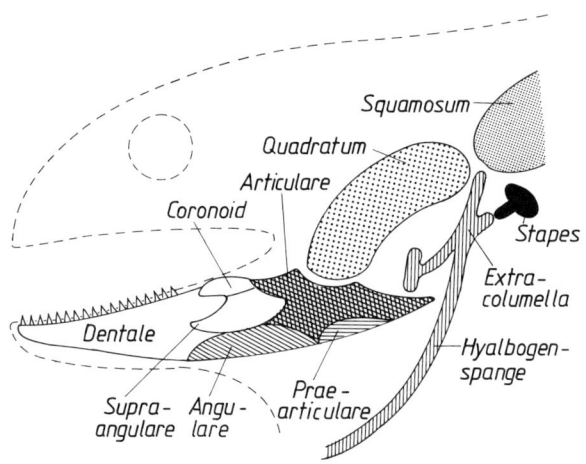

Abb. 145. Unterkiefer sowie daran anschließende Knochen bei einem Reptil, schematisch. Verbindung zwischen Extracolumella und Hyalbogen vorhanden. Dieser Zustand existiert bei der Brückenechse während des ganzen Lebens. Bei sonstigen Reptilien trennt sich die Extracolumella vom Hyalbogen – wie dies in Abb. 146 dargestellt ist (nach Gaupp aus Starck 1979)

Die beim Fisch-Schädel zwischen Dentale und Squamosum liegenden Knochen sind am Säugetierschädel (Abb. 143) nicht aufzufinden. Sind sie im Laufe der Evolution verlorengegangen? Oder haben sie sich an eine andere Stelle verlagert? Bevor wir diese Frage beantworten, betrachten wir den Schädel eines Reptils – die unmittelbaren stammesgeschichtlichen Vorläufer der Säugetiere waren ja Kriechtiere.

Wie Abb. 145 zeigt, besitzen Reptilien ein *primäres* Kiefergelenk. Auch bei ihnen liegen Dentale und Squamosum weiter auseinander als beim Säugetierschädel. Wie sich aus zusätzlichen Untersuchungen ergab, verfügen sämtliche rezenten Wirbeltiere – mit Ausnahme der Säugetiere – über ein primäres Kiefergelenk.

Am Kriechtierschädel »fehlen« – verglichen mit dem des Fisches – Hyomandibulare und Symplecticum. Dafür besitzen Reptilien – wie Amphibien und Vögel – ein den Schall leitendes Knöchelchen im Mittelohr, die *Columella auris* (Fische weisen kein Mittelohr auf). Die Columella auris ist in Abb. 145 – um ihre Herkunft zu zeigen – stark schematisiert dargestellt. Als Ergänzung diene Abb. 146. Geschieht bei den Säugetieren die Schallübertragung im Mittelohr ebenfalls durch eine Columella auris?

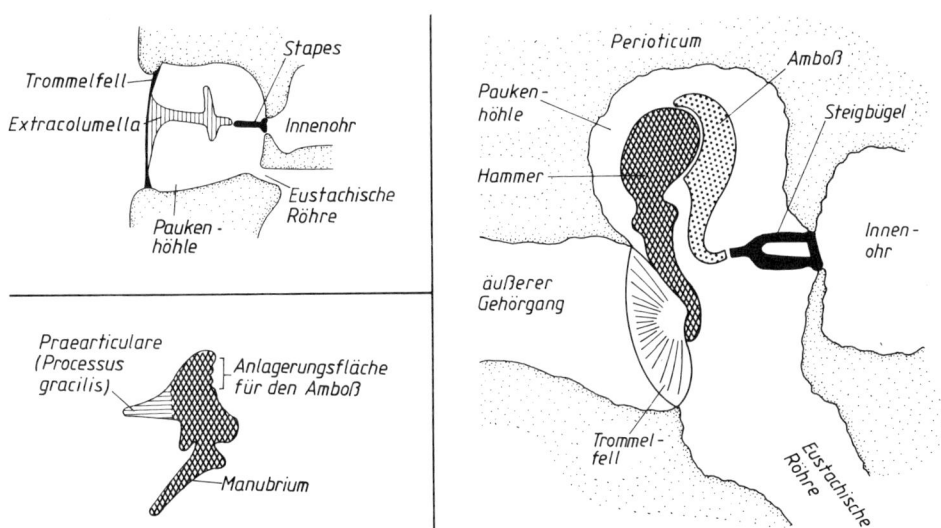

Abb. 146 (links oben). Columella auris einer Eidechse, schematisch. Extracolumella und Stapes bilden die Columella. Der Stapes sitzt auf dem zum Innenohr führenden ovalen Fenster. Ein weiteres in der Paukenhöhle vorkommendes Knöchelchen – das Intercalare – ist fortgelassen (nach Starck 1979)

Abb. 147 (rechts). Schnitt durch die Mittelohrregion des Menschen, schematisch. Fortsätze des Hammers nicht bezeichnet. Der Steigbügel sitzt mit seiner Fußplatte auf dem ovalen Fenster. Rundes Fenster fortgelassen. In der Anatomie des Menschen wird das Perioticum als Petrosum (Felsenbein) bezeichnet. Petrosum und Squamosum (s. Abb. 143) sind zu einem einheitlichen Knochen verschmolzen, welcher Temporale (Schläfenbein) heißt (nach Lippert 1983)

Abb. 148 (links unten). Hammer, schematisch dargestellt. Nur die hier interessierenden Fortsätze sind bezeichnet. Das Manubrium ist am Trommelfell angeheftet (nach van der Klaauw aus Starck 1979)

Abb. 147 zeigt einen Schnitt durch die Mittelohrregion eines Säugetiers: Nicht ein, sondern *drei* Gehörknöchelchen leiten den Schall vom Trommelfell (Membrana tympani) zum Innenohr. Eine Denkmöglichkeit zur stammesgeschichtlichen Herkunft der drei Gehörknöchelchen wäre: Im Lauf der Evolution sind aus der Columella auris drei Teile hervorgegangen. Dem ist jedoch nicht so. Durch einen kühnen Schluß führte der vergleichende Anatom und Embryologe REICHERT die Herkunft der drei Gehörknöchelchen der Säugetiere auf Knochen zurück, die man zunächst damit überhaupt nicht in Zusammenhang bringen würde.

M2.   Die Reichert-Gauppsche Theorie

Im Jahre 1837 stellte REICHERT – fußend vor allem auf den Untersuchungen GAUPPs – eine Behauptung auf, die als Reichert-Gauppsche Theorie in die Geschichte der Biologie einging. Sie besagt: Auch die Säugetiere besitzen ein dem primären Kiefergelenk entsprechendes Gelenk. Dieses liegt im Mittelohr und wird von Hammer und Amboß gebildet. Mit anderen Worten: Der *Hammer* (Malleus) ist dem *Articulare*, der *Amboß* (Incus) dem *Quadratum* homolog. (Homolog sind Strukturen, die auf einen gemeinsamen Ahn zurückgehen. Sie können – müssen aber nicht – die gleiche Funktion haben; oft sehen sie sehr unterschiedlich aus und haben verschiedene Aufgaben. Ein bekanntes Beispiel sind die in Kapitel VIII besprochenen Gliedmaßen.) Homologisieren ist eine typisch biologische Arbeitsweise, auf die hier nicht weiter eingegangen werden kann.

Der *Hammer* ist kein einheitlicher Knochen, sondern ein Verschmelzungsprodukt. Zwar leitet sich seine Hauptmasse vom Articulare ab, an seinem Aufbau beteiligt sich jedoch ein zweiter kleiner Knochen. Es ist das *Praearticulare* (manchmal auch als Goniale bezeichnet), welches am Unterkiefer von Reptilien und Säugetier-Vorläufern noch als selbständiges Element vorhanden ist (Abb. 145, 152 und 153). Auch während der Ontogenese rezenter Säugetiere ist es vorübergehend als eigenständiges Gebilde kenntlich (Abb. 150). Am fertig ausgebildeten Hammer verrät es sich durch einen kleinen Fortsatz, den *Processus gracilis* (Abb. 148).

Der Verbleib von Articulare und Quadratum des Fisch- oder Reptilien-Schädels war damit geklärt. Auch für die Umwandlung des *Angulare* wurde eine Deutung gegeben: aus ihm entsteht das *Tympanicum*. Dieser Knochen, welcher im Deutschen in treffender Weise auch Paukenbein genannt wird, bildet einen Teil der Paukenhöhlenwand. An deren Aufbau – der Mittelohrkapsel – beteiligen sich außerdem das Perioticum (= Petrosum), das Squamosum und in vielen Fällen als neu hinzutretendes Element das Entotympanicum. In der Mittelohrkapsel befinden sich Öffnungen für das Trommelfell und die Ohrtrompete (= Tuba auditiva oder Tuba Eustachii).

Das Tympanicum, welches als Deckknochen auf dem Meckelschen Knorpel entsteht (s. M4), stellt bei den Proto- und Metatheria sowie bei vielen primitiven Eutheria (beispielsweise dem Erdferkel und den Nebengelenktieren) einen Knochenring dar, der oben nicht ganz geschlossen ist. In ihm ist das Trommelfell aufgespannt. Der Ring findet sich im embryonalen Zustand bei sämtlichen Vertretern der Eutheria. Die Paukenhöhle kann basal eine Erweiterung aufweisen; deren Wand bildet eine knöcherne Blase und heißt *Bulla tympanica*. Sie wölbt sich bei manchen Arten stark an der äußeren Schädelbasis vor.

Um die Herkunft des *Steigbügels* (Stapes) der Säugetiere zu erläutern, muß etwas weiter ausgeholt werden. Dieses Gehörknöchelchen wird gelegentlich mit dem Hyomandibulare der Fische homologisiert, was nicht ganz korrekt ist. Hyomandibulare und Steigbügel gehen nämlich auf unterschiedliche Bestandteile eines bestimmten Branchialbogens zurück.

Aufgrund einer schematisierenden Betrachtung des Fisch-Schädels und der anschließenden Kiemenregion gelangt man zu folgenden Aussagen: Auf den zahntragenden Kiefer-»bogen« folgen weitere – jeweils aus mehreren Knochen bestehende – Branchialbögen. Deren erster heißt *Hyalbogen*, der auch als Zungenbeinbogen bezeichnet wird, da bei Säugetieren das Zungenbein aus ihm hervorgeht. Er besteht aus folgenden Teilen (von oben nach unten): Pharyngo-, Epi-, Kerato- und Hypohyale. Vom *Epihyale* leitet man das *Hyomandibulare* und das anschließende Symplecticum ab (Abb. 144). Das Hyomandibulare ist der *Extracolumella* homolog, nicht aber dem Stapesteil der Columella auris (Abb. 146). Dieser geht auf das Pharyngohyale zurück – und zwar auf dessen basalen Abschnitt, welcher *Infrapharyngohyale* heißt. (Das Pharyngohyale teilt sich und läßt dabei neben dem Infrapharyngohyale das Suprapharyngohyale aus sich hervorgehen.)

M3. Weitere Hinweise aus der vergleichenden Anatomie

Der siebte Hirnnerv *(Nervus facialis)* stellt bei niederen Wirbeltieren den Nerv des Zungenbeinbogens dar. Ein Ast von ihm ist bei Säugetieren der Nerv der Gesichtsmuskulatur (s. die Ausführungen zur mimischen Muskulatur in V D). Ein anderer Ast, der bei den Amniota *Chorda tympani* heißt, versorgt die Geschmacksknospen der Zunge. Dem Verfasser wurde dieser Tatbestand bei einer Mittelohr-Operation eindringlich vor Augen geführt: Während des unter lokaler Betäubung vorgenommenen Eingriffs wurde offenbar die Chorda tympani gereizt, denn es stellte sich plötzlich eine Geschmacksempfindung ein.

Bei Reptilien verläuft der Nervus facialis über dem Stapesteil der Columella auris (Abb. 149). An dieser Stelle zweigt die Chorda tympani ab, welche am primären Kiefergelenk vorbei hinter das Articulare zieht. Bei Säugetieren findet man den Nervus facialis in der Nähe des Steigbügels. Die Chorda tympani umfaßt von lateral das obere Ende des

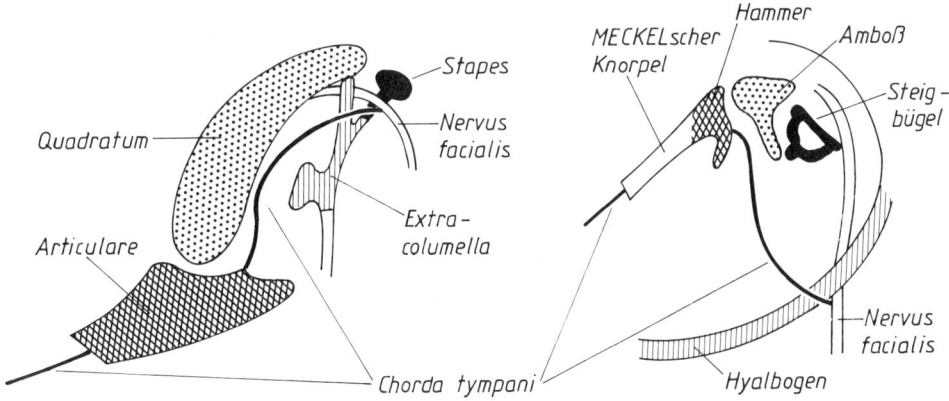

Abb. 149. Verlauf der Chorda tympani in Beziehung zu den Knochen des primären Kiefergelenks bzw. zu den Gehörknöchelchen. Bei Reptilien *(links)* verläuft die Chorda tympani auf der Innenseite des Articulare, bei Säugetieren *(rechts)* legt sie sich dem Meckelschen Knorpel von innen an. Das obere Ende des Hyalbogens verwächst bei Säugetieren mit der Labyrinthkapsel; das Tympanicum ist hier fortgelassen (nach Gaupp aus Starck 1982)

Hyalbogens. In ihrem weiteren Verlauf zieht sie am Hammer-Amboß-Gelenk vorbei und legt sich dem Meckelschen Knorpel von medial her an.

Diese Lagebezeichnung der Chorda tympani zum primären Kiefergelenk bzw. zum Hammer-Amboß-Gelenk ist eine starke Stütze für die Aussagen der Reichert-Gauppschen Theorie.

M4. Embryologische Beweise

Während sich Säugetier-Feten entwickeln, kann man an der Herausbildung ihrer Schädelknochen das Entstehen von primärem und sekundärem Kiefergelenk unmittelbar verfolgen. Bei der Umwandlung des primären Kiefergelenks zum Gehörknöchelchen-Gelenk spielt ein nach seinem Entdecker als *Meckelscher Knorpel* benannter Stab eine besondere Rolle (Abb. 150).

Auf dem langen vorderen Teil des Meckelschen Knorpels – der den primären Unterkiefer darstellt – entsteht als Deckknochen das Dentale. Das wie ein Stockgriff aussehende Ende des Knorpels wird im Verlauf der Ontogenese in die Paukenhöhle eingeschlossen und ergibt später den Hammer. Wie in Abb. 150 ersichtlich, wird das später im Mittelohr liegende Gelenk zunächst als »Kiefergelenk« angelegt. Das sekundäre Kiefergelenk entsteht – über ein schleimbeutelartiges Zwischenstadium – als Anlagerungsgelenk zwischen den aufeinander zuwachsenden Deckknochen Dentale und Squamosum.

Der in Abb. 150 dargestellte Zustand wird von den Choriaten während der fetalen Phase durchlaufen. Die Jungen der *Beuteltiere*, welche in sehr wenig weit entwickeltem Zustand geboren werden, untersuchte man ebenfalls auf ihr Kiefergelenk hin. Dabei fand man überraschenderweise, daß sie während des Heranwachsens im Beutel etwa drei Wochen lang *zwei* funktionierende Kiefergelenke besitzen. Mit dem Gelenk, das später dem

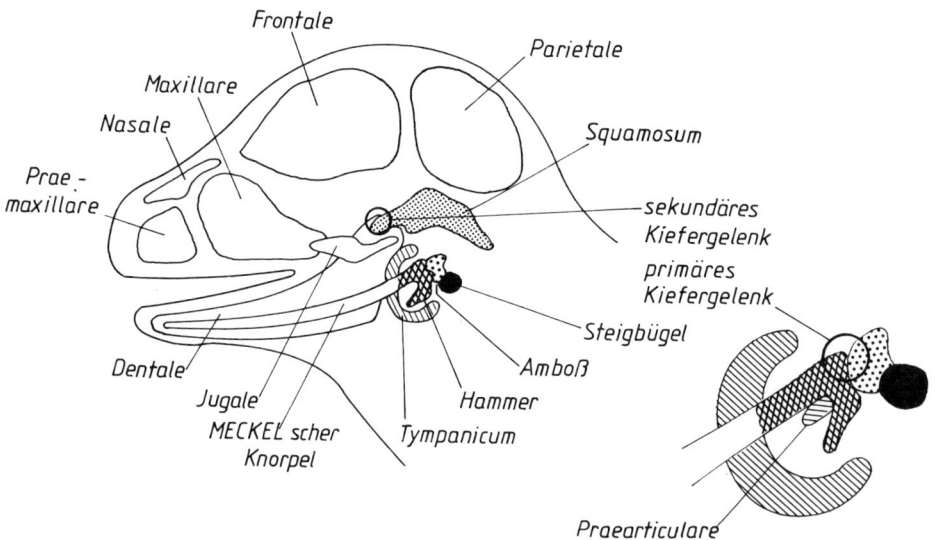

Abb. 150. Kopf eines Embryos. Mittelohrregion mit eingezeichnetem Praearticulare daneben vergrößert dargestellt. Man beachte die Existenz zweier – durch Kreise gekennzeichneter – Kiefergelenke (nach Portmann 1959 und Starck 1979)

168

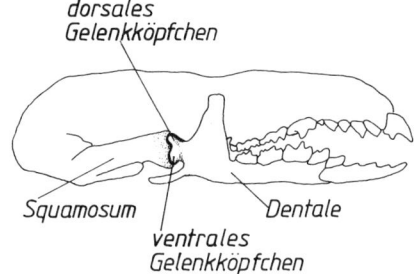

dorsales
Gelenkköpfchen

Squamosum   Dentale

ventrales
Gelenkköpfchen

Abb. 151. »Doppeltes« Gelenk am Schädel einer Spitzmaus. Die Gelenkpfanne für das dorsale Gelenkköpfchen wird ausschließlich vom Squamosum gebildet, an der Gelenkgrube für das ventrale Köpfchen beteiligt sich ein kleines Stück des Pterygoids (nach Dötsch 1983)

Hören dient, bewegen sie ihren Unterkiefer, um damit die milchspendende Zitze zu fassen. Diese embryonenhaften Jungen führen uns während einer sehr kurzen Zeitspanne ihres Lebens Zustände vor, die stammesgeschichtlich sehr alt sind.

Vorstehende Ausführungen bieten eines der vielen Beispiele, welche die Bedeutung der Embryologie für phylogenetische Aussagen aufzeigen. Der Befund ist nicht nur ein wichtiges Beweisstück für die Reichert-Gauppsche Theorie, sondern zeigt auch, daß zwei gleichzeitig vorhandene Gelenke *funktionell* möglich sind. Diese Tatsache wurde nämlich – wie im folgenden Abschnitt dargelegt ist – eine Zeitlang stark angezweifelt.

M5. Entkräften der funktionellen Einwände

Als sich während der Stammesgeschichte Formen mit primärem Kiefergelenk zu solchen mit sekundärem entwickelten, mußten Zustände durchlaufen werden, in denen *zwei* Kiefergelenke vorhanden waren. Gegen diese Schlußfolgerung wandten Gegner der Reichert-Gauppschen Theorie beispielsweise ein, solche Übergangsformen könnten nicht funktioniert haben, da Bewegungen im einen Gelenk durch die im anderen »aufgehoben« würden.

Entkräftet wurden diese Einwände einerseits durch die Existenz der beiden Gelenke der Beutelstadien der Marsupialia (s. M4), andererseits durch die Entdeckung eines doppelten Gelenks am Schädel einer rezenten Vogelart. Dieses ist den entsprechenden Gelenken der Säugetiere zwar nicht homolog, sondern analog; es beweist aber, daß die Träger solcher Doppelgelenke nicht benachteiligt sind. So besitzt der Blaunacken-Mausvogel an der Hirnschädelbasis ein Stück entfernt vom primären Kiefergelenk eine zusätzliche Gelenkfläche, mit welcher ein Fortsatz des Unterkiefers (Processus internus mandibulae) artikuliert; man spricht von einem *sekundären Anlagerungsgelenk*.

Sogar einige Vertreter der Säugetiere verfügen über ein doppeltes Gelenk zwischen Unterkiefer und Oberschädel: Das Dentale von Spitzmäusen weist am *Processus articularis* zwei Gelenkköpfchen auf, die in entsprechenden Gruben am Schädel eingelagert sind (Abb. 151). Diese Gelenke ermöglichen vielfältigere Bewegungen des Unterkiefers als man sie den Spitzmäusen ursprünglich zugetraut hätte.

M6. Von der Paläontologie gelieferte Beweise

Da Knochen – im Gegensatz zu Weichteilen – häufig als Versteinerungen erhalten sind, ist das Vorhandensein eines sekundären Kiefergelenks bei fossilen Formen leicht zu überprüfen.

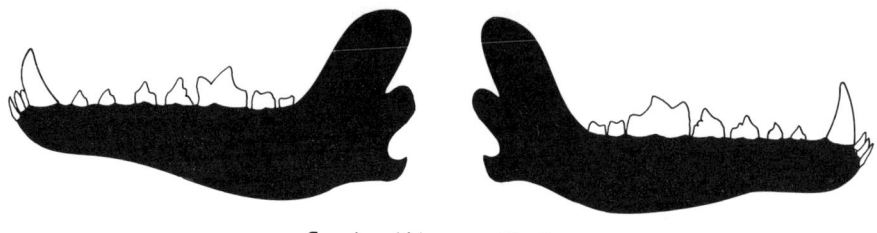

Canis (Mammalia)

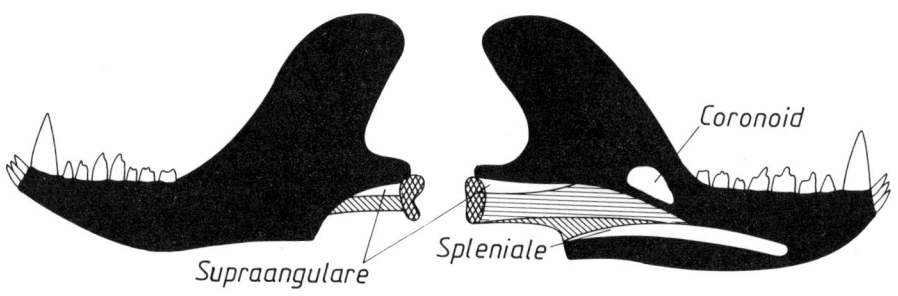

Coronoid

Supraangulare

Spleniale

Probainognathus (Therapsida)

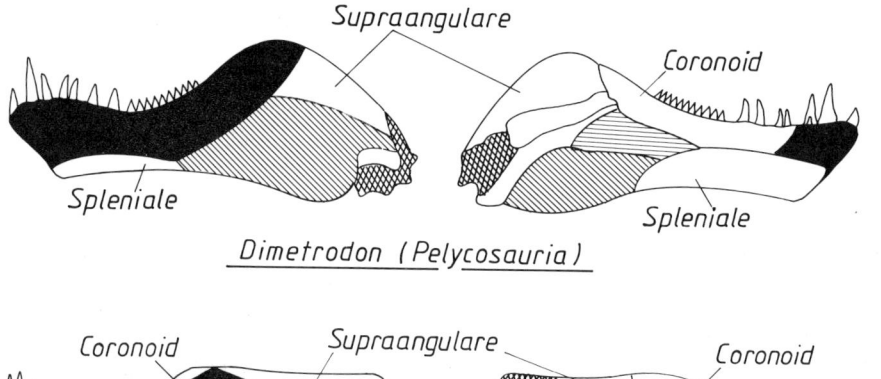

Supraangulare

Coronoid

Spleniale

Spleniale

Dimetrodon (Pelycosauria)

Coronoid

Supraangulare

Coronoid

Spleniale

Spleniale

Labidosaurus (Cotylosauria)

■■■ Dentale   ▨▨ Angulare   ▩▩ Articulare   ▭ Praearticulare

Abb. 152. Unterkiefer eines rezenten Säugetiers (Hund, oben) sowie von Säugetier-Vorfahren. Zeitliche Abfolge von unten nach oben. Links Außen-, rechts Innenansicht (nach Thenius 1979)

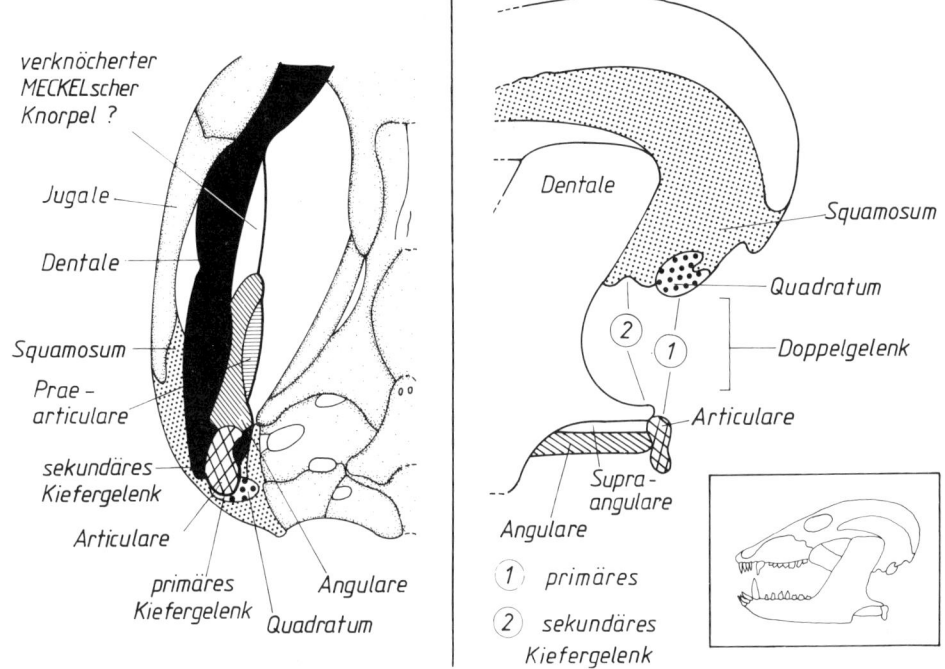

Abb. 153 (links). Schädel von *Diarthrognathus broomi* von unten gesehen. Nur rechte Schädelhälfte gezeichnet. Der Unterkiefer sitzt mit zwei Gelenken am Schädel; er besteht aus dem schwarz gezeichneten Dentale und den anschließenden kräftig umrandeten Knochen (nach Crompton aus Starck 1979)

Abb. 154 (rechts). Schädel von *Probainognathus* (zur Gruppe Cynodontia der Therapsida gehörend). Unten rechts Schädel in Gesamtansicht, links daneben seine hintere Hälfte. An dieser sind nur die das primäre und sekundäre Kiefergelenk bildenden Knochen durch Symbolik gekennzeichnet. Der Unterkiefer ist vom Schädel entfernt dargestellt; dieser ist nur etwa 7 cm lang (nach Romer aus Thenius 1979)

Nach der Reichert-Gauppschen Theorie ist folgendes zu fordern: Im Verlauf der Stammesgeschichte müssen bei Formen aus dem Übergangsfeld Reptil-Säugetier mehrere Knochen Größenveränderungen erfahren haben: Articulare und Quadratum sollten – auf ihrem »Weg ins Mittelohr« – immer kleiner geworden sein, das Dentale muß immer mehr an Größe zugenommen haben. Wie die in Abb. 152 dargestellte »Stammesreihe der Unterkiefer« belegt, ist diese Forderung erfüllt. Die nicht ins Mittelohr verlagerten Knochen – Spleniale, Supraangulare und Coronoid – verschwanden allmählich. Der Name des letzteren findet sich noch in der Bezeichnung Processus coronoideus (Kronenfortsatz) des Dentale (Abb. 143). Der unterhalb des Gelenkfortsatzes (Proc. articularis) liegende Winkelfortsatz (Proc. angularis) deutet mit seiner lateinischen Bezeichnung auf das Angulare hin, welches bei Formen mit primärem Kiefergelenk in dieser Region liegt.

Im Übergangsfeld Reptil-Säugetier haben demnach Arten gelebt, die sowohl über das primäre als auch über das sekundäre Kiefergelenk verfügten, wobei das sekundäre *vor* dem primären in Richtung zur Schnauzenspitze hin lag. Solche Formen wurden gefunden, für eine von ihnen war diese Tatsache namengebend: *Diarthrognathus* bedeutet etwa: »mit zwei Gelenken am Kiefer« (Abb. 153).

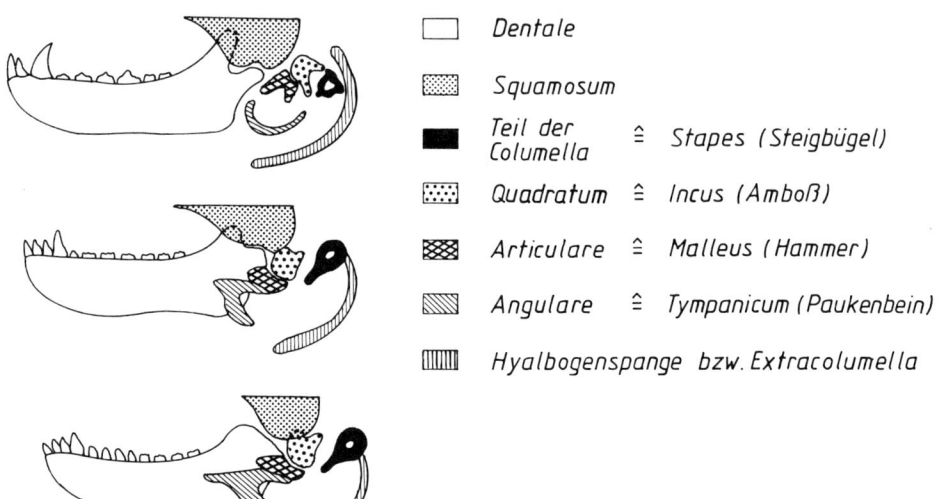

Abb. 155. Zusammenfassende schematische Darstellung: Knochen des primären Kiefergelenks (unten) und deren Umwandlung zu den Gehörknöchelchen der Säugetiere (oben). Das zweite Bild von oben stellt einen »Doppelgelenker« dar (man vergleiche es mit Abb. 154) (nach Henkel 1973)

Der zu den Ictidosauriern gehörende *Diarthrognathus* liegt nicht direkt auf der von den Reptilien zu den Säugetieren führenden Stammeslinie. Dies trifft jedoch sehr wahrscheinlich auf den später entdeckten *Probainognathus* zu. Er ist ein echter »Doppelgelenker« (Abb. 154).

Überlegungen zur Frage, ob bei den Übergangsformen das primäre Kiefergelenk *auch* im Dienste des Hörens stand, finden sich in Abschnitt IX H.

Abb. 155 faßt die Umwandlung der Knochen des primären Kiefergelenks zu Gehörknöchelchen und die Entstehung des sekundären Kiefergelenks schematisch zusammen.

Alle heute lebenden Säugetiere besitzen also ein sekundäres Kiefergelenk und haben während ihrer Stammesgeschichte die Knochen des primären Kiefergelenks ins Mittelohr verlagert und zu Gehörknöchelchen umgebildet. Diese Aussage ist – wie HANS MOHR in seinem Buch »Biologische Erkenntnis« ausführt – ein allgemeines Gesetz, dessen erkenntnislogische Bedeutung den Erhaltungssätzen der Physik gleichkommt! Über diese Tatsache scheinen sich viele Biologen nicht im klaren zu sein, sonst hätten sie nicht diese Erkenntnisse aus dem Unterrichtsstoff der Universitäten weitgehend entfernt.

VI. Besonderheiten der Fortpflanzung

Säugetiere bringen – mit Ausnahme der Monotremata – lebende Junge zur Welt. Lebendgebärende (vivipare) Arten kommen jedoch auch bei anderen Gruppen der Wirbeltiere vor, so bei Fischen, Lurchen und Kriechtieren. Ausnahmslos eierlegend sind unter den Vertebraten nur die Vögel. Viviparie setzt Befruchtung der Eizelle im mütterlichen Körper voraus.

Die Viviparie einiger rezenter Reptilien ist eine Anpassung an ihren Lebensraum. In den Höhenlagen, in denen beispielsweise die Bergeidechse vorkommt, liegen die Umgebungstemperaturen zu tief, um die Entwicklung *abgelegter* Eier zu gewährleisten. Dieses poikilotherme Tier vermag jedoch seinen Körper aufzuheizen, indem es sich sonnt. Die Wärme kommt auch den sich in der Mutter entwickelnden Embryonen zugute. Die Jungen werden nach der Geburt allerdings nicht gefüttert – wie dies bei allen Säugetieren der Fall ist (s. Kap. VII).

Da der Embryo eines Säugetiers im Inneren der Mutter heranwächst, ist während seiner Entwicklung eine gleichbleibend hohe Temperatur gewährleistet – dies gilt selbst für die extremen Bedingungen der Polargebiete. Um wieviel schwerer haben es die Königs- und Kaiserpinguine, wenn sie – auf dem Eis stehend – ihre Eier bebrüten.

Ist eine Tierart so weit evolviert, daß sie ihre Embryonen bei konstanter Temperatur heranwachsen läßt, sind auch die Keimlinge so stark an diese Bedingungen angepaßt, daß abweichende – meist zu tiefe – Temperaturen zu Schädigungen des Keimes führen. Mißbildungen bei zu niedrigen Temperaturen beobachtet man sogar bei wirbellosen Tieren: Honigbienen und soziale Faltenwespen sorgen in ihrer Behausung – wo die Brut heranwächst – durch temperaturregulatorische Maßnahmen für eine gleichbleibend hohe Temperatur.

Die Entwicklung der Embryonen der Eutheria im Uterus währt sehr lange, das Junge wird daher in einem weit fortgeschrittenen Zustand geboren. Die Ontogenese der Metatheria wird im Uterus frühzeitig beendet, bei der Geburt ist das Junge noch embryonenhaft. Die Weiterentwicklung verläuft, während es an eine Zitze geheftet ist (es befindet sich währenddessen meist in einem Beutel, dessen Temperatur wiederum über der Umgebungstemperatur liegt).

Die von der Mutter im Uterus bzw. Beutel mit herumgetragenen Jungen sind auch vor Beutegreifern besser geschützt als beispielsweise ein Embryo, der im Ei eines Geleges heranwächst.

A. Geschlechtsorgane

Bei sämtlichen Arten kommen zwei Geschlechter vor. Die Bildungsstätten der Keimzellen, die Ovarien und Hoden, sind paarig angelegt. Anpassungen an die besondere Art der Fortpflanzung finden sich vor allem beim weiblichen Geschlecht.

A1.   Weibliche Geschlechtsorgane

Die weiblichen Keimzellen werden im Eierstock (Ovar) gebildet. Von diesem gelangen sie in den Eileitertrichter (Ostium tubae) und durch den Eileiter (Ovidukt, auch Tuba uterina genannt) in die Gebärmutter (Uterus). Der Kanal, der vom distalen Ende des Uterus nach außen führt, wird durch die Einmündung der Harnröhre (Urethra) in zwei Abschnitte unterteilt: in die Scheide (Vagina) und den Sinus urogenitalis (auch als Canalis urogenitalis oder Vestibulum vaginae bezeichnet).

a)   Aufbau bei Proto-, Meta- und Eutheria

An der Ausbildung der Vagina (Vaginae) und der distal anschließenden Teile lassen sich die drei Untergruppen der Säugetiere Proto-, Meta- und Eutheria eindeutig unterscheiden (Abb. 156).

Die *Prototheria* besitzen keine Vagina, bei ihnen münden die Uteri unmittelbar in den Sinus urogenitalis. Wieso bezeichnet man das Verbindungsstück zwischen Sinus urogenitalis und Uterus in Abb. 156 links nicht als Vagina? Die Antwort liefert das Forschungsgebiet Histologie; sie lautet: Weil dieses Stück nicht das für eine Scheide typische mehrschichtige, unverhornte Plattenepithel aufweist.

Während bei den Meta- und Eutheria die Harnleiter (Ureter) den Harn direkt *in* die Harnblase leiten, münden sie bei den Prototheria auf einer Papille am *Ausgang* der Harnblase. Der Urin wird durch Vorstülpen der Papille in die Harnblase befördert. Sinus urogenitalis und Darm münden in einen gemeinsamen Raum, die *Kloake*; die Prototheria (= Monotremata) heißen deshalb auch Kloakentiere.

Das Urogenitalsystem der *Metatheria* mündet vom Darm getrennt nach außen, zwischen beiden Öffnungen liegt eine trennende, von Epidermis überzogene muskulöse Partie: der *Damm* (Perineum). Die Metatheria besitzen – im Gegensatz zu den Eutheria – als Besonderheit zwei Scheiden, welche sich vor die Uteri vereinigen. Die Marsupialia werden daher gelegentlich als Didelphia (= Zweischeidige) den Monodelphia (= Einscheidige = Choriata) gegenübergestellt.

Die *Eutheria* weisen nur eine Vagina auf. Der Damm ist bei den meisten Arten stärker entwickelt als bei den Metatheria.

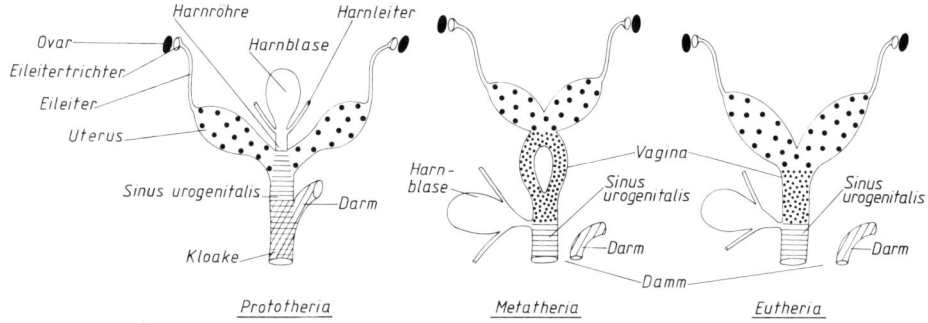

Abb. 156. Weibliche Geschlechtsorgane sowie Teile des Exkretionssystems und Darms bei Monotremata, Marsupialia und Choriata (nach Krumbiegel 1953/55 und Angaben in Starck 1982)

174

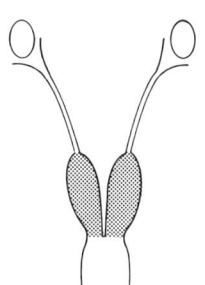 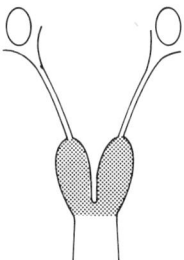 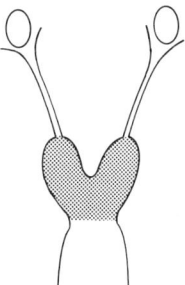 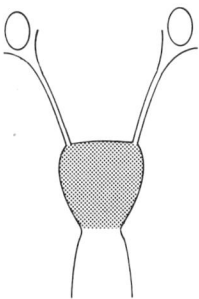

Uterus duplex
(z.B. Nagetiere,
Hasentiere)

Uterus bipartitus
(z.B. Wale)

Uterus bicornis
(z.B. Insekten-
esser, Paarhufer)

Uterus simplex
(z.B. Nebenge-
lenktiere, einige
Primaten)

Abb. 157. Typen des Uterus (punktiert) bei den Choriaten. Sonstige Details des Ge-
schlechtsapparates vernachlässigt (nach Gunderson 1976)

Die »Hörner« des Uterus der Choriaten sind verschieden stark miteinander verschmol-
zen (Abb. 157). Ob den einzelnen Ausformungen eine besondere Bedeutung während der
Trächtigkeit zukommt, ist eine offene Frage. Fest steht, daß alle Arten, die einen Uterus
simplex besitzen, im allgemeinen nur ein Junges haben – allerdings bringen auch viele
Arten mit geteiltem Uterus nur ein Junges zur Welt (beispielsweise die Wale und
Seekühe).

b)   Ovar und Ovarialzyklus

Das Ovar erfüllt eine doppelte Aufgabe: Einerseits entläßt es in bestimmten zeitlichen
Abständen die weiblichen Keimzellen, andererseits bildet es die weiblichen Geschlechts-
hormone: Östrogene (bekanntestes: Östradiol) und Gestagene (wichtigstes: Progesteron).
Im folgenden sind die Verhältnisse bei den Choriaten geschildert.
    Anders als beim Männchen, bei dem sich aus den Ur-Samenzellen laufend Spermien
neu bilden, wird beim Weibchen die Anzahl der zum Zeitpunkt der Geburt vorhandenen
Ur-Eizellen nicht mehr vermehrt. Diese müssen noch Reifeteilungen durchlaufen; dabei
entstehen aus einer Ur-Eizelle drei Polkörperchen und *eine* reife Eizelle, daher nimmt die
Anzahl der Eizellen im Laufe des Lebens nicht mehr zu. Beim Menschen – welcher zum
Zeitpunkt der Geburt 200.000 Ur-Eizellen besitzt – können sogar während der Kindheit
Eizellen zugrundegehen.
    Die Eizellen liegen in *Primär*follikeln (Abb. 158). Mit Beginn der Geschlechtsreife
setzen Ovarialzyklen ein. Ein Zyklus beginnt, wenn ein Teil (oder nur einer) der
Primärfollikel anfängt zu wachsen. Dabei nehmen die Follikelzellen (welche aufgrund
ihrer granulierten Struktur auch Granulosazellen heißen) an Zahl und Größe zu, der
Primär- wird zum *Sekundär*follikel. Die »Reifung« der Follikelzellen wird durch das
follikelstimulierende Hormon *(FSH)*, die »Reifung« der Zellen der den Follikel umgebenden Hülle (Theca folliculi) (Abb. 158 oben links) durch Luteinisierungshormon *(LH)*
gefördert.
    FSH und LH sind Hormone des Hypophysenvorderlappens *(HVL)*. Der Sekundär- wird
dadurch zum *Tertiär*follikel, daß die Follikelzellen auseinanderweichen und zwischen sich

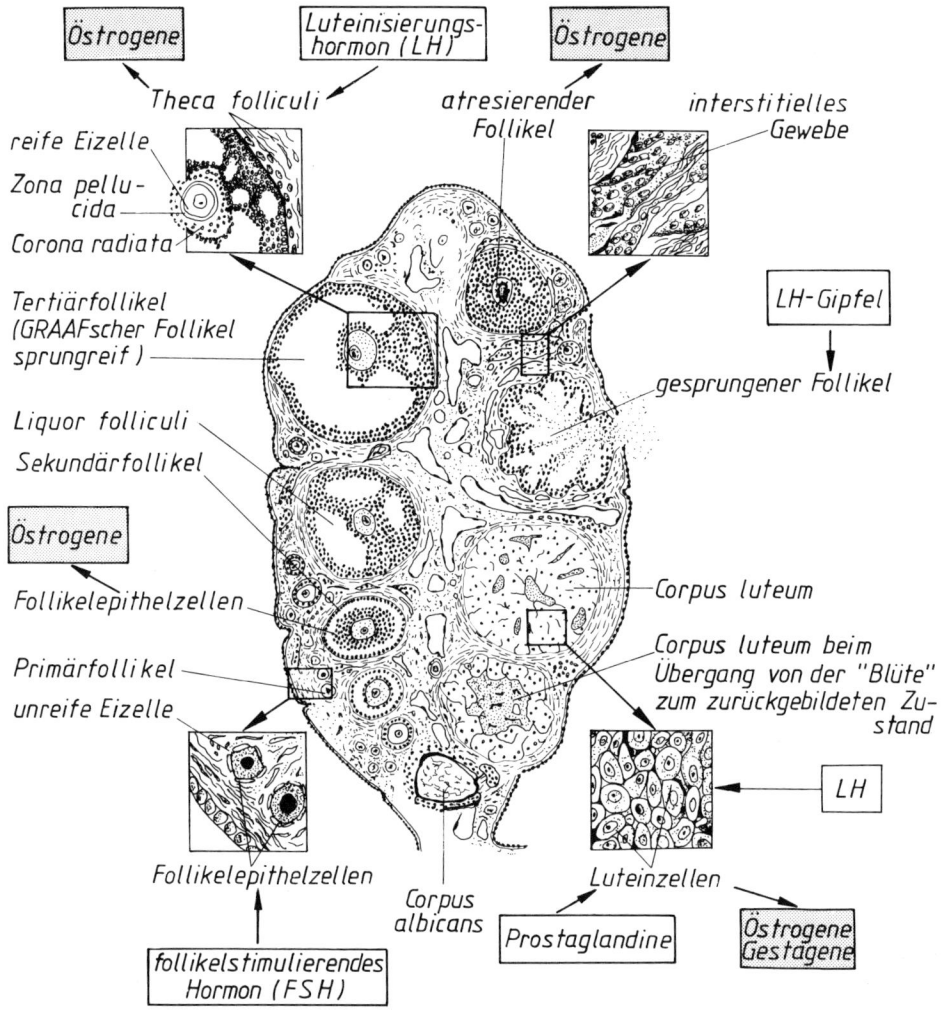

Abb. 158. Ovar mit verschiedenen Entwicklungszuständen der Follikel. Das Schema stellt die verschiedenen Reifungszustände der Follikel und der anschließenden Veränderungen im Uhrzeigersinn aufeinanderfolgend dar. Vom Ovar abgegebene Hormone in grauen Kästchen, das Ovar beeinflussende Substanzen in weißen Kästchen. Die hormonelle Beeinflussung der Luteinzellen ist für den Fall dargestellt, daß die Eizelle nicht befruchtet worden ist. Wird sie befruchtet, wirken die im Text genannten Hormone auf das Corpus luteum (nach Turner aus Gunderson 1976 sowie Angaben in Döring 1972)

einen flüssigkeitsgefüllten Raum entstehen lassen. Weitere Größenzunahme führt zum sprungreifen *Graafschen Follikel.*

Die reife Eizelle ist von der transparenten *Zona pellucida* (Oolemma) umgeben, welche vorwiegend aus Mucopolysacchariden besteht. Die auf ihr sitzenden Follikelepithelzellen werden in ihrer Gesamtheit als *Corona radiata* bezeichnet. Zwischen Eizelle und Follikelepithelzellen findet Stoffaustausch statt (Abb. 159): Vakuolen der Eizelle entleeren ihren Inhalt in die Zona pellucida, Fortsätze der Granulosazellen durchziehen diese und reichen bis zur Oberfläche der Eizelle. Mikrovilli vergrößern die Grenzfläche zwischen Eizelle und Zona pellucida.

Beim Menschen besitzt die reife Eizelle einen Durchmesser von 0,10 bis 0,14 mm, sie ist mit bloßem Auge gerade noch sichtbar.

Der sprungreife Graafsche Follikel weist sogar einen Durchmesser von 15–20 mm auf, er wölbt sich weit über die Oberfläche des Ovariums vor (Abb. 162). Er platzt, wenn die Produktion des LH ein Maximum aufweist (Follikelsprung, Eisprung, Ovulation). Eizelle mit umgebender Corona radiata und Follikelflüssigkeit werden herausgespült. Die Follikelflüssigkeit veranlaßt den Eileitertrichter, der vorher »suchend« über die Oberfläche des Ovars hinweggestrichen war, den geplatzten Follikel zu umgreifen, wodurch das Ei aufgefangen wird (Abb. 162). Zur Zeit des Follikelsprungs ist das Weibchen in Brunst *(Oestrus)*. Bei manchen Arten finden Ovulationen nur nach vorhergehender Paarung statt, so beim Kaninchen, Ziesel, Nerz und bei Spitzmäusen.

Nach dem Follikelsprung tritt Blut aus der Theca interna in die Follikelhöhle. Die Follikelzellen wachsen und lagern Carotin ein, wodurch sie zu *Luteinzellen* werden (Abb. 158 unten rechts). Diese produzieren Hormone. In der früheren Follikelhöhle befindet sich jetzt eine neue innersekretorische Drüse, der Gelbkörper *(Corpus luteum)*. Er gibt Gestagene und Östrogene ab und wird seinerseits vom LH hormonell beeinflußt. Das LH bewirkt, daß er eine Zeitlang (beim Menschen 6 bis 8 Tage) »in Blüte« bleibt. Während dieser Zeit wird die Reifung neuer Follikel und damit ein Oestrus unterdrückt. Danach (beim Menschen etwa 12 Tage nach der Ovulation) beginnt sich der Gelbkörper rückzubilden.

Die Rückbildung des Gelbkörpers geschieht nur dann, wenn die Eizelle nicht befruchtet wurde oder wenn es der Blastocyste nicht gelang, sich in die Uteruswand einzunisten. Findet Nidation statt, wird der Gelbkörper zum *Corpus luteum graviditatis*; dieses gibt weiterhin Gestagene ab, welche die Gravidität aufrechterhalten. Später wird Progesteron in der Placenta synthetisiert.

Die Faktoren, die das Weiterbestehen des Gelbkörpers sichern, sind von Art zu Art verschieden; beim Menschen ist es das Choriongonadotropin aus der Placenta, bei Ratten und Mäusen Prolactin aus dem HVL. Der menschliche Embryo wird bald von der Progesteronbildung des Corpus luteum graviditatis unabhängig, da die Trophoblastenzellen (s. C) genügend Progesteron bilden.

Für die Rückbildung des Gelbkörpers bei nicht befruchteter Eizelle sind vermutlich aus dem Uterus stammende *Prostaglandine* von Bedeutung. Während der Rückbildung wandern Bindegewebszellen in den Gelbkörper ein, die Luteinzellen schrumpfen und degenerieren, aus dem Corpus luteum wird das funktionslose *Corpus albicans*. Während dieser Prozesse sinkt die Konzentration der Gestagene und Östrogene; damit fällt die Hormonwirkung auf reifende Follikel fort, sie nehmen an Größe zu, der Ovarialzyklus beginnt von neuem.

Von den heranwachsenden Follikeln gelangt beim Menschen in jedem Zyklus normalerweise nur ein Graafscher Follikel zum Sprung, die anderen bilden sich durch *Atresie* zurück (s. Abb. 158 oben). Aber auch diese Follikel bilden Östrogene.

Bildungsstätten der Östrogene sind vor allem die Follikelzellen, daneben die Zellen der Theca interna und die Luteinzellen. Bildungsstätte der Gestagene ist der Gelbkörper. (Ein Gestagen, das 17 α-Hydroxyprogesteron wird in der Nebenniere gebildet.) FSH und LH kontrollieren die Abscheidung der Sexualhormone, entscheidend für die Kontrolle ist nicht die Konzentration *eines* Hormons, sondern das *Verhältnis* FSH : LH.

Die im Ovar entstehenden Hormone entfalten vielfältige Wirkungen; wie man vor allem aus Untersuchungen am Menschen weiß, beeinflussen sie die Wand des Uterus, die Schleimhaut der Vagina, die Beweglichkeit der Eileiter und das Volumen der Brustdrüse. Weitere Veränderungen während des Ovarialzyklus finden sich beim Menschen in der

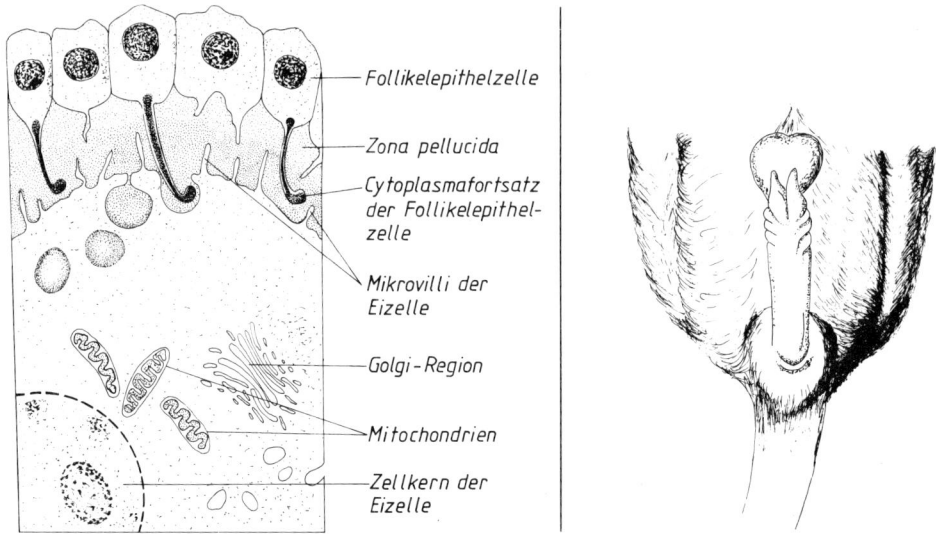

Abb. 159 (links). Ausschnitt einer Eizelle samt den beiden umhüllenden Schichten Zona pellucida und Corona radiata. Zeichnung nach einer elektronenmikroskopischen Aufnahme (nach Michel 1977)

Abb. 160 (rechts). Ansicht der hinteren Ventralseite eines männlichen Opossums. Vor dem an der Spitze gespaltenen Penis liegt das Skrotum (nach McGrady aus Gunderson 1976)

Körpertemperatur, in der Atmung, im Blutkreislauf, im Blut, in der Haut und in der Psyche. Ob diese Effekte direkt auf die Sexualhormone zurückzuführen sind, oder ob sie vom Hypothalamus und Zentralnervensystem gesteuert werden, ist eine offene Frage.

A2.   Männliche Geschlechtsorgane

Die Bildungsstätten der männlichen Keimzellen (Spermien, Spermatozoen) sind die Hoden (Testes). In diesen entstehen auch die männlichen Geschlechtshormone. Die Hoden können zeitlebens in der Bauchhöhle liegen bleiben; bei vielen Arten wandern sie jedoch entweder für eine begrenzte Zeit des Jahres oder auf Dauer an ihrem Aufhängeband entlang in einen äußerlich sichtbaren Hodensack (Skrotum). Dieser ist bei manchen Affen auffällig gefärbt, was für eine Signalwirkung spricht. Eine andere Aufgabe des Skrotums scheint folgende zu sein: Die Spermien sind im Hodensack in einer Umgebung, deren Temperatur um bis zu 6 °C tiefer liegt als die der Leibeshöhle. Wie schon lange bekannt ist, werden Hausschaf-Widder im heißen Hochsommer vorübergehend unfruchtbar. Die Sterilität verschwindet, wenn die Umgebungstemperatur auf tiefere Werte fällt.
    Von den Hoden gelangen die Spermien in die Nebenhoden (Epididymis). Hier reifen sie vollends heran. Ihr weiterer Weg führt durch den Samenleiter (Ductus deferens), welcher in der Nähe der Harnblase in die Harnröhre mündet. Der nach außen führende Kanal ist also ein Harnsamenleiter. An den Kanälen, welche die Spermien leiten, liegen einige

Drüsen; deren Sekrete haben unter anderem die Aufgabe, die Spermatozoen mit Nährstoffen zu versorgen und vorher unbewegliche Spermien beweglich zu machen.

Alle männlichen Säugetiere besitzen ein Begattungsglied *(Penis)*. Den Penis durchzieht bei den Meta- und Eutheria der Harnsamenleiter. Bei den Monotremata zweigt vor dem Penis der Harnkanal ab, der Penis leitet also nur Samen. Er entspringt bei den Metatheria im allgemeinen hinter, bei den Eutheria vor dem Skrotum. Wie Abb. 160 zeigt, ist der Penis der Beuteltiere in Anpassung an die paarige Vagina vorne gespalten.

Viele Arten besitzen einen *Penisknochen*. Da er bei Vertretern verschiedener systematischer Kategorien unterschiedlich gestaltet ist, kann er verwendet werden, um Verwandtschaftsbeziehungen aufzudecken.

B.   Kopulation und Befruchtung der Eizelle

Vor der Kopulation zeigen Männchen und Weibchen oft komplizierte Verhaltensweisen, die dazu dienen, die Partner aufeinander abzustimmen. Von den bei der Kopulation in die Geschlechtswege des Weibchens gelangenden zahlreichen Spermien befruchtet schließlich nur eines eine Eizelle. Die Zygote enthält väterliches und mütterliches Erbgut.

B1.   Kopulation

Außer bei manchen Primaten lassen die Weibchen die Männchen nur dann zur Kopulation zu, wenn sie in *Brunst (Oestrus)* sind. Der Begriff Brunst (Brunft) wird auf beide Geschlechter angewendet, der Ausdruck Oestrus nur auf das Weibchen. Welches Signal zeigt dem Männchen an, wann das Weibchen in Brunst ist? In den meisten Fällen dürfte es sich um Duftstoffe handeln; beim Löwen ist es vermutlich der Geruch des Urins des Weibchens. Vom Elch ist bekannt, daß an der Geschlechtsöffnung liegende Drüsen dem Urin ein Pheromon beimischen; nachdem das Männchen am Urin des Weibchens gerochen hat, *flehmt* es (Abb. 289). Bei dieser typischen Geste wird die Oberlippe hochgezogen; Duftstoffe dürften dabei an das Jacobsonsche Organ gelangen (s. IX B). Umgekehrt versetzt der Geruch des Urins des Männchens die Elchkühe in sexuelle Erregung. Der Elchhirsch »imprägniert« sich sozusagen durch besonderes Verhalten mit seinem Urin. Es gibt aber auch optische Signale, beispielsweise die Brunstschwellungen bei Pavianen und Schimpansen.

Verhaltensweisen der Paarungseinleitung sind bei Paarhufern das Treiben des Weibchens durch das Männchen (beispielsweise beim Reh), Halsauflegen (beim Großen Kudu), und der Laufschlag, bei dem das Männchen den Vorderlauf gestreckt hochschlägt (bei vielen Antilopen).

Gegen Ende der Kopulation beißt bei katzenartigen Reißtieren das Männchen das Weibchen in den Nacken (Nackenbiß). Dadurch gerät das Weibchen vermutlich kurzfristig in eine Art Starrezustand; dieser ist vielleicht der Tragstarre vergleichbar, welche bei Jungen dadurch ausgelöst wird, daß ihre Mutter sie am Nacken faßt.

Während der Brunst kopulieren manche Arten sehr häufig, so der Löwe Tag und Nacht durchschnittlich alle 21 Minuten. Sehr lange Paarungen beobachtet man beim Panzernashorn: während einer Stunde gibt der Bulle durchschnittlich 20 mal Spermien ab. Auf diese Tatsache dürfte der in Asien herrschende Aberglaube zurückzuführen sein, zerriebenes Horn des Rhinoceros sei ein Aphrodisiacum. Es wird mit schwerem Geld aufgewogen und hat die Nashörner an der Rand der Ausrottung gebracht.

Bei manchen Arten kopuliert ein Weibchen mit mehreren Männchen, so bei der Giraffe und beim Schimpansen. Bei anderen Formen versammelt ein Männchen zur Paarungszeit mehrere Weibchen um sich, beispielsweise beim Rothirsch und bei Robben. Diese Arten errichten Harems nur während der Brunft; andere halten die Weibchen auch dann in Harems, wenn sie nicht im Oestrus sind (Mantelpavian, Dschelada, Steppenzebra). *Monogamie* liegt dann vor, wenn sich ein Männchen nur mit einem bestimmten Weibchen paart, und dieses kein anderes Männchen zur Kopulation zuläßt (Gibbons, Siamang, Indri).

Sind die Spermien in den weiblichen Geschlechtswegen angelangt, müssen sie dort eine Zeitlang verweilen, um befruchtungsfähig zu werden (Kapazitation). Danach leben sie im allgemeinen nur noch kurze Zeit. Eine Ausnahme bilden die Fledermäuse, welche die Spermien zu speichern vermögen (s. VI E).

B2. Befruchtung der Eizelle

Die nach dem Follikelsprung aus dem Ovar entlassene Eizelle ist von zwei Hüllen umgeben (Abb. 161): der nicht-zellulären Zona pellucida und der zellulären Corona radiata.

Vom Eileitertrichter aufgenommen (Abb. 162), gelangt die Eizelle in den Eileiter und wandert darin abwärts. Das Flimmerepithel im Innern des Eileiters erzeugt einen in Richtung zum Uterus gerichteten Flimmerstrom. Das Epithel hat vermutlich nichts mit dem Transport der Eizelle zu tun, sondern ermöglicht den Spermien die Orientierung mittels positiver Rheotaxis. Im Eileiter erfolgt die Befruchtung. Um zur Eizelle zu gelangen, muß das Spermium deren beide Hüllen durchdringen (Abb. 163).

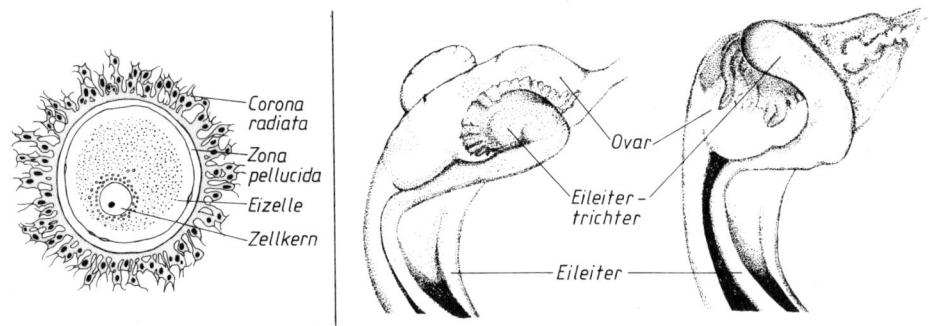

Abb. 161 (links). Aus dem Ovar freigesetzte Eizelle mit Hüllen (nach Weber 1927/28)

Abb. 162 (rechts). Eileitertrichter bewegt sich mit seiner faltig begrenzten Öffnung »suchend« über das Ovar. Im linken Bild erkennt man einen die Oberfläche des Ovars überragenden sprungreifen Follikel (nach Döring 1972)

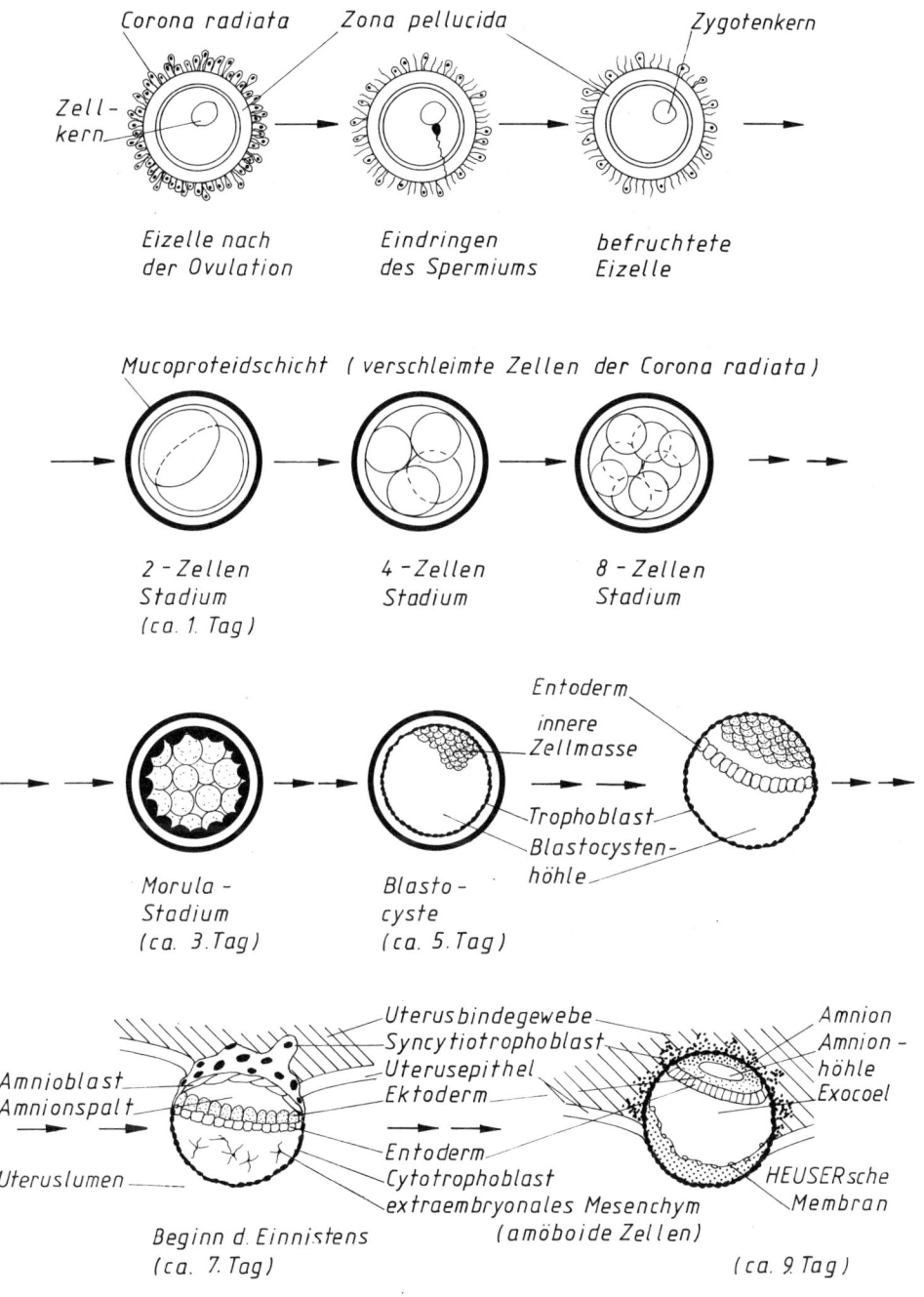

Abb. 163. Frühstadien der Embryonalentwicklung beim Kaninchen (bis zum Morula-Stadium) und beim Menschen (restliche Stadien). Die Zeitangaben sind vom Zeitpunkt der Kopulation an gerechnet. Zellkerne der Furchungszellen ab dem Zweizellen-Stadium fortgelassen (nach Houillon 1972 und Starck 1975)

C.   Embryonalentwicklung

Den gesamten Ablauf der Embryonalentwicklung beschreiben zu wollen, würde den Rahmen dieses Buches bei weitem sprengen. Daher sind nur die Anfänge der Ontogenese sowie einige Besonderheiten der späteren Stadien dargestellt.

Ausführliche Abhandlungen zur Organ- und Gewebe-Differenzierung finden sich in den Lehrbüchern der Embryologie. Im vorliegenden Buch ist für einige Organe und Gewebe (beispielsweise Haare, Milchdrüsen, Zähne) die Ontogenese in den entsprechenden Kapiteln beschrieben.

Die Embryogenese der Säugetiere weist – verglichen mit der anderer Wirbeltiere – zahlreiche Besonderheiten auf, die durch die Entwicklung des Embryos im mütterlichen Organismus bedingt sind. Die Bezeichnung mancher Strukturen des Säugetierembryos (beispielsweise »Dottersackhöhle«) lassen sich nur verstehen, wenn man die Keime anderer Wirbeltiere, besonders die von Reptilien und Vögeln, zum Vergleich heranzieht.

Die Embryonalentwicklung beginnt mit der Zygote. Vom weiteren Geschehen ist im folgenden die Furchung und die Bildung der Keimblätter beschrieben. Außerdem ist das Entstehen derjenigen Gewebe geschildert, welche die Verbindung zwischen Muttertier und heranwachsendem Embryo herstellen.

C1.   Furchung

Die Vorgänge bei der Reifung und Befruchtung der Eizelle wurden vorstehend am Beispiel eines Vertreters der Eutheria besprochen. Wenn im folgenden für bestimmte Vorgänge nicht ausdrücklich vermerkt ist, daß sie bei Proto- oder Metatheria ablaufen, sind immer Prozesse bei Eutheria gemeint.

Nachdem der Kern des Spermiums mit dem der Eizelle verschmolzen ist, beginnt sich die jetzt diploide Zelle, die Zygote, zu teilen. Zweizellen-, Vierzellen-, Achtzellenstadium usw. folgen aufeinander. Diese Vorgänge heißen Furchung, die entstehenden Zellen Furchungszellen oder Blastomeren (Abb. 163). Die Bezeichnung »Furchung« rührt daher, daß bei der Zellteilung auf der Oberfläche Furchen sichtbar werden, bevor sich die Zellen

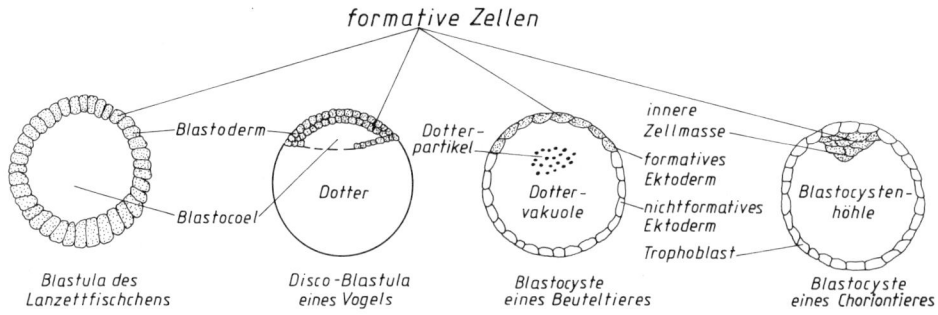

Abb. 164. Keime verschiedener Chordatiere im Entwicklungsstadium der Blastula bzw. der Blastocyste. Zur Herkunft des Dotterrestes bei Beuteltieren s. Abschnitt C 12 (nach Houillon 1972 und Starck 1975)

182

voneinander trennen. Die Furchung ist wegen des bei Eutheria fehlenden Dotters (alecithales Ei) total-aequal, d. h. es entstehen lauter gleich große Zellen.

Im Zweizellenstadium verschleimen die Zellen der Corona radiata. Die aus Mucoproteiden bestehende Schicht bleibt aber weiterhin auf der Zona pellucida liegen. Die im Inneren der Kugel entstehenden Blastomeren haben die Tendenz, auseinanderzuweichen; daran werden sie durch die Zona pellucida gehindert.

Die *Morula* (Maulbeerstadium) ist das Endstadium der Furchung. Bis zu diesem Stadium verläuft die Ontogenese bei allen Eutheria ähnlich – die Entwicklungsschritte zeigt Abb. 163. Die Weiterentwicklung nach der Morula geschieht bei den einzelnen Säugetiergruppen sehr unterschiedlich. Sie ist im folgenden am Beispiel der Ontogenese des menschlichen Embryos dargestellt.

C2. Entstehen der Blastocyste

In der Morula beginnt sich eine Gruppe von Zellen wandständig anzuordnen. Im weiteren Verlauf findet eine Differenzierung statt. Zwei Zelltypen bilden sich heraus: eine innere Zellmasse und eine äußere epithelartig angeordnete Zellschicht. Die *innere Zellmasse* entspricht dem *formativen Bereich* des Keims und bildet später den Embryo (sie wurde früher als *Embryoblast* oder Embryonalknoten bezeichnet). Die äußere Zellschicht bildet das für die Ernährung des Keims benötigte Gewebe und heißt *Trophoblast* (auch als Trophektoblastem oder Nährblatt bezeichnet). Der Trophoblast nimmt später die Beziehung zum mütterlichen Gewebe auf. Wie aus Untersuchungen am Hausschwein bekannt ist, entsteht aus der größeren Zelle des Zweizellenstadiums die innere Zellmasse, aus der kleineren der Trophoblast. Das Ganze heißt jetzt *Blastocyste* oder Keimblase.

Die *Blastocystenhöhle* wird auf folgende Weise gebildet: Zwischen den Blastomeren fließt aus den Zellen stammende Flüssigkeit in interzellulären Spalten zusammen und formt schließlich eine einheitliche Höhle. Dadurch werden die beiden Zellschichten fast überall voneinander getrennt. Der Trophoblast bildet die Wand des Keims und überdeckt auch die innere Zellmasse.

Die manchmal gebrauchte Bezeichnung »primäre Blastula« für die Blastocyste sollte man vermeiden. Wie Abb. 164 für die Beispiele Lanzettfischchen und Vogel zeigt, entspricht die Blastocystenhöhle eines Chorióntieres nämlich *nicht* dem Blastocoel der Blastula sonstiger Chordatiere. Deren Blastocoel ist eine Furchungshöhle, die sie umgebenden Zellen liefern den Embryo und heißen daher *formative Zellen*. Die Keimblasenhöhle der Chorióntiere ist von Zellen des Trophoblasten umgeben, welcher eine stammesgeschichtliche Neuerwerbung der Eutheria darstellt. Die Blastocyste der Marsupialia ist in Abschnitt C12 besprochen.

C3. Bildung des Entoderms und des extraembryonalen Mesenchyms

An der Basis der inneren Zellmasse ordnet sich eine Gruppe zusammenhängender Zellen flächig an. Ihre Herkunft ist etwas umstritten, zum größten Teil dürften sie aus der inneren Zellmasse stammen. Sie bilden das *Entoderm* (das gelegentlich auch als Entoblastem bezeichnet wird). Wenn man die Zellen der inneren Zellmasse als *Ektoderm* (= Ektoblastem) bezeichnet – wie das manche Autoren tun –, weist der Keim damit zwei Keimblätter auf. Zellen des dritten (mittleren) Keimblatts (*Mesoderm* = Mesoblastem) entstehen einerseits sehr früh als extraembryonales Mesenchym, andererseits später als intraembryonales Mesoderm (s. C9).

Frei bewegliche *Mesenchymzellen*, welche dem Trophoblasten entstammen, treten etwa zum Zeitpunkt des Einnistens auf (Abb. 163 unten links). Sie wandern in die Blastocytenhöhle. Zwischen Entoderm und Trophoblast entsteht dadurch ein lockeres Füllgewebe.

C4.　Veränderungen des Trophoblasten beim Einnisten

Die zunächst im Lumen des Uterus liegende Blastocyste befreit sich durch pulsierende Bewegungen aus der Zona pellucida, wodurch sie bereit zur Kontaktaufnahme mit dem Uterus wird. Sie nistet sich in eine Krypta der Uteruswand ein. Das Einnisten *(Nidation)* wird häufig wenig zutreffend als Implantation bezeichnet. Manche Autoren gebrauchen die Bezeichnung Trophoblast erst vom Zeitpunkt des Einnistens an; davor sprechen sie von Trophektoblastem.

Die Beziehung des eingenisteten Keims zum Uterus wird oft mit der eines Parasiten zu seinem Wirt verglichen. Dieser Vergleich hinkt! Damit der Keim im Uterus heranwachsen kann, sind Prozesse zwischen Mutter und Keim erforderlich, die fein aufeinander abgestimmt sein müssen. Vielleicht dachte man aus folgendem Grund an eine Art Parasitismus: Benötigt der Embryo bestimmte Stoffe, entzieht er sie dem mütterlichen Körper »rücksichtslos«. In früheren Zeiten fielen Menschenmüttern, die sich nicht entsprechend ernährten, während der Schwangerschaft oft die Zähne aus; der Fetus entnimmt nämlich die zum Skelettaufbau benötigten Mineralsalze dem Mineralvorrat der Mutter.

Wie Abb. 163 (links unten) zeigt, besteht der Keim zum Zeitpunkt des Einnistens aus verschiedenen Zellsorten. Dort, wo er den Kontakt zum mütterlichen Gewebe herstellt, verlieren die Zellen des Trophoblasten ihre Zellgrenzen und werden zu einem Syncytium. Dieser *Syncytiotrophoblast* nimmt im weiteren Verlauf an Mächtigkeit zu. Der in das Uteruslumen ragende Teil des Trophoblasten behält seine Zellgrenzen und heißt *Cytotrophoblast*. Je weiter die Blastocyste in das Uterusbindegewebe eindringt, desto mehr wandelt sich Cytotrophoblast- in Syncytiotrophoblastgewebe um (Abb. 163 und 165).

C5.　Amnion und Amnionhöhle entstehen

In dem Bereich, in dem die innere Zellmasse an den Trophoblasten grenzt, weichen deren Zellen auseinander, die flüssigkeitsgefüllten Interzellularspalten fließen zusammen und bilden einen einheitlichen Flüssigkeitsraum, welcher als *Amnionspalt* bezeichnet wird (Abb. 163 unten links). Er ist in Richtung Uterus von einer Zellschicht begrenzt, die dem Trophoblasten entstammt und als *Amnioblast* bezeichnet wird. Nach der gegenüberliegenden Seite hin wird der Amnionspalt durch die jetzt als Ektoderm bezeichnete Zellschicht abgeschlossen.

Im weiteren Verlauf spalten sich noch mehr Zellen vom Trophoblasten ab, sie gesellen sich zu den Zellen des Amnioblasten und bilden so das *Amnion*. Der Spalt wird zur *Amnionhöhle*.

Spaltbildung ist nicht der einzige bei Säugetieren vorkommende Modus des Entstehens der Amnionhöhle. Sie kann sich auch durch Auffalten bilden und heißt dann Faltamnion (beispielsweise beim Kaninchen und allen Reißtieren).

Die Flüssigkeit in der sich vergrößernden Amnionhöhle, das sog. *Fruchtwasser*, wird vom Amnionepithel abgeschieden (Weiteres s. C11).

C6. Bildung der Dottersackhöhle

Mit Ausnahme der Monotremata enthält die Dottersackhöhle der Säugetiere keinen Dotter! Ihre Bezeichnung wird verständlich, wenn man den Keim eines Choriontieres einem Vogelembryo gegenüberstellt. Dieser Vergleich wird in C7 gezogen. Hier sollen zunächst die Vorgänge besprochen werden, welche die Dottersackhöhle entstehen lassen. Wir gehen dabei von den beiden unten gezeichneten Stadien der Abb. 163 aus, deren rechts stehendes in Abb. 165 wiederholt ist.

An dem Pol, welcher der Amnionhöhle gegenüberliegt, sondern sich flache Zellen von der Innenfläche des Cytotrophoblasten ab. Es sind mesotheliale Zellen, die sich zur *Heuserschen Membran* ordnen. Sie umschließt gemeinsam mit dem Entoderm einen flüssig-

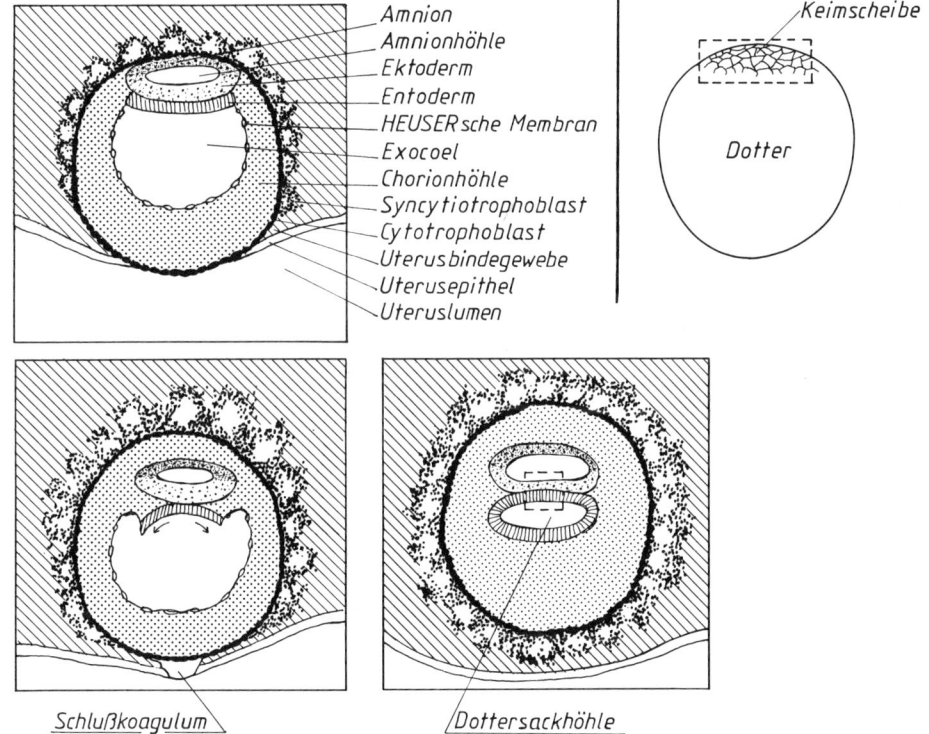

Abb. 165. Menschlicher Keim unmittelbar nach dem Einnisten sowie Keim eines Vogels (rechts oben). Die Stadien des menschlichen Keims stellen die Fortsetzung der Abb. 163 dar. Nach dem vollständigen Eindringen des Keims ins Uterusbindegewebe wird die Eintrittsstelle mit einem Koagulum aus Fibrin verschlossen. Beim Vogelkeim und beim rechts unten dargestellten Stadium des menschlichen Keims sind die *formativen Bereiche* rechteckig umrandet (nach Siewing 1969 und Sander 1979)

keitsgefüllten Raum, der *Exocoel* (= extraembryonales Coelom) oder primärer Dottersack genannt wird. Die zweite Bezeichnung wird im folgenden vermieden.

Der Raum zwischen Cyto- bzw. Syncytiotrophoblast und *Heuserscher Membran* ist mit extraembryonalem Mesenchym ausgefüllt und heißt *Chorionhöhle* (Abb. 165). Der Keim weist jetzt drei Höhlen auf, ein als Dottersackhöhle zu bezeichnender Raum liegt jedoch noch nicht vor.

Während der Keim weiter ins Uterusbindegewebe eindringt, beginnt sich das zunächst plattenförmige Entoderm an seinen seitlichen Begrenzungen nach unten auszubreiten; die Ränder treffen sich schließlich und verwachsen. Sie haben damit einen neuen Raum in sich eingeschlossen. Er heißt *Dottersackhöhle*. Die dafür auch gebrauchte Bezeichnung »sekundärer Dottersack« wird im folgenden ebenfalls vermieden. Am Ende der zweiten Woche fließen Exocoel und Chorionhöhle zu einem einheitlichen Raumsystem zusammen. Die Heusersche Membran wird dabei zurückgebildet. Die Unterscheidung zwischen extraembryonalem Coelom und Chorionhöhle ist damit hinfällig geworden. Der einheitliche Raum wird in den späteren Stadien als Chorionhöhle bezeichnet. Sie zählt nach dem oben Gesagten zum extraembryonalen Coelom. Ihr Name wird unmittelbar aus Abb. 169 verständlich: sie erstreckt sich unter das Chorion, dessen Aufbau in C11 beschrieben ist.

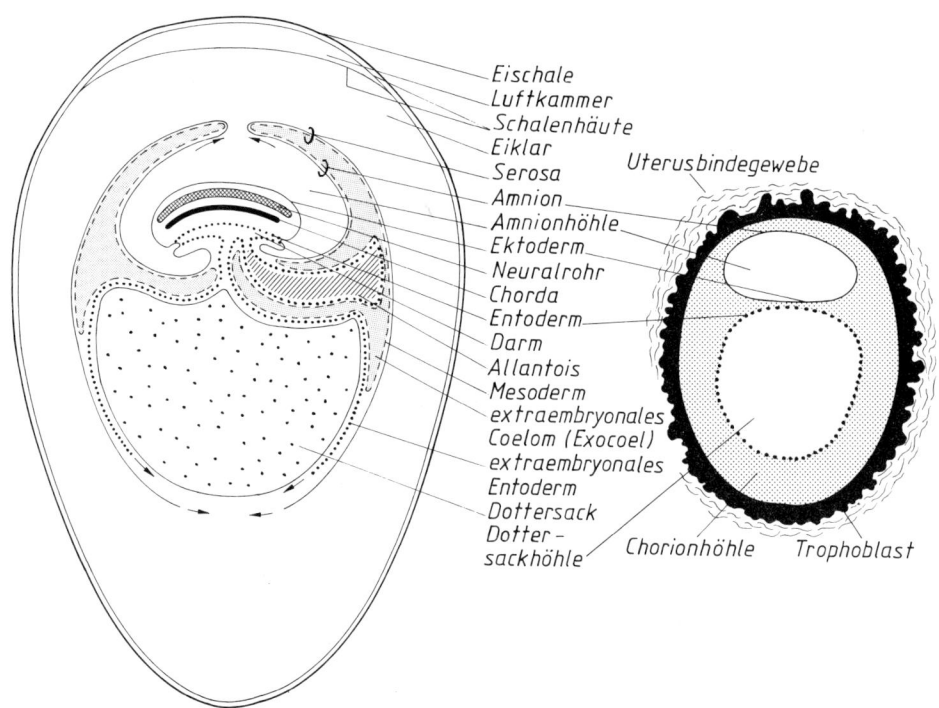

Abb. 166. Bau des Vogel- und Choriatenembryos zum Zeitpunkt der Ausbildung der Amnionhöhle
Links: Vogelembryo im Ei. Die Amnionhöhle steht kurz vor dem Verschluß
Rechts: Choriatenkeim im Uterus mit fertig ausgebildeter Amnionhöhle. Man beachte den weit fortgeschrittenen Zustand des Vogelembryos. Das Umwachsen des Dottersacks durch Ento- und Ektoderm steht kurz vor dem Abschluß (nach Schwartz 1973 und Starck 1975)

C7. Zum Begriff »Dottersackhöhle«

Die Bezeichnung der mit Körperflüssigkeit gefüllten Dottersackhöhle läßt sich durch vergleichende Betrachtungen verstehen. Diese Höhle liegt relativ zum formativen Bereich dort, wo beim Vogelkeim der Dotter anzutreffen ist (Abb. 165). Hinzu kommt, daß sie rings von Entoderm umgeben ist – so wie der Dottersack der Vögel dadurch gebildet wird, daß das Entoderm den Dotter umwächst (Abb. 166).

Bei den Eierlegern ist die Dottersackhöhle mit Dotter gefüllt und heißt zu Recht »Dottersack«. Die sich in den Eiern der Monotremata entwickelnden Embryonen besitzen – wie die Reptilien und Vögel – im Dotter den benötigten Vorrat an Bau- und Betriebsstoffen.

Die Keime der Eutheria verfügen über kein Reservematerial, die der Metatheria weisen nur ganz zu Beginn der Embryonalentwicklung eine sehr geringe Dottermasse auf (Abb. 172). Die Existenz einer Dottersackhöhle bei Meta- und Eutheria berechtigt zu folgenden stammesgeschichtlichen Aussagen: Die Marsupialia und Choriaten stammen von Formen mit dotterreichen Eiern ab und haben den Dottervorrat ihrer Eizellen *sekundär* verloren.

Ganz funktionslos ist die dotterlose Dottersackhöhle allerdings nicht. Es bildet sich nämlich auch bei den Eutheria zunächst ein umfangreicher *»Dotter«kreislauf* aus. Untersucht man andere Vertreter der Wirbeltiere, zeigt sich: Bei fast allen Gruppen (eine Ausnahme bilden die Knochenfische) treten die ersten Blutinseln und Blutgefäße auf der Oberfläche des Dottersacks auf. Auf diese Stätte der ersten Blutbildung können auch die Meta- und Eutheria nicht »verzichten«. Wenn in der weiteren Ontogenese die Dottersackhöhle zurückgedrängt wird, entsteht das Blut in der Leberregion des Embryos (beim Menschen beginnt dies in der 11. Woche), beim Erwachsenen ist das rote Knochenmark Blutbildungsstätte.

C8. Amnionhöhle bei Vogelembryo und Choriatenkeim

Die Bildung dieser Strukturen erfolgt bei Choriaten zu einem Zeitpunkt, der all denen außerordentlich früh erscheinen muß, welche mit der Embryonalentwicklung der Reptilien und Vögel vertraut sind. (Diese bilden ebenfalls ein Amnion aus und werden daher zusammen mit den Säugetieren als *Amnioten* zusammengefaßt.)

Den fundamentalen Unterschied zwischen Vögeln und Choriaten im Entwicklungszustand des Embryos zum Zeitpunkt der Bildung der Amnionhöhle zeigt Abb. 166. Der Vogelkeim ist zu diesem Zeitpunkt bereits weit differenziert und weist Strukturen wie Neuralrohr, Chorda und Darm auf. Über den bereits als Embryo kenntlichen Keim wächst das Amnion aufwärts. Beim Choriatenkeim bildet sich die Amnionhöhle, *bevor* am Keim stark differenzierte Strukturen, geschweige denn eine Körpergrundgestalt sichtbar sind. Wir finden ausschließlich die drei angegebenen Höhlen.

Die äußere Hülle des Gesamtkeims bildet bei den Choriaten der Trophoblast, beim Vogel die Serosa – eine Doppelhaut aus Ektoderm und Mesoderm.

C9. Intraembryonales Mesoderm bildet sich

Wir kehren zurück zur Entwicklung des menschlichen Embryos. Wie in C3 ausgeführt, entstehen dem dritten Keimblatt zuzuordnende Zellen schon sehr früh (am 7. Tag: Abb.

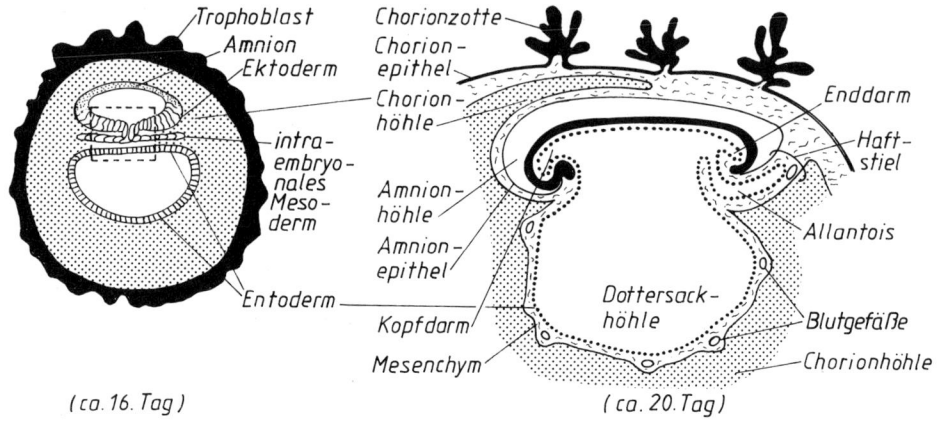

Trophoblast
Amnion
Ektoderm
intra-
embryo-
nales
Meso-
derm
Entoderm

Chorionzotte
Chorion-
epithel
Chorion-
höhle
Amnion-
höhle
Amnion-
epithel
Kopfdarm
Mesenchym

Enddarm
Haft-
stiel
Allantois
Blutgefäße
Chorionhöhle
Dottersack-
höhle

(ca. 16. Tag)   (ca. 20. Tag)

Abb. 167. Fortgeschrittene Stadien beim menschlichen Embryo
Links: Mesoderm-Bildung. Das Rechteck umrandet wie in Abb. 165 den formativen Bereich
Rechts: Im – vom Ektoderm umgebenen – schwarz dargestellten Teil des Embryos liegt das Mesoderm, entwickeln sich die Chorda, das Neuralrohr und die Herzanlage. Details der Chorionzotten vernachlässigt, zu deren genauem Aufbau s. Abb. 168 (nach Starck 1975)

163). Erst etwa 9 Tage später bildet sich *intraembryonales Mesoderm* (Abb. 167 links). Dies geschieht dadurch, daß Zellen aus dem mittleren Bereich des Ektoderms auswandern und sich in den Raum zwischen Ektoderm und Entoderm schieben. Damit ist der formative Bereich (der oft als Keimscheibe bezeichnet wird) dreiblätterig geworden. Die Zellen des intraembryonalen Mesoderms erreichen schließlich den Rand des formativen Bereichs (vgl. Abb. 165). Dort verschmilzt das intraembryonale Mesoderm mit extraembryonalem Mesenchym.

C10.   Weitere Entwicklung des Embryos; Ausstülpen der Allantois

Eine detaillierte Beschreibung des Entstehens von Organen des Embryos wird hier nicht gegeben. Es soll nur auf die Bildung der Allantois sowie der Gewebe eingegangen werden, welche den Kontakt zur Mutter herstellen.

Wie Abb. 167 rechts zeigt, umkleidet das Entoderm zum angegebenen Zeitpunkt nicht nur die Dottersackhöhle und bildet den Darm des Embryos, sondern es formt als weitere Ausstülpung die *Allantois*. Sie bleibt beim Menschen rudimentär und ist für die Weiterentwicklung ohne Bedeutung. Eine große Rolle spielt die Allantois jedoch – wie bei den Reptilien und Vögeln – bei den Monotremata sowie bei sonstigen Vertretern der Eutheria.

Wie ein Seitenblick auf die Verhältnisse bei Reptilien und Vögeln lehrt, schiebt sich hier die Allantois in das Exocoel, wobei sie ein Blatt des Mesoderms vor sich hertreibt (Abb. 166). Schließlich legt sie sich an die *Serosa* an. (Die Serosa wird leider oft auch als Chorion bezeichnet – ein ganz unglücklicher Sprachgebrauch, der dem Anfänger den Einstieg in das schwierige Gebiet der Embryologie unnötig erschwert.) Damit entsteht

188

ein aus folgenden vier Schichten aufgebautes Gebilde (von innen nach außen): Wand der Allantois, deren Mesodermschicht, zur Serosa gehörende Mesodermschicht, Ektoderm der Serosa. Über dieses Gewebe findet der Gasaustausch im Vogelei statt.

Bei vielen Eutheria verhält sich die Allantois ganz entsprechend. Sie nimmt hier allerdings Beziehung zum Chorion auf. Dies geschieht dadurch, daß der Mesenchymbelag der Allantois Anschluß an den Teil des Trophoblasten gewinnt, der die Beziehung zum Muttertier herstellt. Die im Mesenchym der Allantoiswand sich bildenden Blutgefäße spielen dabei eine wichtige Rolle (s. D).

Im Fall der Reptilien, Vögel und Monotremata ist der deutsche Name Harnsack für die Allantois berechtigt. In ihr sammeln sich im bebrüteten Ei stickstoffhaltige Stoffwechselendprodukte. Diese Exkrete brauchen die Embryonen der Meta- und Eutheria nicht zu speichern, sie werden über die Placenta dem mütterlichen Blut übergeben, die Abgabe an die Außenwelt wird der Mutter überlassen.

C11.   Aufbau des Chorion

Je größer der Embryo wird (beim Menschen heißt er etwa ab dem Ende des 3. Monats *Fetus*; diese Bezeichnung wird oft auch auf fortgeschrittene Entwicklungszustände der Embryonen anderer Choriaten angewandt), desto mehr steigen seine Bedürfnisse hinsichtlich der Versorgung mit Nährstoffen und Sauerstoff sowie des Abtransports von Exkreten und Kohlendioxid. Die Transportvorgänge laufen über die Placenta. An deren Aufbau be-

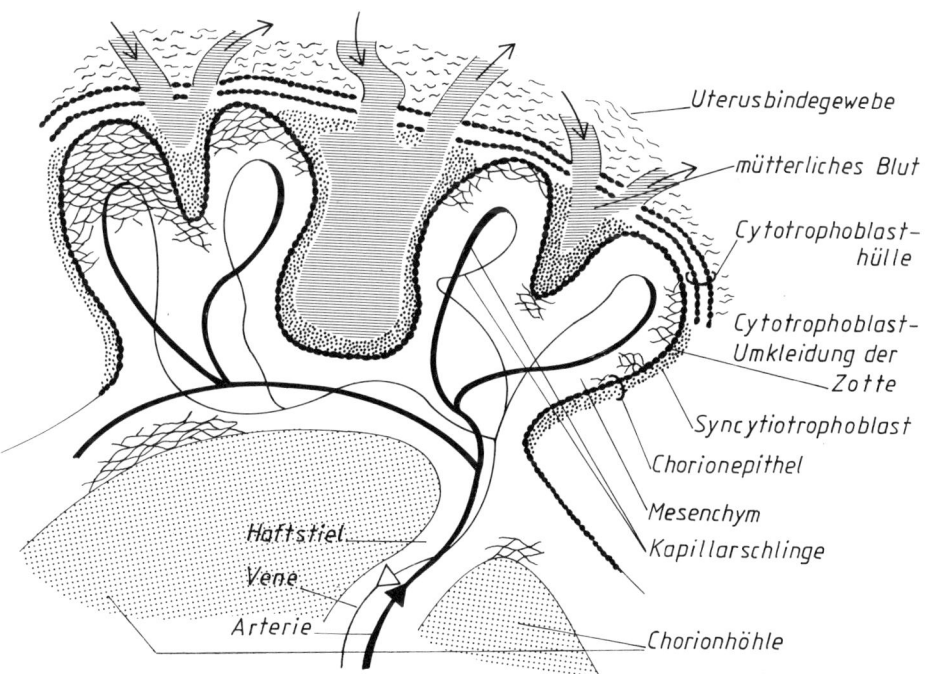

Abb. 168. Aufbau der Placenta beim menschlichen Fetus (nach Langman 1977 und Starck 1975)

189

teiligen sich einerseits Gewebe des Embryos, andererseits solche der Mutter. Der Embryo bildet Zotten aus, die in die Uteruswand eindringen. Die Gesamtheit der Zotten heißt *Chorion* oder Zottenhaut. Das Chorion umfaßt Chorionepithel und daran angrenzendes Mesenchym (Abb. 169). Liegt wie beim Menschen eine haemo-choriale Placenta vor (Abb. 174), tauchen die Chorionzotten in mütterliches Blut – ein wirksamer Stoffaustausch ist somit gewährleistet.

Im folgenden wird nur der Bau der Chorionzotten beschrieben. Ausführungen zur Placenta finden sich in D. Das von der embryonalen Seite für den Kontakt verantwortliche Gewebe – der Trophoblast – zeigt im Zottenbereich eine komplizierte Ausbildung (Abb. 168). Die Begrenzung eines Zotten»baumes« ist durch eine Cytotrophoblastschicht mit aufgelagerter Syncytiotrophoblastschicht gegeben. Diese Doppelschicht heißt *Chorionepithel* (Abb. 168 und 174). Zweischichtig ist das Epithel in der unreifen Placenta, in der reifen ist es einschichtig und besteht nur noch aus Syncytiotrophoblast. Im Inneren einer Zotte liegt außer den Blutgefäßen extraembryonales Mesenchym, welches beim Menschen als *Allantoismesenchym* bezeichnet werden muß (zur Begründung s. D2).

Ein Stück vom Zottenende entfernt verläuft die Cytotrophoblasthülle, welche die Grenze zum Uterusbindegewebe bildet. Das mütterliche Blut ergießt sich in die Zwischenräume der Zotten und umspült den Syncytiotrophoblasten. Die Blutversorgung der Zotten geschieht durch die zuführenden Nabelarterien (Arteriae umbilicales) und die abführende Nabelvene (Vena umbilicalis). Zu deren Herkunft s. D2.

In den Stadien, welche auf den Entwicklungszustand der Abb. 167 folgen, verdrängt die sich stark vergrößernde Amnionhöhle die Chorionhöhle. Dies ist in Abb. 169 dargestellt. Dabei wird auch die Wand der Dottersackhöhle zusammengedrängt.

Aus dem Haftstiel (Abb. 167 und 169) – dem Verbindungsstrang zwischen Embryo und Placenta – wird der *Nabelstrang*. Dies geschieht dadurch, daß sich die Wand der Amnionhöhle gegen den Stiel der Dottersackhöhle und den – beim Menschen kleinen – Allantoisstiel drängt. Auf diese Weise wird die Nabelschnur vom Amnionepithel umkleidet.

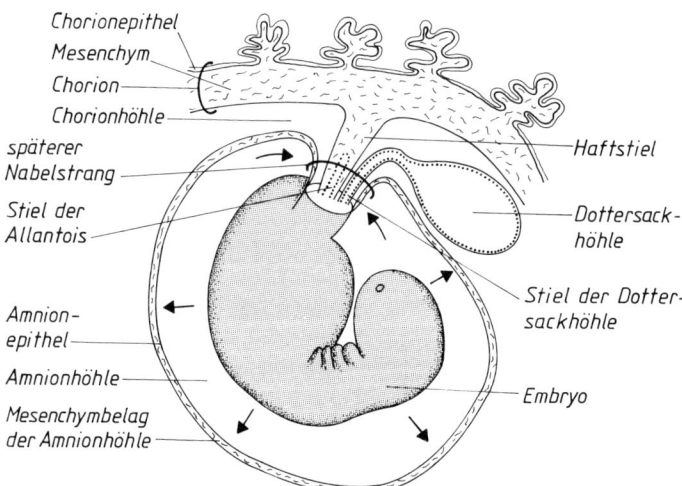

Abb. 169. Menschlicher Embryo von etwa 10 mm Länge und einem Alter von etwa 6 Wochen, schematisch. Vom Embryo ist nur der Umriß gezeichnet. Die Pfeile geben die Richtungen an, in die sich die Amnionhöhle fortschreitend ausdehnt. Dadurch entsteht schließlich der Nabelstrang (s. eingezeichneten Ring). Mesenchymbelag der Dottersackhöhle zeichnerisch nicht ausgeführt (nach Starck 1975)

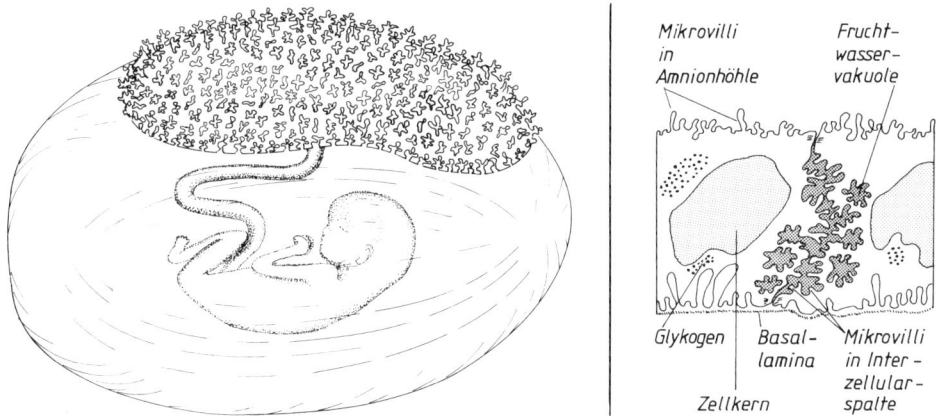

Mikrovilli
in
Amnionhöhle

Frucht-
wasser-
vakuole

Glykogen

Basal-
lamina

Mikrovilli
in Inter -
zellular -
spalte

Zellkern

Abb. 170 (links). Menschlicher Embryo im dritten Monat in der mit »Fruchtwasser« (Amnionflüssigkeit) gefüllten »Fruchtblase«. Die Zottenhaut (Chorion) ist kappenförmig ausgebildet. Die Nabelschnur verbindet den Embryo mit der Placenta (nach Starck 1975)

Abb. 171 (rechts). Amnionepithel. Die Zellen des einschichtigen Epithels sind iso-prismatisch. Die Fruchtwasservakuolen liegen vorwiegend in der Nähe der weiten Inter-zellularspalten. Die Zellorganellen sind fortgelassen (nach Krstic 1982)

Betrachtet man einen Querschnitt durch die Nabelschnur, findet man in dem von Am-nionepithel umkleideten mesenchymalen Füllgewebe die Querschnitte der beiden Nabel-arterien und der Nabelvene. Diese Gefäße sind vorhanden, wenn es sich um eine Chorio-allantois-Placenta handelt. Bei einer Dottersackhöhlen-Placenta (s. D) verlaufen durch die Nabelschnur die Arteria und Vena vitellina.

Die sich ausdehnende Amnionhöhle wird mit Flüssigkeit gefüllt: es entsteht die »Fruchtblase« (Abb. 170). Das »Fruchtwasser« wird vom Amnionepithel abgegeben. Dieses Epithel (Abb. 171) kann sezernieren *und* resorbieren.

Beim Menschen liefert es 1 bis 2 l Fruchtwasser. Die den Embryo umgebende Amni-onflüssigkeit schützt ihn als »Wasserkissen« vor mechanischen Einwirkungen, verhindert seine Austrocknung und sorgt dafür, daß er nicht an einer Wandung anklebt und dadurch Deformationen erleidet. Vermutlich hat sie weitere – bisher unbekannte – Aufgaben, da ein erheblicher Umsatz des Fruchtwassers stattfindet, er beträgt beim Menschen am Ende der Schwangerschaft 0,5 l/h.

Amnion, Allantoiswand und Wand der Dottersackhöhle bezeichnet man als *Embryo-nalhüllen* oder embryonale Anhangsorgane (der veraltete Ausdruck »Eihäute« sollte auf-gegeben werden).

C12.   Ontogenese der Proto- und Metatheria

Die Entwicklung der Monotremata, deren Eizellen im Vergleich zu denen der Meta- und Eutheria riesig sind, verläuft sehr ähnlich der bei Reptilien und Vögeln zu beobachtenden. Die Ontogenese der Marsupialia bildet einen Übergangszustand zwischen Proto- und Eu-theria.

191

a) Monotremata

Stellvertretend für Entwicklungsstadien der Eierleger können solche von Vögeln (beispielsweise in Abb. 164 und in Abb. 166 links) stehen. Die Monotremata besitzen ebenfalls eine Disco-Blastula, deren Keimscheibe jedoch sehr flach und groß ist; außerdem wird – im Gegensatz zu den Vögeln – der Dotter vor der Gastrulation völlig umwachsen.

b) Marsupialia

Während die Eier der Monotremata über einen reichen Dottervorrat verfügen, und die der Choriaten dotterfrei sind, tritt in den Eizellen der Beuteltiere eine geringe Dottermasse auf. Nicht nur dieser Dotter erinnert an die Reptilienvorfahren, sondern auch die dem Ei im Eileiter beigegebene *Eiklarhülle* und die *Schalenmembran* (Abb. 172). Die Eizelle der Beuteltiere, die etwa doppelt so groß ist wie die der Choriaten, stößt den Dotter vor der ersten Furchungsteilung aus (Dotterelimination). Die Dotterpartikel verbleiben außerhalb der Blastomeren, aber innerhalb der Zona pellucida und werden im weiteren Verlauf von den Furchungszellen wieder phagocytiert. Die Blastomeren ordnen sich wandständig an und lassen die in Abb. 164 dargestellte Blastocyste entstehen. Die noch nicht von den Blastomeren phagocytierten Dotterpartikel lassen die Bezeichnung »Dottervakuole« für die Höhle in der Blastocyste der Beuteltiere (Abb. 164) verständlich erscheinen.

Aus den formativen Zellen entsteht schließlich der Embryo, dessen Amnion sich durch Auffalten bildet. Er wird in einem sehr wenig weit entwickelten Zustand geboren (Abb. 182).

D. Struktur der Placenta; Placenta-Typen

Der Aufbau der Placenta (Mutterkuchen) des Menschen wurde bereits anhand der Abb. 168 in Anfängen erklärt. Bevor die Beschreibung vervollständigt wird, seien einige allgemeine Betrachtungen vorangestellt.

D1. Was ist eine Placenta?

Allgemein bezeichnet man als Placenta jeden Gewebekomplex, der zwischen einem Muttertier und einem in ihm heranwachsenden Embryo besteht und Stoffaustausch zwischen beiden Organismen vermittelt. Beispielsweise verfügen lebendgebärende Haie sowie einige Reptilien über eine *einfache* Placenta. Die Eutheria verdanken ihren stammesgeschichtlichen Erfolg unter anderem der Ausbildung einer *komplizierten* Placenta. Die Placenta der Metatheria – deren Junge embryonenhaft geboren werden – ist weniger spezialisiert als die der Eutheria (s. D2).

Der komplizierte Aufbau der Placenta der Eutheria wird verständlich, wenn man ihre vielfältigen Aufgaben betrachtet: Sie ist für den Embryo eine Art »Hilfsleber« und erfüllt die Funktionen, die nach der Geburt von der Lunge, vom Darmepithel und von den Nieren übernommen werden. Außerdem bildet sie als »innersekretorische Drüse« Hormone.

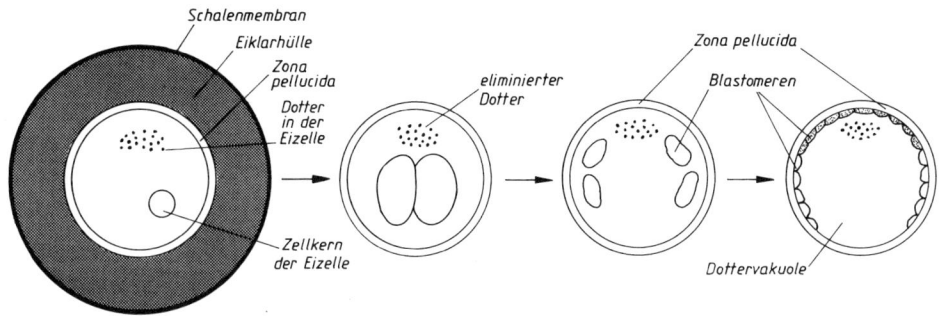

Abb. 172. Schema zur Furchung der Eizelle der Marsupialia. Ab dem Zweizellen-Stadium (zweites von links) sind die äußeren Hüllen und die Zellkerne fortgelassen. Im rechts gezeichneten Stadium sind die formativen Zellen grau dargestellt, aus ihm entsteht die in Abb. 164 gezeichnete Blastocyste (nach Hartmann aus Schwartz 1973 sowie Starck 1978)

D2.   Dottersackhöhlen- und Chorioallantois-Placenta

Je nachdem, welche Entodermausstülpung – Dottersackhöhle oder Allantois – sich mit ihrer Wand (samt deren Mesenchymbelag) am Aufbau der Placenta beteiligt, spricht man von einer Dottersackhöhlen- oder Chorioallantois-Placenta (Abb. 173). Man kann auch nach der Herkunft der Blutgefäße fragen, welche den Stoffaustausch zwischen Muttertier und Embryo besorgen. Diese Frage ist dann berechtigt, wenn kein Entodermschlauch in demjenigen extraembryonalen Mesenchym enthalten ist, welches die Verbindung zur Mutter herstellt.

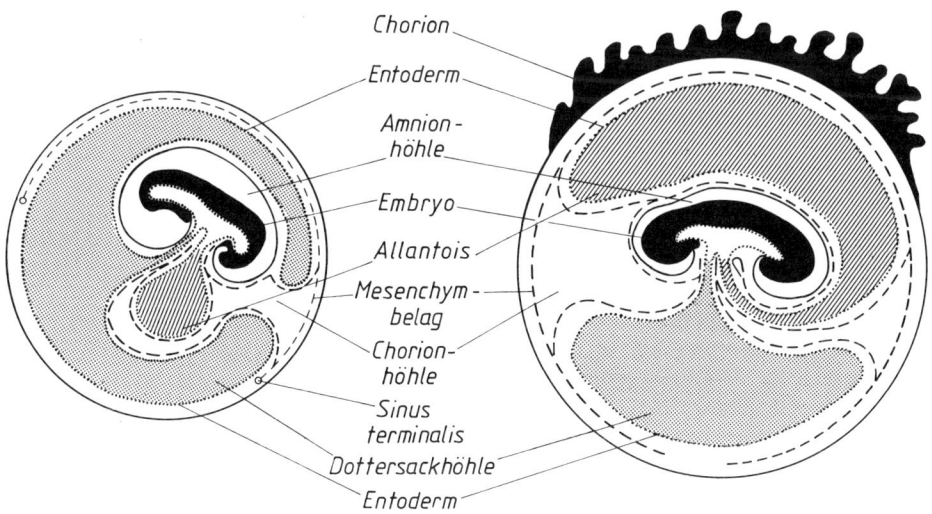

Abb. 173. Dottersackhöhlen-Placenta (links) und Chorioallantois-Placenta (rechts), schematisch. Der Sinus terminalis ist die äußere Begrenzung des extraembryonalen Mesenchymbelags (nach Starck 1978)

Wie Abb. 167 rechts zeigt, werden Blutgefäße einerseits im Mesenchymbelag der Dottersackhöhle, andererseits im Mesenchym der Allantoiswand angelegt. Entstammen die Blutgefäße, welche im weiteren Verlauf der Embryogenese den Stoffaustausch besorgen, der Wand der Dottersackhöhle, heißen sie *Arteria* und *Vena vitellina* – wir haben eine Dottersackhöhlen-Placenta vor uns. Ist ihre Herkunft die Allantoiswand, nennt man sie Arteria und *Vena umbilicalis,* eine Chorioallantois-Placenta liegt vor.

Eine *Dottersackhöhlen-Placenta* (die im allgemeinen nicht ganz zutreffend als Dottersack-Placenta bezeichnet wird) findet sich bei den allermeisten Metatheria sowie als Ausnahme unter den Eutheria bei Spitzmäusen und beim Erdferkel. Vergleichend-anatomisch betrachtet, geschieht der Stoffaustausch zwischen Mutter und Embryo auf demselben Weg, den auch Reptilien und Vögel verwenden, wenn sie sich ihren Vorrat im Dottersack nutzbar machen.

Eine *Chorioallantois-Placenta* besitzen mit den oben erwähnten Ausnahmen alle Eutheria. Außerdem kommt sie bei den Beuteldachsen vor, welche sie während ihrer Stammesgeschichte *unabhängig* von den Eutheria erworben haben. (Der Schluß, die Beuteldachse seien daher als Vorfahren der Eutheria anzusehen, wäre falsch.)

Wie diese Ausführungen zeigen, ist der übliche Name *Placentalia* für die Eutheria unglücklich gewählt, da ja auch die Metatheria eine (Dottersackhöhlen-) Placenta aufweisen und – wie eingangs erwähnt – selbst andere Wirbeltiere einfache Placenten besitzen. Daher ist im vorliegenden Buch für die Placentalia die Bezeichnung *Choriata* gebraucht. Dieser Name wurde bereits von ERNST HAECKEL in seiner »Generellen Morphologie« geprägt, geriet jedoch später leider wieder fast vollständig in Vergessenheit (man findet ihn aber beispielsweise im »Fachlexikon ABC Biologie«). HAECKEL verwendete auch des öfteren den deutschen Ausdruck »Zottentiere«.

Da der Trophoblast als Schlüsselmerkmal der Eutheria entscheidend am Aufbau der Chorionzotten beteiligt ist, stiftet es nur Begriffsverwirrung, wenn gelegentlich die *Serosa* der Reptilien und Vögel als Chorion bezeichnet wird (Abb. 166).

D3.   Placenta-Typen

Der Embryo der Choriaten (d. h. der Formen mit Chorioallantois-Placenta) steuert zu der – aus mütterlichem und embryonalem Gewebe bestehenden – Placenta die Chorionzotten bei, deren Aufbau in Abb. 168 dargestellt ist. Anteile mütterlicher Gewebe sind: Uterusepithel, Uterusbindegewebe sowie ein Teil der im Uterus verlaufenden Blutgefäße.

Mütterliche Gewebe können vom Embryo in unterschiedlich starkem Maße abgebaut werden. Man unterscheidet – je nachdem, welche Gewebe betroffen sind – verschiedene Placenta-Typen. Bei jedem Typ – selbst bei der haemo-chorialen Placenta – bleibt jedoch das Endothel der embryonalen Gefäße intakt. So ist die immunologische Schranke zwischen Embryo und Muttertier erhalten. Würden sich die beiden Blutsorten durchmischen, ergäben sich für den Embryo katastrophale Folgen, da sein Blut als immunologisch fremd behandelt würde.

a)   Epithelio-choriale Placenta

Im einfachsten (und wahrscheinlich ursprünglichen) Zustand schmiegen sich die Chorionzotten eng an Krypten der Uteruswand an (Abb. 174). Das Uterusepithel selbst wird nicht verändert. Zwischen den Geweben des Muttertiers und denen des Keims sammelt

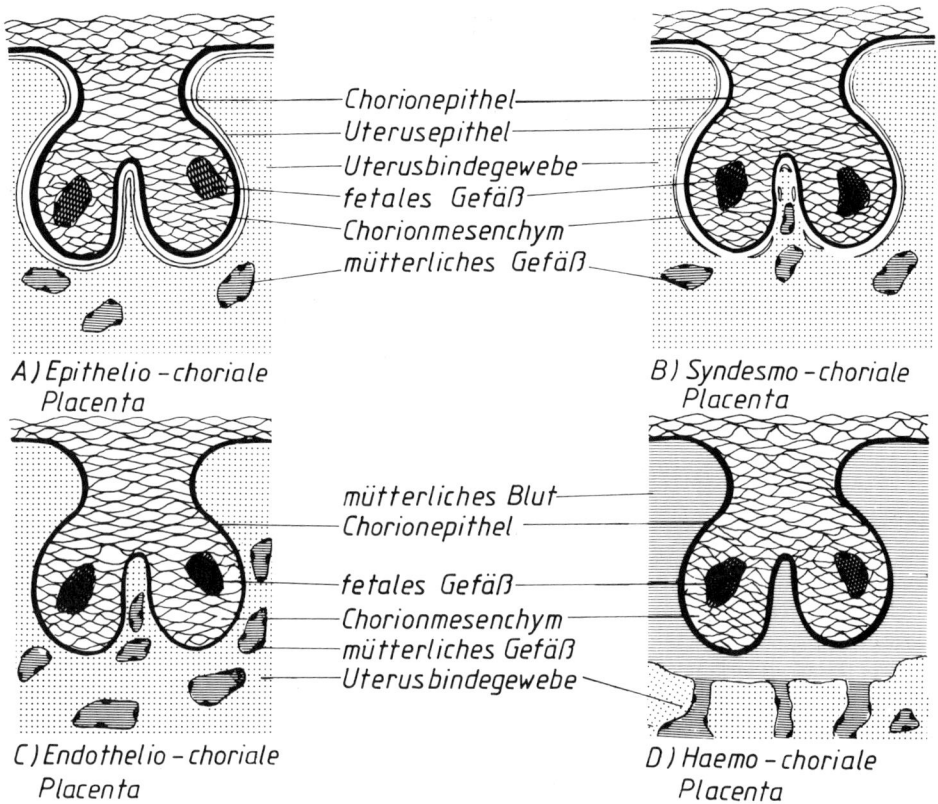

Abb. 174. Placenta-Typen, schematisch (nach Portmann 1959 und dtv-Atlas zur Biologie 1967)

sich Sekret der Uterusdrüsen, die Uterinmilch. Sie wird vom Trophoblasten resorbiert, man spricht von histotrophischer Ernährung. Dieser Placenta-Typ tritt bei Nasenspiegelaffen, Walen, Schuppentieren sowie vielen Paar- und Unpaarhufern auf.

Wenn das Junge geboren wird, können sich mütterliche und fetale Gewebe trennen, ohne daß es zu einer Blutung kommt.

Wie aus Abb. 174 ersichtlich, bestehen bei der epithelio-chorialen Placenta zwischen fetalem und mütterlichem Blut folgende Schichten:
1. fetales Gefäßendothel
2. Chorionbindegewebe
3. Chorionepithel
4. Uterusepithel
5. Uterusbindegewebe
6. mütterliche Gefäßwand.

Bei den folgenden Placenta-Typen werden in zunehmendem Maße mütterliche Geweschichten aufgelöst.

b)   Syndesmo-choriale Placenta

Infolge der Auflösung des Uterusepithels grenzt das Chorionepithel an Uterusbindegewebe. Dieser Typ kommt bei einigen Paarhufern und beim Dreifinger-Faultier vor.

c)   Endothelio-choriale Placenta

Reißtiere, Spitzhörnchen, einige Fledermäuse und Spitzmäuse weisen diesen Placenta-Typ auf. Der Trophoblast baut das Epithel und das Bindegewebe des Uterus ab. Das Chorionepithel reicht bis dicht an das Endothel der mütterlichen Gefäße, wodurch eine sehr enge Verbindung zwischen den Geweben entsteht. Bei der Geburt kommt es, wie bei folgendem Placenta-Typ, zu Blutungen.

d)   Haemo-choriale Placenta

Außer dem Uterusbindegewebe wird auch das Endothel der Blutgefäße des Uterus aufgelöst. Die Zotten des Keims tauchen in Blutlakunen der Mutter, man spricht von haemotrophischer Ernährung.

Über eine haemo-choriale Placenta verfügen: Mimikaffen, die meisten Insektenesser, Nagetiere, Hasentiere, Elefanten, Seekühe und Gürteltiere.

Man könnte den Schluß ziehen, daß die epithelio-choriale Placenta weniger leistungsfähig sei als etwa die haemo-choriale. Aber auch eine epithelio-choriale Placenta vermag den Embryo gut zu ernähren. So weisen Pferd und Rind mit ihrer epithelio-chorialen Placenta trotz ihrer großen Körpermasse etwa die gleiche Schwangerschaftsdauer auf wie der Mensch mit seiner haemo-chorialen Placenta.

E.   Tragzeit

Die Tragzeit ist die Zeitdauer von der Paarung bis zur Geburt der Jungen. Sie ist bei verschiedenen Individuen einer Art gleich lang; die konstante Körpertemperatur gewährleistet eine gleichmäßig ablaufende Entwicklung des Embryos. Bei den Choriaten ist die Tragzeit von Art zu Art sehr unterschiedlich (zu den Beuteltieren s. E5). Dabei spielen zwei Faktoren eine Rolle: Die *Größe* der Vertreter der betreffenden Art und der *Entwicklungszustand* des Neugeborenen. Beispielsweise dauert die Tragzeit der Hausmaus in Tagen etwa so lange wie die des Elefanten in Monaten (21 Monate). Da Laufjunge (s. VII A) in einem weiter entwickelten Zustand geboren werden als Lagerjunge, ist bei Arten mit Laufjungen die Tragzeit länger als bei gleich großen Arten mit Lagerjungen; so mißt man beim Feldhasen (Laufjunge) eine Tragzeit von 43 Tagen, beim in der Größe vergleichbaren Kaninchen (Lagerjunge) dagegen nur 30 Tage.

Manche Arten weisen nun für ihre Körpergröße viel zu lange Tragzeiten auf. Diese Tatsache bereitete den früheren Beobachtern großes Kopfzerbrechen. So erschien es völlig unerklärlich, wieso das Reh (Paarung im Juli/August, Geburt im Mai/Juni) eine längere Tragzeit aufweist als der viel größere Rothirsch (Paarung im Oktober/November, Geburt im Mai/Juni). Das Rätsel löste sich, als man fand, daß in die Vorgänge, welche im mütterlichen Körper von der Kopulation bis zur Geburt ablaufen, Verzögerungen einge-

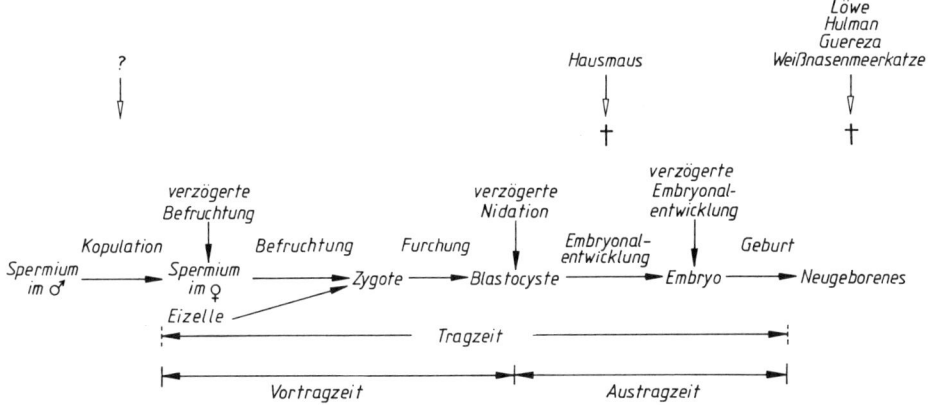

Abb. 175. Schema zur Definition der Tragzeit. In der Abbildung sind außerdem Möglichkeiten aufgezeigt, die Tragzeit zu verlängern. Die senkrechten Pfeile mit *geschlossenen Pfeilspitzen* weisen auf die Stadien, in denen die Entwicklung verzögert werden kann. Die senkrechten Pfeile mit *offenen Pfeilspitzen* stellen soziobiologische Ergebnisse dar. Wie in Kapitel IX näher dargestellt, greifen bei den genannten Arten zu den bezeichneten Zeitpunkten fremde Männchen in das Fortpflanzungsgeschehen ein (in Anlehnung an Niethammer 1979 und Angaben in Barash 1980)

schaltet sein können. In Abb. 175 sind neben diesen Verzögerungen Befunde der Soziobiologie eingezeichnet, welche ausführlich in Abschnitt IX M besprochen werden.

E1.   Verzögerte Befruchtung

Im Spätsommer reifen bei Fledermaus-Arten der nördlichen Breiten die Spermatozoen. Findet die Paarung im folgenden Frühjahr statt, bleiben die Spermien bis dahin im Nebenhoden gespeichert. Es treten jedoch auch schon Kopulationen *vor* dem Winterschlaf auf. In diesem Fall kann keine Befruchtung stattfinden, da die Eizellen erst *nach* dem Winterschlaf zur Reife gelangen. Die Spermien bleiben über den ganzen Winter hinweg in einer unbeweglichen Form im Uterus gespeichert.

E2.   Verzögerte Nidation

Würde beim Reh nach der Brunft im Juli/August die Entwicklung des Keimes ohne Verzögerung fortschreiten, müßte man im Oktober/November bereits Embryonen von einiger Größe vorfinden. Solche sind aber nicht zu entdecken. Erst bei sehr genauer Untersuchung stößt man im Uterus auf 1 bis 2 mm große Bläschen – es sind Blastocysten. Sie sind nicht in der Uteruswand eingenistet. Die Nidation erfolgt vielmehr erst Mitte Dezember. Man spricht daher von verzögerter Nidation (auch – sprachlich weniger treffend – von verzögerter Implantation). Nach der Nidation schreitet die Entwicklung ohne Verzögerung weiter. Von diesem Zeitpunkt bis zur Geburt des Jungen ergibt sich dann eine

Tragzeit von fünfeinhalb Monaten, wie sie für eine Art von der Größe des Rehs zu erwarten ist.

Diese fünfeinhalb Monate nennt man *Austragzeit*, den Zeitraum von der Paarung bis zur Nidation *Vortragzeit* (Abb. 175).

Ähnliche Verhältnisse finden sich bei verschiedenen Landreißtieren, beispielsweise beim Europäischen und Amerikanischen Dachs, beim Marder, Hermelin, Eis- und Braunbären.

Der Nördliche Seebär, der als Robbe stark ans Wasserleben angepaßt ist, zeigt ebenfalls verzögerte Nidation. Geburt und Paarung sind zeitlich eng gekoppelt. Einmal im Jahr finden sich die Männchen auf bestimmten Stränden ein und warten dort auf die Weibchen, welche nach ihrer Ankunft von den Männchen in Harems bewacht werden. Dort werfen sie ihre Jungen und werden wenige Tage danach begattet. Die Tragzeit beträgt also nahezu ein Jahr. Wegen der zeitlichen Kopplung von Geburt und Paarung müssen sie sich nach der Geburt nicht noch ein zweites Mal im Jahr an Land zur Paarung aufhalten, wo sie ja beispielsweise Schwierigkeiten mit der Temperaturregulation haben (s. IV A).

E3.　　Verzögerte Embryonalentwicklung

Bei Fledermäusen der nördlichen Breiten läuft die Embryonalentwicklung nach dem Winterschlaf ab. Wenn im Frühjahr bei einem Kälteeinbruch die Umgebungstemperatur unter einen bestimmten Wert sinkt, halten die Fledermäuse ihre Körpertemperatur nicht mehr auf dem hohen Wert des Sommers – sie verfallen für kurze Zeit in einen winterschlafähnlichen Zustand. Durch die erniedrigte Körpertemperatur verzögert sich die Entwicklung der Embryonen.

E4.　　Überschneidende Tragzeiten

Im allgemeinen ist während der Trächtigkeit keine Empfängnis möglich. Das während der Tragzeit im Blut kreisende Progesteron verhindert einen Oestrus. Beim Feldhasen jedoch können die Weibchen kurze Zeit, bevor sie Junge setzen, gedeckt werden, und es findet auch Befruchtung statt. Eine solche Häsin wurde in einem Versuch isoliert. Sie brachte nach 3 bis 4 Tagen Junge zur Welt und nach 38 Tagen nochmals. Im Weibchen finden sich also eine Zeitlang neben den kurz vor der Geburt stehenden Feten ganz junge Keime – die Tragzeiten überschneiden sich. Man bezeichnet diese Erscheinung mit dem etwas unglücklichen Ausdruck Superfetation.

E5.　　Tragzeit bei Beuteltieren

Beuteltiere weisen sehr kurze Tragzeiten auf, die Neugeborenen sind noch embryonenhaft (Abb. 182). Die Jungen machen gewissermaßen den Rest ihrer Embryonalzeit außerhalb des mütterlichen Körpers durch. Während der Säugezeit finden bei einigen Känguruh-Arten Paarungen und Befruchtungen statt. Die Keime entwickeln sich jedoch nur bis zum Blastocysten-Stadium. Es liegt also der Fall verzögerter Nidation vor. Die weitere Em-

Abb. 176. Zwei verschieden alte Junge an den Zitzen sowie Blastocyste im Uterus des Roten Riesenkänguruhs. Es liegt hier eine etwas anders gestaltete Vagina vor als in Abb. 156 (nach Short aus Gunderson 1976)

bryogenese findet erst statt, wenn sich das Beuteljunge nicht mehr ständig an der Zitze befindet und den Beutel verläßt – oder wenn das Beuteljunge vorzeitig abstirbt.

Wie Abb. 176 zeigt, kann ein Muttertier des Roten Riesenkänguruhs gleichzeitig zwei Junge sehr verschiedenen Alters ernähren und außerdem einen Embryo im Blastocystenstadium »auf Vorrat« halten. Wir haben hier also eine sehr erfolgreiche Fortpflanzungsstrategie vor uns. Dies zeigt sich auch daran, daß vor einem Beutegreifer fliehende Känguruhmütter es »sich leisten« können, das Beuteljunge preiszugeben. Sie können dadurch schneller fliehen, außerdem wird der Verfolger durch die leichte Beute abgelenkt. Das Weibchen erleidet durch dieses »Opfer« keinen erheblichen Zeitverlust in der Produktion von Nachkommen, da jetzt die Blastocyste im Uterus sofort ihre Weiterentwicklung aufnimmt.

F. Harnstoff als Exkret

Im Stoffwechsel der Aminosäuren fällt laufend Ammoniak als nicht mehr verwertbares Endprodukt an. Es ist ein Zellgift und muß ausgeschieden werden. Für wasserlebende Tiere stellt die Exkretion kein Problem dar, da Ammoniak wegen seiner hohen Wasserlöslichkeit einfach ins umgebende Medium abgegeben werden kann. Landlebende Tiere wandeln das Ammoniak in die weniger giftigen Substanzen Harnsäure oder Harnstoff um. Harnsäure ist schwer löslich, kristallisiert schon bei geringer Konzentration aus und benötigt daher zur Abscheidung weniger Wasser als der leichter lösliche Harnstoff.

Sind die Eier der Reptilien oder Vögel abgelegt, muß der sich entwickelnde Embryo mit dem im Ei vorhandenen Wasservorrat auskommen. Er könnte es sich nicht »leisten«, für die Ausscheidung des Exkrets Harnstoff viel Wasser zu verschwenden. Anders beim Säuger-Embryo. Durch die fortwährend ablaufenden Austauschvorgänge mit der Mutter wird genügend Wasser bereitgestellt, um den Harnstoff abzutransportieren.

Für die oben genannten Gruppen der Wirbeltiere gilt folgende Regel: Welcher Art die von den Erwachsenen hergestellten stickstoffhaltigen Exkrete sind, wird durch die Bedingungen bestimmt, unter denen der Embryo heranwächst. Muß er Wasser sparen und synthetisiert daher Harnsäure, tun dies auch die Erwachsenen.

An die Reptilienvorfahren der Säugetiere erinnert die bei vielen Arten über die *Allantois* hergestellte Verbindung zwischen Fetus und Muttertier. Die Allantois speichert in den Eiern der Reptilien und Vögel die stickstoffhaltigen Exkrete; beim Schlüpfen des Jungen werden sie zusammen mit der Allantois in der Schale zurückgelassen.

G. Bei der Geburt stattfindende Umstellungen im Blutkreislauf des Jungen

Beim *Erwachsenen*, welcher den Sauerstoff über die Lunge aus der Luft bezieht, fließt das Blut von der linken Vorkammer in die linke Herzkammer und von hier in den Körper. Vom Körper gelangt es in die rechte Vorkammer, von dieser in die rechte Herzkammer, welche es in die Lunge pumpt. Das mit Sauerstoff angereicherte Blut kehrt über die Lun-

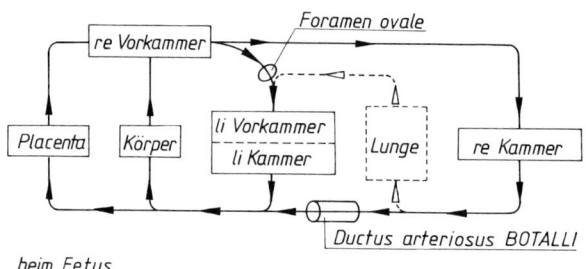

beim Fetus

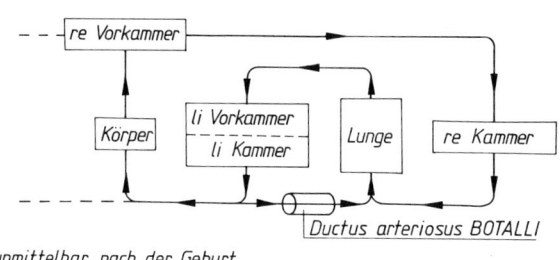

unmittelbar nach der Geburt

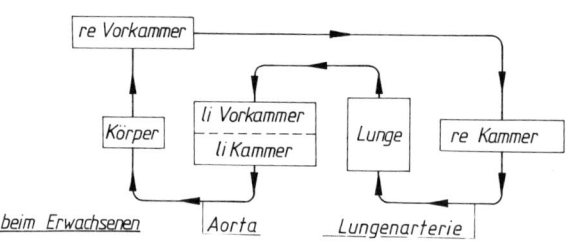

beim Erwachsenen

Abb. 177. Schemata zum Kreislauf des Fetus, des Neugeborenen und des Erwachsenen (nach Naaktgeboren und Slijper 1970)

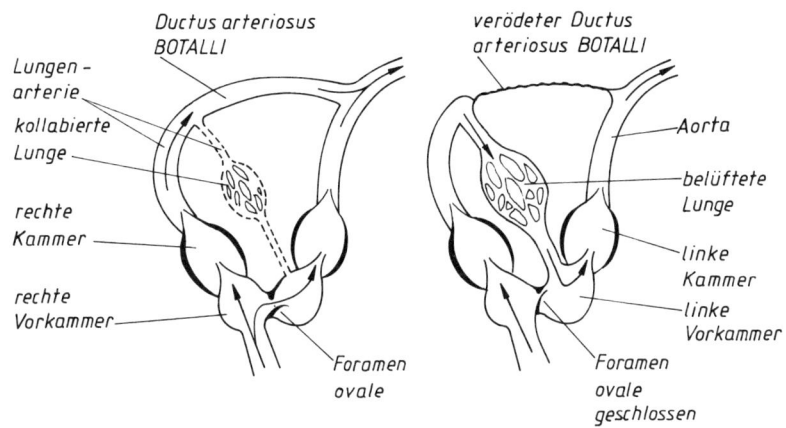

Abb. 178. Schema zu den Blutwegen Foramen ovale und Ductus arteriosus Botalli.
Herzkammern getrennt dargestellt
Links: Zustand beim Fetus
Rechts: Zustand nach der Geburt. Lunge entfaltet. Die Abbildung stellt die das Herz ver-
lassenden Gefäße heraus; zu den ins Herz eintretenden s. Abb. 179 (nach Gauer et al.
1972)

genvenen zur linken Vorkammer zurück (Abb. 177 unten). Wir haben hier den Ausnah-
mefall vor uns, daß Venen »arterielles« (d. h. sauerstoffreiches) Blut führen.

Der *Fetus* ist im Mutterleib von Fruchtwasser (Amnionflüssigkeit) umgeben (Abb.
170), Lungenatmung findet nicht statt, die Lunge ist kollabiert. Die geringe Blutmenge,
welche durch das Lungengewebe fließt und zu dessen Ernährung dient, kann für den embryonalen Kreislauf vernachlässigt werden. Daher ist die Lunge samt zu- und abführenden
Gefäßen im Schema der Abb. 177 gestrichelt dargestellt. Beim fetalen Kreislauf ist die
Blutversorgung der Placenta parallel zum Körperkreislauf geschaltet (Abb. 177 oben).
Nährstoffe und für die Zellatmung benötigter Sauerstoff gelangen durch die Nabelvene
zum Fetus, Kohlendioxid und Stoffwechselendprodukte werden über die Nabelarterien abgeführt. Auch die Nabelvene führt »arterielles« Blut. Der Austausch mit dem mütterlichen Blut erfolgt über die Zotten des Chorion.

Da beim Fetus weder Blut in die Lunge strömt noch aus ihr zum Herzen zurückfließt,
lassen sich die beim fetalen Kreislauf auftretenden Probleme durch folgende Fragen kennzeichnen:

1. Von wo kommt das Blut, welches in die linke Vorkammer gelangt?
2. Wohin fließt das Blut, welches aus der rechten Kammer ausgeworfen wird?

Aus dem Körper in die rechte Vorkammer strömendes Blut fließt durch eine beim Fetus vorhandene Öffnung in der Scheidewand zwischen den Vorkammern – welche als *Foramen ovale* bezeichnet wird – *direkt* in die linke Vorkammer. Damit ist der Kreislauf:
linke Vorkammer – linke Kammer – Körper (+ Placenta) – rechte Vorkammer – linke
Vorkammer geschlossen. In diesen ist die rechte Kammer nicht einbezogen. Durch einen
zweiten – ebenfalls nur beim Fetus vorhandenen – Blutweg wird sie jedoch an den Kreislauf »angeschlossen«: dieser Weg heißt *Ductus arteriosus Botalli*. Er leitet das Blut aus
der rechten Kammer statt in die Lunge in einen Ast der Aorta und damit in den Körper.
Da einerseits der Ductus arteriosus Botalli eine direkte Verbindung zwischen Lungenarte-
rie und Aorta herstellt, und andererseits das Blut durch das Foramen ovale fließen kann,
pumpt beim Fetus sowohl die rechte wie die linke Kammer das Blut in den Körper, die

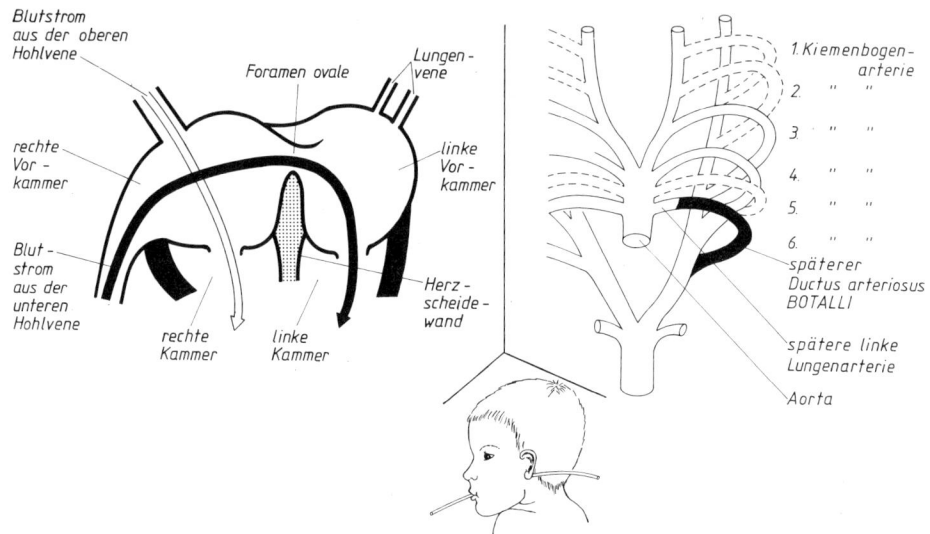

Abb. 179 (links oben). Blutströme durch die rechte Vorkammer des Fetus (nach Gauer 1972 und Mörike et al. 1981)

Abb. 180 (rechts). Früher Entwicklungszustand der Kiemenbogenarterien bei einem menschlichen Fetus. Die gestrichelt dargestellten Gefäße gehen später zugrunde. Die linke sechste Kiemenbogenarterie trennt sich später von der Aorta und ergibt die benannten Gefäße (nach Mörike et al. 1981)

Abb. 181 (Mitte unten). Junge mit Ohrfistel, durch die ein Schlauch gezogen ist (aus Remane et al. 1981)

Kammern sind »parallel geschaltet« und arbeiten praktisch wie eine einzige Kammer (Abb. 178 links). Beim Erwachsenen pumpt die rechte Kammer das Blut in die Lunge, die Kammern sind »hintereinander geschaltet« (Abb. 178 rechts).

In die rechte Kammer gelangt jenes Blut aus der rechten Vorkammer, welches aus der oberen Hohlvene kommt; das Blut aus der unteren Hohlvene strömt in Richtung Foramen ovale (Abb. 179). Beim Fetus ist also über den Ductus arteriosus Botalli ein zweiter Kreislauf geschlossen: rechte Vorkammer – rechte Kammer – Körper (+ Placenta) – rechte Vorkammer.

Der Ductus arteriosus Botalli (benannt nach dem italienischen Arzt BOTALLO, geb. 1530) ist – phylogenetisch gesehen – Teil der linken sechsten Kiemenbogenarterie (die fernen Vorfahren der Säugetiere waren ja Fische). Sehr frühe Entwicklungsstadien der Säugetierembryonen besitzen Kiemenbogenarterien (Abb. 180); diese werden im Verlauf der Keimesentwicklung wieder zurückgebildet, nur ein Stück der linken sechsten Kiemenbogenarterie erfüllt als Ductus arteriosus Botalli noch bis zur Geburt eine Funktion. Kiemenspalten können beim Menschen als Abnormität nach der Geburt vorhanden sein und heißen dann Hals- bzw. Ohrfisteln (Abb. 181).

Wie wird der fetale Kreislauf bei der Geburt auf den des Erwachsenen umgestellt? Hierbei finden folgende drei Veränderungen statt:

■ Erstens wird die Nabelarterie verschlossen. Dadurch entsteht ein »Rückstau« des Blutes, d. h. ein Druckanstieg in der Aorta, der sich bis zum Ductus arteriosus Botalli fortpflanzt. Infolgedessen kehrt sich die Strömungsrichtung im Ductus arteriosus Botalli um (Abb. 177 Mitte).

■ Zweitens: Da die Verbindung zur Mutter gelöst wird, entsteht im Blut des Neugeborenen Sauerstoff-Mangel und Kohlendioxid-Überschuß. Das Atemzentrum im verlängerten Mark löst daraufhin Einatmungsbewegungen aus. Der Brustkorb wird gedehnt, es kommt zum eindrucksvollsten Moment im Geburtsvorgang, zum *ersten Atemzug.* Der bei diesem im Thorax und in den Lungenkapillaren entstehende Unterdruck bringt die Lunge zur Entfaltung und saugt das Blut in die Lungengefäße. Diese Saugwirkung trägt ebenfalls zur Umkehr der Strömungsrichtung im Ductus arteriosus Botalli bei. Außerdem wird fetales Placentablut in den Kreislauf gesaugt.

■ Drittens: Durch die entfaltete – nun »angeschlossene« – Lunge fließt jetzt viel Blut, welches aus dieser in die linke Vorkammer strömt. Hier steigt dadurch der Druck über den der rechten Vorkammer, wodurch das Foramen ovale geschlossen wird. Der Vorgang wird dadurch ermöglicht, daß das Foramen ovale durch zwei übereinander greifende Falten gebildet wird, die sich nun aneinanderlegen. Der vorläufige Verschluß wird zum endgültigen, wenn die Falten verwachsen sind. Das dauert – je nach Art – verschieden lang, so beim Schwein 7 bis 10 Tage, beim Menschen 14 Tage und beim Pferd 15 bis 20 Tage.

Der Ductus arteriosus Botalli kollabiert, verödet und wird schließlich zu einem bindegewebigen Strang. Die Zeit bis zum endgültigen Verschluß ist länger als die beim Foramen ovale, so dauert es beim Hund 18 Tage, beim Schwein 21 Tage, beim Menschen 2 bis 12 Wochen, beim Seehund 8 bis 13 Wochen und bei Delphinen 4 bis 14 Monate.

Unter die Herzmißbildungen fallen die Erscheinungsbilder des offen gebliebenen Foramen ovale oder des offenen Ductus arteriosus Botalli; ein offen bleibendes Foramen ovale tritt dabei etwa fünfmal häufiger auf als der nicht verschlossene Ductus arteriosus Botalli.

Sind die beiden – nur beim Fetus vorhandenen – Blutwege geschlossen, ist die rechte Herzhälfte »in Serie« vor die linke geschaltet (Abb. 178 rechts); die Lunge liegt nunmehr im Bereich *niedrigen* Drucks im Blutgefäßsystem, was für ihre Funktion von großer Bedeutung ist (s. V A).

H. Geburt bei Walen

Wale gebären – wie Seekühe – unter Wasser. Das Junge kommt in Steißlage zur Welt, d. h. der Schwanz erscheint zuerst. Geburt in Steißlage bedeutet bei landlebenden Formen fast immer eine Gefahr für das Junge; es kommt nämlich oft vor, daß die Nabelschnur entweder zu früh reißt oder schon im mütterlichen Becken abgedrückt wird. Wenn das Junge dann zu atmen beginnt, ist der Kopf noch nicht an der Luft; daher kann in die Lunge Blut, Schleim oder Fruchtwasser geraten, wodurch Erstickungs- oder Infektionsgefahr droht. Deshalb findet bei landlebenden Arten, die nur ein großes Junges zur Welt bringen (Pferd, Rind, Mensch) die normale Geburt in Kopflage statt. Sowohl die Feten dieser Formen als auch die der Wale befinden sich vor der Geburt bereits in der richtigen Lage.

Wie nämlich allgemein für die Choriaten gilt, wird die Lage des Fetus in der Bauchhöhle durch die Verteilung seiner Massen im vorgegebenen Raum bestimmt. Bei Landbewohnern weist das Hinterende im Vergleich zum Kopf eine große Masse auf. Entsprechend liegt es vorne unten in der Bauchhöhle, der kleine (und unbewegliche) Kopf findet sich hinten oben in der Nähe der Geschlechtsöffnung. Bei Walen ist es gerade umgekehrt, der Kopf ist schwer und groß, der Schwanz leicht (und beweglich); Kontraktionen des

Uterus bewirken hier zusammen mit der Massenverteilung des Fetus, daß dessen Schwanz nach hinten oben zu liegen kommt und bei der Geburt zuerst erscheint.

Bei Walen bestehen die erwähnten Gefahren aus folgenden Gründen nicht: Erstens ist die Nabelschnur so lang, daß sie nicht verfrüht reißt. Sie ist erst dann straff gespannt, wenn der Kopf des Jungen den mütterlichen Körper verläßt. Der Abriß geschieht an einer schwachen Stelle in Bauchnähe des Jungen. Zweitens versucht das Neugeborene nicht zu atmen, solange es noch unter Wasser ist. Sein erster Atemzug erfolgt erst dann, wenn sich das Blasloch oberhalb des Wasserspiegels befindet. Unmittelbar nach der Geburt stößt die Mutter das Junge an die Wasseroberfläche. Dabei wird sie oft von einer sich in der Nähe aufhaltenden »Tante« unterstützt. (Hilfeleistungen durch »Tanten« beobachtete man auch bei Elefanten und beim Flußpferd.)

VII. Aufzucht der Jungen

Die deutsche Bezeichnung »Säugetiere« betont die besondere Ernährungsweise der Jungen. Sämtliche Arten ziehen ihre Jungen nämlich mit Milch auf – auch wenn sie nicht lebendgebärend sind, sondern Eier legen.

Nur selten wird im Tierreich der Nachwuchs mit Sekreten der Mutter versorgt. Beispiele finden wir unter den Vögeln und den Fischen: Tauben füttern die Nestlinge mit »Kropfmilch«; Flamingos übergeben ihren Jungen eine Flüssigkeit, welche der Wand der Speiseröhre und des Vormagens entstammt und durch Carotinoide sowie Blut rot gefärbt ist; die Jungen von Diskusfischen nehmen eine von den Eltern sezernierte proteinhaltige Hautabsonderung auf.

A. Entwicklungszustand des Neugeborenen

Die Jungen sind zum Zeitpunkt der Geburt je nach Art sehr verschieden weit entwickelt (Abb. 182).

A1. Eierleger

Bei den Monotremata kann man das Ablegen eines Eis nicht als Geburt bezeichnen. Man fragt sich, wozu die Eierleger überhaupt Uteri besitzen, da in diesen ja keine Keimesentwicklung stattfindet. Das Ei erhält seinen Dottervorrat bereits im Ovar, im Eileiter wird es dann von einer Eiweißschicht und einer hornigen Schale umhüllt. Die dünne Schale ist vermutlich durchlässig, so daß im Uterus Nährflüssigkeit von der Uteruswand ins Ei gelangen kann. Die abgelegten Eier der Ameisenigel sind winzig (Abb. 182 links oben); sie werden in einen nur während dieser Zeit vorhandenen Brutbeutel (Incubatorium) befördert. Das Schnabeltier legt die Eier in einem Nest ab, welches es zuvor in einem Bau in der Uferböschung hergerichtet hatte. Dort rollt sich das Weibchen um die Eier und wärmt sie. Beim Schlüpfen durchbricht das junge Schnabeltier die Schale mit einem Eizahn, der auf einem besonderen Eizahnknochen (Os carunculae) sitzt.

A2. Beuteltiere

Die Beuteltiere bringen Junge zur Welt, die zum Zeitpunkt der Geburt mehr den Embryonen als den Jungen der Choriaten ähneln. Sehr weit entwickelt sind bei den Neugeborenen jedoch folgende Organe (Abb. 182 oben rechts und Abb. 184): Die Vorderextremitäten mit wohl ausgebildeten Krallen, die weit geöffneten Nasenlöcher und das Riechzentrum im Gehirn.

Abb. 182. Junge verschiedener Arten unmittelbar nach der Geburt
Oben links: Aus dem Ei schlüpfender Kurzschnabeligel. Das Ei war 10 Tage lang bebrü-
tet (nach Griffiths 1978) *Weitere Erläuterungen nebenstehend ➤*

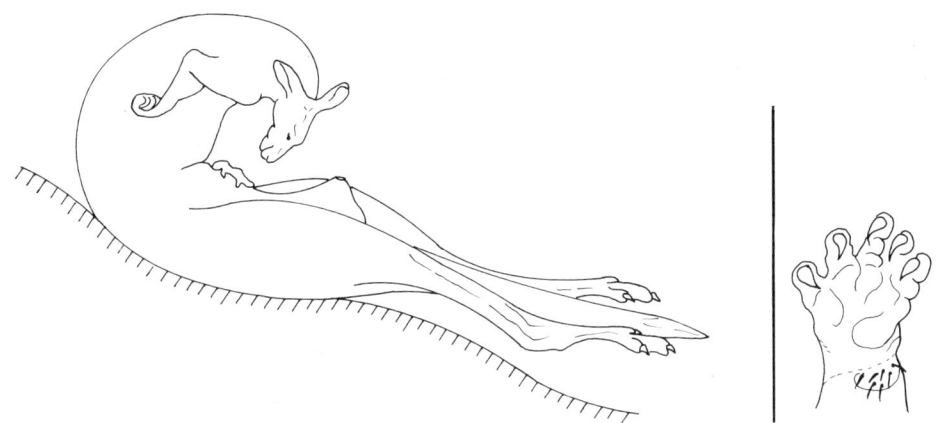

Abb. 183 (links). Neugeborenes Riesenkänguruh auf dem Weg von der Geburtsöffnung zum Beutel. Man beachte die unübliche Körperhaltung der Mutter, welche so eine schwach geneigte Kriechbahn schafft (nach Steinbacher 1957)

Abb. 184 (rechts). Kletterhand einer jungen 78 mm langen Dickschwanzbeutelratte. Man beachte die Vibrissen am Handgelenk (nach Krieg 1948)

Die anatomischen Besonderheiten fanden ihre Erklärung, als man beuteltragende Formen auf die Frage hin untersuchte: Wie kommt das Neugeborene von der Geburtsöffnung in den Beutel? Lange Zeit nahm man an, die Mutter packe das Junge mit den Lippen und bringe es in den Beutel. Dann wurde festgestellt, daß das Junge diesen selbständig erreicht. Da man sah, wie sich die Mutter den Bauch leckt, dachte man, das Neugeborene krieche auf einer von der Mutter gelegten Spur. Geklärt wurde der Vorgang, als es einerseits gelang, den Ablauf beim Riesenkänguruh genau zu beobachten, andererseits die Mutter kurz vor der Geburt zu narkotisieren. Demnach bedarf das Neugeborene keiner Hilfe auf dem Weg von der Geburtsöffnung zum Beutel (Abb. 183). Unter Zuhilfenahme der kräftigen Vordergliedmaßen bewegt es sich schlängelnd; offenbar orientiert es sich geruchlich nach einem aus dem Beutel stammenden Duftstoff. Die gut entwickelten Vibrissen an den Vorderextremitäten (Abb. 184) sprechen für eine Beteiligung des Tastsinns.

Die Mutter säubert den Beutel kurz vor der Geburt gründlich mit der Zunge; *nachdem* das Junge im Beutel angekommen ist, leckt sie die vom Neugeborenen im Fell hinterlassene Spur aus Schleim weg. Dem Jungen haften nämlich noch Reste des Fruchtwassers und der Embryonalhüllen an, aus denen es sich selbständig befreien muß. (Bei fast allen Arten der Choriaten zerreißt die Mutter die Fruchthüllen und leckt das Neugeborene sauber.) Im Beutel angekommen, nimmt es eine Zitze in den Mund, welche daraufhin am Ende anschwillt. Auf diese Weise wird das Junge nach dem Druckknopfprinzip so fest

◄ Oben rechts: Neugeborenes Riesenkänguruh mit Rest des Nabelstrangs. Man beachte die noch geschlossenen Augen und Ohren sowie den auffälligen Unterschied zwischen den Entwicklungszuständen der Vorder- und Hinterextremitäten (nach Portmann 1959)
Mitte links: Lagerjunges (Kaninchen) (nach Dawkins und Hull 1965)
Mitte rechts: Laufjunges (Thomsongazelle) (aus Reichholf 1977)
Unten links: Tragjunges (Koala) (aus Reichholf 1977)
Unten rechts: Passiver Tragling (nach einem Prospekt)

verankert, daß es sich nur unter Verletzung der Zitze davon lösen läßt. Im Beutel wächst es heran, seine Ausscheidungsprodukte werden von der Mutter entfernt. Hat es einen bestimmten Entwicklungszustand erreicht, verläßt es von Zeit zu Zeit den Beutel. Bei Gefahr kehrt es in diesen, Kopf voran – einen Purzelbaum schlagend – zurück. Größere Junge stecken nur den Kopf zur Milchaufnahme in den Beutel (Abb. 176).

A3.   Choriontiere

Man hat die Jungen der Choriaten in *Nesthocker* und *Nestflüchter* eingeteilt. Diese Begriffe wurden ursprünglich für die *Vogel*jungen geprägt – die meisten Vögel bauen ja Nester. Bei Säugetieren mit »Nesthockern« richten jedoch nur einige Arten Nester her (beispielsweise die Haselmaus), Formen mit »Nestflüchtern« haben überhaupt kein »Nest«. Daher gebraucht man bei Säugetieren die Bezeichnungen *Lagerjunge* und *Laufjunge*.

Ein *Lagerjunges*, beispielsweise ein neugeborenes Kaninchen, ist nackt und blind, die Gehörgänge sind verschlossen. Das Junge kann bestenfalls unkoordiniert langsam kriechen; es ist zur Temperaturregulation unfähig. Ein *Laufjunges*, beispielsweise eine Gazelle, ist dagegen viel weiter entwickelt (vgl. Abb. 182 Mitte links mit rechts). Es ist behaart, Augen und Ohren sind offen, es kann sich selbständig bewegen und orientieren und somit kurze Zeit nach der Geburt seiner Mutter folgen.

Nahe verwandte Arten können ganz verschieden weit entwickelte Junge zur Welt bringen, so haben in der Ordnung Hasentiere die Kaninchen Lagerjunge, die Hasen Laufjunge.

Der ursprüngliche Typus dürfte der des Lagerjungen gewesen sein – heute noch vorkommend bei den Insektenessern, vielen Reißtieren, den meisten Nagetieren und einigen Hasentieren. Während der Stammesgeschichte entwickelten dann manche schnell laufenden und alle schwimmenden Formen den Typus des Laufjungen. Wir treffen diesen also bei den Paar- und Unpaarhufern, den Rüsseltieren, bei einigen Nage- und Hasentieren sowie bei allen Walen und Seekühen; die Neugeborenen der im Wasser lebenden Arten, welche sofort zum Atemholen an die Wasseroberfläche müssen, sollte man eigentlich als »Schwimmjunge« bezeichnen.

Neben den Lager- und Laufjungen gibt es als dritten Typus das *Tragjunge* (Abb. 182 unten). Es wird von seiner Mutter dauernd herumgetragen. Bei manchen Affen beteiligen sich auch die Männchen daran, die Jungen umherzuschleppen, so bei Pavianen und Krallenäffchen. Lagerjunge werden zwar auch gelegentlich an einen anderen Ort transportiert, dies geschieht aber nur von Zeit zu Zeit. Auch die embryonenhaften Beuteltierjungen müssen nach der Definition als Tragjunge bezeichnet werden. Bei Choriaten sind die Arten mit Tragjungen im allgemeinen Baumbewohner oder Flieger: Faultiere, Koala, baumlebende Schuppentiere, manche Nasenspiegelaffen, Mimikaffen, Fledermäuse. Einige auf Bäumen lebende Formen haben allerdings keine Tragjunge: das Eichhörnchen zieht seine Jungen im Kobel auf, manche Nasenspiegelaffen bringen sehr wenig weit entwickelte Junge zur Welt und legen sie in Nestern ab. Bringt das Muttertier sie vom Nest weg, trägt es sie mit den Zähnen, da es seine Gliedmaßen zur Fortbewegung braucht. Die Jungen sind bald so weit entwickelt, daß sie sich festhalten können. Dann werden sie – oft auf dem Rücken – mitgetragen. Das Vorkommen von Lagerjungen beim Eichhörnchen läßt sich damit erklären, daß diese Art von auf dem Boden lebenden Formen abstammt. Tragjunge bei *Boden*bewohnern gibt es bei Pavianen und beim Großen Ameisenbären. In beiden Fällen lebten die Vorfahren auf Bäumen; die Verwandten dieser Arten sind heute noch Baumkletterer, so die zahlreichen Primaten-Arten und die zwei anderen

Ameisenbären-Arten: der Tamandua (teils baum-, teils bodenlebend) und der Zwergamei-senbär (nur auf Bäumen), beide haben Tragjunge.

Manche Tragjunge werden im Entwicklungszustand des Laufjungen geboren, sind aber nicht imstande, ihrer Mutter zu folgen. Sie können sich aber aus eigener Kraft an ihr festklammern. Für solche Tragjunge hat HASSENSTEIN den Begriff *Traglinge* vorge-schlagen.

Das Menschenkind erweckt auf den ersten Blick den Eindruck eines Lagerjungen. Da es jedoch nicht blind ist und keine geschlossenen Gehörgänge aufweist, dürfen wir es nicht als solches bezeichnen. Da es nicht gehen kann, ist es auch kein Laufjunges. Su-chen wir nach Kriterien, die es uns erlauben, den menschlichen Säugling unter die dritte Gruppe einzuordnen, finden wir den *Handgreifreflex*: Ein in die Handfläche des Neugebo-renen gelegter Finger führt zum Zupacken, der Säugling hält derart fest, daß man ihn hochheben kann. Da die menschliche Mutter kein Fell hat, ist dieser Reflex heute bedeu-tungslos; bei unseren behaarten – vermutlich baumlebenden – Vorfahren war er es jedoch nicht. Das Menschenjunge ist demnach ein ehemaliger Tragling. Wenn Menschenmütter ihren Säugling in einem Tragetuch dauernd mit sich nehmen, können wir ihn einen *»passiven Tragling«* nennen.

Die Hilflosigkeit des neugeborenen Menschen hat dazu geführt, daß man ihn früher als »Nesthocker« bezeichnet hat. Später wurde der Begriff »sekundärer Nesthocker« auf ihn angewandt; er macht nämlich im Mutterleib ein primäres Nesthockerstadium durch: vom dritten bis fünften Entwicklungsmonat sind die Augenlider geschlossen, dann öffnen sie sich.

Traglinge sind auch die Jungen der Fledermäuse. Sie werden aber nicht – wie man lange Zeit annahm – auf die nächtlichen Jagdflüge mitgenommen. Photographien, welche fliegende Fledermausmütter mit angeklammerten Jungen zeigen, stammen von (meist tagsüber) aufgestörten Tieren. Nachts bleiben die Jungen allein am Ruheplatz und warten auf die zurückkehrende Mutter. Den Tag verbringen sie an deren Körper; Halt finden sie dort mit den Krallen der Hintergliedmaßen, der Daumenkralle und – bei mehreren Arten – mit dem speziell geformten Milchgebiß (Abb. 135). Bei einigen Arten besitzen die Fle-dermausmütter Haftzitzen, welche keine Milch spenden, sondern das Junge verankern helfen.

B. Milchdrüsen

Milchdrüsen waren für LINNÉ das namengebende Merkmal für die wissenschaftliche Be-zeichnung der Säugetiere: Er nannte sie Mammalia nach der lateinischen Bezeichnung »mamma« für die Milchdrüse.

B1. Bau

Milch wird in alveolären Drüsen sezerniert. Der Sekretionsmechanismus ist in C be-schrieben.

Bei Wildtieren ist das »Gesäuge« äußerlich oft mehr oder weniger unscheinbar, manchmal überragen nur die Zitzen die Haut. Besonders mächtig entwickeltes Drüsen-gewebe besitzen dagegen die auf hohe Milchsekretion gezüchteten Haustiere Rind und

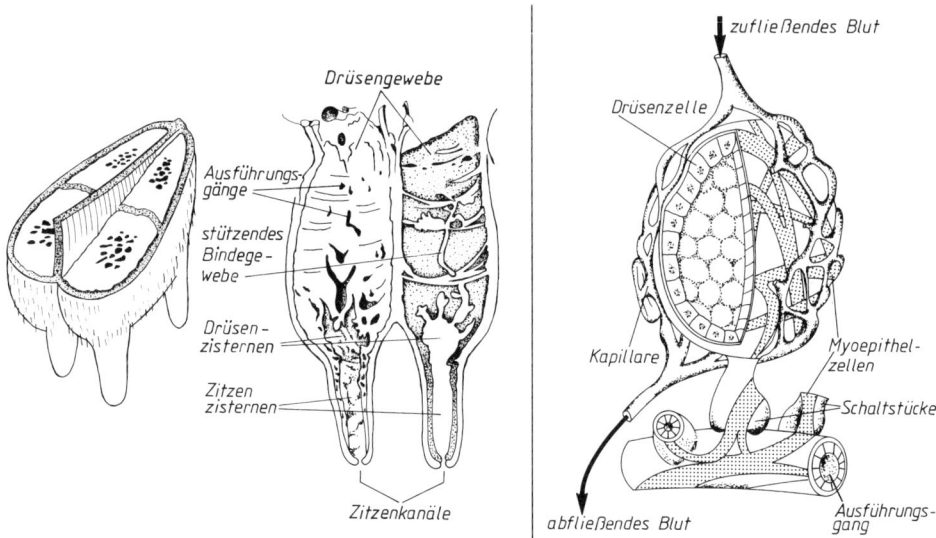

Abb. 185 (links). Kuheuter
Links: Räumlich und quer geschnitten
Rechts: Längsschnitt, bei dem in der linken Hälfte das Drüsen-, in der rechten Hälfte das Bindegewebe hervorgehoben ist (nach Babson Brothers aus Gunderson 1976)

Abb. 186 (rechts). Endkammer einer Milchdrüse, an der linken Seite aufgeschnitten; der Blick ins Lumen zeigt die Zellgrenzen der hinteren Wand. Die Milch fließt durch das mittlere Schaltstück in den Ausführungsgang (nach Patton aus Mepham 1976)

Ziege. Das Drüsengewebe liegt innerhalb eines »Euters«. Das durch die Milch belastete Gewebe wird durch bindegewebige Stränge gestützt (Abb. 185). Die eigentliche Drüse besteht aus Endkammern, Schaltstücken, Ausführungsgängen und Speicherräumen, die oft als Zisternen bezeichnet werden.

Die *Drüsenendkammer* ist eine Hohlkugel, deren Wand aus Drüsenzellen besteht. Aus der Endkammer führt ein Schaltstück zum Ausführungsgang (Abb. 186). Die auf der Hohlkugel liegenden Myoepithelzellen (gelegentlich als myoepitheliale Elemente bezeichnet) umgeben die Endkammer wie ein Korb. Diese Schicht ist von Blutkapillaren umsponnen, welche den Drüsenzellen die für die Synthese der Milch benötigten Nährstoffe liefern. Zur Produktion von einem Liter Milch müssen bei der Kuh 300 bis 500 Liter Blut die Milchdrüse durchströmen.

Die *Myoepithelzellen* ziehen sich sowohl um die Endkammern als auch um die Ausführungsgänge herum. Es sind muskelfaserähnliche Strukturen, die auch bei Schweiß- und Duftdrüsen vorkommen. Ontogenetisch leiten sich die Myoepithelzellen vom Ektoderm ab. Sie entstehen in der unmittelbaren Nachbarschaft des Drüsengewebes. Als erstes Stadium einer Drüsenanlage wächst ein solider, zweischichtiger Epithelsproß in die Tiefe (Abb. 187). In der weiteren Entwicklung weichen die Zellen des Sprosses auseinander, die innere Zellage differenziert sich zum sezernierenden Drüsenepithel, die äußere zu Myoepithelzellen. Mehrfach verzweigte und große Elemente, wie sie bei Milch- und voluminösen Speicheldrüsen vorkommen, nennt man auch *Korbzellen*.

Aufgabe der Myoepithelzellen ist es, die Milch aus der Endkammer sowie aus den Schaltstücken und kleinen Ausführungsgängen herauszudrücken. Das »Einschießen« der Milch ins Euter ist in D beschrieben.

210

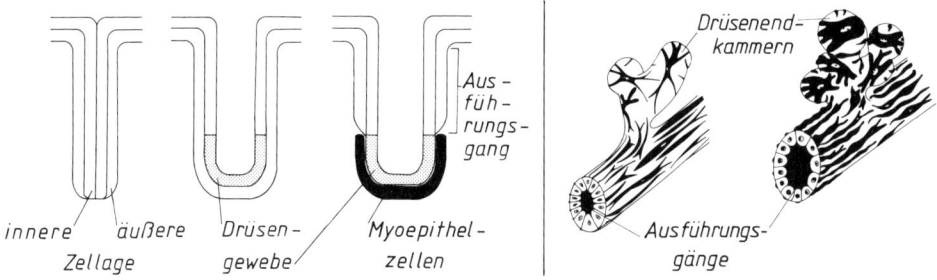

Abb. 187 (links). Drei Stadien der Ontogenese von Drüsengewebe und Myoepithelzellen (nach Mayersbach und Reale 1973)

Abb. 188 (rechts). Myoepithelzellen (schwarz) um die Drüsenendkammern im erschlafften und kontrahierten Zustand. Bei Kontraktion der Myoepithelzellen wird die Milch in den Ausführungsgang gepreßt und erweitert ihn (rechtes Bild) (nach Linzell aus Mepham 1976)

Die Volumenschwankungen der Endkammern und Schaltstücke beim Kontrahieren und Erschlaffen der Myoepithelzellen zeigt Abb. 188 (weitere Ausführungen in D).

B2.   Anordnung der Ausführungsgänge und Speicherräume

Verglichen mit einem Kuheuter zeigt das Milch absondernde Gewebe des Schnabeltiers eine extrem andersartige Ausbildung. Zahlreiche Einzeldrüsen liegen auf jeder Seite der ventralen Mittellinie. Jede Einzeldrüse besitzt einen eigenen Ausführungsgang. Die Ausführungsgänge bilden ein ovales Feld, dessen Ausmaße etwa 5 bis 10 mm betragen (Abb.

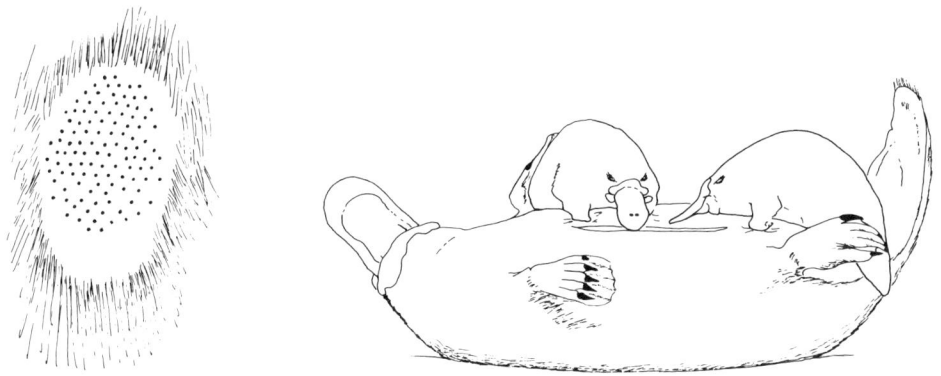

Abb. 189. Milchabgabe des Schnabeltiers
Links: Milchdrüsenfeld. Haare in der Gegend des Feldes entfernt, um die Mündungen der Einzeldrüsen zu zeigen. Mündungen zu groß dargestellt (nach Owen aus Grassé 1952 ff.)
Rechts: Junge lecken Milch auf. Man beachte die schwarz hervorgehobenen Krallen hinter den Schwimmhäuten des Muttertiers (nach Hartig aus Grassé 1952 ff.)

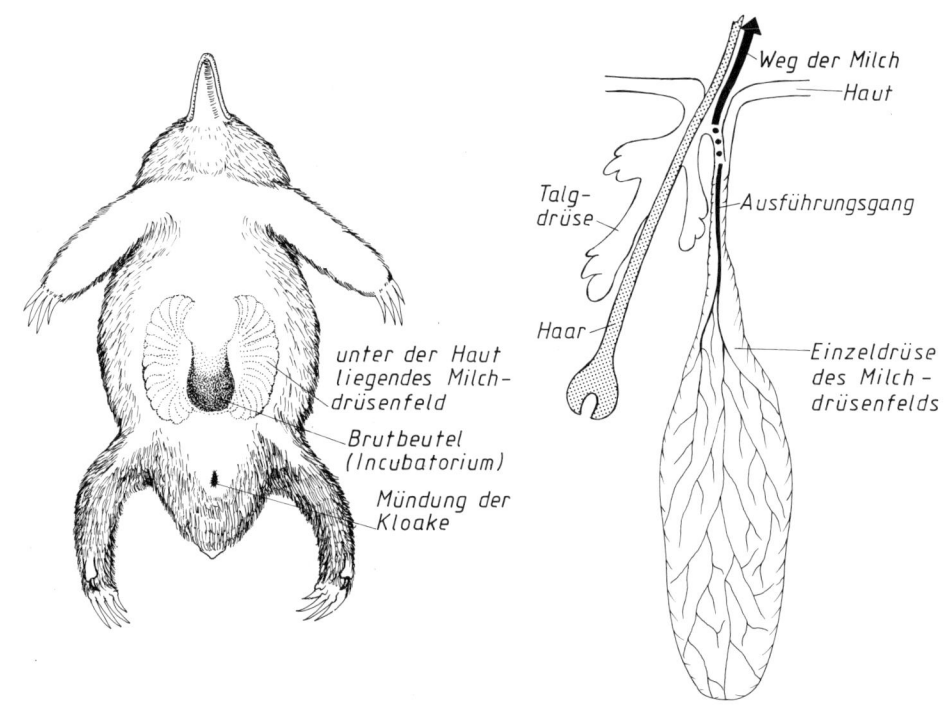

Abb. 190. Lage der Milchdrüsenfelder sowie Einzeldrüse des Milchdrüsenfelds beim Australien-Kurzschnabeligel (aus Ziswiler 1976)

189 links). An jeder Öffnung steht ein steifes Haar, an welchem die Milch entlangläuft und einen Tropfen bildet. Die Jungen lecken die Tropfen auf (Abb. 189 rechts) – sie nehmen die Milch also auf andere Weise zu sich als die Jungen der Choriaten.

Auflecken von Drüsensekret kam vermutlich auch bei Vorfahren der Säugetiere (den Therapsiden) vor. Aufgrund der Verhältnisse beim in vieler Hinsicht urtümlichen Schnabeltier macht man sich zur stammesgeschichtlichen Entstehung der Milchdrüsen folgende Vorstellung: Vorläufer der Milchdrüsen waren Schweißdrüsen der Therapsiden. Zu bestimmten Jahreszeiten – nämlich während der Zeit des Eierlegens dieser »Reptilien« – vergrößerten sich die Schweißdrüsen; die abgesonderte Flüssigkeit diente vermutlich dazu, Eier und Junge feucht zu halten. Möglicherweise leckten die Jungen auch das Sekret auf.

Vielleicht zeigen uns die Ameisenigel, wie die Evolution in Richtung zu den Milchdrüsen der Choriaten fortschritt. Auch bei diesen Eierlegern münden die Einzeldrüsen getrennt (Abb. 190 rechts). Das Milchdrüsengewebe ist jedoch – anders als beim Schnabeltier – zu zwei Drüsen zusammengefaßt, die auf beiden Seiten des Abdomens liegen (Abb. 190 links). Die Ausführungsgänge der einzelnen Drüsen münden aber auch beim Ameisenigel nicht als ein einziger Kanal, sondern auf einem Feld von etwa 6 x 3 mm innerhalb des Brutbeutels.

Die Beuteltiere besitzen richtige Zitzen, beutellose Arten tragen die Jungen frei hängend daran herum. Känguruhs haben zwei Zitzen *im* Beutel; an einer kann sich ein noch sehr embryonenhaftes Junges befinden, die andere steht dem bis zu 7 Monate älteren Geschwister zur Verfügung, welches sich schon außerhalb des Beutels aufhält und nur noch den Kopf zum Saugen hineinsteckt (Abb. 176). Die beiden Zitzen werden von getrennten

Milchdrüsen versorgt, welche sogar Milch verschiedener Zusammensetzung produzieren (s. C4).

Abb. 191 zeigt die Anordnung der Ausführungsgänge bei einigen Vertretern der Choriaten. Die Gänge können entweder zunächst ineinander und schließlich als großer Ausführungsgang der Zitze münden (so bei der Ratte), oder jeder große Ausführungsgang besitzt eine eigene Mündung auf der Zitze (Kaninchen, Mensch). Beim Menschen liegt vor der Mündung jedes Ausführungsgangs ein Speicherraum, der Sinus lactiferus. Die mächtigsten Milchdrüsen finden sich beim Hausrind. Wie Abb. 191 rechts unten zeigt, liegt im Euter vor der Zitzenöffnung eine kleine Zitzenzisterne, welche an die riesige Drüsenzisterne anschließt. Der Zitzenkanal ist 8 bis 12 mm lang. Durch ihn würde die Milch infolge des hohen hydrostatischen Drucks ausfließen, wäre der Kanal nicht durch einen unwillkürlichen Muskel geschlossen, der die Milch zurückhält. Der »Antagonist« zu diesem Muskel ist also der Milchdruck im Speichersystem.

B3.   Anordnung der Zitzen

Die stammesgeschichtlich ursprüngliche Anordnung der Zitzen der Choriaten ist die entlang zweier auf der Bauchseite verlaufender Reihen; eine solche Reihe heißt *Milchleiste* (Abb. 192). Eine Milchleiste mit zahlreichen Zitzen findet man bei manchen Nagetieren und bei Schweinen. Sie können dadurch zahlreiche Junge gleichzeitig säugen. Die hohe

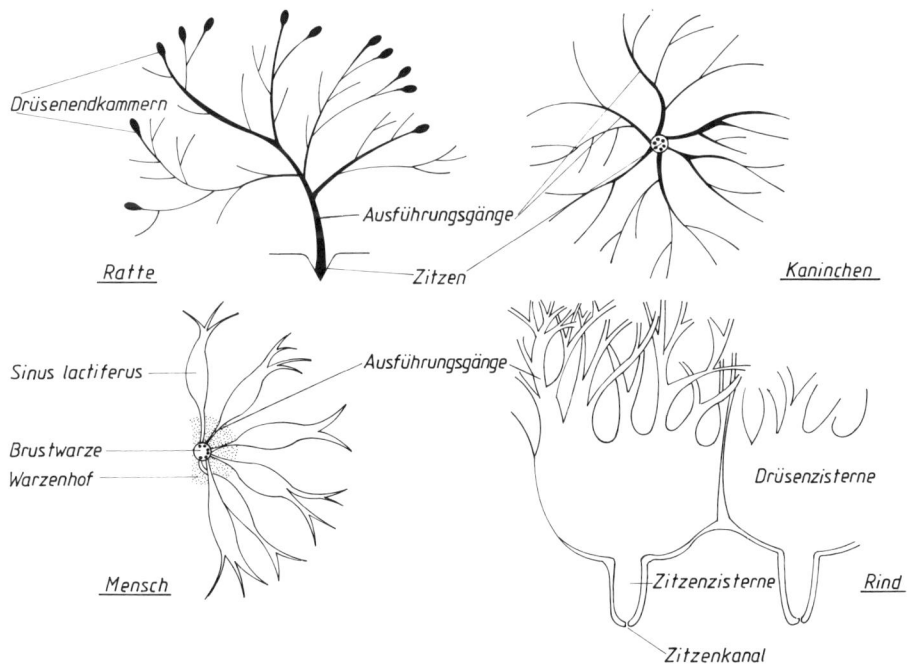

Abb. 191. Anordnung der Ausführungsgänge der Milchdrüsen und Speicherräume für die Milch bei verschiedenen Arten. Die Drüsenendkammern sind bei der Milchdrüse der Ratte deshalb sichtbar, da nur diese *vergrößert* dargestellt ist (nach Cowie aus Gunderson 1976)

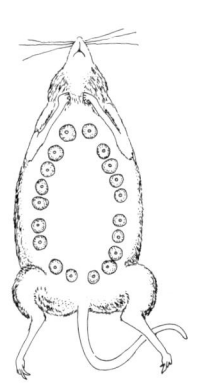 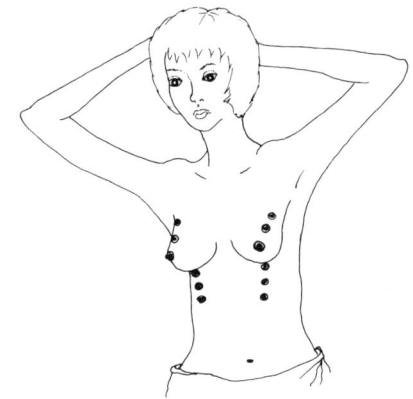

Abb. 192 (links).
Milchleisten der Viel-
zitzenmaus (aus Zis-
wiler 1976)

Abb. 193 (rechts).
Überzählige Brust-
warzen entlang der
Milchleisten als Ata-
vismus beim Men-
schen (aus Remane et
al. 1981)

Zitzenanzahl mancher Nagetiere kann als Anpassung an den Lebensraum gedeutet werden. Solche Arten leben in Trockengebieten, in denen nur während der kurzen Regenzeit Junge aufgezogen werden können.

Bei höher evolvierten Formen wird die Anzahl der Zitzen verringert. Meist findet eine Reduktion der vorderen Zitzen statt, so daß die in der Nähe der Hinterextremitäten liegenden übrig bleiben (Rind, Pferd). Werden die hinteren reduziert, persistieren brustständige Zitzen (Primaten, Elefanten).

Beim Menschen kann eine Milchleiste als Atavismus auftreten (Abb. 193).

C.   Milch

C1.   Sekretion

Während der Trächtigkeit wird das vorher reich vorhandene Fettgewebe der Milchdrüse durch Drüsengewebe ersetzt. Die Milchsekretion, welche von Hormonen kontrolliert wird, beginnt bei manchen Arten bereits während des letzten Drittels der Tragzeit, bei anderen setzt sie erst mit der Geburt ein. Für die Sekretion wichtige Hormone entstammen dem Hypophysenvorderlappen (HVL). Welche Hormone regulieren, hängt von der Tierart ab. Bei allen Arten dürfte das Prolactin die größte Rolle spielen. Weitere Ausführungen hierzu finden sich in E.

Der Sekretionsmechanismus der Milchdrüsenzellen ist gleichzeitig ekkrin (Proteine und Lactose) und apokrin (Fett). Daß eine Drüsenzelle auf zwei unterschiedliche Weisen sezerniert, ist eine Besonderheit (Abb. 194). Während der Sekretionsphase wird die Zelle immer niedriger, das Drüsenlumen nimmt an Volumen zu. Schließlich tritt eine Ruhepause ein, während derer sich die Zellen regenerieren. Hierauf folgt eine neue Sekretionsphase.

Erst das hohe Auflösungsvermögen des Elektronenmikroskops ermöglichte eine genaue Analyse des zellulären Mechanismus der Milchsekretion (Abb. 194).

a)   Proteine

Aus den Blutkapillaren gelangen freie Aminosäuren des Blutplasmas durch Pinocytose in die Zelle. Zuerst erreichen sie das endoplasmatische Reticulum. In diesem beginnt die Synthese folgender Proteine: Caseine, β-Lactalbumin und α-Lactoglobulin. Stachelsaumvesiculae lösen sich vom endoplasmatischen Reticulum ab und gelangen in die Golgi-Region. Hier findet die Endsynthese statt. In den abgelösten Vakuolen wird das Sekret kondensiert. Die Vakuolen erreichen die Zelloberfläche, ihre Membran verschmilzt

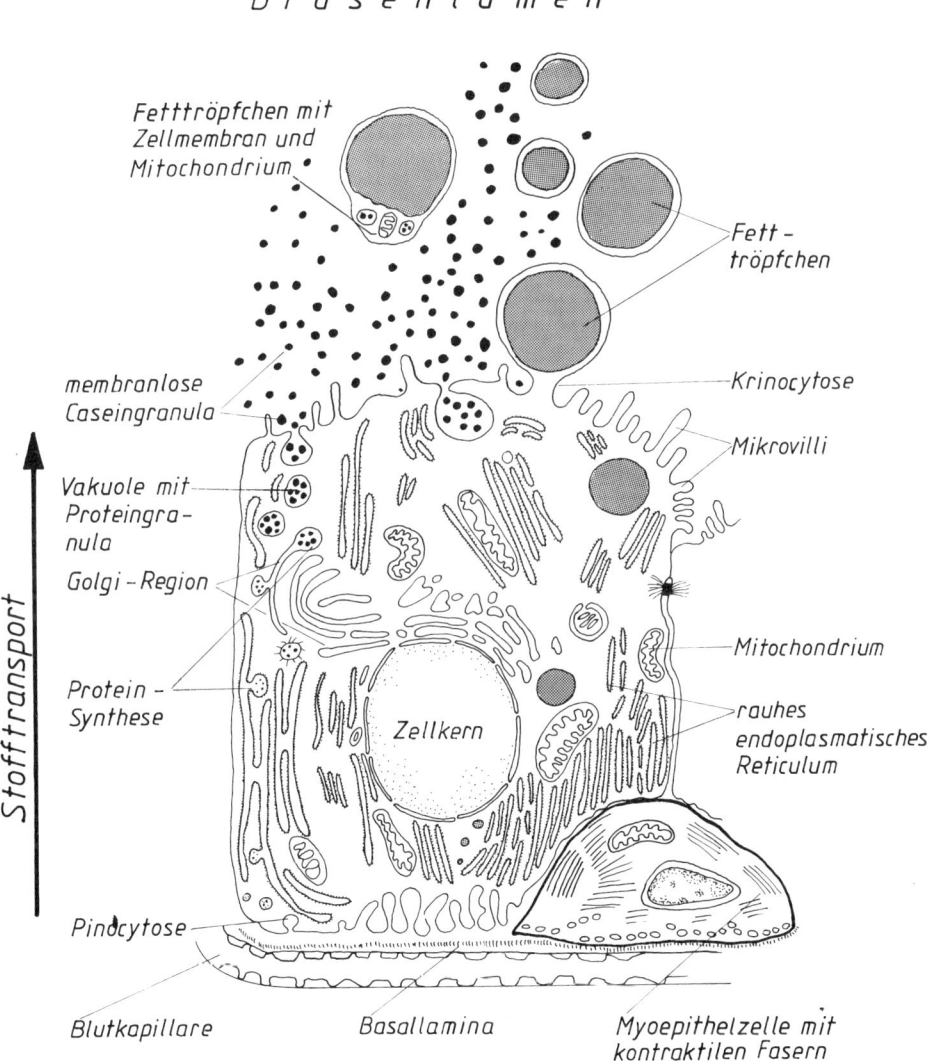

Abb. 194. Feinstruktur einer sezernierenden Milchdrüsenzelle. Im linken Teil der Zelle sind die Prozesse bei der Proteinherstellung, im rechten Teil das Ausschleusen der Fetttröpfchen dargestellt (nach Linzell und Peaker aus Mepham 1976 und Krstic 1976)

mit der Zellmembran, die membranlosen Proteingranula verteilen sich mit den Fetttröpfchen im Drüsenlumen (man schätzt, daß bei der Kuh je Sekunde 9000 Caseingranula abgegeben werden).

Neben dem von den Aminosäuren zu den Proteinen weisenden Pfeil in Abb. 195 links verläuft ein weiterer Pfeil von Blut- zu Milchproteinen. Bei diesen direkt übertretenden Proteinen handelt es sich um Serumalbumin, Immunglobuline und Enzyme. Die Bedeutung des von der Glucose zu den Proteinen zeigenden Pfeils ist in C3 erklärt.

b)   Fett

Man nimmt an, daß das Fett im endoplasmatischen Reticulum der basalen Zellregion gebildet wird. Auch die Blutlipide, deren Aufnahmemechanismus in die Zelle noch nicht geklärt ist, leisten einen bedeutenden Beitrag zur Milchfettbildung. Sie liefern Fett mit langkettigen Fettsäuren (Abb. 195 links). Die anfangs kleinen, membranumkleideten Fetttröpfchen vergrößern sich allmählich, bei Erreichen der Zelloberfläche wölbt der Tropfen die Zellmembran vor und wird von dieser umhüllt ins Lumen abgegeben (Krinocytose). Auf diese Weise ist eine hydrophobe Substanz (Fett) von einer Hülle umschlossen, welche folgenden Aufbau zeigt: Die innere auf dem Fetttröpfchen liegende Hüllschicht ist eine lipophile Schicht. (In sie sind Carotinoide – unter ihnen Provitamin A – eingelagert.) Die äußere Hüllschicht, welche Protein-Anteile der Membran enthält, ist hydrophil. Da sie an die wäßrige Phase grenzt, hält sie das Fett in der Milch emulgiert in Lösung.

Die Sekretion von Fett ist nur möglich, wenn der Innendruck im Drüsenlumen niedrig ist; mit steigendem Alveolardruck der vor der Melkzeit sezernierten Milch wird immer

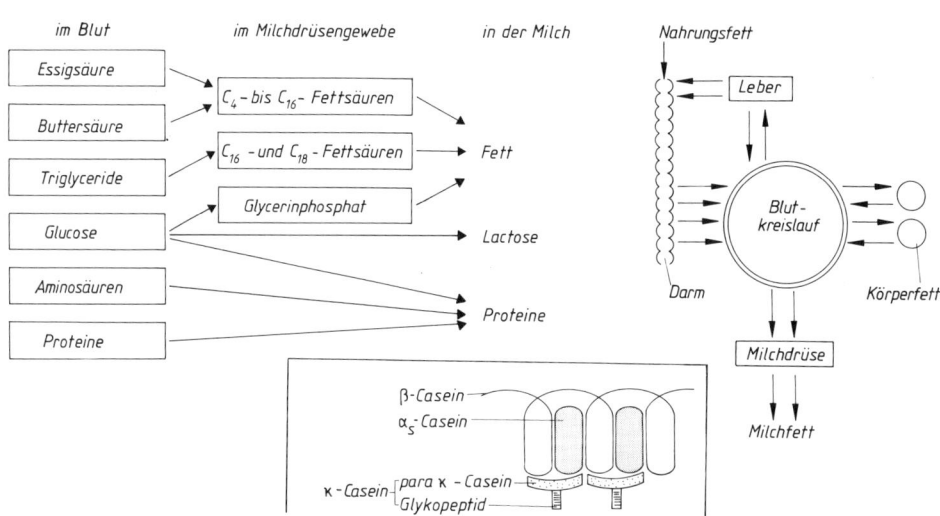

Abb. 195 (links und rechts). Ausgangssubstanzen für die Synthese der Milchbestandteile sowie Verschiebungen des Fettes im Körper. Zum Pfeil, der im linken Bild von der Glucose zu den Proteinen weist s. Text. Die im rechten Bild von der Leber zum Darm zeigenden Pfeile symbolisieren im Gallensaft enthaltene Fette und Fettsäuren (nach Patton 1969)

Abb. 196 (unten). Schema zum Bau einer Casein-Micelle (nach Kielwein 1976)

216

weniger Fett ins Drüsenlumen abgegeben (die wasserlöslichen Bestandteile treten dagegen durch die Zellmembran hindurch). Wird Milch entzogen, sinkt der Alveolardruck, die Fettabgabe setzt wieder ein. Deshalb steigt der Fettgehalt der Milch während des Melkvorganges an.

Manchmal werden auch endoplasmatisches Reticulum und Cytoplasma enthaltende Zellbruchstücke mit den Fetttröpfchen zusammen abgeschnürt (Abb. 194). Wie die folgenden Ausführungen zeigen, ist diese Tatsache ernährungsphysiologisch interessant.

Der Mensch benötigt als eines von mehreren Vitaminen Riboflavin (Vitamin B_2). Riboflavin ist Bestandteil flavinhaltiger Enzyme, welche in der Atmungskette wirken und fest an die Mitochondrien-Membran gebunden sind. Da Mitochondrien die Zelle nicht verlassen, muß man im allgemeinen ganze Zellen »verspeisen«, wenn man sich dieses Vitamin zuführen will. In einem Sekret – wie es die Milch darstellt – würde man Riboflavin nicht erwarten. Es kommt hier aber vor und heißt deshalb auch *Lactoflavin*. Erklärt wird diese Tatsache durch den Sekretionsmechanismus der Fetttröpfchen, welche in ihrem mitgeführten Zellfragment häufig ein Mitochondrium bergen (Abb. 194).

Das Glycerin des Fettes wird nahezu ausschließlich aus Blutzucker aufgebaut (Abb. 195 links). Kurzkettige Fettsäuren und ihre Bausteine sind in C3 besprochen.

c)   Kohlenhydrate

Milchzucker (Lactose) wird wahrscheinlich ebenfalls im Golgi-Komplex synthetisiert und stammt hauptsächlich (zu etwa 80 %) aus der Blutglucose (Abb. 195 links). Die restlichen 20 % werden unter anderem aus Essigsäureresten des Blutstromes synthetisiert.

Lactose ist ein Disaccharid, dessen Bausteine Glucose und Galaktose sind. Es ist für den süßen Geschmack der Milch verantwortlich. Die Galaktose entsteht durch eine Umlagerung aus dem Blutzucker. Der letzte Schritt bei der Synthese der Lactose wird durch das Enzym *Lactosesynthetase* katalysiert. Dieses Enzym besteht aus zwei Proteinbestandteilen, einer davon ist α-Lactalbumin (s. C3). Es dürfte im rauhen endoplasmatischen Reticulum gebildet werden und in den Golgi-Komplex gelangen. Man nimmt an, daß in diesem die zweite Enzymuntereinheit, die Galaktosyltransferase, membrangebunden vorhanden ist. Nach Vereinigung der beiden Proteinbestandteile zur Lactosesynthetase kann der Golgi-Komplex Lactose herstellen, welche zusammen mit den Proteingranula sezerniert wird.

d)   Wasser und Ionen

Wie kommt das in der Milch enthaltene Wasser in das Drüsenlumen? Infolge der Sekretion bestimmter Substanzen in die Drüsenendkammer steigt dort der osmotische Druck an. Dadurch wird Wasser aus den Blutkapillaren nachgezogen. Fett und Proteine bilden zu große Korpuskeln in der Milch, als daß sie für eine Erhöhung des osmotischen Drucks in Frage kämen. Für den Wassereinstrom ins Lumen der Endkammer sind Ionen (vorwiegend Kalium- und Natriumionen) und vor allem Lactose verantwortlich. Da diese in der Golgi-Region synthetisiert wird, strömt Wasser auch in die Golgi-Vesikel ein. Zusammen mit der Lactose verläßt sehr wahrscheinlich α-Lactalbumin die Zelle, was auf eine enge Verbindung der Sekretionsmechanismen für Lactose und Proteine hinweist.

Mineralstoffe, Spurenelemente und Vitamine werden unverändert der Blutbahn entnommen. Bemerkenswert ist das starke Konzentrationsvermögen der Milchdrüse für verschiedene Mineralstoffe: Calcium wird 13fach, Phosphor 10fach und Kalium 10fach konzentriert. Andererseits erfolgt ein Zurückhalten von Natrium- und Chlor-Ionen, deren Konzentration in der Milch niedriger liegt als im Blut.

C2.   Allgemeine Aufgaben

Das Junge lebt vor der Entwöhnung ausschließlich von Milch; sie muß daher eine vollwertige Nahrung darstellen, d. h. sämtliche Stoffe enthalten, welche das Junge für sein Wachstum benötigt. Erforderlich sind neben *Nährstoffen* auch *Vitamine, Mineralstoffe* und *Spurenelemente*. Die Milch dient aber nicht nur der Ernährung, sie erfüllt zwei weitere Aufgaben: Erstens vermittelt sie »passive Immunität«; zweitens dient sie als Substrat für eine Symbionten enthaltende Darmflora.

Bezüglich der *Immunität* bedeutet der Ausdruck »passiv«, daß das Junge nicht selbst Antikörper aufzubauen braucht, sondern diese von der Mutter mit der Milch geliefert bekommt. Nach neuesten Ergebnissen werden Immunglobuline aus den Blutkapillaren durch die Milchdrüsenzellen aufgenommen; eine lokale Synthese von Antikörpern soll ebenfalls in geringem Maß stattfinden.

Woher stammen die von den Milchdrüsenzellen dem Blut entnommenen Antikörper? Aus Untersuchungen am Menschen weiß man folgendes: In der Dünndarmwand der Mutter liegen Ansammlungen von Lymphocyten (die Ansammlungen heißen auch »Peyer-Plaques«). Bestimmte Zellen dieser Ansammlungen sind gegen diejenigen Krankheitserreger sensibilisiert, welche im Laufe des Lebens den mütterlichen Darm passiert haben. Wenn während der Stillperiode ein derartiger Krankheitskeim in den Verdauungskanal der Mutter gerät, verlassen sensibilisierte Zellen die Peyer-Plaques, gelangen ins Blut und mit diesem in die Brustdrüse. Dort angelangt, wandeln sie sich in Antikörper produzierende Zellen um. Antikörper gegen den fraglichen Krankheitserreger werden nun in die Milch abgegeben und mit dieser vom Säugling aufgenommen. Im Darm werden sie aber nicht resorbiert. Die Antikörper verbleiben dort und helfen, Magen-Darm-Infektionen abzuwehren, welche eine der häufigsten Todesursachen von Säuglingen darstellen. Dieser hervorragende immunologische Schutz kann von einer – im allgemeinen aus Kuhmilch hergestellten – Fertigmilch selbstverständlich nicht geboten werden.

Auch bei Paarhufern erhält das Neugeborene Antikörper mit dem Colostrum (s. C3) – über die Placenta können bei diesen Arten nämlich keine Antikörper zum Fetus transportiert werden. Außer bei Primaten ist auch bei Nagetieren die Placenta für Antikörper durchlässig. Für menschliche Feten kann diese Durchlässigkeit unter anderem in folgendem Zusammenhang verhängnisvoll werden: Ein Merkmal der roten Blutkörperchen bezeichnet man als *Rhesus-Faktor*. Stammt das Kind einer Rhesus-negativen Mutter von einem Rhesus-positiven Vater, so bildet die Mutter während der Schwangerschaft Antikörper gegen das Merkmal »Rhesus-positiv«. Beim zweiten Kind (Vater ebenfalls Rhesus-positiv) können die Antikörper das Blut des Fetus hämolysieren, was zu Fehl- oder Totgeburten führt.

Weitere Funktionen der einzelnen Milch-Bestandteile sind nachstehend im Zusammenhang mit der Biochemie der Milch besprochen.

C3. Zusammensetzung – biochemisch und physiologisch betrachtet

Die Bestandteile der Milch können physiologisch-chemisch und im Zusammenhang mit der Ökologie der betreffenden Art betrachtet werden (zur Ökologie s. C4).

Bei den meisten Arten besteht die Milch zu über 80 % aus Wasser. Die in der Milchdrüse synthetisierten Bestandteile Casein, α-Lactalbumin, β-Lactoglobulin und Lactose kommen weder im Blut noch sonst an einer Stelle im Körper vor.

a) Proteine

Man unterscheidet zwei Gruppen von Proteinen: Caseine und Molkenproteine. Man kann sie trennen, indem man die Milch ansäuert. Bei einem pH-Wert von 4,6 fallen die Caseine aus, die Molkenproteine bleiben in Lösung.

■ *Caseine:* Sie fallen bei Erhitzen der Milch nicht aus und stellen den größten Anteil der Milch-Proteine (80 %). Es handelt sich nicht um eine einheitliche Substanz, sondern um ein aus mehreren Komponenten bestehendes Phosphorproteingemisch. Nach der Löslichkeit in einer Harnstofflösung bestimmter Konzentration unterscheidet man α-Caseine und β-Casein. Die α-Caseine unterteilt man ihrerseits in α_s-Caseine und κ-Casein. Während die α_s-Caseine in Gegenwart von Calcium-Ionen ausfallen, ist das κ-Casein »calciumunempfindlich«. Daher vermag das κ-Casein als Stabilisator der anderen Caseine diese vor dem Ausfallen durch Calcium-Ionen zu schützen.

Der Aufbau des *κ-Caseins* erklärt auch den zunächst unverständlich erscheinenden Pfeil in Abb. 195 links, welcher vom Stickstoff-freien Kohlenhydrat Glucose zu den Proteinen weist. κ-Casein enthält nämlich als einzige Caseinkomponente Kohlenhydrate – es ist ein Glykopeptid. 5 % des κ-Caseins sind Kohlenhydrate: Galaktose, Galaktosamin und Sialinsäuren. (Sialinsäuren sind saure Zucker mit einem 9-Kohlenstoffatomgerüst, welche Stickstoff enthalten; hierher gehört die N-Acetylneuraminsäure.)

In der Frischmilch werden die Caseine durch *Micellen*bildung in Emulsion gehalten. Zum Aufbau einer solchen Micelle entwickelte man folgende Vorstellung (Abb. 196): Das Innere der sphäroiden Micelle besteht aus einem Netzwerk spiralig verlaufender β-Caseinmoleküle, in deren »Maschen« die kompakten α_s-Caseinmoleküle liegen. Die Hülle einer Micelle wird von κ-Caseinmolekülen gebildet, welche an α_s- und β-Casein gebunden sind. Ein Milliliter Milch enthält etwa 10^{14} Micellen.

Beim »Gerinnen« der Milch fallen die (calciumempfindlichen) Caseine aus. Das Ausfällen kann nicht nur durch Ansäuern, sondern auch durch bestimmte Enzyme hervorgerufen werden. Was geschieht dabei an den Micellen?

Das Enzym Gastricisin im Magen des Menschen bzw. das Labferment im Kälberlabmagen spalten vom κ-Casein das Glykopeptid ab. Dafür ist saures Milieu und die Anwesenheit von Calciumionen erforderlich. Es verbleibt das unlösliche para κ-Casein (Abb. 196): die Milch gerinnt. Die gleiche Wirkung entsteht durch Ansäuern und andere Enzyme, beispielsweise Pepsin und Trypsin. Für die Verdauung ist die unlösliche Form des Caseins leichter zugänglich. (In der Käseherstellung verwendet man das Labferment zur Gerinnung der Milch.)

■ *Molkenproteine:* Sie bleiben bei der Labgerinnung und bei Ansäuerung in Lösung und sind damit Bestandteile der Molke. Hierher gehören das α-Lactalbumin, das β-Lactoglobulin, das Serumalbumin, Immunglobuline, das Lactoferrin sowie Enzyme.

Beim Erhitzen fallen α-Lactalbumin und β-Lactoglobulin aus (sie bilden das von manchen Kindern wenig geschätzte Häutchen auf der Milch). Die Herkunft des Lactalbumins ist in C1 beschrieben.

β-*Lactoglobulin* kommt nur in der Milch von Paarhufern mit Gärkammern vor. Es enthält relativ viel Cystein. Dessen SH-Gruppen werden beim Erhitzen der Milch bei Temperaturen über 70 °C abgespalten und liefern ein wenig Schwefelwasserstoff. Dieser ist verantwortlich für den Duft gekochter Milch.

Nicht der Ernährung dienende Proteine sind die *Antikörper* (Immunglobuline). Sie kommen besonders reichlich im Colostrum vor. So nennt man die erste nach der Geburt sezernierte »Vormilch«, welche anders zusammengesetzt ist als die später abgeschiedene. Sie gerinnt beim Erhitzen. Das Colostrum hat nicht nur einen höheren Gehalt an Antikörpern als die später sezernierte Milch; auch die übrigen Proteine, das Fett und die Mineralsalze kommen reichlicher vor; der Lactosegehalt ist dagegen erniedrigt.

■ *Lactoferrin* ist – wie der Name sagt – ein Eisen bindendes Protein. Es kommt nicht nur in der Milch, sondern auch im Speichel, in der Tränenflüssigkeit und im Darmsekret vor. Die Orte, an denen diese Sekrete vorkommen, sind alle gefährdet durch den Befall von Mikroorganismen.

Menschliche Milch enthält kein Eisen, der Säugling muß für seine Blutbildung (Eisen als Zentralatom des Hämoglobins) auf seinen Vorrat zurückgreifen. Sein Reserve-Eisen befindet sich im reticulo-endothelialen System. Die Speicher sind Leber, Milz und Knochenmark, wo das Eisen ebenfalls an Protein gebunden vorliegt (Ferritin und Hämosiderin). Im Blut wird Eisen durch das Protein Transferrin befördert. Die Speicher des Fetus werden während der Schwangerschaft aufgefüllt. Nimmt die Mutter nicht genügend Eisen zu sich, besteht die Gefahr einer Eisenmangelanämie.

Die *Enzyme* der Milch stammen aus dem Blut, den Leukocyten oder den Zellen der Milchdrüse. Setzt man Milch Glucose zu, vermag sie Lactose zu synthetisieren.

b)   Fett

Die Fetttröpfchen sind in der wäßrigen Phase der Milch emulgiert. Läßt man Milch stehen, steigen die Tröpfchen nach oben und bilden eine Rahmschicht, die in deutschsprachigen Ländern besondere Namen trägt: Sahne, Obers, Nidel. Beim Hausrind ist die Tröpfchengröße genetisch festgelegt.

Das Milchfett enthält sowohl lang- als auch kurzkettige Fettsäuren. Die meisten Fettsäuren werden von der Milchdrüsenzelle synthetisiert. Sie entnimmt dazu dem Blut vorwiegend die kurzkettigen Fettsäuren Essigsäure, β-Hydroxybuttersäure, Propionsäure und Buttersäure. In Abb. 195 links stehen stellvertretend für diese Fettsäuren die Essig- und Buttersäure.

Paarhufer mit Gärkammern können Fettsäuren nicht – wie beispielsweise Maus und Ratte – aus Glucose synthetisieren. Der sehr hohe Anteil kurzkettiger Fettsäuren im Fett dieser Paarhufer ist folgendermaßen erklärbar: Diese Säuren entstehen aus den kurzkettigen Säuren Essigsäure und β-Hydroxybuttersäure, welche bei der Zellulosegärung im Pansen und Netzmagen anfallen (s. Abschnitt X B).

Bezüglich des Anteils ungesättigter Fettsäuren am Milchfett unterscheiden sich die verschiedenen Arten: Paarhufer mit Gärkammern weisen einen relativ hohen Anteil gesättigter Fettsäuren auf, Arten mit »einfachem« Magen produzieren dagegen mehr ungesättigte Fettsäuren. Von diesen sind mehrere für den Menschen essentiell.

Fette kommen im Körper an verschiedenen Stellen vor, zwischen den einzelnen Orten bestehen Wechselbeziehungen, welche in Abb. 195 rechts dargestellt sind.

c)   Kohlenhydrate

Überwiegendes Kohlenhydrat ist das Disaccharid Lactose, welches dem Jungen nicht in erster Linie als Energiequelle im Betriebsstoffwechsel dient, sondern seine Wirkungen innerhalb des Darmlumens und durch Beeinflussung der Darmwand entfaltet.

Sehr gut erforscht sind die Verhältnisse beim Menschen. Das Kind erhält die menschliche Darmflora bereits bei der Geburt durch Beschmierung. Vorwiegendes Bakterium ist das zu der Gruppe der Milchsäurebakterien gehörende *Bifidobacterium bifidum*. Es lebt strikt anaerob und begründet im Darmkanal die sogenannte »Bifidusflora«. Zu ihr zählen noch andere Bakterien, welche bei der Zuckerspaltung außer Milchsäure auch Essigsäure herstellen. (Die *Lactobacillus*-Arten vergären Zucker dagegen fast ausschließlich zu Milchsäure.) Andere Mikroorganismen treten den Bifidusbakterien gegenüber völlig zurück: Bei mit Muttermilch ernährten Kindern enthält 1 g Stuhl durchschnittlich 32000 Millionen Bifidusbakterien und nur 160 Millionen andere Bakterien. Wie schon lange bekannt ist, gedeihen an der Mutterbrust ernährte Kinder besser als Flaschenkinder; dies ist vermutlich darauf zurückzuführen, daß Muttermilch ein besseres Substrat für das *Bifidobacterium bifidum* darstellt als Kuhmilch.

Das *Bifidobacterium* liefert die Vitamine Aneurin (B_1), Riboflavin (B_2) und Phyllochinon (K). Sie sind für das Kind vom ersten Lebenstag an von Bedeutung. Beispielsweise fördert Vitamin B_1 die Resorption schwer löslicher Calciumsalze – was bei der Calcium-Armut der Muttermilch wichtig ist.

Die bei der Lactose-Vergärung durch das *Bifidobacterium* entstehende Milchsäure fördert ebenfalls die Resorption von Calciumsalzen und Phosphat.

Da die Lactose als ganzes Molekül schwer resorbierbar ist, wandert sie weiter den Darmkanal entlang als andere Zucker. Die bei der Gärung entstehenden Säuren schaffen im Darm ein saures Milieu. Dieses hemmt während der gesamten Zeit, in welcher das Kind von Milch lebt, das Wachstum Fäulnis hervorrufender Bakterien; damit ist der Säugling vor Verdauungsstörungen geschützt. (Säure im Milieu ist für viele Fäulnisbakterien unzuträglich; hierauf beruht das Haltbarmachen von Sauerkraut; auch Sauermilch wird nicht so schnell ungenießbar wie Süßmilch.)

Der in der Milch vorkommende Wachstumsfaktor für die Bifidusbakterien heißt auch *Bifidusfaktor*. Er enthält als wichtigsten Bestandteil Neuraminsäure und kommt in der Frauenmilch in weitaus größerer Menge als in der Kuhmilch vor.

Lactose entfaltet dadurch eine weitere »indirekte« Wirkung, indem sie Bewegungen des Magen-Darm-Kanals hervorruft, welche die Verdauung fördern.

Neben dem wichtigsten Kohlenhydrat Lactose enthält die Milch noch etwas Glucose und Galaktose.

Merkwürdig und unverstanden ist die Tatsache, daß die Milch der Robben keine Lactose enthält. Die Eierleger synthetisieren statt Lactose diesem Molekül ähnliche Zucker (Fucosyllactose und Difucosyllactose).

d)   Milch als Nahrung erwachsener Menschen

Lactose kann auch – vor allem bei Erwachsenen – im Betriebsstoffwechsel verwendet werden. Milch ist in verschiedenen Ländern wichtiger Bestandteil der Nahrung. Ob Milch auch für Erwachsene eine vollwertige Nahrung darstellt, wurde von einer Gruppe amerikanischer Forscher überprüft. Sie lebten wochenlang ausschließlich von Kuhmilch. Wie sich zeigte, erhielten sie alle benötigten Substanzen in ausreichender Menge – ausgenommen das Element Eisen.

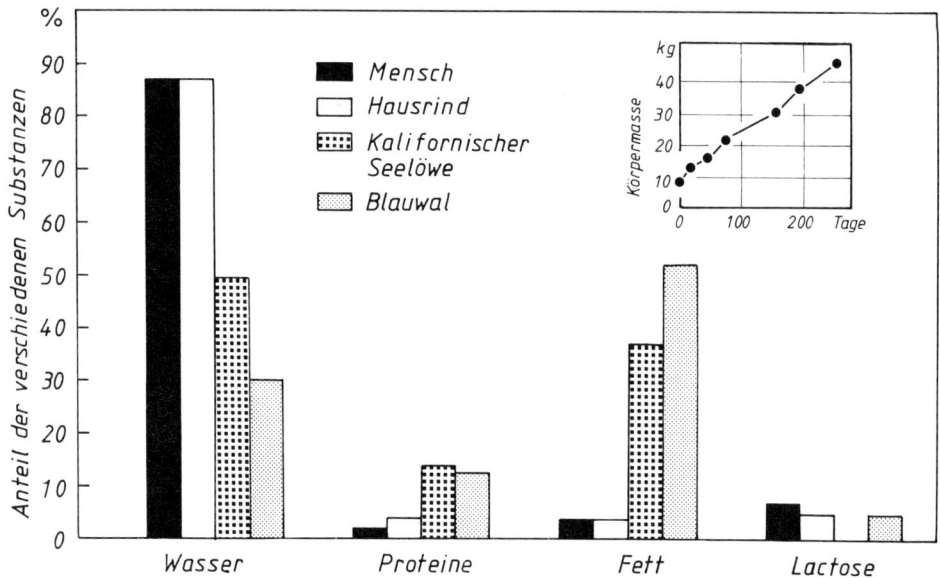

Abb. 197. Zusammensetzung der Milch verschiedener Arten (nach Angaben von Patton 1969, Mörike et al. 1981, Gunderson 1976)
Einschaltfigur: Gewichtskurve eines männlichen Kalifornischen Seelöwen. Das Junge wurde mit der Flasche aufgezogen. Die Zusammensetzung der künstlichen Milch entsprach nicht genau derjenigen der Seelöwen-Milch (s. große Figur). Ab dem sechsten Monat wurde die Ernährung auf Sprotten umgestellt. Von den Meßpunkten der ersten Wochen sind nur wenige übernommen (nach Vogt 1982)

2 bis 10 % der Bevölkerung in Mittel- und Nordeuropa sind allerdings – genetisch bedingt – nicht imstande, Lactose zu spalten. In Asien, Afrika und Südamerika beträgt dieser Anteil dagegen 90 bis 98 % der Bevölkerung, in den Mittelmeerländern liegt er zwischen 20 und 80 %. Bei diesen Menschen vermag die Dünndarmschleimhaut wenig oder gar keine Lactase zu bilden. Man spricht von *Lactose-Unverträglichkeit* (Lactose-Malabsorption). Wer darunter leidet, kann keine Frischmilch trinken, er vermag nur Milchprodukte, deren Lactose vergoren ist, zu sich zu nehmen.

Wie man abschätzen kann, ist die Mutation, welche eine Lactaseproduktion der Darmschleimhaut ermöglicht, in Mittel- bzw. Nordeuropa vor etwa 5000 Jahren aufgetreten.

Wie äußert sich die Lactose-Unverträglichkeit? Zwei Vorgänge führen zu Beschwerden: Einerseits diffundiert etwas Lactose durch die Darmwand ins Blut und wird im Körper unkontrolliert gespalten. Die Spaltprodukte stören das Säure-Basen-Gleichgewicht des Blutes. Andererseits gibt es Darmstörungen, welche sich etwa eine halbe Stunde nach Milchgenuß als Durchfall äußern. Die Störungen kommen folgendermaßen zustande: Ein hoher Lactosegehalt besonders im Dickdarm führt osmotisch bedingt zu einem Wassereinstrom in den Darm und außerdem zu verstärkter Aktivität Lactose spaltender Mikroorganismen – die Folge sind Blähungen und Durchfälle. Charakteristisch für die Lactose-Unverträglichkeit ist, daß sie in der Regel erst nach Abschluß der Wachstumsperiode auftritt, während die betreffende Person als Kind Milch gut verträgt.

Bekannteste Milchlieferanten sind Rind und Ziege. Daneben spielen – je nach Erdteil – Schaf, Rentier, Wasserbüffel, Yak, Esel und Pferd eine Rolle. Neuerdings züchtet man sogar »Milchkamele«, welche je Tag etwa 40 Liter Milch geben.

C4. Zusammensetzung – ökologisch betrachtet

a) Proteingehalt

Den höchsten Proteingehalt erwarten wir bei solchen Arten, die in relativ kurzer Zeit sehr viel Körpersubstanz aufbauen müssen – nach der Geburt also sehr schnell heranwachsen. Dies trifft auf Robben zu. Beispielsweise registriert man beim Kalifornischen Seelöwen 14 % Proteine und damit den höchsten Proteingehalt sämtlicher Arten (Lactose fehlt: Abb. 197). Entsprechend hohe Werte mißt man bei anderen Robben. Eine Erklärung liefert die Lebensweise: Das eigentliche »Element« der Robben ist das Wasser. Sie verlassen es jedes Jahr nur für kurze Zeit, um die Jungen zur Welt zu bringen, sie zu säugen, zu entwöhnen und sich anschließend zu paaren. (Außerdem findet der Haarwechsel an Land statt.) Die Jungenaufzucht nimmt bei manchen Arten nur 2 bis 3 Wochen des gesamten Jahres in Anspruch. Während dieser Zeitspanne müssen die Jungen so weit heranwachsen, daß sie den Eltern ins Wasser folgen und mitschwimmen können. Eine Anpassung hieran ist die außergewöhnlich lange Tragzeit, nach der die Jungen schon sehr weit entwickelt geboren werden. Sie beträgt bei der Kegelrobbe fast ein Jahr. Außerdem wachsen die Jungen nach der Geburt sehr schnell. Man maß die Gewichtszunahme einer jungen Kegelrobbe: Sie betrug in 24 Stunden 1,9 kg; nach 14 Tagen wurde sie entwöhnt, danach fastete sie. Im Alter vom 3 Wochen suchte sie das Wasser auf. Während der Säugezeit verlor die Mutter 44 kg Körpermasse. Obwohl der Kalifornische Seelöwe nicht so schnell wächst wie die Kegelrobbe, ist auch bei ihm die Massenzunahme beträchtlich (Einschaltfigur Abb. 197). Zeigte der Mensch eine gleich starke Gewichtszunahme, wäre er in etwa eineinhalb Jahren erwachsen!

Die Milch der Wale ist ähnlich zusammengesetzt wie die der Robben – enthält aber etwas mehr Fett (Abb. 197). Junge Wale wachsen ebenfalls außerordentlich schnell, sie verdoppeln ihre Masse in 7 Tagen (zum Vergleich: junge Pferde verdoppeln in 60 Tagen). Ihr Längenzuwachs beträgt fast 5 cm je Tag, dabei nehmen sie jeden Tag 90 kg zu.

b) Fettgehalt

Die handelsübliche Kuhmilch weist einen Fettgehalt von 3,5 % auf. Von diesem Wert weicht die Milch anderer Formen stark ab. Betrachten wir den Fettgehalt bei zwei in *gleicher* – in diesem Fall extrem trockener – Umgebung lebenden Arten. Beim Wüstenbewohner Känguruhratte finden wir 5 % Fett, beim ebenfalls an das Leben in der Wüste angepaßten Kamel dagegen 23 % Fett. Auf den ersten Blick scheint demnach der Fettgehalt nicht mit dem Lebensraum zusammenzuhängen. Betrachten wir die Lebensweise dieser Arten genauer, finden wir jedoch große Unterschiede zwischen ihnen. Zwar benötigen beide Wasser, um die in der Hitze eintretenden Wasserverluste auszugleichen. Junge Känguruhratten haben allerdings einen sehr viel geringeren Wasserbedarf als junge Kamele, da sie nachtaktiv sind und den heißen Tag unterirdisch verbringen. Das junge Kamel ist während des ganzen Tages der Hitze ausgesetzt. Welche Rolle spielt hierbei das Fett? Beim Fettabbau – wie auch beim Abbau von Kohlenhydraten und Proteinen – entsteht Wasser: Ein Vergleich dieser drei Stoffgruppen ergibt: 1 g Protein liefert 0,4 g; 1 g Kohlenhydrat 0,6 g und 1 g Fett 1,1 g Wasser. Fett ist demnach der beste »Wasserspender« und »Wasserspeicher«.

Fett spielt auch bei Robben und Walen als Wasserlieferant eine Rolle: Milchfett ist für neugeborene Wale und Robben – neben dem Wasser in der Milch – die einzige »Süßwasserquelle«; sie benötigen ja beim Heranwachsen zum Aufbau ihrer Körpersubstanz beträchtliche Wasservolumina. Mit dem Milchfett baut der junge Wal auch seine gegen Kälte isolierende Speckschicht auf. Die Milch dieser Formen weist also neben hohem Protein- einen hohen Fettgehalt auf (Abb. 197).

Unterstützen Befunde an anderen Arten die Annahme, die unterschiedliche Zusammensetzung der Milch habe Anpassungswert für die in verschiedenen Klimaten lebenden Formen? Gibt es Arten, die weniger das Wasser als die *Energie* des Fetts benötigen? Fette haben eine hohe »Energiedichte«, sie enthalten nämlich etwa doppelt so viel Energie pro Masseneinheit wie die beiden anderen Haupt-Stoffgruppen der Milch.

Polartiere sind wegen der kalten Umgebung auf energiereiche Nahrung angewiesen. Entsprechend ist bei ihnen der Fettgehalt der Milch sehr hoch. Beispielsweise enthält die des Eisbären 31 %, die des weiter südlich lebenden Schwarzbären dagegen nur 10 % Fett. Auch hier finden wir also eine Milchzusammensetzung, die den Lebensbedingungen angepaßt ist.

c)   Sonderfall Känguruh

Wie in Abb. 176 dargestellt ist, hängt an der einen der beiden Zitzen im Beutel des Roten Riesenkänguruhs ein noch sehr winziges Junges; an der anderen trinkt ein schon sehr weit entwickeltes. Die Zusammensetzung der Milch des Känguruhs verändert sich im Verlauf der Säugezeit: Der Protein- und Fettgehalt steigt, der Lactosegehalt nimmt ab. Obwohl die beiden die Zitzen versorgenden Milchdrüsen die gleiche »endokrine Umgebung« haben, sezerniert die das Beuteljunge versorgende Drüse protein- und fettärmere Milch als die das ältere Junge ernährende.

D.   Milchentnahme

Die bekannteste Art der Milchentnahme ist das Melken. Eine Kuh ist leicht zu melken. Die Milch von Mäusen auf diese Art zu gewinnen, ist schon schwieriger, was zu der Redensart geführt hat: »... das ist zum Mäusemelken«. Mausmilch war daher lange Zeit die teuerste Milch. Das dürfte sich jetzt geändert haben. In Ulm haben nämlich Mediziner eine *Mäusemelkmaschine* entwickelt, mit der gleichzeitig vier Mäuse aus je acht Zitzen gemolken werden können. Man erhält dabei täglich zwischen 1,5 und 4 ml Milch je Maus. Von dieser Maschine existieren bereits Nachbauten an anderen Universitäten.

Wozu benötigt man so viel Mausmilch? Man will einen aktiven Abwehrmechanismus der Mäuse gegen Bakterien erforschen, bei welchem das Lactoferrin (s. C3) eine große Rolle spielt. Dazu ist Milch von derselben Tierart erforderlich, bei der man den Abwehrmechanismus untersucht. Wie sich in den Experimenten herausstellte, kommt Lactoferrin nicht nur in der Milch, sondern auch in einer Sorte weißer Blutkörperchen, den Granulocyten, vor. Bei Bakterienbefall setzen diese ihr Lactoferrin frei. Dieses entfernt das Eisen aus dem im Blut vorhandenen Protein Transferrin und transportiert es in die Leber.

Wie aus Untersuchungen am Hauskaninchen bekannt ist, wird das Verhalten der Jungen bei der Milchentnahme durch Duftreize ausgelöst; Duftquelle sind unter anderem holokrine Drüsen im Zitzenepithel, welche vermutlich pheromonähnliche Substanzen absondern.

Die verbreitete Meinung, daß die Jungen die Milch aus dem Euter oder der Brust durch Erzeugen eines Unterdrucks *saugen*, trifft zumindest für Kälber des Hausrinds und menschliche Säuglinge nicht allein zu. Die Milch wird vielmehr aus der Zitze oder Brustwarze aus*gepreßt*. Dazu nimmt das Junge die Zitze in den Mund und drückt sie mit der Zunge rhythmisch gegen den harten Gaumen (Abb. 198). Da die Zungenspitze zuerst zu drücken beginnt, wird zunächst die Zitzenbasis entleert, die Milch also aus der Zitzenzisterne in Richtung Zitzenkanal (Abb. 185) geschoben. Durch von der Spitze der Zunge zu ihrer Basis fortschreitendes Drücken wird die Zitze entleert. Dann wird der Druck auf die Zitze vermindert, worauf sich diese schnell wieder füllt, da die Milchdrüse aufgrund des Ejektionsreflexes (s. unten) unter Druck steht. Der Vorgang wiederholt sich so lange, bis das Junge satt ist.

Der menschliche Säugling formt sich eine große »Zitze«, indem er die Brustwarze und einen Teil der Areola in den Mund nimmt. Werden menschliche Säuglinge oder die Neugeborenen anderer Arten mit der Flasche ernährt, lernen sie sehr schnell, die Milch aus der harten Gummizitze herauszu*saugen*. Dies ist jedoch nicht das übliche Verhalten.

Ob diese Art des Herausholens der Milch aus der Zitze bei allen Arten vorkommt, ist offen; daher wird auch im sonstigen Text vom Saugen der Jungen gesprochen. Für Wale diskutiert man beispielsweise, daß die Jungen die Milch deshalb nicht saugen können, weil ihre Wangenmuskulatur gegen den umgebenden Wasserdruck nicht anarbeiten kann. Ihnen wird die Milch deshalb ins Maul gespritzt.

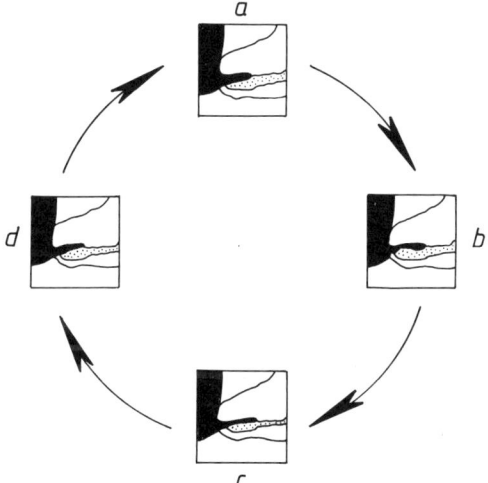

Abb. 198. Vier Stadien der Milchentnahme durch ein Kalb. Rechts in jedem Teilbild: Vorderer Teil des Kopfs mit punktiert dargestellter Mundhöhle. Gezeichnet nach einem Röntgenfilm. Der Milch wurde vorher eine sterile Bariumsulfat-Suspension durch Injektion in die Drüsenzisterne zugesetzt, wodurch sie im Röntgenbild sichtbar wird. Dadurch erscheinen das Euter und die Zitze schwarz.
a) Beginn des Auspreßvorgangs. Die Zitzenzisterne hat sich infolge des Drucks im Speichersystem gefüllt.
b) Der Unterkiefer ist nach oben bewegt worden; der Mund ist stärker geschlossen als in a). Die Zungenspitze drückt die Zitzenbasis gegen den Gaumen. Die Milch (innerhalb der Mundhöhle nicht eingezeichnet) läuft aus der Zitzenöffnung.
c) Die Zitze ist maximal zusammengepreßt und leer.
d) Der Unterkiefer bewegt sich nach unten, der Druck der Zunge auf die Zitze läßt nach, diese füllt sich von der Basis her wieder. Der Vorgang beginnt von neuem (nach Ardran et al. aus Austin und Short 1979)

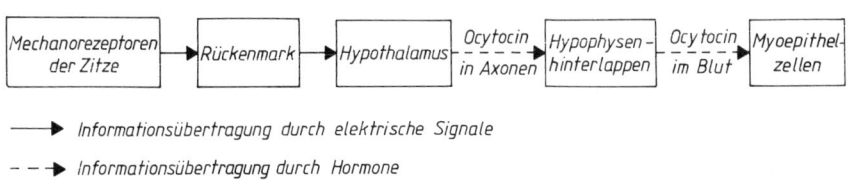

Mechanorezeptoren der Zitze → Rückenmark → Hypothalamus ⇢ (Ocytocin in Axonen) → Hypophysenhinterlappen ⇢ (Ocytocin im Blut) → Myoepithelzellen

⟶ Informationsübertragung durch elektrische Signale

− − ⇢ Informationsübertragung durch Hormone

Abb. 199. Informationsübertragung beim »Einschießen« der Milch. Durch den Saugreiz wird außer Ocytocin auch Prolactin freigesetzt: man vergleiche mit Abb. 200 (Original)

Wenn das Junge die Zitze mit den Lippen umfaßt oder wenn man eine Kuh manuell oder maschinell melkt, werden an der Zitze Reize gesetzt. Von sensiblen Nervenfasern der Zitze, die man als Mechanorezeptoren bezeichnen muß, gelangen die Meldungen über das Rückenmark zum Zwischenhirn. Dort sondern im Hypothalamus daraufhin Zellen das Peptidhormon Ocytocin ab. Es wandert in Nervenfasern zum Hypophysenhinterlappen (HHL). Von diesem gelangt es in die Blutbahn und wird zu den Myoepithelzellen transportiert, welche sich daraufhin kontrahieren (Abb. 199). Der in Abb. 199 dargestellte Vorgang heißt *Milchejektionsreflex*. Auf einem Teil des Weges sind Nervenimpulse, auf einem anderen Hormone Träger der Information. Das ebenfalls auf den Saugreiz hin ausgeschüttete Hormon Prolactin und seine Wirkungen sind weiter unten behandelt.

Der Milchtransport von den Endkammern der Drüse in die Zitze geschieht folgendermaßen: Die vom Jungen oder vom Melker aus dem Euter entnommene Milch ist bereits am Anfang der Entnahme vorhanden – sie wird also nicht erst nach Melkbeginn sezerniert. Das beim Rind sogenannte »Einschießen« der Milch ins Euter beginnt mit dem Melkvorgang, kann aber durch den bloßen Anblick des Melkers (»Erwartung« des Melkreizes) hervorgerufen werden. Von der Reizaufnahme bis zum »Einschießen« verstreichen 15 bis 120 Sekunden. Gelegentlich tropft spontan Milch ab. Ursache für das plötzliche Austreten der Milch aus den Endkammern der Drüsen ist die Kontraktion der Myoepithelzellen (Abb. 188). Infolge der Volumenverkleinerung der Drüsenendkammern fließt die Milch in die kleinen Gänge. Da Milch als Flüssigkeit nicht kompressibel ist, setzt sich der hydrostatische Druck über die großen Sammelgänge, Sinus oder Drüsenzisternen fort bis zu den Zitzenzisternen. Der Muskel am Zitzenkanal verschließt die Zitzenöffnung. Antagonist zu diesem Muskel ist nicht – wie dies üblicherweise der Fall ist – ein anderer Muskel, sondern der hydrostatische Druck im Speichersystem. (Bei Ringmuskeln kommen oft »Antagonisten« vor, die selbst keine Muskeln sind.) Beim »Saugen« (Abb. 198) erhöht das Junge den Druck in der Zitzenzisterne und preßt die Milch aus der Öffnung.

Die für das »Einschießen« der Milch erforderliche Ocytocinausschüttung kann auch dadurch hervorgerufen werden, daß der weibliche Genitaltrakt gereizt wird. Hierauf beruht eine sehr alte Methode: Wie HERODOT berichtet, bliesen die Skythen ihren Stuten vor dem Melken mit Knochenpfeifen Luft in die Vagina. Dieser Brauch wird von einigen afrikanischen Stämmen heute noch beim Melken ihrer Kühe ausgeübt.

Der Saugreiz führt nicht nur nach der in Abb. 199 dargestellten Weise zum »Einschießen« der Milch, er beeinflußt auch die Milchbildung und die Ovarien. In beide Wirkungsketten sind Hormone des Hypophysenvorderlappens (HVL) eingeschaltet. Der Einfluß des Saugreizes auf die Milchbildung ist in E behandelt, nachstehend ist dessen *empfängnisverhütender Effekt* besprochen.

Die von der Zitze kommenden Signale erreichen auf dem in Abb. 199 dargestellten Weg den Hypothalamus. In Abb. 200 ist der Weg einfacher dargestellt als in Abb. 199. Der Hypothalamus bildet nach Eintreffen der Signale weniger Freigabehormon für die Hormone LH und FSH (s. VI A). Das Freigabehormon heißt auch Gonadotropin-Releasing-Hormon oder *Gonadoliberin*. Es aktiviert sowohl die Ausschüttung von LH als auch die von FSH aus dem HVL. Im Hypothalamus dürfte die Abgabe von Gonadoliberin dadurch unterdrückt werden, daß auf die von der Zitze eintreffenden Meldungen zunächst ein weiterer Stoff gebildet wird: das β-Endorphin.

Das Gonadotropin wandert auf seinem Weg vom Hypothalamus zum HVL nur ein Stück weit in Nervenfasern, danach ist – anders als beim Ocytocin – die Blutbahn eingeschaltet. Dieser Satz gilt für alle vom Hypothalamus zum Hypophysen*vorder*lappen gelangenden Hormone. Diese zerfallen in zwei Gruppen: In solche, welche – wie das Gonadoliberin – die Freigabe von Hormonen aus dem HVL *fördern* und in solche, welche die Freigabe *hemmen*. Letztere heißen auch »Release inhibierende Hormone« und werden oft mit dem Zusatz »-statin« versehen; ein Beispiel ist das in E besprochene »Prolactin-Release inhibierende Hormon« oder *Prolactostatin*.

Was bewirkt nun die Drosselung der Abgabe von Gonadoliberin? Da der HVL daraufhin weniger LH und FSH ins Blut abgibt (Abb. 200), kommt der für den Eisprung erforderliche LH-Gipfel nicht zustande, die Ovulation unterbleibt (s. dazu auch Abb. 158). Die in Abb. 200 ebenfalls aufgezeigte Prolactin-Abgabe wird in E behandelt.

Das Unterdrücken des Eisprungs durch das Stillen des Kindes ist eine auch beim Menschen wirksame Methode der Empfängnisverhütung. Dazu ist allerdings erforderlich, daß das Kind sehr häufig Milch aus der Brust entnimmt. Unbeeinflußte Kinder tun dies auch – wie in einer Untersuchung an einem afrikanischen Stamm nachgewiesen wurde. Die stillenden Frauen dieses Stammes tragen ihre Säuglinge überall mit sich herum und lassen sie auch nachts bei sich schlafen. Die Kinder trinken über den ganzen Tag verteilt immer wieder an der Brust – aber jeweils nur sehr kurz, nämlich ein bis zwei Minuten lang. Dies geschieht durchschnittlich viermal je Stunde. Sogar nachts trinken die Babys oft, während die Mutter schläft. Obwohl die Frauen – außer dem langen Stillen – keine empfängnisverhütenden Mittel kennen, liegen die Geburten im Durchschnitt 4,1 Jahre auseinander.

Eine entsprechende Studie an schottischem Rotwild ergab folgendes: Hirschkühe, die in Gegenden mit spärlichem Pflanzenwuchs leben, geben weniger Milch als solche, die auf saftigen Weiden äsen. Die Jungen der kargen Gegend trinken daher viel öfter als die in der futterreichen Umgebung. Als Folge davon geraten die Hirschkühe der mageren Weiden später in Brunst als die gut ernährten Weibchen.

Neugeborene beginnen schon bald nach der Geburt mit der *Suche nach den Zitzen*. Auf welche Weise finden sie diese? Wie Verhaltensforscher herausgefunden haben, tasten La-

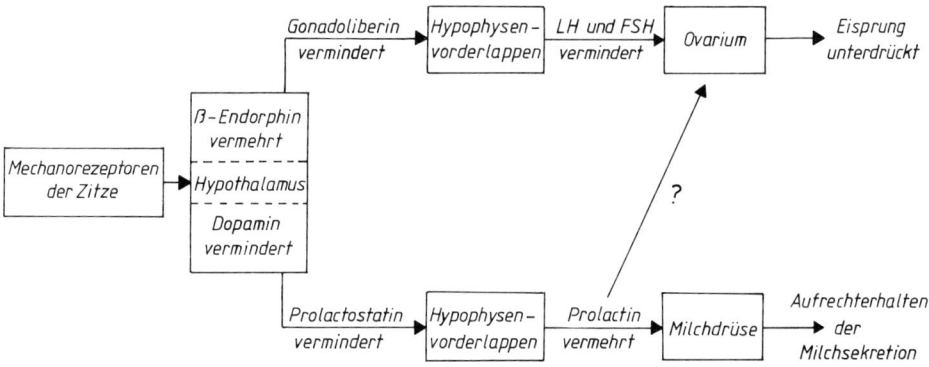

Abb. 200. Durch den Saugreiz zustandekommende Hormonwirkungen auf das Ovarium und die Milchdrüse (verändert nach Short 1984)

Abb. 201. Orientierung einer jungen Nilgauantilope zum mütterlichen Körper
Links: Eine halbe Stunde nach der Geburt
Rechts: Eine Stunde nach der Geburt (nach Hediger aus Czihak et al. 1981)

gerjunge mit dem Kopf den Körper der Mutter ab, wobei sie die Vordergliedmaßen zu Hilfe nehmen. Jungen Schweinen hilft bei ihrer Orientierung der Haarstrich, welcher am Bauch der Mutter in Richtung zu den Zitzen verläuft. Dieses Suchverhalten der Jungen liefert eine mögliche Erklärung für die Richtung des Haarstrichs am Bauch mancher Arten (vgl. das Pferd in Abb. 93).

Die Muttertiere fast aller sonstigen Paarhufer säugen nicht wie die Schweine im Liegen, sondern im Stehen. Wenn das Neugeborene auf seinen wackligen Beinen steht, beginnt es mit seinen Saugversuchen bevorzugt an bestimmten Körperstellen der Mutter. Es richtet angeborenermaßen seine Suche auf einen Winkel zwischen einem senkrechten und einem waagrechten Teil des mütterlichen Körpers. Dabei gerät es oft auch an den Winkel, den die Vordergliedmaßen mit dem Bauch oder dem Hals bilden (Abb. 201 links). Schließlich lernt es, daß das Gesäuge im Winkel zwischen Hinterextremitäten und Bauch liegt. Bei der Orientierung dorthin hilft ihm oft die Mutter, welche beim Belecken der Analregion den Kopf ihres Jungen nach hinten lenkt (Abb. 201 rechts).

E. Hormonwirkungen auf die Entwicklung und Sekretion der Milchdrüsen

Nahezu sämtliche Hormonsysteme beteiligen sich an den mit der Lactation in Verbindung stehenden Prozessen. Der mütterliche Organismus wird von den mit dem Säugen zusammenhängenden Vorgängen geradezu »beherrscht«. Dies macht den Aufwand deutlich, der vom Körper der Mutter erbracht wird, um das Junge auf »Säugetier-Weise« zu ernähren.

Wollte man alle Wechselbeziehungen in *einem* Schema darstellen, ergäbe sich ein sehr verwickeltes Bild. Daher sind nachstehend die einzelnen Einflüsse gesondert dargestellt. Der hormonell gesteuerte Vorgang des »Einschießens« der Milch wurde in D besprochen.

Man unterscheidet zwischen Drüsenwachstum (Mammogenese) und Milchbildung (Lactogenese und Galaktopoese).

E1.   Ausbildung der Zitzen

Östrogene sind für die Herausbildung und Vergrößerung der Zitzen verantwortlich.

E2.   Entwicklung der Drüsenausführungsgänge und -endstücke

Die nachstehenden Aussagen fußen vor allem auf Untersuchungen an Ratten und gelten nicht für alle Arten.

a)   Ausführungsgänge

Einfache Schläuche nehmen aus den Zitzen der neugeborenen weiblichen Ratte ihren Ausgang. Es sind die zukünftigen Milchgänge. Bis zur Geschlechtsreife wachsen sie etwas heran und verzweigen sich ein wenig (Abb. 202 links). Der volle Verzweigungsgrad wird aber erst im Zustand der Geschlechtsreife erreicht (Abb. 202 mittleres Bild). Bei den Prozessen wirken die Hormone, welche in Abb. 202 an dem Pfeil eingetragen sind, welcher vom linken zum mittleren Bild weist.

b)   Drüsenendkammern

Wird das Weibchen trächtig (Sprechweise beim Menschen: mit Eintritt der Schwangerschaft), bilden sich unter dem Einfluß weiterer Hormone die Endkammern. Diese Hormone stehen in Abb. 202 an dem Pfeil, welcher vom mittleren zum rechten Bild verläuft. Die Endkammern haben zu Beginn der Trächtigkeit enge Lumina, die Zellen sind klein. Wer Näheres über die erwähnten Hormone wissen möchte, greife zu einem Lehrbuch der Hormonphysiologie.

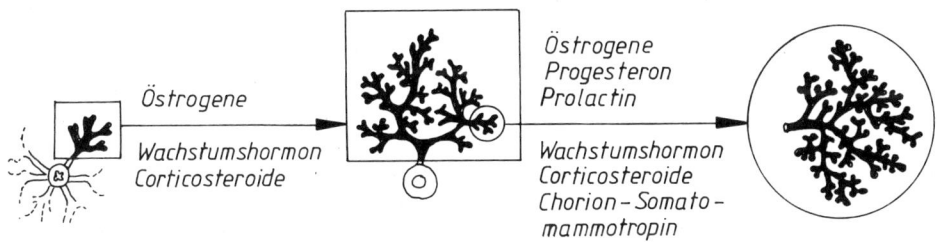

Abb. 202. Einfluß verschiedener Hormone auf die Entwicklung der Milchdrüse
Links: Zustand vor der Geschlechtsreife
Mitte: nach Eintritt der Geschlechtsreife
Rechts: während der Trächtigkeit (nach Corner und Lyons aus Reinboth 1980)

229

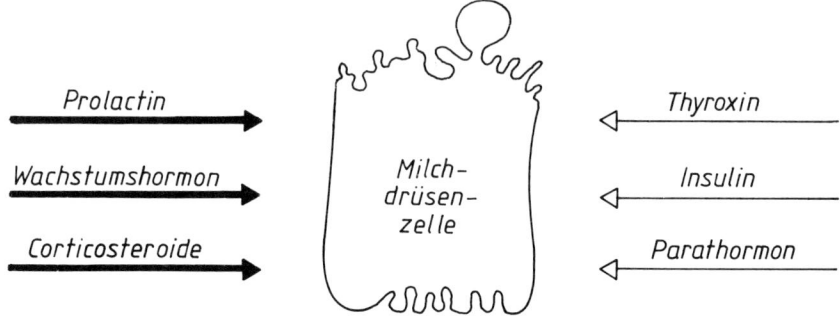

Abb. 203. Einfluß verschiedener Hormone auf die Milchbildung. Dicke Pfeile symbolisieren die Wirkungen besonders wichtiger Hormone, dünne Pfeile kennzeichnen Hormone
von untergeordneter Bedeutung (nach Angaben von Blüm in Czihak et al. 1981)

E3.   Milchbildung

Die Zellen der Endkammern beginnen bereits vor der Geburt mit der Milchbildung
(Lactogenese). Sie synthetisieren dabei zunächst vorwiegend Fette, welche vorläufig als
Tröpfchen in den Zellen verbleiben. Das fettreiche Sekret bildet dann das Colostrum.

Im Verlauf der Schwangerschaft werden in stärkerem Maße Proteine und Lactose
gebildet.

Mehrere Hormone beeinflussen die Milchbildung. Eines der wichtigsten ist das aus
dem HVL stammende *Prolactin*, welches wegen seiner Wirkung auf das Drüsenwachstum
(s. Abb. 202) auch als Mammotropes Hormon oder Lactogenes Hormon bezeichnet wird.
Die Prozesse, welche auf den Saugreiz hin ablaufen und schließlich zur Ausschüttung
von Prolactin führen, sind im unteren Teil der Abb. 200 dargestellt. Prolactin kann seine
lactogenetische Wirkung allerdings nur dann entfalten, wenn auch Hormone der Neben-
nierenrinde *(Corticosteroide)* vorhanden sind. Außerdem spielt das ebenfalls aus dem HVL
stammende *Wachstumshormon* (Somatotropin) eine wichtige Rolle.

Weitere Hormone wirken mit (Abb. 203): Das in der Schilddrüse gebildete *Thyroxin*
ist neben Prolactin für das Aufrechterhalten der Milchsekretion (Galaktopoese) von Bedeutung. Als Hormon des allgemeinen Stoffwechsels spielt ferner das *Insulin* eine Rolle;
der Calciumgehalt der Milch wird vom in der Nebenschilddrüse gebildeten *Parathormon*
beeinflußt.

Um die Wirkungsweise von Ocytocin (s. Abb. 199) der von Prolactin (Abb. 200 unterer Teil) gegenüberzustellen, zog ein Hormonforscher folgenden Vergleich: Ocytocin
serviert das Mahl von heute, Prolactin bereitet das Essen für morgen vor.

Gibt es eine Anpassung der Milchproduktion an den Bedarf des Jungen? Diese Frage
ist von Bedeutung, wenn statt einem Jungen zwei oder mehrere Junge geboren werden.
Wie eine Studie an menschlichen Müttern mit Zwillingen ergab, arbeitet die Milchdrüse
nach dem Prinzip von Angebot und Nachfrage: Je öfter man ihr Milch entnimmt, desto
mehr liefert sie nach. Über den zugrundeliegenden Mechanismus kann man folgende
Vermutung anstellen: Die Dehnung der Ausführungsgänge durch anstehende Milch mag
hemmend auf die Milchbildung wirken.

F.   Dauer der Jugendzeit

Eine lange Dauer der Jugendzeit bedeutet, daß das Junge viel Zeit zum Lernen hat; es kann sich dabei mit den Gegebenheiten seiner Umwelt vertraut machen.

Das von Milch lebende Junge braucht sich zunächst nicht um den Erwerb seiner späteren Nahrung zu kümmern. Es lebt »sorglos« im »entspannten Feld« – wie die Verhaltensforscher sagen – und verbringt einen großen Teil seiner Zeit mit Spielen. Pflanzenesser lernen ihre Futterpflanzen kennen, Fleischesser lernen an von der Mutter mitgebrachten Beutetieren, wie man mit diesen umgeht.

Spiel ist eine bei Säugetieren weit verbreitete Erscheinung. Einige Vogelarten und Fische spielen ebenfalls, »die Regel« ist es nur bei Säugetier-Jungen. Es erhält sich hier oft bis ins Erwachsenenalter.

Die wichtigsten Spiele sind *Objektspiele*, bei denen die Eigenschaften von Gegenständen erkundet werden und *soziale Spiele*, bei denen die Reaktionen von Artgenossen kennengelernt werden. Die häufigsten Sozialspiele sind Kampfspiele. Zu ernsthaften Verletzungen kommt es dabei nicht, da Hemmungen ins Verhalten eingebaut sind (so die Beißhemmung der Katzen, Hunde und Bären).

Die im Spiel gemachten Erfahrungen werden in der Hirnrinde gespeichert. Daher besitzen spielfreudige Arten auch immer eine wohlausgebildete Hirnrinde. Für erwachsene Delphine ist das Spiel geradezu ein Bedürfnis: so spielen die in Delphinarien gehaltenen Individuen bis zu 6 Stunden täglich.

Solange das Junge in der Obhut seiner Mutter lebt, wird es von dieser bei Gefahr gewarnt und flüchtet mit ihr. Manche Mütter verteidigen ihre Nachkommenschaft sogar gegen Feinde. Auch diese Verhaltensweisen der Mutter tragen dazu bei, das Junge im »entspannten Feld« zu halten.

231

VIII. Anpassungen an verschiedene Lebensräume

Angepaßt an einen Lebensraum ist immer der gesamte Organismus mit allen seinen Organen. Besprochen sind nachstehend vor allem Besonderheiten des Körperbaus – speziell der Gliedmaßen und ihres Skeletts. Nur gelegentlich finden sich Hinweise auf Sinnesorgane und physiologische Anpassungen.

A. Vergleichende Anatomie des Gliedmaßenskeletts

Die Eierleger zeigen einen etwas von dem der Beuteltiere und Choriaten abweichenden Gliedmaßenaufbau, sie sind nachstehend nicht weiter besprochen.

Die Vorfahren der heutigen Meta- und Eutheria lebten ursprünglich auf Bäumen, wobei sie aber keine ausgesprochenen Kletterer waren, sondern auf den Ästen entlangliefen. Manche Autoren sprechen vom »Schreiten auf den Ästen«. Man kann sie daher als »Baumschreiter« oder als *Astläufer* bezeichnen (im Englischen heißen sie »tree-runners«; »Baumläufer« ist im Deutschen einigen Vogelarten vorbehalten.) Die Gliedmaßen der Astläufer kommen dem Grundbauplan einer Extremität – wie er in Abb. 204 Mitte dargestellt ist – noch recht nahe (Weiteres s. E).

Für die gängigen Bezeichnungen Ober-, Unterarm und Hand bzw. Ober-, Unterschenkel und Fuß existieren folgende wissenschaftlichen Begriffe: Stylopodium, Zeugopodium und Autopodium – welche für die Vorder- *und* Hinterextremität gelten. Das hat Vorteile: Es erscheint beispielsweise wenig sinnvoll, die Enden der Vordergliedmaßen eines Pferdes – wie bei einem Primaten – als »Hände« zu bezeichnen; Pferdezüchter nennen die gesamte Hinterextremität gar »Hinterhand«.

Die wissenschaftlichen Bezeichnungen Auto-, Zeugopodium usw. werden in den folgenden Abbildungsunterschriften dann gebraucht, wenn nur das Skelett der Extremität dargestellt ist. Zeigt eine Abbildung außerdem Haut, Muskulatur und Bindegewebe, ist von Vorderfuß, Unterarm usw. die Rede. Der Begriff »Hand« bleibt nach Möglichkeit den Primaten vorbehalten; für die Digiti der Vorderextremität wird gelegentlich auch bei Vertretern anderer Ordnungen der Ausdruck »Finger« benutzt.

Die vier Gliedmaßen weisen einen *Grundbauplan* auf. Bedingt durch den Lebensraum wird dieser in mannigfacher Weise abgewandelt, wobei extreme Spezialanpassungen zustandekommen. Einige davon sind in Abb. 204 zusammen mit einer den Bauplan widerspiegelnden Extremität dargestellt.

Die Bezeichnungen der meisten Knochen einer den Grundbauplan repräsentierenden Gliedmaße finden sich in Tab. 2.

Stylo-, Zeugo- bzw. Autopodium bestehen aus einem, zwei bzw. zahlreichen Knochen. Das Autopodium wird nochmals in verschiedene Abschnitte unterteilt (Tab. 2).

Tabelle 2. (Die an den jeweiligen deutschen Namen anzuhängende Bezeichnung »-bein« oder »-knochen« wird oft fortgelassen)

		Vorderextremität	Hinterextremität
Stylopodium		Oberarmbein (Humerus)	Oberschenkelknochen (Femur)
Zeugopodium		Speiche (Radius) Elle (Ulna)	Schienbein (Tibia) Wadenbein (Fibula)
Autopodium	Basipodium	Handwurzel (Carpus: 11 bis 12 Carpalia)	Fußwurzel (Tarsus: 9 bis 10 Tarsalia)
	Metapodium	Mittelhand (Metacarpus: 5 Metacarpalia)	Mittelfuß (Metatarsus: 5 Metatarsalia)
	Acropodium	Finger (Digiti, 2-3-3-3-3 Phalanges)	Zehen (Digiti, 2-3-3-3-3 Phalanges)

Tab. 2 gibt die Anzahlen der im Grundbauplan in jedem Extremitätenabschnitt vorhandenen Knochen an. Besonders im Basipodium werden sie häufig reduziert; wenn die größten eingetragenen Anzahlen vorkommen, sind oft nur rudimentär vorhandene Knochen enthalten. Die Bezeichnungen der Carpalia bzw. Tarsalia wurden ursprünglich von der Humananatomie übernommen und später teilweise abgeändert. Sie werden hier nicht aufgeführt, man kann sie in einem Lehrbuch der vergleichenden Anatomie (z. B. STARCK 1979) nachlesen.

Das Autopodium besitzt primär 5 Digiti. Man bezeichnet diese als »Strahlen« und spricht vom primär fünfstrahligen (pentadactylen) Zustand. Die Strahlen werden durch römische Ziffern bezeichnet (I = Daumen bzw. Großzehe).

Die Anzahlen der die Digiti I bis V aufbauenden Phalangen bezeichnet man als *Phalangenformel*. Da Daumen und Großzehe immer nur aus 2, die übrigen Digiti aus 3 Phalangen bestehen, gilt die gleiche Phalangenformel für Vorder- und Hinterextremität (Tab. 2). Man findet nur äußerst selten Abweichungen von ihr – so bei den Fledertieren und Walen (Abb. 204 oben links und unten links).

Nachstehend sind zu den verschieden gebauten Extremitäten der Abb. 204 einige kurze Bemerkungen gemacht. Die ausführliche Besprechung der speziellen Form jeder Gliedmaße findet sich in den entsprechenden Abschnitten.

Extrem dünne Knochen spannen die Flughaut des *Flügels* der Fledertiere auf – vergleichbar den Stäben eines Regenschirms (Abb. 204 oben links). Verlängert sind nicht nur der Humerus, sondern auch der mit der zurückgebildeten Ulna verschmolzene Radius sowie die Knochen des Meta- und Acropodiums. Hierdurch wird eine große Flügelfläche erreicht, an welcher die Luftkräfte angreifen können (s. H). Die Phalangenformel lautet: 2-3-2-2-2. Sie weicht also von der sonst üblichen insofern ab, als bei den Strahlen III bis V eine Reduktion der Phalangen-Anzahl stattgefunden hat. Beim abgebildeten Flughund sind Strahl I und II mit Krallen bewehrt. (Fledermäuse tragen nur am Daumen eine Kralle.) Wie die Reduktion der Ulna zeigt, ist für die Flügelbewegung die Fähigkeit zu Pronation und Supination (Abb. 223) überflüssig. Sehr beweglich sind dagegen das Ellenbogengelenk und die Carpalgelenke, sie ermöglichen das Einfalten des Flügels zur

233

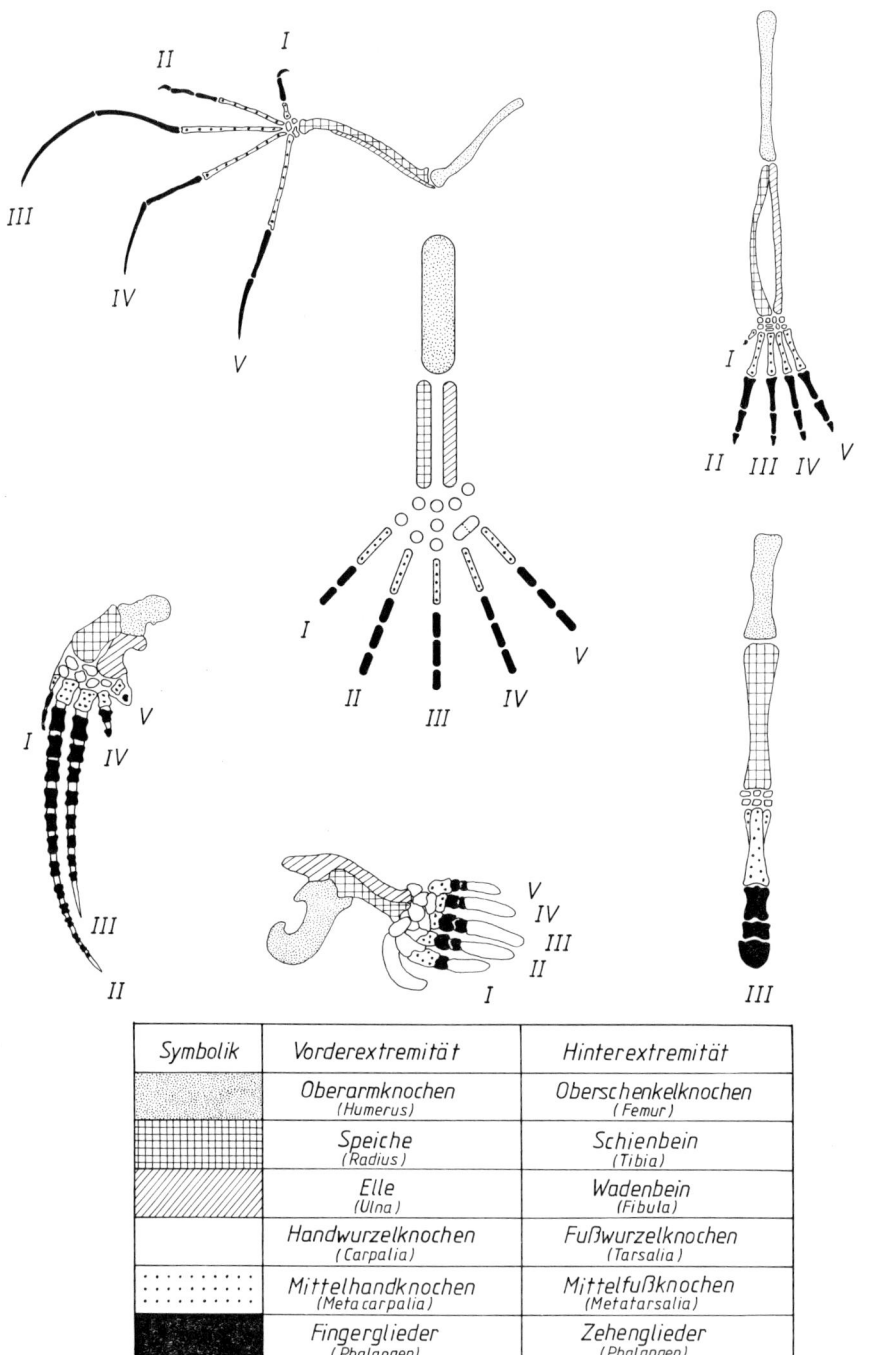

Symbolik	Vorderextremität	Hinterextremität
	Oberarmknochen (Humerus)	Oberschenkelknochen (Femur)
	Speiche (Radius)	Schienbein (Tibia)
	Elle (Ulna)	Wadenbein (Fibula)
	Handwurzelknochen (Carpalia)	Fußwurzelknochen (Tarsalia)
	Mittelhandknochen (Metacarpalia)	Mittelfußknochen (Metatarsalia)
	Fingerglieder (Phalangen)	Zehenglieder (Phalangen)

Abb. 204. Vergleichende Anatomie des Skeletts der Vorderextremität von Formen verschiedener Lebensweise

Mitte: Grundbauplan einer Gliedmaße

Weitere Erläuterungen nebenstehend ➤

Ruhelage – wobei er wie ein weiter Mantel um den Körper geschlagen wird und diesen völlig umhüllen kann (Abb. 401 Mitte).

Lang und dünn sind die Knochen der Extremität der auf Bäumen lebenden Klammeraffen (Abb. 204 oben rechts). Die Gliedmaße repräsentiert eine spezielle – mit Daumenreduktion verbundene – Anpassung an die *Fortbewegung im Geäst* (s. G). Verlängert sind auch die letzten und vorletzten Phalangen.

Die *Walflosse* (Abb. 204 unten links) ist aus lauter kurzen, sehr kräftigen Knochen aufgebaut, welche zusammen mit den verbindenden Knorpelstücken der Gliedmaße eine kompakte Struktur verleihen. Die Verkürzung betrifft auch Stylo- und Zeugopodium. Trotz der verkürzten Skelett-Elemente ist die Flosse relativ lang. Dies wird – im Gegensatz zum Flügel des Flughunds – durch *Vermehren* der Phalangen-Anzahl erreicht, welche im zweiten und dritten Strahl stattgefunden hat. Die Flosse – welche äußerlich dem »Flügel« eines Pinguins ähnelt – hat die Struktur einer kaum verbiegbaren Platte und spiegelt damit bestimmte Eigenschaften des Mediums Wasser wider. Die Vordergliedmaßen der Wale dienen vorwiegend als Steuer, der Vortrieb wird hauptsächlich von der Schwanzfluke geliefert; bei niedrigen Geschwindigkeiten erzeugen vermutlich auch die Vorderextremitäten etwas Vortrieb (Weiteres s. K).

Die *Grabschaufel* des Maulwurfs (Abb. 204 unten Mitte) ist eine Anpassung an das Wühlen im Erdboden. An dieser Extremität hat nicht nur keine Reduktion von Skelett-Elementen stattgefunden, sondern das Gegenteil ist eingetreten: das Autopodium ist durch einen überzähligen Knochen verbreitert (dieses sogenannte Sesambein trägt die Bezeichnung Os falciforme). Alle Knochen sind kurz und dick, also außerordentlich stabil. Hierin ähneln sie denen der Walflosse (Weiteres in J).

Eine hochentwickelte *Laufextremität* (Abb. 204 unten rechts) ist charakterisiert durch ihre Länge und durch Verlust der randlichen Strahlen. Verlängert sind vor allem die distalen Skelettelemente, das proximale Element Zeugopodium ist eher kurz. Bei der abgebildeten Pferdegliedmaße ist nur noch Strahl III vorhanden (Weiteres s. F).

B. Krallen, Nägel und Hufe

Die Enden der Gliedmaßen bedürfen bei allen nicht im Wasser lebenden Arten eines besonderen Schutzes. Daher bildet die Epidermis der landlebenden Formen hornige Strukturen, die – je nach Ausprägung – als Kralle, Nagel oder Huf bezeichnet werden (Abb. 205).

Die hornigen Platten wachsen aus einem »Bett« (Matrix), welches man sich als einen extrem vergrößerten und in die Breite gezogenen Haarfollikel vorstellen kann (s. V E). Die Matrix des menschlichen Nagels ist an seinem Grund als helles »Möndchen« sichtbar. Die laufend neu gebildeten Zellen werden wie beim Haar nach vorne geschoben und verhornen. Die Abnutzung geschieht bei Arten mit Hufen durch Laufen auf hartem Untergrund; hält man solche Tiere im Zoo auf zu weichem Boden, oder haben sie dort zu

◀ Links oben: Flügel eines Flughundes (nach Starck 1979)
Rechts oben: Arm und Hand eines Klammeraffen (nach Hershkovitz 1977)
Links unten: Flosse des Grindwals (nach Abel aus Starck 1979)
Mitte unten: Grabextremität des Maulwurfs (nach Starck 1979)
Rechts unten: Vordergliedmaße des Pferdes (nach Starck 1979)

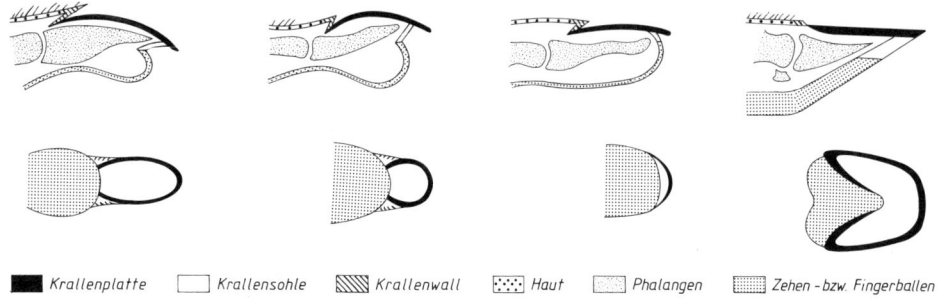

Krallenplatte   Krallensohle   Krallenwall   Haut   Phalangen   Zehen - bzw. Fingerballen

Abb. 205. Äußere Umkleidung der Endglieder von Fingern oder Zehen in verschiedener Ausprägung. Oben jeweils Längsschnitt, darunter Ansicht von unten. Die angegebene Symbolik gilt für sämtliche Teilbilder. Diese stellen (von links nach rechts) dar: Kralle, Nagel eines Mimikaffen, Nagel des Menschen und Huf des Pferdes. Die Bezeichnung »Krallen-« ist für die rechts stehenden Teilbilder entsprechend abzuändern (in »Nagelwall« usw.) (nach Boas aus Ihle et al. 1927)

wenig Bewegung, verlängert sich der Huf in krankhafter Weise (»Schuhbildung«: Abb. 212).

B1.   Krallen

Der Besitz von Krallen ist kennzeichnend für sehr viele Arten – BERNHARD GRZIMEK hat daher einem seiner ersten Bücher den Titel gegeben: »Unsere Brüder mit den Krallen«.

Die Kralle als ursprünglichste Form der hornigen Schutzbildungen zeigt starke Ähnlichkeiten mit der Reptilienkralle. Im Querschnitt ist sie U-förmig. Der Rand ist dünner als die Mitte.

Mit Ausnahme des Geparts benötigen alle Katzen zum Greifen ihrer Beute scharfe Krallen, welche sie auch oft zum Klettern benutzen. Könnten sie diese beim Laufen nicht einziehen, würden sie stumpf.

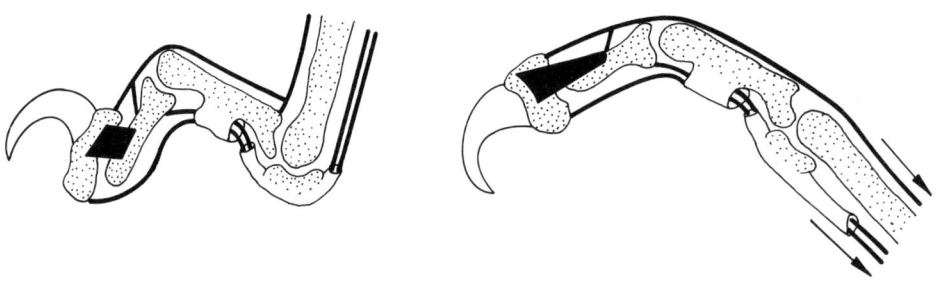

Abb. 206. Rückziehmechanismus für die Kralle einer Katze. Kralle weiß gelassen, Phalangen punktiert, Sehnen und elastisches Band schwarz gezeichnet. Zwei weitere, ebenfalls zwischen letzter und vorletzter Phalanx verlaufende elastische Bänder, welche nur eine untergeordnete Rolle spielen, sind fortgelassen (nach Wüst 1963)

236

Das Zurückziehen der Kralle ist ein passiver Vorgang, das Ausstrecken geschieht aktiv. Im Ruhezustand wird sie durch elastische Bänder – von denen in Abb. 206 nur das wichtigste Band eingezeichnet ist – gegen das Zehen-Endglied gezogen. Beim Ausfahren der Kralle kontrahieren sich Muskeln, deren Zug über die in Abb. 206 gezeichneten Sehnen auf das Endglied und die Kralle übertragen wird. Dabei bewegt sich einerseits durch Zug an der unten verlaufenden Sehne die Kralle nach vorne unten; andererseits gelangt durch Zug an der oberen Sehne das Endglied in eine andere Lage: seine Längsachse stellt jetzt ungefähr die Fortsetzung der Längsachse der vorletzten Phalanx dar. Beim Ausstrecken der Kralle wird gleichzeitig das sie umgebende Fell zurückgezogen. Erschlaffen die Muskeln, schnellt sie infolge der Elastizität der Bänder zurück. Eine einzige Katzenart kann ihre Krallen nur unvollständig einziehen: die Flachkopfkatze besitzt derart kurze Krallenscheiden, daß die zurückgezogenen Krallen daraus hervorschauen. Der Gepard, dessen Krallenscheiden völlig rückgebildet sind, kann die Krallen überhaupt nicht zurückziehen. Er setzt sie auch nicht beim Beutefang ein, sondern schlägt sein Opfer mit den Vorderpranken nieder.

Gewaltige Krallen besitzen Vertreter der Nebengelenktiere (Abb. 207). Mit riesigen Reißklauen sind die Vordergliedmaßen des Großen Ameisenbären bewehrt: wie mit einer Spitzhacke öffnet er damit steinharte Termitenbauten. Beim Gehen schlägt er die Klauen nach innen hinten, wodurch die Spitzen geschont werden. Da er nur mit dem äußeren Rand des Vorderfußes auftritt, wird der Eindruck erweckt, er ginge auf Amputationsstümpfen (Abb. 412). Das merkwürdige Aufsetzen der Vorderextremitäten auf den Boden dürfte darauf zurückzuführen sein, daß der steppenbewohnende Große Ameisenbär von baumlebenden Formen abstammt. Hierfür spricht einerseits, daß er gelegentlich als »Verhaltensrudiment« im Zoo in Notsituationen Kletter»kunststücke« vollführt, andererseits die Lebensweise seiner kleinen Verwandten: Der Zwergameisenbär bewohnt ausschließlich Bäume, der Tamandua zeigt Übergänge vom Baum- zum Bodenleben. Die Vorfahren der Ameisenbären hatten als Kletter-Anpassung die Fähigkeit erworben, die Endglieder der Finger (und damit die Krallen) weit und mit großer Kraft gegen die Handfläche zu beugen. Als der Große Ameisenbär dann zum Bodenleben überging, war der stammesgeschichtliche Weg zum Strecken der Finger versperrt (DOLLOsches Gesetz der Nicht-Umkehrbarkeit der Evolution). Es blieb nur die Möglichkeit, den eingekrümmten Zustand beizubehalten und auf der Außenseite des Vorderfußes Ballen zu entwickeln (Abb. 207).

Ebenfalls gewaltige Reißklauen tragen die Finger des Riesengürteltiers. Es schlägt die Krallen allerdings nicht nach innen, sondern geht wie das Nacktschwanz- und das Kugel-

Abb. 207. Reißklauen bei Ameisen- und Termitenessern aus verschiedenen Ordnungen
Links: Linke Vordergliedmaße des Javanischen Schuppentiers
Mitte: Rechte Vorderextremität des Großen Ameisenbären. Man beachte die großen Ballen
Rechts: Riesengürteltier. Beschilderung des Panzers nur angedeutet (Schuppentier nach Starck 1979, übrige nach Krieg 1948)

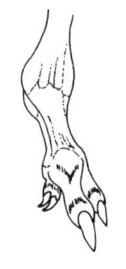 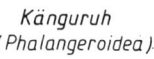   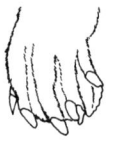 

Känguruh	Potto	Erdhörnchen	Biber	Klippschliefer
(Phalangeroidea)	(Primates)	(Rodentia)	(Rodentia)	(Hyracoidea)

Abb. 208. Putzkrallen an den zweiten Zehen der Hintergliedmaßen bei Vertretern verschiedener Ordnungen. Man beachte den breiten Kratzer beim Nordafrikanischen Erdhörnchen. Beim Biber ist die zweite Kralle verdoppelt; zwischen dem unteren und oberen Teil der Kralle befindet sich ein schmaler Spalt; der untere Krallenteil weist auf seiner Oberseite Zähnchen auf (Känguruh und Potto nach Matthews 1972, übrige nach Dubost 1970)

gürteltier ähnlich einer Primaballerina auf den Krallenspitzen (Abb. 207 und Abb. 412). Sollten die Gürteltiere – die auch zu den Nebengelenktieren gehören – ebenfalls von baumbewohnenden Formen abstammen, sind ihre Vorfahren zu einem Zeitpunkt zum Bodenleben übergegangen, als die Einkrümmung der Finger-Endglieder noch nicht sehr weit fortgeschritten war.

Zur Ordnung der Nebengelenktiere zählen auch die Faultiere, welche mit ihren sichelförmigen Krallen im Geäst hangeln (Abb. 412).

Eine Parallelentwicklung, die ebenfalls zu spitzhackenartigen Klauen führte, fand in der Ordnung Schuppentiere statt (Abb. 207). Hier finden wir baum- und bodenlebende Formen. Die Bodenbewohner schlagen ihre Klauen beim Gehen wie der Große Ameisenbär nach innen, sie treten allerdings als Sohlengänger mit der Außenseite der Sohle auf.

Besondere *Putzkrallen* tragen manche Beuteltiere, einige Insektenesser, viele Nasenspiegelaffen, verschiedene Nagetiere und die Klippschliefer (Abb. 208). Die Putzeinrichtungen finden sich merkwürdigerweise nicht an den Vorder-, sondern an den Hinterextremitäten. Durch den Spalt seiner verdoppelten Kralle zieht der Biber Haare und reinigt sie dabei wie mit einem feinen Kamm. Die Klippschliefer sollen mit ihrem »Putzstriegel« auch die Zähne säubern. Dieses Verhalten kann man allerdings auch so deuten, daß sie mit den Zähnen die Putzkralle säubern, wie dies die Fledermäuse mit ihrem »Kamm« tun (s. u.). Klippschliefer tragen die Putzkralle an der inneren der drei Zehen der Hintergliedmaße (= Strahl II, Strahl I ist reduziert). Die beiden anderen Zehen sind mit Nägeln versehen. Der Sonderfall, daß dieselbe Gliedmaße Krallen *und* Nägel aufweist, ist auch bei Primaten zu beobachten und zwar sowohl bei Nasenspiegel- als auch bei Mimikaffen: Beim Totenkopfäffchen finden sich an derselben Hand Übergangsformen zwischen Kralle und Nagel (Abb. 209); am Fuß sitzt an der zweiten der fünf Zehen eine Putzkralle, mit der es das Fell pflegt.

Fledermäuse benützen die fünf unter sich gleichen und annähernd parallel stehenden Krallen einer Hintergliedmaße wie einen Kamm.

Die meisten Arten mit Putzkrallen tragen ein dichtes, wolliges Fell. Formen ohne Putzkrallen haben entweder Stacheln (Igel) oder ein wenig dichtes Fell (viele Nagetiere). Besondere Putzkrallen werden bei denjenigen Arten nicht benötigt, die über lange, spitze Krallen verfügen (Reißtiere und baumlebende Formen) oder die soziale Fellpflege betreiben (viele Mimikaffen).

238

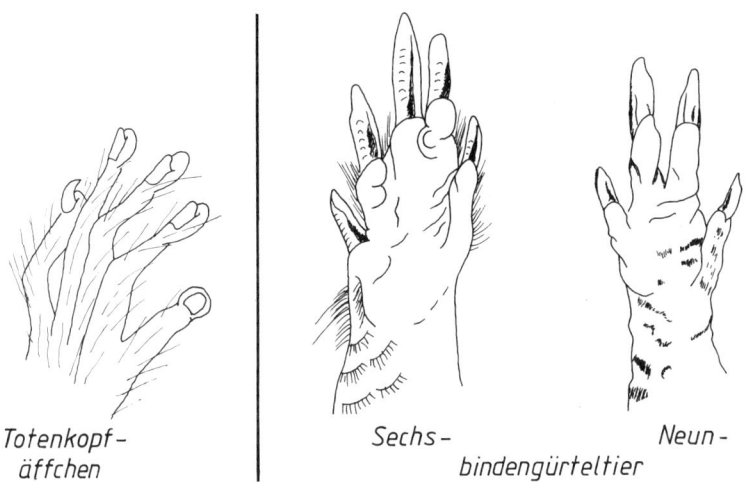

Totenkopf-
äffchen

Sechs-
bindengürteltier

Neun-

Abb. 209 (links). Linke Hand eines Mimikaffen mit Nagel am Daumen, Kralle am fünften Finger und krallenähnlichen Nägeln an den Fingern II bis IV (nach Hershkovitz 1977)

Abb. 210 (rechts). Rechte Vordergliedmaße zweier verschieden stark ans Graben bzw. Laufen angepaßten Gürteltiere (nach Krieg 1948)

Im Boden wühlende Formen, welche zum Lockern der Erde die Vordergliedmaßen einsetzen, tragen an diesen oft stark entwickelte Krallen (Abb. 257). Die Vorderextremitäten von zwei nahe verwandten Arten mit etwas unterschiedlicher Lebensweise zeigt Abb. 210. Das Sechsbindengürteltier vermag gut zu graben, das Neunbindengürteltier gräbt weniger wirksam, ist aber ein besserer Läufer als das Sechsbindengürteltier; diese Anpassungen spiegeln sich in der Krallengröße wider.

Einige Landreißtiere, welche ihre Nahrung am Grund von Gewässern suchen, haben die Krallen zurückgebildet: der Meerotter trägt sehr kleine Krallen an den Fingern , die deren Vorderrand nicht erreichen; beim Fingerotter weisen die Vordergliedmaßen nur noch Rudimente von Krallen auf (Abb. 211), er kann daher beim Wühlen im Schlamm mögliche Beute auch mit der *Ober*seite der Finger ertasten.

Werden die Extremitäten der wasserlebenden Formen zu »Flossen« umgestaltet, sind die Krallen mehr oder weniger rückgebildet (Abb. 211). Die Flossen der extrem ans Wasserleben angepaßten Wale weisen überhaupt keine derartigen Hornstrukturen auf; manche

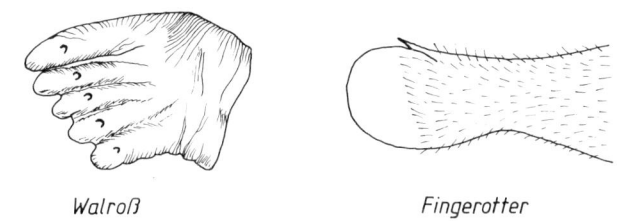

Walroß

Fingerotter

Abb. 211. Krallenreste. Linke Vordergliedmaße vom Walroß und rechter Mittelfinger des Eigentlichen Fingerotters von links. Man beachte die U-förmigen Krallenrudimente beim Walroß und das winzige, stiftförmige Gebilde auf der Oberseite des Fingers (nach Weber 1927/28 und Krumbiegel 1960)

Arten der Seekühe (Nagel-Manati und Afrikanischer Manati) besitzen Nagelreste, die Extremitätenenden der übrigen Arten sind nur von Haut umkleidet.

B2.   Nägel

Der Nagel ist eine flache Platte, seine »Sohle« ist beim Menschen wenig, bei anderen Primaten etwas stärker ausgebildet (Abb. 205). Während die Kralle aus einer dicken Unter- und einer dünnen Oberschicht besteht, weist der Nagel nur *eine* Schicht auf, welche der Oberschicht der Kralle ähnelt. Der Nagel hat sich stammesgeschichtlich vermutlich durch Verlust der Unterschicht aus der Kralle entwickelt. Nägel finden sich außer beim Menschen bei vielen Primaten. Übergangsformen zwischen Nagel und Kralle tragen manche Nasenspiegelaffen, nagelartige Hufe die Schwielensohler (Abb. 212). Hufartige Nägel beobachtet man bei sehr schweren Arten wie Elefanten und Nashörnern (Abb. 212).

B3.   Hufe

Hufumkleidete Gliedmaßenenden waren namengebend für die Ordnungen der Paar- und Unpaarhufer. Der Inbegriff eines Hufs ist der Pferdehuf (Abb. 205). Die der Krallenplatte entsprechende Struktur ist mächtig entwickelt, und die Sohle ist stark verhornt. In der aus Platte und Sohle bestehenden Hornkapsel steht das Gliedmaßenende wie in einem Schuh.

Ein Übergangsstadium in der stammesgeschichtlichen Entstehung des Pferdehufs führen uns die Tapire vor Augen: bei ihnen sind die Ballen groß und relativ weich, die Hufe sind nagelförmig; außerdem hat an der Hinterextremität eine weitergehende Reduktion der Strahlen stattgefunden als an der Vordergliedmaße (Abb. 212).

Elefant   Kamel   "Schuhbildung"   vorn   hinten
                                beim Zebra   Tapir

Abb. 212. Hufartige Nägel (Elefant) und nagelartige Hufe (Kamel und Tapir) sowie nicht abgenützte Hufe beim Bergzebra. Vom Schabrackentapir ist die Vorder- und die Hinterextremität von unten dargestellt (nach Fotos in Matthews 1972 und Hediger 1965; Tapir nach Weber 1927/28)

| Rot-
fuchs | Haus-
hund | Wild-
katze | Haus-
katze | Reh |

Abb. 213. »Trittsiegel«. Den Boden berühren (von links nach rechts): Ballen und Krallen, Ballen, Hufe (nach Brandt und Eiserhardt 1939)

C. Polster der Hand- und Sohlenflächen

Betrachtet man die Spur eines Fuchses, eines Hundes oder einer Katze im Schnee, zählt man fünf Eindrücke, die von den Sohlenpolstern oder »Laufballen« hinterlassen werden (Abb. 213). Die nicht einziehbaren Krallen des Fuchses und Hundes sind vor den Laufballen abgebildet.

Polster besitzen diejenigen Flächen, mit denen die meisten land- und baumlebenden Formen den Untergrund berühren. Eine Ausnahme bilden die mit Hufen versehenen Gliedmaßen der Paar- und Unpaarhufer (Abb. 213) sowie die Vorderextremitäten einiger Gürteltiere (Abb. 207).

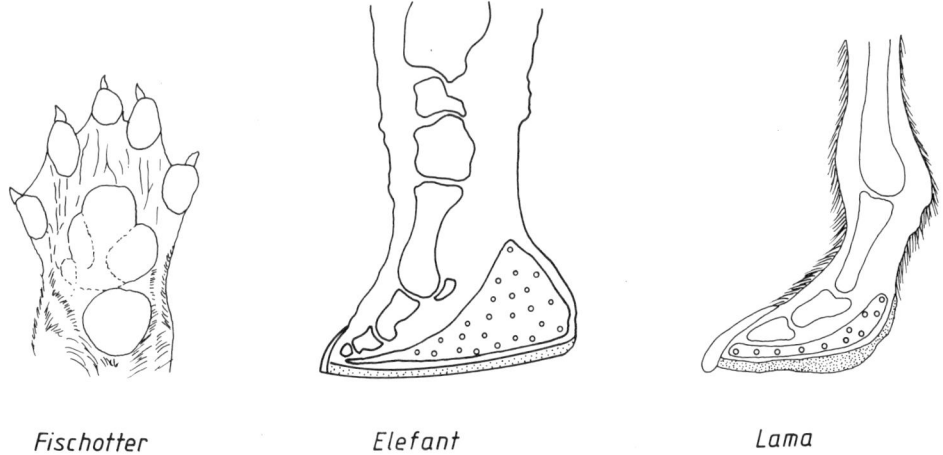

| Fischotter | Elefant | Lama |

Abb. 214. Sohlenpolster verschiedener Arten
Links: Hinterpfote von unten. Man beachte die teilweise verschmolzenen Zwischenzehenpolster (nach Brandt und Eiserhardt 1939)
Mitte und rechts: Längsschnitte durch die Extremitätenenden, stark schematisiert. Muskulatur, Sehnen usw. fortgelassen. Verschmolzene Polster punktiert, hufartige Nägel weiß, elastische Kissen durch Kringel gekennzeichnet (nach Weber 1927/28)

Polster finden sich an den Fingern und – wie man an sich selbst beobachten kann – auf der Handfläche zwischen den Fingern (Zwischenfingerpolster); weitere ursprünglich vorhandene Handflächenpolster können fehlen oder – wie beim Fischotter – mit den Zwischenfingerpolstern verschmolzen sein (Abb. 214). Entsprechendes gilt für die Hintergliedmaße. Bei der Fuchs-, Hunde- und Katzenvorderpfote (Abb. 213) drücken sich vier Fingerpolster sowie die verschmolzenen Zwischenfingerpolster ab.

Die Polster sind unbehaart; Ausnahmen bilden die Hasen und Kaninchen sowie manche Individuen des Baummarders.

Alle schwergewichtigen Arten – Flußpferde, Nashörner und Elefanten – gehen auf Polstern. Die »Sohle« des Elefanten (Abb. 214) wird von den verschmolzenen Finger- (bzw. Zehen-) polstern gebildet, welche eine dicke, stark verhornte Epidermis aufweisen. Beim »Zehengänger« Elefant (s. F) befindet sich zwischen den Phalangen und der den Boden berührenden Fläche ein stoßdämpfendes Kissen, welches vorwiegend aus gekammertem Fettgewebe besteht. Beim Aufsetzen des Fußes wird es in die Breite gedrückt, wodurch sich die Auftrittsfläche vergrößert. Beim Abheben wird der Fuß wieder schlanker. Das ist bei schlammigem Untergrund von Vorteil: der Fuß läßt sich so leichter aus dem Sumpf ziehen.

Stark ausgebildete verschmolzene Finger- (Zehen-) polster sind namengebend für die Schwielensohler (Abb. 212 und 214). Auch bei den Vertretern dieser Unterordnung der Paarhufer verbreitert sich das Gliedmaßenende infolge eines elastischen bindegewebigen Kissens beim Aufsetzen des Fußes, was als Anpassung an das Leben auf sandigem Untergrund gedeutet wird.

Die Sohlenschwiele beim Pferd ist vielleicht der Überrest des Zehenpolsters (vgl. B).

In der Haut der Ballen der Katzenpfote finden sich Schweißdrüsen, welche bei jedem Schritt reflektorisch Befehle über Nervenfasern erhalten und zur Sekretion veranlaßt werden (s. V C).

Einzelne Vertreter der Ordnungen Beuteltiere, Nagetiere, Reißtiere und Nebengelenktiere tragen auf manchen Polstern *Leistenhaut* (Tasthaut). Die einzige Ordnung, bei der *sämtliche* lebenden Arten auf den Polstern Leisten aufweisen, sind die Primaten. Die Leisten (Dermatoglyphen) der Tasthaut sind in charakteristischer Weise angeordnet – daher können die Fingerabdrücke beim Menschen zur Identifikation verwendet werden. Die Leistenhaut ist unbehaart; sie besitzt keine Talgdrüsen, aber in reichlicher Anzahl übergroße Schweißdrüsen. Wozu diese dienen, ist ungeklärt. Vielleicht halten sie die Haut durch Feuchte geschmeidig, was für die Tastfunktion von Bedeutung sein könnte. In der Leistenhaut sitzen nämlich zahlreiche Meißnersche Tastkörperchen (weiteres zur Tasthaut s. Abschnitt IX G). Oder das Sekret der Schweißdrüsen ermöglicht einen festen Griff beim Anfassen glatter Gegenstände (mit einem Spaten arbeitende Menschen spucken in die Hände).

Beim Menschen sondern diese Drüsen bei Erregung den »emotionalen Schweiß« ab (s. V C).

D.   Schwanz

Altes Reptilienerbe ist es, die Wirbelsäule über die Beckenregion hinaus zu einem Schwanz zu verlängern. Die meisten Säugetier-Arten haben dieses Erbe übernommen.

Rückbildung kommt recht häufig bei Primaten vor, sowohl bei einigen Nasenspiegelaffen (Indri, Plumplori) als auch bei Mimikaffen (Paviane, Menschenaffen). Der Mensch zeigt gelegentlich Schwanzbildung als Atavismus (Abb. 215).

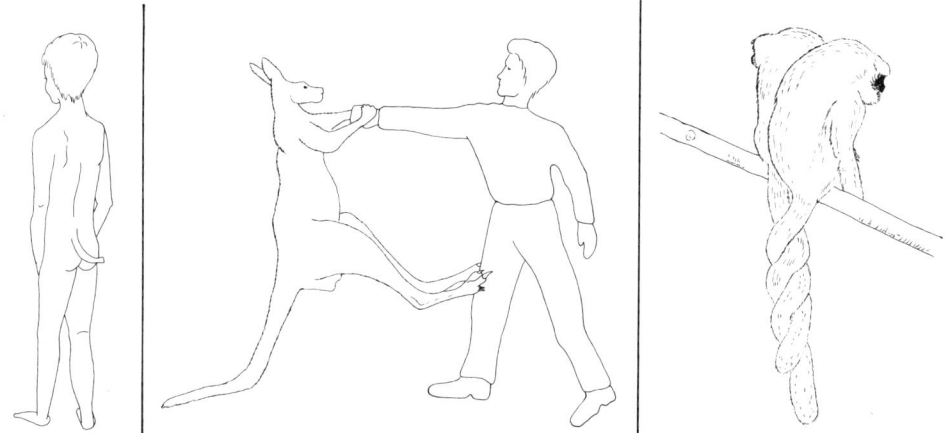

Abb. 215 (links). Schwanz als Atavismus beim Menschen (aus Remane et al. 1981)

Abb. 216 (Mitte). Männliches Riesenkänguruh greift an (nach Grzimeks Tierleben)

Abb. 217 (rechts). Paar des Grauen Springaffen demonstriert seine Zusammengehörigkeit durch Umeinanderwickeln der Schwänze (nach Moynihan aus Wilson 1975)

Der Schwanz kann sehr verschiedene Aufgaben erfüllen. Sie sind alle nachstehend besprochen – auch wenn es sich um Funktionen handelt, die nicht im strengen Sinn als Anpassung an einen bestimmten Lebensraum zu verstehen sind.

D1.   Rolle bei der Fortbewegung

Als »Balancierorgan« kann der Schwanz dienen, wenn seine Masse im Verhältnis zur Körpermasse nicht zu gering ist. Die Wüstenspringmaus schwingt ihn beim Hüpfen – wie in Abb. 239 gezeigt – auf und ab und behält so das Gleichgewicht. Ein Eichhörnchen, welches auf einen tiefen Ast springt, verringert durch den buschigen Schwanz die Fallgeschwindigkeit.

Der muskulöse Schwanz der Känguruhs bildet – wie bei der Wüstenspringmaus – beim Hüpfen ein Gegengewicht zum Vorderkörper; im Sitzen ist er als dritte Auflagefläche eine Stütze. Richtet sich ein Riesenkänguruh zur Drohhaltung auf, steht es wie ein Dreibein nur noch auf den Zehen und dem Schwanz. Greift es an, schlägt es mit den Hinterbeinen auf den Gegner los, dabei steht es kurzfristig nur noch auf dem Schwanz (Abb. 216).

In unterirdischen Gängen wäre ein langer Schwanz hinderlich, Wühler bilden ihn daher zurück. Auch Flughunde haben ihn reduziert, Fledermäuse beziehen ihn bis auf sehr seltene Ausnahmen in die Flughaut ein. Der freie Schwanz der Ägyptischen Klappnase dient ihr möglicherweise als Tastorgan, wenn sie sich in engen Felsspalten bewegt.

Die Rolle der Schwanzfluke der Wale beim Schwimmen ist in K beschrieben.

D2. Paarbindung

Verpaarte Springaffen sitzen nebeneinander und verflechten die Schwänze (Abb. 217).

D3. Signalgeber

Im Sozialleben mancher Arten wird mit Hilfe des Schwanzes Information übermittelt.
■ Als *akustischer* Signalgeber wirkt die flache Schwanzkelle des Bibers. Bei Gefahr schlägt er sie, bevor er abtaucht, auf die Wasseroberfläche; infolge der fehlenden Behaarung wird dadurch ein lautes klatschendes Geräusch erzeugt, welches Artgenossen warnt.
■ Als *optischer* Signalgeber dient der schwarz-weiß geringelte Schwanz des Katta. Laufen diese Nasenspiegelaffen auf dem Boden des düsteren Urwalds, sind die emporgehaltenen Schwänze weithin sichtbar. Flüchtende Warzenschweine strecken den Schwanz senkrecht in die Höhe (Abb. 218); vermutlich dient dieses Verhalten dem Zusammenhalt der Gruppe, da der Schwanz nicht zu hohes Steppengras überragt und auch in einer aufgewirbelten Staubwolke erkennbar ist.
   Optischer Signalgeber für Artfremde ist auch der auffällig schwarz-weiße Schwanz des Fleckenskunks (Abb. 97; Weiteres in V E).

D4. Rolle bei der Temperaturregulation

Wie in Abschnitt IV A näher beschrieben ist, verwenden manche Erdhörnchen den Schwanz als Sonnenschirm. Während des Schlafens kann ein buschiger Schwanz zumindest einigen Körperteilen als Kälteschutz dienen – so beim Fuchs, der sich in den Schwanz »einrollt«; der Große Ameisenbär hat in seinem riesigen Schwanz eine richtige »Zudecke«.

D5. Abwehr von Fliegen und Mücken

Weidende Steppentiere verscheuchen durch Schwanzwedeln blutsaugende Insekten, welche oft Krankheitserreger übertragen. Es ist daher eine Unsitte, bestimmten Pferderassen aus züchterischen Gründen die Schwänze zu kürzen. Dadurch sind sie den schmerzhaft stechenden Bremsen schutzlos ausgeliefert.

Abb. 218. Warzenschwein-Mutter mit Jungem (nach Reichholf 1977)

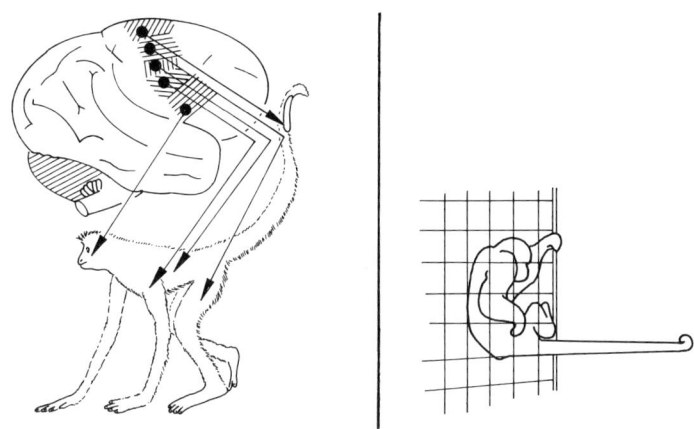

Abb. 219 (links). Motorische Felder der Hirnrinde der rechten Hemisphäre eines Klammeraffen. Regionen der linken Körperseite (Pfeilspitzen) sind in den durch Kreisscheiben gekennzeichneten und schraffierten Arealen repräsentiert. Man beachte das ausgedehnte Gebiet für die Innervation des Tast- und Greifschwanzes (nach Starck 1982)

Abb. 220 (rechts). Mit dem Tast- und Greifschwanz bettelnder Wollaffe (nach Winkelsträter 1960)

D6.   Die »fünfte Extremität«

Mehrere Male ist in der Evolution unabhängig voneinander bei baumlebenden Arten die Fähigkeit entstanden, sich mit dem Schwanz festzuhalten. Man findet sie bei den Chamäleons als baumbewohnenden Reptilien sowie bei mehreren Säugetier-Arten.

Ein Schwanz zum Festhalten, der sich äußerlich nicht von einem normalen Schwanz unterscheidet, heißt *Wickelschwanz*. Über einen solchen verfügen unter den Beuteltieren das Opossum und die Kuskuse; unter den Choriaten die Reißtiere Binturong und Wickelbär, der zu den Nagetieren gehörende Greifstachler, baumlebende Schuppentiere und die Nebengelenktiere Tamandua und Zwergameisenbär.

Einige südamerikanische Affenarten weisen auf der Unterseite des Schwanzendes sogar Leistenhaut auf (Abb. 311). Es sind dies die Brüll-, Klammer- und Wollaffen sowie der Spinnenaffe. Der Schwanz ist dadurch auch ein empfindliches Tastsinnesorgan; man bezeichnet ihn – um den Unterschied zum Wickelschwanz hervorzuheben – als *Tast- und Greifschwanz*. Affen mit einem solchen Schwanz verfügen über eine differenzierte Schwanzmotorik. Ausgedehnte Areale im Gehirn sind für die Kontrolle der Schwanzmuskulatur verantwortlich (Abb. 219). Sie erlaubt es, den Schwanz als fünfte Gliedmaße zu benutzen. Er faßt beim Klettern wie eine Hand und bildet so eine zusätzliche Sicherung (Abb. 241 rechts). Die Affen können sich auch mit Füßen und Greifschwanz an drei Punkten verankern und mit den Händen beispielsweise nach Früchten greifen. Außerdem vermögen sie sich ausschließlich am Schwanz aufzuhängen.

Im Heidelberger Zoo konnte der Verfasser beobachten, wie Klammeraffen mit dem dünnen Tast- und Greifschwanz durch Gittermaschen griffen, die für die Hände zu eng waren; sie vermochten so außerhalb des Geheges wachsendes Laub zu pflücken. Die Tatsache, daß der Tast- und Greifschwanz länger ist als die Extremitäten, machte sich ein

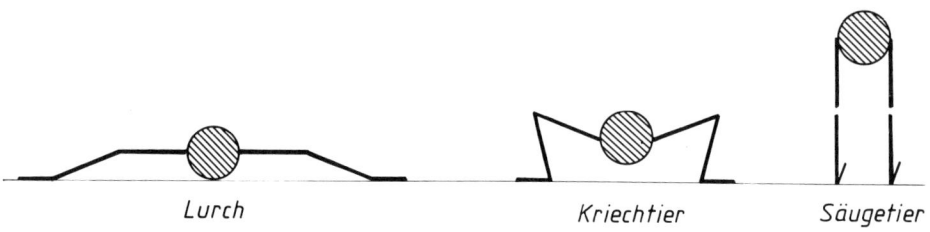

Lurch   Kriechtier   Säugetier

Abb. 221. Schema zur Stellung der Hintergliedmaßen (von hinten gesehen) bei einem Amphibium, Reptil (Waran) und Säugetier (Pavian). Rumpf schraffiert. Man vergleiche mit Abb. 365 (nach Vorlagen in Nauck 1938 und Niethammer 1979)

Wollaffe im Zoo zunutze: wenn er um Futter bettelte, brachte er den Schwanz möglichst nahe an die Besucher (Abb. 220).

E.   Ausgangsform: Astläufer

Säugetiere entwickelten sich aus Reptilien, deren Vorfahren wiederum waren Amphibien. Neben anderen Merkmalen evolvierten die Säugetiere auch andersartige Gelenke zwischen Rumpf und Extremitäten. Der Rumpf – der beim Kriechtier schon ein wenig vom Untergrund abgehoben werden kann – erreicht auf diese Weise eine weit vom Boden entfernte Position (Abb. 221).

Die Längenproportionen der urtümlichen Extremitäten von Astläufern sind so, daß sich Stylopodium zu Zeugopodium zu Autopodium etwa wie 1:1:1 verhalten (Abb. 222).

Das Autopodium ist als *Spreizhand* bzw. *Spreizfuß* ausgebildet. Daumen bzw. Großzehe können den übrigen Fingern bzw. Zehen nicht gegenübergestellt (opponiert) werden, wie das bei der menschlichen Hand der Fall ist. Wohl aber können sie etwas abgespreizt werden, wodurch einfaches Greifen und damit sicheres Laufen auf einem Ast möglich ist. Ein Festklammern, bei dem der Zweig umgriffen wird, setzt Opponierbarkeit des ersten Strahls voraus.

Heute lebende Arten mit solchen Gliedmaßen sind unter den Beuteltieren das Opossum, unter den Choriaten die Spitzhörnchen und die Insektenesser. Die Sohlenpolster zeigen bei ihnen die ursprüngliche Anordnung (s. C).

Typisch für die ursprüngliche Vorderextremität ist die Fähigkeit zu *Pronations-* und *Supinations*stellung. Wie Abb. 223 zeigt, werden diese Stellungen dadurch ermöglicht, daß der Radius gegen die Ulna beweglich ist. In Pronationsstellung überkreuzen beide Knochen, in Supinationsstellung verlaufen sie parallel. Die Hand ist zwar locker mit der Ulna, recht fest dagegen mit dem Radius verbunden, daher wird sie von diesem bei der Bewegung »mitgenommen«.

Wie man an sich selbst beobachten kann, ist bei Primaten die Beweglichkeit im Unterarm noch weiter entwickelt als bei der ursprünglichen Vordergliedmaße. Dies geschah im Verlauf der Evolution zusammen mit dem Entstehen einer echten Greifhand in Anpassung an das Baumleben (Arborikolie). Die Fortbewegung der Astläufer bezeichnet man als Semiarborikolie.

F.   Fortbewegung auf dem Erdboden

Von den Spreizextremitäten nahmen zwei Entwicklungen ihren Ausgang: einerseits in Richtung zum Baumleben (s. G), andererseits in Richtung zum Bodenleben. Von den Bäumen aus wurde der Luftraum erobert (s. H); manche bodenbewohnenden Formen drangen ins Erdreich ein (s. J), andere gingen zum Wasserleben über (s. K).

F1.   Verschiedene Fortbewegungsarten

In F1 und F2 sind solche Fortbewegungsarten besprochen, die man grob als Schreiten und Laufen bzw. Rennen charakterisieren kann. Dem Hüpfen ist ein gesonderter Abschnitt gewidmet (F4).

Als die Ahnen der heutigen bodenlebenden Formen die Bäume endgültig verließen, ging zunächst die Abspreizbarkeit von Strahl I verloren. Dieser wurde den übrigen »an-

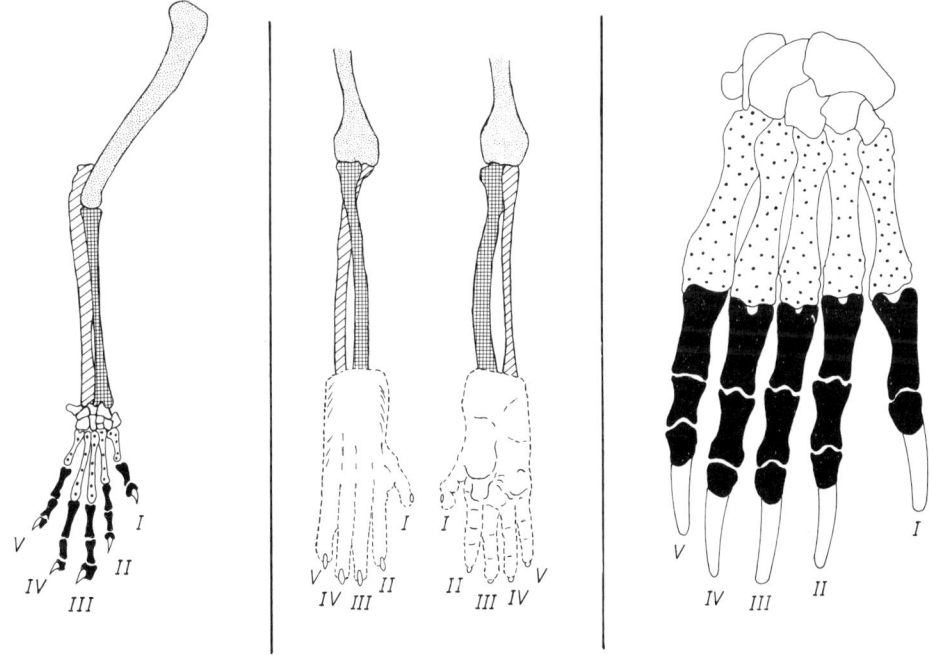

Abb. 222 (links). Skelett der rechten Vordergliedmaße eines Spitzhörnchens. Symbolik wie in Abb. 204

Abb. 223 (Mitte). Pronations- (links) und Supinationsstellung der Vorderextremität eines Primaten

Abb. 224 (rechts). Skelett der rechten Vordertatze des Braunbären von dorsal gesehen. Symbolik wie in Abb. 204 (jeweils nach Starck 1979)

gegliedert«. Der Funktionsmorphologe BÖKER drückt dies so aus: »Aus der Hand wird eine *Tatze*« (Abb. 224). In der weiteren Entwicklung wurde – um weiter mit den Worten dieses Forschers zu reden – die Tatze zur *Pfote* und schließlich die Pfote zum *Huf*.

Die Gliedmaßen der Einhufer (Abb. 204) und die der steppenbewohnenden Paarhufer – der Antilopen und Gazellen – sind die am stärksten spezialisierten Laufextremitäten.

Da Fossilfunde in vielen Fällen nicht ausreichen, um stammesgeschichtliche Reihen aufzustellen, veranschaulicht man den phylogenetischen Weg oft durch *anatomische* Reihen, welche die Gegebenheiten bei rezenten Tieren darstellen (so in Abb. 226, 232 und 233). Solche Reihen dürfen nicht so interpretiert werden, daß die links abgebildeten Arten die Ahnen der rechts stehenden Formen sind.

Träger von Tatzen sind *Sohlengänger* (plantigrade Formen). Bekannteste Arten sind die Bären. Sie setzen das ganze Autopodium auf den Boden auf (Abb. 225 und 226). Aber auch der Mensch – der ja keine Tatzen besitzt – ist ein Sohlengänger (auch dann, wenn er im Handstand »geht«).

Arten, die sich auf den Acropodien fortbewegen, zeigen *Zehengang* (Digitigradie). Ein Beispiel liefert der Hund (Abb. 225 und 226). Zwischen die Planti- und die Digitigradie kann man die Semidigitigradie – die man genau so gut als Semiplantigradie bezeichnen kann – einordnen. Die Bewegungsweise solcher Formen erscheint uns schleichend: Schleichkatzen. Berührt nur noch die äußerste Phalanx den Boden, spricht man von *Zehenspitzengang* (Unguligradie: Abb. 225 und 226). Er ist die Fortbewegungsart der Hufe tragenden Tiere. Bei ihnen verschmilzt nämlich das Horn der Krallenplatte (s. B) mit dem verhornenden Sohlenpolster der Zehenspitzen zu dem einheitlichen Horngebilde »Huf« (Abb. 205). Buchstäblich auf die Spitze getrieben haben es einige Gürteltiere, welche auf den Krallenspitzen einhergehen (Abb. 207).

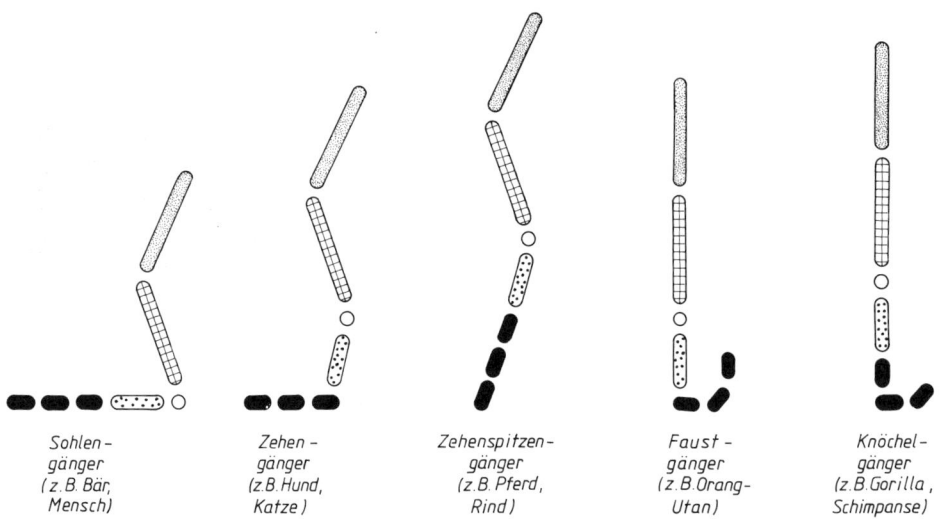

| Sohlen-
gänger
(z. B. Bär,
Mensch) | Zehen-
gänger
(z.B. Hund,
Katze) | Zehenspitzen-
gänger
(z.B. Pferd,
Rind) | Faust-
gänger
(z.B. Orang-
Utan) | Knöchel-
gänger
(z.B. Gorilla,
Schimpanse) |

Abb. 225. Schema, welches die verschiedenen Fortbewegungsarten veranschaulicht. Jede Extremität ist so dargestellt, als ob sie in Längsrichtung durchschnitten worden wäre, d. h. es sind von jedem ihrer Abschnitte nur ein oder wenige Knochen dargestellt (beispielsweise vom Zeugopodium nur der Radius bzw. die Tibia). Symbolik wie in Abb. 204 (Original)

248

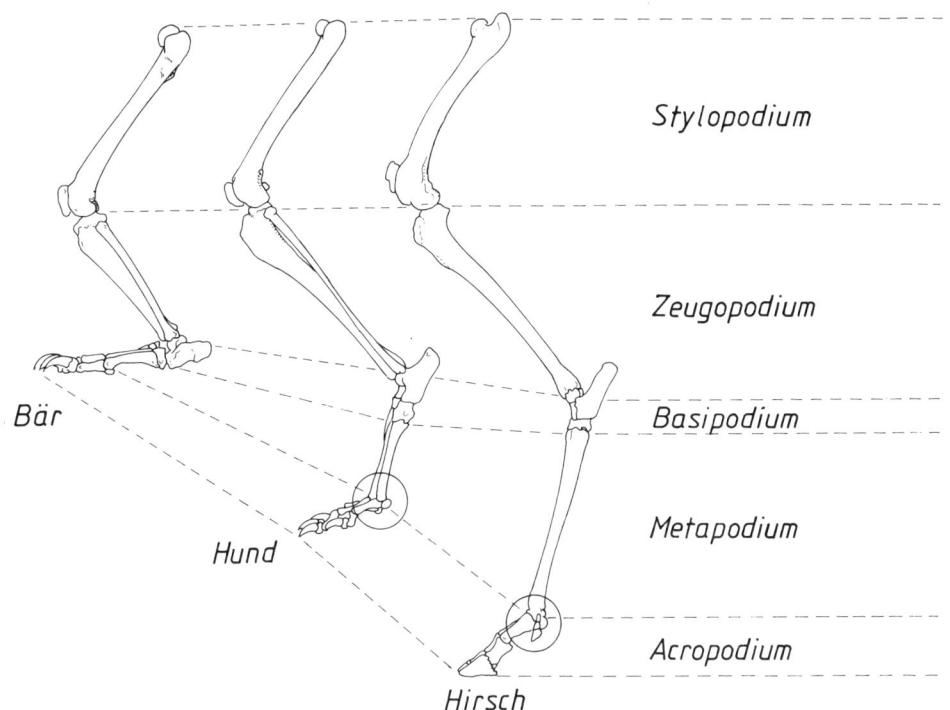

Stylopodium

Zeugopodium

Bär

Basipodium

Hund

Metapodium

Acropodium

Hirsch

Abb. 226. Anatomische Reihe der Hinterextremitäten eines Sohlen- (links), Zehen-
(Mitte) und Zehenspitzengängers. Oberschenkelknochen auf gleiche Länge gebracht, auf
diese sind die Dimensionen der übrigen Knochen bezogen. Die gestrichelten Linien verbinden Grenzen zwischen verschiedenen Abschnitten der Gliedmaßen (s. hierzu Tab. 2).
Die Kreise umranden Gelenke, die beim Übergang vom linken Zustand in den rechten
»neu« auftreten (nach Hildebrand 1982)

Der Übergang vom Sohlen- zum Zehenspitzengänger stellt eine der Möglichkeiten dar,
die Fortbewegungsgeschwindigkeit zu erhöhen. Dies ist in Abschnitt F2 geschildert.
Dabei wird noch mehrfach auf Abb. 225 und 226 eingegangen.

Menschenaffen führen mit der Hand *Knöchel-* oder *Faustgang* vor (Abb. 225). Dessen
Anpassungswert bedarf noch eingehender Untersuchungen. Man könnte sich vorstellen,
daß – verglichen mit der von manchen Primaten (Paviane) mit der Hand ausgeführten
Digitigradie – beim Knöchelgang die Augen in größere Höhe über dem Erdboden (wichtig
bei hohem Gras) gelangen und so weiter umherspähen können.

Säulenbeine. Die große Körpermasse der Elefanten legt die Annahme nahe, daß diese
Tiere Sohlengänger sind. Dem ist jedoch nicht so: Wie Abb. 214 zeigt, muß man
Elefanten, wenn man sie rein anatomisch betrachtet, als Zehengänger bezeichnen. Da jedoch die Knochen des Metapodiums auf einem mächtigen elastischen Kissen ruhen, und
ein großflächiges Sohlenpolster aufgesetzt wird, ist die Fortbewegungsweise *funktionell*
gesehen digiti-plantigrad. In Anpassung an die große Körpermasse sind alle Gelenke der
Gliedmaßen gestreckt, wodurch die Säulenform der Extremitäten zustandekommt (Weiteres in F2 und Abb. 230).

249

F2. Steigern der Fortbewegungsgeschwindigkeit

Beim Bewegungszyklus einer Gliedmaße schwingt diese in der Luft nach vorne (Schwingphase), setzt auf und zieht oder schiebt – am Boden verankert – in der »Stemmphase« den Körper vorwärts. Nachdem sich der Körper relativ zum Standpunkt der Gliedmaße ein Stück weiter bewegt hat, wird sie abgehoben, und der Zyklus beginnt von neuem. Ein solcher Zyklus wird im folgenden als »Schritt« bezeichnet. Wir betrachten der Einfachheit halber nachstehend nur den Schritt einer Gliedmaße und lassen die zeitliche Beziehung zwischen den Bewegungen der vier Extremitäten außer acht. Die Phasenbeziehungen ändern sich nämlich mit zunehmender Fortbewegungsgeschwindigkeit. Dadurch kommen verschiedene Gangarten zustande; bekannte Fortbewegungsarten des Pferdes sind *Schritt, Trab* und *Galopp*. Deren nähere Beschreibung ist schwierig und soll hier nicht im Detail geschehen.

Einige Gangarten sind anhand von Abb. 227 illustriert. Der bei diesen sich wiederholende Bewegungsablauf aller *vier* Gliedmaßen – der zeitlich dem Zyklus eines Beines entspricht – wird ebenfalls Zyklus genannt.

Zum *Prellsprung* (Abb. 227 unten) seien einige nähere Ausführungen gemacht. Er kommt bei steppenbewohnenden Hornträgern vor. Dabei stößt sich beispielsweise eine Antilope mit allen Vieren zugleich vom Boden ab. In der Luft führt sie sämtliche Extremitäten gleichzeitig nach vorne und setzt sie fast zur gleichen Zeit wieder auf. Der Springbock sträubt während des Prellsprungs sein weißes Rückenfell (s. V), daher ist bei dieser Art die merkwürdige Fortbewegungsweise als optisches Signal zu bezeichnen. Über die Funktion des Prellsprungs existieren einige Vermutungen. Eine davon besagt, durch diesen Sprung werde einem Beutegreifer angezeigt, daß es sich für ihn nicht »lohne«, ein Tier weiter zu verfolgen, welches imstande ist, solche »Schausprünge« auszuführen.

Eine hohe Fortbewegungsgeschwindigkeit kann durch Variationen verschiedener Größen und durch Änderungen im Körperbau erzielt werden, welche nachstehend besprochen sind.

a) Schrittrate

Mit zunehmender Anzahl der Schritte je Zeiteinheit (= Schrittrate) steigt bei gegebener Schrittweite die Fortbewegungsgeschwindigkeit. Weniger selbstverständlich als dieser Satz erscheint die Feststellung, daß in diesem Zusammenhang die Homoiothermie eine

Abb. 227. Verschiedene Gangarten. Links die jeweilige Tier-Art (von oben nach unten) ➤ Pferd, Wiesel, Hirschkuh. Rechts daneben die Bezeichnung der Gangart und deren Ablauf, welcher durch die waagrechten Striche wiedergegeben ist. Abkürzungen für die Extremitäten im Kästchen in der Abbildung. Die Länge eines Striches gibt eine Zeitspanne wieder. Sein linkes Ende symbolisiert den Zeitpunkt des Aufsetzens der Gliedmaße auf den Boden, sein rechtes den Zeitpunkt des Abhebens. Während die Extremität am Boden verbleibt, bewegt sich der Rumpf von links nach rechts (s. die Zeitskala über der Abbildung). Der Körper ist jeweils in dem Zustand dargestellt, in dem er sich befindet, wenn die linke Hintergliedmaße aufsetzt. Mit diesem Zeitpunkt beginnt auch die Strichgruppe für jede Gangart. Bei der weiteren Fortbewegung des Tiers wiederholt jede Extremität ihren Bewegungsablauf. Die Pfeile rechts kennzeichnen das jeweilige Ende eines solchen Zyklus (die linke Hintergliedmaße setzt zu diesem Zeitpunkt also wieder auf). Man kann

250

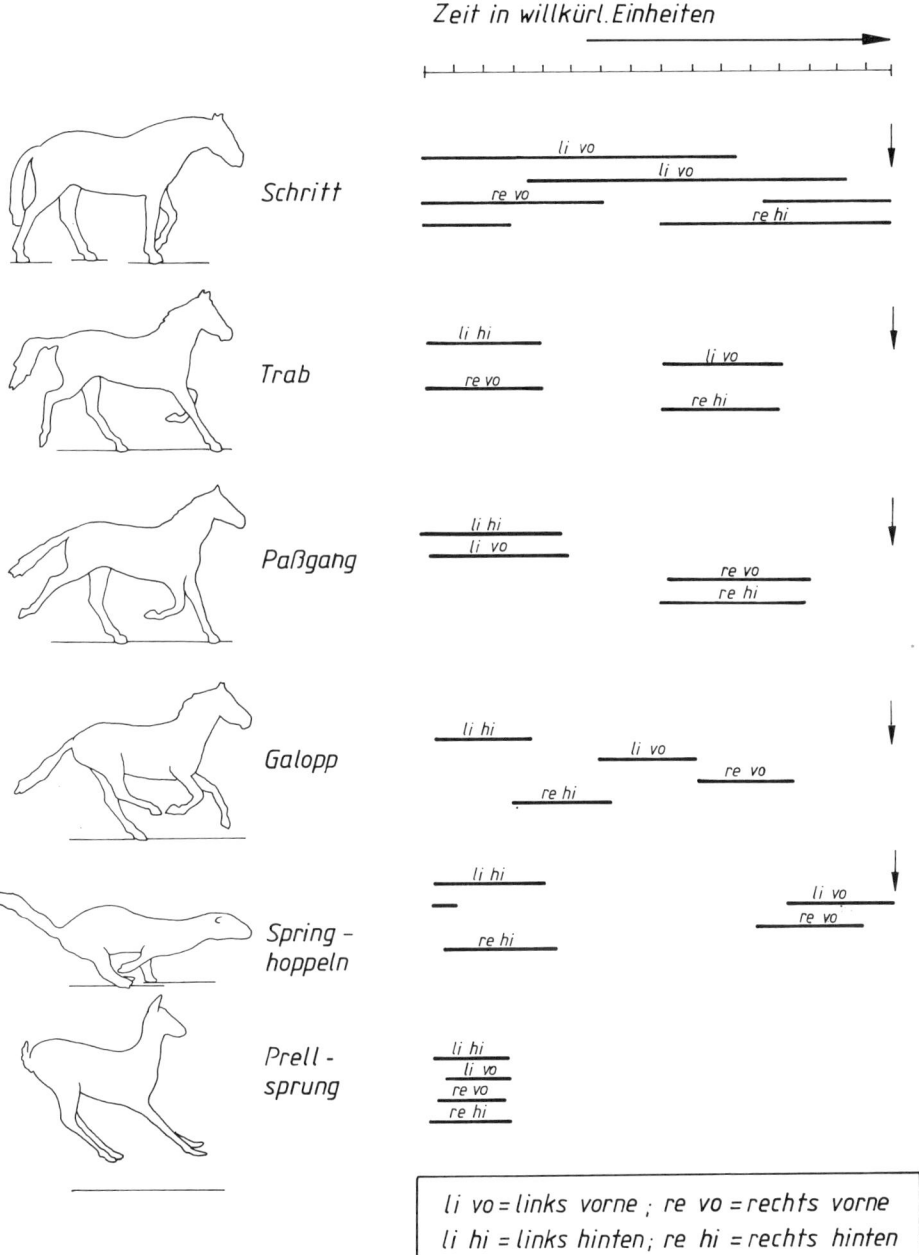

Zeit in willkürl. Einheiten

Schritt
li vo
li vo
re vo
re hi

Trab
li hi
re vo
li vo
re hi

Paßgang
li hi
li vo
re vo
re hi

Galopp
li hi
li vo
re vo
re hi

Spring-hoppeln
li hi
re hi
li vo
re vo

Prell-sprung
li hi
li vo
re vo
re hi

li vo = links vorne ; re vo = rechts vorne
li hi = links hinten; re hi = rechts hinten

sich die Darstellungsweise durch folgendes Gedankenexperiment veranschaulichen. Man stelle sich vor, das betreffende Tier stehe auf einer spiegelglatten Eisfläche und versuche dort, mit der gewählten Gangart vorwärts zu kommen. Die Beine würden aber sofort wegleiten, der Körper bliebe genau am Ort. Hätte dann beispielsweise das Pferd scharfe »Stollen« auf den Hufeisen, ritzte es damit Striche ins Eis, die denjenigen der Abbildung entsprächen (nach Hildebrand 1982)

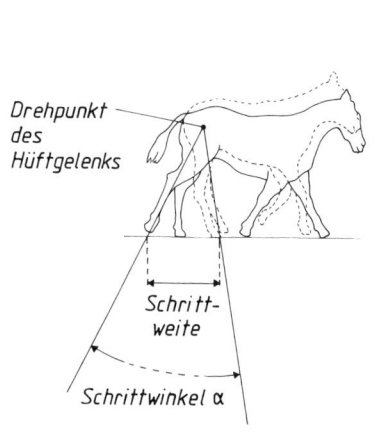

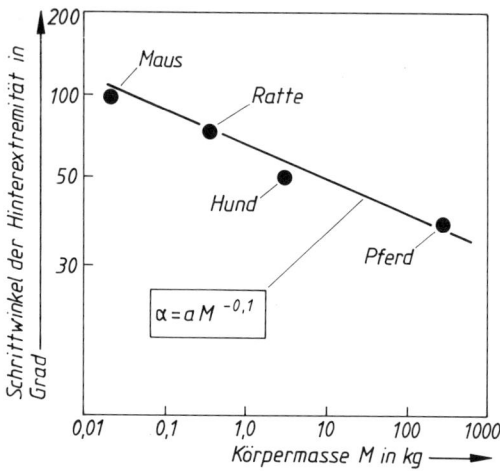

Abb. 228 (links). Definition des Schrittwinkels und der Schrittweite am Beispiel der rechten Hinterextremität eines Pferdes. Die gestrichelte Kontur gibt den Zustand vor dem Schritt an (nach McMahon und Bonner 1985)

Abb. 229 (rechts). Schrittwinkel der Hinterextremität in Abhängigkeit von der Körpermasse für die angegebenen vier Arten. »Hund« bedeutet eine relativ kleine Rasse. Die Werte wurden bei der Fortbewegungsart »langsamer Galopp« gemessen. Man beachte den doppelt-logarithmischen Maßstab. Zur Definition des Schrittwinkels s. Abb. 228 (nach McMahon und Bonner 1985)

große Rolle spielt. Die Muskulatur, welche die Gliedmaße bewegt, hängt in ihrer Arbeitsweise nämlich von der Temperatur ab. Dies gilt ebenfalls für die Nerven, welche den Muskeln die Befehle erteilen. Ein Reptil kann bei kühler Witterung nur sehr langsam oder gar nicht vor einem Feind weglaufen.

b)   Schrittweite und Schrittwinkel

Die maximale Schrittweite hängt von der Länge der Extremität ab. (Daß ein und dasselbe Tier große und kleine Schritte ausführen kann, soll hier nicht betrachtet werden.) Der Mensch vergrößert seine Schrittweite, indem er sich Stelzen an die Beine schnallt. Manche Arten mit relativ kurzen Extremitäten erreichen trotz kleiner Schrittweite durch hohe Schrittraten recht große Geschwindigkeiten – so das Warzenschwein, welches 100 Meter in etwa 10 Sekunden durchmißt und damit so schnell ist wie ein 100 m-Läufer (Abb. 237).

Bei vorgegebenem Bau der Gliedmaßen verleiht also deren Verlängerung ihren Trägern größere Geschwindigkeiten. Dabei ist im Spezialfall vergleichbarer Gangarten die *relative* Länge der Extremitäten – bezogen auf die Dimensionen des Körpers – die entscheidende Größe. Der Gepard, welcher schneller ist als der Puma, hat auch relativ längere Extremitäten als dieser (Einschaltfigur in Abb. 237). Dies führen uns auch Rassen des Haushunds vor: Man vergleiche etwa einen Windhund mit einem Dackel.

Hat eine Extremität eine vorgegebene Länge, kann sie durch *Umkonstruktion* (Ändern der Gelenkstellungen) zu einer Gliedmaße mit größerer Schrittweite werden. Dies veran-

252

schaulicht der Übergang vom Sohlen- zum Zehenspitzengänger in Abb. 225. Bei gleicher »anatomischer Länge« wird dabei die »funktionelle Länge« größer.

Wie aus Abb. 228 klar ersichtlich, wird bei gleichbleibendem *Schrittwinkel* mit zunehmender Länge der Gliedmaße die Schrittweite größer. Der Schrittwinkel seinerseits ist ein Maß für die Beweglichkeit der Gelenke einer bestimmten Art.

Bei einigen Formen hat man die von der Körpermasse abhängige Beweglichkeit der Gelenke in folgender Weise registriert: Man filmte verschiedene, langsam galoppierende Arten und maß deren Schrittwinkel. Man erhielt die in Abb. 229 dargestellte Beziehung: Der Schrittwinkel wird mit zunehmender Körpermasse kleiner und folgt dabei einer Potenzfunktion (s. die Gleichung in Abb. 229).

Der Elefant ist das größte landlebende Säugetier und hat damit aufgrund seiner Ausmaße – trotz des nach Abb. 229 geringen Schrittwinkels – eine beträchtliche Schrittweite. Aber seine Größe bringt ihm auch Nachteile bei der Fortbewegung. Die Beweglichkeit der Gelenke seiner »Säulenbeine« (s. F1) ist aus Stabilitätsgründen stark eingeschränkt. Beispielsweise sind Radius und Ulna durch straffe Bänder in Pronationsstellung fixiert (Abb. 230). Solche Fixierungen bewahren die Gelenke, welche durch die große Körpermasse mechanisch stark beansprucht sind, vor dem Durchknicken. Der besondere

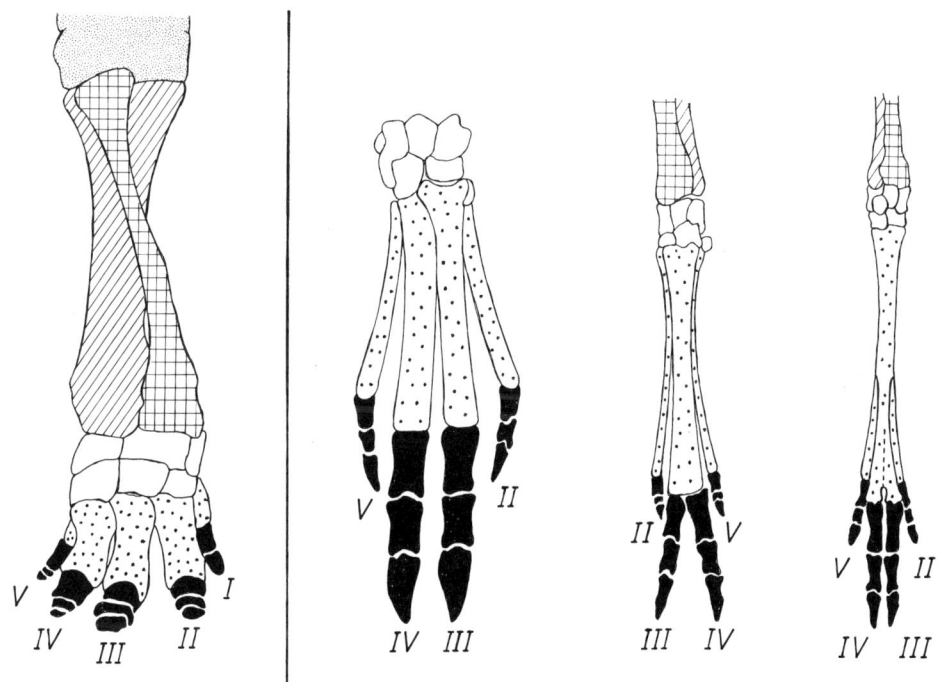

Abb. 230 (links). Zeugo- und Autopodium des Afrikanischen Elefanten von vorne gesehen. Man beachte die Pronationsstellung. Symbolik wie in Abb. 204 (nach Starck 1979)

Abb. 231 (rechts). Autopodien der Vordergliedmaßen von Paarhufern
Links: Afrikanisches Hirschferkel (rechter Vorderfuß von vorne) (nach Carlsson aus Starck 1979)
Mitte: Kleinkantschil (linker Vorderfuß von vorne)
Rechts: Reh (linker Vorderfuß von hinten, um die sehr gering entwickelten Metacarpalia II und V zu zeigen) (jeweils nach Starck 1979)

Gliedmaßenbau zusammen mit den massigen Knochen der Extremitäten hat zur Folge, daß der Elefant zwar das größte, bei weitem aber nicht das schnellste landlebende Säugetier ist (Abb. 237). So können Elefanten nicht galoppieren.

c)   Proportionen der Extremitäten

In Anpassung an zunehmende Fortbewegungsgeschwindigkeit verändern im Verlauf der Evolution die einzelnen Abschnitte einer Extremität ihre relative Länge. Die Stylopodien werden – auf die anderen Abschnitte bezogen – zunehmend kürzer, die Zeugopodien nehmen gering zu, der Hauptanteil des relativen Längenzuwachses findet in den Metapodien statt (Abb. 226).

Bei derartigen Änderungen ist die Entwicklung der Hinterextremität immer schon etwas weiter fortgeschritten als die der Vordergliedmaße. Dieses stammesgeschichtliche »Voreilen« der Hinterextremität ist eine allgemeine Regel, die auch bei der Reduktion von Strahlen zu beobachten ist (beispielsweise Abb. 212 rechts oder Abb. 374 rechts unten).

d)   Anzahl der Strahlen

Bereits beim Übergang von der Tatze zur Pfote findet eine Reduktion von fünf auf vier Strahlen statt: Rückbildung des – bei Mardern noch erhaltenen – Strahls I bei Hunden, Katzen und Hyänen.

Das Paradebeispiel für den Verlust seitlicher Strahlen liefert die Evolution der Einhufer (s. XI F). Aber auch in der Gruppe der Paarhufer zeigt sich eine starke Tendenz zur Entwicklung eines einzigen Knochenstabs im Metapodium. Dies ist für drei Vertreter der Stirnwaffenträger in Abb. 231 gezeigt. Obwohl bei noch weiter fortgeschrittenen Formen als die in Abb. 231 dargestellten – so bei der Giraffe und den Schwielensohlern – das Acropodium zwei Strahlen aufweist (Abb. 404), besteht das Metapodium aus einem einzigen Knochen, welcher ein Verschmelzungsprodukt der beiden die Digiti fortsetzenden Metacarpalia bzw. -tarsalia ist. Die beiden Anteile sind noch kenntlich an einem Querschnitt durch dieses »Kanonenbein«, der ein knöchernes Septum in der Markhöhle zeigt.

Ausgesprochene »Laufbeine« finden sich bei den Paar- und Unpaarhufern, d. h. bei solchen Formen, welche Beutegreifern durch rasche Flucht zu entkommen suchen. An

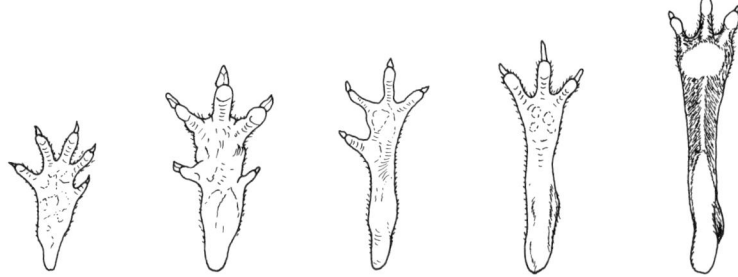

Abb. 232. Rechte Hinterextremitäten südamerikanischer Nagetiere. Links schlechte, rechts gute Läufer. Vertreter folgender Gattungen sind dargestellt (von links nach rechts): Strauchratte, ein Vertreter der Gattung *Coelogenys*, Chinchilla, Aguti, Mara (nach Pocock aus Starck 1979)

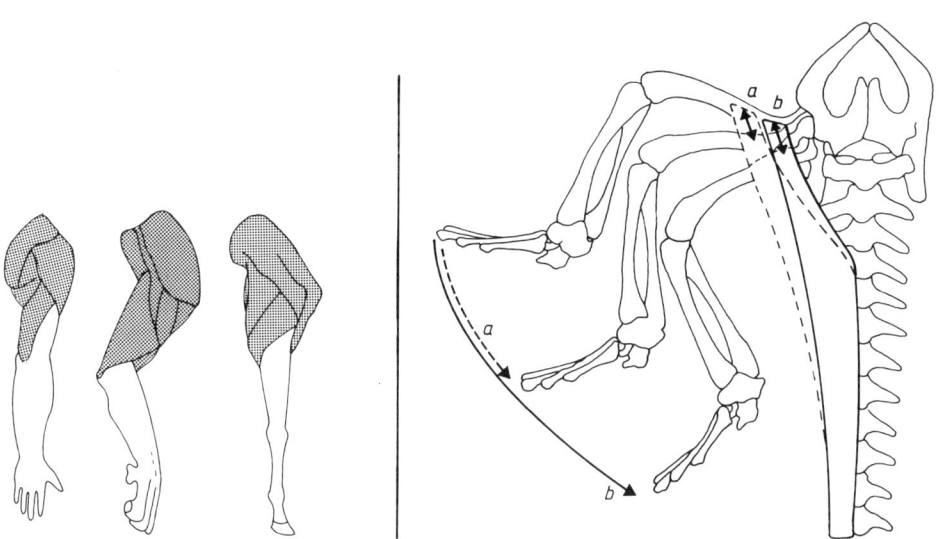

Abb. 233 (links). Lage der Haupt-Muskelmassen (grau) an der Vordergliedmaße des Menschen, des Hundes und des Pferdes. Man beachte, daß der Unterarm des Hundes schlanker ist als der des Menschen (nach Böker 1935)

Abb. 234 (rechts). Veränderung der Stellung einer Extremität bei Kontraktion des im Umriß einerseits gestrichelt (a), andererseits durchgezogen (b) symbolisierten Muskels um einen bestimmten – durch den Pfeil angegebenen – Betrag. Man beachte die unterschiedlichen Schrittweiten bei verschiedenem Ansetzen des Muskels am Stylopodium. Bei den dargestellten Skelett-Elementen handelt es sich um solche der Hintergliedmaße, des Beckengürtels und der Schwanzwirbelsäule einer Echse *(Tupinambis)* (nach Hildebrand 1982)

Laufbeinen ist als weiteres Kennzeichen die weitgehende Reduktion von Ulna bzw. Fibula zu beobachten.

Sehr schön ist bei einigen Vertretern der Ordnung Nagetiere die Reduktion von Strahlen in Anpassung an das Laufen zu erkennen (Abb. 232).

e)   Lage der Muskulatur

Wie der Vergleich der Gliedmaße des Hundes mit der des Pferdes in Abb. 233 lehrt, sind bei Zehenspitzengängern die Hauptmuskeln mehr in Rumpfnähe konzentriert als bei Zehengängern. Dadurch werden die Gliedmaßen schlank. Die Masse einer »stabförmigen« Extremität, welche im wesentlichen aus Knochen, Sehnen und Haut besteht, ist bedeutend kleiner als die einer mit Muskeln bepackten Gliedmaße. Geringe Masse bedeutet leichte Beweglichkeit.

Kontrahiert sich ein am Stylopodium ansetzender Muskel um einen bestimmten Betrag, führt die bewegte Extremität einen um so größeren Schritt durch, je weiter in Rumpfnähe der Muskel am Knochen ansetzt (Abb. 234).

Indem die Muskulatur an der Gliedmaße »nach oben rückt«, erfährt sie außerdem eine andere Anordnung: bei baumlebenden Arten – so auch beim Menschen, dessen Vorfahren Baumbewohner waren – ist der Querschnitt durch den Oberarm rund; bei den schnelllaufenden Paar- und Unpaarhufern hat er dagegen ovale Form, wobei sich der größte Durchmesser in der Richtung vom Kopf zum Schwanz erstreckt. Der ovale Querschnitt rührt daher, daß diejenigen Muskeln, welche die Extremität vom Körper weg und auf ihn zu bewegen (Ab- und Adduktoren) ihre Verlaufsrichtung ändern und sich denjenigen Muskeln angliedern, welche die Gliedmaße vor und zurück bewegen: eine *Pendelbewegung* der Extremität resultiert. Diese ist sehr schön an einem trabenden Pferd zu beobachten.

f)   Bewegungsmöglichkeiten der Extremitäten und Rolle
        des Schultergürtels

Die Gliedmaßen der Schnell-Läufer unter den Paar- und Unpaarhufern können nur in zur Medianebene etwa parallel liegenden Ebenen – d. h. in Sagittalebenen – bewegt werden; Pronation und Supination sind unmöglich, auch kann die Extremität nicht seitlich vom Körper abgespreizt werden. Die eingeschränkte Bewegungsfreiheit spiegelt sich im Bau der Gelenke wider, welche als *Scharniergelenke* ausgebildet sind.

Der Schultergürtel wird der Bewegung durch zwei Umkonstruktionen nutzbar gemacht. Das Schlüsselbein schränkt die Bewegungsmöglichkeit des Schulterblatts ein. Es wird daher entweder zu einem kleinen Knöchelchen reduziert (so bei den Reißtieren), oder es ist überhaupt nicht mehr vorhanden (so bei den Paar- und Unpaarhufern). Außerdem wird das Schulterblatt anders am Brustkorb angeordnet: Es liegt nicht mehr auf dem Rücken in der Nähe der Wirbelsäule wie beim Menschen, sondern seitlich am hochovalen Brustkorb; dadurch kann es in der gleichen Ebene schwingen wie die Extremitäten. Die Schulterblätter schneller Läufer können Ausschläge von 20 bis 25 Grad parallel zum Brustkorb durchführen.

g)   Gestalt des Rumpfes

Wenn wir die Gestalt unseres Brustkorbs mit dem Thoraxbau einer Antilope oder eines Pferdes vergleichen, fällt sofort die hochovale Form dieser schnellfüßigen Arten ins Auge. Unser Brustkorb ist breiter als hoch (»hoch« in dem Sinne, daß wir uns zum Vergleich auf alle Viere niederlassen müßten). Der Rumpf der Schnell-Läufer hängt zwischen den Gliedmaßen.

h)   Bedeutung der Luftphase

Der Galopp ist die schnellste Fortbewegungsart. Wie Abb. 227 zeigt, gibt es hierbei im Verlauf eines Zyklus einen längeren Zeitabschnitt ohne Bodenberührung der Extremitäten. Er heißt *Luftphase* (auch Sprung- oder Flugphase genannt). Derjenige Abschnitt des Zyklus, in dem eine oder mehrere Gliedmaßen Kontakt mit dem Untergrund haben, wird als *Kontakt*- oder *Stützphase* bezeichnet.

Einen wichtigen Beitrag zum Erreichen hoher Geschwindigkeiten leistet die Luftphase. Die Strecke, die der Körper in der Luft zurücklegt, wird nämlich zur während der Kontaktphase erzielten »Schrittweite« addiert, die Summe ergibt die Weite eines Galoppsprungs.

Nicht alle Arten vermögen zu galoppieren. Beispielsweise hat ein schnell-laufender Bär fast immer mit einer Extremität Bodenkontakt. Paar- und Unpaarhufer zeigen *eine* Luftphase während eines Zyklus (s. das galoppierende Pferd in Abb. 227). Reißtiere weisen

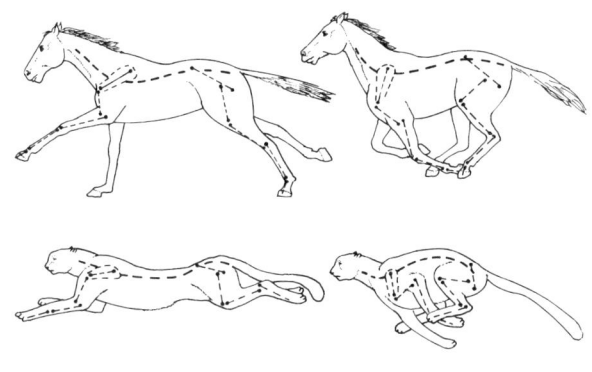

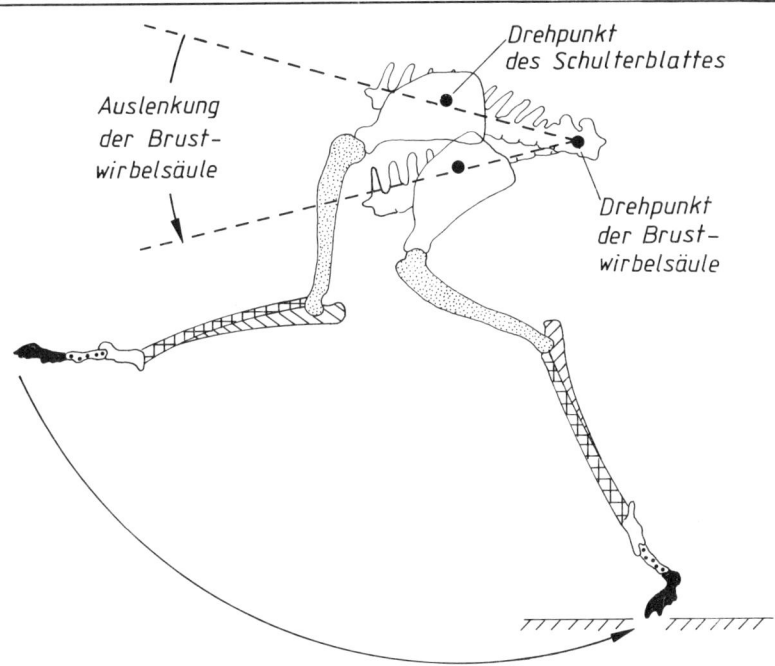

Abb. 235 (oben). Pferd und Gepard im Galopp. Gestrichelt sind symbolisiert: Wirbelsäule, Schulterblatt, Beckengürtel, Stylopodium, Zeugopodium und Autopodium. Man beachte die variable Krümmung der Wirbelsäule beim Geparden sowie die Auslenkung des Schulterblatts (nach Hildebrand 1960)

Abb. 236 (unten). Skelett der Vorderextremität sowie Schulterblatt und Brustwirbelsäule eines galoppierenden Geparden. Links: Beginn der Rückwärtsbewegung. Rechts: Ende der Rückwärtsbewegung (Gliedmaße am Erdboden). Gelenke existieren an folgenden Stellen: Brustwirbelsäule – Lendenwirbelsäule; Schulterblatt – Brustwirbelsäule; Humerus – Scapula; Zeugopodium – Stylopodium; Autopodium – Zeugopodium; Acropodium – Metapodium. Nur die Drehpunkte von zwei Gelenken sind eingezeichnet. Man beachte das »funktionale Gelenk« der Wirbelsäule. Die Drehung der Scapula gegen die Wirbelsäule ist daran kenntlich, daß im rechten Zustand ein größerer Teil der Wirbelsäule hinter dem Schulterblatt hervorragt (nach Hildebrand 1982)

zwei Luftphasen je Zyklus auf; während der einen wird der Körper gestreckt, während der anderen gekrümmt. Der Anteil der Luftphasen am Gesamtzyklus ist beim Geparden nahezu doppelt so groß wie beim Pferd.

i) Rolle der Wirbelsäule oder: Wieso ist das schnellste Landtier ein Zehengänger?

Nach all dem oben Gesagten würde man erwarten, daß die höchste Geschwindigkeit von einem Zehenspitzengänger erreicht wird. Dem ist jedoch nicht so: Der Gepard als Zehengänger übertrifft mit 110 bis 120 km/h alle übrigen Schnell-Läufer (Abb. 237). Das ist biologisch sinnvoll; er muß ja seine Beute einholen. Beutetiere sind meist Antilopen, d. h. maximal 97 km/h erreichende Zehenspitzengänger. (Den Antilopen kommt zugute, daß dem Gepard die Ausdauer beim Verfolgen fehlt; dieses Problem soll hier nicht behandelt werden.) Die große Schnelligkeit des Geparden beruht auf der Biegsamkeit seiner Wirbelsäule und auf folgender Gesetzmäßigkeit: Die Fortbewegungsgeschwindigkeit ist um so größer, je mehr Gelenke zur gleichen Zeit in die gleiche Richtung bewegt werden. Daraus resultiert bei gleicher Schrittrate und gleicher Länge der Gliedmaßen eine Summation von Geschwindigkeiten (s.u.).

Rolle der Wirbelsäule. Der Gepard verfügt dadurch über ein zusätzliches »funktionales Gelenk«, daß seine Wirbelsäule sehr biegsam ist (Abb. 235). Er kann sie einerseits stark nach oben krümmen (wie bei einem »Katzenbuckel«), andererseits wird sie bei der extremen Streckung des Körpers sogar nach unten durchgebogen und ermöglicht extrem weites Ausgreifen der Gliedmaßen.

Die während eines Zyklus des Galopps zurückgelegte Strecke wird einerseits bestimmt durch das Ausgreifen der Extremitäten, d. h. durch die Schrittweite. Zu ihr addiert sich der Zuwachs an Körperlänge, welcher durch das Strecken des Körpers infolge einer biegsamen Wirbelsäule möglich ist. Allein durch die am Rumpf stattfindenden Änderungen könnte – rein theoretisch – ein Gepard ohne Extremitäten sich mit einer Geschwindigkeit von 10 km/h fortbewegen (er verhielte sich so ähnlich wie eine Raupe).

Würde eine gebogene Wirbelsäule dann gestreckt, wenn der Körper in der Luft ist, bewegten sich die Vordergliedmaßen nach vorne, die Hinterextremitäten nach hinten und der Schwerpunkt des Körpers bliebe am Ort – es ergäbe sich kein Gewinn. Daher strecken die Reißtiere ihren Rücken in dem Moment, in dem sich die Hinterbeine am Boden befinden.

Summation unabhängiger Geschwindigkeiten. Ein zusätzliches beim Laufen bewegtes Gelenk wird dann geschaffen, wenn aus einem Sohlen- ein Zehengänger wird (Abb. 226): es liegt zwischen Meta- und Acropodium und ist auch beim Zehenspitzengänger vorhanden.

An einer Extremität befinden sich mehrere hintereinander (in Serie) liegende Gelenke (Abb. 236). Eine Summation der Geschwindigkeiten findet dann statt, wenn sich die Gelenke zu gleicher Zeit in die gleiche Richtung bewegen. Dies erläutert der Funktionsmorphologe HILDEBRAND an folgendem Beispiel: Ein Mensch geht auf einer Rolltreppe in einem Kaufhaus abwärts. Seine Geschwindigkeit gegenüber den Stufen der Treppe addiert sich zur Geschwindigkeit, welche die Treppe relativ zum Gebäude aufweist; die Geschwindigkeit des Gehenden gegenüber dem Gebäude ist daher die Summe aus diesen beiden Geschwindigkeiten.

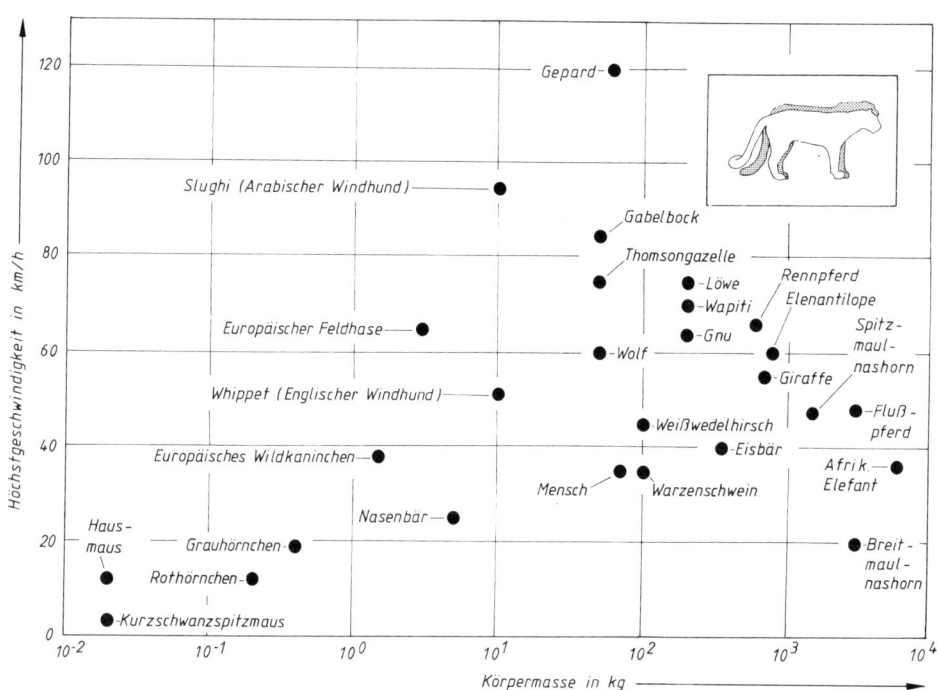

Abb. 237. Einfluß der Körpermasse auf die Fortbewegungsgeschwindigkeit. Es ist jeweils die Höchstgeschwindigkeit angegeben, welche im allgemeinen nur über kurze Strecken aufrechterhalten werden kann (nach Angaben in Niethammer 1979 und Grzimeks Tierleben)
Einschaltfigur: Körperumriß des Pumas und des dahinter stehenden Geparden. Die Kopf-Rumpf-Längen der beiden Arten stimmen annähernd überein (nach Hildebrand 1982)

F3. Fortbewegungsgeschwindigkeiten verschiedener Arten

Die vorstehend besprochenen Faktoren, welche die Fortbewegungsgeschwindigkeit bestimmen, wirken sich bei verschiedenen Arten unterschiedlich stark aus. Weitere anatomische und physiologische Besonderheiten, auf welche hier nicht näher eingegangen wird, nehmen Einfluß. Hierzu gehören spezielle Eigenschaften der Muskulatur sowie die Ansatzstellen solcher Muskeln, welche die Extremitätenknochen gegeneinander bewegen, der jeweilige Ort des Muskelansatzes legt dabei die Längen entscheidender Hebelarme fest.

Im Zusammenhang mit der Geschwindigkeit des Elefanten wurde bereits ein weiterer – die Beweglichkeit beeinflussender – Faktor erwähnt: es ist die Körpermasse. Trägt man die Fortbewegungsgeschwindigkeit gegen diese Größe auf, ergibt sich – verglichen mit der Maus-Elefant-Gerade des Energieumsatzes (Kap. III) – ein recht uneinheitliches Bild (Abb. 237). Trotzdem lassen sich dem Diagramm einige Regelmäßigkeiten entnehmen.

Die höchsten Geschwindigkeiten erzielen Arten mit *mittlerer Körpermasse*. Sehr kleine sowie schwergewichtige Arten sind relativ langsam.

Der Vergleich zwischen Rothörnchen und Grauhörnchen sowie zwischen Wildkaninchen und Feldhase lehrt: Haben Arten mit auf ähnlichem Körperbau beruhender gleicher Fortbewegungsweise verschiedene Körpermassen, ist die größere Art die schnellere. Dies gilt aber nur im Bereich relativ niedriger Körpermassen. Einheitliche Körpergestalt kommt den Vertretern der auf Schnelligkeit gezüchteten Rassen »Windhunde« des Haushundes zu. Trotz gleicher Körpermasse erreicht der Slughi fast die doppelte Geschwindigkeit des Whippet. Dies dürfte vor allem darauf zurückzuführen sein, daß der Arabische Windhund die eineinhalbfache Körperlänge des Englischen aufweist, damit »graziler« gebaut ist und über längere Extremitäten verfügt.

Der Mensch vermag durch *Züchtung* bestimmter Rassen deren Geschwindigkeit erheblich zu steigern: Man vergleiche den Wolf als Stammform des Haushundes mit dem Slughi.

Sohlengänger sind vergleichsweise langsam. Beispiele sind der kurzbeinige Nasenbär sowie der Eisbär, welcher von mehreren schwergewichtigen Arten – darunter vom so plump anmutenden Flußpferd – an Geschwindigkeit übertroffen wird.

Der Mensch, der einerseits Zweibeiner, andererseits Sohlengänger ist, vermag nur einigen wenigen Arten davonzulaufen.

Arten mit ähnlichem Körperbau können bei gleicher Körpermasse unterschiedliche Geschwindigkeiten erzielen. Man vergleiche hierzu den Gabelbock mit der Thomsongazelle sowie den Wapiti mit dem Gnu; alle sind Paarhufer und damit Zehenspitzengänger.

Wie der Vergleich zwischen Spitz- und Breitmaulnashorn lehrt, fällt bei verwandten schwergewichtigen Arten die Geschwindigkeit mit zunehmender Körpermasse.

Reißtiere sind – über kurze Strecken! – schneller als ihre Beute. Dieser Satz erscheint selbstverständlich und trifft auch zu, wenn man den Löwen mit dem gleich schweren Gnu oder den Geparden mit der nur wenig leichteren Thomsongazelle vergleicht. Der Löwe führt bei diesem Vergleich ebenfalls die Vorteile der »biegsamen« Katzengestalt vor Augen. Beutetiere des Wolfs sind sowohl der Weißwedelhirsch als auch der Wapiti. Während nach den Werten der Abb. 237 ein Wolf einen Weißwedelhirsch ohne weiteres einholen kann, entkommt ihm ein Wapiti. Erfolgreiches Jagen von Wapitis erfordert daher Rudeljagd – welche vom Wolf ja auch hervorragend beherrscht wird.

F4.   Hüpfen und Hoppeln

a)   Hüpfen

Für diese nur von wenigen Arten gezeigte Fortbewegungsweise wird oft die Bezeichnung »Springen« gebraucht. Das erscheint unzweckmäßig. Sprünge werden nämlich von den verschiedensten Arten ausgeführt; so springt ein Tiger seine Beute an; ein Eichhörnchen springt von Ast zu Ast; ein abgerichtetes Pferd springt über ein Hindernis; ein Delphin springt aus dem Wasser usw.

Die typische Fortbewegung der Känguruhs geschieht – wenn sie sich schnell vorwärts bewegen – jedoch ausschließlich mit den Hinterextremitäten. Diese »Sprünge« werden wiederholt – was treffend durch das Wort »Hüpfen« gekennzeichnet wird. Das gleichzeitige Abstoßen und Aufsetzen zweier Gliedmaßen hat derjenige schon einmal selbst geübt, der an einem Wettbewerb im Sackhüpfen teilgenommen hat.

Hüpfende Formen sind neben den Känguruhs die Rüsselspringer und einige Arten der Nagetiere (Springmäuse und Springhasen).

Am Skelett der Hinterextremität kommt es bei allen Arten konvergent zu folgenden Umkonstruktionen: Reduktion seitlicher Strahlen, bei den Känguruhs dabei Betonung des

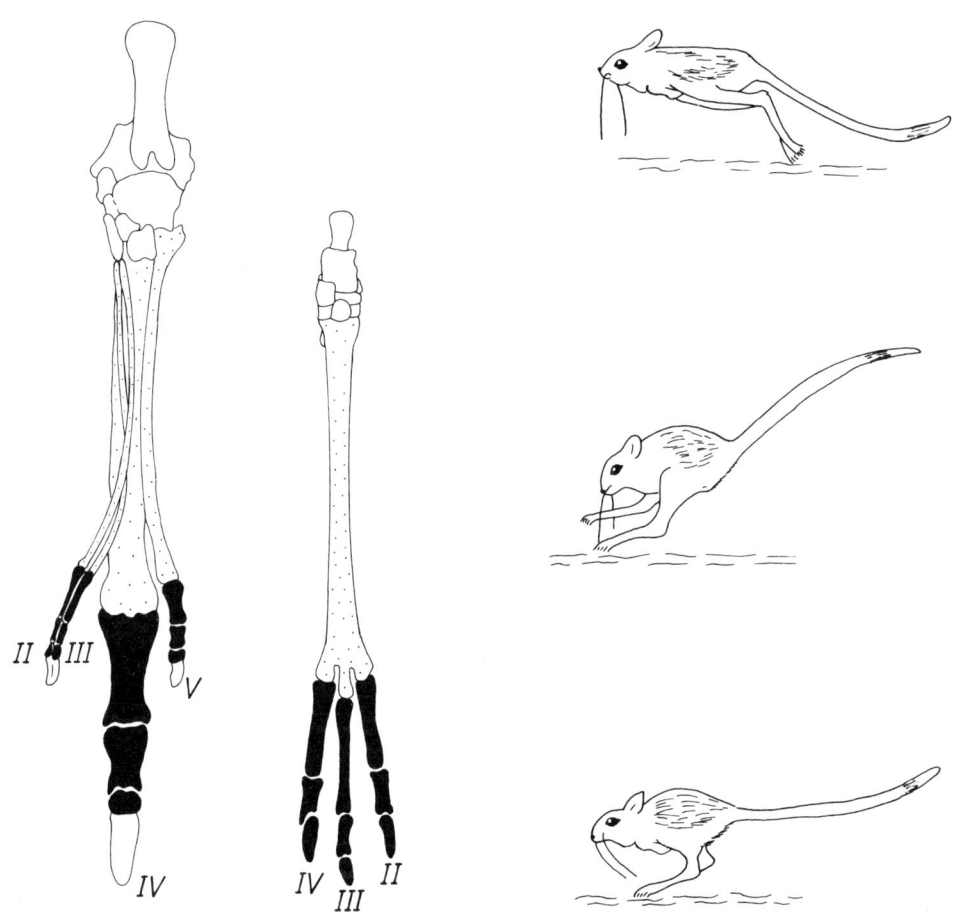

Abb. 238 (links). Autopodien hüpfender Arten. Symbolik wie in Abb. 204
Links: Fußskelett des Riesenkänguruhs von der Sohlenseite her gesehen. Man beachte die
zur Putzzehe verwachsenen Acropodien der Strahlen II und III (nach Starck 1979)
Rechts: Autopodium einer Springmaus (nach Ognew aus Starck 1979)

Abb. 239 (rechts). Drei – von oben nach unten aufeinanderfolgende – Bewegungszustände
beim Hüpfen der Wüstenspringmaus. Man beachte die Stellungen der Tasthaare und des
Schwanzes. Von den Vibrissen ist nur die längste jeder Seite gezeichnet. Die dicht an den
Körper angelegten Vordergliedmaßen sind nur im oberen Bild angedeutet (nach König aus
Starck 1982)

vierten Strahls; bei den Springmäusen dagegen etwa gleiche Ausbildung von Strahl II bis
IV; Verschmelzung und Verlängerung der Metapodien (Abb. 238). Kein Verschmelzen der
Metapodien findet sich bei den Rüsselspringern.

Hüpfende Formen benutzen die Vorderextremitäten bei der schnellen Fortbewegung
nicht; diese erscheinen gegenüber den muskulösen Hintergliedmaßen schwächlich und
werden zum Putzen und zum Ergreifen der Nahrung gebraucht. Ein Känguruh verwendet
dann die Vorderextremitäten, wenn es sich äsend sehr langsam über eine Wiese bewegt; es
setzt die Vordergliedmaßen auf und zieht die Hinterextremitäten nach, dabei stützt der

kräftige Schwanz nach hinten ab (Weiteres zur Funktion des Schwanzes in D). Diese Fortbewegung ist also eine völlig andere als das Hüpfen, bei welchem der Schwanz ohne Bodenkontakt in der Luft gehalten wird.

Die ausgleichende, »balancierende« Schwanzhaltung führt die Wüstenspringmaus der Abb. 239 vor.

Während des Hüpfens haben die Extremitäten immer nur für kurze Zeit Bodenkontakt: beim Springhasen sind während 85 % der Zeitdauer eines Zyklus die Füße in der Luft!

Hat die hüpfende Fortbewegung Vorteile gegenüber derjenigen, bei der alle vier Extremitäten benutzt werden? Um diese Frage zu beantworten, verglich man den Energiebedarf von Känguruhs mit Arten vergleichbarer Körpermasse, die sich »vierfüßig« fortbewegen. Wie sich ergab, ist bei Geschwindigkeiten, die höher als 15 km/h sind, das Hüpfen energetisch günstiger.

b) Hoppeln

Sowohl bei der langsamen als auch bei der schnellen Fortbewegung der Känguruhs berühren beide Hintergliedmaßen immer gleichzeitig den Untergrund. Etwas Derartiges gibt es auch bei nicht hüpfenden Arten. Bekannte Formen sind Hasen und Kaninchen – aber auch das in Abb. 227 dargestellte Wiesel illustriert diese Fortbewegungsweise. Der Schwanz wird hierbei nicht eingesetzt. Geschieht die Fortbewegung langsam, nennt man sie *Hoppeln*; wird – wie auf der Flucht – weit ausgegriffen, kann man von *Springhoppeln* sprechen. Dabei wird die Wirbelsäule gekrümmt.

G.   Leben auf Bäumen

Die Entwicklungslinie, die von den Astläufern zu baumbewohnenden Formen führte, brachte Arten mit verschiedenen Fortbewegungsweisen hervor.

G1.   Klettern

In der Nomenklatur der Fortbewegungsweisen von Tieren bezeichnet man in den meisten Fällen als *Klettern* nur die Fortbewegung im Geäst. In der Umgangssprache spricht man – wohl in Anlehnung an die Sprechweise der Bergsteiger – immer dann von Klettern, wenn im betreffenden Gelände Absturzgefahr besteht. Man wendet diesen Ausdruck beispielsweise auch an, wenn Gemsen den steilen Fels von Gebirgen erklimmen. Es ist dann zweckmäßig, zwischen Baum- und Felsenkletterern zu unterscheiden.

In der zu den Primaten führenden Stammeslinie erhielt der abspreizbare erste Strahl der Astläufer zunehmende Beweglichkeit in der Form, daß er den anderen Strahlen gegenübergestellt (opponiert) werden konnte. Von *Opponierbarkeit* spricht man nur dann, wenn der Daumen durch seine gegen die Handfläche erfolgende Einwärtsbewegung allen vier anderen Fingern gegenübergestellt werden kann. Dieser Zustand wurde nur bei den Schmalnasenaffen erreicht und zwar an den Vorder-, nicht jedoch an den Hintergliedmaßen. Uns ist auch die extreme Oppositionsstellung des Daumens völlig selbstverständlich: sie ist gegeben, wenn man einen Bleistift mit Daumen und kleinem Finger ergreift.

An den Händen der übrigen und den Füßen sämtlicher Primaten ist keine vollständige Opponierbarkeit von Strahl I möglich; man nennt trotzdem diese Gliedmaßen-Enden Greifhände bzw. -füße. Mit kräftigem Griff werden Äste gepackt und wieder losgelassen *(Greifklettern)*. In der Ahnenreihe des Menschen entwickelte sich zusätzlich zum Kraft- ein *Präzisionsgreifen*, welches vorwiegend mit Daumen und zweitem Finger ausgeführt wird. Dazu waren einige weitere Fähigkeiten erforderlich. Erstens: stereoskopisches Se- hen; als die Primaten dieses evolvierten, rückten wegen des binokularen Gesichtsfeldes die Augen dabei auf die Vorderseite des Schädels (s. IX K); zweitens: verfeinerte Kon- trolle der Arbeitsweise der Handmuskeln; drittens: gute Ausstattung der Fingerbeeren mit Tastsinnesorganen (s. IX G).

Die Hand bzw. den Fuß der Greifkletterer kann man mit einer *Zange* vergleichen: sie wird bei Primaten aus Strahl I einerseits und den Strahlen II bis V andererseits gebildet. Es existiert aber auch eine »Zange«, welche aus »Strahl I und II« gegen »Strahl III bis V« besteht (Abb. 240); sie wurde von den zu den Kletterbeutlern zählenden Kuskusen an der Vorderextremität entwickelt und ähnelt den Gliedmaßen-Enden des Chamäleons, des- sen hintere ganz entsprechend gebaut sind (an der Vorderextremität steht bei ihm »I bis III« gegen »IV und V«). Der Potto verwirklicht eine weitere Zangenhand, indem er die Phalangen des zweiten Strahls zurückbildet und so mit Strahl I gegen »III bis V« greift (Abb. 240).

Die bereits bei den Astläufern vorhandene Fähigkeit zu Pronations- und Supinations- stellung wird bei den Greifkletterern noch gesteigert.

Die Dimensionen von Greifhänden und -füßen müssen so sein, daß mit ihnen die im Lebensraum der betreffenden Art vorkommenden Äste umgriffen werden können. Das er- scheint zunächst selbstverständlich. Diese Voraussetzung ist jedoch nicht erfüllt, wenn Arten mit Greifextremitäten einen dicken Stamm zu erklimmen versuchen.

Nicht mit Greifextremitäten ausgestattete Arten heißen »sekundäre Kletterer«. Bewe- gen sie sich auf Bäumen, müssen sie andere Mechanismen anwenden; man gibt diesen Formen des Kletterns dann eigene Namen.

Da viele Arten über *Krallen* verfügen, können sie diese beim Klettern einsetzen. Mit deren Hilfe strebt eine Katze einen Baumstamm empor. Eine Gruppe der Primaten – die Krallenäffchen – haben sekundär wieder Krallen erworben und sind so Krallenkletterer (die Krallen sitzen an allen Fingern und den Zehen II bis V).

Das Einhaken harter Krallenspitzen in Unebenheiten ist nur *eine* der Möglichkeiten, »auf der Unterlage« zu klettern. Eine andere ist das Anpressen weicher Strukturen an

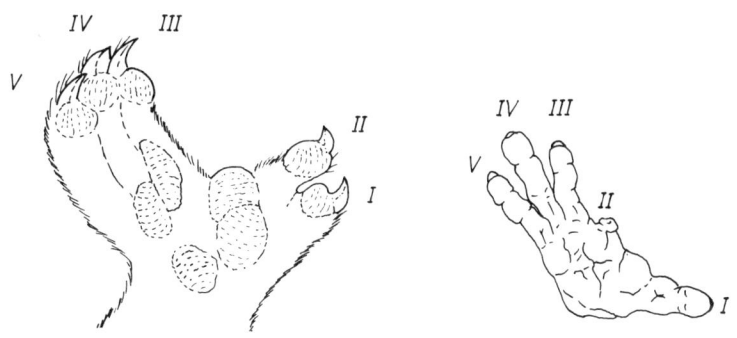

Abb. 240. Zangenhände. Jeweils rechte Vordergliedmaße
Links: Bärenkuskus (nach Thomas aus Weber 1927/28)
Rechts: Potto. Man beachte den rückgebildeten zweiten Finger (nach Starck 1974)

Rauhigkeiten, d. h. das Ausnützen der *Haftreibung*. Ersteigen Bären einen Stamm, umfassen sie ihn mit den Vordergliedmaßen; die Hinterextremitäten werden oft auf die Borke gesetzt, wobei einerseits die Krallen etwas einhaken, andererseits die Sohlenfläche sich an den Stamm schmiegt und dort haftet. Mit Hilfe von Krallen und großen Sohlenflächen klettern auch die Baumkänguruhs, welche aufgrund ihrer stammesgeschichtlichen Herkunft denkbar ungünstige Voraussetzungen für das Baumleben mitbringen (die bodenlebenden Känguruhs haben im Vergleich zu ihm unbedeutende Sohlenflächen). Die weitestgehende Anpassung an das *Haftklettern* zeigen die Koboldmakis, welche an sämtlichen Extremitäten breite Haftballen tragen, mittels derer sie wie Laubfrösche an senkrechten Stämmen sitzen (Abb. 241 links).

G2.   Schwinghangeln

Eine andere Art der Fortbewegung im Geäst beobachten wir bei verschiedenen nicht näher miteinander verwandten Affenarten. Hierbei bleibt der Körper immer – an einem Arm hängend – *unter* dem Ast (Abb. 399 rechts). Die Hand greift oder klammert nicht, son-

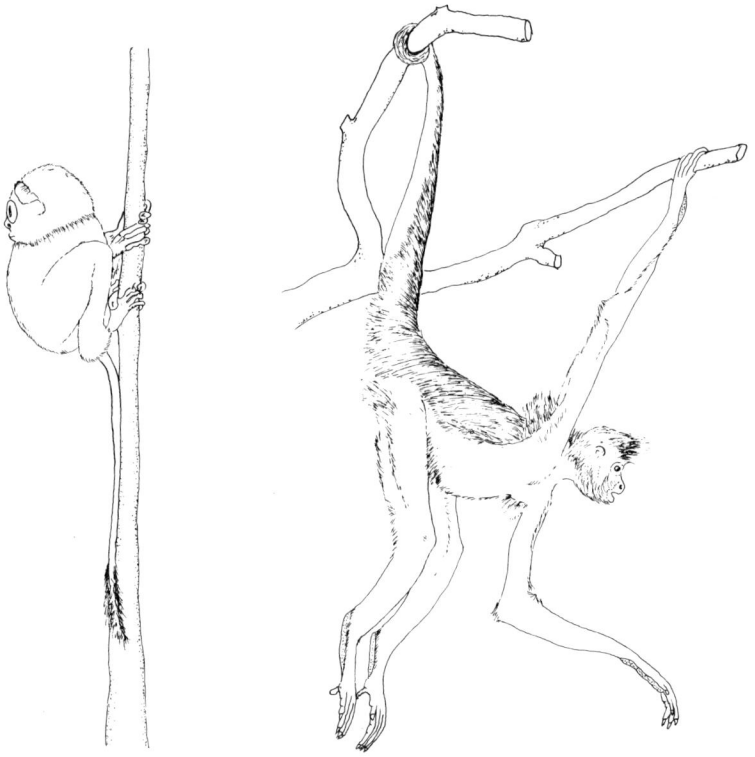

Abb. 241. Baumlebende Primaten
Links: Borneo-Koboldmaki. Man beachte die Haftballen (nach Niemitz 1977)
Rechts: Goldstirn-Klammeraffe. Man beachte den Tast- und Greifschwanz (nach Eigener et al. 1958)

264

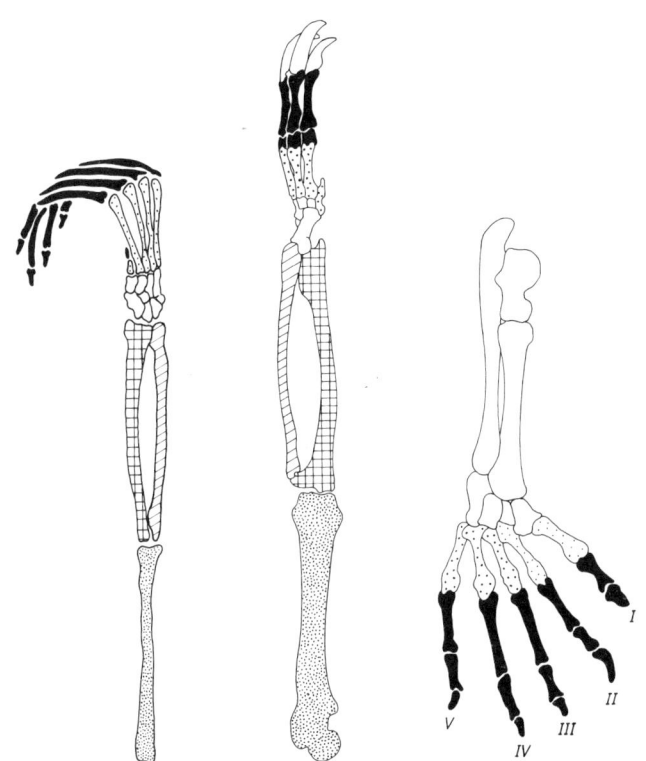

Abb. 242. Extremitätenskelette baumbewohnender Arten. Symbolik wie in Abb. 204
Links: Rechter Arm eines Klammeraffen (nach Hershkowitz 1977)
Mitte: Linke Hintergliedmaße des Zweifinger-Faultiers (nach Hildebrand 1982)
Rechts: Rechter Fuß des Senegalgalagos in Dorsalansicht. Man beachte die starke Ver-
längerung der Tarsalia (nach Starck 1979)

dem bildet einen *Haken*. Bei der Weiterbewegung braucht also nicht erst der Griff gelöst
zu werden. Den Haken bilden die Finger II bis V; da der Daumen nicht mehr benötigt
wird, ist er bei manchen Arten reduziert (Abb. 204 und 242 links). Eine derartige Fortbewegungsweise zeigen die Klammeraffen und Gibbons (letztere weisen keine Daumenreduktion auf). Die Bewegung eines solchen Affen geschieht so, daß eine Hand ein Stück
vor der anderen eingehängt wird. Die Beine sind nicht beteiligt. Der Körper schwingt hin
und her. Diese Bewegungsweise wird im allgemeinen als Hangeln (Brachiation) bezeichnet. Zur Unterscheidung von der Fortbewegungsart der Faultiere (s. u.) wird hier der
Ausdruck *»Schwinghangeln«* gebraucht. Schwinghangeln entspricht einem *»zweiarmigen
Schreiten« unter dem Ast.* Daraus wird verständlich, daß die Vordergliedmaßen dieser
Formen stark verlängert sind: wie in F2 für bodenlebende Formen ausgeführt, werden
nämlich mit zunehmender Länge einer Extremität die Schrittweite und damit die Fortbe-
wegungsgeschwindigkeit größer. Aus schnellem Schwinghangeln heraus können größere
Entfernungen dadurch überwunden werden, daß der Affe losläßt, den Körper hinaus-
schleudert und ein Stück frei durch die Luft fliegt. Diese Fortbewegungsweise wird in der
Literatur als Schwingen bezeichnet. Da »Schwingen« aber nicht notwendigerweise eine
Fortbewegung des Körpers von der Aufhängestelle weg beinhaltet, sei hierfür der Begriff
»Schleuderhangeln« vorgeschlagen.

G3.   Hangeln

Faultiere hängen nicht nur mit zwei, sondern mit allen vier Gliedmaßen am Ast (Abb. 412). Dasselbe tun die Riesengleiter (Abb. 397). Ihre Fortbewegungsweise – bei welcher der Körper nicht schwingt – wurde Hängeklettern genannt. Es besteht jedoch kein Grund, hier nicht einfach von *Hangeln* zu sprechen.

Die Extremitäten-Enden der Faultiere sind dadurch zu langen schmalen »Aufhängehaken« geworden, daß außer am ersten Strahl weitere Reduktionen stattgefunden haben; die Namen der Arten bezeichnen diesen Zustand: es gibt Zweifinger- und Dreifinger-Faultiere (s. XII Y). Da Faultiere – wie schwinghangelnde Primaten – verlängerte Stylo- und Zeugopodien besitzen (Abb. 242), sich allerdings überhaupt nicht schnell fortbewegen, muß es für die Verlängerung noch einen weiteren – bisher unbekannten – Grund geben.

Kopfoben hängen die erwähnten Primaten am Ast, kopfunten die Fledertiere – sie halten sich mit den Hintergliedmaßen fest. Wenn sie nicht schlafen (Abb. 401 Mitte), zeigen sie gelegentlich ein zweibeiniges (bipedes) Schreiten *unter* dem Zweig.

G4.   Springen im Geäst

Zu weiten Sprüngen von Ast zu Ast sind die Galagos und Koboldmakis befähigt. Bodenlebende Formen, die ebenfalls große Sprünge bei ihrer allerdings hüpfenden Fortbewegungsweise ausführen, besitzen als typisches Kennzeichen lange Hinterextremitäten mit jeweils verlängertem Metapodium. Wie in F4 beschrieben, findet bei diesen Arten oft Rückbildung seitlicher Strahlen und Verwachsen der verbleibenden Metatarsalia statt – ein Greifen ist mit derart spezialisierten Gliedmaßen jedenfalls nicht mehr möglich. Die im Geäst der Bäume springenden Primaten behalten ihren beim Landen und Klettern wichtigen Greiffuß jedoch bei; in ihren als Sprungbeine ausgebildeten Hintergliedmaßen sind nämlich nicht Knochen des Metatarsus, sondern solche des Tarsus verlängert (Abb. 242 rechts). Dieser ganz ungewöhnlichen anatomischen Eigentümlichkeit verdanken die Koboldmakis ihre wissenschaftlichen Namen: Tarsiidae bzw. die Gattungsbezeichnung *Tarsius*.

H.   Eroberung des Luftraumes

Wenn ein am Ast hängendes Faultier losließe, fiele es zur Erde wie ein Stein. Wenn ein Riesengleiter von einem Stamm aus startet, gleitet er dank seiner ausgebreiteten Gleithaut auf einer schräg nach unten führenden Bahn zum nächsten Baum. Wenn eine Fledermaus ihren Aufhängeplatz verläßt, kann sie sich durch aktives Fliegen entgegen der Schwerkraft in die Luft erheben.

Vier Tiergruppen ist es während ihrer Evolution gelungen, durch *aktiven Flug* den Luftraum zu erobern: den Vögeln, den Fledertieren, den geflügelten Insekten und den ausgestorbenen Flugsauriern. Die Vertreter einer einzigen Fischfamilie vermögen sich ebenfalls aktiv fliegend über die Wasseroberfläche zu erheben: es sind die Beilbauchfische (Gasteropelecidae).

Die auf Insektennahrung spezialisierten Fledermäuse bilden eine ökologische Nische, die den Vögeln verwehrt ist: Da diese optisch jagen, können sie nachts fliegende Beute nicht lokalisieren. Die *Nacht*schwalben fangen Insekten während der *Dämmerung*, gelegentlich erkennen sie diese nur deshalb, weil sie sich gegen den hellen Nachthimmel abheben. Fledermäuse vermögen jedoch infolge ihrer Fähigkeit zur Echo-Ortung auch in der Dunkelheit Beute zu machen (s. IX J). An Sommerabenden kann man beobachten, wie die tagsüber den Luftraum durcheilenden Schwalben und Mauersegler bei einbrechender Dämmerung von Abendseglern abgelöst werden – man traut seinen Augen kaum, da im gleichen Gebiet plötzlich Tiere umherfliegen, die man erst bei näherem Hinsehen als Fledermäuse erkennt.

H1.   Entstehen von Luftkräften

Alle in der Luft gleitenden und fliegenden Tiere müssen *dynamischen* Auftrieb erzeugen, statischen Auftrieb können sich nur wasserlebende Arten zunutze machen. Dynamischer Auftrieb entsteht nach folgenden physikalischen Gesetzmäßigkeiten.

Leitet man Luft durch ein Rohr, welches an einer Stelle verengt ist, so strömt sie in der Verengung schneller als davor oder dahinter. Bringt man an drei Stellen Manometer an, so zeigt sich (Abb. 243 links): Die Flüssigkeit in den Druckmessern wird jeweils in deren rechtem Schenkel »angesaugt« – und zwar am stärksten in dem Manometer, das sich an der verengten Stelle befindet. An diesem Ort ist der »Seitendruck« im Rohr also geringer als in den weitlumigen Partien. Die Verengung des Rohrs kann man auch durch Körper vornehmen, welche einen »stromlinienförmigen« Querschnitt aufweisen, wie er für Tragflügelprofile charakteristisch ist (Abb. 243 rechts). Nachstehend wird ein solcher Körper kurz als *»Profil«* bezeichnet. Nimmt man das in Abb. 243 rechts oben dargestellte obere Profil fort und läßt Luft jetzt auch entlang der *Unter*seite des verbliebenen Profils strömen (Rohr in Abb. 243 rechts unten), ergeben sich folgende Verhältnisse: Der Weg der Luft entlang des Profils bis zu seinem spitzen Ende ist oben herum weiter als

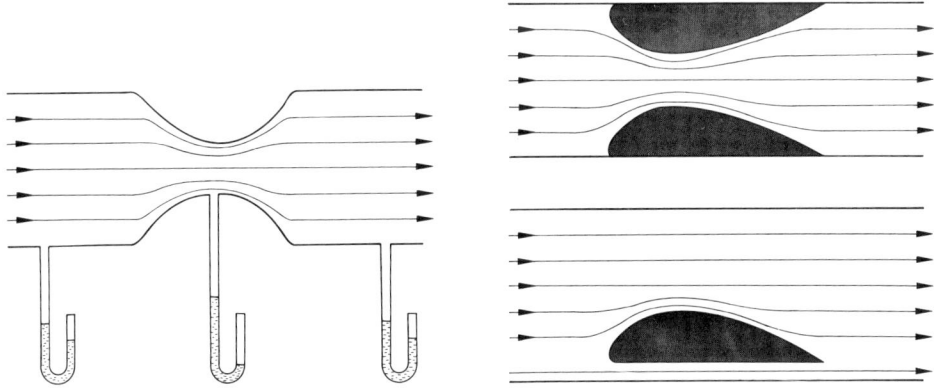

Abb. 243. Strömungen in verengten Rohren
Links: »Seitendruck« in einem Rohr mit verschieden großen Querschnitten (nach Arzt und Streicher 1962)
Rechts: Verengung eines Rohrs durch »Profile«. Eng gedrängte Stromlinien bedeuten jeweils hohe Strömungsgeschwindigkeit (nach Stever und Haggerty 1972)

unten herum; sie strömt daher auf der Oberseite schneller als auf der Unterseite; daraus resultiert, daß oberseitig der Druck geringer ist als unterseitig.

Infolge der unterschiedlichen Strömungsgeschwindigkeiten an den das Profil begrenzenden Flächen entsteht nicht nur auf der Oberseite ein Unterdruck (ein »Sog«), sondern auch auf der Unterseite ein gegenüber dem Atmosphärendruck erhöhter Druck. Die Bereiche des Unter- und Überdrucks sind in Abb. 244 dargestellt. Durch die Druckverteilung erfährt das Profil eine Kraft, welche es nach oben treibt. Sie heißt *Quertrieb* (auch: Seit- oder Querkraft). Im technischen Sprachgebrauch wird der Quertrieb häufig als Auftrieb bezeichnet. Das ist verwirrend, da der Begriff Auftrieb auch für den Hub (s. H3) verwendet wird. Daher wird im folgenden die Bezeichnung »Auftrieb« vermieden.

Die für die Entstehung des Sogs auf der Profiloberseite verantwortliche Differenz der Strömungsgeschwindigkeiten zwischen oben und unten kann auch so beschrieben werden: Um das Profil *zirkuliert* eine Strömung (Abb. 245), welche auf der Unterseite der in Abb. 243 dargestellten entgegengerichtet ist und diese abschwächt. Auf das Zustandekommen dieser Kreisströmung kann hier nicht eingegangen werden.

Man kann den Quertrieb an einer präparierten Fledermaus demonstrieren, wenn man sie mit ausgespannten Flügeln auf einer Waage befestigt und von vorne anbläst (Abb. 246). Ein leicht durchzuführender eindrucksvoller Versuch zeigt ebenfalls den durch schnell strömende Luft entstehenden Sog: Klemmt man den Rand eines Blattes Papier zwischen Zeige- und Mittelfinger, legt den Zeigefinger an die Lippen und bläst über das hängende Blatt, so bewegt es sich nach *oben*.

Eine weitere Kraft wirkt zusätzlich zum Quertrieb auf das angeströmte Profil: es ist der *Luftwiderstand* (oder kurz: Widerstand). Ihn erfährt es an seiner Stirnseite: die Luft drückt es nach hinten. Er wäre dann am größten, wenn das Profil mit seiner Unterseite gegen die Strömung gestellt würde. Man spürt ihn, wenn man im schnell fahrenden Auto den Arm

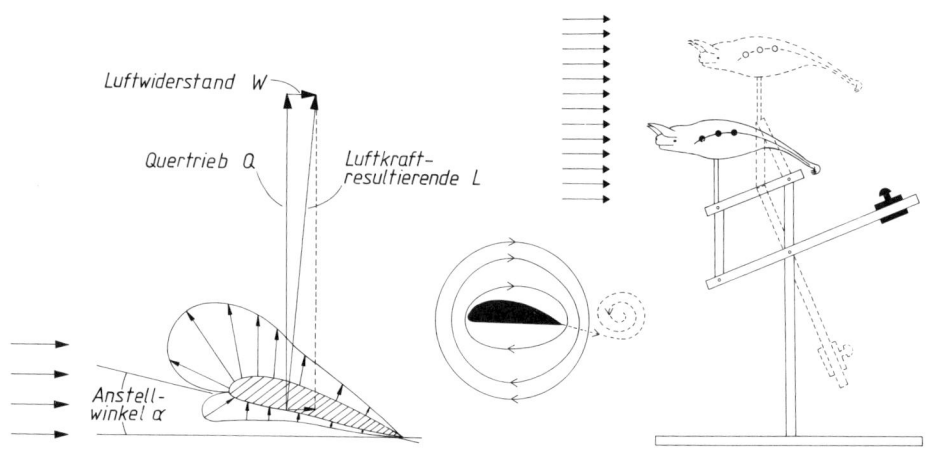

Abb. 244 (links). Druckverteilung an einem umströmten Profil sowie auftretende Luftkräfte. Auf das Profil weisende Pfeile bedeuten Drucküberschuß, von ihm fortzeigende Druckunterschuß (nach Bergmann und Schaefer 1958)

Abb. 245 (Mitte). Bildung einer Zirkulationsströmung und des »Anfahrwirbels« (gestrichelt) um einen Tragflügel (nach Bergmann und Schaefer 1958 sowie Rüppell 1980)

Abb. 246 (rechts). Auf einer Waage montierte Fledermaus wird von vorne angeblasen und dadurch gehoben (nach Jacobs 1954)

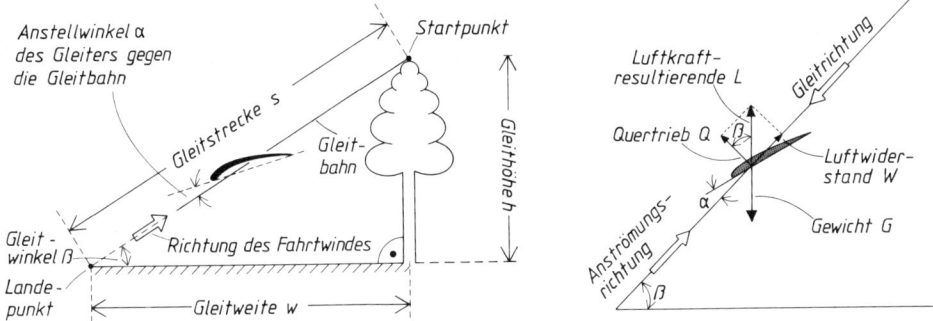

Abb. 247 (links). Geometrische Kenngrößen eines Gleiters (nach Nachtigall 1968)

Abb. 248 (rechts). Kräfteverhältnisse an einem gleitenden Profil (nach Nachtigall 1968 und v. Helversen 1975)

zum Fenster hinausstreckt. Hält man – Gesicht in Fahrtrichtung – die Handfläche parallel zur Straße, merkt man nur den Widerstand, dreht man die Daumenseite leicht nach oben, wird der Arm nicht nur nach hinten, sondern vom Quertrieb auch nach oben gedrückt.

Quertrieb und Widerstand setzen sich nach dem Kräfteparallelogramm zu einer Kraft zusammen, welche man als *Luftkraftresultierende* bezeichnet (Abb. 244).

H2.   Gleiten

Eine Bewegung nach dem Prinzip des Fallschirms (verzögerter Fall) gibt es bei landlebenden Wirbeltieren nicht; der von manchen Autoren gebrauchte Ausdruck »Fallschirmflug« ist daher irreführend; gemeint sind dabei immer gleitende Tiere.

In den vorstehend behandelten Beispielen ruhte der umströmte Körper, und die Luft war bewegt. Umgekehrt liegen die Verhältnisse bei gleitenden und fliegenden Tieren sowie bei Flugzeugen. Entscheidend für das Entstehen von Luftkräften ist die *Relativ*bewegung zwischen Luft und Flugkörper. Bei Flugzeugen mit Düsenantrieb sorgt dieser für die *Vorwärts*bewegung des Flugzeugs, in der Luft gehalten wird es durch die an den umströmten Tragflügeln angreifenden Luftkräfte. Bei aktiv fliegenden Tieren werden die tragenden Flächen *selbst* bewegt, die entstehenden Luftkräfte sind in Abb. 251 dargestellt und in H3 besprochen. Der aktive Flug läßt sich gut verstehen, wenn man zunächst das Gleiten betrachtet, welches die Vorstufe des Flugs in der Evolution gewesen sein dürfte.

Viele aktiv fliegende Tiere können auch gleiten. Manche Formen vermögen zwar zu gleiten, nicht aber aktiv zu fliegen – solche Arten finden sich besonders häufig unter den Säugetieren (Beispiele in Abb. 249).

Das Gleiten sei anhand des schon mehrfach erwähnten »Profils« erläutert. Bewegt es sich gleitend auf einer schrägen Bahn abwärts, entsteht ein »Fahrtwind« (Abb. 247). Gleitende Tiere drehen ihre Flügel so um deren Längsachse, daß das Flügelprofil etwas gegen die Gleitbahn »angestellt« ist. Der *Anstellwinkel* bestimmt unter anderem die Neigung der Gleitbahn und damit die Gleitweite.

Bewegt sich ein Gleiter mit *konstanter* Geschwindigkeit, wird sein Gewicht genau durch die Luftkraftresultierende kompensiert (Abb. 248).

Wenn die Luftmassen, in denen sich ein Gleiter auf seiner Bahn (relativ zur umgebenden Luft) *abwärts* bewegt, in ihrer Gesamtheit *aufsteigen* – wie dies beispielsweise an

269

heißen Sommertagen der Fall ist – kann der Gleiter sogar Höhe gewinnen: in diesem Fall spricht man von »*Segeln* im Aufwind«.

Ein von einer Baumspitze aus startender Gleiter landet in einer bestimmten Entfernung vom Fußpunkt des Baums, welche man als Gleitweite bezeichnet (Abb. 247). Die Entfernung hängt außer vom Anstellwinkel von der Konstruktion des Gleiters ab: Gute Gleiter erzielen große Gleitweiten. Der Quotient aus Gleitweite w und Gleithöhe h heißt *Gleitverhältnis*, dessen Kehrwert *Gleitzahl*. Je weiter entfernt der Punkt liegt, den ein Gleiter bei vorgegebener Gleithöhe zu erreichen vermag, desto höher ist der Wert für das Gleitverhältnis. Das Gleitverhältnis bzw. die Gleitzahl sind also Maße für das Gleitvermögen: Gute Gleiter erzielen hohe Werte für das Gleitverhältnis (bzw. kleine Werte für die Gleitzahl).

Man kann das Gleitverhältnis bestimmen, ohne daß man w und h im Freiland vermessen muß. Man benutzt hierzu die nach Abb. 247 geltende Beziehung: $\cot \beta = w{:}h$. Der Cotangens des Gleitwinkels ergibt also das Gleitverhältnis. Der Wert von $\cot \beta$ läßt sich bestimmen, wenn man im Labor den Gleiter in einen Windkanal bringt, ihn anströmt und die Luftkräfte mißt. Nach Abb. 248 gilt: $\cot \beta = Q{:}W$ (die Vektoren Q und L schließen deshalb den Gleitwinkel β ein, weil entsprechende Schenkel im großen und kleinen Dreieck paarweise senkrecht aufeinander stehen). Ein guter Gleiter (bzw. ein Tragflügel) erzeugt also starken Quertrieb Q bei geringem Widerstand W.

Für den Kurzkopfgleitbeutler registrierte man Werte für das Gleitverhältnis zwischen 2 und 5. Das sind – verglichen mit den Werten für Vögel – geringe Gleitverhältnisse. Selbst der schlecht gleitende Star weist einen Wert von 14 auf. Wenn der Kurzkopfgleitbeutler also von der Spitze eines 10 m hohen Baumes startet, kommt er gleitend maximal 50 m weit.

Außer den Vögeln haben alle Klassen der landlebenden Wirbeltiere Formen hervorgebracht, die zwar gleiten, aber nicht aktiv fliegen können: unter den Amphibien finden wir die Flugfrösche (welche eigentlich Gleitfrösche heißen müßten), unter den Reptilien die Flugdrachen (besser: Gleitdrachen) und unter den Säugetieren die Gleitbeutler, Riesengleiter, Gleithörnchen, Gleitbilche und Dornschwanzhörnchen. Die Säugetiere haben also die meisten Gleiter hervorgebracht – und zwar unabhängig voneinander die drei Ordnungen Zehenbeutler, Nagetiere und Riesengleiter (letztere umfaßt ausschließlich gleitende Arten).

Die baumlebenden Gleitfrösche, die niemals schwimmen, besitzen großflächige »Schwimmhäute« zwischen Fingern und Zehen. Die Gleitdrachen verbreitern ihren Körper durch eine Haut, welche mit Hilfe langer, beweglicher Rippen seitlich aufgespannt werden kann.

Gleitende Säugetiere vermögen mit den Vorder- und Hintergliedmaßen eine am Rumpf ansetzende *Gleithaut* zu entfalten (Abb. 249). Manche Arten spannen sie zusätzlich durch Knorpelstäbe; solche setzen bei Gleitbilchen und Dornschwanzhörnchen in der Nähe der Ellenbogen an, bei Gleithörnchen nehmen die Stäbe ihren Ursprung in der Handwurzelgegend. Die Gleithaut der Dornschwanzhörnchen und Gleitbilche erstreckt sich auch zwischen Armen und Hals sowie zwischen Hinterextremitäten und Schwanz. Einen völlig in die Gleithaut einbezogenen Schwanz besitzen die Riesengleiter. Ein solches Tier bietet in der Luft das Bild einer großen gleitenden Fläche, über welche nur der Kopf und die Krallen hinausragen (Abb. 397). Die Gleithaut der Riesengleiter ist auch im zusammengefalteten Zustand gut sichtbar, die Tiere sehen aus, als ob sie in eine Wolldecke gehüllt wären (Abb. 397). Wenig auffällig ist die nicht ausgespannte Gleithaut der übrigen Gleiter – so beim sitzenden Riesengleitbeutler der Abb. 250.

Gleiten bedingt Starten von einem erhöhten Punkt. Alle Gleiter sind daher baumlebend. Im Wald ist die Gefahr des Anstoßens größer als im freien Gelände. (Vögel fliegen

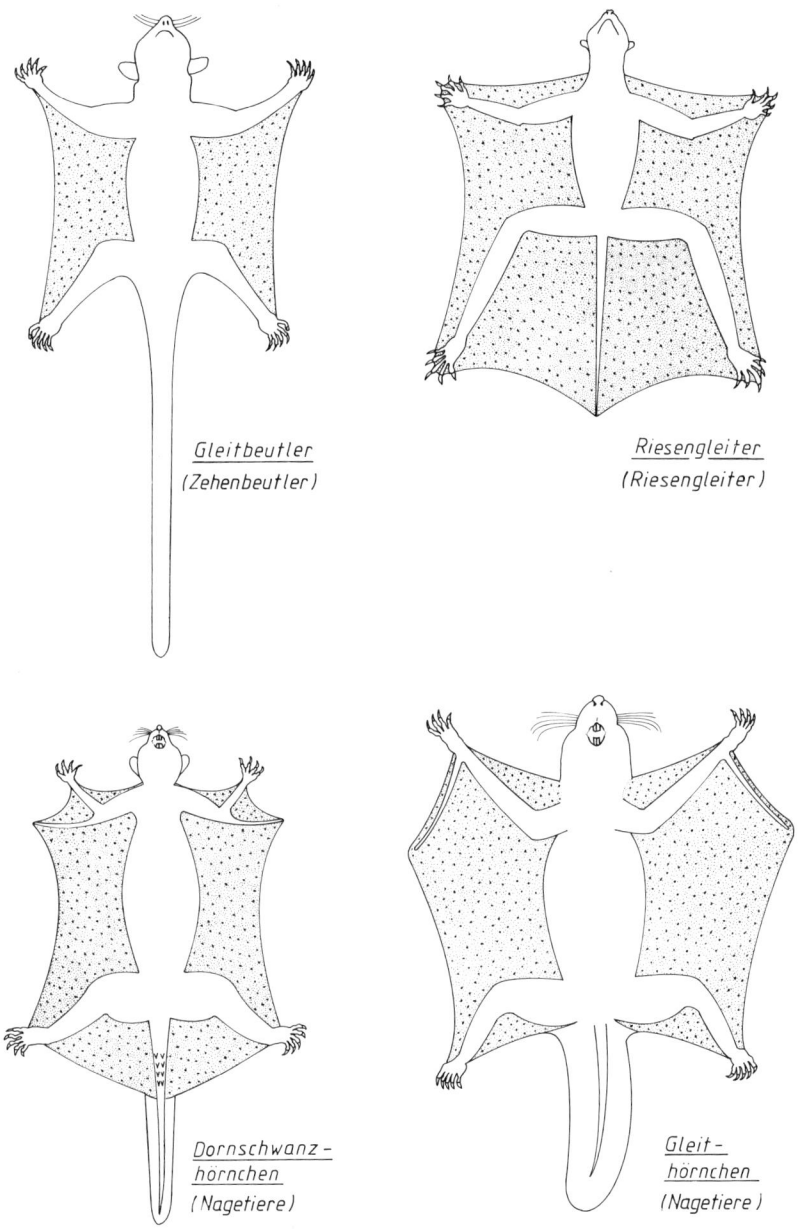

Gleitbeutler
(Zehenbeutler)

Riesengleiter
(Riesengleiter)

Dornschwanz-
hörnchen
(Nagetiere)

Gleit-
hörnchen
(Nagetiere)

Abb. 249. Gleiter aus verschiedenen Ordnungen. Jeweilige Ordnung in Klammern ange-geben. Gleithaut punktiert. Siehe auch Abb. 250 (nach Eisentraut 1957 und Starck 1979)

im Wald langsamer als über offener Landschaft.) Die gleitenden Säugetiere erreichen we-gen der geringen Werte für das Gleitverhältnis und den damit großen Gleitwinkeln recht hohe Geschwindigkeiten (bis zu 60 km/h). Da die Wucht eines möglichen Aufpralls mit dem Quadrat der Geschwindigkeit wächst (E = 1/2 mv^2), würden die Gleiter gefährlich le-ben, verfügten sie nicht über gute Steuermechanismen. Vor dem Landen an einem

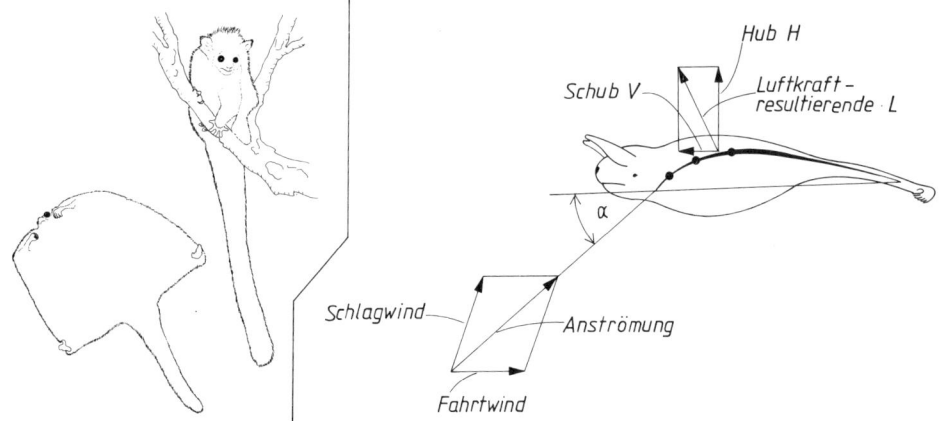

Abb. 250 (links). Riesengleitbeutler. Rechts sitzend, links gleitend. Bei dieser Art setzt die Gleithaut vorne am Oberarm an; während des Gleitens werden daher die Unterarme abgewinkelt, so daß sich die Finger zu den Seiten des Kopfes befinden (nach Fotos in Grzimeks Tierleben)

Abb. 251 (rechts). Prinzip der Kräfteverhältnisse an einem schlagenden Fledermausflügel. Zum Zustandekommen von L s. Abb. 244. Die Verdickungen im Flügelquerschnitt deuten die Knochen der Strahlen II bis IV an (nach Norberg 1972a, v. Helversen 1975 und Rüppell 1980)

Stamm nehmen sie ihren Schwanz zuhilfe und verändern ihre Gleitbahn so, daß ein *Aufwärts*gleiten zustande kommt – sie setzen dann mit allen vier Gliedmaßen etwa gleichzeitig auf.

Die Gleithaut zwischen Hinterextremitäten und Schwanz stellt die Riesengleiter vor ein besonderes Problem bei der Kotabgabe. Diese Tiere bewegen sich an Ästen wie Faultiere mit dem Rücken nach unten (Abb. 397). Um den Kot nicht in die »Tasche« der hinteren Gleithaut fallen zu lassen, zeigen sie ein besonderes Verhalten: Sie suchen den Stamm auf, setzen sich mit dem Kopf nach oben hin und klappen Schwanz samt Gleithaut in Richtung Rücken. Das scheint sehr umständlich zu sein, denn sie koten selten – aber viel, da sie Pflanzenesser sind.

H3. Fliegen

Der aktive Flug – bei dem das ganze Gewicht des Tieres entgegen der Wirkung der Schwerkraft in der Luft gehalten werden muß – ist die energieaufwendigste Fortbewegungsweise. Er erfordert einen extrem hohen Energieumsatz.

Beim Fliegen werden – anders als beim Gleiten – die Tragflächen auf- und abgeschlagen. Beim Flügelschlag entstehen durch die Anströmung die besprochenen Luftkräfte an den Flügeln, welche den Tierkörper nicht nur in der Luft halten *(Hub)*, sondern ihn auch vorwärtstreiben *(Schub)*. Hub und Schub erhält man, wenn man die Luftkraftresultierende (Abb. 244) in eine senkrechte Komponente und eine in Bewegungsrichtung des Tieres zeigende zerlegt (Abb. 251). Beim sogenannten Schlagflug ist die Anströmung des Flügels die Resultierende aus zwei Komponenten: aus dem *Fahrtwind*, welcher durch die

Vorwärtsbewegung des Tieres entsteht und aus dem *Schlagwind*, welcher durch den Flügelschlag hervorgerufen wird. Abb. 251 stellt die Situation beim Flügel*abschlag* dar. Da der Flügel keine starre Platte ist, spielen die verschiedenen Flügelteile dabei unterschiedliche Rollen. Diese Probleme sowie die Verhältnisse beim Aufschlag werden hier nicht weiter besprochen. Man lese sie in einem Buch über Vogelflug nach. Im folgenden seien noch einige bei Fledertieren auftretende Besonderheiten aufgeführt und dadurch beleuchtet, daß der Vogelflug zum Vergleich herangezogen wird.

Der Vorderrand eines Profils heißt in der Luftfahrttechnik »Nase«. Bei dünnen Profilen, welche scharfe Nasen haben, kommt es bei zu großem Anstellwinkel zu einem »Abreißen« der Strömung auf der Oberseite. Abreißen heißt, daß die Strömung nicht mehr glatt dem Profil entlang fließt wie in Abb. 252 links oben, sondern daß sich Wirbel bilden (Abb. 252 links unten). Ein Flugzeug ist in diesem Fall »überzogen« und stürzt ab. Verhindert man das Abreißen durch Hilfsmittel, liegt die Strömung auch bei großem Anstellwinkel an. Als »Quertriebshilfe« benützt man in der Technik eine sogenannte *Nasenklappe* (Abb. 252 rechts oben).

Der Flügel eines Fledertiers – der einen wesentlich dünneren Querschnitt als der Vogelflügel besitzt – ist ein Beispiel eines solchen »dünnen Profils«. Weist er eine Struktur auf, die als Nasenklappe wirken könnte? Eine solche benötigt das Tier bei den großen Anstellwinkeln, die auftreten, wenn es landet oder schnell manövriert. Hierfür kommt der Flughautanteil in Frage, der *vor* den Knochen des Ober- und Unterarms sowie des dritten Fingers liegt (Abb. 253). Wie Fotografien fliegender Flederhunde zeigen, können sie diesen Flughautanteil mit Hilfe des ersten und zweiten Fingers nach unten ziehen, so daß er eine Struktur abgibt, die einer Nasenklappe ähnelt. Ein sehr großes Stück Flughaut zwischen dem zweiten und dritten Finger findet man bei Flederhunden mit ihren großflächigen Flügeln – nicht jedoch bei schmalflügeligen Fledermäusen (Abb. 253). Das wird verständlich, wenn man den Aktionsraum der verschiedenen Arten betrachtet: Formen mit langen schmalen Flügeln sind – entsprechend den Verhältnissen bei Vögeln

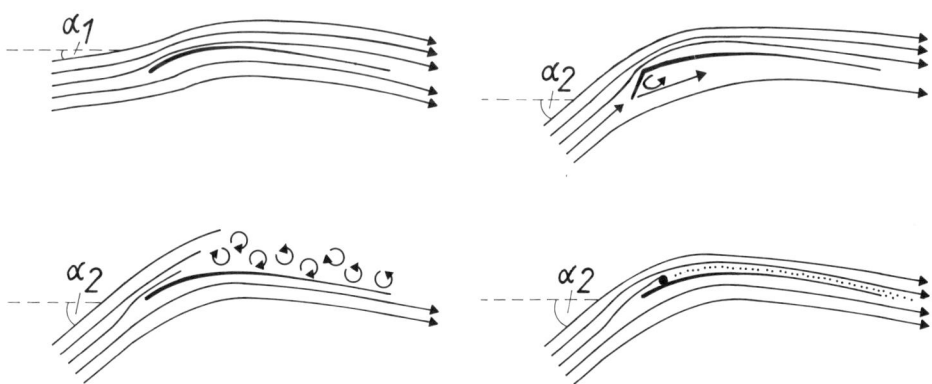

Abb. 252. Strömungen um ein dünnes Profil
Links oben: Umströmtes Profil bei kleinem Anstellwinkel
Links unten: Dasselbe Profil bei zu großem Anstellwinkel. Abreißen der Strömung und Wirbelbildung an der Profiloberfläche
Rechts oben: »Nasenklappe« als Quertriebshilfe. Die Strömung fließt um die Oberseite
Rechts unten: Auf der Profiloberfläche hervorstehende Struktur als Turbulenzhilfe. Infolge der turbulenten Grenzschicht (punktiert) hinter der Struktur liegt die Strömung darüber an (nach Hertel 1963 und Norberg 1972a)

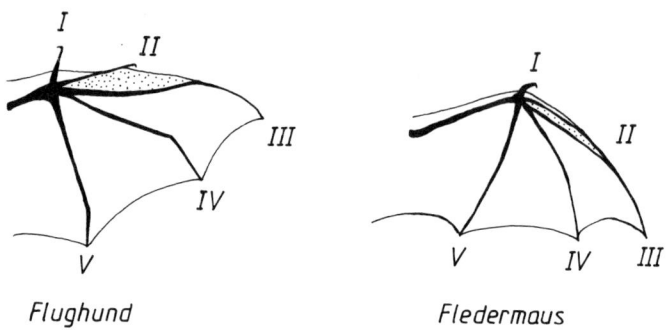

Flughund   Fledermaus

Abb. 253. Äußerer linker Flügelteil des Nilflughunds und des schmalflügeligen Großen Abendseglers. Zwischen dem zweiten und dritten Finger gespannte Flughaut punktiert. Fledermäuse tragen am zweiten Finger keine Kralle wie die Flughunde (nach Norberg 1972a)

– schnelle Flieger und bewegen sich vor allem im freien Luftraum; sie müssen daher nicht so gut manövrieren können wie Arten, die in hindernisreicher Umgebung (beispielsweise im Wald) umherfliegen. Derartige Lebensräume bewohnende Formen haben relativ kurze breite Flügel: Flughunde als Früchteesser holen ihre Nahrung in Bäumen.

Flugzeugkonstrukteure kennen eine weitere Möglichkeit, das Abreißen der Strömung bei großem Anstellwinkel zu verhindern: Sie bringen auf der Oberseite des Profils im vorderen Teil eine hervorstehende Struktur an, welche als »Turbulenzhilfe« wirkt (Abb. 252 rechts unten). Im Lee der Turbulenzhilfe ist die Strömung in der Grenzschicht (das ist die Luftschicht unmittelbar über der Profiloberfläche) nicht laminar, sondern weist Turbulenzen auf. Die turbulente Grenzschicht bewirkt, daß die Strömung über ihr laminar bleibt. Solche Turbulenzgeneratoren findet man tatsächlich auf den Flügeln der Fledertiere. Einerseits bilden die Knochenstäbe, welche die Flughaut stützen, Vorsprünge auf der umströmten Fläche (Abb. 246 und 251); andererseits besitzen manche Arten Haare auf dem Flughautteil, der sich über die Armknochen spannt.

Das Problem, einen Trag- *und* Schlagflügel zu entwickeln, haben Fledertiere und Vögel während ihrer Stammesgeschichte auf verschiedene Weisen gelöst: Fledertiere spannen eine Flughaut mit Knochenstäben auf – vergleichbar den Stäben eines Regenschirms (Abb. 254); bei den Vögeln versteifen Knochen nur den Flügel*vorderrand*, die Tragfläche besteht fast ausschließlich aus Horngebilden – den Federn. Weiterhin haben die Fleder-

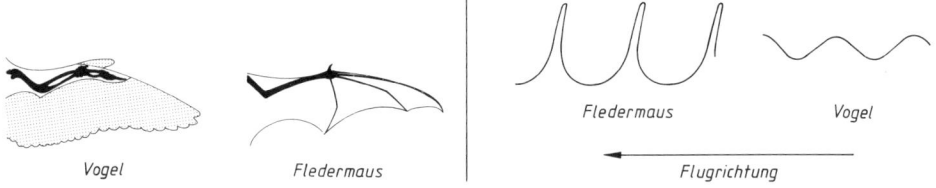

Vogel   Fledermaus   Fledermaus   Vogel

Flugrichtung

Abb. 254 (links). Flügel eines Vogels (Taube) und einer Fledermaus *(Eumops perotis)*. Knochen schwarz, Federn grau dargestellt (nach Herzog 1968 und Vaughan 1978)

Abb. 255 (rechts). Bahn der Flügelspitze eines schlagenden Fledermaus- und Vogelflügels (nach Eisentraut aus Starck 1979 und Jacobs 1954)

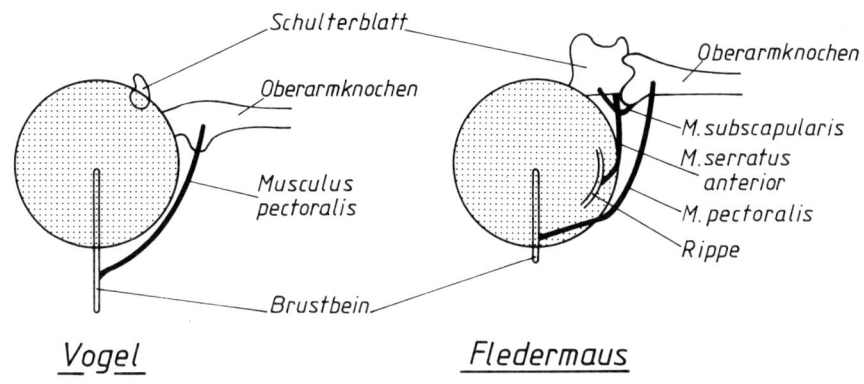

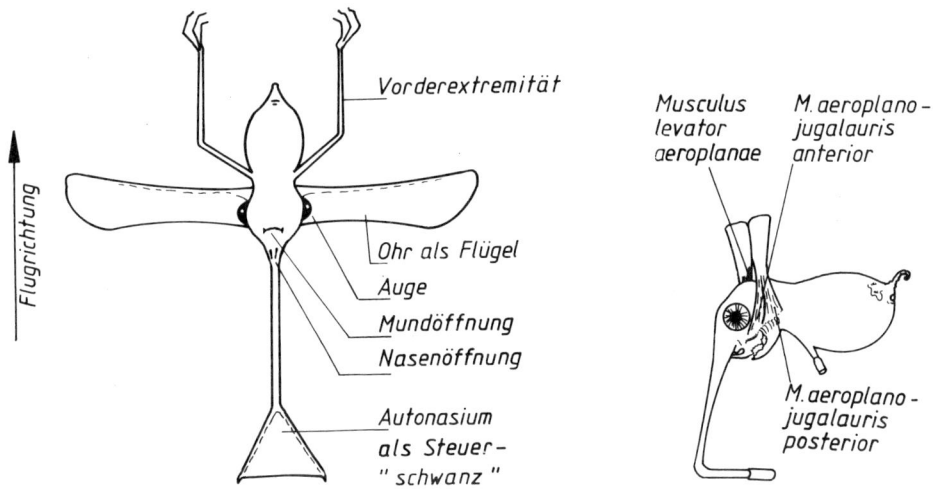

Abb. 256. Oben: Schema zum Verlauf der die Flügel *senkenden* Muskeln (schwarz) bei Vogel und Fledermaus. Blick von vorne. Brustkorb punktiert, bei der Fledermaus Teil einer Rippe angedeutet; Schlüsselbeine und Coracoid (beim Vogel) fortgelassen (nach Vaughan 1978)
Unten: Flugohr; links fliegend (von unten gesehen), rechts Präparat der Flugmuskulatur. Weiteres zu dieser Art in Abschnitt XII Z (nach Steiner 1961)

tiere die Hinterextremitäten (mit Stylo- und Zeugopodium) sowie – bis auf eine Ausnahme – den Schwanz in die Flughaut einbezogen, während die Beine der Vögel »frei« sind.

Die Blutversorgung der dünnen Flughaut wird durch eine Besonderheit gewährleistet: die Flügelvenen weisen kontraktile Partien auf (»Venenherzen«).

Die Bahn des Flügels eines geradlinig fliegenden Fledertiers sieht anders aus als die eines sich entsprechend bewegenden Vogels (Abb. 255): Während der Vogelflügel eine etwa sinusförmige Bahn durchmißt, verläuft beim Fledertier das Ende des Aufschlags und der Beginn des Abschlags sehr steil. Das dürfte der Grund sein, warum der Flug der Fledertiere manchmal als »Flatterflug« bezeichnet wird (s. auch Abb. 401).

Fledermäuse vermögen mit ihren häutigen Flügeln die gleichen Flugkunststücke zu vollführen wie Vögel: so kann der Große Abendsegler wie der Mauersegler ein Stück weit bauchoben fliegen.

Die *Flugmuskulatur* muß bei Fledertieren wie bei Vögeln mächtig ausgebildet sein. Die früheren Versuche der Menschen, sich mittels an die Arme geschnallter Flügel in die Luft zu erheben, waren deshalb zum Scheitern verurteilt, weil unsere Brustmuskulatur viel zu schwach entwickelt ist. Wollten wir solche Flügel bewegen, müßten wir etwa 2 Meter dicke Brustmuskeln vor uns hertragen! Als Ansatzfläche für die Flugmuskulatur trägt das Brustbein bei Fledertieren und Vögeln einen Kamm (Crista sterni). An diesem setzen bei Vögeln Auf- *und* Abschlagmuskeln an, bei Fledertieren nur *einer* der Abschlagmuskeln (der M. pectoralis) – die übrigen inserieren an anderen Knochen (Abb. 256). Für den *Auf*schlag sorgen – im Gegensatz zu den Verhältnissen bei Vögeln – bei Fledertieren *mehrere* Muskeln (die Aufschlagmuskeln sind in Abb. 256 nicht eingezeichnet). Da der Abschlag des Flügels für die Erzeugung von Hub und Schub wichtiger ist als der Aufschlag, sind die Flügelsenker stärker entwickelt als die Flügelheber.

Weitere Anpassungen an das Fliegen sind bei Fledertieren: Gewichtsersparnis durch sehr dünne Knochen sowie Erzielen einer stabilen Fluglage durch Verlagern des Schwerpunktes unter den Flügelansatz.

J.   Unterirdische Lebensweise

Wie jeder weiß, der einmal mit einem Spaten ein Loch gegraben hat, ist das Lockern und Fortschaffen von Erde eine mühsame Tätigkeit. Trotzdem haben es einige Arten vermocht, eine völlig unterirdische Lebensweise zu führen. Es sind die Maulwürfe, die Goldmulle, der zu diesen konvergent entstandene Beutelmull sowie verschiedene Arten der Nagetiere. Sämtliche Formen weisen extreme Spezialisierungen auf. Alle Arten, die auch ihre Nahrung unter der Erdoberfläche erwerben, werden im folgenden als *»Wühler«* bezeichnet – unabhängig davon, auf welche Weise sie die Erde lockern und wegschaffen.

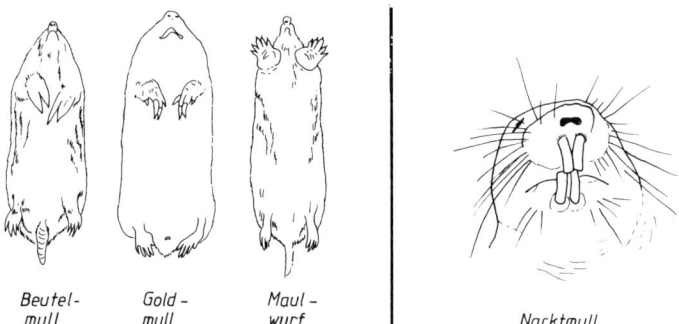

Beutel-
mull

Gold-
mull

Maul-
wurf

Nacktmull

Abb. 257 (links). Körpergestalt von Wühlern. Beutelmull als Vertreter der Marsupialia sowie zwei zu den Choriaten gehörende Formen (Beutelmull und Maulwurf nach Krumbiegel 1953/55, Goldmull nach Gregory aus Starck 1979)

Abb. 258 (rechts). Kopf des Nacktmulls (nach Starck 1982)

Wühlende Lebensweise schafft Konvergenzen in der Körperform und Länge der Extremitäten (Abb. 257).

Diejenigen Formen, welche mit den Vordergliedmaßen die Erde lockern, haben wie der Maulwurf (Abb. 204 und 257) vorne ein verbreitertes Autopodium mit stark ausgebildeten Krallen, oder sie besitzen wie der Beutelmull bei nicht so breitem Autopodium zwei gewaltig entwickelte Klauen (Abb. 257).

Daneben existieren mehrere Arten unterschiedlicher systematischer Zugehörigkeit, die zwar unterirdisch wohnen oder dort ihre Jungen großziehen, ihre Nahrung aber oberirdisch suchen. Hierher gehören die Reißtiere Fuchs und Dachs, die Nagetiere Hamster und Präriehund sowie verschiedene in der Wüste lebende Nagetiere. Nicht vergessen sei das Schnabeltier, dessen mit Schwimmhäuten versehene Vorderextremitäten zunächst als zum Graben wenig geeignet erscheinen. Es vermag die Schwimmhäute jedoch zurückzuklappen, so daß die weiter hinten stehenden Krallen an den Vorderrand der Gliedmaße gelangen (die Lage der Krallen ist in Abb. 189 zu sehen).

Nachstehend sind einige Besonderheiten der Wühler besprochen. Für alle gilt: Die Dunkelheit in den unterirdischen Gängen hat zur Folge, daß bei ihnen die Augen mehr oder weniger zurückgebildet werden.

J1.   Graben mit den Extremitäten

Vergleichen wir in Abb. 204 die Vordergliedmaße des Maulwurfs mit den in anderer Richtung spezialisierten Vorderextremitäten der Abb. 204, so fällt folgendes auf: Der stark verbreiterte Humerus erhält seine Form durch große Leisten für die ansetzende Muskulatur. Kurz und dick sind auch die übrigen Knochen; das Autopodium ist sehr breit, wobei die Fläche der Grabschaufel noch durch das zusätzliche Os falciforme vergrößert wird. Vergleichsweise lang sind die Krallen, sie erreichen etwa die Länge des Unterarms: es herrscht ein Zustand, den man sich beim Menschen anschaulich machen kann, indem man den Struwwelpeter betrachtet. Wegen des kurzen Stylo- und Zeugopodiums ragt nur das Autopodium über den Umriß des walzenförmigen Maulwurfkörpers hervor. Außerdem befindet sich die Grabschaufel infolge besonderen Gelenkbaus nicht – wie bei einer Vordergliedmaße üblich – neben dem Thorax, sondern neben dem Kopf.

Auch bei den Eierlegern, deren stammesgeschichtliche Entwicklung völlig eigenständig verlief, führt grabende Tätigkeit zu einem sehr kompakt aufgebauten Autopodium, welches dem des Maulwurfs ähnelt (Abb. 259). Hier zeigt sich wieder einmal, wie der Lebensraum bestimmte Eigentümlichkeiten des Körperbaus »erzwingt«.

Beim Graben bringt der Maulwurf die senkrecht stehende Grabschaufel vor den Kopf und führt sie dann *seitlich* an diesem vorbei zurück. Die Bewegung erfolgt also zunächst nicht von vorne nach hinten, sondern nach der Seite hin. Sie gleicht damit der Bewegung eines brustschwimmenden Menschen, der mit den vor dem Kopf mit den Handrücken zusammengelegten Händen einen neuen Schwimmstoß beginnt. Der Maulwurf bringt die Grabschaufeln vor dem Kopf allerdings nicht so nahe zusammen, daß sie sich berühren. Bei ihm ist das Durchführen einer derartigen Bewegung nur deshalb möglich, weil er zwischen Humerus und Schlüsselbein ein zweites – sonst nicht vorkommendes – Gelenk besitzt.

Alle übrigen Wühler bewegen die grabenden Extremitäten – vorne beginnend – nicht nach der Seite, sondern nach hinten. So beispielsweise Gold- und Beutelmull (Abb. 257), deren Vordergliedmaßen nicht Schaufeln, sondern *Hacken* ähneln. Beide Arten befördern die gelockerte Erde mit dem *Kopf* nach hinten, dessen Nasenregion in Anpassung an diese Grabtechnik eine verhornte Platte trägt.

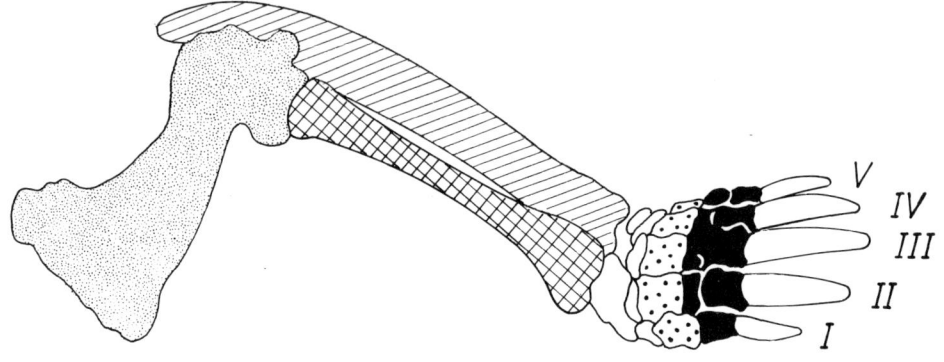

Abb. 259. Skelett der linken Vordergliedmaße eines Ameisenigels von vorne. Symbolik wie in Abb. 204. Man vergleiche mit der dort dargestellten Extremität des Maulwurfs (nach Starck 1979)

J2.   Graben mit den Zähnen

Weil sich die den Boden lockernden Körperteile stark abnutzen, können nur solche Zähne für diesen Zweck eingesetzt werden, die ständig nachwachsen. Geeignet sind die Schneidezähne der Nagetiere. In der Tat verwenden mehrere nicht näher miteinander verwandte Vertreter dieser Ordnung ihre Schneidezähne, um Gänge im Erdreich zu schaffen. Ihre weit vorstehenden Nagezähne kann man mit einem *Meißel* vergleichen.

Erde dringt beim Graben deshalb nicht in die Mundhöhle ein, weil in das Diastema zwischen Schneide- und Backenzähne behaarte Haut eingewachsen ist und so die Nagezähne völlig umgibt (Abb. 258). Für die Nahrungsaufnahme steht gewissermaßen eine »zweite Mundöffnung« hinter den Schneidezähnen zur Verfügung.

Neben dem in Abb. 258 dargestellten Nacktmull gehören zu diesen »Zahngräbern« die Blindmäuse und die Taschenratten (Beispiel in Abb. 132). Während die Blindmäuse keine Grabanpassungen der Vordergliedmaßen zeigen, setzen die Taschenratten beim Lockern der Erde neben den Zähnen die kräftigen Krallen der Vorderextremitäten ein.

J3.   Soziales Graben

Individuen des Nacktmulls bilden beim Graben eine »Kolonne« (Abb. 260). Wie gelangt die vom vordersten Nacktmull mit den Schneidezähnen gelockerte Erde ins Freie? Er scharrt sie zum hinter ihm stehenden Tier. Dieses übernimmt sie und bewegt sich rückwärts gehend damit in Richtung zum Ausgang der Höhle. Dort angekommen, wirft es die Erde durch heftige Bewegungen der Hinterbeine nach draußen. Der Auswurf lagert sich um das Loch in Form eines Miniatur-Vulkans ab. Die Art des Auswerfens erinnert Beobachter an das Aschespeien eines richtigen Vulkans.

Der Erde entledigt, kehrt der Nacktmull jetzt an den Ort hinter dem vordersten Gräber zurück. Dabei muß er über die sich rückwärts bewegenden, Erde transportierenden, Individuen »im Grätschschritt« hinwegsteigen – im Gang herrscht also »Gegenverkehr«. Er übernimmt vorne wiederum Erde, der Vorgang wiederholt sich.

278

Von Zeit zu Zeit wird der vorderste Nacktmull abgelöst.

Der Nacktmull stellt als Wühler einen extremen Anpassungstyp dar. Er hat nicht nur bis auf einige lange Vibrissen sein Haarkleid rückgebildet, sondern ist auch bezüglich der Fortpflanzung unter Säugetieren einmalig (s. IX M).

J4. Das Bernoullische Strömungsgesetz und das Belüften des Baues von Präriehunden

Der in Nordamerika lebende Schwarzschwanz-Präriehund gräbt Gänge, die über 15 m lang sein und bis in 3 m Tiefe reichen können. In einer Präriehund-»Stadt« ist die Erde weithin unterhöhlt. Die Bewohner häufen die herausgeschaffte Erde kegelförmig um die Ausgänge ihres Höhlensystems, wodurch Hügel mit Kratern entstehen. Ein einzelner Bau hat im allgemeinen zwei Ausgänge. Lange Zeit deutete man die Hügel als Aussichtspunkte oder als Schutz gegen eindringendes Wasser bei Überschwemmungen. Das würde aber nicht die verschiedenen Formen der Hügel und Kraterränder erklären: der eine ist ein hoher Hügel mit scharfrandigem Krater, der andere ein flacher Hügel ohne scharfen Kraterrand (Abb. 261). Werden die Hügel durch einen starken Regenguß zerstört, bauen die Präriehunde sie in genau derselben Form wieder auf.

Aufgrund dieser Beobachtung gelangten Wissenschaftler zu einer Vermutung, die sie mit folgendem Experiment prüften: Sie ließen eine kleine Rauchbombe in den Bau rollen. Sobald im Freien eine Brise aufkam, stieg eine dünne Rauchsäule aus dem scharfrandigen Krater – nicht jedoch aus dem flachen Hügel. Im Gangsystem mußte also eine *gerichtete* Luftströmung herrschen. Die Forscher überprüften das Ergebnis am Modell eines Baues, welches sie im Windkanal untersuchten. Jetzt konnte man die Gestalt der Hügel mit einer Gesetzmäßigkeit der Physik in Verbindung bringen. Das nach dem Mathematiker BERNOULLI genannte Theorem – es ist in Abschnitt H anhand der Abb. 243 erklärt – besagt, daß an Orten hoher Strömungsgeschwindigkeit eines Mediums ein Sog entsteht. Hohe Geschwindigkeiten stellt man wie in Abb. 243 durch »zusammengedrängte« Stromlinien dar. Wie Abb. 261 zeigt, drückt der hohe Hügel die Stromlinien stärker zusammen als der flache. Infolge des Sogs über dem hohen Hügel wird hier Luft

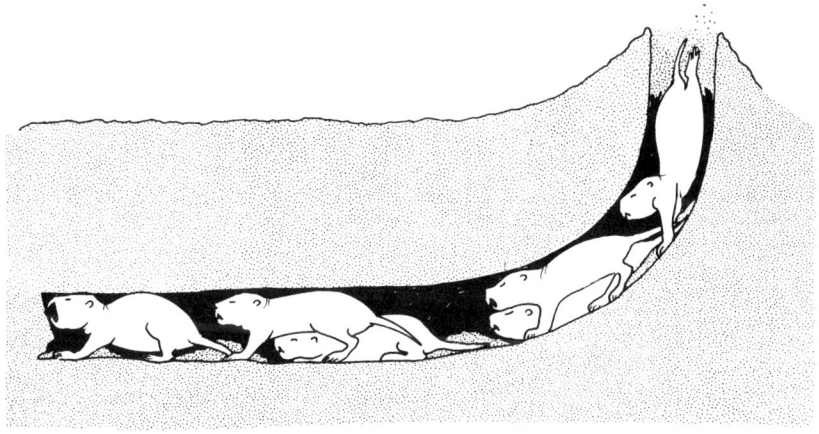

Abb. 260. Grabkolonne des Nacktmulls (nach Jarvis und Sale aus Vaughan 1978)

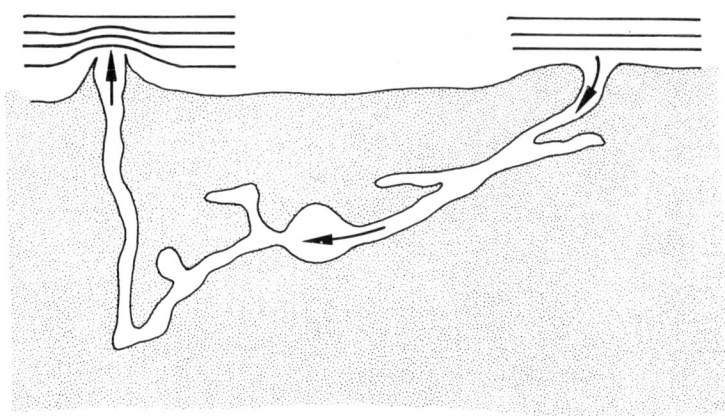

Abb. 261. Bau des Schwarzschwanz-Präriehundes mit durch Pfeile angegebener Luftströmung im Höhlensystem sowie über den Öffnungen eingezeichneten Stromlinien
(nach Vogel 1978)

aus der Höhle gesaugt, in den Krater des flachen Hügels strömt Frischluft. Die Saugwirkung ist unabhängig von der außerhalb des Baues herrschenden Windrichtung. Eine für
uns kaum wahrnehmbare Brise von 0,45 m/s reicht bereits aus, um die Luft im Bau der
Präriehunde innerhalb von 10 Minuten völlig zu erneuern.

K. Fortbewegung im Wasser

Das in Abschnitt VIII H beschriebene Experiment, bei dem man einen Arm aus dem
Fenster eines fahrenden Autos hinaushält, läßt sich entsprechend im Wasser durchführen.
Steht man bis zum Hals in einem See und bewegt den waagerecht ausgestreckten Arm
mit nach oben schräg gestellter Handfläche nach vorne, wird er aus der waagrechten Be-
wegung aufwärts abgelenkt. Die im Wasser an umströmten Körpern auftretenden Kräfte
sind im Prinzip dieselben wie in der Luft.
  Ein entscheidender Unterschied zwischen Fliegen und Schwimmen ist folgender: Im
Wasser muß nur ein sehr geringer dynamischer Auftrieb erzeugt werden; dieses Medium
»trägt« den Tierkörper, dessen Dichte ja nur wenig von der des Wassers abweicht.
  Statischen Auftrieb erfahren im Wasser alle Arten, deren Körper einen gasgefüllten
Raum beherbergt. Solche Räume sind die Schwimmblase mancher Fische sowie die
Lunge landlebender Wirbeltiere. Bei denjenigen Wirbeltieren, welche sekundär zum Was-
serleben übergegangen sind (Pinguine, Seekühe, Wale), kann die gasgefüllte Lunge zum
Problem werden – beispielsweise wenn ein Wal tief taucht (s. K3).
  Unter »Schwimmen« wird nachstehend die aktive Vorwärtsbewegung im Wasser ver-
standen. Ruhiges Treiben an der Oberfläche – wie man es bei einem Korken beobachtet –
fällt also nicht unter diesen Begriff.
  Bei den meisten größeren Tieren ist beim Schwimmen neben dem Beschleunigen von
Wassermassen das Beharrungsvermögen der trägen Masse des Tierkörpers von Bedeutung.
Schwimmende Säugetiere beschleunigen das Wasser – je nach Art mit verschiedenen
Körperanhängen – nach hinten. Der dadurch vorwärtsgetriebene Körper zeigt auch bei

diskontinuierlicher Bewegung der Körperanhänge eine recht konstante Fortbewegungs- geschwindigkeit. Das ist auf seine große Körpermasse zurückzuführen. (Tiere mit sehr geringer Körpermasse schwimmen nach ganz anderen Prinzipien, statt der Körpermasse spielt bei ihnen die Viskosität eine große Rolle; manche Arten bewegen sich stoßweise durchs Wasser – so der Wasser»floh« *Daphnia*.)

Der durch die Körperanhänge erzeugte *Vortrieb* heißt auch *Schub*. Er kann mit völlig unspezialisierten Gliedmaßen erzeugt werden. Dies tut ein schwimmender Hund, welcher im Wasser Laufbewegungen ausführt. Er verhält sich dabei wie fast alle nicht wasserle- benden Arten, wenn sie »unfreiwillig« ins Wasser geraten: sie vermögen mehr oder weniger geschickt zu schwimmen. Dies gilt auch für die Primaten – ausgenommen die Gibbons und Menschenaffen. Man kann diese Arten daher im Zoo auf einer durch einen Wassergraben umgebenen »Insel« halten. Auch der Mensch muß ja das Schwimmen erst lernen. Bringt man allerdings menschliche Neugeborene ins Wasser, führen sie Schwimmbewegungen aus, die denen eines Hundes gleichen. Die offenbar sehr alte Ver- haltensweise verschwindet nach einigen Wochen. (Das gleiche gilt für den durch Berühren der Fußsohle auszulösenden Greifreflex der Zehen.)

In der Gruppe der Reißtiere wurde deren beim Schwimmen wenig wirksame Pfote in der Evolution dadurch zur Schwimmextremität umgestaltet, daß die Finger bzw. Zehen durch Schwimmhäute verbunden wurden. Solche Gliedmaßen sind kennzeichnend für einige der nur vorübergehend das Wasser aufsuchenden Formen (s. K1). Stark ans Was- serleben angepaßte Arten tragen Flossen. »Flosse« ist eine funktionelle Bezeichnung, sie meint alle spezialisierten Schub erzeugenden Körperanhänge; deren innere Anatomie kann dabei sehr unterschiedlich sein. Beispiele sind die Vorderextremitäten der Ohrenrobben, die Hintergliedmaßen der Hundsrobben und die Schwanzflosse der Seekühe und Wale. Bei Walen spricht man auch von Schwanz»fluke«.

K1.   Formen, die einen großen Teil ihrer Zeit im Wasser verbringen

Das mit den Schweinen verwandte Flußpferd und das zu den Nagetieren zählende Wasser- schwein halten sich häufig in Seen und Flüssen auf. Das Flußpferd verbringt den ganzen Tag mehr oder weniger untergetaucht, steigt nachts ans Ufer und wandert zum Weiden landeinwärts – Wasserpflanzen verschmähen manche Populationen merkwürdigerweise. Capybaras – welche neben Land- auch Wasserpflanzen äsen – finden vor einem angrei- fenden Jaguar tauchend Zuflucht in einem Fluß.

Manche Arten suchen das Wasser ausschließlich zum Baden auf: so die Elefanten und die in Japan lebenden Rotgesichtsmakaken. Diese wärmen sich bei schneebedeckter Um- gebung in heißen Quellen auf, indem sie sich bis zum Hals ins Wasser setzen.

Viele Formen erwerben ihre – im allgemeinen tierliche – Nahrung im Süßwasser, verbringen aber auch reichlich Zeit an Land. Hierher gehört das Schnabeltier, der Schwimmbeutler, die Wasserspitzmaus und verschiedene Otter. Mit Ausnahme der Was- serspitzmaus weisen diese Arten *Schwimmhäute* zwischen den Fingern bzw. Zehen auf. Sie sind bei manchen Formen an allen vier Gliedmaßen, bei anderen nur an den Hinter- extremitäten ausgebildet. Der Schwimmbeutler (Abb. 262) besitzt vorne nur angedeutete, hinten sehr großflächige Schwimmhäute. Die Wasserspitzmaus verfügt weder über Schwimmhäute, noch über besondere Schwimmbewegungen: sie »läuft« unter Wasser. Einzige Anpassung ihrer Gliedmaßen sind steife Haare, die seitlich an den Zehen stehen und so die gegen das Wasser drückende Fläche etwas vergrößern.

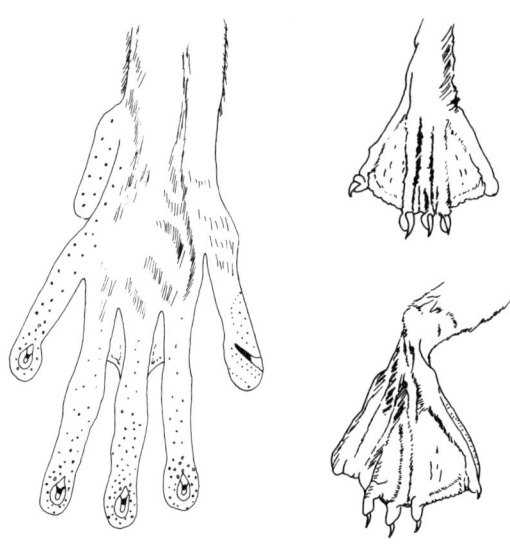

Abb. 262. Gliedmaßenenden des Schwimmbeutlers; vordere und hintere Extremität nicht im gleichen Maßstab dargestellt
Links: Rechte Vordergliedmaße von oben. Krallen stark rückgebildet. Man beachte die Schwimmhäute zwischen den Strahlen II, III und IV sowie den fingerartigen Auswuchs an der Außenseite zur Verbreiterung der gegen das Wasser drückenden Fläche (nach Krumbiegel 1960)
Rechts: Hinterextremität von oben und von unten gesehen (nach Krieg 1948)

Der Biber verbringt einen erheblichen Teil der Nacht im Wasser – allerdings nicht zur Nahrungssuche, sondern um Dämme zu bauen. Er ist das einzige Tier, welches Gewässer »manipuliert«, indem es Flußläufe aufstaut. Der Biber erzeugt wie der Schwimmbeutler den Schub vorwiegend mit den Hintergliedmaßen. Der dorsoventral stark abgeplattete Schwanz – »Biberkelle« genannt – liegt beim Schwimmen an der Wasseroberfläche und führt keine Bewegungen aus. Er dient wahrscheinlich beim Tauchen als Höhensteuer; außerdem hat er eine Funktion im Sozialleben (s. VIII D).

Einen seitlich abgeplatteten Schwanz besitzt die Bisamratte, deren Extremitäten keine Schwimmhäute aufweisen. Mit ihm erzeugt sie den gesamten Vortrieb.

Die Otter verfügen zwar über Schwimmhäute, setzen beim Schwimmen jedoch meist den ganzen Körper samt Schwanz ein, indem sie Schlängelbewegungen des Rumpfes ausführen.

K2. Fast ganzjährig das Wasser bewohnende Arten

Nur zur Paarung, zur Jungenaufzucht und zum Haarwechsel suchen die Robben das Land auf, ihre Fortbewegung auf dem Trockenen ist mehr oder weniger ungeschickt (s. XII O).

Beim Schwimmen erzeugen die Vertreter der beiden Familien Ohren- und Hundsrobben den Schub auf ganz verschiedene Weise: die Ohrenrobben benutzen die *Vorder-*, die Hundsrobben die *Hinter*gliedmaßen (Abb. 263). Die Hundsrobben drücken die Vorderextremitäten beim Schwimmen an den Körper an; die Flächen ihrer Hintergliedmaßen, welche den stummelförmigen Schwanz überragen, werden einander genähert; so bilden sie infolge einer Drehung um die Längsachse eine am Körperende *senkrecht* stehende Flosse, welche funktionell der Schwanzflosse der Fische vergleichbar ist.

Welche Anpassungen des Extremitätenskeletts findet man bei den Robben? Wie in Abschnitt VIII H besprochen, zeigen umströmte Körper – sogenannte »Profile« – im Querschnitt einen verdickten Vorderrand. Wir erwarten demnach Verstärkung und damit massige Knochen am Vorderrand solcher Gliedmaßen, die beim Schwimmen ähnlich wie ein Flügel seitlich vom Körper weggehalten werden oder sich »schlagend« bewegen –

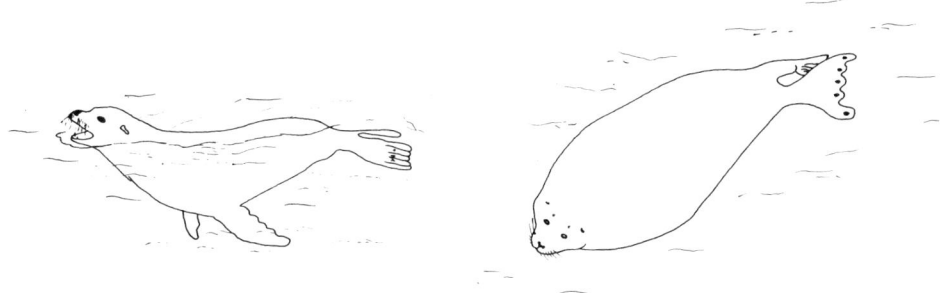

Abb. 263. Schwimmende Ohrenrobbe (links) und Hundsrobbe (rechts). Man beachte jeweils die Stellung der Vorder- und Hintergliedmaßen (nach Matthews 1972)

also bei den Vorderextremitäten der Wale und Ohrenrobben. Wie Abb. 264 zeigt, ist der Strahl, welcher das »Wasser teilt«, wesentlich kräftiger entwickelt als die übrigen Strahlen. Der verstärkte Strahl muß nicht wie bei den Ohrenrobben der erste sein: bei der Walflosse ist es Strahl II (Abb. 204 und 264).

Der Humerus ist bei Ohrenrobben und Walen stark verkürzt (Abb. 204 und 264).

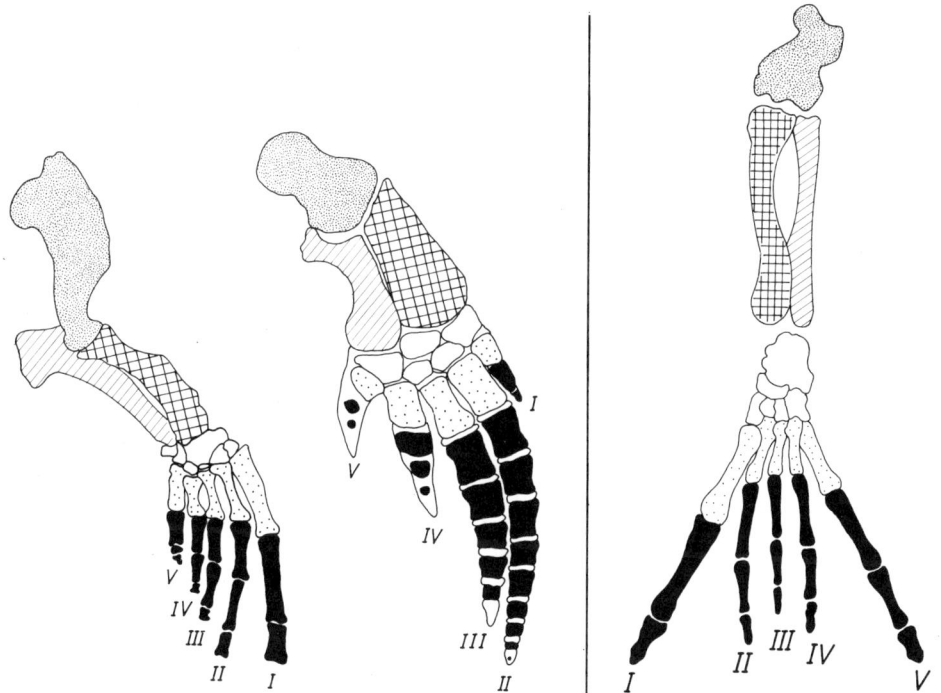

Abb. 264 (links). Skelett der rechten Vorderextremität eines Seelöwen (links) und eines Delphins. Symbolik wie in Abb. 204 (nach Hildebrand 1982)

Abb. 265 (rechts). Skelett der linken Hinterextremität des Nördlichen See-Elefanten von außen gesehen. Symbolik wie in Abb. 204 (nach Starck 1979)

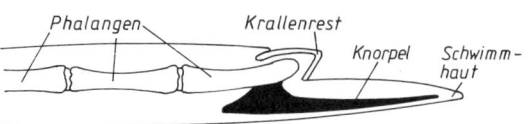

Abb. 266. Längsschnitt durch das Ende der Vordergliedmaße einer Ohrenrobbe. Man beachte die Verlängerung der stützenden Elemente (nach Cousteau und Diolé 1974)

Der Vorderrand der Ohrenrobben-Flosse wird zusätzlich durch eingelagertes derbes Bindegewebe verstärkt. Während die Wale die Vorderflossen meist nur als Steuer benutzen, erzeugen die Ohrenrobben damit außerdem Vortrieb. Da die Schwimmhäute der Ohrenrobben über die Enden der Phalangen hinausragen, würden sie ohne zusätzliche Stütze im Wasser »flattern«. Festigende Elemente sind die vor die Phalangen gelagerten Knorpelstücke (Abb. 266). Die an Land unter den Körper klappbaren Hinterextremitäten der Ohrenrobben werden beim Schwimmen nur gelegentlich eingesetzt – so bei scharfen Seitenwendungen. Auffällig sind Schlängelbewegungen des Rumpfes in der vertikalen Ebene. Sie setzen eine biegsame Wirbelsäule voraus. Die außerordentliche Beweglichkeit besonders der Halswirbelsäule kann man bei den Balancier-Kunststücken dressierter Seelöwen im Zirkus bestaunen.

Eine ebenfalls sehr biegsame Wirbelsäule besitzen die *Hundsrobben* (Abb. 313), deren Haltung manchmal an die Stellungen von »Schlangenmenschen« erinnert. Auch die Hundsrobben führen beim Schwimmen Schlängelbewegungen des Rumpfes aus, dabei bevorzugen sie die horizontale Ebene. Ihre Vordergliedmaßen setzen sie nur beim »Robben« an Land ein. Da die Hinterextremitäten mit ihren Flächen senkrecht stehen, ist bei ihnen kein Profil ausgebildet, vielmehr erfährt beim Schwimmen die *ganze* Fläche einer solchen Flosse den Wasserwiderstand – eine völlig andere Situation als bei den Vorderflossen der Ohrenrobben. Dies spiegelt sich im Bau der Hinterflossen der Hundsrobben wider (Abb. 265): sie sind an *zwei* Rändern verdickt – die Knochen von Strahl I und V sind kräftiger als die der übrigen Strahlen. Damit gleicht die Verstärkung den Wülsten an den Schwimmflossen der Taucher.

Der Femur der Hundsrobben (Abb. 265) ist wie der Humerus der Ohrenrobben kurz und kräftig.

K3.   Immerwährend im Wasser lebende Formen

Seekühe und Wale verlassen das Wasser auch während der Geburt und Aufzucht der Jungen nicht. Ein Haarwechsel, wie er von den Robben an Land vollzogen wird, entfällt ohnehin, da sowohl Seekühe als auch Wale ihr Haarkleid vollständig rückgebildet haben.

Die Vertreter beider Ordnungen gleichen sich auch in folgenden Merkmalen: von den Hinterextremitäten sind nur noch winzige – äußerlich nicht sichtbare – Rudimente vorhanden. Für den Vortrieb sorgt eine *horizontale* Schwanzflosse. Die Vordergliedmaßen sind zu Flossen umgestaltet – bei den Walen allerdings in viel stärkerem Maße als bei den Seekühen. Während die Vorderflossen der Wale mehr oder weniger »starre Platten« darstellen, sind die der Sirenen im Ellenbogengelenk beweglich; dieses Gelenk tritt auch äußerlich an der Flosse hervor (Abb. 410).

Unterschiede zwischen Seekühen und Walen findet man in der Form des Kopfes, der Art der Ernährung und der damit zusammenhängenden Geschicklichkeit und Geschwindigkeit beim Schwimmen. Auch weisen Sirenen noch Nagelreste auf. Seekühe sind die einzigen wasserlebenden Formen, welche ausschließlich pflanzliche Nahrung zu sich nehmen: Sie weiden in Küstennähe Wasserpflanzen ab. Schnelles und wendiges Schwimmen ist hierfür nicht erforderlich. Eine solche Schwimmtechnik erwarten wir dagegen bei Walen, welche Fische, Tintenfische oder andere Wale erbeuten. Infolge vielfältiger Anpassungen vermögen die Wale nicht nur ökonomisch zu schwimmen, sondern auch große Entfernungen zurückzulegen. Im Funktionskreis des Nahrungserwerbs haben die Zahnwale auch die Fähigkeit zur Echo-Ortung entwickelt (s. IX J).

Die Seekühe hat man wegen ihrer plumpen Gestalt und der langsamen Bewegungen nie als Fische angesehen – wie man es lange Zeit bei den Walen tat. (Man lese hierzu die historischen Ausführungen in Abschnitt I A.) Unvoreingenommene Menschen werden auch heutzutage nicht zögern, einen Wal als Fisch zu bezeichnen.

Der Name »Walfisch« rührt daher, daß Wale Strukturen entwickelt haben, die in entsprechender Form bei Fischen vorkommen – diesen aber nicht homolog sind. Solche in Anpassung ans Wasserleben entstandenen Merkmale sind neben der allgemeinen Körpergestalt die Rücken- und Schwanzflosse (Abb. 267). Beiden fehlen neben Muskeln die Knochen, welche den Fischflossen Festigkeit verleihen; sie werden daher oft mit besonderen Namen belegt: Rücken*finne* und Schwanz*fluke*. Die Rückenfinne stabilisiert die Lage des Walkörpers im Wasser (sie wirkt einer möglichen Drehung um die Längsachse entgegen). In der Schwanzfluke endet die Wirbelsäule, die seitlichen Teile der Fluke bestehen wie die Rückenfinne aus Bindegewebe.

a)   Schwimmen der Wale

Die Schwanzflosse der Wale wird beim Schwimmen auf und ab geschlagen, die der Fische führt dagegen seitliche Bewegungen aus (Abb. 268).

Das Erzeugen von Vortrieb durch den Schwanzschlag eines Wales zeigt schematisch Abb. 269. Bezüglich der Bewegung kann man am Schwanz zwei Teile unterscheiden: den Bereich von der Schwanzwurzel bis zum Ansatz der Fluke und die waagrecht stehende Schwanzflosse selbst. Da der nicht zur Fluke zählende Schwanzteil eine extrem hoch-ovale Form aufweist, durchschneidet er das Wasser, ohne einen nennenswerten Vortrieb zu erzeugen. Die Schwanzfluke bleibt sowohl beim Ab- als auch beim Aufschlag etwas hinter dem übrigen Schwanzteil zurück. Dadurch ist die Kraft, die durch das Beschleunigen von Wassermassen nach hinten entsteht, beim Abschlag schräg nach vorwärts-auf-

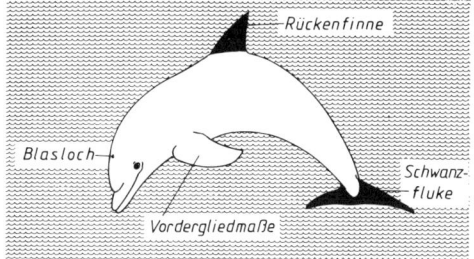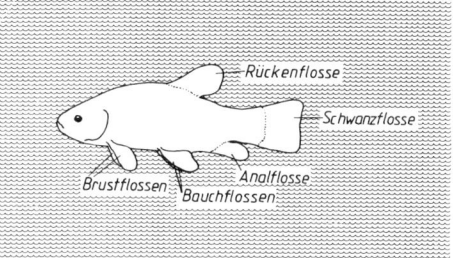

Abb. 267. Delphin und Fisch. Beim Delphin sind diejenigen Teile schwarz hervorgehoben, welche als Anpassung an das Wasserleben sekundär erworben wurden. Diese sehen zwar aus wie entsprechende Strukturen bei Fischen, enthalten jedoch weder Muskeln noch knöcherne Stützelemente (Delphin nach einem Prospekt der Cambridge University Press)

wärts und beim Aufschlag schräg nach vorwärts-abwärts gerichtet (Abb. 269). Zerlegt man die entstehende Kraft nach dem Kräfteparallelogramm in eine senkrecht zur Bewegungsrichtung des Wals gerichtete und eine nach vorne weisende Komponente, ergibt sich folgendes: die auf- und abwärts gerichteten Komponenten (auch *Seitentrieb* genannt) heben sich auf; es verbleibt die sowohl beim Ab-, als auch beim Aufschlag entstehende Vortriebskomponente. Diese Kraft treibt den Wal voran.

Die Sehnen langer Muskeln enden im Filz des Bindegewebes der Schwanzfluke. Auf diese wirken ungeheuere Kräfte; sie werden uns am deutlichsten vor Augen geführt, wenn wir in einem Delphinarium dressierte Delphine beobachten. Bei einer bestimmten Dressur bewegen sie sich in senkrechter Haltung über die Wasseroberfläche, dabei bleibt nur die heftig arbeitende Schwanzfluke eingetaucht. Deren Bindegewebe weist eine große Festigkeit auf, welche es einem besonderen Bau verdankt: Mehrere Faserschichten sind aufeinander gelagert, wobei sich die Verlaufsrichtungen der Fasern überkreuzen. Dieses »Sperrholz-Bauprinzip« finden wir auch in einem ganz anderen – ebenfalls mechanisch stark belasteten – Körperteil: es ist der Zahnschmelz (s. Abb. 113).

Das Skelett der Vordergliedmaße ist in Abschnitt VIII A besprochen und in Abb. 264 neben das einer Ohrenrobbe gestellt.

Vergleichen wir den Umriß des Kopfes eines Zahnwals mit dem einer »stromlinienförmigen« Forelle (Abb. 268), fällt auf, daß der Walkopf wegen der vorragenden Schnauzenpartie sehr von der »Tropfenform« abweicht. Die Erklärung für die sehr lang ausgebildeten Knochen Maxillare und Praemaxillare liefern Forschungsergebnisse über die akustische Orientierung der Wale. Im Wasser dringt Schall in die Schädelknochen ein und bringt sie zum Schwingen. »Tönende« Schädelknochen stören den Empfang des aus der Umgebung kommenden Schalls erheblich. Dabei spielen die Eigenschwingungen der Schnauzenpartie die größte Rolle. Je länger nun die Schnauze ist, von desto niedrigerer Frequenz sind ihre Eigenschwingungen. Bei einer bestimmten Länge der Schnauze weisen die Eigenschwingungen eine Frequenz auf, die außerhalb des vom Wal wahrgenommenen Frequenzbereichs liegt. Damit stören sie nicht mehr.

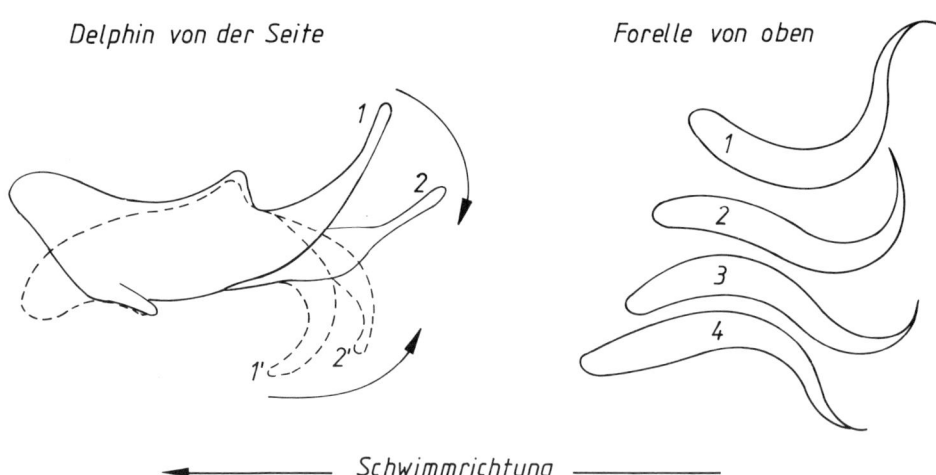

Abb. 268. Schwimmbewegungen eines Wals und eines Fisches. Die Ziffern geben aufeinanderfolgende Bewegungszustände der Schwanzfluke bzw. des Fischkörpers wieder. Beim Delphin ist das Vorderende nur in zwei Positionen gezeichnet, die Vorwärtsbewegung des Körpers ist vernachlässigt (nach Hertel 1963)

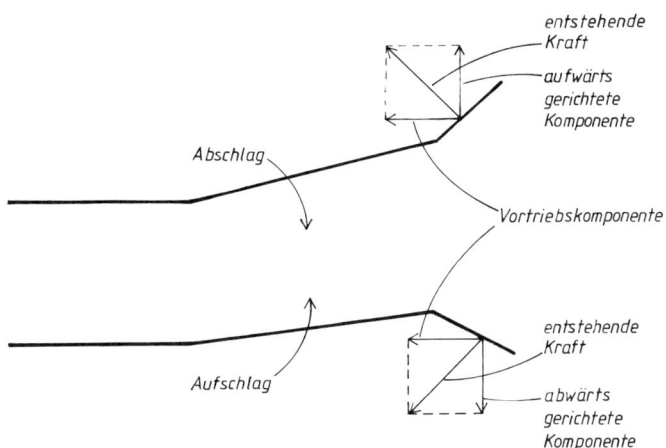

Abb. 269. Schema, welches die bei der Ab- und Aufbewegung der Schwanzfluke eines Wals entstehenden Kräfte darstellt. Der waagerechte Strich symbolisiert den Rumpf, an der zweiten Knickstelle beginnt die Fluke, dazwischen liegt der restliche Schwanzteil. Man vergleiche hiermit Abb. 268 (nach Slijper 1962)

Der Walschädel zeigt weitere an den Schallempfang angepaßte Besonderheiten, auf die hier aber nicht eingegangen werden soll.

b) Ist die Haut der Delphine eine hydrodynamisch günstige Struktur?

Die Haut dieser Hochleistungsschwimmer weist eine Struktur auf, die von derjenigen landlebender Arten (Abb. 58) beträchtlich abweicht. Sie übertrifft mit 2 bis 4 mm Dicke die landbewohnender Formen um das 10 bis 20fache. Über die Anzahl der Epidermis-Schichten sind die Wissenschaftler uneins. Meist nimmt man drei Schichten an: Über dem Stratum basale liegt ein mächtiges Stratum spinosum, welches beim Tümmler aus bis zu 50 Zell-Lagen besteht. Den äußeren Abschluß bildet eine dünne Schicht von etwa 0,5 mm Dicke, die nur wenig verhornt ist und daher als *Stratum semicorneum* (manchmal auch als Stratum externum) bezeichnet wird (Abb. 270 links). Die oberflächlichsten Zellen dieser Schicht lösen sich sehr leicht ab; das zeigt sich daran, daß man sie mühelos abkratzen kann; auch findet man in Becken, in denen Delphine gehalten werden, oft abgeschilferte Epidermisstückchen.

In allen Zellen der Epidermis fallen große Fetttröpfchen auf. Zwischen den Zellen befindet sich in riesigen Interzellularräumen eine ölige Flüssigkeit (Abb. 270 rechts). 80 % der in der Epidermis enthaltenen Flüssigkeit befinden sich *zwischen* den Zellen.

Die in die Epidermis ragenden Dermispapillen sitzen als Zapfen auf Leisten. In der unteren Schicht der Dermis finden sich neben bindegewebigen auch muskuläre Strukturen sowie Fettzellen.

Welche Rolle spielt der besondere Aufbau der Haut bei der Fortbewegung? Für eine der vorgeschlagenen Interpretationen ist die leicht verschiebliche interzelluläre Flüssigkeit von großer Bedeutung. Wir stellen uns dazu folgenden Versuch vor: Drückt man an einer Stelle auf die Haut, wird das Stratum semicorneum eingedellt. Der Druck überträgt sich auf die Flüssigkeit. Sie strömt von der Stelle weg und kehrt bei Nachlassen des Drucks

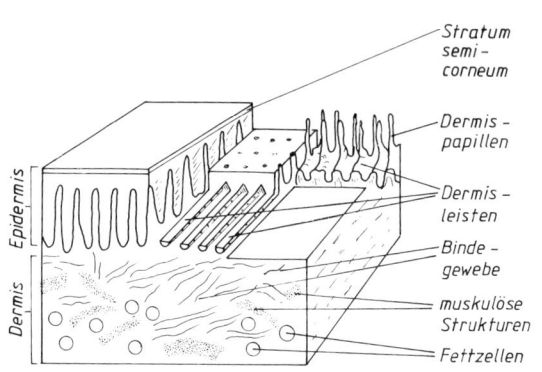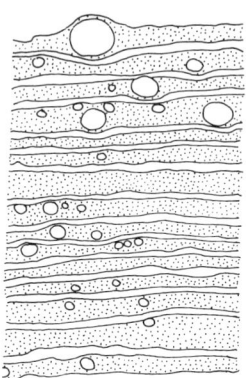

Stratum
semi-
corneum

Dermis-
papillen

Dermis-
leisten

Binde-
gewebe

muskulöse
Strukturen

Fettzellen

Epidermis

Dermis

Abb. 270. Aufbau der Delphinhaut
Links: Blockbild (nach Glaser aus Nachtigall 1974)
Rechts: Struktur der Epidermis. Zell-Lagen punktiert, Fetttröpfchen und interzelluläre
Flüssigkeit weiß wiedergegeben (nach Geraci et al. in Bryden und Harrison 1986)

wegen der starken Reibung *langsam* wieder an den ursprünglichen Ort zurück. Diese Eigenschaft bezeichnet man als »viskoelastisch«.

Das viskoelastische Verhalten ist in der Situation eines schnellschwimmenden Delphins von Bedeutung. Bei ihm besteht die Gefahr, daß die Strömung über der Haut abreißt, d. h. daß sich Turbulenzen bilden – wie das in Abb. 252 links unten für ein umströmtes Profil gezeigt ist. Turbulenzen bedeuten bei stromlinienförmigen Körpern Energieverlust, sie wirken bremsend beim Schwimmen. Man sagt auch, der Reibungswiderstand sei sehr hoch.

Man deutet die Aufgabe der Haut auf folgende Weise: Wird sie kurz vor dem Entstehen einer Turbulenz eingedellt, geschieht das für den Gedankenversuch Beschriebene. Die Turbulenz kommt nicht zustande – die Strömung um den Delphinkörper bleibt auch bei hohen Geschwindigkeiten laminar. Die Verformung der Haut kann man auf Unterwasserfotografien schnell schwimmender Delphine sehen, bei ihnen sind wellenförmige Eindellungen der Haut sichtbar.

Man hat die »Schwammstruktur« der Delphinhaut technisch nachgebildet und mit den hergestellten »Dämpfungshäuten« torpedoähnliche starre Körper überzogen. Dabei bildete man die Dermiszapfen durch Gumminoppen nach, zwischen denen sich Wasser befand. Diese Körper ließen sich leichter durchs Wasser ziehen als gleich geformte Metallkörper ohne Hautüberzug.

Neuerdings bezweifelt man, daß der oben beschriebene Mechanismus – der auf der Schwammstruktur der Haut beruht – für den geringen Reibungswiderstand der Delphinhaut verantwortlich ist. Man faßt jetzt eine andere Möglichkeit ins Auge, bei welcher neben den Fetttröpfchen in den Zellen die ölige Interzellularflüssigkeit der Epidermis wiederum eine Rolle spielt.

Die auffälligen Fetttröpfchen könnten als »Stoßdämpfer« für den kurz vor der Herausbildung einer Turbulenz entstehenden lokalen Druck wirken. So würden sie das Entstehen von Turbulenzen verhindern. Nach Wegfallen des lokalen Drucks wären sie dafür verantwortlich, daß die ursprüngliche Form der Haut wieder entstünde.

Die interzelluläre Flüssigkeit könnte es den Delphinen aber auch ermöglichen, den gleichen »Trick« anzuwenden wie die Fische. Deren in Hautdrüsen gebildeter Schleim, welcher aus langkettigen Mucopolysaccharidmolekülen besteht, macht den Fischkörper nicht nur glitschig und dadurch für einen Fischesser schwer greifbar, sondern er verhindert auch, daß die Strömung in der Grenzschicht zwischen Fisch und Wasser in Turbulenzen umschlägt. Am wirksamsten ist der Schleim des im Meer lebenden, räuberischen Barrakuda. In einem Experiment gab man Bestandteile des Barrakuda-Schleims zu Meerwasser, welches durch eine Röhre floß: Bereits 6 ppm (sechs Teilchen auf eine Million) setzten den Reibungswiderstand um 45 % herab.

»Schmieren« die Delphine ebenfalls die Grenzfläche zwischen dem Wasser und ihrem Körper? Das ist durchaus denkbar. Zwar können die Fetttröpfchen (Abb. 270 rechts) die Zellen nicht verlassen, aber jede abschilfernde Zelle des Stratum semicorneum weist einen fettigen Überzug auf, der aus der interzellulären öligen Flüssigkeit stammt. Das »Schmiermittel« – das allerdings nur bei Höchstgeschwindigkeiten gebraucht wird – geht verloren; daher ist eine starke Zellproduktion der Basalschicht der Epidermis zu fordern. Diese ist tatsächlich gegeben. Wie auf Wachstumsstudien fußende Berechnungen ergaben, wird die äußerste Schicht der Epidermis des Tümmlers zwölfmal am Tag erneuert.

K4.   Tauchen

Die Probleme, die sich für lungenatmende Tiere beim Tieftauchen ergeben, illustriert Abb. 271. Während sich der Mensch unter Wasser verschiedenartiger Geräte und Hilfsmittel bedienen muß, sind Wale infolge zahlreicher anatomischer und physiologischer Anpassungen hier in ihrem »Element«.

Die am tiefsten tauchende Art ist der Pottwal. Aber auch manche Robben begeben sich in große Tiefen – so die Weddell-Robbe (Abb. 272). Sie kann nicht nur bis zu 600

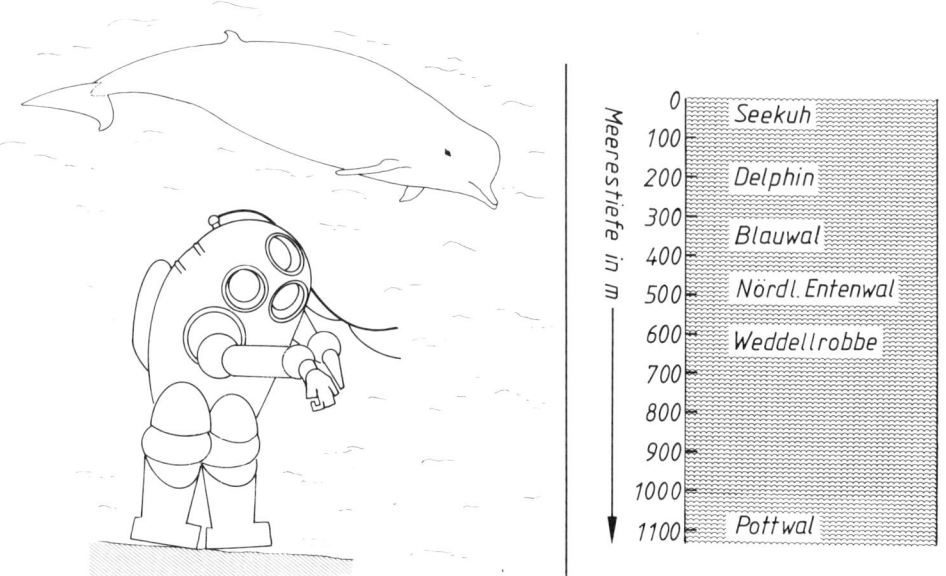

Abb. 271 (links). Mensch im Taucheranzug und Nördlicher Entenwal. Mensch und Wal nicht maßstabgetreu. Der Entenwal wird bis zu 9 m lang (Mensch nach einem Illustriertenfoto, Wal nach »The Encyclopaedia of Mammals« 1984)

Abb. 272 (rechts). Tauchtiefen verschiedener Arten (nach Haltenorth 1977)

m tief tauchen, sie vermag auch bis zu 70 Minuten unter Wasser zu bleiben. Da sie in Gebieten lebt, in denen die Meeresoberfläche oft gefroren ist, muß sie beim Auftauchen, um Luft zu schöpfen, ihr Atemloch im Eis wiederfinden. Sie besitzt dafür ein hervorragendes Orientierungsvermögen.

Nachstehend ist besprochen, wie tieftauchende Wale die sich in großen Wassertiefen ergebenden Probleme bewältigen. Dabei ist vorwiegend auf den Pottwal Bezug genommen.

Der Pottwal erbeutet in der Tiefsee vor allem große Tintenfische. Diese Mollusken legen ihre Eier an Kontinentalböschungen in 200–3000 m Tiefe ab und kommen dort in großen Schwärmen vor. Kein anderes luftatmendes Tier nutzt diese Nahrungsquelle. Da pro 10 m Wassersäule der Druck um 100 kPa wächst, herrscht in 1000 m Tiefe ein Druck von etwa 10 000 kPa. Der hohe Druck ist für die dauernd in dieser Tiefe lebenden Tiere ungefährlich. Solche Arten weisen keine stark komprimierbaren Bestandteile in ihrem Körper auf. Wale besitzen – im Gegensatz beispielsweise zu Tintenfischen – eine Luft enthaltende Lunge; sie ist ein Überbleibsel aus der Zeit, in der ihre Vorfahren landlebend waren. Das komprimierbare Gas in der Lunge stellt für jedes luftatmende Tier beim Tauchen ein Problem dar. Wie die Perlentaucher beweisen, kann der Mensch ohne Schutz vor dem Wasserdruck etwa 120 m tief tauchen.

Während Delphine nur etwa bis in eine Tiefe von 200 m hinabgehen, schafft es der Pottwal, bis in sehr große Tiefen zu tauchen (Abb. 272). Er verfügt über besondere Anpassungen, von denen eine darin besteht, daß sein auf die Körpergröße bezogenes Lungenvolumen nur etwa halb so groß ist wie bei landlebenden Arten. Bei Delphinen findet man dagegen das, was man bei Formen erwartet, die sich oft unter Wasser aufhalten: das Fassungsvermögen der Lunge ist etwa doppelt so groß wie bei Landbewohnern.

a)   Probleme bei der Versorgung mit Atemgasen

Lastet auf der Lunge hoher Druck, wird viel Gas im Blut gelöst. Für Taucher stellt diese Tatsache eine Gefahr dar. Man untersuchte polynesische Perlentaucher, welche 20 bis 30 mal täglich in eine Tiefe von etwa 30 m tauchen und dort jeweils 1 bis 2 Minuten bleiben. Infolge des wiederholten Tauchens befällt sie eine ihnen unerklärliche Krankheit, die sie »tarawana« nennen. Ärzte bezeichneten den Zustand als »Dekompressions-Unfall«. Die Erklärung ist folgende: Der Taucher nimmt in der Lunge etwa 5 l Luft mit in die Tiefe. Von diesem im wesentlichen aus Stickstoff und Sauerstoff bestehenden Gasgemisch löst sich an der Wasseroberfläche im Blut so viel Stickstoff, wie es 100 kPa entspricht. Da in 30 m Tiefe zum Atmosphärendruck weitere 300 kPa hinzukommen, löst sich mehr Stickstoff im Blut als auf der Höhe des Meeresspiegels.

Aufgetaucht, belüftet der Taucher seine Lunge; dabei gelangt gelöster Stickstoff wieder aus dem Blut über die Lunge in die Luft. Bleibt der Taucher nicht so lange oben, bis der im Blut gelöste Stickstoff wieder dem normalen Atmosphärendruck entspricht, wiederholt sich beim unmittelbar anschließenden Tauchen der oben geschilderte Vorgang – das Blut reichert sich bei häufigem Tauchen immer mehr mit Stickstoff an. Gegen Abend ist dann so viel Stickstoff enthalten, daß sich Gasblasen im Blut bilden können. (Man vergleiche mit dem Entstehen von Gasblasen in einer Sprudelflasche beim Öffnen.) Im Blut vorhandene Gasblasen können zu Gefäßverstopfungen (Embolien) führen.

Was bei den polynesischen Tauchern nur nach wiederholtem Tauchvorgang auftritt, kann bei Personen, die tiefer als die Polynesier gehen, bereits bei *einmaligem* Tauchen passieren. Voraussetzung ist allerdings, daß sie im Gegensatz zum Taucher der Abb. 271 keinen druckfesten Anzug tragen, sondern nur Gasflaschen mit hinunternehmen. Gehen sie auf 100 m Tiefe, atmen sie dort das Gasgemisch unter 1100 kPa ein, was zu einer

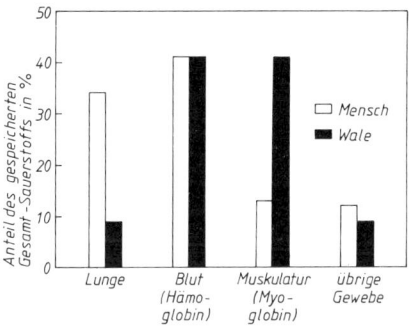
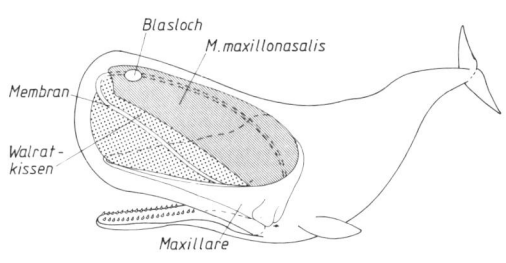

Abb. 273 (links). Vergleich der Sauerstoffspeicher von Mensch und Walen (nach Angaben in Slijper 1962)

Abb. 274 (rechts). Pottwal mit durchsichtig gedachtem Kopf. Die Membran trennt die obere von der unteren Hälfte des Walratkissens (nach Clarke 1979)

entsprechend großen Menge gelösten Stickstoffs führt. Tauchten sie *rasch* auf, wäre die Gefahr der Embolie gegeben, sie vermeiden die Taucher- oder Caisson-Krankheit durch *langsames* Auftauchen.

Weshalb bekommen Wale keine Taucherkrankheit? In der Tiefe findet bei ihnen deshalb praktisch kein Gasaustausch zwischen Lungenbläschen und Blut statt, weil der hohe Wasserdruck die Luft nahezu völlig aus den Lungenalveolen herausdrückt. Sie kann sich nur in den nicht-kompressiblen Atemwegen aufhalten. Hier sind nicht nur – wie beim Menschen – die Luftröhre und großen Bronchien durch Knorpelringe versteift, sondern auch die kleinsten Verzweigungen der Bronchien tragen solche Ringe. Tieftaucher (Pottwal und Nördlicher Entenwal) können außerdem jede Lungenalveole durch einen besonderen Ringmuskel verschließen. Delphine besitzen in den Bronchien »Ventile«, an denen spezielle Muskeln ansetzen. Ein auftauchender Delphin kann also – auch wenn er bereits in höheren Wasserschichten ist – den Druck in der Lunge *hoch*halten.

Ein an der Wasseroberfläche angelangter Wal macht gewaltige Atemzüge. Während beim Menschen das Atemzugvolumen etwa 6 bis 7 % der Totalkapazität der Lunge ausmacht, erneuern Wale je Atemzug 80 bis 90 % des Lungeninhalts. Der eingeatmeten Luft wird bei einem Delphin in der Zeiteinheit doppelt so viel Sauerstoff entzogen wie beim Menschen. Anders ausgedrückt: Der Delphin nutzt jeden Atemzug besser aus als wir. Der wirkungsvolle Luftaustausch hat zur Folge, daß ein Wal nicht so oft Atem holen muß: während ein Mensch durchschnittlich 16 Atemzüge je Minute ausführt, atmet ein etwa gleich großer Delphin nur 1 bis 3 mal je Minute (dabei sind die Tauchdauern eingerechnet).

Der Vorgang des Ausatmens geschieht bei Walen dramatisch. So ist der erste Atemstoß des Pottwals 250 m weit zu hören und reicht in eine Höhe von 5 bis 8 m. Die Höhen kann man deshalb relativ leicht feststellen, weil die ausgeatmete Luft als sogenannter Blåst – nachstehend als Blaswolke bezeichnet – sichtbar ist. Beim Ausatmen werden sehr große Luftvolumina (beim Pottwal etwa 2000 l) in kurzer Zeit (in rund 1 Sekunde) durch das Blasloch ausgestoßen. Die in der Lunge unter Druck stehende Luft dehnt sich beim Ausblasen stark aus, dabei kühlt sie sich ab, der enthaltene Wasserdampf kondensiert und ist als Blaswolke weithin zu erkennen.

Wie die Walfänger schon lange wußten, ist die Form der Blaswolke kennzeichnend für jede Wal-Art. Beispielsweise erzeugen Glattwale eine doppelte Wolke, da sie zwei Nasenlöcher besitzen; bei Furchenwalen ist die Blaswolke birnenförmig, beim Pottwal weist sie schräg nach vorne.

Da die tieftauchenden Wale sehr wenig Luft in der Lunge mitnehmen, fragt man sich, wie die Muskeln ihren Sauerstoffbedarf decken. Als Sauerstoff-Speicher steht ihnen das Myoglobin zur Verfügung. Da die Walmuskulatur sehr viel von diesem Farbstoff enthält, weist sie ein viel dunkleres Rot auf als die der landlebenden Arten.

Nach Abb. 273 – welche die Sauerstoff-Speicher beim Menschen mit denen bei Walen vergleicht – stellt die Muskulatur den Hauptspeicher der Wale dar, in der Lunge ist nur sehr wenig Sauerstoff vorhanden. Der mitgenommene Sauerstoff würde aber nicht ausreichen, um den Walen ihre Tauchleistungen zu ermöglichen. Man muß annehmen, daß ihre Muskeln eine größere Sauerstoffschuld eingehen können als die der landbewohnenden Formen.

Weitere Anpassungen an das Tauchen finden sich im *Kreislauf*. Starke Blutdruckschwankungen kommen beim Auf- und Hinabtauchen vor: beispielsweise beträgt die Druckdifferenz zwischen Vorderende und Schwanz bei einem senkrecht tauchenden, 30 m langen Blauwal 300 kPa. Die für Druckausgleich sorgenden Einrichtungen sind stark entwickelt. An verschiedenen Stellen existieren *Wundernetze* (ein solches zeigt Abb. 35). Diese schwammartigen Gebilde, welche aus feinsten, stark verästelten Blutgefäßen bestehen, liegen am Brustkorb nahe der Wirbelsäule, am Hals, zwischen den Rippen und an der Schädelbasis.

b)   Wie der Pottwal seinen statischen Auftrieb verändert

Der Pottwal bleibt bei seinen Ausflügen in die lichtlose Tiefsee bis zu 80 Minuten unten. Auch wenn er bis in 1000 m Tiefe geht, benötigt er für den Ab- und Aufstieg nur etwa 15 Minuten. Erstaunlicherweise taucht er nicht sehr weit von der Stelle entfernt wieder auf, an der er untergetaucht ist. Das läßt darauf schließen, daß er in der Tiefe ohne Schwimmbewegungen im Wasser schwebt. Vermutlich bezieht er einen Lauerposten und wartet dort auf vorbeiziehende Tintenfisch-Schwärme, in die er dann hineinstößt.

Ohne Schwimmbewegungen kann er sich nur dann schwebend halten, wenn seine Dichte gleich der des umgebenden Mediums ist. Die Dichte des Meerwassers ist aber nicht konstant, sondern hängt von der Temperatur, dem Druck und dem Salzgehalt ab. Ein tauchender Wal gerät mit zunehmender Tiefe in Zonen immer größerer Dichte des Wassers.

Füllt ein Pottwal seine Lunge, erfährt er an der Wasseroberfläche so starken Auftrieb, daß – auch ohne Schwimmbewegungen – ein Teil seines Körpers aus dem Wasser ragt. Man kann folgendes berechnen: Taucht der Wal mit voller Lunge 100 m tief, komprimiert der Wasserdruck die Luft in der Lunge so stark, daß kein Auftrieb mehr existiert – vielmehr sinkt der Wal jetzt ab. Er sinkt aber nur ein Stück weit. Wegen der zunehmenden Dichte des Meerwassers ist bald ein Punkt erreicht, von dem an die Dichte des Wassers größer ist als die des Walkörpers. Der Wal erfährt von nun an einen Auftrieb, der mit zunehmender Tiefe immer größer wird. Ihm könnte nur durch Schwimmbewegungen begegnet werden, besäße der Wal nicht die Fähigkeit, seine eigene Dichte zu variieren. Wie schafft er das?

Um eine Antwort auf diese Frage zu erhalten, untersuchte man eine anatomische Besonderheit des Pottwals: es ist das *Walratkissen*, das dem Kopf des Pottwals seine unförmige Gestalt verleiht. Es liegt eingebettet in einer Mulde des Maxillare (Abb. 274). Schon länger war aufgefallen, daß ein solches Walratkissen die *tief* tauchenden Wale auszeichnet. Zu ihnen zählt auch der Nördliche Entenwal (Abb. 271). Das mächtigste Kissen nicht nur in absolut angegebener Masse, sondern auch in Relation zum übrigen Körper

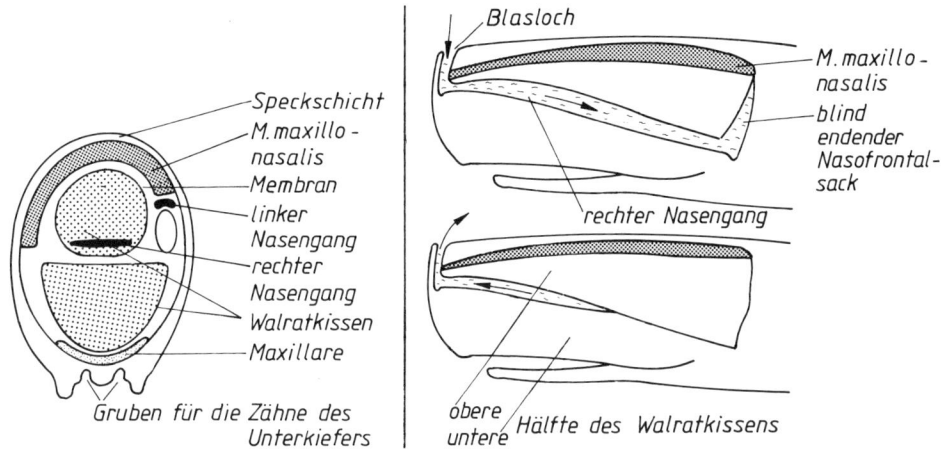

Abb. 275 (links). Querschnitt durch den Kopf des Pottwals. Sicht von vorne. Unterkiefer fortgelassen (nach Clarke 1979)

Abb. 276 (rechts). Füllen (oben) und Entleeren des rechten Nasengangs mit Wasser. Der rechte Nasengang verläuft auf der in Abb. 274 eingezeichneten Membran mitten durch das Walratkissen. Er mündet unterhalb des Blaslochs in einen Hohlraum, in welchen auch der linke Nasengang eintritt (nach Clarke 1979)

weist der Pottwal auf, bei dem der Kopf mehr als ein Drittel des Körpergewichts ausmacht.

Das Walratkissen, das auch etwas Muskulatur enthält, besteht vorwiegend aus ölhaltigem Bindegewebe. Das Öl heißt Walrat und hat zu den abenteuerlichsten Spekulationen über seine Bedeutung Anlaß gegeben. Die absurdeste Vorstellung wird durch die englische Bezeichnung für das Walrat vor Augen geführt: »spermaceti« heißt Walsamen, der Pottwal »sperm whale«. Von anderen Vermutungen über die Aufgaben des Walratkissens war eine – nicht zutreffende – besonders interessant: Das Walrat sollte beim Tauchen Stickstoff aus dem Blut aufnehmen – was eine Maßnahme gegen die Taucherkrankheit wäre.

Neue Forschungen beschäftigten sich mit einer anderen Eigenschaft des Walrats, die auf seine Rolle bei der Regulierung des statischen Auftriebs schließen läßt. Das Walrat geht nämlich – im Gegensatz zu anderen Walölen – bei einer nahe 30 °C liegenden Temperatur vom flüssigen in den festen Zustand über. Dabei wird seine Dichte schlagartig größer. Die Kristallisation des Öls hängt außer von der Temperatur auch vom Druck ab.

Festes Walrat verleiht weniger Auftrieb als flüssiges. Wenn ein tauchender Wal imstande ist, in einer bestimmten Tiefe sein Walrat vom flüssigen in den festen Zustand zu überführen, kann er seinen Auftrieb ausgleichen und bewegungslos im Wasser liegen. Welche Methoden stehen dem Pottwal zur Verfügung, um die Temperatur des Walrats zu senken – und wie stark muß er es abkühlen?

Wie Berechnungen ergaben, genügen hierfür bei einer Tauchtiefe von 200 m an abwärts bereits wenige Grade. Unter 29 °C muß die Walrat-Temperatur in keiner Situation abgesenkt werden. Atmet ein Pottwal in Polnähe vor dem Tauchen aus, genügt eine Walrat-Temperatur von 30 °C zur Kompensation des Auftriebs. Aber auch die Temperatur von 30 °C liegt beträchtlich unter der »Körper«temperatur des Wals von 37 °C. Diese herrscht im gesamten Körper – außer im Kopf. Gegenstrom-Wärmeaustausch in der Haut (s. IV A) sorgt dafür, daß das Blut im Kopf nur eine Temperatur von 34 °C aufweist. Sie ist für eine Dichteänderung des Walrats noch zu hoch.

Ein weiterer Ort der Wärmeabgabe existiert: es ist einer der beiden *Nasengänge*. Sie verlaufen beim Pottwal wie bei allen Zahnwalen asymmetrisch (Abb. 275). Der linke Nasengang ist als Kühlsystem für das Walratkissen wenig geeignet, da er an dessen *Außen*seite gelegen ist (Abb. 275). Der rechte dagegen zieht mitten durch das Walratkissen. Füllt ihn der Wal mit kaltem Meerwasser, kühlt dieses das Walrat ab. Das Einsaugen von Wasser in den Nasengang geschieht mittels eines besonderen Muskels, der als M. maxillonasalis bezeichnet wird (Abb. 274). Kontrahiert er sich, hebt er den vorderen Teil der oberen Hälfte des Walratkissens an, der dadurch erweiterte Nasengang saugt Wasser an (Abb. 276). Dieses tritt durch das Blasloch zunächst in einen darunter gelegenen Hohlraum, in den auch der linke Nasengang mündet. Erschlafft der Muskel, wird das Wasser ausgestoßen und nimmt Wärme aus dem Walratkissen mit. Der Vorgang kann sich wiederholen.

Wir haben hier ein Kühlsystem im Kopf des Pottwals vor uns, welches an das in Kapitel IV beschriebene erinnert. Dort ist ausgeführt, wie die Temperatur des *Gehirns* niedrig gehalten, und die Wärme letztlich durch Transpiration an den Nasenmuscheln abgeführt wird. Der Pottwal kühlt das *Walrat* ab, der Wärmeabtransport geschieht im Meerwasser.

L.   Besiedlung trockener Lebensräume

In verschiedenen Lebensräumen steht nicht ständig Wasser zur Verfügung. In manchen Gegenden gibt es keine Flüsse und nur selten Regen, in Extremsituationen können mehrere Jahre niederschlagsfrei sein. Die Eroberung derartiger wasserarmer Gebiete erfordert wassersparende Maßnahmen der Säugetiere, da sie nicht wie die Reptilien über eine relativ undurchlässige Körperbedeckung verfügen.

L1.   Allgemeines zum Wasserhaushalt

Ein Säugetier verliert Wasser bei den thermoregulatorischen Maßnahmen, die in Abschnitt IV A besprochen sind. Auch findet – ohne daß die Gefahr des Überhitzens gegeben ist – durch Verdunsten ein ständiger Wasserverlust an der Körperoberfläche, den Atemwegen und respiratorischen Epithelien statt. Außerdem enthalten Sekrete, der Harn und der Kot Wasser.

Eine besondere Form der »Rückgewinnung« solchen Wassers, welches bei anderen Arten verloren geht, beobachtet man bei der Wüsten-Känguruhratte. Infolge starker Verdunstung an den Nasenschleimhäuten kühlen sich diese auf eine Temperatur ab, die 10 °C unter der des Blutes liegt. Die aus der Lunge kommende wassergesättigte Ausatmungsluft streicht an den kühlen Flächen vorbei, ein Teil des Wasserdampfes kondensiert und kann wieder genutzt werden. Die Wüsten-Känguruhratte verliert beim Ausatmen dadurch nur etwa halb so viel Wasser wie die Laborratte.

Viele Wüsten-Nagetiere können auf Trinkwasser verzichten, sie vermögen mit dem in der Pflanzennahrung enthaltenen Wasser und dem bei der Zellatmung entstehenden Oxidationswasser auszukommen.

Zur Ausscheidung »harnpflichtiger« Substanzen über die Nieren wird dann relativ viel Wasser benötigt, wenn Harnstoff als Endprodukt des Stoffwechsels der stickstoffhaltigen Substanzen anfällt. Die von den Reptilien und Vögeln ausgeschiedene Harnsäure kann –

im Gegensatz zum Harnstoff – in kristalliner Form abgegeben werden. Eine der wichtigsten wassersparenden Maßnahmen der Säugetiere ist die Produktion und Ausscheidung eines sehr hoch konzentrierten Harns.

L2.   Funktion der Nephronschleife

Unter den Wirbeltieren besitzen nur Säugetiere und Vögel in ihren Nieren Nephronschleifen (früher als »Henlesche Schleifen« bezeichnet). Fische und Amphibien verfügen über keine derartigen Schleifen. Das legt den Verdacht nahe, daß die Nephronschleife hilft, Wasser zu sparen. Einen weiteren Hinweis auf ihre Funktion erhält man, wenn man die Länge der Schleife bei verschiedenen Säugetier-Arten mißt und die erhaltenen Werte in Beziehung zu den jeweiligen Lebensräumen setzt. Dies ist in Abb. 277 geschehen, in der allerdings nicht die Länge der Nephronschleife aufgetragen ist, sondern die relative Dicke des Nierenmarks. Da die Schleifen ausschließlich im Mark verlaufen, repräsentiert die Abszisse der Abb. 277 zugleich die Länge der Nephronschleife. Die längsten Schleifen finden sich bei Wüsten-Nagetieren, die kürzesten bei Arten, die – wie der Biber – am Süßwasser leben. Der auf der Ordinate der Abb. 277 aufgetragene Wert beschreibt das Konzentrierungsvermögen bei der Harnbereitung. Er errechnet sich als Quotient aus der Osmolalität des Harns und der des Blutplasmas. (»Osmolalität« ist das Maß für die Konzentration der osmotisch wirksamen Substanzen in einer Lösung.) Der für den Menschen eingetragene Wert »4« bedeutet also, daß der Urin »vierfach konzentriert« werden kann. Während die Niere des Frosches nicht zu konzentrieren vermag, ist bei allen Säugetieren der Harn hyperosmotisch gegenüber dem Blutplasma. Wüsten-Nagetiere erzielen Werte für das Konzentrierungsvermögen, die größer sind als 20.

Wie Abb. 281 zeigt, bildet die Nephronschleife das Verbindungsstück zwischen proximalem und distalem Tubulus. Der distale Tubulus mündet in das Sammelrohr, der proximale setzt an der Glomeruluskapsel (früher als »Bowmansche Kapsel« bezeichnet) an. In diese ragt ein Knäuel von Blutgefäßen, der Glomerulus. In ihm wird Blutplasma durch den hydrostatischen Druck des Blutes abgepreßt. Durch diese Ultrafiltration entsteht der Primärharn; ihm werden bei seinem Durchfluß durch das Nephron anorganische und or-

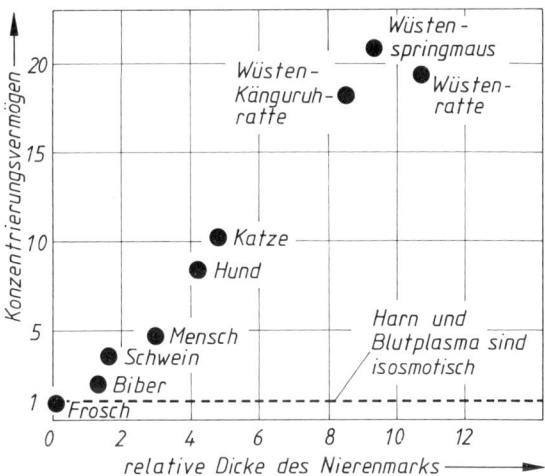

Abb. 277. Beziehung zwischen dem maximalen Konzentrierungsvermögen der Niere und der relativen Dicke des Nierenmarks. Die Dicke des Marks ist auf die Dicke der Rinde bezogen. Die rechts eingezeichneten Arten leben in wasserarmer Umwelt (nach O'Dell und Schmidt-Nielsen aus Deetjen 1973)

ganische Stoffe einerseits wieder entzogen (man spricht dann von Reabsorption), andererseits werden Substanzen in ihn abgeschieden (sezerniert). Auf die in den Tubuli ablaufenden Vorgänge wird im folgenden nicht weiter eingegangen.

Die Nephronschleife funktioniert nach dem Prinzip eines *Gegenstrom-Multiplikators*. Dieses kommt auch andernorts im Tierreich vor: so in der Gasdrüse, mit welcher manche Fische ihre Schwimmblase füllen oder als Gegenstrom-Wärmeaustauscher in den Extremitäten solcher Homoiothermer, die in kalter Umgebung leben (s. IV A).

Die Wirkungsweise der Nephronschleife läßt sich am besten anhand eines Modells erklären (Abb. 278). In den Teilbildern sind zum besseren Verständnis die in der Schleife *gleichzeitig und stetig* ablaufenden Vorgänge in Einzelprozesse zerlegt, die jeweils nacheinander wirken: in den Einzeleffekt und in die Wirkung der Strömung. Im Zahlenbeispiel ist angenommen, daß der *Einzeleffekt* an jeder Stelle der die beiden Rohre trennenden Membran eine Konzentrationsdifferenz des Wertes 200 herstellt. Im linken oberen Bild herrscht der Zustand »gleiche Konzentration in der ganzen Schleife«. Im ersten gedanklichen Schritt wirkt der Einzeleffekt – der Zustand links unten stellt sich ein. Danach befördert die *Strömung* einen Teil des Inhalts – nämlich die Hälfte – um die Haarnadelkrümmung herum; in den folgenden Schritten wird nicht mehr die Hälfte, sondern nur noch 1/4 und danach nur noch 1/8 des Inhalts des absteigenden Schenkels um die Krümmung herum transportiert.

Während also die in den absteigenden Schenkel strömende Flüssigkeit immer dieselbe Konzentration (300) hat, entstehen an der Haarnadelkrümmung durch die Wirkung der Strömung Konzentrationen, die mit dem Einzeleffekt allein nicht herzustellen wären. Am Ende des Vorgangs ist die Konzentration an der Krümmung hoch, an der Ausflußöffnung extrem niedrig.

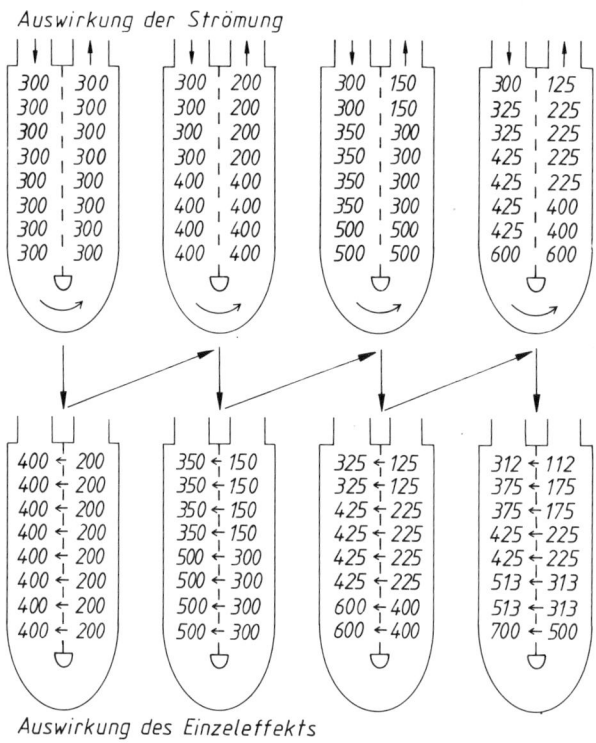

Abb. 278. Schema zur Entstehung eines Konzentrationsgradienten in einer Haarnadelschleife durch Multiplikation von Einzeleffekten. In Abb. 279 sind die Verhältnisse dieses Bildes auf die Nephronschleife übertragen. In den oberen Teilbildern strömt, in den unteren steht die Flüssigkeit. Die Pfeile zwischen den Teilbildern geben die Reihenfolge der gedanklichen Schritte an (nach Pitts aus Deetjen 1973)

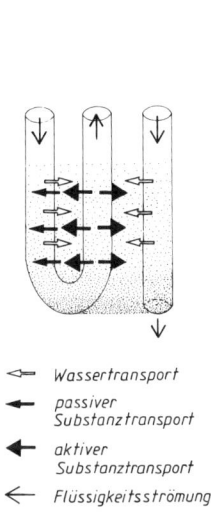

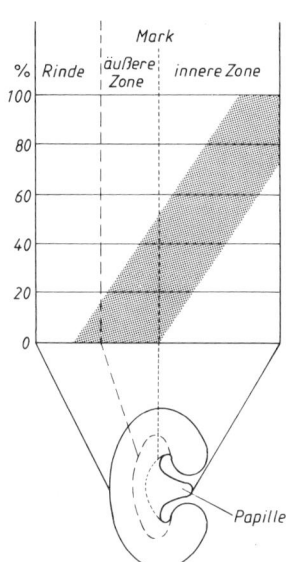

⇐ *Wassertransport*

← *passiver Substanztransport*

◄ *aktiver Substanztransport*

← *Flüssigkeitsströmung*

Abb. 279 (links). Arbeitsweise der Nephronschleife. Ab- und aufsteigender Schenkel sowie Sammelrohr (rechts). Die Dichte der Punkte symbolisiert den Konzentrationsgradienten (nach Deetjen 1973)

Abb. 280 (rechts). Osmolalität der Tubulusflüssigkeit in verschiedenen Bereichen der Niere. Bezogen wurde jeweils auf den an der Papillenspitze herrschenden (maximalen) osmotischen Druck (= 100 %). Die Meßwerte liegen innerhalb des grau getönten Bereichs. Null bedeutet: Harn und Blutplasma sind isosmotisch (nach Wirz et al. aus Deetjen 1973)

Welche Substanzen bewirken in der Niere den Einzeleffekt? Die im Modell dargestellte Konzentrationsdifferenz zwischen ab- und aufsteigendem Schenkel kann auf zwei verschiedene Weisen zustandekommen: Von einem Ort, an dem der osmotische Druck erniedrigt werden soll, können entweder Salze entfernt werden oder es kann – bei festgehaltener Salzkonzentration – Wasser zugeführt werden. Ein aktiver Wassertransport kommt bei Tieren offenbar nicht vor. Daher sind osmoregulatorische Maßnahmen immer solche des Transports von Ionen oder kleinen Molekülen.

Im Modell der Abb. 278 grenzen die beiden Schenkel dicht aneinander. In der Niere liegt zwischen ab- und aufsteigendem Schenkel der Nephronschleife interstitielles Gewebe. Für die folgenden Überlegungen ergibt sich daraus keine prinzipielle Änderung, da dieses in die Konzentrierung passiv mit einbezogen wird.

Treibende Kraft für die Erniedrigung der Osmolalität des Inhalts des aufsteigenden Schenkels der Nephronschleife ist der *aktive* Transport von Natrium-Ionen aus diesem Schenkel in das interstitielle Gewebe (Abb. 279).

Während diese »Natrium-Pumpe« arbeitet, strömen aus Gründen der Elektroneutralität Anionen (in diesem Fall: Chlorid-Ionen) ins interstitielle Gewebe nach. Die hier entstehende hohe Ionenkonzentration bedingt, daß Ionen *passiv* in den absteigenden Schenkel gelangen (Abb. 279). Wichtig ist, daß infolge des im interstitiellen Gewebe herrschenden hohen osmotischen Drucks Wasser angesaugt wird. Wasser wird dem absteigenden Schenkel entzogen. In ihm erhöht sich dadurch der osmotische Druck zur Haarnadelkrümmung hin. Das interstitielle Gewebe würde auch dem aufsteigenden Schenkel Was-

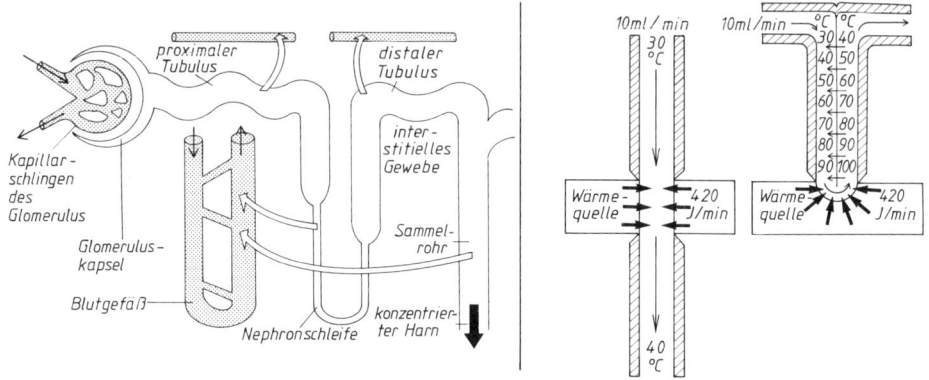

Abb. 281 (links). Schema zu den Blutströmungen (dünne Pfeile; Blutgefäße grau) und Netto-Wasserbewegungen (dicke offene Pfeile) in der Niere. Man beachte, daß das Wasser in eine Richtung transportiert wird, die der Flußrichtung des Endharns etwa entgegengesetzt ist (nach Deetjen 1973)

Abb. 282 (rechts). Thermisches Modell zur Diffusion im Gegenstrom, dargestellt an einem konstanten Wärme-Zustrom. Im rechten Teilbild herrscht auf jedem Niveau der Haarnadelschleife eine Temperaturdifferenz von 10 °C (nach Berliner et al. aus Deetjen 1973)

ser entziehen – wenn dessen Wand nicht *wasserundurchlässig* wäre. Das ist für den Gesamtvorgang von entscheidender Bedeutung.

Würde der Prozeß hier enden, d. h. mündete der aufsteigende Schenkel der Nephronschleife nach außen, wäre diese funktionslos, denn aus dem aufsteigenden Schenkel flösse ein *dünner Harn* aus.

Die Abscheidung eines hoch konzentrierten Harns wird erst dadurch ermöglicht, daß zur Schleife das *Sammelrohr* parallel verläuft. Dessen Wand ist wie die des absteigenden Schenkels wasserdurchlässig, das interstitielle Gewebe kann ihm Wasser entziehen. Im Sammelrohr stellt sich das gleiche Konzentrationsgefälle ein wie in der Nephronschleife; an der Ausflußöffnung des Rohrs, welches im gleichen Gebiet liegt wie die Krümmung der Schleife, fließt ein sehr *konzentrierter* Harn aus.

Die Natrium-Pumpe muß auf jedem Querschnittsniveau der Nephronschleife nur eine relativ geringe Konzentrationsdifferenz aufbauen; dies ist energetisch wesentlich günstiger, als wenn die Endharnkonzentration in *einem* Schritt hergestellt würde.

In den Anfängen der Nierenforschung machte man – wie in Abb. 278 – anhand von Modellbetrachtungen Aussagen zur Funktionsweise der Nephronschleife. Diese wurden dadurch bestätigt, daß es gelang, mittels Mikropunktion Proben der Tubulusflüssigkeit zu entnehmen und deren osmotischen Druck zu bestimmen. Das Ergebnis derartiger Messungen zeigt Abb. 280: die Osmolalität steigt von der Rinde durch die äußere und innere Markzone bis zur Papillenspitze kontinuierlich an. In das von den außerordentlich zahlreichen Nephronschleifen (beim Menschen sind es 1,2 Millionen) aufgebaute Konzentrationsgefälle sind neben dem interstitiellen Gewebe und den Sammelrohren auch die Blutgefäße – also sämtliche Bestandteile des Marks – einbezogen.

Die Blutgefäße transportieren schließlich das vom interstitiellen Gewebe angesaugte Wasser weg. Sie verlaufen im Nierenmark parallel zu den Schleifen und den Sammelrohren und weisen ebenfalls die Form von Haarnadelschleifen auf (Abb. 281). Da sie in den Konzentrationsgradienten einbezogen sind, fließt aus dem rechten aufsteigenden Ast des

Gefäßes in Abb. 281 verdünntes Blut. So gelangt das Wasser aus der Niere zurück in den Körper. Wasser wird auch in den in Abb. 281 oben dargestellten Blutgefäßen weggeführt. Das dem Primärharn entzogene Wasser wird also in den Bereichen *niedrigen* osmotischen Drucks (oben in Abb. 281) abtransportiert, während der konzentrierte Endharn im Bereich *hohen* osmotischen Drucks (unten in Abb.281) ausfließt.

Die Wand eines Blutgefäßes ist – im Gegensatz zu derjenigen des aufsteigenden Schenkels der Nephronschleife – für Wasser und Ionen völlig durchlässig. Infolgedessen könnten die in die Gefäße einströmenden Ionen mit dem Blutstrom abgeführt werden, wodurch das Konzentrationsgefälle im Nierenmark abgeschwächt oder zerstört würde. Diese Gefahr ist deshalb nicht gegeben, weil infolge der Haarnadelform der Blutgefäße eine *Diffusion im Gegenstrom* stattfindet. Dies geschieht wegen der Durchlässigkeit der Gefäßwände in etwas anderer Weise als bei der Nephronschleife. Man kann sich diese Diffusion anhand des Modells der Abb. 282 klarmachen.

Im Modell findet kein Ionen-, sondern ein Wärmestrom statt. Im linken Teilbild ist angenommen, daß in das Rohr oben Wasser der Temperatur 30 °C einfließt. In der Mitte des Rohrs findet ein konstant gehaltener Zustrom von Wärme des angegebenen Betrages statt. Dadurch erwärmt sich das ebenfalls konstant strömende Wasser auf eine Temperatur von 40 °C.

Biegt man das Rohr zur Haarnadelschleife, ergibt sich der rechts gezeichnete Zustand. Die Wand zwischen den beiden Schenkeln des rechten Teilbildes ist völlig durchlässig. Wärme geht dort von einem Ort hoher zu einem mit niedriger Temperatur über. An der Krümmung stellt sich eine hohe Temperatur ein, an der Ein- und Ausflußöffnung herrschen niedrige Temperaturen.

Überträgt man die Verhältnisse dieses Modells auf die Blutgefäße des Nierenmarks, ist der Wärmestrom durch Ionenströme (Natrium- und Chlorid-Ionen sowie Harnstoff) zu ersetzen. Wie ersichtlich, liegen die Substanzen an der Krümmung der Schleife in hoher Konzentration vor, während das wegströmende Blut eine relativ niedrige Konzentration davon aufweist.

IX. Gehirn – Sinne – Verhalten

Säugetiere verfügen über die leistungsfähigsten Gehirne des gesamten Tierreichs. Manche schwierige Aufgaben, die zur Lösung ein komplexes Gehirn voraussetzen, werden auch von bestimmten Vogelarten gelöst – die Vögel haben jedoch keine dem Menschen vergleichbare Art hervorgebracht, dessen mächtig ausgebildete Hirnrinde es ihm ermöglicht hat, sich zum »Herrn der Erde« aufzuschwingen.

Im nachstehenden Kapitel sind ausgewählte Phänomene dargestellt, die für Säugetiere besonders typisch sind. Dabei werden einige Befunde der Ethologie behandelt. Das Gehirn verarbeitet Information, die von den Sinnesorganen aufgenommen wird. Zu einigen Sinnen sind detaillierte Ausführungen gemacht, während andere überhaupt nicht erwähnt werden.

Reizvoll sind Gebiete, die verschiedene Disziplinen der Biologie übergreifen; hierher gehört die Echo-Ortung. Sie wird nur verständlich, wenn man neben sinnes- und nervenphysiologischen Tatsachen auch die Ökologie der betreffenden Arten berücksichtigt; außerdem benötigt man Kenntnisse aus der Akustik, einige Gesetzmäßigkeiten aus diesem Gebiet werden kurz erläutert.

A. Bau der Hirnrinde

Auf das äußerst komplexe Organ »Gehirn« hier näher einzugehen, verbietet sich von selbst. Es sollen nur einige Tendenzen bei der stammesgeschichtlichen Entwicklung der Hirnrinde (Cortex cerebri) angesprochen werden.

Die Hirnrinde ist Teil des *Endhirns* (Telencephalon). Sie findet sich bei allen Wirbeltieren. Ist sie mächtig ausgebildet, umhüllt sie wie ein Mantel die anderen Teile des Endhirns sowie das Zwischenhirn (Diencephalon); sie heißt daher auch Pallium cerebri. Bevor auf die Faktoren eingegangen wird, welche die Ausdehnung der Hirnrinde beeinflussen, sei ein weit verbreiteter Irrtum kurz erwähnt.

Die falsche Ansicht lautet: Bei niederen Wirbeltieren ist das Endhirn ausschließlich (so bei den Fischen) oder überwiegend (so bei Lurchen und Kriechtieren) Riechhirn. Diese Aussage wird durch folgende Tatsache nahegelegt: Viele dieser Arten besitzen vorne am Telencephalon jederseits einen lang ausgezogenen Tractus olfactorius, welcher in einem Riechkolben (Bulbus olfactorius) endet (Beispiel: Alligator in Abb. 283). Gelegentlich bezeichnet man die Gesamtheit von Tractus und Bulbus olfactorius als Lobus olfactorius (Riechlappen).

Jedoch selbst bei Fischen nehmen die olfaktorischen Bezirke nur einen kleinen Teil des Endhirns in Anspruch: die Riechnervenfasern enden nämlich in einem wenig ausgedehnten seitlichen Bereich des Telencephalons. Dagegen besitzt bereits bei niederen Vertebraten das Endhirn Verbindungen zu anderen – vor allem optischen – Zentren. Diese Bahnen sind für die Weiterentwicklung des Telencephalons im Verlauf der Stammesgeschichte von entscheidender Bedeutung.

Vergleicht man das Gehirngewicht eines Reptils bestimmter Körpermasse mit dem Gehirngewicht eines Säugetiers *gleicher* Körpermasse, zeigt sich: Das Säugetier weist ein Vielfaches der Gehirnmasse des Kriechtiers auf. Zu diesem Unterschied trägt die Hirnrinde – neben dem Thalamus – wesentlich bei.

Da die Gehirnmasse der Reptilien für die Kontrolle ihrer Körperfunktionen ja ausreicht, kann man sich die Vorteile, die ein Säugetier durch die in seinem voluminösen Gehirn vorhandenen zahlreichen Nervenzellen gewinnt, beispielsweise an folgendem klarmachen. Man beobachte die fein abgestimmten Bewegungen, mit denen die Hauskatze ihre Pfote einem unbekannten Gegenstand nähert – ganz zu schweigen von dem Präzisionsgreifen der Finger einer Primatenhand. Zu solchen Bewegungen ist kein Reptil fähig.

Man unterteilt den Cortex in die stammesgeschichtlich alten Teile Archicortex und Paläocortex (auch als Archipallium und Paläopallium bezeichnet) sowie den *Neocortex* (Neopallium). Die alten Teile sind auch bei höher evolvierten Säugetieren noch vorhanden, werden aber durch die Ausbreitung des Neocortex an die Gehirnbasis gedrängt (Abb. 284).

Ein wenig ausgedehnter Neocortex findet sich erstmals in der Wirbeltierreihe bei Reptilien, große Ausdehnung dieses Teils der Hirnrinde gibt es nur bei Säugetieren.

A1.   Windungen der Hirnrinde

Eine Art, die im Verlauf der Evolution größer wird, »benötigt« mehr Nervenzellen in der Hirnrinde. Sie muß ja dann mehr »Masse Peripherie« (d. h. Muskulatur usw.) mit dem Nervensystem kontrollieren. Besitzt die Art eine glatte Hirnrinde (einen »lissencephalen« Neocortex), gibt es zwei Möglichkeiten, das Volumen der Hirnrinde zu vergrößern und im gewonnenen Raum zusätzliche Neurone anzusiedeln. Stellen wir uns dazu die »Schicht Hirnrinde« ausgebreitet auf einem Tisch liegend vor. Das Volumen der Schicht kann dadurch wachsen, daß sie ihren Umriß beibehält und an Dicke zunimmt – oder es findet eine Umrißvergrößerung der Schicht bei gleichbleibender Dicke statt, wobei Schichtmaterial entweder an den Rändern an-, oder überall in die Schicht eingebaut wird.

Die Dicke der Hirnrinde ist von Art zu Art etwas verschieden, sie liegt bei allen Arten aber in der *gleichen* Größenordnung (man beobachtet Faktoren von 2 bis 3). Die Unterschiede zwischen den Neocortex-Volumina verschiedener Formen sind also Differenzen der flächigen Vergrößerung (hier registriert man Faktoren von 10 bis 100). Eine sehr groß»flächige« Rinde läßt sich aber in einer Schädelhöhle vorgegebener Größe nicht ohne weiteres unterbringen. Die Schädel wachsen nämlich nicht in gleichem Maß wie die Gehirne. Der Neocortex legt sich daher in Falten. (Zur Veranschaulichung: Man kann einen großen Schal durch Zusammenknüllen in der hohlen Hand unterbringen.) Die Falten der Hirnrinde heißen – sprachlich nicht ganz treffend – Windungen (Gyri). Ein gyrencephaler Neocortex weist also auch zahlreiche Furchen (Sulci) auf.

Der Windungsreichtum der Hirnrinde einer Art hängt außer von der bereits erwähnten *Körpermasse* von einem weiteren Faktor ab: es ist die *Evolutionshöhe*.

Der Faktor Körpermasse bedingt, daß auch nicht sehr hoch evolvierte Arten wie das Erdferkel eine gefurchte Hirnrinde aufweisen können – sofern sie eine große Körpermasse besitzen.

Hat von zwei Arten mit etwa gleicher Körpermasse die eine einen windungsreicheren Neocortex als die andere, sagt man, sie sei höher cerebralisiert (auch: sie habe einen höheren Cephalisationsgrad). Ein Beispiel liefert der Vergleich des Großen Tanrek mit

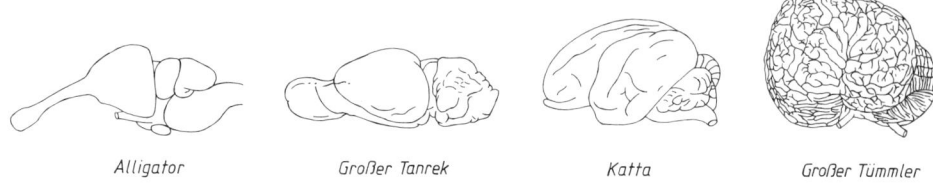

Alligator   Großer Tanrek   Katta   Großer Tümmler

Abb. 283. Seitenansicht des Gehirns eines Reptils und der Gehirne dreier Säugetier-Arten. Deren Evolutionshöhe nimmt von links nach rechts zu. Man vergleiche auch mit Abb. 43 (Alligator nach Edinger, Tanrek und Katta nach Starck, Delphin nach Langworthy; jeweils aus Starck 1982)

dem Katta in Abb. 283. Während der Große Tanrek einen lissencephalen Neocortex aufweist, ist dieser beim Katta gyrencephal.

Mit zunehmender Cerebralisation nehmen auch die relativen Anteile der Assoziationsfelder an der Oberfläche des Neocortex zu (s. A2).

Eine stark gefurchte Hirnrinde ist nach dem Gesagten nicht unbedingte Voraussetzung für ein komplexes Verhaltensrepertoire. Kleine Arten – wie das Weißbüscheläffchen – zeigen mit ihrem glatten Neocortex sehr differenzierte Verhaltensweisen (beispielsweise im Sozialleben).

Wie das Beispiel Tümmler in Abb. 283 zeigt, ist die Hirnrinde der Delphine extrem windungsreich. Der Cephalisationsgrad ist dem des Menschen vergleichbar. Diese Tatsache hat zu Spekulationen Anlaß gegeben, welche erheblich zu weit gingen. Man hat zunächst nicht berücksichtigt, daß die Delphine weite Bereiche ihres Neocortex für ihr akustisches System (Echo-Ortung) benötigen. Obwohl die Hirnrinde der Zahnwale sehr dünn – nur etwa halb so dick wie die des Menschen – und außerdem zellarm ist, ermöglicht sie doch wegen ihres Windungsreichtums den Delphinen ein differenziertes Sozialverhalten und hervorragende Lernleistungen.

A2.   Rindenfelder

Der Neocortex ist eine Umschaltstelle für nervöse Signale. Entsprechend gibt es für jeden Teil der Rinde afferente Eingänge und efferente Ausgänge. Sie ist funktionell nicht über ihre ganze Fläche hin gleichwertig. Vielmehr existieren Rindenfelder mit bestimmten Aufgaben. Man unterscheidet drei Gruppen von Feldern: Primäre Sinnesfelder, moto-

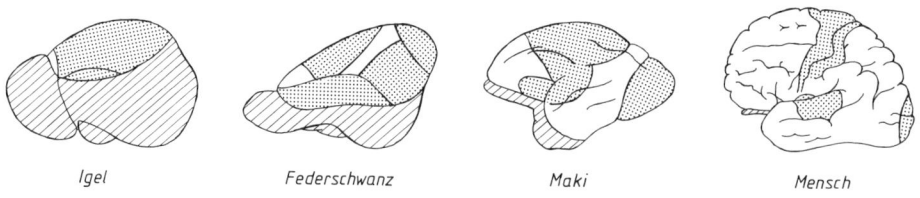

Igel   Federschwanz   Maki   Mensch

Abb. 284. Seitenansicht der Hirnrinde verschiedener Arten. Weiß: Assoziationsfelder; punktiert: primäre Sinnesfelder (Tast-, Sehregion usw.) sowie motorische Felder; schräg schraffiert: Riechhirn und Paläocortex. Man beachte die zunehmende Ausdehnung der weiß dargestellten Assoziationsfelder von links nach rechts (nach Starck 1982)

rische Felder und Assoziationsfelder (welche gelegentlich auch als Integrationsfelder oder Sekundärgebiete bezeichnet werden).

In den *primären Sinnesfeldern* enden Bündel von Fasern, welche aus Sinnesorganen kommen und in geordneter, geschlossener Anordnung auf die Rinde »projizieren«. Mit anderen Worten bedeutet das beispielsweise für den Gesichtssinn, daß die Sinnesoberfläche Retina auf der Cortexoberfläche wie auf einer Landkarte ausgelegt ist. Dabei werden die Oberflächen der verschiedenen Sinnesorgane auf der Hirnrinde in charakteristischer Weise verzerrt ausgebreitet. Man gibt dies häufig dadurch wieder, daß man über einer Zeichnung der Hirnrinde die betreffende Tierart so darstellt, daß sie eine überdimensionale Zunge, Hand usw. aufweist.

Von den *motorischen Feldern* gehen Erregungsmuster zu den für die Bewegung der Muskeln verantwortlichen Motoneuronen. Man sagt auch: Es entspringen hier motorische Projektionsbahnen. Die motorischen Felder kontrollieren aber nicht den ganzen Ablauf einer Handlung, sondern nur Teilbewegungen. Der Handlungsplan für die gesamte Bewegungsabfolge entsteht in den Assoziationsfeldern.

Ein motorisches Feld kontrolliert die Muskeln einer bestimmten Körperpartie. Ein Beispiel für die Zuordnung von Rindenfeldern zu Regionen der »Peripherie« des Körpers bringt Abb. 219.

Die *Assoziationsfelder* liegen zwischen den Sinnesfeldern und den motorischen Feldern. Ihren Namen haben sie zu einer Zeit erhalten, in der man annahm, sie dienten vorwiegend der Bildung von Assoziationen. Ihre Aufgaben sind jedoch vielfältiger. So entstehen hier »Handlungsentwürfe«. Werden diese Felder experimentell zerstört oder elektrisch aktiviert, sind die Effekte nicht so eindeutig zu beschreiben wie diejenigen, welche man in den motorischen Arealen oder den Sinnesfeldern erhält. Eine Schädigung von Assoziationsfeldern des Menschen hat zur Folge, daß typische menschliche Fähigkeiten und Verhaltensweisen betroffen werden: Der Patient kann nur noch schlecht sprechen, hat Schwierigkeiten beim Erkennen von Dingen, das soziale und ethische Verhalten ist gestört. Die Beschreibung der Veränderungen geschieht mit Begriffen aus der Psychologie.

Bei anderen Arten – so bei Affen – muß man nach anderen Verhaltensweisen suchen. Man kann hier die Aufgaben der Assoziationsgebiete vielleicht so umschreiben: Je ausgedehnter diese Areale bei einer Art sind, desto weniger festgelegt ist sie, desto weniger »starr« sind ihre Verhaltensweisen. Bei einer Änderung der Situation in der Umwelt vermag eine Art mit großflächigen Assoziationsfeldern flexibler zu reagieren als eine Art mit geringer Ausdehnung dieser Gebiete. Diese Aussage deckt sich mit den an verschiedenen Arten erhobenen Befunden über das Verhältnis zwischen Assoziationsfeldern und den übrigen Feldern (Abb. 284): Mit zunehmender Evolutionshöhe sind immer größere Bereiche der Hirnrinde als Assoziationsfelder ausgebildet, die Sinnesfelder und motorischen Areale treten ihnen gegenüber stark zurück. Man kann auch sagen: die Assoziationsfelder sind für die *höheren Hirnleistungen* verantwortlich.

B.   Geruchssinn

B1.   Bau des Geruchssinnesorgans

In der Nasenhöhle liegt als besondere Region die mit Geruchssinneszellen ausgestattete Riechschleimhaut. Sie ist beim Menschen etwa 5 cm² groß, bei Arten mit sehr ausgeprägtem Riechvermögen ist sie oft wesentlich ausgedehnter (Abb. 286).

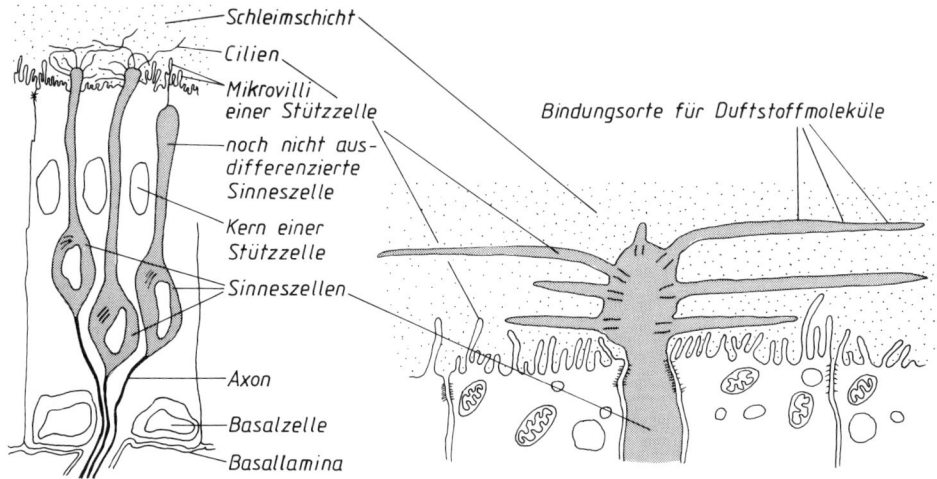

Abb. 285. Bau der Riechschleimhaut
Links: Ausschnitt aus dem Riechepithel eines Makrosmaten, halbschematisch (nach Andres aus Takagi 1971)
Rechts: Distales Ende einer Riechsinneszelle (»Riechkegel«) der Ratte, stark vergrößert (nach Krstic 1976)

Die Riechschleimhaut besteht aus dreierlei Zellen: Sinnes-, Stütz- und Basalzellen (Abb. 285 links). Die primären Sinneszellen enden in Form eines Kolbens, der über die Oberfläche des Epithels hinaus in die Schleimschicht ragt (Abb. 285 rechts). Der Kolben – manchmal auch »Riechkegel« genannt – entsendet olfaktorische Cilien in den Schleim. Sie sind bei niederen Wirbeltieren beweglich. Ihre Funktion ist unklar. Zwischen den Stütz- und den Sinneszellen bestehen enge morphologische Beziehungen. Möglicherweise übernehmen die Stützzellen wichtige Funktionen im Stoffwechsel der Sinneszellen. Der Schleim, welcher in dauernder Bewegung ist, mag eine Diffusionsbarriere für Riechstoffe bilden.

Die Axone der Geruchssinneszellen bilden den Riechnerv und ziehen zum Endhirn. Bei den Primaten treten die olfaktorischen Areale des Gehirns besonders stark zurück. Der direkte Anschluß des Riechnervs bleibt jedoch bestehen: Zwischen den Rezeptoren und der Hirnrinde liegt nur eine synaptische Schaltstelle.

Früher war man der Meinung, daß man aus der Größe der Riechschleimhaut ohne weiteres auf das Riechvermögen des betreffenden Tieres schließen könne. Dies ist zwar bei einigen Arten (beispielsweise bei Hunden) möglich, bei anderen jedoch nicht. So ist der Geruchssinn von Ratten trotz ihrer »großflächig« ausgebildeten Riechschleimhaut wahrscheinlich nicht empfindlicher als der des Menschen.

Hinsichtlich des Geruchsvermögens unterteilt man alle Arten in folgende Gruppen: *Makrosmaten* vermögen Gerüche sehr gut wahrzunehmen, *Mikrosmaten* haben einen wenig leistungsfähigen Geruchssinn. Ist dieser gar ganz zurückgebildet, spricht man von *Anosmaten*, Beispiele hierfür sind die Wale.

B2.   Arbeitsweise der Geruchssinneszellen

Mit elektrophysiologischer Technik ist es gelungen, die elektrischen Antworten einzelner Geruchssinneszellen direkt abzuleiten. Dabei fand man folgendes: Manche Riechzellen bilden spontan, d. h. ohne Reizeinwirkung, Nervenimpulse in unregelmäßigen Zeitabständen. Auf Geruchsreize antworten sie je nach Duftstoff mit Hemmung oder mit Erregung. Reizt man verschiedene Riechzellen mit einem bestimmten Duftstoff, reagiert jede Zelle in etwas anderer Weise. Bei Reizung mit einer Reihe verschiedener Duftstoffe antwortet jede Zelle auf eine andere Auswahl aus dieser Reihe von Substanzen.

   Wie man beim Menschen und beim Haushund gefunden hat, können für die Wahrnehmung von Geruchsreizen nicht nur Riechsinneszellen verantwortlich sein, sondern auch in der Nasenschleimhaut vorkommende freie Nervenendigungen sensibler Fasern des fünften Hirnnerven.

B3.   Leistungen des Geruchssinns

Sie werden im allgemeinen durch Verhaltensexperimente erforscht. Beim Menschen liegt die Wahrnehmungsschwelle für Geruchsreize je nach Duftstoff zwischen 10^7 und 10^{17} Molekülen je cm^3 Reizluft. An dieser *absoluten Schwelle* ist jedoch meist keine Identifizierung des Duftes möglich: »Es riecht irgend etwas«. Erst bei stärkerer Konzentration einer Substanz wird deren charakteristischer Geruch wahrnehmbar und eine qualitativ eindeutige Empfindung hervorgerufen: Die *Erkennungsschwelle* ist erreicht. Für manche Gerüche ist die menschliche Nase außerordentlich empfindlich. Beispielsweise erfüllt schon 1 mg des nach Fäkalien riechenden Skatols eine ganze Fabrikhalle von 250 000 m^3 Rauminhalt mit einem für uns widerlichen Gestank. Dabei finden sich in 1 cm^3 Luft etwa 10^7 Moleküle. Der Haushund besitzt ein noch wesentlich feineres Riechvermögen: Um bei ihm eine Geruchswahrnehmung auszulösen, genügt es, wenn je mm^3 Luft 1 Molekül eines Duftstoffes vorhanden ist. Die wenigen durch die Schuhsohle des Menschen diffundierenden Fettsäuremoleküle (Fettsäuren sind Bestandteile des Schweißes) ermöglichen es einem Hund, die Fährte aufzunehmen.

Abb. 286 (links). Querschnitt durch die Nasenhöhlen des Menschen (links) und des Rehs. Die Nasenmuscheln sind mit Schleimhaut überzogen, ein Teil davon ist als Riechschleimhaut ausgebildet. Beim Menschen bedeckt diese nur die durch Pfeile bezeichnete Fläche, beim Reh kleidet die Riechschleimhaut die ganzen Nasenhöhlen aus (aus Linder 1971)

Abb. 287 (rechts). Schneeschuhhasen-Paar. Das links sitzende Weibchen nimmt eine aggressive, das Männchen eine prüfende Körperhaltung ein (nach Graf 1985)

Obwohl das gesamte Riechsystem des Haushundes viel empfindlicher ist als das des Menschen, liegen die Reaktionsschwellen der einzelnen Geruchssinneszellen bei beiden Arten in der gleichen Größenordnung. Man kann berechnen, daß es für die Auslösung einer Geruchsempfindung beim Menschen genügt, wenn 8 Moleküle Butylmerkaptan (das ist eine knoblauchartig-faulig riechende Substanz) pro Rezeptorzelle vorhanden sind. Die größere Empfindlichkeit des Riechsystems vieler Arten verglichen mit der des Menschen ist vielleicht darauf zurückzuführen, daß diese Tiere über eine größere Anzahl von Sinneszellen verfügen als der Mensch. Dadurch vergrößert sich die Trefferchance für Duftstoffmoleküle.

Die Geruchswahrnehmung wird durch verschiedene Faktoren beeinflußt: Temperatur, Feuchtigkeit, Adaptation des Zentralnervensystems auf bestimmte Gerüche, Verfütterung bestimmter Duftstoffe, hormonelle Veränderungen im Körper sowie Hunger.

B4.   Bedeutung des Geruchssinns

Der Geruchssinn dient als Nah- *und* als Fernsinn. Als *Nahsinn* spielt er neben dem Geschmackssinn eine große Rolle beim Prüfen der Nahrung. Beim Kauen gelangen Duftstoffe vom Rachen- in den Nasenraum.

Als *Fernsinn* spielt der Geruchssinn eine Rolle beim Nahrungserwerb, bei der Feindvermeidung und im Sozialverhalten. Rehe vermögen ihre Feinde zu »wittern«, lange bevor sie diese sehen. Ein Mäuseweibchen wird, wenn es ein fremdes Männchen riecht, nicht trächtig. Ist es bereits trächtig, kommt es zu einem Abgang der Embryonen. Bei vielen Arten vermag das Männchen olfaktorisch festzustellen, ob das Weibchen empfängnisbereit ist. Ein Beispiel für die geruchliche Prüfung des Weibchens beim Schneeschuhhasen bringt Abb. 287. Welche Rolle Duftmarken bei der Revierbegrenzung spielen, ist in den Abschnitten IX D und E beschrieben.

Beim Menschen hat der Geruchssinn eine weit größere Bedeutung als gemeinhin angenommen wird (»diesen Burschen kann ich nicht riechen«). Der Einfluß von Gerüchen auf das seelische Leben des Menschen ist vor allem in der schöngeistigen Literatur beschrieben – so bei MARCEL PROUST und bei PATRICK SÜSKIND, der dem Geruchssinn einen ganzen Roman gewidmet hat.

B5.   Das Jacobsonsche Organ

Bei vielen Arten findet sich – wie bei manchen Reptilien (s. unten) – ein zusätzliches Geruchssinnesorgan im Dach der Mundhöhle. Es ist das Jacobsonsche Organ.

Wieso zählt man dieses paarig angelegte, schlauchförmige Organ zum Geruchs- und nicht zum Geschmackssinn – obwohl es in den meisten Fällen seinen Zugang von der Mundhöhle aus hat? Die Gründe dafür sind einerseits in der nervösen Versorgung zu suchen, andererseits in der Lage des Organs innerhalb einer Rinne des Paraseptalknorpels (Abb. 288). Dieser Knorpel ist ursprünglich ein Bestandteil des Bodens der Nasenkapsel.

Während das Jacobsonsche Organ der Nagetiere in die Nasenhöhle mündet, besteht bei den meisten Arten über den Ductus nasopalatinus eine Verbindung zur Mundhöhle (Abb. 289).

Die Wand des Organs ist mit Sinnesepithel überzogen, die Mikrovilli der Rezeptorzellen ragen in einen flüssigkeitsgefüllten Raum. Über dem Organ befinden sich seröse Drüsen.

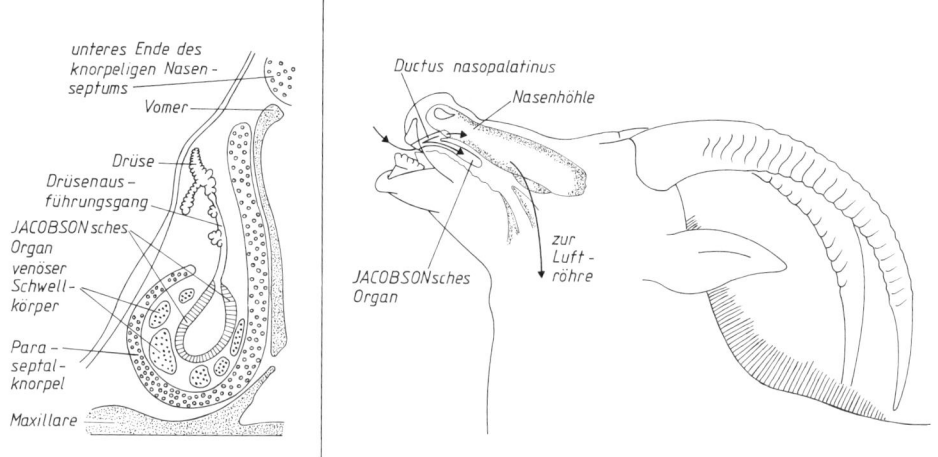

Abb. 288 (links). Querschnitt durch das linke Jacobsonsche Organ des Sundakobold-makis. Symmetrisch zu diesem befindet sich ein entsprechend gebautes Organ. Der Schnitt ist in der Region des Gaumens geführt. Das schlauchförmige Jacobsonsche Organ ist durch die Bildebene ziehend zu denken, die Nasenöffnungen lägen also hinter dieser; unter dem Maxillare befindet sich das Dach der Mundhöhle (vereinfacht nach Starck 1982)

Abb. 289 (rechts). Flehmende Rappenantilope. Kopf durchsichtig gedacht, um das Jacobsonsche Organ und die Nasenhöhle zu zeigen. Die Pfeile geben den Weg der Duftmoleküle wieder (vereinfacht nach Estes aus Starck 1982)

Wie gelangen Duftstoffmoleküle an die Sinneszellen? Da das Organ blind endet, liegen hier andere Verhältnisse vor als bei der Riechschleimhaut, an welcher die Atemluft vorbeistreicht und dabei fortwährend neue Duftstoffmoleküle heranführt. Das Jacobsonsche Organ ist bei den meisten Arten mit Flüssigkeit gefüllt. Diffusion in Flüssigkeiten ist ein sehr langsamer Vorgang. Müßten die Geruchsstoffe von der Mündung des Organs bis zu den Sinneszellen diffundieren, würde bis zur Erregung einer Sinneszelle viel Zeit verstreichen. Daher nimmt man an, daß ein Pumpmechanismus existiert, der das Organ füllt und entleert. Hierzu dient neben glatter Muskulatur der venöse Schwellkörper (Abb. 288). Wird er mit Blut gefüllt, übt er einen Druck auf die Wand des Organs aus und preßt dessen Inhalt heraus.

Die Sinneszellen sind keine sekundären wie die des Geschmackssinns, sondern primäre wie die der Riechschleimhaut (Abb. 290). Die ableitenden Nervenfasern bilden ein dünnes Bündel, den Nervus vomeronasalis. Er verläuft entlang des Bulbus olfactorius und endet in einem Nebenbulbus (Bulbus olfactorius accessorius).

Sämtliche Makrosmaten besitzen ein Jacobsonsches Organ. Es ist ein von den Reptilien übernommenes Erbe. Kriechtiere mit gespaltener Zunge bringen durch eine besondere Verhaltensweise Duftstoffe in das Lumen des Organs: sie *züngeln*. Dabei beladen sie die Zunge außerhalb des Mundes mit Geruchsstoffen, nach Einziehen der Zunge werden deren Spitzen in das Organ eingeführt.

Auch manche Säugetier-Arten verfügen über ein spezielles Verhalten, bei welchem dem Jacobsonschen Organ Reizstoffe zugeführt werden: es heißt *Flehmen* und ist in Abb. 289 dargestellt. Ein flehmendes Individuum schürzt die Lippen und hebt die Schnauze, wodurch eine typische Kopfhaltung erzielt wird.

Flehmen wird beispielsweise vom Männchen gezeigt, nachdem es die Schnauzenspitze an den Urin des Weibchens gebracht hat. Offenbar nimmt das Männchen eine Probe und pumpt sie ins Jacobsonsche Organ. Es prüft so, ob das Weibchen im Östrus ist. Auslösend sind dabei offenbar Sexualduftstoffe (Pheromone), welche aus der Wand der Vagina stammen. Die Häufigkeit des Flehmens des Hausschaf-Widders ist korreliert mit dem Zustand des Weibchens im Brunstzyklus.

C. Geschmackssinn

Über den Geschmackssinn ist nur vom Menschen und einigen wenigen Arten (verschiedene Primaten, weiße Laborratte) Näheres bekannt. Die wenigen, mit anderen Arten durchgeführten Verhaltensexperimente lassen darauf schließen, daß bezüglich der Geschmacksqualitäten eine gewisse Einheitlichkeit herrscht. Allerdings muß man aufgrund elektrophysiologischer Versuchsergebnisse annehmen, daß für die Hauskatze Wasser eine eigene Geschmacksqualität darstellt.

C1. Bau der Geschmacksknospen

Die Geschmacksknospen liegen auf der Zunge und im Innern der Mundhöhle. Hier sind sie vor Austrocknung geschützt. Nachstehend werden die Verhältnisse beim Menschen und einigen sonstigen Primaten näher betrachtet.

Die Geschmackssinneszellen sind sekundäre Sinneszellen. Sie besitzen also keine eigenen ableitenden Axone wie die Geruchssinneszellen (Abb. 290). 4 bis 20 Schmeckzellen liegen zusammen in einer Geschmacksknospe. Die Geschmacksknospen ihrerseits befinden sich seitlich oder an der Spitze von Schmeckpapillen. Sie werden vom siebten, neunten und zehnten Gehirnnerv innerviert. Eine Geschmacksknospe enthält neben Sinneszellen noch Stütz- und Basalzellen (Abb. 291). Die Sinneszellen ragen in einen mit Flüssigkeit gefüllten Raum, welcher durch einen Porus mit der Mundhöhle in Verbindung steht. Die Oberfläche der Sinneszellen ist an dieser Stelle durch die Ausbildung von Mikrovilli stark vergrößert.

Ein erwachsener Mensch besitzt etwa 2000 Geschmacksknospen. Bei älteren Menschen und starken Rauchern ist die Anzahl der Geschmacksknospen stark reduziert.

C2. Leistungen des Geschmackssinns

Der Geschmackssinn leistet wesentlich weniger als der Geruchssinn.

a) Wahrnehmungsschwelle

Beim Menschen ist sie für Schmeckstoffe erheblich höher als die für Duftstoffe: Sie liegt je nach Substanz zwischen 10^{14} und 10^{19} Molekülen pro ml Schmecklösung. Bei Koch-

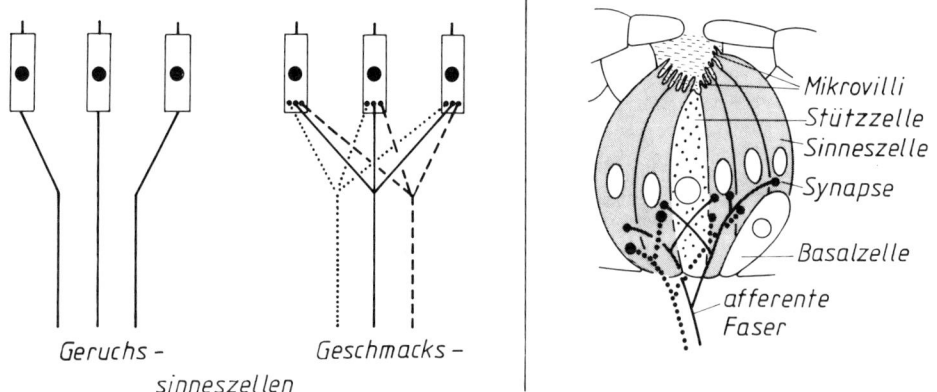

Geruchs-sinneszellen   Geschmacks-

Mikrovilli
Stützzelle
Sinneszelle
Synapse
Basalzelle
afferente Faser

Abb. 290 (links). Schema der Sinneszellen und ableitenden Fasern beim Geruchs- und Geschmackssinn. Der Fortsatz am oberen Ende einer Zelle symbolisiert die Mikrovilli (nach Pflumm 1976)

Abb. 291 (rechts). Einzelne Geschmacksknospe (schematisch). Von den etwa 50 in die Geschmacksknospe tretenden Nervenfasern sind nur zwei mit ihren Verzweigungen eingezeichnet (aus Schmidt 1973)

salz und Rohrzucker sind 10^{18} Moleküle pro ml Lösung nötig, um gerade noch eine Wahrnehmung hervorzurufen. In Schwellennähe sind aber keine eindeutigen Aussagen über die Geschmacksqualität möglich; manchmal beobachtet man einen Qualitätsumschlag. Die Wahrnehmung von Schmeckstoffen ist stark von der Temperatur abhängig. Beim Menschen ist die Empfindlichkeit für Schmeckstoffe im Bereich der Körpertemperatur am höchsten.

Die Wahrnehmungsschwelle von Affen prüft man im Verhaltensversuch, indem man ihnen die Lösung einer bestimmten Substanz neben Wasser bietet. Man registriert, ob die Lösung gegenüber Wasser bevorzugt oder abgelehnt wird.

Für sauere und bittere Schmeckstoffe ist der Mensch empfindlicher als die bisher geprüften nichtmenschlichen Primaten. Für die Qualität »salzig« (NaCl) besitzt der Rhesusaffe eine niedrigere Wahrnehmungsschwelle als der Mensch; bezüglich der Qualität »süß« (geprüft mit Saccharoselösungen) wird der Mensch an Empfindlichkeit ebenfalls vom Rhesusaffen und außerdem vom Totenkopfäffchen übertroffen.

b) Geschmacksqualitäten

Der Mensch – und wohl auch die übrigen Primaten – können nur vier Geschmacksqualitäten unterscheiden: Salzig, sauer, süß und bitter. Daneben existiert ein »metallischer Geschmack«. Die meisten Schmeckstoffe sind wasserlöslich. Es ist bisher in keinem Fall gelungen, grundsätzliche Zusammenhänge zwischen der chemischen und physikalischen Natur eines Stoffes und seiner Geschmackswirkung aufzufinden.

Die Empfindungsqualität *salzig* kommt hauptsächlich kristallisierbaren, gut dissoziierenden, wasserlöslichen Mineralsalzen zu. Rein »salzig« schmeckt nur Kochsalz. Die meisten anderen Salze rufen Mischempfindungen hervor. Bei stark dissoziierenden Salzen bestimmen sowohl das Kation als auch das Anion den salzigen Geschmackscharakter.

309

Die bisher untersuchten Nasenspiegelaffen lehnten Kochsalzlösungen nur ab, wenn sie sehr hoch konzentriert waren. Die Mimikaffen mieden dagegen sogar niedrig konzentrierte Lösungen. Der Senegalgalago bevorzugte schwache Natriumchloridlösungen.

Für die *saure* Geschmackswirkung der Säuren spielt das Proton die entscheidende Rolle. Saure Schmeckstoffe unserer Nahrung sind vor allem organische Säuren (Essigsäure, Zitronensäure, Äpfelsäure).

Bezüglich der Qualität »sauer« existiert eine einzige Affen-Art, welche vor hohen Konzentrationen an Essigsäure und Zitronensäure nicht zurückschreckt. Es ist der Nachtaffe. Andererseits bevorzugt er Saccharoselösungen vor Wasser. Das merkwürdige Verhalten sauren Lösungen gegenüber deutet man auf folgende Weise: Da alle Primaten süße Früchte bevorzugen, herrscht hier ein starker Konkurrenzdruck – saure Früchte stehen dagegen reichlich zur Verfügung. Sie werden im Freien neben süßen auch vom Nachtaffen aufgenommen, welcher sich so vielleicht eine »Welt des sauren Geschmacks« eröffnet hat.

Mit Ausnahme von Blei- und Berylliumsalzen sind alle *süß* schmeckenden Stoffe organische Verbindungen: Zucker, Alkohole (Glycerin), Aminosäuren (Glycin). Synthetische Süßstoffe, beispielsweise Saccharin, schmecken nur für den Menschen und einige Affen wie Zucker. Die Süßkraft von Saccharin ist 400mal größer als die von Saccharose. Nur Mono- und Oligosaccharide schmecken für den Menschen süß, Polysaccharide (Stärke, Zellulose) sind ohne Geschmack. Viele süß schmeckende Stoffe sind hochwertige Nahrungsmittel. Saccharin wird allerdings im Stoffwechsel nicht verwertet.

Alle bisher geprüften Primaten-Arten bevorzugen Saccharoselösungen vor Wasser.

Zahlreiche anorganische und organische Substanzen schmecken *bitter*: Calcium-, Ammonium- und Magnesiumsalze sowie Verbindungen mit Schwefel- und Stickstoffgruppen. Die Wahrnehmungsschwellen für diese oft giftigen Stoffe sind bei vielen Arten besonders niedrig.

Bei den Primaten bildet das Zwergseidenäffchen eine Ausnahme. Vergleicht man es mit dem nahe verwandten Rothandtamarin, vermag dieser 16fach schwächere Chinin-Lösungen von Wasser zu unterscheiden als das Zwergseidenäffchen. Die relative Unempfindlichkeit des Zwergseidenäffchens gegenüber Bitterstoffen kann man aus seiner Lebensweise verstehen: Es nagt Löcher in die Borke von Bäumen, um an den Phloemsaft zu gelangen. In den Borken vieler Bäume finden sich bitter schmeckende Gerbstoffe.

c)   Codierung der Reizqualität

Wie entsteht eine bestimmte Geschmacksempfindung im Gehirn? Früher nahm man an, daß es für jede Geschmacksqualität besondere Sinneszellen gibt, die mit getrennten

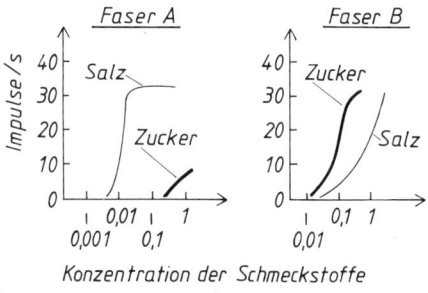

Abb. 292. Elektrische Aktivität zweier Schmeckfasern der Ratte bei Reizung der Geschmackssinneszellen mit Kochsalz und Saccharose (nach Pfaffmann aus Boeckh 1972)

Stellen des Gehirns verbunden sind. Hieraus folgt einerseits: Jede Geschmackssinneszelle oder jede Geschmacksknospe müßte ihre eigene, zum Gehirn ziehende Nervenfaser besitzen. Andererseits dürfte eine bestimmte Sinneszelle nur auf eine einzige Geschmacksqualität ansprechen. Mit Hilfe der Neuroanatomie und der Elektrophysiologie wurde diese alte Hypothese überprüft.

Anatomische Untersuchungen ergaben: In eine Geschmacksknospe treten etwa 50 Nervenfasern ein und verzweigen sich in ihr. Jede Nervenfaser nimmt mit ihren Verzweigungen Kontakt mit mehreren Sinneszellen auf. Jede Schmeckzelle hat ihrerseits Kontakt mit den Verzweigungen von bis zu 12 Nervenfasern (Abb. 291). Eine einzelne Geschmackssinneszelle besitzt eine begrenzte Lebensdauer von wenigen Tagen. Sie wird durch eine nachrückende Zelle ersetzt; diese ist Abkömmling einer Basalzelle. Dabei müssen die synaptischen Verknüpfungen mit der alten Schmeckzelle gelöst und mit der neuen wiederhergestellt werden. Die Annahme, jede Sinneszelle besitze eine eigene ableitende Nervenfaser, konnte also nicht bestätigt werden.

Auch *elektrophysiologische* Untersuchungen widerlegten die obige Hypothese: Sticht man nämlich eine Elektrode in eine Geschmackssinneszelle und reizt nacheinander mit verschiedenen Schmeckstoffen, so zeigt sich, daß die Sinneszelle nicht nur auf *eine* Geschmacksqualität reagiert, sondern auf alle 4 Grundqualitäten.

Auch wenn man die elektrische Aktivität der aus den Geschmacksknospen tretenden Nervenfasern registriert, findet man keine Fasern, die ausschließlich qualitätsspezifisch antworten. In der Regel meldet eine Faser bei Reizung mit Schmeckstoffen *aller vier* Qualitäten. Für zwei Qualitäten ist ein Beispiel in Abb. 292 dargestellt: Beide Schmeckfasern sprechen sowohl auf Zucker als auch auf Kochsalz an. Faser A reagiert auf Salz stärker als auf Zucker, bei Faser B ist es umgekehrt. Mit diesen Befunden ist die eingangs aufgestellte Hypothese widerlegt: Aus der Meldung einer einzigen Nervenfaser kann das Gehirn nicht auf die Geschmacksqualität schließen. Hat beispielsweise Faser A in Abb. 292 acht Impulse/s, kann es sich um eine niedrige Kochsalz- *oder* eine hohe Zuckerkonzentration handeln. Meldet zusätzlich aber Faser B mit etwa 30 Impulsen/s, muß die Reizlösung eine hoch konzentrierte Zuckerlösung sein. Erst die Auswertung der Aktivität *mehrerer* Fasern im Zentralnervensystem erlaubt eine Bestimmung der Geschmacksqualität aus dem jeweiligen Erregungsmuster. Wie das im einzelnen geschieht, ist eine noch offene Frage.

C3.   Bedeutung des Geschmackssinns

Sie liegt in der Kontrolle der Nahrung. Da die Empfindlichkeit für manche gefährliche Substanzen sehr hoch ist, beispielsweise für die giftigen Bitterstoffe in Pflanzen, können Schädigungen leicht vermieden werden; selbst geringste Verunreinigungen des Trinkwassers sind feststellbar.

Der Geschmackssinn steuert auch die Sekretion der Mundspeicheldrüsen. Bei menschlichen Säuglingen werden durch Reizen der Zunge mit Zucker Saugbewegungen ausgelöst.

Bei der Regulierung bestimmter Mangelzustände ist der Geschmackssinn maßgeblich beteiligt. Entfernt man Ratten die Nebennieren, ist der Salzhaushalt der Tiere gestört. Den Salzmangel gleichen sie durch übermäßige Aufnahme von Kochsalz wieder aus. Pflanzenesser benötigen viel Natrium in ihrer Nahrung – bekannt sind die Wanderungen wild lebender Herden zu den Salzlecken. Haustieren – wie Schafen, Rindern und Pferden – bietet man Salzlecksteine.

Die Beurteilung des »Geschmacks« von Speisen beruht nicht nur auf Meldungen der Geschmacks- sondern auch der Geruchssinneszellen; weiterhin sind der Temperatur-, Tast- und gegebenenfalls Schmerzsinn beteiligt.

D. Duftmarkieren

Während man die meisten Vögel als »Augentiere« bezeichnen kann, sind die Säugetiere mit wenigen Ausnahmen »Nasentiere«. Informationsübertragung zwischen verschiedenen Individuen geschieht sehr häufig mittels bestimmter Moleküle oder der Konzentration spezieller Stoffe. Artgenossen beeinflussende Substanzen heißen *Pheromone*. Sie werden meist in besonderen Duftdrüsen produziert.

Die Senderseite dieser chemischen Nachrichtenübertragung wird durch die Duftdrüsen repräsentiert, die Empfängerseite durch Geruchssinnesorgane. Der Bau der die Pheromone absondernden Drüsen und ihr Sekretionsmechanismus ist in Abschnitt V C beschrieben, nachstehend wird die Verteilung der Duftdrüsen auf dem Körper und das Anbringen des Sekrets an Gegenständen der Umgebung behandelt. Außerdem sind einige Bemerkungen zum Markieren mit Harn und Kot gemacht.

D1. Verteilung der Duftdrüsen auf den Körperpartien und Anbringen des Sekrets

Am Kopf vieler Hornträger finden sich *Voraugendrüsen* (Antorbitaldrüsen: Abb. 293). Das Sekret wird an Ästchen, Baumstämmen, Steinen oder Grashalmen angebracht. Dabei nähert die Hirschziegenantilope die etwas ausgestülpte Drüse vorsichtig einem Ästchen, danach streift sie das Sekret ab (andere Arten führen die Astspitze in die Drüsen»tasche« ein). Zuvor hat die Antilope das Ästchen beschnuppert, was sie auch nach dem Anbringen des Sekrets wieder tut.

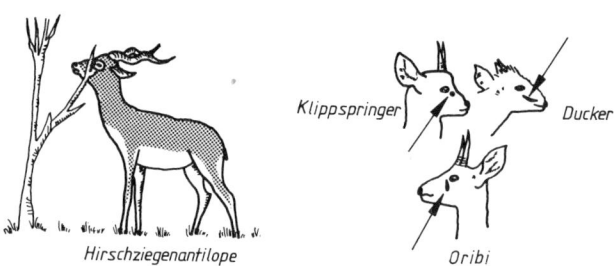

Abb. 293. Duftdrüsen am Kopf
Links: Männliche Hirschziegenantilope bringt das Sekret der Voraugendrüse an einem Zweig an
Rechts: Die Pfeilspitzen zeigen auf die Voraugendrüsen, welche bei verschiedenen Hornträgern unterschiedliche Formen aufweisen (nach Walther 1967)

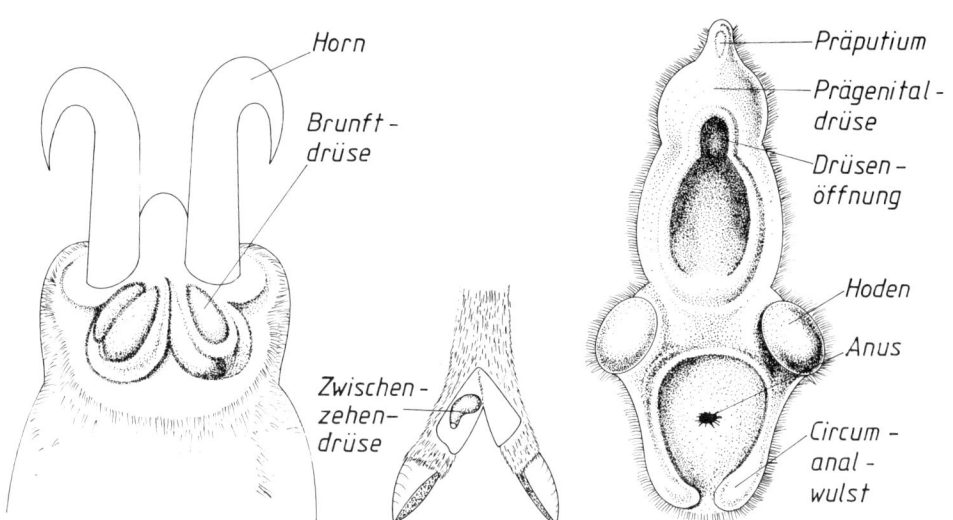

Abb. 294. Duftdrüsen verschiedener Arten
Links: Brunftfeigen des Gamsbocks (aus Ziswiler 1976)
Mitte: Teilweise aufgeschnittener Hinterfuß des Pampashirsches, um die interdigitale
Drüse zu zeigen (nach Langguth und Jackson 1980)
Rechts: Ventralansicht des Analbereichs einer männlichen Zibetkatze (aus Ziswiler 1976)

Hinter dem Gehörn des Gamsbocks liegen große Drüsen, die »Brunftfeigen« (Abb.
294 links). Sie vergrößern sich während der Brunstzeit, ihr Sekret wird an Grashalme und
Äste geschmiert.

Bei bodenlebenden Formen liegen Drüsen häufig an den Enden der Extremitäten, das
Sekret gelangt so »automatisch« auf die hinterlassene Spur. Zu nennen sind die *Zwi-
schenzehendrüsen* (interdigitale Drüsen) vieler Paarhufer (Abb. 294 Mitte), auch die
»Schweiß«drüsen auf den Fußsohlen der Katze (s. V C) gehören wohl hierher.

Verschiedene Arten der Reißtiere besitzen Drüsen in der Analgegend (Abb. 294 rechts).
Die Öffnung wird gegen eine Unterlage gedrückt und das Sekret abgesetzt; die Schabrackenhyäne stülpt die Drüse beim Markieren aus (s. D2).

Eine nabelartig aussehende Drüse liegt auf der Rückenmitte der Pekaris (sie heißen daher auch »Nabel«schweine). Deren Absonderung gelangt dadurch in das Fell von Rudel-
genossen, daß diese ihre Kopfseite auf dem Rücken des Nachbars ausgiebig reiben.

Eine der am vielfältigsten mit Duftdrüsen ausgestatteten Arten ist der Großohrhirsch
(Abb. 295). Er setzt Duftmarken an verschiedene Stellen der Umgebung und übermittelt
Artgenossen unterschiedliche Botschaften.

Seine Zwischenzehendrüsen geben Duftstoffe auf den Untergrund ab. Dies geschieht
wegen der Lage dieser Drüsen (Abb. 294 Mitte) nur dann in nennenswertem Maße, wenn
die Hufe tief in weichen Untergrund gedrückt werden – beispielsweise auf der Flucht.
Auch Sekret der Metatarsaldrüsen gelangt auf den Boden, und zwar dann, wenn das Tier
liegend ruht. In die Luft gelangen Duftstoffmoleküle einerseits aus den Tarsaldrüsen, andererseits aus zahlreichen Drüsen der Schwanzhaut.

Die an die Luft abgegebenen Duftstoffe rufen bei Artgenossen manchmal Schnüffeln
hervor. Nicht nur beschnüffelt, sondern auch beleckt werden mit Sekret versehene Pflanzenteile. Die Hirsche bevorzugen beim Markieren vertrocknete Ästchen. Wenn sie die
Stirn an einem trockenen Pflanzenteil reiben, erhält der Zweig einen Duftstoff-Überzug.

313

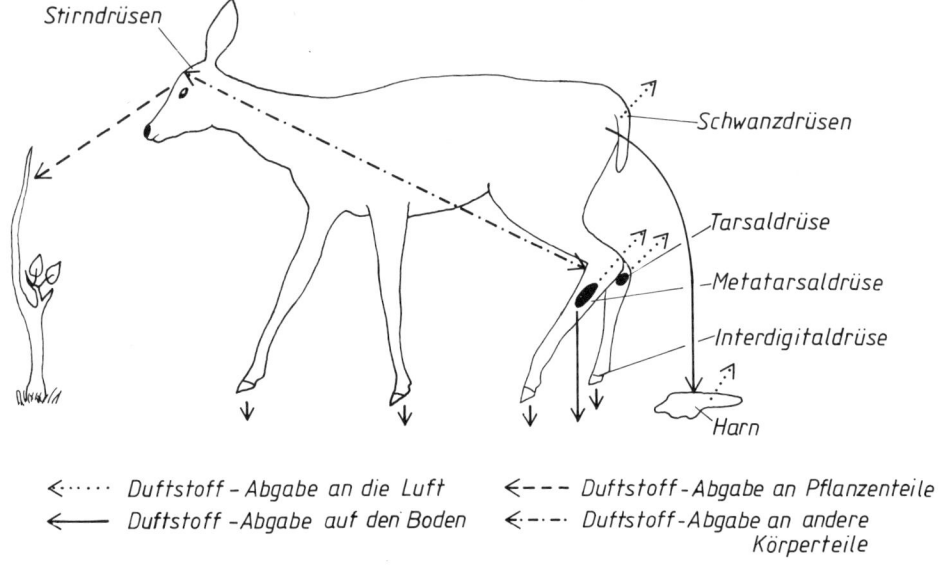

Stirndrüsen

Schwanzdrüsen

Tarsaldrüse

Metatarsaldrüse

Interdigitaldrüse

Harn

←····· Duftstoff-Abgabe an die Luft   ←--- Duftstoff-Abgabe an Pflanzenteile
←—— Duftstoff-Abgabe auf den Boden   ←-·-· Duftstoff-Abgabe an andere Körperteile

Abb. 295. Duftstoff-Abgabe des weiblichen Großohrhirsches. Die bei dieser Art nur schwach entwickelten Voraugendrüsen sind fortgelassen (nach Müller-Schwarze 1971)

Dieser dürfte aber nicht ausschließlich den in der Stirnhaut gelegenen Drüsen entstammen, da sich auch noch Substanzen anderer Körperteile auf der Stirn finden. Sie wird damit versehen, wenn ein Hinterbein und die Stirn gegeneinander gerieben werden. Dabei gelangen einerseits Sekrete der Stirndrüsen ans Hinterbein, andererseits Duftstoffe vom Hinterbein an die Stirn, so daß beide Körperpartien mit Duftstoff*gemischen* versehen sind. Am Hinterbein finden sich häufig nicht nur Produkte der dort gelegenen Drüsen, sondern auch solche des Harns. Das ist dann der Fall, wenn zuvor der Urin nicht in der »üblichen« Haltung abgegeben wurde. Während normalerweise die Hinterbeine beim Harnen auseinandergestellt sind, werden sie dabei gelegentlich aneinander gerieben (im Englischen »rub-urinating« genannt) und mit Urin bespritzt.

Wie man durch Experimente herausgefunden hat, kommen den Duftstoffen der verschiedenen Drüsen folgende Funktionen zu: Während die Absonderung der *Interdigitaldrüsen* keine spezifischen Reaktionen bei Artgenossen hervorruft, wirkt das knoblauchartig riechende Sekret der *Metatarsaldrüsen* als Alarmpheromon: es wird in fluchtauslösenden Situationen abgegeben, seine Wahrnehmung hemmt andere Tätigkeiten – so die der Nahrungsaufnahme. Die unterschiedliche Zusammensetzung des *Tarsaldrüsensekrets* ermöglicht individuelles Erkennen (s. D3). Die Funktion der Abscheidung der *Schwanzdrüsen* ist unklar; beobachtet wurde, daß sich aufgeregte Großohrhirsche am Schwanz beschnuppern. Das Aufenthaltsgebiet wird durch Reiben der *Stirn* an Pflanzenteilen markiert. Der Duft des *Urins* des Weibchens wirkt anlockend auf Männchen, welche am Harn schnüffeln und lecken und danach durch Flehmen (Abb. 289) feststellen, ob das Weibchen brünstig ist.

D2.   Verteilung der Duftmarken im Revier

Die Duftmarken werden innerhalb des Territoriums nicht in gleichmäßiger Verteilung angebracht – vielmehr bevorzugen die Revierbesitzer bestimmte Orte. Das ist nachstehend am Beispiel der Schabrackenhyäne beschrieben. Das Duftmarkierverhalten von drei Männchen und zwei Weibchen in ihrem Revier beidseits eines Flusses in Südafrika wurde registriert. Das Markieren geschieht mittels einer seitlich des Afters liegenden Drüse, welche in verschiedenen Teilen unterschiedliche Sekrete produziert: eine weiße und eine schwarze Paste. Die ausgestülpte Drüse wird an Grashalme gebracht, welche dadurch einen Sekretüberzug erhalten (Abb. 296 links). Da das schwarze Sekret seinen Duft relativ schnell verliert, könnte es Information darüber vermitteln, wie lange es her ist, seit an dieser Stelle eine Hyäne vorbeigekommen ist. Das weiße Sekret bildet eine dauerhafte Duftmarke (sie ist für die menschliche Nase noch nach einem Monat wahrnehmbar). Man vermutet, daß sie dazu dient, Eindringlingen mitzuteilen, daß das Revier besetzt ist – wodurch Kämpfe vermieden werden.

Man zählte die Anzahl der Duftmarken je Flächeneinheit und ließ von einem Computer ein dreidimensionales Bild der Häufigkeitsverteilung erstellen (Abb. 296 rechts). Wie sich herausstellte, stehen die Duftmarken im Zentrum des Reviers sehr dicht beieinander, gegen die Grenze des Territoriums hin werden sie seltener – schließlich finden sich keine mehr. Die Reviergrenze verläuft in Abb. 296 rechts also jeweils dort, wo ein »Bergkegel« aus der »Ebene« aufsteigt.

D3.   Individuelles Kennen mittels Duftmarken

Sehr häufig wird durch die Pheromone eine Botschaft übermittelt, welche lautet »Revier besetzt«. Es ist aber auch möglich, daß eine Duftmarke nicht nur die Information übermittelt, daß hier ein *Artgenosse* oder *Rivale* war oder ist, sondern daß die chemische Zusammensetzung des Sekrets variiert und es so erlaubt, bestimmte *Individuen* zu erkennen. Dies wurde unter anderen bei der Goldstaub-Manguste nachgewiesen. Sie besitzt als Schleichkatze eine ähnliche Analdrüse wie die in Abb. 294 für eine Zibetkatze dargestell-

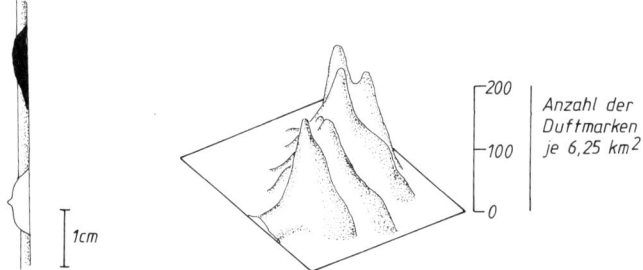

Abb. 296. Duftmarkieren der Schabrackenhyäne
Links: Eine schwarze und eine weiße Sekretportion auf einem Grashalm
Rechts: Verteilung der Duftmarken im Revier. Die Höhe eines »Bergkegels« gibt die Häufigkeit an, mit der Duftmarken an der betreffenden Stelle vorhanden sind (nach Mills et al. 1980)

te. Die Grundlage des Erkennens bildet ein Sortiment von sechs flüchtigen Fettsäuren. Diese entstammen aber nicht den apokrinen und holokrinen Drüsenzellen, welche in den Analtaschen vorkommen. Vielmehr werden die Fettsäuren von Bakterien hergestellt, welche in den Drüsentaschen leben und die Sekrete verarbeiten. Die Goldstaubmanguste markiert mit dem Produkt der Analtasche Gegenstände ihres Aufenthaltgebiets. Jedes Individuum verfügt über eine andere Zusammensetzung des Fettsäure-Gemisches.

Wie ermöglicht das Sekret einer Duftstoffdrüse bzw. die bakteriellen Produkte individuelles Erkennen? Angenommen, eine Drüse sondere ein Duftstoffgemisch aus verschiedenen Substanzen ab – es seien die Duftstoffe A, B und C. Bei einem Individuum enthalte das Sekret sehr viel A, eine mittlere Konzentration von B, C sei nur in Spuren vorhanden. Bei einem anderen Individuum finde sich wenig A, viel B und wiederum fast kein C; ein drittes Individuum produziere A, B *und* C in hoher Konzentration usw.

D4.   Markieren mit Kot und Harn

Exkremente und Urin sind duftende Stoffe, über die jede Art verfügt. Jedoch nicht alle Formen benutzen sie zum Markieren. Der Verdacht auf Markierverhalten besteht dann, wenn Kot oder Harn nur an ganz bestimmten Orten abgegeben werden.

Ein Beispiel für lokale *Kotabgabe* ist das Panzernashorn (Abb. 298). Auch der Klippspringer hat nur *einen* festgelegten Kotplatz am Rand des Territoriums. Bei der Kropfgazelle kotet nur das Männchen auf eine ganz bestimmte Stelle, das Weibchen setzt seinen Kot »diffus« ab.

Jedem ist das Beinheben des Haushundes bekannt. Markieren mit *Harn* beobachtet man auch bei Tupaias und manchen Primaten, welche sich zunächst die Hände befeuchten und diese dann an Ästen reiben (»Urinwaschen«).

Bei einigen Arten markiert das Männchen sogar seine Weibchen mit Urin. Ein derartiges Verhalten wurde beim Wildkaninchen und bei der Weißnacken-Moorantilope beobachtet. Das Männchen dieser Antilope neigt zunächst die Nase zum Boden, dann harnt es zwischen den Vorderbeinen hindurch in seinen Kehlbart, wobei es nickende Kopfbewegungen vollführt. Den triefenden Bart reibt es danach an Stirn und Kruppe seines Weibchens.

Durch Beriechen des vom Weibchen abgegebenen Harns vermag das Männchen festzustellen, ob das Weibchen in Brunst ist. In diesem Fall kommen als Informationsträger im Urin vorhandene Hormone in Frage – also in ihrer Funktion den Pheromonen verwandte Stoffe.

E.   Revier

Ein Revier oder *Territorium* – in den Bänden von Grzimeks Tierleben auch Eigenbezirk genannt – ist ein Gebiet, welches seinem Besitzer das Ausüben lebensnotwendiger Tätigkeiten ermöglicht, ohne daß er dabei dauernd von Artgenossen gestört wird. Revierinhaber kann entweder ein Individuum oder eine Gruppe von Tieren derselben Art sein. Territorien dienen auch dazu, die Individuen einer Art über den zur Verfügung stehenden Raum zu verteilen. Neben räumlichen existieren *zeitliche* Reviere, auf die im folgenden aber nicht weiter eingegangen wird.

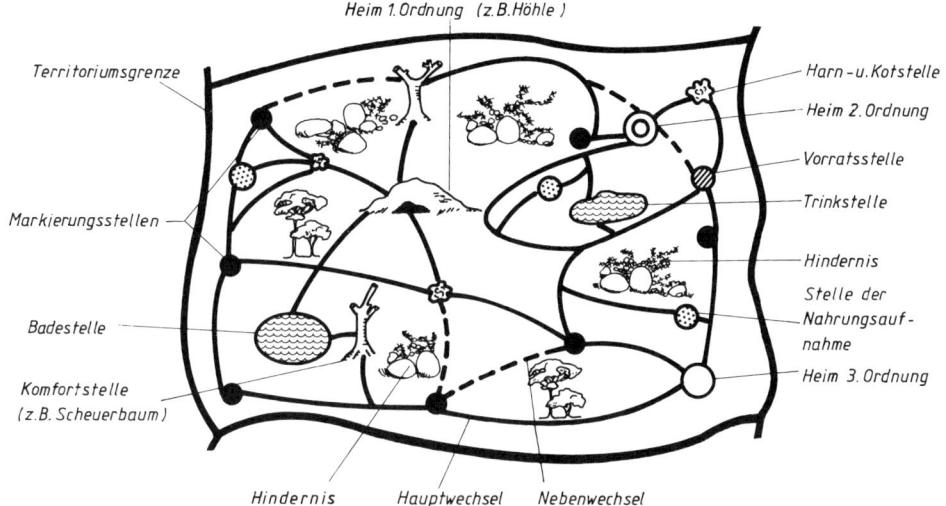

Heim 1.Ordnung (z.B.Höhle)

Territoriumsgrenze

Markierungsstellen

Badestelle

Komfortstelle
(z.B. Scheuerbaum)

Harn-u.Kotstelle
Heim 2. Ordnung
Vorratsstelle
Trinkstelle
Hindernis
Stelle der
Nahrungsauf-
nahme
Heim 3. Ordnung

Hindernis   Hauptwechsel   Nebenwechsel

Abb. 297. Schema eines Territoriums. Verallgemeinert aus Befunden an verschiedenen Arten (nach Hediger 1967)

Der Begriff »Territorium« sollte nur auf ein Gebiet angewendet werden, das gegen Artgenossen *verteidigt* wird. Ein Geländeausschnitt, der über einen längeren Zeitraum von einem Individuum oder einer Gruppe nur durchstreift – aber nicht verteidigt! – wird, heißt *Aufenthaltsgebiet* (manchmal auch als Streifgebiet, im Englischen als »home range« bezeichnet). Aufenthaltsgebiete können wie Territorien olfaktorisch, optisch oder akustisch markiert werden (s. u.).

Das in Abb. 297 schematisch dargestellte Revier bietet seinem Besitzer Gelegenheit zu sehr verschiedenen Tätigkeiten. Das Schema stammt von dem Pionier der Territoriumsforschung HEDIGER und dürfte von dessen Zoo-Erfahrungen beeinflußt worden sein. Es wurde nicht für eine bestimmte Art entworfen. Für zahlreiche Formen gelten die eingezeichneten Gegebenheiten nicht. So ist ein Erdhügel für die kletternden Primaten kein Hindernis; Affen werden auch nicht eine Erdhöhle als »Heim 1. Ordnung« wählen.

Einen als »Komfortstelle« abgebildeten Scheuerbaum gibt es im Leben von Nashörnern, welche ihr Horn am Stamm schärfen. Auch Zebras reiben gerne die Haut an Bäumen.

Das »Heim 1. Ordnung« wird sehr häufig aufgesucht, ein tagaktives Tier verbringt in diesem meist die Nächte, hier werden unter Umständen Junge zur Welt gebracht – wäre das Tier ein Mensch, fühlte es sich hier am geborgensten.

An den »Markierungsstellen« in Abb. 297 finden sich Substanzen aus Duftdrüsen, manchmal auch Harn oder Kot; hier wird also eine Form des Markierens ausgeübt, welche nicht – wie die akustische – die Anwesenheit des Revierinhabers erfordert.

Wenn man die Territoriumsgrenze in Abb. 297 durch »Grenze des Aufenthaltgebiets« ersetzt, kann man das allgemeine Schema der Abb. 297 mit der auf eine spezielle Art bezogenen Abb. 298 vergleichen, welche den Lebensraum des Panzernashorns darstellt.

Der Stelle der Nahrungsaufnahme entspricht der Äsungsplatz; die Komfortstelle ist die Suhle; als Heim 1. Ordnung ist der Schlafplatz zu bezeichnen (Heime 2. und 3. Ordnung existieren hier nicht).

Das in Abb. 298 dargestellte Aufenthaltsgebiet ist von mehreren Nashörnern bewohnt. Sie benutzen gemeinsame Wechsel, von denen individuelle Wechsel abzweigen. Jeder

317

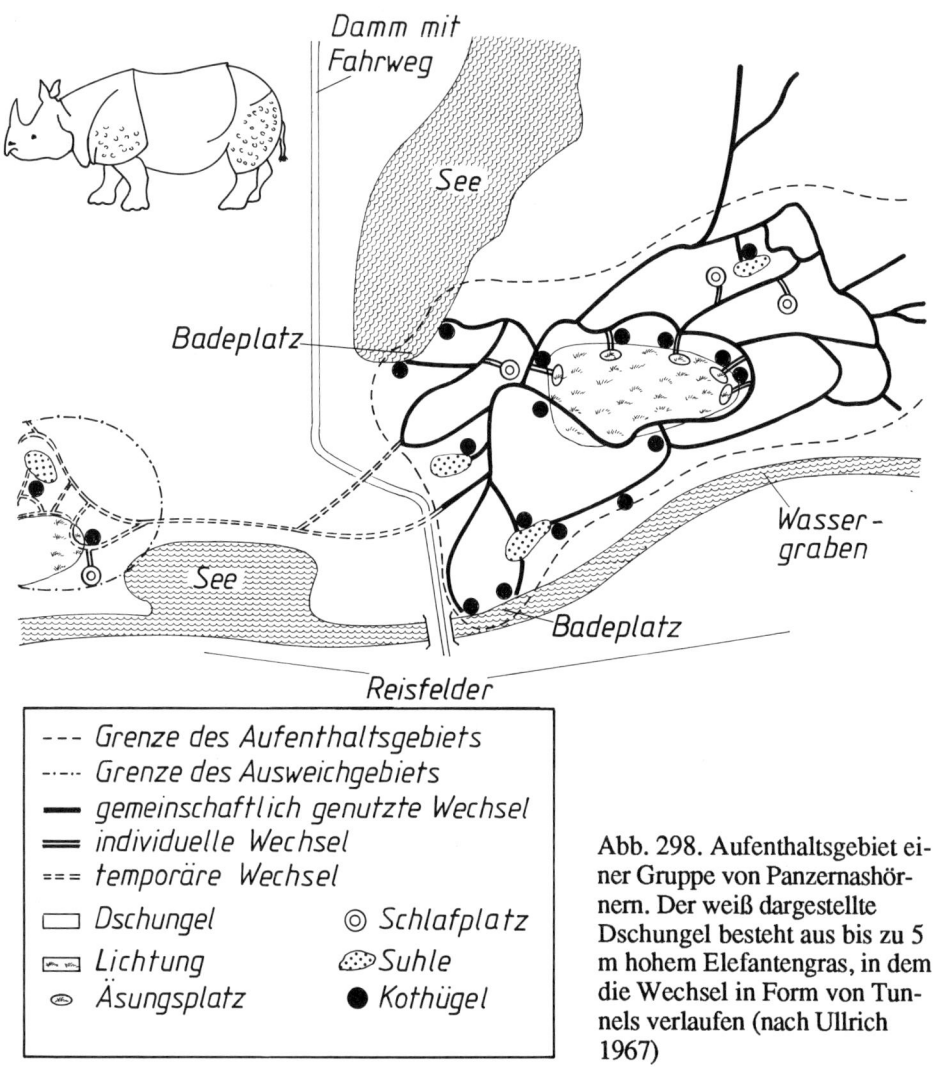

Damm mit Fahrweg

See

Badeplatz

Wasser-graben

See

Badeplatz

Reisfelder

--- Grenze des Aufenthaltsgebiets
-··-·· Grenze des Ausweichgebiets
— gemeinschaftlich genutzte Wechsel
= individuelle Wechsel
=== temporäre Wechsel

⬜ Dschungel   ◎ Schlafplatz
🔲 Lichtung   🌀 Suhle
👁 Äsungsplatz   ● Kothügel

Abb. 298. Aufenthaltsgebiet einer Gruppe von Panzernashörnern. Der weiß dargestellte Dschungel besteht aus bis zu 5 m hohem Elefantengras, in dem die Wechsel in Form von Tunnels verlaufen (nach Ullrich 1967)

dieser »Privatwege« führt zu einem Schlaf- oder einem Äsungsplatz. Beide Plätze sowie die dazugehörigen individuellen Wechsel sind »Privatbesitz« eines bestimmten Nashorns; sie werden gegenüber Artgenossen verteidigt und sind deshalb als Territorien zu bezeichnen.

Während ein Schlafplatz eine wannenförmige Vertiefung im Dickicht darstellt, ist ein Äsungsplatz wesentlich größer. Nach dem Geschilderten ist anzunehmen, daß auf ihm die Futterpflanzen so schnell nachwachsen, daß die Ernährung des Besitzers dieses kleinen Territoriums gewährleistet ist.

Wozu dienen die *Kothügel*? Sie entstehen dadurch, daß jedes Nashorn, welches an einem der bis zu 70 cm hohen Haufen vorbeikommt, Kot abgibt. Sogar flüchtende Nashörner bleiben hier für wenige Sekunden stehen und geben wenigstens einen Kotballen ab. Der frische, stark duftende Kot markiert die Wechsel. Wenn ein Nashorn, welches während der Mittagshitze im Wasser gelegen hat, den Badeplatz verläßt, muß es den Eingang zum tunnelförmigen Wechsel finden. Es vermag offenbar aus fünf Metern Entfernung aufgrund seines geringen Sehvermögens den Eingang nicht zu erkennen. Der dort liegende Kothügel ermöglicht ihm jedoch eine geruchliche Orientierung.

Während der Brunstzeit treibt der Nashornbulle das weibliche Nashorn oft mehrere Stunden lang. Diejenigen Weibchen, welche kleine Junge führen, weichen dieser Verfolgung dadurch aus, daß sie vorübergehend in ein benachbartes kleines Aufenthaltsgebiet umsiedeln (Abb. 298 links). Während sie dort leben, sind sie untereinander offenbar recht verträglich, denn es gibt im Ausweichgebiet keine *verteidigten* Äsungsplätze.

Nicht jedes Territorium ist so beschaffen, daß es seinem Besitzer das Ausüben aller möglichen Tätigkeiten erlaubt. Manche Reviere erfüllen nur ganz bestimmte Aufgaben, oft werden sie ausschließlich zum Zwecke der *Paarung* errichtet. Dies trifft auf verschiedene Hornträger zu. So verteidigt das Männchen des Uganda-Kobs ein annähernd kreisrundes Stück Steppe von 20 bis 60 m Durchmesser, welches von Weibchen aufgesucht wird. Ein- bis zweimal täglich verläßt das Männchen sein Territorium, um zu äsen und zu trinken.

Ganz ähnlich wie beim Uganda-Kob stehen die Männchen des Weißbartgnus im Ngorongoro-Krater einzeln in ihren Territorien, der Abstand von Männchen zu Männchen ist allerdings etwas größer als beim Uganda-Kob. Auch beim Weißbartgnu haben nur geschlechtsreife Männchen Reviere. Nicht territorial sind ein Teil der adulten Männchen (»Junggesellen«) sowie Weibchen und Jungtiere. Die Weibchen suchen die revierbesitzenden Männchen auf, welche gelegentlich lange allein stehen und warten.

Das *Markieren* eines Territoriums geschieht sehr häufig durch Duftstoffe (s. hierzu IX D). Nachstehend sind einige Bemerkungen zum optischen und akustischen Kennzeichnen von Territorien gemacht.

Optisch kann der Revierinhaber dadurch markieren, daß er sich mehr oder weniger bewegungslos im Territorium zeigt. Stundenlang verharren männliche Gnus in ihrem Revier; Grantgazellen und Topis stehen weithin sichtbar auf Hügeln in der Steppe. Auch durch besondere *Bewegungen* vermag der Revierbesitzer auf sich aufmerksam zu machen. Derartiges beobachtet man bei verschiedenen Gazellen: Die Männchen stoßen den Kopf so nach unten, daß Hörner und Stirn parallel zum Erdboden verlaufen; dann bewegen sie den Kopf rhythmisch von rechts nach links, wieder zurück und so fort. Bei diesem »Weben«, welches 10 Minuten und länger dauern kann, werden Grashalme oder Zweige geknickt. Man vermutet, daß die so bearbeiteten Pflanzenteile als optische Marken dienen.

Das bei Vögeln weit verbreitete *akustische* Reviermarkieren ist bei Säugetieren selten. Hierher gehören die Rufe der Gibbons, das Röhren des Rothirsches (s. IX F) und das Brüllen des Löwen.

F.   Innerartliche Auseinandersetzungen

Ein umfangreiches Teilgebiet der Ethologie beschäftigt sich mit den Verhaltensweisen, welche zwei »Gegner« (im weitesten Sinn des Wortes) bei ihren Auseinandersetzungen zeigen. Dabei spielt der Begriff Aggression eine große Rolle. Auf dessen Problematik wird hier nicht weiter eingegangen. Ebensowenig kann das angesprochene Gebiet auch nur annähernd erschöpfend behandelt werden. Es sind vielmehr einige Beispiele ausgewählt, bei denen die Auseinandersetzungen mit speziell entwickelten Körperteilen geführt werden (man spricht auch von Kampforganen).

F1. Kämpfen mit Zähnen

Alle in Abb. 299 dargestellten Eckzähne sind »Hauer« (s. V J); beim Nahrungserwerb werden vielleicht gelegentlich die unteren des Hirschebers eingesetzt, die übrigen Arten verwenden sie bei innerartlichen Auseinandersetzungen.

a)   Moschustier und Zwerghirsche

Zwei wenig evolvierte Angehörige der Familie Cervidae sind geweihlos: neben dem Moschustier ist es das Wasserreh. Hierin gleichen sie den Vertretern der urtümlichen Familie Zwerghirsche, die trotz ihres Namens kein Geweih tragen. Die Männchen dieser Arten besitzen lange hauerartige obere Eckzähne, welche so groß sind, daß sie zwischen den Lippen hervorragen (Abb. 299 und 300). Bei Auseinandersetzungen werden die Hauer verwendet. Die Kämpfe sind nicht ritualisiert, die Männchen jagen einander und können sich erhebliche Wunden beibringen. Um beim Kampf die Hauer wirkungsvoll einsetzen

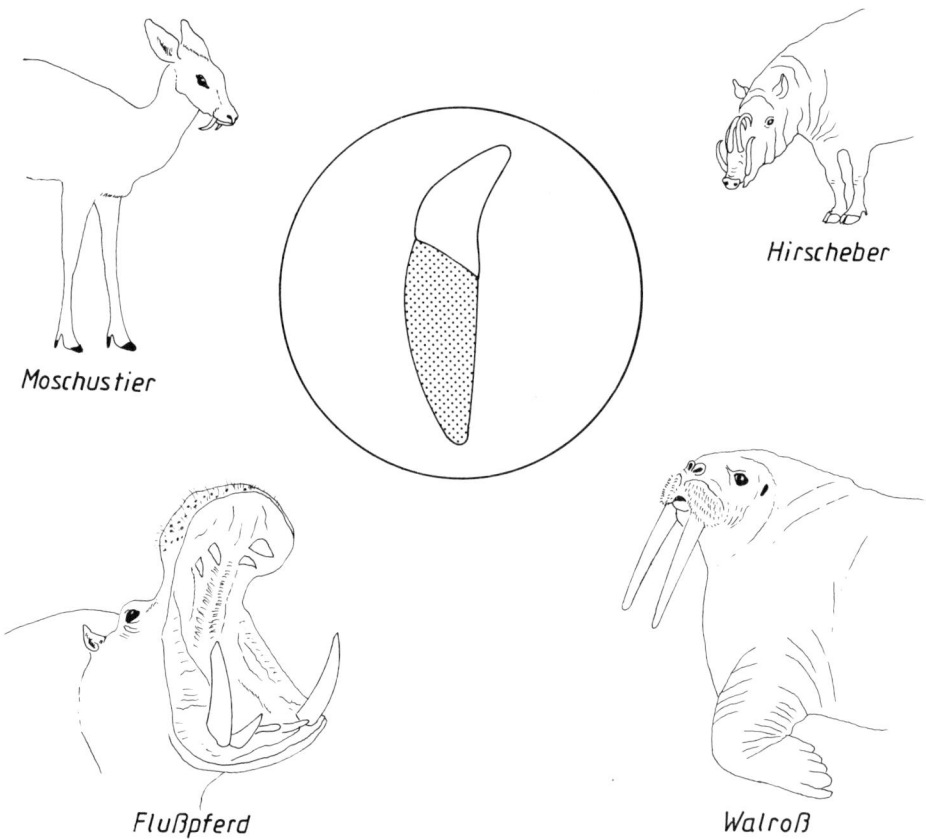

Moschustier

Hirscheber

Flußpferd

Walroß

Abb. 299. Mächtig entwickelte Eckzähne (»Hauer«) bei verschiedenen Arten. In der Mitte ist der Eckzahn des Haushundes (aus Abb. 114) mit punktierter Zahnwurzel dargestellt (nach Grzimeks Tierleben)

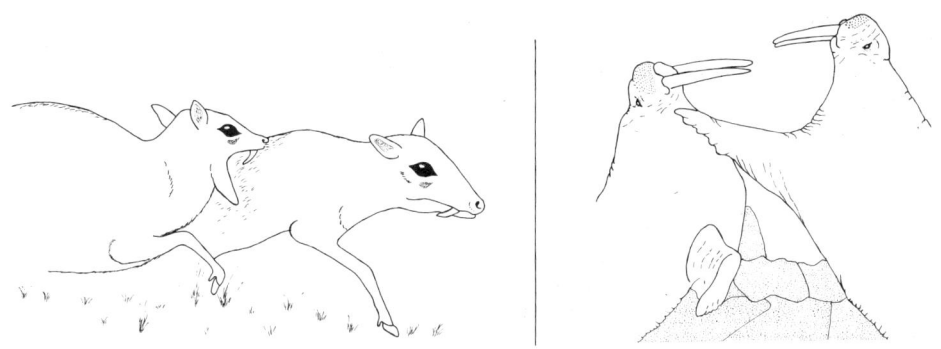

Abb. 300 (links). Kämpfende Männchen des Großkantschils. Man beachte den weit aufgerissenen Mund des Verfolgers (nach einem Foto von Karen Minkowski in Wilson 1976)

Abb. 301 (rechts). Kämpfende Walrosse (nach einem Illustriertenfoto)

zu können, vermögen die Zwerghirsche den Mund sehr weit aufzureißen (Abb. 300). Eine so lange Mundspalte ist eine für Angehörige der Pecora ungewöhnliche Eigenschaft (s. hierzu X D).

b)   Babirusa

Die unteren Eckzähne des Hirschebers könnte man von der Form her als Kampfzähne ansehen, sie dürften aber kaum zur Anwendung kommen, da sie sehr brüchig sind. Ob die oberen mit ihrer gebogenen Form beim Kämpfen eingesetzt werden, ist zweifelhaft; vielleicht dienen sie dazu, dem Gegner *optisch* zu imponieren.

c)   Flußpferd

Das verwandtschaftlich den Schweinen nahestehende Flußpferd (s. XII Q) kämpft wie diese unter Einsatz der Hauer. Mit ihnen können dem Gegner bei territorialen Streitigkeiten der Männchen tiefe Wunden beigebracht werden. Wie die Eckzähne weisen auch die unteren Schneidezähne Dauerwachstum auf. Das in Abb. 299 dargestellte Flußpferd zeigt eine Drohgebärde.

d)   Walroß

Lange Zeit nahm man an, die langen Hauer des Walrosses dienten dazu, Muscheln vom Meeresboden loszulösen. Wie neuere Beobachtungen ergeben haben, ist dem nicht so (s. Abschnitt A3 in Kap. X). Die Eckzähne spielen vielmehr bei Auseinandersetzungen zwischen den Individuen eine Rolle (Abb. 301). Während dieser Kämpfe entstehen zwar manchmal Wunden, jedoch keine ernsthaften Verletzungen. Bei den Begegnungen wird die Ranghöhe ausgehandelt. Die Hauer sind also *Rangabzeichen.* Je länger sie sind, desto höher ist die Stellung ihres Trägers in der Rangordnung. Damit gleichen die Eckzähne funktionell dem Stoßzahn des Narwals und dem Geweih der Hirsche.

321

Gelegentlich kommt es vor, daß sich ein Walroß während der Nahrungssuche unter Wasser einen oder beide Hauer in einer Felsspalte festklemmt. Bei den Befreiungsversuchen brechen die Eckzähne oft ab, was für seinen Träger schwerwiegende Folgen hat: er sinkt in der Rangordnung. In jeder Auseinandersetzung mit einem hauertragenden Rivalen zieht das eckzahnlose Walroß den kürzeren – gleichgültig wie kräftig es sonst ist.

e) Narwal

Der in Abb. 132 dargestellte Stoßzahn des Narwals ist ein Incisivus. Lange Zeit nahm man an, er diene der Nahrungsaufnahme. Wie in Abschnitt V J dargelegt, trifft dies nicht zu.

Vor kurzem verglich man die Zähne von Narwalen unterschiedlichen Alters miteinander. Es ergab sich: je älter das Männchen war, desto häufiger wies der Zahn Beschädigungen auf oder war gar abgebrochen. Außerdem beobachteten Leute von Schiffen aus, wie Narwale ihre Köpfe aus dem Wasser streckten und die Stoßzähne über der Wasseroberfläche kreuzten wie Fechter ihre Klingen.

Wären diese langen Spieße somit als Waffen bei den Auseinandersetzungen der Männchen anzusehen? Hierfür sprechen auch folgende Befunde: Die Haut gefangener Männchen weist – wie die der Zweizahnwale (Abb. 302 b) – zahlreiche vernarbte Kratzer und Schrammen auf; die Körperbedeckung der Weibchen dagegen ist glatt.

Damit bestätigt sich eine schon früher gehegte Vermutung: Die Stoßzähne dürften im Sozialverhalten die gleiche Rolle spielen wie das Geweih der Hirsche: Imponier- und Kampforgan der Männchen bei innerartlichen Auseinandersetzungen.

f) Zweizahnwale

Da man verständlicherweise die Kämpfe von Walen im Meer nur in extremen Ausnahmefällen beobachten kann, ist man bei Aussagen über den Ablauf eines Kampfes auf Indizien angewiesen. Solche sind Narben auf der Haut erlegter Individuen (Abb. 302 b). Aus dem Verlauf und der Anordnung der Narben zog man mehrere Schlüsse. Einer davon war, daß die Zweizahnwale mit *geschlossenen* Kiefern kämpfen. Aus dem parallelen Verlauf strichförmiger Narben folgerte man: solche Verletzungen kommen dadurch zustande, daß in diesem Fall beide Zähne des Angreifers gleichzeitig den Gegner ritzen.

Da die Weibchen der Zweizahnwale zahnlos sind, dürften die Kämpfe dazu dienen, Hierarchien unter den Männchen während der Fortpflanzungszeit zu etablieren.

In Abb. 302 a ist der Schädel einer Art dargestellt, bei welcher jeder der beiden Zähne auf einer Erhebung des Unterkieferknochens sitzt. Dadurch ist nicht nur eine – bei den Kämpfen wichtige – Verstärkung des Dentale gegeben, sondern die Zähne sind auch so weit nach oben gerückt, daß sie bei geschlossener Mundspalte aus den Lippen hervorschauen.

Offenbar bestand in der Evolution der Zweizahnwale die Tendenz, die Zähne nicht nur außen an die Oberlippe zu bringen, sondern auch die Zahnspitzen den Oberkiefer überragen zu lassen. Dies wurde auf zweierlei Weise erreicht: Einige Arten verlängerten den Zahn jeder Kieferhälfte – ohne die Form des Unterkieferknochens zu verändern: von *Mesoplodon grayi* ausgehende obere Abfolge in Abb. 302 c. Bei anderen Arten behielt der Zahn jeder Kieferhälfte seine Größe bei, er geriet jedoch dadurch in eine nach oben gerückte Position, daß am Dentale unmittelbar hinter dem Zahn eine Erhebung entstand, welche bei *M. densirostris* sogar ihrerseits den Oberkiefer überragt: untere Abfolge in Abb. 302 c.

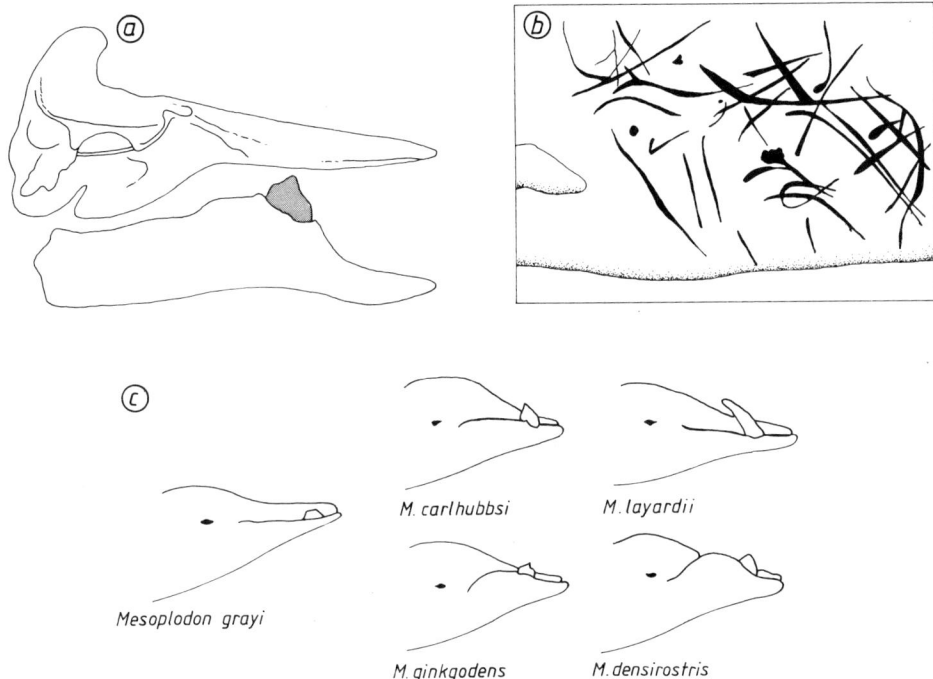

Abb. 302. Kampfzähne und Narben bei Zweizahnwalen
a) Schädel mit grau wiedergegebenem Zahn (nach Vaughan 1978)
b) Narben (schwarz) auf der linken Flanke eines Individuums von *Mesoplodon carlhubbsi*. Die Narben befinden sich im unteren Drittel der Flanke. Im dargestellten Ausschnitt ist die Bauchseite und die linke Vorderflosse sichtbar (nach einem Foto von Walker in Heyning 1984)
c) Köpfe verschiedener Arten (nach »The Encyclopaedia of Mammals« 1984)

Der nach hinten oben weisende lange Zahn von *M. layardii* erinnert an die unteren Eckzähne des Hirschebers (Abb. 299).

F2.   Kämpfen mit Kopfwaffen

a)   Bau der Kopfwaffen

Am Aufbau der Kopfwaffen beteiligen sich verschiedene Gewebe.

α)   Nasenhorn der Nashörner
Wie Abb. 303 a zeigt, ist das auf dem Nasenbein sitzende Horn der Nashörner ganz anders gebaut als ein Horn der Stirnwaffenträger. Manche Arten tragen nur eines der namengebenden Keratingebilde, andere besitzen zwei Hörner, die dann hintereinander stehen – und nicht nebeneinander wie die Hörner der Stirnwaffenträger.

Das Nasenhorn besteht aus zahlreichen Keratinstäbchen. Es wird durch Reiben an Baumstämmen geschärft. Bricht es durch einen Unfall ab, kann es bei Jungtieren wieder vollständig nachwachsen.

β)   Kopfwaffen der Giraffe

Es sind die einzigen Kopfwaffen, welche auch im fertig ausgebildeten Zustand von Haut – also von *lebendem* Gewebe – überzogen sind. Sie gleichen damit dem »Bastgeweih« (vgl. Abb. 303 d mit 303 e). Die fellüberzogenen Knochenzapfen werden oft als »Hörner« bezeichnet, was leicht zu Verwechslungen mit dem Gehörn der Hornträger führt. Bei verschiedenen Unterarten der Giraffe zählt man unterschiedliche Anzahlen der Knochenzapfen. Am häufigsten beobachtet man zwei nebeneinander stehende Zapfen, die auf der Naht zwischen Scheitel- und Stirnbeinen sitzen, wobei sich der größte Teil der Zapfenbasis über den Parietalia befindet (zur Lage der Knochen am Schädel s. Abb. 143). Im Lauf der Ontogenese greifen die Zapfenbasen auf die Frontalia über. Vor diesem Zapfenpaar kann eine unpaare Erhebung des Stirnbeins stehen, welche manchmal zu einem längeren Fortsatz auswächst. Zu diesen drei Knochenzapfen entwickeln manche Unterarten noch ein weiteres Paar, welches auf der Grenze zwischen Parietalia und Occipitalia steht.

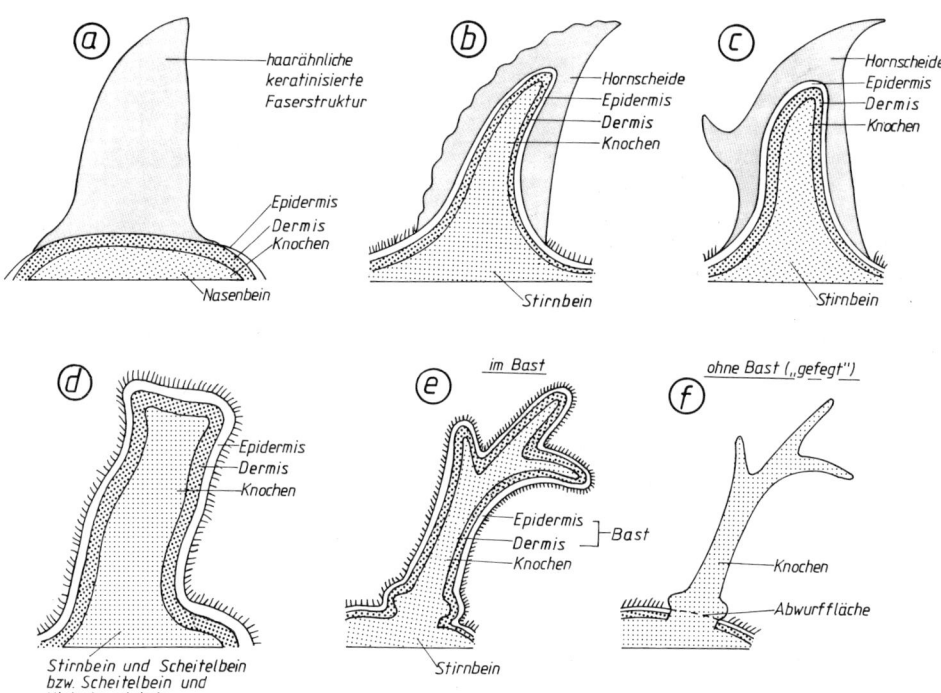

Abb. 303. Kopfwaffen
a) Aufbau eines Nasenhorns
b) Bau des Horns eines Hornträgers
c) Horn des Gabelbocks
d) Kopfwaffe der Giraffe
e) und f) Bau einer Geweihstange (nach verschiedenen Vorlagen)

324

Bei der neugeborenen Giraffe existieren zunächst nur – dem Kopf flach anliegende – kurze fingerförmige Anhänge, die Bindegewebe und einen Knochenkern enthalten. Erst nach einigen Tagen richten sie sich auf.

γ)   Gehörn und Geweih
Nur bei einer einzigen rezenten Ordnung – den Paarhufern – finden sich Vertreter mit Stirnwaffen. Sie sind so benannt, weil sie auf den Stirnbeinen (Frontalia: Abb. 143 und 303) sitzen. Nachstehend wird zunächst der Bau der Stirnwaffen beschrieben, danach ist deren Verwendung dargestellt.

Nach dem Aufbau der Stirnwaffen unterscheidet man Gehörn- von Geweihträgern. Hörner kommen bei Mitgliedern der Familien Gabelhorntiere und Hornträger vor, Geweihe bei den Hirschen.

Gehörn und Geweih sind paarige Bildungen, ein Individuum trägt also immer zwei Hörner bzw. zwei Geweihstangen; Ausnahmen sind die Vierhornantilope und das Vierhornschaf. Unpaar stellte man sich das Horn des Einhorns vor (Abb. 134).

Vergleicht man die Struktur eines Gehörns mit der eines Geweihs (Abb. 303 b und c mit 303 e und f), zeigt sich folgender grundlegende Unterschied: In beiden Fällen ist Knochengewebe am Aufbau beteiligt, beim Horn sitzt jedoch über dem Knochenzapfen eine Hornscheide, die Stange eines Geweihs ist dagegen im fertigen Zustand ausschließlich Knochensubstanz.

Ein Geweih trägt nur das Männchen; eine Ausnahme bildet das Rentier, bei dem beide Geschlechter Geweihträger sind (s. ζ).

Hörner tragen bei manchen Arten beide Geschlechter (beispielsweise Gemse, Steinbock, Wisent, Gnu), dabei sind die Hörner der Männchen oft größer als die der Weibchen; bei anderen Formen sind nur die Männchen gehörnt (Beispiele: Giraffengazelle, Kudu: Abb. 309, Wasserbock, Saiga).

Ein weiterer Unterschied zwischen Gehörn und Geweih zeigt sich in der Zeitdauer, während derer die Stirnwaffen getragen werden. Ein Gehörn ist zeitlebens Kennzeichen seines Trägers (Ausnahme: Gabelbock, s. u.), ein Geweih nur während eines Teils jedes Jahres.

Manche Hörner weisen regelmäßige Querwülste auf (so beim Steinbock: Abb. 309); man glaubte früher, das Alter an deren Anzahl ablesen zu können. Das trifft nicht zu. Auch das Geweih zeigt nicht genau das Alter seines Trägers an. Zwar sind die Stangen älterer Hirsche stärker verzweigt als die jüngerer, die Anzahl der Enden stimmt allerdings nicht mit der Anzahl der Lebensjahre überein.

Der Gabelbock bildet eine Ausnahme, da beim Männchen die Hörner gegabelt sind (Abb. 303 c). Er wirft die Hornscheiden jedes Jahr ab. Das wäre unmöglich, wenn auch der im Horn befindliche Knochen gegabelt wäre. Da der Stirnbeinfortsatz aber wie bei einem »gewöhnlichen« Horn geformt ist, vermag die Hornscheide abgeworfen zu werden.

δ)   Geweihentwicklung
Bei den Geweihträgern ist zu unterscheiden zwischen dem Wachstum des Geweihs im Ablauf eines Jahres – also vom Erscheinen der ersten Knospen auf dem »kahlen« Kopf bis zum Abwurf – und der Entwicklung des jährlichen Endzustands im Verlauf mehrerer Jahre zu immer stärker verzweigten Geweihen (Abb. 304). Im folgenden wird die Geweihentwicklung beim Mitteleuropäischen Rothirsch besprochen.

Das erste, was man im Frühjahr von einem sich bildenden Geweih erkennt, sind Erhebungen auf dem Stirnbein, die mit einer samtartigen Haut, die als »Bast« bezeichnet wird, überzogen sind. Sie wachsen im weiteren Verlauf zu Kolben. Im Bast verlaufende Blutgefäße liefern die für den Aufbau des Geweihs benötigten Substanzen. Bei einem

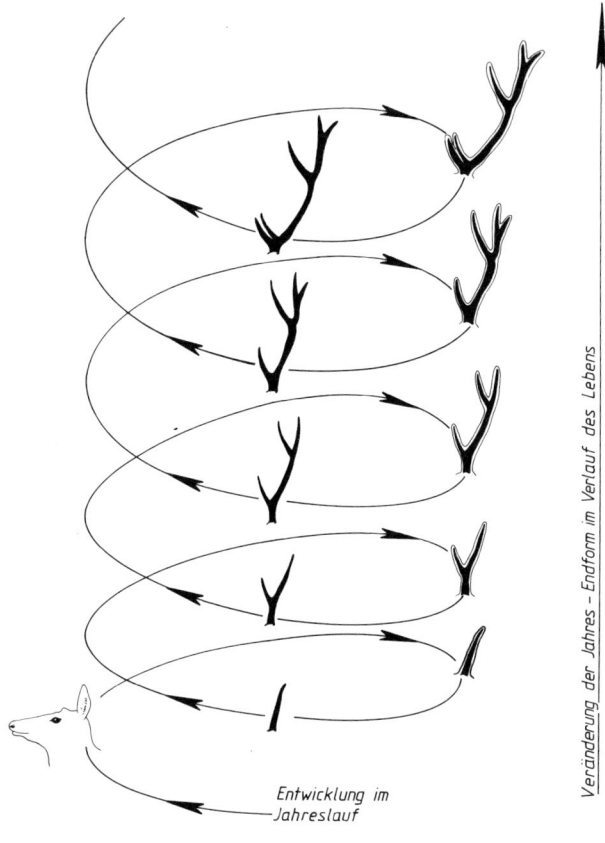

Abb. 304. Entwicklung des Hirschgeweihes. Rechts ist das Geweih jeweils »im Bast«, links »gefegt« dargestellt. Ein Umlauf der Wendel stellt ein Jahr dar. Der geweihlose Kopf ist an jeder linken Wendung der Wendel zu denken (Original)

Veränderung der Jahres - Endform im Verlauf des Lebens

Entwicklung im Jahreslauf

Junghirsch, der zum ersten Mal in seinem Leben ein Geweih schiebt, wachsen die Kolben in die Länge, treiben aber keine seitlichen Sprosse, man nennt einen solchen Hirsch »Spießer«. Während des Wachstums ist das Bastgeweih äußerst berührungsempfindlich; würde der Hirsch damit irgendwo anstoßen, entstünden Mißbildungen. Kommt es in dieser Zeit zu Auseinandersetzungen zwischen Hirschen, kämpfen sie nicht mit den Geweihen wie in der Brunftzeit, sondern erheben sich auf die Hinterbeine und schlagen – wie kämpfende Hirschkühe – mit den Vorderbeinen.

Im Sommer ist das Wachstum des Bastgeweihs abgeschlossen; der Bast vertrocknet und wird vom Hirsch an Bäumen und Sträuchern abgerieben: das Geweih wird »gefegt«. Dabei erhält der weiße Knochen durch in der Borke der Gehölze vorhandene Gerbstoffe seine bräunliche Färbung. Das fertige Geweih ist ein toter Knochen, der beim Rivalenkampf im Herbst als Turnierwaffe eingesetzt wird (s. nachstehend unter δ).

Am Ende des Winters lockert sich an vorbestimmten Stellen (s. Abb. 303 unten rechts) infolge der Tätigkeit von Osteoklasten die Verbindung zwischen Stirnbein und Geweihstangen, schließlich wird das Geweih abgeworfen. Die etwas blutigen und vertieften Bruchstellen heilen rasch zu, aus ihnen wächst im Frühjahr und Sommer ein neues Geweih.

Der Abwurf geschieht frühestens im Februar, deshalb existiert für diesen Monat im Deutschen die Bezeichnung »Hornung«. »Horn« ist ein alter Name für das Geweih oder Teile davon – wie man an den Ausdrücken »Hornknöpfe« oder »Horngriff« eines Messers erkennt. In der Jägersprache hat sich diese Sprechweise erhalten, denn das Geweih des

Rehbocks wird heute noch »Gehörn« genannt. Der Zoologe OTTO KOEHLER prägte für das Geweih scherzhaft, aber treffend den Ausdruck »Geknöch«.

b) Ablauf der Auseinandersetzungen

α) Kämpfe der Nashörner

Die Nashörner setzen ihre Hörner einerseits gegen artfremde Feinde ein: so verteidigt beispielsweise ein Weibchen sein Junges gegen einen angreifenden Löwen.

Andererseits werden die Hörner bei innerartlichen Auseinandersetzungen benutzt. Dabei kann es infolge der Länge des spitzen Horns zu gefährlichen, ja tödlichen, Verletzungen kommen. Solche Kämpfe sind aber selten. Im allgemeinen imponieren die Männchen nur oder sie schlagen auch einmal die Köpfe gegeneinander, ohne die Hörner einzusetzen.

Zu ernsthaften Kämpfen kommt es, wenn folgende spezielle Situationen eintreten: a) ein dominantes Männchen trifft auf ein nur wenig schwächeres, welches sich auf das Imponiergehabe hin nicht zurückzieht. Dann kann nach einem heftigen Kampf sogar der Fliehende verfolgt und mit dem Horn in die Seite gestoßen werden. b) Ein Männchen nähert sich werbend einem brünstigen Weibchen, das aber noch ein nahezu erwachsenes junges Männchen mit sich führt. Das Junge wird vom ankommenden Männchen als Rivale angesehen. Wenn das Junge auf Drohen hin sich auch noch zu seiner Mutter zurückzieht, »interpretiert« das erwachsene Männchen dieses Verhalten offenbar so, daß das »fremde Männchen« Anspruch auf das Weibchen erhebt. Dann kann es zu heftigen Angriffen auf das Junge kommen, die tödlich enden können.

β) Allgemeines zu den Kämpfen der Stirnwaffenträger

Hört man das Wort »Waffe«, denkt man an einen Gegenstand, mit dem man sich eines Feindes erwehrt oder diesen gar umbringt. Die Stirnwaffen, welche zahlreiche Paarhufer tragen, wurden im Verlauf der Evolution jedoch nicht zum Zwecke des Tötens von Gegnern entwickelt. Unter »Gegner« werden nachstehend immer Artgenossen verstanden; der Gebrauch der Stirnwaffen gegen Artfremde ist am Ende des Abschnitts behandelt. Zwar wären manche Hörner hervorragend als Tötungswerkzeuge geeignet – so etwa die langen spitzen Spieße der Oryx-Antilopen (Abb. 309). Um das Herz eines Artgenossen zu durchbohren, müßte die Oryx diesen von der Seite her angreifen. Keine Oryx richtet jedoch ihr Gehörn gegen die Flanke eines Gegners. Das ist in ihrem Verhalten nicht vorgesehen.

Die Stirnwaffen sind also potentielle »Waffen«, werden aber nicht in Kämpfen »auf Leben und Tod« eingesetzt. Wenn überhaupt ein Vergleich mit menschlichen Waffen gezogen werden soll, muß man Turnierwaffen und die damit ausgefochtenen Kämpfe heranziehen. Diese heißen *Kommentkämpfe* (vom Französischen comment = wie). Jeder Teilnehmer an einer solchen Auseinandersetzung hält sich genau an die Regeln – Verletzungen ernsthafter Art sind dadurch ausgeschlossen. Ganz entsprechend verhalten sich die Stirnwaffenträger. Man kann – beispielsweise für die Hornträger – eine Reihe der Kampfesweisen aufstellen, die vom Beschädigungskampf – bei welchem Wunden gesetzt werden – und Todesfälle auftreten können – bis zum stark ritualisierten Kampf reicht (s. θ).

γ) Kämpfe »primitiver« Hirsche

Der »typische« Hirsch hat im männlichen Geschlecht ein Geweih. Während der mit den Eckzähnen stattfindende Kampf geweihloser Hirsch-Arten unritualisiert ist, geschieht der mit den Geweihen in ritualisierter Form.

Interessant sind Kämpfe der einzigen rezenten Hirsch-Art, welche sowohl verlängerte obere Eckzähne als auch ein Geweih aufweist. Es ist der Muntjak (Abb. 305). Das Geweih des Muntjaks hat daher auch – wie nachstehend beschrieben – die sonst nicht vorkommende Funktion, mit den Hauern ausgeführte Hiebe abzufangen.

Ausschließliches Kämpfen mit den Eckzähnen – wie es beispielsweise das Moschustier tut – erfordert völlig andere Bewegungen als ausschließliches Kämpfen mit einem Geweih – wie es die »höheren« Hirsche vorführen. Beim Einsatz der Hauer muß der Kopf *gehoben* und dann von oben auf den Gegner geschlagen werden. Beim Kampf mit dem Geweih muß der Kopf *gesenkt* und die Stirn in Richtung zum Kontrahenten gerichtet werden.

Die Auseinandersetzungen der Muntjak-Hirsche können auf zwei sehr verschiedene Arten stattfinden: einerseits als Geweih-Geplänkel, andererseits als Kampf unter Einsatz der Eckzähne.

Das nachstehend so bezeichnete *Geweih-Geplänkel* heißt im englischen »sparring«. Dieser Ausdruck stammt aus dem Boxsport und bezeichnet dort Übungskämpfe mit einem Sparringspartner. Dabei wird hart zugeschlagen, die Gegner tragen allerdings einen Kopfschutz. Daher trifft dieser Ausdruck das Verhalten des Muntjaks nicht ganz. Bei den Muntjak-Hirschen handelt es sich eher um ein Kräftemessen, bei dem nur einige Verhaltensweisen des Kampfes auftreten. In einer Pause des Geplänkels können die »Gegner« sogar gegenseitige Fellpflege betreiben – ein durchaus »freundschaftliches« Verhalten. Putzt sich in der Pause einer *allein*, wartet der andere geduldig, bis es weitergehen kann. Das steht in vollständigem Gegensatz zu den Kämpfen, bei der jede »schwache Sekunde« des Gegners ausgenützt wird, um diesem einen Hieb mit den Hauern zu versetzen (s. unten).

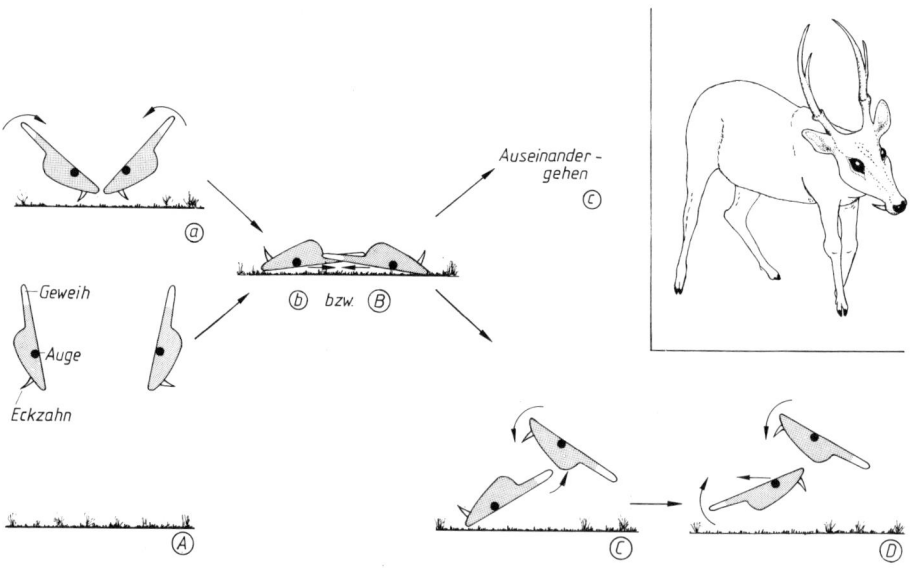

Abb. 305 (rechts oben). Muntjak-Hirsch (nach Grzimeks Tierleben)

Abb. 306 (links und unten). Geweih-Geplänkel (a bis c) und Kampf (A bis D) zweier Muntjak-Hirsche. Nur die Köpfe sind in extrem schematisierter Ausführung dargestellt (verändert nach Barrette 1977)

Geplänkel findet statt, wenn entweder zwei Muntjaks mit relativ kleinen Geweihen oder wenn zwei sehr ungleich starke Hirsche aufeinandertreffen. Die Gegner gehen sich entgegen und bleiben in kurzer Entfernung voneinander stehen, wobei sie den Kopf so halten, daß eine durch die Stirn und das Geweih gelegte Linie mit dem Erdboden einen Winkel von ungefähr 45° bildet (Abb. 306 a). Oft berühren sie sich jetzt kurz mit den Nasen. Danach drehen sie die Köpfe so, daß sich die Geweihe ineinander schieben, wobei einer versucht, den anderen nach hinten zu drängen (Abb. 306 b). Nach einiger Zeit gehen die Hirsche wieder auseinander. Die Hauer werden nicht eingesetzt.

Ein *Kampf* wird dadurch eingeleitet, daß die Kontrahenten zunächst Imponierverhalten zeigen (Abb. 306 A). Sie stehen dabei etwa 2 m voneinander entfernt und halten die Köpfe bei geöffneten Voraugendrüsen in der in Abb. 306 A gezeigten Position weit höher über dem Erdboden als zu Beginn des Geweih-Geplänkels. Dabei erzeugen sie mit den Backenzähnen ein wetzendes Geräusch. Ein unterlegener Muntjak zieht sich jetzt sofort zurück. Bleiben beide Hirsche am Platz, werden wie beim Geplänkel die Geweihe ineinander geschoben. Die in Abb. 306 Mitte dargestellte Situation kommt also beim Kampf *und* beim Geweih-Geplänkel vor.

Im weiteren Verlauf des Kampfes suchen die Gegner einander durch Hiebe von oben mit den Eckzähnen zu treffen. Zuschlagen mit den Hauern erfordert Zurücknehmen des Geweihs. Droht ein Hieb mit den Hauern, kann der Gegner den Stoß durch Kopfsenken mit dem Geweih parieren (Hirsch links in Abb. 306 C). Der Hauende (rechts) läuft dadurch Gefahr, mit der Kehlregion auf die Geweihspitzen des Gegners zu treffen. Er vermag seinen Hieb also nicht anzubringen.

Gerät der Gegner jedoch kurzfristig aus dem Gleichgewicht und kann daher mit dem Geweih nicht abwehren, vermag der Eckzahn zu treffen. Diese Situation ist in Abb. 306 D dargestellt. Der links stehende Hirsch ist im Moment unterlegen, da er den von oben drohenden Hieb wegen seines noch nach hinten zeigenden Geweihs nicht abfangen kann. Bei ihm setzt es jetzt eine Wunde. Die durch die Hauer zugefügten Verletzungen liegen am Nacken, auf den Wangen und an den Ohren.

Nachdem einer der Hirsche zwei- oder dreimal von den gegnerischen Eckzähnen getroffen wurde, bricht er den Kampf ab und flieht.

δ)   Kämpfe »höherer« Hirsche

Als Beispiel hierfür sind nachstehend die Brunftkämpfe des Rothirsches besprochen. Solche Auseinandersetzungen finden zwischen dem Besitzer eines Weibchenrudels und einem Herausforderer statt. Vor dem Geweihkampf laufen zwei Vorgänge ab, nach denen jeweils die begonnene Auseinandersetzung kampflos abgebrochen werden kann. Es handelt sich um zwei Verhaltensabläufe, bei denen die Gegner akustisch oder optisch ihre Kräfte abschätzen.

Nähert sich dem bei seinem Harem stehenden »Platzhirsch« ein Herausforderer, kündigt dieser sich schon von weitem durch *Brunftlaute* an. Auf sein Röhren antwortet der Platzhirsch. Dieses *Wechselröhren* kann bis zu einer Viertelstunde dauern. Wagt es der Herausforderer, sich nach diesem akustischen Wettstreit dem Rudelinhaber zu nähern, findet das optische Kräfteabschätzen auf folgende Weise statt: Beide Gegner laufen parallel zueinander in die gleiche Richtung, wobei sie einige Meter Abstand zwischen sich lassen. Haben sie eine gewisse Strecke hinter sich gebracht, machen sie kehrt und laufen ebenso wieder zurück. So geht es einige Minuten in angespannter Haltung hin und her. Bei diesem »*Parallelparadieren*« hat jeder der Kontrahenten die Möglichkeit, das gegnerische Geweih genau zu betrachten. Nach dem Parallelparadieren kann es zum Kampf kommen. In 40 % der Fälle räumt der Herausforderer allerdings kampflos das Feld. Bleibt er, werden die Geweihe eingesetzt. Dabei stehen sich die Hirsche frontal gegenüber, senken die

Köpfe und schieben die Geweihe ineinander. Gabel trifft dann auf Gabel. Durch Gegen-einander-Drängen wird festgestellt, wer der Stärkere ist. Nach einiger Zeit kann es einem der Kämpfenden gelingen, das Geweih des Gegners langsam nach oben zu drücken und es dann mit einem Ruck zur Seite zu schleudern, wobei der Hirsch ebenfalls herumgeworfen wird. Der jetzt Unterlegene sieht sich von der Flanke her bedroht und flieht. Der Sieger läuft ihm noch einige Meter nach und röhrt hinterher.

Der Gewinner des Kampfes behält oder übernimmt das Weibchenrudel. Das ist oft, aber nicht immer der Fall (s. ε).

Das Verhalten der Hirsche ist darauf eingestellt, daß beide Gegner *verzweigte* Geweihe tragen (Abb. 304 oben). Dabei weisen die Geweihe »höherer« Hirsche bei verschiedenen Arten eine sehr unterschiedliche Anzahl von Gabelungen auf. Je größer die Anzahl der Gabeln, desto höher die Wahrscheinlichkeit, daß beim Aufeinanderprallen der Geweihe kein Sproß durch das Geweih des Gegners dringt und dessen Körper verletzt. Der »primi-tive« Muntjak liefert ein Beispiel für diese Aussage. Er weist an jeder Geweihstange nur *eine* Gabelung auf (Abb. 305). Schieben die Muntjak-Hirsche ihre Geweihe ineinander, treffen oft die Geweihspitzen auf den Nacken des Gegners und setzen dort eine Wunde.

Wie man vom Rothirsch weiß, schiebt in seltenen Fällen ein Hirsch kein gegabeltes Geweih, sondern immer nur gerade Spieße. Auch alternde Hirsche entwickeln oft keine Verzweigungen mehr. Die Träger solcher abnormer Geweihe heißen Mörderhirsche. Ihr Geweih wird nämlich beim Kampf nicht durch die Gabelungen des gegnerischen Geweihs abgefangen, sondern stößt durch dieses hindurch und bohrt sich in den Körper des Kontra-henten. Schwere Verletzungen oder Todesfälle sind die Folge.

Der »Spießer«, dessen Geweih ebenfalls gefährlich wäre, wagt es als Junghirsch nicht, sich auf Kämpfe mit Hirschen einzulassen, die ein reich gegabeltes Geweih tragen.

ε)   Geweih als Statussymbol

Lange Zeit nahm man an, der Sieger eines Zweikampfes übernähme in jedem Fall das Weibchenrudel. Das bedeutete, daß ein dauernd Unterlegener keine Fortpflanzungschancen hätte. Wie neuere Beobachtungen ergaben, verhalten sich die Weibchen jedoch nicht so passiv, wie man dachte. Vielmehr wählen sie unter den vorhandenen Männchen aus. Es kann vorkommen, daß sie den *Verlierer* eines Kampfes bevorzugen. Ihre Kriterien sind demnach nicht allein solche des Kampferfolges. Sie berücksichtigen auch, in welcher Weise ein Hirsch um sie wirbt. Und in diesem Zusammenhang muß man dem Geweih eine Bedeutung zuschreiben, die sich auch aus dem Parallelparadieren des Rothirsches ab-leiten läßt: das Geweih ist nicht nur Kampforgan, sondern auch *Schauobjekt*. Ein großes Geweih »imponiert« den Weibchen. Damit wird auch eine Ausprägung des Geweihs ver-ständlich, die unter dem bloßen Gesichtspunkt des Kämpfens schlecht erklärbar wäre: es sind schaufelartige Verbreiterungen bestimmter Geweihabschnitte. Derartiges ist beim Ren in schwach ausgeprägter Form vorhanden, stärker entwickelt sind die Schaufeln beim Damhirsch und Elch (Abb. 307). Wenn der Elchhirsch in der Taiga steht, wirken die flä-chigen Geweihabschnitte wie Reflektoren des Lichtes, ihr Gleißen macht ihn weithin sichtbar.

Die Annahme, das Geweih diene in starkem Maße auch als *optisches Signal*, erklärt zwanglos zwei weitere Gegebenheiten: einerseits die Tatsache, daß beim Ren auch die Weibchen ein Geweih tragen, andererseits die riesigen Dimensionen des Geweihs des aus-gestorbenen Riesenhirsches, welches ebenfalls schaufelförmig verbreitert war (Abb. 307 rechts). Dessen Ausmaße haben bereits zahlreiche Spekulationen angeregt. Keine dieser Vermutungen war so befriedigend wie folgende: Die Hirschkühe des Riesenhirsches be-vorzugten diejenigen Hirsche mit den größten Geweihen. Es kam dadurch zu einer sexu-ellen Selektion, welche zu immer größeren Geweihen führte. Bei exzessiven Bildungen im Tierreich ist immer an Derartiges zu denken. Weitere Beispiele sind die Armschwin-

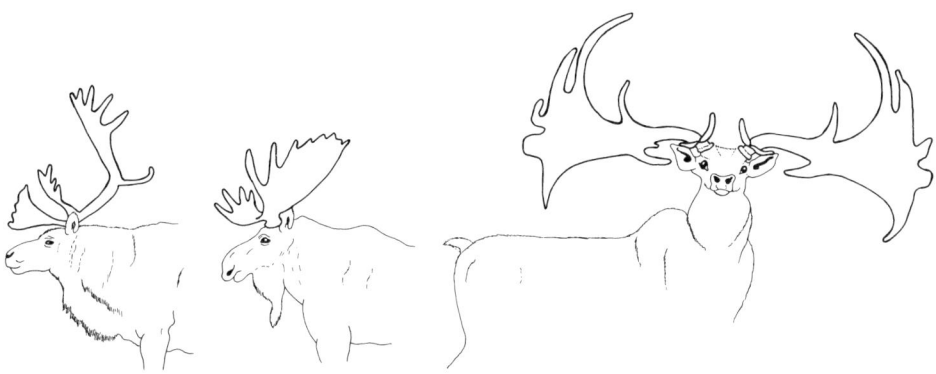

Abb. 307. Geweih des Rens, des Elches und des ausgestorbenen Europäischen Riesenhirsches. Die Spannweite des Riesenhirsch-Geweihes betrug mehr als dreieinhalb Meter,
was der Kopf-Rumpf-Länge des Elches entspricht (Ren nach de Bie et al., Elch nach
Geist 1987, Riesenhirsch nach Merox und Mazet; jeweils aus Geist 1987)

gen des Argusfasans, die bekannten Pfauenfedern oder die überlangen Schwanzfedern
mancher Vogelmännchen, die ihre Träger nahezu flugunfähig machen.

Für das Aussterben des Riesenhirsches ist sein weit ausladendes Geweih jedenfalls
kaum verantwortlich zu machen. Man führt sein Verschwinden heute auf Klimaverände-
rungen und damit andersartige Vegetation zurück, an die er sich nicht anpassen konnte.

ζ)   Funktion des Geweihs des weiblichen Rentiers
Das Ren ist in der Familie der Hirsche der einzige Vertreter, bei dem auch das Weibchen
ein Geweih trägt. Gibt es eine Erklärung dafür, daß ausgerechnet bei dieser Art, welche
eine extrem lebensfeindliche Umgebung bewohnt, beide Geschlechter sich den »Luxus«
eines Geweihs leisten – eines Gebildes also, welches jedes Jahr abgeworfen und danach
neu gebildet wird.

In den arktischen Gebieten liegt während eines großen Teils des Jahres Schnee, unter
dem die Rentiere ihre Nahrung hervorscharren müssen. Üppiges Sprießen der Vegetation
findet nur während des sehr kurzen Sommers statt – so beträgt auf Spitzbergen die Vege-
tationszeit weniger als einen Monat.

Die trächtigen Weibchen, welche parallel zum Austragen ihres Jungen ein Geweih
schieben, müssen sowohl die für den Geweihaufbau benötigten Nährstoffe und Mineralien
als auch die für das Wachstum des Fetus erforderlichen Substanzen bereitstellen. Sie
benötigen dafür genügend Nahrung, welche ihnen unter Umständen von Artgenossen
streitig gemacht wird. Die Konkurrenz der Herdenmitglieder um das knappe Futter liefert
den Schlüssel für die gesuchte Erklärung. Neben den ökologischen Aussagen ist ein
ethologischer Befund heranzuziehen. Dominant in der Gruppe ist das Tier mit den größten
Geweihstangen. Es darf zuerst ans Futter. Ein Individuum, welches soeben sein Geweih
abgeworfen hat, steht ganz unten in der Rangordnung. Nach dem Abwurf der Stangen
muß auch ein sonst körperlich starker Renhirsch bei der Nahrungsaufnahme den Vortritt
den geweihtragenden kleineren Weibchen überlassen.

Bezüglich des Abwurfzeitpunktes kann man die erwachsenen Mitglieder einer Rentier-
herde in drei Gruppen einteilen: in Männchen, in erstmals trächtig werdende Weibchen
und in solche Weibchen, die schon einmal oder mehrere Male ein Kalb hatten; letztere
werden nachstehend als Muttertiere bezeichnet. Den Beginn des Wachstums des Geweihs
und den Abwurfzeitpunkt zeigt für jede Gruppe Abb. 308.

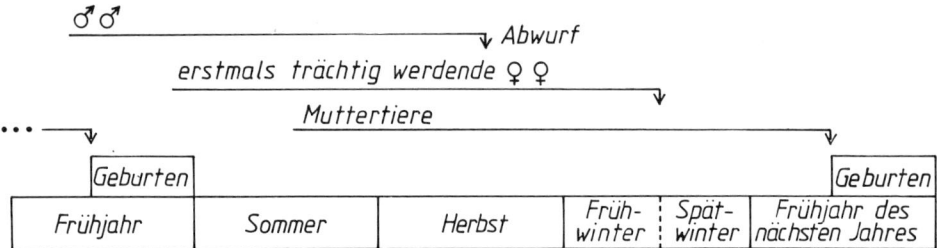

Abb. 308. Schema zur Zeitdauer, während derer verschiedene Mitglieder einer Rentier-
herde Geweihe tragen (nach Angaben in Remmert 1980)

Da die Männchen nach der Brunft im Herbst ihre Stangen abwerfen, sind sie während
des Spätherbstes und ganzen Winters den geweihtragenden Weibchen unterlegen. Diese
können sich den Männchen gegenüber durchsetzen und erhalten genügend Nahrung.

Die erstmals trächtig werdenden Weibchen schieben ihr Geweih etwas früher als die
Muttertiere, welche den Sommer über ein Kalb führen und dieses 5 bis 6 Monate säugen.

In der Zeit um den Jahreswechsel werfen die erstmals trächtig werdenden Weibchen ihr
Geweih ab. Im Spätwinter tragen somit nur noch die Muttertiere ein Geweih. Es ist relativ klein, da sein Wachstum erst lange Zeit nach der Geburt des Jungen einsetzte. Wenn
die Männchen bereits voll entwickelte Geweihe tragen, sieht man bei den Muttertieren
gerade erst eine Andeutung. Dafür werfen sie es erst kurz vor der Geburt der nächsten
Jungen ab. Obwohl von geringen Ausmaßen, verleiht es im Spätwinter – d. h. in der
nahrungsärmsten Zeit – den Muttertieren gegenüber den anderen Gruppenmitgliedern Do-
minanz. Die Versorgung der Muttertiere mit Futter ist also gesichert.

Im Spätwinter sind demnach die Muttertiere nicht nur gegenüber den Männchen, sondern auch gegenüber den jetzt zum ersten Mal trächtig gewordenen Weibchen dominant.
Offenbar haben die Muttertiere infolge der kräftezehrenden Aufzucht der Jungen im ver-
gangenen Sommer am Ende der Trächtigkeit einen höheren Nahrungsbedarf als die erstmals trächtig gewordenen Weibchen.

η)   Kämpfe der Giraffe

Die fellüberzogenen Knochenzapfen der Giraffe sind an andere Kämpfe als die der Geweih-
oder Hornträger angepaßt. Diejenigen Stirnwaffen, welche hart gegeneinandergeschlagen
werden, bestehen entweder wie die Hörner an der Außenseite oder vollständig – wie das
Geweih – aus totem Gewebe.

Beim Kampf der Giraffe stehen die Gegner entweder nebeneinander oder einander gegenüber. Weit ausholend schlagen sie mit dem Kopf gegen den Körper oder die Beine des
Kontrahenten. Die Schläge sind heftig: ein getroffener Rivale lag 20 Minuten lang
bewußtlos am Boden. Diese Kampfesweise würde mit langen spitzen Hörnern zu Todes-
fällen führen; aufgrund der fellbekleideten kurzen Knochenzapfen enden die Auseinandersetzungen nicht tödlich.

θ)   Auseinandersetzungen der Hornträger

Die allermeisten Kämpfe zwischen den Männchen dieser Arten sind ritualisiert. Nur bei
einigen wenigen Arten werden Beschädigungskämpfe ausgetragen.

Verschiedene Ausprägungen des Gehörns sind in Abb. 309, einige der Kampfesweisen
in Abb. 310 dargestellt.

In ganz seltenen Fällen kommt als *unritualisierter* Kampf Beißen vor. Dies ist beim
Zebraducker der Fall. Beschädigungskampf mit den Hörnern beobachtet man beim Harte-

beest, beim Bison, bei der Gemse (Gehörn in Abb. 309) und Schneeziege. Wie Abb. 310 links oben zeigt, stehen sich zwei kämpfende Schneeziegen nicht gegenüber, sondern nehmen Positionen parallel zueinander ein, wobei sie in verschiedene Richtungen blicken. Wenn sie seitlich ausholen, hauen sie dem Gegner die spitzen Hörner in die Flanke. Dabei können zum Tode führende Wunden entstehen.

Die hornlosen Weibchen verschiedener Arten kämpfen ebenfalls unritualisiert durch Kopfstoßen, beschädigen sich dabei aber nicht. Ein Beispiel liefern die Weibchen der Nilgauantilope.

Alle nachstehend beschriebenen Kampfesweisen sind *Kommentkämpfe*. Einige davon lassen sich zurückführen auf die Auseinandersetzungen hornloser Paarhufer-Arten. So kämpfen die zu den Schwielensohlern zählenden Vikunjas, indem sie die Hälse übereinander legen, wobei jeder versucht, den anderen niederzudrücken. Ein solcher *Halskampf* findet sich auch bei den Männchen der Nilgauantilope. Die Kontrahenten gehen dabei auf die Carpalgelenke nieder (Abb. 310 oben rechts).

Ringen kann auf zweierlei Weise geschehen. Einerseits dadurch, daß die Stirnen gegeneinander gedrängt werden. Dies tun die Elenantilope und die Rinder. Oder es findet Ringen durch Hörnerdrängen statt. So kämpfen der Yak (Gehörn in Abb. 309), das Gnu, die Grantgazelle und der Kleine Kudu (Abb. 310, zweite Reihe). Die Männchen messen

Abb. 309. Verschiedene Formen des Gehörns
Obere Reihe: Nilgauantilope, Oryx, Kaffernbüffel, Yak
Untere Reihe: Gemse, Mähnenspringer, Steinbock, Großer Kudu. Abgebildet ist jeweils das Männchen. Die Weibchen der Nilgauantilope und des Großen Kudus sind hornlos; beim Yak, Mähnenspringer und Steinbock tragen die Weibchen kleinere Hörner als die Männchen (nach Eigener et al. 1958)

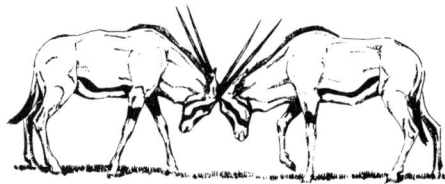

Abb. 310. Kampfesweisen verschiedener Hornträger
Oben links: Beschädigungskampf bei der Schneeziege
Oben rechts: Halskampf der Nilgauantilope
Zweite Reihe: Ringen durch Hörnerdrängen beim Kleinen Kudu
Dritte Reihe: Fechten bei der Oryx (links) und der Rappenantilope (rechts)
Untere Reihe: Rammen beim Pamir-Wildschaf (nach Walther 1966)

ihre Kraft, indem jeder versucht, den anderen nach hinten zu drängen. Im rechten Bild der Abb. 310 ist der rechts stehende Kudu augenblicklich im Vorteil.

Fechten (Abb. 310, dritte Reihe) beobachtet man bei Arten mit langen Hörnern, welche entweder gerade Spieße – so bei der Oryx (Gehörn in Abb. 309) – oder säbelartig gebogen – wie bei der Rappenantilope – sein können. Der Kampf der Oryx gleicht dem Kreuzen der Klingen menschlicher Fechter. Bei dieser Kampfesweise stehen die Kontrahenten wie die Oryx oder sie »knien« auf den Carpalgelenken wie die Rappenantilope.

Rammen kommt vor beim Kaffernbüffel, Steinbock und Wildschaf. Die unterste Reihe der Abb. 310 illustriert den Kampf zweier Widder des Pamir-Wildschafs. Auf den Hinterbeinen aufgerichtet stehen die Männchen in einiger Entfernung voneinander, bewegen sich dann biped aufeinander zu und lassen sich nach vorne fallen. Dabei krachen die Hörner aufeinander. Die Vorderbeine berühren dabei den Boden nicht! Es stürzt gewissermaßen ein Widder in die Hörner des anderen.

Bei männlichen Dickhornschafen kennt man eine Rangordnung, die durch die Größe der Hörner bestimmt ist. Nur Widder mit gleich großen Hörnern kämpfen gegeneinander. Sie tun dies sehr ausdauernd, nämlich bis zu 20 Stunden lang.

Die Männchen des Kaffernbüffels (Gehörn in Abb. 309) zeigen zunächst Imponierverhalten. Sie gehen im Stechschritt mit erhobenem Kopf aufeinander zu, indem sie die Köpfe schütteln und mit den Hufen stampfen. Schließlich bleiben sie 10 Meter voneinander entfernt stehen. Sie senken die Hörner und stürmen aufeinander los. Wenn die Stirnwülste zusammenkrachen, knallt es weithin. So nehmen sie immer wieder Anlauf, schieben und stoßen. Schließlich macht einer blitzschnell kehrt und räumt das Feld. Die gefährlichen Hornspitzen werden bei diesem Kampf nicht wirksam. Allerdings verhaken sich die Hörner manchmal, wobei die Spitzen abbrechen.

Das *Hakeln*, welches beim Mähnenspringer (Gehörn in Abb. 309) und bei der Schraubenziege vorkommt, bildet eine gewisse Sonderform, da die Gegner hier nicht *gegen*einander orientiert sind, sondern – nebeneinander stehend – in die gleiche Richtung schauen. Einer greift mit den Hörnern von der Seite her ins gegnerische Gehörn und hebelt nach links und rechts. Dabei zeigt sich, wer der Stärkere ist. Dem Gegner wird so der eigene Bewegungsrhythmus aufgezwungen. Den Namen hat diese Kampfesweise – welche gekrümmte Hörner voraussetzt – von der Ähnlichkeit mit dem in Bayern geübten Fingerhakeln.

Einsatz des Gehörns *gegen Feinde* beobachtet man bei der Schneeziege, Pferdeantilope, Rappenantilope, dem Kaffernbüffel, der Oryx und selten bei Gnus. Auch der Moschusochse verwendet seine spitzen Hörner gegen Reißtiere: wird eine Herde Moschusochsen von einem Wolfsrudel angegriffen, bilden die Herdenmitglieder eine Phalanx; dabei wenden sie ihre Hinterteile zum Zentrum eines Kreises, wodurch sie nach außen eine hornbewehrte Schutzmauer darbieten.

G.   Tastsinn

Ein empfindlicher Tastsinn ist an weiche Hautstrukturen gebunden und daher bei den Vorfahren der Säugetiere, den Reptilien, wenig ausgeprägt.

Die Rolle des Tastsinns im Leben der meisten Arten ist als sehr hoch einzuschätzen. Eine Ausnahme bilden vermutlich die Wale.

Die Bedeutung dieser Sinnesmodalität für den Menschen spiegelt sich in unserer Sprache wider: Der Ausdruck »Begreifen« bedeutet das Verstehen einer Sache. Ein heranwachsendes Menschenkind schafft sich sein Weltbild, indem es die Dinge seiner Umgebung mit den Händen befühlt und die empfangenen Tasteindrücke mit den optischen Wahrnehmungen kombiniert. Auf diese Weise gelangt es zum »*Begriff*« eines Gegenstandes. Der Tasteindruck »rundes Ding« oder »kantiges Ding« wird verknüpft mit dem Bewegungssehen: Eine Kugel rollt weg, wenn man sie anstößt; ein quaderförmiges Holzklötzchen bleibt liegen.

Wir sind es gewohnt, mit unserer haarlosen Leistenhaut zu tasten. Allerdings verfügen nur Primaten über diesen Hauttyp, er ist ein diese Ordnung auszeichnendes Merkmal. Vertreter anderer Ordnungen, die mit der unbehaarten Haut der Finger tasten, sind Waschbär und Fingerotter.

Der Tastsinn spielt eine besonders große Rolle bei nächtlich und unterirdisch lebenden Arten. (Die nachts fliegenden Fledermäuse orientieren sich mit dem Gehörsinn: zur Echo-Ortung s. IX J.) Auch Formen, die ihre Nahrung im Schlamm erspüren, verfügen über ein gutes Tastvermögen: neben dem Fingerotter ist hier das Walroß zu nennen. Außerdem ist dieser Sinn für die Greifkletterer (besonders die Primaten) von großer Bedeutung.

Neben *in* der Haut befindlichen Mechanorezeptoren besitzen fast alle Arten besondere Taststrukturen, welche vom Körper abstehen: es sind die Sinneshaare (s. G2).

G1. Mechanorezeptoren der Haut

Der Tastsinn spricht auf mechanische Reize an. Diese haben verschiedene Qualitäten, denen spezifische Rezeptortypen zugeordnet sind.

Berührungsdetektoren (s.u.) der unbehaarten Haut sind die Meissnerschen Tastkörperchen. Sie kommen ausschließlich in der *Leistenhaut* der Primaten vor, welche daher manchmal auch als *Tasthaut* bezeichnet wird. Sie überzieht bei höheren Primaten die ganze Handinnenfläche (Abb. 311 links). Die Knöchelgänger besitzen Leistenhaut sogar auf der *Ober*seite der Finger II bis V (Abb. 311 Mitte). Eine Besonderheit von vier Gattungen neuweltlicher Affen (Wollaffen, Brüllaffen, Klammeraffen und Spinnenaffe) ist die Leistenhaut an der distalen Unterseite des Greifschwanzes, welcher dadurch als »fünfte Hand« gebraucht werden kann (Abb. 311 rechts und Abschnitt VIII D).

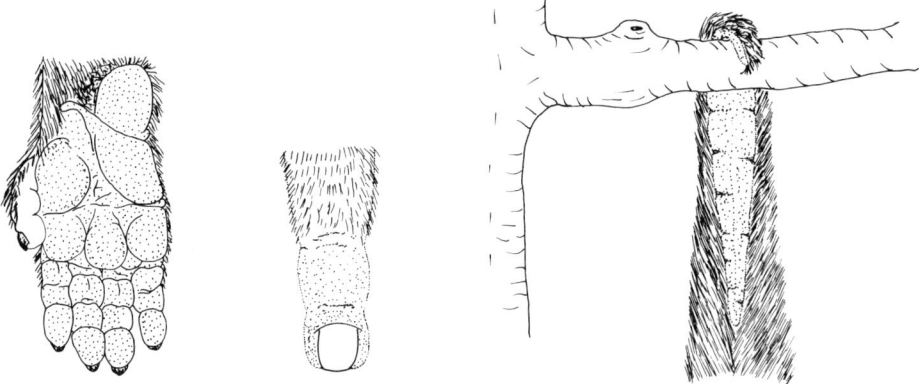

Abb. 311. Leistenhaut (punktiert) auf der Innenfläche der Hand des Gelben Babuins, der Oberseite eines Fingers des Schimpansen bzw. Gorillas und der distalen Unterseite eines Tast- und Greifschwanzes (Hand nach Schultz 1972, Finger und Schwanz nach Ankel 1970)

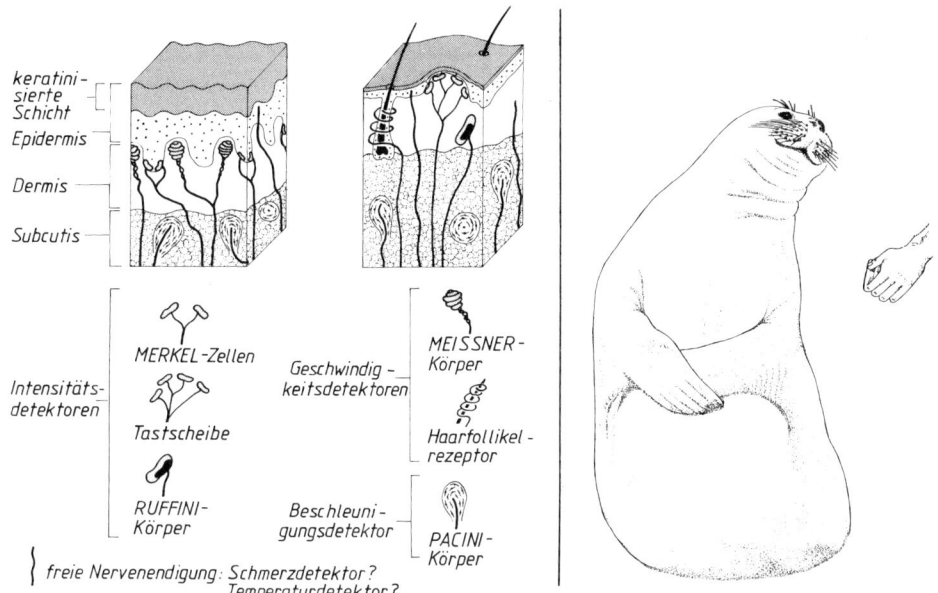

Abb. 312 (links). Mechanorezeptoren der menschlichen Haut (schematisch) sowie Funktion der verschiedenen Rezeptortypen. Außerdem sind für nicht dem Tastsinn zuzuordnende freie Nervenendigungen die vermuteten Funktionen eingetragen (nach Schmidt und Thews 1980)

Abb. 313 (rechts). See-Elefant. Man beachte die Vibrissen sowie die Körperhaltung, welche durch die starke Biegsamkeit der Wirbelsäule ermöglicht wird (der Hinterkörper ist unsichtbar) (nach einem Illustriertenfoto)

Wie man vor allem aus Untersuchungen an der Katze weiß, gibt es folgende Mechanorezeptoren (Abb. 312): *Druck*rezeptoren (Intensitätsdetektoren: Ruffini-Körperchen und Merkel-Zellen), *Berührungs*rezeptoren (Geschwindigkeitsdetektoren: Meissnersche Tastkörperchen und Haarfollikelrezeptoren) und *Vibrations*rezeptoren (Beschleunigungsdetektoren: Pacini-Körperchen). Die (grobe) Struktur der Rezeptoren, ihr Vorkommen und ihre Funktion sind in Abb. 312 für die beiden Hauttypen des Menschen (links: unbehaarte Haut, rechts: behaarte Haut) zusammengestellt. Wieso man beispielsweise einen Berührungsrezeptor als Geschwindigkeitsdetektor bezeichnet, lese man in einem Lehrbuch der Sinnesphysiologie nach.

Die Merkel-Zellen, welche in der unbehaarten Haut in der tiefsten Schicht der Epidermis liegen, kommen auch in der behaarten Haut vor, wo sie zu *Tastscheiben* zusammengefaßt sind; diese finden sich in der Dermis unter kleinen Erhebungen der Haut (Abb. 312 rechts), die mit bloßem Auge eben noch sichtbar sind.

In der behaarten wie unbehaarten Haut der Primaten dürften die Berührungsrezeptoren in der Überzahl sein. Das erscheint sinnvoll, da es wichtiger ist, *Änderungen* im Reizangebot festzustellen – als die absolute Größe beispielsweise der Intensität eines mechanischen Reizes zu messen. Die Geschwindigkeitsdetektoren heißen daher auch *Neuigkeits*detektoren.

337

Die Struktur der Vibrissen ist in V E beschrieben.

Da die Tasthaare die Körperoberfläche samt den Fellhaaren weit überragen – am auffälligsten wohl beim Großen Tanrek (Abb. 395) –, vermögen sie auch in der Dunkelheit die Annäherung eines Gegenstandes zu melden, bevor dieser die Körperoberfläche berührt. Da sich ein Tier normalerweise vorwärts bewegt, fällt den *Gesichtsvibrissen* in diesem Zusammenhang eine wichtige Aufgabe zu. Die in Augennähe stehenden Sinneshaare helfen den Augapfel schützen, indem ihre Meldungen den Lidschluß auslösen.

Will eine Katze mit den Gesichtsvibrissen beispielsweise die Weite eines Durchschlupfes messen, muß sie über die augenblickliche Stellung der Spürhaare informiert sein. Hierbei könnte das Phänomen der »Efferenzkopie« eine Rolle spielen – wie sie im »Reafferenzprinzip« postuliert wird.

Von den seitlich der Mundöffnung stehenden Sinneshaaren der Wüstenspringmaus ist eines besonders lang. Es dient beim Hüpfen der Kontrolle der Bodenbeschaffenheit (Abb. 239).

Besonders auffällig sind die Tasthaare an der Schnauze vieler Arten, die ihre Nahrung im Wasser suchen. Als Beispiele seien genannt: Wasserspitzmaus, Fischotter, das Walroß sowie Ohren- und Hundsrobben (Abb. 313). Da diese Formen nicht wie die Zahnwale über Echo-Ortung verfügen, müssen sie in trübem Wasser zur Beutelokalisation andere Hilfsmittel einsetzen. Zu denken wäre an den Geruchssinn. Er kommt jedoch nicht in Frage, da beim Tauchen die Nasenöffnungen verschlossen werden. Diese Arten nehmen Beutetiere daher mittels der Vibrissen war. Damit können sie einerseits wie das Walroß (s. X A) im Schlamm vergrabene Muscheln u. dgl. durch direktes Berühren erspüren. Man nimmt an, daß sie andererseits auch im freien Wasser schwimmende Beutetiere schon aus gewisser Entfernung bemerken können, weil die von diesen erzeugten Wasserbewegungen die Sinneshaare reizen. Träfe diese Vermutung zu, wären die Vibrissen in ihrer Funktion dem Seitenlinienorgan der Fische vergleichbar, welche mit diesem Organ über einen »Ferntastsinn« verfügen.

H.   Gehörsinn

Die folgenden Ausführungen sollen nicht die Anatomie und Physiologie des Ohres im Detail beschreiben. Vielmehr sind einerseits Tatsachen dargestellt, welche zum Verständnis der Echo-Ortung benötigt werden; dabei handelt es sich um einige Baueigentümlichkeiten des Mittel- und Innenohrs sowie um das Vorgehen beim Erstellen eines Audiogramms. Andererseits wird dargelegt, welche Vorteile es mit sich brachte, als im Verlauf der Evolution bei der Umformung des primären zum sekundären Kiefergelenk (s. V M) im Mittelohr eine *drei*gliedrige Kette von Gehörknöchelchen entstand.

Vergleicht man hinsichtlich des Hörens Säugetiere und Vögel, zeigt sich: Der Gehörsinn ist in beiden Gruppen gut entwickelt, die Vögel haben es jedoch nicht vermocht, sich die Welt des Ultraschalls zu erschließen. Damit fehlt ihnen die entscheidende Voraussetzung für leistungsfähige Echo-Ortung. Diese kommt daher – mit Ausnahme von zwei Vogel-Gattungen, welche allerdings keinen Ultraschall verwenden – nur bei Säugetieren vor.

Eine *Ohrmuschel* findet sich ausschließlich bei Säugetieren. Sie dient als Schalltrichter. Oft kann sie durch besondere Muskeln – Derivate der mimischen Muskulatur – bewegt werden. Unterschiedliche Einstellungen der beiden Ohrmuscheln in Richtung zu einer Schallquelle dienen der genauen Ortung eines Schallereignisses.

Die (longitudinalen) Schallwellen erreichen das am Ende des äußeren Gehörgangs aufgespannte Trommelfell und versetzen es in Schwingungen. Von hier bis zur Erregung der im Innenohr sitzenden Hörsinneszellen ist es noch ein recht weiter Weg. Er führt über das Mittelohr.

H1.   Mittelohr

Zwischen Trommelfell (Membrana tympani) und den das Innenohr abschließenden »Fenstern« befindet sich die luftgefüllte Paukenhöhle mit den Gehörknöchelchen (Abb. 147 und 318 c). Wenn sich – wie bei Fledermäusen vor dem Aussenden eines Orientierungslautes (s. IX J) – die beiden in der Paukenhöhle liegenden Muskeln kontrahieren, zieht ein Muskel das Trommelfell nach einwärts, der andere verkantet den Steigbügel. Dadurch werden die Gehörknöchelchen fester aneinandergepreßt.

Als die Wirbeltiere im Verlauf ihrer Stammesgeschichte das Land eroberten, »erfanden« sie unter anderem das Mittelohr. Manche Fische, welche zwar ein Innen-, aber kein Mittelohr besitzen, leiten Schall mit ganz anderen Knöchelchen von der Schwimmblase zum Innenohr. Die Landwirbeltiere standen folgendem Problem gegenüber. Der Schallwellenwiderstand von Flüssigkeiten ist sehr viel größer als der von Gasen: nur ein Tausendstel der von Luft auf Wasser treffenden Schallenergie tritt in die Flüssigkeit ein, der Rest wird reflektiert. Es bedarf daher einer Anpassung des Schallwellenwiderstands von Luft an den Schallwellenwiderstand der im Innenohr befindlichen Flüssigkeiten Endolymphe und Perilymphe. Dies geschieht durch Drucktransformation. Die Druckerhöhung kommt teilweise durch Hebelwirkung zustande, welche auf die besondere Anordnung der Gehörknöchelchen zurückzuführen ist. Die Hebelwirkung liefert allerdings nur einen geringen Beitrag zur Gesamterhöhung; deren Hauptanteil rührt daher, daß das Trommelfell eine wesentlich größere Fläche aufweist als das ovale Fenster. Hierdurch wird der Druck am ovalen Fenster stark erhöht. Dieses Prinzip wenden auch Amphibien, Reptilien und Vögel an, welche mit der Columella auris nur über ein einziges Gehörknöchelchen verfügen.

H2.   Innenohr

Am ovalen Fenster tritt der Schall ins Innenohr über, welches bei Säugetieren die Form eines Schneckenhauses aufweist und *Cochlea* genannt wird (Abb. 314 b und c). Bei Vögeln und Reptilien ist die Gestalt der Basilarmembran dagegen nicht schneckenförmig (Abb. 314 d und e). Wie Abb. 314 b zeigt, beherbergen die im Knochen verlaufenden Schneckenwindungen drei Gänge: Der am ovalen Fenster beginnende Vorhofgang (Scala vestibuli) geht an der Spitze der Schnecke (dem Helicotrema) in den Paukengang (Scala tympani) über. Er endet am runden Fenster, welches durch eine dünne Membran abgeschlossen ist. Zwischen Vorhof- und Paukengang liegt der Schneckengang (Scala media). In ihn ragen die auf der Basilarmembran stehenden Hörsinneszellen. Diese Membran trennt den Schnecken- vom Paukengang.

Schwingt der mit seiner Fußplatte im ovalen Fenster sitzende Steigbügel, laufen sogenannte Wanderwellen helicotremawärts. Sie weisen an einer bestimmten Stelle ein Schwingungsmaximum auf. Dessen Lage hängt von der Schallfrequenz ab. Jeder Fre-

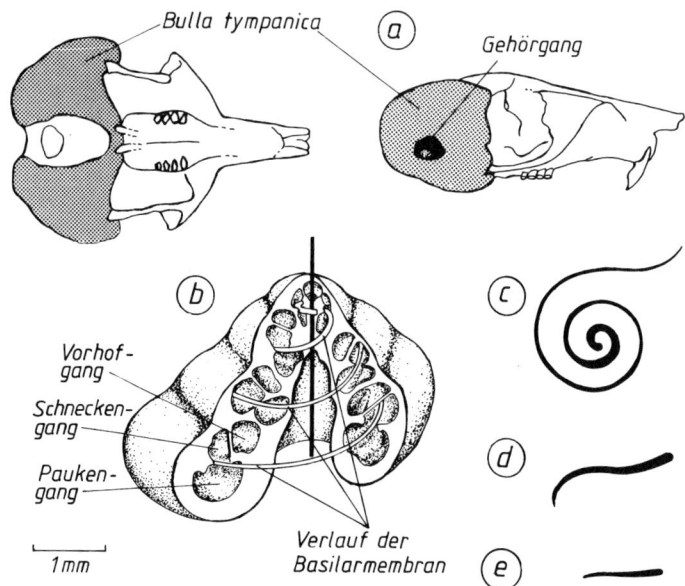

Abb. 314. Voluminöse Ausbildung der Bulla tympanica sowie Strukturen des Innenohrs
a) Schädel der Merriam-Känguruhratte; links von unten, rechts von der Seite gesehen;
Bulla tympanica grau wiedergegeben; Unterkiefer jeweils fortgelassen (nach Grinnell aus
Vaughan 1978)
b) Cochlea einer Hufeisennase. Ein Teil der Cochlea ist vorne weggeschnitten, das die
Basilarmembran symbolisierende Band ist allerdings in diesem Raum durchgezogen. Als
Orientierungshilfe ist die Achse der Cochlea eingezeichnet (nach Bruns aus Neuweiler
1981)
c) bis e) Form der Basilarmembran bei Säugetieren, Vögeln und Reptilien (nach Fleischer 1984)

quenz ist also ein bestimmter Bereich der Basilarmembran und damit eine bestimmte
Gruppe von Hörsinneszellen zugeordnet, welche bei dieser Frequenz erregt werden. Durch
tiefe Töne werden Sinneszellen in der Nähe des Helicotremas angesprochen, durch hohe
solche in der Nähe des ovalen Fensters. Diese »Abbildung« verschiedener Frequenzen auf
der Basilarmembran ist die Grundlage für das Unterscheiden verschieden hoher Töne.

H3.   Audiogramm

Das Audiogramm einer Tierart stellt dar, wie gut diese in verschiedenen Bereichen der
Frequenz-Skala hört. Beim Menschen erstellt man ein Audiogramm auf folgende Weise:
Eine Versuchsperson setzt sich Kopfhörer auf, welche mit einem Tonfrequenzgenerator
verbunden sind. Stellt man an dessen Skala beispielsweise 3000 Hz ein, genügt schon
eine geringe elektrische Spannung an den Kopfhörern, damit die Versuchsperson den Ton
hört. Erhöht man die Frequenz beispielsweise auf 13 000 Hz, muß man eine wesentlich
höhere Spannung anlegen, damit der Ton wahrgenommen wird. Im Verlauf des Experi-
ments gibt der Versuchsleiter eine bestimmte Frequenz vor und erhöht dann die Spannung

am Gerät langsam, bis die Versuchsperson mitteilt, sie höre jetzt den Ton. In diesem Moment ist die *Hörschwelle* erreicht. Wird sie durch Erhöhen der Spannung überschritten, nimmt die Versuchsperson den Ton lauter wahr. Der Wert für die Hörschwelle hängt von der Tonfrequenz ab: Bei manchen Frequenzen genügen bereits sehr niedrige Schalldrucke (s. unten), um eine Empfindung hervorzurufen.

Das in der Akustik relevante Maß ist nicht die elektrische Spannung am Kopfhörer, sondern der am Trommelfell herrschende *Schalldruck*. Im obigen Experiment erzeugt die elektrische Wechselspannung Schwingungen der Membran des Kopfhörers, welche wiederum Luftschwingungen hervorrufen, die ans Trommelfell gelangen. Hierzu einige Ausführungen aus der Akustik: Bringt man eine Membran in ein Schallfeld, ist mit dieser der Schalldruck meßbar. Eine solche Membran mag Bestandteil eines Mikrophons sein, sie kann aber auch zum Ohr eines Wirbeltiers gehören und heißt dann Trommelfell. Das Ohr der Säugetiere ist demnach ein *Schalldruck*empfänger. Daneben existieren bei Gliedertieren Gehörorgane, welche eine andere Größe einer Schallwelle messen – es ist die Schall»*schnelle*«.

In hörphysiologischen Untersuchungen ist es unzweckmäßig, den Schalldruck als absolutes Maß in N/m^2 anzugeben. Der gehörte Bereich umfaßt nämlich eine riesige Skala von mehreren Zehnerpotenzen. Man verwendet daher eine *relative* Maßeinheit. Sie mißt den *Schalldruckpegel*, welcher mit SDP (engl. SPL = sound pressure level) abgekürzt und auf einen festgelegten *Bezugsschalldruck* bezogen wird, welcher unter der nachstehenden Formel angegeben ist. Da der Logarithmus des Verhältnisses der Drucke verwendet wird, ergibt sich eine »handliche« Skala. Die Maßeinheit heißt Bel (nach dem englischen Physiologen ALEXANDER GRAHAM BELL). Man verwendet fast immer dessen zehnten Teil, das Dezibel (dB). Die Formel für den Schalldruckpegel L lautet:

$$L = 20 \log_{10} \frac{p_x}{p_o} \, dB \qquad (9)$$

p_x ist der gegebene Schalldruck
p_o der Bezugsschalldruck; er entspricht 0 dB und besitzt den Wert $2 \cdot 10^{-5} \, N/m^2$.

Abb. 315 zeigt die Hörschwelle des Menschen in Abhängigkeit von der Tonfrequenz. Bei etwa 4000 Hz besitzt die Kurve ein Minimum, aber auch im Bereich bis herab zu

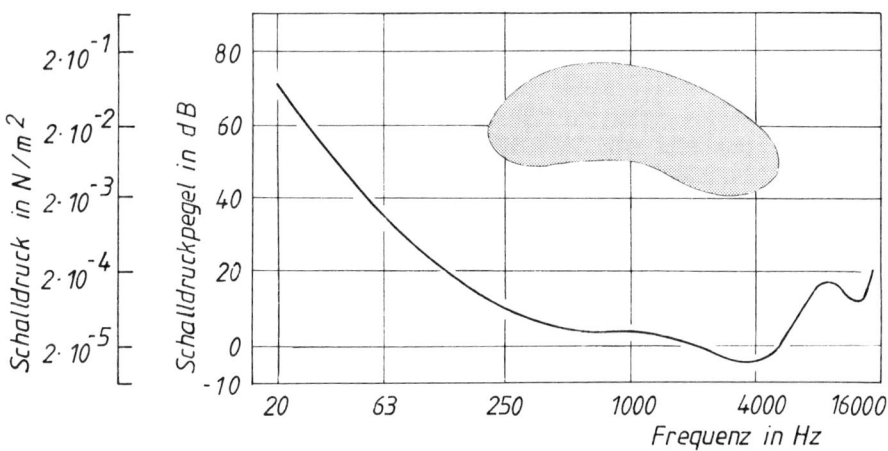

Abb. 315. Audiogramm des Menschen. Das graue Feld gibt den Hauptsprachbereich wieder (nach Klinke 1972)

etwa 500 Hz ist die Hörschwelle noch recht niedrig. Worauf die bei etwa 700 Hz und 4000 Hz liegenden »Täler« der Kurve zurückzuführen sind, ist in Abschnitt H4 erläutert. Wie Abb. 315 zeigt, liegt der Hauptsprachbereich über niedrigen Werten der Kurve. Oberhalb ungefähr 20 kHz kann man den Schalldruck noch so sehr erhöhen, wir vermögen keinen Ton mehr zu hören. Dies ist der Bereich des Ultraschalls.

Will man bei einer Tierart – beispielsweise einer Fledermaus – das Audiogramm erstellen, kann man nicht wie im geschilderten Versuch Fragen in unserer Sprache an sie richten. Man ist auf indirekte Methoden angewiesen, um Werte für die Hörschwelle zu erhalten. Eine solche Methode ist das Verhaltensexperiment. Man dressiert dabei die Fledermaus darauf, bei einer von ihr gehörten Frequenz ein bestimmtes Verhalten zu zeigen. Ein anderes Vorgehen besteht darin, von speziellen Nervenzellen elektrisch abzuleiten. Die »Antwort« der Nervenzellen steht dann für die verbale Antwort der menschlichen Versuchsperson. Beide Methoden hat man bei Fledermäusen angewendet. Wie Abb. 331 zeigt, verlaufen die jeweils erhaltenen Audiogramme in unterschiedlicher Höhe über der Abszisse, da bei den elektrischen Ableitungen die den Prozessen in den Nervenzellen vorgeschalteten Abläufe nicht erfaßt werden. Wichtig ist, daß beide Kurven der Abb. 331 an derselben Stelle der Frequenz-Skala ein Minimum aufweisen – die Große Hufeisennase ist also für Töne der Frequenz von 83,3 kHz außerordentlich empfindlich. Diese Besonderheit findet ihre Erklärung in der speziellen Art der akustischen Orientierung (Näheres in IX J).

H4. Genaueres zur Funktion der Gehörknöchelchen

Wie in Abschnitt V M ausgeführt, besitzen unter den Wirbeltieren nur die Säugetiere ein sekundäres Kiefergelenk. Ihr primäres Kiefergelenk findet sich im Mittelohr. Es ist denkbar, daß bei der Umwandlung des primären zum sekundären Kiefergelenk für die Schall-Leitung durch die Paukenhöhle nur ein einziges Knöchelchen zur Verwendung gekommen wäre. (Die Knochen des primären Kiefergelenks hätten beispielsweise durch Verschmelzen mit der Columella auris ein einziges Knöchelchen ergeben können.) Erbringt eine *drei*gliedrige Gehörknöchelchen-Kette Vorteile, die mit einer *ein*gliedrigen nicht zu erzielen sind? Bei der Suche nach einer Antwort hierauf mag man zunächst an die Hebelwirkung denken, welche durch die Anordnung von Hammer, Amboß und Steigbügel gegeben ist. Wie vorstehend erwähnt, spielt die Hebelwirkung jedoch nur eine geringe Rolle. Die Frage wurde erst in neuerer Zeit durch Untersuchungen der Schwingungsmechanik verschiedener Teile des Mittelohrs beantwortet.

Für die Schall-Leitung durchs Mittelohr entwickelten die Amphibien als Gehörknöchelchen die Columella auris (zu ihrer phylogenetischen Herkunft s. Abschnitt V M). Die Reptilien behielten die Columella auris bei, und auch die Vögel übernahmen sie von ihren Reptilien-Vorfahren. In der von den Kriechtieren zu den Säugetieren führenden Stammeslinie wurden jedoch zusätzlich die Knochen des primären Kiefergelenks ins Mittelohr verlagert: Hammer und Amboß entstanden. Aus dieser Tatsache leiten sich zwei Fragen her:

■ *Erstens:* Wieso wurden ausgerechnet Knochen des Kiefergelenks der neuen Aufgabe »Schall-Leitung« unterstellt? Ausführungen hierzu finden sich nachstehend in a).

■ *Zweitens:* Welche Vorteile brachte es den Säugetier-Vorfahren, Schall statt mit der altbewährten Columella auris nun mit *drei* Gehörknöchelchen durch die Paukenhöhle zu leiten? Diese Frage nach dem Selektionsdruck wird in b) beantwortet.

a) Doppelfunktion des primären Kiefergelenks

Einige Gründe für das Entstehen des sekundären Kiefergelenks sind in Abschnitt V M angegeben. Es wäre folgendes denkbar: Bei der Evolution des – sehr wirksames Zerkleinern der Nahrung ermöglichenden – Gelenks zwischen Dentale und Squamosum gingen die Knochen des primären Kiefergelenks verloren oder wurden rudimentär. Derartiges geschah ja des öfteren mit sonstigen Skelett-Elementen. Auch hätten andere Knochen als die des primären Kiefergelenks zum Bau einer dreigliedrigen Gehörknöchelchen-Kette herangezogen werden können. Daß ausgerechnet Articulare und Quadratum ins Mittelohr wanderten, ist in ihrer bei den Reptilien vorhandenen *Doppelfunktion* begründet. Diese Knochen ermöglichen nämlich nicht nur das Öffnen und Schließen des Kiefers, sondern dienen außerdem der Übertragung von Schall zum Innenohr.

Legt ein Reptil den Kopf auf den Boden, vermag ein im Untergrund ankommender akustischer Reiz die Unterkieferknochen in Schwingungen zu versetzen. (Unter »akustischem Reiz« seien hier alle periodischen Bewegungen – zu denen auch Vibrationen zählen – in der Umgebung des Tieres verstanden.) Die Kieferknochen übertragen den Schall dann – über das primäre Kiefergelenk! – durch Knochenleitung zum Innenohr. (Wie gut Knochen Schall zu leiten vermögen, kann man feststellen, wenn man sich eine schwingende Stimmgabel mit dem Griff auf den Kopf setzt.) Articulare und Quadratum hatten also »schon immer« *auch* die Funktion, Schall ins Innenohr zu leiten. Nur dadurch wird verständlich, daß gerade diese Knochen zu Hammer und Amboß wurden. Sie machten also eigentlich keinen Funktions*wechsel* durch, sondern schränkten ihre Funktion auf die eine der zuvor ausgeübten Tätigkeiten ein.

b) Schall-Leitung mit drei statt mit einem Gehörknöchelchen

Die dreigliedrige Kette ermöglicht Schwingungen der Gehörknöchelchen gegeneinander, welche beim Knochenstäbchen Columella auris unmöglich sind. Die Columella bewegt sich wie ein Stößel. Trotz dieser einfachen Bewegungsweise können mit ihr unterschiedliche Stellen optimaler Übertragung auf der Frequenz-Skala erzielt werden. Dazu muß sich die Eigenfrequenz der Columella ändern. Sie kann auf die gleiche Weise variiert werden, wie es nachstehend für den Steigbügel der Säugetiere beschrieben ist – nämlich durch Verändern der Masse der Columella einerseits und der Steifigkeit ihrer Verankerung andererseits.

Bei der Untersuchung der Schallübertragung durchs Mittelohr der Säugetiere müssen die *drei* Gehörknöchelchen als *zwei* gekoppelte Untereinheiten behandelt werden: in der Betrachtung vom Innenohr nach außen schreitend findet man als *erste* Untereinheit den Steigbügel, als *zweite* den Hammer-Amboß-Komplex. Diese Reihenfolge der Besprechung ist sinnvoll, weil man dabei zuerst den Steigbügel mit der stammesgeschichtlich älteren Columella auris vergleichen kann. Beide schwingende Untereinheiten sind durch ein dünnes elastisches Knorpelplättchen zusammengekoppelt, welches hinsichtlich seiner mechanischen Eigenschaften mit einer Feder vergleichbar ist.

α) Das ursprüngliche Mittelohr

Das ancestrale Mittelohr ist in Abb. 316 a dargestellt. Um den Anschluß an die phylogenetische Betrachtungsweise in Abschnitt V M herzustellen, ist in Abb. 316 a für die Darstellung der Knochen die Symbolik von Abb. 144 bis 155 jenes Abschnitts wiederholt. In Abb. 316 b sowie in Abb. 317 und 318 wird auf diese Symbolik verzichtet. Im ursprünglichen Mittelohr ist der Hammer am Tympanicum fest verankert, da Praearticulare und Tympanicum verschmolzen sind. Das erscheint zunächst verwirrend. Diese Aus-

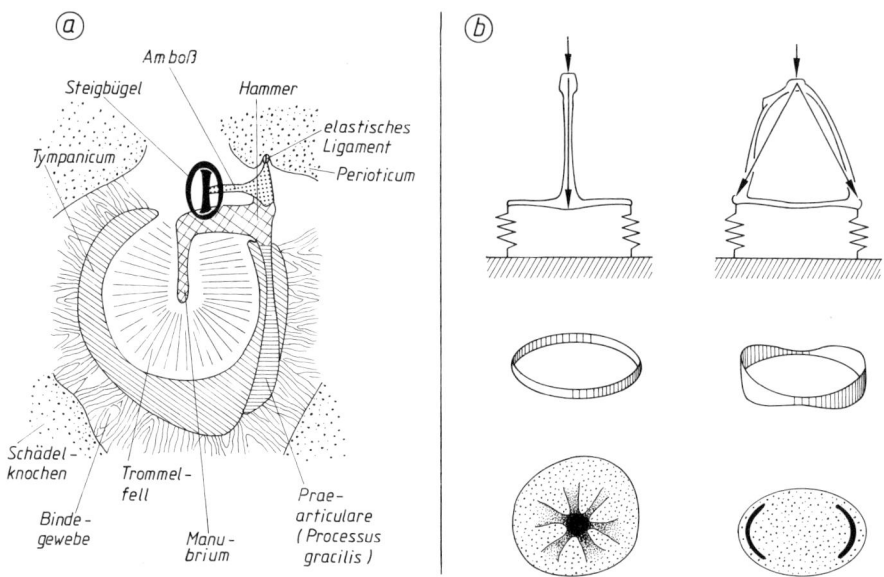

Abb. 316. Strukturen im Mittelohr
a) Ursprüngliche Form der Gehörknöchelchen. Symbolik wie in Abb. 144 bis 155. Man beachte das Praearticulare als groß ausgebildeten Fortsatz des Hammers sowie das Ligament zwischen Amboß und Perioticum. Das Innenohr ist oberhalb der Bildebene zu denken, daher weist die Fußplatte des Steigbügels auf den Betrachter zu. Um die nach hinten stehenden Schenkel des Steigbügels sowie den Ansatz des Ambosses zu zeigen, ist in der Darstellung der Fußplatte ein Oval ausgeschnitten
b) Columella auris eines Vogels und Steigbügel eines Säugetiers. Obere Reihe: Gehörknöchelchen sowie Federn, welche elastische Elemente des Ringbandes symbolisieren
Mittlere Reihe: Jeweiliges Ringband (Ligamentum anulare)
Untere Reihe: Clipeolus der Columella und Fußplatte des Steigbügels mit den Zonen der Belastung (nach Fleischer 1978)

gestaltung ist aber bei zahlreichen rezenten Arten vorhanden – sie vermögen mit dieser Konstruktion gut zu hören (s. γ). Der manchmal als Processus gracilis bezeichnete Fortsatz des Hammers ist also nicht überall so grazil wie in Abb. 148 oder im linken Bild der Abb. 318 a. Vielmehr ist er häufig kräftig ausgebildet und wird dann besser seiner stammesgeschichtlichen Herkunft nach als Praearticulare bezeichnet.

Wie bewegen sich die Gehörknöchelchen, wenn Schall auf das Trommelfell trifft? Wie nachstehend besprochen, führt der Hammer-Amboß-Komplex Torsionsschwingungen aus; der Steigbügel bewegt sich dagegen angenähert wie ein Stößel im ovalen Fenster. Dies sei anhand der Abb. 316 a erklärt. Trifft Schall auf das Trommelfell, wird es samt dem Manubrium senkrecht zur Bildebene ausgelenkt. Das Praearticulare als Teil des Hammers und der ihm ansitzende Amboß führen Torsionsschwingungen um eine Drehachse aus, welche in Abb. 318 a eingezeichnet ist. Dabei wird das Ligament, mit welchem der Amboß am Perioticum befestigt ist, wie ein Seil verdrillt. Die Drehachse geht durch dieses Ligament (man vergleiche Abb. 318 a mit 318 b). Die Torsionsschwingungen resultieren in einer Bewegung des Steigbügels, die wiederum senkrecht zur Papierebene verläuft. Die Fußplatte des Steigbügels ist in Abb. 316 a von unten, in Abb. 147 von der Seite zu sehen.

344

β)   Erste Untereinheit: Steigbügel

Die Säugetiere haben, als sie das im ovalen Fenster sitzende Knöchelchen von den Reptilien übernahmen, nicht einfach dessen Stabform beibehalten. Vielmehr haben sie die Gestalt eines Stößels zu der eines Steigbügels umgewandelt. Der Fußplatte des Steigbügels entspricht der Clipeolus der Columella. Die Umwandlung erbrachte folgende Vorteile: Der Stapes ist mechanisch der Columella überlegen (Abb. 316 b). Dabei spielt das Ringband (Ligamentum anulare) eine Rolle, welches den Clipeolus bzw. die Fußplatte an den Rändern des ovalen Fensters verankert. Bei der Columella wirkt die antreibende Kraft auf das Zentrum des Clipeolus. Beim Steigbügel wird diese Kraft dagegen in zwei Komponenten aufgespalten, welche über die Schenkel (Crura) auf das Ringband geleitet werden. Das Ringband ist an beiden belasteten Stellen verstärkt (Abb. 316 b, mittlere Reihe rechts). Bei der Columella wird die Kraft also nicht auf die elastische Struktur Ligamentum anulare gelenkt, dadurch besteht infolge der Belastung in der Mitte des Clipeolus Biegegefahr.

Die Verankerung der Fußplatte kann »weich« sein oder eine hohe Steifigkeit aufweisen. Wegen der elastischen Eigenschaften des Ringbandes ist es mit einer Feder vergleichbar (Abb. 316 b, obere Reihe und Abb. 317 c). Man bildet auf diese Weise ein biologisches durch ein technisches System nach. An derartigen Modellen lassen sich bestimmte Eigenschaften leichter feststellen als am Mittelohr direkt. Durch Vergleich mit dem Übertragungsverhalten des Modells wird das Verständnis besonderer Struktureigentümlichkeiten des Mittelohrs erleichtert. Im Modell ist die Rückstellkraft E durch die Eigenschaften der Feder festgelegt. Im Steigbügelsystem wird die Rückstellkraft bestimmt durch die elastischen Eigenschaften der im Ringband enthaltenen Bindegewebsfasern. Je größer die Rückstellkraft ist, d. h. je steifer die Verankerung des Steigbügels, desto höher ist die Eigenfrequenz des Systems (s. die Formel in Abb. 317 c).

Der Steigbügel kann somit als Masse-Feder-System betrachtet werden. Durch Verändern von Masse und Federsteifigkeit ist dieses auf verschiedene Frequenzen abstimmbar.

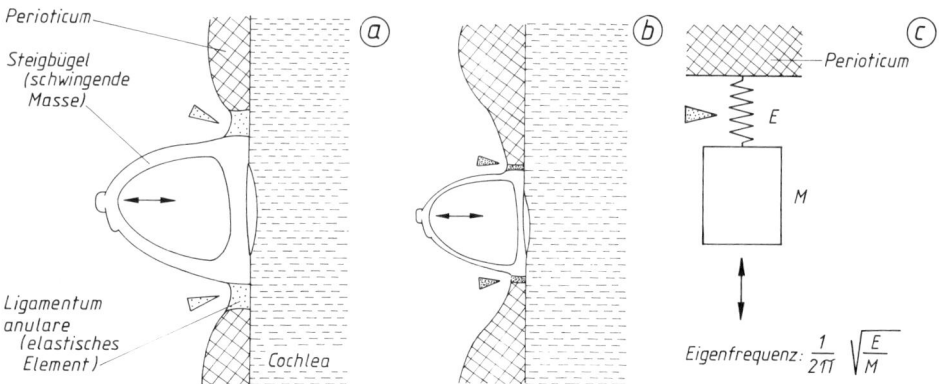

Abb. 317. Der Steigbügel, seine Verankerung sowie ein die Funktion veranschaulichendes mechanisches Modell
a) Steigbügel mit großer Masse und »weicher« Verankerung
b) Steigbügel mit geringer Masse und steifer Verankerung. Cochlea extrem schematisch durch Flüssigkeitsraum wiedergegeben. Die gleichschenkligen Dreiecke zeigen mit ihrer Spitze auf Orte mit elastischen Eigenschaften; je größer die Rückstellkräfte dieser Strukturen sind, desto dichter ist die Punktierung der Dreiecke
c) Mechanisches Modell: Eine Masse M schwingt an einer Feder mit der Rückstellkraft E (nach Fleischer 1978)

Eine große Masse des Steigbügels kombiniert mit einer »weichen« Verankerung (Abb. 317 a) führt zu einer bevorzugten Übertragung tiefer Frequenzen. Geringe Masse des Steigbügels und hohe Steifigkeit der Verankerung (Abb. 317 b) bedingt, daß die Optimalfrequenz im hohen Bereich liegt. Mit anderen Worten ausgedrückt: Bei Frequenzen, die so groß sind wie die Eigenfrequenz des schwingenden Systems, findet optimale Übertragung des Schalls durch das Mittelohr statt. Daher wird dort der geringste Schalldruck benötigt – das Audiogramm besitzt an dieser Stelle ein Minimum. Veränderungen der Masse des Steigbügels sowie der Steifigkeit der Verankerung führen also zu unterschiedlichen Lagen der Minima der Audiogramme.

γ)   Zweite Untereinheit: Hammer-Amboß-Komplex
Hammer und Amboß können als *eine* schwingende Einheit betrachtet werden. Das ist berechtigt, da bei vielen Arten die beiden Knöchelchen miteinander verwachsen sind. Da die Verschmelzung auch bei Formen mit sehr empfindlichem Gehör zu beobachten ist (beispielsweise bei der Chinchilla), kann die Verwachsung nicht als Rückbildungserscheinung betrachtet werden. Die einheitliche Masse »Hammer-Amboß« führt um eine gemeinsame Achse Torsionsschwingungen aus. Auswüchse von Hammer bzw. Amboß können das ganze Gebilde verschiedenartig gestalten. Lage und Form der Auswüchse bestimmen den Ort des Massenzentrums. Dessen Entfernung von der Drehachse beeinflußt in entscheidender Weise das Übertragungsverhalten für bestimmte Frequenzen. Für in der Physik bewanderte Leser: Wir haben hier eine Anwendung des STEINERschen Satzes über Trägheitsmomente vor uns.

Für das bei verschiedenen Arten sehr unterschiedlich gestaltete Torsionssystem sind einige ausgewählte Beispiele in Abb. 318 a (samt der jeweiligen Drehachse und dem Massenzentrum) dargestellt. Es wird hier darauf verzichtet, genau zu erörtern, wie die Frequenz variiert, wenn sich das Trägheitsmoment durch Verschieben des Massenzentrums ändert.

Das Übertragungsverhalten wird nicht nur durch die Lage des Massenzentrums, sondern auch durch die Torsionssteifigkeit der Drehachse beeinflußt. Welche Strukturen besitzen unterschiedliche Torsionssteifigkeiten? Wir finden hier einerseits das Ligament, welches den Amboß mit dem Perioticum (Abb. 316 a) verbindet. Diese Verankerung weist bei allen Arten eine geringe Torsionssteifigkeit auf (s. das offene Dreieck in Abb. 318 b). Andererseits existiert eine elastische Struktur an der Stelle, wo das Praearticulare mit dem Tympanicum verbunden ist. Diese Struktur besitzt bei verschiedenen Formen unterschiedliche Torsionssteifigkeit. Im Verlauf der Phylogenese fand nämlich – ausgehend vom ursprünglichen Mittelohr – bei mehreren Arten eine Entwicklung zum freischwingenden System statt. Man findet ein solches bei terrestrischen Formen mit mittleren und großen Trommelfellen: so beim Menschen, bei der Chinchilla, beim Stachelschwein und bei Schuppentieren. Im Lauf dieser Entwicklung (Abb. 318 b: Reihe

Abb. 318. Verschiedene Ausprägungen des Hammer-Amboß-Komplexes sowie der Paukenhöhle. Die bevorzugt übertragenen Frequenzen nehmen von links nach rechts zu
a) Unterschiedliche Lage des Massenzentrums relativ zur Drehachse des Hammer-Amboß-Komplexes (links: freischwingendes System)
b) Verschiedene Torsionssteifigkeiten der Drehachse – symbolisiert durch unterschiedliche Punktierung der gleichschenkligen Dreiecke und der betreffenden Knochenteile bzw. Ligamente. In a) und b) entspricht die rechts dargestellte Form und Anordnung der Gehörknöchelchen der in Abb. 316 a wiedergegebenen. Steigbügel, Trommelfell und Perioticum sind fortgelassen. In a) und b) ist im jeweiligen linken und mittleren Bild vom Tympanicum nur der Rand dargestellt

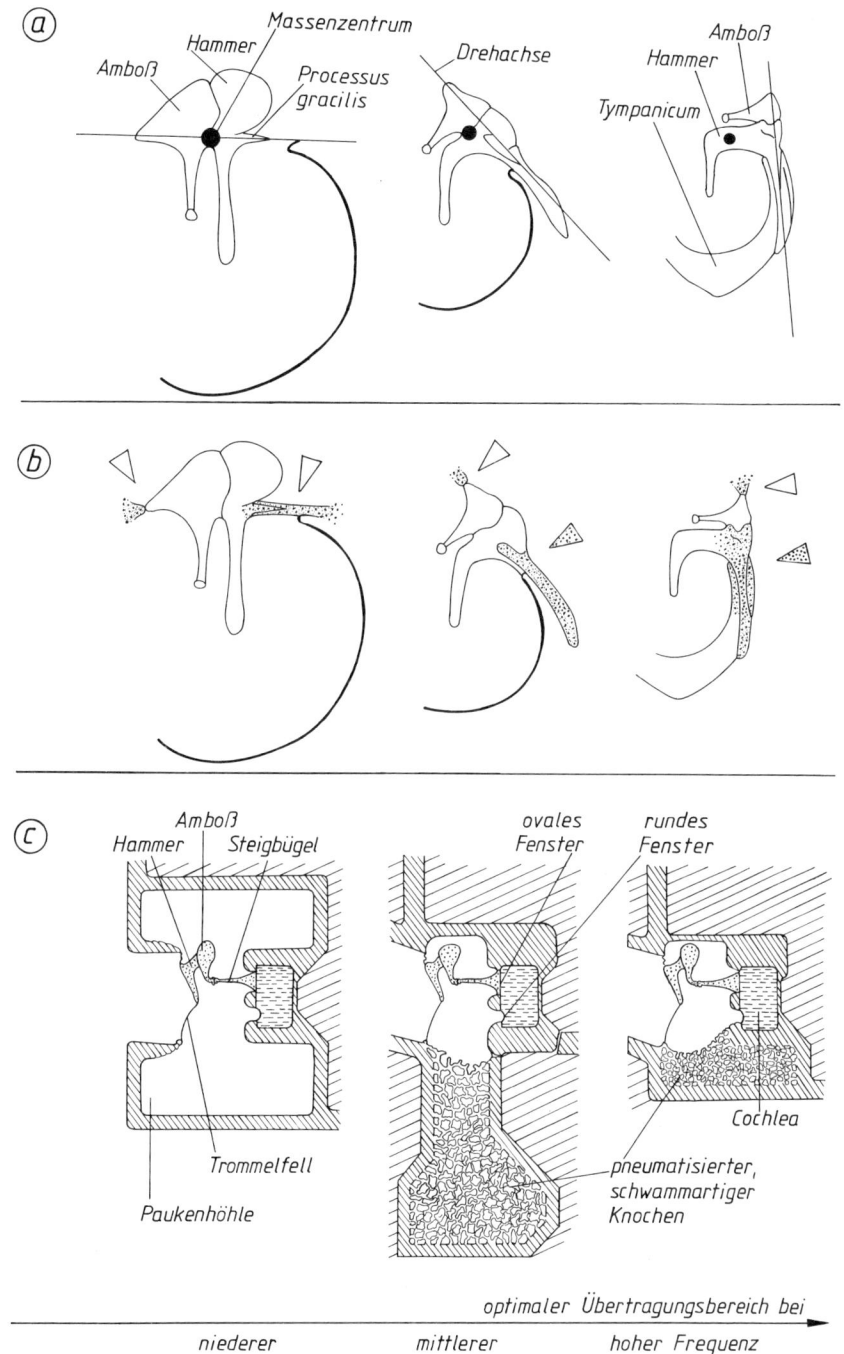

c) Verschiedene Volumina der Paukenhöhle. Im mittleren und rechten Bild befinden sich zusätzliche Lufträume im angrenzenden Knochen. Die Teilabbildungen sind in ihrem Maßstab auf die Fläche des Trommelfells normiert (nach Fleischer 1978)

347

von rechts nach links) löst sich die Verbindung zwischen Praearticulare und Tympanicum allmählich. Im mittleren Bild steht das Praearticulare vom Tympanicum ab; beide Knochen sind durch *Bindegewebe* verbunden. Dadurch besitzt die Verbindung eine geringere Torsionssteifigkeit als im rechts dargestellten Zustand (symbolisiert durch mittlere Dichte der Punktierung von Dreieck und Praearticulare). Im freischwingenden System (linkes Bild der Abb. 318 b) sind *beide* Verankerungen des Hammer-Amboß-Komplexes »weich« (s. die offenen Dreiecke); der Hammer ist nämlich nur noch über ein am Processus gracilis ansetzendes Ligament mit dem Tympanicum verbunden.

Wie Abb. 318 b zeigt, beinhaltet die Entwicklung in Richtung zum freischwingenden System auch eine Größenzunahme des Ambosses.

δ)   Rolle des Tympanicums

Das Volumen der vom Tympanicum umschlossenen Paukenhöhle spielt eine wichtige Rolle bei der Abstimmung des Mittelohrs auf verschiedene Frequenzen. Dabei ist der Begriff *Volumensteifigkeit* (auch: *Volumelastizität*) von Bedeutung. Hinter einer beweglichen Fläche (hier: Trommelfell) befindet sich ein Luftvolumen (hier: Mittelohrraum, der als praktisch abgeschlossen betrachtet werden kann). Wird die Fläche nach innen gedrückt, zeigt die Luft im abgeschlossenen Raum elastische Eigenschaften, d. h. sie wirkt dem Druck wie eine Feder entgegen.

Auf die Volumensteifigkeit des Mittelohrs nehmen zwei Faktoren Einfluß: einerseits der Rauminhalt der Paukenhöhle, andererseits die Fläche des Trommelfells. Bei gegebener Fläche des Trommelfells hat das Ohr mit der kleineren Paukenhöhle die größere Volumensteifigkeit. Bei gegebenem Volumen der Paukenhöhle besitzt das Ohr mit dem ausgedehnteren Trommelfell die größere Volumensteifigkeit. Eine hohe Volumensteifigkeit der Paukenhöhle bedingt geringe Empfindlichkeit für niedrige Frequenzen. Sollen also bevorzugt solche Frequenzen übertragen werden, muß das Luftvolumen hinter dem Trommelfell groß sein. Dies schaffen verschiedene Arten durch die Ausbildung einer voluminösen Bulla tympanica (Abb. 314 a).

Eine riesige Bulla tympanica – welche bei manchen Formen so groß sein kann wie das halbe Schädelvolumen – beobachtet man bei zahlreichen Arten, die in Wüsten oder wüstenähnlichen Gegenden leben. Diese auffällige Knochenblase hat den Zoologen lange Zeit Rätsel aufgegeben. Schließlich fand man heraus, daß nicht das *relative* Volumen der Paukenhöhle (bezogen auf den Schädel) entscheidend ist, sondern daß für die Volumensteifigkeit der *absolute* Rauminhalt der Paukenhöhle wichtig ist. Wenn das Mittelohr einer kleinen Art auf niedrige Frequenzen abgestimmt sein soll, wird eine große Paukenhöhle benötigt. Niedere Frequenzen sind für Arten, welche in vegetationsarmer Umgebung leben, von großer Bedeutung. In solchen Lebensräumen findet nur Schallabsorption in der Luft statt. Diese »atmosphärische Abschwächung« ist frequenzabhängig: tiefe Frequenzen breiten sich weiter aus als hohe. Für die gegenseitige Verständigung von Wüstentieren sind also niedrige Frequenzen besonders geeignet.

Manche Arten vermögen aufgrund ihres Schädelbaues keine Bulla tympanica auszubilden. Es ist dafür kein Platz vorhanden. Hierher gehören der Maulwurf und das Wiesel mit ihren flachen Schädeln. In solchen Fällen wird das benötigte Volumen an anderer Stelle geschaffen – nämlich in den umliegenden Schädelknochen. In diesen treten lufthaltige Räume auf, welche mit der Paukenhöhle in Verbindung stehen. Dadurch wird auch bei kleiner Paukenhöhle der für die Volumensteifigkeit verantwortliche Raum vergrößert – die Wahrnehmung tiefer Frequenzen ist möglich.

Im mittleren Bild der Abb. 318 c ist das Volumen der Paukenhöhle wesentlich kleiner als im linken Bild, durch die zusätzliche pneumatisierte Struktur der Schädelknochen liegt die Optimalfrequenz jedoch bei tieferen Werten, als es ohne diese Lufträume der Fall wäre. Im rechten Bild der Abb. 318 c ist der Rauminhalt der Paukenhöhle etwa so groß wie im mittleren Bild, aber die Lufträume im Knochen sind weniger voluminös, daher liegt die Optimalfrequenz höher als bei der Struktur des mittleren Bildes.

Die Ausbildung derartiger pneumatisierter Knochen ist unabhängig von der Körpergröße und vom Lebensraum der betreffenden Art. Man findet sie einerseits bei sehr großen Arten (so beim Flußpferd), andererseits bei kleinen Formen (so bei Feldmäusen oder beim Hermelin), die Giraffe und Fledermäuse wiederum besitzen keine. Vielleicht steht das Vorkommen solcher Lufträume im Zusammenhang mit den Frequenzen, welche in Lauten von Artgenossen enthalten sind und somit Bedeutung im Sozialleben haben.

Der Mensch, der tiefe Frequenzen gut wahrnehmen kann, weist keine Bulla tympanica auf. Für eine solche war bei der Evolution des aufrechten Gangs aufgrund anatomischer Besonderheiten am Schädel kein Platz mehr übrig. Offenbar war aber für unsere Vorfahren die Wahrnehmung niedriger Frequenzen von so großer Bedeutung, daß das benötigte Luftvolumen von einigen Kubikzentimetern auf folgende Weise geschaffen wurde. Es entwickelte sich der Warzenfortsatz (Processus mastoideus), welcher Hohlräume birgt, die als Cellulae mastoideae bezeichnet werden (diese »Cellulae« sind keine Zellen im üblichen Sinn). Sie schaffen ein zusätzliches Luftvolumen für geringe Volumensteifigkeit. Man kann an den Schädeln unserer Vorfahren sehen, wie im Laufe der Zeit der Warzenfortsatz immer voluminöser wurde. Die größte Ausbildung erfährt er beim heutigen Menschen, was im Zusammenhang mit der Vervollkommnung der Sprache zu sehen sein dürfte (man vergleiche die Lage des Hauptsprachbereichs im Audiogramm der Abb. 315).

ε)   Vergleich der Audiogramme der Vertreter verschiedener Wirbeltiergruppen
Wie vorstehend beschrieben, kann mit einem einzigen Gehörknöchelchen – der Columella auris – die optimal übertragene Frequenz zwar verschoben werden, die Möglichkeiten sind jedoch begrenzt.

Bei der Entwicklung des Hörsystems in der von den Amphibien zu den Vögeln verlaufenden Stammeslinie wurde nicht nur die optimale Frequenz durch Verändern der Columella und ihrer Verankerung in den höheren Bereich verschoben (Abb. 319), auch

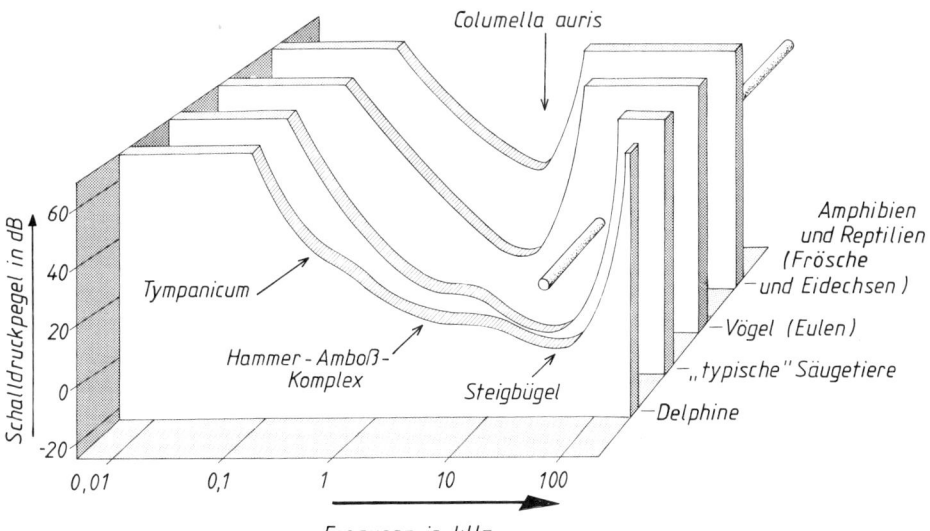

Abb. 319. Audiogramme verschiedener Gruppen der Wirbeltiere. Man beachte das nur bei Delphinen vorkommende dritte Minimum im tiefen Frequenzbereich. Die Bedeutung des in den »Platten« steckenden Stabes ist im Text erläutert (nach Fleischer 1982)

die Basilarmembran vergrößerte sich zunehmend (Abb. 314 d und e). Eine lange Basilarmembran beherbergt mehr Gehörsinneszellen als eine kurze und erweitert damit den Bereich der wahrgenommenen Frequenzen. Die in Form einer Wendel verlaufende Basilarmembran der Säuger ermöglicht zusammen mit der dreigliedrigen Kette der Gehörknöchelchen eine Ausdehnung der wahrgenommenen Frequenzen in Bereiche, in denen keine andere Wirbeltiergruppe hören kann (Abb. 319).

Um die unterschiedliche Ausdehnung des Hörbereichs der verschiedenen Gruppen der Wirbeltiere zu illustrieren, ist in Abb. 319 ein Laut eingezeichnet, der eine im Ultraschall liegende Frequenz und einen mittleren Schalldruckpegel aufweist (wegen der räumlichen Darstellung ist der Laut durch einen Stab repräsentiert). Während dieser Laut von Amphibien, Reptilien und Vögeln nicht wahrgenommen werden kann, liegt er bei »typischen« Säugetieren an der Grenze des Hörbereichs. Bei Delphinen ist er – wegen des sehr breiten wahrgenommenen Frequenzbereichs – noch weiter vom rechten ansteigenden Ast des Audiogramms entfernt als bei den »typischen« Säugetieren.

Aufgrund mehrerer physikalischer und biologischer Gegebenheiten existiert bei Säugetieren die Regel, daß sich mit zunehmender Körpermasse die Empfindlichkeit des Gehörs zu immer niedrigeren Frequenzen hin verschiebt. Ein großes Mittelohr läßt sich demnach leicht auf niedrige, ein kleines auf hohe Frequenzen abstimmen. Daher liegt die optimal wahrgenommene Frequenz großer Bartenwale bei 1 kHz, für den Menschen um 4 kHz; Fledermäuse und kleine Arten sind für Ultraschall optimal empfindlich. Bei Säugetieren wäre schon allein wegen der riesigen Unterschiede in der Körpermasse (von der wenige Gramm wiegenden Maus bis zum tonnenschweren Blauwal) ein einzeln schwingendes System, wie es die Columella auris darstellt, für die Schall-Leitung im Mittelohr völlig unzureichend.

Der optimale Übertragungsbereich des Steigbügels liegt bei wesentlich höheren Frequenzen als derjenige des Hammer-Amboß-Komplexes. Mit den Worten des Erforschers dieser Verhältnisse – GERALD FLEISCHER – wird »durch diesen eleganten Trick ... der Frequenzbereich des Hörens außerordentlich stark erweitert, wie das Gesamtaudiogramm zeigt« (zweite Kurve von vorne in Abb. 319). Im Verlauf der Hörkurve der »typischen« Säugetiere sind die beiden Untereinheiten des Mittelohrs kenntlich. So bedingt das Schwingungsverhalten des Hammer-Amboß-Komplexes ein flaches Tal bei relativ niedrigen Frequenzen. Die Übertragungseigenschaften des Steigbügelsystems spiegeln sich im bei hohen Frequenzen liegenden Minimum des Audiogramms wider. Die Eigenfrequenz dieses Systems bestimmt den Bereich der optimalen Hörfähigkeit. Während sich die Schwingungen des Steigbügels direkt auf das Innenohr auswirken, werden die Torsionsschwingungen der Hammer-Amboß-Untereinheit für die Cochlea erst wirksam, nachdem sie durch das Steigbügelsystem »gefiltert« worden sind. Die Auswirkung dieses Filters ist beispielsweise am Audiogramm des Menschen feststellbar (Abb. 315). Die Eigenfrequenz des Hammer-Amboß-Komplexes liegt bei 1200 Hz. Das flache Tal der Hörschwellenkurve – welches durch den Hammer-Amboß-Komplex bedingt ist – liegt jedoch bei etwa 700 Hz. Die Frequenzverschiebung ist auf das Steigbügelsystem zurückzuführen. Dessen Eigenfrequenz von 4000 Hz wird nach dem oben Gesagten nicht verändert und erscheint als Minimum des Audiogramms.

Die Zahnwale haben durch eine besondere Mittelohrkonstruktion das Tympanicum so umgestaltet, daß es ebenfalls schwingt. Seine Eigenfrequenz liegt in einem Bereich, der noch unterhalb der Eigenfrequenz des Hammer-Amboß-Komplexes liegt. Dadurch entsteht im Audiogramm ein zusätzliches Minimum (vorderste Kurve der Abb. 319). Die Seekühe weisen ebenfalls ein besonders gestaltetes Mittelohr auf. Auf die Baueigentümlichkeiten des Mittelohres der ganzjährig das Wasser bewohnenden Arten – bei denen der auf das Ohr treffende Schall ja nicht aus der Luft, sondern aus dem Wasser kommt – sei hier nicht näher eingegangen.

350

J.   Echo-Ortung

Im gesamten Tierreich findet man diese Orientierung fast ausschließlich bei Vertretern der Säugetiere: bei Fledermäusen, einer Flughund-Gattung sowie Zahnwalen.

Von den Vögeln verfügen Arten der Gattungen *Steatornis* und *Collocalia* über Echo-Ortung. Der in Südamerika lebende Fettschwalm *(Steatornis caripensis)* aus der Ordnung der Nachtschwalben hält sich tagsüber in *Höhlen* auf und fliegt in der Dämmerung aus, um Früchte zu essen. Sobald er in die dunkle Höhle – in die er bis zu 800 m weit hineinfliegt – kommt, stößt er klick-artige Laute aus, welche mit 7300 Hz im menschlichen Hörbereich liegen. Die Salanganen *(Collocalia* spec.) aus der Ordnung der Seglervögel, welche in Südasien vorkommen, sind wegen ihrer eßbaren Nester aus Speichel bekannt. Sie nisten in *Höhlen*, die oft nur durch einen Spalt zugänglich sind. Eine Art heißt Echo-Salangane.

J1.   Prinzip

Ein Vergleich mit der menschlichen Orientierung erleichtert das Verständnis (Abb. 320). Betrachten wir bei Tag unsere Umwelt, fällt in unser Auge von Gegenständen reflektiertes Licht, welches von der Sonne kommt. Sonnenlichtlose Umgebung beleuchtet der Mensch mit verschiedenen Lichtquellen, so tragen Bergarbeiter unter Tag eine Grubenlampe. Über eigene Lichtquellen in finsterer Umgebung verfügen auch bestimmte Tiefseefische und -tintenfische: sie tragen Leuchtorgane.

Das für das Licht dargestellte Prinzip gilt auch für Arten mit Echo-Ortung: Ein Teil der vom Tier ausgesandten Energie wird von Gegenständen reflektiert und kommt zum Tier zurück (Abb. 320 unten). Während wir beim Licht elektromagnetische Wellen vor uns haben, handelt es sich beim zur Echo-Ortung verwendeten Schall um mechanische (Longitudinal-) Wellen. Wie bei der Lichtorientierung muß das echo-ortende Tier über Empfangsorgane verfügen, welche die reflektierte Energie aufnehmen. Außerdem muß die betreffende Art schallproduzierende Organe besitzen; die Fledermäuse vermögen damit hoch differenzierte Laute zu erzeugen.

Betrachten wir den Lebensraum sämtlicher Arten mit Echo-Ortung, stellen wir fest, daß diese Tiere sich in einem lichtlosen oder -armen Milieu fliegend oder schwimmend bewegen. Bei Fledermäusen spricht man auch von »Blindflug«.

Die meisten Zahnwale leben im Meer. Tauchen sie von der hellen Meeresoberfläche in die Tiefe, gelangen sie in zunehmend lichtarme Wasserschichten. Manche Arten bewohnen trübes Wasser, so die in einigen großen Strömen lebenden Flußdelphine. Sie haben die Fähigkeit zur Echo-Ortung – verglichen mit ihren Verwandten im Meer – zu einer erstaunlichen Vollkommenheit entwickelt.

Die ausgesandten Schallwellen können zu verschiedenen Ortungszwecken benutzt werden. Die ursprüngliche Verwendung dürfte das Vermeiden von Hindernissen in dunkler Umgebung sein. Beispiele hierfür sind die in Höhlen fliegenden Vögel und die Höhlenflughunde. Diese Flederhunde orientieren sich tags oder in der Dämmerung mit ihren leistungsfähigen Nachtaugen; fliegen sie bei starker Dunkelheit im Freien oder tagsüber in Höhlen, erzeugen sie Schnalzlaute mit der Zunge und verwerten die Echos. Fledermäuse setzen die Echo-Ortung zum selben Zweck ein, wenn sie die Höhlen aufsuchen, in denen sie den Tag verbringen.

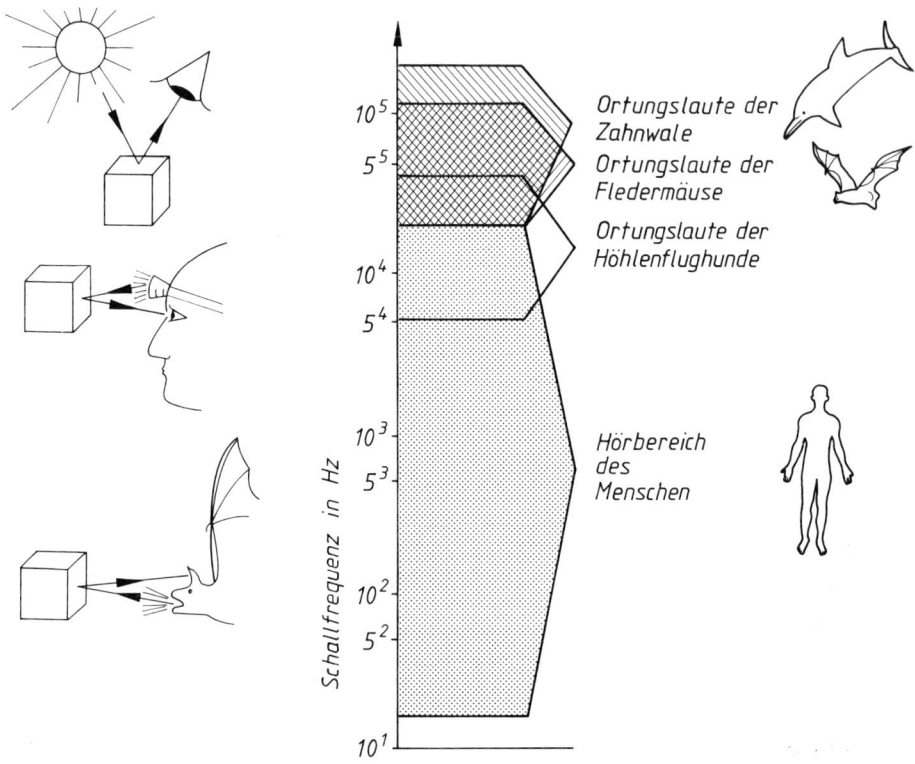

Abb. 320 (links). Orientierung mit Hilfe von Licht bzw. Schall. Oben und in der Mitte handelt es sich um elektromagnetische Wellen mit einer Ausbreitungsgeschwindigkeit von 300 000 km/s; die Ausbreitungsgeschwindigkeit der mechanischen Wellen des Schalls hängt vom Medium ab: sie beträgt in Luft etwa 340 m/s, in Wasser 1400 m/s (Original)

Abb. 321 (rechts). Frequenzbereiche von Ortungslauten sowie zum Vergleich der menschliche Hörbereich. Man beachte den logarithmischen Maßstab der Ordinate (nach Angaben verschiedener Autoren)

Nachts im Freien führen Fledermäuse eine höhere Leistung ihres Orientierungssystems vor: sie benutzen es zum Beutefang. In unseren Breiten fliegen sommers viele Insekten umher; diese Nahrungsquelle nutzen tagsüber Mauersegler und Schwalben. Nachts sind ebenfalls zahlreiche Insekten in der Luft. In der Dämmerung können Nachtschwalben – bei uns der Europäische Ziegenmelker – die nächtlich fliegenden Kerbtiere erbeuten, bei völliger Dunkelheit sind nur noch die Fledermäuse hierzu imstande. Sie haben ihr kompliziertes Orientierungssystem im Verlauf von 60 Millionen Jahren entwickelt.

J2.   Exkurs: Tiere, die sich nach ähnlichen Prinzipien orientieren

Die sogenannten *schwach-elektrischen Fische* senden mit spezialisierten Organen elektrische Impulse aus. Diese werden aber nicht reflektiert, sondern bewirken Veränderungen des elektrischen Feldes im Wasser. Die Feldverzerrungen entstehen durch Gegenstände mit anderer elektrischer Leitfähigkeit als Wasser. Die Ausbreitungsgeschwindigkeit der Impulse entspricht der Lichtgeschwindigkeit. Die Feldverzerrungen werden vom Fisch mit besonderen Sinnesorganen wahrgenommen.

Der *Taumelkäfer* erzeugt beim Schwimmen Wasserwellen, deren Frequenzen ein Maximum bei 10 Hz aufweisen. Sie eilen ihm um mehrere Wellenlängen voraus und werden an Gegenständen reflektiert. Ist seine Schwimmgeschwindigkeit kleiner als die Ausbreitungsgeschwindigkeit der Wellen, kann er ein Hindernis aus mehreren Zentimetern Entfernung mit dem richtungsempfindlichen Johnstonschen Organ der Antennen orten.

J3. Warum verwenden Fledermäuse und Wale Ultraschall?

Um diese Frage zu beantworten, benötigen wir einige Tatsachen aus der Wellenlehre. Zur Berechnung der Wellenlänge von Schallwellen verwendet man die allgemeine Wellengleichung

$$c = \lambda f \tag{10}$$

c = Ausbreitungsgeschwindigkeit der Welle
λ = Wellenlänge
f = Frequenz
Hieraus ergibt sich $\lambda = c/f$.

In welcher Größenordnung liegen die Wellenlängen des von uns beim normalen Sprechen ausgesandten Schalls? Die Frequenzen unseres Hauptsprachbereichs liegen zwischen 2000 und 4000 Hz. Berechnen wir die Wellenlänge beispielsweise für 3400 Hz. Dazu setzen wir in die Wellengleichung die Schallgeschwindigkeit in Luft von rund 340 m/s ein. Wir erhalten:

$$\lambda_1 = \frac{340 \, m/s}{3400 \, 1/s} = 10 \, cm \tag{11}$$

Bei vorgegebener Schallgeschwindigkeit ist nach der allgemeinen Wellengleichung bei großer Frequenz die Wellenlänge klein und umgekehrt. Im Bereich des von Fledermäusen und Zahnwalen verwendeten Ultraschalls liegen also viel kleinere Wellenlängen vor als bei Schall im Hörbereich des Menschen. Zum Beispiel ergibt sich für f = 103 kHz:

$$\lambda_2 = \frac{340 \, m/s}{103\,000 \, 1/s} = 3,3 \, mm \tag{12}$$

Vergleichen wir Schall der Wellenlänge λ_1 mit solchem von λ_2 bezüglich seiner Eignung, um beispielsweise einen Maikäfer zu orten. Hierfür benötigt man außerdem das Huygen-Fresnelsche Prinzip. Es sagt aus: Eine Beugung von Wellen findet immer dann statt, wenn sie auf ein Hindernis treffen, welches etwa so groß oder kleiner als die Wellenlänge ist. Die Wellen breiten sich in solchen Fällen nicht mehr geradlinig aus. (Das ist auch der Grund, warum wir einen hinter einer Häuserecke sprechenden Menschen hören, aber nicht sehen können.)

Da ein Maikäfer weniger als 10 cm mißt, wäre Schall der Frequenz 3400 Hz zu seiner Ortung völlig ungeeignet, da er um ihn herumgebeugt würde. Trifft jedoch auf den Käfer

Abb. 322. »Akustisches Bild« eines Fisches, welcher von einem Delphin mit niedrigen (linkes Bild) bzw. hohen (rechtes Bild) Schallfrequenzen angepeilt wird (nach Fleischer 1982)

von einer Fledermaus ausgesandter Schall der Frequenz 103 kHz, entsteht wegen der geringen Wellenlänge, die mit 3,3 mm wesentlich kürzer ist als der Maikäfer, hinter diesem ein »Schallschatten«. Der vom Käfer *reflektierte* Schall kann von der Fledermaus verwertet werden. Allgemein gesagt: Schall wird von einem Hindernis um so besser reflektiert, je größer dieses im Vergleich zur Wellenlänge ist.

Vergleichen wir diesbezüglich Schall mit Licht: Ruft man gegen einen Waldrand, wirft dieser ein Echo zurück. Ein »akustischer Spiegel« kann also eine viel rauhere Oberfläche aufweisen als ein optischer; für die Reflexion ist allein entscheidend, daß Unebenheiten der Spiegeloberfläche klein gegenüber der Wellenlänge sind. Die Oberfläche der uns vertrauten optischen Spiegel muß sehr glatt sein, da die Wellenlängen des für den Menschen sichtbaren Lichts zwischen 400 und 700 nm liegen.

Im Wasser – dem Lebensraum der Zahnwale – ist die Schallgeschwindigkeit rund 4 mal höher als in der Luft; sie beträgt bei 25 °C in reinem Wasser 1460 m/s. Aufgrund dieser Tatsache ist die *Wellenlänge* einer Schallwelle gegebener Frequenz im Wasser größer als in der Luft. Für 100 kHz berechnet sie sich zu rund 1,5 cm. Die Beutetiere der Zahnwale sind zwar größer als die der Insekten fangenden Fledermäuse, die Wale müssen jedoch aufgrund der obigen Tatsache zur Echo-Ortung Schall verwenden, dessen Frequenz mindestens so hoch ist wie diejenige der Fledermäuse. Wie Abb. 321 zeigt, reicht der von Walen ausgesandte Schall noch weiter ins Ultraschallgebiet hinein als der von Fledermäusen produzierte. Abb. 322 macht anschaulich, wie die ausgesandte Frequenz die Schärfe des vom Echo gelieferten »akustischen Bildes« beeinflußt.

Der Erfolg der Zahnwale im Meer – in das sie ja im Verlauf ihrer Stammesgeschichte zurückgekehrt sind – beruht vor allem auf folgender Tatsache: Die von ihnen vorwiegend erbeuteten Knochenfische besitzen eine Schwimmblase. Da diese als gasgefüllter Raum Schall gut reflektiert (Abb. 322), ermöglicht sie eine gute Ortung des Fisches. (Fische ohne Schwimmblase sind auch mit den heutigen technischen Echoloten schlecht zu orten.) Der Vorteil, eine Schwimmblase zu besitzen, liegt für die betreffenden Arten darin, daß sie sich in einer bestimmten Wassertiefe schwebend halten können. Haie und Rochen haben keine Schwimmblase. Da ihre Dichte höher ist als die des Meerwassers, müssen sie, um nicht auf den Meeresgrund abzusinken, fortwährend Schwimmbewegungen ausführen und dafür laufend Energie bereitstellen. Der Nachteil der Schwimmblase als Echoquelle hat dazu geführt, daß Hochseefische wie Makrele und Thunfisch die Schwimmblase im Verlauf ihrer Stammesgeschichte wieder »abgeschafft« haben.

J4. Eigenschaften der Ortungslaute

Verschiedene Fledermausarten verwenden unterschiedliche Ortungslaute; jede Art stößt die für sie typischen Rufe aus, welche sich in 4 Gruppen einteilen lassen (Abb. 323). Es bestehen gewisse Beziehungen zwischen den Eigenschaften der Laute einer Art und dem Beutefangverhalten.

a)   FM-Laut (= frequenzmodulierter Laut)

Innerhalb weniger Millisekunden sinkt dessen Frequenz von einem hohen auf einen tiefen Wert. Der Laut kann, wenn sich die Fledermaus einem Gegenstand nähert, bis auf 0,3 ms verkürzt werden. Dadurch fällt auch bei nahen Objekten das Echo in eine Sendepause – welche ja zwischen die Laute eingeschoben ist. Derartige Laute kommen bei Fledermäusen vor, die im freien Luftraum – bis zu 700 m Höhe – Insekten jagen. Man bezeichnet diese Vertreter der Bulldogg-Fledermäuse und Glattnasen auch als die Schwalben unter den Fledermäusen.

b)   FM-Laut mit Harmonischen

Der ebenfalls kurze Laut enthält zwei bis acht Harmonische. Dadurch wird die Bandbreite des Signals erheblich erweitert. Dieser Laut-Typ ist offenbar am weitesten verbreitet und eignet sich für sehr unterschiedliche Ortungsaufgaben. Fledermäuse mit solchen Lauten

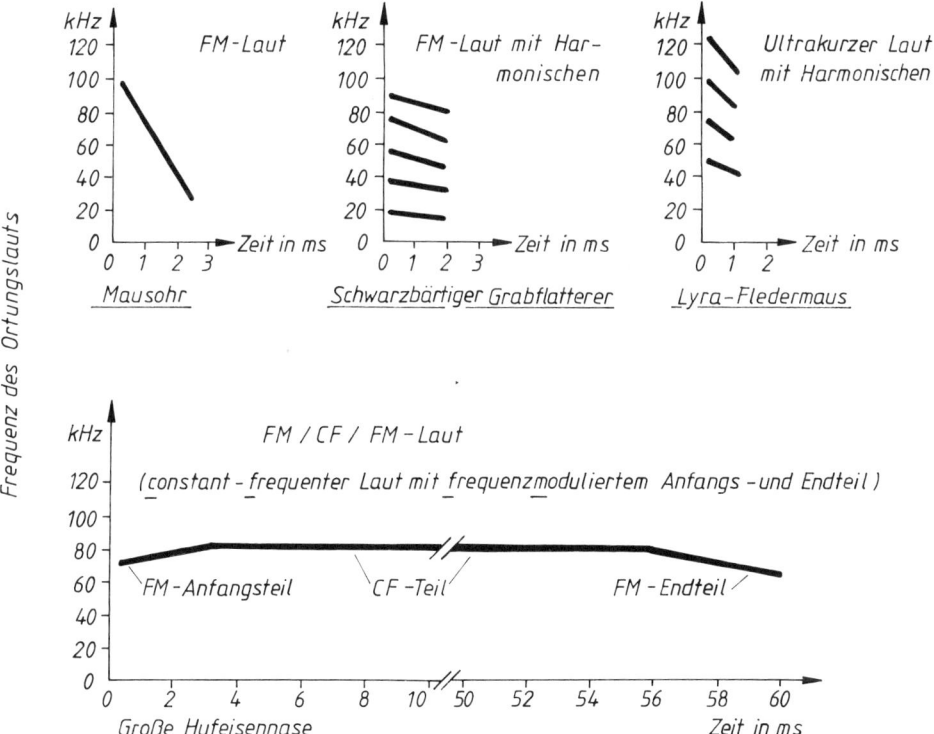

Abb. 323. Typen von Ortungslauten. Bei jedem Diagramm ist die Fledermaus-Art vermerkt, bei welcher der betreffende Lauttyp registriert wurde (nach Neuweiler 1982)

fangen entweder in reich gegliederter Umgebung Insekten im Flug oder sie lesen die Kerbtiere vom Boden auf. Auch Arten, die Blüten besuchen oder Früchte essen, verwenden derartige Ortungslaute.

c)   Ultrakurzer Laut mit Harmonischen

Infolge der vielen Harmonischen dieses extrem kurzen Ortungslauts haben wir hier ein Signal mit breitem Frequenzband vor uns. Breitbandige Signale sind besonders zur Identifizierung von Objekten geeignet, da Oberflächenstrukturen und andere Eigenschaften der Gegenstände im Frequenzspektrum des Echos differenziert werden können. Dieser Laut-Typ findet sich bei Fledermäusen, welche große Insekten und kleine Wirbeltiere vom Untergrund auflesen. Solche Arten sind die Falschen Vampirfledermäuse.

Alle FM-Laute eignen sich hervorragend für eine genaue Zeitanalyse. Sie werden daher zur Entfernungsmessung eingesetzt.

d)   FM/CF/FM-Laut

Wie Abb. 323 zeigt, bleibt die Frequenz dieser Laute über einen sehr langen Zeitraum hin konstant (man beachte die unterbrochene Abszisse), zu Beginn und am Ende wird die Frequenz kurzfristig verändert. Die Dauer des Lautes beträgt etwa das 20 bis 30fache derjenigen der FM-Laute. Der CF-Teil liefert ein Beispiel für einen der reinsten im Tierreich vorkommenden Töne. Der Laut-Typ wird von Fledermäusen eingesetzt, die Insekten im Flug fangen – und zwar in dichter Vegetation. Die Blätter und Zweige solcher Biotope erzeugen zahlreiche störende Echos. Daher haben diese Fledermaus-Arten ein Verfahren entwickelt, mit dem sie Störungen im Echo beseitigen. Ihre Methode ist in J7 beschrieben.

Es existieren außerdem derartige Laute, die nicht so lang dauern wie der in Abb. 323 dargestellte.

Die Bedeutung des FM-Endteils wird durch folgende Rechnung klar. Das Echo des Ortungslautes kehrt bereits zur Fledermaus zurück, während der CF-Teil noch ausgesandt wird. Beispiel: Liegt ein reflektierendes Hindernis in 1,7 m Entfernung, beträgt die Laufzeit des Schalls:

$$t = \frac{s}{v} = \frac{3{,}4\,m}{340\,m/s} = \frac{1}{100}\,s = 10\,ms \tag{13}$$

Für die Entfernung s muß deshalb der Wert 3,4 m eingesetzt werden, weil der Schall die Strecke zweimal durchlaufen muß. Vergleicht man die Laufzeit des Schalls mit der Abszissenskala in Abb. 323 unten, ergibt sich, daß das Echo in das erste Sechstel des Ortungslauts fällt.

Wie man an Hufeisennasen gemessen hat, verkürzen sie den Ortungslaut, wenn sie sich kurz vor dem Ziel befinden: statt 60 ms dauert er dann nur noch 8 bis 10 ms; trotzdem überlappt das Echo mit dem Laut. Daher benutzen Fledermäuse mit FM/CF/FM-Lauten für die Entfernungsmessung den FM-Endteil (das Echo hat ja ebenfalls einen solchen FM-Endteil). Diese Arten verwerten die Laufzeitdifferenz zwischen dem FM-Teil des Lautes und dem des Echos (s. hierzu J7).

Fledermäuse erzeugen die Ortungslaute nicht wie Flughunde mit der Zunge, sondern im Kehlkopf: die dort gespannten Membranen werden mit dem Atemluftstrom angeblasen. Dabei schwingen sie – vergleichbar den Zungen einer Zungenpfeife. Die Schwingungen steuern den nachfließenden Luftstrom.

Die Aussendung der Laute steht in Beziehung zur Atemfrequenz; pro Atemzug kann die Fledermaus einen Laut oder mehrere Laute ausstoßen. Ruht sie, ist es meist ein Laut; dasselbe gilt für den normalen Flug, bei dem sie nicht einen bestimmten Gegenstand anpeilt. Da sie je Flügelschlag einen Atemzug ausführt, gibt sie bei jedem Flügelschlag auch einen Laut oder eine Lautgruppe von sich. Nähert sie sich fliegend einem Objekt (etwa einem Insekt, einem Hindernis oder ihrem Landeplatz), erhöht sie die Anzahl der pro Lautgruppe gesendeten Laute. Kurz bevor sie an ihrem Ziel angekommen ist, wird die Regel: »ein Flügelschlag pro Lautgruppe« durchbrochen, sie stößt mehrere Lautgruppen pro Flügelschlag aus.

Man stellte folgende Hypothese auf: Die Membranen im Kehlkopf erzeugen eine Grundschwingung (ähnlich wie beim Menschen); oberhalb des Kehlkopfes ansetzende Räume (unter anderen die Mundhöhle) wirken als akustisches Filter, welches bestimmte Harmonische durchtreten läßt und andere ausfiltert. Diese Hypothese prüfte man, indem man eine Fledermaus in einem Helium-Sauerstoff-Gemisch rufen ließ. In diesem Gasgemisch ist die Schallgeschwindigkeit eine andere als in Luft, dadurch verändern sich die Eigenschaften des Filters. Die in der Hypothese gemachte Annahme bestätigte sich: Im Helium-Sauerstoff-Gemisch traten andere Harmonische der Rufe auf als in Luft. Dieses Experiment wurde mit der Großen Hufeisennase und der Brillen-Blattnase durchgeführt. Man darf das Versuchsergebnis jedoch nicht auf sämtliche Fledermaus-Arten übertragen, da sich bei anderen Formen die Lautzusammensetzung im Helium-Sauerstoff-Gemisch nicht verändert. Bei diesen existiert also keine Filterwirkung der Lufträume des Atemtrakts.

Wie der Atemstrom zwei Wege nehmen kann, gibt es zwei Möglichkeiten der Lautaussendung: Die Rufe können entweder durch den Mund oder durch die Nase ausgestoßen werden. Danach unterschied man früher den Glattnasen- oder Vespertilioniden-Typ vom Hufeisennasen- oder Rhinolophiden-Typ. Diese Einteilung ließ sich nicht aufrechterhal-

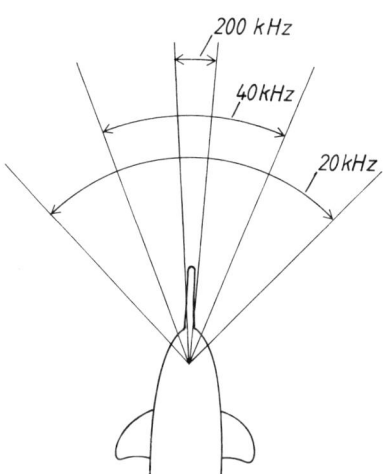

Abb. 324. Frequenzabhängige Bündelung des Schalls beim Ganges-Delphin. Man beachte, daß bereits die Verdopplung der Frequenz von 20 auf 40 kHz zu einer starken Einengung des Schallkegels führt (nach Pilleri 1975)

ten. Sie kam dadurch zustande, daß man zunächst nur Fledermäuse der gemäßigten Breiten untersucht hatte. Als man tropische Arten in die Untersuchungen einbezog, ersetzte man die Zuordnung der Laute zu systematischen Kategorien (hier: Familien) durch folgende Aussage: Es besteht eine Beziehung zwischen der Art der Nahrung und der Intensität der Ortungslaute: Fledermäuse, die kleine Beutetiere (Insekten) fangen, stoßen *laute* Rufe aus (diese Regel wird von fischfangenden Fledermäusen durchbrochen); Arten, die von relativ großen Beutetieren leben (kleine, landlebende Wirbeltiere wie Frösche und Eidechsen) benutzen *leise* Ortungslaute (»flüsternde« Fledermäuse).

a) Richtwirkung bei der Schallabstrahlung

α) Aussenden durch den Mund

Nach einer Gesetzmäßigkeit aus der Akustik gilt für eine Schall abstrahlende Kolbenmembran: Durch Interferenzen der Schallwellen entsteht eine Richtwirkung, welche sich mit zunehmender Frequenz verstärkt; Voraussetzung hierfür ist, daß die Wellenlänge des abgestrahlten Schalls kleiner ist als der dreifache Durchmesser der Schallquelle.

Überträgt man dieses Gesetz auf die Situation bei Fledermäusen, zeigt sich: Selbst die Frequenz der »tiefen« Ortungslaute ist so hoch, daß die Wellenlänge kleiner ist als der dreifache Munddurchmesser – der Schall wird also gerichtet abgestrahlt.

Zur Illustration der frequenzabhängigen *Richtwirkung* seien die Verhältnisse bei einem Delphin geschildert. Man registrierte mit Unterwasser-Mikrophonen die Laute gefangener Tiere, die in einem großen Wasserbecken schwammen. Abb. 324 zeigt die Ergebnisse: Je höher die Frequenz des abgestrahlten Schalls, desto stärker ist er gebündelt. Der Delphin verringert je nach seiner momentanen Situation die Frequenz. Schwimmt er ruhig umher, sendet er tiefe Frequenzen. So erfaßt er einen großen Bereich des Raumes und entdeckt auch seitlich liegende Gegenstände. Wirft man einen Fisch ins Becken, erhöht der

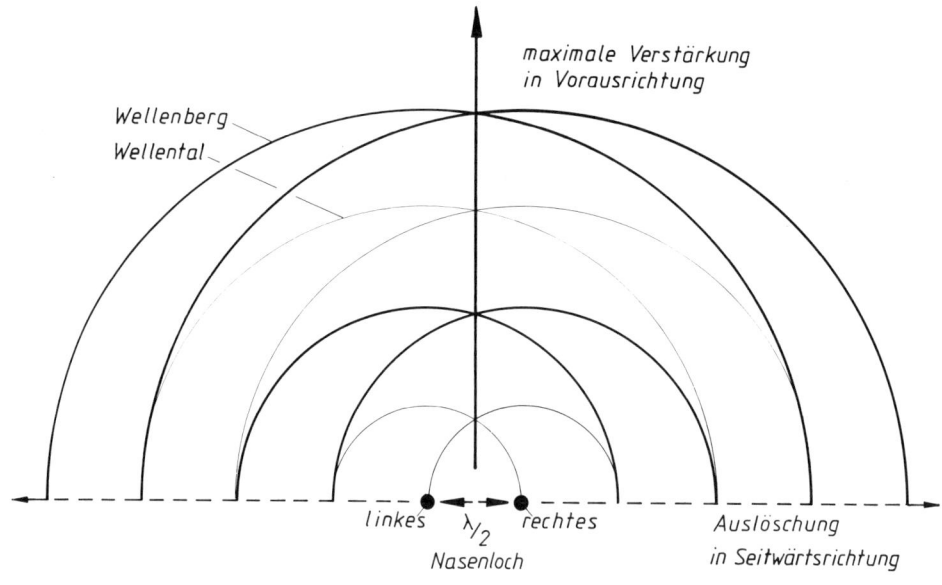

Abb. 325. Richtwirkung bei der Schallabstrahlung durch die Nasenlöcher der Großen Hufeisennase (nach Penzlin 1977)

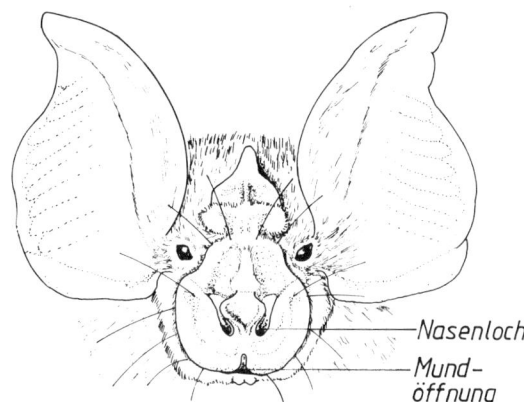

Abb. 326. Als Richtstrahler wirkender Nasenaufsatz der Lander-
Hufeisennase (nach Vaughan 1978)

Nasenloch
Mund-
öffnung

Delphin die Sendefrequenz; mit dem jetzt engen Bündel untersucht er wie mit dem Strahl einer Taschenlampe den Fisch. Ein Wissenschaftler verglich die durch den Peilstrahl ermöglichte Untersuchung von Gegenständen mit der Anwendung des Elektronenmikroskops. Diese Delphin-Art hat ihre Echo-Orientierung zu einer solchen Vollkommenheit entwickelt, daß sie ihre Augen fast nicht mehr benötigt – der Gangesdelphin ist nahezu blind.

Eine weitere Richtwirkung entsteht bei Fledermäusen dadurch, daß die Mundöffnung beim Lautaussenden in die Form eines Megaphons gebracht wird.

β)   Aussenden durch die Nase
Ein Nasenloch allein kann keine Richtwirkung erzielen, da sein Durchmesser kleiner ist als λ/3. Eine starke Richtwirkung ist jedoch vorhanden. Um diese zu erzielen, macht sich die Große Hufeisennase auf eine verblüffende Weise die Gesetze der Physik zunutze. Sie erzeugt Interferenzen zwischen dem aus beiden Nasenlöchern abgestrahlten Schall. Der Abstand zwischen den Nasenlöchern beträgt nämlich ungefähr λ/2 (bezogen auf die Wellenlänge des CF-Teils des Ortungslauts). Wie Abb. 325 zeigt, wird dadurch der von einer fliegenden Hufeisennase gesendete Schall in Flugrichtung maximal verstärkt, im rechten Winkel dazu maximal abgeschwächt. Fokussierungseffekte entstehen vermutlich auch durch Nasenaufsätze, die oft geradezu abenteuerlich ausgebildet sind (Abb. 326).

Die in Abb. 325 dargestellten Verstärkungs- und Abschwächungseffekte gelten für die Horizontalebene. Entsprechende Wirkungen in der Vertikalebene können folgendermaßen zustandekommen: Bei der Hufeisennase liegt jedes Nasenloch in einer Spalte, die in zwei großen Öffnungen mündet; die übereinander liegenden Öffnungen sind ebenfalls etwa λ/2 voneinander entfernt, hierdurch dürfte auch senkrecht nach oben und unten – auf den Fledermauskopf bezogen – maximale Abschwächung stattfinden.

Für Mund- und Nasenabstrahlung gilt: Je weiter seitlich von der Fledermaus ein Ortungslaut registriert wird, desto weniger sind hohe Frequenzen vertreten.

J6.   Anpassungen an den Empfang leiser Echos

Eine Fledermaus muß kurze Zeit nach dem Aussenden eines intensiven Ortungslautes ein leises Echo wahrnehmen. Die hohe Intensität des Lautes bewirkt, daß ein ungeschütztes Ohr adaptiert – das Echo kann nicht gehört werden. Die Adaptation wird durch Muskeln im Mittelohr verhindert, die sich unmittelbar vor der Lautaussendung kontrahieren. Dadurch wird das Gehör während des Rufens um 10 bis 20 dB (zu dB s. IX H) weniger empfindlich. Bei der Ankunft des Echos ist die Muskulatur wieder völlig entspannt, es kann unbeeinträchtigt empfangen werden. Wenn allerdings die Ortungslaute sehr schnell aufeinander folgen – so bei Wiederholraten von 140 Lauten/s – ist wahrscheinlich tonische Kontraktion der Muskeln gegeben. Dann ist die Fledermaus aber so nahe am Objekt, daß sie die (jetzt lauten) Echos trotzdem hört.

Eine weitere Anpassung findet man auf neurophysiologischer Ebene: Die Messung der Laufzeit für die Entfernungsbestimmung (s. J7) geschieht vermutlich im Colliculus inferior, einem Gebiet des Hirnstammes. Von dort leitete man elektrische Signale ab, während man akustisch reizte. Man fand Zellen, die durch einen Reiz vorübergehend »gebahnt« wurden; für einen zweiten darauffolgenden Reiz war die Schwelle des Ansprechens dann um bis zu 20 dB (!) erniedrigt. Dem ersten und zweiten Reiz im Experiment entsprächen in der Situation der rufenden Fledermaus der Ortungslaut und das Echo. Man bezeichnet diese Neuronen auch als »Echodetektoren«.

J7. Mit Hilfe der Echo-Ortung vollbrachte Leistungen

Treffen die Schallwellen des Ortungslautes auf ein Objekt, wird dieses zur Schallquelle für Echos. Der Schall wird nicht in der gleichen Form zurückgesandt, in der er am Gegenstand ankommt; wäre das der Fall, entspräche das Echo genau dem Ortungslaut. Echo und Ortungslaut lassen sich durch den zeitlichen Verlauf der Schalldruckamplituden der einzelnen Frequenzanteile sowie deren Phasenbeziehungen beschreiben. Da Fledermäuse keine Phasen wahrzunehmen vermögen, braucht auf diese im folgenden nicht weiter eingegangen zu werden.

Wie man durch Dressurversuche herausgefunden hat, sind Fledermäuse äußerst empfindliche Echo-Empfänger. Sie vermögen Echos von extrem dünnen Hindernissen – man benutzte Drähte von 80 µm Durchmesser – wahrzunehmen. Sie zeigen es dadurch an, daß sie den Drähten ausweichen. Die von diesen zurückgestrahlte Schallenergie ist so minimal, daß sie mit den derzeit verfügbaren Meßgeräten der Schalltechnik nicht registriert werden kann.

Zum Verständnis der uns fremden akustischen Welt der Fledermäuse ist oft ein Vergleich mit dem uns vertrauten Lichtsinn von Nutzen. Ein solcher wird nachstehend bei der Formenunterscheidung gezogen.

a) Entfernungsbestimmen

α) Prinzip
Von einem nahen Gegenstand kehrt das Echo früher zurück als von einem fernen. Man sagt: die Echos haben unterschiedliche Laufzeiten. Mißt man die Laufzeit, kann man also unter Berücksichtigung der Schallgeschwindigkeit die Entfernung eines Gegenstandes berechnen. Dieses Verfahren wird als »Echolot« seit langem von Schiffsbesatzungen zum Bestimmen der Meerestiefe angewandt (Abb. 327). Vom Schiffsboden werden sehr kurze Schallsignale ausgesandt, die am Meeresgrund reflektiert werden; zu einem Empfänger am Schiff zurückgekehrt, werden sie automatisch ausgewertet, ein Gerät zeigt schließlich die Tiefe an. Dabei ist in die Formel die Entfernung zum Meeresboden doppelt einzusetzen, da der Schall die Strecke zwischen Schiff und Meeresgrund zweimal durchlaufen muß. Solche kurzen Signale verwenden auch manche Fledermäuse sowie der Nilflughund und

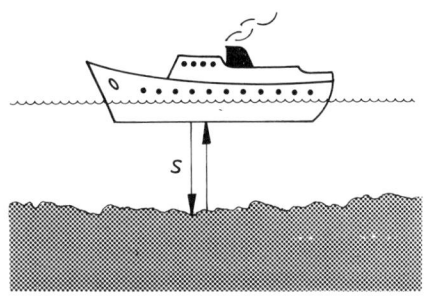

Abb. 327. Ermitteln der Meerestiefe durch
Laufzeitmessung beim Echolot (Original)

$gemessen: t$

$$s = \frac{c\,t}{2}$$

die eingangs erwähnten Vogelarten. Man nennt derartige Laute »klicks«. Infolge ihrer Kürze kann sich das rückkehrende Echo nicht mit dem ausgesandten Schall überlagern.

Auch Fledermäuse führen eine Laufzeitmessung aus und bestimmen damit die Entfernung von Objekten. Beginn und damit Nullpunkt der Messung ist der ausgesandte Ortungslaut, Ende der Messung das Eintreffen des Echos im Ohr. Fledermäuse mit FM-Lauten benutzen den ganzen Laut, FM/CF/FM-Fledermäuse verwerten den FM-Teil des Ortungslautes (das Echo weist ja ebenfalls einen solchen Teil auf).

β)   Entfernungsunterscheidung im Dressurversuch
Man dressierte Fledermäuse darauf, das nähere von zwei gleichen Dreiecken anzufliegen. Zunächst stellte man die Dreiecke in großer Entfernung voneinander auf. Als die Fledermaus ihre Aufgabe beherrschte, verringerte man im Verlauf der Versuchsserie zunehmend den Abstand zwischen den Dreiecken. Wurde die Differenz kleiner als 3 cm, machte sie immer mehr Fehler. Als der Abstand nur noch 13 mm betrug, wählte sie in 75 % der Fälle noch richtig. Die Laufzeitdifferenz betrug in dieser Situation 75 µs (Abb. 328).

Dieser winzige Zeitunterschied kann im Nervensystem tatsächlich verwertet werden. (s. c). In der Hirnrinde existiert ein eigenes Gebiet für die Echolaufzeiten. Echos kurzer Laufzeiten erregen Neurone im vorderen Teil dieser Region, auf Echos langer Laufzeiten sprechen weiter hinten liegende Nervenzellen an. Die Entfernung eines Objekts, die in den Laufzeiten verschlüsselt ist, wird im Cortex also räumlich abgebildet.

b)   Erkennen der Eigenschaften von Gegenständen

Größe, Form, Oberflächenstrukturen und Material eines Gegenstandes beeinflussen die Eigenschaften des an diesem entstehenden Echos. Können die Fledermäuse die Echos entsprechend auswerten? Um es zu wiederholen: Die Information müssen sie dem zeitlichen Verlauf der Schalldruckamplituden der einzelnen Frequenzanteile entnehmen.

α)   Größe
Abb. 328 zeigt das Ergebnis eines Laborversuchs, bei dem geblendete Fledermäuse lernten, das größere von zwei formgleichen Dreiecken anzufliegen. Sie unterschieden die Dreiecke auch dann noch, wenn deren Größenunterschied nur 17 % betrug. In diesem Fall beträgt die Intensitätsdifferenz zwischen den beiden Echos 3 dB.

Die Fledermäuse nutzten in diesem Experiment eine Gesetzmäßigkeit aus, welche besagt: Treffen Schallwellen auf einen Gegenstand, werden höhere Frequenzen um so besser

361

Unterscheidung
von :

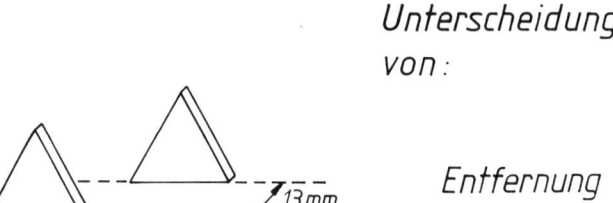

Echo–Laufzeitdifferenz 75μs

Entfernung

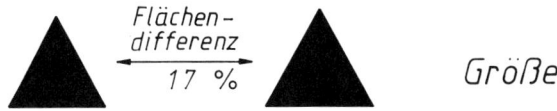

Echo–Intensitätsdifferenz 3dB

Größe

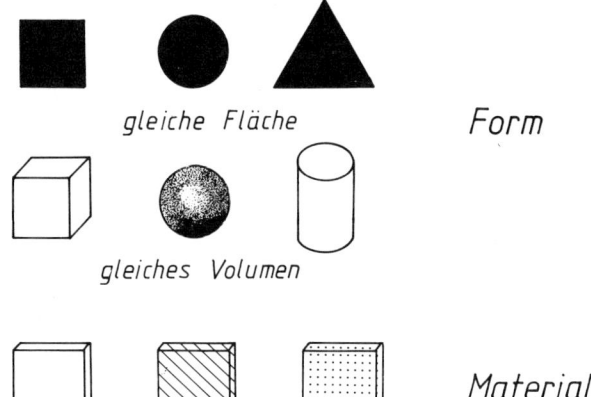

gleiche Fläche

Form

gleiches Volumen

| Plexi-glas | Sperr-holz | Alu-minium |

Material

Abb. 328. Unterscheidungsleistungen von Fledermäusen. Den Daten liegen Experimente mit verschiedenen Fledermaus-Arten zugrunde (nach von Schnitzler 1973 zitierten Meßwerten mehrerer Autoren)

reflektiert, je kleiner der Radius des Objekts im Vergleich zur Wellenlänge des Schalls ist.

β)   Form

Fledermäuse sind imstande, Quadrate, Kreisscheiben und Dreiecke gleicher Fläche sowie Würfel, Zylinder und Kugeln, welche aus gleichem Material bestehen und gleiches Volumen haben, voneinander zu unterscheiden (Abb. 328 Mitte). Liegen komplizierte Figuren vor, entstehen an verschiedenen Stellen des Objekts – beispielsweise an einer aus einem Körper ragenden scharfen Zacke – Teilechos; das Gesamtecho kann dadurch sehr komplex werden.

Zur Veranschaulichung der unter α und β geschilderten Leistungen der Fledermäuse sei ein Vergleich mit unserem optischen Sinn gezogen, welcher auch das Verständnis der Größenunterscheidung der Fledermäuse erleichtern hilft.

Stellen wir uns das Dach eines spitzen Kirchturms aus einem Spielzeugkasten vor. Würde eine Fledermaus dieses Objekt anpeilen, empfinge sie von der Spitze hochfrequente Echos, von weiter unten gelegenen Regionen Echos mit vorwiegend niedrigen Frequenzen. Wenn wir ihr »akustisches Bild« in unsere Sehwelt übersetzen, können wir das Dach an der Spitze mit blauer Farbe anstreichen, weiter unten rot bemalen. (Für uns rotes Licht ist längerwellig als blaues und hat damit – nach der allgemeinen Wellengleichung – eine niedrigere Frequenz als das blaue.) So wie wir mit einem Blick beim Betrachten des Daches sehen: oben blau, unten rot, hört sie »mit einem Ruf«: nach oben spitz zulaufend.

γ)   Material

Ein Gegenstand aus schallhartem Material absorbiert keine Schallenergie. Andere Materialien nehmen einen Teil der Schallenergie auf – kurze Zeit danach strahlen sie ihn wieder ab. So erzeugt Schall in Kugeln Vibrationen, welche zur Überhöhung bestimmter Frequenzanteile im Echo führen.

Jedes Material reflektiert bevorzugt ganz bestimmte Frequenzen. Wie Fledermäuse im Experiment zeigen, können sie viereckige Scheibchen aus Sperrholz von solchen aus Aluminium oder Plexiglas einwandfrei unterscheiden (Abb. 328 unten). In einem anderen Versuch hierzu wählte man Hohlkugeln aus Polyäthylen, weil man vermutet, daß Insekten hinsichtlich der Schallreflexion diesen Kugeln vergleichbare Eigenschaften aufweisen: sie wirken als »Hohlkörper«, da ihr Chitinpanzer als harte Hülle die weichen »Innereien« umschließt.

Mit den Gesetzmäßigkeiten der an Kugeln stattfindenden Schallreflexion konnte man eine schon lange bekannte Besonderheit der Fledermäuse erklären: Bei Nebel setzt ihre Echo-Ortung aus. Die Ortungslaute lösen nämlich in den kleinen Wassertröpfchen Vibrationen aus; jedes Tröpfchen absorbiert Schallenergie bei seiner Resonanzfrequenz und strahlt sie über relativ lange Zeit hinweg in alle Raumrichtungen wieder ab. Infolge der verschiedenen Tröpfchengrößen sind die Resonanzfrequenzen über den ganzen Frequenzbereich der Fledermaus-Laute verteilt. Daher kehren die Ortungslaute nicht als Echo zur Fledermaus zurück, sondern werden in alle Richtungen diffus gestreut – eine Echo-Ortung ist unmöglich.

δ)   Oberflächenstrukturen

Für die Unterscheidung der Objekte aus verschiedenem Material kann die unterschiedliche »Schallhärte« dieser Substanzen maßgebend sein (s. γ). Andererseits vermögen die Fledermäuse Oberflächenstrukturen zu erkennen. So unterscheiden sie Samt von Glas.

Einen überraschenden Beweis für diese Fähigkeit lieferte ein unfreiwilliges Experiment. Man dressierte Fledermäuse darauf, gleich große Plexiglasplatten voneinander zu unterscheiden, in welche Löcher verschiedener Tiefe gebohrt waren. Trug die eine Platte 8 mm tiefe Bohrlöcher, die andere 6,8 mm tiefe, wurden die Platten unterschieden. In derartigen Experimenten muß man prüfen, ob die Tiere sich nicht noch an anderen Merkmalen als den interessierenden orientieren. Man bietet dazu zwei hinsichtlich der untersuchten Merkmale gleiche Objekte – in diesem Fall zwei Platten mit gleich tiefen Bohrlöchern. Wenn das Experiment einwandfrei angelegt ist, müssen die Platten verwechselt werden. Im entsprechenden Versuch bevorzugten die Fledermäuse jedoch eindeutig eine bestimmte Platte. Man überprüfte die Bohrlöcher und stellte fest, daß sie zwar gleich tief waren, daß aber die Löcher der einen Platte rauhe Bodenflächen aufwiesen. Wie eine Nachfrage in der Werkstatt ergab, war beim Herstellen dieser Löcher ein abgenutzter Bohrer verwendet worden, welcher am Grund der Löcher ringförmige Erhebungen von 20–50 μm Höhe hinterlassen hatte. Diese winzigen Rillen waren für die Fledermäuse im Echo erkennbar.

c)   Richtungshören

Wir Menschen bestimmen die Richtung einer Schallquelle aufgrund einer *Zeit*differenz. Kommt der Schall beispielsweise von links, erreicht er zuerst das linke Ohr. Die Zeit, welche danach verstreicht, bis er auch am rechten Ohr ankommt, ist die Grundlage für die Richtungsbestimmung.

Lange Zeit nahm man an, daß diese Methode für Fledermäuse nicht in Frage kommt. Mit 8 bis 22 mm Ohrabständen sind die Köpfe von Fledermäusen nämlich viel kleiner als der Kopf des Menschen – es treten bei ihnen also sehr viel geringere Zeitdifferenzen zwischen dem Eintreffen des Schalls an beiden Ohren auf als bei uns. Die maximale Zeitdifferenz beträgt etwa 60 µs (Schallquelle 90° seitlich vom Kopf der Fledermaus).

Vor kurzem hat man jedoch in der Hörbahn einer Fledermaus-Art Neuronen gefunden, welche nicht nur auf Zeitdifferenzen zwischen beiden Ohren ansprechen, sondern auch extrem kurze Zeiten von nur 50 µs verschlüsseln. Es ist also denkbar, daß die Schallrichtung von den Fledermäusen genauso bestimmt wird wie vom Menschen. Jedenfalls verfügt deren Hörsystem über Fähigkeiten, die man ihm bisher nicht zugetraut hatte.

Eine weitere Methode zum Richtungsbestimmen wäre für die Fledermäuse der *Intensitäts*vergleich zwischen linkem und rechtem Ohr. Bei diesem Vergleich müßte sie ganz bestimmte Frequenzanteile berücksichtigen. Die Voraussetzungen hierfür sind gegeben: Erstens existieren Ortungslaute (und damit Echos) mit verschiedenen Frequenzanteilen (FM-Laute); zweitens wurden die benötigten neuronalen Mechanismen für den zweiohrigen Vergleich nachgewiesen; drittens besitzen die Ohren eine frequenzabhängige Richtcharakteristik.

Was ist eine *Richtcharakteristik?* Hierzu ist folgendes Experiment leicht durchzuführen. Man versucht mit geschlossenen Augen eine Schallquelle zu orten, die sich genau vor oder genau hinter einem befindet: eine Entscheidung zwischen vorne und hinten könnte man allein mit Hilfe von Zeitdifferenzen nicht treffen, da es keine gibt. Wir hören aber den Schall von vorne besser als von hinten. Anders ausgedrückt: die Schwelle für Schall ist für von vorne kommenden niedriger als für von hinten eintreffenden. Verantwortlich dafür ist unsere Ohrmuschel. Entsprechende Schwellenunterschiede existieren bei solchen Fledermaus-Arten, die beim Orten keine Ohrenbewegungen machen: ihre Ohren haben fast für jede Einfallsrichtung des Schalls eine andere Schwelle. Verformt man die Ohrmuschel im Experiment, wandert die Richtung der niedrigsten Schwelle in Abhängigkeit von der Verformung.

Andere Arten bewegen die Ohren beim Orten. Daß die Ohrenbewegungen unbedingt nötig sind, zeigt folgender eindrucksvolle Versuch: Als man die Ohren einer Hufeisennase fixierte, machte sie daraufhin schnelle kompensatorische *Kopf*bewegungen.

Die Fähigkeit zum Richtungshören wird durch die *»Hörrohrwirkung«* der Ohrmuschel verstärkt: Laute aus ungünstigen Richtungen werden ausgeblendet.

d)   Bewegungshören

Fährt, während wir starr geradeaus blicken, ein Radfahrer vorbei, erkennen wir dessen Vorwärtsbewegung daran, daß sich sein Bild auf unserer Netzhaut verschiebt. Verschiebungen – allerdings von Schallfrequenzen – sind auch bei Fledermäusen sehr wichtig für das Erkennen von Bewegungen.

Welche bewegten Objekte spielen im Leben einer Fledermaus eine besonders große Rolle? Es sind ihre Beutetiere – oft fliegende Insekten, welche von manchen Arten im Gebüsch oder am Waldrand gejagt werden. Vor solch dichtem Hintergrund erhält die Fledermaus außer dem Echo von einem Insekt auch zahllose »zeitverschmierte« Echos vom

364

Gehölz zurück. Die für sie interessante Information vom Insekt kann im Echo vollständig verloren gehen – das Echo ist »verrauscht«. Für die Fledermaus ist es in diesem Fall
sinnvoll, wenn sie das Echo so analysiert, daß aus diesem eine Eigentümlichkeit »her-
ausgefischt« wird, welche nur von *bewegten* Objekten stammen kann. Bewegung ist dasjenige Merkmal, welches einen Nachtschmetterling von dem ruhenden Hintergrund abhebt. Dessen Flügelschlag macht ihn zu einem Ortungsobjekt, welches regelmäßig
seinen Querschnitt ändert. Hierbei werden die Amplituden aller Frequenzanteile im
Rhythmus der Querschnittsänderung moduliert. (Flügelschläge von Nachtfaltern bewirken
Amplitudenmodulationen von 30 dB und mehr.)

Am Anfang der Untersuchungen zum Bewegungshören stand ein einfaches Experiment. Eine leichte Handbewegung in Richtung auf eine hängende (und dabei ortende!)
Große Hufeisennase bewirkt eine starke Schreckreaktion. Bewegt man dagegen die Hand
heftig von ihr *weg*, reagiert sie überhaupt nicht. Sie merkt also sofort, ob eine Bewegung
auf sie zu oder von ihr weg geschieht. Dieser Effekt tritt besonders stark bei solchen Arten auf, welche im Verlauf ihrer Stammesgeschichte ein Verfahren entwickelt haben,
welches das Erkennen von Bewegungen außerordentlich erleichtert – es ist die *Dopplereffekt-Kompensation* (Näheres zum Dopplereffekt s. unten).

Nach der Signaltheorie sind solche Arten besonders geeignet, den Dopplereffekt zu
nutzen, deren Ortungslaute einen langdauernden Reintonteil (CF-Teil, Abb. 323 unten)
aufweisen. Die Große Hufeisennase verwendet einen derartigen Ortungslaut. An ihr sind
zahlreiche Untersuchungen durchgeführt worden, von denen einige nachstehend besprochen werden. Die folgenden Betrachtungen – die einen kleinen Ausflug in die Akustik
darstellen – gelten ausschließlich für den CF-Teil der Ortungslaute und Echos.

α)   Dopplereffekt

Der Dopplereffekt (auch Dopplersches Prinzip) ist nach dem österreichischen Mathematiker und Physiker CHRISTIAN DOPPLER (1803–1853) benannt. Er tritt auf, wenn sich
eine Schallquelle auf einen Beobachter zu- oder von ihm wegbewegt bzw. wenn sich der
Beobachter auf die Schallquelle zu- oder von ihr wegbewegt. Da sich die Schwingungs-
zahl einer Wellenbewegung an einem Beobachtungsort ändert, wenn der Beobachter und
die Erregungsstelle der Welle gegeneinander bewegt werden, hört im Fall von Schallwellen der Beobachter unterschiedlich hohe Laute. Abb. 329 zeigt ein Beispiel aus dem täg-

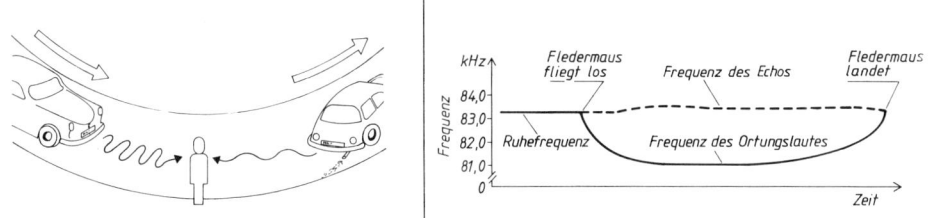

Abb. 329 (links). Skizze zum Zustandekommen des Doppler-Effekts. Die sich dem Beobachter nähernde Schallquelle (Auto von links) »drückt« die Schallwellen zusammen,
dadurch verkürzt sich deren Wellenlänge, und die Frequenz erhöht sich. Das davonfahrende
Auto »streckt« die Schallwellen, sie haben entsprechend eine große Wellenlänge und eine
niedrige Frequenz (nach Davies 1983)

Abb. 330 (rechts). Sende- und Echofrequenz einer hängenden und fliegenden Großen Hufeisennase (nach Schnitzler 1973)

365

lichen Leben, in dem sich eine Schallquelle zuerst auf einen ruhenden Beobachter zu-, dann von ihm wegbewegt.

Allgemein gilt bei bewegter Schallquelle und ruhendem Beobachter:

$$f = \frac{f_0}{1 - \dfrac{v}{c}} \tag{14}$$

f = gehörte Frequenz
fo = Frequenz der Schallquelle
v = Geschwindigkeit der Schallquelle
c = Schallgeschwindigkeit.

Je nach Bewegungsrichtung der Schallquelle relativ zum Beobachter erhält v verschiedene Vorzeichen. Bewegt sich die Schallquelle auf den Beobachter zu, ist v positiv, der Wert des Nenners ist in diesem Fall kleiner als 1. Das heißt: die empfangene Frequenz ist erhöht. Bewegt sich die Schallquelle vom Beobachter weg, ist v mit negativem Vorzeichen einzusetzen, der Nenner weist dann einen Wert größer als 1 auf: die gehörte Frequenz ist niedriger als die gesendete.

Im Fall der Insekten fangenden *fliegenden* Fledermaus liegen verwickelte Verhältnisse vor. Wenn der Ortungslaut nämlich auf ein fliegendes Insekt trifft, wird dieses zur (bewegten) Schallquelle für Echos: Es bewegen sich sowohl Schallquelle Fledermaus als auch (Echo-) Schallquelle Insekt sowie der »Beobachter« Fledermaus; die anzuwendende Gleichung ist wesentlich komplizierter als die vorstehende.

Welche Auswirkungen hat der Dopplereffekt auf das Ortungsverhalten der Großen Hufeisennase? Stellen wir uns dazu folgende Situation vor: Hängt eine solche Fledermaus, während sie ruft, an der Decke eines Raumes, empfängt sie von einer Wand ein Echo, dessen Frequenz mit der Sendefrequenz übereinstimmt. Fliegt sie los, kommt das Echo wegen des Dopplereffektes mit einer Frequenz zurück, die höher ist als der Ortungslaut. Würde sie den Dopplereffekt – den sie ja als physikalisch gegebene Tatsache nicht umgehen kann – nicht kompensieren (s. γ), würde sie als Echo einen Laut empfangen, den sie wegen seiner hohen Frequenz nur sehr schlecht oder gar nicht hören könnte. Wie gelangt man zu dieser Behauptung? Die Antwort gibt das Audiogramm.

β)   Das Audiogramm der Großen Hufeisennase
Wie Abb. 331 zeigt, ist die Große Hufeisennase besonders empfindlich für Frequenzen in einem Bereich unterhalb 35 kHz sowie für ein schmales Frequenzband bei 83 kHz. Ihr Audiogramm weicht also stark von dem des Menschen in Abb. 315 ab. Die Besonderheiten ihrer Hörkurve sind nur im Zusammenhang mit der Lautaussendung für das Bewegungshören zu verstehen. Das gesamte System ermöglicht der Großen Hufeisennase ihre unglaublichen Ortungsleistungen.

Ein Faktor, der in der Evolution des Hörsystems der Hufeisennase eine große Rolle spielte, ist die Tatsache, daß die von flügelschlagenden Insekten hervorgerufenen Frequenzverschiebungen nur wenige Hundert bis 1000 Hz betragen. Um diese – relativ zum Ortungslaut von 83 000 Hz – geringen Frequenzunterschiede aufzulösen, bedarf es großer Trennschärfe des Hörsystems – und zwar rund um die Frequenz 83 kHz. Wie die Kurve der Abb. 331 zeigt, ist die Empfindlichkeit in dem 83 kHz benachbarten Bereich am größten: Bereits eine geringe Erniedrigung oder Erhöhung der Frequenz hat eine sehr starke Änderung der Empfindlichkeit zur Folge. (Zur Erinnerung: Niedrige Schwelle bedeutet hohe Empfindlichkeit, s. Abb. 315).

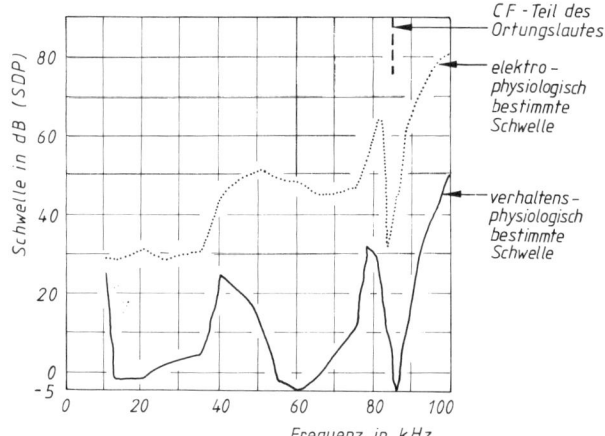

Abb. 331. Audiogramm der
Großen Hufeisennase. Man
vergleiche mit Abb. 315
(nach Neuweiler 1981)

γ)   Dopplereffekt-Kompensation

Die Hufeisennase trifft Maßnahmen, die bewirken, daß das Echo in den nach Abb. 331
günstigen Bereich um 83 kHz zu liegen kommt. Wie sie das zustandebringt, wird durch
Abb. 330 illustriert. Gleichzeitig mit dem Beginn des Flugs beginnt sie die Aussendefrequenz abzusenken. Kurz nach dem Start hat sie noch nicht ihre volle Fluggeschwindigkeit erreicht, entsprechend ist die Sendefrequenz zunächst nur wenig erniedrigt. Je schneller sie fliegt, desto tiefer werden die Ortungslaute. Bleibt die Fluggeschwindigkeit gleich,
ist auch die Frequenz der Ortungslaute konstant. Vor dem Landen bremst die Fledermaus,
die Frequenz der Ortungslaute steigt zu höheren Werten. Auf diese Weise wird die
Echofrequenz in einem etwa 200 Hz breiten Band gehalten.

Woher stammt die Information, die es der Hufeisennase ermöglicht, die Frequenz ihrer
Ortungslaute um genau den richtigen Betrag abzusenken? Eine Denkmöglichkeit ist folgende: Sie mißt ihre Fluggeschwindigkeit und verändert die Frequenz so, daß die Aussendefrequenz um so niedriger wird, je schneller sie fliegt.

Die Fluggeschwindigkeit kann man – wie bei jedem fliegenden Körper – auf zweierlei
Weise angeben: Einerseits als Geschwindigkeit gegenüber den umgebenden Luftmassen,
andererseits als Geschwindigkeit über Grund. Herrscht Gegenwind, ist bei gleichbleibender Geschwindigkeit über Grund die Geschwindigkeit gegenüber der Luft erhöht.

Um zwischen den beiden Möglichkeiten zu entscheiden, ließ man eine Fledermaus im
Windkanal fliegen. Als man die Windgeschwindigkeit erhöhte, behielt sie die gleiche
Geschwindigkeit über Grund bei. Da sie in diesem Experiment ihre Sendefrequenz nicht
erhöhte, schloß man, daß für die Dopplereffekt-Kompensation nicht die Geschwindigkeit
gegenüber der umgebenden Luft, sondern die über Grund maßgebend ist.

Wie jedoch ein eleganter Versuch zeigte, muß eine Fledermaus gar nicht fliegen, um
den Dopplereffekt zu kompensieren. Man ließ auf eine hängende Hufeisennase, während
sie Ortungslaute ausstieß, ein Pendel zu- und wieder wegschwingen. Die durch die Pen-
delbewegungen entstehenden Dopplereffekte versuchte sie zu kompensieren. Sie verfügt
demnach über andere Mittel, um die Echofrequenz im »gewünschten« Bereich zu halten.

Wie man inzwischen weiß, liegt ein *Regelsystem* vor, dessen Sollfrequenz vorgegeben
ist. Der Wert für die Soll- oder Referenzfrequenz ist ein schmales Band von 81,0 bis 84,2
kHz. In ihm werden die Echos gehalten. Mit der Sollfrequenz vergleicht die Hufeisennase
die Frequenz des CF-Teils des gehörten Echos und variiert die Aussendefrequenz so lange,
bis die Echofrequenz der Sollfrequenz entspricht. Der Regelkreis arbeitet nur, wenn Echos
eintreffen, deren Frequenz *höher* ist als die Sollfrequenz. Auf die Kompensation von Fre-

quenzerniedrigung ist er nicht eingerichtet. Das ist auch gar nicht erforderlich, so etwas träte nur auf, wenn eine Fledermaus rückwärts flöge.

Die Sollfrequenz ist ein angeborenes Merkmal der betreffenden Fledermaus-Art, welches sie im Lauf der Evolution erworben hat – die Sollfrequenz muß ja zum Frequenzband höchster Empfindlichkeit, d. h. zur »akustischen Fovea«, (s. ε) passen.

Der Mechanismus »Dopplereffekt-Kompensation« ist deshalb außerordentlich gut zum Bewegungshören geeignet, weil mit ihm Echos von bewegten und unbewegten Objekten sehr gut unterschieden werden können. Kommt auf eine Hufeisennase ein Nachtfalter zu, reguliert sie die Frequenz ihrer Ortungslaute so, daß die vom Falter kommenden Echos der Sollfrequenz entsprechen. Da sie hierzu die Sendefrequenz erniedrigt, sind die Echos von *ruhenden* Gegenständen der Umgebung tiefer als die Sollfrequenz und fallen in einen Bereich geringer Empfindlichkeit des Gehörs der Fledermaus (Abb. 331). Diese Echos können die vom Nachtfalter kommenden Signale also nicht maskieren. Da Hufeisennasen in hindernisreicher Umgebung unter Büschen und Bäumen jagen, dürfte das ein ökologischer Vorteil sein.

»Übersetzen« wir diese Situation in den uns geläufigen visuellen Bereich: Wir müßten den Nachtfalter mit dem fein gebündelten Strahl einer Taschenlampe anstrahlen, der Schmetterling flöge dann als hell leuchtender Punkt vor dem grau erscheinenden Gehölz.

Die Verwendung von CF-Lauten bietet einen weiteren Vorteil: Wenn ein solcher Ortungslaut auf ein flügelschlagendes Insekt trifft, erzeugen die Flügelbewegungen im CF-Teil des Echos – der sogenannten Echo-Trägerfrequenz – Amplituden- und Frequenzmodulationen. In ihnen ist das Bewegungsmuster des Objekts verschlüsselt, die Hufeisennase kann mit Hilfe dieser Information ihre Beute erkennen.

δ) Das Frequenzfilter

Ein Filter läßt bestimmte Dinge bevorzugt durch, andere hält es zurück. So sortiert ein mechanisches Filter nach der Korngröße, durch ein optisches treten nur bestimmte Wellenlängen des Lichts, durch ein akustisches nur bestimmte Frequenzen des Schalls.

Wie das Audiogramm in Abb. 331 zeigt, befindet sich ein akustisches Filter im Hörsystem der Hufeisennase. Es läßt bevorzugt die Frequenzen nahe 83 kHz durch. Wo liegt das Filter? Lange Zeit nahm man an, es sei in Eigenschaften bestimmter Neuronen begründet. Nerven- und Sinnesphysiologen suchten daher lange vergeblich in verschiedenen

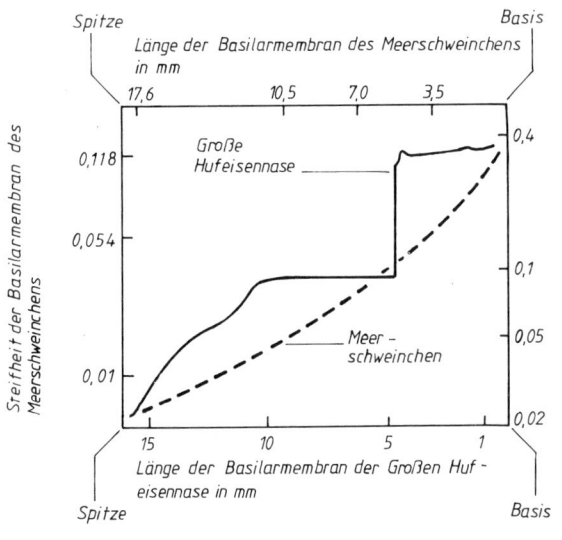

Abb. 332. Steifheit der Basilarmembran in verschiedenen Regionen; gemessen wurde von der Basis bis zur Spitze der Cochlea. Meßpunkte fortgelassen. Die Steifheit ist dimensionslos, da sie als Quotient aus Dicke und Weite der Basilarmembran definiert ist (nach Bruns aus Neuweiler 1981)

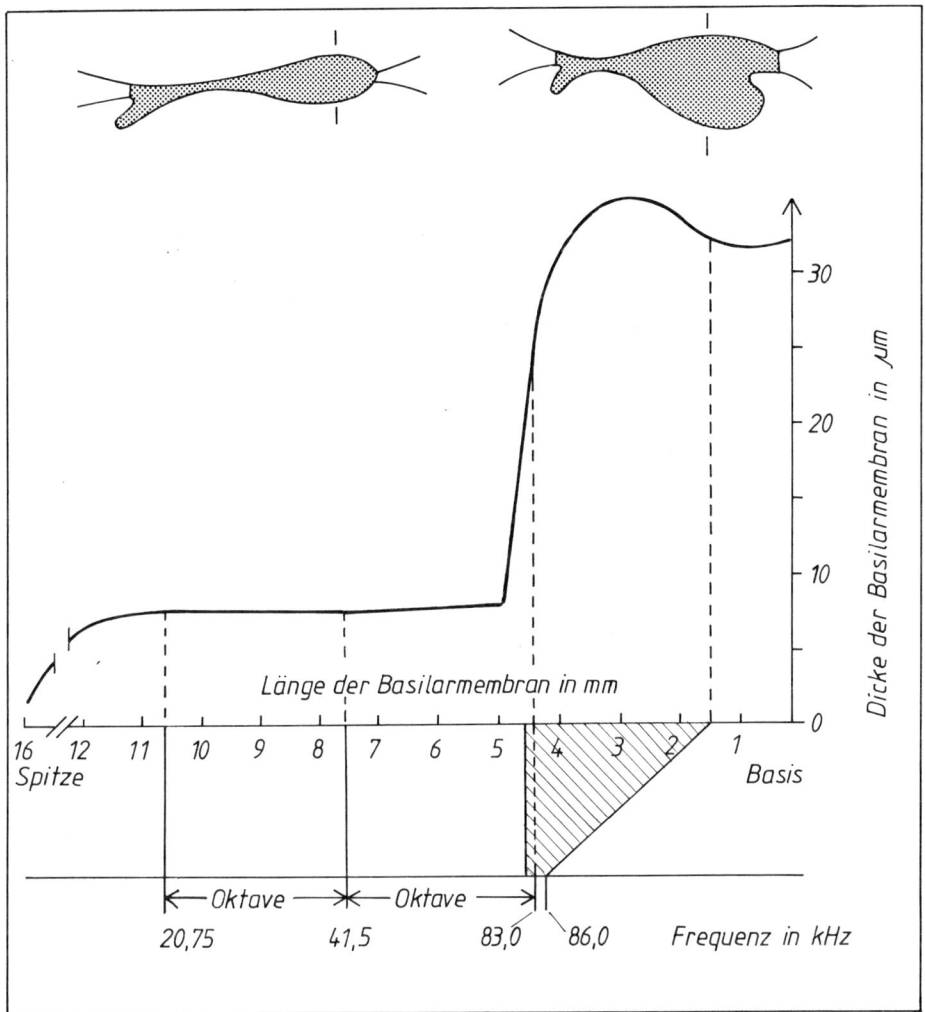

Abb. 333. Dicke der Basilarmembran an verschiedenen Orten. Die Einschaltfiguren illustrieren den normalen (dünnen) und den dicken Bereich der Basilarmembran. Unter das Koordinatensystem für die gemessenen Strecken ist eine Frequenz-Skala gezeichnet. Die gestrichelten Linien geben die »Abbildung« dieser Frequenzen auf der Basilarmembran an. Man beachte das »Spreizen« des (schraffiert dargestellten) Frequenzbandes von etwa 82 bis 86 kHz (nach Neuweiler 1981)

Gebieten des Nervensystems. Da sie nichts fanden, begannen einige Forscher, sich dem Bau des Ohrs zuzuwenden. Schließlich entdeckten Histologen das Filter im Innenohr. Zunächst untersuchten sie die Dimensionen der Cochlea. Diese ist riesig, nämlich 2/3 so lang wie beim Menschen (dabei beträgt das Gewichtsverhältnis Fledermaus zu Mensch 2 : 7000).

Als die Wissenschaftler die Basilarmembran vermaßen, fanden sie eine Besonderheit. In einem bestimmten Bereich ist die Basilarmembran und ihre Verankerung am knöchernen

Labyrinth außerordentlich dick. Die »massive« Region beginnt dicht hinter dem ovalen Fenster, sie endet abrupt in 4,3 mm Entfernung von diesem.

Man kann zur Veranschaulichung der mechanischen Diskontinuität entweder wie in Abb. 333 die Dicke der Basilarmembran in einer Graphik darstellen, oder man bezieht die Dicke auf die Weite der Basilarmembran an der betreffenden Stelle und erhält so deren *»Steifheit«*. Sie ist in Abb. 332 aufgetragen. Wie die Abbildung zeigt, nimmt die Steifheit üblicherweise bei Säugetieren – als deren Vertreter das Meerschweinchen steht – vom ovalen Fenster zur Spitze der Schnecke (d. h. zum Helicotrema) gleichmäßig ab. Die sprungartige Änderung der mechanischen Eigenschaften ist eine Eigentümlichkeit der Hufeisennase. Wie der nachfolgende Abschnitt zeigt, ist die mechanische Besonderheit eine Vorbedingung für die »akustische Fovea«.

ε)   Die akustische Fovea
Die »Fovea centralis« (auch: gelber Fleck) in unserem Auge ist die Stelle schärfsten Sehens. Eine sehr hohe Dichte der Sehzellen und besondere Verschaltungen sorgen für ein hohes Auflösungsvermögen. Das heißt: Wenn zwei ganz dicht beieinander liegende Punkte in der Fovea abgebildet werden, fallen die Bilder dieser Punkte auf unterschiedliche Lichtsinneszellen – die Punkte werden getrennt wahrgenommen. Entsprechend müssen – wenn man von einer akustischen Fovea sprechen will – zwei dicht benachbarte Schallfrequenzen unterschiedliche Gruppen von Hörsinneszellen erregen. Dies erfordert für die außerordentlich große Frequenz-Skala, die eine Hufeisennase hört, spezielle Anpassungen.

Üblicherweise werden bei einem Säugetier die Frequenzen auf der Basilarmembran in logarithmischen Abständen (Oktaven) abgebildet. Für jede *Oktave* steht eine gleich lange Strecke der Basilarmembran zur Verfügung. Dies gilt in einem weiten Bereich der Frequenz-Skala auch für die Hufeisennase. Eine Ausnahme hiervon machen nur Frequenzen von 82 bis 86 kHz. Dieses Frequenzband wird auf der Basilarmembran extrem gespreizt abgebildet: es nimmt auf ihr denselben Platz ein, der sonst für eine ganze Oktave (z.B. von 20,75 bis 41,5 kHz) zur Verfügung steht (Abb. 333).

Als weitere Besonderheit stehen im verdickten Bereich der Basilarmembran die Hörsinneszellen nicht so dicht beieinander wie auf den übrigen Teilen, weil zwischen den breit auseinandergerückten Sinneszellen einige Stützzellen vorhanden sind.

Durch den in γ) erwähnten Regelkreis hält die Hufeisennase die gehörte Echofrequenz immer in der akustischen Fovea. Man kann auch sagen: Sie »fixiert« durch Variation der Aussendefrequenz die Echofrequenz in der Fovea – genau wie wir einem sich bewegenden Gegenstand mit den Augen folgen und ihn dadurch fixierend an der Stelle schärfsten Sehens halten.

J8.   Die Rolle des Ortsgedächtnisses

Fledermäuse sind Gewohnheitstiere mit einem außerordentlich guten Ortsgedächtnis. Bringt man eine Fledermaus in einen unbekannten Raum, fliegt sie an der Decke beginnend scheinbar wahllos umher; allmählich gelangt sie immer tiefer und fliegt zuletzt zwischen Tisch- und Stuhlbeinen hindurch. Schließlich hängt sie sich irgendwo auf. Nach einiger Zeit hat sie den Raum »erfaßt«, d. h. sie kennt beispielsweise ihren zielsicher angesteuerten Hängeplatz. Schließlich fliegt sie fast nur noch nach der Erinnerung: Nimmt man nämlich ihre Landestange weg, versucht sie sich genau an dieser Stelle in der Luft aufzuhängen. Als man das sonst offene Einflugloch des Käfigs einer Fledermaus mit einer Glasscheibe verschloß, stieß sie trotz fortwährender Echoortung gegen die Scheibe.

K. Wahrnehmung elektromagnetischer Wellen sowie elektrischer Felder

Neben einigen Ausführungen zum Lichtsinn sind nachstehend spezielle Fähigkeiten zweier Arten beschrieben, die erst vor kurzem entdeckt wurden. Derartige Leistungen kannte man bisher nur von wenigen anderen Wirbeltieren.

K1. Gesichtssinn

Obwohl sich Säugetiere häufig mit dem Geruchs- und Gehörsinn orientieren, verfügen fast alle Arten auch über einen mehr oder weniger leistungsfähigen Gesichtssinn. Rückbildung der Augen gibt es bei mehreren Wühlern – so bei Blindmäusen. Stark reduzierte Augen besitzt auch der Ganges-Delphin, welcher in reichlich Schlamm führenden und daher extrem trüben Flüssen lebt. Er vermag nur zwischen heller und dunkler Umgebung zu unterscheiden – eine für ihn genügende Leistung, da »hell« die Richtung zur Wasseroberfläche anzeigt, welche er ja zum Luftholen immer wieder aufsuchen muß.

Das Auge ist das komplizierteste Sinnesorgan. In ihm findet nämlich bereits eine beträchtliche Informationsverarbeitung statt, welche bei anderen Sinnesorganen vom Gehirn übernommen wird. Das ist darauf zurückzuführen, daß die komplex gebaute Netzhaut als Teil des Gehirns aufzufassen ist. In der Ontogenese entsteht sie nämlich – zunächst in Form eines »Augenbechers« – als Ausstülpung des Zwischenhirns.

Über die Aufgaben der verschiedenen Zelltypen der Retina und über Strukturen des Augapfels orientiere man sich in einem Lehrbuch der Sinnesphysiologie. Nachstehend sind Leistungen des Gesichtssinns ausgewählt, welche starke Bezüge zur Lebensweise zeigen: es handelt sich um das Gesichtsfeld, die Fähigkeit zu räumlichem Sehen sowie das Vermögen, Farben wahrzunehmen.

a) Gesichtsfeld

Die Fähigkeit zu räumlichem Sehen ist von Art zu Art sehr verschieden. Zum Verständnis der Unterschiede benötigt man den Begriff des Gesichtsfeldes.

Beim Ausdruck Gesichts*feld* denkt man zunächst an eine flächige Gegebenheit. Dem ist jedoch nicht so. Der Begriff dürfte daher kommen, daß man die Gesichtsfelder fast immer zweidimensional darstellt (s. unten). Für uns ist das Gesichtsfeld eines Auges derjenige – räumliche! – Ausschnitt der Umwelt, den wir bei unbewegtem Kopf und Auge wahrnehmen. Eine etwas genauere Definition aus einem Buch über den Gesichtssinn lautet: das Gesichtsfeld ist »die Gesamtheit aller derjenigen Gegenstände, die bei ruhigem Auge gleichzeitig in bestimmter räumlicher Anordnung wahrgenommen werden« (aus TRENDELENBURG 1943).

Will man die Ausdehnung des Gesichtsfeldes beim Menschen untersuchen, benutzt man ein *Perimeter*. Die Funktionsweise dieses Geräts braucht hier nicht näher erläutert zu

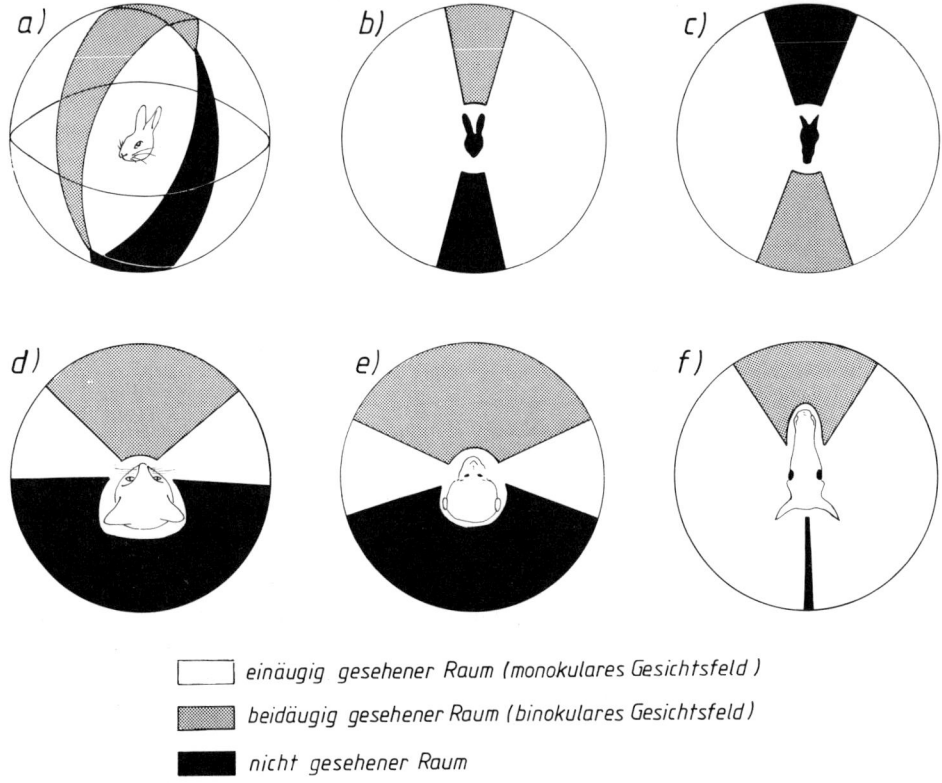

einäugig gesehener Raum (monokulares Gesichtsfeld)

beidäugig gesehener Raum (binokulares Gesichtsfeld)

nicht gesehener Raum

Abb. 334. Gesichtsfelder des Kaninchens, des Pferdes, der Katze und eines Primaten. Man beachte, daß in b) und c) die Köpfe von vorne dargestellt sind [a) bis d) nach Hughes 1977; e) und f) nach Duke-Elder 1958; Kopf des Makaken nach Hinde 1974, Pferdekopf nach Berg 1974]

werden. Wichtig für die folgenden Ausführungen ist nur, daß die Versuchsperson dem Versuchsleiter *sagt*, ob sie einen von außen in das Gesichtsfeld eines Auges geführten Gegenstand (beispielsweise ein Farbscheibchen) sieht oder nicht. Solche Versuche sind bei Tieren – die ja nicht sprechen können – schwierig und nur mit großem Aufwand durchzuführen. Daher nimmt man eine leichter zu messende Größe als angenähertes Maß für die Ausdehnung des (binokularen, s. nachstehende Ausführungen) Gesichtsfeldes in der Horizontalen: es ist der weiter unten beschriebene »Öffnungswinkel«.

Das Gesichtsfeld wird durch verschiedene Faktoren bestimmt: Bau und Stellung von Cornea und Linse (so kann eine stark gewölbte, vorstehende Hornhaut das Gesichtsfeld stark vergrößern), Ausdehnung der Netzhaut sowie – ein wichtiger Faktor! – Lage des Auges im Kopf. (Eine bei Säugetieren nicht vorkommende Besonderheit sind Stielaugen.) Einen groben Eindruck, wie weit sich das Gesichtsfeld eines Auges ausdehnt, gibt die Sichtbarkeit der Pupille aus verschiedenen Richtungen.

Obwohl die Dinge um uns herum räumlich angeordnet sind, wird die Ausdehnung des Gesichtsfeldes im allgemeinen in Winkelgraden gemessen und durch einen Kreissektor angegeben. Dies rührt daher, daß man in Zeichnungen meist nur den in einer bestimmten Ebene liegenden Teil des totalen Gesichtsfeldes wiedergibt. Der gedankliche Schritt von dem das Tier umgebenden Raum zum Gesichtsfeld sei anhand der Abb. 334 erklärt.

In Abb. 334 a erkennt man den Kopf eines Kaninchens im Zentrum einer Kugel. Die Kugel repräsentiert die optische Umwelt des Kaninchens. Ein Teil von dieser wird vom linken, ein anderer vom rechten Auge gesehen (weiß belassene Kugelschale). Der grau gezeichnete Teil der Kugelschale gibt den von beiden Augen gesehenen Raum wieder. Aus einem bestimmten Raumausschnitt fallen in keines der beiden Augen Lichtstrahlen (schwarz symbolisierter Teil der Kugelschale).

Durch die Kugel kann man Schnittebenen legen. Wählt man eine *horizontale* – durch den Mittelpunkt verlaufende – Ebene, erhält man die gebräuchliche Darstellung der Gesichtsfelder: es ist eine Kreisfläche mit verschiedenen Sektoren, in deren Zentrum häufig der von oben gesehene Kopf der betreffenden Art eingezeichnet ist (Abb. 334 d bis f). Die – in Winkelgraden zu messenden – Sektoren repräsentieren durch weiße Flächen links und rechts das jeweilige einäugige (monokulare) Gesichtsfeld; vorne symbolisiert ein grauer Sektor das beidäugige (binokulare) Gesichtsfeld; hinten liegt das nicht gesehene Gebiet, welches oft etwas unglücklich als »blindes« Feld bezeichnet wird (schwarzer Sektor).

Vergleicht man die horizontalen Gesichtsfelder der Katze mit denen eines Primaten und denen des Pferdes (Abb. 334 untere Reihe), ergibt sich: Bei der Katze ist das binokulare Gesichtsfeld mit 98° wie bei Primaten (132°) sehr groß,in beiden Fällen zeigt das nicht gesehene Feld beträchtliche Ausmaße. (Der Zuwachs der beiden Felder geschieht »auf Kosten« des monokularen.) Das binokulare Gesichtsfeld des Pferdes beträgt etwa 65° und ist damit nur halb so groß wie das binokulare des Primaten. Der hinter dem Pferd liegende nicht gesehene Raum hat minimale Dimensionen.

Steht die Ausdehnung der verschiedenen Felder in Zusammenhang mit der Lebensweise einer Art? Dies wird in b) besprochen.

Legt man durch die Kugel in Abb. 334 a eine senkrechte Schnittebene, die durch das Zentrum und im rechten Winkel zur Medianebene des Tierkopfes verläuft, erhält man die Ausdehnung der Gesichtsfelder in der *Vertikalen*. Zwei Beispiele für derartige Gesichtsfelder finden sich in Abb. 334 b und c. Sowohl beim Kaninchen als auch beim Pferd existieren – bei mäßiger Ausdehnung der binokularen – riesige monokulare Gesichtsfelder. Das Kaninchen hat unter sich, das Pferd über sich ein nicht gesehenes Feld (Weiteres in b).

An die Stelle der weiter oben erwähnten Perimeter-Versuche tritt bei Tieren meist folgende Methode.

Will man ein Maß für die Ausdehnung der Gesichtsfelder in der horizontalen Ebene erhalten, stellt man die optische Achse eines Auges fest und projiziert diese auf die Horizontale. Die Horizontalprojektionen beider Augenachsen schließen einen Winkel ein (Abb. 335 a). Dieser wird nachstehend kurz als *»Öffnungswinkel«* bezeichnet. Es ist üblich, die Hälfte des Öffnungswinkels für eine Tierart oder -gruppe anzugeben (Abb. 335 b).

Den Zusammenhang zwischen dem Öffnungswinkel und dem beidäugig gesehenen Raum kann man sich durch folgendes Gedankenexperiment klarmachen: Man stelle sich den Kopf eines Säugetieres als eine Kugel vor. Die Augen seien so angebracht, daß sie auf einem »Äquator« liegend in genau entgegengesetzte Richtungen blicken. Der Öffnungswinkel beträgt also 180° (in Abb. 335 b wäre dann der Wert 90° eingetragen). Den jeweils einäugig gesehenen Raum denke man sich als Kegel, dessen Spitze sich im Auge befindet. Verschiebt man nun die Augen entlang des Äquators, werden sich bei diesem Näherrücken die Kegel bei einem bestimmten Öffnungwinkel berühren. Unterschreitet der Öffnungswinkel diesen Wert, schieben sich die gedachten Kegel ineinander. Der sowohl von einem als auch vom anderen Kegel abgedeckte Raum ist das binokulare Gesichtsfeld. Es ist um so *größer*, je *kleiner* der Öffnungswinkel ist; dabei ist vorausgesetzt, daß – wie bei diesem Gedankenexperiment – sonst an den Baueigentümlichkeiten der Augen nichts geändert wird.

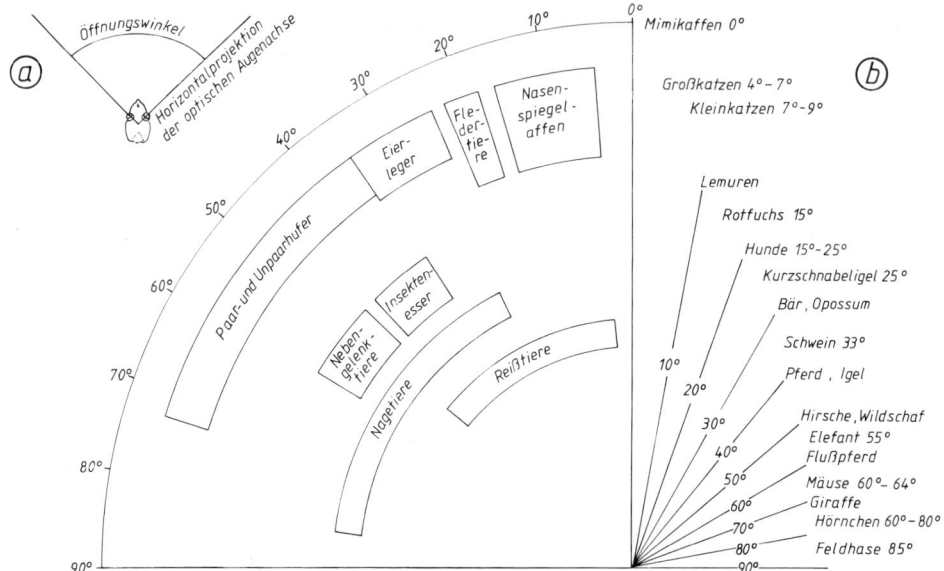

Abb. 335. a) Schädel des Siebenschläfers von oben, um folgende Größe zu illustrieren: Öffnungswinkel zwischen den Horizontalprojektionen der optischen Augenachsen (nach Kahmann aus Schneider 1957)
b) Halber – links oben beschriebener – Öffnungswinkel der Vertreter verschiedener Ordnungen. Rechts sind einzelne Arten bzw. Artengruppen dargestellt, links größere systematische Einheiten (nach Johnson aus Duke-Elder 1958 und Hughes 1977)

Wenn sich die Augen einander nähern, wächst nicht nur die Ausdehnung des beidäugig gesehenen, sondern auch die des nicht gesehenen Raumes.

Wie der linke Teil von Abb. 335 b zeigt, weisen Vertreter der Nagetiere sehr unterschiedliche Öffnungswinkel der Augenachsen auf. Es existieren in dieser Ordnung also Arten mit beträchtlichem binokularen Gesichtsfeld neben solchen, bei denen dieses nur eine sehr geringe Ausdehnung hat.

Beim Feldhasen stellt man einen sehr großen Öffnungswinkel von 85° fest (Abb. 335 b, rechter Teil; man vergleiche auch mit Abb. 334 a). Der Feldhase wird darin nur noch von der – nicht eingetragenen – Wüstenspringmaus übertroffen, bei welcher man einen Wert von 90° mißt. Beide Arten verfügen also über einen extremen »Rundblick«.

Die Öffnungswinkel der Augenachsen von Paar- und Unpaarhufern überstreichen ebenfalls einen weiten Bereich (Abb. 335 b, linker Teil). Man findet hier also wie bei den Eierlegern und Fledertieren Arten mit ausgedehntem beidäugig gesehenem Raum.

Die größten Ausmaße des horizontalen binokularen Gesichtsfeldes weisen neben den Primaten (s. unten) die Reißtiere auf. Dabei liegen die Öffnungswinkel der Augenachsen von Katzen bei wesentlich kleineren Werten als die von Hunden (Abb. 335 b, rechter Teil).

Bei den Primaten existiert ein Unterschied zwischen Nasenspiegelaffen (Abb. 335 b, linker Teil und »Lemuren« im rechten Teil) und Mimikaffen. Während die Nasenspiegelaffen Augenachsen aufweisen, die in nennenswertem Maße divergieren, blicken die Mimikaffen geradeaus. Wenn wir in einen Spiegel schauen, erkennen wir, daß wir imstande sind, die Augenachsen nicht nur parallel einzustellen, sondern sogar den Wert 0 Grad zu unterschreiten. Dies geschieht, wenn wir auf einen Gegenstand blicken, der sich dicht vor der Nase befindet.

b) Gesichtsfelder und Lebensweise

Die Gesichtsfelder zeigen deutliche Beziehungen zur Lebensweise der Arten.

α) Monokulare Gesichtsfelder sowie nicht gesehener Raum
Seitlich am Kopf stehende Augen bedingen einen großen Öffungswinkel und sind außerordentlich gut dafür geeignet, einen nahenden Feind aus nahezu allen Richtungen zu erkennen (illustriert durch Abb. 334 a und f). Das Pferd erfaßt als ursprünglicher Steppenbewohner auch den Raum hinter sich (Abb. 334 f). Plötzliche Bewegungen in diesem Bereich führen zu rascher Flucht, die als »Scheuen« des Hauspferdes bekannt ist. Man legt daher den in dieser Hinsicht besonders empfindlichen Individuen Scheuklappen an, welche das seitliche und hintere Gesichtsfeld verdecken.

Wie Abb. 335 b (rechter Teil) zeigt, sind große Öffnungswinkel von 90° bis herab zu einem Wert von etwa 40° kennzeichnend für Arten, die ausschließlich Pflanzen essen – Arten also, von denen sich die Beutegreifer ernähren. (Sprichwörtlich sind die vielen Feinde des Hasen.)

Der Vergleich der vertikalen Gesichtsfelder von Kaninchen und Pferd (Abb. 334 b und c) lehrt: Ein im Grase hoppelndes Kaninchen kann es »sich leisten«, dem Gebiet unterhalb des Kopfes geringe Beachtung zu schenken, es muß aber den Himmel über sich »im Auge behalten«, denn dort droht Gefahr – beispielsweise von einem Habicht oder sonstigen großen Greifvogel. Das Pferd wiederum hat keine Beutegreifer aus der Luft zu befürchten, es muß vielmehr auf Hindernisse am Boden achten, über die es stolpern könnte (Weiteres in β).

β) Binokulares Gesichtsfeld und räumliches Sehen
Stereoskopisches Sehen setzt im allgemeinen voraus, daß beide Augen auf den betrachteten Gegenstand blicken, d. h. daß ein binokulares Gesichtsfeld vorhanden ist. Dann wird der Gegenstand auf beiden Netzhäuten gleichzeitig abgebildet.

Manche niedere Wirbeltiere mit stark divergierenden Augenachsen – beispielsweise verschiedene Fische – vermögen auch einäugig räumlich zu sehen. Sie tun dies vermutlich mit Hilfe der sogenannten Sukzessivparallaxe. Auch der Mensch ist zur einäugigen Entfernungswahrnehmung befähigt. Er nimmt dabei seine Erfahrung zu Hilfe – beispielsweise kennt er die absolute Größe eines aus der Entfernung klein wirkenden Menschen. Auf diese Fähigkeit wird hier nicht weiter eingegangen.

Man kann sich die Notwendigkeit zweier Augen für das stereoskopische Sehen dadurch klarmachen, daß man ein Auge schließt und versucht, mit einem Zeigefinger einen senkrecht gehaltenen Bleistift zu treffen (die Handbewegung darf nicht zu langsam erfolgen). Anschließend wiederhole man diesen Zielvorgang und öffne dabei beide Augen.

Der Nachteil der beim Menschen gegebenen Anordnung »nach vorne gerichtete Augen« ist, daß wir nicht sehen können, was hinter uns geschieht, ohne den Kopf zu bewegen. Reicht die Kopfdrehung nicht aus, wenden wir zusätzlich den Oberkörper oder wir drehen uns ganz herum. Der Koboldmaki, der seine Augäpfel nicht bewegen kann, vermag den Kopf um nahezu 180° zu drehen (Abb. 241) – eine Fähigkeit, die wir sonst nur von Eulen kennen. Im weiteren soll hier nicht zwischen dem vom ruhenden Auge erfaßten *Gesichtsfeld* und dem vom bewegten überstrichenen *Blickfeld* unterschieden werden.

Räumliches Sehen ist Voraussetzung für genaue Zielvorgänge im weitesten Sinne. Zielen findet statt, wenn – wie im geschilderten Bleistiftversuch – auf einen Gegenstand gezeigt oder dieser ergriffen werden soll. Beispiele für solche visuell kontrollierten Greifbewegungen sind: Ein Mensch nimmt mit der linken Hand eine Nadel auf (erster Zielvorgang) und fädelt in diese einen Faden ein (zweiter Zielvorgang); ein Affe packt beim Klettern einen Zweig und pflückt die daran hängende Frucht; eine Katze schlägt mit der Pfote nach einer Maus.

In den erwähnten Beispielen handelt es sich um Vorgänge, bei denen Extremitäten gezielt zu Objekten hin geführt werden. Aber auch der ganze Körper kann auf ein Ziel hin bewegt werden. Geschieht dies im Sprung, ist eine Korrektur unterwegs unmöglich – die Entfernung muß also vorher genau geschätzt werden. Verfehlt ein Leopard die angesprungene Antilope, hat es für ihn keine schwerwiegenden Folgen. Verfehlt dagegen ein Affe im Kronenraum des Urwalds den »angepeilten« Ast, kann Absturz und Tod die Folge sein.

Nicht nur Baumbewohner führen Sprünge aus, auch Felsbewohner überwinden damit Klüfte oder erreichen schmale Gesimse. Zu denken ist hier an den Dschelada, aber auch an die im Hochgebirge lebenden Paarhufer Gemse, Steinbock und Schneeziege. Die Lebensweise dieser Arten liefert eine Erklärung dafür, daß in Abb. 335 b (linker Teil) der Balken, welcher die Meßwerte der Paar- und Unpaarhufer darstellt, sich so weit in den Bereich kleiner Winkel erstreckt.

c)   Farbensehen

Die Fähigkeit zur Farbenwahrnehmung ist bei Vögeln weit verbreitet. Das ist schon an den bunten Federn vieler Arten erkennbar, welche ja für die Augen der Artgenossen bestimmt sind. Verglichen mit den Gefiederten sind die meisten Säugetiere eher als schlicht gefärbt zu bezeichnen. Die buntesten Arten finden sich unter den Primaten: Rot fallen beim Dschelada oder Rotgesichtsmakak nackte Hautstellen ins Auge (zum Dschelada s. auch IX N). Blau trägt der Mandrill und manche Meerkatzen, gelb ist das Fell des Löwenäffchens, die Farbe grün findet sich wiederum bei Meerkatzen.

Farbentüchtige Arten müssen über Rezeptorzellen unterschiedlicher spektraler Empfindlichkeit verfügen. Die Existenz solcher Zellen kann man mit elektrophysiologischer Methodik feststellen. Ob die betreffende Art tatsächlich zur Farbenwahrnehmung befähigt ist – d. h. ob Farben in ihrem Leben eine Bedeutung haben –, läßt sich jedoch nur mit Hilfe von Dressurversuchen erforschen. Bei diesen wird das Tier durch Belohnung auf eine bestimmte Farbe dressiert. Hat es sich diese eingeprägt, wird im entscheidenden Test eine (unbelohnte) Anordnung geboten: Beispielsweise befindet sich mitten zwischen verschieden grau getönten Flächen der Farbfleck. Ist das Versuchstier farbentüchtig, vermag es die Farbe von einem Grau gleicher Helligkeit zu unterscheiden. Als man das Farbensehvermögen verschiedener Arten mit unterschiedlichen Methoden untersuchte, erhielt man Resultate, die sich teilweise widersprachen und überhaupt oft schwer zu deuten waren.

Im Verhaltensexperiment erwiesen sich als total *farbenblind*: das Opossum, die Laborratte, der Goldhamster, das Kaninchen, viele Reißtier-Arten (beispielsweise der Waschbär) sowie die Nasenspiegelaffen.

Eingeschränkt farbentüchtig zeigten sich die Hausmaus, das Meerschweinchen und die Nilgauantilope; alle drei Arten sehen Gelb und Rot, das Meerschweinchen außerdem Blau und Grün. Fehlende Farbenunterscheidung im langwelligen Spektralbereich – d. h. bei den roten Farbtönen – fand man beim Pferd, beim Kapuziner sowie bei der lange Zeit für total farbenblind gehaltenen Hauskatze.

Abb. 336. Organe zur Wahrnehmung elektromagnetischer Wellen und elektrischer Felder
Oben links: Riesige Augenhöhlen im Schädel eines Koboldmakis (nach Starck 1979)
Oben rechts: Besondere Lage der Augen am Kopf des Flußpferdes. Man beachte, daß
außer den Augen die Ohren und Nasenlöcher aus dem Wasser ragen (nach Grassé 1952 ff.)
Unten links: Gruben (schwarz dargestellt) zur Wahrnehmung von Wärmestrahlung in der
Nasenregion der Gemeinen Vampirfledermaus. Nur zwei der drei Gruben sind sichtbar, die
rechts vom rechten Nasenloch liegende Grube ist vom Nasen»blatt« verdeckt (nach Kürten und Schmidt 1982)
Unten rechts: Schnabeltier lokalisiert unter Wasser eine elektrische Batterie (nach Scheich
et al. 1986)

Voll farbentüchtig sind wenige Arten. Es handelt sich um verschiedene Hörnchen (so
das Eichhörnchen), den Rothirsch sowie zahlreiche Mimikaffen – zu denen ja auch der
Mensch gehört.

d)   Sehr große Augäpfel und besondere Lage der Augen am Kopf

Unter den Primaten findet sich die Art mit den relativ größten Augen: ein Augapfel des
Koboldmakis übertrifft an Volumen das Gehirn (Abb. 336 oben links). Die Augen dienen
dem Maki bei seiner nächtlichen Lebensweise wie uns ein Nachtfernglas mit seinen
großen Linsen als Lichtsammelapparat.
    Stark am Kopf hervorstehende Augen besitzt das Flußpferd (Abb. 336 oben rechts).
Deren Lage ist wie die der Nasenöffnungen eine Anpassung an den Aufenthalt im Wasser:
Während der Körper unter der Wasseroberfläche liegt, ragen nur Nasenlöcher, Augen und
Ohren über diese hinaus.

K2.   »Infrarotauge«

Eine Fähigkeit, die man bisher von verschiedenen Schlangen-Arten kannte (Grubenottern, einige Riesenschlangen), wurde kürzlich bei der Gemeinen Vampirfledermaus entdeckt. Diese besitzt in der Nasenregion drei Gruben, welche die Wahrnehmung von Wärmestrahlung ermöglichen (Abb. 336 unten links).

Eine solche Grube entspricht so wenig wie die der erwähnten Schlangen in ihrer Struktur dem Bauplan des Wirbeltierauges; da sie jedoch wie dieses ein Empfänger gerichteter elektromagnetischer Wellen ist, darf sie als Infrarot»auge« bezeichnet werden.

Die Haut in den Nasengruben der Gemeinen Vampirfledermaus enthält als Rezeptorstrukturen freie Nervenendigungen. Drüsen finden sich dort keine, da deren Sekrete für die Aufnahme von Infrarotstrahlung hinderlich wären. Als weitere Anpassung zeigt sich eine Schicht von dichtem Bindegewebe unter der Nasenregion, welches in zweierlei Hinsicht als Wärmeisolator von Bedeutung ist. Einerseits verhindert es, daß Körperwärme zu den rezeptiven Strukturen der Gruben gelangt, andererseits unterbindet es die Leitung der von der Haut der Gruben – aus der Außenwelt – aufgenommenen Wärme in tiefere Gewebeschichten.

Die Nasengruben helfen sehr wahrscheinlich der Vampirfledermaus bei der Auswahl einer passenden Bißstelle am Opfer (Weiteres in X A).

K3.   Elektro-Ortung

Die Wahrnehmung elektrischer Felder im Wasser ist eine Leistung, zu der verschiedene wenig evolvierte Fisch-Arten, einige Amphibien und die »schwach-elektrischen« Fische imstande sind. Einem Säugetier hätte man bis vor kurzem diese Fähigkeit kaum zugetraut. Erstaunlicherweise besitzt das Schnabeltier einen elektrischen Sinn (Abb. 336 unten rechts). Die zugehörigen Rezeptorzellen kennt man bislang zwar nicht, es ist jedoch sicher, daß sie sich am Schnabel befinden.

Während die Echo-Ortung eine »aktive« Ortung darstellt, ist das Schnabeltier zur »passiven« Elektro-Ortung befähigt. Es sendet nämlich die zur Ortung verwendete Energie nicht selber aus – wie dies beispielsweise die schwach-elektrischen Fische tun. Quelle der vom Schnabeltier wahrgenommenen elektrischen Impulse ist vielmehr die Muskulatur seiner Beutetiere. (Bei jeder Muskeltätigkeit entstehen elektrische Spannungen.) So genügt die Stärke der Aktionspotentiale, die bei den Schwanzschlägen einer bestimmten Süßwasser-Garnele erzeugt werden, um vom Schnabeltier in etwa 5 cm Entfernung wahrgenommen werden zu können.

Da das Schnabeltier sich ausschließlich von lebenden Beutetieren ernährt, dürfte der elektrische Sinn dazu dienen, diese aufzuspüren, wenn sie im Schlamm vergraben sind oder unsichtbar unter Steinen sitzen. So wird sich eine aufgestörte Garnele durch ihre Muskelpotentiale »elektrisch verraten«.

Der Schnabel hat beim Durchwühlen des Schlamms also nicht nur die bekannte mechanorezeptive, sondern auch eine elektrosensitive Funktion.

Abb. 337. Optische Signale
Obere Reihe: Entwicklung der Nase des männlichen Nasenaffen. Von links nach rechts:
entwöhnt, zu Beginn der Geschlechtsreife, junger Erwachsener, alter Erwachsener (nach
Krumbiegel 1953/55)
Unten links: Kopf des Dromedars (nach einem Illustriertenfoto)
Unten rechts: »hochnäsiger« Mensch (Zeichnung: Paul Vogt)

L. Mimik

Optische Signale sind vorwiegend im Sozialleben von Bedeutung. Die Signale können
von *dauernd vorhandenen* Strukturen ausgesandt werden. Ein Beispiel hierfür ist die beim
erwachsenen männlichen Nasenaffen kolbenförmige riesige Nase. Sie ist keine Anpassung an besonders gutes Riechvermögen, sondern stellt höchstwahrscheinlich ein optisches Signal dar. Sie entwickelt sich – ausgehend von einer Form und Größe, wie sie
auch bei Jungtieren und erwachsenen Weibchen vorkommt – zu einem überdimensionalen
Gebilde (Abb. 337 oben). Sie ist reich mit Blutgefäßen versorgt und kann daher bei Erregung oder Wut anschwellen und erröten. Ihre Form dürfte im Sozialleben eine Rolle
spielen und im Verlauf der Stammesgeschichte durch dieselben Prozesse zustandegekom-
men sein, die auch das Geweih des Riesenhirsches hervorbrachten – nämlich durch sexuelle Selektion (s. F4 dieses Kapitels).

Die optischen Signale können auch durch *kurzfristig* in der Form veränderbare Struk-
turen repräsentiert sein. Beispiele hierfür liefern die Veränderungen des Gesichtsausdrucks.
Damit ist eine Ankündigung demnächst erfolgenden Verhaltens durch Mimik möglich.
Voraussetzung ist eine Gesichtsmuskulatur mit feinem Zusammenspiel der verschiedenen
Muskelgruppen. Wie der Vergleich der beiden unteren Darstellungen der Abb. 67 lehrt,
haben die Säugetiere im Verlauf ihrer Evolution die bescheiden ausgebildete Ge-

Abb. 338. Verschiedener Gesichtsausdruck bei Mimikaffen
a) Ein junger Schimpanse drückt – von links nach rechts – folgende Stimmungen aus: Aufmerksamkeit, Erregung, Staunen und Wut (nach Ladygina-Kohts aus Ploog 1974)
b) Homologe Ausdrucksform »stummes Zähnezeigen« bei folgenden Schmalnasenaffen (von links nach rechts): Meerkatze, Makak, Schimpanse, Mensch. Beim Menschen nennt man diesen Gesichtsausdruck »Lächeln« (nach van Hooff aus Hinde 1974)

sichtsmuskulatur der Reptilien zu einem komplizierten System weiterentwickelt. (In der zu den Vögeln führenden Stammeslinie fand keine entsprechende Differenzierung statt: die Vögel »verziehen nicht das Gesicht«, sondern richten Federn auf.)

Mimische Verständigung setzt einen leistungsfähigeren Gesichtssinn beim Sozialpartner voraus als weitausholende Gestik.

Im Ausdrucksverhalten von Hunden und Pferden spielt der Gesichtsausdruck eine große Rolle: Gekräuselte Lippen beim Wolf bedeuten Drohen, die zurückgelegten Ohren des Pferdes signalisieren baldiges Zubeißen. (Außerdem spielt beim Wolf neben mehreren anderen Ausdrucksbewegungen auch die Schwanzhaltung eine Rolle.)

Die lebhafteste Mimik zeigen der Mensch, die ihm nächstverwandten Menschenaffen sowie die sonstigen Mimikaffen.

Das Verständnis der optisch übermittelten Signale ist häufig angeboren. Eine – unter Umständen gleichzeitig zu hörende – Lautäußerung spielt dabei oft keine Rolle. Dies wurde bei Rhesusaffen nachgewiesen. Man bot unerfahrenen Jungtieren Diapositive, auf denen Gesichter von erwachsenen Rhesusaffen zu sehen waren, die verschiedene Stimmungen ausdrückten. Man brachte den Jungtieren bei, sich durch Knopfdruck die Bilder selber zu projizieren. Zunächst bevorzugten sie kein bestimmtes Gesicht. Ab einem gewissen Alter mieden sie jedoch solche Bilder, auf denen die Erwachsenen durch Mimik Aggression oder Wut ausdrückten – obwohl sie niemals die auf ein solches Ausdrucksverhalten normalerweise folgenden aggressiven Handlungen zu spüren bekommen hatten.

Das angeborene Verstehen bestimmter Ausdrucksbewegungen spielt uns gelegentlich einen Streich. So interpretieren wir die Kopfhaltung von Altwelt-Kamelen (Abb. 337 unten links) in einer völlig unangemessenen Weise. Diese Tiere werden nämlich häufig als »hochmütig« oder »unsympathisch« bezeichnet. Die Erklärung für eine derartige Aussage liefert folgender Tatbestand.

Legt ein Mensch, während er sein Gegenüber betrachtet, den Kopf etwas in den Nacken und schließt die Augen ein wenig, so blickt er »von oben herab« und gilt als »hochnäsig« (Abb. 337 unten rechts). Diese unter Menschen verbreitete Geste der Überlegenheit oder Ablehnung wird vom Mitmenschen verstanden. Das Verstehen scheint in uns angeborenermaßen verwurzelt zu sein, sonst würden wir nicht die Kopfhaltung des Dromedars in der erwähnten Weise falsch deuten. Wir übertragen damit die Stimmung eines Menschen mit entsprechender Kopfhaltung auf das Kamel, indem wir unbewußt die Höhenlage der Augen relativ zu den Nasenlöchern bewerten.

Mimikaffen verfügen – besonders infolge ihrer sehr beweglichen Oberlippe (s. XII L) – über vielfältige Möglichkeiten, durch Verändern des Gesichtsausdrucks mit dem Sozialpartner in Kommunikation zu treten. So spiegeln sich im Gesicht des Schimpansen sehr unterschiedliche Stimmungen wider, von denen einige in Abb. 338 a dargestellt sind.

Bei mehreren mimischen Signalen werden die Zähne entblößt. Dies geschieht nicht nur in Wut hervorrufenden Situationen (Abb. 338 a, rechtes Bild), sondern auch bei freundschaftlichen Begegnungen zwischen Artgenossen. Wie Abb. 338 b zeigt, lassen sich in der Mimik verschiedener Arten der Schmalnasenaffen Zustände auffinden, die man als homolog zum Lächeln des Menschen bezeichnen kann. Den in Abb. 338 b dargestellten Gesichtsausdruck nennt man bei den Affen »stummes Zähnezeigen«. Wie man bei Makaken nachgewiesen hat, ist dieser mimische Ausdruck dann zu beobachten, wenn ein rangtiefer Makak von einem ihm überlegenen Gruppenmitglied angegriffen wird; das mimische Signal kann bewirken, daß der Dominante in seinem Angriff innehält.

M. Mit der Fortpflanzung zusammenhängendes Verhalten

Umfangreiches Wissen liegt über dieses Verhalten vor, welches einen wesentlichen Teil des Forschungsgebietes der Soziobiologie bildet. Nachstehend sind einige wenige Tatsachen herausgegriffen; es handelt sich dabei vorwiegend um solche Aspekte, welche in Beziehung zu einem sonstigen Kapitel des Buches stehen.

M1. Ein Männchen sichert sich die bevorzugte oder alleinige Paarung mit empfängnisbereiten Weibchen

Der Alleinbesitzer eines Harems, von dem fremde Männchen ferngehalten werden, paart sich mit den in Östrus befindlichen Weibchen und bringt so sein Erbgut in die nächste Generation.

Leben in einer Gruppe mehrere Männchen und mehrere Weibchen, kann das ranghöchste Männchen – welches in der Tiersoziologie als α-Tier bezeichnet wird – zu bestimmten Zeiten anderen Männchen Kopulationen mit den Weibchen erlauben. Gerät ein Weibchen jedoch in Brunst und damit in Empfängnisbereitschaft, läßt das α-Männchen keine Rivalen mehr zu, sondern beansprucht das betreffende Weibchen für sich allein (Abb. 339).

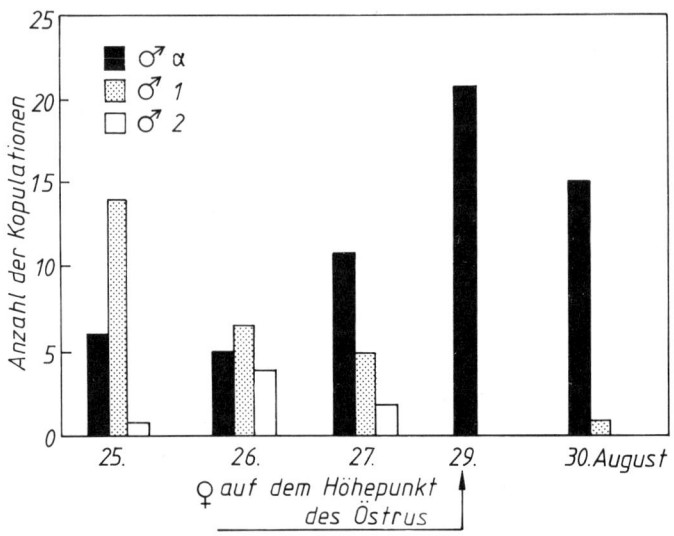

Abb. 339. Häufigkeit des Kopulierens verschiedener Männchen des Grünen Pavians mit einem in Östrus geratenden Weibchen an unterschiedlichen Tagen. Die Beobachtungen stammen aus dem Freiland. Das α-Männchen ist am ranghöchsten (nach Hael und De-Vore aus Vaughan 1978)

Während das α-Männchen das kräftigste und angriffslustigste Tier der Gruppe ist, handelt es sich bei den rangniederen Männchen (beispielsweise Männchen 1 und 2 der Abb. 339) einerseits um jugendliche, andererseits um solche Männchen, die schwächer sind als das α-Tier. Das stärkste Männchen einer Gruppe hat somit auch einen größeren Fortpflanzungserfolg als die schwachen Männchen.

Der Höhepunkt des Östrus – und damit der Zeitpunkt der Ovulation – ist für die männlichen Paviane unter anderem daran kenntlich, daß jetzt die Genitalschwellung der Weibchen am stärksten ist (s. auch IX N).

M2. »Eingriffe« des Männchens, um seiner Nachkommenschaft zum Durchbruch zu verhelfen

Abb. 339 illustriert die – »außerhalb des Weibchens« stattfindende – Konkurrenz von Männchen um den Fortpflanzungserfolg (s. unten). »Ziel« des α-Männchens ist es, seine eigenen Gene in die nächste Generation einzubringen. Dafür ist es erforderlich, daß Eizellen von seinen Spermien befruchtet werden.

Es ist aber auch eine – »innerhalb des Weibchens« existierende – Konkurrenz von Spermien verschiedener Männchen um die Eizellen möglich. Eine solche Sperma-Konkurrenz – kenntlich an den zu dieser Zeit stattfindenden Kopulationen – wurde bei Säugetieren bisher nicht nachgewiesen. Daher ist in Abb. 175 der entsprechende Pfeil mit einem Fragezeichen versehen. Man kennt jedoch beispielsweise von Stockenten die Situation, daß ein verpaartes Weibchen von einem fremden Männchen vergewaltigt wird. In diesem Fall wird das Weibchen unmittelbar darauf von seinem eigenen Männchen ebenfalls vergewaltigt – was sonst nie vorkommt. Das eigene Männchen setzt durch dieses Vorgehen sein eigenes Sperma in Konkurrenz zu dem des fremden Männchens.

Ein Männchen kann sich weiterhin seine Vaterschaft dadurch sichern, daß es mit einem bestimmten Weibchen ständig zusammenlebt (Einehe oder Monogamie); es kann aber auch Weibchen als Rudel von einem anderen Männchen übernehmen, indem es den vorherigen Haremsbesitzer vertreibt. In diesem Fall besteht die Möglichkeit, daß ein oder mehrere Weibchen entweder vom früheren Haremsbesitzer trächtig sind oder von diesem Junge haben. Würde das neue Männchen diese großziehen, kämen seine eigenen Gene in diesem Rudel erst dann zum Durchbruch, wenn die Weibchen von ihm selbst Kinder hätten.

Ein Männchen kann zu verschiedenen Zeitpunkten der Fortpflanzungsperiode »eingreifen«, um eventuell vorhandene Embryonen oder bereits geborene Junge zu beseitigen (Abb. 175).

Ein subtiles »Vorgehen« des Männchens hat man bei Mäusen untersucht. Hier geht dieses nicht auf eine relativ grobe Weise vor, wie es bei den weiter unten zu besprechenden Löwen und Affen der Fall ist. Bei dem als *Bruce-Effekt* beschriebenen Phänomen geschieht folgendes: Setzt man ein trächtiges Mäuseweibchen, welches bisher mit dem Vater seiner Embryonen zusammengelebt hatte, mit einem fremden Männchen zusammen (das bisherige Männchen wird vorher entfernt), so kommt es zu einem Schwangerschaftsabbruch. Nach Abgang der Embryonen vermag das Weibchen nach wenigen Tagen wieder brünstig zu werden. So kann es vom neuen Männchen nach sehr kurzer Zeit begattet werden. Wie Experimente zeigen, muß das neue Männchen gar nichts weiter unternehmen, der Schwangerschaftsabbruch geschieht gewissermaßen »ohne sein Zutun«. Der Bruce-Effekt tritt nämlich auch dann auf, wenn man Streu aus dem Käfig eines fremden Männchens nimmt und zum trächtigen Weibchen gibt. Wie man durch derartige Versuche herausfand, sind es Geruchsstoffe aus dem männlichen Urin, welche den Bruce-Effekt hervorrufen. Man erhielt außerdem das interessante Ergebnis, daß der Bruce-Effekt um so schwächer auftritt, je näher verwandt die beiden in den Experimenten verwendeten Männchen sind – mit anderen Worten: je größer die genetische Ähnlichkeit der Männchen ist. Diese Experimente sind besonders bei Mäusen gut durchführbar, da man in Laboratorien schon seit langem sehr viele Inzucht-Stämme hält.

Eingreifen des Männchens *nach* der Geburt der Jungen beobachtete man beim Löwen und bei einigen Affenarten (die Artbezeichnungen finden sich in Abb. 175). In diesen Fällen bringen die den Harem übernehmenden Männchen die Jungen um. Diese Kindestötung steht im Widerspruch zur herkömmlichen Auffassung der Verhaltensforschung, welche besagt, Töten von Artgenossen komme nicht vor. Auch handeln Männchen, die Junge umbringen, nicht im Sinne der Arterhaltung. Sie könnten ja sonst die im Harem vorhandenen Jungen am Leben lassen – ja sogar einen von einem fremden Männchen beherrschten Harem unbehelligt lassen und sich nicht das Weibchen-Rudel aneignen. Die Erhaltung der Art ist demnach nur eine Folgeerscheinung der vom einzelnen Männchen verfolgten Strategie, welche darin besteht, seine eigenen Gene in die zukünftige Generation einzubringen.

Der Löwe ist nachstehend als Beispiel dafür besprochen, wie das »Ausmerzen« fremder Gene in einer sehr späten Phase der Fortpflanzungsperiode geschieht.

Die Sozialstruktur dieser Großkatze gab den Zoologen lange Zeit Rätsel auf. Sie dachten, der »König der Tiere« könne in verschiedener Hinsicht vom Verhalten anderer Arten abweichen.

Die Erforschung des Sozialverhaltens des Löwen erforderte langwierige Untersuchungen in den afrikanischen Steppengebieten. Schließlich ergab sich die im folgenden dargestellte Sozialstruktur. Ein in der Grassteppe lebendes Rudel besteht aus 3 bis 12 geschlechtsreifen Weibchen, mehreren Jungen und 1 bis 6 (meist sind es 2) Männchen.

Fortpflanzung geschieht nur *innerhalb* der Rudel – die in diesen nicht mehr geduldeten Löwen wandern ohne festes Aufenthaltsgebiet umher. Zu den Umherziehenden gehören vor allem ausgestoßene dreijährige Männchen. Junge Männchen im Alter von 5 bis 6 Jahren sind in der Blüte ihres Lebens; sie haben ihre maximale Körperkraft erreicht und versuchen, ein Rudel zu übernehmen. Dies geschieht dann problemlos, wenn ein Haremsbesitzer stirbt, im allgemeinen müssen sie jedoch mit dem Rudeloberhaupt kämpfen. Bei den Auseinandersetzungen schützt die Mähne vor schwerwiegenden Verletzungen durch Prankenhiebe.

Eine andere Strategie besteht darin, sich in ein Rudel allmählich »einzuschleichen«. In keinem Fall verträgt sich ein Männchen mit dem vorhandenen Besitzer.

Nach Übernahme des Harems durch ein neues Männchen bringt dieses die darin vorhandenen Jungen um. Dies geschieht nicht aus Hunger – wie man eine Zeitlang annahm –, das Männchen ißt die Jungen nämlich nicht auf. Es hat auch keine allgemeine Tendenz, grundsätzlich alle Löwenjungen umzubringen, denn es läßt Junge benachbarter Rudel unbehelligt; außerdem legt es seinem eigenen Nachwuchs gegenüber sehr freundschaftliches Verhalten an den Tag. Es tötet also nur diejenigen Jungen, welche seinem eigenen Nachwuchs »im Wege stehen«. Der Grund hierfür liegt darin, daß ein Weibchen, welches Junge säugt, nicht brünstig wird. Die Mutter ist nämlich nach der Geburt durch die Jungen 2 bis 3 Jahre in Anspruch genommen und fällt während dieser Zeit für die Fortpflanzung aus. Ein neuer Östrus kann erst eintreten, wenn die Jungtiere selbständig geworden oder tot sind. Dann gerät nach wenigen Wochen das Weibchen in Brunst. Würde das neue Männchen die fremden Jungen nicht umbringen, müßte es 2 bis 3 Jahre warten, bis es mit diesem Weibchen eigene Nachkommen zeugen könnte.

So lange hat das Männchen jedoch keine Zeit. Warum? Ein Männchen kann einen Harem nur 2 bis 3 Jahre behalten. Dann wird es von Rivalen vertrieben, die jünger und ihm an Kraft überlegen sind. Der Haremsbesitzer verschleißt seine Kraft nämlich rasch dadurch, daß er sich dauernd mit den zahlreich vorhandenen Konkurrenten streiten muß. Ist ein Haremsinhaber einmal verdrängt, hat er kaum eine Chance, noch einmal ein Rudel zu übernehmen.

In welcher Situation befinden sich die Löwinnen? Sie sind daran »interessiert«, ihre Kinder am Leben zu erhalten. Wenn sie diese Strategie verfolgen, müssen sie alles tun, um den Haremsbesitzer möglichst lange bei sich zu behalten. Das liefert eine Erklärungsmöglichkeit dafür, daß nach einem Jagdzug die Weibchen warten und die Männchen bereitwillig an der Beute fressen lassen.

M3. Die Fortpflanzung von Männchen wird unterdrückt: der Nacktmull

Bei einer einzigen Art werden die in einer Gruppe lebenden Männchen nicht von anderen Männchen an der Fortpflanzung gehindert – sondern von einem Weibchen.

Der Nacktmull lebt in Kolonien, welche aus etwa 15 Individuen verschiedenen Geschlechts bestehen. Allerdings pflanzt sich nur ein Paar fort. Die übrigen erwachsenen Mitglieder der Kolonie lassen sich zwei »Kasten« zuordnen. Die meisten Individuen gehören der *Arbeiterkaste* an. Es sind die kleinsten Erwachsenen. Die Arbeiter graben die Höhle für das gemeinschaftliche Nest sowie neue Gänge, welche zu unterirdischen Speicherorganen von Pflanzen führen, von denen sich die Koloniemitglieder ernähren (zum sozialen Graben s. Abb. 260). Außerdem tragen sie Nistmaterial und Nahrung zum gemeinsamen Nest, in dem das Muttertier Junge zur Welt bringt und sich mit diesen aufhält.

Einige wenige Individuen, die in der Größe zwischen den Arbeitern und dem sich fortpflanzenden Weibchen – nachstehend »Muttertier« genannt – stehen, bilden eine Kaste von »*Nicht-Arbeitern*«. Über ihre Aufgabe weiß man noch nicht genau Bescheid; da sie sich die meiste Zeit im Nest beim Muttertier und den Jungen aufhalten, übernehmen sie vielleicht eine Rolle bei der Verteidigung der Kolonie.

Wie man durch Experimente herausgefunden hat, sind die nicht an der Fortpflanzung teilnehmenden Nacktmulle nicht etwa unfruchtbar. Sie vermögen nämlich neue Kolonien zu gründen und auch das sich fortpflanzende Paar dann zu ersetzen, wenn dieses experimentell entfernt wird oder stirbt. Im letztgenannten Fall zeigen mehrere der verbleibenden Weibchen Zeichen geschlechtlicher Aktivität, jedoch nur eines davon wächst schnell und wird innerhalb weniger Wochen sexuell dominant. Dies geschieht ohne jegliche Kämpfe.

Nach dem Gesagten ist anzunehmen, daß ein vorhandenes Muttertier die sexuelle Aktivität anderer Koloniemitglieder in irgendeiner Weise unterdrückt. Dies geschieht erstaunlicherweise wie bei sozialen Insekten, deren Staaten ja wie die Nacktmullkolonie auch aus Kasten bestehen. Das reproduktionsfähige Weibchen sondert in beiden Sozietäten *Pheromone* ab, welche auf die übrigen Mitglieder einwirken.

Wie man an Gefangenschafts-Kolonien des Nacktmulls beobachtet hat, beeinflußt der Zustand, in dem sich das Muttertier während seines Fortpflanzungszyklus gerade befindet, sämtliche Individuen der Kolonie. Beispielsweise entwickeln, kurz bevor ein Junges geboren wird, alle Nacktmulle Zitzen. Die Männchen sehen nun wie Weibchen aus. Die Konzentration an männlichen Geschlechtshormonen sinkt ab. Dieses Phänomen kann auf folgende Weise interpretiert werden: Die vom Muttertier abgegebenen Pheromone versetzen die ganze Kolonie in einen Zustand, in dem sämtliche Mitglieder eine hohe Bereitschaft zur Jungenfürsorge zeigen. Sie umhegen dementsprechend auch die Neugeborenen – Milchabgabe und Säugen geschieht allerdings nur durch das Muttertier.

Wie gelangen die Pheromone vom Muttertier zu den Individuen der beiden anderen Kasten? Dies dürfte an zwei Orten geschehen. Einerseits können im Urin des Muttertiers enthaltene Substanzen am gemeinschaftlichen Kot- und Harnplatz von den anderen Mitgliedern (olfaktorisch?) wahrgenommen werden. Andererseits kommt es im Gemeinschaftsnest häufig zu körperlichen Kontakten, was eine gute Grundlage für chemische Informationsübertragung darstellt.

Das höchst merkwürdige Fortpflanzungsverhalten des Nacktmulls deutet man folgendermaßen: In den extrem wasserarmen Regionen, in denen diese Art lebt, müssen die Tiere außerordentlich harten Boden durchwühlen, um an ihre Nahrung zu gelangen. Ein einzelnes Nacktmull-Paar könnte vielleicht in einem solchen Gebiet gerade noch sein Dasein fristen; es wäre aber kaum imstande, Nachkommenschaft großzuziehen. Nur dadurch, daß sich ein Teil der Koloniemitglieder als Arbeiter in den Dienst des Elternpaares und der Jungen stellt, vermag sich der Nacktmull in diesen lebensfeindlichen Regionen auch fortzupflanzen.

N.   Mimikry

Unter Mimikry versteht man ganz allgemein »Nachahmung«. Häufig ahmt ein Lebewesen ein anderes oder Teile davon nach. Bekannte Beispiele sind harmlose Schwebfliegen, welche den mit einem Giftstachel bewehrten Wespen oder Bienen täuschend ähnlich sehen und so vor Insekten essenden Vögeln geschützt sind.

Bei näherer Betrachtung des Phänomens ist zu unterscheiden zwischen einem *Vorbild*, einem dieses imitierenden *Nachahmer* und einem *Signalempfänger*. Der Signalempfänger – welcher getäuscht werden soll – muß über Kenntnisse der Eigenschaften des Vorbildes verfügen. Er kann diese angeborenermaßen besitzen oder aufgrund von Lernvorgängen erwerben.

Die vom Nachahmer gesendeten Signale sind häufig optischer, oft auch chemischer oder akustischer Natur. Nachstehend wird nur auf optische Signale eingegangen.

Die Signale können entweder sehr auffällig sein oder aber sie sollen den Sender in der Umgebung verbergen. Sendet der Nachahmer Signale, die den Empfänger »interessieren«, spricht man von *Mimikry*. Im Beispiel der Wespen-Nachahmung durch Schwebfliegen ist es für einen Vogel von Bedeutung (von »Interesse«), ob er versucht, schmerzhaft stechende Wespen zu verschlucken. Wird von einem Tier der den Signalempfänger nicht interessierende »Hintergrund« nachgeahmt, spricht man von Tarnung oder *Mimese*. Ein Beispiel hierfür liefert die Fellfärbung des Europäischen Feldhasen, die ihn – sofern er ruhig in seinem Lager verharrt – optisch mit der Umgebung verschmelzen läßt.

N1.   Zwischenartliche Mimikry

Diese Form der Mimikry ist die weitaus am häufigsten vorkommende: sie findet sich bei zahlreichen Insekten-Arten. Bei Wirbeltieren ist sie seltener zu beobachten als bei Wirbellosen – Säugetiere liefern fast keine Beispiele.

Zu erwähnen ist der Finnische Vogelhund, der vom Menschen auf Ähnlichkeit mit dem Rotfuchs gezüchtet wurde, so daß man die beiden nur schwer auseinanderhalten kann. Signalempfänger sind hier die jagdbaren Vögel, welche auf diese »Fuchsattrappe« hereinfallen. Weiterhin existieren außerordentliche Ähnlichkeiten zwischen einigen Spitzhörnchen-Arten und bestimmten Eichhörnchen. Man kann Vorbild und Nachahmer oft nur am Schädel unterscheiden. Da die Vertreter der Scandentia schlecht schmeckendes Fleisch besitzen, sind auch die sie nachahmenden Eichhörnchen vor Beutegreifern geschützt.

Das dritte Beispiel liefern Erdwolf und Streifenhyäne. Wie in Abb. 124 dargestellt, verfügt der – manchmal als eigene Familie geführte, hier aber zu den Hyänen gestellte – Erdwolf nur über ein sehr schwächlich gebautes Gebiß. Da er auch keine scharfen Krallen besitzt wie die Katzen, ist er ein recht wehrloses Tier. Man vermutet, daß er seine Überlebenschancen dadurch erhöht, daß er die Streifenhyäne nachahmt (Abb. 340). Die Zähne dieser Art bilden ein typisches Hyänengebiß, welches so kräftig ist wie das der Tüpfelhyäne in Abb. 124. Die Streifenhyäne stellt damit ein recht wehrhaftes Tier dar.

Abb. 340. Zwischenartliche Mimikry: Erdwolf (links) und Streifenhyäne. Nicht maßstabgetreu (nach Gingerich 1975)

Erdwolf und Streifenhyäne ähneln sich in vieler Hinsicht (Abb. 340): Beide weisen ein Streifenmuster des Fells auf, zeigen eine nach hinten abfallende Rückenlinie, haben spitze Ohren und eine Rückenmähne, welche in einen buschigen Schwanz übergeht. Auch führen beide Arten eine nächtliche Lebensweise, bewohnen das gleiche Gebiet (Dornbuschsteppe) und kommen einzeln oder als Paare vor.

Ein Unterschied zwischen Vorbild und Nachahmer besteht hinsichtlich der Körpergröße: Der Erdwolf ist mit 12 bis 15 kg Körpermasse wesentlich kleiner als die Streifenhyäne mit 50 bis 60 kg. Diese Differenz wird jedoch dadurch wieder etwas verwischt, daß der Erdwolf bei Erregung seine Rückenmähne aufrichtet und dadurch größer wirkt. Außerdem ist es sehr schwierig, in der Steppe – wo die Skala für einen Größenvergleich fehlt – festzustellen, ob es sich um den kleinen Erdwolf oder die große Streifenhyäne handelt. Aus einiger Entfernung dürfte auch die etwas unterschiedliche Kopfform der beiden Arten (schwach entwickelte Kaumuskulatur des Erdwolfs!) kaum auffallen.

Ein Verwechseln des Erdwolfs mit der Streifenhyäne unterläuft nach ihren Berichten den in Afrika arbeitenden Zoologen. Daher ist es wahrscheinlich, daß auch ein optisch jagender Beutegreifer auf die Täuschung hereinfällt. Als ein solcher kommt der Leopard in Frage, der häufig dem Erdwolf an Größe ähnelnde Schakale erbeutet, sich aber an eine Streifenhyäne ihres kräftigen Gebisses wegen nicht heranwagen dürfte.

N2.   Innerartliche Mimikry

Ein von einer Mantelpavian-Horde bewohnter Felsen fehlt nur in wenigen Zoologischen Gärten. Die Besucher staunen über die auffällig roten Hinterteile dieser Affen, welche bei den Weibchen während des Östrus extrem angeschwollen sind. Dies veranlaßte einen Vater zu folgender Bemerkung seinen Kindern gegenüber: »Diese Affen sind alle krank!« Stellvertretend für die Analregion des Mantelpavians kann die des Schopfmakaken in Abb. 341 stehen.

Welche Bedeutung kommt den ins Auge fallenden nackten roten Hautstellen im Sozialleben dieser Paviane zu? Verhaltensforscher haben hierzu das Aussehen verschiedener verwandter Arten der Hundsaffen miteinander verglichen, außerdem untersuchten sie deren Lebensraum und das Sozialverhalten. Es ergaben sich die nachstehend beschriebenen Zusammenhänge.

Die rote Region, die im Verlauf des Sexualzyklus an- und abschwillt, könnte man beim Weibchen Genital- und Perinealregion nennen. In ihr liegen nämlich Geschlechts- und Afteröffnung sowie der zwischen beiden befindliche Damm (Perineum). Beim Männchen befindet sich in der roten Region nur der Anus. Der Kürze halber wird nachstehend diese Region bei beiden Geschlechtern als *Analregion* bezeichnet.

Die meisten Primaten leben auf Bäumen. Nur wenige Arten sind Bodenbewohner. Hierher gehören die Paviane. Wie in Abschnitt IV C beschrieben, übernachten Mantelpaviane in Felswänden und ziehen tagsüber in der offenen Landschaft umher. Hier haben sie bei Gefahr oft nicht die Möglichkeit, auf Bäume zu flüchten. Gefährdet durch Großkatzen, haben die Männchen nicht nur riesige dolchartige Eckzähne entwickelt, sondern verfügen auch über eine ständig hohe Kampfbereitschaft. Ohne die Eckzähne wäre mit den zartgliedrigen Händen gegen einen Leoparden wenig auszurichten. Wenn die Paviane tagsüber umherstreifen, halten sie eine bestimmte Marschordnung ein, bei welcher außen die wehrhaften Männchen gehen.

In der Gruppe herrscht eine strenge Rangordnung. Ranghöchster (das α-Tier) ist der »Pascha«, ein adultes Männchen im Vollbesitz seiner Kräfte.

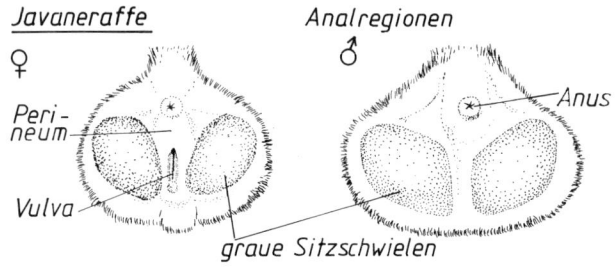

Javaneraffe   Analregionen

♀   ♂

Peri-
neum

Anus

Vulva

graue Sitzschwielen

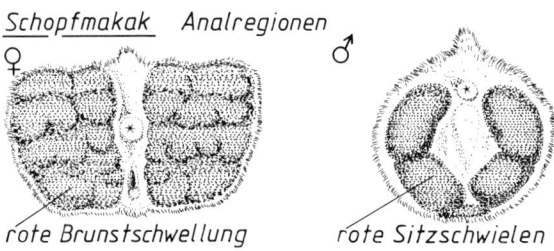

Schopfmakak   Analregionen

♀   ♂

rote Brunstschwellung   rote Sitzschwielen

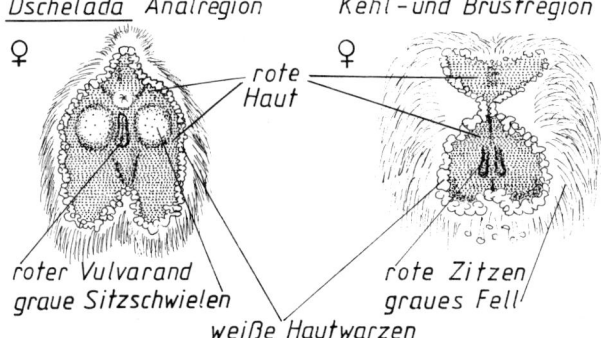

Dschelada   Analregion   Kehl-und Brustregion

♀   ♀

rote
Haut

roter Vulvarand   rote Zitzen
graue Sitzschwielen   graues Fell

weiße Hautwarzen

Abb. 341. Auffällige nackte
Hautstellen bei Mimikaffen
als Beispiele für innerart-
liche Mimikry
(nach Wickler 1963)

Im allgemeinen können sich die Weibchen und rangtiefen Männchen von dem oder den
ranghohen – ständig aggressiven – Männchen fernhalten. In der Zeit des Östrus ist es jedoch erforderlich, daß sich ein paarungsbereites Weibchen dem Männchen bis zum Kör-
perkontakt nähert. Die Brunstschwellung der Analregion des Weibchens zeigt dem
Männchen nicht nur an, daß der Zeitpunkt des Eisprungs nahe ist (s.hierzu auch Abschnitt VI B), die rote Analregion wirkt außerdem als Beschwichtigungssignal auf den
Pascha.

Die Deutung des nackten roten Hinterteils als aggressionshemmendes Signal macht
verständlich, daß bei einigen Arten auch die Männchen eine rote Analregion aufweisen.

Sämtliche Arten, bei denen die Männchen mit ihrer Analregion die der Weibchen
nachahmen, leben in Gruppen und weisen eine sehr stabile Rangordnung auf.

Das »Loslösen« dieses Signals aus dem Funktionskreis von Fortpflanzung und Ko-
pulationsaufforderung wird drastisch dadurch vor Augen geführt, daß auch Männchen vor
Männchen, ja sogar rangtiefe Männchen vor ranghohen Weibchen »präsentieren«. *Präsentieren* nennt man das Verhalten, bei dem ein Rangtiefer dem Ranghohen das Hinterteil
zukehrt, wobei er den Schwanz zur Seite oder hoch hält. Auf diese »Demutsgebärde« hin

388

kopuliert das ranghohe Männchen oft mit dem rangniederen Weibchen oder reitet wenigstens kurz auf.

Die Wirksamkeit der Unterlegenheitsdemonstration zeigt sich sehr schön an der Verhaltensweise des »gesicherten Drohens«. Wenn in der Gruppe ein Streit ausbricht, greift sofort das α-Männchen ein, indem es aggressiv gegen die Streitenden vorgeht. Ein Rangniederer (X) vermag allerdings den Angriff des Paschas auf einen anderen Rangniederen (Y) zu richten und selbst straffrei auszugehen. Der Pavian X stellt sich dabei so, daß er gleichzeitig gegen Y droht und dem α-Männchen sein Hinterteil präsentiert.

Trifft die Annahme zu, daß die Männchen mit ihrer Analregion die der Weibchen nachahmen, dürfen rote Analregionen im männlichen Geschlecht nur bei solchen Arten vorkommen, deren Weibchen rote Brunstschwellungen aufweisen. Der Vergleich verschiedener nahe verwandter Arten bestätigt diese Annahme. Bei manchen Makaken zeigen die Weibchen keine roten Brunstschwellungen. Vielmehr besitzen bei diesen Arten die Weibchen Sitzschwielen, welche als mechanischer Schutz aus unbehaarter derber Haut bestehen, welche grau aussieht. Hierher gehört der Javaneraffe (*Macaca irus*: Abb. 341 oben), bei welchem folgerichtig auch die Männchen graue Sitzschwielen besitzen. Beim Schopfmakak zeigen die Weibchen – und damit auch die Männchen – rote Analregionen (Abb. 341 Mitte). Die Schwellungen der Weibchen sind infolge starker Durchblutung rot und weisen eine – verglichen mit den Sitzschwielen – sehr zarte Haut auf. Die roten Sitzschwielen der Männchen besitzen eine derbere Haut als die Brunstschwellungen.

Eine geradezu phantastisch anmutende »Illustration« vorstehender Ausführungen bietet der Dschelada. Er heißt auch Blutbrustpavian oder im Volksmund »Pavian mit blutendem Herzen«, da bei ihm sowohl Männchen als auch Weibchen einen unbehaarten roten Fleck auf der Brust aufweisen. Beim Weibchen ist die Analregion durch einen Saum aus weißen Hautwarzen sehr auffällig gestaltet (Abb. 341 unten). Vergleicht man den Brustfleck mit der Analregion des Weibchens, erkennt man, daß dieses *sich selber* nachahmt. Die grauen Sitzschwielen engen den roten Analfleck so ein, daß eine sanduhrförmige Verteilung der roten Farbe zustandekommt. Dasselbe wird auf der Brust durch graue Fellpartien erreicht. Der weiße Hautwarzensaum ist auf der Brust ebenfalls vorhanden, sogar der rote Vulvarand wird nachgeahmt. Dies geschieht durch die Zitzen, welche beim Dschelada außergewöhnlich dicht beieinander stehen und ein kräftigeres Rot als die Umgebung aufweisen. Das Rot vertieft sich noch, wenn das Weibchen in Östrus gerät. Diese Wirkung ist auf die weiblichen Geschlechtshormone zurückzuführen, deren Konzentration im Blut ja während des Sexualzyklus schwankt. Da diese Hormone auch bei anderen Arten eine Wirkung auf die Zitzen ausüben, macht sich der Dschelada eine sowieso vorhandene Gesetzmäßigkeit zunutze. Die Zitzen stehen hier also *auch* im Dienst des Sozialverhaltens der Erwachsenen.

Verständlich wird die Brustfärbung durch eine Besonderheit der Lebensweise: Der Dschelada, der baumloses Gebirge bewohnt, sitzt dort häufig auch auf schmalen Gesimsen der Felswände; in dieser Situation vermag ein Rangtiefer das beschwichtigende Signal »Analregion« nicht oder nur unter Absturzgefahr vorzuführen.

X. Nahrungserwerb und Verarbeiten der Nahrung

Vielfältig sind die Nahrungsquellen, die sich die verschiedenen Arten erschlossen haben. Um den Bedürfnissen der Zellen des Tierkörpers gerecht zu werden, muß die Nahrung verdaut werden. Dabei entstehen Moleküle, welche von der Darmwand resorbiert und über den Blutkreislauf den Zellen der verschiedenen Gewebe zur Verfügung gestellt werden. Hauptbestandteile der Nahrung sind Proteine, Fette und Kohlenhydrate. Außerdem müssen dem Tierkörper Vitamine, Mineralstoffe und Spurenelemente zugeführt werden, welche keiner weiteren Verarbeitung bedürfen.

Bestimmte Bestandteile der Nahrung – die »Baustoffe« – werden zur Synthese körpereigener Substanz benötigt. Einen anderen – beträchtlichen – Teil verwenden Homoiotherme im »Betriebsstoffwechsel« zu folgendem: Sie wandeln die in der Nahrung enthaltene chemische Energie in Wärmeenergie um und halten so ihre Körpertemperatur konstant.

Im Abschnitt »Nahrungsbedingte Gebißanpassungen« wurde bereits auf die sehr unterschiedlichen »Speisezettel« der verschiedenen Arten eingegangen. Die mannigfaltigen Methoden der Nahrungsbeschaffung sind nachstehend in keiner Weise erschöpfend dargestellt; es sind vielmehr einige besonders reizvolle und auch ausgefallene Gebiete herausgegriffen, wobei teilweise auch auf das Verarbeiten der Nahrung eingegangen wird.

A. Tierliche Kost

Einiges über das Erbeuten von Insekten und sonstiger landlebender Wirbelloser ist in Abschnitt V H zu finden. Schwierigkeiten beim Fangen gibt es dabei vor allem, wenn es sich bei der Beute um nächtlich fliegende Insekten handelt. Hier leistet die Echo-Ortung große Hilfe (s. IX J).

A1. Große Wirbeltiere

Arten, die sich von großen land- oder auch wasserlebenden Wirbeltieren ernähren, stehen an der Spitze der ökologischen Pyramide (Abb. 402).

a) Jagdverhalten des Löwen

Verfolgen wir anhand der Schilderung und Skizze (Abb. 342) eines Verhaltensforschers den Jagdzug zweier Löwinnen. In der Serengeti strebten diese – von vier etwa 6 Wochen alten Jungen der einen Löwin begleitet – auf ein Gebüsch in der Nähe eines Flusses zu

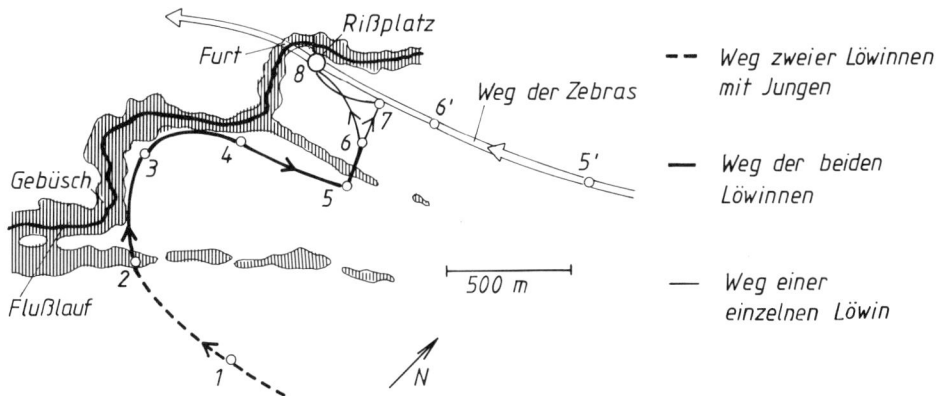

Abb. 342. Jagdzug zweier Löwinnen. Beschreibung der durch Ziffern gekennzeichneten Ereignisse im Text (nach Kühme 1967)

(Ziffer »1« in Abb. 342). Der Beobachter verfolgte die jagenden Großkatzen im Geländewagen. Im Naturschutzgebiet an Autos gewöhnt, ließen sich die Löwen dadurch nicht stören. Im Gebüsch angekommen, legten sich Löwinnen samt Jungen nieder (2). Plötzlich erhoben sich die beiden Erwachsenen, ließen die Jungen zurück und liefen am Flußufer entlang (3). Nach etwa 1 km hielten sie an, um eine Zeitlang ihre ganze Aufmerksamkeit nach Nordosten zu richten (4). Der Beobachter, der nichts sehen konnte, vermutete, daß die Löwinnen etwas gerochen hatten. Schließlich gingen sie langsam in die Richtung ihres Sicherns weiter.

Als Löwinnen und Beobachter nahezu am Ende einer sich etwa nach Osten erstreckenden Senke mit Gebüsch angekommen waren (5), konnte der Zoologe mit dem Fernglas in etwa 1 km Entfernung mehrere Zebras erkennen (5'). Er vermochte allerdings nicht festzustellen, ob diese am Ort blieben oder wanderten. Den Löwinnen war jedoch offensichtlich bekannt, daß sich die Zebras auf sie zu bewegten (s. die eingezeichnete Route). Das Verhalten der Großkatzen wäre sonst unverständlich geblieben: Sie liefen nämlich nicht weiterhin auf ihre potentielle Beute zu, sondern durchquerten das Dickicht in der Senke (von 5 nach 6) – dabei verloren sie die Zebras aus den Augen.

Zusammen mit den Löwinnen aus der Senke wieder aufgetaucht (6), konnte der Beobachter erkennen, daß die jetzt in 300 m Entfernung heranziehenden Zebras (6') den Vortrupp einer großen Herde bildeten, welche einer Furt im Fluß zustrebte. Zu diesem Zeitpunkt konnten die Zebras die Löwinnen noch nicht erkannt haben; der Überraschungseffekt der Jäger war also gesichert. Jetzt trennten sich die Löwinnen: eine lief nach links der sich nähernden Spitze der Zebraherde voraus; die andere ließ den Zebrazug herankommen und die vordersten Zebras vorüberziehen; erst danach bewegte sie sich auf die Zebrakolonne zu. Sie griff jedoch nicht an, sondern legte sich 50 m von der Herde entfernt nieder (7). Hätte sie jetzt einen Angriff gestartet, wären die Zebras geflüchtet, ehe die vorausgelaufene Löwin eine Jagdchance gehabt hätte.

Nach etwa zehn Minuten war Hufgetrappel von der Spitze der Zebraherde her zu vernehmen; die nahe der lauernden Löwin befindlichen Zebras blieben stehen, worauf sich diese ihnen sofort im Schleichlauf näherte. Die Zebras bemerkten sie und flüchteten gemeinsam mit von der Spitze des Zuges zurückkehrenden. Die Löwin, welche sich inmitten zurückrasender Zebras befand, versuchte mehrmals vergeblich, eines davon zu packen. Schließlich hielt die Zebraherde wieder mehrere hundert Meter weit weg in der

Richtung, aus der sie gekommen war. Die erfolglose Löwin lief zu ihrer Gefährtin, welche am Ort »8« ein Zebra erbeutet hatte. Beide verzehrten gemeinsam einen Teil des Fleisches; die erfolgreiche Löwin war die Mutter der Jungen, sie holte diese später hinzu.

Wie diese Schilderung zeigt, muß man annehmen, daß die Löwinnen Kenntnisse sowohl von der Örtlichkeit (Furt im Fluß usw.) als auch vom Verhalten der Zebras hatten. Nur so ist ihr abgestimmter Jagdplan verständlich: Sie legten aufgrund der erschlossenen Marschrichtung der Zebras den Ort des Angriffs 600 Meter im voraus genau fest!

b)   Reißen der Beute

Mittelgroße bis große landlebende Säugetier-Arten – vorwiegend Paar- und Unpaarhufer – sind Beutetiere von Fleischessern, welche systematisch den Landreißtieren und hier den Familien der Hunde, Katzen und Hyänen zuzuordnen sind. Bekannte Arten sind: Wolf, Afrikanischer Wildhund, Tiger, Löwe, Leopard sowie die Tüpfelhyäne.

Das Überwältigen eines wuchtigen Büffels, dessen Körpermasse erheblich über der eines ihn angreifenden Tigers liegt oder das Niederreißen eines großen Elches durch einen etwa schäferhundgroßen Wolf sind schwierige Aufgaben. Das Töten der Beute geschieht bei den Vertretern der Katzen auf eine andere Weise als bei den Hunden und Hyänen. Katzen verfügen nämlich – mit Ausnahme des Geparts – über scharfe, rückziehbare Krallen (s. VIII B), während die Krallen der Hunde und Hyänen stumpf sind. Katzen schlagen zunächst die Krallen in das Beutetier, erst danach setzen sie die Zähne ein. Hunde und Hyänen packen sofort mit dem Gebiß zu. In Abb. 343 sind beide Jagdmethoden dargestellt.

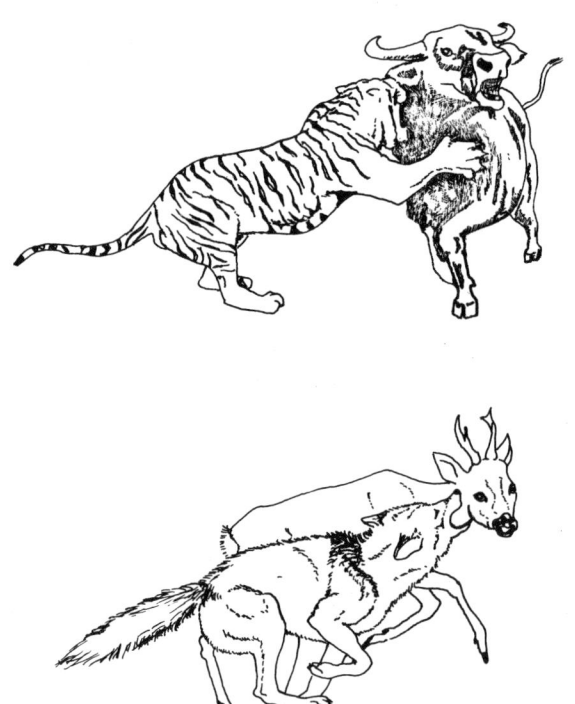

Abb. 343. Reißen eines Büffels durch einen Tiger (oben) und Reißen eines Rehs durch einen Wolf (nach Mazak 1979 und Zimen 1978)

Katzen vermögen sich demnach – wenn sie zusätzlich zum Gebiß alle Gliedmaßen einsetzen – an fünf Körperstellen des Beutetiers zu verankern, Hunde und Hyänen dagegen mit den Zähnen nur an einer. Das mag ein Grund dafür sein, daß Hunde und Hyänen im Rudel jagen, Katzen dagegen – mit Ausnahme des Löwen – einzeln auf Beutefang gehen. Aber auch bei der Gruppenjagd des Löwen wird beispielsweise ein verfolgtes Zebra nur von einem einzelnen Löwen gerissen; das gemeinsame Vorgehen dient nur dazu, das Beutetier einem bestimmten Löwen der Gruppe zuzutreiben.

Die Verankerung durch die Krallen (Abb. 343 oben) ermöglicht den Katzen eine Tötungsart, bei welcher der gezielte Einsatz der Eckzähne erfolgt: Die Spitze eines Eckzahns wird zwischen zwei Wirbel der Halswirbelsäule getrieben und dem Beutetier so das »Genick gebrochen«. Eine Zeitlang nahm man an, dies sei die einzige Tötungsart der Katzen. Freilandbeobachtungen zeigten später, daß Großkatzen häufig auch das Beutetier an der Kehle packen und erwürgen.

Die Eckzähne der Katzen sind länger als die der Hunde – außerdem haben sie schärfere Spitzen. Ihre stärkste Entwicklung erfuhren sie in Form von »Säbelzähnen« bei verschiedenen nicht miteinander verwandten Formen. Ob die Säbelzähne dieser samt und sonders ausgestorbenen Arten in der gleichen Weise eingesetzt wurden wie die Eckzähne der rezenten Katzen, ist ungeklärt. Der Querschnitt eines Säbelzahns ist nämlich nicht rund oder elliptisch, sondern gleicht dem eines Brieföffners.

Der Gepard als einzige Katzenart mit stumpfen Krallen schlägt aus der schnellen Verfolgung heraus sein Opfer mit den Vorderpfoten nieder und packt dann mit dem Gebiß zu.

Die Beutetiere der Hunde und Hyänen sterben durch Verbluten; die verschiedenen Rudelmitglieder beißen nämlich gleichzeitig an mehreren Körperstellen zu, zahlreiche Wunden entstehen.

c)   Meeresbewohnende Wirbeltiere als Beute

Der Eisbär lebt als einziger unter den Großbären von reiner Fleischnahrung: Er erbeutet Robben, welche er mit der Tatze niederschlägt. Sein Gebiß zeigt daher weniger zum Zerquetschen geeignete Flächen als das der übrigen Bären.

Das größte Landreißtier ist der Kodiakbär – eine Unterart des Braunbären. Sein wuchtiger Körper bedarf großer Nahrungszufuhr. Diese Unterart konnte sich vermutlich gerade deshalb auf der Kodiak-Insel herausbilden, weil dort während bestimmter Jahreszeiten ein überaus reiches Angebot an Lachsen herrscht. Die Bären warten an ausgewählten Stellen der Flüsse; sie packen die aufwärts wandernden Lachse entweder mit den Zähnen oder schleudern sie mit einer Tatze aus dem Wasser.

Robben sind nicht nur Beute des Eisbären, sondern auch des Schwertwals. Er schluckt die mit dem homodonten Gebiß gepackten Flossenfüßer unzerkaut. Er greift auch die riesigen Bartenwale an; dabei gehen mehrere Schwertwale nach Art der Hunde und Hyänen vor: sie beißen große Stücke aus dem Walkörper.

A2.   Plankton und Nekton des Meeres

Neben dem Krabbenesser (Gebiß in Abb. 122) sind es die Bartenwale, welche sich diese Nahrungsquelle erschlossen haben. Solche Tiere nennt man auch *Filtrierer*. Bei diesem Begriff denkt man zunächst an sehr kleine ausgeseihte Tiere. Meist handelt es sich auch um solche. Es ist erstaunlich, daß ausgerechnet riesige Arten – wie der Blauwal – vorwiegend von »Krill« leben: das sind streichholzgroße Krebse u. a. der Gattung *Euphausia*

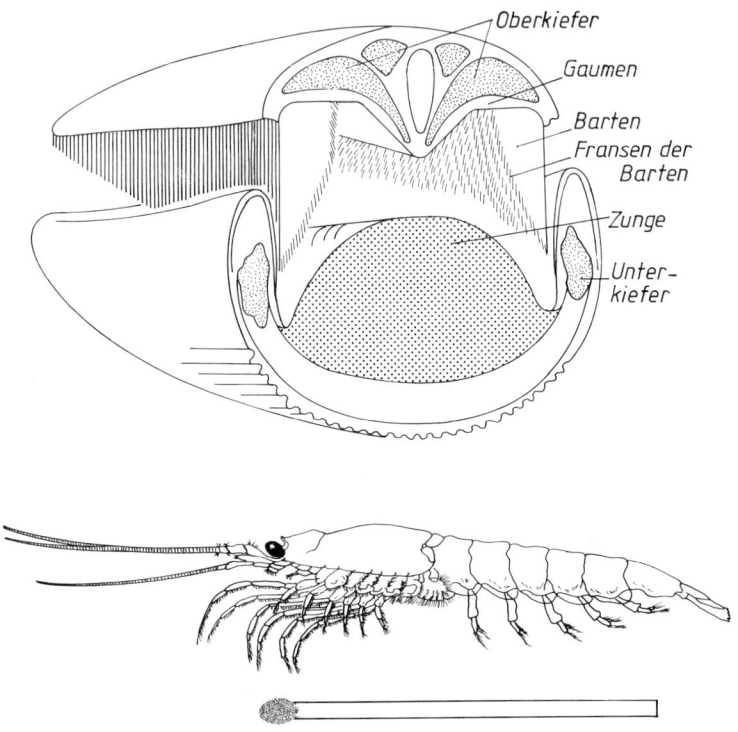

Abb. 344. Kopf des Finnwals (stark schematisch gezeichnet) sowie das »Krill«-Krebs-chen *Euphausia superba* (nach Hentschel sowie Mackintosh und Wheeler aus Slijper 1962)

(Abb. 344 unten). Manche Wal-Arten filtrieren aber auch Fische aus dem Meerwasser. Uns erscheint ein Hering zwar nicht »filtrierbar«, für einen sehr großen Wal handelt es sich jedoch um einen kleinen Happen.

Zur Nahrung des Buckelwals zählen neben Krill auch kleine Fische – beispielsweise die Lodde, welche im erwachsenen Zustand 15 bis 20 cm mißt. Die Beutetiere versuchen dem Wal offenbar zu entkommen. Daran hindert er sie, indem er ein ganz ausgefallenes Verhalten zeigt (Abb. 345). Er schwimmt auf einer schraubenförmigen Bahn in Richtung zur Meeresoberfläche. Von Zeit zu Zeit gibt er ein wenig Luft ab: vom Blasloch steigt ein schmaler Kegel aus Luftblasen hoch. (Man kann solche Kegel gut in einem frisch eingefüllten Sprudelglas beobachten, wenn man einige Kochsalzkristalle hineinwirft.) Hat der Wal eine Schraubenwindung zurückgelegt, ist der »Perlenvorhang zugezogen«. Die eingeschlossene Beute schreckt augenscheinlich vor den Luftblasen zurück, so daß der Wal sie jetzt »in aller Ruhe« ausseihen kann.

Wie wird filtriert? Durchs Meer schwimmend öffnet der Wal seinen Mund (Abb. 344 oben). Dadurch strömt Wasser in die Mundhöhle. Das zwischen Zunge und Barten befindliche Wasser enthält den Krill. Schließt er die Kiefer, strömt das Wasser zwischen den Barten hindurch nach außen. Dabei bleiben an den Fransen der Barten die Krebschen hängen.

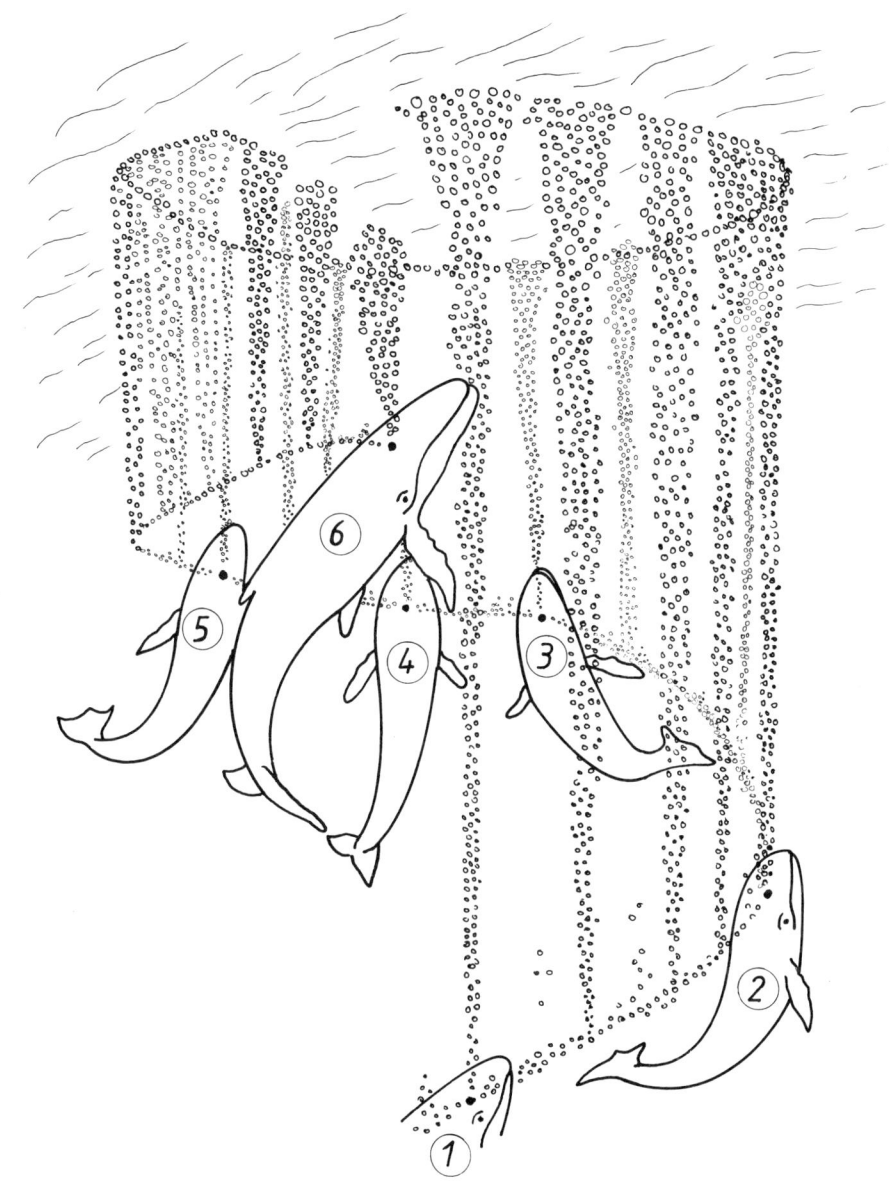

Abb. 345. Luftperlenvorhang des Buckelwals. Der Wal bewegt sich auf einer wendel-
förmigen Bahn zur Meeresoberfläche. Er ist in sechs Positionen dargestellt. Auch zwischen den Positionen gibt er Luft ab, was jedesmal zu einem Blasenkegel führt. Blasen
im Hintergrund dünner gezeichnet als vordere (aus Deimer 1983)

A3. Muscheln und Stachelhäuter

Um an diese Beute heranzukommen, muß der Meeresboden aufgesucht werden. Muscheln sind häufig festgewachsen. Das Walroß sucht die von ihm bevorzugten Muscheln oft in sehr großen Meerestiefen. Da es dort völlig dunkel ist, lokalisiert es die Muscheln vermutlich ausschließlich mit dem Tastsinn. Dabei spielen die auf der Oberlippe stehenden Vibrissen eine besondere Rolle. Durch das Aufspüren der Muscheln findet bei freilebenden Walrossen eine starke Abnutzung der Tasthaare statt, so daß von diesen nur mehr kurze Stummel aus der Haut ragen. Bei der andersartigen Nahrungsaufnahme in Zoologischen Gärten entstehen mächtige Schnauz»bärte«.

Sind die Muscheln im weichen Meeresgrund vergraben, legt sie das Walroß dadurch frei, daß es einen Strahl Wassers im Schlick auf sie richtet. Dieses gezielte Wasserspritzen ist manchen Zoobesuchern wohlbekannt: Nichtsahnend stehend sind sie plötzlich durchnäßt.

Das Loslösen der Muscheln geschieht nicht – wie man lange Zeit annahm – mit Hilfe der langen Hauer, die Eckzähne spielen beim Nahrungserwerb offenbar keine Rolle.

Der Meerotter ist die einzige Art, die sich hauptsächlich von Stachelhäutern ernährt. Neben Seeigeln holt er manchmal auch Muscheln vom Meeresgrund herauf. Er hat dabei mehrere Probleme zu bewältigen: Einerseits sind manche Muschel-Arten am Meeresboden angewachsen. Andererseits sind sämtliche Beutetiere hartschalig – wobei die Seeigel außerdem noch Stacheln tragen. Der Meerotter bewältigt die Aufgaben, indem er Steine als *Werkzeuge* benützt. Er holt einen Stein vom Meeresboden und setzt ihn manchmal dort unten auch schon ein, indem er festsitzende Muscheln losklopft. Beim Auftauchen klemmt er den Stein in die Achselhöhle. An der Wasseroberfläche angelangt, dreht er sich auf den Rücken, legt sich den Stein auf den Bauch und klopft – falls er eine Muschel mitgebracht hat – das in den Vorderpfoten gehaltene Schalentier mit schnellen Bewegungen auf den Stein. Ist die Schale zertrümmert, verspeist er den weichen Inhalt. Hat er einen Seeigel erbeutet, benützt er häufig *zwei* Steine. Er wählt einen flachen Stein, den er sich als »Amboß« auf den Körper legt. Mit einem zweiten – als Hammer eingesetzten – Stein zerschlägt er sowohl die Stacheln als auch die harte Hülle des Seeigels.

A4. Ameisen und Termiten

Eine kürzere Bezeichnung für diese Art der Nahrung wäre: soziale Insekten. Dieser Begriff beinhaltet jedoch auch die ebenfalls sozial lebenden Bienen, Hummeln und Wespen. Deren Staaten werden jedoch nur von wenigen Säugetier-Arten angegangen. So plündert der Braunbär des Honigs wegen oft wilde Bienennester; der Honigdachs, dessen Name schon auf seine bevorzugte Speise hinweist, gelangt an Bienennester durch Zusammenarbeit mit einer Vogelart – dem Honiganzeiger. Der Vogel profitiert ebenfalls vom gemeinsamen Vorgehen: er ißt die Brut der Bienen.

Sehr weitgehende Anpassungen, die sich teilweise in einem eigenartigen Körperbau widerspiegeln, haben bei solchen Arten stattgefunden, die *ausschließlich* von Ameisen und Termiten leben. Sowohl die Aufnahme als auch die Verdauung dieser Insekten bringen besondere Probleme mit sich. Die Arbeitstiere der Ameisen und Termiten sind – im Gegensatz zu denen der Bienen, Hummeln und Wespen – ungeflügelt. Auch ein Giftstachel findet sich nicht bei allen Arten. Dafür sind die Bewohner der steinharten Termitenbauten vor Angriffen geschützt. Um an sie heranzukommen, besitzen die extrem

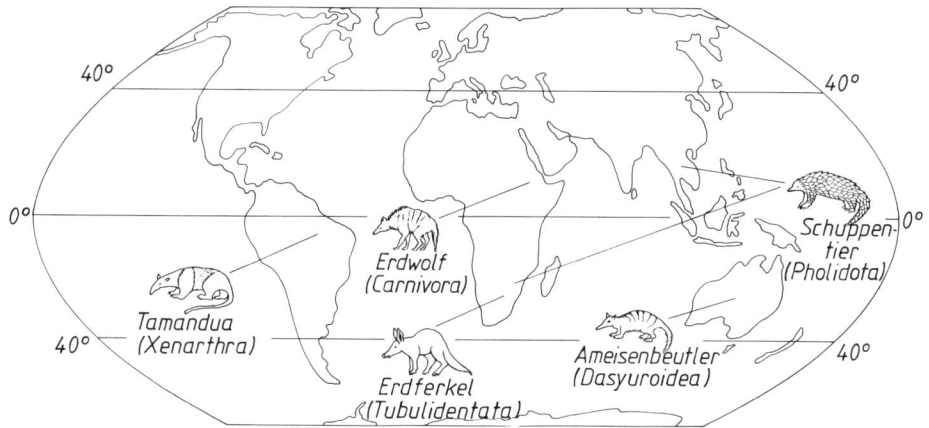

Abb. 346. In verschiedenen Erdteilen vorkommende auf Ameisen- und Termitennahrung spezialisierte Arten. In Klammern ist die jeweilige Ordnung angegeben. Nicht eingezeichnet sind der in Australien und Tasmanien lebende Kurzschnabeligel (Monotremata), die Ameisen-Schleichkatze (Carnivora) von Madagaskar sowie das Riesengürteltier (Xenarthra) Südamerikas (nach Vaughan 1978)

angepaßten Ameisen- und Termitenesser an den Vorderextremitäten starke Klauen, welche in VIII B besprochen sind.

Termiten kommen nur in warmen Erdteilen vor. Die riesige Anzahl der in einem Staat lebenden Individuen sind eine derart »verlockende« Nahrungsquelle, daß sich in allen Erdteilen Formen auf diese Kost spezialisiert haben (Abb. 346). Die Arten gehören ganz verschiedenen Ordnungen an. Die Ordnungen Pholidota und Tubulidentata umfassen nur Arten, die ausschließlich Ameisen und Termiten verzehren.

In *Australien* haben sich einerseits der Kurzschnabeligel als Vertreter der Eierleger, andererseits der Ameisenbeutler als Angehöriger der Beuteltiere auf Ameisen- und Termitennahrung spezialisiert.

Der Kurzschnabeligel (Abb. 388) weist eine röhrenförmig ausgezogene Schnauze, eine sehr lange Zunge und starke Grabkrallen auf.

Der Ameisenbeutler oder Numbat ernährt sich – trotz seines Namens – fast ausschließlich von Termiten. Ameisen nimmt er nur »zufällig« mit auf, er sucht jedenfalls nicht gerichtet nach ihnen. Er ist den größten Teil des Tages auf der Suche nach holzbewohnenden Termiten. Während er mit seiner spitzen Schnauze im Gras schnüffelt, dreht er häufig Holzstückchen um, unter denen sich oft Termitennester befinden. Hat er ein Nest entdeckt, setzt er sich auf die Hinterbeine und scharrt es mit den starken Krallen der Vorderpfoten frei. Dann tritt die Zunge in Aktion, welche in die Gänge der Termiten fährt. Er kann sie bis zu 10 cm weit vorschnellen. Da seine Körperlänge nur etwa 23 cm beträgt, würde das – auf den Menschen übertragen – bedeuten, daß wir unsere Zunge etwa 80 cm weit herausstrecken könnten. Die Arbeiter der Termiten schluckt er ganz hinunter. Erwischt er aber die wehrhaften Termitensoldaten, welche kräftig zubeißen können, zerkaut er sie. Der Numbat weist eine erhöhte Zahnanzahl auf, welche außerdem von Individuum zu Individuum etwas variiert. Die bis zu 50 Zähne sind schwächlich gebaut.

Der Ameisenbeutler ist ein Beispiel für folgende Regel: Findet in der Evolution bei Ameisen- und Termitenessern eine Reduktion der Zahnanzahl statt, beobachtet man häufig vor dem völligen Verschwinden der Zähne ein Vermehren der Zahnanzahl. Das ist nicht nur beim Ameisenbeutler sondern auch beim Löffelhund der Fall (s. nachstehend).

In *Afrika* haben sich sogar zu den Reißtieren zählende Arten auf Termitennahrung eingestellt. Der Erdwolf (Abb. 340) lebt vorwiegend von grasessenden Termiten, daneben nimmt er gelegentlich andere Insekten oder die Eier bodenbrütender Vögel zu sich. Da er nicht über die bei sonstigen Termitenessern zu beobachtenden spitzhackenartigen Klauen verfügt, vermag er die Termitenhügel nicht aufzubrechen. Er muß vielmehr warten, bis die Termiten ihre Bauten verlassen, um Gras zu ernten. Sie tun dies nachts und in den frühen Morgenstunden. Zu diesen Zeiten steht der Erdwolf bereit und leckt die Termiten auf. Seine Zunge ist zwar für ein Reißtier recht lang und beweglich, erreicht aber bei weitem nicht die Länge derjenigen von Schuppentieren oder Ameisenbären. Infolge seines reduzierten Gebisses (Abb. 124) ist er kein sehr wehrhaftes Tier und zeigt daher Mimikry (Weiteres in IX N).

Als Nachttier verbringt der Erdwolf den Tag in unterirdischen Schlupfwinkeln. Dabei wählt er häufig verlassene Höhlen des Erdferkels. Diese ebenfalls auf Afrika beschränkte Art ist der einzige Vertreter der Ordnung Röhrchenzähner und spezialisierter Ameisen- und Termitenesser. Ausführungen zum Erdferkel finden sich in Abschnitt XII S, sein Gebiß ist in Abb. 123 dargestellt.

Der auch in Afrika lebende Löffelhund zeigt am Gebiß ebenfalls Merkmale, die ihn als auf Insektennahrung spezialisierte Art ausweisen. Er besitzt nämlich 46 bis 50 Zähne, wobei eine Vermehrung im Molarenbereich stattgefunden hat. Verglichen mit anderen Vertretern der Hundefamilie sind seine Zähne klein und spitz. Er nimmt neben den bevorzugten Termiten und sonstigen Insekten auch Kleinsäuger, Eidechsen und Früchte auf.

Auf *Madagaskar* lebt die ebenfalls zu den Reißtieren gehörende Ameisen-Schleichkatze, die auch Falanuk genannt wird. In Anpassung an die bevorzugte Ameisennahrung sind ihre Kieferknochen dünn und tragen winzige, spitze Zähne. Die Schnauze ist schmal und länger als die anderer Schleichkatzen. Außerdem verfügt der Falanuk über sehr lange Krallen.

Schuppentiere besiedeln sowohl Afrika als auch *Asien* (Abb. 346). Während der Erdwolf nur durch sein schwächliches Gebiß verrät, daß er sich auf Insektennahrung spezialisiert hat (Abb. 124), finden wir bei den Schuppentieren – wie auch bei den Ameisenbären – sehr weitgehende Anpassungen. Die Schuppentiere besitzen zusätzlich zu den Sondermerkmalen der übrigen Formen einen *Kaumagen* (Abb. 347 unten). Seine Arbeitsweise beschreibt der Altmeister der populären Darstellung wissenschaftlicher Sachverhalte WILHELM BÖLSCHE wie folgt: »Behaglich ruht das Schuppentier im Verdauungsdusel, sein zahnloses Schnäuzchen regt sich nicht. Tief drinnen aber unter dem Schuppenpanzer beißt und kaut der Magen, knackt die harten Nüsse der Ameisenleiber – eine der seltsamsten Spezialerfindungen im ganzen Wirbeltierreich« (zitiert nach SANDERSON 1956).

Der Kaumagen ersetzt den Schuppentieren das Gebiß. Zahnreduktion bis zur völligen Zahnlosigkeit ist ein typisches Merkmal der Ameisen- und Termitenesser (Abb. 123). Das ist eine merkwürdige Tatsache. Denn ein Pflanzenesser-Gebiß – wie das der Paar- und Unpaarhufer (Abb. 127) – wäre durchaus geeignet, die Chitin-Außenskelette der Ameisen und Termiten zu zerreiben. Entwicklungen zu Mahlgebissen haben jedoch nur in den Stammeslinien stattgefunden, welche zu ausgesprochenen Pflanzenessern führten.

Ein Kaumagen wurde im Tierreich mehrere Male unabhängig erfunden: Außer bei den Schuppentieren gibt es ihn beim Flußkrebs, bei verschiedenen Insekten, Schnecken und Vögeln. Manche körnerfressende Vogelarten – so das Haushuhn – nehmen in ihren muskulösen hartwandigen Kaumagen zahlreiche Steinchen auf. Sie sind imstande, mit ihrer »Magenmühle« sogar Glasperlen zu zerreiben.

Die Vertreter der auf *Südamerika* beschränkten Familie der Ameisenbären fallen durch den röhrenförmig ausgezogenen Kopf auf (Abb. 347 oben). Während der bodenbewoh-

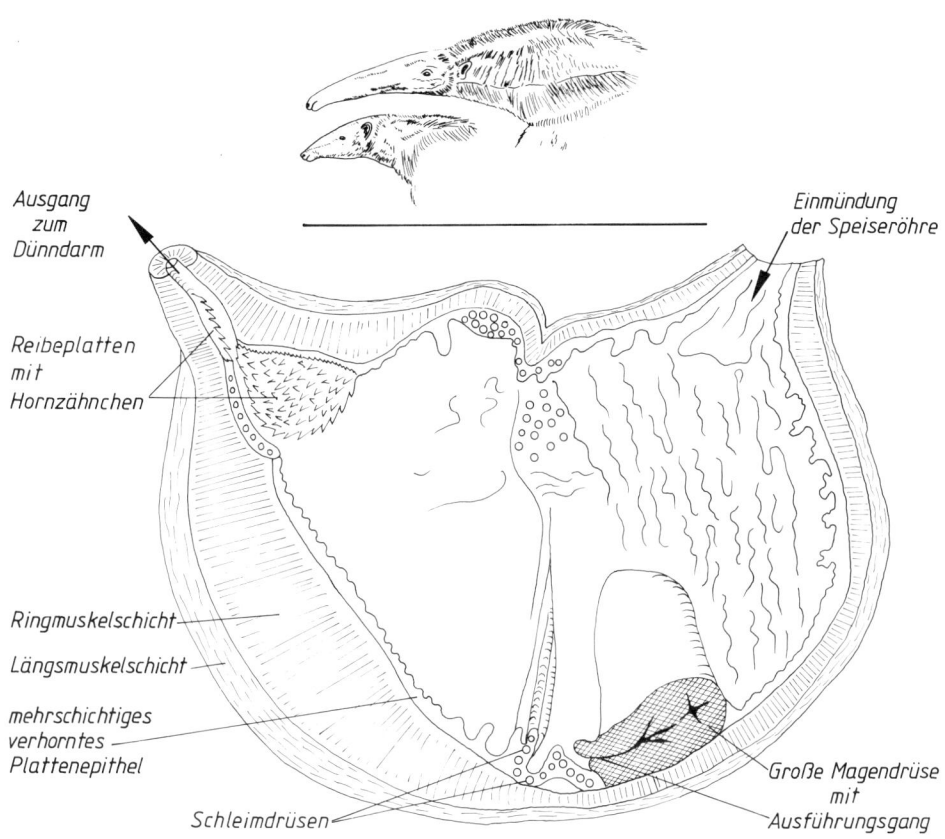

Abb. 347. Besondere Merkmale von Ameisen- und Termitenessern
Oben: Kopf des Großen Ameisenbären (oben) und des Tamanduas (nach Krieg 1948)
Unten: Kaumagen des Javanischen Schuppentiers. Man beachte die dicke Ringmuskulatur
unter der oberen Reibeplatte in der Nähe des Magenausgangs. Die verhornte Schleimhaut
ist nur im Cardiateil stark gefaltet. Die durch Kringel symbolisierten Schleimdrüsen
kommen an drei Orten vor (nach Weber 1927/28)

Labels in figure:
Ausgang zum Dünndarm
Einmündung der Speiseröhre
Reibeplatten mit Hornzähnchen
Ringmuskelschicht
Längsmuskelschicht
mehrschichtiges verhorntes Plattenepithel
Schleimdrüsen
Große Magendrüse mit Ausführungsgang

nende Große Ameisenbär die Termitenbauten und Ameisennester der Graslandschaften
angeht, öffnen der Tamandua und der Zwergameisenbär als kletternde Formen die Baum-
nester von Ameisen und Termiten. Alle drei Arten verfügen über eine extrem lange,
wurmförmige Zunge, deren Ausmaße folgendes Ereignis beleuchtet: In einem Zoo kam
ein Wärter aufgeregt zum Direktor und berichtete, dem Großen Ameisenbären hinge eine
Schlange aus dem Mund.

Das Riesengürteltier (Abb. 207) zählt wie die Ameisenbären zur Ordnung Nebengelenktiere; es bewohnt Südamerika und ernährt sich ebenfalls von Termiten.

Da Säugetiere nicht über Chitinasen verfügen, vermögen sie die Cuticula der Insekten
nicht aufzulösen; sie müssen – wenn sie nicht über einen Kaumagen verfügen – auf
andere Weise an den Inhalt dieser winzigen »Nahrungspaketchen« herankommen. Im Fall
der recht weichhäutigen Termiten ist es denkbar, daß die Verdauungsenzyme eines Ter-
mitenessers durch deren Körperwand dringen und Muskulatur sowie innere Organe des
Insekts angreifen. Wie Ameisen »aufgeschlossen« werden, ist eine offene Frage.

399

Das Öffnen der steinharten Termitenbauten erfordert außer riesigen Klauen auch erhebliche Muskelkraft. Wie gewaltig diese bei einem 80 cm großen Riesenschuppentier ist, veranschaulicht folgende von SANDERSON (1956) wiedergegebene Schilderung eines Tierfängers aus Afrika: Um die Körpermitte eines ausgewachsenen Männchens wurde ein Seil geschlungen, welches zehn Eingeborene festhielten. Aber das Tier zog die Männer unaufhaltsam hinter sich her, wobei es über eine Grasfläche einem Fluß zustrebte. Schließlich wurde es überwältigt und nach Amerika gebracht. Nach einem fünfwöchigen Transport lag es entkräftet eingerollt in seiner Kiste. Es konnte jedoch nicht aufgerollt werden, obwohl so viele Männer zupackten, als Platz für Fäuste am Schuppenpanzer war. Wenn es in der Freiheit bei Gefahr in einen Fluß flüchtet, kann es sehr lange unter Wasser bleiben; es marschiert dabei oft sogar auf dem Grunde des Stromes entlang.

Zwischen dem Aufhacken der Termitenbauten und dem Verdauen der Insassen liegt allerdings noch eine Aufgabe, welche für eine nicht an diese Kost angepaßte Art fast nicht zu bewältigen wäre: es ist das Einverleiben der zahllosen winzigen Insekten. Hierfür besitzen die Ameisenbären und Schuppentiere eine außerordentlich lange Zunge, welche nach dem Leimrutenprinzip arbeitet. Sie ist sehr klebrig – wie die Zunge des bei uns heimischen, Ameisen aufnehmenden, Grünspechts.

Zusammenfassend seien noch einmal die Merkmale der extrem angepaßten Ameisen- und Termitenesser genannt: Riesige spitzhackenartige Klauen an den Vordergliedmaßen; wegen der zurückgebildeten Kaumuskulatur röhrenförmig ausgezogener Schädel; lange wurmförmige Zunge; muskulöser Magen, der als Kaumagen ausgebildet sein kann.

Ohne jegliche Baueigentümlichkeit erbeuten auch Schimpansen Termiten. Sie ersetzen körperliche Spezialanpassungen durch Gehirnleistung: Sie suchen passende Stöckchen aus und stecken sie in Löcher der Bauten. Die Termiten beißen sich an den Ästchen fest, werden herausgezogen und vom Stöckchen abgelutscht.

A5.   Blut

Diese von verschiedenen Insekten (beispielsweise Stechmücken, Wanzen, Läuse), von Blutegeln und Zecken genutzte Nahrungsquelle wird nur von einer einzigen Säugetierfamilie erschlossen – es sind die Vampirfledermäuse. Außer von diesen wird frisches Blut von keinem landbewohnenden Wirbeltier – mit Ausnahme der Massai! – genossen. Gekochtes Blut ist allerdings Bestandteil einiger Gerichte der Europäer: neben »Schwarzsauer« ist hier die Blutwurst zu nennen.

Die Massai, welche große Rinderherden halten, eröffnen mit einem Pfeil oder Speer eine Ader des Rindes. Das austretende Blut fangen sie in einem Gefäß auf und trinken es. Der zweite Hauptbestandteil ihrer Nahrung ist Milch.

Die Vampirfledermäuse erzeugen eine Wunde, indem sie die Haut mit ihren spezialisierten Zähnen ritzen. Diese halten sie mit einer besonderen Technik beständig messerscharf (Abb. 111, s. auch Abb. 132). Das austretende Blut wird weder aufge*saugt* noch aufge*leckt*. Saugen wäre dann gegeben, wenn die Lippen fest auf die Wunde gepreßt würden. Das ist nicht der Fall. Bei einem Leckvorgang wäre zu fordern, daß die Oberseite der herausgestreckten Zunge mit dem Blut in Berührung käme – wie dies bei einer Milch leckenden Katze der Fall ist. Die Vampirfledermaus bringt jedoch nur die gespaltene Unterlippe mit dem Wundrand in Berührung. Zwischen Wundrand, Unterlippe und Zungenunterseite bildet sich eine Blutbrücke.

Die Vampirfledermäuse bevorzugen als Nahrungsquelle große Arten, häufig suchen sie Rinder und Schweine auf. Die nachts ausfliegenden Vampirfledermäuse landen oft nicht *auf* den schlafenden »Blutspendern«, sondern daneben auf dem Boden. »Zu Fuß« erreichen sie dann ihre Opfer. Sie können sich besser am Boden fortbewegen als andere Fledermäuse – dabei werden die Hintergliedmaßen von den Krallen an den Daumen unterstützt.

Die einzigartige Ernährungsweise der Echten Vampirfledermäuse ist bezüglich der ernährungsphysiologischen Vorgänge noch wenig erforscht, besser weiß man Bescheid darüber, wie die Vampirfledermäuse an das Blut gelangen und es sich einverleiben.

Bevorzugte Opfer sind die in Südamerika eingeführten europäischen Hausrindrassen. Sie werden an besonderen Körperstellen gebissen, die vor allem an Kopf und Hals sowie an den weichen Teilen hinter den Hufen liegen. Bei der Auswahl der Bißstelle dürfte ein erst kürzlich entdecktes Sinnesorgan eine Rolle spielen, welches auf Wärmestrahlung anspricht. Mit ihm vermag die Vampirfledermaus den Temperaturunterschied zwischen dem Huf und der dahinter liegenden weichen Haut wahrzunehmen (Weiteres in IX K). Greifen die Vampirfledermäuse an den Ohren an, durchbeißen sie besonders bei Kälbern gelegentlich die das Ohr in aufrechter Stellung haltenden Muskeln. Solche Kälber tragen anschließend – wie manche Haustierrassen – Hängeohren.

In früheren Zeiten glaubte man, die Vampirfledermaus bohre mit einem Eckzahn ihr Opfer an, bleibe dabei in der Luft und drehe sich flügelschlagend um die »Bohrstelle«.

Das Verhalten bei der Nahrungsaufnahme kann man in mehrere Perioden unterteilen. Während der ersten vorbereitenden Periode umkreist die Vampirfledermaus ihr Opfer; nach der Landung klettert sie vorsichtig, um es nicht aufzuwecken, auf ihm herum. Während dieser mehrere Minuten dauernden Zeitspanne wird eine bestimmte Bißstelle ausgewählt.

Da der Kopf einer Vampirfledermaus nur etwa so groß ist wie der einer Hausmaus, stellt die Haut eines Rindes für ihr relativ kleines Gebiß ein erhebliches Problem dar – und zwar einerseits wegen der Dicke der Haut, andererseits wegen deren Behaarung. Die Vampirfledermaus befreit daher oft zuerst die Bißstelle von Haaren, indem sie diese mit den Schneidezähnen abbeißt. Sie verhält sich wie ein Arzt vor der Operation, der eine behaarte Stelle »rasiert«. Da man bei der Untersuchung der Bißwunden auch in der weiteren Umgebung haarlose Gebiete fand, vermutet man, daß die Vampirfledermaus außerdem eine Substanz einsetzt, die wie ein Haarentfernungsmittel die Haarfollikel zerstört.

Beim Anbeißen der freigelegten Haut kann die Vampirfledermaus auf unterschiedliche Weisen vorgehen. Setzt sie nur die *oberen* Schneidezähne oder nur die oberen Eckzähne ein, kommt dies einem Anschneiden der Haut mit einem Rasiermesser gleich. Wie Abb. 111 zeigt, sind diese Zähne äußerst scharf; sie müssen dies auch ständig bleiben und werden daher nach dem dort beschriebenen Mechanismus geschärft. Manchmal verwendet die Vampirfledermaus auch *obere und untere* Schneidezähne gemeinsam, was dem normalen Biß eines Säugetiers entspricht. Sie beißt dabei eine vorher zwischen die Incisivi geklemmte Hautfalte ab, springt zurück und spuckt das Hautstückchen aus. Danach sucht sie die Wunde wieder auf. Setzt sie nur die *unteren* Schneidezähne ein, wird die Haut wie mit einer Raspel aufgeschabt.

Ist die Wunde eröffnet, kann sie mit den hornigen Strukturen der Zunge erweitert und vertieft werden. Schließlich tritt Blut aus. Da die Aufnahme des Blutes 45 Minuten bis zu einer Stunde dauern kann, und Blut eine Gerinnungszeit von etwa 1 bis 3 Minuten hat, muß die Vampirfledermaus einen gerinnungshemmenden Stoff in die Wunde bringen. Er stammt wahrscheinlich aus dem Speichel. Das flüssig bleibende Blut wird auf noch nicht ganz geklärte Weise in die Speiseröhre befördert. Es gelangt zunächst in eine Rinne der Unterlippe (Abb. 132) und dann in einer durch Zungenunterseite und Mundboden gebildeten Röhre nach hinten. Dabei spielen vermutlich peristaltische Bewegungen der Zunge eine Rolle. Schließlich tritt es am Zungengrund seitlich hervor, gelangt in eine Rinne in der Mitte der Zungen*ober*seite und von da über die Speiseröhre in den Speichermagen.

Eine Vampirfledermaus nimmt während einer Mahlzeit oft ein so großes Blutvolumen in ihren Speichermagen auf, daß sie Mühe beim Start zum Abflug hat. Manche übernehmen sich auch und müssen dann zu Fuß ihr Opfer verlassen. Das aufgenommene Blut wird durch Wasserentzug relativ rasch eingedickt. Nachdem das Wasser über die Nieren ausgeschieden ist, geschieht der Flug wieder müheloser. Die bei der Verdauung ins Blut der Vampirfledermaus gelangenden Aminosäuren erhöhen dessen osmotischen Wert stark. Daher müssen Vampirfledermäuse häufig Wasser trinken – eine Tätigkeit, die man bei ihrer flüssigen Nahrung nicht ohne weiteres erwarten würde.

Der gesamte Vorgang vom Anflug an das Opfer bis zum Wegflug dauert rund 2 Stunden.

Bei der Blutaufnahme werden häufig Krankheitserreger auf die Haustiere übertragen; man versucht daher, die Populationsdichte der Vampirfledermäuse niedrig zu halten.

Merkwürdigerweise verfügen die Vampirfledermäuse über ein weiteres Beißverhalten, welches nur gegenüber etwa gleich großen Tieren angewendet wird und im Freiland nicht auftreten dürfte. Im Labor beobachtete man es, als man Vampirfledermäuse mit weißen Mäusen zusammen in einen Käfig sperrte. Die Vampirfledermäuse zeigten aggressives Beißen, wobei sie die Nagetiere häufig töteten. Da die Vampirfledermäuse deren Blut verschmähten, deutet man diese Beobachtung als ein Verhaltensrudiment, welches noch aus der Zeit stammt, als die Vorfahren der Echten Vampirfledermäuse kleine Wirbeltiere erbeuteten, von welchen sie neben dem Fleisch auch das Blut nutzten.

B.   Pflanzliche Kost

Pflanzennahrung ist fast nie proteinreich und nur dann fettreich, wenn es sich um bestimmte Früchte (beispielsweise Hasel- und Walnüsse oder Bucheckern) handelt. Sie ent-

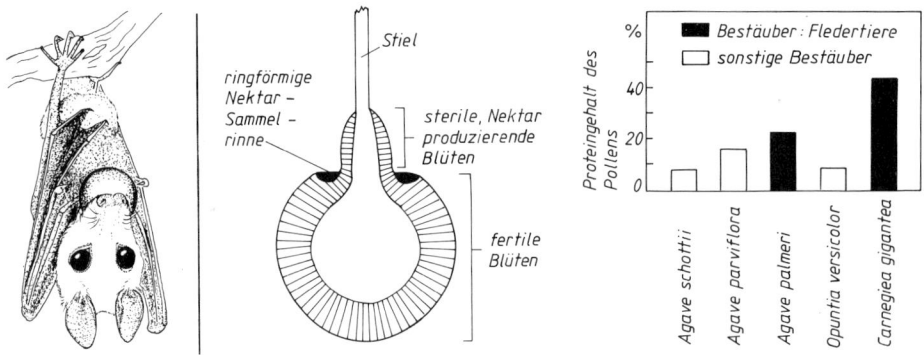

Abb. 348 (links). Probleme beim Früchteessen: der Flughund kann wegen der zu Flügeln umgebildeten Vordergliedmaßen die Frucht nur mit dem Mund festhalten (nach einem Illustriertenfoto)

Abb. 349 (rechts). Besonderheiten von Fledertier-Blumen
Links: Stark schematisierter Schnitt durch den Blütenstand der *Parkia clappertoniana*. Da der Bereich der fertilen Blüten etwa eine Kugel bildet, ist die Nektar-Sammelrinne ringförmig. Das Fledertier krallt sich beim Auflecken des Nektars an der Kugel fest und wird dabei mit Pollen eingestäubt (nach Baker und Harris aus Vaughan 1978)
Rechts: Proteingehalt des Pollens verschiedener Blumen. Man beachte die Unterschiede zwischen verwandten Arten (nach Daten von Howell aus Vaughan 1978)

hält aber immer viel Kohlenhydrate – ob es sich dabei um leicht verdauliche Zucker, um die ebenfalls enzymatisch spaltbare Reservesubstanz Stärke oder die nicht ohne weiteres angreifbare Gerüstsubstanz Zellulose handelt.

Wie am Ende des Abschnitts klar werden wird, könnte man die kohlenhydratreiche Pflanzennahrung in zwei große Gruppen einteilen: solche mit vorwiegend α- und solche mit vorwiegend β-glucosidischen Bindungen.

Betrachten wir in diesem Zusammenhang nochmals die Hauptbestandteile der Nahrung Proteine, Fette und Kohlenhydrate. In Proteinen finden sich essentielle Aminosäuren, welche der Säugetierkörper nicht selbst zu synthetisieren vermag, in Fetten essentielle Fettsäuren (früher als »Vitamin F« bezeichnet). Kohlenhydrate enthalten keine essentiellen Bestandteile. Vom Gesichtspunkt der essentiellen Substanzen her könnte ein Säugetier also auf Kohlenhydratzufuhr verzichten. Aber gerade diese Stoffgruppe kommt in der Natur in ungeheurer Menge vor – als pflanzliche Gerüst- und Reservesubstanz (Zellulose und Stärke).

In B1 und B2 sind Pflanzenteile besprochen, welche der Verdauung keine weiteren Schwierigkeiten bereiten. In B5 ist geschildert, wie es zahlreiche Arten geschafft haben, die Zellulose aufzuschließen und für ihren Stoffwechsel nutzbar zu machen.

B1.   Früchte

Flughunde ernähren sich fast ausschließlich von Früchten, zahlreiche Primaten-Arten haben ebenfalls einen großen Anteil »Obst« auf ihrem »Speisezettel« (die Bezeichnung »Früchte« ist hier wie in Abschnitt V H gebraucht).

Während die Hände der Primaten geschickt eine Frucht pflücken und zum Munde führen, haben Flughunde mit ihren zu Flügeln umgewandelten Vordergliedmaßen erhebliche Probleme beim Festhalten kugeliger Früchte (Abb. 348). Sie nehmen – an einem Zweig hängend – nur ganz selten die Füße zu Hilfe, und noch seltener benutzen sie einen Flügel, um die Frucht am Herabfallen zu hindern. Nach der Fütterung im Zoo kann man ihre Bemühungen beobachten, die oft noch durch futterneidische Nachbarn gestört werden.

B2.   Nektar und Pollen

Der von den Blüten zur Beköstigung ihrer Besucher bereitgestellte Nektar ist im wesentlichen eine Zuckerlösung, welche vorwiegend die Monosaccharide Glucose und Fructose sowie das Disaccharid Saccharose enthält. Nur gelegentlich finden sich in sehr geringen Mengen einige Aminosäuren sowie etwas suspendierter Pollen.

Mehrere Arten der Flughunde und Fledermäuse sind Blütenbesucher. Beim Aufnehmen des Nektars vollziehen sie die Bestäubung der Blüten. Weitere blütenbesuchende Säugetiere sind der Honigbeutler und einige südamerikanische Mäuse. Zwischen den Bestäubern der Blüten und den Pflanzen hat Coevolution stattgefunden, im Falle der – nachstehend besprochenen – Fledertiere spricht man von *Chiropterophilie*.

Als Anpassung an die Aufnahme der flüssigen Nahrung Nektar besitzen viele Arten eine Pinselzunge (Abb. 350).

Die Fledertiere haben im Verlauf ihrer Coevolution mit den chiropterophilen Blumen nur Verhaltensweisen zur Aufnahme des von den Blüten oder Blütenständen (Abb. 349) abgeschiedenen *Nektars* entwickelt. Bienen und Hummeln, welche in unserer heimischen

Flora die Blüten bestäuben, verfügen dagegen über spezielle *Pollen*sammelapparate mit dem zugehörigen Verhalten. Pollen als proteinreiche Nahrung dient diesen sozialen Insekten zur Aufzucht der Brut.

Wie decken die Fledertiere, welche die Blüten nur des extrem proteinarmen und kohlenhydratreichen Nektars wegen aufsuchen, ihren Proteinbedarf? Dieser ist dann besonders hoch, wenn die Weibchen Junge säugen (zum Proteingehalt der Milch s. VII C).

Da viele Fledermäuse Insektenjäger sind, wäre es denkbar, daß die blütenbesuchenden Arten für ihren Proteinhaushalt Insekten fangen – wie dies Kolibris und Nektarvögel tun, welche die Blumen ebenfalls nur um des Nektars willen aufsuchen.

Manche der Nektar aufnehmenden Fledertiere erbeuten zu bestimmten Jahreszeiten Insekten. Andere Arten, die ausschließlich Blütenbesucher sind, nehmen Protein in Form von Pollen sozusagen »unfreiwillig« auf. An den Blüten wird nämlich ihr Fell während des Aufenthalts mit Pollen eingepudert. Wie es bei vielen Arten üblich ist, und wie wir es von der Hauskatze her kennen, putzen sie ihr eingestäubtes Fell durch Belecken mit der Zunge. Der Pollen gelangt so in die Mundhöhle und wird verschluckt.

Diese ausgefallene Art und Weise, den Proteinbedarf zu decken, wird begünstigt durch die besondere Struktur der Haare blütenbesuchender Fledermäuse (Abb. 350 rechts): Die Schuppen der Haarcuticula ragen weit vom Haar ab – die Pollenkörner bleiben dadurch leichter hängen als an glatten Haaren. Die spezialisierten Haare sitzen im Nackenfell.

Das Putzverhalten der blütenbesuchenden Fledermäuse hat also die ganz außergewöhnliche Funktion, die Fledermaus mit lebensnotwendiger Nahrung zu versorgen.

Die in den Magen gelangenden Pollenkörner sind jedoch nicht ohne weiteres verdaulich, da sie eine extrem widerstandsfähige äußere Hülle (die Exine) besitzen, welche den Inhalt vor dem Angriff der Enzyme schützt. Das Fledertier vermag aufgrund folgender drei Gegebenheiten trotzdem an die Proteine zu gelangen. Erstens keimen Pollenkörner in einer Zuckerlösung aus – und eine solche befindet sich im Magen des Fledertiers nach der Nektaraufnahme. Bei der Keimung tritt an bestimmten dünnwandigen Stellen der Exine die innere Wand des Pollenkorns (die Intine) hervor. Unter starker Streckung wächst der Pollenschlauch aus, dessen zarte Wand sehr wenig widerstandsfähig ist. Zweitens ist bekannt, daß die Proteine bestimmter Pollensorten durch Salzsäure extrahiert werden. Zu

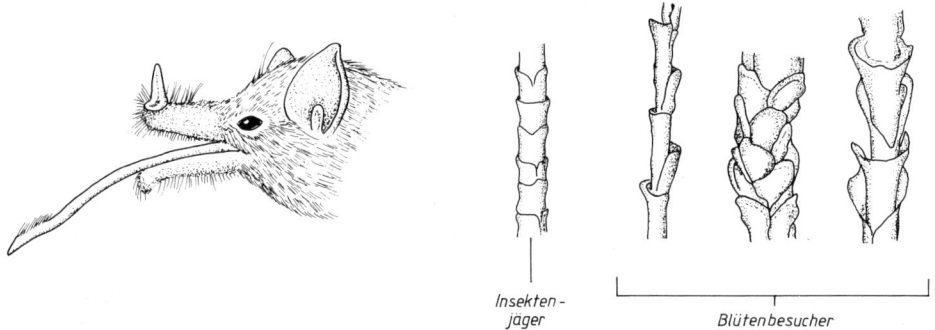

Insekten-
jäger

Blütenbesucher

Abb. 350. Anpassungen an Blütenprodukte als Nahrung
Links: Röhrenförmige Schnauze und Pinselzunge der Langnasen-Fledermaus (nach Goodwin aus Starck 1982)
Rechts: Vergleich der Haarstruktur blütenbesuchender Fledertiere mit der einer Insekten fangenden Art. Dargestellt sind (von links nach rechts) Haare der Kleinen Nacktrücken-Fledermaus, eines Epauletten-Flughundes, einer Langzungen-Fledermaus und der Bananenfledermaus (nach Howell aus Vaughan 1978)

Abb. 351. Anpassungen an das Laubäsen
Links: Bergtapir (nach Grassé 1952 ff.)
Mitte: Spitzlippennashorn (nach Böker 1935/37)
Rechts: Okapi (nach Grassé 1952 ff.)

dieser Tatsache paßt der Befund, daß die Magenschleimhaut blütenbesuchender Fledermäuse überdurchschnittlich viel Salzsäure produzierende Drüsen enthält. Drittens hat eine bestimmte Fledermaus-Art die Angewohnheit, gelegentlich ihren Urin zu trinken. Der darin enthaltene Harnstoff könnte mithelfen, die Proteine des Blütenstaubs zu denaturieren.

Einmal verdaut, bildet der Pollen eine hochwertige Proteinquelle. Im Verlauf der Coevolution Fledertierblume – blütenbesuchendes Fledertier haben die chiropterophilen Blüten sogar Pollen entwickelt, welcher einen höheren *Proteingehalt* aufweist als der Blütenstaub solcher Blumen, welche nicht von Fledertieren bestäubt werden (Abb. 349 rechts). Der Fledertierblumen-Pollen ist reich an der Aminosäure Prolin, welche für Fledertiere von großer Bedeutung ist. Hydroxyprolin ist nämlich Baustein der kollagenen Fasern, welche ihrerseits Bestandteil des Bindegewebes sind, das einen bedeutenden Beitrag zur Struktur der Flughaut liefert.

B3.   Abpflücken von Pflanzenteilen

Wenn wir ein Blatt oder einen jungen Trieb von einem Busch oder Baum ablösen wollen, nehmen wir dazu selbstverständlich die Hand. Ein Pflanzenesser ohne Hände kann zum Abpflücken entweder die Lippen, einen Rüssel, die Zunge oder die Zähne verwenden.

Die Lippen können eine Art Greiforgan bilden, wenn sie eine entsprechende Form aufweisen. Das ist beim Spitzlippennashorn der Fall, dessen Oberlippe zu einem Zipfel ausgezogen ist (Abb. 351). Das Breitlippennashorn (Abb. 352) hat dagegen sehr in die Breite gezogene Lippen, mit denen es das Gras abrupft. Die Giraffe und das Okapi (Abb. 351) verwenden neben den Lippen die Zunge, um Ästchen oder Blätter abzupflücken.

Dicke Äste vermag der Elefant mit seinem Rüssel abzubrechen. Diese »Greifnase« vermag noch zahlreiche andere Tätigkeiten auszuführen (Weiteres in XII V).

Rinder umfassen mit der Zunge Grasbüschel, welche danach mit den unteren Schneidezähnen gegen den Oberkiefer gedrückt und abgerissen werden. Das Pferd (Abb. 127) besitzt in seinen oberen und unteren Schneidezähnen eine Art Beißzange, mit der es das Gras abrupft.

B4.   Äsen in verschiedener Höhe über dem Erdboden

Die pflanzliche Nahrung kommt sowohl im Urwald als auch in der Steppe in verschiedenen »Stockwerken« vor.

Eine Möglichkeit, an die Blätter von Bäumen zu gelangen, besteht darin, den Baum zu ersteigen. Dies tun beispielsweise der Koala oder die Faultiere, welche sogar dauernd auf den Bäumen leben. Aber auch bodenbewohnende Arten, die nicht zu klettern vermögen, essen das Laub von Büschen und Bäumen.

Die Nutzung der in unterschiedlicher Höhe wachsenden Pflanzenteile sei am Beispiel einiger ausgewählter Arten besprochen, welche die afrikanische Savanne bewohnen (Abb. 352). Diese Auswahl vernachlässigt die ebenfalls diesen Lebensraum in großer Zahl bevölkernden Antilopen und Gazellen.

Abb. 352. Äsen in verschiedener Höhe über dem Erdboden
Links: Giraffe an einer Schirmakazie (Giraffe nach Grassé 1952 ff.)
Mitte: Giraffengazelle (nach Starck 1979)
Rechts: Breitlippennashorn (nach einem Illustriertenfoto). Alle Arten maßstabgetreu

406

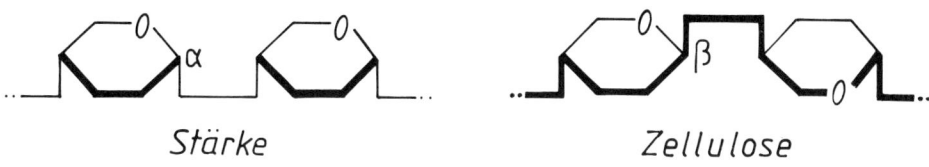

Stärke   Zellulose

Abb. 353. Verknüpfung der Glucosemoleküle in der Stärke und Zellulose. Vereinfachte Darstellung der Haworth-Schreibweise: Die an den C-Atomen des Sechsringes der Glucose sitzenden H-Atome und OH-Gruppen sind weggelassen, ebenso die CH_2OH-Gruppe und das die Ringe verknüpfende O-Atom. Bei der zweiten Glucoseeinheit der Zellulose ist (der einfachen Schreibweise halber) das Sauerstoff-Atom nach vorne gezeichnet. In Wirklichkeit liegen die Glucopyranoseringe in Sesselkonformation vor. α-glucosidische Bindung dünn, β-glucosidische dick gezeichnet (nach Pflumm 1976)

Der Grasbewuchs wird vom *Breitlippennashorn* geäst; seine Mundregion erinnert beim Anblick von vorne an einen Rasenmäher.

Die *Giraffengazelle* vermag, wenn sie auf allen Vieren steht, niedere Sträucher abzuäsen. Neben ihrem recht langen Hals besitzt sie als Sonderanpassung die Fähigkeit, sich zum Zweibeiner auf die Hinterfüße zu erheben. Sie vermag so frei zu stehen. Aufgerichtet erreicht sie eine Zweigregion, die für andere Gazellen oder Antilopen zu hoch ist.

Die Giraffengazelle vermag sehr trockene Gebiete zu besiedeln. Sie ist nämlich unabhängig von trinkbarem Wasser. Auch wenn man ihr im Zoo Wasser anbietet, trinkt sie nur äußerst selten. Sie vermag deshalb auf Wasser zu verzichten, weil sie bei der Nahrungsaufnahme äußerst wählerisch ist. Sie sucht sich die saftigsten Blätter aus, die sie mit den beweglichen Lippen der schmalen Schnauze abpflückt.

Da die von der Giraffengazelle bevorzugte Nahrung nicht in riesigen Mengen vorkommt, kann diese Art auch nicht wie andere Gazellen große Herden bilden. Sie lebt vielmehr in kleinen Gruppen von 1 bis 5 Individuen. Die Männchen sind streng territorial. Das Territorium muß – um die Versorgung mit Nahrung zu gewährleisten – recht groß sein. Die Grenzen des Reviers werden vom Männchen mit dem Sekret der Voraugendrüsen markiert. Ein fremdes Männchen, welches an die Grenze gelangt, respektiert diese, so daß es nicht oder nur selten zu energieaufwendigen kämpferischen Auseinandersetzungen kommt. Man erkennt an diesem Beispiel, wie die Sozialstruktur von den Bedingungen der Umgebung beeinflußt werden kann.

Die *Giraffe* erreicht mit ihrem langen Hals die Baumkronen. Sie hat Probleme, wenn sie ihren Kopf in Erdbodennähe bringen will. Um zu trinken, muß sie mit breit gegrätschten Vorderbeinen stehen. Beim Abpflücken der Blätter kommt ihr im dornigen Gestrüpp ihre lange Zunge zu Hilfe.

B5.   Gärkammern zur Verarbeitung zellulosereicher Kost

Baustein der Zellulose und der Stärke ist das Glucosemolekül. Die Verknüpfung der Bausteine geschieht in den beiden Polysacchariden auf unterschiedliche Weise: β-glucosidische Bindung in der Zellulose, α-glucosidische in der Stärke (Abb. 353). Dieser zunächst gering erscheinende Unterschied in der Art der Verknüpfung hat in der Evolution der pflanzenessenden Arten ungeheure Konsequenzen gehabt. Die Wirbeltiere sind nämlich in der Lage, α-glucosidische Bindungen zu spalten, da sie die hierfür nötigen Enzyme synthetisieren können. Kein einziges Wirbeltier verfügt jedoch über eine für die Zellulosespaltung benötigte Zellulase. (Mollusken hingegen – pflanzenessende Schnecken und holzbohrende Muscheln – besitzen Zellulasen.)

Viele Arten der Pflanzenesser machen sich auch ohne den Besitz von Zellulasen die riesigen Vorkommen von Zellulose zunutze. Sie nehmen dafür Lebewesen in ihren Dienst, welche die Arbeit der Zellulosespaltung verrichten – es sind bestimmte Bakterien. Die Pflanzenesser stellen »Gärbottiche« zur Verfügung, in denen optimale Bedingungen für Wachstum und Vermehrung der Symbionten herrschen. Gärkammern wurden von pflanzenessenden Vertretern verschiedener Ordnungen entwickelt. Es sind immer sehr voluminöse Erweiterungen bestimmter Abschnitte des Verdauungstraktes. Nachstehend werden die Gärkammern von Arten besprochen, welche zu den Ordnungen Paarhufer, Unpaarhufer, Hasentiere, Nagetiere und Schliefer gehören.

a)   Gekammerter Magen bei Stirnwaffenträgern

Dieser Magen, der auch bei Schwielensohlern vorkommt, wird oft als »Wiederkäuermagen« bezeichnet. Er ist das bekannteste Beispiel einer Gärkammer. Er besteht aus vier Teilen (Pansen, Netz-, Blätter- und Labmagen), von denen die beiden ersten eine funktionelle Einheit bilden und die eigentliche Gärkammer darstellen (Abb. 354). Pansen und Netzmagen werden in Süddeutschland, Frankreich und Italien als kulinarische Spezialität zubereitet (»Kutteln«).

Lange Zeit nahm man an, Pansen, Netz- und Blättermagen seien wegen ihrer Auskleidung mit mehrschichtigem Plattenepithel als Erweiterung der Speiseröhre anzusehen (s. hierzu Abb. 359). Neue Befunde der Embryologie und vergleichenden Anatomie haben jedoch zutage gebracht, daß auch im eigentlichen Magen Plattenepithel auftreten kann. Dies gilt für die Mägen der Vertreter der verschiedensten Ordnungen; dieser Gewebetyp ist im Magen also mehrfach konvergent entstanden (Weiteres in C).

Im Labmagen findet Enzymsekretion statt.

α)   Weg der Nahrung

Das beim Äsen abgerupfte Gras wird nahezu unzerkaut verschluckt. So können in kurzer Zeit große Futtermengen aufgenommen werden. Auf offener Steppe ist das Tier daher nicht lange durch Feinde gefährdet; erst in sicherer Deckung werden die Pflanzenteile gründlich zermahlen (Wiederkäuen erfolgt nur bei »behaglicher« Stimmung).

Die aufgenommene Nahrung gelangt in Pansen und Netzmagen, wo sie mit dem vorhandenen Futterbrei gründlich durchmischt wird. Hierfür sind rhythmische Kontraktionen des Netzmagens und der Aussackungen des Pansens verantwortlich. Kontrahiert sich der ventrale Pansensack, erschlafft der dorsale und umgekehrt. Der Pansenvorhof (auch Schleudermagen genannt) steht in einem Wechselspiel mit dem Netzmagen, bei dem der Futterbrei zwischen beiden hin- und hergeschoben wird.

Beim Wiederkäuen werden Portionen des Futterbreis infolge im Brustraum erzeugten Unterdrucks in die Speiseröhre gesaugt und von dort durch rückläufige Peristaltik in die Mundhöhle befördert. Das Hochsteigen einer solchen Portion läßt sich besonders gut bei einer Giraffe im Zoo beobachten. Der wiederzukauende Brei wird durch Auspressen und Abschlucken von Flüssigkeit etwas eingedickt. Eine wichtige Aufgabe übernehmen jetzt die Schmelzleisten der Backenzähne, welche die Pflanzenteile sehr fein zerreiben (s. V F). Schließlich wandert die wiedergekaute Nahrung zum zweitenmal die Speiseröhre abwärts. Man hat lange Zeit angenommen, daß sie nun unter Umgehen von Pansen und Netzmagen direkt in den Blättermagen gelangt. Das ist nicht der Fall. Die Schlüsse, die zu dieser Annahme führten, wurden aus nachstehenden beiden Beobachtungen gezogen.

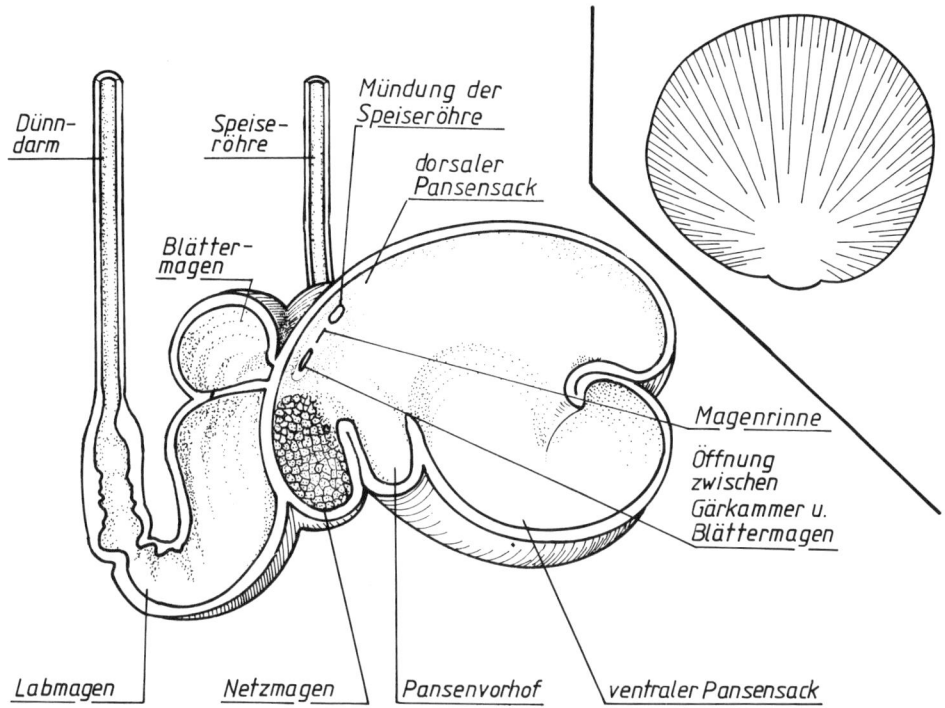

Dünn-darm

Speise-röhre

Mündung der Speiseröhre

dorsaler Pansensack

Blätter-magen

Magenrinne

Öffnung zwischen Gärkammer u. Blättermagen

Labmagen

Netzmagen

Pansenvorhof

ventraler Pansensack

Abb. 354. Gekammerter Magen des Schafs, schematisch. Jeder Abschnitt trägt mehrere Namen: Pansen = Rumen; Netzmagen = Haube = Reticulum; Blättermagen = Omasus = Psalter = Buchmagen (s. rechts oben); Labmagen = Abomasus (nach Kämpfe et al. 1970) – Der rechts oben dargestellte schematische Querschnitt durch den Blättermagen erklärt die alte Bezeichnung »Psalter«; sie rührt daher, daß man die Falten mit den Blättern eines Buches (»Psalter«) verglich, welche vom Buchrücken (=Psalterwand) herabhängen (nach Ellenberger und Baum 1974)

■ *Erstens:* Beim Kalb existiert ein »Schlundrinnenreflex«. Zwischen der Einmündung der Speiseröhre in den Pansen und der Pforte zum Blättermagen (Abb. 354) verlaufen zwei Hautwülste, die beim Auffalten eine Röhre bilden können – die sogenannte Schlundrinne (diese veraltete Bezeichnung sollte besser durch »Vormagenrinne« oder »Magenrinne« ersetzt und entsprechend von »Magenrinnenreflex« gesprochen werden). Beim Milch trinkenden Kalb schließen sich während des Schluckvorgangs die Wülste reflektorisch zur Rinne, die Milch fließt direkt in Blätter- und Labmagen. Man nahm an, daß auch beim erwachsenen Rind beim Abschlucken des Wiedergekauten der Magenrinnenreflex abläuft. Geht das Kalb zur Grasnahrung über, beginnen die bis dahin relativ kleinen Vormägen stark zu wachsen; dabei hält die Magenrinne nicht Schritt, sie kann daher beim erwachsenen Rind ihre Funktion nicht mehr erfüllen.

■ *Zweitens:* Man führte Tränkversuche mit ausgewachsenen Tieren durch. Dabei fand man die Trinkflüssigkeit entweder in Pansen und Netzmagen, in allen vier Mägen oder nur in Blätter- und Labmagen. Aus dem letzten Befund zog man den Schluß, Getrunkenes gelange über die Magenrinne direkt dorthin. Die Beobachtung läßt sich jedoch auch anders deuten – nämlich mit Hilfe des Mechanismus, der den Übertritt des Panseninhalts in den Blättermagen steuert. (Im folgenden ist mit »Pansen« immer die gesamte Gärkammer, d.

h. Pansen und Netzmagen, gemeint.) Die schlitzförmige Öffnung zwischen Pansen und Blättermagen ist auf der Pansenseite von Lippen umgeben, welche nach Art eines Schließmuskels die Weite der Öffnung verändern. Die Tätigkeit der Lippen hängt von der Partikelgröße des sie berührenden Panseninhalts ab: Grobe Partikel (beispielsweise Grashalme) führen zu reflektorischem Schluß, fein zerteiltes Material kann durchtreten. Beim Trinken wird der Panseninhalt stark verdünnt, es gelangt also viel feiner Brei an die Öffnung und tritt rasch durch. Dies erklärt den Befund, daß man nach dem Trinken unter Umständen die Flüssigkeit nach kurzer Zeit in Blätter- und Labmagen findet.

Die geschilderten Ergebnisse zur Funktion der Magenrinne wurden an Haustieren gewonnen. Bei der Untersuchung der Mägen wildlebender Stirnwaffenträger in Afrika gelangte man zu dem Schluß, daß die Magenrinne auch beim erwachsenen Tier noch eine Aufgabe erfüllen kann: Sie soll die während des Wiederkauens zwischendurch abgeschluckte dünne Flüssigkeit direkt in Blätter- und Labmagen leiten.

Im Blättermagen werden dem sehr dünnflüssigen Speisebrei Wasser und Ionen entzogen (ein Rind produziert pro Tag über 100 l Speichel). Außerdem besitzt der Blättermagen eine Transportfunktion durch Pumpenwirkung; die vermutete Zerkleinerung der Nahrung zwischen den Blättern ist nicht nachgewiesen. Aufgrund der ins Lumen hängenden Hautfalten nannte man diesen Magenteil früher Psalter oder Buchmagen (Abb. 354 rechts oben).

Auf den eingedickten Nahrungsbrei wirken erst im Labmagen die üblichen Enzyme.

β)   Pansenbewohner

Im Pansen findet sich ein anaerobes, leicht saures, gepuffertes Milieu (der pH-Wert liegt zwischen 5,8 und 7,3) mit einer Temperatur von 37 bis 40 °C – ideale Lebensbedingungen für Bakterien (10^{10} Bakterienzellen pro ml Panseninhalt). Zur Veranschaulichung diene folgender Vergleich: Würde man den Mageninhalt einer Kuh in den Bodensee gießen, darin gleichmäßig verteilen und anschließend ein Liter Wasser entnehmen, fände man in diesem etwa 10 Bakterien. Von den – streng anaeroben – Zellulose abbauenden Bakterien verraten einige ihre Herkunft schon durch ihren Namen: *Ruminococcus flavefaciens, Ruminobacter parvum, Bacteroides ruminicola*. Die Bakterien sind lebensnotwendig – es sind echte Symbionten.

Neben den Bakterien leben im Pansen riesige Mengen Ciliaten (10^6 pro ml Panseninhalt). Die hier gefundenen Arten kommen in freier Natur praktisch nicht vor, das Jungtier übernimmt sie beim Kontakt mit der Mutter. Manche von ihnen vermögen Zellulose *(Diplodinium denticulatum)* oder die anfallende Zellobiose *(Dasytricha ruminantium)* abzubauen. Neben Pflanzenteilchen nehmen sie auch Bakterien in ihren Zelleib auf und verdauen diese. Die Ciliaten werden im Labmagen abgetötet. Dadurch erhält der Wirt tierliches Protein, welches eine höhere biologische Wertigkeit aufweist als pflanzliches (die biologische Wertigkeit eines Proteins ist durch seinen Gehalt an essentiellen Aminosäuren bestimmt). Man kann ein Rind experimentell protozoenfrei machen, indem man es drei bis vier Tage hungern läßt oder 8 Tage lang nur mit Milch oder Gerstenschrot-Leinkuchenmehl-Tränke ernährt. Das Tier zeigt danach keinerlei Schädigungen, woraus der Schluß zu ziehen ist, daß die Ciliaten für den Wirt nicht lebensnotwendig – d. h. keine Symbionten – sind.

Da die Symbionten außerhalb des Wirtskörpers nicht zu überleben vermögen, muß eine Weitergabe von Generation zu Generation gesichert sein. Dies gilt auch für nicht zu den Säugetieren gehörende Arten. Alle diese Tiere haben Verhaltensweisen entwickelt, welche einen Kontakt zwischen den Generationen gewährleisten. Manche Forscher sehen hierin einen Grund für die Evolution sozialen Verhaltens bei Pflanzenessern (von den Termiten bis zu den Säugetieren). (Sozialverhalten bei Fleischessern kann auf die Zusammenarbeit beim Überwältigen großer, nahrhafter Beute zurückgeführt werden.)

γ)   Biochemische Vorgänge in der Gärkammer

Häufig liest man, die Pansenbakterien seien dazu da, die Pflanzenzelle aufzulösen, damit deren Inhalt den Verdauungssäften des Wirtes zugänglich werde. Die wesentliche Aufgabe dieser Bakterien besteht jedoch darin, die Zellwand selbst so abzubauen, daß die dabei entstehenden Produkte in den Stoffwechsel des Wirtes eingeschleust werden können. (Es ist außerdem wahrscheinlich, daß Enzyme des Wirts durch unverletzte pflanzliche Zellwände zu diffundieren vermögen, wodurch der Inhalt der Verdauung zugänglich wird.)

Beim Abbau der Zellulose entstehen vor allem die drei kurzkettigen Fettsäuren Essig-, Propion- und Buttersäure; sie werden von der Pansenwand resorbiert und im Stoffwechsel des Wirts verwertet. Außerdem werden Gase frei: Wasserstoff und Kohlendioxid. Das in beträchtlicher Menge im Pansen vorkommende Methan entsteht nicht beim Zelluloseabbau, sondern wird beispielsweise von *Methanobacterium ruminantium* aus Wasserstoff, Kohlendioxid und Fettsäuren gebildet; dabei wird der anfallende molekulare Wasserstoff vollständig aufgebraucht, so daß die Pansengase frei davon sind. Die Gase bilden zusammen mit aus der Außenluft stammendem Stickstoff eine Gasblase über dem flüssigen Panseninhalt. Von Zeit zu Zeit steigen sie die Speiseröhre empor in den Nasen-Rachenraum – in diesem Augenblick verschließt das Tier Mund- und Nasenöffnung. Bei der anschließenden Einatmung gelangen sie in die Lunge, wo sie sich mit der Alveolarluft vermischen und schließlich ausgeatmet werden. Unklar ist, weshalb die Gase nicht unmittelbar nach dem Aufsteigen ausgestoßen werden.

Der bakterielle Abbau der Zellulose ist eine »Gärung«. Bei jeder durch Mikroorganismen hervorgerufenen Gärung zerlegen diese die organischen Substanzen in Bruchstücke, welche einen niedrigeren – aber oft noch beträchtlichen – Energiegehalt haben als die Ausgangsmoleküle. Mit der freiwerdenden Energie betreiben die Mikroorganismen ihren Stoffwechsel.

Eine wichtige Rolle spielen die Pansenbakterien bei der Vitaminversorgung ihres Wirts: Sie synthetisieren beträchtliche Mengen Vitamin K (Phyllochinon) sowie Vitamine der B-Gruppe.

δ)   Stickstoffkreislauf

Der Wirt nutzt nicht nur bei der Zellulosevergärung entstehende Abbauprodukte, er verwertet auch die Bakterien selbst. Diese entgehen im Labmagen der Verdauung. Erst im Dünndarm werden sie zerstört und ihr Protein zu Aminosäuren abgebaut. Daraus synthetisiert der Wirt körpereigenes Protein und deckt so seinen hauptsächlichen Proteinbedarf – welcher während der Milchproduktion besonders hoch ist.

Woher nehmen die sich ständig vermehrenden Pansenbakterien den zum Aufbau von Bakterienprotein benötigten Stickstoff? Die vom Wirt aufgenommenen Pflanzen stellen eine kärgliche Stickstoffquelle dar. Denn Kohlenhydrate enthalten keinen Stickstoff (Summenformel $C_n [H_2O]_n$), ebensowenig Fette, die auch nur aus Kohlenstoff, Wasserstoff und Sauerstoff bestehen. Zur Verfügung stehen die Protoplasten der Pflanzenzellen.

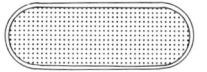 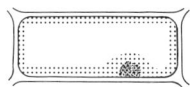 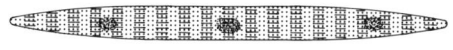

Abb. 355. Bakterien- und Pflanzenzelle sowie quergestreifte Muskelfaser schematisch dargestellt und auf etwa gleiche Größe gebracht. Einzelheiten (beispielsweise Bakteriengeißeln) sind nicht wiedergegeben. Die Orte des Proteinvorkommens sind punktiert. In Pflanzenzellen findet sich gelegentlich (besonders in Speicherorganen) auch in Vakuolen Protein; dies wurde in der Abbildung vernachlässigt (nach Pflumm 1978)

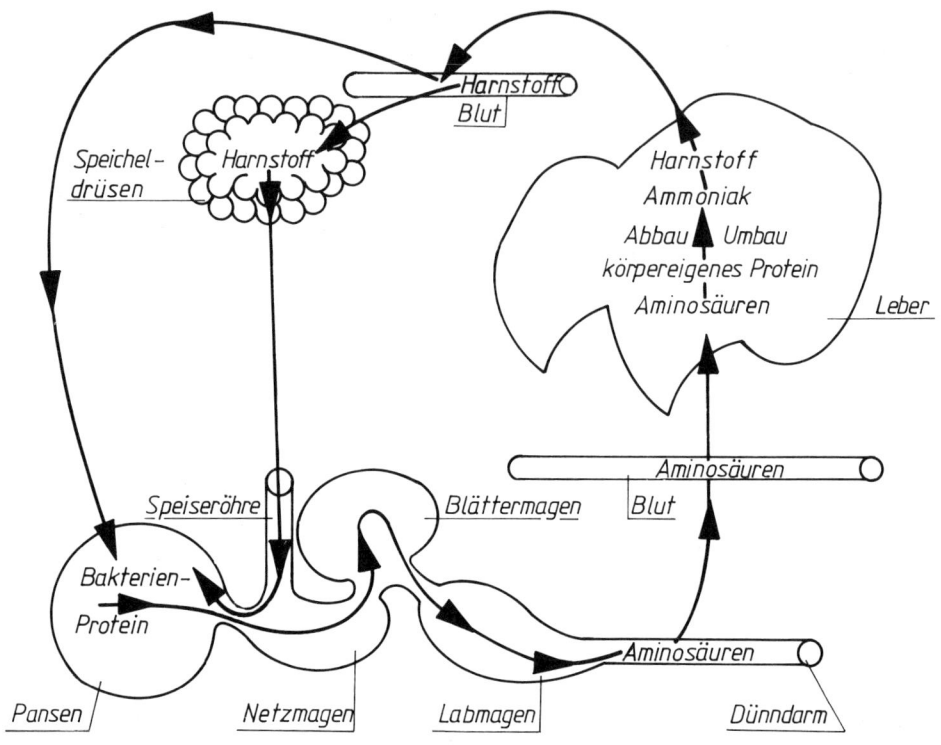

Abb. 356. Weg des Stickstoffs der Bakterienzellen beim Rind. Nur der in der Leber stattfindende Proteinstoffwechsel ist wiedergegeben. Sämtliche Organe schematisch dargestellt; Magen auseinandergelegt, Speicheldrüsen relativ zu groß gezeichnet (aus Pflumm
1978)

Diese nehmen aber in ausgewachsenen Pflanzenzellen einen recht geringen Raum ein.
Eine solche Zelle besteht im wesentlichen aus Zellwand und Vakuole, bezüglich des
Proteingehalts liegen hier ganz andere Verhältnisse vor als etwa in einer Muskelfaser
(Abb. 355).
Stickstoff braucht den Bakterien nicht in Form von Aminosäuren oder Proteinen zur
Verfügung zu stehen, sie vermögen auch andersartig gebundenen Stickstoff (beispielsweise den in Ammoniumsalzen) zu verwerten. Aber auch solcher Nicht-Protein-Stickstoff
findet sich nur in geringer Menge in der vom Wirt aufgenommenen Nahrung. Eine
mögliche Quelle wäre der im Pansengasgemisch vorkommende Luftstickstoff. Dieses
äußerst reaktionsträge Molekül vermögen die Pansenbakterien jedoch nicht zu spalten
(dies können beispielsweise die Knöllchenbakterien der Leguminosen mit Hilfe des Enzyms Nitrogenase).
Im Proteinstoffwechsel des Wirts fällt laufend Stickstoff an – so bei Desaminierungen
in Form von Ammoniak, welches als Zellgift in der Leber zu Harnstoff umgewandelt und
über die Nieren ausgeschieden wird. Beim Stirnwaffenträger können nun außer den Nieren
auch Pansenwand und Speicheldrüsen dem Blut Harnstoff entnehmen. Die Pansenwand
scheidet ihn ins Pansenlumen ab, von den Speicheldrüsen gelangt er mit dem Speichel
über die Speiseröhre in die Gärkammer, wo er von den Bakterien zur Proteinbiosynthese
verwendet wird (Abb. 356).

412

ε)   Phosphorkreislauf

Ein Kreislauf, der dem des Stickstoffs vergleichbar ist, existiert für den Phosphor der Nukleinsäuren. Fleischesser benötigen keine solchen Kreisläufe, da ihnen sowohl Stickstoff als auch Phosphor in ausreichendem Maße zur Verfügung stehen.

b)   Blinddarm bei Einhufern

Beim Pferd ist der Blinddarm als Gärkammer ausgebildet. Hier findet Zellulosegärung statt, und der Wirt nutzt die niedermolekularen Fettsäuren. Die Substanzen der Bakterienzelleiber gehen ihm jedoch verloren. Das wird verständlich, wenn man die Lage der Gärkammer betrachtet: sie liegt zu weit »hinten«. Bei Stirnwaffenträgern und Schwielensohlern folgt nämlich auf die Gärkammer der Dünndarm, welcher die für die Verdauung der Bakterien nötigen Enzyme zu sezernieren vermag. Beim Pferd folgen auf die Gärkammer Grimmdarm und Enddarm; in diesen Darmabschnitten findet keine nennenswerte Enzymsekretion statt. Die Bakterienzelleiber gelangen ungenutzt mit dem Kot nach außen (Abb. 358).

Vergleicht man die Anzahl der rezenten Arten der Stirnwaffenträger mit derjenigen der Einhufer (beides sind die höchstentwickelten Gruppen der Paar- bzw. Unpaarhufer), so stehen mehr als 140 Stirnwaffenträger-Arten 6 Einhufer-Arten gegenüber. Während des Tertiärs entwickelten die Gräser eine große Artenanzahl und weiteten ihr Verbreitungsgebiet aus. Zur gleichen Zeit brachten die Paarhufer zahlreiche Arten hervor – die Anzahl der Unpaarhufer-Arten verringerte sich. Der große stammesgeschichtliche Erfolg der Paarhufer dürfte auf die hervorragende Anpassung dieser Gruppe (und hier besonders der wiederkäuenden Arten) an die Pflanzennahrung zurückzuführen sein.

c)   Akzessorische Blinddärme bei Schliefern

Schliefer ernähren sich ausschließlich von Pflanzennahrung. Sie weisen neben ihrem »üblichen« Blinddarm weitere Blinddärme an anderen Stellen des Darmkanals auf (Abb. 357 rechts).

d)   Blinddarm und Coecotrophie bei Hasentieren und Nagetieren

Gärkammer bei Hasentieren ist der Blinddarm. Dasselbe gilt für verschiedene Nagetiere. Bei diesen hat man außerdem folgendes festgestellt: Ist er voluminös ausgebildet, deutet dies auf stark zellulosehaltige Nahrung (Abb. 357 links). Man kann also aus der Blinddarmgröße auf die Beschaffenheit der Nahrung des Nagers schließen.

Bei diesen Tieren liegt – wie beim Pferd – die Gärkammer weit »hinten«. Ihnen würden daher ebenfalls die Substanzen der Bakterienzelleiber verlorengehen, hätten sie nicht eine Methode entwickelt, sich diese doch noch nutzbar zu machen. Im folgenden sind die Verhältnisse beim Kaninchen geschildert.

Neben normalen Kotpillen werden besondere Pillen aus Blinddarminhalt (sog. *Coecotrophe*) geformt. Diese bekommt man normalerweise nicht zu Gesicht, weil das Kaninchen sie sofort nach dem Austritt aufißt. Um die Pillen zur Untersuchung in die Hand zu bekommen, legte ein Wissenschaftler seinen Versuchskaninchen einen breiten steifen Kragen um, der die Aufnahme der Coecotrophe verhinderte (Abb. 358). Nimmt das Kaninchen die Blinddarmpillen wieder auf, gelangen die Bakterien erneut in den Verdauungstrakt. Im Magen vermögen sie noch eine Zeitlang auf Zellulose einzuwirken,

413

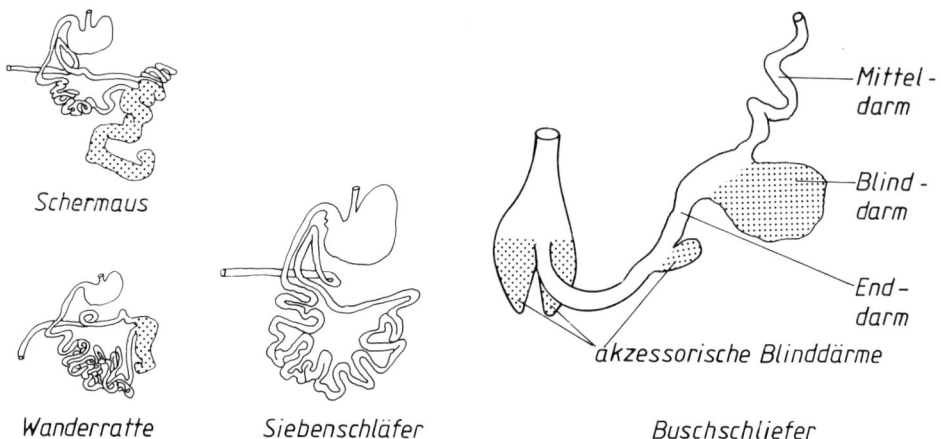

Abb. 357. Magen-Darm-Kanal bei drei Nagetier-Arten sowie Endabschnitt des Darmes bei einem Schliefer. Blinddarm jeweils punktiert
Links oben: Wurzelesser
Links unten: Allesesser
Mitte: Früchteesser
Rechts: zusätzliche Blinddärme (Nagetiere nach Harder 1950, Schliefer nach Starck 1982)

Abb. 358. Weg des Stickstoffs der Bakterienzellen bei Rind, Pferd und Kaninchen. Gär-kammer jeweils punktiert. Schematische Darstellung folgender Abschnitte des Verdau-ungstraktes: Mund-Rachenraum, Speiseröhre, Magen (beim Rind: Pansen mit anhängen-dem Netzmagen, Blättermagen und Labmagen), Mitteldarm, Enddarm. Der Blinddarm sitzt am Übergang vom Mittel- zum Enddarm
Links: Interner (rumino-hepatischer) Stickstoff-Kreislauf beim Rind
Mitte: Pferd ohne Stickstoff-Kreislauf
Rechts: Stickstoff-Kreislauf »außen herum« beim Kaninchen. Der dem im Kreis darge-stellten Kaninchen umgelegte »Kragen« verhindert die Wiederaufnahme der Coecotrophe (Kaninchen im Kreis nach Harder 1950, übrige aus Pflumm 1978)

414

bevor sie im Dünndarm der Verdauung unterliegen, womit ihre Substanzen dem Wirt zugute kommen.

Im Proteinstoffwechsel des Wirts anfallender Stickstoff wird der Bakterienpopulation im Blinddarm über Blut und Blinddarmwand wieder zur Verfügung gestellt (Abb. 358). Somit besteht ein ähnlicher Stickstoffkreislauf wie beim Stirnwaffenträger – bei diesem intern, beim Kaninchen unter Einbeziehung des gesamten Verdauungstrakts und der Außenwelt.

C.   Gewebetypen des Magens

Findet im Magen Verdauung statt? Verdauung bedeutet das Überführen der Nahrung in resorptionsfähige Bruchstücke. Hierzu ist die Sekretion von Verdauungssäften nötig: das sind Enzyme sowie für deren Wirken notwendige Substanzen wie Salzsäure oder Galle. Die Resorption der entstehenden Bruchstücke wird häufig als nicht zur Verdauung gehörend bezeichnet. Das wird bei bestimmten Substanzen – beispielsweise Disacchariden – fragwürdig, welche nicht im Darm*lumen*, sondern während der Aufnahme in die Zellen der Darmwand oder erst in diesen in Bruchstücke zerlegt werden. Wie nachstehend besprochen, zeigt der Magen zwar Sekretionstätigkeit, die gesamte Resorption findet jedoch im Darm statt.

In Abb. 359 sind vier einhöhlige Mägen und ein mehrhöhliger Magen (Rind) dargestellt. Ein mehrhöhliger Magen weist immer auf eine besondere Ernährungsweise seines Trägers hin – im Fall des Rindes deutet er auf die Bewältigung des Problems, β-glucosidische Bindungen zu spalten! Aber auch einhöhlige Mägen zeigen Anpassungen an besondere Nahrungsarten: sie spiegeln sich in der unterschiedlichen Ausdehnung der verschiedenen Gewebetypen der Magenwand wider.

Man unterscheidet vier Regionen. Bei der Namengebung für diese hat teils der Begriffsschatz der Human-Anatomie Pate gestanden. So ist beim Menschen die Cardia-Region das Gebiet, welches sich unmittelbar an die Einmündung der Speiseröhre anschließt. Wie nachstehend besprochen, ist bei anderen Arten die Cardia-Region vom Mageneingang weg verschoben. Nur einige Arten ähneln hierin dem Menschen: so der Hund, dessen Magen in der Verteilung der Gewebe stellvertretend für den des Menschen stehen kann.

Am einfach gebauten Hundemagen erkennt man folgende Regionen: Die Speiseröhre ist mit *mehrschichtigem Plattenepithel* ausgekleidet, welches oft verhornt ist. In der zweiten anschließenden Cardia-Region birgt die Wand *Schleimdrüsen*. Die dritte Region liefert *Enzyme* und ist damit für die Verdauung von entscheidender Bedeutung. (Nachstehend wird vereinfachend von »Enzymen« gesprochen, dabei ist vernachlässigt, daß hier auch Salzsäure und Hormone produzierende Drüsen liegen.) Die vierte Region liegt ein Stück vor dem Magenausgang, welcher durch einen Schließmuskel verschlossen werden kann und den Namen Pylorus (Pförtner) trägt. Die Pylorus-Region weist in ihrer Wand nur noch minimale oder gar keine Enzymproduktion auf, vielmehr enthält sie zahlreiche *Schleimdrüsen*. Auf den Pförtner folgt der Dünndarm.

Beim *Weißbauch-Schuppentier*, welches nur sehr kleine Reibeplatten am Magenausgang aufweist, hat sich das mehrschichtige Plattenepithel über einen großen Teil des Magens ausgebreitet. Es existiert aber noch ein großes Areal mit Enzymdrüsen.

Der Magen des *Javanischen Schuppentiers* ist in Anpassung an die Ameisen- und Termitennahrung zwar nicht in seiner Form, wohl aber in der Auskleidung mit bestimmten Gewebetypen extrem spezialisiert. Nahezu die ganze Magenwand besteht aus verhorntem, mehrschichtigem Plattenepithel. Die Schleimdrüsen der Cardia-Region fehlen, die der

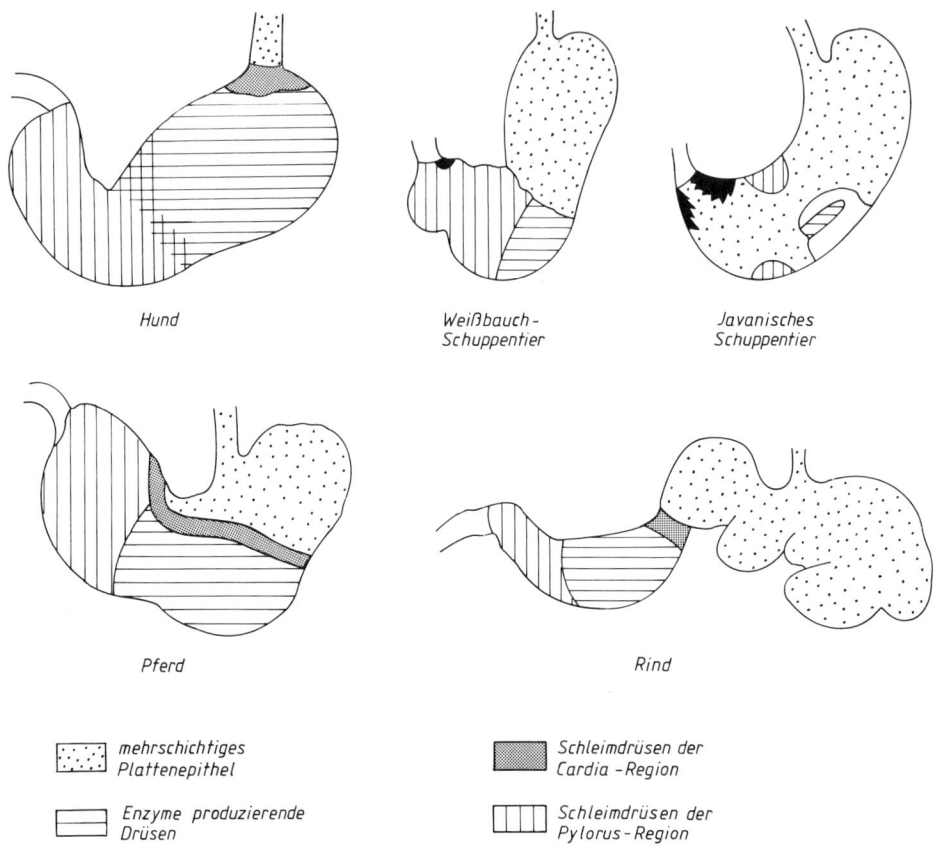

Hund

Weißbauch-
Schuppentier

Javanisches
Schuppentier

Pferd

Rind

⬚ mehrschichtiges
Plattenepithel

▦ Schleimdrüsen der
Cardia-Region

⬚ Enzyme produzierende
Drüsen

⊞ Schleimdrüsen der
Pylorus-Region

Abb. 359. Verteilung der Gewebetypen im Magen
Oben: Fleischesser sowie Ameisen- und Termitenesser
Unten: Pflanzenesser. Beim Javanischen Schuppentier sind die nahe den Reibeplatten lie-
genden Schleimdrüsen der Pylorus-Region (s. Abb. 347) fortgelassen (nach Lange und
Pernkopf aus Starck 1982)

Pylorus-Region sind an den Rand gedrängt. Offenbar kann auf die Enzymproduktion im
Magen auch hier nicht verzichtet werden, denn in diesem Magen sind die sonst zerstreut
liegenden Enzymdrüsen auf engem Raum zusammengefaßt und in der großen Magendrüse
konzentriert (s. Abb. 347).

Wie in b besprochen, wird die Gärkammer des *Pferdes* vom Blinddarm – und nicht wie
beim Rind vom Magen – gebildet. Der Pferdemagen (Abb. 359) ist daher einhöhlig und
weist die typischen vier Regionen auf. Das mehrschichtige Plattenepithel hat allerdings
etwa ein Drittel des Magens erfaßt und die Cardia-Region etwas nach hinten verschoben.

Der *Rindermagen* ist als mehrhöhliger Magen eine Gärkammer, deren Teile besondere
Namen tragen (s. Abb. 354). Wie Abb. 359 rechts unten zeigt, sind Pansen, Netz- und
Blättermagen mit mehrschichtigem Plattenepithel ausgekleidet. Die Wände werden bei
den Bewegungen des Durchmischens mechanisch stark beansprucht. Die drei restlichen
Gewebetypen finden sich in »üblicher« Reihenfolge in der Wand des Labmagens (von
hier stammt das Labenzym des Kalbes, welches die Milch zur Gerinnung bringt: s. Abschnitt VII C).

D. Einige Besonderheiten im Körperbau der Fleisch- und Pflanzenesser

Die riesigen Gärkammern der extremen Pflanzenesser bedingen eine voluminöse Bauchhöhle. Daher weist ihr Rumpf eine ganz andere Gestalt auf als der eines Fleischessers. Legt man eine Linie entlang der Rückenlinie, eine andere entlang der Bauchlinie, schneiden sich die Linien bei einem Fleischesser hinter dem Körper, bei einem Pflanzenesser davor (Abb. 360 links unten).

Am Kopf fällt die bei Fleischessern weit nach hinten gezogene Mundspalte auf (Abb. 360 links oben). Sie ermöglicht das Zubeißen der Fleisch- und Brechschere (s. XII O). Pflanzenesser – nicht nur wiederkäuende Formen, sondern beispielsweise auch Pferde (Abb. 360 links oben) – zeigen eine sehr kurze Mundspalte. Daher kann zwischen den mahlenden Backenzähnen die Pflanzennahrung hin- und hergeschoben werden, ohne daß sie seitlich aus dem Mund fällt. Lange Mundspalten bei vorwiegend pflanzenessenden Arten gibt es bei den wenig evolvierten Zwerghirschen (Abb. 300).

Bezüglich der Länge des Darms lautet eine weit verbreitete Meinung: Fleischesser haben kurze, Pflanzenesser lange Därme. Zu dieser Aussage war man offenbar dadurch gelangt, daß man ursprünglich rein zufällig solche Arten wie Löwe und Schaf (Abb. 360 rechts) miteinander verglich. Als man andere Formen in die Untersuchungen einbezog, stellte sich heraus, daß es sich um keine durchgängig gültige Regel handelt. Wäre das der Fall, müßten in der rechten Hälfte des Diagramms der Abb. 360 ausschließlich lange, in der linken nur kurze Säulen stehen. Wie Abb. 360 zeigt, finden sich die relativ längsten Därme nicht bei Pflanzen-, sondern bei Fischessern; dabei ist es gleichgültig, ob es sich um Meeresfische (Seehund) oder Süßwasserfische (La-Plata-Delphin) handelt. Merkwürdigerweise hat der ebenfalls Süßwasserfische essende Fischotter einen recht kurzen Darm.

Der Regenwürmer und Käferlarven verspeisende Maulwurf weist die gleiche relative Darmlänge auf wie das Pferd.

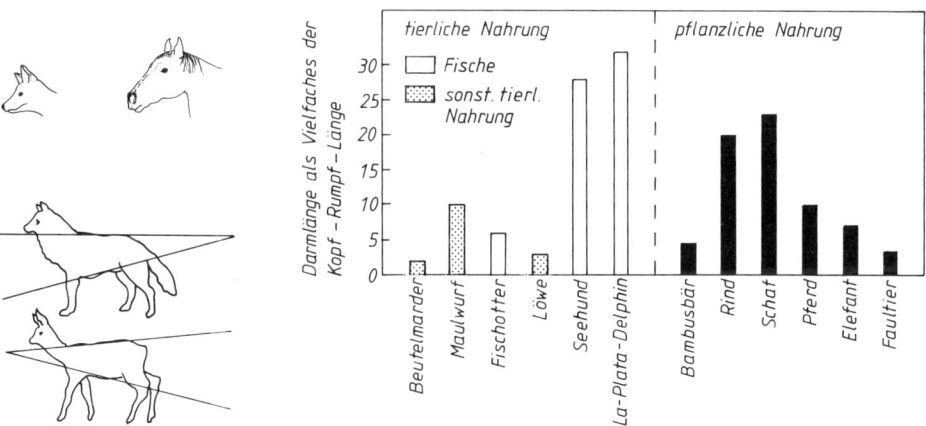

Abb. 360. Länge der Mundspalte (links oben), Form des Rumpfes (links unten) und Darmlänge (rechts) bei Fleisch- und Pflanzenessern. Die Darmlänge wurde auf die Strecke Mund-After bezogen (Rumpfform nach Festetics aus Starck 1982, Diagramm nach den von Starck 1982 angegebenen Daten verschiedener Autoren)

Die Darmlänge wird demnach offenbar außer von der Art der Nahrung von ganz anderen Faktoren entscheidend beeinflußt. Hier dürfte die stammesgeschichtliche Herkunft (sprich: systematische Zugehörigkeit) eine Rolle spielen sowie die eventuelle Beteiligung des Magens an der Verdauungstätigkeit.

XI. Evolution

Die Säugetiere stammen – wie die Vögel – von Reptilien ab. Deren Blütezeit lag im Erdmittelalter; sie hatten sehr verschiedenartige Lebensformen entwickelt und sich sowohl ans Wasserleben angepaßt als auch den Luftraum erobert. Im weiteren Verlauf der Erdgeschichte starben zahlreiche Stämme der Reptilien wieder aus, ohne Nachkommen zu hinterlassen: so die »Dinosaurier«, die Flug-, Fisch- und Flossenechsen. In einer Reptiliengruppe entwickelten sich jedoch Formen, aus denen schließlich Säugetiere hervorgingen (Abb. 361).

Als Orientierungshilfe für nicht in der Geologie bewanderte Leser diene die Zeittafel der Abb. 362.

A. Wurzelgruppen der Säugetiere

Die Säugetier-Evolution nahm ihren Ausgang bei den *Uraubsauriern (Pelycosauria)*, welche aus den *Stammreptilien (Cotylosauria)* hervorgingen (Abb. 361). Die Pelycosau-

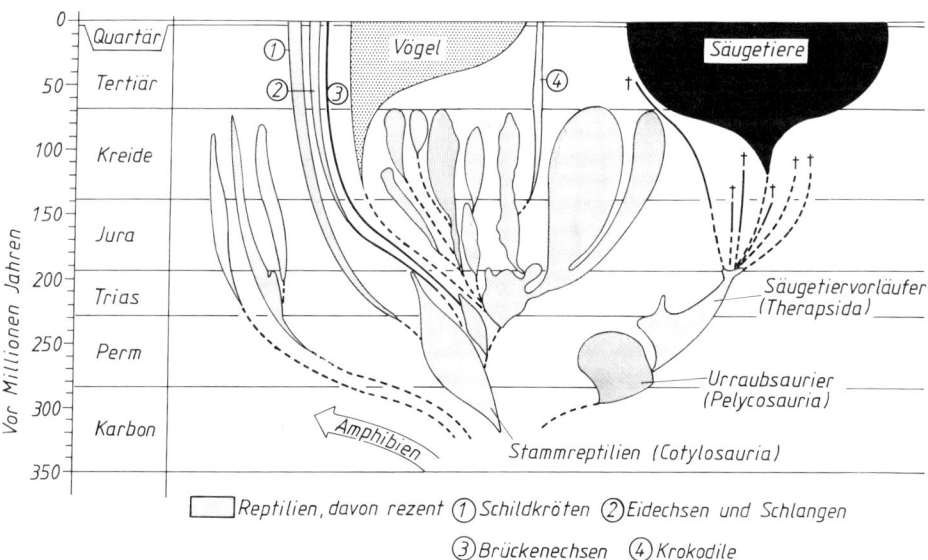

Abb. 361. Stammbaum der Reptilien, Vögel und Säugetiere. Man beachte die zahlreichen Reptiliengruppen im Mesozoikum (zur vom Mesozoikum umfaßten Zeitspanne s. Abb. 362). Die zu einem bestimmten Zeitpunkt gemessene Ausdehnung einer schwarzen, punktierten oder grauen Fläche in horizontaler Richtung gibt die Anzahl der zu diesem Zeitpunkt existierenden Arten wieder (nach Henkel 1973)

419

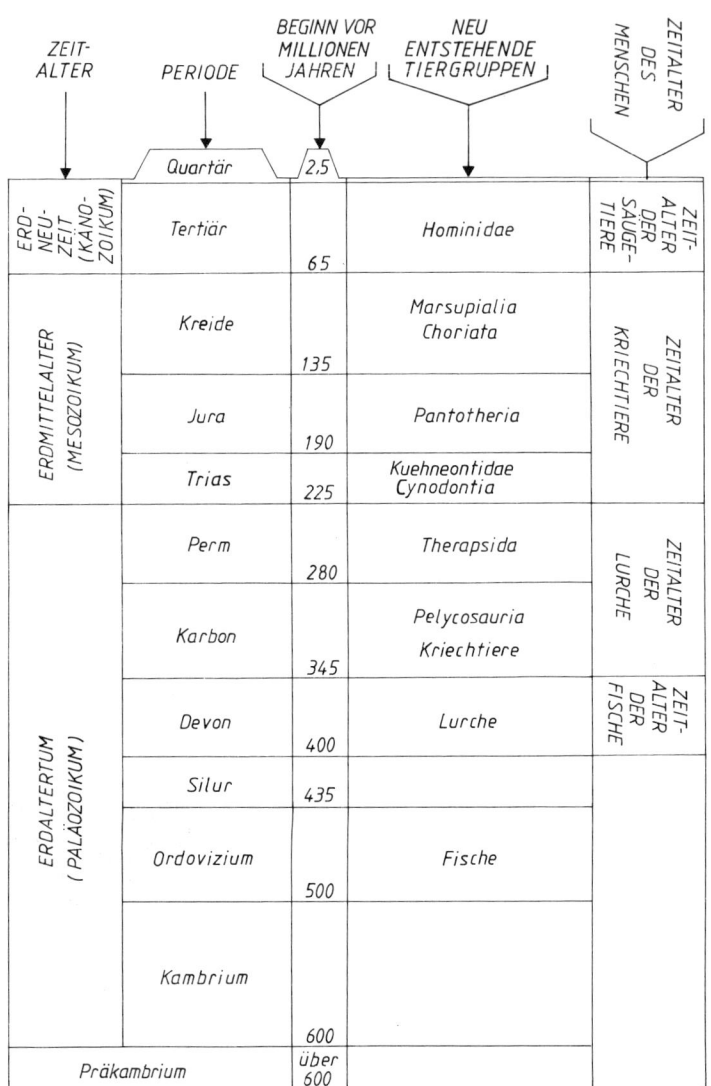

ZEIT-ALTER	PERIODE	BEGINN VOR MILLIONEN JAHREN	NEU ENTSTEHENDE TIERGRUPPEN	ZEITALTER DES MENSCHEN
	Quartär	2,5		
ERD-NEU-ZEIT (KÄNOZOIKUM)	Tertiär	65	Hominidae	ZEITALTER DER SÄUGETIERE
ERDMITTELALTER (MESOZOIKUM)	Kreide	135	Marsupialia Choriata	ZEITALTER DER KRIECHTIERE
	Jura	190	Pantotheria	
	Trias	225	Kuehneontidae Cynodontia	
ERDALTERTUM (PALÄOZOIKUM)	Perm	280	Therapsida	ZEITALTER DER LURCHE
	Karbon	345	Pelycosauria Kriechtiere	
	Devon	400	Lurche	ZEITALTER DER FISCHE
	Silur	435		
	Ordovizium	500	Fische	
	Kambrium	600		
	Präkambrium	über 600		

Abb. 362. Erdgeschichtliche Zeittafel. Zeitpunkt Null = Jetztzeit. Zeit maßstäblich aufgetragen. Man beachte die kurze Dauer des Quartärs. In der vierten Spalte sind die für die Evolution der Meta- und Eutheria wichtigen Tiergruppen angegeben; erstmaliges Erscheinen der Hominidae zusätzlich eingezeichnet. Nach dem ersten Auftreten einer Tiergruppe verstreicht immer eine gewisse Zeit, ehe die Gruppe ihre Blütezeit erreicht. Mutmaßliche Stammgruppen der Prototheria nicht eingetragen (nach Angaben verschiedener Autoren)

ria waren fleischessende Reptilien mit homodontem Gebiß (Abb. 363) und eidechsen- bis reißtierähnlicher Körpergestalt; ihre Körperlänge betrug meist weniger als 3 m; sie lebten vom Oberkarbon bis zum Oberperm. Aus den Pelycosauria gingen die als »Säugetierähnliche Reptilien« oder *Säugetiervorläufer (Therapsida)* bezeichneten Formen hervor. Sie wiesen eine Reißtiergestalt auf und waren maus- bis hundegroß (einige wenige erreichten

4 m). Sie besaßen – wie die rezenten Arten der Säugetiere – 7 Halswirbel und lebten vom Perm bis zum mittleren Jura. Auf Grund ihrer säugetierartigen Merkmale werden sie im Englischen als »mammal-like reptiles« bezeichnet. Die Fundstellen stammen hauptsächlich aus den gemäßigten Klimazonen des Perms und der Trias.

Die Therapsida teilt man in zwei große Untergruppen ein (Abb. 364, Einschaltfigur): in die *Hauerzahnsaurier (Anomodontia)* und die *Reißtierzähner (Theriodontia)*. Die Anomodontia zeigten Evolutionstendenzen, wegen derer sie als Stammformen der Säugetiere nicht in Betracht kommen – beispielsweise findet man Gebißreduktion bis zur völligen Zahnlosigkeit. Vorläufer der Säugetiere sind also bei den Theriodontia zu suchen, welche in verschiedene »Stämme« unterteilt werden; diese sind in der Einschaltfigur Abb. 364 aufgeführt (mit »Stamm« ist hier nicht ein Tierstamm im üblichen Sinne gemeint). Im folgenden sind zu den Tritylodontia, Bauriamorpha und Cynodontia weitere Ausführungen gemacht.

Die *Tritylodontia* hatten eine große Anzahl (75 %) säugetierhafter Merkmale entwickelt: ihr Gebiß war nicht homodont, sondern ein Diastema trennte das Vorder- vom Backengebiß, welches vielhöckerige und mehrwurzelige Molaren aufwies (Abb. 363). Merkmale, die ein »echtes« Säugetier kennzeichnen, finden sich bei den Tritylodontia jedoch nicht: so besaßen sie kein *sekundäres* Kiefergelenk. Da sie das Evolutionsniveau der Säugetiere nicht erreichten, sind sie als Reptilien mit einem säugetierähnlichen Schädel zu bezeichnen.

Bei den *Bauriamorpha* wurden Merkmale entdeckt, an denen man beispielhaft aufzeigen kann, wie Evolutionsforscher zu ihren Schlußfolgerungen gelangen. Am Gesichtsschädel

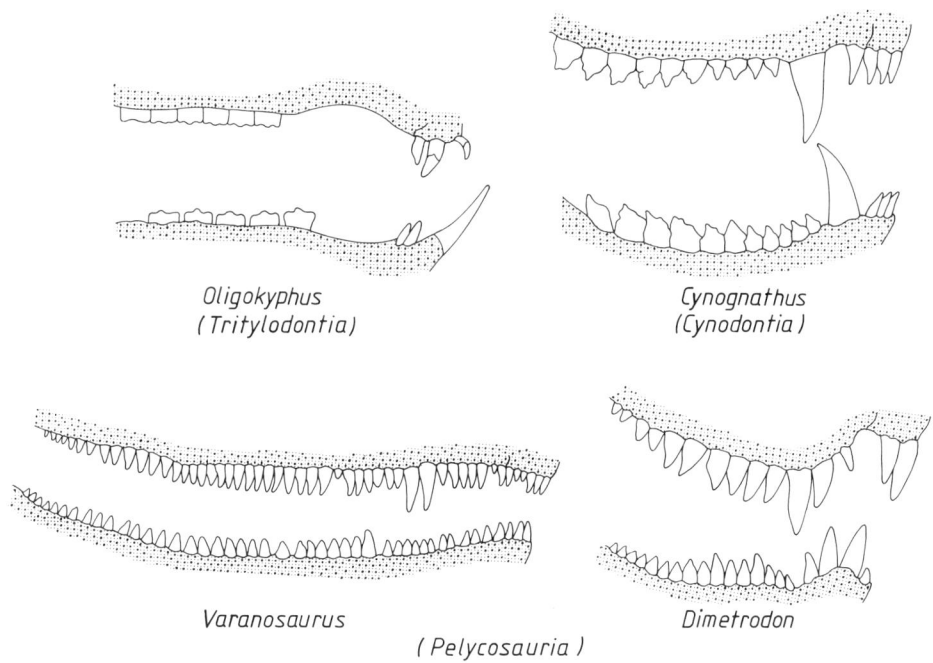

Oligokyphus
(Tritylodontia)

Cynognathus
(Cynodontia)

Varanosaurus
(Pelycosauria)

Dimetrodon

Abb. 363. Gebisse von Vertretern paläo- und mesozoischer Gruppen. Gattungsbezeichnung und Name der Gruppe (in Klammern). Man beachte die annähernd *primäre* Homodontie bei *Varanosaurus* (ein sekundär homodontes Gebiß zeigt Abb. 120 rechts) und das Diastema bei *Oligokyphus* (nach Romer aus Kuhn-Schnyder 1967)

fand man bestimmte Gruben und Foramina, aus deren Vorhandensein man schloß, daß die Gesichtspartie nicht nur gut mit Nerven und Blutgefäßen versorgt war, sondern auch Lippen und Vibrissen aufwies (alle diese Weichteile werden ja fossil nicht erhalten). Vibrissen als spezialisierte Haare (s. V E) deuten auf das Vorhandensein eines Haarkleids, und dieses weist wiederum auf Regulation der Körpertemperatur hin – also auf Anfänge von Homoiothermie. In gemäßigten Klimazonen war dies ein evolutiver Vorteil. Der Schluß auf Homoiothermie wird gestützt durch die bei diesen Tieren vorkommenden Turbinalia (Abb. 143). Diese in den Nasenhöhlen liegenden dünnen Knochen vergrößern einerseits die das Riechepithel tragende Fläche (Abb. 286), andererseits wird an ihnen die Atemluft vorgewärmt. Temperaturregulation bedeutet einen bei niedriger Umgebungstemperatur erhöhten Energieumsatz, welcher eine ausreichende Nahrungszufuhr erfordert. Ein heterodontes Gebiß ist beim Zerkleinern der Nahrung leistungsfähiger als ein homodontes – und eine Differenzierung der Backenzähne war bei diesen Formen ja gegeben.

Am Beispiel der Tritylodontia wird deutlich, wie manche Reptilien einerseits säugetierhaftige Merkmale entwickelten, andererseits reptilienhafte Züge beibehielten. Übergangsformen weisen immer ein »Mosaik« ursprünglicher und fortschrittlicher Merkmale auf. Der Begriff »Merkmal-Mosaik« könnte auf folgende Weise falsch gedeutet werden: eine Übergangsform hatte wegen der im Mosaik enthaltenen ursprünglichen Merkmale schlechte Chancen beim »Kampf ums Überleben«. Man muß sich jedoch vor Augen halten, daß wir heute im nachhinein bestimmte Merkmale als ursprünglich, andere als fortschrittlich bezeichnen. Hätte ein zoologischer Systematiker im Mesozoikum gelebt, wäre

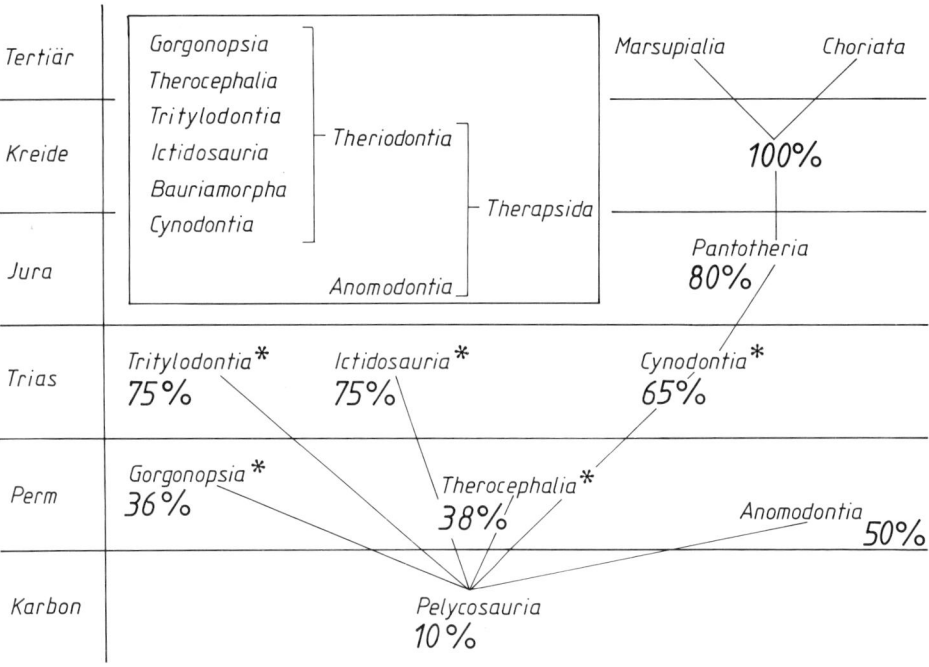

Abb. 364. Prozentualer Anteil von Säugetiermerkmalen bei verschiedenen Gruppen aus dem Paläo- und Mesozoikum. Wie die Einschaltfigur zeigt, zählen die durch einen Stern gekennzeichneten Gruppen zu den Theriodontia. Die zwischen den Cynodontia und den Pantotheria stehenden Kuehneontidae und die rezenten Monotremata sind nicht eingezeichnet. Periodendauer nicht maßstabgetreu (nach Simpson aus Thenius 1969)

Abb. 365. Rekonstruktion von *Cynognathus* (Cynodontia). Körperlänge etwa 1,5 m. Man beachte den vom Boden abgehobenen Körper (man vergleiche mit Abb. 221) sowie das heterodonte Gebiß (nach Portmann 1959)

er beim Einstufen der Übergangsformen so vorgegangen, daß er diese samt und sonders als Reptilien bezeichnet und für die verschiedenen Vertreter unterschiedliche systematische Gruppen gebildet hätte. (Er hätte ja nicht wissen können, daß sich aus ihnen später Säugetiere entwickeln würden.)

Da in mehreren Gruppen der Reptilien solche »Mosaike« auftraten, wurde die Grenze zwischen Reptil und Säugetier im Mesozoikum sozusagen in *breiter Front* erreicht (Abb. 364); es gelang jedoch nur wenigen Formen, diese Grenze zu überschreiten und zu »echten« Säugetieren zu werden. Solche Vertreter finden sich unter den *Cynodontia* der Trias-Zeit. Sie zeigten säugetierähnliche Merkmale im Bau des Schädels und Gebisses: beispielsweise einen knöchernen sekundären Gaumen, ein großes Dentale bei stark zurückgebildeten übrigen Unterkieferknochen und ein heterodontes Gebiß mit bis zur Diphyodontie reduziertem Zahnwechsel (Abb. 363 und 365). Auch im sonstigen Skelett fanden sich Säugetier-Merkmale: so war ihre Phalangenformel 23333. Wie der Vergleich mit den Pelycosauria lehrt, hatte bei den Cynodontia das Dentale auf Kosten der übrigen Unterkieferknochen an Größe zugenommen (Abb. 152). Unter den Cynodontia entdeckte man auch eine Gattung, die für die Entwicklung des sekundären Kiefergelenks von großer Bedeutung ist: *Probainognathus* besaß sowohl ein primäres als auch ein sekundäres Kiefergelenk, er war ein Doppelgelenker (Abb. 154).

B. Mesozoische »Säugetiere«

Probainognathus ist ein evolvierter Angehöriger der Cynodontia. Auf solche Formen lassen sich die in der oberen Trias erscheinenden Morganucodontidae (= Eozostrodontidae) und Kuehneontidae (= Kuehneotheriidae) zurückführen (Abb. 366). In diesen beiden Gruppen entwickelten sich Arten, die ihre Backenzähne in vielfältiger Weise ausgestalteten. Ihre Namen leiten sich von der Backenzahnform ab. Aus den Morganucodontidae entstanden die Zweispitzzähner (Docodonta) und vermutlich die Dreispitzzähner (Triconodonta), aus den Kuehneontidae die Gleichzähner (Symmetrodonta) und wahrscheinlich die Vollsäuger (Pantotheria). Weitere mesozoische »Säugetiere« sind die Vielhöckerzähner (Multituberculata), welche auf Haramiyidae zurückzuführen sein dürften. Fast alle genannten Gruppen starben im Mesozoikum wieder aus.

Die Vorfahren der Meta- und Eutheria waren Angehörige der Pantotheria. Aus diesen entstanden in der Kreide als Schwestergruppen die Marsupialia und Choriata. Die Marsupialia sind also *nicht* die stammesgeschichtliche Vorstufe der Choriata. Zur Entstehung der Monotremata s. Abschnitt C.

Alle mesozoischen Säugetiere waren kleine, maus- bis rattengroße Formen. Neben boden- gab es baumbewohnende Arten. Sie lebten unscheinbar neben den damals vorherrschenden Reptilien, die mehrere Riesenformen hervorgebracht hatten.

B1.   Morganucodontidae

Ihr Unterkiefer besteht wie bei *Probainognathus* aus sämtlichen bei Reptilien »üblichen« Knochen (Abb. 152), deren größtes Element das Dentale ist. Die Backenzähne sind jedoch anders gestaltet als bei *Probainognathus*: Neben einem medianen Haupthöcker, einem kleineren Vorder- und Hinterhöcker besitzen sie ein nicht ganz um den Zahn herumziehendes Basalband mit kleinen Spitzen (Abb. 366). Der Schultergürtel ist primitiv, der Beckengürtel säugetierhaft gebaut. Krallen an den Endphalangen lassen auf eine (vielleicht nur zeitweise?) baumbewohnende Lebensweise schließen.

B2.   Kuehneontidae (= Kuehneotheriidae)

Von ihnen sind nur Kieferreste und isolierte Zähne überliefert. Der Unterkiefer besitzt keinen Processus angularis (zu diesem Processus s. Abb. 143). Die Molaren sind dreispitzig mit schwachem Basalband.

B3.   Haramiyidae

Sie stammen aus der jüngsten Trias-Zeit; von ihnen sind bisher nur isolierte Zähne bekannt, welche sich von denen sämtlicher gleichaltriger Wirbeltiere unterscheiden: Sie weisen nämlich in der Zahnkrone eine mediane Längsvertiefung auf, welche von einem Kranz von Höckern umgeben ist (Abb. 366).

B4.   Vielhöckerzähner (Multituberculata)

Nachstehend sind Formen besprochen, welche im Jura und später gelebt haben.

Die ohne Nachkommen ausgestorbenen Multituberculata waren die erfolgreichste Säugetierordnung überhaupt – wenn man den Erfolg an der Zeitdauer mißt, während der eine Ordnung gelebt hat.

Bei erdgeschichtlich jungen Formen der Multituberculata besteht der Unterkiefer nur aus dem Dentale, bei alten Formen sind noch rudimentäre Reste des Coronoids vorhanden. Der Processus angularis fehlt. Die Knochen des primären Kiefergelenks sind offenbar nicht zu Gehörknöchelchen umgebildet, sondern reduziert worden. Daher kann man die Multituberculata nicht als Vorfahren rezenter Marsupialia und Choriata in Betracht ziehen. Auch als Stammform der Monotremata kommen sie nicht – wie früher angenommen – in Frage: Die Ähnlichkeit bestimmter Merkmale der Multituberculata mit denen von Monotremata erklärt sich daraus, daß es sich bei den betreffenden Merkmalen der Monotremata um Primitivmerkmale handelt.

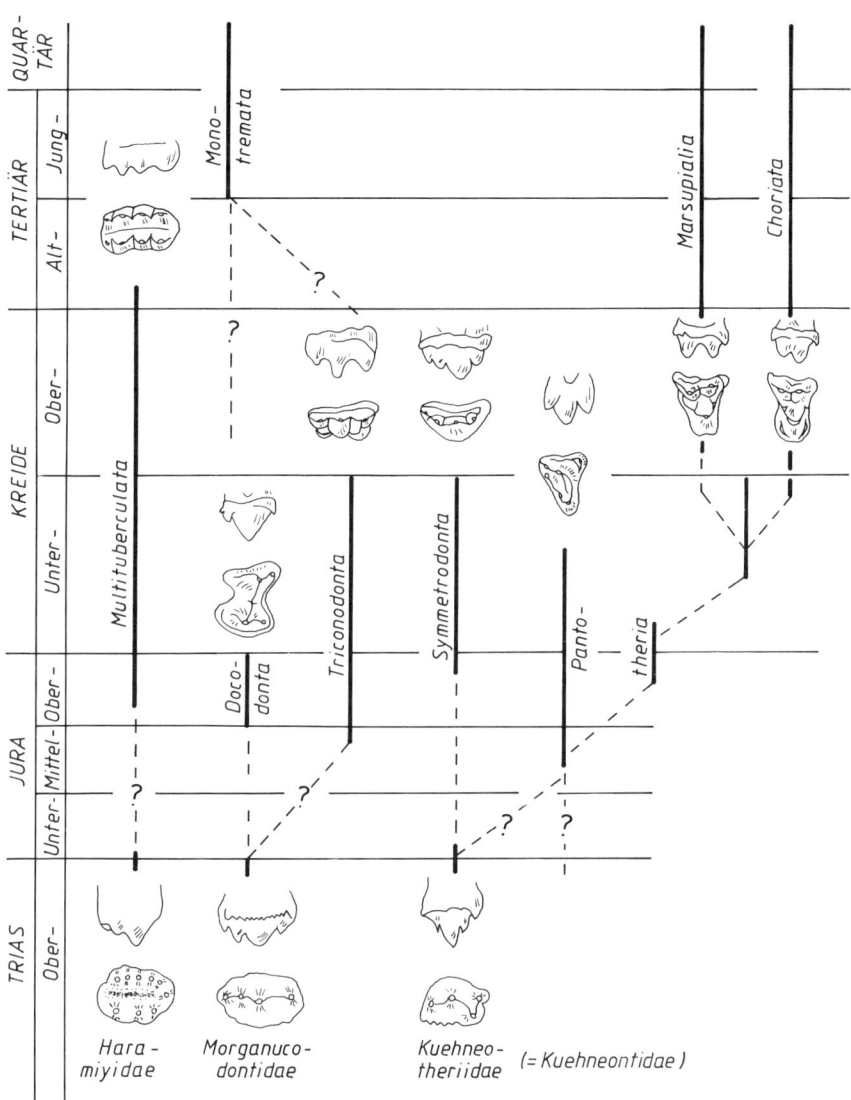

Abb. 366. Zeitliches Auftreten und vermutete stammesgeschichtliche Zusammenhänge der mesozoischen »Säugetiere«. Für jede Gruppe ist ein oberer Backenzahn in Seitenansicht und Aufsicht dargestellt. Die Punkte kennzeichnen Höcker, von denen jeder einen besonderen Namen hat. Die einzelnen nach dem Beginn des Jura auftretenden Gruppen kann man zwei Großgruppen zuordnen: 1) Prototheria (im weiteren Sinne) = Non-Theria mit den Multituberculata, Docodonta, Triconodonta und den känozoischen Monotremata; 2) Theria (im weiteren Sinne) = Ortho-Theria mit den Symmetrodonta, Pantotheria und den eigentlichen Theria (Marsupialia und Choriata). In die Linien, die zu rezenten Gruppen führen, sind ebenfalls Backenzähne eingezeichnet; diese stammen von Vertretern der Marsupialia und insektenessenden Choriata, welche in der jüngsten Kreidezeit lebten. Die rezenten Monotremata sind zahnlos (nach Thenius 1979, Zähne zum Teil aus Vaughan 1978 sowie Thenius und Hofer 1960)

Das Gebiß der Multituberculata weist starke Spezialisierungen auf (Abb. 129 und 366): Nagezahnähnlich differenzierte Schneidezähne werden durch ein Diastema von den Backenzähnen getrennt. Bei manchen Formen sind – ähnlich wie bei den heutigen Rattenkänguruhs – die Prämolaren als »Kammzähne« ausgebildet. Wie die Gebißmerkmale zeigen, waren die Multituberculata die einzigen pflanzenessenden Säugetiere des Mesozoikums. Vermutlich bildeten sie im ältesten Tertiär die ökologische Nische der Nagetiere. Sie entwickelten in der oberen Kreide in relativ kurzer Zeit zahlreiche Formen – wie die Choriaten zu Beginn des Tertiärs (Abb. 371). Man spricht in solchen Fällen von einer *Radiation*. Die Radiationen standen wahrscheinlich im Zusammenhang mit der Entfaltung der Bedecktsamer (Abb. 372).

B5. Zweispitzzähner (Docodonta)

Da bei ihnen die Knochen des primären Kiefergelenks nicht ins Mittelohr verlagert wurden, kommen sie als Stammgruppe rezenter Säugetiere nicht in Frage.

B6. Dreispitzzähner (Triconodonta)

Deren Unterkiefer besteht nur aus dem Dentale. Der Hirnschädel ist einerseits reptilienähnlich, andererseits wies das Gehirn – wie der Schädelausguß zeigt – an Säugetiere erinnernde Kennzeichen auf: Es waren gut entwickelte Bulbi olfactorii und große, jedoch ungefurchte Großhirnhemisphären vorhanden. Trotz dieser säugetierähnlichen Merkmale kommen die Triconodonta aus zwei Gründen als Vorläufer heute lebender Säugetiere nicht in Betracht. Erstens wurden bei ihnen Quadratum und Articulare reduziert und nicht zu Gehörknöchelchen umgebildet. Zweitens zeigen ihre Molaren einen besonderen Bau. Man erkennt in der Anordnung der Höcker, die in einer mesiodistalen Reihe verlaufen, keine Entwicklungstendenzen, die als Vorbedingung für heutige Säugetiere zu fordern wären; im Zahnbau müßten nämlich Voraussetzungen für die Oppositionsstellung der Zähne gegeben sein (s. hierzu B8).

B7. Gleichzähner (Symmetrodonta)

Der nur aus dem Dentale bestehende Unterkiefer weist keinen Processus angularis auf. Die Molaren des heterodonten Gebisses besitzen drei Höcker, die in Form eines Dreiecks stehen. Die Symmetrodonta werden als Stammgruppe der Monotremata diskutiert.

B8. Vollsäuger (Pantotheria)

In dieser Gruppe finden sich die Vorläufer der Meta- und Eutheria. Das Dentale bildet den Unterkiefer, der an seiner Innenseite noch winzige Reste von Spleniale und Coronoid aufweist. Die Knochen des primären Kiefergelenks waren vermutlich ins Mittelohr verlagert. Die entscheidenden Fortschritte erzielten die Vertreter der Pantotheria im Bau des

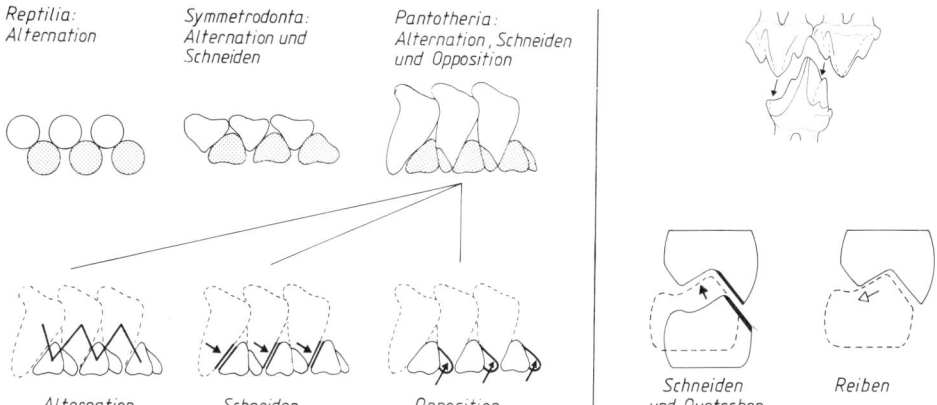

Reptilia:
Alternation

Symmetrodonta:
Alternation und
Schneiden

Pantotheria:
Alternation, Schneiden
und Opposition

Alternation

Schneiden

Opposition

Schneiden
und Quetschen

Reiben

Abb. 367 (links). Gebißschluß bei Reptilien und zwei mesozoischen »Säugetier«-Gruppen. Durch das geschlossene Gebiß ist ein Schnitt gelegt. In der oberen Reihe sind die Zähne des Unterkiefers grau dargestellt. Die bei den Pantotheria vorhandenen drei Gegebenheiten sind in der unteren Reihe nach den einzelnen Faktoren aufgeschlüsselt. Die schneidenden Flächen sind im unteren mittleren Bild durch starke Striche hervorgehoben und durch Pfeile bezeichnet. Pfeile kennzeichnen auch die einander gegenüberliegenden Flächen bei der Opposition (verändert nach Simpson aus Thenius und Hofer 1960)

Abb. 368 (rechts). Flächen an Molaren und deren Funktion
Oben: Schneidende Flächen an gegenüberliegenden Molaren eines »Säugetiers« aus der späten Trias (nach Crompton aus Vaughan 1978)
Unten: Schema zur Arbeitsweise zweier gegenüberliegender Molaren einer rezenten Art. Links von den Zähnen ist die Mundhöhle zu denken. Drei Zustände eines Kauzyklus sind gezeigt (verändert nach Maier aus Starck 1982)

Gebisses – sie entwickelten nämlich die Molarenform weiter. Sowohl die Molaren des Oberkiefers als auch die des Unterkiefers verbreiterten sich in der Generationenfolge so, daß seitlich neu auftretende Höcker der Oberkiefermolaren beim Schließen des Mundes auf entsprechende neue Höcker der Unterkiefermolaren zu liegen kamen. Damit wurde eine *Opposition*sstellung der Molaren ermöglicht, welche bei den Vorläufern der Pantotheria nicht gegeben war (Abb. 367).

Opposition der Backenzähne ist Voraussetzung für den Vorgang des Kauens, d. h. für eine wirkungsvolle Zerkleinerung der Nahrung. Kauen ist ein typisches Kennzeichen der Säugetiere. Reptilien (wenige Arten ausgenommen) kauen ihre Nahrung nicht, sondern schlingen sie ganz hinunter.

Auch die Symmetrodonta, welche gleichzeitig mit den Pantotheria lebten, hatten gegenüber den Reptilien einen Fortschritt erzielt: Ihre Zähne zeigen nicht nur Alternation, sondern ermöglichen außerdem eine *Schneidefunktion* (Abb. 367 und 368; zum Begriff »Schneiden« s. folgenden Absatz). Opposition der Zähne ist bei den Symmetrodonta jedoch nicht gegeben. Alternation, Schneiden *und* Opposition tritt erstmalig bei den Pantotheria auf (Abb. 367).

Die Molarenform wurde im Verlauf der Evolution weiterentwickelt und ermöglichte schließlich sehr wirksames Zerkleinern der Nahrung. Die Arbeitsweise verschiedener Flächen der Molaren einer rezenten Art zeigt Abb. 368 unten. Beim Kauvorgang nähern sich die unteren den oberen Molaren. Der erste Zahnkontakt findet wangenseitig statt. Schließen sich die Kiefer, gleiten die in Abb. 368 unten dick gezeichneten Flächen

427

aneinander vorbei und üben eine *schneidende* Wirkung – vergleichbar den Klingen einer Schere – aus. Danach trifft die zur Schneidefläche etwa senkrecht stehende Fläche des unteren Molaren auf eine entsprechende Fläche des oberen. Befindet sich zwischen diesen Flächen ein Getreidekorn, wird es durch den Druck *zerquetscht*. Nach dem Zahnschluß erfolgt eine Seitwärtsbewegung, bei der die vorher quetschenden Flächen sich parallel zueinander bewegen. Das Getreidekorn wird jetzt *zerrieben*. Schließlich erfolgt das Öffnen der Kiefer und der Vorgang kann von neuem beginnen.

Für pflanzliche Nahrung ist das Quetschen und Reiben sehr wichtig. Diese kombinierte Funktion bezeichnet man als *Mahlen*. Man kann sie sich am Beispiel eines von Apothekern benutzten Mörsers veranschaulichen, mit dem man im Haushalt auch Pfefferkörner zerkleinern kann. Zunächst drückt man mit dem Stößel auf die Körner in der Schale, danach bewegt man den Stampfer seitlich und zerreibt so die Körnerbruchstücke zwischen Mörserstößel und Schalenboden.

Die Pantotheria besaßen im Beckenbereich zwei *Beutelknochen*. Derartige Knochen findet man auch bei evolvierten Cynodontia. Der Besitz von Beutelknochen scheint ein typisches Merkmal primitiver Säugetiere gewesen zu sein. Bei den Beuteltieren haben sich solche Knochen bis heute erhalten (s. Kap. XII).

C.   Entstehung der Eierleger (Monotremata)

Die Herkunft der Prototheria liegt im Dunkeln. Aufgrund bestimmter Baueigentümlichkeiten scheiden die Pantotheria als Ahnenformen aus. Die Triconodonta sind nach dem Bau ihrer Molaren ebenfalls als Stammformen auszuschließen (Abb. 366). Man hat versucht, die Monotremata von den Morganucodontidae abzuleiten; diese Annahme beinhaltet, daß bei der Entstehung der Monotremata die Umwandlung der Knochen des primären Kiefergelenks zu *Gehörknöchelchen* ein zweites Mal erfolgt sein muß. Diesen Umbildungsprozeß betrachtet man jedoch meist als *einmaliges* Ereignis in der Evolution der Säugetiere, wogegen die Ausbildung eines sekundären Kiefergelenks im Übergangsbereich Therapsida – Säugetiere mehrmals erfolgt ist. Für eine *zweimal* erfolgte Umformung von Articulare und Quadratum zu Hammer und Amboß sprechen folgende Befunde: Erstens sind Hammer und Amboß bei den Monotremata anders gebaut als bei den Meta- und Eutheria; zweitens ist der Kauapparat der Prototheria anders strukturiert als derjenige der Meta- und Eutheria – beispielsweise besitzen die Monotremata einen eigenen Muskel zum *Zurückziehen* des Unterkiefers. Fest steht, daß die Monotremata eine sehr lange Eigengeschichte aufweisen, während derer sie mehrere Reptilienmerkmale bewahrt haben.

D.   Entfaltung der Beuteltiere (Marsupialia)

Die Beuteltiere sind im heutigen Südamerika entstanden und haben von dort aus andere Gebiete erobert (Abb. 370). Ihrer Ausbreitungsrichtung entgegengesetzt war die der Choriaten. Im heutigen Australien angelangt, machten die Marsupialia – als dieser Kontinent später isoliert war – eine eigene Entwicklung durch. In der Sprechweise der Evolutionsbiologen sind sie eine »Schwestergruppe« der Choriaten.

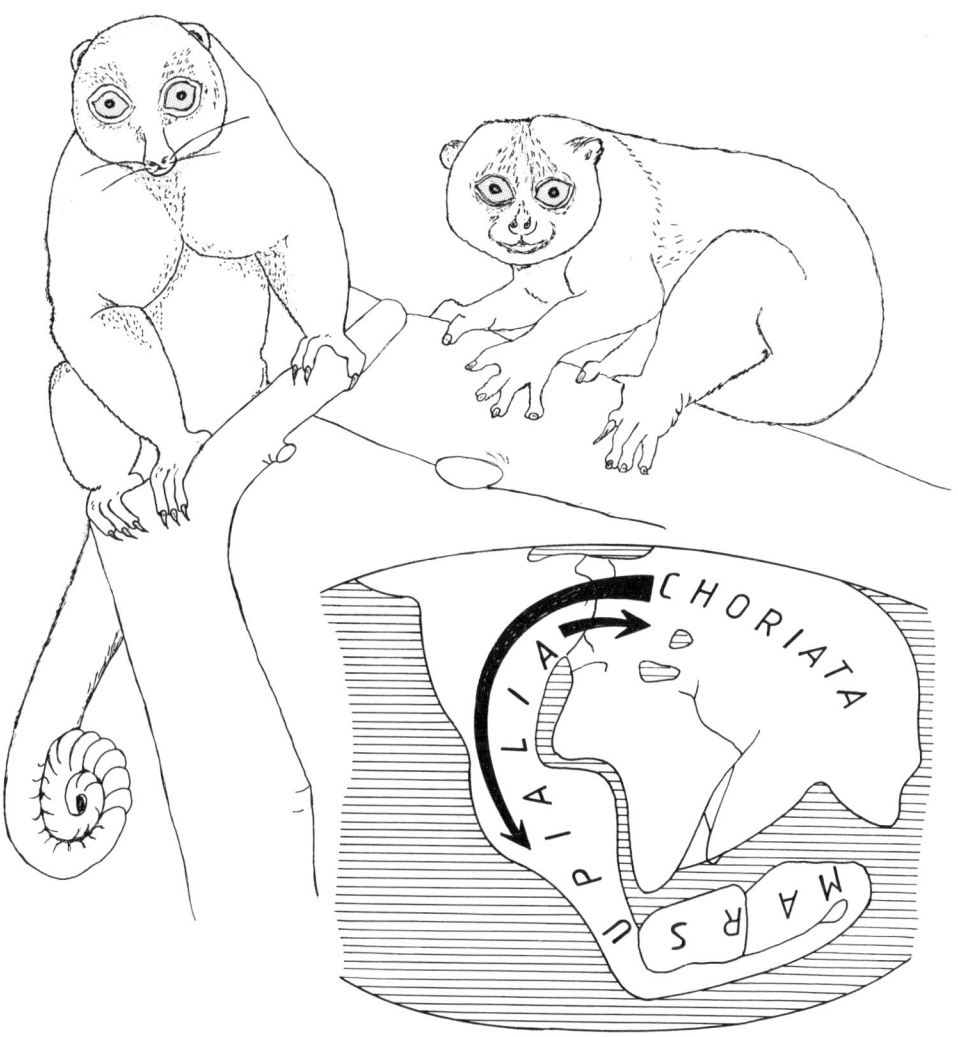

Abb. 369 (oben). Tüpfelkuskus (links) als Vertreter der Marsupialia und Plumplori als Angehöriger der Choriata (nach Grzimeks Tierleben)

Abb. 370 (unten). Ausbreitung der Beutel- und Choriontiere zu einer Zeit, als die Kontinentalkette Nordamerika-Südamerika-Antarktika-Australien noch nicht unterbrochen war. Der Beginn eines Pfeils kennzeichnet die Ursprungsorte: Nordamerika für die Marsupialia, Eurasien für die Choriata (nach Hofstetters Theorie aus Starck 1978)

Die ursprünglichen Beuteltiere dürften den heutigen Opossums recht ähnlich gewesen sein. Sie paßten sich im Lauf der Jahrmillionen verschiedenen Lebensräumen an und entwickelten unterschiedliche Formen. Stellt man Beuteltier-Arten neben solche der Choriaten, welche die gleiche Lebensweise zeigen, wird einem eklatant vor Augen geführt, in welch starkem Maße der Lebensraum die Tiergestalt formt. Solche Vergleiche sind in verschiedenen Kapiteln gezogen, auf die Abbildungen wird nachstehend nochmals hingewiesen.

Die baumlebenden Beuteltiere sehen affenähnlich aus (Abb. 369), die wühlenden ähneln Maulwürfen (Abb. 257).

Fleischnahrung führte zu extremen Konvergenzen in der Ausbildung der Zähne (Abb. 119); aber nicht nur das Gebiß, selbst die Körpergestalt des Beutelwolfes ist hundeähnlich (Abb. 391).

Gute Gleiter gibt es unter den Beutel- wie unter den Choriontieren (Abb. 249), aktiv zu fliegen vermag jedoch kein Vertreter der Metatheria.

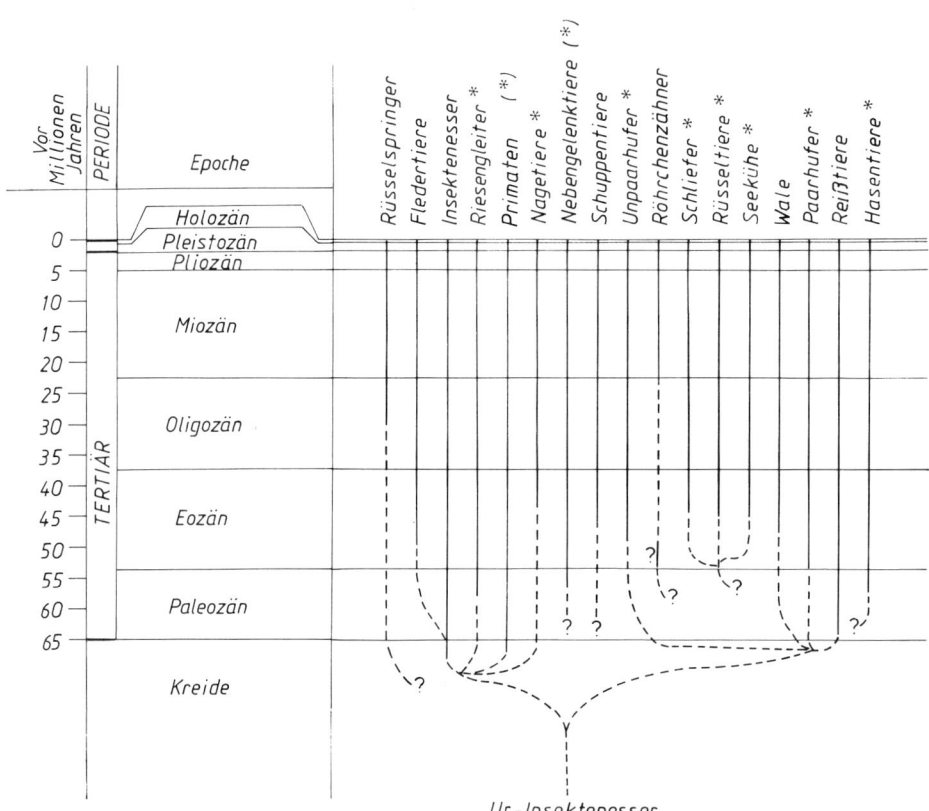

Abb. 371. Zeittafel und Einteilung des Tertiärs und Quartärs (dieses wird in Pleistozän und Holozän unterteilt) sowie Entfaltung der Ordnungen der rezenten Choriaten. Durchgezogene Linien zeigen, wie weit jeweils die fossile Dokumentation reicht; gestrichelte Linien geben die mutmaßlichen stammesgeschichtlichen Zusammenhänge wieder. Die Spitzhörnchen sind weggelassen, da keine Fossilfunde ihrer Vorfahren vorliegen. Die Röhrchenzähner sind wahrscheinlich auf mesozoische »Säugetiere« zurückzuführen. Die Abbildung weicht unter anderem bezüglich der Stellung der Reißtiere von Abb. 394 ab. Manche Autoren führen diese nämlich auf eine andere Wurzelgruppe zurück als die in Abb. 394 angegebene. Der lange Eigenweg der Schuppentiere und Nebengelenktiere – welche sich vermutlich schon in der Kreide von den übrigen Säugetieren getrennt haben – ist auch hier zu erkennen. Die Vertreter der durch einen Stern gekennzeichneten Ordnungen sind ausschließlich Pflanzenesser; ein in Klammern stehender Stern bedeutet, daß sich nicht alle Arten der betreffenden Ordnung von Pflanzen ernähren (nach Vaughan 1978 und Angaben in Thenius 1979)

Abb. 372. Stammbaum
verschiedener Pflanzen-
gruppen. Man beachte die in
der Kreidezeit einsetzende
explosionsartige Entfaltung
der Bedecktsamer (Angio-
spermen). Darstellung entsprechend Abb. 361
(aus Heß 1983)

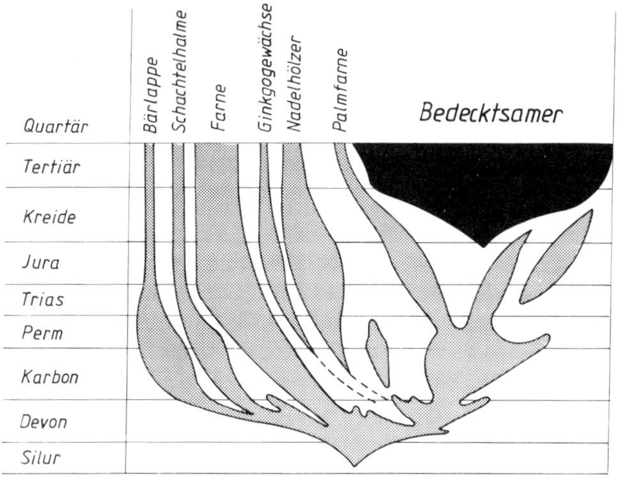

Am Wasser lebende Arten weisen Schwimmhäute auf (Abb. 262). Ausschließlich das
Wasser bewohnende Formen – die den Walen und Seekühen vergleichbar wären – haben
die Beuteltiere nicht hervorgebracht.

Keinerlei Ähnlichkeit zwischen Beutel- und Choriontieren besteht in der Körpergestalt
der Formen der offenen Graslandschaften – den großen Pflanzenessern. Während außerhalb
Australiens in solchen Gebieten Paar- und Unpaarhufer weiden, findet man in Australien
hier die großen Känguruhs. Diese hüpfenden Formen haben allerdings in der Physiologie
der Nahrungsverwertung Konvergenzen zu den Choriaten entwickelt. Sie käuen wieder
und verfügen in ihrem mehrteiligen Magen über eine Gärkammer (zu den Gärkammern
der Choriaten s. X B).

E. Evolution der Choriontiere (Choriata)

Mit dem Beginn der Erdneuzeit tritt innerhalb einer relativ kurzen Zeitspanne eine Viel-
zahl von Ordnungen der Choriaten auf (Abb. 371). Dies weist darauf hin, daß die Anfänge
der Säugetierentfaltung im Mesozoikum liegen; die ersten Formen einer Tiergruppe treten
nämlich immer eine Zeitlang *vor* ihrer Blütezeit auf (Abb. 361).

Das »plötzliche« Auftreten so vieler Ordnungen der Choriaten im Paleozän dürfte mit
zwei anderen Vorgängen verknüpft sein: Einerseits mit dem Aussterben der im Mesozoikum vorherrschenden artenreichen Reptiliengruppen (Abb. 361), andererseits mit der
Entfaltung der Bedecktsamer oder Angiospermen (Abb. 372).

Die Angiospermen konnten nicht nur in Form ihrer Blätter den Choriaten direkt als
Nahrung dienen, sie bildeten auch eine neue Grundlage für die Ernährung der schon lange
existierenden Insekten (Abb. 373). In den Blüten fanden diese Nektar und Pollen, die
Blätter konnten sowohl von den Larven als auch von den Imagines der Kerbtiere gegessen
werden. Insekten waren ihrerseits Nahrungsgrundlage der damaligen Säugetiere – die
Stammgruppe aller Choriaten sind Ur-Insektenesser (Abb. 371).

431

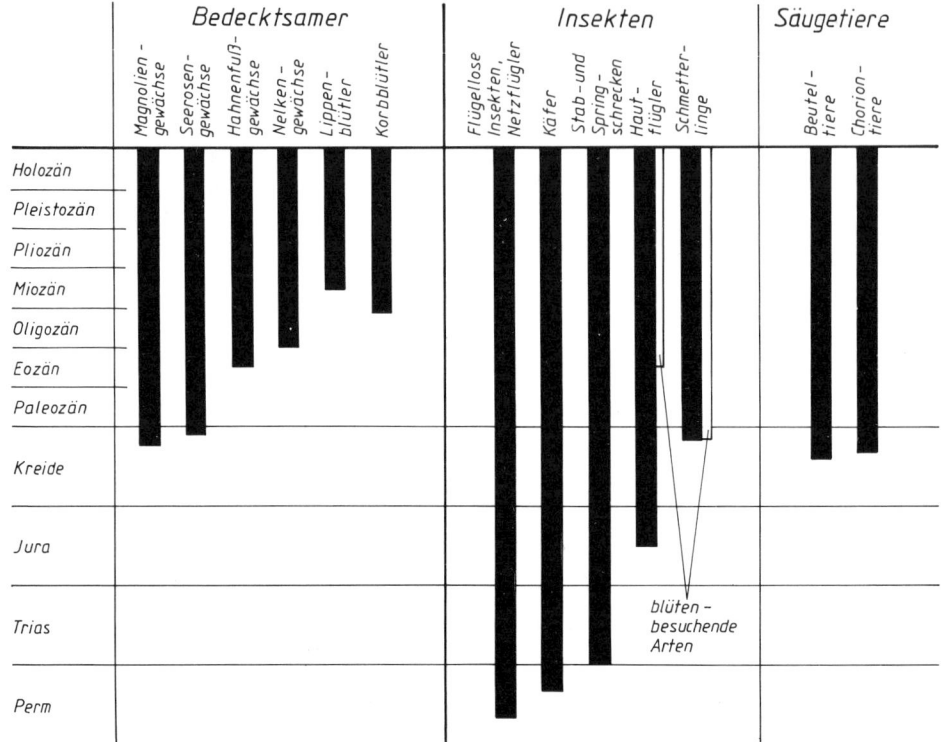

Abb. 373. Erstes Auftreten einiger Gruppen der Angiospermen, Insekten und Säugetiere.
Bei den Pflanzen sind als systematische Kategorien Familien, bei den Insekten Ordnungen, bei den Säugetieren Unterklassen angegeben (Monotremata fortgelassen). Periodendauer nicht maßstabgetreu (nach Starck 1978)

F.   Pferde-Evolution

Die Stammesgeschichte der Pferde ist so genau bekannt, daß man oft vom »Paradepferd der Evolutionsforscher« spricht. Unter »Pferd« versteht man im allgemeinen das früher in Kriegen und in der Landwirtschaft verwendete Hauspferd, dessen Individuenzahl heutzutage infolge des Reitsports wieder zunimmt. Im folgenden sollen jedoch der Kürze halber mit »Pferde« sämtliche Angehörigen der Familie Einhufer (Equidae) – die alle zur Gattung *Equus* gehören – verstanden werden (s. auch XII T). Im Zusammenhang mit der Evolution dieser Gattung ist die Sprechweise deshalb berechtigt, weil zu Beginn des Pleistozäns die Ahnen der heutigen Arten eine einzige variable Kreuzungsgruppe bildeten.

Betrachtet man die heute lebenden Equiden – Urwildpferd, Esel, Zebras –, unterscheiden sie sich am auffälligsten voneinander durch ihre Färbung. Der sonstige Körperbau ist bei allen Arten ziemlich einheitlich; er ist angepaßt an das Leben im offenen Gelände, an die Aufnahme und das Zerkleinern des dort wachsenden Grases sowie an die Fähigkeit, bei Gefahr rasch zu flüchten. Die letzte Eigenheit ist auch beim domestizierten Pferd noch vorhanden: Sobald in seinem sehr großen Gesichtsfeld (Abb. 334) etwas das Tier Erschreckendes auftaucht, »scheut« das Pferd.

Die heutige Pferdegestalt – welche in hohem Maße unseren ästhetischen Sinn anspricht – entwickelte sich allmählich während des Tertiärs. Die Vorfahren der Pferde waren weder einhufig noch Grasesser. Auch sonst bestanden große Unterschiede zu den heutigen Pferden, welche neben dem Skelett und den Zähnen die Verdauungsorgane und andere »Weichteile« betrafen. Da diese aber so gut wie nie versteinern, wird der Stammbaum der Pferde anhand der als Fossilien erhalten gebliebenen Skelette und Zähne erstellt.

Im Verlauf der Phylogenese evolvierten selbstverständlich immer ganze Tiere – also Organismen als Einheiten – und nicht einzelne Organe oder Teile von Tieren (wie beispielsweise das Fußskelett). Bei der Besprechung der Evolutionsprozesse ist es jedoch praktisch, so zu tun, als hätten sich einzelne Merkmale für sich allein entwickelt. Wir werden daher im folgenden von der Evolution der Zähne, des Schädels, der Füße usw. sprechen.

Am unteren Ende des Stammbaumes der Pferde finden wir das Urpferdchen *(Hyracotherium)*, dessen Vorläufer zur Gruppe der Condylarthra gehörten.

F1.   Die Condylarthra

Eine deutsche Bezeichnung existiert für diese Tiergruppe nicht, was auch für die Gattungsnamen der Vorläufer der rezenten Pferde gilt.

Vertreter der Ordnung Condylarthra – deren am besten bekannte Gattung *Phenacodus* ist – bevölkerten im Paleozän weite Gebiete der Erdoberfläche. Sie sind nicht nur im Zusammenhang mit der Entwicklung der Pferde von Interesse. Es waren nämlich sehr unspezialisierte Formen, deren Körpergestalt man mit gleichem Recht als pferde- wie hundeartig bezeichnen kann. Aus ihnen gingen sowohl reine Pflanzen- als auch reine Fleischesser hervor. Diesen Tatbestand hat ein bekannter Paläontologe dadurch ausgedrückt, daß er sagte, das Pferd sei mit dem Löwen genauso nahe verwandt wie mit der Kuh.

Der Schädel der Condylarthra weist keine besonderen Spezialisierungen auf (Abb. 374). Die nach hinten nicht durch eine Knochenspange abgeschlossene Augenhöhle liegt etwa in der Mitte zwischen vorderer und hinterer Begrenzung des Schädels. Das Gehirn war recht klein und auf niedriger Differenzierungsstufe stehend. Woher weiß man das? Gehirne als weiche Strukturen bleiben ja fossil nicht erhalten. Um zu dieser Aussage zu gelangen, geht man einen Umweg: Am versteinerten Schädel gießt man die Höhlung, welche früher das Gehirn beherbergte, aus. Am erhaltenen *Endocranialausguß* können dann Besonderheiten des Gehirnbaus studiert werden.

Bei der Gebißformel von *Phenacodus* lautet der Zähler und der Nenner 3143. Nach der Ausbildung der Zähne zu urteilen, dürften die Condylarthra Allesesser gewesen sein.

Wie Abb. 374 zeigt, hat bei *Phenacodus* das vordere Autopodium wie das hintere 5 Strahlen, von denen jeder an seinem Ende einen kleinen Huf trug (welcher als Hornsubstanz fossil nicht erhalten ist).

Von den Formen, welche den Übergang von den Vertretern der Condylarthra zum Urpferdchen bilden, sind bisher keine Fossilien gefunden worden. Vom Urpferdchen bis zu den rezenten Pferden gibt es dagegen eine lückenlose Überlieferung.

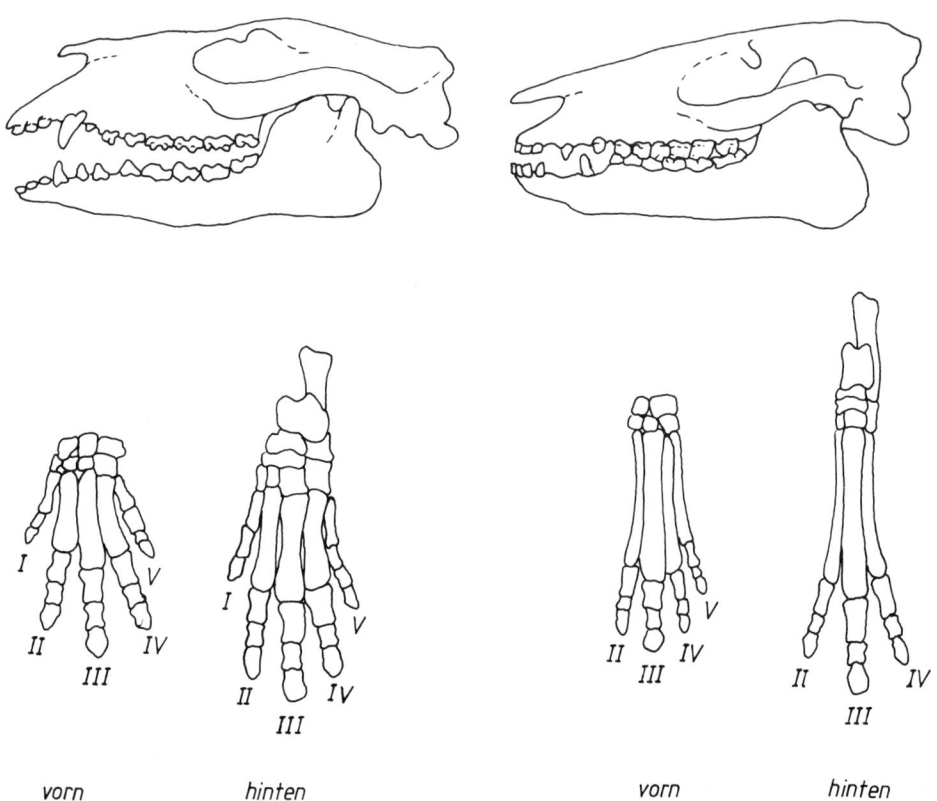

Abb. 374. Schädel und Autopodien von *Phenacodus* (links) und *Hyracotherium*. Nicht maßstabgetreu, da *Phenacodus* größer war als *Hyracotherium*. Man beachte das Diastema beim Urpferdchen (nach Simpson 1977)

F2.   Das Urpferdchen

Man grub Fundstücke von ihm sowohl in Europa als auch in Nordamerika aus – ohne zunächst zu merken, daß alle diese Teile zur selben Gattung gehörten. Ein europäischer Forscher verglich seine Skelettstücke mit Klippschliefern (alter Name: *Hyrax*) und schuf den Namen *Hyracotherium*: das »klippschlieferartige Tier«. Ein in Nordamerika schürfender Paläontologe erkannte in seinen Funden einen Vorfahren der heutigen Pferde – der im Eozän gelebt hatte – und nannte ihn *Eohippus*: das »Pferd der Morgenröte«. Leider ist dieser schöne Name nach den Regeln der zoologischen Nomenklatur ungültig, weil er *später* als *Hyracotherium* geprägt wurde. Wir sprechen im folgenden meist vom Urpferdchen; in den Abbildungen wird allerdings die wissenschaftliche Bezeichnung verwendet.

Vergleicht man das Urpferdchen mit einem Vertreter der Condylarthra (Abb. 374), zeigt sich, daß die von ihm gemachten evolutiven Fortschritte weniger an Schädel und Gebiß als am Gliedmaßenbau erzielt wurden. Sowohl an der Vorder-, als auch an der Hinterextremität hat eine Reduktion der Strahlen von 5 auf 4 bzw. auf 3 stattgefunden (zum evolutiven »Voreilen« der Hintergliedmaße s. Abschnitt VIII A).

434

Die hinten offene Augenhöhle des Urpferdchens liegt wie bei *Phenacodus* etwa in der Schädelmitte. Im Gebiß findet sich ein für heutige Pflanzenesser typisches – bei *Phenacodus* fehlendes – *Diastema*. Damit ist eine Entwicklung des Gebisses in zwei funktionell verschiedene Partien angebahnt: Vorne ein »Satz« von Zähnen zum Ergreifen und Abrupfen der Pflanzenteile, hinter dem Diastema eine Zahnreihe, welche die Nahrung zerkleinert. Die Entwicklung dieser Zahnreihe zu einem einheitlichen Mahlapparat ist beim Urpferdchen erst angedeutet. Seine Prämolaren ähneln denen der Condylarthra und sind noch nicht »molarisiert«. Alle Backenzähne sind niedrigkronig; das Urpferdchen lebte – nach seinem Gebißbau zu urteilen – von Laub.

Vergleicht man den Schädel des Urpferdchens mit dem des rezenten Pferdes, zeigt sich außer den starken Größenunterschieden (Abb. 375): Das Auge befindet sich bei *Equus* nicht in der Mitte des Kopfes wie beim Urpferdchen. Vielmehr ist beim heutigen Pferd der vor der Augenhöhle liegende Schädelteil (der Gesichtsschädel) etwa doppelt so lang wie der dahinter liegende Hirnschädel. Das Auge liegt bei *Equus* also in folgender Situation günstiger als beim Urpferdchen: ein sich nähernder Feind soll optisch wahrgenommen werden, während mit den Lippen und Schneidezähnen Gras vom Boden gerupft wird. Auch ist bei *Equus* die Augenhöhle im Gegensatz zu der beim Urpferdchen hinten durch eine Knochenspange geschlossen: der Augapfel erhält so besseren Schutz, der Schädel insgesamt eine höhere Stabilität. Dentale und Maxillare von *Equus* sind nicht nur größer als beim Urpferdchen, sondern weisen auch andere Proportionen auf – die hochkronigen Zähne von *Equus* benötigen ja sehr viel Platz in den Kieferknochen (Abb. 375). Das beim Urpferdchen schwach entwickelte Diastema ist beim heutigen Pferd sehr groß.

Gemeinsam mit der Evolution des Schädels fand auch eine solche des Gehirns statt (Abb. 376). Es wurde nicht nur größer, sondern auch anders gestaltet: Das Endhirn nahm relativ stärker als die anderen Gehirnteile an Volumen zu, außerdem wurde die Hirnrinde stärker gefaltet. In Abb. 376 ist anstelle des Gehirns vom Urpferdchen das von *Mesohippus* aus dem Oliogozän (s. Abb. 380) abgebildet; das zunächst dem Urpferdchen zugeschriebene Gehirn gehört nämlich nicht zu einem Equiden. Das Gehirn des Urpferd-

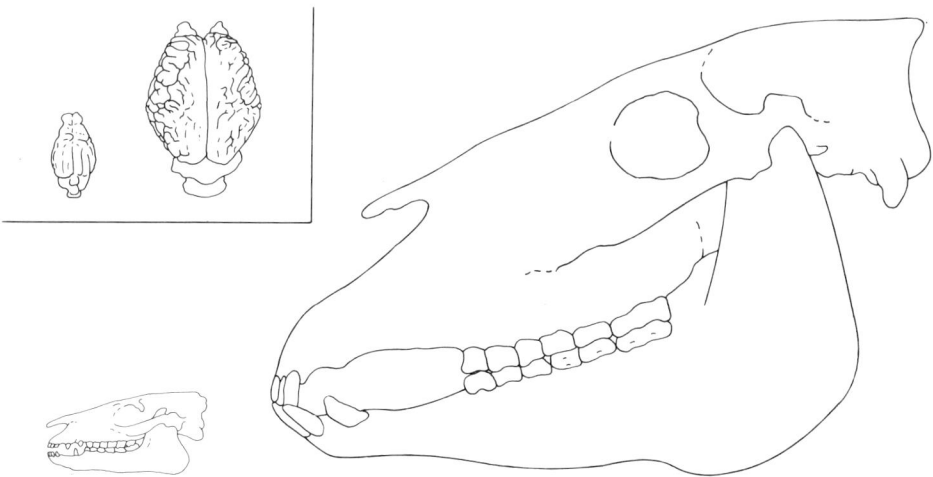

Abb. 375 (links unten und rechts). Schädel des Urpferdchens (links) und des heutigen Pferdes. Maßstabgetreu (nach Simpson 1977)

Abb. 376 (links oben). Endocranialausguß von *Mesohippus* (links) und von *Equus*. Maßstabgetreu (nach Simpson 1977)

Abb. 377 (links). Rekonstruktion des Urpferdchens (links) sowie heute noch lebendes Urwildpferd. Maßstabgetreu (nach Simpson 1977 und Eigener et al. 1958)

Abb. 378 (rechts). Zuchtform des Hauspferdes (nach einem Illustriertenfoto). Abb. 378 ist in bezug auf 377 maßstabgetreu gezeichnet

chens dürfte noch etwas einfacher gebaut gewesen sein als das von *Mesohippus*; auf jeden Fall hätte man das Urpferdchen nicht im Zirkus verwenden und ihm solche Dressurkunststücke beibringen können wie dem heutigen Pferd.

Hyracotherium war nicht einfach ein verkleinerter *Equus* (Abb. 377). Eine kleine Rasse von *Equus* wurde neuerdings gezüchtet: sie stellt einfach eine »kleine Ausgabe« des heutigen Pferdes dar (Abb. 378). Das Urpferdchen läßt sich bezüglich seiner Extremitätenproportionen viel eher mit einem schnellen Hund mittlerer Größe vergleichen (Abb. 379). Obwohl der Whippet vorne insgesamt »höher gebaut« ist, weist das Urpferdchen hier ein längeres Autopodium auf als der Windhund. An der Hinterextremität ist die Verlängerung im Autopodium noch deutlicher zu sehen. Was die Körpergestalt des Urpferdchens betrifft, erinnert der nach hinten ansteigende Rücken weder an einen Hund noch an ein heutiges Pferd, sondern eher an die Lebensform eines Buschschlüpfers, wie sie rezent bei Zwerghirschen vorkommt. Die Wirbelsäule des Urpferdchens war biegsam und nicht starr und gerade wie beim heutigen Pferd.

Die Gattung *Hyracotherium* umfaßte mehrere Arten, deren Schulterhöhe von 25 bis etwa 50 cm reichte. Die großen waren also etwa genauso hoch wie die in Abb. 378 dargestellte Zuchtform von *Equus*.

F3.   Evolution der Zähne

Die Pferde nahmen im Verlauf ihrer Evolution an Größe zu. Dabei entstanden Probleme bei der Nahrungsbeschaffung.

Der mit der Körpergröße eines Tieres ansteigende Nahrungsbedarf wächst etwa mit der dritten Potenz der relativen Länge (s. Kap. II). Die bei der Zerkleinerung der Nahrung wirksamen Kau*flächen* der Zähne wachsen dagegen nur mit der zweiten Potenz. Selbst wenn die Zähne relativ zu den sonstigen Körperteilen vergrößert werden, ist das kein geeignetes Mittel, ihren Träger auf lange Sicht mit ausreichend zerkleinerter Nahrung zu versorgen.

Die Pferde haben während ihrer Phylogenese eine »Erfindung« gemacht, die es ermöglichte, die Mahlfläche eines Zahnes zu vergrößern, ohne daß der Zahn mehr Platz im Kieferknochen beansprucht: es ist die Ausbildung von Erhebungen – sogenannter *Joche* – auf der Kaufläche. Dieses Vergrößern der quetschenden und reibenden Fläche genügte allen Pferden, welche zwar größer wurden – und mit *Megahippus* sogar eine riesige Form hervorbrachten –, aber weiterhin wie das Urpferdchen von Laub und saftigen Pflanzenteilen lebten. Hierzu gehören nach Abb. 380 die Angehörigen derjenigen Stammeslinien, welche über *Orohippus, Epihippus* und *Mesohippus* zu *Anchitherium*, zu *Archaeohippus*, zu *Hypohippus* und *Megahippus* führen. *Parahippus* hatte zwar bereits ein sehr kompliziertes Jochmuster entwickelt, »begnügte« sich jedoch mit niedrigkronigen Zähnen (Abb. 380).

Bei den geologisch jungen Vertretern von *Parahippus* erschien zum erstenmal auf der Zahnkrone ein dünner Film von *Kronenzement*. Das Auftreten dieser Substanz leitete zusammen mit einer weiteren »Erfindung« – der Hochkronigkeit – eine ganz neue Entwicklungsrichtung in der Pferde-Evolution ein. Sie ermöglichte es den Trägern derartiger Zähne, eine neue Nahrungsquelle zu erschließen – nämlich Gras. Gräser nahmen ab dem Miozän an Verbreitung zu und bildeten weite Steppen. Grasnahrung war also reichlich vorhanden, konnte von Pferden mit Laubesser-Gebiß jedoch nicht genutzt werden. Hätte ein solches Tier versucht, sich von Gras zu ernähren, wären seine Zähne in sehr kurzer Zeit abgekaut gewesen, es hätte verhungern müssen und wäre nicht ins fortpflanzungsfähige Alter gelangt. Der Grund liegt in den schmirgelähnlichen Eigenschaften der Grasnahrung: Einerseits kommen in bestimmten Zellen der Gräser Kieselsäure-Kristallite vor

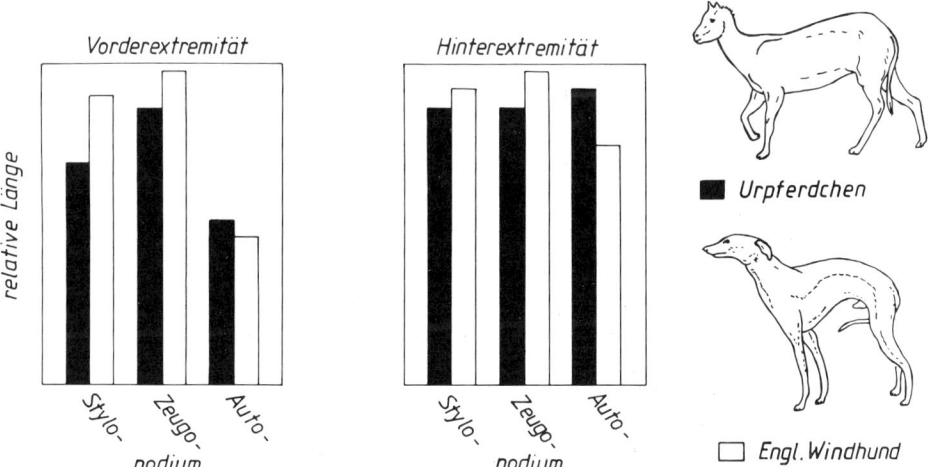

Abb. 379. Urpferdchen und Englischer Windhund (Whippet). Die Säulendiagramme vergleichen die Proportionen der Extremitäten. Man beachte das relativ längere Autopodium der Hinterextremität des Urpferdchens. Der Whippet erreicht eine maximale Geschwindigkeit von 55 km/h (nach Simpson 1977)

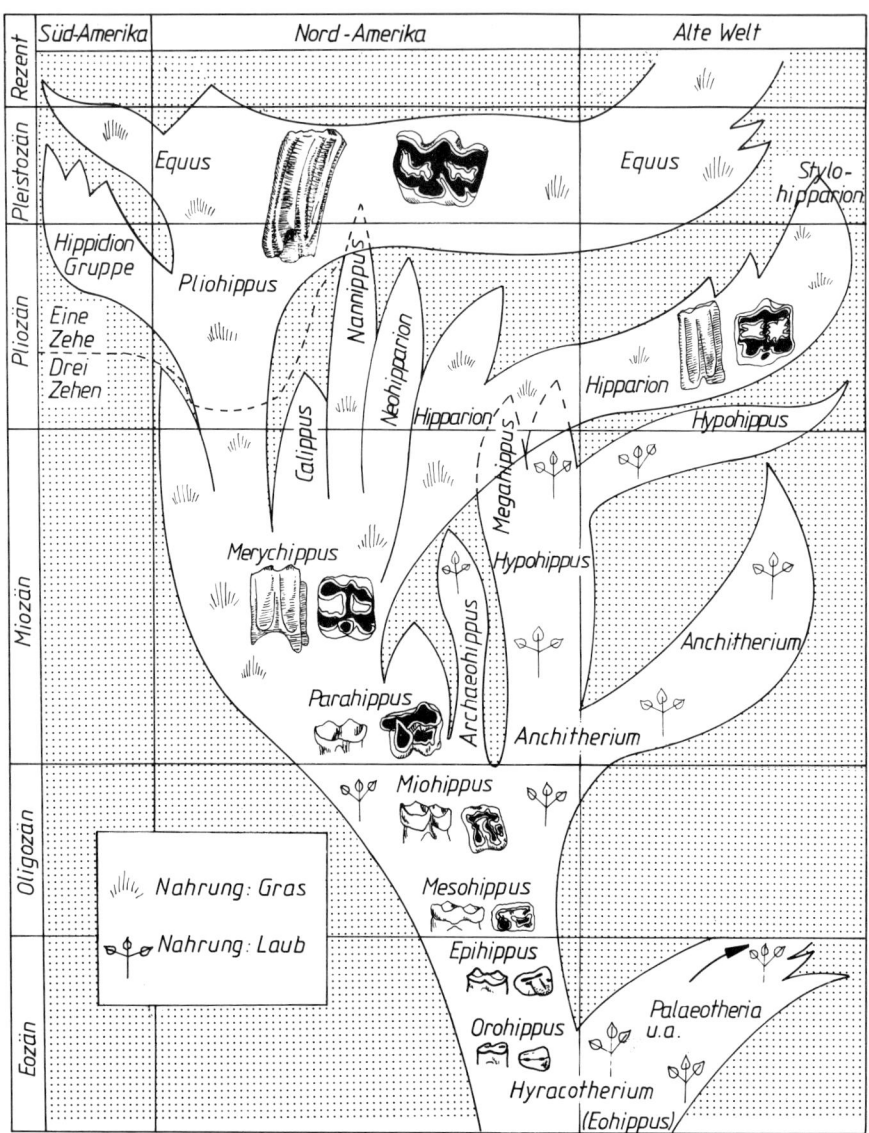

Abb. 380. Stammbaum und geographische Verbreitung der Pferdefamilie. Die Paläontologen ordnen sämtliche eingetragenen Gattungen der Familie Equidae zu. Nicht alle in der Abbildung stehenden Gattungen sind im Text besprochen. Außer der Art der Nahrung sind für einige Gattungen Backenzähne (jeweils in Seitenansicht und mit Blick auf die Kaufläche) abgebildet. Man beachte das Auftreten hochkroniger Zähne zu dem Zeitpunkt, zu dem die Pferde von der Laub- zur Grasnahrung übergingen (nach Thenius und Hofer 1960 sowie Simpson 1977)

438

(Abb. 107), wodurch der Grashalm selbst die zermahlenden Zähne abreibt; andererseits gelangt beim Grasabrupfen unweigerlich Sand zwischen die Zähne, der oft ebenfalls aus Silikaten besteht.

Merychippus als das erste grasessende Pferd war die Stammform aller späteren sich von Gras ernährenden Gattungen, deren Namen Abb. 380 zu entnehmen sind. *Merychippus* entwickelte das von *Parahippus* geerbte Kronenzement zu größerer Mächtigkeit weiter. Dieses trägt nicht nur wegen seines Härtegrades zur »Reibeisenstruktur« der Kaufläche bei, es bildet auch einen »Kitt«, welcher die hohen Schmelzfalten zusammenhält. Hohe Schmelzfalten als Kennzeichen hochkroniger Zähne verleihen diesen nämlich eine Lamellenstruktur, welche ohne die Zementfüllung dazwischen leicht zerbrechen würde. (Zum ausführlichen Vergleich von hoch- mit niedrigkronigen Zähnen s. Abschnitt V F.)

F4. Evolution der Gliedmaßen

Die allmähliche Reduktion der Strahlen von vier an der Vordergliedmaße des Urpferdchens bis zu einem einzigen beim heutigen Pferd ist in Abb. 381 dargestellt.

Die Vorteile bei der Fortbewegung, die Veränderung der Lage der Muskulatur usw. bei der Evolution »stabförmiger« Gliedmaßen sind in Abschnitt VIII F geschildert. Nachstehend sei auf das Zustandekommen eines energiespeichernden Mechanismus in Form elastischer Bänder als »Laufhilfe« näher eingegangen. Außerdem wird im folgenden das Extremitätenskelett herangezogen, um einen von manchen Evolutionsforschern gezogenen Trugschluß (Schluß auf einen orthogenetischen »Zwang«) näher zu beleuchten.

Gleichzeitig mit der Reduktion der Strahlen wurde das den Fuß an seinem Ende umgebende »weiche« Gewebe zurückgebildet (Abb. 382). Das Urpferdchen setzte am Ende ei-

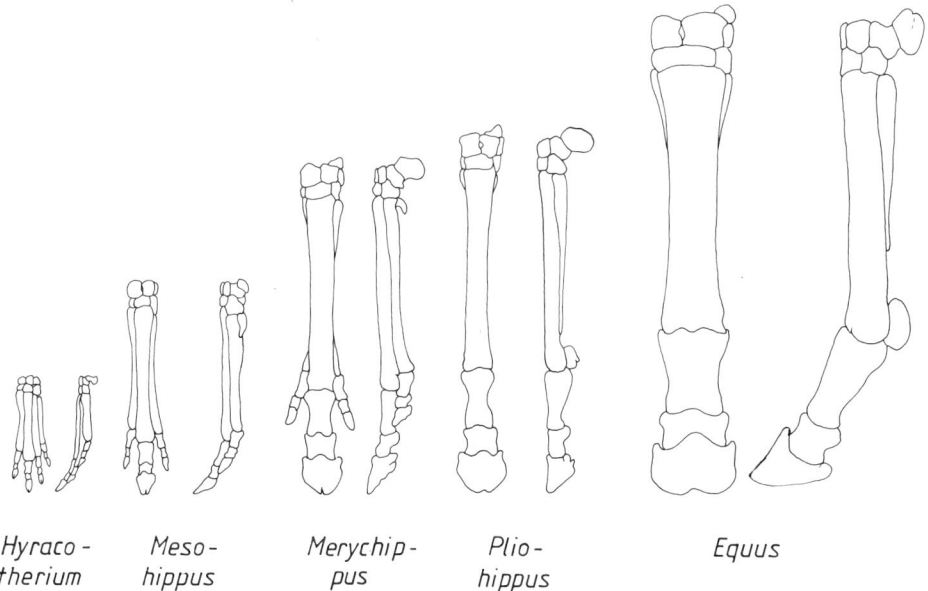

Hyraco-   Meso-   Merychip-   Plio-   Equus
therium   hippus   pus   hippus

Abb. 381. Evolution des Autopodiums der Vordergliedmaßen der Pferdefamilie. Maßstabgetreu (nach Simpson aus Thenius und Hofer 1960)

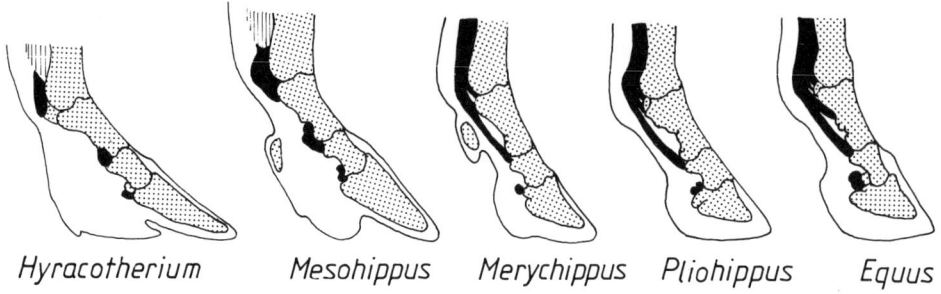

Hyracotherium   Mesohippus   Merychippus   Pliohippus   Equus

Abb. 382. Längsschnitt durch den Vorderfuß der angegebenen Gattungen. Knochen punktiert, Ligamente schwarz, Muskeln gestreift, alle übrigen Gewebe weiß gelassen. Ligamente teilweise nicht vollständig im Schnitt getroffen. Die übrigen Gewebe bilden hinter dem Autopodium den »Ballen«. Nicht maßstabgetreu, da alle in etwa gleicher Größe gezeichnet. Tatsächliche Größe von links nach rechts zunehmend. Fuß von *Equus* detailliert in Abb. 383 dargestellt (nach Simpson 1977)

nes Schritts den Ballen auf den Boden und rollte dann über die Spitze der letzten Phalanx ab. Schließlich stieß es sich mit dem über dem Endglied sitzenden kleinen Huf ab. Der Ballen wurde im Verlauf der Evolution stark zurückgebildet, dafür entwickelten sich kräftige, in Längsrichtung des Autopodiums ziehende Ligamente (vgl. *Equus* mit *Hyracotherium* in Abb. 382).

Was sind Ligamente? Ligamente sind »Bänder« aus besonderem Bindegewebe; sie ziehen immer von Knochen zu Knochen (Sehnen verbinden Muskeln mit Knochen). Beim Pferdefuß der Abb. 383 zieht das Ligament vom distalen Phalangenglied zum Sesambein

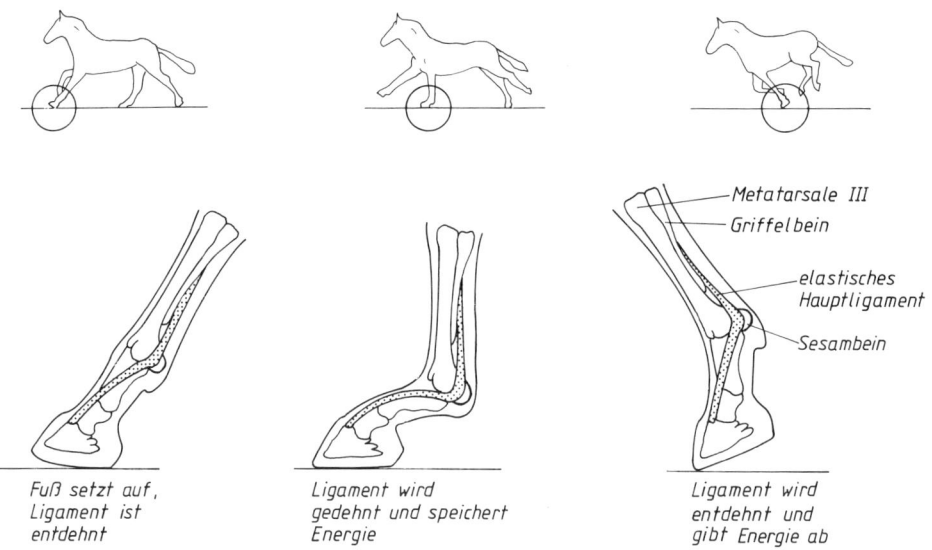

Fuß setzt auf, Ligament ist entdehnt

Ligament wird gedehnt und speichert Energie

Ligament wird entdehnt und gibt Energie ab

Metatarsale III
Griffelbein
elastisches Hauptligament
Sesambein

Abb. 383. Linker Vorderfuß des heutigen Pferdes zu drei verschiedenen Zeitpunkten des Galopps. Der Rumpf des Pferdes bewegt sich über den auf der Stelle bleibenden Fuß hinweg (obere Bilder). Der oben eingekreiste linke Vorderfuß ist unten detailliert dargestellt (nach Hildebrand 1982)

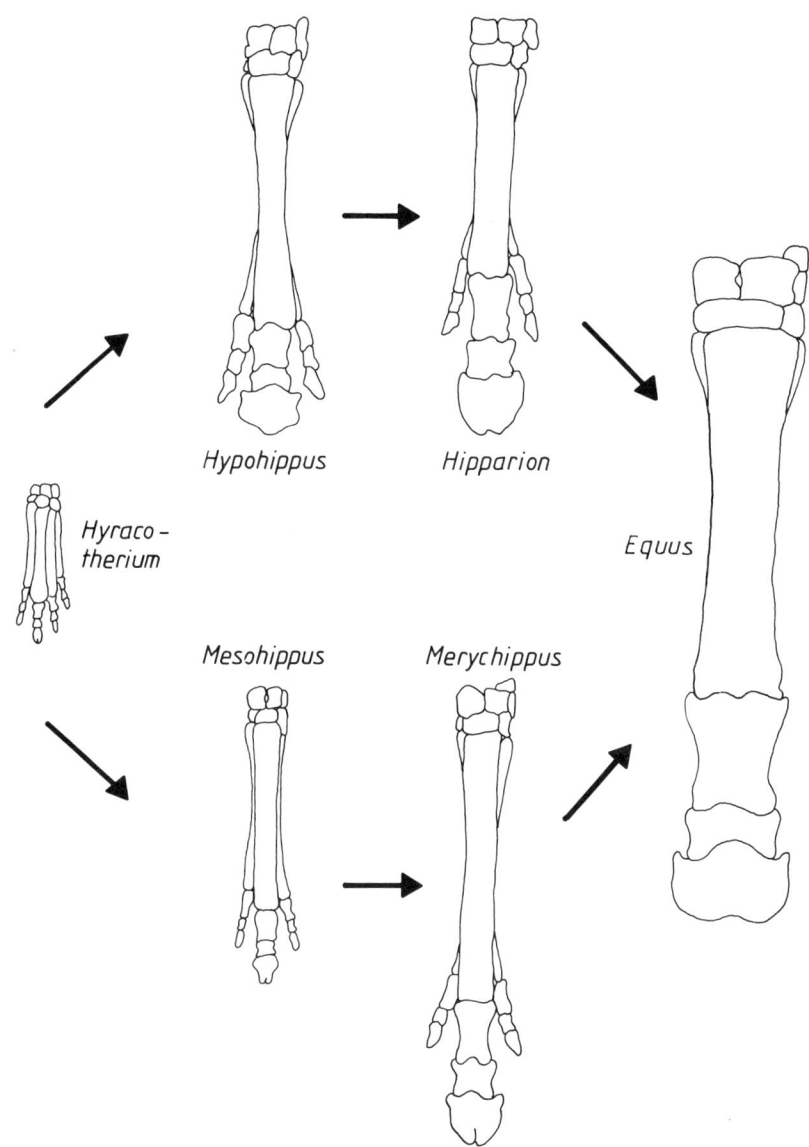

Abb. 384. Autopodium der Vorderextremitäten verschiedener Gattungen in der Ansicht von vorne. Nicht maßstabgetreu. Die untere Reihe gibt die tatsächlich in Nordamerika abgelaufene Evolution wieder (man vergleiche mit Abb. 380), die obere Reihe zeigt die Autopodien der in die Alte Welt ausgewanderten Formen (ohne *Anchitherium*) (nach Simpson 1977)

und von diesem zum Griffelbein. Bei der Dehnung des elastischen Bindegewebes wird im Ligament wie in einem Gummiband Energie gespeichert.

Wie Abb. 383 zeigt, wird die beim Aufsetzen des Fußes im Ligament gespeicherte Energie beim Abheben wieder frei. Besonders stark ist der Aufprall nach einem Galopp-sprung. Beim heutigen Pferd gibt es neben den elastischen »Sprungbändern« mächtige

Kontrollbänder, welche die Sprungbänder vor Überdehnung schützen. Die Körpermasse von *Equus* ist in Beziehung zur Beanspruchbarkeit seines als Sprungmechanismus dienenden Bandapparates offenbar auf die Spitze getrieben. Die Pferde sind genauso schnell, wie sie es mit diesem Mechanismus sein können. Eine Zunahme der Körpermasse müßte auf Kosten der Geschwindigkeit gehen. Daß bei Hauspferden der Mechanismus häufig überbeansprucht wird, zeigt das häufig vorkommende »Lahmen«. Individuen, die besonders stark dazu neigen, versuchen Pferdehändler möglichst rasch loszuwerden.

F5. Orthogenese: ein Trugschluß in der Erforschung der Pferde-Evolution

Liefe ein Evolutionsprozeß orthogenetisch ab, bedeutete das, daß die Evolution geradlinig verläuft: ein einmal begonnener Vorgang würde konstant und stetig fortschreiten, bis die betreffenden Tiere aussterben. Beispiel: Eine in Gang gekommene Größenzunahme müßte immer fortdauern – es dürfte während keiner Periode eine Verkleinerung der Arten geben.

Als Beweis für das Vorkommen von Orthogenese wurde von mehreren Forschern die Pferde-Evolution herangezogen. Wie gelangten sie zu diesem Schluß?

Einigen dieser Wissenschaftler wirft man vor, sie hätten sich nur geeignetes Material für ihre Hypothese herausgesucht und beispielsweise nicht berücksichtigt, daß in manchen Stammeslinien der Pferde-Phylogenese die Arten kleiner und nicht größer wurden. Aber auch bei sorgfältigem Vorgehen konnte ein Paläontologe zu einem falschen Schluß gelangen. Das sei anhand der Abb. 380 und 384 veranschaulicht.

Nehmen wir einmal an, der Paläontologe hätte ausschließlich in der Alten Welt seine Ausgrabungen gemacht. Er hätte als Vorfahren des heutigen Pferdes nach Abb. 380 folgende Gattungen gefunden: *Hipparion* bzw. *Stylohipparion, Hypohippus, Anchitherium* und schließlich *Hyracotherium* (wir nehmen an, er habe die Palaeotherien als Seitenzweig erkannt). Er hätte also Gliedmaßenskelette vor sich gehabt, wie sie in der oberen Reihe der Abb. 384 dargestellt sind. Er wäre wohl nicht im Zweifel darüber gewesen, daß die Pferde-Evolution in der Alten Welt stattfand, und daß *Equus* von einem *drei*zehigen Vorfahren *(Hipparion)* abstammt. Außerdem hätte er wohl daran denken können, es sei in der Pferde-Evolution »das Übliche«, daß auf Formen mit drei Zehen solche mit einer folgen (orthogenetischer »Zwang« zur Zehenreduktion). Er wäre sicher kaum auf die Idee verfallen, daß es viel häufiger vorgekommen ist, daß *drei* Zehen beibehalten wurden (man ver-

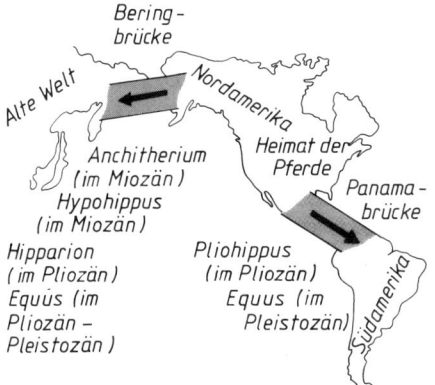

Abb. 385. Periodisch aufgetretene Wanderungen verschiedener Gattungen über zwei Landbrücken (grau wiedergegeben). Die Beringbrücke ist heute überflutet, die Panamabrücke besteht noch (nach Simpson 1977)

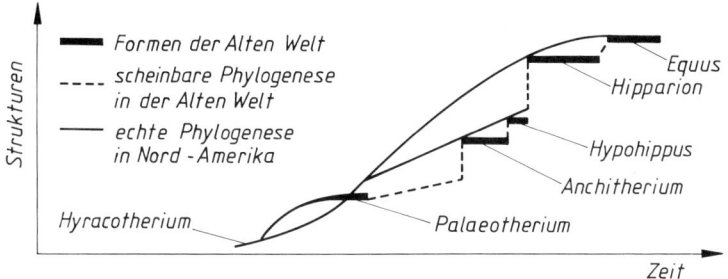

Abb. 386. Schema zur tatsächlichen und scheinbaren Phylogenese der Pferde (nach Simpson aus Kuhn-Schnyder 1967)

gleiche die *acht* durch Gattungsnamen gekennzeichneten »Äste der Dreizeher« in Abb. 380 mit der nur in *einem* Zweig auftretenden Einzehigkeit: *Pliohippus*).

Unser Forscher bedurfte der Kenntnis von Ausgrabungsfunden in Nordamerika, welche ihm gezeigt hätten, daß unter den vielen Nachkommen von *Merychippus* die große Mehrzahl keine Tendenz zur weiteren Reduktion der kleinen Seitenzehen zeigte. Diese Tiere waren gute Läufer, welche ihre Seitenzehen durchaus benötigt haben könnten. Für diese ist folgende Funktion denkbar: Nach einem Galoppsprung könnten die Seitenstrahlen infolge starker Abbiegung der Mittelzehe Bodenberührung bekommen und so als »Puffer« gewirkt haben – sie hätten so für die Mittelzehe einen Schutz vor Überdehnung dargestellt.

Das entscheidende gedankliche Band, welches die Pferde-Fossilien in Nordamerika mit denen der Alten Welt verknüpft, ist die Kenntnis der mehrere Male aufgetretenen *Auswanderungen* der Pferde aus Nordamerika (Abb. 385). Im neuen Kontinent angekommen, erloschen die Gattungen dort immer wieder – bis auf *Equus*. Diese Gattung blieb nach ihrer Wanderung in die Alte Welt hier erhalten – und starb merkwürdigerweise in Nordamerika aus. Kein Wunder, daß man ursprünglich als Heimat der Pferde die Alte Welt betrachtete.

Die am Beispiel des Fußskeletts in der oberen Reihe in Abb. 385 aufgezeigte scheinbare Phylogenese und die wahre Phylogenese (untere Reihe) ist in einem allgemeinen Schema nochmals in Abb. 386 dargestellt. Man erkennt dort auch die »Sprünge«, die man annehmen muß, wenn man – wie unser postulierter Forscher – die Tatsachen nur unvollständig kennt.

XII. Übersicht über das System rezenter Säugetiere

Die Säugetiere (Mammalia) bilden eine Klasse innerhalb des Unterstamms Wirbeltiere (Vertebrata) im Stamm der Chordatiere (Chordata).

Die Anzahl der heute lebenden (rezenten) Säugetierarten macht nur einen recht geringen Anteil an sämtlichen Tierarten aus (Abb. 387). Der stammesgeschichtliche Erfolg der Säugetiere insgesamt ist jedoch außerordentlich groß. Er war bei verschiedenen Ordnungen in den Epochen der Erdgeschichte unterschiedlich, was sich in der jeweiligen Anzahl der Arten einer Ordnung widerspiegelt. Manche Ordnungen haben ihre Blütezeit bereits hinter sich.

Ordnungen mit rezenten Vertretern weisen sehr unterschiedliche Artenanzahlen auf (Abb. 387). Die meisten Arten finden wir bei den Nagetieren, welche sich an die verschiedensten Lebensräume angepaßt haben.

Die rezenten Arten lassen sich in *drei* Gruppen aufteilen: Proto-, Meta- und Eutheria. Manche Systematiker werten jede dieser Gruppen als eigene Unterklasse; andere Forscher bilden nur *zwei* Unterklassen: Prototheria und Theria (letztere umfassen dann Meta- und Eutheria). Die *Zwei*teilung wird von Paläontologen bevorzugt, da sie auf stammesgeschichtlichen Betrachtungen – insbesondere auf dem Einbeziehen der mesozoischen Säugetiere fußt.

Bei der Zweiteilung zählt man zur Gruppe der Prototheria die rezenten Monotremata sowie die ausgestorbenen Multituberculata, Docodonta und Triconodonta. Den Theria ordnet man alle übrigen heute lebenden und ausgestorbenen Ordnungen zu – unter diesen die Pantotheria als Vorläufer der Meta- und Eutheria, aber auch die »Urraubtiere« (Hyaenodonta), die Ur-Huftiere (Condylarthra) oder Gruppen südamerikanischer Huftiere (z.B. Litopterna, Notoungulata, Xenungulata).

Da im vorliegenden Buch fast ausschließlich *rezente* Säugetiere behandelt sind, ist die *Drei*teilung gewählt. Die Bezeichnungen der drei Gruppen legen den Gedanken nahe, daß diese die phylogenetische Aufeinanderfolge widerspiegeln. Das trifft nicht zu. Die Prototheria haben einen völligen stammesgeschichtlichen Eigenweg hinter sich, die Meta- und Eutheria durchliefen seit ihrer Entstehung in der Kreidezeit als Schwestergruppen getrennte Entwicklungen.

Die rezenten Prototheria stehen im System völlig gesondert – allein schon deshalb, weil sie keine lebenden Jungen zu Welt bringen. Die Unterschiede zwischen Meta- und Eutheria stellt Tabelle 3 dar.

Da die Vorschrift für die Gruppierung von Organismen in einem System vor allem ausgehend von Befunden der *Stammesgeschichte* gegeben wird, folgt die Einteilung weitgehend dem Evolutionsforscher THENIUS; hinsichtlich der systematischen Kategorien der Metatheria weicht sie allerdings von seiner 1979 gegebenen Aufstellung ab (Begründung unter »Metatheria«); auch seine deutsche Bezeichnung »Zahnarme« für die Ordnung Xenarthra ist nicht übernommen.

Ein Großbuchstabe kennzeichnet eine Ordnung; für jede der 24 rezenten Ordnungen sind typische Vertreter sowie besonders kennzeichnende Merkmale (oft Schädel) abgebildet. Ein Großbuchstabe mit einer Ziffer steht vor jeder der Unterordnungen, die im Deut-

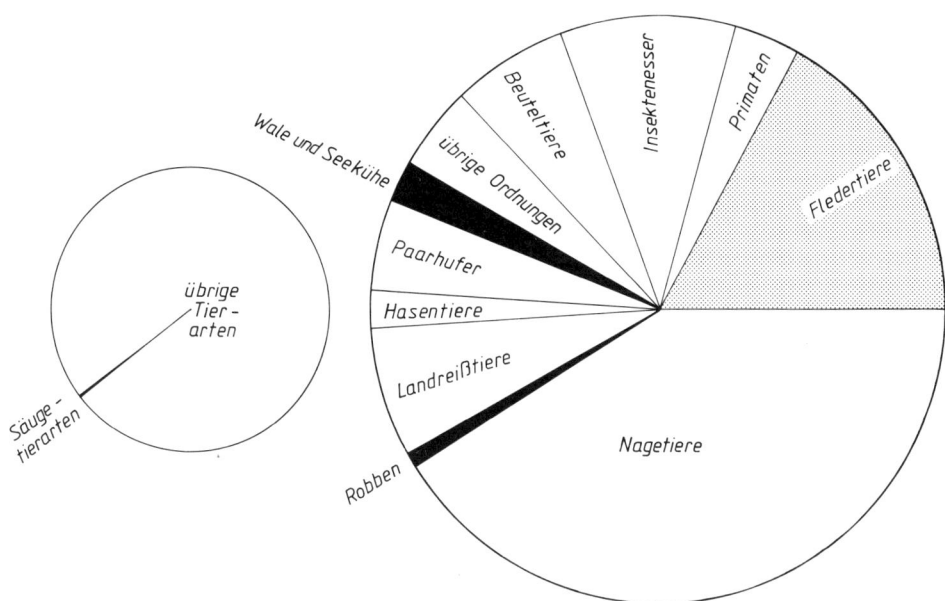

Abb. 387. Kleiner Kreis: Anteil der Säugetier-Arten an sämtlichen Tierarten
Großer Kreis: Anteile der Vertreter der einzelnen Säugetierordnungen an sämtlichen Säugetier-Arten. Deren Gesamtheit, welche im kleinen Kreis einen schmalen Sektor ein-
nimmt, ist als Fläche des großen Kreises dargestellt. Diese Kreisfläche ist nach den
Artenanzahlen der verschiedenen Ordnungen aufgeschlüsselt. Die fünf Ordnungen der
Beuteltiere sind als ein Sektor eingezeichnet. Die beiden Unterordnungen Landreißtiere
und Robben sind getrennt dargestellt. Aktiv fliegende Arten sind grau, wasserlebende
schwarz wiedergegeben (nach Krumbiegel 1953/55)

schen oft den Zusatz -verwandte tragen; den Zusatz -artige verwendet man am besten für
Überfamilien (solche sind hier nicht aufgeführt). Eine Familie ist in der wissenschaftlichen Bezeichnung durch die Endung -idae kenntlich. Für jede Familie sind als Beispiele
eine Art oder mehrere Arten aufgeführt, dabei sind sämtliche im Buch erwähnten berücksichtigt. Außerdem finden sich solche, denen ein gewisser Bekanntheitsgrad zukommt.
Angegeben sind die deutschen Bezeichnungen (nach Grzimeks Tierleben). Die Zuordnung
der deutschen zu den wissenschaftlichen Namen geschieht in zwei Verzeichnissen am
Ende des Buches.

Bei den zu einer Familie aufgezählten Arten ist gelegentlich statt einer Art eine Gat-
tung genannt; dies ist dadurch kenntlich, daß im Deutschen dann der Plural steht (z. B.
Buschratten). In den Tiernamenverzeichnissen ist in diesen Fällen die wissenschaftliche
Gattungsbezeichnung mit dem Zusatz »spec.« versehen.

Für jede Art findet sich in Kapitel XII der ausführliche deutsche Name. Oft kommt es
im Text allerdings nicht auf die genaue Artbezeichnung an. Daher wird dieser strenge
Brauch in den übrigen Kapiteln nicht eingehalten, dort ist – wie oft in der Umgangssprache – beispielsweise kurz von »Nashorn« oder »Igel« die Rede. Die Artenanzahlen
sind aus ZISWILER (1976) entnommen.

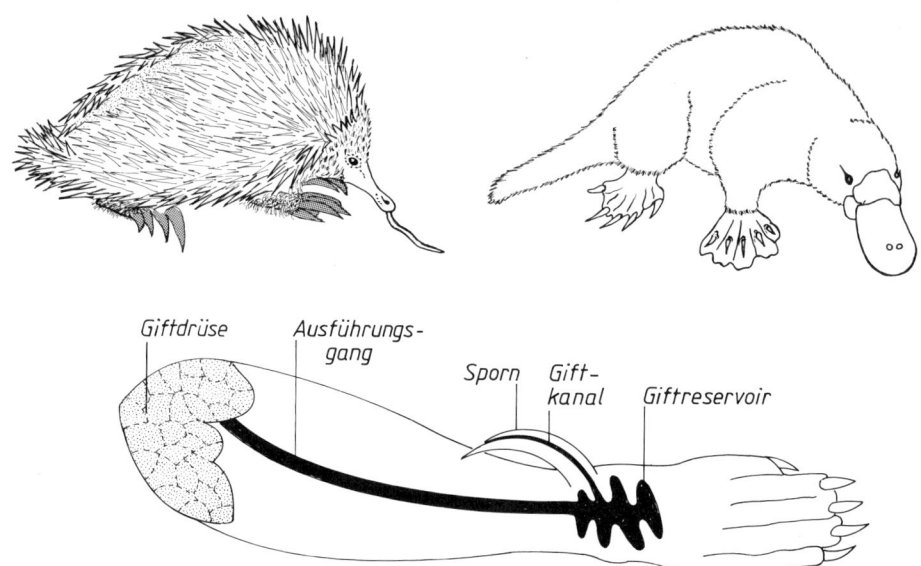

Abb. 388. Eierleger
Oben links: Australien-Kurzschnabeligel (nach Grzimeks Tierleben)
Oben rechts: Schnabeltier (nach Grzimeks Tierleben)
Unten: Rechtes Hinterbein des männlichen Schnabeltiers mit Giftapparat. Der Schenkel ist durchsichtig gedacht. Der Sporn besteht aus Horn (aus Griffiths 1978 und Ziswiler 1976)

Prototheria

Die Gruppe war früher formenreich, heute leben nur noch 6 Arten, welche zur Ordnung der Monotremata zusammengefaßt werden. Die Stammeslinie hat sich sehr früh von den übrigen Säugetieren getrennt (Abb. 366).

A.   Eierleger (Monotremata)

Einzige rezente Prototheria; auch als »Kloakentiere« bezeichnet.

6 Arten, 2 Familien. – Legen Eier (Abb. 182). Trotz des verschiedenen Aussehens der Vertreter (Abb. 388) gehören diese zu *einer* Ordnung. Sie besitzen nämlich gemeinsame Schlüsselmerkmale, beispielsweise weisen die Männchen eine in einen Sporn mündende Giftdrüse am Oberschenkel auf (Abb. 388 unten). Derartiges gibt es sonst bei keinem Säugetier. Der Sporn wird bei der Verteidigung eingesetzt und dabei aufgerichtet. Das Schnabeltier schlägt die Hintergliedmaßen nach innen; trifft es dabei seinen Angreifer, wird das Gift injiziert. Beim Menschen ruft dieses heftigen Schmerz hervor, einen Hund kann es sogar töten.

Viele sehr urtümliche Merkmale: a) eierlegend, b) telolecithale Eier, c) Kloake (Abb. 156), d) Milchabgabe nicht aus Zitzen (Abb. 189 und 190), e) Beutelknochen (wie die Beuteltiere), f) Coracoid und Interclavicula (Episternum) im Schultergürtel, g) rechts nur eine atrioventriculäre Herzklappe. Einige dieser Merkmale sind nicht für Säugetiere, sondern für Reptilien kennzeichnend: a), b), c), f) und g). Als Säugetiere besitzen die Monotremata jedoch auch deren typische Merkmale: Haare, Milchdrüsen, *sekundäres* Kiefergelenk, *drei* Gehörknöchelchen.

Sondermerkmale sind: Penis ausschließlich samenleitend, Magen drüsenlos, Ohrmuscheln klein oder fehlend, Zähne nicht oder nur in der Jugend vorhanden. Nur in der australischen Region.

■ Ameisenigel (Tachyglossidae) • Zahnlos. Hornleisten am Gaumen zum Zerreiben der Nahrung. Bezeichnung »Schnabel« für die röhrenförmige Schnauze irreführend. Der beim Weibchen zur Zeit der Eiablage angelegte Brutbeutel (= Incubatorium: Abb. 190) ist nicht dem Beutel (Marsupium) der Beuteltiere homolog. Junge mit Eizahn im Zwischenkiefer. Australien, Tasmanien, Neuguinea.
→ Australien-Kurzschnabeligel (Abb. 388)

■ Schnabeltiere (Ornithorhynchidae) • Nur eine Art: Schnabeltier (Abb. 388). Dessen Schnabel ist dem Vogelschnabel *analog*, d. h. unabhängig von diesem entstanden. Er ist mit Tastkörperchen versehen und dient außerdem der Elektro-Ortung (Abb. 336). Er wird zum Quetschen und Seihen der Nahrung verwendet, welche aus unter Wasser erbeuteten Kleintieren besteht. Schwimmhäute, die vorne die Krallen weit überragen (Abb. 388). Zähne nur bei Jungtieren. Kein Brutbeutel. Jungenaufzucht in einem unterirdisch angelegten Nest. Beim Graben des dahin führenden Gangs werden die vorderen Partien der Schwimmhäute zurückgeklappt, so daß die Krallen frei vorragen. Im Süßwasser Australiens.

B bis F Metatheria = Marsupialia (Beuteltiere)

243 Arten. – Die Merkmale, welche die Marsupialia von den Choriaten trennen, sind in Tabelle 3 aufgeführt. Der namengebende Beutel *(Marsupium)* findet sich durchaus nicht bei allen Vertretern. Wenn vorhanden, weist seine Öffnung entweder nach vorn (so bei den Känguruhs) oder nach hinten (beispielsweise beim Wombat, Koala oder beim Langnasenbeutler: Abb. 392). Der Beutel hat sich offenbar bei den Marsupialia mehrere Male unabhängig entwickelt (polyphyletische Entstehung). In ihm liegen die Zitzen. Nahezu alle Arten besitzen ein Paar *Beutelknochen* am Vorderrand des Schambeins, mit dem sie gelenkig verbunden sind (bei einigen Vertretern sind sie rückgebildet); diese Knochen sind aber nicht – wie man denken könnte – eine Stütze des Beutels; sie kommen nämlich auch beim männlichen Geschlecht vor. Ihre Funktion ist unklar, vielleicht bilden sie eine Stütze der Bauchwand. Die bei der Geburt embryonenhaften Jungen (Abb. 182) besitzen keine echten Lippen und Wangen. Als Primitivmerkmal verfügen die Neugeborenen über ein primäres Kiefergelenk in der ursprünglichen Lage (s. V M).

Nur *eine* durchbrechende Zahngeneration (Monophyodontie), Erwachsene also mit Milchgebiß (nur der einzige Prämolar in jeder Kieferhälfte wird gewechselt). Viele Arten mit mehr als drei Schneidezähnen (polyprotodonte Formen).

Die Beuteltiere sind als Schwestergruppe der Choriaten in der Kreidezeit entstanden und haben daher etwa die gleiche stammesgeschichtliche Entwicklungsdauer hinter sich wie

Tabelle 3. Wichtige Unterschiede zwischen Metatheria und Eutheria

	Metatheria	Eutheria
Art der Placenta (Abb. 173)	Dottersackhöhlen-Placenta (Ausnahme: Beuteldachse)	Chorioallantois-Placenta (Ausnahmen: Spitzmäuse, Erdferkel)
Beutel vorhanden?	häufig	nie
Existieren Beutelknochen?	immer	nie
Anzahl der Vaginae	zwei	eine
Kiefergelenk bei Neugeborenen	primär	sekundär
Welche Zähne werden gewechselt? (Abb. 114)	nur die vierten Prämolaren	meist alle außer Molaren
Anzahl der Schneidezähne	bis zu 5	maximal drei
Gesamtzahl der Zähne	bis zu 50	maximal 44
komplizierte Furchenbildung der Hirnrinde?	nirgends	häufig
Dauer der Tragzeit	sehr kurz	lang
Entwicklungszustand des Neugeborenen (Abb. 182)	embryonenhaft	mehr oder weniger weit entwickelt
Vorkommen in Australien	fast alle Arten	wenige Arten (einige Nagetiere und Fledertiere)

die Eutheria (Abb. 366). Während dieser langen Zeit haben sie eine große Formenmannigfaltigkeit entwickelt: Zu sehr vielen Arten der Choriaten gibt es ein »Pendant« bei den Marsupialia. Hierauf weisen die deutschen Namen hin, welche oft von entsprechenden Arten der Choriaten entlehnt sind: Beutel*marder*, Beutel*wolf* usw.

Die Fülle der Erscheinungsformen legt es nahe, die Beuteltiere als Unterklasse einzustufen und sie in verschiedene Ordnungen zu untergliedern. Nicht alle Autoren tun dies; manche betonen die gemeinsamen Merkmale *aller* Beuteltiere (beispielsweise die Art des Zahnwechsels) und bilden nur *eine* Ordnung (Marsupialia). Jedoch auch die Choriaten besitzen *allen gemeinsame* Merkmale – trotzdem bildet man verschiedene Ordnungen. Im folgenden sind die Beuteltiere als Unterklasse behandelt und in Ordnungen unterteilt. Der Besitz einer Chorioallantois-Placenta bei einer einzigen Beuteltier-Gruppe spricht dafür, daß dieses Vorgehen berechtigt ist.

B. Opossummäuse (Caenolestoidea)

8 Arten, 1 Familie. – Kein Beutel. Spitzmausähnlich. Obere Eckzähne oft mit zwei Wurzeln. Ursprüngliches Gehirn mit großem Riechhirn. »Lebende Fossilien«, da sie sich seit dem Tertiär nicht mehr weiterentwickelt haben; das Gebiß (Abb. 389) ist sogar weniger spezialisiert als bei den fossilen Arten. Nur in den Gebirgswäldern der Anden.

■ Opossummäuse (Caenolestidae)
→ Ekuador-Opossummaus (Abb. 389)

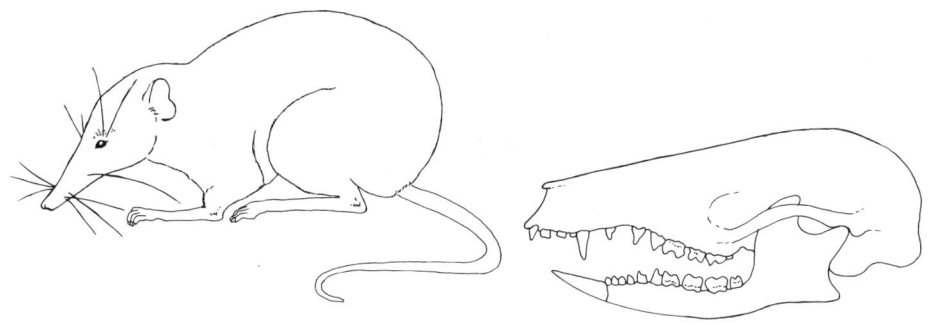

Abb. 389. Opossummäuse
Links: Ekuador-Opossummaus (nach Grzimeks Tierleben)
Rechts: Schädel der Ekuador-Opossummaus (nach Thenius 1979)

C.   Beutelratten (Didelphoidea)

76 Arten, 1 Familie. – Langer nackter Schwanz, manchmal als Wickelschwanz ausgebildet (Abb. 390 links). Beutel verschieden gestaltet oder fehlend. Maus- bis rattengroß. Spitze Schnauze. Zählebig. Auch ältere Junge werden vom Weibchen oft auf dem Rücken getragen. Hierher gehören die meisten Beuteltiere Amerikas.

■ Beutelratten (Didelphidae)
→ Zwergbeutelratten, Dickschwanzbeutelratte, Schwimmbeutler (Abb. 390), Nordopossum (Abb. 390)

Abb. 390. Beutelratten
Oben links: Nordopossum (nach Eigener et al. 1958)
Oben rechts: Schwimmbeutler (nach Eigener et al. 1958)
Unten: Schädel der Zwergbeutelratte *Marmosa canescens* (nach Vaughan 1978)

D.   Reißbeutler (Dasyuroidea)

45 Arten, 4 Familien. – Für die – falsche Vorstellungen erweckende und daher auszumerzende – deutsche Bezeichnung »Raubbeutler« gilt sinngemäß das in Abschnitt XII O für die Carnivora Gesagte. Meist mit langem Schwanz. Gut ausgebildete Eckzähne (Abb. 119). Bis zu 50 Zähne. 4 bis 12 Zitzen. Tierliche Kost. Dämmerungs- und nachtaktiv.

■ Marderbeutler (Dasyuridae) • Konvergenzen zu Reißtieren.
→ Tüpfelbeutelmarder, Beutelteufel (Abb. 391 links)

■ Ameisenbeutler (Myrmecobiidae) • Durch Anpassung an die Ameisen- und Termitennahrung Konvergenzen zu sich entsprechend ernährenden Eutheria; allerdings nicht zahnlos, sondern 50 Zähne.
→ Ameisenbeutler oder Numbat (Abb. 346)

■ Beutelwölfe (Thylacinidae) • Einzige Art: Beutelwolf von Tasmanien (Abb. 391 rechts). Er wurde in den letzten Jahrzehnten ausgerottet. Schuld daran ist wohl die Tatsache, daß man ihn zu Unrecht als Feind der Schafzucht ansah. Außerdem wurde sein Lebensraum durch Buschbrände zerstört. Auch der vom Menschen eingeführte Dingo trug als Nahrungskonkurrent zum Rückgang des Beutelwolfs bei. Der Mensch mit all seiner Macht kann nie mehr einen Beutelwolf erschaffen – bedurfte es doch dazu über Jahrmillionen wirkender Evolutionsprozesse.

■ Beutelmulle (Notoryctidae) • Ähnliche Merkmale wie Maulwurf: Grabextremitäten, reduzierte Augen und Ohren.
→ Großer Beutelmull (Abb. 257)

Abb. 391. Reißbeutler
Links: Beutelteufel (nach Eigener et al. 1958)
Rechts: Beutelwolf (nach Eigener et al. 1958)

Abb. 392. Nasenbeutler
Links oben: Großer Kaninchen-Nasenbeutler (nach Grzimeks Tierleben)
Links unten: Schädel eines Langnasenbeutlers (nach Vaughan 1978)
Rechts: Junger Langnasenbeutler schlüpft in den sich nach hinten öffnenden Beutel (nach Grzimeks Tierleben)

E.   Nasenbeutler (Perameloidea)

19 Arten, 1 Familie. – Ratten- bis fuchsgroß. Känguruhartiges Aussehen. Zweite und dritte Zehe miteinander verwachsen. Beutel öffnet sich nach hinten (Abb. 392 rechts). Einzige Beuteltiere mit Chorioallantois-Placenta. Fleisch- und Kleintieresser. Nachtaktiv. Auf Neuguinea Waldformen, in Australien Formen der offenen Landschaft.

■ Beuteldachse (Peramelidae)
→ Langnasenbeutler, Großer Kaninchen-Nasenbeutler (Abb. 392 links oben)

F.   Zehenbeutler (Phalangeroidea)

95 Arten, 4 Familien. – Artenreichste Ordnung der Beuteltiere. Sehr verschieden groß: Von den Dimensionen einer Maus bis zu denen des Riesenkänguruhs (aufgerichtet über 2 m hoch). Sehr unterschiedlich in der Gestalt! Manche Formen erinnern an Affen (Abb. 369), andere ähneln Nagetieren (Gleitbeutler). In diese Ordnung gehören die großen Känguruhs – Inbegriff der Beuteltiere.
    Schneidezähne im Unterkiefer oft groß und waagrecht nach vorne stehend. Pflanzenesser.

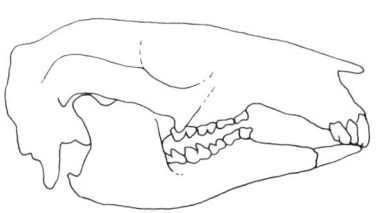

Abb. 393. Zehenbeutler
Links: Rotes Riesenkänguruh (nach Wüst 1963)
Rechts: Schädel des Sumpfwallabys. Man beachte die waagrechte Stellung der unteren Schneidezähne sowie das Diastema (nach Vaughan 1978)

■ Kletterbeutler (Phalangeridae) • Greiffuß. Kletterer oder Gleiter.
➜ Fuchskusu, Tüpfelkuskus (Abb. 369), Bärenkuskus, Kurzkopfgleitbeutler (Abb. 249), Honigbeutler, Riesengleitbeutler (Abb. 250)

■ Beutelbären (Phascolarctidae) • Nur eine Art: Koala (Abb. 182). Er ißt ausschließlich Eukalyptusblätter – und diese nur von bestimmten Eukalyptus-Bäumen. Von den 350 *Eucalyptus*-Arten Australiens sind für die Ernährung der Koalas nur etwas mehr als zwanzig Arten geeignet, davon bevorzugt er nur fünf. Daher ist dieser heikle Pflegling in Zoos außerhalb Australiens nur in San Diego und San Franzisko zu sehen. Er ist das hinsichtlich der Nahrung am stärksten spezialisierte Säugetier. Das Junge erhält eine Zeitlang Blinddarmkot von der Mutter, um seine Darmflora aufzubauen.

■ Plumpbeutler (Vombatidae) • Schwanzlos, plump, in der Gestalt an Dachse erinnernd.
➜ Nacktnasenwombat

■ Känguruhs (Macropodidae) • Alle Formen, auch die kleinen Rattenkänguruhs, mit Känguruh-Habitus, d. h. verlängerten Hinterextremitäten. Verlängerung im Metatarsus (Abb. 238). Reduktion der äußeren Strahlen, verbleibende miteinander verwachsen. Langer Schwanz. Springer oder Schlüpfer. Die Vorfahren der Baumkänguruhs waren auf dem Boden hüpfende Formen. Als sie zum Baumleben übergingen, ergaben sich wegen der Sprungbeine erhebliche Probleme. Die Känguruhs sind die Pflanzenesser der weiten grasbewachsenen Flächen Australiens; diese ökologische Nische wird in Afrika von den Herden der Paar- und Unpaarhufer (Antilopen und Zebras) gebildet.
➜ Bären-Baumkänguruh, Sumpfwallaby, Rotes Riesenkänguruh (Abb. 393)

G bis Y Eutheria = Choriata (Höhere Säugetiere oder Choriontiere; alte Bezeichnung: Placentalia = Placentatiere)

Schlüsselmerkmal ist das Auftreten des als *Trophoblast* bezeichneten Gewebes während der Embryonalentwicklung. Dieser bildet das *Chorion* (Abb. 169) und zusammen mit der Allantois die *Chorioallantois-Placenta* (Abb. 173). Da die Marsupialia eine Dottersack-höhlen-Placenta (Abb. 173) aufweisen, ist der Name »Placentatiere« für die Eutheria irreführend und sollte durch Choriaten ersetzt werden. Auch der Ausdruck »Höhere Säugetiere« ist unglücklich gewählt, da die Eutheria den Metatheria nicht in allen Dingen überlegen sind.

Zwei durchbrechende Zahngenerationen (Diphyodontie). Milchgebiß nur bei Jungtieren. Nie mehr als drei Schneidezähne in jeder Kieferhälfte.

Mit Ausnahme der Schuppentiere und Nebengelenktiere lassen sich die Choriaten in 2 Großgruppen zu je 8 Ordnungen einteilen (Abb. 394): Die Vorfahren der einen Großgruppe waren primitive Insektenesser, die der anderen Ur-Huftiere. Die Ordnungen sind nachstehend in der Reihenfolge von links nach rechts der Abb. 394 besprochen.

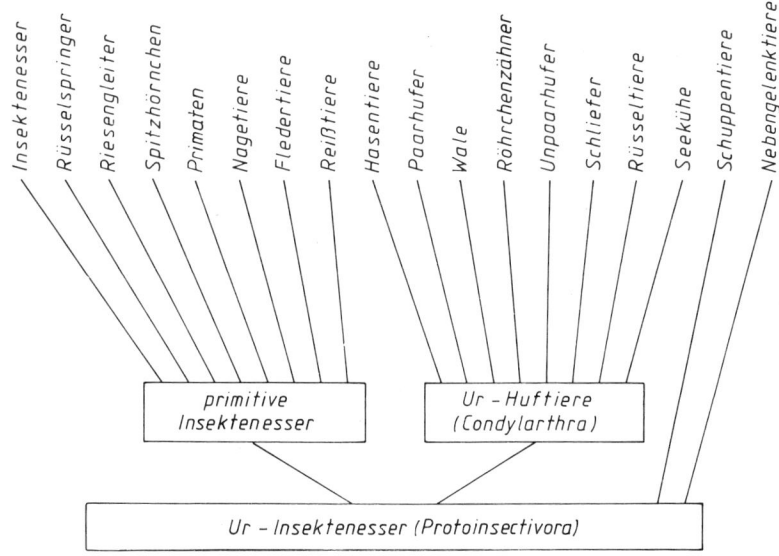

Abb. 394. Stammesgeschichtliche Beziehungen der rezenten Ordnungen der Choriontiere (senkrechte Bezeichnungen). Die in waagrechter Schrift angegebenen Gruppen lebten während der Kreidezeit. Riesengleiter, Spitzhörnchen, Primaten und Fledertiere gehen auf eine gemeinsame Wurzelgruppe (Archonta) zurück. Man beachte den langen Eigenweg der Schuppen- und Nebengelenktiere sowie die Stellung von Nage- und Hasentieren. Die Wurzelgruppe der Nagetiere steht derjenigen der Primaten nahe (nach Angaben in Thenius 1979)

G.   Insektenesser (Insectivora)

362 Arten, 6 Familien. – Urtümlichste Gruppe der Eutheria. Aus Ur-Insektenessern entwickelten sich alle Choriaten (Abb. 394). Vorspringende Schnauzenpartie. Augen meist
relativ klein. Spitzhöckerige Backenzähne (Abb. 131 und 395). Primitives ungefurchtes
Telencephalon. Ernähren sich in der Mehrzahl von Kleintieren (keine Spezialisierung auf
Ameisen und Termiten). Besiedeln sehr verschiedene Lebensräume: Im und auf dem Erdboden, im Wasser, selten kletternd. Stammesgeschichtliche Einheit der Ordnung nicht
gesichert. Weltweit verbreitet außer Australien und einem großen Teil Südamerikas.

G1.   Goldmullverwandte (Chrysochlorida)

Maulwurfähnliche Gestalt. Oft grüngoldener Schimmer des sehr weichen Haarkleides
(einer der seltenen Fälle von Strukturfarben bei Säugetieren). Verhornte Nasenoberfläche.
Afrika.

■ Goldmulle (Chrysochloridae)
→ Kapgoldmull (Abb. 257)

G2.   Tanrekverwandte (Tenrecomorpha)

Formen, die im Aussehen an Maulwürfe, Spitzmäuse oder Igel erinnern. Teils Haare,
teils Stacheln. Madagaskar, West- und Zentralafrika.

■ Borstenigel oder Tanreks (Tenrecidae) • Der Große Tanrek ist die Säugetier-Art mit der
höchsten je Wurf zur Welt gebrachten Jungenanzahl: Der Verfasser sah im Zoo
»Wilhelma« in Stuttgart 28 Junge.
→ Großer Tanrek (Abb. 395), Streifentanrek, Großer Igeltanrek, Kleiner Igeltanrek

■ Otterspitzmäuse (Potamogalidae) • Anpassungen ans Schwimmen, dem Fischotter
ähnelnd.
→ Große Otterspitzmaus

G3.   Igelverwandte (Erinaceomorpha)

Teils Haare (Rattenigel), teils Stacheln (Stacheligel). Schwanz rückgebildet. Rattenigel
sind »lebende Fossilien«. Nur Alte Welt.

■ Igel (Erinaceidae) • Unser einheimischer Igel ist dasjenige Säugetier, welches am häufigsten von Autos überfahren wird. Grund: Beim Herannahen eines Kraftfahrzeugs könnte
ein auf der Straße befindlicher Igel sicher oft noch entkommen. Seine Verteidi-

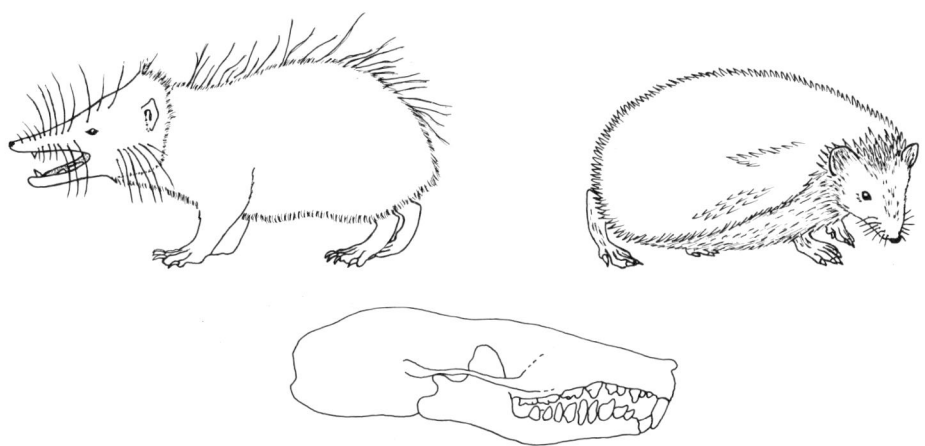

Abb. 395. Insektenesser
Oben links: Großer Tanrek. Man beachte die den Körperumriß überragenden Tasthaare
(nach Grzimeks Tierleben)
Oben rechts: Braunbrustigel (nach Grzimeks Tierleben)
Unten: Schädel des Ostamerikanischen Maulwurfs (nach Vaughan 1978)

gungsmaßnahme bei Gefahr besteht jedoch nicht im Davonlaufen, sondern im Einrollen
– er verläßt sich auf sein Stachelkleid.
→ Großer Rattenigel, Braunbrustigel (Abb. 395)

G4.   Spitzmausverwandte (Soricomorpha)

Die Zugehörigkeit der Schlitzrüssler zu dieser Unterordnung ist noch nicht endgültig ent-
schieden.

■ Spitzmäuse (Soricidae) • Oft mit Mäusen verwechselt (Name!). Ernährung und Gebiß
jedoch völlig anders als bei den zu den Nagetieren zählenden Mäusen. Bei einigen Arten
sind die Zähne durch in der äußeren Schmelzzone eingelagertes Eisen rot gefärbt (Abb.
118). Da sie keinen Winterschlaf halten, haben sie es in der kalten Jahreszeit schwer,
genügend Nahrung zu finden.
→ Wasserspitzmaus, Kurzschwanzspitzmaus, Etruskerspitzmaus (Abb. 5; kleinstes ter-
restrisches Säugetier)

■ Maulwürfe (Talpidae) • Schnauze als beweglicher Rüssel. Nicht alle Arten graben,
manche schwimmen oder leben wie Spitzmäuse. Der Europäische Maulwurf ist den ganzen Winter über aktiv; er folgt den sich in tiefere Erdschichten zurückziehenden Regenwürmern.
→ Europäischer Maulwurf (Abb. 257), Ostamerikanischer Maulwurf, Sternmull

■ Schlitzrüssler (Solenodontidae) • Sehr lange Schnauze (Name!). Giftiger Speichel.
Größte rezente Insektenesser.
→ Haiti-Schlitzrüssler

455

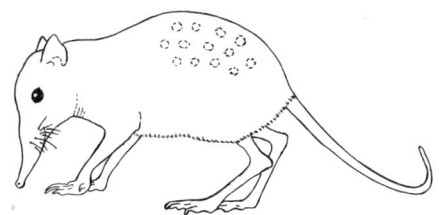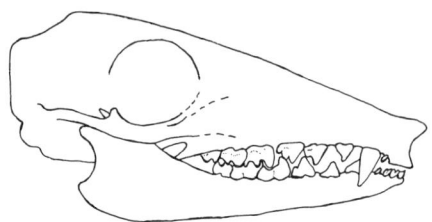

Abb. 396. Rüsselspringer
Links: Geflecktes Rüsselhündchen (nach Grzimeks Tierleben)
Rechts: Schädel des Goldsteiß-Rüsselhündchens (nach Vaughan 1978)

H. Rüsselspringer (Macroscelidea)

21 Arten, 1 Familie. – Rüsselartig verlängerte Schnauze, die irgendeinen Witzbold dazu verleitet hat, manche dieser nur etwa 30 cm groß werdenden Tierchen als Elefanten(!)-Spitzmäuse zu bezeichnen. Früher zu Insektenessern gestellt (s. den Gebißbau in Abb. 396 rechts). Allesesser. Laufjunge. Bilden eine ökologische Nische, die sonst bestimmten Nage- und Hasentieren zukommt. Sehr alte Gruppe der Eutheria. Etwa auf dem gleichen Evolutionsniveau stehend wie die Spitzhörnchen. Nur in Afrika.

■ Rüsselspringer oder Rohrrüssler (Macroscelididae)
➔ Nordafrikanische Elefantenspitzmaus, Waldrüsselratte, Geflecktes Rüsselhündchen (Abb. 396), Goldsteiß-Rüsselhündchen

J. Riesengleiter (Dermoptera)

2 Arten, 1 Familie. – Katzengroße Gleiter. Infolge der riesigen Gleithaut sieht das an einem Ast hängende Tier aus, als ob es in eine Decke gehüllt wäre (Abb. 397 links). Scharfe Krallen. Untere Schneidezähne als Kammzähne zur Fellpflege ausgebildet (Abb. 397 unten Mitte). Unterzunge. Reine Pflanzenesser (Blätter, Knospen, Früchte) mit großem Blinddarm und Magenaussackungen. Baumlebend, nachtaktiv.
Die Zuordnung dieser seltsam gestalteten Tiere hat den Systematikern viel Kopfzerbrechen bereitet. Da manche Merkmale an Primaten erinnern (beispielsweise die Unterzunge), wurden sie eine Zeitlang diesen zugesellt. Daran erinnert der alte Name »Flattermakis«. Sie »flattern« aber nicht, sondern gleiten (s. VIII H). Andere Autoren fühlten sich an Reißtiere erinnnert, denn sie erfanden die Bezeichnung »Hundskopfgleitflieger«.
Im frühen Tertiär aus Insektenessern entstanden. Nur in Südostasien einschließlich den Philippinen und Indonesien.

■ Riesengleitflieger (Cynocephalidae)
➔ Temminck-Gleitflieger (Abb. 397), Philippinen-Gleitflieger (Abb. 397)

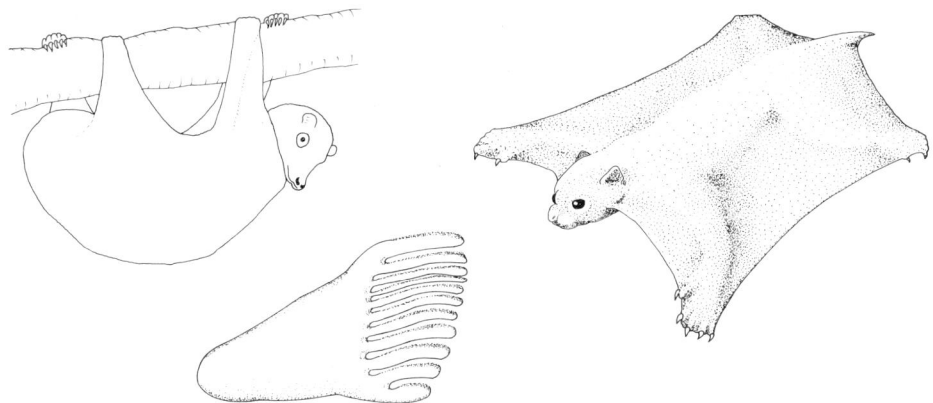

Abb. 397. Riesengleiter
Oben links: Ruhender Philippinen-Gleitflieger (nach Grzimeks Tierleben)
Oben rechts: Temminck-Gleitflieger; Fellzeichnung fortgelassen (nach Waterhouse aus Grassé 1952 ff.)
Unten: Unterer Schneidezahn des Philippinen-Gleitfliegers, der als Kammzahn ausgebildet ist (nach einem Foto von Beier in Siewing 1985)

K.   Spitzhörnchen (Scandentia)

18 Arten, 1 Familie. – Der deutsche Name nimmt einerseits auf den spitz zulaufenden Kopf Bezug, andererseits auf die an Hörnchen erinnernde Körpergestalt und Schwanzform (Abb. 398 links). Vielleicht hat bei der Bezeichnung »-hörnchen« auch die Tatsache eine Rolle gespielt, daß sie relativ große Schneidezähne aufweisen (Abb. 398 rechts), von denen die im Unterkiefer sitzenden einen Putzkamm bilden. Eckzähne klein, ähneln Prämolaren. Backenzähne spitzhöckerig. Spreizhand (Abb. 222). Krallen an allen Fingern und Zehen. Große seitlich stehende Augen, die kein binokulares Sehen erlauben.

Abb. 398. Spitzhörnchen
Links: Gewöhnliches Spitzhörnchen (nach einem Foto in Starck 1974)
Rechts: Schädel eines Tupaias (nach Vaughan 1978)

457

Manche Merkmale erinnern an Primaten, beispielsweise die Unterzunge; die unbeweglichen Ohren der Gattung *Tupaia* ähneln denen der Mimikaffen. Entsprechendes gilt für den Verlauf der Schädelarterien und einige immunologische Besonderheiten. Daher werden die Spitzhörnchen gelegentlich zu den Primaten gestellt und als Modelle für deren Vorfahren angesehen. Verschiedene Autoren betrachten die Ähnlichkeiten mit den Primaten jedoch als Konvergenzerscheinungen infolge ähnlicher Lebensweise. Wesentliche Unterschiede zu den Primaten finden sich im Bau der Fetalmembranen, in der Embryonalentwicklung und im Verhalten. Gelegentlich ordnet man die Spitzhörnchen auch zu den Insektenessern. Dagegen spricht jedoch das hoch entwickelte Gehirn. Die systematische Einordnung wird erschwert, da keine fossilen Formen bekannt sind.

Allesesser. Meist tagaktiv. Boden- oder baumlebend (»Astläufer«). Nur in Südostasien.

■ Spitzhörnchen (Tupaiidae)
→ Gewöhnliches Spitzhörnchen (Abb. 398), Federschwanz

L.   Herrentiere (Primates)

178 Arten, 12 Familien. – Die deutsche Bezeichnung rührt daher, daß der Mensch als – inzwischen sehr zweifelhaft gewordener – »Herr der Erde« systematisch hier unterzubringen ist. Die Primaten weisen ein Mosaik von Primitiv- und Spezialmerkmalen auf. *Alle* Angehörigen tragen Leistenhaut auf Hand- und Sohlenflächen (Abb. 311). Fünfstrahlige Extremitäten. Greifhände und -füße. Daumen oft opponierbar. Meist Augentiere mit stereoskopischem Sehen, welches für die Fortbewegung im Geäst der Bäume von entscheidender Bedeutung ist: Ein zu greifender Zweig muß genau lokalisiert werden. Keine extremen Anpassungen im Körperbau. Tendenz zur Vergrößerung von Klein- und Großhirn; Hirnrinde bei Nasenspiegelaffen wenig gefurcht, viel intensiver bei Mimikaffen, am stärksten beim Menschen; vergleichbare Furchenbildung nur noch bei Zahnwalen. Meist baumlebend. Junge oft Traglinge (Abb. 182), manchmal auch in einem Nest abgelegt. Außer dem Menschen und den japanischen Makaken in tropischen und subtropischen Gegenden.

Früher unterteilte man die Primaten in Halbaffen (Prosimiae) und Affen (Simiae). Verschiedene Merkmale (beispielsweise der Bau der Fetalmembranen und serologische Befunde) zeigen jedoch, daß die Halbaffen keine natürliche Einheit sind; sie umfassen lediglich Arten, die das gleich evolutive Niveau erreicht haben. Neuerdings bildet man daher nach der Ausbildung der Nasenregion (Abb. 399 unten) die beiden Unterordnungen Strepsirhini und Haplorhini.

Die *Strepsirhini* besitzen einen Nasenspiegel (Rhinarium) wie viele andere Arten. Eine nackte, feuchte, drüsenreiche Haut umgibt die Nasenlöcher und reicht bis zur Oberlippe. Die Nasen-Lippen-Rinne heißt Philtrum. Die Oberlippe ist innen, median, durch eine Schleimhautfalte mit dem Zahnfleisch verbunden. Dadurch ist die Oberlippe relativ unbeweglich, der Gesichtsausdruck kann durch sie nicht verändert werden, er ist recht »starr«.

Das Rhinarium der Gattung *Galago* trägt eine Leistenhaut, es ist ein Tastsinnesorgan.

Bei den *Haplorhini* findet sich kein Nasenspiegel, die Oberlippe ist völlig behaart. Da die innere Schleimhautfalte rückgebildet ist, kann die muskulöse Oberlippe frei bewegt werden: sie ermöglicht eine lebhafte Mimik, welche im Sozialverhalten eine große Rolle spielt (Abb. 338).

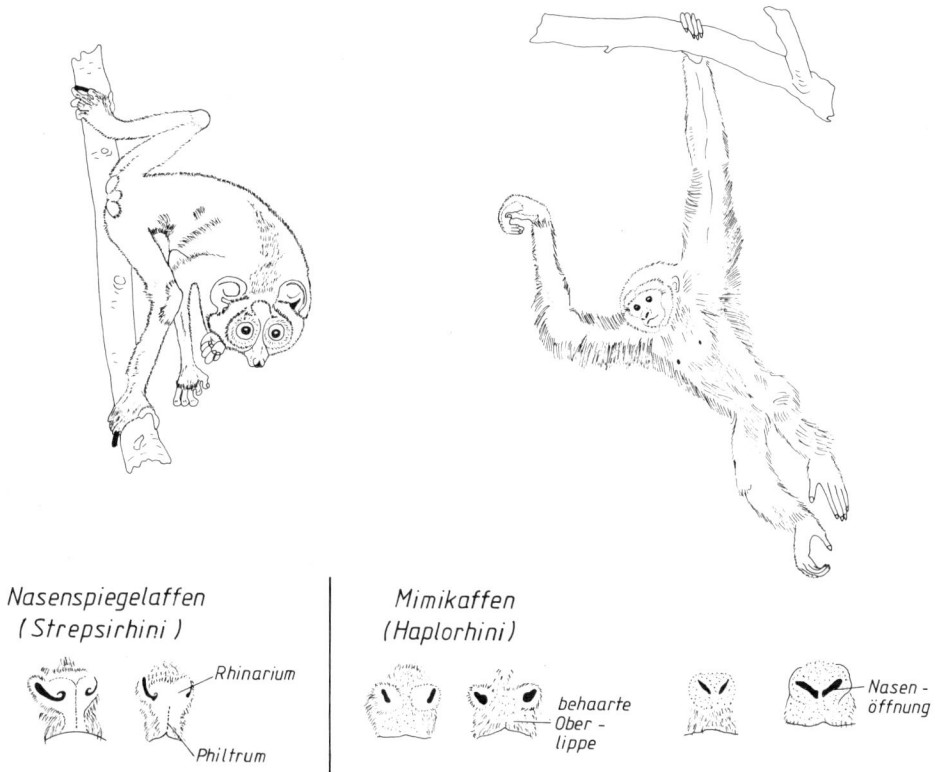

Nasenspiegelaffen
(Strepsirhini)

Mimikaffen
(Haplorhini)

Rhinarium

Philtrum

behaarte
Ober -
lippe

Nasen -
öffnung

Abb. 399. Primaten
Oben links: Schlanklori als Vertreter der Nasenspiegelaffen (nach Eigener et al. 1958)
Oben rechts: Weißhandgibbon als Vertreter der Mimikaffen (nach Eigener et al. 1958)
Unten: Ausbildung der Nasenregion bei Vertretern verschiedener Gruppen. Folgende Gattungen sind dargestellt (von links nach rechts): Katta, Galago; Koboldmaki, Springtamarin, Makak, Gorilla. Der Springtamarin gehört zu den Breitnasenaffen, Makak und Gorilla sind Schmalnasenaffen (nach Hershkovitz 1977)

Wie jeder an sich selbst durch Umklappen der Oberlippe beobachten kann, besitzt auch der Mensch noch den Überrest einer solchen Schleimhautfalte, die als Frenulum bezeichnet wird. Wird ihm eine »Hasenscharte« operiert, ist der Gesichtsausdruck anschließend relativ starr, besonders beim Lachen.

Da deutsche Bezeichnungen für die Unterordnungen fehlen, schlägt der Verfasser die nachstehenden vor.

L1. Nasenspiegelaffen (Strepsirhini)

Mit Rhinarium und Philtrum. Alle Angehörigen dieser Gruppe sind »Halbaffen« im früheren Sinn. Sehr viele Arten auf Madagaskar (»Halbaffeninsel«).

■ Lemuren (Lemuridae) • Kopfform fuchsähnlich. Typische »Makis«.
→ Katta

■ Fingertiere (Daubentoniidae) • Nur eine Art: Aye-Aye oder Fingertier. Hochspeziali-siert. Sehr große Ohren, mit denen vermutlich Beute geortet wird. Nur an den Großzehen Nägel, sonst überall Krallen. Erste Schneidezähne mit Dauerwachstum. Das Gebiß (Abb. 128) zeigt starke Konvergenzen zu dem der Nagetiere, daher wurde das Fingertier früher diesen zugeordnet. Bezüglich des Nahrungserwerbs ist es der »Specht unter den Säugetie-ren«. Es nagt Löcher in Kokosnüsse und Äste (Spechte hacken mit dem Schnabel). Mit dem sehr dünnen Mittelfinger holt es aus den Löchern sowie aus Ritzen Eßbares (u.a. In-sekten und ihre Larven) hervor (Spechte benutzen hierzu die Zunge). Baut Nester. Nachtaktiv. Madagaskar.

■ Indris (Indriidae) • Fortbewegung in senkrechter Haltung in Bäumen (nicht auf allen Vieren laufend). Meist tagaktiv.
→ Indri

■ Katzenmakis (Cheirogaleidae) • Nachtaktiv. Oft mehrere Tage absolut bewegungslos, während dieser Zeit Fettlager in Schwanzwurzel aufgebraucht. Madagaskar.
→ Großer Katzenmaki, Mausmaki (kleinster Primat: Körperlänge etwa 12 cm, Schwanz gleich lang, Körpermasse 50 g)

■ Loris (Lorisidae) • Galagos machen weite Sprünge. Ihre Rufe erinnerten die Engländer an das Geschrei kleiner Kinder, deshalb nannten sie die Galagos »Buschbabies«. Manch-mal eine eigene Familie Galagidae gebildet.
→ Schlanklori (Abb. 399), Plumplori (Abb. 369), Potto, Senegalgalago

L2.   Mimikaffen (Haplorhini)

Ohne Rhinarium und Philtrum (Abb. 399). Außer den ehemals als »Affen« bezeichneten Formen (Simiae = Pithecoidea = Anthropoidea) gehören hierher die früher als »Tarsiifor-mes« zu Unrecht zu den »Halbaffen« gestellten Koboldmakis.
   Mit Ausnahme der Koboldmakis ordnet man herkömmlicherweise die zu den Haplo-rhini gehörenden Arten zwei Großgruppen zu: den Neuwelt- oder Breitnasenaffen (Pla-tyrrhini) und den Altwelt- oder Schmalnasenaffen (Catarrhini). Während bei den Catar-rhini die Nasenlöcher eng beieinander stehen, sind bei den Platyrrhini die vorderen Kup-peln des knorpeligen Nasenskeletts verbreitert, wodurch die Nasenlöcher weit auseinander stehen (Abb. 399). Eine Verbreiterung der Nasenscheidewand – wie oft angegeben – ist nicht vorhanden. Die Breitnasenaffen besitzen ein funktionierendes Jacobsonsches Organ (s. IX B). Ihr Daumen ist nicht opponierbar. Viele Schmalnasenaffen haben Gesäß-schwielen. Backentaschen kommen vor.
   Zu den Schmalnasenaffen gehören die Hundsaffen, Gibbons, Menschenaffen und Men-schen. Die Sonderstellung der Menschenaffen drückt sich im englischen Sprachgebrauch aus: während »monkeys« der Ausdruck für »Affen« ist, gibt es für Menschenaffen die be-sondere Bezeichnung »apes« (»Halbaffen« heißen »prosimians«).
   Bei den Breit- und Schmalnasenaffen sieht man gleich, daß man einen »Affen« vor sich hat. Die schnellen Bewegungen vieler Arten haben die Umgangssprache um den Ausdruck »mit affenartiger Geschwindigkeit« bereichert.

Als »Menschenaffen« werden oft die Vertreter der Familien Pongidae und Hylobatidae zusammengefaßt; man sollte diese Bezeichnung jedoch auf die Pongidae beschränken.

Da in Südamerika Nasenspiegelaffen und Koboldmakis fehlen, hat sich ein Angehöriger der Kapuzineraffen – der Nachtaffe – die nächtliche Nische erschlossen. Außer diesem und den Koboldmakis sind alle Mimikaffen tagaktiv – ein wesentlicher Unterschied zu den Nasenspiegelaffen.

■ Koboldmakis (Tarsiidae) • Auch: Gespensteraffen. Riesige Augen. Können – wie Eulen – den Kopf so weit nach hinten drehen, daß das Gesicht über dem Rücken steht. Haftballen an Fingern und Zehen (Abb. 241). Stark verlängerte Tarsalia (Name!). Südostasien.
→ Sundakoboldmaki (eine Unterart ist der Borneo-Koboldmaki: Abb. 241)

■ Krallenäffchen (Callithricidae, auch: Callitrichidae) • Alle Finger und Zehen außer den Großzehen mit scharfen – echten! – Krallen (Name!).
→ Springtamarin oder Goelditamarin (für diesen oft eine eigene Familie »Callimiconidae« gebildet), Marmosetten, Weißbüscheläffchen, Zwergseidenäffchen, Goldgelbes Löwenäffchen, Rothandtamarin, Kaiserschnurrbarttamarin (Abb. 68), Lisztäffchen (Abb. 68)

■ Kapuzineraffen (Cebidae) • Häufig mit Tast- und Greifschwanz.
→ Nachtaffe, Grauer Springaffe (Abb. 217), Scharlachgesicht, Roter Uakari, Totenkopfäffchen, Weißschulterkapuziner, Schwarzer Brüllaffe, Wollaffe, Spinnenaffe, Goldstirn-Klammeraffe (Abb. 241)

■ Hundsaffen (Cercopithecidae) • Kein Angehöriger dieser und der folgenden Familien mit Tast- und Greifschwanz. Nur hier finden sich Arten, die auch in gemäßigten Klimaten leben. Die Bezeichnung »Hundsaffen« geht auf die langschnäuzigen Paviane *(Papio)* zurück. Eine vorgezogene Schnauzenpartie deutet meist auf ausgedehnte Nasenmuscheln und damit auf gut entwickeltes Riechvermögen hin. Auf die Paviane trifft dies nicht zu, die verlängerten Kiefer sind eine Anpassung an die mächtig ausgebildeten Eckzähne.
→ Magot oder Berberaffe (auf Gibraltar, einziger europäischer Affe), Rotgesichtsmakak, Rhesusaffe, Wanderu, Schweinsaffe, Javaneraffe, Schopfmakak, Gelber Babuin, Grüner Pavian, Mantelpavian, Mandrill, Drill, Dschelada oder Blutbrustpavian (Abb. 341), Diademmeerkatze, Kleine Weißnasenmeerkatze, Hulman, Kleideraffe (Abb. 68), Nasenaffe, Nördlicher Guereza

■ Gibbons (Hylobatidae) • Kein Schwanz. Sehr lange Finger, Daumen verkürzt.
→ Siamang, Weißhandgibbon (Abb. 399)

■ Menschenaffen (Pongidae) • Schwanzlos. Menschenähnlich. Tendenz zu aufrechtem Gang. Orang-Utan auf Borneo und Sumatra, übrige in Afrika.
→ Orang-Utan (akut vom Aussterben bedroht), Gorilla (größter Menschenaffe), Schimpanse, Bonobo oder Zwergschimpanse

■ Menschen (Hominidae) • Arme kürzer als Beine. Großzehe nicht opponierbar. Standfuß. Aufrechter Gang mit entsprechenden Umkonstruktionen im Körperbau (so an der Wirbelsäule, am Becken, am Fuß); Hände nicht für die Fortbewegung gebraucht, sind frei für andere Tätigkeiten; dies war zusammen mit der Volumenzunahme der Hirnrinde die entscheidende Voraussetzung für die Entwicklung zum Menschen. Gebiß vereinheitlicht.
→ Mensch der Jetztzeit (nur eine Art mit verschiedenen Rassen)

M.   Nagetiere (Rodentia)

1193 Arten, 32 Familien, 7 Unterordnungen. – Hinsichtlich der Artenanzahl stammesgeschichtlich erfolgreichste Ordnung. Haben die verschiedensten Lebensräume erobert. Unter anderem spiegelt sich diese Tatsache im deutschen Sprachgebrauch wider: Wenn ein Vertreter irgendeiner sonstigen Ordnung in seinem Namen den Zusatz »Haus-« trägt, handelt es sich um ein Haustier, das der Mensch domestiziert, also *freiwillig* in sein »Haus« aufgenommen hat. Auf die Nagetiere *Haus*maus und *Haus*ratte trifft das jedoch nicht zu. Sie haben sich selbst die Wohnstätten der Menschen als Lebensraum erkoren. Ihre Bekämpfung kann sich sehr schwierig gestalten. Ein wirksames Vorgehen gegen Ratten war lange Zeit unmöglich. Eine Ratte ißt nämlich vergiftete Köder nicht, wenn sie eine Giftwirkung am *sofort* gezeigten Verhalten einer anderen Ratte, die davon gekostet hat, bemerkt. Nur wenn man ein Mittel verwendet, welches nach *langer Zeit* wirkt, hat man Erfolg. Ein solches ist beispielsweise das die Blutgerinnungsfähigkeit beeinflussende Cumarin.

Neben vielen kleinen auch große Formen (Abb. 400 oben).

Typisch ist das »Nager«-gebiß (Abb. 141 links oben): Oben und unten je zwei Schneidezähne (Nagezähne) zum Loslösen, hinten ein relativ einheitlicher Mahlapparat zum Zerreiben der Nahrung. Die Oberflächen mehrerer Zähne bilden zusammen eine einheitliche Reibfläche. Kaubewegungen von vorn nach hinten und von hinten nach vorn, entsprechend ist der Processus articularis des Unterkiefers ausgebildet. Ist die Symphyse zwischen den Unterkieferhälften verknöchert und starr, können nur Vorwärts- und Rückwärtsbewegungen beim Kauen ausgeführt werden. Ist sie nicht starr, sind auch andersartige Kaubewegungen möglich. Eckzähne fehlen immer. Großes Diastema. Prämolaren molarenähnlich (Abb. 128) oder ganz fehlend (so bei den Myomorpha). Die Reihen der oberen Backenzähne stehen näher beieinander als die unteren Reihen (Gegensatz zu Hasentieren!). Die Kauflächen der oberen Zähne weisen schräg nach unten außen, die unteren nach innen oben.

Sehr verschiedenartige Nahrungsquellen; meist pflanzliche Kost, aber auch Insekten, Fleisch und Fische.

Ihr Ursprung liegt in einer anderen Wurzelgruppe als derjenige der Hasentiere (Abb. 394), sie sind mit diesen weniger nahe verwandt als mit den Primaten.

Weltweit verbreitet (außer Antarktis). Wo sie vorher nicht vorkamen, sind sie vom Menschen eingeschleppt worden.

Die große Artenfülle hat dazu geführt, daß fast jeder klassifizierende Zoologe sein eigenes System vertritt. Man bewältigt die Vielfalt, indem man zunächst eine grobe Unterteilung in Unterordnungen vornimmt. Das Gebiß – welches in solchen Fällen sonst häufig verwendet wird – eignet sich hierfür wegen seiner relativen Einheitlichkeit nicht. Ein günstiges Merkmal ist die Anordnung bestimmter Teile der Kaumuskulatur, die mit unterschiedlichen Knochen-Konstruktionen am Schädel einhergeht (beispielsweise Bau des Jochbogens). Das Einteilungsprinzip fußt *teilweise* auf der Ausbildung nachstehend aufgeführter Muskeln, welche von ihrer Ansatzstelle am Unterkiefer zu verschiedenen Orten am Schädel ziehen.

Die Nomenklatur der Kaumuskulatur ist leider sehr uneinheitlich. Der im folgenden M. zygomaticomandibularis genannte Muskel wird von manchen Autoren als M. masseter profundus, von anderen als M. masseter medialis bezeichnet. Nachstehend ist die Nomenklatur von STARCK (1982) übernommen, in dessen Werk auch Schichtenpräparationen dieser Muskulatur dargestellt sind. Nach STARCK sind zwei Muskeln für die systematische Gliederung von Bedeutung: einerseits der M. masseter, andererseits der M. zy-

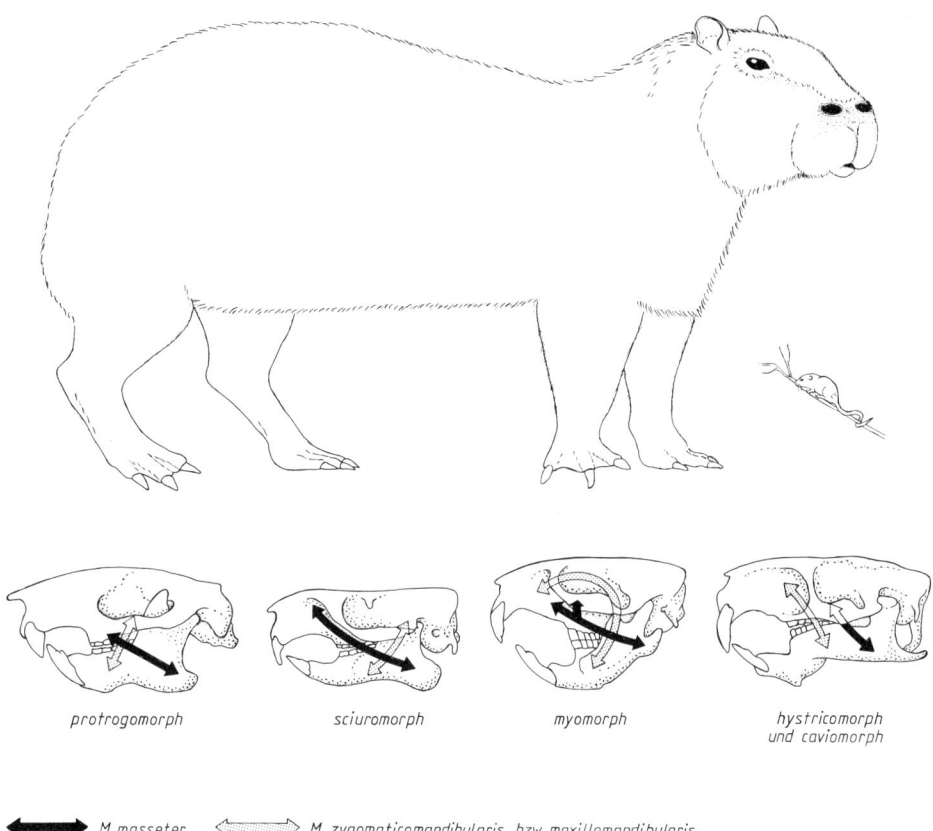

protrogomorph   sciuromorph   myomorph   hystricomorph
und caviomorph

→ M. masseter   ⇐⇒ M. zygomaticomandibularis bzw. maxillomandibularis

Abb. 400. Nagetiere
Oben: Capybara und Zwergmaus in gleichem Maßstab gezeichnet (jeweils nach Grzimeks Tierleben)
Unten: Ausbildung bestimmter Teile der Kaumuskulatur bei verschiedenen Unterordnungen (nach Wood aus Ziswiler 1976)

gomaticomandibularis; da dieser vom Dentale zum Jochbogen zieht, ist der Name treffend, da für den Unterkiefer gelegentlich auch die Bezeichnung »Mandibel« gebraucht wird. Wenn – wie bei manchen Unterordnungen – der vordere Abschnitt des M. zygomaticomandibularis sehr kräftig entwickelt ist und an anderen Partien des Schädels inseriert, erhält dieser Abschnitt einen eigenen Namen: M. maxillomandibularis. Weiteres zu den Ansatzstellen dieser Muskeln findet sich in Abb. 400 unten sowie in den Ausführungen zu den einzelnen Unterordnungen.

In der Entwicklungshöhe der Unterordnungen spiegeln sich Vorgänge der Stammesgeschichte wider: Mit den heute noch lebenden primitiven Protrogomorpha setzte eine erste frühtertiäre Radiationswelle ein; eine zweite folgte im mittleren Tertiär mit den Sciuromorpha, schließlich gab es mit den Myo- und Hystricomorpha eine letzte Entfaltungswelle – die Mäuse- und Stachelschweinverwandten stellen also »Endprodukte« der Nagetier-Evolution dar.

M1. Stummelschwanzhörnchenverwandte (Protrogomorpha)

Der M. masseter zieht zum vorderen Teil des Jochbogens, der M. zygomaticomandibularis setzt weiter hinten am Jochbogen an (Abb. 400 unten). Primitivste Vertreter der Ordnung. Heute nur noch eine Art – das Stummelschwanz- oder Biberhörnchen – in einem Reliktareal in Nordamerika.

M2. Hörnchenverwandte (Sciuromorpha)

Der M. zygomaticomandibularis zeigt einen ähnlichen Verlauf wie bei den Protrogomorpha. Der M. masseter dagegen greift – an der vorderen Jochbogenwurzel vorbeiziehend – auf das Maxillare über (Abb. 400 unten). Diese Unterordnung bildet möglicherweise keine stammesgeschichtliche Einheit. Nicht alle – beispielsweise das Alpenmurmeltier – wie »Hörnchen« aussehend.

■ Hörnchen (Sciuridae) • Tagaktiv mit optischer Orientierung. Vertreter dieser Familie haben mehrere Male unabhängig voneinander das Gleiten »erfunden«.
→ Alpenmurmeltier, Bobak (Unterart: Mongolisches Murmeltier), Schwarzschwanz-Präriehund, Einfarbiger Ziesel, Streifenziesel, Felsenziesel, Afrikanische Borstenhörnchen, Nordafrikanisches Erdhörnchen, Eichhörnchen (»Affe« des deutschen Waldes), Riesengleithörnchen, Gewöhnliches Gleithörnchen (Abb. 249), Assapan

■ Taschenmäuse (Heteromyidae) • Innen behaarte große Backentaschen (Name!). Hintergliedmaßen als Sprungbeine ausgebildet. Wüsten und Steppen Amerikas. Parallelformen (gleiche ökologische Nische) zu altweltlichen Springmäusen (Dipodidae).
→ Wüsten-Känguruhratte, Merriam-Känguruhratte

■ Taschenratten (Geomyidae) • Backentaschen. Unterirdisch lebende Wurzelesser.
→ Mexikanische Taschenratte, Flachland-Taschenratte (Abb. 132)

M3. Bilchverwandte (Glirimorpha)

Kaumuskulatur weitgehend wie bei Mäuseverwandten, allerdings durchzieht nur ein kleiner Teil des M. masseter das Foramen infraorbitale. Oft zu Myomorpha gestellt.

■ Bilche oder Schläfer (Gliridae) • Nachtaktiv. Namengebend der bei allen Vertretern vorkommende Winterschlaf, daher gelegentlich auch »Schlafmäuse« genannt (s. IV B).
→ Siebenschläfer, Haselmaus, Gartenschläfer, Baumschläfer

M4.　Biberverwandte (Castorimorpha)

Kaumuskulatur zwar wie bei hoch evolvierten Hörnchenverwandten; andere Merkmale berechtigen jedoch dazu, eine eigene Unterordnung aufzustellen.

■ Biber (Castoridae) • Nur eine Art mit mehreren Unterarten (eine solche ist der Kanadische Biber). Zweitgrößtes Nagetier. Nahrung: Borke von Bäumen, Zweige. An Süßwasserufern. Staut Flüsse durch Dämme auf. Baut große Biberburgen. In vielen Ortsnamen Deutschlands vertreten (z.B. Biberach).

M5.　Dornschwanzhörnchenverwandte (Anomaluromorpha)

Bestimmte Merkmale (beispielsweise der Verlauf der Kopfarterien) berechtigen dazu, sie von den Hörnchenverwandten zu trennen. Die beiden Familien repräsentieren völlig verschiedene Lebensformen.

■ Dornschwanzhörnchen (Anomaluridae) • Hornschuppen auf der Schwanzunterseite (Abb. 249; Name!). Viele Arten gleiten. Der die Gleithaut stützende Knorpelstab sitzt nicht an der Handwurzel, sondern in der Ellenbogengegend. Afrika.
➜ Zwerg-Dornschwanzhörnchen

■ Springhasen (Pedetidae) • Lange Hintergliedmaßen ermöglichen Sprünge bis zu 2 m. Im Gegensatz zu »Hasen« langer buschiger Schwanz; hoppeln auch nicht wie diese, sondern hüpfen wie Känguruhs. Nehmen in Afrika die »Planstelle« ein, welche in Amerika in entsprechenden Lebensräumen die Taschenmäuse innehaben. Langer stammesgeschichtlicher Eigenweg. Die Familie wird manchmal gesondert gestellt.
➜ Südafrikanischer Springhase

M6.　Mäuseverwandte (Myomorpha)

Während die Ansatzstellen des M. masseter ähnlich liegen wie beim protrogomorphen Typ, zieht der M. maxillomandibularis (= vorderer Abschnitt des M. zygomaticomandibularis) in die Augenhöhle und von dort durch das Foramen infraorbitale zum Maxillare. Die Gabelung des Pfeiles, der in Abb. 400 unten den M. masseter darstellt, symbolisiert zwei Portionen dieses Muskels: Die oberflächliche Portion (M. masseter superficialis) inseriert am Maxillare, der M. masseter lateralis am Jochbogen. Artenreichste Unterordnung. Weltweit verbreitet.

■ Hüpfmäuse (Zapodidae) • Mäuseartig.
➜ Birkenmaus, Wiesenhüpfmaus

■ Springmäuse (Dipodidae) • Hintergliedmaßen im Bereich der verwachsenen Mittelfußknochen verlängert: Konvergenz zu Känguruhs.
➜ Wüstenspringmaus (Abb. 239)

■ Wühler (Cricetidae) • Die namengebende Art ist als Wort für »Vorräte speichern« in den deutschen Sprachgebrauch eingegangen: hamstern.
→ Buschratten, Wüstenratte, Hamster, Syrischer Goldhamster (beliebtes, oft gehaltenes Tier), Berglemming, Schermaus, Feldmaus, Mongolische Rennmaus (in letzter Zeit zum viel untersuchten Labortier geworden)

■ Mäuse (Muridae) • Inbegriff der Nagetiere. Haben als einzige Choriaten (außer den Fledertieren) die australische Region (Neuguinea, Australien, Tasmanien) erreicht (»island hoppers«).
→ Australische Hüpfmäuse oder Känguruhmäuse, Wanderratte, Hausratte (kein Haustier!), Hausmaus (kein Haustier!), Brandmaus, Felsenmaus, Feld-Waldmaus, Eurasiatische Zwergmaus (Abb. 400), Vielzitzenmaus (Abb. 192)

■ Blindmäuse (Spalacidae) • Augen zurückgebildet, unter der Haut liegend. Wühler. Große Nagezähne zum Lockern der Erde. Balkan und Vorderer Orient.
→ Westblindmaus

■ Wurzelratten (Rhizomyidae) • Graben mit den riesigen Schneidezähnen. Afrika, Asien.
→ Sumatra-Bambusratte

M7. Stachelschweinverwandte (Hystricomorpha = Phiomorpha = Palaeotrogomorpha)

M. masseter und M. maxillomandibularis verlaufen etwa parallel. Der M. masseter setzt am Dentale und am Jochbogen an, der stark entwickelte M. maxillomandibularis am Dentale und in einer flachen Grube des Gesichtsschädels, wobei er durch das beträchtlich erweiterte Foramen infraorbitale zieht (Abb. 400 unten).

■ Sandgräber (Bathyergidae) • Wühler. Wurzelesser. Legen Vorräte an. Afrika.
→ Nacktmull. Einziges Säugetier, dessen Sozialstruktur derjenigen sozialer Insekten (Bienen, Ameisen) ähnelt: Nur manche Erwachsene pflanzen sich fort (s. IX M).

■ Altweltstachelschweine (Hystricidae) • Lange aufrichtbare Stacheln.
→ Westafrikanischer Quastenstachler, Gewöhnliches Stachelschwein

M8. Meerschweinchenverwandte (Caviomorpha = Nototrogomorpha)

Verlauf der Kaumuskulatur wie bei den Hystricomorpha. Können diesen zugeordnet werden, sind nachstehend aber als eigene Unterordnung aufgeführt. Hierzu berechtigen einerseits die Ausbildung der Backenzähne, andererseits die geographische Verbreitung: Caviomorpha leben nur in der Neuen, Hystricomorpha nur in der Alten Welt.
    Merkwürdigerweise taucht für Vertreter dieser Unterordnung im deutschen Sprachgebrauch die Bezeichnung »-schwein« dreimal auf: für das sehr große Wasserschwein, die auch recht ansehnlichen Neuweltstachelschweine und für das kleine Meerschweinchen.

■ Baumstachler (Erethizontidae) • Auch: Neuweltstachelschweine, Konvergenzen zu Altweltstachelschweinen. Kletterfüße. Wickelschwanz.
→ Greifstachler, Urson oder Nordamerikanischer Baumstachler

■ Trugratten (Octodontidae) • Langer behaarter Schwanz. Wühler mit unterirdischen Vorratskammern.
→ Strauchratten

■ Biberratten (Myocastoridae) • Konvergenzen zum Biber, beispielsweise Schwimmhäute.
→ Nutria oder Sumpfbiber (häufig in Pelztierfarmen gehalten)

■ Agutis (Dasyproctidae) • Rennbeine mit Zehenreduktion.
→ Paka, Goldaguti

■ Meerschweinchen (Caviidae) • Schwanz sehr kurz.
→ Aperea (Stammform des Hausmeerschweinchens), Mara (hasenähnlich aussehend)

■ Riesennager (Hydrochoeridae) • Nur 1 Art. Größtes rezentes Nagetier. Bis 50 kg. Am Ufer von Gewässern.
→ Capybara oder Wasserschwein (Abb. 400)

■ Chinchillas (Chinchillidae) • Langer Schwanz. Chinchilla wegen des dichten feinen Fells in Pelztierfarmen gezüchtet.
→ Langschwanz-Chinchilla

N.   Fledertiere (Chiroptera)

989 Arten, 17 Familien. – Einzige Säugetiere mit aktivem Flug (s. VIII H), zu welchem alle Arten fähig sind. Rückbildung des Flugvermögens – wie es bei verschiedenen Vogelarten vorkommt – tritt nicht auf. Maus- bis mardergroß. Flughaut wenig bis nicht behaart. Brustbein mit Kiel (Abb. 256). Gebiß je nach Nahrung sehr unterschiedlich gestaltet. Viele Fledermäuse mit Echo-Ortung (IX J). Bezüglich Artenanzahl nach den Nagetieren die erfolgreichste Ordnung (Abb. 387).

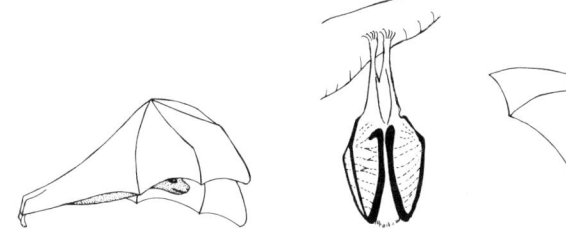

Abb. 401. Fledertiere
Links: Nilflughund. Flügel in der Mitte des Aufschlags (nach Norberg 1972b)
Mitte: Kleine Hufeisennase in Schlafstellung (nach Grzimeks Tierleben)
Rechts: Mausohr (nach Grzimeks Tierleben)

Erschlossen auch Nahrungsquellen, die sonst von Säugetieren nur selten oder nicht genutzt werden: Nektar und Pollen als Blütenprodukte oder Blut lebender Wirbeltiere (s. Kap. X).

Die meisten Formen leben in ihrem Herkunftsgebiet Tropen. In kühlen Klimaten vorkommende Arten verfallen während der kalten Jahreszeit entweder in Winterschlaf oder sie wandern in wärmere Gegenden (s. IV B und IV C).

N1. Flederhunde (Megachiroptera)

Hundeähnlicher Kopf (Name!). Der Zusatz Mega- im wissenschaftlichen Namen ist irreführend, da es Flughunde gibt, die *kleiner* sind als die größten Vertreter der *Micro*chiroptera. Zweiter Finger dreigliedrig mit Kralle (Abb. 204). Schwanz bei allen Arten (mit einer Ausnahme) rückgebildet. Ohne Ohrdeckel (Tragus). Nahrung hauptsächlich Früchte (Abb. 348); daneben gibt es Blütenbesucher. Dämmerungstiere, die sich mit ihren großen Augen optisch orientieren (nur Nilflughund mit wenig differenzierter Echo-Ortung).

Stammesgeschichtlich jünger als die Fledermäuse. In den Tropen der Alten Welt einschließlich Australiens und einiger kleiner Inseln (in der Neuen Welt werden die entsprechenden ökologischen Nischen von Fledermäusen gebildet). Eine Familie (manche Autoren bilden 3 Familien).

■ Flughunde (Pteropidae)
➔ Nilflughund oder Ägyptischer Flughund (Abb. 401 links), Indischer Flughund, Wahlberg-Epauletten-Flughund, Hammerkopf

N2. Fledermäuse (Microchiroptera)

Gesichtsschädel kürzer als bei Flughunden. Viel artenreicher als diese (etwa 5fache Artenanzahl). Augen relativ klein: Echo-Ortung! Zweiter Finger zweigliedrig, ohne Kralle. Ohrdeckel (Tragus) vorhanden (Ausnahme: Hufeisennasen). Schwanz im allgemeinen in Flughaut einbezogen. Viele ernähren sich von (nachts fliegenden) Insekten, einige von kleinen Wirbeltieren, sogar fischende Fledermäuse kommen vor. Meist nachtaktive »Ohrentiere«. Weltweit verbreitet außer Polarzonen.

■ Mausschwanz-Fledermäuse (Rhinopomatidae) • Schwanz nicht in Flughaut einbezogen.
➔ Ägyptische Klappnase

■ Glattnasen-Freischwänze (Emballonuridae) • Schwanz nur zum Teil in Flughaut eingeschlossen, sonst frei (Name!).
➔ Nacktbäuchiger Grabflatterer, Schwarzbärtiger Grabflatterer

■ Schmetterling-Fledermäuse (Craseonycteridae) • Nur eine Art. Kaum in Thailand entdeckt (1974), ist der kleine Bestand bereits von der Ausrottung bedroht. Ohne Schwanz und Spornbein. Auffälliger Scheitelkamm bei beiden Geschlechtern. Ißt winzige Insekten von 2–3 mm Länge.
➔ Schmetterling-Fledermaus (Abb. 5); die deutsche Übersetzung des englischen Namens

lautet: Kitti's Schweineschnauzen-Fledermaus. Mit 1,5 g Körpermasse kleinstes Säugetier.

■ Hasenmaulfledermäuse (Noctilionidae) • Gesicht erinnert durch Spalt in der Oberlippe an Hasen. Greifen mit den Krallen der langen Hintergliedmaßen Fische und Krebse an der Wasseroberfläche.
→ Großes Hasenmaul

■ Großblattnasen (Megadermatidae) • Auch: Klaffmäuler. Nase mit langem Aufsatz.
→ Lyra-Fledermaus, Malaiischer Falscher Vampir (lebt nicht von Blut, sondern von Insekten und kleinen Wirbeltieren)

■ Hufeisennasen (Rhinolophidae) • Hufeisenförmiger Nasenaufsatz zum Bündeln des Schalls (Abb. 326). Ohne Ohrdeckel. Außer den Glattnasen die einzige in Mitteleuropa vertretene Familie.
→ Kleine Hufeisennase (Abb. 401 Mitte), Lander-Hufeisennase (Abb. 326), Große Hufeisennase

■ Blattnasen (Phyllostomidae) • Oft häutige Nasenaufsätze.
→ Kleine Nacktrücken-Fledermaus, Große Spießblattnase, Spitzmaus-Langzüngler, Langnasen-Fledermaus (Abb. 350), Bananenfledermaus, Brillen-Blattnase

■ Echte Vampirfledermäuse (Desmodontidae) • Blut als Nahrung. Mit den Schneidezähnen wird die Haut geritzt, das austretende Blut weder richtig aufgeleckt, noch richtig gesaugt (s. X A); daher Ausdruck »Blutsauger« unzutreffend. Speichermagen. Neue Welt.
→ Gemeine Vampirfledermaus (Abb. 336), Kleiner Blutsauger

■ Amerikanische Haftscheiben-Fledermäuse (Thyropteridae) • Haftscheiben an der Daumenbasis und am Fußgelenk. Heften sich in Bananenblatt-Tüten fest. Von den sonstigen Fledermäusen abweichende Ruhestellung mit dem Kopf nach *oben*.
→ Dreifarbige Haftscheiben-Fledermaus

■ Glattnasen (Vespertilionidae) • Ohne Nasenaufsatz. Artenreichste Familie. Insektenjäger. Auf der ganzen Erde außer Polarzonen. Neben den Hufeisennasen die zweite in Mitteleuropa vertretene Familie. Die Bananen-Zwergfledermaus wählt häufig wie die Haftscheiben-Fledermäuse noch nicht vollständig entrollte Bananenblätter als Ruheplatz. Dort hält sie sich mit den Krallen fest – und nicht mit den ursprünglich als Haftorgane angesehenen Polstern der Daumen und Sohlen.
→ Mausohr (Abb. 401 rechts), Zwergfledermaus, Bananen-Zwergfledermaus, Kleine Braune Fledermaus, Großer Abendsegler, Große Braune Fledermaus, Rote Fledermaus, Weißgraue Fledermaus, Mopsfledermaus, Blasse Fledermaus

■ Bulldogg-Fledermäuse (Molossidae) • Namengebend der dicke, im Schnauzenteil abgeflachte Kopf und die Lippen, die oft mit Runzeln versehen sind. Manche Arten im Deutschen als »Grämler« bezeichnet.
→ Faltlippen-Fledermäuse, eine Unterart von diesen ist die Guano-Fledermaus

O.   Reißtiere (Carnivora)

251 Arten, 10 Familien. – Es ist an der Zeit, diese immer noch als *Raub*tiere bezeichnete Ordnung in Reißtiere umzubenennen. In der Ornithologie hat sich ein vergleichbarer Sprachgebrauch schon seit längerem eingebürgert: Greifvögel statt Raubvögel. Diese Tiere sind ja keine »Räuber«, sondern erwerben ihre Nahrung in der ihnen gemäßen Weise. In der Ökologie gebraucht man für Reißbeutler, Reißtiere und Greifvögel die gemeinsame Bezeichnung »Beutegreifer«.

Typisches Merkmal sind die dolchartigen Eckzähne. Diese wichtigen Instrumente beim »Reißen« der Beute werden sinngemäß als Fang- oder *Reiß*zähne bezeichnet (Abb. 402 Mitte rechts). Die Anwendung des Begriffs »Reißzähne« auf die Zähne der »Fleisch- und Brechschere« (s. unten) sollte aufgegeben werden. Bei den ausgestorbenen Säbelzahnkatzen waren die Eckzähne zu mächtigen Säbelzähnen entwickelt. (Säbelzähne sind in der Evolution mindestens viermal unabhängig entstanden, so auch bei Vertretern der Beuteltiere.) Meist tierliche Nahrung; einige Arten sind Gemischtköstler, sogar ein reiner Pflanzenesser kommt vor: Bambusbär.

Vertreter der Reißtiere stehen an der Spitze der ökologischen Pyramide (Abb. 402 unten).

In dieser Ordnung finden wir mit Hund und Katze Haustiere, welche dem Menschen auch noch in den Hochhäusern der Großstädte Gesellschaft leisten. Stammgruppe sind die Miacidae aus dem Paleozän, welche wiesel- bis wolfsgroß waren und zwischen insektenessenden Formen (Creodonta) und Landreißtieren vermitteln.

O1.   Landreißtiere (Fissipedia)

Im Gebiß findet sich häufig eine »Scheren«struktur, die mit einer Blechschere verglichen und oft »Brechschere« genannt wird. Mit ihr werden manchmal Knochen aufgebrochen, häufiger dient sie dazu, Muskelfleisch der Beutetiere abzuschneiden. Man kann diesen Vorgang gut bei einer fleischessenden Katze beobachten. Eine treffende Bezeichnung ist daher *»Fleisch- und Brechschere«*. Die Hälften der Schere werden vom vierten Oberkieferprämolar und ersten Unterkiefermolar gebildet

$$\frac{P\,4}{M\,1}$$

(Abb. 402 Mitte links). Diese Zähne werden häufig als Reißzähne bezeichnet. Die Fleisch- und Brechschere wurde schon von den Miacidae entwickelt. Andere Gruppen

Abb. 402. Reißtiere   ➤
Oben links: Tiger als Vertreter der Unterordnung Landreißtiere (nach Eigener et al. 1958)
Oben rechts: Seeleopard als Vertreter der Unterordnung Robben (nach Eigener et al. 1958)
Mitte links: Prämolaren- und Molarenregion im Gebiß des Löwen. Der vierte obere Prämolar und der vierte untere Molar bilden die Fleisch- und Brechschere, die Spezialhomologie der Landreißtiere (nach Starck 1978)
Mitte rechts: Schädel des Rotluchses (nach Vaughan 1978)
Unten: Hypothetische ökologische Pyramide, welche eine Nahrungskette in der Antarktis darstellt. Von der Basis zur Spitze werden die Organismen größer. Für die Ernährung

470

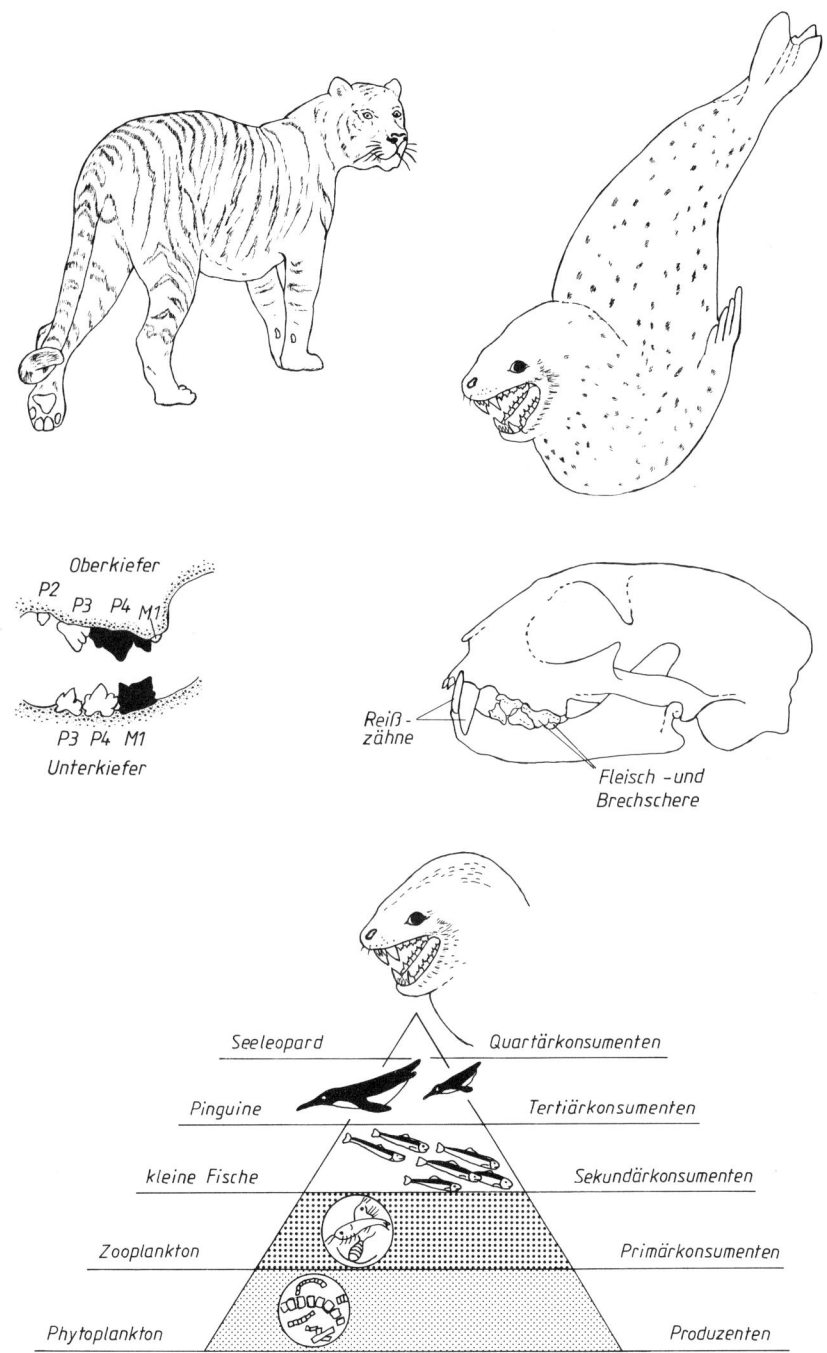

eines Konsumenten sind mehrere bis viele Individuen der darunter liegenden Schicht vonnöten. Produzenten sind autotrophe Pflanzen (Algen), Primärkonsumenten unter anderem Kleinkrebse. Die Kreisscheiben symbolisieren Gesichtsfelder im Mikroskop (nach Vaughan 1978)

471

ausgestorbener Fleischesser hatten unabhängig ebenfalls Fleisch- und Brechscheren ausgebildet, sie »verwendeten« zu deren Konstruktion jedoch andere Zähne:

$$\frac{M\,1}{M\,2}\;\text{oder}\;\frac{M\,2}{M\,3}.$$

Schneidezähne relativ klein und schmal. Gelenkfortsatz des Unterkiefers walzenförmig; das Gelenk zwischen Unterkiefer und Schädel erlaubt ausschließlich Scharnierbewegungen, mahlende Bewegungen sind ausgeschlossen. Am skelettierten Schädel des Dachses ist wegen der festen Verbindung der Unterkiefer vom Schädel nicht zu lösen.

Landlebend (manche Arten mehr oder weniger stark ans Wasserleben angepaßt).

Weltweit verbreitet außer Antarktis und (ursprünglich) Australien, hier jetzt der Dingo: ein durch die Ureinwohner eingeführter verwilderter Haushund.

■ Marder (Mustelidae) • Kurze Beine. Kleine Ohren. Stinkdrüsen, deren Sekret zur Abwehr verspritzt wird, sind in dieser Familie mehrfach entstanden: Stinkdachse, Bandiltis, Stinktiere oder Skunks. Wichtige – in Farmen gehaltene – Pelztiere: Amerikanischer Nerz, Zobel.

→ Hermelin, Mauswiesel, Europäischer Nerz, Europäischer Iltis (Stammform des Frettchens), Baummarder, Steinmarder, Bandiltis oder Zorilla, Vielfraß, Honigdachs, Europäischer Dachs, Malaiischer Stinkdachs, Silberdachs oder Amerikanischer Dachs, Fleckenskunk (Abb. 97), Fischotter, Kapotter oder Eigentlicher Fingerotter, See- oder Meerotter

■ Kleinbären (Procyonidae) • Kurze Beine. Langer Schwanz. Schwach ausgebildete Fleisch- und Brechschere. Allesesser.

→ Nordamerikanischer Waschbär (in Deutschland eingebürgert), Krabbenwaschbär, Südamerikanischer Nasenbär, Wickelbär, Katzenbär oder Kleiner Panda

■ Bambusbären (Ailuropodidae) • Nur eine Art. Hochspezialisiert. Näher mit den Groß- als mit den Kleinbären verwandt. Ernährt sich nahezu ausschließlich von Bambussprossen (gelegentlich fängt er kleine Nagetiere). Gebiß mit Anpassungen an Pflanzennahrung. Prämolaren weichen einerseits von denen der Großbären, andererseits von denen des Kleinen Panda ab. Viele der aufgenommenen Pflanzenteile werden wenig verdaut wieder ausgeschieden. Nur noch in einigen chinesischen Provinzen (Schrumpfareal). Wegen des weltweiten Bambussterbens im Jahre 1983 stark gefährdet. Sensation in Zoologischen Gärten. Wahrzeichen des WWF (World Wildlife Fund).

→ Bambusbär oder Großer Panda

■ Großbären (Ursidae) • Wuchtiger Körperbau. Stummelschwanz. Sohlengänger. Keine Fleisch- und Brechschere. Sich häufig auf den Hinterbeinen aufrichtend (früher besonders beim – jetzt verbotenen – Betteln im Zoo), wegen dieser aufrechten Körperhaltung bei den Menschen sehr beliebt. Braunbär als häufiges Wappentier. Allesesser mit Ausnahme des Eisbären (nur tierliche Kost) und des ausgestorbenen Höhlenbären (reiner Pflanzenesser). Trotz der plumpen Gestalt gute Kletterer.

→ Braunbär (nordamerikanische Unterart mit gräulichen Haarspitzen: Grizzlybär, weitere Unterart: Kodiakbär), Höhlenbär (ausgestorben), Nordamerikanischer Schwarzbär oder Baribal, Kragenbär, Eisbär (dieser entstand aus einer Küstenpopulation des Braunbären, welche sich auf Robbenfang spezialisierte), Lippenbär, Malaienbär, Brillenbär

■ Schleichkatzen (Viverridae) • Kurzbeinig und langschwänzig. Oft Analdrüsen (Abb. 294).

→ Afrika-Zibetkatze, Kleinfleck-Ginsterkatze, Binturong (mit Wickelschwanz), Falanuk oder Ameisen-Schleichkatze (ernährt sich von Ameisen und Termiten und weist daher Reduktionserscheinungen im Gebiß auf), Indischer Mungo, Kleiner Mungo (Unterart mit golden schimmerndem Fell: Goldstaub-Manguste), Krabbenmanguste, Erdmännchen

■ Hyänen (Hyaenidae) • Rücken nach hinten abfallend. Riesige Fleisch- und Brechschere (Ausnahme: Erdwolf), mit dem kräftigen Gebiß können sogar Oberschenkelknochen von Rindern zerkleinert werden. Analdrüsen. Nicht – wie früher geglaubt – Aasesser; sie jagen (in Rudeln) häufig selbst; von ihrer Beute werden sie oft von Löwen vertrieben, der »König der Tiere« ist dann der Aasesser.
→ Tüpfelhyäne, Streifenhyäne (Abb. 340), Schabrackenhyäne, Erdwolf (Abb. 340; postcanine Zähne reduziert: Abb. 124)

■ Hunde (Canidae) • Relativ lange Schnauze. Hohe Zahnanzahl.
→ Wolf (Abb. 343; Stammform des Haushunds und des Dingos in Australien), Goldschakal, Eisfuchs, Rotfuchs, Wüstenfuchs oder Fennek, Afrikanischer Wildhund, Mähnenwolf, Löffelhund

■ Katzen (Felidae) • Kopf durch kurze Schnauze rund wirkend. Krallen rückziehbar (Ausnahme: Gepard), Gebiß in der Molarenregion verkürzt. In Klein- (Schnurr-)Katzen und Groß- (Brüll)Katzen unterteilt. Oft sehr große Eckzähne. Großkatzen dürften echte Nahrungskonkurrenten der Vormenschen gewesen sein. Viele Arten wegen des schön gezeichneten Fells (Pelzindustrie!) von der Ausrottung bedroht.
→ Großkatzen (auch Pantherkatzen): Schneeleopard, Leopard (der schwarze Panther ist eine besonders gefärbte Form des Leoparden), Jaguar, Tiger (Abb. 402), Löwe
→ Kleinkatzen: Wildkatze (Stammform der Hauskatze, eine Unterart der Wildkatze ist die Nubische Falbkatze), Manul, Serval, Nordluchs, Rotluchs, Wüstenluchs oder Karakal, Fischkatze, Flachkopfkatze, Ozelot, Puma oder Silberlöwe, Nebelparder
→ Sonderstellung: Gepard

O2.   Robben (Pinnipedia)

Auch: Wasserreißtiere oder Flossenfüßer. Gliedmaßen zu Flossen umgewandelt. Gebiß ohne Fleisch- und Brechschere, Zähne – nahrungsbedingt – unterschiedlich ausgebildet. Oft sekundäre Homodontie in bestimmten Gebißpartien (Abb. 120). Schwanz weitgehend reduziert, liefert keinen Antrieb beim Schwimmen. Dichtes kurzes Fell (Ausnahme: erwachsenes Walroß). Dicke subkutane Fettschicht (Wärmehaushalt). Nasenlöcher und Ohröffnungen verschließbar. Nur tierliche Kost. Leben im Salzwasser, ausgenommen einige in großen Binnenseen vorkommende Arten (z. B. Baikal-Ringelrobbe). Geburt, Paarung und Haarwechsel erfolgen an Land (an bestimmten, immer wieder aufgesuchten Stränden).
  Stammen von Landreißtieren ab (gemeinsame Wurzelgruppe mit Mardern und Bären). Manche Systematiker führen die Robben als eigene Ordnung.
  Wegen des Fells sind einige Arten von der Ausrottung bedroht (Robbenschläger erschlagen junge Robben mit Stöcken; wie GRZIMEK untersuchen ließ, enthäuteten sie diese aus Zeitersparnis sogar bei lebendigem Leibe).

■ Ohrenrobben (Otariidae) • Mit kleinen Ohrmuscheln (Name!). Hintergliedmaßen nach vorne umklappbar, daher Bewegung auf dem Land nicht so unbeholfen wie bei Hunds-

robben. Seelöwen haben eine äußerst bewegliche Halswirbelsäule (Balancierkunststücke im Zirkus).
→ Nördlicher Seebär, Südamerikanischer Seebär, Kalifornischer Seelöwe

■ Walrosse (Odobenidae) • Nur eine Art: Walroß (Abb. 299 und 301). Zweitgrößte Robbe. Größte Eckzähne aller lebenden Säugetiere (bei Männchen und Weibchen) mit Dauerwachstum. Haarkleid nur bei Jungtieren, Erwachsene ausschließlich mit Vibrissen. Nordpolarmeere. Von der Ausrottung bedroht – vor allem, weil aus den Hauern Elfenbein gewonnen wird.

■ Hundsrobben (Phocidae) • Auch: Seehunde. Keine Ohrmuscheln. Hintergliedmaßen nicht nach vorne umklappbar, daher »robbende« Bewegung an Land. See-Elefanten sind ebenso wie Walrosse große Attraktionen im Zoo. Sie sterben allerdings oft durch verschluckte Fremdkörper (Bierflaschen und dergleichen), welche unverständige Besucher ins Becken werfen.
→ Weddell-Robbe, Krabbenesser, Seeleopard (Abb. 402 oben rechts), Nördlicher See-Elefant (Abb. 30 und 313; größte Robbe), Baikal-Ringelrobbe, Klappmütze, Kegelrobbe, Seehund

P.   Hasentiere (Lagomorpha)

67 Arten, 2 Familien. – Früher ordnete man die Hasen- den Nagetieren zu und stellte sie innerhalb dieser Gruppe als Duplicidentata (Doppelzähner) den Simplicidentata (Einfachzähner) gegenüber. Duplicidentata hießen sie deshalb, weil bei ihnen im Oberkiefer hinter einem Paar großer Schneidezähne ein zweites Paar stiftförmiger Schneidezähne steht (Abb. 403 rechts). »Simplicidentata« bedeutete: nur *ein* Paar Schneidezähne im

Abb. 403. Hasentiere
Links: Europäischer Feldhase (nach Eigener et al. 1958)
Rechts: Schädel des Europäischen Feldhasen. Man beachte die stiftförmigen Schneidezähne im Oberkiefer (nach Grassé 1952 ff.)

Oberkiefer (Abb. 400). Der Gebißbau der Hasentiere ist jedoch *konvergent* zu dem der Nagetiere entstanden, die Lagomorpha sind mit den Paarhufern näher verwandt als mit den Rodentia (Abb. 394).

Die zunächst angelegten dritten oberen Schneidezähne fallen gleich nach der Geburt aus; die zweiten schieben sich als Stiftzähne hinter die ersten. Schneidezähne (oben und unten) *ganz* von Schmelz überzogen (bei Nagetieren nur vorne). Eckzähne fehlen, zwischen Schneide- und Backenzähnen ein Diastema. Distanz zwischen den Reihen der Backenzähne – anders als bei Nagetieren – im Oberkiefer größer als im Unterkiefer. Hasentiere verwenden – im Gegensatz zu vielen Nagetieren – die Vordergliedmaßen nie zum Festhalten der Nahrung. Manche Verhaltensweisen ähneln denen von Reißtieren, beispielsweise das Rumpfstrecken. Sohlen behaart. Pflanzenesser, welche die Nahrung durch Coecotrophie gut verwerten (s. X B).

Auf der ganzen Erde außer südlichem Südamerika und Antarktis. In Australien sind Kaninchen durch den Menschen eingeführt und zur Plage geworden.

■ Hasen (Leporidae) • Ohren lang. Lippen tief gespalten (krankhafte Erscheinung beim Menschen: Hasenscharte).
→ Europäischer Feldhase (Abb. 403), Schneehase, Schneeschuhhase (Abb. 287), Kalifornischer Eselhase, Europäisches Wildkaninchen (Stammform des Hauskaninchens, welches fälschlich als »Stall*hase*« bezeichnet wird), Florida-Waldkaninchen, Zwergkaninchen

■ Pfeifhasen (Ochotonidae) • Meerschweinchenartig. Mitglieder einer Sozietät kennen sich individuell an ihren Pfiffen.
→ Großohriger Pfeifhase

Q. Paarhufer (Artiodactyla)

154 Arten, 9 Familien. – Auch: Paarzeher. Laufbeine (s. VIII F). Strahlen III und IV betont (Abb. 404 unten), II und V verschieden weit rückgebildet, I fehlt stets. Zehenspitzengänger (Abb. 225). Von sehr unterschiedlichem Aussehen. Die Giraffe hat in ihrem langen Hals genau so viele Halswirbel wie das Flußpferd – nämlich 7. Hirnrinde wie bei Unpaarhufern reich differenziert. Außer den Pekaris und Altweltschweinen, die Gemischtköstler sind, reine Pflanzenesser. Sie entstanden in der Erdgeschichte etwas später als die Unpaarhufer und haben sich an ähnliche Adaptationszonen wie diese – allerdings auf andere Weise – angepaßt. Infolge ihrer besseren Ausnutzung der Pflanzennahrung (beispielsweise Stickstoffkreislauf, Wiederkäuen, Gärkammer weit »vorne« gelegen: s. X B) haben sie die Unpaarhufer im Konkurrenzkampf weitgehend »verdrängt« und sind im Gegensatz zu diesen eine heute noch in voller Blüte stehende Ordnung. Aus ihr stammen mehrere wichtige Haustiere (s. die Angaben bei den einzelnen Arten).

Früher unterteilte man die Paarhufer in Wiederkäuer und Nicht-Wiederkäuer. Wiederkäuen ist jedoch kein Merkmal, das sich zum Klassifizieren eignet. Im Verlauf der Stammesentwicklung haben es nämlich mehrere Gruppen *unabhängig* voneinander erworben: die zu den Paarhufern zählenden Tylopoda und Pecora sowie die eine eigene Ordnung bildenden Schliefer. Tendenzen zum Wiederkäuen findet man außerdem bei Flußpferden und manchen Beuteltieren.

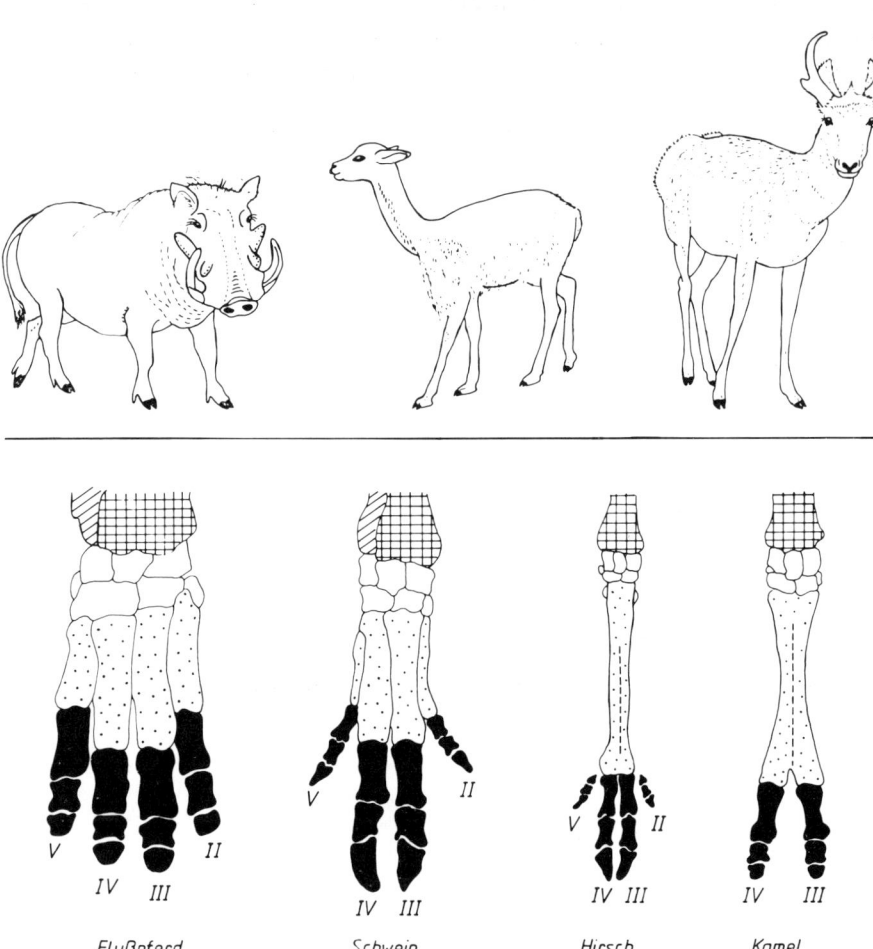

Abb. 404. Paarhufer
Oben: Warzenschwein, Vikunja und Gabelbock als Vertreter der drei Unterordnungen
Schweineverwandte, Schwielensohler und Stirnwaffenträger (nach Eigener et al. 1958)
Unten: Skelett der rechten Vorderextremität verschiedener Arten. Symbolik wie in Abb.
204. Man beachte die Reduktion der Seitenstrahlen in der Reihe von links nach rechts.
Die verwachsenen Metacarpalia beim Hirsch und Kamel heißen »Kanonenbein« (nach
Howell aus Vaughan 1978)

Q1.　　Schweineverwandte (Suina)

Strahlen II und V der Gliedmaßen gut entwickelt (Abb. 404 unten). Schneidezähne oben
vorhanden. Backenzähne stumpfhöckerig, dieser bunodonte Zustand ist *sekundär* aus einem protoselenodonten Zwischenstadium hervorgegangen!

■ Pekaris oder Nabelschweine (Dicotylidae = Tayassuidae) • Nabelartig versenkte

476

Rückendrüse (Name!). Im Oberkiefer keine nach oben gedrehten »Hauer«; Eckzähne gerade und spitzig wie bei Reißtieren. Neue Welt.
→ Halsbandpekari

■ Altweltliche Schweine (Suidae) • Schnauze mit breiter Rüsselscheibe. Eckzähne besonders beim Männchen als »Hauer« ausgebildet, d. h. vergrößert und mit Dauerwachstum. Im Oberkiefer wachsen diese nach oben gedreht (Abb. 404 oben links). Allesesser. Alte Welt, hier auch entstanden.
→ Wildschwein (Stammform des Hausschweins), Warzenschwein (Abb. 218 und 404 oben), Riesenwaldschwein, Hirscheber oder Babirusa (Abb. 299)

■ Flußpferde (Hippopotamidae) • Mit den Pferden überhaupt nicht verwandt, daher deutscher Name irreführend, besser wäre Flußschweine. Unbehaart (bis auf Vibrissen). Nasenlöcher verschließbar, liegen wie die Augen so am Kopf, daß sie zusammen mit den Ohren bei untergetauchtem Körper aus dem Wasser ragen (Abb. 336; HEDIGER nannte das Flußpferd »Süßwasserboje«). Eckzähne und Schneidezähne mit Dauerwachstum. Flußpferd tagsüber in Flüssen und Seen Afrikas, nachts an Land, um dort als reiner Pflanzenesser zu weiden.
→ Zwergflußpferd, Flußpferd (Abb. 299)

Q2.   Schwielensohler (Tylopoda)

Elastisches Sohlenpolster (Abb. 214; Name!). Nur Strahlen III und IV vorhanden (Abb. 404 unten). Verschließbare Nasenlöcher in Anpassung an Gegenden mit Sandstürmen. Altwelt-Kamele mit Fetthöcker. Untere Eckzähne nicht schneidezahnförmig wie bei Pecora.
Reine Pflanzenesser. Im Verlauf ihrer Stammesgeschichte haben sich die Tylopoda frühzeitig von den Pecora getrennt und folgende Merkmale *parallel* zu diesen entwickelt: Kanonenbein, Reduktion der oberen Schneidezähne, Wiederkäuen und Magenkammerung, Stickstoffkreislauf (s. X B).

■ Kamele (Camelidae) • In der Alten und Neuen Welt domestiziert (in der Alten Welt die im Deutschen mit »Kamel« bezeichneten Arten).
→ Zweihöckeriges Kamel oder Trampeltier (Wildkamel als Stammform des Hauskamels), Dromedar (einhöckerig, gegenwärtig nur noch als Haustier), Guanako (Stammform von Lama und Alpaka; Alpaka als Lieferant der feinsten Wolle sämtlicher Arten), Vikunja (Abb. 404 oben; von der Ausrottung bedroht)

Q3.   Stirnwaffenträger (Pecora)

Bis auf wenige Ausnahmen Stirnwaffen. Diese allerdings oft nur beim Männchen. Strahlen II und V kürzer als bei Schweineverwandten (vgl. die beiden mittleren Darstellungen in Abb. 404 unten). Sehr verschieden gestaltet. Vom kleinen Buschschlüpfer bis zur langhalsigen Giraffe. Untere Eckzähne schneidezahnförmig (Abb. 115). Obere Schneidezähne fehlen. Backenzähne selenodont, d. h. mit halbmondförmigen Schmelzleisten. Mit Dauerwachstum. Alle Erdteile außer Australien.

■ Zwerghirsche (Tragulidae) • Ohne Stirnwaffen, dafür obere Eckzähne beim Männchen lang.
➜ Afrikanisches Hirschferkel, Großkantschil (Abb. 302), Kleinkantschil

■ Hirsche (Cervidae) • Typisches Kennzeichen: Geweih der Männchen (Ausnahmen: Moschustier und Wasserreh; beim Ren trägt auch das Weibchen ein Geweih, s. IX F).
➜ Moschustier (Abb. 299; ohne Geweih, Männchen mit großen Eckzähnen im Oberkiefer), Muntjak (Abb. 305), Damhirsch (bekanntestes Parkwild Europas), Rothirsch (amerikanische Unterarten sind die Wapitis; europäische der Schwedische und Mitteleuropäische Rothirsch), Davidshirsch oder Milu (nicht in freier Wildbahn vorkommend, hat in einem Park in China überlebt), Wasserreh (ohne Geweih, Männchen mit großen Eckzähnen), Reh, Weißwedelhirsch oder Virginiahirsch (eine Unterart ist der Virginische Weißwedelhirsch: als bekanntester Hirsch Nordamerikas nennt man ihn in den Gebieten, wo ursprünglich Spanisch gesprochen wurde »Reh«, er ist das Vorbild für »Bambi« von WALT DISNEY), Großohr- oder Maultierhirsch (Abb. 295; eine Unterart ist der Schwarzwedelhirsch), Pampashirsch, Elch (Abb. 307), Ren (Abb. 307; auch als domestiziertes Tier, das aber nicht an einem festen Ort gehalten wird, sondern dem Menschen seine wandernde Lebensweise aufzwingt; das nordamerikanische Ren heißt »Karibu«), ausgestorben ist der Riesenhirsch (Abb. 307)

■ Giraffen (Giraffidae) • Stirnaufsätze sind fellüberzogene Knochenzapfen (Abb. 303), Nahrung wird mit der Zunge ergriffen (Abb. 351). Der lange Hals der Giraffe erschließt eine Nahrungsquelle, die den sonstigen Laubäsern nicht zugänglich ist. Er war Gegenstand von Überlegungen zu Mechanismen der Evolutionsvorgänge; LAMARCK nahm folgendes an: Dadurch, daß die Giraffe durch Recken des Halses fortwährend versucht habe, an immer höher hängendes Laub zu gelangen, sei der Hals im Lauf der Generationen immer länger geworden. Zum Trinken muß die Giraffe die Vorderbeine stark grätschen, um den Kopf zum Wasserspiegel zu bringen.
➜ Giraffe (Abb. 352; verschiedene Unterarten, dabei die Netzgiraffe), Okapi (Abb. 351; kurzhalsig; »Urwaldgiraffe«; sehr spät entdeckt: 1900; Wahrzeichen der Deutschen Gesellschaft für Säugetierkunde, namengebend für Tierbilder-Archiv des Frankfurter Zoos)

■ Gabelhorntiere (Antilocapridae) • Männchen mit gegabelten, Weibchen mit ungegabelten Hörnern. Hornscheide wird einmal jährlich gewechselt (s. IX F). Nicht näher mit Hornträgern verwandt; stammen wahrscheinlich von miozänen Hirschen ab.
➜ Gabelbock (Abb. 404 oben)

■ Hornträger (Bovidae) • Auch: Rinder. Alle Arten (oft auch Weibchen) mit Hörnern, welche zeitlebens erhalten bleiben und nie gegabelt sind. Sehr unterschiedliche Gestalt: Vom grazilen Ducker (kleinster Hornträger ist das nur 25 cm hohe Kleinstböckchen) bis zum mächtigen Büffel. Obere Schneide- und Eckzähne völlig rückgebildet. Der umgangssprachliche Ausdruck »Antilopen« kennzeichnet keine systematische Einheit.
Hierher gehört der Bison, welcher eine der schrecklichsten Ausrottungsaktionen der Geschichte erlebte: In Nordamerika wurden teils aus Lust am Töten, teils um den Indianern die Lebensgrundlage zu entziehen, Tausende von »Büffeln« hingeschlachtet; das Fleisch verwertete man überhaupt nicht, die Kadaver verfaulten längs der Bahnlinien.
➜ Schwarzducker, Zebraducker, Kleinstböckchen, Moschusböckchen, Klippspringer, Bleichböckchen oder Oribi, Großer Kudu, Kleiner Kudu (Abb. 310), Bongo, Elenantilope (man versucht diese derzeit in den Haustierstand zu überführen), Nilgauantilope (Abb. 201 und Abb. 310), Vierhornantilope, Wasserbüffel (Stammform des Hausbüffels), Kaffernbüffel, Banteng, Ur (Stammform des Hausrinds), Yak (Stammform des Hausyaks),

Bison (»Büffel« der Indianer), Wisent, Kuhantilope oder Hartebeest, Leierantilope (eine Unterart ist das Topi), Weißschwanzgnu, Streifengnu (eine Unterart ist das Östliche Weißbartgnu), Pferdeantilope, Rappenantilope (Abb. 310), Spießbock oder Oryx (Abb. 310; die in Arabien vorkommende Unterart Weiße Oryx ist stark ans Wüstenleben angepaßt; sie steht kurz vor der Ausrottung), Moorantilope (Unterarten sind unter anderen Uganda-Kob und Weißnacken-Moorantilope oder Frau Grays Wasserbock), Grantgazelle, Thomsongazelle (Abb. 182), Kropfgazelle, Hirschziegenantilope (Abb. 293), Giraffengazelle oder Gerenuk (Abb. 352), Springbock, Saiga, Takin, Gemse, Schneeziege (Abb. 310), Steinbock, Schraubenziege, Bezoarziege (Stammform der Hausziege), Mähnenspringer, Wildschaf (Stammform des Hausschafs, Rassen des Hausschafs sind das Fettschwanzschaf und das Vierhornschaf; Unterarten des Wildschafs sind der Europäische Mufflon und das Pamir-Wildschaf oder Marco-Polo-Schaf: Abb. 310), Dickhornschaf, Moschusochse (Art mit den längsten Haaren)

R. Wale (Cetacea)

80 Arten, 12 Familien. – Fischähnliche Körpergestalt ohne äußerlich abgrenzbaren Hals. Haarlos. Daher lange Zeit zu den Fischen gestellt, obwohl schon im Altertum bekannt war, daß sie lebende Junge zur Welt bringen und diese säugen. Extrem ans Wasserleben angepaßt (s. VIII K), kommen nie an Land. Vordergliedmaßen unter Vermehrung der Phalangenanzahl zu Flossen umgestaltet (Abb. 204). Hinterextremitäten reduziert. Horizontale Schwanzflosse (»Fluke«), deren seitliche Flächen sind nicht durch Knochen gestützt. Oft Rückenflosse (»Finne«) vorhanden, diese ebenfalls ohne Knochen und Muskeln. Speckschicht (»Blubber«) in Subcutis. Hautmuskel»schlauch«. Riechhirn reduziert, Hirnrinde extrem vergrößert und stark gefurcht. Rudimentär sind: Beckengürtel, Sinneshaare, Hautdrüsen.

Tierliche Kost. Bewohnen – im Gegensatz zu den Seekühen – auch die Hochsee. Alle Meere, vor allem in Polnähe. Einige Delphine auch in Flüssen. Können sehr tief (bis

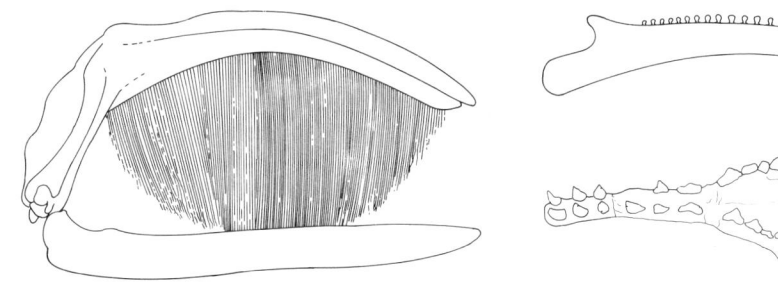

Abb. 405. Wale
Links: Schädel eines erwachsenen Bartenwals (Nordkaper). Die Barten als Hornbildungen sind an den Oberkieferknochen gezeichnet (nach Vaughan 1978)
Rechts oben: Zahnkeime auf dem rechten Unterkiefer des Fetus eines Bartenwals (Finnwal) (nach Slijper 1962)
Rechts unten: Oberkieferbezahnung des Urwals *Protocetus*. Der linke Eckzahn ist fossil nicht erhalten (nach Fraas aus Peyer 1963)

1000 m: Pottwal) und sehr lange (bis 2 Stunden: Nördlicher Entenwal) tauchen (s. VIII K).

Völlig isolierte Stellung im System. Zwischen Barten- und Zahnwalen bestehen so große Unterschiede, daß manche Forscher einen diphyletischen (auf 2 Wurzelgruppen zurückgehenden) Ursprung der Wale annehmen. Die Differenzen beweisen jedoch nur eine sehr frühzeitig in der Phylogenese erfolgte Trennung der beiden Stammeslinien. Die ausgestorbenen Urwale (Unterordnung Archaeoceti) bilden die Wurzelgruppe der heutigen Wale. Die Urwale stammten von primitiven Ur-Huftieren (Condylarthra) ab (Abb. 394); sie besaßen ein heterodontes Gebiß mit 44 Zähnen und mehrwurzeligen Backenzähnen (Abb. 405). Die äußeren Nasenöffnungen lagen vorne (wie bei Säugetieren »üblich«). Sie verfügten über keine Echo-Ortung.

R1.   Bartenwale (Mystacoceti = Mysticeti)

Erwachsene zahnlos mit Barten. Diese vom Gaumen herabhängenden Hornstrukturen (Abb. 405) dienen zum Ausseihen der Nahrung aus dem Meerwasser (Abb. 344). Sie besteht meist aus kleinen Krebsen (»Krill«). Zahnanlagen beim Embryo vorhanden (Abb. 405); diese werden später resorbiert. Zwei Blaslöcher. Schädel symmetrisch. Deutliche Rudimente der Hinterextremitäten. Fast nur große Formen. Hierher das größte Tier, das je auf Erden gelebt hat: der Blauwal (Abb. 7). Senden – im Gegensatz zu Zahnwalen – niederfrequente Laute aus, welche sich sehr weit ausbreiten. Von der Ausrottung bedroht.

■ Furchenwale (Balaenopteridae) • 10 bis 100 Längsfurchen an der Kehlgegend. Etwa 1 m lange Barten. Filtrieren kleine Fische, Krill, Plankton.
→ Blauwal (Abb. 7), Finnwal, Buckelwal (Abb. 345)

■ Glattwale (Balaenidae) • Keine Furchen. 4,5 m lange Barten. Nahrung: Krill, Plankton.
→ Grönlandwal, Nordkaper

R2.   Zahnwale (Odontoceti)

Meist sekundär homodontes Gebiß (Abb. 120); bis 250 Zähne, bei Tintenfischnahrung Reduktion der Zahnanzahl. Nur ein Blasloch, da äußere Nasenöffnungen verschmolzen sind. Schädel der erdgeschichtlich jüngeren Gruppen asymmetrisch. Meist stark entwickelte Hirnrinde und voluminöses Kleinhirn. Oft ein mit »Walrat« gefüllter Raum auf dem Maxillare (»Melone«: Abb. 271 und 274). Erdgeschichtlich ältere Funde als bei Bartenwalen. Verwenden hochfrequente Laute zur Verständigung und zur Echo-Ortung.

■ Ganges-Delphine (Platanistidae) und Inias (Iniidae) • Beide Familien sind »Flußdelphine«. Schnauze lang, säbelförmig abgesetzt (Abb. 324). Sehr viele Zähne. Neben primitiven Merkmalen (einfach gefurchte Hirnrinde, mächtige Riechlappen) besitzen sie hochspezialisierte Merkmale: Maxillarkämme, extrem leistungsfähige Echo-Ortung, rückgebildete Augen, Seitenschwimmen. Große Ströme der warmen Erdteile.
→ Ganges-Delphin, Amazonas-Delphin

■ Schnabelwale oder Spitzschnauzendelphine (Ziphiidae) • Ein bis zwei vergrößerte Zahnpaare im Unterkiefer. Tintenfischesser.
→ Nördlicher Entenwal (Abb. 271), Zweizahnwale (Abb. 302)

■ Pottwale (Physeteridae) • Pottwal größter lebender Zahnwal (über 20 m lang). Tintenfischesser.
→ Pottwal (Abb. 274), Zwergpottwal

■ Gründelwale (Monodontidae = Delphinapteridae) • Während der Weißwal 26 Zähne besitzt, weist der männliche Narwal die geringste Zahnanzahl sämtlicher Säugetiere auf.
→ Narwal (Abb. 132), Weißwal (ein solcher erregte großes Aufsehen, als er eines Tages im Rhein auftauchte)

■ Delphine (Delphinidae) • Artenreichste Familie. Am höchsten evolvierte Zahnwale. Hierher gehört der im männlichen Geschlecht bis zu 10 m lange Schwertwal. Er ist der einzige Vertreter der Wale, der auch homoiotherme Meeresbewohner erbeutet: andere Wal-Arten, Robben, Seevögel. Neuerdings werden verschiedene Arten an vielen Orten in Delphinarien gehalten; auch der dem Menschen gegenüber völlig friedliche Schwertwal läßt sich eingewöhnen und duldet sogar, daß sein Pfleger auf ihm reitet. Alte Berichte, wonach Delphine Ertrinkenden das Leben retteten, indem sie diese an Land bugsierten, beruhen auf Wahrheit.
→ Delphin, Großer Tümmler, Gewöhnlicher Grindwal, Schwertwal

■ Schweinswale oder Braunfische (Phocoenidae) • Vorwiegend in Küstengewässern (auch Nordsee)
→ Schweinswal, Indischer Schweinswal

S. Röhrchenzähner (Tubulidentata)

Eine Familie (Orycteropodidae) mit nur einer Art: Erdferkel (Abb. 406).
Große Ohren. Im System völlig isoliert stehend. Früher zur künstlichen Gruppe »Zahnarme« gestellt. Lange Eigengeschichte; direkt auf mesozoische »Ur-Huftiere« zurückzuführen (Abb. 371). Sehr primitive Merkmale, beispielsweise riesige Riechlappen am Gehirn. Anpassungen an die Kost (Ameisen und Termiten) sind: Lange Zunge; stark reduziertes Gebiß, welches nur aus Backenzähnen besteht (Abb. 123). Bau der Zähne weicht völlig von dem sonstiger Säugetierzähne ab: Bei säulenförmiger Gestalt haben sie Dauerwachstum; Schmelz fehlt; jeder Zahn besteht aus 1000–1500 Dentin-Röhrchen (Name!); den ganzen Zahn umgibt ein Zement-Mantel (Abb. 406 Mitte). Größte Anzahl Nasenmuscheln (10 Stück) sämtlicher Choriaten. Nasenlöcher verschließbar (Abb. 406 rechts). Embryo mit großer Dottersackhöhle.
Das Erdferkel ist nachtaktiv und solitär. Sein Name rührt wahrscheinlich einerseits daher, daß es sich tagsüber in selbstgegrabenen Höhlen aufhält; andererseits kennzeichnet er die nur spärliche Behaarung. Es besitzt keine so großen Reißklauen wie andere Ameisen- und Termitenesser. Mit seinen Nagelhufen vermag es jedoch gut zu graben.
Im Tertiär war die Gruppe formenreicher als heute. In Afrika entstanden und dort lebend.

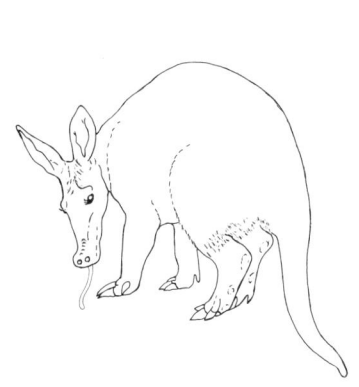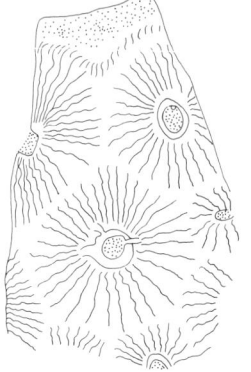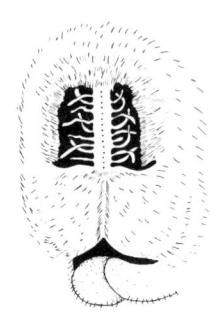

Abb. 406. Röhrchenzähner

Links: Erdferkel (nach Eigener et al. 1958)

Mitte: Erdferkelzahn quer geschliffen. Ein Röhrchen (Teilpulpa mit umgebendem Dentin) hat 0,2–0,3 mm Durchmesser. Die punktierte Zone am oberen Rand ist ein Teil des den Zahn umkleidenden Zementmantels (nach Duvernoy aus Weber 1927/28)

Rechts: Nasenregion des Erdferkels. In die Nasenlöcher ragen einerseits von der Nasenscheidewand ausgehende fleischige Fortsätze, andererseits kräftige Haarbüschel. Man vermutet, daß die Fortsätze als Sinnesorgan fungieren. Die Haarbüschel verhindern – wie ein Staubfilter – beim Graben das Eindringen von Erdpartikeln (nach Kingdon aus Vaughan 1978)

T.　　Unpaarhufer (Perissodactyla)

17 Arten, 3 Familien. – Auch: Unpaarzeher. Mittlerer Strahl der Extremitäten betont (Abb. 204 rechts unten und Abb. 384). Zehenspitzengänger (Abb. 225). Schädel mit verlängertem Gesichtsteil. Postcanine Zähne unter sich gleich, als »Band« zum Zermahlen der reinen Pflanzenkost angeordnet, mit Dauerwachstum. Diastema zwischen Eckzähnen und Prämolaren (Abb. 127). Großer Blinddarm als Gärkammer zur Zelluloseverwertung (s. X B). Gallenblase fehlt.

Im Oligozän und Jung-Tertiär viel artenreicher als heute; damals dominierende Vertreter der aus den Ur-Huftieren hervorgegangenen Formen, die auch Riesenwuchs entwickelt hatten. Haupt-Radiation im Eozän. Seit dem Alt-Tertiär Abnahme der Artenzahl infolge Nahrungskonkurrenz der Paarhufer. Nicht näher mit diesen verwandt!

T1.　　Nashornverwandte (Ceratomorpha)

Die sehr verschieden aussehenden Vertreter (Abb. 407) stellt man deshalb in die gleiche Unterordnung, weil sie auf eine gemeinsame Wurzelgruppe im Eozän zurückgehen.

■ Tapire (Tapiridae) • Schweineartiges Aussehen. Oberlippe als Rüssel ausgebildet (Abb. 351). Vordergliedmaße mit 4, Hintergliedmaße mit 3 Strahlen (Abb. 212).

Dickichtbewohner. Gute Schwimmer.
→ Flachlandtapir (Abb. 407), Bergtapir, Schabrackentapir

■ Nashörner (Rhinocerotidae) • Ein Horn oder zwei Hörner aus Keratin. Alle asiatischen Arten und das Breitlippennashorn von der Ausrottung bedroht, besonders deshalb, weil infolge eines Aberglaubens die zermahlenen Hörner als Aphrodisiakum gelten.
→ Panzernashorn (Abb. 298), Spitzlippennashorn (Abb. 351 und 407, auch Spitzmaulnashorn oder »Schwarzes Nashorn«), Breitlippennashorn (Abb. 352, auch »Weißes Nashorn«; diese Bezeichnung ist ebenso unsinnig wie »Schwarzes Nashorn«)

T2.　　Pferdeverwandte (Hippomorpha)

Als Laufbeine ausgebildete schlanke Extremitäten (s. VIII F). Grasesser. Steppe, Wüste. Hinsichtlich der Gehirnentwicklung höher evoliert als die Ceratomorpha.

■ Einhufer (Equidae) • Extremitätenenden als Hufe (Abb. 205). Sehr schnelle Läufer: Pferderennen.
→ Bergzebra, Steppenzebra, Afrikanischer Wildesel (Stammform des Hausesels), Asiatischer Wildesel (eine Unterart ist der in manchen Zoos gehaltene Onager), Urwildpferd (Abb. 407; Stammform des Hauspferds; Unterarten des Wildpferds sind das Przewalski-Pferd und der ausgestorbene Waldtarpan)

U.　　Schliefer (Hyracoidea)

8 Arten, 1 Familie. – Nackte Sohlen (Abb. 408), welche gut am Fels haften. Beide Geschlechter mit Hautdrüse auf Rückenmitte. Hufartige Nägel. Auf den ersten Blick wie die

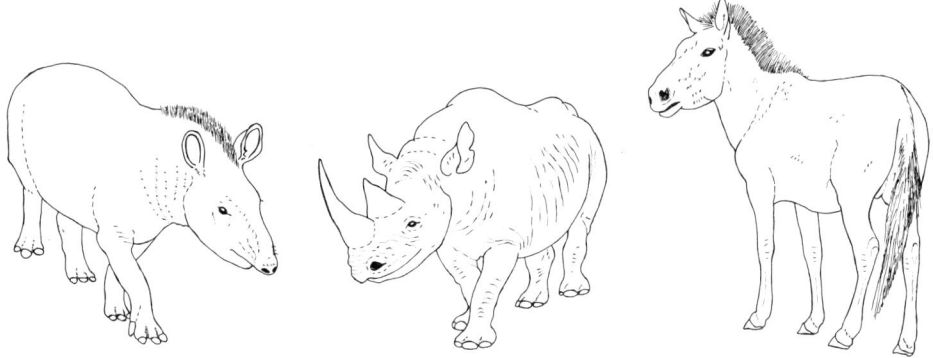

Abb. 407. Unpaarhufer
Links: Flachlandtapir (nach Eigener et al. 1958)
Mitte: Spitzlippennashorn (nach Eigener et al. 1958). Tapir und Nashorn sind Vertreter der Unterordnung Nashornverwandte
Rechts: Urwildpferd stellvertretend für die Pferdeverwandten (nach Eigener et al. 1958)

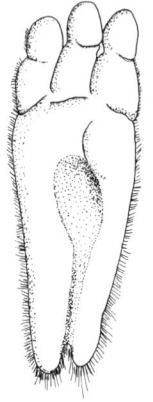

Abb. 408. Schliefer
Links: Klippschliefer. Man
beachte die den Körperumriß
überragenden Tasthaare
(nach Eigener et al. 1958)
Rechts: Sohle des Regen-
wald-Baumschliefers (nach
Vaughan 1978)

zu den Nagetieren zählenden Murmeltiere aussehend. Auch obere Schneidezähne ähneln
den Nagezähnen der Rodentia (an der Vorderseite mit Schmelz überzogen und dauernd
wachsend!), daher ordnete man die Schliefer früher den Nagetieren zu: Die wörtliche
Übersetzung des wissenschaftlichen Namens Procaviidae lautet »Vormeerschweinchen«.
Die Schliefer sind jedoch nicht näher mit den Nagetieren verwandt, sondern stammen von
Formen ab, die solchen Arten nahegestanden haben, aus denen sich die Rüsseltiere entwickelten. Daher serologische Verwandtschaft mit Elefanten. Untere Schneidezähne bilden Putzkamm. Hoden verbleiben dauernd in der Bauchhöhle.

Langer stammesgeschichtlicher Eigenweg: es sind »überlebende Ur-Huftiere«. Gruppe
früher formenreicher mit auch großen Arten. Sekundäre Sohlengänger (Vorfahren mit
langen Extremitäten). Fuß ohne Strahlen I und V. Putzkralle an zweiter Zehe (Abb. 208).
Pflanzenesser, die das Wiederkäuen unabhängig von den Paarhufern »erfunden« haben.
Heute in Afrika (hier entstanden) und Asien. In Israel vorkommende Art in der Bibel als
»Kaninchen« bezeichnet. Eine Art baumlebend.

Schliefer, Rüsseltiere und Seekühe faßt man als »Subungulata« zusammen. Mit dieser
Gruppe fand in der Säugetier-Evolution die erste große Radiation statt, welche von den
Ur-Huftieren (Condylarthra) ihren Ausgang nahm. Zwei weitere umfangreiche Radiatio-
nen erfolgten später mit den Unpaar- und Paarhufern.

■ Schliefer (Procaviidae)
➔ Regenwald-Baumschliefer, Buschschliefer, Kap-Klippschliefer (Abb. 408)

V.   Rüsseltiere (Proboscidea)

2 Arten, 1 Familie. – Größte lebende Landtiere (bis 6000 kg). Rüssel äußerst vielseitig
verwendbar:
❐ Tast- und Greiforgan: Wie man im Zirkus beobachten kann, wird beim Schreiten über
getrennt stehende Podeste jedes vorher mit dem Rüssel betastet. Kleine Münzen können
ergriffen und große Baumstämme getragen werden.
❐ Saugrohr beim Trinken: Das zunächst in den Rüssel gesogene Wasser wird in den
Mund gespritzt.
❐ Organ zur Körperpflege: Mit dem Rüssel aufgenommener Staub oder Sand dient zum
Einpudern (»Staubdusche«); der Rüssel dient auch als Ohrputzer.

❐ Waffe und Drohorgan: Vor dem Zuschlagen, bei dem der Rüssel wie ein gewaltiger Gummiknüppel wirkt, schlägt ihn der Elefant auf den Boden und erzeugt so einen Laut, der klingt, als werfe man pralle Autoreifen auf eine harte Unterlage.

❐ Atem- und Riechorgan: Während des Schwimmens hält der Elefant den Rüssel wie einen Schnorchel über Wasser. Beim Wittern an Land streckt er ihn hoch in die Luft.

❐ »Trompete«: Alarmsignale, die der Elefant bei Überraschungen durch Reißtiere oder Menschen ausstößt, können Angriff oder Flucht einleiten.

Den Rüssel kann man bezüglich seiner vielfältigen Funktionen mit der menschlichen Hand vergleichen.

Säulenbeine. Hufartige Nägel.

Obere Schneidezähne als Stoßzähne ausgebildet. Die stark entwickelte Muskulatur des Rüssels und die Besonderheiten des Kauapparates bedingen eine stark von den sonstigen Säugetieren abweichende Schädelgestalt (Abb. 409 rechts). Horizontaler Zahnwechsel. Haare nur als Wimpern und Schwanzquaste. Zitzen bruststandig. Stark gefurchte Hirnrinde. Hervorragendes Gedächtnis. Sehr lernfähig: Zirkusdressuren; Indische Arbeitselefanten führen auf akustisch gegebene Kommandos verschiedene Tätigkeiten aus. Sehr sozial. In Afrika entstanden. Heute nur noch in Afrika und Asien. Im frühen Quartär viel weiter verbreitet und formenreicher als heute (damals auch in der Neuen Welt). Ausgestorbene Arten: Steppenmammut, *Stegodon*, *Stegomastodon*. Mastodonten waren vermutlich noch Zeitgenossen des Menschen.

■ Elefanten (Elephantidae) • Zwischen den rezenten Arten bestehen die in Tabelle 4 aufgeführten Unterschiede (s. dazu Abb. 409).
→ Afrikanischer Elefant, Asiatischer Elefant

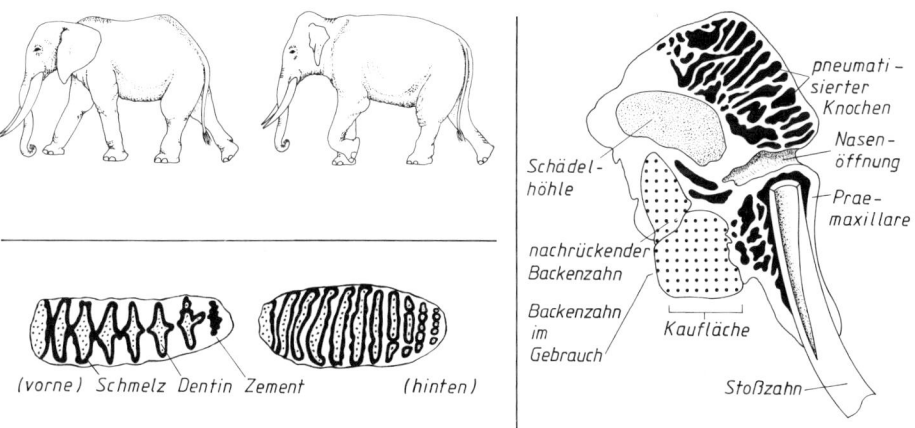

Abb. 409. Rüsseltiere
Links oben: Afrikanischer (links) und Asiatischer Elefant (nach Grzimeks Tierleben)
Links unten: Blick auf die Kaufläche je eines Backenzahns der beiden Elefanten-Arten (links: Afrikanischer Elefant). Verlauf der Schmelzleisten beim Asiatischen Elefanten stark vereinfacht. Man vergleiche hierzu Abb. 140 (nach Weber aus Peyer 1963)
Rechts: Schnitt durch den Schädel des Asiatischen Elefanten (schematisch). Man beachte die voluminösen pneumatisierten Knochen sowie die weite Öffnung des im Zwischenkieferknochen sitzenden Stoßzahns. Nur ein Backenzahn ist im Gebrauch. Beim horizontalen Zahnwechsel rückt der hintere nach (nach Weber 1927/28)

Tabelle 4.

	Afrikanischer Elefant	Asiatischer Elefant
Ohren	groß (Temperaturregulation!)	relativ klein
Rüsselende	2 Greif»finger«	1 Greif»finger«
Rückenlinie	mit »Buckel«	gleichmäßig abfallend
Schmelzleisten der Backenzähne	rautenförmig	etwa parallel verlaufend

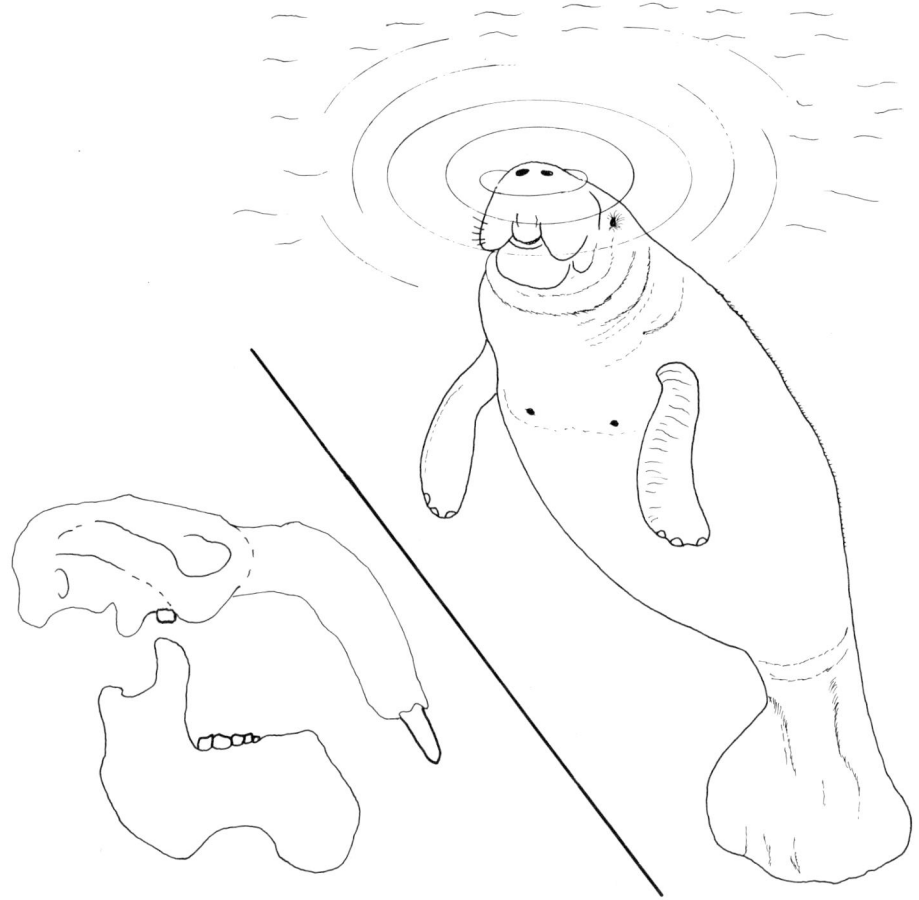

Abb. 410. Seekühe
Links: Schädel des Dugongs. Man beachte die abgeschrägte, gegen den Stoßzahn weisende Fläche auf dem Unterkiefer, welche die Unterlage der hornigen Reibeplatte bildet (nach Weber 1927/28)
Rechts: Nagel-Manati. Man beachte die brustständigen Zitzen (nach Eigener et al. 1958)

486

W. Seekühe (Sirenia)

5 Arten, 2 Familien. – Völlig wasserlebend. Walzenförmige Körpergestalt (Abb. 410); Vorderextremitäten zu Flossen umgewandelt (allerdings keine Vermehrung der Phalangenanzahl wie bei den Walen; zum Teil noch mit Nägeln: Nagel-Manati), Vordergliedmaßen können im Ellenbogengelenk sowie in den Hand- und Fingergelenken gebeugt werden; rückgebildete Hintergliedmaßen (nur noch stabförmige Beckenrudimente); horizontale Schwanzflosse; Fettschicht in Subcutis; Rückbildung des Haarkleides (nur einige Tasthaare und Borsten am Kopf); verschließbare Nasenlöcher; fehlende Ohrmuscheln.

Stammen von huftierartigen Formen ab und stehen den Rüsseltieren – nicht aber den zu den Paarhufern zählenden »Kühen« – nahe, worauf auch ihre brustständigen Zitzen hinweisen (Abb. 410). Die Bezeichnung »Sirenen« rührt vermutlich daher, daß in alten Zeiten Seefahrer beobachtet haben, wie Seekühe (in senkrechter Körperhaltung) aus dem Wasser schauten und ihre Jungen säugend an der Brust hatten; die Seeleute dachten, dies seien die sagenhaften Sirenen.

Reine Pflanzenesser. Eckzähne fehlen. Hornige Reibplatten auf den Kiefern. Großer Blinddarm. Wulstige Lippen zum Ergreifen der Wasserpflanzen.

Die Anfänge ihrer Evolution verliefen im Meer. Heute im seichten Brackwasser in Küstennähe oder in großen Strömen lebend.

■ Rundschwanz-Seekühe oder Manatis (Trichechidae) • Schwanzflosse abgerundet, spatelförmig.
→ Nagel-Manati (Abb. 410), Afrikanischer Manati

■ Gabelschwanz-Seekühe oder Dugongs (Dugongidae) • Schwanz gegabelt.
→ Dugong, Stellersche Seekuh (in historischer Zeit ausgerottet)

X. Schuppentiere (Pholidota)

7 Arten, 1 Familie. – »Tannenzapfentiere«, auch Pangoline genannt. Körper oben und seitlich mit großen Hornschuppen bedeckt (Abb. 71); Bauchseite behaart. Oft mit Wickelschwanz. Kombination von altertümlichen Merkmalen mit solchen, die in Anpassung an die Nahrung (Ameisen und Termiten) entstanden sind. Altertümlich: Nickhautrudiment; große Riechlappen am Gehirn; primitiv ausgebildete Hirnrinde. Ernährungsbedingt: keine Zähne (beim Embryo Zahnanlagen noch nachzuweisen); schwache Kaumuskulatur; Unterkiefer zu einfacher Knochenspange reduziert; wurmförmige Zunge; spitze Schnauze; Vordergliedmaßen mit Grabklauen; Kaumagen mit Hornzähnchen (Abb. 347). Sohlengänger. Der Schwanz berührt beim Gehen den Boden nicht.

Die zu den Schuppentieren führende stammesgeschichtliche Linie dürfte sich schon in der frühen Kreidezeit von Protoinsectivoren abgezweigt haben (Abb. 371 und 394). Nur in der Alten Welt. Afrikanische Arten stärker spezialisiert als asiatische.

■ Schuppentiere (Manidae)
→ Weißbauch-Schuppentier, Langschwanz-Schuppentier, Riesen-Schuppentier, Steppen-Schuppentier, Chinesisches Ohren-Schuppentier (Abb. 411), Javanisches Schuppentier

Abb. 411. Schuppentiere –
Chinesisches Ohren-Schup-
pentier (nach Eigener et al.
1958)

Y. Nebengelenktiere (Xenarthra)

31 Arten, 3 Familien. – Zusätzliche – sonst bei keinem Säugetier vorkommende – Fortsätze an den Wirbeln der Brust- und Lendenregion, welche Nebengelenke bilden (Abb. 412). Sternalrippen verknöchert.

Sehr verschiedenes Aussehen (Abb. 412). Früher wurden die Xenarthra mit den Schuppentieren und Röhrchenzähnern zur Gruppe der Edentata (= Zahnarme) zusammengefaßt. (Auch heute nennt man die Xenarthra oft noch »Zahnarme«.) Bei dieser *künstlichen* Gruppierung überbewertete man das Merkmal »Zahnlosigkeit«. Dieses ist jedoch eine Anpassung an die Art der Nahrung: Ameisen und Termiten (s. X A). Eine nähere Verwandtschaft – wie man sie mit Hilfe stammesgeschichtlicher Untersuchungen belegen kann – wird dadurch nicht aufgezeigt. Die aufgrund des Merkmals »Besitz von Nebengelenken« gebildete Ordnung umfaßt neben zahnlosen Formen wohlbezahnte Arten: Das ausgestorbene Riesengürteltier *Glyptodon* besaß sogar bis zu 100 Zähne. Zähne ohne Schmelz (embryonal wird eine Schmelzglocke angelegt).

Vorderextremitäten auch bei Formen, die keine Ameisen und Termiten essen, oft mit riesigen Krallen (Abb. 207). Wenig gefurchte Hirnrinde. Temperaturregulation unvollkommen, Körpertemperatur relativ niedrig. Außer Primaten die einzigen Säugetiere, welche einen Uterus simplex (sekundärer Entstehung) aufweisen.

Sehr alte Gruppe, bereits vor dem Paleozän selbständig, Sonderstellung gegenüber allen anderen Choriaten. Die Stammeslinie hat sich vermutlich während der Kreidezeit von der zu den Eutheria führenden Linie abgespalten – und zwar unmittelbar nach der Gabelung, welche die beiden Linien »zu Marsupialia« und »zu Choriata« schuf (Abb. 366). Alle Arten »echte Südamerikaner«, da die Ordnung bis zum Pleistozän ausschließlich in Südamerika vorkam; später sind Gürteltiere auch nach Nordamerika vorgestoßen (bis 35° nördlicher Breite).

Y1.   Gürteltiere (Cingulata)

Der Panzer aus in der Dermis liegenden Hautverknöcherungen – der wahrscheinlich auf ein Schuppenkleid der Vorfahren zurückgeht – ist einmalig unter den Säugetieren (Abb. 412). Indios verwenden ihn zum Bau eines Musikinstruments: die Charanga ist eine Art Mandoline und soll faszinierend klingen. Kopf-, Schulter- und Kruppenschild, dazu bewegliche Rückengürtel (Bauchseite panzerfrei). Spärliche Haare. Zähne ständig nachwachsend, in der Form vereinfacht, in der Anzahl vermehrt. Bodenlebend und grabend.

■ Gürteltiere (Dasypodidae) • Bei verschiedenen Arten der Gattung *Dasypus* gibt es Polyembryonie (mehrere Junge entwickeln sich aus einer einzigen Eizelle).

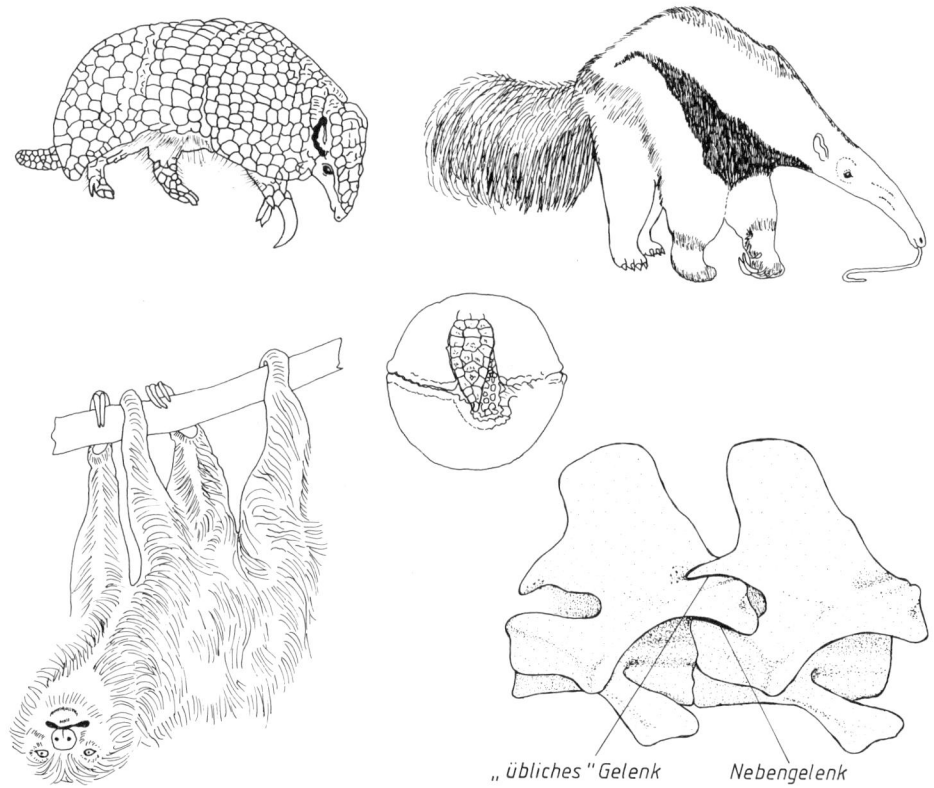

„ übliches " Gelenk   Nebengelenk

Abb. 412. Nebengelenktiere
Oben links und Mitte: Kugelgürteltier gehend und im eingerollten Zustand: Die dreieckige Kopfplatte (links) und der ebenfalls etwa dreieckige Schwanz verschließen die Öffnung der Kugel. Beschilderung des Panzers nicht ausgeführt (nach Krieg 1948)
Oben rechts: Großer Ameisenbär (nach Grzimeks Tierleben)
Unten links: Unau (nach Eigener et al. 1958)
Unten rechts: Stück der – von links gesehen – Lendenwirbelsäule des Tamanduas, um die Nebengelenke zu zeigen. Die Dornfortsätze sind nach vorne geneigt. Man vergleiche mit Abb. 9 (Original)

→ Neunbinden-Gürteltier, Siebenbinden-Gürteltier, Kugelgürteltier (Abb. 412), Riesen-gürteltier (Abb. 207), Großes Nacktschwanzgürteltier, Weißborsten- oder Sechsbinden-Gürteltier, Gürtelmull, Burmeister-Gürtelmull

Y2.   Ameisenesser (Vermilingua)

Mehr oder weniger langer, röhrenförmiger Schädel (Abb. 347). Ohne Zähne, auch keine Zahnanlagen nachweisbar. Große Speicheldrüsen. Muskulöser Magen. Der wissenschaft-liche Name bezieht sich auf die lange, wurmförmige Zunge. Nahrung ausschließlich Ameisen und Termiten.

■ Ameisenbären (Myrmecophagidae)
→ Großer Ameisenbär (Abb. 412), Tamandua (Abb. 346), Zwergameisenbär

Y3.   Faultiere (Pilosa)

Sehr langsam in ihren Bewegungen. Haarstrich »verkehrt herum« (Abb. 93). Haare ohne Mark, mit Rillen auf der Oberfläche, in denen Algen leben, die dem grau-braunen Fell einen grünlichen Farbton verleihen. Das Faultier ist dadurch im Geäst getarnt. Homo-dontes Gebiß mit bis zu 18 schmelzlosen Backenzähnen, welche ständig nachwachsen. Einzige Säugetiere, die mit ihren 6 bzw. 9 Halswirbeln von der sonst »üblichen« Anzahl von 7 Stück abweichen. Finger und Zehen verwachsen. Magen gekammert. Blätternah-rung. Ausschließlich baumlebend. Steigen nur zum Kot-Absetzen auf den Boden.
■ Zweifinger-Faultiere (Choloepidae) • Zwei Finger, drei Zehen.
→ Hoffmann-Zweifinger-Faultier, Unau (Abb. 412)

■ Dreifinger-Faultiere (Bradypodidae) • Drei Finger, drei Zehen.
→ Dreifinger-Faultier (volkstümlicher Name »Ai« für die Dreifinger-Faultiere kommt oft in Kreuzworträtseln vor)

Anhang

Die Lektüre der nachstehenden Ausführungen über die Naslinge erübrigt sich für diejeni-gen Leser, welche die zugrundeliegende Darstellung bereits kennen. Solche, denen diese Monographie fremd ist, sollten die unbedingte Verpflichtung verspüren, sich anschlie-ßend in das Buch »Bau und Leben der Rhinogradentia« zu vertiefen.

Z.   Naslinge (Rhinogradentia)

189 Arten, 14 Familien. – Sämtliche Vertreter der Ordnung lebten auf der Südsee-Insel-gruppe Heieiei, welche kurze Zeit nach ihrer Entdeckung im Meer versank. Damit wurden auch die Aufzeichnungen der ersten Erforscher dieser Tiergruppe vernichtet. Nur ein Weniges an Material war vorübergehend GEROLF STEINER überlassen worden. Daher stammt alles, was wir über die Naslinge wissen, aus seiner Feder.

Obwohl im vorliegenden Buch auf ausgestorbene oder ausgerottete Arten nur gele-gentlich eingegangen wird, seien die verschwundenen Naslinge deshalb etwas ausführ-licher besprochen, weil sie geradezu unglaubliche Lebensformen entwickelt hatten.

Das kennzeichnende Merkmal war die besondere Ausgestaltung der Nase, des »Nasa-riums«. Nahezu alle Naslinge bewegten sich mittels des Nasariums fort.

Alle Haare zeigten einheitliche Länge und Dicke – es gab also keinen Unterschied zwischen Deck- und Wollhaaren. Infolge besonderer Struktur der Haarrinde wies das Fell einen wunderschönen Glanz auf.

Z1.   Einnasen-Naslinge (Monorrhina)

Nasarium aus nur einer Nase bestehend. Mit Ausnahme der Nasenmulle säugten die Ver-treter dieser Unterordnung ihre Jungen nicht. Diese wurden nämlich in einem sehr weit fortgeschrittenen Entwicklungszustand geboren. Milchdrüsen dementsprechend rudimen-tär.

■ Schneckennasen (Nasolimacidae) • Nase vergrößert. Schwellkörper verliehen der Nase Turgor; ihre Unterseite war als Kriechsohle ausgebildet. Hintergliedmaßen rudimentär, Vorderextremitäten zum Festhalten der Nahrung und zum Putzen. Die Panzerschwänzige Schneckennase (Abb. 413) trug auf dem Rücken und am Schwanz wie Dachziegel ange-ordnete Hornschuppen, welche mit denen der Schuppentiere verglichen werden können. Bei Gefahr wurde der Schwanz ventralwärts geschlagen und bedeckte die behaarte Bauch-seite. Es entstand ein gepanzertes Gebilde, welches – nach STEINERs Worten – einem Strandkorb ähnelte; nur die Kriechsohle der Nase schaute daraus hervor. Ein solches zu einer harten Körperbedeckung passendes Verhalten kennen wir vom Kugelgürteltier (Abb. 412) und vom Igel. Die Arten lebten auf dem Schlick des Strandes und ernährten sich – mit Ausnahme einer Art – als Erwachsene ausschließlich von Schnecken.

■ Säulennaslinge (Rhinocolumnidae) • Jede der elf – festsitzend lebenden – Säulennasen-Arten ging eine Symbiose mit einer Unterart des zu den Saugmund-Nasenhopfen gehö-renden Healeys Nasenhopfes ein. Dieser erhielt von der Säulennase im Austausch gegen ein Beutetier Milch. In Anpassung an dieses Zusammenleben verfügten auch die männ-lichen Säulennasen über Milchdrüsen; außerdem wurde die Milch während des ganzen Jahres – von der Fortpflanzung unabhängig – produziert.
→ Milchspendende Säulennase

■ Nasenhopfe (Hopsorrhinidae) • Nasarium zu einem Sprungorgan, dem Nasen-Bein, differenziert. Die Saugmund-Nasenhopfe lebten in Symbiose mit Säulennasen. Beim Übergeben eines Beutetiers schalteten sie die Abwehrreaktion der Säulennase durch ein kompliziertes Verhalten aus. Wie das geschah, sollte man in der ausführlichen Schilde-

Abb. 413. Naslinge
Links: Panzerschwänzige Schneckennase
Mitte: Flugohr
Rechts: Bärige Zottelnase (jeweils nach Steiner 1961)

rung von HARALD STÜMPKE nachlesen. Es gelang sogar, Saugmund-Nasenhopfe in Gefangenschaft zu halten, als man eine elektronisch gesteuerte Attrappe einer Säulennase konstruierte. Es existierte damit neben der Mäusemelkmaschine (s. VII D) auch eine Nasenhopfsäugemaschine.

Das Flugohr (Abb. 413) stellte einen extremen Anpassungstyp dar. Es war – außer den Fledertieren – der einzige Vertreter der Säugetiere mit aktivem Flug. Es flog nicht mit den Vorderextremitäten, sondern mit den Ohren, welche durch spezielle Muskeln bewegt wurden (Abb. 256 unten). Die Vordergliedmaßen waren so für andere Zwecke frei – sie dienten unter anderem dem Ergreifen von Libellen im Flug. Das am Ende verbreiterte Nasarium diente als Steuer»schwanz« – der Flug erfolgte nämlich rückwärts (Abb. 256 unten links).

→ Goldnasenhopf, Healeys Nasenhopf, Flugohr

Z2.   Vielnasen-Naslinge (Polyrrhina)

Nasarium aus mehreren Nasen bestehend. Ohne Os nasale. Alle Formen säugten ihre Jungen. Meist ein Paar Zitzen in der Achselgegend. Bei manchen Formen Fell mit charakteristischen Wirbeln des Haarstrichs.

■ Ungleichnasen (Anisorrhinidae) • Nur eine Art: Bärige Zottelnase (Abb. 413). Nasarium aus vier unter sich gleichen Schreitnasen und zwei Greifnasen bestehend. Extremitäten stark reduziert, nur die Krallen ragten aus dem Fell. In Anpassung an das Leben im Gebirge stark behaart. Ausgesprochenes Pflanzenessergebiß mit zurückgebildeten Schneidezähnen, kleinen Eckzähnen und als Mahlzähne ausgebildeten Backenzähnen. Die Jungen waren Traglinge, welche sich mit den Nasen am Fell der Mutter festklammerten.

Literatur

Bei der aufgeführten Literatur handelt es sich häufig um Bücher – und zwar um solche, denen Abbildungsvorlagen entnommen wurden. Dadurch erscheinen auch sehr gute Darstellungen über einzelne Säugetiergruppen nicht im Verzeichnis. Noch willkürlicher als bei den Büchern geschah die Berücksichtigung von Zeitschriftenartikeln. Für deren Auswahl galt dasselbe Kriterium wie für die Bücher.

ANKEL, F., 1970: Einführung in die Primatenkunde. Stuttgart: G. Fischer.
Anonymus, 1970: Effects of sexual activity on beard growth in man. Nature *226*, 869–870.
ARZT, K., &. H. STREICHER, 1962: Naturvorgänge und Gesetze. 2 Bände. Braunschweig: G. Westermann.
ASCHOFF, J., 1971: Temperaturregulation. In: O. H. GAUER et al. Band 2 (s. dort).
AUSTIN, C. R., & R. V. SHORT (Hrsg.), 1976–1981. Fortpflanzungsbiologie der Säugetiere. 4 Bände. Berlin, Hamburg: Paul Parey.

BAKER, M. A., 1979: Ein Kühlsystem im Gehirn von Säugetieren. Spektrum der Wissenschaft, Juliheft, 50–57.
BALLAUF, TH., 1954: Die Wissenschaft vom Leben. Band 1. Freiburg, München: K. Alber.
BARASH, D. P., 1980: Soziobiologie und Verhalten. Berlin, Hamburg: Paul Parey.
BARRETTE, C., 1977: Fighting behavior of muntjac and the evolution of antlers. Evolution *31*, 169–176.
BENNETT, A. F., R. B. HUEY, H. JOHN-ALDER & K. A. NAGY, 1984: The parasol tail and thermoregulatory behavior of the Cape Ground Squirrel *Xerus inauris*. Physiol. Zool. *57*, 57–62.
BERG, R., 1974: Angewandte und topographische Anatomie der Haustiere. Stuttgart: F. Enke.
BERGMANN, L., & C. SCHAEFER, 1958: Lehrbuch der Experimentalphysik. 2 Bände. Berlin: W. de Gruyter.
BOECKH, J., 1972: Geschmack. In: O. H. GAUER et al. Band 11 (s. dort).
BÖKER, H., 1935–1937: Einführung in die vergleichende funktionelle Anatomie der Wirbeltiere. Jena: G. Fischer (Nachdruck 1967: Amsterdam: A. Asher).
BRANDT, K., & H. EISERHARDT, 1939: Fährten- und Spurenkunde. Berlin: Paul Parey.
BRYDEN, M. M., & R. HARRISON, 1986: Research on dolphins. Oxford: Clarendon Press.
BUCHER, O., 1980: Cytologie, Histologie und mikroskopische Anatomie des Menschen. Bern, Stuttgart, Wien: H. Huber.

CLARKE, M. R., 1979: Der Kopf des Pottwals. Spektrum der Wissenschaft, Märzheft, 20–28.
COUSTEAU, J.-Y., & PH. DIOLÉ, 1974: Robben, Seehunde, Walrosse. München: Droemer/Knaur.
CRUSE, H., 1981: Biologische Kybernetik. Weinheim: Verlag Chemie.
CZIHAK, G., H. LANGER & H. ZIEGLER (Hrsg.), 1981: Biologie. 3. Aufl. Berlin, Heidelberg, New York: J. Springer.

DANNEEL, R., & N. WEISSENFELS, 1953: Die Herkunft der Melanoblasten in den Haaren des Menschen und ihr Verbleib beim Haarwechsel. Biol. Zentralbl. *72*, 630–643.

DAVIES, P. C. W., 1983: Geburt und Tod des Universums. Mannheimer Forum 83/84, 9–77.

DAWKINS, M. J. R., & D. HULL, 1965: The production of heat by fat. Sci. Amer. *213*, Nr. 2, 62–67.

DEETJEN, P., 1973: Nierenphysiologie, in: O. H. GAUER et al. Band 7 (s. dort).

DEIMER, P., 1983: Das Buch der Wale. Hamburg: Hoffmann und Campe.

DÖRING, G., 1972: Der Mensch, in: Kindlers Enzyklopädie. 10 Bände. München: Kindler.

DÖTSCH, CH., 1983: Das Kiefergelenk der Soricidae (Mammalia, Insectivora). Z. Säugetierkunde *48*, 65–70.

dtv-Atlas zur Biologie, 1967: München: Deutscher Taschenbuch Verlag.

DUBOST, G., 1970: Die Umwandlung von Hinterfußkrallen zu Putzorganen bei Säugetieren. Z. Säugetierkunde *35*, 56–60.

DUKE-ELDER, S., 1958: The eye in evolution. Vol. I. London: H. Kimpton.

EDE, D. A., 1981: Einführung in die Entwicklungsbiologie. Stuttgart, New York: G. Thieme.

EDELSON, R. L., & J. M. FINK, 1985: Die Haut als aktiver Teil des Immunsystems. Spektrum der Wissenschaft, Augustheft, 56–64.

EIGENER, W., F. MURR, K. GROSSMANN & H. VOGEL, 1958: Säugetiere, Sammlung naturkundlicher Tafeln. (Bearb. von E. MOHR). Hamburg: Kronen-Verlag E. Cramer.

EIMERL, S., & I. DE VORE, 1968: Die Primaten. Time-Life International (Nederland) N. V.

EISENTRAUT, M., 1957: Aus dem Leben der Fledermäuse und Flughunde. Jena: G. Fischer.

ELLENBERGER, W., & H. BAUM, 1974: Handbuch der vergleichenden Anatomie der Haustiere. 18. Aufl. Berlin, Heidelberg, New York: J. Springer.

EWER, R. F., 1976: Ethologie der Säugetiere. Berlin, Hamburg: Paul Parey.

Fachlexikon ABC Biologie, 1976. Thun, Frankfurt a. M.: H. Deutsch.

FINDLAY, G. H., 1977: Rhythmic pigmentation in porcupine quills. Z. Säugetierkunde *42*, 231–239.

FLEISCHER, G., 1978: Evolutionary principles of the mammalian ear, in: Adv. in Anatomy, Embryology and Cell Biology, Vol. 55. Berlin, Heidelberg, New York: J. Springer.

FLEISCHER, G., 1982: Hörmechanismen bei Delphinen und Walen. HNO *30*, 123–130.

FLEISCHER, G., 1984: Geschichte des Ohres – Geschichte der Erde. HNO-Informationen Heft 2, 7–25.

FLEISCHER, G., 1987: Hören – Wunderwerk der Natur. Die Geschichte des Ohres. Vortrag im Jubiläumsjahr 1986. Abgedruckt in: Thieme schafft Wissen (1886–1986) 37–65. Stuttgart, New York: G. Thieme.

FRISCH, K. VON, 1970: Ausgewählte Vorträge. München: Bayrischer Landwirtschaftsverlag.

GAUER, O. H., 1972: Kreislauf des Blutes, in: O. H. GAUER et al. Band 3 (s. dort).

GAUER, O. H., K. KRAMER & R. JUNG (Hrsg.), 1971 ff.: Physiologie des Menschen. 17 Bände. München, Berlin, Wien: Urban & Schwarzenberg.

GEIST, V., 1987: On speciation in Ice Age mammals, with special reference to cervids and caprids. Can. J. Zool. *65*, 1067–1084.

GESNER, C., 1669: Allgemeines Thier-Buch. Nachdruck 1983. Hannover: Schlütersche Verlagsanstalt.

GINGERICH, P. D., 1975: Is the aardwolf a mimic of the hyaena? Nature *253*, 191–192.

GRAF, R. P., 1985: Social organization of snowshoe hares. Can. J. Zool. *63*, 468–474.

GRASSÉ, P.-P. (Hrsg.), 1952 ff.: Traité de Zoologie. 17 Bände. Paris: Masson.

GRIFFITHS, M., 1978: The biology of monotremes. New York, San Francisco, London: Academic Press.

Grzimeks Tierleben, 1968–1974. 16 Bände. Zürich: Kindler.

Grzimeks Enzyklopädie Säugetiere, 1987 ff. München: Kindler.

GUNDERSON, H. L., 1976: Mammalogy. New York: McGraw-Hill.

GÜNTHER, B., 1971: Stoffwechsel und Körpergröße: Dimensionsanalyse und Similiaritätstheorien. In: O. H. GAUER et al. Bd. 2 (s. dort).

HALTENORTH, TH., 1977: Klasse Mammalia, Säugetiere, in: Handbuch der Biologie (Hrsg. von F. GESSNER), Band VI/3: Das Tier. Wiesbaden: Akademische Verlagsgesellschaft Athenaion.

HARDER, W., 1950: Zur Morphologie und Physiologie des Blinddarmes der Nagetiere. Verhandlungen der Deutschen Zoologischen Gesellschaft in Mainz 1949. Leipzig.

HARDY, R. N., 1972: Temperature and animal life. London: E. Arnold.

HASSENSTEIN, B., 1973: Verhaltensbiologie des Kindes. München: Piper.

HASSENSTEIN, B., 1980: Instinkt, Lernen, Spielen, Einsicht. Einführung in die Verhaltensbiologie. München: Piper.

HASSENBERG, L., 1971: Verhalten bei Einhufern. Wittenberg Lutherstadt: A. Ziemsen.

HEBERER, G. (Hrsg.), 1967 ff.: Die Evolution der Organismen. 3 Bände. Stuttgart: G. Fischer.

HEDIGER, H., 1961: Beobachtungen zur Tierpsychologie im Zoo und im Zirkus. Basel: Friedrich Reinhardt AG.

HEDIGER, H., 1965: Mensch und Tier im Zoo: Tiergarten-Biologie. Rüschlikon, Zürich: A. Müller.

HEDIGER, H. (Hrsg.), 1967: Die Straßen der Tiere. Braunschweig: F. Vieweg & Sohn.

HEISLER, C., 1984: Spezialhaare im Bereich der Ventraldrüse von *Meriones unguiculatus* (Gerbillinae) und von *Phodopus sungorus* (Cricetinae) (Mammalia, Rodentia). Zool. Anz. *213*, 333–338.

HELLER, H. C., L. I. CRAWSHAW & H. T. HAMMEL, 1978: Die Regulation der Körpertemperatur. Spektrum der Wissenschaft, Novemberheft, 68–76.

HELVERSEN, D. VON, & O. VON, 1975: *Glossophaga soricina* (Phyllostomatidae), Flug auf der Stelle. Begleitveröffentlichung zum Film E 1838 der Enc. Cin., Göttingen.

HENKEL, S., 1973: Die Entstehungsgeschichte der Säugetiere. Paläontologie und Evolutionsforschung. Pressedienst Wissenschaft FU Berlin *7*, 1–31.

HENTSCHEL, E., & G. WAGNER, 1984: Zoologisches Wörterbuch. 2. Aufl. Stuttgart: G. Fischer.

HERSHKOVITZ, PH., 1977: Living New World Monkeys (Platyrrhini). Chicago: The University of Chicago Press.

HERTEL, H., 1963: Struktur, Form, Bewegung. Mainz: O. Krausskopf.

HERZOG, K., 1968: Anatomie und Flugbiologie der Vögel. Stuttgart: G. Fischer.

HESS, D., 1983: Die Blüte. Stuttgart: E. Ulmer.

HEYNING, J. E., 1984: Functional morphology involved in intraspecific fighting of the beaked whale, *Mesoplodon carlhubbsi*. Can. J. Zool. *62*, 1645–1654.

HILDEBRAND, M., 1960: How animals run. Sci. Amer. *202* (Nr. 5), 148–157.

HILDEBRAND, M., 1982: Analysis of vertebrate structure. New York, London, Sydney, Toronto: J. Wiley & Sons.

HINDE, R. A., 1974: Biological Bases of Human Social Behaviour. New York: McGraw-Hill.

HOUILLON, CH., 1972: Embryologie. Braunschweig: F. Vieweg & Sohn.

HUGHES, A., 1977: The topography of vision in mammals of contrasting life style: comparative optics and retinal organization. In: F. CRESCITELLI (Ed.): The visual system in vertebrates. Handbook of Sensory Physiology Vol. VII/5. Berlin, Heidelberg, New York: J. Springer.

HYVÄRINEN, H., H. KANGASPERKO & R. PEURA, 1977: Functional structure of the carpal and ventral vibrissae of the squirrel *(Sciurus vulgaris)*. J. Zool. *182*, 457–466.

IHLE, J. E. W., P. N. VAN KAMPEN, H. F. NIERSTRASZ & J. VERSLUYS, 1927: Vergleichende Anatomie der Wirbeltiere. Berlin: J. Springer. Nachdruck 1971: Berlin, Heidelberg, New York: J. Springer.

IRVING, L., 1966: Adaptations to cold. Sci. Amer. *214* (Nr. 1), 94–101.

JACOBS, W., 1954: Fliegen–Schwimmen–Schweben. Berlin, Göttingen, Heidelberg: J. Springer.

KÄMPFE, L., R. KITTEL & J. KLAPPERSTÜCK, 1955: Leitfaden der Anatomie der Wirbeltiere. Berlin: VEB Deutscher Verlag der Wissenschaften. 3. Aufl. 1970. Stuttgart: G. Fischer.

KEIL, A., 1966: Grundzüge der Odontologie. Berlin: Gebr. Borntraeger.

KIELWEIN, G., 1976: Leitfaden der Milchkunde und Milchhygiene. Berlin, Hamburg: Paul Parey.

KLEIBER, M., 1967: Der Energiehaushalt von Mensch und Haustier. »The fire of life«. Hamburg, Berlin: Paul Parey.

KLINKE, R., 1972: Physiologie des Hörens I. In: O. H. GAUER et al. Band 12 (s. dort).

Knaurs Tierleben in Steppe und Savanne, 1981: Hrsg. von H. SIELMANN & K. CURRY-LINDAHL. München, Zürich: Droemer/Knaur.

KNOCHE, H., 1979: Lehrbuch der Histologie. Berlin, Heidelberg, New York: J. Springer.

KOENIGSWALD, W. VON, 1980: Schmelzstruktur und Morphologie in den Molaren der Arvicolidae (Rodentia). Frankfurt a. M.: Abh. Senckenb. naturforsch. Ges.

KOENIGSWALD, W. VON, & H.U. PFRETZSCHNER, 1987: Hunter-Schreger-Bänder im Zahnschmelz von Säugetieren (Mammalia). Zoomorphology *106*, 329–338.

KRIEG, H., 1948: Zwischen Anden und Atlantik. Reisen eines Biologen in Südamerika. München: C. Hanser.

KRSTIC, R. V., 1976: Ultrastruktur der Säugetierzelle. Berlin, Heidelberg, New York: J. Springer.

KRSTIC, R. V., 1978 (2. Aufl. 1982): Die Gewebe des Menschen und der Säugetiere. Berlin, Heidelberg, New York: J. Springer.

KRUMBIEGEL, I., 1953/1955: Biologie der Säugetiere, 2 Bände. Krefeld: Agis.

KRUMBIEGEL, I., 1960: Die Rudimentation. Stuttgart: G. Fischer.

KUHN-SCHNYDER, E., 1967: Paläontologie als stammesgeschichtliche Urkundenforschung. In: G. HEBERER, Band 1 (s. dort).

KUHN-SCHNYDER, E., & H. RIEBER, 1984: Paläozoologie. Stuttgart: G. Thieme.

KÜHME, W., 1967: Wegegewohnheiten bei Löwen. In: H. HEDIGER, 1967 (s. dort).

KURT, F., & H. KUMMER, 1967: Die Wohnräume der Primaten und ihre Wechsel. In: H. HEDIGER, 1967 (s. dort).

KÜRTEN, L., & U. SCHMIDT, 1982: Die Nasengruben der Vampirfledermaus *Desmodus rotundus*: Sinnesorgane zur Wahrnehmung von Wärmestrahlung. Z. Säugetierkunde *47*, 193–197.

LANGGUTH, A., & J. JACKSON, 1980: Cutaneous scent glands in pampas deer *Blastoceros bezoarticus* (L., 1758). Z. Säugetierkunde *45*, 82–90.

LANGMAN, J., 1977: Medizinische Embryologie. Stuttgart: G. Thieme.

LENKEIT, W., K. BREIREM & E. CRASEMANN (Hrsg.), 1972: Handbuch der Tierernährung. Band 2. Hamburg, Berlin: Paul Parey.

LEYHAUSEN, P., 1979: Katzen, eine Verhaltenskunde. Berlin, Hamburg: Paul Parey.

LIGGINS, G. C., 1978: Fetus und Geburt, in: C. R. AUSTIN & R. V. SHORT (Hrsg.) Band 2 (s. dort).

LINDER, H., 1971: Biologie. Stuttgart: J. B. Metzlersche Verlagsbuchhandlung.

LIPPERT, H., 1983: Anatomie. München: Urban & Schwarzenberg.

MACDONALD, D., (Hrsg.) 1984: The Encyclopaedia of Mammals. 2 Bände. London: G. Allen & Unwin.

MATTHEWS, L. H., 1972: Die Säugetiere. Lausanne: Editions Recontre.

MAYERSBACH, H. VON, & E. REALE, 1973: Allgemeine Histologie, Band 1. Stuttgart: G. Fischer.

MAZAK, V., 1979: Der Tiger. Die Neue Brehm-Bücherei, Bd. 356. Wittenberg Lutherstadt: A. Ziemsen.

MCMAHON, T. A., & J. T. BONNER, 1985: Form und Leben. Konstruktion vom Reißbrett der Natur. Heidelberg: Spektrum der Wissenschaft.

MEPHAM, B., 1976: The secretion of milk. London: E. Arnold.

MICHEL, G., 1977: Kompendium der Embryologie der Haustiere. Stuttgart, New York: G. Fischer.

MILLS, M. G. L., M. L. GORMAN & M. E. J. MILLS, 1980: The scent marking behaviour of the brown hyaena *Hyaena brunnea*. S. Afr. J. Zool. *15*, 240–248.

MOHR, H., 1981: Biologische Erkenntnis. Stuttgart: B. G. Teubner.

MOORE, K. L., 1980: Embryologie. Stuttgart, New York: F. K. Schattauer.

MÖRIKE, K. D., E. BETZ & W. MERGENTHALER, 1981: Biologie des Menschen. Heidelberg: Quelle & Meyer.

MÜLLER-SCHWARZE, D., 1971: Pheromones in black-tailed dear *(Odocoileus hemionus columbianus)*. Anim. Behav. *19*, 141–152.

NAAKTGEBOREN, C., & E. J. SLIJPER, 1970: Biologie der Geburt. Hamburg, Berlin: Paul Parey.

NABHITABHATA, J., S. SITTILERT & S. YENBUTRA, 1982: Ein Zwerg unter den Säugetieren. Die Fledermaus *Craseonycteris thonglongyai* aus Thailand. Natur und Museum *112*, (3), 81–86.

NACHTIGALL, W., 1968: Gläserne Schwingen, München: H. Moos.

NACHTIGALL, W., 1971: Biotechnik. Statische Konstruktionen in der Natur. Heidelberg: Quelle und Meyer.

NACHTIGALL, W., 1974: Phantasie der Schöpfung. Hamburg: Hoffmann und Campe.

NAUCK, E. TH., 1938: Extremitätenskelett der Tetrapoden. In: Handbuch der vergleichenden Anatomie der Wirbeltiere, Band V, 71–248. Berlin, Wien: Urban & Schwarzenberg.

NEUWEILER, G., 1976: Die Echoortung der Fledermäuse. Umschau *76*, 237–243.

NEUWEILER, G., 1981: Sinnesadaptation am Beispiel echoortender Fledermäuse. Nova acta Leopoldina N. F. *54*, 487–503.

NEUWEILER, G., 1982: Echoortung, in: W. HOPPE, W. LOHMANN, H. MARKL & H. ZIEGLER (Hrsg.): Biophysik. 2. Aufl. Berlin, Heidelberg: J. Springer.

NICKEL, R., A. SCHUMMER & E. SEIFERLE, 1968: Lehrbuch der Anatomie der Haustiere. 3 Bände. Berlin, Hamburg: Paul Parey.

NIEMITZ, C., 1977: Zur funktionellen Anatomie der Papillarleisten und ihrer Muster bei *Tarsius bancanus borneanus* Horsfield, 1821. Z. Säugetierkunde *42*, 321–346.

NIETHAMMER, J., 1979: Säugetiere. Stuttgart: E. Ulmer.

NORBERG, U. M., 1972a: Functional osteology and myology of the wing of the Dog-faced bat *Rousettus aegyptiacus* (É. Geoffroy) (Mammalia, Chiroptera). Z. Morph. Tiere *73*, 1–44.

NORBERG, U. M., 1972b: Bat wing structures important for aerodynamics and rigidity (Mammalia, Chiroptera). Z. Morph. Tiere *73*, 45–61.

OGNEW, S. I., 1959: Säugetiere und ihre Welt. Berlin: Akademie-Verlag.

PATTON, S., 1969: Milk. Sci. Amer. *221* (Nr. 1), 58–68.

PENZLIN, H., 1977: Lehrbuch der Tierpyhsiologie. Stuttgart, New York: G. Fischer.

PEYER, B., 1963: Die Zähne. Berlin, Göttingen, Heidelberg: J. Springer.

PFLUMM, W., 1976: Molekülstruktur von Zuckern und ihre Reizwirksamkeit bei Insekten. Naturw. Rundschau *29*, 73–81.

PFLUMM, W., 1978: Gärkammern bei pflanzenfressenden Säugetieren. Der mathematische und naturwissenschaftliche Unterricht *31*, 43–47.

PILLERI, G., 1975: Die Geheimnisse der blinden Delphine. Bern, Stuttgart: Hallwag.

PILLERI, G., M. GIHR & C. KRAUS, 1971: Further observations on the behaviour of Platanista indi in captivity. In: G. PILLERI (Hrsg.): Investigations on cetacea, Vol. III/I Bern, pp. 35–42.

PLOOG, D., 1974: Die Sprache der Affen. München: Kindler.

PORTMANN, A., 1959: Einführung in die vergleichende Morphologie der Wirbeltiere. Basel, Stuttgart: B. Schwabe.

PSCHYREMBEL, W., 1982: Klinisches Wörterbuch. 254. Aufl. Berlin, New York: W. de Gruyter.

RATHS, P., 1975: Tiere im Winterschlaf. Leipzig, Jena, Berlin: Urania.

REICHHOLF, J., 1977: Tierfamilien. Stuttgart, Zürich: Belser.

REIF, W.-E. (Hrsg.), 1981: Paläontologische Kursbücher, Bd. 1: Funktionsmorphologie. München: Paläontologische Gesellschaft, Selbstverlag.

REINBOTH, R., 1980: Vergleichende Endokrinologie. Stuttgart: G. Thieme.

REMANE, A., V. STORCH & U. WELSCH, 1981: Kurzes Lehrbuch der Zoologie. Stuttgart, New York: G. Fischer.

REMMERT, H., 1978: Ökologie. Berlin, Heidelberg, New York: J. Springer.

REMMERT, H., 1980: Arctic Animal Ecology. Berlin, Heidelberg, New York: J. Springer.

ROER, H., 1967: Wanderungen der Fledermäuse. In: H. HEDIGER 1967 (s. dort).

RÜPPELL, G., 1980: Vogelflug. Reinbek bei Hamburg: Rowohlt.

RYDER, M. L., 1973: Hair. London: E. Arnold

SANDER, K., 1979: Embryonalentwicklung und Entwicklungsanomalien beim Menschen. In: B. HASSENSTEIN, H. MOHR, G. OSCHE, K. SANDER & W. WÜLKER: Freiburger Vorlesungen zur Biologie des Menschen. Heidelberg: Quelle und Meyer.

SANDERSON, I. T., 1956: Knaurs Tierreich in Farben: Säugetiere. München, Zürich: Droemer/Knaur.

498

SCHEICH, H., G. LANGNER, C. TIDEMANN, R. B. COLES & A. GUPPY, 1986: Electroreception and electrolocation in *Platypus*. Nature *319*, 401–402.

SCHMIDT, R. F. (Hrsg.), 1973: Grundriß der Sinnesphysiologie. Berlin, Heidelberg, New York: J. Springer.

SCHMIDT, R. F., & G. THEWS (Hrsg.), 1980: Physiologie des Menschen. Berlin, Heidelberg, New York: J. Springer.

SCHMIDT, W., 1984: Über die absolute Größe biologischer Systeme. Biologie in unserer Zeit *14*, 65–71.

SCHMIDT-NIELSEN, K., 1959: The physiology of the camel. Sci. Amer. *201*, 140–151.

SCHMIDT-NIELSEN, K., 1975: Physiologische Funktionen bei Tieren. Stuttgart: G. Fischer.

SCHNEIDER, D., 1957: Die Biologie der Wirbeltieraugen. Studium Generale *10*, 214–230.

SCHNEIDER, H., 1963: Die Sinushaare der Großen Hufeisennase *Rhinolophus ferrumequinum* (Schreber, 1774). Z. Säugetierkunde *28*, 342–349.

SCHNITZLER, H.-U., 1973: Die Echoortung der Fledermäuse und ihre hörphysiologischen Grundlagen. Fortschr. Zool. *21*, 136–189.

SCHULTZ, A. H., 1972: Die Primaten. Lausanne: Editions Rencontre.

SCHWARTZ, V., 1973: Vergleichende Entwicklungsgeschichte der Tiere. Stuttgart: G. Thieme.

SHORT, R. V., 1984: Stillen. Spektrum der Wissenschaft, Juniheft, 78–85.

SIEWING, R. (Hrsg.), 1980–1985: Lehrbuch der Zoologie. Band 1: Allgemeine Zoologie; Band 2: Systematik. Stuttgart, New York: G. Fischer.

SIEWING, R., 1969: Lehrbuch der vergleichenden Entwicklungsgeschichte der Tiere. Hamburg, Berlin: Paul Parey.

SIMPSON, G. G., 1977: Pferde. Hamburg, Berlin: Paul Parey.

SLIJPER, E. J., 1962: Riesen des Meeres. Eine Biologie der Wale und Delphine. Berlin, Göttingen, Heidelberg: J. Springer.

STARCK, D., 1974: Die Stellung der Hominiden im Rahmen der Säugetiere. In: G. Heberer, 1967 ff. (s. dort).

STARCK, D., 1975: Embryologie. Stuttgart: G. Thieme.

STARCK, D., 1978–1982: Vergleichende Anatomie der Wirbeltiere auf evolutionsbiologischer Grundlage. 3 Bände. 1978 Band I, 1979 Band II, 1982 Band III. Berlin, Heidelberg, New York: J. Springer.

STEINBACHER, G., 1957: Die ersten »Schritte« des Känguruhs. Orion (Novemberheft) 871–874.

STEINER, G. (Hrsg. des Nachlasses von H. STÜMPKE), 1961: Bau und Leben der Rhinogradentia. Stuttgart: G. Fischer.

STEINER, G., 1980: Wort-Elemente der wichtigsten zoologischen Fachausdrücke. Stuttgart: G. Fischer.

STEVER, H. G., & J. J. HAGGERTY, 1972: Der Flug. Reinbek: Rowohlt.

STONEHOUSE, B., 1975: Junge Tiere. Freiburg, Basel, Wien: Herder.

STRYER, L., 1983: Biochemie. Braunschweig, Wiesbaden: Vieweg.

SZABO, I., 1979: Geschichte der mechanischen Prinzipien. Stuttgart, Basel, Boston: Birkhäuser.

TAKAGI, S. F., 1971: Degeneration and regeneration of the olfactory epithelium, in: L. M. BEIDLER (ed.): Olfaction. Handbook of Sensory Physiology Vol. IV. Berlin, Heidelberg, New York: J. Springer.

THENIUS, E., 1969: Phylogenie der Mammalia. Berlin: W. de Gruyter.

THENIUS, E., 1979: Die Evolution der Säugetiere. Stuttgart, New York: G. Fischer.

THENIUS, E., & H. HOFER, 1960: Stammesgeschichte der Säugetiere. Berlin, Göttingen, Heidelberg: J. Springer.

The Encyclopaedia of Mammals (ed. D. MACDONALD). 2 Bände. 1984: London: G. Allen & Unwin.

TRENDELENBURG, W., 1943: Der Gesichtssinn. Berlin: J. Springer.

ULLRICH, W., 1967: Nashornstraßen in Assam. In: H. Hediger,1967 (s. dort).

VAUGHAN, T. A., 1978: Mammalogy. Philadelphia, London, Toronto: W. B. Saunders.

VIERHAUS, H., 1983: Wie Vampirfledermäuse *(Desmodus rotundus)* ihre Zähne schärfen. Z. Säugetierkunde *48*, 269–277.

VOGEL, ST., 1978: Lebewesen nutzen Strömungen. Spektrum der Wissenschaft, Novemberheft, 78–86.

VOGT, P., 1982: Krefelder Zoo. Jahresbericht.

WALKER, E. P., 1968–1975: Mammals of the world. 3 Bände. Baltimore: The Johns-Hopkins Press.

WALTHER, F. R., 1966: Mit Horn und Huf. Berlin: Paul Parey.

WALTHER, F. R., 1967: Huftierterritorien und ihre Markierung. In: H. Hediger, 1967 (s. dort).

WEBER, M., 1927/1928: Die Säugetiere, 2. Auflage. 2 Bände (Nachdruck 1967: Amsterdam: A. Asher). Jena: G. Fischer.

WHEATER, P. R., H. G. BURKITT & V. G. DANIELS, 1979: Funktionelle Histologie. Lehrbuch und Atlas. München, Wien, Baltimore: Urban & Schwarzenberg.

WICKLER, W., 1963: Die biologische Bedeutung auffallend farbiger, nackter Hautstellen und innerartlicher Mimikry der Primaten. Naturwissenschaften *50*, 481–482.

WICKLER, W., 1968: Mimikry. München: Kindler.

WIESER, W., 1984: A distinction must be made between the ontogeny and the phylogeny of metabolism in order to understand the mass exponent of energy metabolism. Respiration Physiology *55*, 1–9.

WIESER, W., 1985: Der Energieverbrauch von Organismen und Städten. Biologie in unserer Zeit *15*, 1–7.

WIESER, W., 1986: Bioenergetik. Energietransformationen bei Organismen. Stuttgart, New York: G. Thieme.

WILSON, E. O., 1976: Sociobiology: the new synthesis. 3. Aufl. Cambridge (Mass.), London: Harvard University Press.

WINKELSTRÄTER, K. H., 1960: Das Betteln der Zoo-Tiere. Berlin, Stuttgart: H. Huber.

WÜST, W., 1963: Tierkunde. I. Band Wirbeltiere, I. Teil Säugetiere. München: Bayrischer Schulbuch-Verlag.

YOUNG, J. Z., 1975: The life of mammals. London: Oxford University Press.

ZIMEN, E., 1978: Der Wolf. Wien, München: Meyster.

ZIMMERMANN, W., 1953: Evolution. Geschichte ihrer Probleme und Erkenntnisse. Freiburg, München: Alber.

ZISWILER, V., 1976: Wirbeltiere, Band II: Amniota. Stuttgart: G. Thieme.

Tiernamenverzeichnis I (deutsch–wissenschaftlich)

Zuordnung der deutschen zu den wissenschaftlichen Bezeichnungen von Arten sowie höherer systematischer Kategorien der Säugetiere und einiger ihrer Vorfahren.
Vertreter der Rhinogradentia sind durch ein Sternchen*, ausgestorbene Arten durch † gekennzeichnet.

»Affen«	Simiae
Afrikanische Borstenhörnchen	*Xerus* spec.
Afrikanischer Elefant	*Loxodonta africana*
Afrikanischer Manati	*Trichechus senegalensis*
Afrikanischer Wildesel	*Equus asinus*
Afrikanischer Wildhund	*Lycaon pictus*
Afrikanisches Hirschferkel	*Hyemoschus aquaticus*
Afrika-Zibetkatze	*Viverra civetta*
Agutis	Dasyproctidae
Ägyptische Klappnase	*Rhinopoma microphyllum*
Ägyptischer Flughund	*Rousettus aegyptiacus*
Alpaka	*Lama guanicoë pacos*
Alpenmurmeltier	*Marmota marmota*
Altweltaffen	Catarrhini
Altweltliche Schweine	Suidae
Altweltstachelschweine	Hystricidae
Amazonas-Delphin	*Inia geoffrensis*
Ameisenbären	Myrmecophagidae
Ameisenbeutler	Myrmecobiidae (Familie), *Myrmecobius fasciatus* (Art)
Ameisenesser	Vermilingua
Ameisenigel	Tachyglossidae
Ameisen-Schleichkatze	*Eupleres goudotii*
Amerikanische Haftscheiben-Fledermäuse	Thyropteridae
Amerikanischer Dachs	*Taxidea taxus*
Amerikanischer Nerz	*Mustela vison*
Aperea	*Cavia aperea*
Asiatischer Elefant	*Elephas maximus*
Asiatischer Wildesel	*Equus hemionus*
Assapan	*Glaucomys volans*
Australien-Kurzschnabeligel	*Tachyglossus aculeatus*
Australische Hüpfmäuse	*Notomys* spec.
Aye-Aye	*Daubentonia madagascariensis*
Baikal-Ringelrobbe	*Pusa sibirica*
Bambusbär	*Ailuropoda melanoleuca*
Bambusbären	Ailuropodidae
Bambusratten	*Rhizomys* spec.
Bananenfledermaus	*Musonycteris harrisoni*
Bananen-Zwergfledermaus	*Pipistrellus nanus*
Bandiltis	*Ictonyx striatus*

Banteng	*Bos javanicus*
Bären-Baumkänguruh	*Dendrolagus ursinus*
Bärenkuskus	*Phalanger ursinus*
Baribal	*Ursus americanus*
Bärige Zottelnase*	*Mammontops ursulus*
Bartenwale	Mystacoceti
Baummarder	*Martes martes*
Baumschläfer	*Dryomys nitedula*
Baumstachler	Erethizontidae
Berberaffe	*Macaca sylvana*
Berglemming	*Lemmus lemmus*
Bergtapir	*Tapirus pinchaque*
Bergzebra	*Equus zebra*
Beutelbären	Phascolarctidae
Beuteldachse	Peramelidae
Beutelmulle	Notoryctidae
Beutelratten	Didelphoidea (Ordnung), Didelphidae (Familie)
Beutelteufel	*Sarcophilus harrisi*
Beuteltiere	Marsupialia
Beutelwolf †	*Thylacinus cynocephalus*
Beutelwölfe	Thylacinidae
Bezoarziege	*Capra aegagrus*
Biber	Castoridae (Familie), *Castor fiber* (Art)
Biberhörnchen	*Aplodontia rufa*
Biberratten	Myocastoridae
Biberverwandte	Castorimorpha
Bilche	Gliridae
Bilchverwandte	Glirimorpha
Binturong	*Arctictis binturong*
Birkenmaus	*Sicista betulina*
Bisamspitzmaus	*Desmana moschata*
Bison	*Bison bison*
Blasse Fledermaus	*Antrozous pallidus*
Blattnasen	Phyllostomidae
Blauwal	*Balaenoptera musculus*
Bleichböckchen	*Ourebia ourebi*
Blindmäuse	Spalacidae
Blutbrustpavian	*Theropithecus gelada*
Bobak	*Marmota bobak*
Bongo	*Taurotragus euryceros*
Bonobo	*Pan paniscus*
Borneo-Koboldmaki	*Tarsius bancanus borneanus*
Borstenigel	Tenrecidae
Brandmaus	*Apodemus agrarius*
Braunbär	*Ursus arctos*
Braunbrustigel	*Erinaceus europaeus*
Braunfische	Phocoenidae
Breitlippennashorn	*Ceratotherium simum*
Breitnasenaffen	Platyrrhini
Brillenbär	*Tremarctos ornatus*

Brillen-Blattnase	*Carollia perspicillata*
Buckelwal	*Megaptera novaeangliae*
Bulldogg-Fledermäuse	Molossidae
Burmeister-Gürtelmull	*Burmeisteria retusa*
Buschbabies	*Galago* spec.
Buschratten	*Neotoma* spec.
Buschschliefer	*Heterohyrax syriacus*
Capybara	*Hydrochoerus hydrochaeris*
Chinchillas	Chinchillidae
Chinesisches Ohren-Schuppentier	*Manis pentadactyla*
Choriontiere	Choriata
Damhirsch	*Dama dama*
Davidshirsch	*Elaphurus davidianus*
Delphin	*Delphinus delphis*
Delphine	Delphinidae
Diademmeerkatze	*Cercopithecus mitis*
Dickhornschaf	*Ovis canadensis*
Dickschwanzbeutelratte	*Luteolina crassicaudata*
Dingo	*Canis lupus familiaris dingo*
»Doppelzähner«	Duplicidentata
Dornschwanzhörnchen	Anomaluridae
Dornschwanzhörnchenverwandte	Anomaluromorpha
Dreifarbige Haftscheiben-Fledermaus	*Thyroptera tricolor*
Dreifinger-Faultier	*Bradypus tridactylus*
Dreifinger-Faultiere	Bradypodidae
Dreispitzzähner †	Triconodonta
Drill	*Mandrillus leucophaeus*
Dromedar	*Camelus dromedarius*
Dschelada	*Theropithecus gelada*
Dugong	*Dugong dugong*
Dugongs	Dugongidae
Echte Vampirfledermäuse	Desmodontidae
Eichhörnchen	*Sciurus vulgaris*
Eierleger	Monotremata
Eigentlicher Fingerotter	*Aonyx capensis*
»Einfachzähner«	Simplicidentata
Einfarbiger Ziesel	*Citellus citellus*
Einhufer	Equidae
Einnasen-Naslinge*	Monorrhina
Eisbär	*Ursus maritimus*
Eisfuchs	*Alopex lagopus*
Ekuador-Opossummaus	*Caenolestes fuliginosus*
Elch	*Alces alces*
Elefanten	Elephantidae
Elefantenspitzmäuse	*Elephantulus* spec.
Elenantilope	*Taurotragus oryx*
Epauletten-Flughunde	*Epomophorus* spec.

Erdferkel	Orycteropodidae (Familie), *Orycteropus afer* (Art)
Erdmännchen	*Suricata suricatta*
Erdwolf	*Proteles cristatus*
Etruskerspitzmaus	*Suncus etruscus*
Eurasiatische Zwergmaus	*Micromys minutus*
Europäischer Dachs	*Meles meles*
Europäischer Feldhase	*Lepus europaeus*
Europäischer Iltis	*Mustela putorius*
Europäischer Maulwurf	*Talpa europaea*
Europäischer Nerz	*Mustela lutreola*
Europäischer Riesenhirsch †	*Megaloceros giganteus*
Europäisches Wildkaninchen	*Oryctolagus cuniculus*
Europäisches Wildschaf	*Ovis ammon musimon*
Falanuk	*Eupleres goudotii*
Faltlippen-Fledermäuse	*Tadarida* spec.
Faultiere	Pilosa
Federschwanz	*Ptilocercus lowii*
Feldmaus	*Microtus arvalis*
Feld-Waldmaus	*Apodemus sylvaticus*
Fellnashorn †	*Coelodonta antiquitatis*
Felsenmaus	*Apodemus mystacinus*
Felsenziesel	*Citellus variegatus*
Fennek	*Fennecus zerda*
Fingertier	*Daubentonia madagascariensis*
Fingertiere	Daubentoniidae
Finnwal	*Balaenoptera physalus*
Fischkatze	*Prionailurus viverrinus*
Fischotter	*Lutra lutra*
Flachkopfkatze	*Ictailurus planiceps*
Flachlandtapir	*Tapirus terrestris*
Flachland-Taschenratte	*Geomys bursarius*
Fleckenskunk	*Spilogale putorius*
Flederhunde	Megachiroptera
Fledermäuse	Microchiroptera
Fledertiere	Chiroptera
Florida-Waldkaninchen	*Sylvilagus floridanus*
Flossenfüßer	Pinnipedia
Flughunde	Pteropidae
Flugohr*	*Otopteryx volitans*
Flußdelphine	Platanistidae und Iniidae
Flußpferd	*Hippopotamus amphibius*
Flußpferde	Hippopotamidae
Frau Grays Wasserbock	*Onototragus megaceros*
Frettchen	*Mustela putorius furo*
Fuchskusu	*Trichosurus vulpecula*
Furchenwale	Balaenopteridae
Gabelbock	*Antilocapra americana*
Gabelhorntiere	Antilocapridae

Gabelschwanz-Seekühe	Dugongidae
Galagos	Galagidae
Ganges-Delphin	*Platanista gangetica*
Ganges-Delphine	Platanistidae
Gartenschläfer	*Eliomys quercinus*
Geflecktes Rüsselhündchen	*Rhynchocyon cirnei*
Gelber Babuin	*Papio cynocephalus*
Gemeine Vampirfledermaus	*Desmodus rotundus*
Gemse	*Rupicapra rupicapra*
Gepard	*Acinonyx jubatus*
Gerenuk	*Litocranius walleri*
Gespensteraffen	Tarsiidae
Gewöhnlicher Grindwal	*Globicephala melaena*
Gewöhnliches Gleithörnchen	*Pteromys volans*
Gewöhnliches Spitzhörnchen	*Tupaia glis*
Gewöhnliches Stachelschwein	*Hystrix cristata*
Gibbons	Hylobatidae
Giraffe	*Giraffa camelopardalis*
Giraffen	Giraffidae
Giraffengazelle	*Litocranius walleri*
Glattnasen	Vespertilionidae
Glattnasen-Freischwänze	Emballonuridae
Glattwale	Balaenidae
Gleichnasen*	Isorrhinidae
Gleichzähner †	Symmetrodonta
Goelditamarin	*Callimico goeldii*
Goldaguti	*Dasyprocta aguti*
Goldgelbes Löwenäffchen	*Leontideus rosalia*
Goldmulle	Chrysochloridae
Goldmullverwandte	Chrysochlorida
Goldnasenhopf*	*Hopsorrhinus aureus*
Goldschakal	*Canis aureus*
Goldstaub-Manguste	*Herpestes javanicus auropunctatus*
Goldsteiß-Rüsselhündchen	*Rhynchocyon chrysopygus*
Goldstirn-Klammeraffe	*Ateles belzebuth*
Gorilla	*Gorilla gorilla*
Grantgazelle	*Gazella granti*
Grauer Springaffe	*Callicebus moloch*
Grauhörnchen	*Sciurus carolinensis*
Grauwal	*Eschrichtius gibbosus*
Grauwale	Eschrichtiidae
Greifstachler	*Coëndou prehensilis*
Grizzlybär	*Ursus arctos horribilis*
Grönlandwal	*Balaena mysticetus*
Großbären	Ursidae
Großblattnasen	Megadermatidae
Große Braune Fledermaus	*Eptesicus fuscus*
Große Hufeisennase	*Rhinolophus ferrumequinum*
Große Otterspitzmaus	*Potamogale velox*
Große Spießblattnase	*Vampyrum spectrum*
Großer Abendsegler	*Nyctalus noctula*

Großer Ameisenbär	*Myrmecophaga tridactyla*
Großer Beutelmull	*Notoryctes typhlops*
Großer Igeltanrek	*Setifer setosus*
Großer Kaninchen-Nasenbeutler	*Macrotis lagotis*
Großer Katzenmaki	*Cheirogaleus major*
Großer Kudu	*Tragelaphus strepsiceros*
Großer Panda	*Ailuropoda melanoleuca*
Großer Rattenigel	*Echinosorex gymnurus*
Großer Tanrek	*Tenrec ecaudatus*
Großer Tümmler	*Tursiops truncatus*
Großes Hasenmaul	*Noctilio leporinus*
Großes Nacktschwanzgürteltier	*Cabassous unicinctus*
Großkantschil	*Tragulus napu*
Großohrhirsch	*Odocoileus hemionus*
Großohriger Pfeifhase	*Ochotona roylei*
Gründelwale	Monodontidae
Grüner Pavian	*Papio anubis*
Guanako	*Lama guanicoë*
Guano-Fledermaus	*Tadarida brasiliensis mexicana*
Gürtelmull	*Chlamyphorus truncatus*
Gürteltiere	Cingulata (Unterordnung), Dasypodidae (Familie)
Haiti-Schlitzrüssler	*Solenodon paradoxus*
»Halbaffen«	Prosimiae
Halsbandpekari	*Tayassu tajacu*
Hammerkopf	*Hypsignathus monstrosus*
Hamster	*Cricetus cricetus*
Hartebeest	*Alcelaphus buselaphus*
Haselmaus	*Muscardinus avellanarius*
Hasen	Leporidae
Hasenmaulfledermäuse	Noctilionidae
Hasentiere	Lagomorpha
Hauerzahnsaurier †	Anomodontia
Hausbüffel	*Bubalus arnee bubalis*
Hausesel	*Equus asinus asinus*
Haushund	*Canis lupus familiaris*
Hauskamel, Zweihöckeriges	*Camelus ferus bactrianus*
Hauskaninchen	*Oryctolagus cuniculus domestica*
Hauskatze	*Felis silvestris catus*
Hausmaus	*Mus musculus*
Hausmeerschweinchen	*Cavia aperea porcellus*
Hauspferd	*Equus przewalskii caballus*
Hausratte	*Rattus rattus*
Hausrind	*Bos primigenius taurus*
Hausschaf	*Ovis ammon aries*
Hausschwein	*Sus scrofa domesticus*
Hausyak	*Bos mutus grunniens*
Hausziege	*Capra aegagrus hircus*
Healeys Nasenhopf*	*Mercatorrhinus mercator*
Hermelin	*Mustela erminea*

Herrentiere	Primates
Hirsche	Cervidae
Hirscheber	*Babyrousa babyrussa*
Hirschziegenantilope	*Antilope cervicapra*
Hoffmann-Zweifinger-Faultier	*Choloepus hoffmanni*
Höhere Säugetiere	Eutheria
Höhlenbär †	*Ursus spelaeus*
Honigbeutler	*Tarsipes spenserae*
Honigdachs	*Mellivora capensis*
Hörnchen	Sciuridae
Hörnchenverwandte	Sciuromorpha
Hornträger	Bovidae
Hufeisennasen	Rhinolophidae
Hulman	*Presbytis entellus*
Hunde	Canidae
Hundsaffen	Cercopithecidae
Hundsrobben	Phocidae
Hüpfmäuse	Zapodidae
Hyänen	Hyaenidae
Igel	Erinaceidae
Igelverwandte	Erinaceomorpha
Indischer Elefant	*Elephas maximus bengalensis*
Indischer Flughund	*Pteropus giganteus*
Indischer Mungo	*Herpestes edwardsi*
Indischer Schweinswal	*Neophocoena phocoenoides*
Indri	*Indri indri*
Indris	Indriidae
Inias	Iniidae
Insektenesser	Insectivora
Jaguar	*Panthera onca*
Javanashorn	*Rhinoceros sondaicus*
Javaneraffe	*Macaca irus*
Javanisches Schuppentier	*Manis javanica*
Kaffernbüffel	*Syncerus caffer*
Kaiserschnurrbarttamarin	*Saguinus imperator*
Kalifornischer Eselhase	*Lepus californicus*
Kalifornischer Seelöwe	*Zapholus californianus*
Kamel, Einhöckeriges	*Camelus dromedarius*
Kamel, Zweihöckeriges	*Camelus ferus*
Kamele	Camelidae
Kammfinger	Ctenodactylidae
Kanadischer Biber	*Castor fiber canadensis*
Känguruhmäuse	*Notomys* spec.
Känguruhs	Macropodidae
Kapgoldmull	*Chrysochloris asiatica*
Kap-Klippschliefer	*Procavia capensis*
Kapotter	*Aonyx capensis*
Kapuzineraffen	Cebidae

Karakal	*Caracal caracal*
Karibu (Amerikanische Unterart des Rens)	*Rangifer tarandus caribou*
Katta	*Lemur catta*
Katzen	Felidae
Katzenbär	*Ailurus fulgens*
Katzenbären	Ailuridae
Katzenmakis	Cheirogaleidae
Kegelrobbe	*Halichoerus grypus*
Klaffmäuler	Megadermatidae
Klappmütze	*Cystophora cristata*
Kleideraffe	*Pygathrix nemaeus*
Kleinbären	Procyonidae
Kleine Braune Fledermaus	*Myotis lucifugus*
Kleine Hufeisennase	*Rhinolophus hipposideros*
Kleine Nacktrücken-Fledermaus	*Pteronotus davyi*
Kleine Weißnasenmeerkatze	*Cercopithecus petaurista*
Kleiner Ameisenbär	*Tamandua tetradactyla*
Kleiner Blutsauger	*Diphylla ecaudata*
Kleiner Igeltanrek	*Echinops telfairi*
Kleiner Kudu	*Tragelaphus imberbis*
Kleiner Mungo	*Herpestes javanicus*
Kleiner Panda	*Ailurus fulgens*
Kleinfleck-Ginsterkatze	*Genetta genetta*
Kleinkantschil	*Tragulus javanicus*
Kleinstböckchen	*Neotragus pygmaeus*
Kletterbeutler	Phalangeridae
Klippspringer	*Oreotragus oreotragus*
Kloakentiere	Monotremata
Koala	*Phascolarctos cinereus*
Koboldmakis	Tarsiidae
Kodiakbär	*Ursus arctos middendorffi*
Krabbenesser	*Lobodon carcinophagus*
Krabbenmanguste	*Herpestes urva*
Krabbenwaschbär	*Procyon cancrivorus*
Kragenbär	*Ursus thibetanus*
Krallenäffchen	Callithricidae
Kropfgazelle	*Gazella subgutturosa*
Kugelgürteltier	*Tolypeutes matacus*
Kuhantilope	*Alcelaphus buselaphus*
Kurzkopfgleitbeutler	*Petaurus breviceps*
Kurzschwanzspitzmaus	*Blarina brevicauda*
Lama	*Lama guanicoë glama*
Lander-Hufeisennase	*Rhinolophus landeri*
Landreißtiere	Fissipedia
Langnasenbeutler	*Perameles* spec.
Langnasen-Fledermaus	*Choeronycteris mexicana*
Langohrigel	*Hemiechinus auritus*
Langschnabeldelphine	Stenidae
Langschwanz-Chinchilla	*Chinchilla laniger*

Langschwanz-Schuppentier	*Manis tetradactyla*
Langzungen-Fledermäuse	*Glossophaga* spec.
La-Plata-Delphin	*Stenodelphis blainvillei*
Leierantilope	*Damaliscus lunatus*
Lemuren	Lemuridae
Leopard	*Panthera pardus*
Lippenbär	*Melursus ursinus*
Lisztäffchen	*Oedipomidas oedipus*
Löffelhund	*Otocyon megalotis*
Loris	Lorisidae
Löwe	*Panthera leo*
Lyra-Fledermaus	*Megaderma lyra*
Magot	*Macaca sylvana*
Mähnenspringer	*Ammotragus lervia*
Mähnenwolf	*Chrysocyon brachyurus*
Malaienbär	*Helarctos malayanus*
Malaiischer Falscher Vampir	*Megaderma spasma*
Malaiischer Stinkdachs	*Mydaus javanensis*
Manatis	Trichechidae
Mandrill	*Mandrillus sphinx*
Mantelpavian	*Papio hamadryas*
Manul	*Otocolobus manul*
Mara	*Dolichotis patagonum*
Marco-Polo-Schaf	*Ovis ammon polii*
Marder	Mustelidae
Marderbeutler	Dasyuridae
Marmosetten	*Callithrix* spec.
Maultierhirsch	*Odocoileus hemionus*
Maulwürfe	Talpidae
Mäuse	Muridae
Mäuseverwandte	Myomorpha
Mausmaki	*Microcebus murinus*
Mausohr	*Myotis myotis*
Mausschwanz-Fledermäuse	Rhinopomatidae
Mauswiesel	*Mustela nivalis*
Meerotter	*Enhydra lutris*
Meerschweinchen	Caviidae
Meerschweinchenverwandte	Caviomorpha
Mensch der Jetztzeit	*Homo sapiens*
Menschen	Hominidae
Menschenaffen	Pongidae
Merriam-Känguruhratte	*Dipodomys merriami*
Mexikanische Taschenratte	*Cratogeomys castanops*
Milchspendende Säulennase*	*Columnifax lactans*
Milu	*Elaphurus davidianus*
Mimikaffen	Haplorhini
Mitteleuropäischer Rothirsch	*Cervus elaphus hippelaphus*
Mongolische Rennmaus	*Meriones unguiculatus*
Mongolisches Murmeltier	*Marmota bobak sibirica*
Moorantilope	*Adenota kob*

Mopsfledermaus	*Barbastella barbastellus*
Moschusböckchen	*Nesotragus moschatus*
Moschusochse	*Ovibos moschatus*
Moschustier	*Moschus moschiferus*
Mufflon	*Ovis ammon musimon*
Muntjak	*Muntiacus muntjak*
Nabelschweine	Dicotylidae oder Tayassuidae
Nachtaffe	*Aotes trivirgatus*
Nacktbäuchiger Grabflatterer	*Taphozous nudiventris*
Nacktmull	*Heterocephalus glaber*
Nacktnasenwombat	*Vombatus ursinus*
Nagel-Manati	*Trichechus manatus*
Nagetiere	Rodentia
Narwal	*Monodon monoceras*
Nasenaffe	*Nasalis larvatus*
Nasenbeutler	Perameloidae
Nasenhopfe*	Hopsorrhinidae
Nasenmullähnliche*	Rhinotalpidae
Nasenspiegelaffen	Strepsirhini
Nashörner	Rhinocerotidae
Nashornverwandte	Ceratomorpha
Naslinge*	Rhinogradentia
Nebelparder	*Neofelis nebulosa*
Nebengelenktiere	Xenarthra
Netzgiraffe	*Giraffa camelopardalis reticulata*
Neunbindengürteltier	*Dasypus novemcinctus*
Neuseeland-Fledermaus	*Mystacina tuberculata*
Neuseeland-Fledermäuse	Mystacinidae
Neuweltaffen	Platyrrhini
Neuweltstachelschweine	Erethizontidae
Nilflughund	*Rousettus aegyptiacus*
Nilgauantilope	*Boselaphus tragocamelus*
Nordafrikanische Elefantenspitzmaus	*Elephantulus rozeti*
Nordafrikanisches Erdhörnchen	*Atlantoxerus getulus*
Nordamerikanischer Baumstachler oder Urson	*Erethizon dorsatum*
Nordamerikanischer Waschbär	*Procyon lotor*
Nordamerikanisches Ren oder Karibu	*Rangifer tarandus*
Nördlicher Entenwal	*Hyperoodon ampullatus*
Nördlicher Guereza	*Colobus abyssinicus*
Nördlicher Seebär	*Callorhinus ursinus*
Nordkaper	*Eubalaena glacialis*
Nordluchs	*Lynx lynx*
Nordopossum	*Didelphis marsupialis*
Nubische Falbkatze	*Felis silvestris lybica*
Numbat	*Myrmecobius fasciatus*
Nutria	*Myocastor coypus*
Ohrenrobben	Otariidae
Okapi	*Okapia johnstoni*

Onager	*Equus hemionus onager*
Opossummäuse	Caenolestidae (Familie), Caenolestoidea (Ordnung)
Orang-Utan	*Pongo pygmaeus*
Oribi	*Ourebia ourebi*
Oryx	*Oryx gazella*
Ostafrikanischer Springhase	*Pedetes surdaster*
Ostamerikanischer Maulwurf	*Scalopus aquaticus*
Östliches Weißbartgnu	*Connochaetes taurinus albojubatus*
Ozelot	*Leopardus pardalis*
Paarhufer	Artiodactyla
Paarzeher	Artiodactyla
Paka	*Cuniculus paca*
Pamir-Wildschaf	*Ovis ammon polii*
Pampashirsch	*Odocoileus bezoarticus*
Pangoline	Pholidota
Panzernashorn	*Rhinoceros unicornis*
Panzerschwänzige Schneckennase*	*Nasolimaceus conchicauda*
Paviane	*Papio* spec.
Pekaris	Dicotylidae oder Tayassuidae
Pfeifhasen	Ochotonidae
Pferde	*Equus* spec.
Pferdeantilope	*Hippotragus equinus*
Pferdeverwandte	Hippomorpha
Philippinen-Gleitflieger	*Cynocephalus volans*
Placentatiere	Placentalia
Plumpbeutler	Vombatidae
Plumplori	*Nycticebus coucang*
Potto	*Perodicticus potto*
Pottwal	*Physeter catodon*
Pottwale	Physeteridae
Przewalski-Pferd	*Equus przewalskii przewalskii*
Puma	*Puma concolor*
Rappenantilope	*Hippotragus niger*
Rattenigel	Echinosoricinae
Rattenkänguruhs	Potoroinae
Rauhzahndelphin	*Steno bredanensis*
Regenwald-Baumschliefer	*Dendrohyrax dorsalis*
Reh	*Capreolus capreolus*
Reißbeutler	Dasyuroidea
Reißtiere	Carnivora
Reißtierzähner †	Theriodontia
Ren oder Rentier	*Rangifer tarandus*
Rhesusaffe	*Macaca mulatta*
Riesenfaultiere †	*Megatherium* spec.
Riesengleitbeutler	*Schoinobates volans*
Riesengleiter	Dermoptera
Riesengleitflieger	Cynocephalidae
Riesengleithörnchen	*Petaurista grandis*

Riesengürteltier	*Priodontes giganteus*
Riesenhirsche †	*Megaloceros* spec.
Riesennager	Hydrochoeridae
Riesen-Schuppentier	*Manis gigantea*
Riesenwaldschwein	*Hylochoerus meinertzhageni*
Rinder	Bovidae
Robben	Pinnipedia
Röhrchenzähner	Tubulidentata
Rohrrüssler	Macroscelididae
Rote Fledermaus	*Lasiurus borealis*
Roter Uakari	*Cacajo rubicundus*
Rotes Riesenkänguruh	*Macropus rufus*
Rotfuchs	*Vulpes vulpes*
Rotgesichtsmakak	*Macaca fuscata*
Rothandtamarin	*Saguinus midas*
Rothirsch	*Cervus elaphus*
Rothörnchen	*Tamaiasciurus hudsonicus*
Rotluchs	*Lynx rufus*
Rundschwanz-Seekühe	Trichechidae
Rüsselspringer	Macroscelidea (Ordnung), Macroscelididae (Familie)
Rüsseltiere	Proboscidea
Saiga	*Saiga tatarica*
Salzkrautbilche	Seleviniidae
Sandgräber	Bathyergidae
Säugetierähnliche Reptilien †	Therapsida
Säugetiervorläufer †	Therapsida
Saugmund-Nasenhopfe*	*Mercatorrhinus* spec.
Säulennasen*	*Columnifax* spec.
Säulennaslinge*	Rhinocolumnidae
Schabrackenhyäne	*Hyaena brunnea*
Schabrackentapir	*Tapirus indicus*
Scharlachgesicht	*Cacajao calvus*
Schermaus	*Arvicola terrestris*
Schimpanse	*Pan troglodytes*
Schläfer	Gliridae
Schlafmäuse	Gliridae
Schlanklori	*Loris tardigradus*
Schleichkatzen	Viverridae
Schliefer	Hyracoidea (Ordnung), Procaviidae (Familie)
Schlitzrüssler	Solenodontidae
Schmalnasenaffen	Catarrhini
Schmetterling-Fledermaus	*Craseonycteris thonglongyai*
Schmetterling-Fledermäuse	Craseonycteridae
Schnabeligel	Tachyglossidae
Schnabeltier	*Ornithorhynchus anatinus*
Schnabeltiere	Ornithorhynchidae
Schnabelwale	Ziphiidae
Schneckennasen*	Nasolimacidae

Schneehase	*Lepus timidus*
Schneeleopard	*Uncia uncia*
Schneeschuhhase	*Lepus americanus*
Schneeziege	*Oreamnos americanus*
Schopfmakak	*Cynopithecus niger*
Schraubenziege	*Capra falconeri*
Schuppentiere	Pholidota (Ordnung), Manidae (Familie)
Schwarzbär	*Ursus americanus*
Schwarzbärtiger Grabflatterer	*Thaphozous melanopogon*
Schwarzducker	*Cephalophus niger*
Schwarzer Brüllaffe	*Alouatta caraya*
Schwarzer Klammeraffe	*Ateles paniscus*
Schwarzer Panther	*Panthera pardus fusca*
Schwarzes Nashorn	*Diceros bicornis*
Schwarzschwanz-Präriehund	*Cynomys ludovicianus*
Schwarzwedelhirsch	*Odocoileus hemionus hemionus*
Schwedischer Rothirsch	*Cervus elaphus elaphus*
Schweineverwandte	Suina
Schweinsaffe	*Macaca nemestrina*
Schweinswal	*Phocoena phocoena*
Schweinswale	Phocoenidae
Schwertwal	*Orcinus orca*
Schwielensohler	Tylopoda
Schwimmbeutler	*Chironectes minimus*
Sechsbinden-Gürteltier	*Euphractus sexcinctus*
Seehund	*Phoca vitulina*
Seehunde	Phocidae
Seekühe	Sirenia
Seeleopard	*Hydrurga leptonyx*
Seeotter	*Enhydra lutris*
Senegalgalago	*Galago senegalensis*
Serval	*Leptailurus serval*
Siamang	*Symphalangus syndactylus*
Siebenbinden-Gürteltier	*Dasypus septemcinctus*
Siebenschläfer	*Glis glis*
Silberdachs	*Taxidea taxus*
Silbergibbon	*Hylobates moloch*
Silberlöwe	*Puma concolor*
Skunks	Mephitinae
Sowerby-Zweizahnwal	*Mesoplodon bidens*
Spießbock	*Oryx gazella*
Spinnenaffe	*Brachyteles arachnoides*
Spitzhörnchen	Scandentia (Ordnung), Tupaiidae (Familie)
Spitzlippennashorn	*Diceros bicornis*
Spitzmaus-Langzüngler	*Glossophaga soricina*
Spitzmäuse	Soricidae
Spitzmausverwandte	Soricomorpha
Spitzschnauzendelphine	Ziphiidae
Springbock	*Antidorcas marsupialis*
Springhasen	Pedetidae
Springmäuse	Dipodidae

Springtamarin	*Callimico goeldii*
Stacheligel	Erinaceinae
Stachelschweinverwandte	Hystricomorpha
Stammreptilien †	Cotylosauria
Steinmarder	*Martes foina*
Stellersche Seekuh †	*Rhytina gigas*
Steppenmammut †	*Mammonteus trogontherii*
Steppen-Schuppentier	*Manis temmincki*
Steppenzebra	*Equus quagga*
Sternmull	*Condylura cristata*
Stinktiere	Mephitinae
Stirnwaffenträger	Pecora
Strauchratten	*Octodon* spec.
Streifengnu	*Connochaetes taurinus*
Streifenhyäne	*Hyaena hyaena*
Streifenskunk	*Mephitis mephitis*
Streifentanrek	*Hemicentetes semispinosus*
Streifenziesel	*Citellus tridecemlineatus*
Stummelaffen	*Colobus* spec.
Stummelschwanzagutis	*Dasyprocta* spec.
Stummelschwanzhörnchen	Aplodontidae
Stummelschwanzhörnchenverwandte	Protrogomorpha
Stummelschwanz- oder Biberhörnchen	*Aplodontia rufa*
Südafrikanischer Springhase	*Pedetes cafer*
Südamerikanischer Nasenbär	*Nasua nasua*
Sumatra-Bambusratte	*Rhizomys sumatrensis*
Sumpfbiber	*Myocastor coypus*
Sumpfwallaby	*Wallabia bicolor*
Sundakoboldmaki	*Tarsius bancanus*
Syrischer Goldhamster	*Mesocricetus auratus*
Takin	*Budorcas taxicolor*
Tamandua	*Tamandua tetradactyla*
Tanreks	Tenrecidae
Tanrekverwandte	Tenrecomorpha
Tapire	Tapiridae
Taschenmäuse	Heteromyidae
Taschenratten	Geomyidae
Temminck-Gleitflieger	*Cynocephalus temminckii*
Thomsongazelle	*Gazella thomsoni*
Tiger	*Panthera tigris*
Topi	*Damaliscus lunatus topi*
Totenkopfäffchen	*Saimiri sciureus*
Trampeltier	*Camelus ferus*
Trugratten	Octodontidae
Tüpfelbeutelmarder	*Dasyurus quoll*
Tüpfelhyäne	*Crocuta crocuta*
Tüpfelkuskus	*Phalanger maculatus*
Uakaris	*Cacajao* spec.
Uganda-Kob	*Adenota kob thomasi*

Unau	*Choloepus didactylus*
Ungleichnasen*	Anisorrhinidae
Unpaarhufer	Perissodactyla
Unpaarzeher	Perissodactyla
Ur †	*Bos primigenius*
Ur-Huftiere †	Condylarthra
Ur-Insektenesser †	Protoinsectivora
Urpferdchen †	*Hyracotherium* spec.
Urraubsaurier †	Pelycosauria
Urraubtiere †	Hyaenodonta
Urson	*Erethizon dorsatum*
Urwaldgiraffe	*Okapia johnstoni*
Urwale †	Archaeoceti
Urwildpferd	*Equus przewalskii*
Vielfraß	*Gulo gulo*
Vielhöckerzähner †	Multituberculata
Vielnasen-Naslinge*	Polyrrhina
Vielzitzenmaus	*Mastomys coucha*
Vierhornantilope	*Tetracerus quadricornis*
Vikunja	*Lama vicugna*
Virginiahirsch	*Odocoileus virginianus*
Virginischer Weißwedelhirsch	*Odocoileus virginianus virginianus*
Vollsäuger †	Pantotheria
Wahlberg-Epauletten-Flughund	*Epomophorus wahlbergi*
Waldrüsselratte	*Petrodromus sultan*
Waldspitzmäuse	*Sorex* spec.
Waldtarpan †	*Equus przewalskii silvaticus*
Wale	Cetacea
Walroß	*Odobenus rosmarus*
Walrosse	Odobenidae
Wanderratte	*Rattus norvegicus*
Wanderu	*Macaca silenus*
Wapiti	*Cervus elaphus canadensis*
Warzenschwein	*Phacochoerus aethiopicus*
Wasserbüffel	*Bubalus arnee*
Wasserreh	*Hydropotes inermis*
Wasserreißtiere	Pinnipedia
Wasserschwein	*Hydrochoerus hydrochaeris*
Wasserspitzmaus	*Neomys fodiens*
Weddell-Robbe	*Leptonychotes weddelli*
Weißbauch-Schuppentier	*Manis tricuspis*
Weißborsten-Gürteltier	*Euphractus sexcinctus*
Weißbüscheläffchen	*Callithrix jacchus*
Weiße Oryx	*Oryx gazella leucoryx*
Weißes Nashorn	*Ceratotherium simum*
Weißgraue Fledermaus	*Lasiurus cinereus*
Weißhandgibbon	*Hylobates lar*
Weißnacken-Moorantilope	*Onototragus megaceros*

Weißschulteraffe oder	
Weißschulterkapuziner	*Cebus capucinus*
Weißschwanzgnu	*Connochaetes gnou*
Weißschwanz-Prärierhund	*Cynomys gunnisoni*
Weißwal	*Delphinapterus leucas*
Weißwedelhirsch	*Odocoileus virginianus*
Westafrikanischer Quastenstachler	*Atherurus africanus*
Westblindmaus	*Spalax leucodon*
Westeuropäischer Igel	*Erinaceus europaeus europaeus*
Wickelbär	*Potos flavus*
Wiesenhüpfmaus	*Zapus hudsonius*
Wildkamel	*Camelus ferus ferus*
Wildkatze	*Felis silvestris*
Wildschaf	*Ovis ammon*
Wildschwein	*Sus scrofa*
Wisent	*Bison bonasus*
Wolf	*Canis lupus*
Wollaffe	*Lagothrix lagothricha*
Wühler	Cricetidae
Wurzelratten	Rhizomyidae
Wüstenfuchs	*Fennecus zerda*
Wüsten-Känguruhratte	*Dipodomys deserti*
Wüstenluchs	*Caracal caracal*
Wüstenratte	*Neotoma albiqula*
Wüstenspringmaus	*Jaculus jaculus*
Yak	*Bos mutus*
»Zahnarme«	Edentata
Zahnwale	Odontoceti
Zebraducker	*Cephalophus zebra*
Zehenbeutler	Phalangeroidea
Zibetkatzen	Viverrinae
Zobel	*Martes zibellina*
Zorilla	*Ictonyx striatus*
Zweifinger-Faultiere	Choloepidae
Zweispitzzähner †	Docodonta
Zweizahnwale	*Mesoplodon* spec.
Zwergameisenbär	*Cyclopes didactylus*
Zwergbeutelratten	*Marmosa* spec.
Zwerg-Dornschwanzhörnchen	*Anomalurus pusillus*
Zwergfledermaus	*Pipistrellus pipistrellus*
Zwergflußpferd	*Choeropsis liberiensis*
Zwerggalago	*Galago demidovii*
Zwerghirsche	Tragulidae
Zwergkaninchen	*Brachylagus idahoensis*
Zwergpottwal	*Kogia breviceps*
Zwergschimpanse	*Pan paniscus*
Zwergseidenäffchen	*Callithrix pygmaea*

Tiernamenverzeichnis II (wissenschaftlich–deutsch)

Zuordnung der wissenschaftlichen zu den deutschen Bezeichnungen von Arten sowie höherer systematischer Kategorien der Säugetiere und einiger ihrer Vorfahren. Vertreter der Rhinogradentia sind durch ein Sternchen*, ausgestorbene Arten durch † gekennzeichnet.

Acinonyx jubatus	Gepard
Adenota kob	Moorantilope
Adenota kob thomasi	Uganda-Kob
Ailuridae	Katzenbären
Ailuropoda melanoleuca	Bambusbär oder Großer Panda
Ailuropodidae	Bambusbären
Ailurus fulgens	Katzenbär oder Kleiner Panda
Alcelaphus buselaphus	Kuhantilope oder Hartebeest
Alces alces	Elch
Alopex lagopus	Eisfuchs
Alouatta caraya	Schwarzer Brüllaffe
Ammotragus lervia	Mähnenspringer
Anisorrhinidae*	Ungleichnasen
Anomaluridae	Dornschwanzhörnchen
Anomaluromorpha	Dornschwanzhörnchenverwandte
Anomalurus pusillus	Zwerg-Dornschwanzhörnchen
Anomodontia †	Hauerzahnsaurier
Anthropoidea	»Affen«
Antidorcas marsupialis	Springbock
Antilocapra americana	Gabelbock
Antilocapridae	Gabelhorntiere
Antilope cervicapra	Hirschziegenantilope
Antrozous pallidus	Blasse Fledermaus
Aonyx capensis	Kapotter oder Eigentlicher Fingerotter
Aotes trivirgatus	Nachtaffe
Aplodontia rufa	Stummelschwanz- oder Biberhörnchen
Aplodontidae	Stummelschwanzhörnchen
Apodemus agrarius	Brandmaus
Apodemus mystacinus	Felsenmaus
Apodemus sylvaticus	Feld-Waldmaus
Archaeoceti †	Urwale
Arctictis binturong	Binturong
Arctocephalus australis	Südamerikanischer Seebär
Artiodactyla	Paarhufer oder Paarzeher
Arvicola terrestris	Schermaus
Ateles belzebuth	Goldstirn-Klammeraffe
Ateles paniscus	Schwarzer Klammeraffe
Atherurus africanus	Westafrikanischer Quastenstachler
Atlantoxerus getulus	Nordafrikanisches Erdhörnchen
Babyrousa babyrussa	Hirscheber
Balaena mysticetus	Grönlandwal

Balaenidae	Glattwale
Balaenoptera musculus	Blauwal
Balaenoptera physalus	Finnwal
Balaenopteridae	Furchenwale
Barbastella barbastellus	Mopsfledermaus
Bathyergidae	Sandgräber
Bison bison	Bison
Bison bonasus	Wisent
Blarina brevicauda	Kurzschwanzspitzmaus
Blastoceros bezoarticus	Pampashirsch
Boselaphus tragocamelus	Nilgauantilope
Bos javanicus	Banteng
Bos mutus	Yak
Bos mutus grunniens	Hausyak
Bos primigenius †	Ur
Bos primigenius taurus	Hausrind
Bovidae	Hornträger oder Rinder
Brachylagus idahoensis	Zwergkaninchen
Brachyteles arachnoides	Spinnenaffe
Bradypodidae	Dreifinger-Faultiere
Bradypus tridactylus	Dreifinger-Faultier
Bubalus arnee	Wasserbüffel
Bubalus arnee bubalis	Hausbüffel
Budorcas taxicolor	Takin
Burmeisteria retusa	Burmeister-Gürtelmull
Cabassous unicinctus	Großes Nacktschwanz-Gürteltier
Cacajao calvus	Scharlachgesicht
Cacajo rubicundus	Roter Uakari
Cacajao spec.	Uakaris
Caenolestes fuliginosus	Ekuador-Opossummaus
Caenolestidae	Opossummäuse
Caenolestoidea	Opossummäuse
Callicebus moloch	Grauer Springaffe
Callimico goeldii	Goelditamarin oder Springtamarin
Callithricidae	Krallenäffchen
Callithrix jacchus	Weißbüscheläffchen
Callithrix pygmaea	Zwergseidenäffchen
Callithrix spec.	Marmosetten
Callitrichidae	Krallenäffchen
Callorhinus ursinus	Nördlicher Seebär
Camelidae	Kamele
Camelus dromedarius	Einhöckeriges Kamel oder Dromedar
Camelus ferus	Zweihöckeriges Kamel oder Trampeltier
Camelus ferus bactrianus	Zweihöckeriges Hauskamel
Camelus ferus ferus	Wildkamel
Canidae	Hunde
Canis aureus	Goldschakal
Canis lupus	Wolf
Canis lupus familiaris	Haushund
Canis lupus familiaris dingo	Dingo

518

Capra aegagrus	Bezoarziege
Capra aegagrus hircus	Hausziege
Capra falconeri	Schraubenziege
Capreolus capreolus	Reh
Caracal caracal	Wüstenluchs oder Karakal
Carnivora	Reißtiere
Carollia perspicillata	Brillen-Blattnase
Castor fiber	Biber
Castor fiber canadensis	Kanadischer Biber
Castoridae	Biber
Castorimorpha	Biberverwandte
Catarrhini	Schmalnasen - oder Altweltaffen
Cavia aperea	Aperea
Cavia aperea porcellus	Hausmeerschweinchen
Caviidae	Meerschweinchen
Caviomorpha	Meerschweinchenverwandte
Cebidae	Kapuzineraffen
Cebus capucinus	Weißschulteraffe oder Weißschulterkapuziner
Cephalophus niger	Schwarzducker
Cephalophus zebra	Zebraducker
Ceratomorpha	Nashornverwandte
Ceratotherium simum	Breitlippennashorn oder Weißes Nashorn
Cercopithecidae	Hundsaffen
Cercopithecus mitis	Diademmeerkatze
Cercopithecus petaurista	Kleine Weißnasenmeerkatze
Cervidae	Hirsche
Cervus elaphus	Rothirsch
Cervus elaphus canadensis	Wapiti
Cervus elaphus elaphus	Schwedischer Rothirsch
Cervus elaphus hippelaphus	Mitteleuropäischer Rothirsch
Cetacea	Wale
Cheirogaleidae	Katzenmakis
Cheirogaleus major	Großer Katzenmaki
Chinchilla laniger	Langschwanz-Chinchilla
Chinchillidae	Chinchillas
Chironectes minimus	Schwimmbeutler
Chiroptera	Fledertiere
Chlamyphorus truncatus	Gürtelmull
Choeronycteris mexicana	Langnasen-Fledermaus
Choeropsis liberiensis	Zwergflußpferd
Choloepidae	Zweifinger-Faultiere
Choloepus didactylus	Unau
Choloepus hoffmanni	Hoffmann-Zweifinger-Faultier
Choriata	Choriontiere
Chrysochlorida	Goldmullverwandte
Chrysochloridae	Goldmulle
Chrysochloris asiatica	Kapgoldmull
Chrysocyon brachyurus	Mähnenwolf
Cingulata	Gürteltiere
Citellus citellus	Einfarbiger Ziesel

Citellus tridecemlineatus	Streifenziesel
Citellus variegatus	Felsenziesel
Coelodonta antiquitatis †	Fellnashorn
Coëndou prehensilis	Greifstachler
Colobus abyssinicus	Nördlicher Guereza
Colobus spec.	Stummelaffen
*Columnifax lactans**	Milchspendende Säulennase
Columnifax spec.*	Säulennasen
Condylarthra †	Ur-Huftiere
Condylura cristata	Sternmull
Connochaetes gnou	Weißschwanzgnu
Connochaetes taurinus	Streifengnu
Connochaetes taurinus albojubatus	Östliches Weißbartgnu
Cotylosauria †	Stammreptilien
Craseonycteridae	Schmetterling-Fledermäuse
Craseonycteris thonglongyai	Schmetterling-Fledermaus
Cratogeomys castanops	Mexikanische Taschenratte
Cricetidae	Wühler
Cricetus cricetus	Hamster
Crocuta crocuta	Tüpfelhyäne
Ctenodactylidae	Kammfinger
Cuniculus paca	Paka
Cyclopes didactylus	Zwergameisenbär
Cynocephalidae	Riesengleitflieger
Cynocephalus temminckii	Temminck-Gleitflieger
Cynocephalus volans	Philippinen-Gleitflieger
Cynomys gunnisoni	Weißschwanz-Präriehund
Cynomys ludovicianus	Schwarzschwanz-Präriehund
Cynopithecus niger	Schopfmakak
Cystophora cristata	Klappmütze
Dama dama	Damhirsch
Damaliscus lunatus	Leierantilope
Damaliscus lunatus topi	Topi
Dasypodidae	Gürteltiere
Dasyprocta aguti	Goldaguti
Dasyprocta spec.	Stummelschwanzagutis
Dasyproctidae	Agutis
Dasypus novemcinctus	Neunbinden-Gürteltier
Dasypus septemcinctus	Siebenbinden-Gürteltier
Dasyuridae	Marderbeutler
Dasyuroidea	Reißbeutler
Dasyurus quoll	Tüpfelbeutelmarder
Daubentonia madagascariensis	Aye-Aye oder Fingertier
Daubentoniidae	Fingertiere
Delphinapteridae	Gründelwale
Delphinapterus leucas	Weißwal
Delphinidae	Delphine
Delphinus delphis	Delphin
Dendrohyrax dorsalis	Regenwald-Baumschliefer
Dendrolagus ursinus	Bären-Baumkänguruh

520

Dermoptera	Riesengleiter
Desmana moschata	Bisamspitzmaus
Desmodontidae	Echte Vampirfledermäuse
Desmodus rotundus	Gemeine Vampirfledermaus
Diceros bicornis	Spitzlippennashorn oder Schwarzes Nashorn
Dicotylidae	Pekaris oder Nabelschweine
Didelphidae	Beutelratten
Didelphis marsupialis	Nordopossum
Didelphoidea	Beutelratten
Diphylla ecaudata	Kleiner Blutsauger
Dipodidae	Springmäuse
Dipodomys deserti	Wüsten-Känguruhratte
Dipodomys merriami	Merriam-Känguruhratte
Docodonta †	Zweispitzzähner
Dolichotis patagonum	Mara
Dryomys nitedula	Baumschläfer
Dugong dugong	Dugong
Dugongidae	Dugongs oder Gabelschwanz-Seekühe
Duplicidentata	»Doppelzähner«
Echinops telfairi	Kleiner Igeltanrek
Echinosorex gymnurus	Großer Rattenigel
Echinosoricinae	Rattenigel
Edentata	»Zahnarme«
Elaphurus davidianus	Davidshirsch oder Milu
Elephantidae	Elefanten
Elephantulus rozeti	Nordafrikanische Elefantenspitzmaus
Elephantulus spec.	Elefantenspitzmäuse
Elephas maximus	Asiatischer Elefant
Elephas maximus bengalensis	Indischer Elefant
Eliomys guercinus	Gartenschläfer
Emballonuridae	Glattnasen-Freischwänze
Enhydra lutris	See- oder Meerotter
Epomophorus spec.	Epauletten-Flughunde
Epomophorus wahlbergi	Wahlberg-Epauletten-Flughund
Eptesicus fuscus	Große Braune Fledermaus
Equidae	Einhufer
Equus asinus	Afrikanischer Wildesel
Equus asinus asinus	Hausesel
Equus hemionus	Asiatischer Wildesel
Equus hemionus onager	Onager
Equus przewalskii	Urwildpferd
Equus przewalskii caballus	Hauspferd
Equus przewalskii przewalskii	Przewalski-Pferd
Equus przewalskii silvaticus †	Waldtarpan
Equus quagga	Steppenzebra
Equus spec.	Pferde
Equus zebra	Bergzebra
Erethizon dorsatum	Urson oder Nordamerikanischer Baumstachler
Erethizontidae	Baumstachler oder Neuweltstachelschweine

Erinaceidae	Igel
Erinaceinae	Stacheligel
Erinaceomorpha	Igelverwandte
Erinaceus europaeus	Braunbrustigel
Erinaceus europaeus europaeus	Westeuropäischer Igel
Eschrichtiidae	Grauwale
Eschrichtius gibbosus	Grauwal
Eubalaena glacialis	Nordkaper
Euphractus sexcinctus	Weißborsten- oder Sechsbinden-Gürteltier
Eupleres goudotii	Ameisen-Schleichkatze oder Falanuk
Eutheria	Höhere Säugetiere
Felidae	Katzen
Felis silvestris	Wildkatze
Felis silvestris catus	Hauskatze
Felis silvestris lybica	Nubische Falbkatze
Fennecus zerda	Fennek oder Wüstenfuchs
Fissipedia	Landreißtiere
Galagidae	Galagos
Galago demidovii	Zwerggalago
Galago senegalensis	Senegalgalago
Galago spec.	Buschbabies
Gazella granti	Grantgazelle
Gazella subgutturosa	Kropfgazelle
Gazella thomsoni	Thomsongazelle
Genetta genetta	Kleinfleck-Ginsterkatze
Geomyidae	Taschenratten
Geomys bursarius	Flachland-Taschenratte
Giraffa camelopardalis	Giraffe
Giraffa camelopardalis reticulata	Netzgiraffe
Giraffidae	Giraffen
Glaucomys volans	Assapan
Gliridae	Bilche, Schläfer oder Schlafmäuse
Glirimorpha	Bilchverwandte
Glis glis	Siebenschläfer
Globicephala melaena	Gewöhnlicher Grindwal
Glossophaga soricina	Spitzmaus-Langzüngler
Glossophaga spec.	Langzungen-Fledermäuse
Gorilla gorilla	Gorilla
Gulo gulo	Vielfraß
Halichoerus grypus	Kegelrobbe
Haplorrhini	Mimikaffen
Helarctos malayanus	Malaienbär
Hemicentetes semispinosus	Streifentanrek
Hemiechinus auritus	Langohrigel
Herpestes edwardsi	Indischer Mungo
Herpestes javanicus	Kleiner Mungo
Herpestes javanicus auropunctatus	Goldstaub-Manguste
Herpestes urva	Krabbenmanguste

Heterocephalus glaber	Nacktmull
Heterohyrax syriacus	Buschschliefer
Heteromyidae	Taschenmäuse
Hippomorpha	Pferdeverwandte
Hippopotamidae	Flußpferde
Hippopotamus amphibius	Flußpferd
Hippotragus equinus	Pferdeantilope
Hippotragus niger	Rappenantilope
Hominidae	Menschen
Homo sapiens	Mensch der Jetztzeit
Hopsorrhinidae*	Nasenhopfe
*Hopsorrhinus aureus**	Goldnasenhopf
Hyaena brunnea	Schabrackenhyäne
Hyaena hyaena	Streifenhyäne
Hyaenidae	Hyänen
Hyaenodonta †	Urraubtiere
Hydrochoeridae	Riesennager
Hydrochoerus hydrochaeris	Capybara oder Wasserschwein
Hydropotes inermis	Wasserreh
Hydrurga leptonyx	Seeleopard
Hyemoschus aquaticus	Afrikanisches Hirschferkel
Hylobates lar	Weißhandgibbon
Hylobates moloch	Silbergibbon
Hylobatidae	Gibbons
Hylochoerus meinertzhageni	Riesenwaldschwein
Hyperoodon ampullatus	Nördlicher Entenwal
Hypsignathus monstrosus	Hammerkopf
Hyracoidea	Schliefer
Hyracotherium †	Urpferdchen
Hystricidae	Altweltstachelschweine
Hystricomorpha	Stachelschweinverwandte
Hystrix cristata	Gewöhnliches Stachelschwein
Ictailurus planiceps	Flachkopfkatze
Ictonyx striatus	Bandiltis oder Zorilla
Indriidae	Indris
Indri indri	Indri
Inia geoffrensis	Amazonas-Delphin
Iniidae	Inias
Insectivora	Insektenesser
Isorrhinidae*	Gleichnasen
Jaculus jaculus	Wüstenspringmaus
Kogia breviceps	Zwergpottwal
Lagomorpha	Hasentiere
Lagothrix lagothricha	Wollaffe
Lama guanicoë	Guanako
Lama guanicoë glama	Lama
Lama guanicoë pacos	Alpaka

523

Lama vicugna	Vikunja
Lasiurus borealis	Rote Fledermaus
Lasiurus cinereus	Weißgraue Fledermaus
Lemmus lemmus	Berglemming
Lemur catta	Katta
Lemuridae	Lemuren
Leontideus rosalia	Goldgelbes Löwenäffchen
Leopardus pardalis	Ozelot
Leporidae	Hasen
Leptailurus serval	Serval
Leptonychotes weddelli	Weddell-Robbe
Lepus americanus	Schneeschuhhase
Lepus californicus	Kalifornischer Eselhase
Lepus europaeus	Europäischer Feldhase
Lepus timidus	Schneehase
Litocranius walleri	Giraffengazelle oder Gerenuk
Lobodon carcinophagus	Krabbenesser
Lorisidae	Loris
Loris tardigradus	Schlanklori
Loxodonta africana	Afrikanischer Elefant
Luteolina crassicaudata	Dickschwanzbeutelratte
Lutra lutra	Fischotter
Lycaon pictus	Afrikanischer Wildhund
Lynx lynx	Nordluchs
Lynx rufus	Rotluchs
Macaca fuscata	Rotgesichtsmakak
Macaca irus	Javaneraffe
Macaca mulatta	Rhesusaffe
Macaca nemestrina	Schweinsaffe
Macaca silenus	Wanderu
Macaca sylvana	Magot oder Berberaffe
Macropodidae	Känguruhs
Macropus rufus	Rotes Riesenkänguruh
Macroscelidea	Rüsselspringer
Macroscelididae	Rohrrüssler oder Rüsselspringer
Macrotis lagotis	Großer Kaninchen-Nasenbeutler
Mammalia	Säugetiere
Mammonteus trogontherii †	Steppenmammut
*Mammontops ursulus**	Bärige Zottelnase
Mandrillus leucophaeus	Drill
Mandrillus sphinx	Mandrill
Manidae	Schuppentiere
Manis gigantea	Riesen-Schuppentier
Manis javanica	Javanisches Schuppentier
Manis pentadactyla	Chinesisches Ohren-Schuppentier
Manis temmincki	Steppen-Schuppentier
Manis tetradactyla	Langschwanz-Schuppentier
Manis tricuspis	Weißbauch-Schuppentier
Marmosa spec.	Zwergbeutelratten
Marmota bobak	Bobak

524

Marmota bobak sibirica	Mongolisches Murmeltier
Marmota marmota	Alpenmurmeltier
Marsupialia	Beuteltiere
Martes foina	Steinmarder
Martes martes	Baummarder
Martes zibellina	Zobel
Mastomys coucha	Vielzitzenmaus
Megachiroptera	Flederhunde
Megaderma lyra	Lyra-Fledermaus
Megaderma spasma	Malaiischer Falscher Vampir
Megadermatidae	Großblattnasen oder Klaffmäuler
Megaloceros giganteus †	Europäischer Riesenhirsch
Megaloceros spec. †	Riesenhirsche
Megaptera novaeangliae	Buckelwal
Megatherium spec. †	Riesenfaultiere
Meles meles	Europäischer Dachs
Mellivora capensis	Honigdachs
Melursus ursinus	Lippenbär
Mephitinae	Stinktiere oder Skunks
Mephitis mephitis	Streifenskunk
Mercatorrhinus mercator*	Healeys Nasenhopf
Mercatorrhinus spec.*	Saugmund-Nasenhopfe
Meriones unguiculatus	Mongolische Rennmaus
Mesocricetus auratus	Syrischer Goldhamster
Mesoplodon bidens	Sowerby-Zweizahnwal
Mesoplodon spec.	Zweizahnwale
Metatheria	Beuteltiere
Microcebus murinus	Mausmaki
Microchiroptera	Fledermäuse
Micromys minutus	Eurasiatische Zwergmaus
Microtus arvalis	Feldmaus
Mirounga angustirostris	Nördlicher See-Elefant
Molossidae	Bulldogg-Fledermäuse
Monodon monoceras	Narwal
Monodontidae	Gründelwale
Monorrhina*	Einnasen-Naslinge
Monotremata	Eierleger oder Kloakentiere
Moschus moschiferus	Moschustier
Multituberculata †	Vielhöckerzähner
Muntiacus muntjak	Muntjak
Muridae	Mäuse
Muscardinus avellanarius	Haselmaus
Mus musculus	Hausmaus
Musonycteris harrisoni	Bananenfledermaus
Mustela erminea	Hermelin
Mustela lutreola	Europäischer Nerz
Mustela nivalis	Mauswiesel
Mustela putorius	Europäischer Iltis
Mustela putorius furo	Frettchen
Mustela vison	Amerikanischer Nerz
Mustelidae	Marder

Mydaus javanensis	Malaiischer Stinkdachs
Myocastor coypus	Sumpfbiber oder Nutria
Myocastoridae	Biberratten
Myomorpha	Mäuseverwandte
Myotis lucifugus	Kleine Braune Fledermaus
Myotis myotis	Mausohr
Myrmecobiidae	Ameisenbeutler (Familie)
Myrmecobius fasciatus	Ameisenbeutler (Art) oder Numbat
Myrmecophaga tridactyla	Großer Ameisenbär
Myrmecophagidae	Ameisenbären
Mystacina tuberculata	Neuseeland-Fledermaus
Mystacinidae	Neuseeland-Fledermäuse
Mystacoceti	Bartenwale
Mysticeti	Bartenwale
Nasalis larvatus	Nasenaffe
Nasolimaceus conchicauda*	Panzerschwänzige Schneckennase
Nasolimacidae*	Schneckennasen
Nasua nasua	Südamerikanischer Nasenbär
Neofelis nebulosa	Nebelparder
Neomys fodiens	Wasserspitzmaus
Neophocoena phocoenoides	Indischer Schweinswal
Neotoma albiqula	Wüstenratte
Neotoma spec.	Buschratten
Neotragus pygmaeus	Kleinstböckchen
Nesotragus moschatus	Moschusböckchen
Noctilio leporinus	Großes Hasenmaul
Noctilionidae	Hasenmaulfledermäuse
Notomys spec.	Australische Hüpfmäuse oder Känguruhmäuse
Notoryctes typhlops	Großer Beutelmull
Notoryctidae	Beutelmulle
Nototrogomorpha	Meerschweinchenverwandte
Nyctalus noctula	Großer Abendsegler
Nycticebus coucang	Plumplori
Ochotona roylei	Großohriger Pfeifhase
Ochotonidae	Pfeifhasen
Octodon spec.	Strauchratten
Octodontidae	Trugratten
Odobenidae	Walrosse
Odobenus rosmarus	Walroß
Odocoileus bezoarticus	Pampashirsch
Odocoileus hemionus	Großohr- oder Maultierhirsch
Odocoileus hemionus hemionus	Schwarzwedelhirsch
Odocoileus virginianus	Weißwedelhirsch oder Virginiahirsch
Odocoileus virginianus virginianus	Virginischer Weißwedelhirsch
Odontoceti	Zahnwale
Oedipomidas oedipus	Lisztäffchen
Okapia johnstoni	Okapi oder Urwaldgiraffe

Onototragus megaceros	Frau Grays Wasserbock oder Weißnacken-Moorantilope
Orcinus orca	Schwertwal
Oreamnos americanus	Schneeziege
Oreotragus oreotragus	Klippspringer
Ornithorhynchidae	Schnabeltiere
Ornithorhynchus anatinus	Schnabeltier
Orycteropodidae	Erdferkel (Familie)
Orycteropus afer	Erdferkel (Art)
Oryctolagus cuniculus	Europäisches Wildkaninchen
Oryctolagus cuniculus domestica	Hauskaninchen
Oryx gazella	Spießbock oder Oryx
Oryx gazella leucoryx	Weiße Oryx
Otariidae	Ohrenrobben
Otocolobus manul	Manul
Otocyon megalotis	Löffelhund
*Otopteryx volitans**	Flugohr
Ourebia ourebi	Bleichböckchen oder Oribi
Ovibos moschatus	Moschusochse
Ovis ammon	Wildschaf
Ovis ammon aries	Hausschaf
Ovis ammon musimon	Mufflon oder Europäisches Wildschaf
Ovis ammon polii	Pamir-Wildschaf oder Marco-Polo-Schaf
Ovis canadensis	Dickhornschaf
Palaeotrogomorpha	Stachelschweinverwandte
Pan paniscus	Bonobo oder Zwergschimpanse
Panthera leo	Löwe
Panthera onca	Jaguar
Panthera pardus	Leopard
Panthera pardus fusca	Schwarzer Panther
Panthera tigris	Tiger
Pantotheria †	Vollsäuger
Pan troglodytes	Schimpanse
Papio anubis	Grüner Pavian
Papio cynocephalus	Gelber Babuin
Papio hamadryas	Mantelpavian
Papio spec.	Paviane
Pecora	Stirnwaffenträger
Pedetes cafer	Südafrikanischer Springhase
Pedetes surdaster	Ostafrikanischer Springhase
Pedetidae	Springhasen
Pelycosauria †	Urraubsaurier
Perameles spec.	Langnasenbeutler
Peramelidae	Beuteldachse
Perameloidea	Nasenbeutler
Perissodactyla	Unpaarhufer oder Unpaarzeher
Perodicticus potto	Potto
Petaurista grandis	Riesengleithörnchen
Petaurus breviceps	Kurzkopfgleitbeutler
Petrodromus sultan	Waldrüsselratte

Phacochoerus aethiopicus	Warzenschwein
Phalangeridae	Kletterbeutler
Phalanger maculatus	Tüpfelkuskus
Phalangeroidea	Zehenbeutler
Phalanger ursinus	Bärenkuskus
Phascolarctidae	Beutelbären
Phascolarctos cinereus	Koala
Phiomorpha	Stachelschweinverwandte
Phoca vitulina	Seehund
Phocidae	Hundsrobben oder Seehunde
Phocoena phocoena	Schweinswal
Phocoenidae	Schweinswale oder Braunfische
Pholidota	Schuppentiere oder Pangoline
Phyllostomidae	Blattnasen
Physeter catodon	Pottwal
Physeteridae	Pottwale
Pilosa	Faultiere
Pinnipedia	Robben, Flossenfüßer oder Wasserreißtiere
Pipistrellus nanus	Bananen-Zwergfledermaus
Pipistrellus pipistrellus	Zwergfledermaus
Pithecoidea	»Affen«
Placentalia	Placentatiere
Platanista gangetica	Ganges-Delphin
Platanistidae	Ganges-Delphine
Platyrrhini	Breitnasenaffen oder Neuweltaffen
Polyrrhina*	Vielnasen-Naslinge
Pongidae	Menschenaffen
Pongo pygmaeus	Orang-Utan
Potamogale velox	Große Otterspitzmaus
Potoroinae	Rattenkänguruhs
Potos flavus	Wickelbär
Presbytis entellus	Hulman
Primates	Herrentiere
Priodontes giganteus	Riesengürteltier
Prionailurus viverrinus	Fischkatze
Proboscidea	Rüsseltiere
Procavia capensis	Kap-Klippschliefer
Procaviidae	Schliefer
Procyon cancrivorus	Krabbenwaschbär
Procyonidae	Kleinbären
Procyon lotor	Nordamerikanischer Waschbär
Prosimiae	»Halbaffen«
Proteles cristatus	Erdwolf
Protocetus spec. †	Urwale
Protoinsectivora †	Ur-Insektenesser
Protrogomorpha	Stummelschwanzhörnchenverwandte
Pteromys volans	Gewöhnliches Gleithörnchen
Pteronotus davyi	Kleine Nacktrücken-Fledermaus
Pteropidae	Flughunde
Pteropus giganteus	Indischer Flughund
Ptilocercus lowii	Federschwanz

Puma concolor	Puma oder Silberlöwe
Pusa sibirica	Baikal-Ringelrobbe
Pygathrix nemaeus	Kleideraffe
Rangifer tarandus	Ren oder Rentier
Rangifer tarandus caribou	Karibu
Rattus norvegicus	Wanderratte
Rattus rattus	Hausratte
Rhachianectidae	Grauwale
Rhinoceros sondaicus	Javanashorn
Rhinoceros unicornis	Panzernashorn
Rhinocerotidae	Nashörner
Rhinocolumnidae*	Säulennaslinge
Rhinogradentia*	Naslinge
Rhinolophidae	Hufeisennasen
Rhinolophus ferrumequinum	Große Hufeisennase
Rhinolophus hipposideros	Kleine Hufeisennase
Rhinolophus landeri	Lander-Hufeisennase
Rhinopoma microphyllum	Ägyptische Klappnase
Rhinopomatidae	Mausschwanz-Fledermäuse
Rhizomyidae	Wurzelratten
Rhizomys spec.	Bambusratten
Rhizomys sumatrensis	Sumatra-Bambusratte
Rhynchocyon chrysopygus	Goldsteiß-Rüsselhündchen
Rhynchocyon cirnei	Geflecktes Rüsselhündchen
Rhytina gigas †	Stellersche Seekuh
Rodentia	Nagetiere
Rousettus aegyptiacus	Ägyptischer Flughund oder Nilflughund
Rupicapra rupicapra	Gemse
Saguinus imperator	Kaiserschnurrbarttamarin
Saguinus midas	Rothandtamarin
Saiga tatarica	Saiga
Saimiri sciureus	Totenkopfäffchen
Sarcophilus harrisi	Beutelteufel
Scalopus aquaticus	Ostamerikanischer Maulwurf
Scandentia	Spitzhörnchen
Schoinobates volans	Riesengleitbeutler
Sciuridae	Hörnchen
Sciuromorpha	Hörnchenverwandte
Sciurus carolinensis	Grauhörnchen
Sciurus vulgaris	Eichhörnchen
Seleviniidae	Salzkrautbilche
Setifer setosus	Großer Igeltanrek
Sicista betulina	Birkenmaus
Simiae	»Affen«
Simplicidentata	»Einfachzähner«
Sirenia	Seekühe
Solenodon paradoxus	Haiti-Schlitzrüssler
Solenodontidae	Schlitzrüssler
Sorex spec.	Waldspitzmäuse

Soricidae	Spitzmäuse
Soricomorpha	Spitzmausverwandte
Spalacidae	Blindmäuse
Spalax leucodon	Westblindmaus
Spilogale putorius	Fleckenskunk
Stenidae	Langschnabeldelphine
Steno bredanensis	Rauhzahndelphin
Stenodelphis blainvillei	La-Plata-Delphin
Strepsirhini	Nasenspiegelaffen
Suidae	Altweltliche Schweine
Suina	Schweineverwandte
Suncus etruscus	Etruskerspitzmaus
Suricata suricatta	Erdmännchen
Sus scrofa	Wildschwein
Sus scrofa domesticus	Hausschwein
Sylvilagus floridanus	Florida-Waldkaninchen
Symmetrodonta †	Gleichzähner
Symphalangus syndactylus	Siamang
Syncerus caffer	Kaffernbüffel
Tachyglossidae	Ameisenigel oder Schnabeligel
Tachyglossus aculeatus	Australien-Kurzschnabeligel
Tadarida brasiliensis mexicana	Guano-Fledermaus
Tadarida spec.	Faltlippen-Fledermäuse
Talpa europaea	Europäischer Maulwurf
Talpidae	Maulwürfe
Tamaiasciurus hudsonicus	Rothörnchen
Tamandua tetradactyla	Tamandua oder Kleiner Ameisenbär
Taphozous melanopogon	Schwarzbärtiger Grabflatterer
Taphozous nudiventris	Nacktbäuchiger Grabflatterer
Tapiridae	Tapire
Tapirus indicus	Schabrackentapir
Tapirus pinchaque	Bergtapir
Tapirus terrestris	Flachlandtapir
Tarsiidae	Koboldmakis oder Gespensteraffen
Tarsipes spenserae	Honigbeutler
Tarsius bancanus	Sundakoboldmaki
Tarsius bancanus borneanus	Borneo-Koboldmaki
Taurotragus euryceros	Bongo
Taurotragus oryx	Elenantilope
Taxidea taxus	Amerikanischer Dachs oder Silberdachs
Tayassuidae	Pekaris oder Nabelschweine
Tayassu tajacu	Halsbandpekari
Tenrec ecaudatus	Großer Tanrek
Tenrecidae	Borstenigel oder Tanreks
Tenrecomorpha	Tanrekverwandte
Tetracerus quadricornis	Vierhornantilope
Therapsida †	Säugetierähnliche Reptilien oder Säugetiervorläufer
Theriodontia †	Reißtierzähner
Theropithecus gelada	Dschelada oder Blutbrustpavian

Thylacinidae	Beutelwölfe
Thylacinus cynocephalus †	Beutelwolf
Thyroptera tricolor	Dreifarbige Haftscheiben-Fledermaus
Thyropteridae	Amerikanische Haftscheiben-Fledermäuse
Tolypeutes matacus	Kugelgürteltier
Tragelaphus imberbis	Kleiner Kudu
Tragelaphus strepsiceros	Großer Kudu
Tragulidae	Zwerghirsche
Tragulus javanicus	Kleinkantschil
Tragulus napu	Großkantschil
Tremarctos ornatus	Brillenbär
Trichechidae	Manatis oder Rundschwanz-Seekühe
Trichechus manatus	Nagel-Manati
Trichechus senegalensis	Afrikanischer Manati
Trichosurus vulpecula	Fuchskusu
Triconodonta †	Dreispitzzähner
Tubulidentata	Röhrchenzähner
Tupaia glis	Gewöhnliches Spitzhörnchen
Tupaiidae	Spitzhörnchen
Tursiops truncatus	Großer Tümmler
Tylopoda	Schwielensohler
Uncia uncia	Schneeleopard
Ursidae	Großbären
Ursus americanus	Schwarzbär oder Baribal
Ursus arctos	Braunbär
Ursus arctos horribilis	Grizzlybär
Ursus arctos middendorfii	Kodiakbär
Ursus maritimus	Eisbär
Ursus spelaeus †	Höhlenbär
Ursus thibetanus	Kragenbär
Vampyrum spectrum	Große Spießblattnase
Vermilingua	Ameisenesser
Vespertilionidae	Glattnasen
Viverra civetta	Afrika-Zibetkatze
Viverridae	Schleichkatzen
Viverrinae	Zibetkatzen
Vombatidae	Plumpbeutler
Vombatus ursinus	Nacktnasenwombat
Vulpes vulpes	Rotfuchs
Wallabia bicolor	Sumpfwallaby
Xenarthra	Nebengelenktiere
Xerus spec.	Afrikanische Borstenhörnchen
Zapholus californianus	Kalifornischer Seelöwe
Zapodidae	Hüpfmäuse
Zapus hudsonius	Wiesenhüpfmaus
Ziphiidae	Schnabelwale oder Spitzschnauzendelphine

Verzeichnis und Erklärungen zoologischer Fachwörter

In das Verzeichnis wurden auch einige Fachwörter aus anderen Gebieten aufgenommen. Die Fachausdrücke sind durch Wort-Elemente erklärt. Diese leiten sich häufig vom Genitiv des betreffenden Wortes ab. Daher ist im allgemeinen neben dem Nominativ auch der Genitiv des Herkunftswortes angegeben.

Die Erklärungen wurden zum weitaus größten Teil dem Zoologischen Wörterbuch von Hentschel und Wagner entnommen; daneben wurde das Klinische Wörterbuch von Pschyrembel verwendet. Die wissenschaftlichen Bezeichnungen der systematischen Kategorien sind – mit Ausnahme einiger im Text von Kapitel XI stehenden Tiernamen – nur für die Ordnungen und Unterordnungen erläutert.

Wiederholt sich bei aufeinanderfolgenden Fachwörtern das erste Wort-Element, steht stellvertretend für dieses ein Gedankenstrich. Nahe verwandte Begriffe mit gleichem anfänglichen Wortbestandteil sind häufig gemeinsam erklärt.

Wurde in den angeführten Nachschlagewerken sowie in den mir zur Verfügung stehenden Wörterbüchern der griechischen und lateinischen Sprache nichts gefunden, ist das betreffende Fachwort im Verzeichnis nicht aufgeführt (z. B. Ictidosauria oder Phiomorpha).

Die Abkürzungen bedeuten:

franz. = französisch / gr. = griechisch / lat. = lateinisch / latin. = latinisiert

Abdomen (lat.) Bauch, Wanst, Unterleib
Abduktion: abducere (lat.) wegführen
Abomasus: ab- (lat.) entfernt sein; omasus (lat.) Blättermagen
absorbieren: absorbere (lat.) aufsaugen, aufschlürfen, einverleiben
acinös: acinus (lat.) Traube, Weinbeere
acrodont: akros (gr.) spitz, hoch, oben; odus, odontos (gr.) Zahn
Acropodium: akron (gr.) Spitze; pus, podos (gr.) Fuß
Adamantoblast: adamas, adamantos (gr.) Stahl; blaste (gr.) Keim, Sproß
Adaptation: adaptare (lat.) anpassen
Adduktion: adducere (lat.) heranführen
Adenohypophyse: aden (gr.) Drüse; hypo- (gr.) unter; phyesthai (gr.) wachsen
Adsorption: ad- (lat.) zu, an, heran; sorbere (lat.) verschlingen, verschlucken
afferens: affere (lat.) herbeiführen
Aggression: aggredi (lat.) angreifen
Agonist: agon (gr.) Kampf, Anstrengung
Akklimatisation: ad- (lat.) an; klima (gr.) Gegend, Umgebung
Akzeptor: acceptor (lat.) Empfänger
akzessorisch: accedere (lat.) hinzutreten
Albino: albus (lat.) weiß, hell
alecithal: a- (gr.) ohne; lekithos (gr.) Dotter

Alisphenoid: alienus (lat.) fremd; sphen, sphenos (gr.) Keil
Allantois: allas, allantos (gr.) Wurst, wurstförmiger Sack
Alternation: alternus (lat.) abwechselnd
alveolär, Alveole: alveolus (lat.) kleine Mulde, Höhlung
Amnion, Amniota: amnion (gr.) Schafhaut; amnos (gr.) Lamm
Amphibia: amphibios (gr.) doppellebig
anaerob, Anaerobiose: a-, an- (gr.) ohne; aer (gr.) Luft; bios (gr.) Leben
anal: anus (lat.) After
analog: ana (gr.) gemäß; logos (gr.) Denken
Anämie: an- (gr.) ohne; haima (gr.) Blut
Anastomose: ana (latin. gr.) auf; stoma (gr.) Mund, Mündung
Anatomie: –; temnein (gr.) schneiden
ancestral: ante-cessor (lat.) Vorfahr, Vorläufer
Anchitherium: anchi (gr.) nahe kommend, ganz ähnlich; therion (gr.) Tier
Angulare: angulus (lat.) Winkel, Ecke, Kante
Anomaluromorpha: anomalos (gr.) abnorm, unregelmäßig; ura (gr.) Schwanz; morphe (gr.) Gestalt

Anomodontia: anomos (gr.) ohne Gesetz, unregelmäßig; odus, odontos (gr.) Zahn

Anosmat: a-, an- (gr.) ohne; osme (gr.) Geruch, Duft, Gestank

Antagonist: antagonistes (gr.) Widersacher

Anthropoidea: anthropos (gr.) Mensch; anthropoideus (gr.) menschenähnlich

Antiperistaltik: anti (gr.) gegen; peristellein (gr.) umschließen

Antorbitaldrüse: ante (lat.) vor; orbita (lat.) Geleise, Kreis des Auges

Anulus (lat.) kleiner Ring

Anus (lat.) Ring, After

Aphrodisiacum: aphrodisios (gr.) zum Liebesgenuß gehörig

apokrin: apokrinein (gr.) absondern

äqual: aequalis (lat.) gleichartig, gleich beschaffen

arboricol: arbor (lat.) Baum; colere (lat.) bewohnen, bebauen

Archaeoceti: archaios (gr.) alt; ketos (gr.) großer Meerfisch

Archaeohippus: –; hippos (gr.) Pferd

Archenteron: arche (gr.) Anfang; enteron (gr.) Inneres

Archicortex: archi- (gr.) ur-; cortex (lat.) Rinde, Schale

Archipallium: –; pallium (lat.) Mantel, Hülle

Areal, Areola: area (lat.) Feld, Fläche

Arterie: aer (gr.) Luft; terein (gr.) enthalten

Arthropoden: arthron (gr.) Glied, Gelenk; pus, podos (gr.) Fuß

Articulare: articulus (lat.) Gelenk, Glied, Fingerglied

Artiodactyla: artios (gr.) paarig; daktylos (gr.) Finger, Zehe

Atavismus: atavus (lat.) Vorfahre

Atlas: atlas, atlantos (gr.) Träger

atretisch, Atresie: a-, an- (gr.) ohne; tresis (gr.) Loch

Atrium (lat.) Vorhof, Vorhalle, Vorsaal

atrioventrikulär: –; ventriculus (lat.) kleiner Bauch

Audiogramm: audire (lat.) hören; gramma (gr.) Aufzeichnung

Audiograph: –; graphein (gr.) schreiben, einritzen, zeichnen

Autopodium: autos (gr.) selbst; podion (gr.) Tritt, Unterlage, Stütze

Axerophthol: a-, an- (gr.) ohne; xeros (gr.) trocken; ophthalmos (gr.) Auge

Axis (lat.) Achse

Azidose: acidus (lat.) sauer; didonai (gr.) geben

Basallamina: basis (latin. gr.) Grund, Sockel; lamina (lat.) Blatt, Platte

Basilarmembran: –; membrana (lat.) Haut, Häutchen

Basioccipitale: –; occiput (lat.) Hinterhaupt, Hinterkopf

Basipodium: –; pus, podos (gr.) Fuß, Huf

Basisphenoid: –; sphen, sphenos (gr.) Keil; eidos (gr.) Aussehen, Gestalt

Bifidusflora: bi-(n) (lat.) doppelt, zweifach; findere (lat.) spalten, gespalten, zweigeteilt; flos, floris (lat.) Blume, Blüte

binokular: –; oculus (lat.) Auge

Biotop: bios (gr.) Leben; topos (gr.) Ort

biped: bi- (lat.) doppelt, zweifach; pes, pedis (lat.) Fuß

Blastocoel, Blastocyste, Blastoderm, Blastomeren, Blastoporus, Blastula: blastos (latin. gr.) Keim, Knospe; koilos (gr.) hohl; kystis (gr.) Blase; derma (gr.) Haut; meros (gr.) Teil; poros (gr.) Durchgang, Weg

Brachiation: brachium (lat.) Arm, Oberarm

Branchialbogen: branchion, branchia (gr.) Kiemen

Bulbus olfactorius accessorius: bolbos (latin. gr.) Zwiebel, Anschwellung; olere (lat.) duften; facere (lat.) machen; accedere (lat.) hinzutreten

Bulla tympanica: (lat.) Kapsel, Blase; tympano- (latin.) zur Pauke gehörig

bunodont: bunos (gr.) Hügel; odus, odontos (gr.) Zahn

Caecum: caecus (lat.) blind

Caenolestoidea: kainos (gr.) neu, unbekannt; lestes (gr.) Räuber

Canidae, Caninus: canis (lat.) Hund

Cardia-Region: kardia (gr.) Herz, Magenmund; regio, regionis (lat.) Lage, Gegend, Bereich

Carnivora: caro, carnis (lat.) Fleisch; vorare (lat.) verschlingen, fressen

Carpalia, Carpus: karpos (gr.) Handwurzel

Casein: caseus (lat.) Käse
Castorimorpha: kastor (gr.) Biber; morphe (gr.) Gestalt, Form
Catarrhini: kata (gr.) herab; rhis, rhinos (gr.) Nase, Nasenloch
caudal: cauda (lat.) Schwanz
Caviomorpha: Cavia, Cobaya (brasil.) Meerschweinchen; morphe (gr.) Gestalt, Form
Cavum (lat.) Höhlung, Hohlraum
Cellulae mastoideae: cellula (lat.) kleine Zelle, mastoideus (lat.) brustwarzenförmig
centrifugal: kentron (gr.) Mittelpunkt, Stachel; fuga (lat.) Flucht
Cephalisation: kephale (gr.) Kopf, Kopfbildung
Ceratomorpha: keras, keratos (gr.) Horn; morphe (gr.) Gestalt, Form
Cerebralisation: cerebrum (lat.) Gehirn, Gehirnwindung
Cetacea: ketos (gr.) großes Meerestier
Chemorezeptor: chymeia (gr.) Metallguß; receptio (lat.) Aufnahme
Chemotaxis: –; taxis (gr.) Einordnung
Chiroptera, chiropterophil: cheir (gr.) Hand; pteron (gr.) Flügel; philos (gr.) Freund
Chitin: chiton (gr.) Hülle, Unterkleid
Chordata, Chorda dorsalis: chorde (gr.) Darm, Saite, Darmsaite, Strang; dorsum (lat.) Rücken
Chorda tympani: –; tympanicus (latin.) zur Pauke gehörig
Choriata, Chorion: chorion (gr.) Leder, Haut, Hülle
Chorioallantois-Placenta: –; allas, allantos (gr.) Wurst, wurstförmiger Sack; placenta (gr.) Kuchen, Mutterkuchen
Choriongonadotropin: –; gone (gr.) Erzeugung, Geschlecht; tropos (gr.) Richtung
Chorion-Somatomammotropin: –; soma, somatos (gr.) Körper; mamma (lat.) Brustdrüse, Euter, Zitze; trope (gr.) Wendung
Chromosom: chroma (gr.) Farbe; soma (gr.) Körper
Chrysochlorida: chrysos (gr.) Gold; chloros (gr.) grün
Cingulata: cingulum (lat.) Gürtel

circadian, circannual: circa (lat.) um herum; annus (lat.) Jahr, Jahreszeit; dies (lat.) Tag
Circumanalwulst: circum (lat.) ringsherum; anus (lat.) Ring, After
Clipeolus (lat.) kleiner Schild
Cochlea: kochlos, kochlias (lat. gr.) Schnecke
Coecotrophie: coecus (lat.) blind; trophe (gr.) Ernährung
Coevolution: cum (lat.) mit, zusammen; evolutio (lat.) Entwicklung
Cölom: koilia (gr.) Höhle, Höhlung
Colliculus inferior: collis (lat.) Hügel; inferior (lat.) weiter unten gelegen
Collocalia: kollaein (gr.) zusammenleimen; kolla (gr.) Leim; kalia (gr.) Nest
Colostrum (lat.) Vormilch
Columella auris: columella (lat.) Säulchen; auris (lat.) Ohr, Gehörorgan
Condylarthra: kondylos (gr.) Gelenkfortsatz, Gelenkhöcker; arthron (gr.) Glied, Gelenk
contralateral: contra (lat.) (ent-)gegen; lateralis (lat.) seitlich
Coracoid: korax, korakos (gr.) Rabe; eidos (gr.) Gestalt
Corium (lat.) Haut
Cornea: cornus (lat.) Horn
Corona radiata: corona (lat.) Kranz, Krone; radius (lat.) Strahl
Coronoid –; eidos (gr.) Gestalt
Corpus albicans: corpus (lat.) Körper, Leib; albicare (lat.) weißlich schimmern
Corpus luteum: –; luteus (lat.) gelb, goldgelb
Corpus luteum graviditatis: –; –; gravidus (lat.) schwanger, trächtig
Cortex cerebri: cortex (lat.) Rinde, Schale; cerebrum (lat.) Gehirn, Gehirnwindung
Cotylosauria: kotyledon (gr.) Näpfchen, Saugwarze; sauros (gr.) Echse, Eidechse
Creodontia: kreas (gr.) Fleisch; odus, odontos (gr.) Zahn
Crista sagittalis: crista (lat.) Leiste, Kamm; sagittalis (lat.) in Pfeilrichtung
Crista sterni: –; sternum (lat.) Brustbein
Crossopterygii: krossos (gr.) Franse, Quaste; pteryx, pterygos (gr.) Flosse, Flügel

Crura: crus, cruris (lat.) Schenkel
Cuticula, Cutis (lat.) Häutchen, Haut,
Hülle
Cynodontia: kyon, kynos (gr.) Hund;
odus, odontos (gr.) Zahn
Cynognathus: –; gnathos (gr.) Kiefer
Cytochrom: kytos (gr.) Zelle, Gefäß;
chroma (gr.) Farbe
Cytokrinie: –; krino (gr.) sondere ab
Cytologie: –; logos (gr.) Lehre
Cytoplasma: –; plasma (gr.) Gebilde, das
Geformte
Cytotrophoblast: –; trophe (gr.)
Ernährung; blastos (gr.) Keim, Sproß

Dasyuroidea: dasys (gr.) rauh, dicht
behaart; ura (gr.) Schwanz
deciduus: (lat.) herabfallend, abfällig,
abschüssig, auch: hinfällig
Defäkation: de- (lat.) ab, weg, abwärts;
faex, faecis (lat.) Kot
Delamination: –; lamina (lat.) dünne
Schicht, Blatt
Dentale: dens, dentis (lat.) Zahn; dentalis
(lat.) die Zähne betreffend
Dentin: dentinum (lat.) Zahnbein
Dermatoglyphen, Dermis: derma (gr.)
Haut, Hülle; glyphe (gr.) Furche
Dermoptera: –; pteron (gr.) Flügel
Descensus testiculorum: descendere (lat.)
absteigen; testis (lat.) Hoden
Desmosom: desmos (gr.) Band,
bindegewebig; soma (gr.) Körper
Diaphragma (latin. gr.) Scheidewand;
diaphragmaticus: zum Zwerchfell
gehörig
Diarthrognathus: di- (gr.) zwei; arthron
(gr.) Gelenk, Glied; gnathos (gr.) Kiefer
Diastema (gr.) Intervall
Dictyosom: diktyon (gr.) Netz, Fangnetz;
soma (gr.) Körper
Didelphia, Didelphoidea: di- (gr.) zwei;
delphys (gr.) Gebärmutter
Diencephalon: –; en- (gr.) innen; kephale
(gr.) Kopf
Diffusion: diffundere (lat.) sich ergießen
Digiti, digitigrad: digitus (lat.) Finger,
Zehe; gradi (lat.) schreiten
Diminution: diminutio (lat.)
Verminderung

Dinosaurier: deinos (gr.) schrecklich;
saura, sauros (gr.) Eidechse
Diöstrus: di- (gr.) zwei; oistros (gr.)
Leidenschaft
Diphyodontie: diphyes (gr.) zweigestaltet;
odus, odontos (gr.) Zahn
diphyletisch: di- (gr.) zwei; phylon (gr.)
Sippe, Stamm
Disco-Blastula: discus (lat.) Scheibe;
blastos (latin. gr.) Keim, Knospe
discoidale Placenta: –; placenta (lat.)
Kuchen
distal: distare (lat.) getrennt stehen
Docodonta: dokos (gr.) Balken; odus,
odontus (gr.) Zahn
dorsal: dorsum (lat.) Rücken
dorsoventral: –; venter, ventris (lat.)
Bauch, Unterleib
Dotterelimination: eliminare (lat.)
entfernen
Ductus arteriosus: ductus (lat.) Gang,
Kanal, Leitung; arteriosus (lat.) reich an
Arterien, zur Arterie gehörig
Ductus deferens: –; deferens (lat.)
hinabführend
Ductus nasopalatinus: –; nasus (lat.) Nase;
palatum (lat.) Gaumen
Duodenum: duodeni (lat.) zwölf
Duplicidentata: duplicare (lat.) verdoppeln,
vermehren; dentatus (lat.) mit Zähnen

Edentata: e- (lat.) ohne; dentatus (lat.) mit
Zähnen
efferent: effere (lat.) herausführen
Ejektion: eicere (lat.) hinauswerfen
ekkrin: ek- (gr.) aus; krinein (gr.)
absondern
Ektoderm: ektos (gr.) außen; derma (gr.)
Haut
Embolie: embolos (gr.) Keil, Pfropf;
emballein (gr.) eindringen
Embryoblast, Embryogenese,
Embryologie: embryon (gr.) ungeborene
Leibesfrucht; blastos (gr.) Keim; genesis
(gr.) Entstehung, Entwicklung; logos
(gr.) Lehre
Endocranialausguß: endon (gr.) innen;
cranium (lat.) Schädel
endokrin: –; krinein (gr.) absondern
Endolymphe: –; lympha (latin.)
Gewebsflüssigkeit

Endorphin: –; Morphin, Morphium

Endothel: –; theleo (gr.) blühe, wachse

endothelio-chorial: –; –; chorion (gr.)
Leder, Haut, Hülle

Enfleurage: fleur (franz.) Blume

Entoderm: ent-, ento- (gr.) innen; derma
(gr.) Haut

Entotympanicum: –; tympanon (gr.)
Pauke

Eohippus: eos (gr.) Anfang, Morgenröte;
hippos (gr.) Pferd

Eozän: –; kainos (gr.) neu

Epidermis: epi (gr.) zu, auf, über, daran,
dazu; derma (gr.) Haut

Epididymis: –; didymoi (gr.) Zwillinge,
Hoden

Epihippus: –; hippos (gr.) Pferd

Epihyale: –; hyalos (gr.) Glas

Epiphyse: epiphysis (gr.) das
Daraufgewachsene

Episternum: epi (gr.) zu, auf, über, daran,
dazu; sternon (gr.) Brustbein

Epistropheus: epistrephein (gr.) umwenden

Epithel: epitheleo (gr.) wachse auf etwas,
wachse über etwas hinweg

epithelio-chorial: –; chorion (gr.) Leder,
Haut, Hülle

Erinaceomorpha: erinaceus (lat.) Igel;
morphe (gr.) Gestalt, Form

Erythroblast, Erythrocyt: erythros (gr.)
rot; blastos (gr.) Keim; kytos (gr.) Zelle

essentiell: esse (lat.) sein; essentia (lat.)
Wesen

Ethmoid, Ethmoturbinalia: ethmos (gr.)
Sieb, Seihetuch; eidos (gr.) Gestalt;
turbinare (lat.) wirbeln

Ethologie: ethos (gr.) Sitte, Gewohnheit,
Brauch; logos (gr.) Lehre

Eutheria: eu- (gr.) echt, richtig; therion
(gr.) Tier

Evolution: evolutio (lat.) Entwicklung

Exkremente: excrementum (lat.) Abgang,
Kot

Exkrete: excretum (lat.) Aussonderung

Exoccipitale: ex- (lat.) aus, heraus; occiput
(lat.) Hinterkopf

Exocoel: –; koilia (gr.) Bauchhöhle

Exocytose: –; kytos (gr.) Höhlung, Bauch,
Gefäß

exokrin: –; krinein (gr.) absondern

Exspiration: exspirare (lat.) herausblasen,
aushauchen

Extensor: extendere (lat.) strecken,
Streckung

Extracolumella: extra (lat.) außerhalb,
außen; columella (lat.) Säulchen

extraembryonales Coelom: –; embryon
(gr.) ungeborene Leibesfrucht; koilia
(gr.) Höhle, Höhlung

extrauterin: –; udarum (latin. aus Sanskrit)
Bauch

Extremität: extremitas (lat.) Gliedmaße

Femur (lat.) Oberschenkelknochen

fertil: fertilis (lat.) fruchtbar, fruchtend

fetal, Fetus: fetalis (lat.) zum Fetus
gehörig; fetus (lat.) Leibesfrucht

Fibula (lat.) Spange, Heftel

Fibrillen: fibrilla (lat.) Fäserchen, kleine
Faser

Fissipedia: fissum (lat.) Einschnitt,
Spalte; findere (lat.) spalten; pes, pedis
(lat.) Fuß

fixieren: figere (lat.) anheften

Follikel: follis (lat.) Balg, Beutel,
Bläschen

Foramen infraorbitale: forare (lat.)
durchbohren, Loch, Öffnung; infra- (lat.)
unterhalb von; orbitalis (lat.) zur
Augenhöhle gehörig

Foramen ovale: –; ovalis (lat.) eiförmig,
oval

fossil: fossilis (lat.) ausgegraben,
ausgrabbar, versteinert, vorweltlich,
ausgestorben

Fovea centralis: fovea (lat.) rundliche
Grube; centralis (lat.) im Mittelpunkt
gelegen

Frenulum: frenum (lat.) Zaum, Zügel,
Bändchen

Frontale: frons, frontis (lat.) Stirn,
Vorderseite; frontalis (lat.) stirnwärts,
stirnseitig, durch seine Stirn
ausgezeichnet

frugivor: frux, frugis (lat.) Frucht; vorare
(lat.) schlingen, verschlingen

Funiculus: funis (lat.) Seil, kleiner Strang

Galaktopoese: gala, galaktos (gr.) Milch;
poiesis (gr.) machen, hervorbringen

Gamet: gamein (gr.) freien, sich gatten

Gasteropelecidae: gaster, gastros (gr.)
Bauch, Magen; pelekys (gr.) Beil, Axt
Gastricisin: gastricus (lat.) zum Magen
gehörig
gastrointestinal, Gastrula: –; intestinum
(lat.) Eingeweide, Darmkanal
Genitalien: genitalis (lat.) zur Zeugung, zu
den Geschlechtsorganen gehörig
Gestagen: gestare (lat.) tragen; gignesthai
(gr.) entstehen
Glirimorpha: glis, gliris (lat.) Haselmaus,
Siebenschläfer; morphe (gr.) Gestalt,
Form
Globulin: globulus (lat.) Kügelchen
Glomerulus: glomeratus (lat.) geknäuelt,
knäuelartig
Glykogen: glykys (gr.) süß; gignesthai
(gr.) entstehen
Gonade: gone (gr.) Erzeugung; aden (gr.)
Drüse
Gonadoliberin: –; liber (lat.) frei
Goniale: gonia (gr.) Winkel, Ecke
Granulocyt, Granulosa-Zellen: granulos
(lat.) körnerreich; kytos (gr.) Zelle
Gravidität: gravidus (lat.) schwanger,
trächtig
gyrencephal, Gyri, Gyrus: gyros (gr.)
rund, Windung; en- (gr.) innen; kephale
(gr.) Kopf

hämo-chorial: haima (gr.) Blut; chor- (gr.)
Ort
Hämoglobin: –; globus (lat.) Kugel, Ball
Hämolyse: –; lyein (gr.) auflösen
Hämosiderin: –; sideros (gr.) Eisen
hämotrophisch: –; trophe (gr.) Ernährung,
Nahrung
Haplorhini: haplus (gr.) einfach; rhis,
rhinos (gr.) Nase
Helicotrema, Helix: helix (latin.) Spirale,
Windung; trema (gr.) Loch,
Durchbohrung
herbivor: herba (lat.) Helm, Kraut, Gras;
vorare (lat.) schlingen, verschlingen
heterodont: heteros (gr.) der andere; odus,
odontos (gr.) Zahn
Hipparion (gr.) Pferdchen
Hippomorpha: hippos (gr.) Pferd; morphe
(gr.) Gestalt
Histologie: histos, histion (gr.) Gewebe;
logos (gr.) Lehre

histotrophisch: –; trophe (gr.) Ernährung,
Nahrung
holokrin: holos (gr.) ganz; krinein (gr.)
absondern
Holozän: –; kainos (gr.) neu
homodont: homos (gr.) gleich,
ebenderselbe; odus, odontos (gr.) Zahn
homoiotherm: homoios (gr.) gleichartig;
thermos (gr.) warm
homolog: homologos (gr.)
übereinstimmend
Hormon: horman (gr.) antreiben
Humerus (lat.) Oberarmknochen, Schulter,
Achsel
Hyalbogen: hyalos (gr.) Glas
hyalin: hyalinos (gr.) gläsern, glasartig,
durchsichtig
hydrophil: hydor, hydatos (gr.) Wasser;
philos (gr.) freundlich
hydrophob: –; phobos (gr.) Schrecken,
Furcht
Hyomandibulare: Hyo- (gr.) zum
Zungenbein gehörend; mandibula (lat.)
Unterkiefer
Hypohippus: hypo- (gr.) unter; hippos
(gr.) Pferd
Hypohyale: –; hyalos (gr.) Glas
Hypophyse: –; phyesthai (gr.) wachsen
Hypothalamus: –; thalamos (gr.) Gemach,
Kammer
hypsodont: hypsi (gr.) hoch; odus,
odontos (gr.) Zahn
Hyracoidea: hyrax (gr.) Maus, Spitzmaus
Hyracotherium: –; therion (gr.) Tier
Hystricomorpha: hystrix (gr.) Borste;
morphe (gr.) Gestalt, Form

Ilium (lat.) Weiche, Flanke
Immunität: immunis (lat.) unversehrt,
geschützt, unempfindlich
Implantation: in- im- (lat.) ein-; plantare
(lat.) pflanzen
Incisivi: incidere (lat.) einschneiden
Incubatorium: incubare (lat.) bebrüten,
bewachen
Incus: incudere (lat.) schlagen, klopfen,
schmieden
Infrapharyngohyale: infra (lat.) unterhalb
von; pharynx (gr.) Schlund, Rachen;
hyalos (gr.) Glas
Inkret: incernere (lat.) einsieben

Innervation: in- (lat.) hinein, innen;
nervus (lat.) Sehne, Nerv
Insectivora: insecare (lat.) einschneiden;
insectus (lat.) eingeschnitten, gegliedert,
gekerbt; vorare (lat.) fressen
inserieren: insere (lat.) hineinfügen,
ansetzen
Insuffizienz: insufficientia (lat.) Versagen,
Schwäche
Insulin: insula (lat.) Insel
Integration: integratio (lat.) Erneuerung
Interclavicula: inter (lat.) zwischen; clavis
(lat.) Schlüssel, Riegel
Interdigitaldrüse: –; digitus (lat.) Finger,
Zehe
Intermaxillare: –; maxilla (lat.) Oberkiefer
interstitiell: interstitium (lat.)
Zwischenraum
interzellulär: inter (lat.) zwischen; cellula
(lat.) Zelle
intrauterin: intra (lat.) innerhalb von;
udarum (latin. aus Sanskrit) Bauch
in vitro (lat.) im Glase
in vivo (lat.) im lebenden Zustand, im
Lebendigen
Ischium: ischion (gr.) Hüftknochen, Gesäß
isolecithal: isos (gr.) gleich; lekithos (gr.)
Dotter
Isothermen: –; thermos (gr.) warm, heiß

Jugale: iugum (lat.) Joch

Kalorimetrie: calor, caloris (lat.) Wärme,
Hitze, Glut; metrein (gr.) messen
Känozoikum: kainos (gr.) neu; zoon (gr.)
Tier, Lebewesen
Kapazitation: capax, capacis (lat.)
befähigt, vielfassend
Kapillare: capillus (lat.) Haar
Keratin, Keratinocyt: keras, keratos (gr.)
Horn; kytos (gr.) Zelle, Gefäß
Keratohyale: –; hyalos (gr.) Glas
Kloake: cloaca (lat.) Kloake, Schleuse
kollagen: kolla (gr.) Leim; genan (gr.)
erzeugen
Kollaps: collabi, collapsus (lat.)
zusammenbrechen
Kommunikation: communicare (lat.)
verbinden
Kompensation: compensatio (lat.)
Ausgleich

konsensuell: consensus (lat.)
Übereinstimmung
Kontrahent, Kontraktion: contrahere (lat.)
zusammenziehen
konvergent, Konvergenz: convergens (lat.)
zusammenneigend
Kopulation: copula (lat.) Band, Strick,
Leine
Krinocytose: krino (gr.) sondere ab; kytos
(gr.) Zelle
Krypta: kryptos (gr.) verborgen
Kybernetik: kybernetes (gr.) Steuermann

labial: labium (lat.) Lippe, Lefze, zur
Lippe gehörig
Labyrinth: labyrinthos (gr.) Labyrinth,
Irrgang
Lacrimale: lacrima (lat.) Träne
Lactalbumin: lac, lactis (lat.) Milch;
albumen (lat.) das Weiße im Ei
Lactation: lactare (lat.) milchen, Milch
absondern
Lactoferrin: lac, lactis (lat.) Milch; ferrum
(lat.) Eisen
Lactoflavin: –; flavus (lat.) gelb
Lactogenese: –; genesis (gr.) Entstehung,
Entwicklung
Lagena: lagoena (lat.) Flasche, Weinkrug
Lagomorpha: lagos (gr.) Hase; morphe
(gr.) Gestalt, Aussehen
Lakune: lacuna (lat.) Vertiefung,
Einbuchtung, Lücke, Lache
laminar: lamina (lat.) Blatt, Platte
Lanugo: lana (lat.) Wolle, Wollhaar
lateral: lateralis (lat.) seitlich
Lepidomorien: lepis, lepidos (gr.)
Schuppe; morion (gr.) Teil
Lethargie: lethargia (gr.) Schlafsucht
Leukocyt: leukos (gr.) weiß; kytos (gr.)
Zelle
Ligament, Ligamentum nuchae:
ligamentum (lat.) Band, Binde; nucha,
nuchae (lat. arab.) Nacken, Rückenmark
lingual: lingua (lat.) Zunge, Rede,
Sprache
Lipochrom: lipos (gr.) Fett; chroma (gr.)
Farbe
Lipolyse: –; lysis (gr.) Lösung,
Auflösung
lipophil: –; philos (gr.) Freund

lissencephal: lissos (gr.) glatt; enkephalos (gr.) Gehirn

Lobus olfactorius: lobus (gr.) Hülse, Schote, Lappen; olere (lat.) duften; facere (lat.) machen

lophodont: lophos (gr.) Büschel, Hügel; odus, ondontos (gr.) Zahn

Lumen (lat.) Licht, lichte Weite

Luteinzelle, luteotropes Hormon: luteus (lat.) gelb, goldgelb; tropos (gr.) Richtung; horman (gr.) antreiben

Lymphocyt: lympha (lat.) klares Wasser; kytos (gr.) Zelle

Macroscelidea: makros (gr.) groß; skelis, skelidos (gr.) Schenkel, Hinterfuß, Hinterbein

Makrosmat: –; osme (gr.) Geruch

Malabsorption: malus (lat.) schlecht; absorbere (lat.) aufsaugen

Malleus (lat.) Hammer

Mamma, Mammalia: mamma (lat.) Brustdrüse, Euter, Zitze

Mammogenese, mammotrop: –; genesis (gr.) Erzeugung, Entstehung; tropo (gr.) wende, wirke

Manubrium (lat.) Griff, Handgriff; manus (lat.) Hand, Arbeit

Marsupialia: marsupium (lat.) (Geld)-Beutel

Matrix: mater (lat.) Mutter

Maxillare: maxilla (lat.) Oberkiefer

Mechanorezeptor: mechane (gr.) künstliche Vorrichtung; recipere (lat.) aufnehmen

median: medius (lat.) inmitten von, der mittlere

Megachiroptera, Megahippus: megas (gr.) groß; cheir (gr.) Hand; pteron (gr.) Flügel; hippos (gr.) Pferd

Melanin, Melaningranula, Melanoblast, Melanocyt: melas, melanos (gr.) schwarz; granulum (lat.) Körnchen; blastos (gr.) Keim, Knospe; kytos (gr.) Zelle

Membrana tympani: membrana (lat.) Häutchen, zarte Haut; tympanon (gr.) Handpauke, Handtrommel

merokrin: meros (gr.) Teil; krinein (gr.) absondern

Merychippus: merykaesthai (gr.) wiederkäuen; hippos (gr.) Pferd

Mesenchym: mesos (gr.) mittlerer, mitten, zwischen; enchyma (gr.) das Eingegossene

Mesoderm, Mesohippus: –; derma (gr.) Haut; hippos (gr.) Pferd

Metabolismus: metabole (gr.) Umwandlung, Verwandlung

Metacarpus, Metapodium, Metatarsus: meta (gr.) nach, hinter; karpos (gr.) Handwurzel; pus, podos (gr.) Fuß; tarsos (gr.) Fußblatt

Metatheria: –; therion, ther (gr.) Tier

Micelle: mica (lat.) Körnchen

Microchiroptera: mikros (gr.) klein; cheir (gr.) Hand; pteron (gr.) Flügel

Mikrofilament: –; filum (lat.) Faden, Gespinst

Mikrosmat: –; osme (gr.) Geruch, Duft

Mikrovilli: –; villus (lat.) Zotte

Mimese, Mimik, Mimikry: mimesis (gr.) Nachahmung, Abbild

Mitochondrium: mitos (gr.) Faden; chondros (gr.) Korn

Molaren: mola (lat.) Mühle, Mühlstein

Monodelphia: monos (gr.) einzig, allein; delphys (gr.) Gebärmutter

Monogamie: –; gamein (gr.) freien, sich gatten

monokular: –; oculus (lat.) Auge

Monophyodont: –; phyein (gr.) erzeugen; odontes (gr.) Zähne

monoptych: –; ptyx, ptychos (gr.) Schicht

Monorrhina: –; rhis, rhinos (gr.) Nase

Monotremata: –; trema (gr.) Loch, Öffnung

Morula: morum (lat.) Maulbeere, Brombeere

Morphologie: morphe (gr.) Gestalt, Form; logos (gr.) Lehre

Motoneuron: motorius (lat.) der Bewegung dienend; neuron (gr.) Nerv, Sehne, Faser

Multituberculata: multum (lat.) viel; tuberculatus (lat.) mit Höckern versehen

Musculus (= M.): mus, muris (lat.) Maus, Muskel

M. arrector pili: –; arrigere (lat.) aufrichten; pilus (lat.) Haar

M. digastricus anterior: –; di- (gr.)
zweimal; gaster (gr.) Bauch; ante (lat.)
vor

M. intermandibularis: –; inter (lat.)
zwischen; mandibula (lat.) Unterkiefer

M. masseter superficialis: –; masseter
(gr.) Kaumuskel; super- (lat.) über;
facies (lat.) Außenfläche

M. maxillomandibularis: maxilla (lat.)
Oberkiefer; mandibularis (lat.) zum
Unterkiefer gehörig

M. maxillonasalis: –; –; nasalis (lat.) zur
Nase gehörig

M. mylohyoideus: –; mylos (gr.)
Mühlstein; hys, hyos (gr.) Schwein;
eides (gr.) ähnlich

M. pectoralis: –; pectus, pectoris (lat.) zur
Brust gehörend

M. rectus abdominis: –; rectus (lat.)
gerade; abdomen (lat.) Bauch

M. serratus anterior: –; serratus (lat.)
gezähnt, sägeförmig; ante (lat.) vor

M. subscapularis: –; sub- (lat.) unter,
unterhalb; scapula (lat.) Schulterblatt

M. temporalis: –; tempora (lat.) Schläfen

M. transversus mandibulae: –; transversus
(lat.) quer verlaufend; mandibula (lat.)
Unterkiefer

M. zygomaticomandibularis: –;
zygomaticus (gr.) zum Jochbein
gehörig; mandibularis (lat.) zum
Unterkiefer gehörig

Myoepithelzelle: mys, myos (gr.)
Muskel; epitheleo (gr.) wachse auf
etwas; cella (lat.) Kammer, Zelle

Myoglobin: mys, myos (gr.) Maus,
Muskel; globus (lat.) Kugel

Myomorpha: –; morphe (gr.) Gestalt,
Form

Mystacoceti, Mysticeti: –; mystax,
mystakos (gr.) Bart; ketos (gr.) großer
Meerfisch

Nasale, Nasoturbinale: nasus (lat.) Nase;
turbinare (lat.) wirbeln

Nekton: nektos (gr.) schwimmend

Neocortex, Neopallium: neos (gr.) neu,
jung, frisch; cortex (lat.) Rinde; pallium
(lat.) Mantel

Nephron: nephros (gr.) Niere

Nervus accessorius: nervus (lat.) Nerv,
Sehne; accedere (lat.) hinzutreten

Nervus acusticus: –; akustikos (gr.) Hören
betreffend

Nervus facialis: –; facies (lat.) Gesicht,
Außenfläche

Nervus infraorbitale: –; infra- (lat.)
unterhalb von; orbita (lat.) Augenhöhle

Nervus opticus: –; optike (gr.) Sehen,
zum Sehen dienend

Nervus phrenicus: –; phrenes (latin. gr.)
Zwerchfell

Nervus vomeronasalis: –; vomer, vomeris
(lat.) Pflugschar; nasus (lat.) Nase

Neurotransmitter, Neurula: neuron (gr.)
Nerv, Sehne, Faser; trans- (lat.) jenseits
von, über-, hin-; mittere (lat.) senden,
schicken, entlassen

Nidation: nidus (lat.) Nest

Nototrogomorpha: notos (gr.) Rücken;
trogle (gr.) Höhle; morphe (gr.) Gestalt

Occipitalia: oc, ob (lat.) gegenüber; caput,
capitis (lat.) Kopf

Odobenus: odus, odontos (gr.) Zahn;
bainein (gr.) gehen, nach unten
ausweichen

Odontoblast: –; blaste (gr.) Keim

Odontoceti: –; ketos (gr.) Wal

Ökologie: oikos (gr.) Wohnung; logos
(gr.) Lehre

olfaktorisch: olere (lat.) duften; facere
(lat.) machen

oligolecithal: oligos (gr.) wenig, gering,
klein; lekithos (gr.) Dotter

Omasus (lat.) Blättermagen

omnivor: omnis (gr.) jeder, ganz, alles;
vorare (lat.) essen

Ontogenese: on, ontos (gr.) das Seiende;
genesis (gr.) Entstehung

Oolemma: oon (gr.) Ei; lemma (gr.)
Hülle, Schale

Opposition: opponere (lat.)
gegenüberstellen

oral: os, oris (lat.) Mund

Orbicularapophyse: orbicularis (lat.)
kreisförmig; apophysis (gr.)
herauswachsen, auswachsen

Orbitosphenoid: orbita (lat.) Augenhöhle;
sphenoides (gr.) keilähnlich, keilförmig,
keilartig

Orohippus: oros (gr.) Berg; hippos (gr.)
Pferd

Orthogenese: orthos (gr.) gerade, richtig;
genesis (gr.) Entstehung

Os carunculae: os, ossis (lat.) Knochen;
caruncula (lat.) Fleischhöcker,
Fleischwärzchen

Os falciforme: –; falciformis (lat.)
sichelförmig, gekrümmt

Os sacrum: –; sacer, sacrum (lat.) heilig,
geweiht, verflucht

Ösophagus: oisophagus (gr.) Schlund;
phagein (gr.) essen

Ossifikation: ossificatio (lat.)
Knochenbildung, Verknöcherung

Osteoblast: osteon (gr.) Knochen;
blastanein (gr.) sprossen

Osteoklast: –; klasis (gr.) Brechen

Ostium tubae: ostium (lat.) Mündung;
tuba, tubae (lat.) Trompete

Östradiol, Östrogen, Östrus: oistros (gr.)
Brunst

Otica: us, otos (gr.) Ohr, zum Ohr
gehörig

Ovar, Ovarium: ovum (lat.) Ei

Ovidukt: –; ducere (lat.) führen

Ovulation: ovulativ (neulat.) Eiaustritt,
Eiablage

Pachydermata: pachy (gr.) dick, derb;
derma (gr.) Haut, Hülle

Paläencephalon: palaios- (gr.) alt; en- (gr.)
innen; kephale (gr.) Kopf

Palaeotrogomorpha: –; trogle (gr.) Höhle;
morphe (gr.) Gestalt

Paläocortex: –; cortex (lat.) Rinde, Schale

Paläontologie: –; on, ontos (gr.) Leben,
Sein

Paläopallium: –; pallium (lat.) Mantel

Palatinum: palatinus (lat.) zum Gaumen
gehörig, palatum (lat.) Gaumen

Pallium, Pallium cerebri: (lat.) Mantel;
cerebrum (lat.) Großhirn

Panniculus carnosus: pannus (lat.)
Tuchfetzen, Gewand; caro, carnis (lat.)
Fleisch

Pansen: pantex (lat.) Wanst

Pantotheria: pan (gr.) ganz; therion (gr.)
Tier

Papille: papilla (lat.) Warze,
warzenähnliche Erhebung

Parahippus: para (gr. latin.) neben; hippos
(gr.) Pferd

Paraseptalknorpel: –; saepire (lat.)
abzäunen, umhegen

Parenchym: –; enchyma (gr.) das
Eingegossene, Hineingegossene

Parietale, parietal: paries (lat.) Wand;
wandständig, seitlich

Patagium: patageion (gr.) breite Borte

Patella (lat.) Napf, Kniescheibe, Schale,
Opferbecken

Pecora: pecus, pecoris (lat.) Vieh

Pelvis (lat.) Becken

Penis (lat.) Rute, Schwanz

Pentadactylie: pente (gr.) fünf; daktylos
(gr.) Finger, Zehe

Perameloidea: pera (lat.) Reisesack,
Ranzen; meles (lat.) Dachs

Periderm: peri- (gr. latin.) um, herum;
derma (gr.) Haut, Fell

Perimeter: –; metron (gr.) Maß

Perineum: perineon, perinaion (gr.)
Damm, Mittelfleisch

Perioticum: peri- (gr. latin.) um, herum;
us, otos (gr.) Ohr

peripher: periphereia (gr.) Umkreis,
Herumtragen

Perissodactyla: perissos (gr.) überzählig,
ungerade, unpaar; daktylos (gr.) Finger,
Zehe

Peristaltik: peristaltikos (gr.) umfassend,
zusammendrückend

Petrosum: petros (gr.) Fels, Stein

Phagocytose: phagein (gr.) fressen; kytos
(gr.) Zelle

Phalangen, Phalangeroidea: phalanx,
phalangis (gr.) Schlachtreihe,
Fingerglieder, Zehenglieder

Pharyngohyale, Pharynx: pharynx,
pharyngos (gr.) Schlund, Rachen; hyalos
(gr.) Glas

Phenacodus: phenax, phenacos (gr.)
Betrüger, Täuscher; odus (gr.) Zahn

Pheromon: pherein (gr.) tragen; horman
(gr.) treiben, erregen

Philtrum: philtron (gr.) Liebeszauber,
Liebestrank

Pholidota: pholidotos (gr.) geschuppt

Phylogenese: phyle (gr.) Stamm; genesis
(gr.) Entstehung, Entwicklung

Physiologie: physis (gr.) Natur; logos
(gr.) Lehre
Pigment: pingere (lat.) malen
Pilifera: pilus (lat.) Haar; ferre (lat.) tragen
Pilosa: –; pilosus (lat.) behaart
Pinnipedia: pinna (lat.) Flosse; pes, pedis
(lat.) Fuß
Pinocytose: pinein (gr.) trinken; kytos
(gr.) Zelle
Pithecoidea: pithekos (gr.) Affe; pithekoid
(gr.) affenähnlich
Placenta (lat.) Kuchen, Mutterkuchen
Plankton (gr.) das Umhergetriebene
plantigrad: planta (lat.) Fußsohle; gradi
(lat.) schreiten
Plasmalemma: plasma (gr.) Geformtes,
Gebilde, Gestaltung; lemma (gr.) Hülle
Plasmodesmen: –; desmos (gr.) Band
Platyrrhini: platys (gr.) breit, platt; rhis,
rhinos (gr.) Nase, Nasenloch
pleurodont: pleura (latin. gr.) Seite,
Flanke; odus, odontos (gr.) Zahn
Pliohippus: pleion (gr.) mehr; hippos
(gr.) Pferd
pneumatisiert: pneuma (gr.) Luft, Hauch
poikilotherm: poikilos (gr.) verschieden,
verschiedenartig; thermos (gr.) warm
Polyembryonie: polys (gr.) viel; embryon
(gr.) ungeborene Leibesfrucht
polyprotodont: –; protos (gr.) der erste,
vorderste; odus, odontos (gr.) Zahn
Polyrrhina: –; rhis, rhinos (gr.) Nase
polyphyletisch: –; phyle (gr.) Stamm
polyptych: –; ptyche (gr.) Falte
Porus (latin. gr.) Öffnung, Weg
postcanin: post (lat.) nach, hinter, später;
canis (lat.) Hund
Praearticulare: prae- (lat.) vor; articulus
(lat.) Gelenk
Praedentin, Praemaxillare: –; dens, dentis
(lat.) Zahn; maxilla (lat.) Oberkiefer
Praesphenoid, Prägenitaldrüse: –; sphen,
sphenos (gr.) Keil; genitalis (lat.) zur
Zeugung gehörig
Prämolaren: prae- (lat.) vor; molaris (lat.)
zum Mühlstein gehörig
Praeputium (lat.) Vorhaut
Primates: primatus (lat.) erste Stelle,
Vorrang
Probainognathus: pro- (lat.) vor; bainein

(gr.) gehen, nach unten ausweichen;
gnathos (gr.) Kiefer
Proboscidea: proboscis (gr. latin.) Rüssel
Processus angularis: processus (lat.)
Fortsatz; angulus (lat.) Winkel
Processus articularis: –; articulus (lat.)
Gelenk
Processus coronoideus: –; corona (lat.)
Kranz, Krone
Processus gracilis: –; gracilis (lat.) dünn,
zart, zierlich, schlank
Processus internus mandibulae: –;
internus (lat.) innen; mandibula (lat.)
Unterkiefer
Processus mastoideus: –; mastoideus (lat.)
brustwarzenförmig
Processus zygomaticus: –; zygon (gr.)
Joch
Prolactin: pro (gr.) (lat.) vor; lac, lactis
(lat.) Milch
Pronation: pronare (lat.) vorwärts neigen
Propriozeptor: proprius (lat.)
eigentümlich, wesentlich; receptio (lat.)
Aufnahme
Prosimiae: pro- (lat. gr.) vor; simiae (lat.)
Affen
Prostaglandin: prostates (gr.) Vorsteher;
glans (lat.) Eichel
Protoinsectivora: protos (gr.) erster;
insectus, insecta (lat.) eingeschnitten,
gegliedert, gekerbt; vorare (lat.) essen
Prototheria: –; therion (gr.) Tier
Protrogomorpha: pro- (lat. gr.) vor; trogle
(gr.) Höhle; morphe (gr.) Gestalt
proximal: proximus (lat.) sehr nahe, zur
(Körper-)Mitte hin, näher dem
Mittelpunkt des Körpers gelegen als
andere Teile
Pterygoid: pterygoideus (gr.) flügelförmig
Pubis: pubes (lat.) Scham, Schamgegend
Pulpa (lat.) Fleisch, weiches Mark
Pylorus: pyloros (gr.) Torhüter, Wächter

Quadratum: quadrare (lat.) viereckig
machen
quadruped: –; pes, pedis (lat.) Fuß

Radiation: radiatus (lat.) strahlig, strahlend
Radius (lat.) Stab, (Rad-)Speiche, Strahl
Ramus (lat.) Ast, Zweig

reabsorbieren: re- (lat.) zurück; absorbere (lat.) aufschlürfen, aufsaugen

Reafferenz: –; afferre (lat.) herbeiführen

rektal: rectum (lat.) Mastdarm

Reptilien: repere (lat.) kriechen

resorbieren: resorbere (lat.) aufsaugen, einschlürfen

respiratorisch: respiratio (lat.) das Atemholen

Rete mirabile: rete (lat.) Netz; mirabilis (lat.) wunderbar

reticulo-endothelial: reticularis (lat.) netzförmig; endo (gr.) innen; theleo (gr.) blühe, wachse

Reticulum (lat.) kleines Netz

Retina (lat.) Netzhaut des Auges

reversibel: revertere (lat.) umkehren, umkehrbar

rezent: recens (lat.) neu, frisch, jung

Rezeptor: recipere (lat.) aufnehmen

Rheotaxis: rhein (gr.) fließen; taxis (gr.) Stellung

Rhinarium: rhis, rhinos (gr.) Nase

Rhinoceros: –; keras, keratos (gr.) Horn

Rhinogradentia: –; gradus (lat.) Schritt

Ritual: ritus (lat.) heiliger Brauch, Satzung, Feierlichkeit

Rodentia: rodere (lat.) nagen

rudimentär: rudimentum (lat.) Versuch, Vorschule

Rumen, Ruminantia: ruminare (lat.) wiederkäuen

Sacralregion, Sacralwirbel: sacralis (lat.) zum Kreuzbein gehörig

Scala media: scala (lat.) Treppe; medius, media (lat.) in der Mitte befindlich

Scala tympani: –; tympanicus (latin.) zur Pauke gehörig

Scala vestibuli: –; vestibulum (lat.) Vorhof, Vorraum

Scandentia: scandens (lat.) emporsteigend, springend, schnellend

Scapula (lat.) Schulterblatt

Sciuromorpha: skia (gr.) Schatten; ura (gr.) Schwanz; morphe (gr.) Gestalt, Form

Sekret, sezernieren: secernere (lat.) absondern, ausscheiden

sekundär: secundus (lat.) der Zweite, nächstfolgend, in zweiter Linie

Selektion: seligere (lat.) auswählen

semiarboricol: semi- (lat.) halb; arbor (lat.) Baum; colere (lat.) bewohnen, bebauen

semipermeabel: –; permeabilis (lat.) durchgängig

Serologie, Serosa: serosus (lat.) reich an Serum, auf Serum bezüglich, serös; logos (gr.) Lehre

Sesambein: sesamon (gr.) Schotenfrucht der Sesampflanze

Simiae: simia, simius (lat.) Affe

Simplicidentata: simplex (lat.) einfach; dens, dentis (lat.) Zahn

Sinus cavernosus: sinus (lat.) Krümmung, Bucht, Busen; caverna (lat.) Höhle, Höhlung

Sinus lactiferus: –; lac, lactis (lat.) Milch; ferre (lat.) tragen

Sinus urogenitalis: –; uron (gr.) Harn; genitalis (lat.) zur Zeugung gehörig

Sinus venosus: –; vena (lat.) Blutader, Vene

Skelett: skeletos (gr.) Gerippe, Mumie, Gedörrtes

Skrotum (lat.) Hodensack

Soma, somatos (gr.) Körper, Leib

Somatotropin: –; tropos (gr.) Richtung

Soricomorpha: sorex, soricis (lat.) Spitzmaus; morphe (gr.) Gestalt, Form

Sperma, Spermatogenese, Spermatozoen, Spermium: sperma, spermatos (gr.) Same, Saat; genesis (gr.) Entstehung; zoon (gr.) Tier

Sphenoid: sphen (gr. latin.) Keil; eidos (gr.) Aussehen, Gestalt

Spleniale: splenion (gr.) Pflaster, Wulst

spongiös: spongos (gr.) Schwamm

Squamosum: squama (lat.) Schuppe, schuppig, reich an Schuppen

Stapes: stare (lat.) stehen; pes, pedis (lat.) Fuß

stereoskopisch: stereos (gr.) starr, körperlich; skopein (gr.) sehen

steril: sterilis (lat.) unfruchtbar, keimfrei

Sternum: sternon (gr.) Brustbein

sternalis (lat.) zum Brustbein gehörig, brustbeinartig

Stratum basale: stratum (lat.) Zone, Schicht; basis (gr.) Grundlage

Stratum corneum: –; corneus (lat.) aus
  Horn
Stratum externum: –; exter- (lat.) außen
Stratum germinativum: –; germinare (lat.)
  keimen
Stratum granulosum: –; granum (lat.)
  Korn
Stratum lucidum: –; lux, lucis (lat.)
  Licht, hell, leuchtend, deutlich
Stratum papillare: –; papilla (lat.) Warze,
  warzenähnliche Erhebung
Stratum reticulare: –; reticularis (lat.)
  netzförmig, zum Netz gehörig
Stratum semicorneum: –; semi- (lat.)
  halb; cornu (lat.) Horn
Stratum spinosum: –; spina (lat.) Gräte,
  Dorn, Stachel
Strepsirhini: strepsis (gr.) das Drehen;
  rhis, rhinos (gr.) Nase
Stylohipparion: stylos (gr.) Säule, Griffel,
  Stiel; hipparion (gr.) Pferdchen
Stylopodium: –; pus, podos (gr.) Fuß
Subcutis: sub- (lat.) unter, unterhalb;
  cutis (lat.) Haut, Hülle
Suina: sus, suis (lat.) Schwein
Sulci, Sulcus: sulcus (lat.) Furche
Superfetation: super- (lat.) über; fetus
  (lat.) fruchtbar
Supination: supinator (lat.)
  Aufwärtsdreher
Supraangulare: supra- (lat.) oberhalb von;
  angulus (lat.) Winkel, Ecke, Kante
Supraoccipitale: –; occipitalis (lat.) zum
  Hinterkopf gehörig
Supraorbitale: –; orbitalis (lat.) zur
  Augenhöhle gehörig
Suprapharyngohyale: –; pharynx,
  pharyngos (gr.) Schlund, Rachen; hyalos
  (gr.) Glas
Symmetrodonta: symmetros (gr.)
  ebenmäßig, symmetrisch; odus, odontos
  (gr.) Zahn
Sympathicus: sympatheo (gr.) stehe in
  Wechselwirkung
Symphyse: symphyomai (gr.) wachse
  zusammen
Symplecticum: symplekein (gr.)
  zusammenflechten, verknüpfen
Syncytiotrophoblast, Syncytium: syn-
  (gr.) mit, zusammen; kytos (gr.) Zelle;
  trophe (gr.) Ernährung, Nahrung,

Erziehung; blastos (gr.) Keim, Knospe
syndesmal, syndesmo-chorial: –; desmos
  (gr.) Band; chorion (gr.) Leder, Haut,
  Hülle

Tachyglossidae: tachys (gr.) schnell;
  glossa (lat.) Zunge
tactil: tactilis (lat.) berührbar, zum Gefühl
  gehörig
Tarsalia, Tarsiiformes, Tarsus: tarsos (gr.)
  Fußblatt
Telencephalon: telos (gr.) Ende, Ziel;
  enkephalos (gr.) Gehirn
telolecithal: –; lekithos (gr.) Dotter,
  Eigelb
Temporale: tempus, temporis (lat.)
  Schläfe, Zeit
Tenrecomorpha: kentetes (gr.) Stachler;
  morphe (gr.) Gestalt, Form
terrestrisch: terra (lat.) Land, Boden
Testes (lat.) Hoden
Thalamus: thalamos (gr.) Gemach,
  Kammer
Theca folliculi: theka (lat.) Behältnis,
  Hülle, Kapsel; follis (lat.) Balg, Beutel
Theca interna: –; internus (lat.) im Inneren
  befindlich
thecodont: –; odus, odontos (gr.) Zahn
Therapsida, Theria, Theriodontia: ther,
  therion (gr.) Tier; apsis, apsidos (gr.)
  Verknüpfung; odus, odontos (gr.) Zahn
Thermogenese: thermos (gr.) warm, heiß;
  genesis (gr.) Entstehung, Entwicklung
Thermotaxis: –; taxis (gr.) Stellung
Therocephalia: ther, theros (gr.) Tier;
  kephale (gr.) Kopf
Theromorpha: –; morphe (gr.) Gestalt,
  Aussehen
Thorax (gr.) Rumpf, Brustkasten,
  Brustkorb, Brustharnisch, Panzer
Thymus: thymos (gr.) Gemütsbewegung,
  Lebenskraft, Wille
Thyroxin: thyreos (gr.) Türstein, Schild;
  oxys (gr.) sauer
Tibia (lat.) Schienbein, Pfeife, Röhre
Torpidität, Torpor: torpidus (lat.) betäubt
Tractus iliotibialis: trahere (lat.) ziehen,
  Zug, Faserzug, Strang, Trakt; ilia, ilium
  (lat.) Weichen, Flanken; tibia (lat.)
  Schienbein

544

Tractus olfactorius: –; olere (lat.) duften;
facere (lat.) machen
Tragus (lat.) Bock
Transferrin: trans- (lat.) über; ferrum (lat.)
Eisen
Trichozoa: thrix, trichos (gr.) Haar; zoon
(gr.) Tier
Triconodonta: tri- (gr.) drei; konos (gr.)
Kegel; odus, odontos (gr.) Zahn
Tritylodontia: –; tylos (gr.) Wulst,
Höcker; odus, odontos (gr.) Zahn
Trophektoblasten: trophe (gr.) Ernährung,
Erziehung, Nahrung; ektos (gr.) außen;
blastos (gr.) Keim
Trophoblast: –; blastos (gr.) Keim
Tuba auditiva: tuba (lat.) Trompete, Tube;
audire (lat.) hören
Tuba uterina: –; udarum (latin. aus
Sanskrit) Bauch
Tubulidentata: tubulus (lat.) kleine Röhre;
dentatus (lat.) mit Zähnen
tubulös: tubulus (lat.) kleine Röhre
Turbinalia: turbinare (lat.) wirbeln
Tylopoda: tylos (gr.) Schwiele; pus,
podos (gr.) Fuß
Tympanicum: tympanon (gr.) Pauke

Ulna (lat.) Elle, Ellenbogenbein
Ungulata, unguligrad: ungula (lat.) Huf,
Klaue; unguis (lat.) Kralle, Nagel;
gradus (lat.) Schritt
Ureter: urein (gr.) harnen
Urethra (latin. gr.) Harnröhre
Urogenitalsystem: uron (gr.) Harn;
genitalis (lat.) zur Zeugung, zu den
Geschlechtsorganen gehörig
Uterus bicornis: udarum (latin. aus
Sanskrit) Bauch; bi- (lat.) doppelt,
zweifach; cornus (lat.) Horn
Uterus bipartitus: –; –; pars (lat.) Teil
Uterus duplex: –; duplicare (lat.)
verdoppeln, vermehren
Uterus simplex: –; (lat.) einfach,
natürlich, schlicht

Vagina (lat.) Scheide

Vakuole: vacuus (lat.) leer, hohl
Vasodilatation: vas, vasis (lat.) Gefäß;
dilatator (lat.) Erweiterer, Ausdehner,
Ausbreiter
Vasokonstriktion: –; constringere (lat.)
zusammenziehen, würgen
Vasomotorik: –; motorius (lat.) der
Bewegung dienend
Vena cava caudalis: vena (lat.) Blutader;
cavum (lat.) Höhlung, Hohlraum; cauda
(lat.) Schwanz
Vena comitans: –; comitari (lat.) begleiten
Vena pulmonalis: –; pulmo, pulmonis
(lat.) Lunge, zur Lunge gehörig
Vena umbilicalis: –; umbilicus (lat.)
Nabel
Vena vitellina: –; vitellus (lat.) Eidotter
ventral: venter, ventris (lat.) Bauch, zum
Bauch gehörig
Vermilingua: vermis (lat.) Wurm; lingua
(lat.) Zunge
Vertebrata: vertere (lat.) drehen; vertebra
(lat.) Wirbel
vertikal: verticalis (lat.) senkrecht
Vesicula (lat.) kleine Blase, Bläschen
Vestibulum vaginae: vestibulum (lat.)
Vorhof, Vorraum; vagina (lat.) Scheide
Vibrissen: vibrare (lat.) zittern, schmerzen
visuell: visus (lat.) Sehen
vivipar: vivus (lat.) lebendig; parere (lat.)
gebären
Vomer (lat.) Pflugschar, Pflugscharbein
Vulva (lat.) Scham

Xenarthra: xenos (gr.) fremd, befremdend,
auffallend; arthra (gr.) Glieder, Gelenke

Zementoblast: caementum (lat.) Zement;
blastos (gr.) Keim, Knospe
Zeugopodium: zeugos (gr.) Joch,
Gespann, Paar; pus, podos (gr.) Fuß
Zona pellucida: zone (gr.) Gürtel, Streifen;
pellucidus (lat.) durchscheinend
Zygapophysen, Zygote: zygon (gr.) Joch
(der Zugtiere); apophysis (gr.) das
Herauswachsen, Auswachsen

Sachverzeichnis

Das Verzeichnis enthält sowohl Sachwörter als auch Tiernamen. Wissenschaftliche Bezeichnungen von Gattungen oder Arten sind nur bei fehlenden deutschen Namen aufgeführt. Für die höheren systematischen Kategorien ist im allgemeinen nur die deutsche Bezeichnung angegeben, die jeweilige wissenschaftliche findet sich im Tiernamenverzeichnis I. Zusätzlich zu den im Text stehenden Begriffen sind auch solche aus den Abbildungen und deren Unterschriften aufgenommen. Eine *kursiv* gedruckte Zahl bedeutet, daß auf der betreffenden Seite eine Abbildung steht, welche das Sachwort illustriert bzw. die betreffende Tierart oder diese kennzeichnende Eigenschaften darstellt.

arteriovenöse Anastomose
54 f., *55*, *90*, 94
Articulare *164*, 166 f., *167*,
170 ff., 343, 426, 428
Asiatischer Elefant *26*, 49,
160, *485* f.
Asiatischer Wildesel 483
Assapan 464
Assoziationsfeld *302*
Astläufer 232, 246, 262,
458
Atavismus *214*, 242 f., *243*
Atemfrequenz 71, *72*
Atemzentrum 47
Atlas *29*
Audiogramm 340, *341*, 342,
346, *349* f., 366 ff., *367*
Aufenthaltsgebiet 317 ff.,
318
Auftrieb 267 f.
Augenhöhle *377*, 433, 435
Australien-Kurzschnabeligel
212, *446* f.
Australische Hüpfmaus 466
Autopodium 232 f., 235,
246, 248, *253*, 257, *261*,
277, 433 f., *434*, 436 f.,
437, *439 ff.*
Axerophthol 89
Axis *29*
Aye-Aye *152*, 460

Babirusa 321, 477
Babuin 461
Backentasche 460, 464
Backenzähne *141 f.*, 142,
159, *160*, 408, *485*
Baikal-Ringelrobbe 473 f.
Bakterien 408, 413 f.
»Bambi« 478
Bambusbär *417*, 470, 472
Bambusratte 466
Bananenblatt-Tüten 469
Bananenfledermaus *404*, 469
Bananen-Zwergfledermaus
469
Bandiltis 472
Banteng 478
Bären 71, 76 f., *248 f.*,
256, 264, *374*, 472
Bären-Baumkänguruh 452
Bärenkuskus *263*, 452
Bärige Zottelnase *492*
Baribal 472
Barrakuda 289

Barten *394*, *479* f.
Bartenwale 350, 393, *479* f.
Bartwachstum *129*
Basilarmembran 339 f.,
340, 350, *368 f.*
Basipodium 233, *249*
Bastgeweih *324* ff., *326*
Bauchhöhle 84 f., *85*
Bauchmuskulatur 86
Baumkänguruh 264, 452
Baumleben 246
Baummarder 242, 472
Baumschläfer 464
Baumschliefer 484
Baumstachler 467
Bauriamorpha 421 f.
Beckengürtel *30*, 424
Beckenrudiment 487
Bedecktsamer 426, *431 f.*
Beilbauchfische 266
Belastungsarten 27
BELL 341
Berberaffe 461
Bergeidechse 173
Berglemming 466
Bergtapir *405*, 483
Bergzebra 240, 483
BERNARD 58
BERNOULLI 279
Beschädigungskampf 332,
334
Beschwichtigungssignal 388
Beta-Lactalbumin 215
Beta-Lactoglobulin 220
Betriebsstoffwechsel 390
Betteln 472
Beutegreifer 470
Beutel 207 f., 212, 447 ff.,
451
Beutelbären 452
Beuteldachs 194, 448, 451
Beutelknochen 428, 447 f.
Beutelmarder *417*, 448, 450
Beutelmulle *276* f., 450
Beutelratten 449
Beutel-Schließmuskel 101
Beutelstadien 169
Beutelteufel *450*
Beuteltiere 35, 37, 56, 78,
101, 159, 168, 198, 205,
212, 238, 242, 428 ff.,
429, *432*, *445*, 447, 475
Beutelwolf 145 f., *146*,
430, 448, *450*
Bewegungshören 364, 366

Bewegungszyklus 250, *251*
Bezoarziege 479
Biber *63*, 96, *104*, 124,
238, 244, 282, *295*, 465
Biberhörnchen 464
Biberratten 467
Biene 385, 396, 403, 466
Bifidobacterium bifidum 221
Bifidusflora 221
Bilche 464
Bindegewebe 286
binokulares Gesichtsfeld
263, *372* ff.
Binturong 245, 473
biologische Zeit 41
Birkenmaus 70, 465
Bisamratte 282
Bison 333, 479
Blasloch *285*, *291*, *293*,
394, 480
Blasse Fledermaus 469
Blast 291
Blastocoel *182*
Blastocyste *181 f.*, 193,
197 ff.
Blastocystenhöhle *181 f.*
Blastoderm *182*
Blastomeren 182
Blastula *182*
Blaswolke 291
Blättermagen 408 f., *409*,
412
Blattnasen 469
Blaufuchs 113
Blaunacken-Mausvogel 169
Blauwal 25 f., *26*, *222*,
289, 292, 393, 480
Bleichböckchen 478
Blickfeld 375
Blinddarm 413 ff., *414*,
482, 487
Blinddarmkot 452
Blindmaus 278, 371, 466
»blue babies« 82
Blut 83, 149, *291*, 400, 468
Blutbildung 187
Blutbrustpavian 389, 461
Blütenbesucher *150*, 356,
402, *404*, 431 f., *432*
Blutkreislauf *82*, 200
Blutplasma *295*, *297*
Bobak 464
Bogen-Sehnen-Konstruktion
28, 30
BÖKER 248

549

Eozän *430*, 432, 434, 438, 482
Epauletten-Flughunde *404*
Epidermis 86 f., *87*, 88, *90*, *92*, *123*, 287 ff., *288*, *324*, *337*
Epihippus 437 f., *438*
Epihyale 167
Epistropheus 29
Equidae 432, 438
Equus 432, *435* f., *438* ff., *439 ff.*
Erdaltertum *420*
Erdferkel *148*, 166, 194, 301, *397* f., 448, 481 f., *482*
erdgeschichtliche Zeittafel *420*
Erdhörnchen *63*, 73, *74*, *238*, 244, 464
Erdmännchen 473
Erdmittelalter *420*
Erdneuzeit *420*
Erdwolf *149*, *386 f.*, *397* f., 473
Erkennungsschwelle 304
Ersatzdentin *136*
Erythroblast *83*
Erythrocyt *83* f.
Esel *48* f., 222, 432
Eselhase 56
Etruskerspitzmaus 25 f., *26*, 455
Eukalyptusblätter 452
Eule *349*, 375, 461
Eumops perotis 274
Euphausia 148, 393 f., *394*
Eurasiatische Zwergmaus 466
Europäischer Dachs 198, 472
Europäischer Feldhase *259*, 386, *474* f.
Europäischer Iltis 472
Europäischer Maulwurf 455
Europäischer Mufflon 479
Europäischer Nerz 472
Europäischer Riesenhirsch 331
Europäischer Ziegenmelker 352
Europäisches Wildkaninchen *259*, 475
Eustachische Röhre *165*
Euter 210, 213
Eutheria *174*, 444, 448, 453

Exkremente 316
Exocoel *181*, *185 f.*
Extracolumella *164 f.*, *167*, *172*
extraembryonales Mesenchym *181*, 183
Falanuk 398, 473
Falbkatze 473
Falsche Vampirfledermaus 356, 469
Faltamnion 184
Faltlippen-Fledermäuse 116, 469
Fangzahn 470
Farbensehen 376
Faultiere 44, 78, *121*, 238, *265* f., 406, *417*, *489*, 490
Faustgang 248 f.
Federschwanz *142*, *302*, 458
Felderhaut 86
Feldhamster 74
Feldhase 125, 196, 198, 260, *374*, *474* f.
Feldmaus *349*, 466
Feld-Waldmaus 76, *117*, *121*, 466
Fell 103, *114*
Felldicke *63*
Fellfärbung *102* f., 110
Felsenmaus *117*, 466
Felsenziesel 73, 464
Femur 29 f., 233 f., *234*, 284
Fennek 473
Fertigmilch 218
fetaler Kreislauf *200*
Fetalmembran 458
Fett 72
Fetthöcker 477
Fettsäureoxidation *61* f.
Fettschicht 77
Fettschwalm 351
Fettschwanzschaf 479
Fetttröpfchen *99*, *215* f., *288*
Fetus *38*, 39, 84, 189, 200 ff., 220
Fibula 29 f., 233 f., *234*, 255
Fieber 43, 67 f.
Filtrierer 26, 393
Finger 233, *336*
Fingerglieder *234*

Fingerotter *239*, 336
Fingertier *137*, 152, 460
Finnischer Vogelhund 386
Finnwal *85*, *394*, 480
Fische 68, *82* f., *285*, 295, 300, *354*, 420, 479
Fischesser *146*, *417*
Fischkatze 473
Fischotter *119*, 124, *143*, *241* f., 338, *417*, 472
Fissipedia 145
Flachkopfkatze 237, 473
Flachlandtapir *483*
Flachland-Taschenratte *51*, *154*, 156, 464
Flamingo 205
»Flattermakis« 456
Fleckenskunk 126 f., *127*, 244, 472
Flederhund 273, 468
Fledermaus 72, 78, *145*, *150*, 157, 180, 196 ff., 209, 233, 238, 243, 266 ff., 273 f., *274*, 336, 339, 342, 349 ff., *352*, 356 ff., 368 f., 403 f., 468
Fledermausflügel *272*, *274*
Fledertier-Blumen 402
Fledertiere 69 f., 233, 266, *374*, *402*, 404, *430*, *445*, 448, 453, 467, 492
Flehmen 179, *307* f., 314
FLEISCHER 350
Fleischesser *146*, *416 f.*
Fleisch- und Brechschere 145, 161, 417, 470 ff., *471*
Fliege 244
Florida-Waldkaninchen 44, 475
Flosse 281 f., 284, 473, 479, 487
Flossenfüßer 473
Flug 266, 269, 272, 467, 492
Flughaut *274* f., 405, 467
Flughörnchen 76
Flughund 49, *150*, 233, *234*, 243, *274*, 351, 357, *402* f., *467* f.
Flugmuskulatur *275* f.
Flugohr *275*, *492*
Flugsaurier 266
Flügel 233, 403

Hausmeerschweinchen 467
Hauspferd 432, *436*, 442, 483
Hausratte 462, 466
Hausrind *135, 142* f., 213, 220, *222*, 224, 401, 478
Hausschaf *79*, 117, 178, 308, 479
Hausschwein 125, 477
Haustier 475
Hausyak 478
Hausziege 479
Haut 86, *337*
Hautdrüse 97
Hautmuskulatur 100, *101*
Hautverknöcherung 489
Healeys Nasenhopf 491 f.
Hecheln 50, 57
HEDIGER 317, 477
Helicotrema 339 f.
Henlesche Schleife 295
Herbivoren 150
Hermelin 112, 198, 349, 472
HERODOT 226
Herrentiere 458
Herz 81, *82*, 200 f.
Herzmißbildung 203
Herzschlagfrequenz 72, 77
Herzzyklus *40* f.
heterodontes Gebiß 144, 422 f.
Heusersche Membran *181, 185* f.
HILDEBRAND 258
Hinterhauptsbein *324*
Hipparion 438, 441 ff.
Hirnrinde *245*, 300 ff., *302*, 361, 448
Hirsche 104, 128, 144, *249*, 251, 325, 327, *374, 476*, 478
Hirscheber *320* f., 477
Hirschferkel 478
Hirschziegenantilope *312*, 479
Hitzschlag 48
hochkroniger Zahn *135* f., 435, 437, 439
Hoden 178
Hodensack 178
Hoffmann-Zweifinger-Faultier 490
höhere Hirnleistung 303
»Höhere Säugetiere« 453

Höhlenbär 472
Höhlenflughund 351 f., *352*
holokrine Sekretion *97 ff.*, 316
Holozän *430*, 432
»home range« 317
Hominidae 420
homodontes Gebiß 144, 421, 490
Homoiothermie 21, 43 f., 68, 250, 390, 422
Homöothermie 43
Honiganzeiger 396
Honigbeutler 403, 452
Honigdachs 396, 472
Hoppeln 262
Hörbereich *352*
horizontaler Zahnwechsel 159 ff., *160* f., 485
Hörkurve 366
Hörnchen *374*, 457, 464
Hörner *324* f., 327, *333* f., 335, 478
Hörnerdrängen *334*
Hornscheide 478
Hornschicht *88, 90, 104*
Hornschuppen 465, 487
Hornschwiele 96
Hornträger 250, *312*, 324 f., 332, *333 f.*, 334, 478
Hörschwelle 341 f., 350
Hörsinneszellen 339, 370
Hub 268, *272*
Huf 235 f., *236*, 240, 248, 440, 483
Hufeisennasen 70, *340, 355* f., *359*, 364, *467*, 469
Hulman *197*, 461
Humerus *29*, 233 f., *234*, 257, 277, 283 f.
Hummel 396, 403
Hummelkolibri 41
Hund 25, 34 f., *40, 47* f., 51, 56, 58, 145, 203, *248* f., *252*, 254 f., *255*, 281, *295*, 304, *374*, 380, 392 f., 415 f., *416*, 446, 470, 473
Hundsaffen 387, 460 f.
»Hundskopfgleitflieger« 456
Hundsrobben 281 ff., *283*, 338, 474

Hunter-Schreger-Bänder *139* f.
Hüpfen 243, 260 ff., *261*, 465
Hüpfmaus 465 f.
HVL 175, 177, 227, 230
Hyalbogen *164, 167, 172*
Hyäne *162*, 254, *315*, 392 f., 473
Hyomandibulare *164* ff.
Hypohippus 437 f., *438, 441 ff.*
Hypophysenhinterlappen 226
Hypophysenvorderlappen 175, 226
Hypothalamus 54, *66* ff., 73 f., 226 f.
Hyracotherium 433 f., *434 ff., 443*
Hyrax 434
hystricomorph *463*

Ictidosaurier *422*
Igel 70 ff., *71* f., *75, 101*, 118, 127, 238, *302, 374*, 454 f., *455*, 491
Igeltanrek *119*, 454
Ilium *29*
Iltis *143*, 472
Immunglobuline 218 ff.
Immunsystem 92
Imponierverhalten 327, 329, 335
Incisivi *141* f., 144, *156*, 322, 401
Incubatorium 101, 205, *212*, 447
Incus 166, *172*
Indianer 479
Indischer Flughund 468
Indischer Mungo 473
Indischer Schweinswal 481
individuelles Erkennen 314 ff.
Indri 180, 242, 460
Infrapharyngohyale 167
Infrarotauge *377* f.
Inias 480
Innenohr 339
innere Zellmasse *181* f.
Insectivoren 145
Insekten 166, 431 f., *432*

Takin 479
Talgdrüse *87*, 89, 98, 103, *106* f., *123* f., 242
Tamandua 209, 237, 245, *397, 399, 489* f.
Tamarin 461
»Tannenzapfentiere« 487
Tanrek 78, *302*, 454, *455*
»Tante« 204
Tapir *25*, 95, *240*, 482, *483*
Tarnung 125, 386
Tarpan 483
Tarsaldrüse 313 f., *314*
Tarsalia, Tarsus *29*, 233 f., *234, 265* f., 461
Tarsiidae 266
»Tarsiiformes« 460
Tarsius 266
Taschenmaus 464 f.
Taschenratte *138*, 278, 464
Tasthaare *115, 117, 261*, 338, *455, 484*, 487
Tasthaut 242
Tastkörperchen 447
Tastscheibe *337*
Tastsinn 335 f., 396, 458
Tast- und Greifschwanz *245, 264, 336*, 461
Tatze *247* f., 254
Taube 205
Tauchen *289*
Taucherkrankheit 291, 293
Taumelkäfer 353
Telencephalon 300, 454
telolecithales Ei 447
Temminck-Gleitflieger 456 f., *457*
Temperaturregulation 43, 124, 244, 422
Temporale 160, 165
Termiten 148, 396 ff., 410, 415 f., 450, 473, 481, 487 f., 490
Territorium *315* ff., *317 f.*, 407
Tertiär 413, 419 f., *420*, 422, 425, 430 f., 433, 448, 456, 481
Testosteron 129
Thalamus 301
thecodont *131* f.
THENIUS 444
Therapsida *170 f.*, 419 ff., *422*, 428
Theria 425, 444

Theriodontia 421 f., *422*
thermisches Fenster 51 f., *52*
Thermogenese 61 f.
thermoneutrale Zone *44* f., 54, 56
Thermoregulation 43
Thermotaxis 68
Therocephalia *422*
Thomsongazelle 207, *259* f., 479
Thunfisch 43, 354
Thymus 92
Thyroxin 62
Tibia *29 f.*, 233 f., *234*, 248
Tiefseefische 351
Tiger *30*, 260, *392, 471*, 473
Tintenfischesser *147*, 290, 292
T-Lymphozyt 93
Topi 319, 479
Torpor 39
Totenkopfäffchen *238* f., 309, 461
Trab 250 f., *251*
Tractus iliotibialis *30* f.
Tractus olfactorius 300
Tragjunge *206*
Tragling *206*, 209, 458, 492
Tragus 468
Tragzeit *197*, 223, 448
Trampeltier 477
TRENDELENBURG 371
Trias 419 f., *420*, 422, 424 f., 431 f.
Triconodonta 423, *425* f., 428, 444
Tritylodontia *421 f.*
Trommelfell *165*, 339, 341, *344*, 346 ff., *347*
Trophoblast *181 f.*, *186* ff., 190, 194, 453
Trugratten 467
Tuba auditiva 166
Tuba Eustachii 166
Tuba uterina 174
Tubulidentata 397
tubulöse Drüse *97* f.
Tubulus der Niere *298*
Tümmler 287, 289, *302*, 481
Tupaia 316, *457* f.

Tüpfelbeutelmarder 450
Tüpfelhyäne *149*, 386, 392, 473
Tüpfelkuskus *429*, 452
Tupinambis 255
Turbinalia 422
Tympanicum 160, *163*, 166, *168, 172*, 343, *344*, 346 ff., *347, 349*

Uakari 461
überschneidende Tragzeiten 198
Uganda-Kob 319, 479
Ulna *29*, 233 f., *234*, 246, 253, 255
Ultraschall 338, 342, 350, 353
Unau *489* f.
Ungleichnasen 492
Unguligradie 248
Unpaarhufer 56, 144, 161, 195, 240 f., 256, *374*, 408, *430* f., 453, 482
Unpaarzeher 482
untere kritische Temperatur *44* f., 47
Unterhaut 86
Unterhautfettgewebe 91, 94, 125
Unterkiefer *170* f.
Unterkieferknochen 343
Unterzunge *137*, 456
Ur 478
Ur-Eizellen 175
Ureter 174
Urethra 174
Ur-Huftiere 444, *453*, 480 ff., 484
Urin 295, 314, 316, 383, 385, 405
Ur-Insektenesser *430* f., *453* f.
Urinwaschen 316
Urpferdchen 433 ff., *434 ff.*
Urraubsaurier 419
Urraubtiere 444
Urson *118*, 467
Urwal 144, *479* f.
Urwaldgiraffe 478
Urwildpferd 432, *436, 483*
Uterus 173 f., *174 f.*, 177, 195, 197, 199, 205
Uterus bicornis *175*
Uterusbindegewebe *189, 195*

Praktische Verhaltensbiologie

Herausgegeben von Dipl.-Biol. G. K. H. Zupanc, La Jolla, USA. Unter Mitarbeit zahlreicher Fachleute. Pareys Studientexte 61. 1988. 274 Seiten mit 109 Abbildungen und 17 Tabellen. Kartoniert DM 39,80   ISBN 3-489-62936-1

Eine wesentliche Aufgabe der Biologieausbildung ist es, Schüler und Studenten zum selbständigen wissenschaftlichen Arbeiten anzuleiten. Dieses Ziel verfolgt auch der vorliegende Studientext. Er wendet sich vor allem an Leiter und Teilnehmer von ethologischen, verhaltens- und sinnesphysiologischen Kursen im Rahmen der gymnasialen Oberstufe sowie des Biologieunterrichts an Hochschulen. Die *Praktische Verhaltensbiologie* gliedert sich in drei große Abschnitte:
Der erste Teil behandelt die Beschaffung, Haltung und Zucht von Tieren für zoologische Praktika, da eine optimale Pflege unabdingbare Voraussetzung für erfolgreiche Experimente ist. Das Hauptgewicht liegt dabei auf der Einrichtung und dem Unterhalt von Aquarien, Terrarien und Vogelvolieren.
Im zweiten Teil werden zu dreizehn thematischen Schwerpunkten zahlreiche – unterrichtsnah ausgearbeitete – Experimente aus Verhaltensforschung sowie Verhaltens- und Sinnesphysiologie vorgestellt. Das Angebot der Themen reicht von der Galvanotaxis beim Pantoffeltierchen über Untersuchungen zum Spurpheromon bei Holzameisen und Experimenten mit schwachelektrischen Fischen bis zum Lernverhalten von Mäusen. Jedes Kapitel enthält mehrere Versuche unterschiedlichen Schwierigkeitsgrades – ein Thema läßt sich deshalb vom einfachen Schulversuch bis zur anspruchsvollen wissenschaftlichen Arbeit ausbauen. Um dem Leser den Einstieg zu erleichtern, werden sowohl Theorie als auch Durchführung der Versuche ausführlich besprochen. Seminarthemen zur theoretischen Vertiefung des Stoffes für weiterführende praktische Arbeiten, umfassende Literaturverzeichnisse und Hinweise auf Unterrichtsfilme runden diesen experimentellen Teil ab.
Der dritte Buchabschnitt erörtert die Planung und statistische Auswertung von Versuchen und ermöglicht dem Leser so die exakte Formulierung eigener wissenschaftlicher Ergebnisse.
Besonderer Wert wurde bei der *Praktischen Verhaltensbiologie* auf einen verständlich geschriebenen und klar gegliederten Text gelegt. Alle Kapitel sind durchwegs reichhaltig illustriert. Die Mitarbeit von zahlreichen namhaften Wissenschaftlern bietet die Voraussetzung dafür, daß die Beiträge den aktuellen Stand der Forschung widerspiegeln.

Die Zytogenetik der Säuger-Embryogenese

Experimentelle Studien der Irrwege und der Auslese während der Verteilung des Genoms.

Von Prof. Dr. A. P. Dyban, Leningrad, und Prof. Dr. W. S. Baranow. Wiss. Red der dt. Ausgabe: Prof. Dr. W. Sachsse, Mainz. Pareys Studientexte 64. 1989. Ca. 240 Seiten mit 8 Abbildungen, 28 Tafeln und 38 Tabellen. Kartoniert DM 38,–   ISBN 3-489-51016-X

Für die medizinische und biologische Grundlagenforschung ist die Zytogenetik während der Embryogenese ein besonders wichtiger Faktor: Als Forschungsrichtung, die sich mit der Analyse der genetischen Probleme auf der Basis des Chromosomenbestandes einer Zelle befaßt, erklärt sie die individuelle Entwicklung aller sich geschlechtlich fortpflanzenden Lebewesen, die sich aus zwei sehr verschiedenen Elternzellen herleitet. Aus deren Untersuchung und aus der Untersuchung des aus diesen beiden Zellen entstandenen Befruchtungsprodukts, der Zygote mit ihren Nachfolgestadien, lassen sich Rückschlüsse auf innewohnende Fehler und zufällige Irrtümer der Keimzellbildung der Eltern ziehen. Es handelt sich dabei um einen seit jeher zu Recht mit großem Interesse verfolgten Schritt der Vererbung, denn das Genom wird substantiell auf die Kinder übertragen. Dies ist der Angelpunkt der Entstehung des Persönlichen Lebens; um ihn kreisen zur Zeit aufgrund gewagter Ansätze der Gentechnik heiße Diskussionen.
Aufbauend auf den Ergebnissen langjährigen, biologischen Experimentierens, umfaßt dieser Studientext die Genetik von der Haploidie bis zum durch Chromosomen-Aberration bedingten Verhalten, von genetischen Faktoren in der Zygote bis zum Vergleich mit dem Menschen und stellt jeweils das spontan Auftretende dem experimentell Induzierbaren gegenüber. Daraus ergibt sich die Bedeutung dieses erfolgreichen, zuerst in der UdSSR erschienenen Buches auch für den deutschsprachigen Raum, denn es gilt, eine Generation von Medizinern und Biologen sorgfältig über die Basis und über das Machbare zu informieren, bevor sie in die Diskussion hineingezogen und vor entsprechende Probleme, Aufgaben und Entscheidungen gestellt wird.

Berlin und Hamburg